V&R Academic

Christian Rohrer

Landesbauernführer

Band 1

Landesbauernführer im nationalsozialistischen Ostpreußen. Studien zu Erich Spickschen und zur Landesbauernschaft Ostpreußen

Vandenhoeck & Ruprecht

MIX
Papier aus verantwortungsvollen Quellen
FSC® C083411

Bibliografische Information der Deutschen Nationalbibliothek

Die Deutsche Nationalbibliothek verzeichnet diese Publikation in der Deutschen Nationalbibliografie; detaillierte bibliografische Daten sind im Internet über http://dnb.d-nb.de abrufbar.

ISBN 978-3-525-30097-8

Weitere Ausgaben und Online-Angebote sind erhältlich unter: www.v-r.de

Die Erarbeitung der Studie wurde gefördert von der Beauftragten der Bundesregierung für Kultur und Medien.

Mit 3 Abbildungen, 2 Karten, 2 Schaubildern und 55 Tabellen.

Printed in Germany.
Druck und Bindung: CPI buchbuecher.de GmbH, Zum Alten Berg 24, D-96158 Birkach

Gedruckt auf alterungsbeständigem Papier.

meinen Großeltern Anna und Artur Rohrer gewidmet

Inhalt

Vorwort

Die vorliegende zweibändige Studie »Landesbauernführer« entstand in einer effektiven Bearbeitungszeit von rund dreieinhalb Jahren zwischen Oktober 2011 und August 2016. Sie ist das überarbeitete und ergänzte Ergebnis eines kleineren Projektes, dessen Konzeption und Arbeitsprogramm auf zwei Jahre ausgelegt war. Für die Leitung und Begleitung dieses Projektes sei Prof. Dr. Tanja Penter (Universität Heidelberg) herzlich gedankt. Die Ansiedlung bei der Helmut-Schmidt-Universität / Universität der Bundeswehr Hamburg half, das Projekt diskutieren und fortentwickeln zu können. Das Projekt wurde von der Beauftragten der Bundesregierung für Kultur und Medien großzügig gefördert, wofür ich gleichfalls meinen herzlichen Dank ausspreche; nicht zuletzt den dortigen Mitarbeiterinnen und Mitarbeitern für die stets kooperative und hilfreiche Begleitung. Für die Unterstützung bei der Antragsstellung sei überdies PD Dr. Joachim Tauber (Nordost-Institut, Lüneburg) sowie Prof. Dr. Andreas Dornheim (Universität Bamberg) gedankt.

Ein besonderer Dank geht an die Familie Spickschen, die Kinder des Landesbauernführers Spickschen, die vor Oktober 2011 eine kleine Vorstudie in jeder Hinsicht, nicht zuletzt durch wertvolle Quellenbestände, und selbstverständlich unter Gewährung völliger wissenschaftlicher Freiheit unterstützten – ohne diese Vorstudie gäbe es die vorliegende Studie nicht.

Die Studie beruht auf einer äußerst breiten Quellenrecherche, insbesondere auf der aufwendigen Suche nach personenbezogenem Material. Ohne die Unterstützung von zahllosen Mitarbeitern in Archiven in Deutschland, Österreich, Polen und Tschechien, ohne die Hilfe zahlloser Mitarbeiter von Bibliotheken, Bürgerbüros, Einwohnermeldeämtern und Standesämtern und schließlich ohne die vielen Privatpersonen, die mich mit Hinweisen unterstützten, wäre diese Arbeit unmöglich gewesen – ihnen allen sei herzlich gedankt.

Małgorzata Popiołek verdanke ich reibungslose Recherchen in polnischen Archiven und vielfältige Hilfestellungen bei Archivbesuchen in Polen.

Tobias Gabel unterzog das Manuskript einer akribischen Korrektur. Für das Herausfischen meiner sprachlichen Unzulänglichkeiten bin ich ihm sehr zu Dank verpflichtet. Sämtliche Fehler gehen natürlich zu Lasten des Autors.

Für die Übernahme der Druckkosten danke ich ganz herzlich Peter Hen (PH Industrie-Hydraulik GmbH & Co. KG, Sprockhövel) und Holger Clemens Rohrer (Rohrer.Business.Development., Eisenbach). Aus der freien Wirtschaft heraus wird so die freie Wissenschaft unterstützt und tritt private Förderung neben öffentliche Förderung.

Dem Verlag Vandenhoeck & Ruprecht danke ich für die Aufnahme der Studie in sein Programm. Insbesondere Marie-Carolin Vondracek, Johanna-Thea Mohrmann und Anke Moseberg sorgten für eine angenehme und reibungslose Zusammenarbeit.

Fabiana hat mich beim langwierigen Prozess bis zur Fertigstellung der Studie begleitet und mich immer wieder ins gesellschaftliche Leben zurückgeholt. Dafür und für ihre Geduld danke ich ihr ganz herzlich.

Berlin, im August 2016

1. Einleitung

Landesbauernführer des Reichsnährstandes, so könnte man meinen, waren nicht sonderlich wichtig. Jedenfalls sind sie weithin unbekannt, die geschichtswissenschaftliche Forschung hat sich ihrer bislang bestenfalls oberflächlich angenommen. Das gilt auch für Erich Spickschen, seines Zeichens Landesbauernführer im nationalsozialistischen Ostpreußen. Insofern lässt erstaunt zurück und gibt zu denken, was zeitgenössisch zu ihm notiert wurde. So formulierte Wilhelm Jaworek vom Rasse- und Siedlungshauptamt der SS (RuSHA) im Dezember 1940 in einer ausführlichen Begründung eines Beförderungsvorschlages:

> »SS-Standartenführer Spickschen Erich, Landesbauernführer Ostpreußen, ist Hauptmann der Reserve. Die besondere Struktur der ostpr. Landwirtschaft und der Umstand, daß in Ostpreußen ein wesentlich höherer %-Satz zur Wehrmacht eingezogen war, brachte es mit sich, daß die von der Landesbauernschaft zu überwindenden Schwierigkeiten sehr bedeutend waren. Auch die Wehrmacht hat außerordentliche Forderungen auf dem Gebiet Versorgung gestellt.
> Mit großer Geschicklicheit und Beharrlichkeit wurden vom Landesbauernführer alle Aufgaben angepackt und im Rahmen der Möglichkeit auch gelöst.
> Der Neuaufbau der Landwirtschaft in den Gebieten Suwalki und Zichenau, sowie deren Angliederung erforderten ebenfalls ein großes Fachwissen und Tüchtigkeit.«[1]

Auf wenigen Zeilen, Satz für Satz, werden hier unausgesprochen geschichtliche Fragen enormer Reichweite aufgeworfen. Eine Frage liegt nahe: Wer war Erich Spickschen? 1897 in Vluyn im Westen des Reichs geboren, Gymnasiast, »Frontkämpfer« im Ersten Weltkrieg, Landwirt, ab Mitte der 1920er-Jahre Besitzer eines Gutes in Ostpreußen. Er wurde 1928 Mitglied des Stahlhelms, von dem er 1932 zur NSDAP wechselte, und 1933 Mitglied der SA, von der er 1936 zur SS übertrat. Vor allem aber machte er, beginnend im Jahr der Machtübernahme, eine steile Karriere in der Landesbauernschaft Ostpreußen. An

1 Beförderungsvorschlag Jaworeks (RuSHA) vom 5.12.1940, BArch, BDC, SSO Erich Spickschen (23.7.1897), unpag.

deren Spitze gelangte er bereits Ende 1935, ab 1939 kam die Zuständigkeit für die Landwirtschaft in eroberten Gebieten hinzu, nämlich im Regierungsbezirk Zichenau, im Gebiet um Suwalki (Suwałki) und im Soldau-Gebiet, ab 1941 zudem im Bezirk Bialystok. Eifriger Propagandist der »Blut-und-Boden«-Ideologie und Hitler, seinem »Führer«, treu ergeben, wurde Spickschen kurz vor Kriegsende von Gauleiter Erich Koch politisch kaltgestellt. Er kämpfte im Volkssturm des untergehenden Ostpreußens, wurde verwundet und geriet in sowjetische Kriegsgefangenschaft, aus der er 1948 heimkehrte. Gesundheitlich angeschlagen, reichten seine Kräfte nicht mehr aus, nach dem Entnazifizierungsverfahren nochmals ein neues Leben aufzubauen. Erich Spickschen starb 1957 im Alter von sechzig Jahren.

Jaworeks Beförderungsvorschlag ebenso wie Spickschens Lebensstationen, insbesondere jene der nationalsozialistischen Zeit, werfen viele Fragen auf, denen nachzugehen sich lohnt. Diese Fragen gehen indes weit über eine einzelne Person hinaus. Daher ist Erich Spickschen Ausgangspunkt, aber nicht eigentlicher Gegenstand dieser Studie im Sinne eines rein biographischen Zuganges. Untersuchungsgegenstände sind vielmehr Erich Spickschen in seiner Funktion als Landesbauernführer im nationalsozialistischen Ostpreußen und die Landesbauernschaft Ostpreußen. Und dabei ist der Anspruch nicht, diese Untersuchungsgegenstände umfassend zu behandeln. Vielmehr sollen in fünf Einzelstudien ausgewählte Aspekte analysiert werden, im Hinblick auf Personal, Organisation und Programmatik, auf Strukturen und Prozesse. Aus diesen Einzelstudien, so das Ziel dieser Arbeit, soll eine Beschreibung von Erich Spickschen als Landesbauernführer und von der Landesbauernschaft Ostpreußen entstehen, die nicht vollständig ist, aber wesentliche Eigenschaften der Untersuchungsgegenstände beinhaltet.

Bei den Analysen in den fünf Einzelstudien sollen Leitfragen Orientierung geben: Inwieweit war Spickschen ein typischer Landesbauernführer? Was kennzeichnete die Landesbauernschaft Ostpreußen als Organisation, und wie war sie in das Geflecht nationalsozialistischer Akteure zwischen Zentrum und Peripherie eingebunden? Wo ist ein Landesbauernführer im Gefüge der Entscheidungsträger des »Dritten Reiches« anzusiedeln, und wo die Landesbauernschaft Ostpreußen im Spannungsfeld zwischen sachlich-fachlicher Agrarpolitik und nationalsozialistischer Ideologie? Und schließlich: Welche Rolle spielte ein Landesbauernführer wie Spickschen bei der Besatzungspolitik der Nationalsozialisten im Zweiten Weltkrieg, und wo und inwieweit sind Berührungspunkte zu deren Politik und Praxis von Gewalt und Vernichtung zu erkennen?

Mit dem gegenwärtigen Forschungsstand sind diese Fragen nicht zu beantworten. Nun überrascht es nicht, dass Erich Spickschen in dieser Tiefe und zumal mit Schwerpunkt auf der nationalsozialistischen Zeit erstmals geschichtswissenschaftlich erforscht wird. Zu ihm liegen lediglich knappe biographische Skizzen vor, die ihrerseits teilweise auf zeitgenössischen biographischen Skizzen beruhen;[2] hinzu kommt eine Familiengeschichte von Hans Joachim Schröder, auf die bei der Übersicht über die Quellenlage näher eingegangen wird. Generell liegen zu allen Landesbauernführern im besten Fall biographische Skizzen und knappe Artikel vor[3] – als Personal gleichsam der dritten Reihe haben diese Funktionäre[4] wie schon erwähnt bislang nicht die Aufmerksamkeit der Geschichtswissenschaft gefunden. Eine Ausnahme hiervon stellt eine leider nur an entlegenem Ort vorhandene Habilitationsschrift von Andreas Dornheim dar, in der das Korps der Landesbauernführer ebenso wie der Landesobmänner nach demographischen und sozialen Merkmalen kursorisch untersucht wird, allerdings nur für das Stichjahr 1936.[5] Der zweite Band der vorliegenden Studie, das Personenlexikon, geht demgegenüber dem gesamten Korps der Landesbauernführer des Reichsnährstandes nach.

Erfahren für die nationalsozialistische Zeit regionale Entwicklungen unterhalb der Reichsebene neuerdings verstärkt Aufmerksamkeit,[6] so war der Stand

2 Vgl. Joachim Lilla (Bearb.): Statisten in Uniform. Die Mitglieder des Reichstags 1933–1945. Ein biographisches Handbuch. Unter Einbeziehung der völkischen und nationalsozialistischen Reichstagsabgeordneten ab Mai 1924. Unter Mitarb. von Martin Döring und Andreas Schulz, Düsseldorf 2004, S. 629–630, zudem knappe Überblicke bei Erich Stockhorst: 5000 Köpfe. Wer war was im 3. Reich, Wiesbaden 1967, S. 369, Christian Rohrer: Nationalsozialistische Macht in Ostpreußen, München 2006, S. 606 (zit. Rohrer: Macht), und Christian Tilitzki: Alltag in Ostpreußen 1940–1945. Die geheimen Lageberichte der Königsberger Justiz. 1940–1945, Leer 1991, S. 19, FN 36 (zit. Tilitzki: Alltag). Zeitgenössische Informationen zu Spickschen bei Ernst Kienast (Hg.): Der Großdeutsche Reichstag 1938. IV. Wahlperiode (nach dem 30. Januar 1933), Berlin 1938, S. 411–412 (zit. Kienast: Großdeutscher Reichstag), Das Deutsche Führerlexikon. 1934/1935, Berlin 1934, S. 466, und Herrmann A. L. Degener (Hg.): Degeners Wer ist's?, 10., neu bearb. und erw. Aufl., Berlin 1935, S. 1523.

3 Siehe hierzu die Literaturangaben in Bd. 2 (Personenlexikon) dieser Studie.

4 Zum Begriff des »Funktionärs« vgl. Till Kössler/Helke Stadtland: »Organisationsmenschen«. Thesen zur Geschichte der Funktionäre im 20. Jahrhundert, in: Dies. (Hg.): Vom Funktionieren der Funktionäre. Politische Interessenvertretung und gesellschaftliche Integration in Deutschland nach 1933, Essen 2004, S. 7–36, mit einer nützlichen Definition (S. 19): »Funktionäre in unserem Verständnis sind also allgemein Personen, die, durch Auswahlverfahren rekrutiert, eine leitende oder leitungsvermittelnde, auf den politischen Raum bezogene Funktion innerhalb von nicht- beziehungsweise semistaatlichen bürokratisch strukturierten Organisationen übertragen bekommen haben, die sie haupt- oder ehrenamtlich ausüben, wobei sie oft im Spannungsfeld zwischen den Ansprüchen der Mitglieder und den Organisationszielen Interessen organisieren, die sie nicht notwendigerweise selbst besitzen.«

5 Vgl. Andreas Dornheim: Der lange Weg in die Moderne. Agrarische Politik und ländliche Gesellschaft in Deutschland 1918 bis 1960, Habil. Erfurt 2000, S. 563–580 (zit. Dornheim: Moderne).

6 Vgl. Andreas Wirsching: Nationalsozialismus in der Region. Tendenzen der Forschung und methodische Probleme (S. 25–46), sowie Walter Ziegler: Gaue und Gauleiter im Dritten Reich (S. 139–159), beide in: Horst Möller/Andreas Wirsching/Walter Ziegler (Hg.): Nationalsozialismus in der Region. Beiträge zur regionalen und lokalen Forschung und zum interna-

der Forschung zum nationalsozialistischen Ostpreußen bis vor einigen Jahren gänzlich unbefriedigend,[7] und hier besteht bis heute Nachholbedarf. Soweit es solche Forschungsliteratur gibt, spielen die Landesbauernschaft Ostpreußen und Landesbauernführer Spickschen dabei keine oder nur am Rande eine Rolle. Eine Ausnahme stellen die beiden einschlägigen Arbeiten für diesen Zeitabschnitt ostpreußischer Geschichte dar: Eine Studie des Verfassers liefert, neben der schon angeführten knappen biographischen Skizze zu Spickschen, einige Informationen zur Bedeutung des agrarpolitischen Apparates und ab 1933 der Landesbauernschaft Ostpreußen insbesondere im Zusammenhang mit Spannungen zwischen den Agrarfunktionären und Gauleiter Koch; zudem sind im Anhang Übersichten über die Kreisbauernführer vorhanden.[8] Auch in der Koch-Biographie von Ralf Meindl werden der agrarpolitische Apparat und die Landesbauernschaft in diesem Zusammenhang thematisiert. Die Biographie konzentriert sich naturgemäß auf die Rolle des Gauleiters Koch, doch finden sich hier wie auch in einem Aufsatz Meindls nützliche Ausführungen zum Regierungsbezirk Zichenau sowie zum Bezirk Bialystok.[9] Die Koch-Biographie von Armin Fuhrer und Heinz Schön dagegen ist für die vorliegenden Fragestellungen irrelevant und bleibt in weiten Teilen oberflächlich.[10]

Überblicksdarstellungen zur Geschichte Ostpreußens, die auch die nationalsozialistische Zeit behandeln, gibt es einige, ohne dabei relevanten Erkenntnisgewinn zu Landesbauernführer Spickschen und zur Landesbauernschaft Ostpreußen zu erlauben. Ältere Überblicksdarstellungen wie jene von Bruno Schumacher[11] und Hartmut Boockmann[12] sind mittlerweile beinahe

---

tionalen Vergleich, München 1996, zudem Michael Kissner: Chancen und Probleme regionalgeschichtlicher Forschungen zur NS-Zeit in forschungspraktischer Perspektive (S. 58–65), sowie Claus-Christian W. Szejnmann: Theoretisch-methodische Chancen und Probleme regionalgeschichtlicher Forschungen zur NS-Zeit (S. 43–57), beide in: Michael Ruck/Karl Heinrich Pohl (Hg.): Regionen im Nationalsozialismus, Bielefeld 2003, und überdies Jürgen John/Horst Möller/Thomas Schaarschmidt (Hg.): Die NS-Gaue. Regionale Mittelinstanzen im zentralistischen »Führerstaat«, München 2007.

7 Vgl. Manfred Kittel: Preussens Osten in der Zeitgeschichte. Mehr als nur eine landeshistorische Forschungslücke, in: VfZG 50 (2002), S. 435–463 (zit. Kittel: Preussens Osten).

8 Vgl. Rohrer: Macht, S. 223–226, S. 269–276, S. 313–319, S. 472–474, S. 551, S. 553 und S. 606.

9 Vgl. Ralf Meindl: Ostpreußens Gauleiter. Erich Koch – eine politische Biographie, Osnabrück 2007, dort vor allem S. 103–111, S. 195–201 sowie S. 249–321, zudem ders.: Die Politik des ostpreußischen Gauleiters Erich Koch in den annektierten polnischen Gebieten als Ausdruck nationalsozialistischer Zielvorstellungen, in: Bernd Martin (Hg.): Deutschland und Polen in schweren Zeiten 1933–1990. Alte Konflikte, neue Sichtweisen [= Niemcy i Polska w trudnych latach 1933–1990], Freiburg i. Br./Poznań 2004, S. 101–115 (zit. Meindl: Politik).

10 Vgl. Armin Fuhrer/Heinz Schön: Erich Koch, Hitlers brauner Zar. Gauleiter von Ostpreußen und Reichskommissar der Ukraine, München 2010.

11 Bruno Schumacher: Geschichte Ost- und Westpreußens, 6., durchges. Aufl., Würzburg 1977.

12 Hartmut Boockmann: Ostpreußen und Westpreußen, Berlin 1992.

unbrauchbar. Ein kurzer, gelungener Überblick über die Geschichte Ostpreußens im 20. Jahrhundert findet sich in einer Quellenedition von Christian Tilitzki.[13] Andreas Kosserts Dissertation[14] gibt einigen Aufschluss über die Landwirtschaft im Süden Ostpreußens. Kosserts nachfolgende Publikationen zu Masuren und Ostpreußen stellen, mindestens für die hier interessierenden Themenbereiche, Mehrfachverwertungen dieser Dissertation dar; sie alle eignen sich lediglich als grober Überblick über größere Zusammenhänge.[15] Die als »Biographie einer Provinz«[16] untertitelte, voluminöse Publikation Hermann Pölkings nimmt gelegentlich unkritisch Zeitzeugenberichte zum Nennwert, ist andererseits aber eine stupende Zusammenstellung von Quellen und Einzelinformationen, die auch zum nationalsozialistischen Ostpreußen viel Material enthält. Eine exzellente, auch nach über vierzig Jahren nützliche Studie zu Politik und Landwirtschaft in Ostpreußen sowie einen ebenso luziden Artikel zur Wende Masurens hin zum Nationalsozialismus hat Dieter Hertz-Eichenrode geliefert;[17] beide Publikationen behandeln jedoch nicht die nationalsozialistische Zeit.

Was für das nationalsozialistische Ostpreußen gilt, trifft mehr noch für den Regierungsbezirk Zichenau und den Bezirk Bialystok zu; beide Gebiete werden in der vorliegenden Untersuchung insgesamt nur kursorisch und im Rahmen konkreter Fragen behandelt. Wenn überhaupt, wurde der Regierungsbezirk Zichenau in erster Linie im Zusammenhang mit der Vernichtungspolitik der Nationalsozialisten behandelt. Dies gilt für Arbeiten, die in den 1980er-Jahren erschienen,[18] ebenso wie für jüngst veröffentlichte Studien.[19] Eine Ausnahme

13 Vgl. Tilitzki: Alltag, S. 10–64.

14 Andreas Kossert: Preußen, Deutsche oder Polen? Die Masuren im Spannungsfeld des ethnischen Nationalismus 1870–1956, Wiesbaden 2001. Nicht zuletzt auf Kosserts unveröffentlichte Magisterarbeit stützt sich Bernd Martin: Masuren. Mythos und Geschichte, Karlsruhe 1998, siehe dort S. 73–88.

15 Vgl. Andreas Kossert: Masuren. Ostpreußens vergessener Süden, Berlin 2001, S. 301–304, ders.: Ostpreußen. Geschichte und Mythos, 4. Aufl., München 2007 (EA 2005), S. 275–276, ders.: Damals in Ostpreußen. Der Untergang einer deutschen Provinz, München 2008, S. 115–117, und jüngst (ohne wissenschaftlichen Apparat) ders.: Ostpreussen. Geschichte einer historischen Landschaft, München 2014, S. 74–75.

16 Hermann Pölking: Ostpreussen. Biographie einer Provinz, 2., verb. Aufl., Berlin 2012 (zit. Pölking: Ostpreussen).

17 Dieter Hertz-Eichenrode: Politik und Landwirtschaft in Ostpreußen 1919–1930. Untersuchung eines Strukturproblems in der Weimarer Republik, Köln/Opladen 1969 (zit. Hertz-Eichenrode: Politik); ders.: Die Wende zum Nationalsozialismus im südlichen Ostpreußen 1930–1932. Zugleich ein Beitrag zur Geschichte des Masurentums, in: Olsztyńskie studia niemcoznawcze 98 (1986), S. 59–114.

18 Michał Grynberg: Żydzi w rejencji ciechanowskiej. 1939–1942, Warszawa 1984; Witold Pronobis: Zur Okkupationspolitik des faschistischen deutschen Imperialismus im Regierungsbezirk Zichenau (Ciechanów) 1939–1945, in: Bruno Schrage (Red.): Polen im Bann-

stellt eine Publikation von Bożena Górczyńska-Przybyłowicz dar, die Informationen zur sozialen und wirtschaftlichen Entwicklung im Regierungsbezirk Zichenau liefert.[20] Sie hatte zuvor einen Artikel veröffentlicht, der nicht nur die Landwirtschaft im Zichenauer Gebiet, sondern auch im Bezirk Bialystok zum Gegenstand nahm.[21] Nähere Ausführungen zur Wirtschaft dort finden sich, neben den erwähnten Passagen in Meindls Koch-Biographie, überdies in einem Übersichtsartikel von Tadeusz Janicki.[22] Ansonsten steht wie beim Regierungsbezirk Zichenau auch beim Bezirk Bialystok der Holocaust im Vordergrund der bisherigen Forschungen.[23] Wertvolle Informationen zu beiden Gebieten bietet nach wie vor Czesław Madajczyks Klassiker zur Okkupationspolitik,[24] zu deren Erforschung im Falle des Bezirks Bialystok auch Michał Gnatowski einen Beitrag geleistet hat.[25]

---

kreis des Imperialismus (= Studien zur Geschichte der deutsch-polnischen Beziehungen, Heft 3), Rostock 1980, S. 63–83.

19 Jan Grabowski: The Holocaust in Northern Mazovia (Poland) in the Light of the Archive of the Ciechanów Gestapo, in: Holocaust and Genocide Studies 18 (2004), No. 3, S. 460–476; ders.: Die antijüdische Politik im Regierungsbezirk Zichenau, in: Jacek Andrzej Mlynarczyk/Jochen Böhler (Hg.): Der Judenmord in den eingegliederten polnischen Gebieten 1939–1945, Warschau 2010, S. 99–116; Andreas Schulz: Regierungsbezirk Zichenau, in: Wolf Gruner/Jörg Osterloh (Hg.): Das »Großdeutsche Reich« und die Juden. Nationalsozialistische Verfolgung in den »angegliederten« Gebieten, Frankfurt a. M./New York 2010, S. 262–280 (zit. Schulz: Zichenau); Janusz Szczepański: Regierungsbezirk Zichenau. Peripherie ohne Ghettoarbeit?, in: Jürgen Hensel/Stephan Lehnstaedt (Hg.): Arbeit in den nationalsozialistischen Ghettos, Osnabrück 2013, S. 195–208. Auch den Regierungsbezirk Zichenau und den Bezirk Bialystok umfasst die wertvolle Quellenedition von Klaus-Peter Friedrich (Bearb.): Polen. September 1939–Juli 1941 (= Die Verfolgung und Ermordung der europäischen Juden durch das nationalsozialistische Deutschland 1933–1945, Bd. 4), Mitarbeit: Andrea Löw, München 2011.

20 Bożena Górczyńska-Przybyłowicz: Życie gospodarczo-społeczne na ziemiach polskich włączonych do Prus Wschodnich w okresie okupacji hitlerowskiej, Ciechanów 1989 (zit. Górczyńska-Przybyłowicz: Życie).

21 Bożena Górczyńska: Die Agrarpolitik in polnischen Gebieten, die während der hitlerfaschistischen Okkupation Ostpreußen eingegliedert wurden (1939–1945), in: Studia Historiae Oeconomicae 17 (1982), S. 255–264 (zit. Górczyńska: Agrarpolitik).

22 Tadeusz Janicki: Die deutsche Wirtschaftspolitik in den eingegliederten Gebieten 1939–1945, in: Jacek Andrzej Młynarczyk (Hg.): Polen unter deutscher und sowjetischer Besatzung 1939–1945, Osnabrück 2009, S. 79–102.

23 Vgl. Freia Anders/Katrin Stoll/Karsten Willke (Hg.): Der Judenrat von Białystok. Dokumente aus dem Archiv des Białystoker Ghettos 1941–1943, Paderborn/München/Wien u. a. 2010. Siehe auch Katrin Stoll: Die Herstellung der Wahrheit. Strafverfahren gegen ehemalige Angehörige der Sicherheitspolizei für den Bezirk Białystok, Berlin/Boston, Ma. 2012 (zit. Stoll: Wahrheit), sowie Ewa Rogalewska: Bezirk Bialystok. Zwischen Arbeit und Flucht in einem vergessenen Teil des Deutschen Reichs, in: Jürgen Hensel/Stephan Lehnstaedt (Hg.): Arbeit in den nationalsozialistischen Ghettos, Osnabrück 2013, S. 181–194.

24 Czesław Madajczyk: Okkupationspolitik Nazideutschlands in Polen 1939–1945, Berlin 1987 (zit. Madajczyk: Okkupationspolitik).

25 Michał Gnatowski: Nationalsozialistische Okkupationspolitik im »Bezirk Bialystok« 1941–1944, in: Freia Anders/Hauke-Hendrik Kutscher/Katrin Stoll (Hg.): Bialystok in Bielefeld.

Darüber hinaus gibt es, ganz abgesehen von Orts- und Heimatchroniken[26] und zumal von Erinnerungsliteratur, eine ganze Reihe von Publikationen mit Informationen zum nationalsozialistischen Ostpreußen, deren wissenschaftlicher Wert eingeschränkt ist und die doch nicht ignoriert werden können: Es handelt sich um – jedenfalls in Teilen formalen wissenschaftlichen Ansprüchen genügende – Veröffentlichungen von Autoren, die selber im nationalsozialistischen Ostpreußen tätig waren oder aber mit ihren Publikationen politische Ziele verbanden. Bei diesen Arbeiten sind die Informationen jeweils von Fall zu Fall sorgfältig auszuwählen, so dass die offenkundigen Fachkenntnisse und auch intime Detailkenntnisse genutzt werden können, ohne den ebenso offenkundigen politischen Absichten aufzusitzen. Ein Beispiel hierfür ist Friedrich Richter, dessen Arbeiten unter den betreffenden Publikationen insgesamt die zuverlässigsten sind. Richter war ab 1935 bei Landesplanung, Landesgewerbeamt und Ostpreußenreferat des Reichswirtschaftsministeriums selber Teil der Wirtschaftsgeschichte des nationalsozialistischen Ostpreußens.[27] Zu dieser hat er in Monographien und Artikeln publiziert.[28] Offen apologetisch dagegen sind die Publikationen von Klaus von der Groeben, der von 1936 bis 1945 Landrat in ostpreußischen Landkreisen gewesen war. Er beschäftigt sich vorwiegend mit Fragen der Verwaltung in Ostpreußen, streift dabei aber auch Aspekte der Landwirtschaft.[29]

Nationalsozialistische Verbrechen vor dem Landgericht Bielefeld 1958–1967, Bielefeld 2003, S. 161–185 (zit. Gnatowski: Okkupationspolitik).

26 Vgl. Klaus-Eberhard Murawski: Die Zeit des Nationalsozialismus im Spiegel von ostpreußischen Heimatchroniken und Ortsgeschichten nach 1945, in: Preußenland 31 (1993), S. 51–58.

27 Vgl. Rohrer: Macht, S. 18–19, bei S. 19 auch FN 41.

28 Friedrich Richter: Industriepolitik im agrarischen Osten. Ein Beitrag zur Geschichte Ostpreussens zwischen den Weltkriegen. Bericht und Dokumentation, Wiesbaden 1984 (zit. Richter: Industriepolitik); ders.: Beiträge zur Industrie- und Handwerksgeschichte Ostpreussens 1919–1939, Stuttgart 1988; ders.: Wirtschaftsprobleme Ostpreußens, in: Bernhart Jähnig/Silke Spieler (Hg.): Das Königsberger Gebiet im Schnittpunkt deutscher Geschichte und in seinen europäischen Bezügen, Bonn 1993, S. 45–71; ders.: 1939. Halbzeit des »Ostpreußenplans« von 1933?, in: Bernhart Jähnig/Georg Michels (Hg.): Das Preußenland als Forschungsaufgabe. Eine europäische Region in ihren geschichtlichen Bezügen, Lüneburg 2000, S. 357–363 (zit. Richter: Halbzeit).

29 Klaus von der Groeben: Verwaltung und Politik 1918–1933 am Beispiel Ostpreußens, 2., erw. Aufl., Kiel 1988; ders.: Das Land Ostpreußen. Selbsterhaltung, Selbstgestaltung, Selbstverwaltung. 1750 bis 1945, Kiel 1993; ders.: Provinz Ostpreußen, in: Gerd Heinrich/Friedrich-Wilhelm Henning/Kurt G. A. Jeserich (Hg.): Verwaltungsgeschichte Ostdeutschlands 1815–1945. Organisation, Aufgaben, Leistungen der Verwaltung, Stuttgart/Berlin/Köln 1993, S. 147–260; ders.: Im Dienst von Staat und Gemeinschaft. Erinnerungen, Kiel 1995. Vgl. auch Dieter Stüttgen (Bearb.): Ost- und Westpreußen (= Grundriß zur deutschen Verwaltungsgeschichte 1815–1945, Reihe A: Preußen, Bd. 1), Marburg a. d. L. 1975, S. 63 und S. 73 (zit. Stüttgen: Ost- und Westpreußen). Für eine biographische Skizze zu Klaus von der Groeben vgl. Rohrer: Macht, S. 574, für einen freilich unkritischen Nachruf Georg-Christoph von Unruh: Klaus von der Groeben 1902–2002, in: Die Verwaltung 35 (2002), S. 289–292.

Solcherlei problematische Publikationen gibt es auch für den Bereich der Landwirtschaft im engeren Sinne. Eine Analyse von Hermann Schmidt und Georg Blohm, die in nationalsozialistischer Zeit in Ostpreußen beziehungsweise Pommern und Danzig tätig gewesen waren, bietet immerhin in Teilen eine nützliche Zusammenstellung von Zahlen, Fakten und Statistiken, freilich mit gelegentlicher antipolnischer Spitze und ohne jede geschichtskritische Einordnung insbesondere der nationalsozialistischen Zeit.[30] Eine Analyse, die die betriebswirtschaftliche Seite der ostpreußischen Landwirtschaft beleuchtet, lieferte 1968 Friedrich Dimigen.[31] Dessen Vergangenheit freilich spiegelt sich, bei allem Bemühen um Transparenz und Objektivität, nicht zuletzt in der unkritischen und faktisch nicht überzeugenden Betrachtung der nationalsozialistischen Zeit – Dimigen war hochrangiger Funktionär der Landesbauernschaft Ostpreußen gewesen.

Apologetisch und revanchistisch hingegen ist eine von der Landsmannschaft Ostpreußen herausgegebene Publikation von Hans Bloech[32], die für die vertriebenen Ostpreußen Heimatrecht auf ostpreußischem Boden reklamiert und lediglich von völkerrechtswidrigen Taten bei der Vertreibung durch die Rote Armee berichtet, nicht aber von den von deutscher Seite zuvor begangenen Taten.[33] Umso problematischer ist daher, dass der Abschnitt zur ostpreußischen Landwirtschaft im »Handbuch der Geschichte Ost- und Westpreußens« aus dem Jahr 1997, vom selben Autor in Zusammenarbeit mit Martin Heide verfasst, in dieselbe Kerbe schlägt.[34] Gewiss bietet der Artikel nützliche Einzelinformationen, doch ist er im Kern unkritisch, einseitig und in Teilen schlicht irreführend. So lautet das faktisch kaum haltbare Fazit dort nicht nur: »Im Gegensatz zu 1918 war die ostpreußische Landwirtschaft Ende 1944 noch völlig intakt.« Vielmehr schließt er an: »Die Furcht vor den völkerrechtswidrigen Gewalttaten der ein-

30 Vgl. Hermann Schmidt/Georg Blohm (Mitarb.): Die Landwirtschaft von Ostpreußen und Pommern. Geschichte, Leistung und Eigenart der Landwirtschaft in den ehemals ostdeutschen Landesteilen seit dem Kriege 1914/18 und bis Ende der dreißiger Jahre. 1914/18–1939, Marburg a. d. L. 1978, S. 26 sowie S. 35–36.

31 Friedrich Dimigen: Die wirtschaftliche Entwicklung der ostpreussischen landwirtschaftlichen Betriebe seit dem ersten Weltkrieg, in: Berichte über Landwirtschaft. Zeitschrift für Agrarpolitik und Landwirtschaft 46 (1968), Heft 3, S. 518–568 (zit. Dimigen: Entwicklung).

32 Hans Bloech: Ostpreußens Landwirtschaft, Hamburg o. D. [nach 1980] (zit. Bloech: Landwirtschaft).

33 Die Publikation steht offenbar im Zusammenhang mit einer von der Landsmannschaft Ostpreußen initiierten, gleichnamigen Ausstellung, die im Juni 1983 in Ellingen eröffnet wurde, vgl. das Ostpreußenblatt vom 18. 6. 1983, S. 19 (Artikel »Alles über das Landleben in der Heimat«).

34 Hans Bloech/Martin Heide: Abschnitt »Landwirtschaft«, in: Ernst Opgenoorth (Hg.): Handbuch der Geschichte Ost- und Westpreußens, Tl. 4: Vom Vertrag in Versailles bis zum Ende des Zweiten Weltkrieges 1918–1945, Lüneburg 1997, S. 101–126, zu Ostpreußen S. 101–116 (zit. Bloech/Heide: Landwirtschaft).

dringenden Sieger gegenüber der Zivilbevölkerung (Morde, Vergewaltigungen, Verschleppungen und Verhungernlassen) veranlaßte die Bauern wieder zum Wegtrecken.«[35] Auch hier fehlt jede Distanz zur Landwirtschaftspolitik, ebenso jeder Hinweis auf die Gewaltpolitik der Nationalsozialisten. Es spricht Bände, dass die erwähnte ausgezeichnete Studie von Hertz-Eichenrode unbeachtet blieb – man kann sich nur wundern, dass ein solcher Artikel Eingang in ein Handbuch gefunden hat.[36]

Ist der Forschungsstand weder beim biographischen Zugriff auf Erich Spickschen noch beim regionalgeschichtlichen Zugriff auf die Landesbauernschaft Ostpreußen hinreichend, so wäre doch Aufschluss über die Landesbauernschaften durch Forschungsleistungen zum Reichsnährstand und, noch weiter gefasst, im Forschungsfeld der Agrarpolitik und Ernährungswirtschaft zu erwarten. Dem ist indes nur in sehr begrenztem Umfang so. Betrachtet man die aktuellen allgemeinen Forschungsüberblicke zum Nationalsozialismus, so könnte man den Eindruck bekommen, dass sich in den genannten Forschungsfeldern kaum mehr etwas bewegt, ja: dass sie im Grunde abgearbeitet sind. Dies gilt für Klaus Hildebrands vielfach neu aufgelegten Überblick, in dessen 28-seitiger Diskussion der Literatur zur Wirtschaft der Bereich der Landwirtschaft weniger als eine halbe Seite ausmacht,[37] für Ian Kershaws überarbeitete und erweiterte Darstellung des Forschungsstandes[38] ebenso wie für weitere solcher Übersichten.[39]

Dies mag zusammenhängen mit dem 1997 unter dem Titel »Brot - Butter - Kanonen« erschienenen Standardwerk zur nationalsozialistischen Ernährungswirtschaft von Gustavo Corni und Horst Gies,[40] die drei Jahre zuvor bereits eine sehr nützliche Zusammenstellung von Schlüsselquellen zur »Blut- und-Boden«-Ideologie und Agrarpolitik der nationalsozialistischen Zeit veröffentlicht hatten.[41] »Brot - Butter - Kanonen« behandelt die nationalsozialistische Ernährungswirtschaft unter verschiedenen Perspektiven, indem es Aspekte von Organisation, Politik, Ideologie, Gesellschaft und Wirtschaft analysiert; sowohl

35 Beide Zitate ebd., S. 113.

36 Vgl. hierzu Kittel: Preussens Osten, S. 441, FN 32.

37 Klaus Hildebrand: Das Dritte Reich, 7., durchges. Aufl., München 2009, S. 193–221, zur Landwirtschaft dort S. 209.

38 Ian Kershaw: Der NS-Staat, 4. Aufl., Hamburg 2009, S. 80–111.

39 Vgl. Andreas Wirsching: Vom »Lehrstück Weimar« zum Lehrstück Holocaust?, in: APuZ 62 (2012), Heft 1–3, S. 9–14, Magnus Brechtken: Geschichte der nationalsozialistischen Herrschaft, in: GWU 62 (2011), S. 237–251, sowie ders.: Geschichte der nationalsozialistischen Herrschaft. Teil II, in: GWU 62 (2011), S. 366–380.

40 Gustavo Corni/Horst Gies: Brot - Butter - Kanonen. Die Ernährungswirtschaft in Deutschland unter der Diktatur Hitlers, Berlin 1997 (zit. Corni/Gies: Ernährungswirtschaft).

41 Dies.: Blut und Boden. Rassenideologie und Agrarpolitik im Staat Hitlers, Idstein 1994 (zit. Corni/Gies: Blut und Boden).

der Reichsnährstand als auch das Reichsministerium für Ernährung und Landwirtschaft (RMEL) werden hiermit abgedeckt. Dies erfolgt ohne nationalgeschichtliche Verengung, wozu gewiss auch der Mitautor Corni beitrug, der bereits zur Ernährungswirtschaft im faschistischen Italien gearbeitet hatte.[42] Gies wiederum hatte in den Jahrzehnten zuvor unzählige Artikel im Forschungsfeld der Agrarpolitik veröffentlicht.[43] Daher bilanziert das Standardwerk von Corni und Gies in gewisser Weise auch die Resultate der in den 1970er- und 1980er-Jahren vorherrschenden Forschungstendenzen der Strukturgeschichte, Ereignisgeschichte und Sozialgeschichte.

Zu diesen Resultaten trugen freilich gewiss nicht nur Corni und Gies bei. Sie konnten auf eine Vielzahl von Studien aus den erwähnten Forschungsrichtungen zurückgreifen, von denen einige auch den Reichsnährstand behandeln. Um nur die wichtigsten Autorinnen und Autoren zu nennen: Joachim Lehmann, dessen Arbeiten zu Lebzeiten der DDR den typischen historisch-dialektischen Überbau zeigen, jedoch jederzeit informativ und nützlich sind;[44] Werner Tornow, der eine ereignisgeschichtliche Synopse von Fakten zur Agrargeschichte

42 U. a. Gustavo Corni: Die Agrarpolitik des Faschismus: Ein Vergleich zwischen Deutschland und Italien, in: Ralph Meville/Claus Scharf/Martin Vogt u. a. (Hg.): Deutschland und Europa in der Neuzeit. Festschrift für Karl Otmar Freiherr von Aretin zum 65. Geburtstag, Halbbd. 2, Stuttgart 1988, S. 825–855, später auch ders.: Markt, Politik und Staat in der Landwirtschaft. Ein Vergleich zwischen Deutschland und Italien im 20. Jahrhundert, in: ZAA 51 (2003), Heft 1, S. 62–77.

43 U.a. Horst Gies: NSDAP und landwirtschaftliche Organisationen in der Endphase der Weimarer Republik, in: VfZG 15 (1967), S. 341–376; ders.: Der Reichsnährstand: Organ berufsständischer Selbstverwaltung oder Instrument staatlicher Wirtschaftslenkung, in: ZAA 21 (1973), S. 216–233; ders.: Revolution oder Kontinuität – die personelle Struktur des Reichsnährstandes, in: Günther Franz (Hg.): Bauernschaft und Bauernstand. 1500–1970, Limburg a. d. L. 1975, S. 323–330 (zit. Gies: Revolution); ders.: Die Rolle des Reichsnährstandes im nationalsozialistischen Herrschaftssystem, in: Gerhard Hirschfeld/Lothar Kettenacker (Hg.): Der »Führerstaat«. Mythos und Realität, Stuttgart 1981, S. 270–304; ders.: Von der Verwaltung des »Überflusses« zur Verwaltung des »Mangels«. Instrumente staatlicher Marktregelung für Nahrungsmittel vor und nach 1933, in: Dieter Rebentisch/Karl Teppe (Hg.): Verwaltung contra Menschenführung im Staat Hitlers, Göttingen 1986, S. 302–332.

44 Joachim Lehmann: Untersuchungen zur Agrarpolitik und Landwirtschaft im faschistischen Deutschland während des zweiten Weltkrieges 1942–1945, Diss. Rostock 1977; ders.: Die deutsche Landwirtschaft im Kriege, in: Dietrich Eichholtz: Geschichte der deutschen Kriegswirtschaft 1939–1945, Bd. II/2: 1941–1943, Berlin 1985, S. 570–642 (zit. Lehmann: Deutsche Landwirtschaft); ders.: Faschistische Agrarpolitik im Zweiten Weltkrieg: Zur Konzeption von Herbert Backe, in: ZfG 28 (1980), S. 948–956; ders.: Zwangsarbeiter in der deutschen Landwirtschaft 1939 bis 1945, in: Ulrich Herbert (Hg.): Europa und der »Reichseinsatz«. Ausländische Zivilarbeiter, Kriegsgefangene und KZ-Häftlinge in Deutschland 1938–1945, Essen 1991, S. 127–139; ders.: Mecklenburgische Landwirtschaft und Modernisierung in den dreißiger Jahren, in: Frank Bajohr (Hg.): Norddeutschland im Nationalsozialismus, Hamburg 1993, S. 335–346.

veröffentlichte;[45] John Edgar Farquharson, der einen ersten, freilich noch unzureichenden Überblick zur Ernährungswirtschaft und Ernährungspolitik unternahm;[46] Adelheid von Saldern, die die Bauernschaft in einer sozialgeschichtlichen Studie vor dem Hintergrund der damaligen Mittelstandsdiskussion untersuchte;[47] Friedrich Grundmann, der eine bis heute gültige Studie zum Reichserbhofgesetz verfasste;[48] Claudia Frank, deren Dissertation den Reichsnährstand als Organisation in den Blick nahm.[49]

Nicht nur wie schon erwähnt die aktuellen Forschungsüberblicke, sondern auch etliche der gängigen Gesamtdarstellungen stützen sich mehr oder weniger stark auf das Standardwerk von Corni und Gies. Dies gilt für die beiden umfassenden Darstellungen deutscher Geschichte im 20. Jahrhundert von Hans-Ulrich Wehler[50] und Ulrich Herbert,[51] ebenso für die Gesamtdarstellungen des Nationalsozialismus von Magnus Brechtken[52] und Michael Wildt,[53] und schließlich auch für die derzeit beste Gesamtdarstellung zur nationalsozialistischen Wirtschaft und Wirtschaftspolitik von Adam Tooze.[54] Tooze versteht es dabei, die immense Bedeutung der Landwirtschaft und Ernährungswirtschaft für die erste Hälfte des 20. Jahrhunderts im Deutschen Reich und im gesamten Europa neu ins Bewusstsein zu rücken. Jüngste Veröffentlichungen unterstreichen diese Bedeutung, so im Hinblick auf den Zusammenhang von Kriegführung und Ernährung.[55]

Was alle diese Publikationen vereint, ist die Tatsache, dass der Reichsnähr-

45 Werner Tornow (Bearb.): Chronik der Agrarpolitik und Agrarwirtschaft des Deutschen Reiches von 1933–1945, Hamburg/Berlin 1972 (zit. Tornow: Chronik).

46 John Edgar Farquharson: The Plough and the Swastika. The NSDAP and Agriculture in Germany 1928–45, London/Beverly Hills, Ca. 1976 (zit. Farquharson: Plough).

47 Adelheid von Saldern: Mittelstand im »Dritten Reich«. Handwerker, Einzelhändler, Bauern, Frankfurt a. M./New York 1979.

48 Friedrich Grundmann: Agrarpolitik im »Dritten Reich«. Anspruch und Wirklichkeit des Reichserbhofgesetzes, Hamburg 1979 (zit. Grundmann: Agrarpolitik).

49 Claudia Frank: Der »Reichsnährstand« und seine Ursprünge. Struktur, Funktion und ideologische Konzeption, Diss. Hamburg 1988 (zit. Frank: Reichsnährstand).

50 Hans-Ulrich Wehler: Deutsche Gesellschaftsgeschichte, Bd. 4: Vom Beginn des Ersten Weltkriegs bis zur Gründung der beiden deutschen Staaten. 1914–1949, München 2003, S. 699–707 (zit. Wehler: Gesellschaftsgeschichte 4).

51 Ulrich Herbert: Geschichte Deutschlands im 20. Jahrhundert, München 2014, S. 362–364 (zit. Herbert: Geschichte Deutschlands).

52 Vgl. Magnus Brechtken: Die nationalsozialistische Herrschaft 1933–1939, Darmstadt 2004, S. 47–49.

53 Vgl. Michael Wildt: Geschichte des Nationalsozialismus, Göttingen 2008, S. 101–103.

54 Vgl. Adam Tooze: Ökonomie der Zerstörung. Die Geschichte der Wirtschaft im Nationalsozialismus, München 2008, dort u. a. S. 201–239 (zit. Tooze: Zerstörung).

55 Vgl. Christoph Dieckmann/Babette Quinkert (Hg.): Kriegführung und Hunger. 1939–1945. Zum Verhältnis von militärischen, wirtschaftlichen und politischen Interessen, Göttingen 2015, sowie Lizzie Collingham: The Taste of War. World War Two and the Battle for Food, London 2011 (zit. Collingham: Taste of War).

stand unterhalb der Reichsebene weitgehend unbeachtet blieb. Nun war es für einen Experten wie Ulrich Kluge im Jahr 2005 ein Leichtes, eine ganze Reihe von Forschungsdesideraten bei der nationalsozialistischen Ernährungswirtschaft zu identifizieren. In seiner Kritik an der zu starken Fixierung der Forschung auf das Handeln des nationalsozialistischen Regimes freilich schwingt die Ansicht mit, den Reichsnährstand als erforscht zu betrachten.[56] Dabei hatte sich 2005 längst gezeigt, dass die regionale Forschung im Entstehen begriffen und erkennbar aussichtsreich war. Dies zeigte schon 1990 ein Artikel von Michael Schwartz zur Landesbauernschaft Westfalen,[57] vor allem aber die Regionalstudie von Daniela Münkel zum Landkreis Stade, in der nicht nur die Ebene des Reichsnährstands auf Kreisebene erstmals ins Zentrum der Aufmerksamkeit rückte, sondern auch der ländliche Alltag quasi in Interaktion mit Akteuren wie den Kreisbauernführern.[58] In zeitlicher und perspektivischer Nähe hierzu erschienen zudem Arbeiten, die ihren Fokus auf Reaktion und Verhalten der bäuerlichen Bevölkerung in der Konfrontation mit der nationalsozialistischen Agrarpolitik richteten, so von Beatrix Herlemann[59] für Niedersachsen sowie von Theresia Bauer[60] für Bayern; letztere konnte dabei auf dem vielfältige Vorarbeiten liefernden, bereits Anfang der 1980er-Jahre durchgeführten »Bayern-Projekt« von Martin Broszat[61] aufbauen. Helene Albers untersuchte Westfalen-Lippe in systemübergreifenden zeitlichen Längsschnitten, im Hinblick auf die Landwirtschaftskammer und deren Nachfolgeorganisationen und auf die dortigen Bäuerinnen.[62] Forschung zur Landwirtschaft in der Region während der nationalsozialistischen Zeit ist mithin nichts völlig Neues. Trotz dieser Konzentration von Studien im selben Forschungsfeld vor allem in der zweiten Hälfte der 1990er-Jahre wurde jedoch keine gleichsam flächendeckende regionale Er-

---

56 Vgl. Ulrich Kluge: Agrarwirtschaft und ländliche Gesellschaft im 20. Jahrhundert, München 2005, S. 88–99.

57 Vgl. Michael Schwartz: Zwischen »Reich« und »Nährstand«. Zur soziostrukturellen und politischen Heterogenität der Landesbauernschaft Westfalen im »Dritten Reich«, in: Westfälische Forschungen 40 (1990), S. 303–336 (zit. Schwartz: Westfalen).

58 Daniela Münkel: Nationalsozialistische Agrarpolitik und Bauernalltag, Frankfurt a. M./New York 1996 (zit. Münkel: Agrarpolitik); vgl. auch dies.: Bäuerliche Interessen versus NS-Ideologie. Das Reichserbhofgesetz in der Praxis, in: VfZG 44 (1996), S. 549–580 (zit. Münkel: Reichserbhofgesetz).

59 Beatrix Herlemann: Der Bauer klebt am Hergebrachten. Bäuerliche Verhaltensweisen unterm Nationalsozialismus auf dem Gebiet des heutigen Niedersachsen, Hannover 1993 (zit. Herlemann: Bauer).

60 Theresia Bauer: Nationalsozialistische Agrarpolitik und bäuerliches Verhalten im Zweiten Weltkrieg. Eine Regionalstudie zur ländlichen Gesellschaft in Bayern, Frankfurt a. M. 1996.

61 Martin Broszat (Hg.): Bayern in der NS-Zeit. 6 Bde, München 1977–1983.

62 Helene Albers: Die stille Revolution auf dem Lande. Landwirtschaft und Landwirtschaftskammer in Westfalen-Lippe 1899–1999, Münster 1999; dies.: Zwischen Hof, Haushalt und Familie. Bäuerinnen in Westfalen-Lippe (1920–1960), Paderborn/München/Wien u. a. 2001.

forschung des Reichsnährstandes ausgelöst, wenn auch unterdessen Detailstudien im erweiterten Forschungsfeld erschienen sind. Dies gilt für Andreas Dornheims Studie,[63] in der unter anderem Archivmaterial zu Thüringen ausgewertet wurde. Regional benachbart ist die gerade erschienene Arbeit von Joachim Hendel[64] zur Agrar- und Ernährungspolitik in ausgewählten NS-Gauen, die nicht zuletzt die Ernährungsämter im Lichte des aktuellen Forschungsparadigmas »Mobilisierung« in den Blick nimmt.[65] Eine Studie von Gerhard Siegl befasst sich dagegen mit den Bergbauern in der »Ostmark«.[66] In diesen drei Arbeiten spielen der Reichsnährstand beziehungsweise Landesbauernschaften nur bei Hendel eine zentrale Rolle. Ansonsten stehen Landesbauernführer und Landesbauernschaften wie schon angedeutet nur in wenigen, knappen Artikeln im Mittelpunkt.[67]

Neben diesen zarten Pflänzchen der Forschung zum Reichsnährstand zeichnet sich die Forschungstendenz zur nationalsozialistischen Landwirtschaft und Ernährungswirtschaft bis zum heutigen Tage vor allem durch eine enorme inhaltliche Diversifizierung aus. Eine wichtige Perspektive folgt dem cultural turn, um den sich für die nationalsozialistische Ernährungswirtschaft insbesondere der bemerkenswert produktive österreichische Historiker Ernst Lang-

---

63 Dornheim: Moderne.

64 Joachim Hendel: Den Krieg ernähren. Kriegsgerichtete Agrar- und Ernährungspolitik in sechs NS-Gauen des »Innerreiches«. 1933 bis 1945, Hamburg 2015 (zit. Hendel: Den Krieg ernähren); vgl. auch ders.: Zivile Mobilmachung? Die Gründung der Ernährungsämter 1939 und ihr Bedeutungswandel im ›totalen Krieg‹, in: Oliver Werner (Hg.): Mobilisierung im Nationalsozialismus. Institutionen und Regionen in der Kriegswirtschaft und der Verwaltung des »Dritten Reiches« 1936 bis 1945, Paderborn/München/Wien u. a. 2013, S. 181–195.

65 Vgl. auch Joachim Hendel/Oliver Werner: Regionale Mittelinstanzen im Nationalsozialismus. Materialien zur Erforschung der NS-Gaue als Mobilisierungsstrukturen, Jena 2015, sowie Michael Ruck: Partikularismus und Mobilisierung – traditionelle und totalitäre Regionalgewalten im Herrschaftsgefüge des NS-Regimes, in: Sven Reichardt/Wolfgang Seibel (Hg.): Der prekäre Staat. Herrschen und Verwalten im Nationalsozialismus, Frankfurt a. M./New York 2011, S. 75–120.

66 Gerhard Siegl: Bergbauern im Nationalsozialismus. Die Berglandwirtschaft zwischen Agrarideologie und Kriegswirtschaft, Innsbruck 2013.

67 Vgl. Hans Peter Müller: Artikel »Arnold, Alfred«, in: Fred L. Sepaintner (Hg.): Baden-Württembergische Biografien, Bd. 4, Stuttgart 2007, S. 1–3 (zit. Müller: Arnold), Frank Raberg: Vinzenz Stehle – »[...] tritt auf wie ein ›Condottiere‹«, in: Wolfgang Proske (Hg.): Täter, Helfer, Trittbrettfahrer, Bd. 4: NS-Belastete aus Oberschwaben, 4. Aufl., Gerstetten 2015, S. 268–280, Christoph Bachmann: Blut und Boden. Zur Herrschafts- und Verwaltungsgeschichte des Reichsnährstands in Bayern, in: Hermann Rumschöttel/Walter Ziegler (Hg.): Staat und Gaue in der NS-Zeit. Bayern 1933–1945, München 2004, S. 621–650 (zit. Bachmann: Blut und Boden), zur LBsch Kärnten Konrad Erker: Von Maria Theresia zur EU. Geschichte und Wirken der landwirtschaftlichen Berufskörperschaft Kärntens im Spiegel der eigenen Presse, Klagenfurt 2003, S. 616–628 (zit. Erker: Maria Theresia), sowie den schon erwähnten Aufsatz von Schwartz: Westfalen, S. 303–336. Keine wissenschaftlich fundierte Analyse bietet Nils Cramer: Erbhof und Reichsnährstand. Landwirtschaft in Schleswig-Holstein 1933–1945, Husum 2013.

thaler verdient gemacht hat. Ausgangspunkt sind bei ihm »[...] weder die Aktionen ›von oben‹, noch die Reaktionen ›von unten‹; es sind die Wahrnehmungs,- Deutungs- und Handlungsweisen der Vielen [...]«; es sind mithin die Lebenswelten der ländlichen Akteure, die er in den Mittelpunkt seiner Analysen stellt.[68] Andere Studien stellen den Versuch echter Interdisziplinarität dar, indem Landwirtschaft der nationalsozialistischen Zeit unter geschichtswissenschaftlichen und wirtschaftswissenschaftlichen Fragestellungen betrachtet wird, so in einem Aufsatz von Wolfram Pyta und Wolfgang Streb,[69] zudem jüngst von Streb zusammen mit Mark Spoerer.[70] Eine Studie von Andreas Dornheim, die für das Bundesministerium für Ernährung und Landwirtschaft erstellt wurde, rückt wiederum deren Vorgänger, das RMEL, in den Mittelpunkt.[71] Dies sollte eine Vorstudie für eine umfassende Analyse sein, wie sie etwa zum Auswärtigen Amt[72] gemacht worden ist; entsprechende Untersuchungen zur Vorgeschichte anderer Bundesministerien sind bereits im Entstehen begriffen,[73] und im Juli 2016 nahm auch eine Historikerkommission ihre Arbeit auf, die die Geschichte

68 Vgl. Ernst Langthaler: Ländliche Gesellschaft im Nationalsozialismus als »Lebenswelt« – am Beispiel der Erbhofgerichtsbarkeit, in: Dietmar von Reeken/Malte Thießen (Hg.): »Volksgemeinschaft« als soziale Praxis. Neue Forschungen zur NS-Gesellschaft vor Ort, Paderborn/München/Wien u. a. 2013, S. 111–124, dort vor allem S. 111–113, zudem unter vielen Publikationen ders.: Eigensinnige Kolonien. NS-Agrarsystem und bäuerliche Lebenswelten 1938–1945, in: Emmerich Tálos/Ernst Hanisch/Wolfgang Neugebauer u. a. (Hg.): NS-Herrschaft in Österreich. Ein Handbuch, Wien 2000, S. 348–375 (zit. Langthaler: Kolonien), ders.: Wer ist (k)ein »Bauer«? Inklusion und Exklusion durch Erbhofgerichtsverfahren (1938–1945), in: Jahrbuch für Geschichte des ländlichen Raums 5 (2008), S. 255–280 (zit. Langthaler: Inklusion und Exklusion), ders.: »Landflucht«, Agrarsystem und Moderne: Deutschland 1933–1939, in: Jochen Oltmer (Hg.): Nationalsozialistisches Migrationsregime und »Volksgemeinschaft«, Paderborn/München/Wien u. a. 2012, S. 111–136, und jüngst ders.: Schlachtfelder. Alltägliches Wirtschaften in der nationalsozialistischen Agrargesellschaft 1938–1945, Wien/Köln/Weimar 2016 (zit. Langthaler: Schlachtfelder). Diese neueste, exzellente Arbeit Langthalers konnte für die vorliegende Studie nur noch kursorisch genutzt werden.

69 Jochen Streb/Wolfram Pyta: Von der Bodenproduktivität zur Arbeitsproduktivität. Der agrarökonomische Paradigmenwechsel im Dritten Reich, in: ZAA 53 (2005), S. 56–78 (zit. Streb/Pyta: Arbeitsproduktivität).

70 Mark Spoerer/Jochen Streb: Neue deutsche Wirtschaftsgeschichte des 20. Jahrhunderts, München 2013, dort vor allem S. 123–134 (zit. Spoerer/Streb: Wirtschaftsgeschichte).

71 Andreas Dornheim: Rasse, Raum und Autarkie. Sachverständigengutachten zur Rolle des Reichsministeriums für Ernährung und Landwirtschaft in der NS-Zeit, Berlin 2011 (zit. Dornheim: RMEL), unter <http://www.bmelv.de/SharedDocs/Downloads/Ministerium/RolleReichsministeriumNSZeit.pdf> [22. 5. 2011] online verfügbar.

72 Eckart Conze/Norbert Frei/Peter Hayes u. a.: Das Amt und die Vergangenheit. Deutsche Diplomaten im Dritten Reich und in der Bundesrepublik, München 2010.

73 Vgl. <http://www.bmel.de/DE/Ministerium/_Texte/Historikerkommission.html> [28. 7. 2016] sowie beispielsweise zum Reichsfinanzministerium <http://www.reichsfinanzministerium-geschichte.de/> [17. 9. 2014]. Bereits erschienen ist von Christiane Kuller: Bürokratie und Verbrechen. Antisemitische Finanzpolitik und Verwaltungspraxis im nationalsozialistischen Deutschland, München 2013.

des Bundesministeriums für Ernährung und Landwirtschaft einschließlich seiner Vorgängerinstitutionen aufarbeiten soll. Solche Studien tragen zur allgemeinen Forschungstendenz der Institutionengeschichte bei, die durch moderne Methoden und Perspektiven neue und zunehmende Aufmerksamkeit erfährt.[74] Die Diversität der Forschung zur nationalsozialistischen Landwirtschaft demonstriert beispielhaft eine Aufsatzsammlung von Ernst Langthaler, die Beiträge, Diskussionen und methodische Anregungen vielfältigster Art zusammenführt.[75]

Was also zeichnet den aktuellen Forschungsstand zur Landesbauernschaft Ostpreußen aus, betrachtet man ihn vom allgemeineren Forschungsfeld der nationalsozialistischen Landwirtschaft her? Dornheim stellt noch 2011 in seiner eben erwähnten Studie, die zugleich einen aktuellen Überblick über wesentliche Gegenstände der einschlägigen Forschung darstellt, schon für die Reichsebene fest, dass auch nach dem Standardwerk von Corni und Gies das RMEL und der Reichsnährstand noch in vielerlei Hinsicht erforscht werden müssen: im Hinblick auf die personelle Zusammensetzung, im Hinblick auf angeschlossene Organisationen und auf Kontinuitäten hin zur Bundesrepublik.[76] Und was für die Reichsebene gilt, ist umso mehr für die darunter liegenden Ebenen wie jene der Landesbauernschaften gültig. Die vorliegenden Informationen zu Landesbauernführern und Landesbauernschaften sind disparat, von zu geringem Umfang und zu geringer Tiefe und erlauben insbesondere keine vergleichende Betrachtung, wie sie wünschenswert wäre. Vielleicht wirken auch hier Corni und Gies nach, die den Reichsnährstand, auch zur Zurückweisung von dessen Selbstbeschreibung als »Selbstverwaltungskörperschaft«, als eine Organisation beschrieben, die je länger desto mehr an Bedeutung verloren habe. Der Reichsnährstand sei »[...] zunächst nur de facto verlängerter Arm der staatlichen Bürokratie [...]«[77] gewesen, mit Entfesselung des Zweiten Weltkriegs auch de jure. Dieser Befund findet sich, in unterschiedlicher Ausprägung, auch in anderen Publikationen.[78] Er geht von der Reichsebene aus und extrapoliert quasi

74 Als Beispiel mag genügen von Isabel Heinemann: »Rasse, Siedlung, deutsches Blut«. Das Rasse- und Siedlungshauptamt der SS und die rassenpolitische Neuordnung Europas, 2. Aufl., Göttingen 2003 (zit. Heinemann: Rasse- und Siedlungshauptamt).

75 Ernst Langthaler (Hg.): Reguliertes Land. Agrarpolitik in Deutschland, Österreich und der Schweiz 1930–1960. Ernst Bruckmüller zum 60. Geburtstag, Innsbruck 2005.

76 Vgl. Dornheim: RMEL, S. 138–142.

77 Corni/Gies: Ernährungswirtschaft, S. 210.

78 Typisch etwa bei Martin Will: Selbstverwaltung der Wirtschaft. Recht und Geschichte der Selbstverwaltung in den Industrie- und Handelskammern, Handwerksinnungen, Kreishandwerkerschaften, Handwerkskammern und Landwirtschaftskammern, Tübingen 2010, S. 802 (zit. Will: Selbstverwaltung): »In den letzten Kriegsjahren verlor der mehrfach umstrukturierte Reichsnährstand schließlich fast völlig an Bedeutung und wurde zu einem bloßen weiteren Rädchen in der Kriegsmaschinerie.«

stillschweigend auf die darunter liegenden Ebenen. Die Frage aber ist, ob das, was für den Reichsnährstand auf Reichsebene stimmen mag, auch für die darunter liegende Ebene der Landesbauernschaften gilt.

Die vorliegende Studie kann und will nicht alle aufgezeigten Linien und Trends der Forschung fortführen; in ihrem Mittelpunkt stehen gleichsam klassische Fragestellungen im Bereich der Ereignis-, Struktur-, Politik-, Sozial- und Wirtschaftsgeschichte, ohne freilich kulturgeschichtliche Perspektiven gänzlich außer Acht zu lassen. Ganz grundsätzlich ist es aus Gründen der Arbeitsökonomie – angesichts eines Projekts deutlich unterhalb der Bearbeitungszeit und des Forschungsdesigns etwa einer Dissertation – nicht möglich, das weitläufige Forschungsfeld, in dem die hier in Rede stehenden Untersuchungsgegenstände relevant sind, auch nur annähernd auszuleuchten. Zugleich fehlen zu den konkreten Untersuchungsgegenständen zu viele grundlegende Vorarbeiten. Daher soll, wie eingangs definiert im Wege von fünf Einzelstudien, mit der vorliegenden Studie eine erste, grobe Schneise in das weithin noch unerschlossene Forschungsgebiet geschlagen werden, das die Untersuchungsgegenstände bilden. Jenseits der Geschichte des nationalsozialistischen Ostpreußens versteht sich die vorliegende Studie mithin auch als Einstieg in die Geschichte der Landesbauernführer und der Landesbauernschaften. Sie soll anschlussfähige Erkenntnisse für künftige Studien liefern, in denen dann das erwähnte weitläufige Forschungsfeld in alle Richtungen en détail untersucht werden kann.

Neben arbeitsökonomischen Erwägungen und dem Mangel an relevanten Vorarbeiten bildet die problematische Quellenüberlieferung eine weitere Beschränkung der vorliegenden Studie. Nach der Quellenlage muss sich die Analyse der Untersuchungsgegenstände richten. Das Vorgehen im Wege von Einzelstudien vermeidet dabei, inhaltliche Lücken zu überspielen oder zu glätten, um den Eindruck einer »runden«, alle Bereiche abdeckenden Überblicksdarstellung zu erwecken. Die Quellenbasis stellt sich als insgesamt schwierig, häufig lückenhaft, äußerst disparat, aber punktuell auch umfangreich dar.

Welche Quellenbestände wurden für diese Studie herangezogen? Im Bereich veröffentlichten Quellenmaterials sind vor allem Periodika von Bedeutung. Dies gilt für das Hausorgan der Landesbauernschaft Ostpreußen, die »Georgine«, die ab 1936 »Wochenblatt der Landesbauernschaft Ostpreußen« hieß, ebenso für dessen Ableger für den Regierungsbezirk Zichenau[79] und den Bezirk Bialystok.[80] Wichtig sind auch Publikationen des Reichsnährstands, so etwa das Periodikum

79 Tygodnik rolniczy Zichenau. Landwirtschaftliches Wochenblatt für Zichenau (zit. Tygodnik).

80 Gaspadar / Rolnik / Der Landwirt. Ausgabe für den Bezirk Bialystok (zit. Gaspadar).

»Landesbauernschaften in Zahlen«[81] mit wichtigem statistischem Material sowie die »Dienstnachrichten des Reichsnährstandes«. Ebenfalls ausgewertet wurden die wichtigsten Tageszeitungen Ostpreußens wie die »Preußische Zeitung«, die »Königsberger Allgemeine Zeitung« und das »Königsberger Tageblatt«, zudem das »Amtsblatt der Regierung in Zichenau«.[82] Neben Periodika sind zahlreiche zeitgenössische Einzelpublikationen nützlich. Dies gilt besonders für eine mehrfach aufgelegte Darstellung zum Reichsnährstand von Hermann Reischle und Wilhelm Saure.[83] Einschlägig für den Regierungsbezirk Zichenau ist eine Publikation Walther Kiesers,[84] zur Problematik der Siedlung eine von Erwin Scheu herausgegebene Schrift.[85]

Relevante nicht veröffentlichte Quellen finden sich in Archiven und Bibliotheken in Deutschland und Polen. Weniger ganze Bestände als vielmehr wertvolle Einzelstücke bieten die Zweigstellen des Bundesarchivs in Bayreuth, Freiburg und Koblenz. Die zentrale Überlieferung findet sich dagegen im Bundesarchiv Berlin-Lichterfelde: Dies meint freilich kaum Akten der Landesbauernschaft Ostpreußen, die bis auf wenig nützliche Reste verloren sind, als vielmehr die allgemeine Überlieferung zum Reichsnährstand und zum RMEL. Wertvolle Ersatzüberlieferung findet sich in den Beständen des Rechnungshofes des Deutschen Reiches und des Reichsfinanzministeriums. Ebenso sind personenbezogene Unterlagen zu zahlreichen Personen der Landesbauernschaft Ostpreußen aus dem Bestand des früheren Berlin Document Centers (BDC) ergiebig.[86]

Neben weiteren Archiven, etwa dem Hauptstaatsarchiv in Stuttgart (Landesarchiv Baden-Württemberg) und dem Standort Wolfenbüttel des Niedersächsischen Landesarchivs, die den Spuren Erich Spickschens vor 1918 und

---

81 Erstmals 1939 für die Jahre 1933–1938 erschienen, vgl. Reichsnährstand (Hg.): Landesbauernschaften in Zahlen. 1933–1938, Berlin 1939 (zit. Landesbauernschaften in Zahlen ([Jahresabschnitt])).

82 Alle diese Periodika sind in der Zeitschriftendatenbank <http://dispatch.opac.dnb.de> [23.9.2013] nachgewiesen. Zu den Publikationen des RNSt siehe auch Kapitel 4.1.

83 Hermann Reischle/Wilhelm Saure: Der Reichsnährstand. Aufbau, Aufgaben und Bedeutung, 3. Aufl., Berlin 1940 (zit. Reischle/Saure: Reichsnährstand).

84 Walther Kieser: Der Aufbau im Gebiet um Zichenau, 2. Aufl., Berlin 1942 (EA 1941) (zit. Kieser: Zichenau).

85 Erwin Scheu (Hg.): Vorschläge für die ländliche Besiedlung des neuen deutschen Ostraumes. Gutachtliche Äußerungen von Georg Blohm, Heinrich Klaaßen, Emil Lang, Erwin Scheu, Georg Weippert, Königsberg/Pr. 1940 (zit. Scheu: Vorschläge).

86 Informationen zu den Beständen des Bundesarchivs sind online unter <www.bundesarchiv.de> [22.9.2013]. Zum BDC vgl. Babette Stach: Personenbezogene Unterlagen aus der Zeit des Nationalsozialismus. Das Bundesarchiv in Berlin und seine Bestände, insbesondere des ehemaligen Berlin Document Centers (BDC), in: Herold-Jahrbuch N. F. 5 (2000), S. 147–186, und Dieter Krieger: Archiv im Spannungsfeld von Politik, Wissenschaft und öffentlicher Meinung. Geschichte und Überlieferungsprofil des ehemaligen »Berlin Document Center«, in: VfZG 45 (1997), S. 49–74.

nach 1945 zu folgen erlauben, bietet insbesondere das Geheime Staatsarchiv Preußischer Kulturbesitz in Berlin-Dahlem wertvolles Aktenmaterial. Dies gilt besonders für die Überlieferung des Landeserbhofgerichts Celle mit Urteilen sämtlicher Landesbauernschaften auf früher preußischem Gebiet und vielen Urteilen des Reichserbhofgerichts. Dieser Bestand wurde unter dem Gesichtspunkt des Reichserbhofgesetzes in Ostpreußen ausgewertet, zugleich bietet er einen Blick in die ländliche Lebenswelt Ostpreußens.[87]

In Polen lagert relevantes Quellenmaterial vor allem in den Staatsarchiven. Dies gilt für das Staatsarchiv in Warschau – weniger für dessen Filialen in Mława und Pułtusk – und für jenes in Płock. Besonders ergiebig waren Bestände im Staatsarchiv in Olsztyn, wo ein umfangreicher Bestand zur Kreisbauernschaft Neidenburg überliefert ist. Als unergiebig zeigten sich dagegen die Bestände im IPN, dem Institut für Nationales Gedenken in Warschau, das nicht zuletzt die Akten der Gestapo Zichenau beherbergt. Dies freilich scheint derzeit vor allem an einer unzureichenden Erschließung der Bestände zu liegen.

Schließlich gibt es einen weiteren Quellenbestand: persönliche Briefe, die Erich Spickschen, seine Frau sowie seine Mutter miteinander austauschten. Diese Korrespondenz bietet einen faszinierenden Blick hinter die Kulissen der Lebenswelten, in denen sich Landesbauernführer Spickschen bewegte. Hans Joachim Schröder hat viele dieser Briefe publiziert.[88] Bei seinem Buch handelt es sich nicht um eine geschichtswissenschaftliche Studie, für die es einer tieferen historischen Einbettung und Diskussion bedurft hätte, wohl aber um eine gut geschriebene Familiengeschichte, die das Deutschland des 20. Jahrhunderts aus aufschlussreicher Perspektive zeigt. Die Übertragung der handschriftlichen Briefe, von denen viele dem Verfasser in Kopie vorliegen, ist zuverlässig.[89]

Die sicherlich gravierendste Lücke in der Quellenüberlieferung betrifft jene zum Landes- beziehungsweise Provinzialernährungsamt Königsberg, zu dem es keinen eigenen archivalischen Bestand[90] gibt und das deshalb nur in groben Zügen behandelt werden kann; ein Anschluss an aktuelle Forschungen, die Ernährungspolitik im Zusammenhang der nationalsozialistischen

87 Es handelt es sich um den Bestand GStA PK, I. HA Rep. 217. In diesem Bestand findet sich Überlieferung aus allen Landesbauernschaften auf preußischem Gebiet. Er würde für künftige Studien entlang der von Ernst Langthaler angeführten Forschungslinie der ländlichen Lebenswelten eine Fülle an Material in seltener Dichte bieten.

88 Hans Joachim Schröder: Alles Liebe & heil Hitler. Wie falsche Hoffnungen entstehen. Eine Familiengeschichte, Berlin 2012.

89 Mit Dank an Dr. Thorlef Spickschen für die Überlassung der Briefe in Kopie.

90 Die Bestände zum Oberpräsidium Ostpreußens, wo das Landes- beziehungsweise Provinzialernährungsamt angesiedelt war, lagern im Geheimen Staatsarchiv Preußischer Kulturbesitz in Berlin und weisen große Lücken auf. Einen Zugang zur Archivtektonik bietet: <http://www.gsta.spk-berlin.de/archivdatenbank_1522.html> [27.3.2016].

Vernichtungspolitik diskutieren,[91] ist daher nicht in der wünschenswerten Tiefe möglich. Eine vergleichbare Lücke ist für den Komplex der Zwangsarbeiter zu konstatieren, soweit die Landesbauernschaft Ostpreußen damit befasst war. Die erwähnten Beschränkungen der vorliegenden Studie bringen es mit sich, dass manche Themen unbeachtet bleiben. Hierzu gehört beispielsweise der Komplex der Entschuldung in Ostpreußen, bei dem ebenfalls eine problematische Überlieferung festzustellen ist. Ebenso nicht tangiert wird der Aspekt der »Arisierung« in der Landwirtschaft.[92]

Die vorliegende Studie gliedert sich entlang ihrer fünf größeren Einzelstudien. Kapitel 2 analysiert zunächst zentrale Lebensstationen Erich Spickschens und führt damit in das Leben eines Landesbauernführers ein. Die so erhobenen Befunde werden anschließend eine Antwort auf die Frage ermöglichen, inwieweit Spickschen als typischer Landesbauernführer gelten kann. Dies geschieht, auf Grundlage eines kollektivbiographischen Zugriffs und im Wege des Vergleichs, durch eine auf dem Personenlexikon (Band 2 dieser Publikation) beruhende Auswertung der Informationen zum bislang weithin unerforschten Korps der Landesbauernführer. Kapitel 3 untersucht die Landesbauernschaft Ostpreußen. Sie wird nicht nur in den größeren Rahmen von Politik und Landwirtschaft eingeordnet, sondern auch mittels einer Analyse ihrer Organisation einschließlich Fragen der Finanzierung durchleuchtet. Zudem wird ausgewähltes Führungspersonal der Landesbauernschaft Ostpreußen in Einzelfallbetrachtungen sowie mit kollektivbiographischem Zugriff untersucht. Kapitel 4 befasst sich, nicht zuletzt anhand einer Analyse von Texten Erich Spickschens, mit Fragen der Kommunikation, Propaganda und Ideologie eines Landesbauernführers. Kapitel 5 und 6 stellen die beiden ideologisch vielleicht wichtigsten Themen einer Landesbauernschaft in den Mittelpunkt: Kapitel 5 analysiert die Rolle der Landesbauernschaft Ostpreußen bei der »Neubildung deutschen Bauerntums« und fragt dabei auch danach, inwieweit die Landesbauernschaft in die Politik von Siedlung, Umsiedlung, Besatzung und Vertreibung im Zuge des Eroberungskrieges im Osten verwoben war. Kapitel 6 schließlich untersucht insbesondere im Wege quantitativer und qualitativer Auswertungen von Gerichtsurteilen des Landeserbhofsgerichts Celle, wie die

91 Vgl. Collingham: Taste of War, S. 18–48, S. 155–218 und S. 347–383, Christian Gerlach: Krieg, Ernährung, Völkermord. Forschungen zur deutschen Vernichtungspolitik im Zweiten Weltkrieg, Hamburg 1998, S. 167–257, Gesine Gerhard: Nazi Hunger Politics. A History of Food in the Third Reich, Lanham, Md./Boulder, Colo./New York 2015, bes. S. 85–101, dies.: Food and Genocide. Nazi Agrarian Food Policy in the Occupied Territories of the Soviet Union, in: CEH 18 (2009), Heft 1, S. 45–65 (zit. Gerhard: Food and Genocide), und dies.: Food as a Weapon. Agricultural Sciences and the Building of a Greater German Empire, in: Food, Culture and Society 14 (2001), Heft 3, S. 339–341 (zit. Gerhard: Food as a Weapon).

92 Vgl. Angela Verse-Herrmann: Die »Arisierungen« in der Land- und Forstwirtschaft 1938–1942, Stuttgart 1997.

Landesbauernschaft Ostpreußen an der Umsetzung des Reichserbhofgesetzes beteiligt war, das geradezu symbolhaft für die »Blut-und-Boden«-Ideologie steht.

Die verschiedenen methodischen Zugriffe sollen helfen, ihre jeweiligen Grenzen zu überwinden; in Kapitel 2 etwa verleihen die qualitative Analyse der Lebensstationen Erich Spickschens und der quantifizierende kollektivbiographische Zugriff auf das Korps der Landesbauernführer einander gegenseitig Tiefe.[93] Die einzelnen Kapitel haben dabei vielfache Berührungspunkte – eine Folge der Tatsache, dass es sich nicht um eine von Anfang bis Ende durchkomponierte Arbeit handelt, sondern um fünf Einzelstudien, die teilweise gleiche Sachverhalte aus verschiedenen Perspektiven beleuchten. Redundanzen und das wiederholte Aufgreifen von Sachverhalten sind durchaus gewollt. Auf diese Weise spiegelt die Darstellungsform die Komplexität von Geschichte.

Zum Schluss seien noch einige technische Hinweise angefügt, die für beide Bände dieser Studie gelten: Steht der Name »Spickschen« allein, so verweist er immer auf Erich Spickschen, nicht auf eines seiner Familienmitglieder. Der Ortsname Königsberg ohne weitere Spezifikation meint jeweils Königsberg in Preußen. Bei historischen Orten, deren Namen zwischen 1938 und 1945 unter nationalsozialistischen Vorzeichen eingedeutscht wurden, wird auch der landesübliche Name angefügt, so bei Bialystok (Białystok). Dies gilt indes nicht für Organisations- und Verwaltungseinheiten, die solche eingedeutschten Ortsnamen aufgriffen, wie es beim Bezirk Bialystok der Fall ist. Auch bei historisch geläufigen deutschen Ortsbezeichnungen, etwa bei Posen, wurde auf die Hinzufügung des landesüblichen Namens verzichtet. Zitate wurden unverändert übernommen, einschließlich unterschiedlicher Schreibweisen sowie orthographischer und grammatikalischer Fehler. In eckigen Klammern stehende Inhalte stammen stets vom Verfasser.

93 Vgl. Frank Bajohr: Kommentar: Biographie und Nationalsozialismus, in: Michael Ruck/Karl Heinrich Pohl (Hg.): Regionen im Nationalsozialismus, Bielefeld 2003, S. 188–192.

2. Landesbauernführer Erich Spickschen (1897–1957)

2.1 Stationen einer Funktionärskarriere

Als Erich Spickschen im Dezember 1935 Landesbauernführer im nationalsozialistischen Ostpreußen wurde, kamen mit ihm die Fähigkeiten und Kenntnisse, die Erlebnisse und Erfahrungen, die Erfolge und Niederlagen eines halben Menschenlebens in dieses Amt. Welche wegweisenden Stationen seines Lebens und seiner Karriere hatte Spickschen bis dahin durchlaufen, welche prägten seine Amtszeit als Landesbauernführer bis 1945, gab es solche danach? Und waren diese Stationen typisch für das Korps der Landesbauernführer?

Friedrich Erich Spickschen wurde am 23. Juli 1897 in Vluyn im Kreis Moers in der preußischen Provinz Rheinland geboren. Sein Vater Gerhard, Jahrgang 1854, war Kaufmann und betrieb eine Samenhandlung, doch wuchs Spickschen ohne Zweifel in einem bäuerlichen Milieu auf. Seine Vorfahren waren über viele Generationen Bauern gewesen, und Vluyn war eine stark bäuerlich geprägte Gemeinde, in der um die Wende zum 20. Jahrhundert etwa 2.600 Menschen wohnten. Sein Vater lebte ihm ein aktives und engagiertes Leben vor, was sich in Erich Spickschens Lebensweg widerspiegeln sollte. Gerhard Spickschen hatte eine Reihe von Ehrenämtern inne, übernahm den Vorsitz der Freiwilligen Feuerwehr, des Gesangsvereins und des Kegelvereins und war insgesamt in seiner Gemeinde sehr angesehen. Politisch standen er und seine Frau den Nationalliberalen nahe. Erichs Mutter Maria, eine 1868 geborene van der Mark, stammte aus dem etwa 50 Kilometer von Vluyn entfernten Roermond in Holland; von ihr und ihren Eltern erlernte Erich Spickschen bereits in jungen Jahren die holländische Sprache. Er hatte drei Geschwister, Schwester Martha (geboren 1890), den älteren Bruder Alfred (1893) sowie den jüngeren Bruder Hans (1900). Zu Erich Spickschens frühen Prägungen gehörte eine christliche Grundhaltung, er wuchs in einem evangelischen Elternhaus auf; seine Mutter entstammte einer calvinistischen Familie.[94] Und Erich Spickschen war weit überdurchschnittlich

94 Vgl. Schröder: Alles Liebe, S. 01.01.02–01.01.05 und S. 01.01.11–01.01.12, sowie Spickschens

gebildet. Von 1903 bis 1907 besuchte er die Volksschule in Vluyn, von 1907 bis 1914 war er Schüler am »Adolfinum«, dem humanistischen Gymnasium in Moers, von dem er im Laufe des Schuljahres 1914/1915 abging. Er schloss die Schulbildung im Juli 1915 ab, als er als Kriegsfreiwilliger während eines Heimaturlaubes die Notreifeprüfung in Moers ablegte.[95]

Bildungsanstalten wie das humanistische Gymnasium verliehen klassische Bildung und soziales Prestige und öffneten mithin die Türen für den individuellen Aufstieg.[96] Dies vermutlich mehr denn je, denn Erich Spickschen war in eine bewegte Zeit hineingeboren worden. Das Deutsche Kaiserreich jener Tage war von einer Wandlungsdynamik geprägt, die es in dieser Geschwindigkeit und Massivität in keinem anderen europäischen Staat gab. In nur einer Generation wird aus einem Agrarland ein Industrieland. Die Bevölkerung wächst enorm, und mit der Mobilität nehmen auch Wanderungsbewegungen zu, innerhalb des Reichs und darüber hinaus. Gesellschaftliche Formationen werden neu sortiert, zwischen Stadt und Land und zwischen Schichten und Klassen. Von der weiterhin traditionellen ländlichen Lebenswelt entwickelt sich der urbane Lebensstil weg. Die Wissenschaft feiert dank einem stetig verbesserten Bildungssystem vielfache Durchbrüche und verbindet sich mit der Technik, mit weitreichenden Verbesserungen und Beschleunigungen nicht zuletzt in Kommunikation und Verkehr. Dieser Dynamik auf allen Ebenen kann sich kaum jemand entziehen, das Leben der Menschen verändert sich, bis in die Wahrnehmung des Alltags hinein – und sei es nur durch die abendliche öffentliche Beleuchtung. Ob der Fortschritt nun begeistert oder pessimistisch macht: Das Bedürfnis nach Orientierung steigt, und nicht zufällig kommt die politische Landschaft in Bewegung, radikalisiert sich von der extremen Linken bis zur völkischen Rechten. Das Regierungssystem des Kaiserreichs ist dabei ein Kompromiss von Monarchie und Demokratie und schafft es letztlich nicht, die inneren und äußeren Fliehkräfte in Zaum zu halten.[97]

SA-Führer-Fragebogen vom 15.10.1936, BArch, BDC, SSO Erich Spickschen (23.7.1897), unpag. Näheres zu Spickschens Bezug zum Christentum in Kapitel 4.3.

95 Vgl. Spickschens Personalnachweis vom 20.5.1937 sowie den SA-Führer-Fragebogen vom 1.12.1936, beide in: BArch, BDC, SSO Erich Spickschen (23.7.1897), unpag. Vgl. zudem: Königliches Gymnasium zu Mörs (mit Ersatzunterricht für das Griechische bis Untersekunda einschließlich). Jahres-Bericht über das Schuljahr 1914/15 erstattet von dem stellvertretenden Direktor Professor Hofius, Moers 1915, S. 24, sowie Käthe Wienberg: Die Entwicklung der evangelischen Volksschule Vluyn, in: Jahrbuch des Kreises Wesel 22 (2001), S. 44.

96 Vgl. Karl-Ernst Jeismann: Das preußische Gymnasium in sozialgeschichtlicher Perspektive, in: Karl Heinrich Kaufhold/Bernd Sösemann: Wirtschaft, Wissenschaft und Bildung in Preußen. Zur Wirtschafts- und Sozialgeschichte Preußens vom 18. bis zum 20. Jahrhundert, Stuttgart 1998, S. 144–156, und Hans Peter Ullmann: Das Deutsche Kaiserreich. 1871–1918, Frankfurt a.M. 1995, S. 184–187.

97 Hierzu ausführlich Herbert: Geschichte Deutschlands, S. 25–116.

Mit diesen Entwicklungen vielfältig verbunden, stand weder zufällig noch zwingend am Ende des Kaiserreichs der Erste Weltkrieg.[98] Er veränderte auch Erich Spickschens Lebensweg einschneidend. Günther E. Gründel thematisierte 1932 die Frage nach den Auswirkungen des »Großen Krieges« auf die verschiedenen Generationen. Die junge Frontgeneration, die von 1890 bis 1900 Geborenen, sei, da innerlich noch nicht gefestigt, durch das Fronterlebnis und die damit verbundenen Erfahrungen besonders stark geprägt worden, vom Zusammenhalt der Kameraden, von Gewalt, Sterben und Tod.[99] Man wird dies nicht unbesehen generalisieren dürfen, bei Erich Spickschen jedoch hinterließ der Erste Weltkrieg prägende Spuren. Als schlanker, 1,78 Meter großer Kriegsfreiwilliger[100] trat Spickschen mit nur 17 Jahren am 18. August 1914 in die 2. Ersatz-Batterie des Feldartillerie-Regiments »König Karl« (1. Württembergisches) Nr. 13 ein und war bis Kriegsende für das Deutsche Reich im Feld.[101] In zeittypischer Stilisierung und Heroisierung[102] erinnerte er sich 1930 an den Ersten Weltkrieg geradezu enthusiastisch:

> »Wie herrlich war doch Vaters Leben. Mit 16 Jahren, also schon als verständiger Mensch, erlebte er den glücklichen 70er Krieg, die Reichsgründung, Deutschlands rasenden Aufstieg und seine Blütezeit, dann der große Krieg, eine der heroischsten Leistungen eines Volkes seit Menschengedenken.«[103]

Spickschen rückte am 22. Oktober 1914 ins Feld und stieg dort rasch in den Dienstgradgruppen auf. Zunächst als Gefreiter noch bei den Mannschaften, gehörte er ab Weihnachten 1914 bereits zur Gruppe der Unteroffiziere. Im Mai 1915 wurde er Vizewachtmeister; der Dienstgrad des Wachtmeisters war der höchste Unteroffiziersrang, mit ihm waren innerer Dienst, Verwaltungsaufgaben und eine enge Zusammenarbeit mit dem Chef der Kompanie verbunden. Nachdem er in Moers im Juli 1915 das Notabitur gemacht hatte, war Spickschen vom 22. August bis 19. September 1915 zu einem Ausbildungskommando für Feldartillerie in Beverloo (Belgien) kommandiert. Im September 1915 schließlich erreichte Spickschen die Dienstgradgruppe der Subalternoffiziere, als er

98 Eine aktuelle, umfassende Analyse des Ersten Weltkriegs bietet Jörn Leonhard: Die Büchse der Pandora. Geschichte des Ersten Weltkriegs, München 2014 (zit. Leonhard: Pandora).

99 Vgl. Günther E. Gründel: Die Sendung der Jungen Generation. Versuch einer umfassenden revolutionären Sinndeutung der Krise, München 1932, S. 22–73, dort insbesondere S. 23.

100 Vgl. den SS-Stammrollen-Auszug vom 7.5.1935, BArch, BDC, SSO Erich Spickschen (23.7.1897), unpag.

101 Vgl. Spickschens undatierten Personalbogen, LABW, HStA Stuttgart, M 430/3 Bü 10947, unpag.

102 Vgl. Aiko Wulff: »Mit dieser Fahne in der Hand«. Materielle Kultur und Heldenverehrung, in: Historical Social Research 34 (2009), Nr. 4, S. 343–355 (online unter <http://nbn-resolving.de/urn:nbn:de:0168-ssoar-287770> [16.4.2016]).

103 Brief Spickschens vom 3.6.1930 an seine Mutter, überliefert in: Schröder: Alles Liebe, S. 04.04.10.

Leutnant der Reserve wurde. Ein Leutnant war Stellvertreter eines Hauptmannes, der seinerseits Chef der Kompanie war. Leutnants kontrollierten den praktischen Dienst und die Unteroffiziere. Bis Ende dieses Jahres war Spickschen stets in den Vogesen eingesetzt.[104] Hier im deutsch-französischen Grenzgebiet trafen die feindlichen Armeen schon im August 1914 aufeinander, und nicht zuletzt die moderne Artillerie zeigte hier ihre todbringende Wirkung. Nach Ende der Grenzschlachten wurde aus der Front in den Vogesen jedoch mehr und mehr ein Nebenkriegsschauplatz.[105]

In der Folgezeit wurde Spickschen innerhalb des Regiments versetzt, stets an der Westfront. Das Regiment selber wurde im Dezember 1915 umformiert, Spickschen war nun beim Württembergischen Landwehr-Feldartillerie-Regiment Nr. 2. Dort wurde er im Oktober 1916 zum Stab der II. Abteilung versetzt, offenbar schon als Ordonnanzoffizier. Am 15. August 1917 wurde er als Ordonnanzoffizier dem Artilleriekommando 148 zugewiesen. Zuvor war er offenbar bereits vom 27. März bis 14. August 1917 als Verbindungsoffizier »z. b. V.« (zur besonderen Verwendung) für dieses Artilleriekommando tätig gewesen.[106] Ordonnanzoffiziere arbeiteten gewöhnlich einem höheren Offizier zu, gewissermaßen als persönliche Referenten. Zum Aufgabenbereich des damals knapp 20-jährigen Erich Spickschen gehörte zum Beispiel die Bestätigung der Richtigkeit von Tagesbefehlen.[107]

Das Artilleriekommando 148, und mit Gewissheit ab August 1917 auch Spickschen,[108] war in einigen der hart umkämpften Gebiete des Ersten Weltkrieges im Einsatz: Juni bis September 1917 vor Verdun, dann bis Juli 1918 in den Argonnen, im Juli 1918 an der Marne und in der Champagne, September und Oktober 1918 in den Argonnen und an der Maas. Zwar war es 1916/1917 im Gebiet der Argonnen nie zu regelrechten Offensiven, ständig aber zu kleineren Kampfhandlungen gekommen. Im August 1918 begann dort der Großangriff der Alliierten unter Oberbefehlshaber Ferdinand Foch (»Maas-Argonnen-Offensi-

---

104 Vgl. Spickschens undatierten Personalbogen, LABW, HStA Stuttgart, M 430/3 Bü 10947, unpag.

105 Zu diesen Kriegsschauplätzen vgl. Jean-Jacques Becker/Gerd Krumeich: Der Große Krieg. Deutschland und Frankreich im Ersten Weltkrieg 1914–1918, Essen 2010, sowie Gary Sheffield (Hg.): War on the Western Front. In the Trenches of World War I, Oxford 2008.

106 Vgl. Spickschens undatierten Personalbogen, LABW, HStA Stuttgart, M 430/3 Bü 10947, unpag.

107 Vgl. Schmidt-Köppens Beurteilung der Lage vom 10. 7. 1917, LABW, HStA Stuttgart, M 74 Bü 24b, Bl. 2382. Zu den erwähnten militärischen Dienstgraden und Dienstgradgruppen vgl. Wiegand Schmidt-Richberg: Die Regierungszeit Wilhelms II., in: Hans Meier-Welcker/Wolfgang von Grote (Hg.): Abschnitt V: Von der Entlassung Bismarcks bis zum Ende des Ersten Weltkrieges (1890–1918) (= Handbuch der deutschen Militärgeschichte. 1648–1939, Bd. 3), Frankfurt a. M. 1968, S. 84–105.

108 Vgl. Spickschens undatierten Personalbogen, LABW, HStA Stuttgart, M 430/3 Bü 10947, unpag.

ve«), der indes bald ins Stocken geriet. Im November 1918 schließlich stand das Artilleriekommando 148 bei Metz.[109]

Wenig später, am 4. Dezember 1918, wurde Spickschen als Ordonnanzoffizier beim Stab des Artilleriekommandeurs 148 aus dem Heer verabschiedet – und zwar hochdekoriert: Bereits 1915 erhielt er für seinen Einsatz an der Westfront das Eiserne Kreuz 2. Klasse, 1917 dann jenes der 1. Klasse.[110] Diese höheren Klassen des Eisernen Kreuzes zählen zu den höchsten deutschen militärischen Orden, wenngleich die Bedeutung des Eisernen Kreuzes im Ersten Weltkrieg durch massenhafte Verleihungen etwas geringer wurde.[111] Im August 1918 erhielt Spickschen darüber hinaus die Goldene Württembergische Verdienstmedaille, »an Stelle des ihm früher verliehenen Ritterkreuzes 2. Klasse des Friedrichs-Ordens mit Schwertern«.[112] Diese Medaille hatte eine lange Tradition und diente dazu, herausragende Tapferkeit vor dem Feind zu würdigen.[113]

Der Erste Weltkrieg muss aus dem jugendlichen Gymnasiasten Erich Spickschen in wenigen Jahren einen selbstbewussten jungen Mann gemacht haben. Insbesondere sein rascher Aufstieg in immer verantwortungsvollere Positionen ist ein Muster, das auch in späteren Jahren zu beobachten sein wird. Nach dem Ersten Weltkrieg indes kehrte Spickschen in sein angestammtes Milieu zurück und trat gewissermaßen in die Fußstapfen seiner Vorfahren – er entschloss sich, Landwirt zu werden. Spickschen war ab Januar 1919 zunächst Eleve, das heißt Lehrling auf einem Hof in Pommerellen, dann zwischen August 1919 und Oktober 1922 auf verschiedenen Höfen[114] in Dänemark.[115] Dort fügte Spickschen nicht nur mit dem Dänischen seinen Sprachkenntnissen eine weitere Sprache

109 Diese Stationen sind nachzuvollziehen im Findbuch »Archiv-Verzeichnis der Württ. Artillerie-Kommandeure u. General der Artillerie Nr. 13«, dort S. 14, in: LABW, HStA Stuttgart. Vgl. zudem Leonhard: Pandora, S. 434–467 und S. 827–855.

110 Vgl. Spickschens undatierten Personalbogen, LABW, HStA Stuttgart, M 430/3 Bü 10947, unpag.

111 Vgl. Ralph Winkle: Der Dank des Vaterlandes. Eine Symbolgeschichte des Eisernen Kreuzes 1914 bis 1936, Essen 2007, S. 13.

112 Verleihung der Auszeichnung vom 10. 8. 1918 (gez. Wilhelm), LABW, HStA Stuttgart, E 270d Bü 88, unpag.

113 Vgl. Jörg Nimmergut: Deutsche Orden und Ehrenzeichen bis 1945, Bd. 4: Württemberg II – Deutsches Reich, München 2001, S. 1721–1722 und S. 1741–1742, sowie Birgit Laitenberger/Dorothea Bickenbach/Maria Bassier (Bearb.): Deutsche Orden und Ehrenzeichen. Kommentar zum Gesetz über Titel, Orden und Ehrenzeichen und eine Darstellung deutscher Orden und Ehrenzeichen von der Kaiserzeit bis zur Gegenwart mit Abbildungen, 6., neu bearb. und erg. Aufl., Köln 2005, S. 184.

114 Vgl. Spickschens Briefe aus Tommerupgaard vom 15. 11. 1921 (S. 04.01.10) und Majbollykke vom 1. 7. 1922 (S. 04.01.22–04.01.23), beide überliefert in: Schröder: Alles Liebe.

115 Vgl. den Lebenslauf vom 15. 10. 1936 im SA-Führer-Fragebogen Spickschens sowie den Personalnachweis vom 20. 5. 1937, beide überliefert in: BArch, BDC, SSO Erich Spickschen (23. 7. 1897), unpag. Vgl. zudem Schröder: Alles Liebe, S. 01.01.03.

hinzu.[116] Vor allem lernte er dort auch seine spätere Frau Gerda Ursula Dietrich kennen, mit der er sich im März 1921 verlobte.[117] Sie heirateten am 12. August 1923, im folgenden Jahr wurde das erste Kind geboren, 1925 das zweite.[118] Gerda Ursula Spickschen kam aus gutem, wohlhabendem Hause. Ihr Vater Ernst August Dietrich war Arzt, führte im Stadtparlament von Rixdorf[119] die Konservative Partei an und wurde später auch in den märkischen Provinziallandtag gewählt. Ihre Mutter war Marie Anna Gertrud Hahn, die ältere Schwester Ilse verstarb schon in jungen Jahren. Wie ihr Mann hatte auch Gerda Ursula am Gymnasium ihre Schulbildung erhalten. Sie besuchte in jungen Jahren häufig nordische Länder, so Schweden und wie erwähnt Dänemark.[120] Beruflich schlug sie den Weg einer ländlichen Haushaltspflegerin ein, 1923 bestand sie das Examen.[121]

Nach seiner Zeit in Dänemark begann Erich Spickschen im Herbst 1922 eine Ausbildung am Landwirtschaftlichen Seminar in Wolfsanger bei Kassel, eine sogenannte »Höhere Lehranstalt für praktische Landwirte«. Zu dieser Wahl hatte eine Empfehlung des bedeutenden Agrarökonomen Friedrich Aereboe beigetragen, den Spickschens Schwiegervater um Rat nach bestmöglicher Ausbildung für den künftigen Mann seiner Tochter gefragt hatte.[122] Das Landwirtschaftliche Seminar war eine Bildungseinrichtung, die in der landwirtschaftlichen Ausbildung recht neu war und gerade in Preußen im Trend lag. Ihr Niveau lag in einer mittleren Position zwischen den verschiedenen landwirtschaftlichen Fachschulen, zu denen etwa die Winterschule und die Landwirtschaftsschule gehörten, und der landwirtschaftlichen Hochschule, für die Abitur sowie eine praktische Lehrzeit von mindestens zwei Jahren vorausgesetzt wurden. Spickschen hätte also die Kriterien auch für ein solches Studium erfüllt.[123]

Erich Spickschen indes verließ das Landwirtschaftliche Seminar im Frühjahr 1923 ohne Abschluss.[124] In dieser Zeit arbeitete er bereits auf dem kleinen Gut Bonkow in Hinterpommern (Kreis Stolp), das sein späterer Schwiegervater ge-

116 Vgl. Spickschens Brief vom 4. 11. 1921 an seine Mutter, überliefert in: Schröder: Alles Liebe, S. 04.01.08–04.01.09.

117 Vgl. die Erinnerungen von Gerda Ursula Spickschen, überliefert in: Schröder: Alles Liebe, S. 04.01.02–04.01.03.

118 Vgl. Schröder: Alles Liebe, S. 04.02.13, 04.02.15 sowie 04.02.17.

119 Rixdorf wurde 1912 in »Neukölln« umbenannt, das seinerseits 1920 Stadtteil von Berlin wurde.

120 Zu Gerda Ursula Spickschen vgl. Schröder: Alles Liebe, S. 02.01.02–03.01.16.

121 Vgl. ihre Erinnerungen von 1979/1981, überliefert in: Schröder: Alles Liebe, S. 04.02.13.

122 Vgl. Spickschens Lebenslauf vom 15. 10. 1936 im SA-Führer-Fragebogen, BArch, BDC, SSO Erich Spickschen (23. 7. 1897), unpag., zudem den Brief Spickschens vom 1. 7. 1922, überliefert in: Schröder: Alles Liebe, S. 04.01.23.

123 Vgl. Volker Klemm: Agrarwissenschaften in Deutschland. Geschichte – Tradition. Von den Anfängen bis 1945, St. Katharinen 1992, S. 278–287 (zit. Klemm: Agrarwissenschaften).

124 Vgl. Spickschens Brief vom 31. 3. 1923 an seine Mutter, überliefert in: Schröder: Alles Liebe, S. 04.02.09.

kauft hatte; offenbar brach Spickschen auf dessen massives Drängen die Ausbildung ab, um sofort das Gut übernehmen zu können. 1925 zog das Ehepaar Spickschen nach Ostpreußen, wo sie zunächst das Gut Schwesternhof (Kreis Labiau) pachteten. Ende 1926 dann kauften sie das Gut Woydiethen (Kreis Fischhausen), das sie im Januar 1927 übernahmen und bis 1945 besaßen.[125] Es hatte nach Spickschens Erinnerung 130.000 Reichsmark gekostet.[126] Woydiethen war knapp 122 Hektar groß, der Boden umfasste vor allem Acker (70 Hektar) und Weide (28,5 Hektar), dazu etwas Wald, Wiesen und sonstige Fläche. Insgesamt soll das Anwesen beim Kauf in einem unzureichenden Zustand gewesen sein, hinsichtlich Gebäuden, Inventar und Ländereien.[127]

Mit 29 Jahren war Spickschen damit Besitzer eines Gutes, wie man landwirtschaftliche Betriebe ab 100 Hektar in Abgrenzung vom kleineren, »bäuerlichen« Besitz nannte,[128] und Vater einer Familie – keine kleine Verantwortung in den damals wirtschaftlich schwierigen Zeiten. Unübersehbar war er dabei selbstbewusst, aufstiegswillig und wissbegierig. Als er die Ausbildung in Wolfsanger abbrechen musste, überlegte er, ob er nicht doch im folgenden Herbst das Examen machen könne.[129] Er erschloss sich autodidaktisch neue Wissensgebiete und beobachtete landwirtschaftliche und agrarwissenschaftliche Entwicklungen;[130] dies vermutlich auch im Zusammenspiel mit seiner Frau, die schon Mitte der 1920er-Jahre in landwirtschaftlichen Fachzeitschriften

---

125 Vgl. Schröder: Alles Liebe, S. 04.02.02–04.03.02, Spickschens Brief vom 28.11.1922 an seine Mutter, überliefert in: Ebd., S. 04.02.04–04.02.05, sowie Spickschens Lebenslauf vom 15.10. 1936 im SA-Führer-Fragebogen, BArch, BDC, SSO Erich Spickschen (23.7.1897), unpag.

126 Vgl. das Beiblatt »Schäden und Verluste an land- und forstwirtschaftlichem Vermögen« zu Spickschens Antrag auf Feststellung von Vertreibungsschäden vom 22.12.1952, BArch, ZLA 1/6008379, Bl. 17.

127 Vgl. das undatierte »Gutachten über den Wert des landwirtschaftlichen Betriebes des Herrn Erich Spickschen in Woydiethen, Kreis Samland, Regierungsbezirk Königberg, Ostpreussen« von Roos [ca. 1952], BArch, ZLA 1/6008379, Bl. 31 und Bl. 42.

128 Dies war zeitgenössisch die Trennlinie, etwa bei der statistischen Erfassung. Tatsächlich war die Grenze zwischen bäuerlichem Betrieb und Gutsbesitz beziehungsweise Großgrundbesitz nicht eindeutig. So wurde im 19. Jahrhundert auch der Grundsteuerreinertrag zum Kriterium. Für Ostpreußen wurde zudem darauf hingewiesen, dass von einem Großbetrieb – also von Großgrundbesitz beziehungsweise Gutsbesitz – wegen der weniger ergiebigen Landwirtschaft erst ab 150 oder gar 200 ha gesprochen werden könne. Um zeitgenössische Analysen nutzen zu können und dem hier relevanten zeitgenössischen Jargon gerecht zu werden, werden in dieser Studie landwirtschaftliche Betriebe ab 100 ha Güter beziehungsweise Großgrundbesitz genannt. Vgl. René Schiller: Vom Rittergut zum Grossgrundbesitz. Ökonomische und soziale Transformationsprozesse der ländlichen Eliten in Brandenburg im 19. Jahrhundert, Berlin 2003, S. 53–54 und S. 180–181, sowie Hertz-Eichenrode: Politik, S. 132, FN 158.

129 Vgl. Spickschens Brief vom 31.3.1923 an seine Mutter, überliefert in: Schröder: Alles Liebe, S. 04.02.09.

130 Vgl. z.B. Erich Spickschen: Lupinenfütterung, in: Georgine vom 15.11.1932, S. 702–703.

kleine Beiträge publizierte.[131] Und Erich Spickschen zeigte schon früh Ambitionen, sich über den persönlichen Bereich hinaus in öffentliche Belange einzubringen: Gleichsam »standesbewusst« mit »Rittergutspächter Spickschen« gezeichnet, veröffentlichte er 1926 in einem landwirtschaftlichen Fachblatt einen Artikel, der sich mit der staatlichen Erwerbslosenfürsorge beschäftigte.[132] Seine ins Politische reichenden Aktivitäten in Ostpreußen sollten bald eine immer größere Rolle in seinem Leben spielen.

Er sei »gerade jetzt besonders viel auch mit Stahlhelm und Landwirtschaftlichem Verein bzw. Verband«[133] beschäftigt, schrieb Spickschen im Oktober 1931 an seine Mutter. Zwar ist über seine Tätigkeiten im Landwirtschaftlichen Verein Craam, dessen Vorsitzender er offenbar war, und im Landwirtschaftlichen Verband Ostpreußen (LVO) nichts Konkretes überliefert.[134] Diese Mitgliedschaften geben aber einen Hinweis auf Spickschens politischen Standort, gerade mit Blick auf den LVO, dem mit 40.000 bis 50.000 Mitgliedern in den 1920er-Jahren größten Verband Ostpreußens. Der LVO wurde von Großagrariern geführt und sollte gewissermaßen die Interessenvertretung der ostpreußischen Landwirtschaft darstellen. Seine politische Zielrichtung war dabei klar, nämlich eine nationale und konservative. Und mit vielen anderen landwirtschaftlichen Verbänden der Provinzen und Länder war der LVO unter dem Dach des Reichslandbundes vereinigt – dem in den 1920er-Jahren stark an die rechtsnationale DNVP angelehnten Interessenverband der Landwirtschaft. Der Reichslandbund orientierte sich im Zuge der Weltwirtschaftskrise und der ihr vorangehenden Agrarkrise mit nationalistischer und auch antisemitischer Agitation politisch immer weiter nach rechts und kämpfte gegen die Weimarer Republik. Er unterstützte beispielsweise DNVP, NSDAP und Stahlhelm beim Volksbegehren gegen den Young-Plan und gehörte auch der Harzburger Front von 1931 an. Mit Richard Walther Darrés »agrarpolitischem Apparat« der NSDAP, der auf die Gewinnung der ländlichen Bevölkerung für die NSDAP zielte, gab es Anfang der 1930er-Jahre erhebliche Schnittmengen, sowohl personell als auch inhaltlich. Nach der Machtübernahme, als im Herbst 1933 der

131 Vgl. Gerda Ursula Spickschen: Die siebenbürgischen Nackthalshühner, in: Land und Frau 10 (1926), Nr. 29, S. 459.

132 Vgl. Erich Spickschen: Produktive Erwerbslosenfürsorge, in: Deutsche landwirtschaftliche Presse vom 17.4.1926, S. 199, und vom 24.4.1926, S. 209–210.

133 Brief Spickschens vom 20.10.1931 an seine Mutter, überliefert in: Schröder: Alles Liebe, S. 04.04.26.

134 Vgl. Spickschens Fragebogen für die politische Überprüfung [vom 15.2.1949] sowie seine Erläuterungen dazu vom 15.2.1949, beide in: NLA (Wolfenbüttel), 3 Nds. 92/1, Nr. 41277, unpag. In seinen Erläuterungen führt Spickschen aus: »Daß mir das Amt im Reichsnährstand angetragen wurde, mag auf der Tatsache beruht haben, daß ich als Vorsitzender des örtlichen ldw. Vereines das Vertrauen vieler Landwirte des Kreises besaß.«

Reichsnährstand aufgebaut wurde, fügte sich der Reichslandbund entsprechend völlig problemlos in die neue Struktur der Landwirtschaft ein.[135]

Als Erich Spickschen und seine Frau 1927 das Gut Woydiethen übernahmen, konnten sie kaum ahnen, dass weltweit, im Deutschen Reich und nicht zuletzt in Ostpreußen die wirtschaftlichen Probleme immer größer werden sollten, und dies insbesondere und zuerst im Bereich der Landwirtschaft.[136] Strukturelle Schwierigkeiten verbanden sich gerade in Ostpreußen mit konjunkturellen: zusätzliche Transportkosten durch Marktferne, denn die ostpreußische Landwirtschaft verkaufte einen Teil ihrer Erzeugnisse jenseits des Korridors; eine relativ starke Belastung der Betriebshaushalte durch Löhne; eine drückende Steuerlast, obwohl Steuernachlässe gewährt wurden; eine unzureichende Anpassung an moderne landwirtschaftliche Produktionsformen; hohe Zinsen auf einem schwer belasteten Kapitalmarkt; einbrechende Absatzmöglichkeiten. Diese und weitere Faktoren verbanden sich mitunter gewiss auch mit barem wirtschaftlichem und landwirtschaftlichem Versagen. Insgesamt geriet, wenige Jahre, nachdem vor allem die Inflation die Problematik der Verschuldung kurzfristig entschärft hatte, die ostpreußische Landwirtschaft immer tiefer in die Krise.[137]

Die Krise der Landwirtschaft, Verschuldung und mangelnde Rentabilität waren in der privaten Korrespondenz der Spickschens nicht nur ständiges Thema, vor allem in den Jahren von 1929 bis 1931.[138] Erich Spickschen und seine Frau spürten diese Krise auch am eigenen Leib. Der Versuch, im Wege der »Ostpreußenhilfe« - eine der im Gefolge des »Ostpreußenprogramms« eigens für die östlichste Provinz des Reiches aufgelegten Förderungen, an deren Ende ab 1930 die als »Osthilfe« bekannten Maßnahmen für die östlichen Reichsgebiete insgesamt stehen sollten[139] - materielle Unterstützung zu erhalten, schlug fehl.[140]

135 Vgl. Rohrer: Macht, S. 48, Hertz-Eichenrode: Politik, S. 75–85, und Heinz Reif: Antisemitismus in den Agrarverbänden Ostelbiens in der Weimarer Republik, in: Ders. (Hg.): Ostelbische Agrargesellschaft im Kaiserreich und in der Weimarer Republik. Agrarkrise – junkerliche Interessenpolitik – Modernisierungsstrategien, Berlin 1994, S. 379–411.

136 Vgl. Hertz-Eichenrode: Politik, passim, sowie Jürgen Bergmann/Klaus Megerle: Protest und Aufruhr in der Landwirtschaft in der Weimarer Republik (1924–1933). Formen und Typen der politischen Agrarbewegung im regionalen Vergleich, in: Jürgen Bergmann/Jürgen Brockstedt/Rainer Fremdling u. a.: Regionen im historischen Vergleich. Studien zu Deutschland im 19. und 20. Jahrhundert, Opladen 1989, S. 226–234.

137 Vgl. Hertz-Eichenrode: Politik, S. 145–157. Näheres hierzu in Kapitel 3.1.

138 Vgl. z. B. Spickschens Brief vom 6. 6. 1929 an seinen Bruder Alfred, überliefert in: Schröder: Alles Liebe, S. 04.03.08–04.03.09. Spickschens Feststellung in einem Brief vom 18. 10. 1931, überliefert in: Schröder: Alles Liebe, S. 04.04.26: »Die Lage für die Landwirtschaft wird täglich katastrophaler.«

139 Vgl. Hertz-Eichenrode: Politik, S. 217–337.

140 Vgl. Gerda Ursula Spickschens Brief vom 9. 10. 1929 an ihre Mutter, überliefert in: Schröder: Alles Liebe, S. 04.03.17.

Zu den wirtschaftlichen gesellten sich unter dem Eindruck dieser Krise politische Folgen, auch in Ostpreußen. Erich Spickschen erlebte dort, wie sich ab Herbst 1929 die Landvolk-Bewegung unter dem Banner der schwarzen Fahne ausbreitete. Diese Bewegung, 1928 von Schleswig-Holstein ausgegangen, stellte jenseits von Parteien und Verbänden den Versuch dar, die zersplitterte agrarische Interessenvertretung unter ein gemeinsames Dach zu ziehen. Dabei verband sie konservative Agrarideologie mit völkischen Zielen.[141] Spickschen im März 1930:

> »Hier sind jetzt überall große Notkundgebungen und Notgottesdienste. Das Landvolk geht hinter der schwarzen Fahne in die Kirche. Durch das Polenabkommen, das Hindenburg wohl auch noch unterschreiben wird, ist Ostpreußen dann gänzlich verraten und aufgeschmissen. [...] Es hat den Anschein, als ob Berlin Ostpreußen aufgibt. Wir werden ernsten Zeiten entgegengehn, aber noch sind gesunde Kräfte da. Der liebe Gott wird schon alles zum Guten führen, wenn der politische Himmel auch immer schwärzer wird.«[142]

In die Hochzeit der landwirtschaftlichen Krise fällt jene Episode in Erich Spickschens Leben, während der er Deutschland den Rücken kehren wollte. Im Wesentlichen in den Jahren 1929 und 1930 liebäugelten er und seine Frau, wohl beeinflusst von seiner Schwester Martha, die diesen Schritt schon vollzogen hatte,[143] mit einer Auswanderung nach Afrika: »Uns, besonders Erich, sind die ganzen Verhältnisse einfach zuwider, und er sieht sehr schwarz in Bezug auf Deutschlands Zukunft. Er glaubt nicht, dass es uns in absehbarer Zeit gelingen wird, die Kriegsschuldenbezahlung von uns abzuwälzen.«[144] Es mag mit Verzweiflung über die prekäre wirtschaftliche Lage zu erklären sein, jedenfalls aber passen Spickschens Worte wenig zu seinem Engagement in nationalistisch ausgerichteten Organisationen: »Mit Wonne werde ich Deutschlands Staub von den Füßen schütteln, wenn auch vieles Liebe zurückgelassen wird.«[145] Freilich blieb dies Episode, offenbar waren ab spätestens 1931 die konkreten Auswanderungspläne ad acta gelegt worden.[146]

---

141 Vgl. Rohrer: Macht, S. 102.

142 Brief Spickschens vom 17.3.1930 an seine Mutter, überliefert in: Schröder: Alles Liebe, S. 04.04.02.

143 Vgl. Schröder: Alles Liebe, S. 04.03.09.

144 Brief Gerda Ursula Spickschens vom 19.7.1929 an Schwiegermutter Maria, überliefert in: Ebd., S. 04.03.12–04.03.13.

145 Brief Spickschens vom 11.11.1929 an seine Mutter, überliefert in: Schröder: Alles Liebe, S. 04.03.18.

146 Zur Idee der Auswanderung nach Afrika vgl. Spickschens Brief vom 6.6.1929 an seinen Bruder Alfred (S. 04.03.09), Spickschens Brief vom 29.7.1929 an seine Mutter (S. 04.03.16), Gerda Ursula Spickschens Brief vom 9.10.1929 an ihre Mutter (S. 04.03.17), Spickschens Brief vom 27.3.1930 an seine Schwester Martha (S. 04.04.04) sowie Gerda Ursula Spick-

Erich Spickschens politischer Standort jener Tage äußerte sich stärker noch als beim LVO in seiner Mitgliedschaft im ostpreußischen Stahlhelm. Der »Stahlhelm, Bund der Frontsoldaten« war ein 1918 gegründeter paramilitärischer Wehrverband, im Jahr 1930 mit etwa einer halben Million Mitgliedern der größte der Weimarer Republik. Er gehörte zu den völkischen Gruppierungen und teilte deren Grundüberzeugungen, so die Formeln vom »Recht des Stärkeren« und vom »Lebensraum im Osten«, ebenso den Antisemitismus. Der Stahlhelm lehnte sich politisch in den ersten Jahren an die rechtsnationale DNVP an. Dabei wurde mit den Jahren die Frontstellung des Stahlhelms gegen die Weimarer Republik immer stärker, auf deren Überwindung zugunsten einer Diktatur er zielte. Im rechten politischen Milieu der Grenzprovinz Ostpreußen war der Stahlhelm schon früh fest verankert. 1924 hatte er den »Heimatbund Ostpreußen« beim Landes- und Grenzschutz ersetzt und arbeitete fortan eng mit der Reichswehr zusammen. Um 1930 verfügte er in Ostpreußen über knapp 18.000 Mitglieder und war organisatorisch solide aufgebaut. Häufig waren Mitglieder der DNVP zugleich auch im Stahlhelm. Die Führung hatte Siegfried Graf zu Eulenburg-Wicken inne, der in der königlich-preußischen Armee und im Ersten Weltkrieg als Regimentskommandeur im Einsatz gewesen war. Unter Eulenburg vertrat der Stahlhelm in Ostpreußen schon früher als insgesamt auf Reichsebene einen streng nationalistischen Kurs auf der Linie des Duesterberg-Kurses innerhalb des Stahlhelms, der sich dort Ende der 1920er-Jahre durchsetzen sollte.[147]

Spickschen war im Februar 1928 in die Ortsgruppe des Stahlhelms in Rauschen (Landkreis Fischhausen) eingetreten und blieb bis zu seinem Wechsel zur NSDAP Ende März 1932 Mitglied des Stahlhelms im dortigen Kreis.[148] Für einen unbekannten Zeitraum war er auch Ortsgruppenführer, denn Spickschen gründete offenbar die Stahlhelm-Ortsgruppe Craam.[149] Aus seiner privaten

schens Brief vom 25.6.1930 an ihre Schwiegermutter (S. 04.04.14), alle überliefert in: Schröder: Alles Liebe.

147 Zum Stahlhelm in Ostpreußen vgl. Rohrer: Macht, S. 103–104, allgemein Volker R. Berghahn: Der Stahlhelm. Bund der Frontsoldaten. 1918–1935, Düsseldorf 1966 (zu Ostpreußen S. 56–57), Alois Klotzbücher: Der politische Weg des Stahlhelm, Bund der Frontsoldaten, in der Weimarer Republik. Ein Beitrag zur Geschichte der »Nationalen Opposition« 1918–1933, Diss. Tübingen 1964, Kurt Finker: Die militaristischen Wehrverbände in der Weimarer Republik und ihre Rolle bei der Unterdrückung der Arbeiterklasse und bei der Vorbereitung eines neuen imperialistischen Krieges (1924–1929), Habil. Potsdam 1964, und Bernhard Mahlke: Zum Anteil des Stahlhelms an der Vorbereitung, Errichtung und Festigung der faschistischen Diktatur in Deutschland (1929 bis 1934/35), Potsdam 1967.

148 Vgl. Beikes Bescheinigung vom 14.1.1936, BArch, BDC, SSO Erich Spickschen (23.7.1897), unpag.

149 Vgl. den SA-Führer-Fragebogen vom 1.12.1936, BArch, BDC, SSO Erich Spickschen (23.7.1897), unpag., sowie die Anschriftenliste zum Schreiben des Stahlhelms, Landesamt Ostpreußen, vom 20.7.1929 an den Stahlhelm Magdeburg, BArch, R 72/101, Bl. 86.

Korrespondenz geht hervor, dass er vom Stahlhelm und dessen militärischem, schneidigem Auftreten begeistert war und sich sehr aktiv in der Organisation beteiligte.[150] Nach seinen eigenen Angaben hatte seine Ortsgruppe im April 1930 eine Stärke von sechzig Mann, von denen die meisten Arbeiter gewesen seien. Spickschen schrieb damals über seine Motivation zur Mitgliedschaft und zur Tätigkeit im Stahlhelm:

> »In Pommern ist übrigens ein großer Teil der Großgrundbesitzer zu den Nazis übergegangen, nachdem Hitler sein Landwirtschaftsprogramm veröffentlichte. Ich persönlich bin gegen die ganze Parteiwirtschaft und hoffe immer noch, dass wir einmal eine nationale Volksgemeinschaft bekommen, die sich vielleicht zum großen Teil auf dem Nat. Sozialismus aufbaut. Den Arbeiter brauchen wir. Er muss seine berechtigten Ansprüche an das Leben erfüllt sehen, er muss die Achtung der anderen Stände genießen, sich selbst aber durch ideale Berufsauffassung soweit bringen, dass er auch die Achtung verdient. Marxismus und Bolschewismus suchen ihn aber allmählich zum Tier zu erniedrigen. Im Stahlhelm arbeiten wir ja auch in oben geschilderter Weise.«[151]

Zu dieser Zeit war Spickschen offenkundig zwar vom Ziel einer auf die Nation bezogenen »Volksgemeinschaft« und im Wesentlichen auch vom Nationalsozialismus, noch nicht aber von der NSDAP überzeugt. Vermutlich hatte er nicht zuletzt über seine Tätigkeit im Stahlhelm Kontakt zur örtlichen beziehungsweise regionalen NSDAP, ganz abgesehen davon, dass ihr seine Frau bereits seit Juni 1930 angehörte.[152] Bekanntermaßen arbeiteten DNVP, Stahlhelm und NSDAP in Königsberg beim Volksbegehren gegen den Young-Plan, das im Dezember 1929 scheiterte, bereits eng zusammen, und vermutlich war dies im benachbarten Kreis Fischhausen nicht anders. Innerhalb der ostpreußischen NSDAP wurde die Zusammenarbeit mit völkischen Verbänden zu jener Zeit heftig diskutiert. Die Bedeutung nationaler und völkischer Gruppierungen in Ostpreußen, so argumentierten manche, könne nicht ignoriert werden.[153]

Spickschen erlebte die beinahe fieberhaften, aufgeheizten politischen Verhältnisse, auch im Milieu der rechten völkischen Parteien und Organisationen. Dort gab es Zusammenarbeit ebenso wie gewalttätige Auseinandersetzungen:

---

150 Vgl. Spickschens Brief vom 9.5.1929 an seine Mutter (S. 04.03.05–04.03.06) und seinen Brief vom 20.10.1931 an seinen Bruder Alfred (S. 04.04.26), beide überliefert in: Schröder: Alles Liebe.

151 Brief Spickschens vom 30.4.1930 an seine Mutter, überliefert in: Schröder: Alles Liebe, S. 04.04.07.

152 Vgl. die NSDAP-Mitgliedskarte von Gerda Ursula Spickschen (8.2.1903), BArch, BDC, NSDAP-Mitgliederkartei (Ortsgruppenkartei). Ihr Vater, Ernst August Dietrich, bezeichnete sich bereits 1929 als Nationalsozialisten, vgl. seinen Brief vom 29.12.1929 an Maria Spickschen, überliefert in: Schröder: Alles Liebe, S. 04.03.19. Siehe auch die biographische Skizze zu Gerda Ursula Spickschen im Anhang.

153 Vgl. Rohrer: Macht, S. 104–105.

»Du meinst, die Auswirkung in der Praxis sei übel, weil sich die Nazis überall kloppen. Ja sollen sie sich denn von den roten Horden niedermetzeln lassen? Eins steht fest, dass sie nie die Angreifer sind. Sie kommen zwar öfter als Stahlhelmer in Holzereien, aber sie sind ja öffentlich auch viel tätiger. Ich schreibe das als Stahlhelmer, die in letzter Zeit ja häufig von den Nazis angegriffen wurden. Aber das schadet nichts; das rüttelt wach. Ich hoffe immer noch, dass Stahlhelm und Nationalsozialismus sich bald wieder zu gemeinsamer Arbeit zusammenfinden. Dann werden wir auch was erreichen.«[154]

Spickschen trat im März 1932 aus dem Stahlhelm aus und wechselte zur NSDAP. Anlass sei die Entscheidung der Stahlhelm-Führung gewesen, bei der Wahl des Reichspräsidenten im April 1932 mit Bundesführer Theodor Duesterberg gegen Paul von Hindenburg anzutreten.[155] Freilich dürfte dieser Loyalitätskonflikt – Hindenburg war Ehrenmitglied des Stahlhelms –, der den Stahlhelm seinerzeit erschütterte,[156] für Spickschen nicht mehr als ein Anlass gewesen sein. Seine Veränderung vom politisch aktiven »Paramilitär« zum »Parteisoldaten« hatte sich schon 1930 angekündigt:

»Ich lese jetzt auch Hitlers »Kampf« mit größtem Interesse. Ich muss sagen, dass der Mann wirklich ein Genie ist. Tiefe ernste Gedanken und logisch entwickelt. Ich habe das erste Drittel hinter mir und kann nur alles unterschreiben. Und wenn man ehrlich gegen sich selbst sein will, muss man mitmachen in diesem Kampf, soll unser herrliches Volk nicht untergehen. Und das geht schnell, wenn die Demoralisierung so weiter geht wie bisher. Es kommt nicht darauf an, dass seine Gedanken edel sind, sondern richtig. Um ihn ganz zu verstehen, muss man das Buch von vorne an durchstudieren. Dann sieht man auch, dass das mit Nat.-Bolschewismus nichts zu tun hat.«[157]

Vermutlich entwickelte sich Spickschens Begeisterung für Hitler und die Ideen des Nationalsozialismus in dieser Zeit. Er übernahm dabei, was in seiner privaten Korrespondenz durchaus nicht die Regel ist, die Propagandastanzen der nationalsozialistischen Sprache: »Wenn der Kampf gegen die vom Marxismus gezüchtete allgemeine Demoralisierung Erfolg haben soll, kann er nur mit schärfsten Mitteln geführt werden, ebenso gegen die jüdische Finanz.«[158] Spickschens Parteieintritt war insofern eher der formale Abschluss eines län-

154 Brief Spickschens vom 3.6.1930 an seine Mutter, überliefert in: Schröder: Alle Liebe, S. 04.04.10–04.04.11.

155 Vgl. das Schreiben Spickschens vom 16.2.1936 an die SA-Gruppe Ostland, BArch, BDC, SSO Erich Spickschen (23.7.1897), unpag.

156 Vgl. Anke Hoffstadt: Frontgemeinschaft? Der »Stahlhelm. Bund der Frontsoldaten« und der Nationalsozialismus, in: Gerd Krumeich (Hg.): Nationalsozialismus und Erster Weltkrieg, Essen 2010, S. 196–197.

157 Brief Spickschens vom 3.6.1930 an seine Mutter, überliefert in: Schröder: Alles Liebe, S. 04.04.11. Vgl. auch seinen Brief an seine Mutter vom 19.9.1930, überliefert in: Schröder: Alles Liebe, S. 04.04.15.

158 Brief Spickschens vom 25.6.1930 an seine Mutter, überliefert in: Schröder: Alles Liebe, S. 04.04.13.

geren Denkprozesses, der zu einer allmählichen Hinwendung zur NSDAP geführt hatte.

Spickschens eigener Darstellung zufolge trat er nach dem Ausscheiden aus dem Stahlhelm im März 1932 direkt zur NSDAP über.[159] Gemäß NSDAP-Mitgliederkartei wird Spickschen erst für den 1. November 1932 unter der Nummer 1.360.789 als Mitglied der NSDAP bei der Ortsgruppe (OG) Thierenberg geführt,[160] was am bürokratischen Prozess der Mitgliederaufnahme gelegen haben könnte. Spickschens Darstellung ist inhaltlich korrekt, andere Quellen nennen den 1. April als Aufnahmedatum.[161] Jedenfalls ist bereits für Juni 1932 ein von Spickschen veranstalteter Partei-Sprechabend bekannt.[162] Er wurde unverzüglich Blockleiter und schon bald stellvertretender Ortsgruppenleiter,[163] eine Funktion, die er bis zum 30. Juni 1933 ausübte.[164] Über die OG Thierenberg ist wie für viele andere Ortsgruppen der ostpreußischen NSDAP kaum etwas überliefert.[165]

Brachte das Jahr der Machtübernahme für jeden einzelnen Menschen im Deutschen Reich spürbare Konsequenzen mit sich, so bedeutete 1933 für Spickschen nicht weniger als den entscheidenden Wendepunkt in seinem Leben. Bis dahin Gutsbesitzer, der mühevoll von Jahr zu Jahr seine Familie durchbrachte, wurde Spickschen in kurzer Zeit zum nationalsozialistischen Funktionär. Mit seiner Frau bildete er eine Lebensgemeinschaft, die auch auf erheblicher landwirtschaftlicher Sachkompetenz, nationalsozialistischer Überzeugung und enormer Einsatzbereitschaft gründete und die im nationalsozialistischen Staat gewissermaßen den idealen Betätigungsrahmen fand. Vor allem Erich Spickschen erlebte einen steilen Aufstieg – politisch, gesellschaftlich und

159 Vgl. das Schreiben Spickschens vom 16.2.1936 an die SA-Gruppe Ostland, BArch, BDC, SSO Erich Spickschen (23.7.1897), unpag.

160 Vgl. die NSDAP-Mitgliedskarte Spickschens (23.7.1897), BArch, BDC, NSDAP-Mitgliederkartei (Ortsgruppenkartei).

161 Vgl. Spickschens SS-Stammrollen-Auszug vom 7.5.1937, BArch, BDC, SSO Erich Spickschen (23.7.1897), unpag.

162 Vgl. Hundriesers monatlichen Tätigkeitsbericht der OG Thierenberg für Juni 1932, GStA PK, XX. HA Rep. 240, Nr. C 45, Bl. 304.

163 Vgl. Spickschens Schreiben vom 16.2.1936 an die SA-Gruppe Ostland, BArch, BDC, SSO Erich Spickschen (23.7.1897), unpag.

164 Vgl. den SA-Führer-Fragebogen vom 1.12.1936, BArch, BDC, SSO Erich Spickschen (23.7.1897), unpag.

165 In der NSDAP gehörte die OG Thierenberg im April 1932 zum sogenannten Gaukommissariat 2 (Landkreise Königsberg-Land und Fischhausen). Ab August 1932 wurde die regionale Gaugliederung an die staatlichen Landkreise angepasst, die OG Thierenberg gehörte nun zum Parteikreis Fischhausen. KL war dort Hermann Schoepe, der im August 1933 nach Angerburg wechselte und durch Erich Post ersetzt wurde. Vgl. den undatierten Bericht »Die Entwicklung der NSDAP im Kreise Samland«, GStA PK, XX. HA Rep. 240, Nr. C 44, Bl. 6–9, sowie Rohrer: Macht, S. 158–159 und S. 206.

wirtschaftlich. Dabei begann das Jahr 1933 für die Familie Spickschen mit einem Tiefschlag, als am 4. April das Wohnhaus des Gutes in Woydiethen niederbrannte. Die Erstattung durch die Versicherung war offenbar geringer als erwartet, andererseits erhielten die Spickschens staatliche Hilfen. Unter recht günstigen Bedingungen konnte so 1933/1934 das Wohnhaus mit 13 Zimmern und 12 Nebenräumen sehr solide neu gebaut werden.[166] Dabei sollte Erich Spickschen von nun an immer seltener zu Hause sein. Schon 1933 führte seine häufige Abwesenheit dazu, dass seine Arbeitskraft ausfiel und ein Inspektor für das Gut eingestellt werden musste;[167] dort arbeitete neben dem Ehepaar Spickschen ohnehin schon weiteres Personal.[168] Andererseits profitierte Spickschen bereits materiell von seiner politischen Tätigkeit.[169]

Erich Spickschens Aufstieg im Reichsnährstand kam nicht von ungefähr, vielmehr war er hierfür geradezu prädestiniert. Dies galt weniger für Funktionen, die er 1933 übernahm und die rasch entfielen beziehungsweise bedeutungslos wurden. Hierzu sind seine kommunalen Funktionen – Spickschen war ab April 1933 Mitglied im Kreistag und im Kreisausschuss des Kreises Fischhausen – zu rechnen.[170] Ob und inwieweit er in diesen kommunalen Funktionen überhaupt tätig wurde, ist unbekannt. Bedeutend war für Spickschen dagegen, dass im Bereich der Landwirtschaft der Übergang zum Reichsnährstand neue Funktionen mit sich brachte. So wurde in Ostpreußen Egbert Otto im Juli 1933 von Darré, seit Ende Juni Reichsminister für Ernährung und Landwirtschaft, zum »Hauptsonderbeauftragten für die Provinz Ostpreußen in allen Angelegenheiten des Landstandes« ernannt. Entsprechend wurden die Landwirtschaftlichen Kreisfachberater des agrarpolitischen Apparates, darunter auch Spickschen im Kreis Fischhausen, nun »Sonderbeauftragte für alle Angelegenheiten des Aufbaues des Landesstandes« in ihren jeweiligen Kreisen.[171]

166 Vgl. das undatierte »Gutachten über den Wert des landwirtschaftlichen Betriebes des Herrn Erich Spickschens in Woydiethen, Kreis Samland, Regierungsbezirk Königberg, Ostpreussen« von Roos [ca. 1952], BArch, ZLA 1/6008379, Bl. 37, sowie die Erinnerungen von Gerda Ursula Spickschen von 1979 und 1981, überliefert in: Schröder: Alles Liebe, S. 05.01.02–05.01.03.

167 Vgl. Spickschens Brief vom 28.11.1933 an seine Mutter (S. 05.01.14), den Brief Gerda Ursula Spickschens vom 17.11.1933 an ihre Mutter (S. 05.01.09–05.01.10) und die Erinnerungen Gerda Ursula Spickschens von 1979 (S. 05.01.07), alle überliefert in: Schröder: Alles Liebe.

168 Vgl. den Brief Gerda Ursula Spickschens vom 17.11.1933 an ihre Mutter, überliefert in: Schröder: Alles Liebe, S. 05.01.09–05.01.10.

169 So berichtete er in seiner privaten Korrespondenz davon, 1933 ein neues Auto gekauft zu haben, wofür er sich das nötige Geld von der KBsch habe vorschießen lassen, vgl. Spickschens Brief vom 28.11.1933 an seine Mutter, überliefert in: Schröder: Alles Liebe, S. 05.01.14.

170 Vgl. Kienast: Großdeutscher Reichstag, S. 411.

171 Vgl. das Schreiben des Reichsministers für Ernährung und Landwirtschaft vom 18.7.1933 an LBF Otto und die Landwirtschaftlichen Kreisfachberater, BArch, R 16 I/2116, unpag.

Die Funktion eines Landwirtschaftlichen Kreisfachberaters hatte Spickschen am 2. April 1933 mit seinem Beitritt zum agrarpolitischen Apparat der NSDAP in Ostpreußen übernommen.[172] Er war damit Teil eines feingliedrigen Funktionärsnetzes geworden, das ab 1930 unter Führung von Darré in den Gauen der NSDAP eingerichtet worden war. Ziel des agrarpolitischen Apparates war es, die ländliche Bevölkerung für die Partei zu gewinnen und zudem die agrarwirtschaftlichen Interessenvertretungen gleichsam von innen durch Funktionäre zu unterwandern, die der NSDAP nahestanden. Das Funktionärsnetz des agrarpolitischen Apparates sollte tief in die ländliche Bevölkerung hineinreichen und sah neben der Gauebene auch Funktionäre auf der mittleren Ebene (Bezirk, Kreis) und auf Ortsebene vor.[173] Welche Aktivitäten Spickschen in seiner Funktion als Landwirtschaftlicher Kreisfachberater im Einzelnen ausübte, ist nicht bekannt. Ganz gewiss jedoch diente sie ihm als Sprungbrett für seine Karriere im Reichsnährstand.[174]

Der Reichsnährstand, formal eine Selbstverwaltungskörperschaft des öffentlichen Rechts, lenkte und regulierte Produktion, Vertrieb und Preis landwirtschaftlicher Produkte und betreute rund 16 Millionen zwangsweise Mitglieder. Für die im Reichsnährstand maßgebliche Ausformung nationalsozialistischer Weltanschauung steht das Schlagwort »Blut und Boden«, innerhalb des Spektrums nationalsozialistischer Weltanschauungen wies sie erhebliche Überschneidungen mit jener der SS auf.[175] Personell baute der Reichsnährstand im Wesentlichen auf den früheren Landwirtschaftskammern auf. Auf den drei zentralen Ebenen (Reich, Landesbauernschaften, Kreisbauernschaften) verfügte der Reichsnährstand im Verwaltungsamt zum einen jeweils über Verwaltungshauptabteilungen, die der inneren Verwaltung dienten. Zum anderen gab es jeweils drei Hauptabteilungen, die nach den Sachfragen »Mensch«, »Hof« und »Markt« unterteilt waren. Reichsbauernführer Darré trug die alleinige Verantwortung für die Führung des Reichsnährstandes. Im Gegensatz zu den früheren Landwirtschaftskammern waren die Landesbauernschaften nicht unabhängig, sondern fungierten als Dienststellen der Reichsnährstandszentrale. Die grundsätzliche Aufgabe der Landesbauernschaften war die »Durchführung der allge-

172 Vgl. die undatierten Personalbogen Spickschens von der LBsch Ostpreußen (BArch, R 16 I/1469, Bl. 2) und vom Deutschen Reichsbauernrat (BArch, R 16 I/135, unpag.).

173 Vgl. Rohrer: Macht, S. 164–165, Gies: Landwirtschaftliche Organisationen, S. 343–347 und S. 353–364, Wolfram Pyta: Dorfgemeinschaft und Parteipolitik. 1918–1933. Die Verschränkung von Milieu und Parteien in den protestantischen Landgebieten Deutschlands in der Weimarer Republik, Düsseldorf 1996, S. 358–359 und S. 371–373 (zit. Pyta: Dorfgemeinschaft), sowie Corni/Gies: Ernährungswirtschaft, S. 229.

174 Die folgenden Ausführungen zum RNSt und zur LBsch Ostpreußen werden in Kapitel 3 vertieft.

175 Näheres hierzu in Kapitel 3 und 4.

meinen berufsständischen und der besonderen Aufgaben des Reichsnährstandes in ihren Gebieten.«[176]

Spickschens Karriere als Agrarfunktionär führte Schritt für Schritt über fast jede Hierarchiestufe an die Spitze der Landesbauernschaft Ostpreußen. Sie begann mit der Funktion des Kreisbauernführers im Kreis Fischhausen, die er vom 30. September 1933 bis zum 21. Oktober 1936 ausübte. Der Kreisbauernführer, dem der Kreisobmann sowie drei fachliche Kreishauptabteilungen unterstanden, war in seinem Kreis insbesondere mit der landwirtschaftlichen Marktregelung, mit der Durchführung des Reichserbhofgesetzes, mit der Anwendung des Schuldenregelungsgesetzes auf Erbhöfe und mit der »Neubildung deutschen Bauerntums« befasst. Vom 24. November 1933 bis zum 22. März 1935 fungierte Spickschen zusätzlich als Leiter der Landeshauptabteilung I.[177] Er habe diesen Posten auf Befehl hin und im Grunde gegen seinen Willen übernommen, so Spickschen privat, doch habe er darauf bestanden, die Funktion des Kreisbauernführers zu behalten, das sei »dankbare Frontarbeit«.[178]

Die Landeshauptabteilungen entsprachen – auf das Gebiet der Landesbauernschaft bezogen – ihren Pendants auf Reichsebene. Die Landeshauptabteilung I hatte sich allen Aufgaben zu widmen, »die der menschlichen, wirtschafts- und sozialpolitischen, geistigen und seelischen Förderung der in der Landwirtschaft tätigen Personen dienen.«[179] Zentrales Thema der Landeshauptabteilung I war der Komplex von »Blut und Boden«, so das Reichserbhofgesetz sowie die ländliche Siedlung. Eine der strittigen Fragen, auch in Abgrenzung zur Deutschen Arbeitsfront (DAF), war die Betreuung der Landarbeiter, mit deren Situation sich Spickschen intensiv auseinandersetzte. Im September 1934 wurde er von Reichsminister Darré zum kommissarischen Beauftragten für Landarbeiterfragen für Ostpreußen ernannt, was »der Durchführung der in der ersten Verordnung über den vorläufigen Aufbau des Reichsnährstandes getroffenen Regelung, daß die Landarbeiter zum Reichsnährstand gehören«,[180] dienen sollte. Spickschen publizierte auch zu diesem Thema.[181]

---

176 Vgl. Corni/Gies: Ernährungswirtschaft, S. 75–167, sowie Münkel: Agrarpolitik, S. 95–106. Siehe auch Kapitel 3.

177 Vgl. die handschriftliche, undatierte Übersicht über Spickschens Stationen im RNSt, BArch, R 16 I/135, unpag., sowie die Georgine vom 5.12.1933, S. 847 (Artikel »Erich Spickschen, Leiter der Hauptabteilung I der Landesbauernschaft, Kreisbauernführer des Kreises Fischhausen«).

178 Vgl. Spickschens Brief vom 28.11.1933 an seine Mutter, überliefert in: Schröder: Alles Liebe, S. 05.01.14.

179 Reischle/Saure: Reichsnährstand, S. 73.

180 Georgine vom 28.9.1934, S. 801 (Artikel »Pg. Spickschen kommissarischer Beauftragter für Landarbeiterfragen«).

181 Vgl. Erich Spickschen: Bauer und Landarbeiter, in: Georgine vom 28.9.1934, S. 799–800. Näheres hierzu und zum Streit zwischen RNSt und DAF um die Landarbeiter in Kapitel 3.2.

Vor dem Hintergrund einer noch zu beleuchtenden Übergangsphase in der Landesbauernschaft Ostpreußen stieg Spickschen am 15. März 1935 in das Amt des Landesobmanns auf, das er bis zum 17. Februar 1936 innehatte.[182] Als Landesobmann war Spickschen jedoch nur kurz Stellvertreter des Landesbauernführers, denn bereits am 9. Dezember 1935 übernahm er diese Funktion selber. Zunächst kommissarisch und ab Februar 1936 endgültig, war er nun Landesbauernführer der Landesbauernschaft Ostpreußen und für diese gegenüber Reichsbauernführer Darré insgesamt verantwortlich.[183] Durch die Landesbauernschaft hatte sich damit, im zeitlichen Längsschnitt der Provinz Ostpreußen gesehen, etwas Unerhörtes zugetragen: Wenige Jahre zuvor noch repräsentierten Personen wie Ernst Brandes (Jahrgang 1862), der mit über 1.000 Hektar begüterte Vorsitzende der Landwirtschaftskammer Ostpreußens, und Wilhelm Strüvy (Jahrgang 1886), der Vorsitzende des LVO, der mit seiner Frau über 1.350 Hektar Grund verfügte, die jahrhundertealte Dominanz der Großgrundbesitzer.[184] Mit Erich Spickschen dagegen etablierte sich ein junger Mann an der Spitze der Landwirtschaft Ostpreußens, der aus bäuerlichem Milieu stammte, dessen Vater noch nicht einmal selber Bauer gewesen war und dessen Besitz gerade eben die Schwelle zum Großgrundbesitz überschritt. Er steht damit auch, wie noch zu zeigen sein wird,[185] stellvertretend für eine insgesamt neue Zusammensetzung der agrarischen Elite, zumindest in Ostpreußen, wahrscheinlich aber auch darüber hinaus.

Spickschen stand ab Dezember 1935 an der Spitze einer Organisation, die räumlich die gesamte Provinz abdeckte. Sie war in 36 Kreisbauernschaften gegliedert, in denen 563 Bezirksbauernführer und 4.605 Ortsbauernführer tätig waren. Seine Position war ansehnlich dotiert, zumal er kein Gehalt bekam, sondern, wie beim Reichsnährstand auch zur Wahrung des Anscheins »ehrenamtlicher« Tätigkeit üblich, eine von steuerlichen Abzügen befreite Dienstaufwandsentschädigung in Höhe von 800 Reichsmark monatlich. Als Landesobmann hatte diese Dienstaufwandsentschädigung 600 Reichsmark betragen, als Landeshauptabteilungsleiter I 500 Reichsmark und als Kreisbauernführer 250 Reichsmark.[186] Spickschens Einkommen lag damit schon auf hohem Ni-

182 Vgl. die Dienstnachrichten des Reichsnährstandes (DNdRN) vom 16.3.1935, S. 102, und vom 9.1.1937, S. 2, zudem das Königsberger Tageblatt vom 16.3.1935, S. 3 (Artikel »Erich Spickschen. Der neue Landesobmann der Landesbauernschaft«).

183 Vgl. die Georgine vom 13.12.1935, S. 1056 (Artikel »Bauer Erich Spickschen Landesbauernführer von Ostpreußen«), sowie die DNdRN vom 14.12.1935, S. 438, und vom 9.1.1937, S. 2.

184 Vgl. Hertz-Eichenrode: Politik, S. 86 und S. 136–137.

185 Näheres hierzu in Kapitel 3.3.

186 Vgl. die Übersicht über die Dienstaufwandsentschädigungen bei der LBsch Ostpreußen für 1934 und 1935, BArch, R 2301/3589, unpag.

veau; die Spanne des Endgehalts eines Landrats beispielsweise reichte von 450 bis 750 Reichsmark.[187]

Darüber hinaus kam bei Spickschen Einkommen aus anderen Funktionen hinzu. So wurde er 1936 Mitglied des Reichstages mit Anspruch auf Diäten, worauf noch einzugehen sein wird. Im Jahr 1937 wurde er Aufsichtsrat eines Unternehmens, das zur berüchtigten Erich-Koch-Stiftung gehörte; hierbei ist freilich nicht klar, ob aus den ihm theoretisch zustehenden Tantiemen tatsächlich je Einnahmen resultierten.[188] Nach 1945 schätzte ein Sachverständiger das Einkommen Spickschens für die Jahre von 1937 bis 1939 als besonders hoch ein, er taxierte es auf über 30.000 Reichsmark jährlich. Diese Summe setzte sich aus Einkünften aus Spickschens verschiedenen Funktionen zusammen, zudem waren Einnahmen aus dem landwirtschaftlichen Gut im Bereich von 15.000 bis 18.000 Reichsmark enthalten; freilich ist hier in Rechnung zu stellen, dass auch Kosten etwa für landwirtschaftliches Personal anfielen.[189]

Dabei dürfte Spickschen insgesamt, wie er auch im Entnazifizierungsverfahren anführte,[190] wegen seiner wachsenden Familie, die gleichfalls noch genauer zu betrachten ist, kaum und mindestens zeitweise gar keine Einkommenssteuer entrichtet haben. Neben anderem hatte insbesondere das neue Lohn- und Einkommenssteuerrecht von 1934 Familien im »Dritten Reich« massiv entlastet: Bereits ab dem vierten Kind betrug der Steuerabzug 75 Prozent, bei sechs Kindern 100 Prozent, allerdings maximal 9.000 Reichsmark, wobei jedes weitere Kind zusätzlich maximal 1.400 Reichsmark Steuerabzug brachte.[191]

---

187 Vgl. Kurt Düwell: Gauleiter und Kreisleiter als regionale Gewalten des NS-Staates, in: Horst Möller/Andreas Wirsching (Hg.): Nationalsozialismus in der Region. Beiträge zur regionalen und lokalen Forschung und zum internationalen Vergleich, München 1996, S. 164–165.

188 Spickschen war einer der Aufsichtsräte der Propan-Flaschengas-GmbH, die indes nie profitabel produzierte, vgl. Rohrer: Macht, S. 426–431, zur Erich-Koch-Stiftung allgemein S. 401–450, zudem ders.: Vom Wachstum der Erich-Koch-Stiftung. Ein nationalsozialistischer Mischkonzern und die »Arisierung« der »Ersten Ostpreußischen Bettfedernfabrik«, in: Christian Pletzing (Hg.): Vorposten des Reichs? Ostpreußen 1933–1945, München 2006, S. 77–112 (zit. Rohrer: Wachstum).

189 Vgl. das Schreiben Strüvys (Finanzministerium Schleswig-Holstein, Landesausgleichsamt, Heimatauskunftstelle 22) vom 11. 12. 1953 an das Landratsamt Kirchheimbolanden, BArch, ZLA 1/6008379, Bl. 46.

190 So Spickschen im Fragebogen für die politische Überprüfung [vom 15. 2. 1949], NLA (Wolfenbüttel), 3 Nds. 92/1, Nr. 41277, unpag.

191 Vgl. Wolfgang Voegeli/Barbara Willenbacher: Das realisierte System der familienpolitischen Leistungen im Nationalsozialismus, in: Wolfgang Voegeli (Hg.): Nationalsozialistische Familienpolitik zwischen Ideologie und Durchsetzung, Hamburg 2001, S. 17–47, Ralf Erich Schauer: Die Steuergesetzgebung des Nationalsozialismus als Mittel der Machtpolitik. Vom Steuerrecht zum Steuerunwesen, Frankfurt a. M./Berlin/Bern u. a. 2003, S. 90–92,

In den weiteren Rahmen des Aufstiegs Spickschens im Reichsnährstand gehört seine Mitgliedschaft in der SA. Dieser trat er am 1. Juli 1933 als Obertruppführer beim SA-Trupp Thierenberg bei.[192] Über seine stets ehrenamtlichen Aktivitäten bei der SA ist fast nichts bekannt, und wahrscheinlich gab es diese auch kaum, abgesehen von der Teilnahme an Aufmärschen 1933 und 1934 in Königsberg und Fischhausen[193] – als bei seiner Dienststelle ein Führungszeugnis und eine Beurteilung angefragt wurde, notierte man dort »nicht möglich, da zu wenig bekannt«.[194] Er wurde im Juni 1935 als SA-Führer vom SA-Sturmbann III/1 zur SA-Gruppe Ostland überwiesen, quasi zur SA auf Provinzebene. Entsprechend dem Rang eines Oberleutnants im Heer der Wehrmacht wurde Spickschen sodann am 20. April 1936 zum SA-Obersturmführer befördert, ehe er am 12. November 1936 zur SS wechselte.[195] Die SA-Gruppe Ostland zählte zu Beginn des Jahres 1934 etwa 105.000 Männer, reichsweit war die SA damals auf beinahe drei Millionen Mann Stärke angewachsen. Dazu hatte beigetragen, dass frühere Wehrverbände übernommen worden waren, so etwa der Stahlhelm und in Ostpreußen auch der Heimatbund Ostpreußen. Der Größenzuwachs brachte indes ein fundamentales Problem mit sich: Nachdem die Grundsatzentscheidung getroffen war, dass die Reichswehr die alleinige bewaffnete Macht im nationalsozialistischen Staat bleiben sollte, fehlte der SA eine legitimierende Funktion. Schon wenig später, beim »Röhm-Putsch« vom 30. Juni 1934, bei dem die SA-Führung und weitere hochrangige Personen ermordet wurden, bereitete die nationalsozialistische Führung allen Ambitionen der SA kaltblütig ein Ende.[196]

Jenseits solcher allgemeiner politischer Entwicklungen hatte die SA-Mitgliedschaft im Falle Spickschens jedoch einen konkreten Anlass und verweist auf die turbulenten Hintergründe, die während seines steilen Aufstieges in der Landesbauernschaft Ostpreußen die Provinz in Atem hielten – und letztlich auch Spickschens Aufstieg beförderten. Als Spickschen im März 1932 den Stahlhelm verließ, hätte man eher seinen Wechsel zur SA erwarten können: von

---

sowie Reimer Voß: Steuern im Dritten Reich. Vom Recht zum Unrecht unter der Herrschaft des Nationalsozialismus, München 1995, S. 87.

192 Vgl. Spickschens Schreiben vom 16.2.1936 an die SA-Gruppe Ostland, BArch, BDC, SSO Erich Spickschen (23.7.1897), unpag.

193 Vgl. den SA-Führer-Fragebogen vom 1.12.1936, BArch, BDC, SSO Erich Spickschen (23.7.1897), unpag.

194 Undatiertes Schreiben des Führers des SA-Sturmbanns III/I (Königsberg/Pr.), BArch, BDC, SSO Erich Spickschen (23.7.1897), unpag.

195 Vgl. den undatierten Überweisungsschein des Führers des SA-Sturmbanns III/1 (Königsberg/Pr.), das Schreiben des Chefs der SS-Personalkanzlei vom 7.1.1937 an die Oberste SA-Führung sowie Spickschens Fragebogen zur Ergänzung beziehungsweise Berichtigung der Führerkartei und der Dienstaltersliste vom 16.8.1937, alle in: BArch, BDC, SSO Erich Spickschen (23.7.1897), unpag. Gemäß letztgenanntem Dokument wurde Spickschen offiziell offenbar erst am 14.12.1936 aus der SA entlassen.

196 Vgl. Rohrer: Macht, S. 238–240.

einem paramilitärischen Verband zum anderen, freilich nun näher an der NSDAP, wie es auch Spickschens gedanklicher Entwicklung entsprach. Sein Wechsel erfolgte jedoch erst 1933 als Folge der inneren Spaltung der ostpreußischen NSDAP und hatte einen taktischen Hintergrund: Die Politische Organisation (PO) der ostpreußischen NSDAP war der Kernbereich der Macht Erich Kochs. Mit ihrer Hilfe – sowie der Unterstützung eines Zirkels von Intellektuellen, dem sogenannten »Königsberger Kreis« – hatte Gauleiter Koch den »nationalen Sozialismus« propagiert; er gehörte zu jener Zeit zum linken Flügel der NSDAP. Es entsprach ganz der Linie Kochs, als 1932 Hermann Bethke und Hans-Bernhard von Grünberg, beide aus besagtem Intellektuellenzirkel und der Führung der NSDAP in Ostpreußen, einen Plan unter dem Titel »Entschuldung und Neubau der deutschen Wirtschaft« veröffentlichten. Dieser setzte bei der Verschuldung der Landwirtschaft an: Schulden und Zinsen sollten gedeckelt, hierfür wiederum eine Reichsumschuldungskasse errichtet und Banken sozialisiert, d.h. verstaatlicht werden. Bauern sollten so durch staatlichen Eingriff ihren Gläubigern entzogen werden. Schon bald hob Kritik von Großagrariern ebenso wie von Bauern gegen diesen als »marxistisch« taxierten Entwurf an, der den »freien Bauern« angreife.[197]

Gegen solche Politik, die in einer agrarisch-konservativ geprägten Provinz wie Ostpreußen viele in der ländlichen Bevölkerung abschrecken musste, wandte sich auch jener Teil der ostpreußischen NSDAP, der der Landbevölkerung und der dort noch immer starken deutschnationalen Grundhaltung näher stand. Diese Kräfte hatten sich in der SA formiert, ebenso im agrarpolitischen Apparat. Beide Organisationen waren durch Zentralisierungstendenzen innerhalb der NSDAP dem Zugriff des Gauleiters Koch immer mehr entglitten. Koch war als Gauleiter »führerunmittelbar« und strebte nach einer möglichst weitgehenden Kontrolle über seinen regional begrenzten Machtbereich; Organisationen, die von der Reichsleitung der NSDAP gesteuert wurden, entzogen sich jedenfalls teilweise dieser Kontrolle.

Ein Ausdruck dieses inneren Konfliktes war das »Nationalsozialistische Landvolk« (NSL), das Koch Ende September 1932 gegründet hatte. Das NSL war einerseits gegen den LVO gerichtet, dessen Unterwanderung anders als bei anderen Landbünden im Deutschen Reich nicht gelungen war. Aber es entwickelte sich andererseits auch zu einer innerparteilichen Konkurrenzorganisation zum agrarpolitischen Apparat Darrés, dessen Agrarfunktionäre in Ostpreußen mit dem allzu aggressiven und allzu ideologischen Vorgehen der PO im ländlichen Raum der Provinz wenig anfangen konnten. In Personalunion

197 Vgl. ebd., S. 213–213 und S. 224–225, zudem Hermann Bethke/Hans-Bernhard von Grünberg: Entschuldung und Neubau der deutschen Wirtschaft, Berlin 1932, S. 11–16, S. 28–34, S. 41–42 und S. 64–69 (zit. Bethke/Grünberg: Entschuldung und Neubau).

übernommene Funktionen im NSL und im agrarpolitischen Apparat entschärften diese Rivalität zunächst, doch blieb das Problem, dass Koch und Darré konkurrierende Führungsansprüche hatten. Der erste Vorsitzende des NSL, Freiherr Hans-Burkhard von Buttlar, gab noch 1932 nach Vorwürfen der Pfründenwirtschaft an die Adresse der Gauleitung seinen Posten auf. Ebenso legte er die Führung des agrarpolitischen Apparates als Landwirtschaftlicher Gaufachberater und auch den Vorsitz in der Landwirtschaftskammer nieder, den die ostpreußische NSDAP mit den Kammerwahlen unlängst erobert hatte. Buttlar wurde durch Egbert Otto als Landwirtschaftlicher Gaufachberater und als Führer des NSL ersetzt, in der Landwirtschaftskammer dagegen übernahm Hermann Bethke das Ruder. Blieb Bethke ein Vertrauensmann Kochs, so wendete sich Otto schon bald von der Linie Kochs ab und jener Darrés zu.

Nach der Machtübernahme wurden der agrarpolitische Apparat und dann die Landesbauernschaft in Ostpreußen zu Gegenspielern Kochs, jeweils unter Führung Egbert Ottos. Teil der Strategie Ottos und der Führung der Landesbauernschaft war, dass möglichst viele Funktionäre dieser Organisationen auch Mitglieder der SA werden sollten. Mit Erfolg: Im August 1934 beispielsweise waren dies alle Kreisbauernführer. Diese Streitigkeiten wurden im Herbst 1934 entschärft, als Darré Landesbauernführer Otto aus Ostpreußen abzog und an seiner Stelle den Reichsobmann des Reichsnährstandes, Wilhelm Meinberg, einsetzte. Begleitet von Matthias Haidn (Landesbauernschaft Bayern), kam Meinberg nach Ostpreußen mit dem Auftrag, dort die Lage zu befrieden. Die Streitigkeiten flammten freilich nochmals auf, als verschiedene Spannungen Ende 1935 in der »Oberpräsidentenkrise« kulminierten. Damals wurde Gauleiter Koch in seiner Eigenschaft als Oberpräsident suspendiert, und es waren Göring und vor allem der Reichsführer SS Himmler, die auf Kochs Sturz hinarbeiteten. Himmler versuchte Koch mittels einer Untersuchungskommission unter anderem der Korruption zu überführen. Doch Hitler entschied am 22. Dezember 1935 für Koch. Dieser übernahm sein Amt als Oberpräsident wieder und war in den Folgejahren weitgehend unangreifbar, selbst für mächtige Rivalen wie Himmler.[198]

Vor diesem Hintergrund ist Spickschens SA-Mitgliedschaft zu sehen, ebenso seine Ernennung zum Landesbauernführer im Dezember 1935, noch vor Ende der Oberpräsidentenkrise. Die genauen Abläufe seiner Ernennung sind nicht klar, aber Spickschen erschien damals vermutlich als akzeptabler Kompromisskandidat: Einerseits war er für die Spitze des Reichsnährstandes ein loyaler,

198 Zu diesen komplexen Prozessen vgl. Rohrer: Macht, S. 191–369. Zum NSL siehe zudem Meindl: Koch, S. 109–111, vgl. auch Rainer Pomp: Bauern und Großgrundbesitzer auf ihrem Weg ins Dritte Reich. Der Brandenburgische Landbund. 1919–1933, Berlin 2011, S. 336–380. Zur SA-Mitgliedschaft der KBF im August 1934 vgl. das Schreiben der LBsch Ostpreußen vom 24. 8. 1934 an den Deutschen Reichsbauernrat, BArch, R 16 I/2140, unpag.

aufstrebender Funktionär, der ideologisch und politisch auf der Linie des Reichsbauernführers Darré lag; so hatte Spickschen im Rahmen der Spannungen zwischen Landesbauernschaft und Gauleitung im Juli 1934 mit 21 Kollegen aus der Führung der Landesbauernschaft eine gegen Gauleiter Koch gerichtete eidesstattliche Erklärung unterzeichnet.[199] Für die Gauleitung und Gauleiter Koch war Spickschen damit sicherlich kein Wunschkandidat. Schon Ende 1933 war Spickschen, wie die gesamte Führung der Landesbauernschaft, von der Gauleitung der ostpreußischen NSDAP beobachtet und kritisiert worden: »Seine Politik hatte stets deutschnationale Hemmungen. Sein Kampf gegen die Reaktion ist sehr schwach.«[200] Andererseits sind diese Aversionen aus der spezifischen Situation 1933/1934 heraus zu sehen. Darüber hinaus ist nicht zu erkennen, dass sich Spickschen gegenüber Gauleiter Koch beziehungsweise der PO der NSDAP über Gebühr exponiert hätte, so dass er auch für die Gauleitung mindestens akzeptabel war. Gauleiter Koch war zu stark, als dass sich Personen, die sich ihm ernsthaft in den Weg stellten, dauerhaft in wichtigen Ämtern hätten halten können.

Bei seinem Aufstieg in der Landesbauernschaft Ostpreußen übernahm Spickschen eine Reihe von zusätzlichen Ämtern und Funktionen. Teils waren diese Funktionen zwingend mit Ämtern Spickschens verbunden, teils eher informal. Auch wenn sie wenig Gewicht hatten, so konnten sie doch für die Demonstration von Engagement sowie für das personale Netzwerk, für Einfluss und Image nützlich sein.[201] Als Landesobmann wurde er am 8. April 1935 in den Reichsbauernrat berufen, offenbar im September 1935 in den Landesbauernrat in Ostpreußen.[202] Im Februar 1934 bereits war Spickschen zum Landeserbhofrichter an das damals neu geschaffene Landeserbhofgericht in Celle berufen worden, der höchsten Instanz in Preußen in Sachen der Umsetzung des Erbhofgesetzes – wiederum gegen seinen Willen, glaubt man seiner persönlichen Korrespondenz.[203] Dort fungierte er als beisitzender Richter.[204] Sehr wahr-

---

199 Vgl. die eidesstattliche Erklärung von Hans Witt und 21 Mitunterzeichern vom 21.7.1934, BArch, R 16 I/2140, unpag.

200 Undatierte Ausarbeitung »Die Landesbauernschaft Ostpreussen und ihre Politik«, vermutlich von NSDAP-Gauorganisationsleiter Dargel [ca. Ende 1933], BArch, NS 22/268, unpag.

201 Näheres zu den mit diesen Funktionen verbundenen Aufgaben und Tätigkeiten in Kapitel 3.

202 Vgl. das Schreiben des RBF vom 8.4.1935 an Spickschen, BArch, R 16 I/135, unpag., die Georgine vom 16.4.1935, S. 302 (Artikel »Landesobmann Spickschen in den Reichsbauernrat berufen«), die Georgine vom 9.7.1935, Titelseite (Artikel »Die Vereidigung des Ostpreußischen Landesbauernrates«), sowie die Auflistung des Landesbauernrates Ostpreußen im Schreiben des RNSt vom 28.7.1936 an Spickschen, BArch, R 16 I/2186, unpag. Näheres zu Reichsbauernrat und Landesbauernrat in Kapitel 3.

203 Vgl. Kienast: Großdeutscher Reichstag, S. 411, und Spickschens Brief vom 28.11.1933 an seine Mutter, überliefert in: Schröder: Alles Liebe, S. 05.01.14.

scheinlich schied Spickschen schon bald nach seinem Aufstieg an die Spitze der Landesbauernschaft Ostpreußen aus dieser Funktion aus.[205]

Noch im Rahmen der Spannungen zwischen der PO um Gauleiter Koch und der Landesbauernschaft ist Spickschens Bestellung zum Generallandschaftsrat bei der (Bank der) Ostpreußischen Landschaft im Juli 1934 zu verstehen.[206] Dagegen ist als Folge seiner Ernennung zum Landesbauernführer zu sehen, dass Spickschen 1936 Mitglied des Reichstages wurde;[207] er nahm freilich nur ein einziges Mal an einer Reichstagssitzung teil.[208] Es war üblich, dass hochrangige Funktionäre aus Staat und Partei in den Reichstag gewählt wurden. Zu jener Zeit war das Parlament indes längst jeder politischen Relevanz entkernt und nichts anderes als ein Akklamationsorgan für die Regierungspolitik. Für den einzelnen Abgeordneten jedoch war es durchaus interessant, Mitglied des Reichstages zu werden. Denn noch immer waren damit die Zuschreibung von Prestige, üppige Diäten in Höhe von 540 Reichsmark monatlich und eine Freifahrkarte auf allen deutschen Eisenbahnen verbunden.[209]

Auch auf der Ebene der Provinzialverwaltung in Ostpreußen übernahm Spickschen eine Funktion, als er am 10. Januar 1938 zum Provinzialrat berufen wurde.[210] Provinzialräten oblag es, den Oberpräsidenten bei der Geschäftsführung des Provinzialverbandes zu beraten.[211] Für diese Berufung hatte sich Gauleiter Koch im September 1937 persönlich eingesetzt:

> »Der Landesbauernführer Spickschen ist in Angelegenheiten der ostpreußischen Landwirtschaft mein ständiger Berater. Mit Rücksicht auf die besondere Bedeutung, die der Stellung sowohl wie der Person des Landesbauernführers in der Agrarprovinz

---

204 Vgl. beispielsweise die Beschlusssammlung des 7. Senats vom 26.10.1934 und 2.11.1934, GStA PK, I. HA Rep. 217, Nr. 328, unpag.

205 Näheres zum Reichserbhofgesetz und der damit verbundenen Gerichtsbarkeit in Kapitel 6.

206 Ohne Fühlungnahme mit Gauleiter Koch war Walter Lechler vom Preußischen Staatsministerium zum neuen Generallandschaftsdirektor ernannt worden, Ernst Kemsat zum Syndikus der Generallandschaft sowie ehrenamtlich für die Dauer von sechs Jahren Spickschen, LBF Otto und der frühere LVO-Führer Strüvy zu Generallandschaftsräten. Diese Ernennungen erfolgten auf Vorschlag des Landschaftsausschusses, vgl. das Königsberger Tageblatt vom 20.7.1934, Titelseite, sowie das Schreiben des Oberpräsidenten Ostpreußens (Berichterstatter von der Schulenburg) vom 16.3.1934 an den Preußischen Ministerpräsidenten, BArch, R 43 I/1860, Bl. 37.

207 Vgl. Kienast: Großdeutscher Reichstag, S. 411–412.

208 Vgl. den Entnazifizierungs-Bescheid des Spruchausschusses Braunschweig vom 2.7.1951, NLA (Wolfenbüttel), 3 Nds. 92/1, Nr. 41277, unpag.

209 Vgl. Peter Hubert: Uniformierter Reichstag. Die Geschichte der Pseudo-Volksvertretung. 1933–1945, Düsseldorf 1992, S. 312–316 (zit. Hubert: Reichstag).

210 Vgl. das Schreiben des Landesbauernrates Ostpreußen vom 14.2.1938 an die Kanzlei des Deutschen Reichsbauernrates, BArch, R 16 I/135, unpag. Vgl. auch das WbLBsch Ostpreußen vom 11.3.1938, S. 371 (Artikel »Ernennung des Landesbauernführers zum Provinzialrat«).

211 Vgl. das Gesetz über den Provinzialrat vom 17.7.1933. PrGS 1933, S. 253.

Ostpreußen zukommt, ist es für die Dauer untragbar, daß der Landesbauernführer nicht dem Provinzialrat angehört. Ich spreche daher nochmals die Bitte aus, zu veranlassen, daß […] die Zahl der von dem Herrn Preußischen Ministerpräsidenten zu ernennenden Mitglieder des Provinzialrats der Provinz Ostpreußen um eine Stelle vermehrt und in diese Stelle der Landesbauernführer Erich Spickschen in Königsberg berufen wird.«[212]

Kochs Einsatz für Spickschen ist nur denkbar, wenn zwischen beiden mindestens ein gutes Arbeitsverhältnis geherrscht hat. Die aus der Zeit um 1933/1934 rührenden Vorbehalte waren zu dieser Zeit also längst bedeutungslos geworden. Vielmehr spricht vieles dafür, dass Koch Spickschen mindestens zeitweise durchaus protegierte und beide gut kooperierten. Darauf wies bereits hin, dass wie erwähnt Spickschen Aufsichtsrat eines Unternehmens der Erich-Koch-Stiftung wurde, und dies zeigte sich auch, als Spickschen 1939 Teil des insgesamt 69-köpfigen Beirats der Reichsbank wurde:[213] »Meine Berufung in den Beirat der Reichsbank ist mehr eine Ehre ohne Entgelt. Der Gauleiter hat mich vorgeschlagen. Arbeit ist ja nicht damit verbunden.«[214] Spickschens letzter Satz wirft angesichts seiner vielen Mitgliedschaften und Funktionen eine grundsätzliche Frage auf: Wie viel Zeit und Energie blieb ihm überhaupt für Aktivitäten jenseits seiner Tätigkeit an der Spitze der Landesbauernschaft? Sicherlich waren einige Mitgliedschaften Spickschens im Wesentlichen formaler Art, so bei der Nationalsozialistischen Volkswohlfahrt (NSV) etwa von 1936 bis 1945, beim Reichsbund der Kinderreichen (Eintritt unklar, bis 1945) und beim Roten Kreuz von 1929 bis 1945; hier ist lediglich bekannt, dass er in keiner dieser Organisationen ein Amt ausübte.[215]

Spickschens Aufstieg bis an die Spitze der Landesbauernschaft Ostpreußen hatte Rückwirkungen auf seine private Situation und seine Familie. Die Lebensgemeinschaft, die er und seine Frau bildeten, erstreckte sich auch auf den Bereich der politischen Arbeit. Und offenbar ebnete Erich Spickschen dort den Weg für seine Frau: Gerda Ursula Spickschen leitete in der Landesbauernschaft Ostpreußen ab 1934 die Abteilung I C (»Die Frau« beziehungsweise »Die Landfrau«)[216], wofür sie auch eine Dienstaufwandsentschädigung in Höhe von

212 Schreiben des Oberpräsidenten Ostpreußens vom 27.9.1937 an den Reichs- und Preußischen Innenminister, GStA PK, I. HA Rep. 90 B, Nr. 270, Bl. 1.

213 Vgl. Deutsche Reichsbank: Verwaltungsbericht der Deutschen Reichsbank für das Jahr 1940. Hauptversammlung am 12. März 1941, Berlin 1941, S. 41–42.

214 Brief Spickschens vom 10.7.1939 an seine Mutter, überliefert in: Schröder: Alles Liebe, S. 05.01.49.

215 Zu diesen Mitgliedschaften vgl. Spickschens Fragebogen für die politische Überprüfung [vom 15.2.1949], NLA (Wolfenbüttel), 3 Nds. 92/1, Nr. 41277, unpag.

216 Vgl. die Gliederung der LBsch Ostpreußen, abgedruckt in: Landesbauernschaft Ostpreußen (Hg.): Ostpreußischer Bauernkalender 1937, Königsberg/Pr. 1937, S. 107 (zit. Ostpreußischer Bauernkalender [Jahr]), zudem den Erinnerungsbericht »Die Landfrau in der Lan-

100 Reichsmark monatlich (1934) erhielt.[217] Zwischen 1935 und 1937 war sie zudem kommissarisch als Leiterin der Abteilung II H (»Hauswirtschaft«) tätig. Als in der Kriegszeit der Reichsnährstand und die Landesbauernschaft Ostpreußen organisatorisch verschlankt und neu gegliedert wurden, leitete Frau Spickschen nun die Abteilung II B 2 (»Ländliche Frauenarbeit«), die ihre bisherigen Tätigkeitsfelder einschloss.[218] Wie ihr Mann bereits Mitte der 1920er-Jahre mit landwirtschaftlichen Veröffentlichungen sporadisch in Erscheinung getreten,[219] war sie ab 1932 regelmäßig publizistisch tätig. Ihre Artikel erschienen in Ostpreußen und reichsweit, in Zeitungen und landwirtschaftlichen Publikationen. Dem in der nationalsozialistischen Propaganda vorgesehenen Bild von der Landfrau entsprechend, beschäftigte sie sich inhaltlich oft mit praktischen landwirtschaftlichen Fragen sowie mit Fragen des Brauchtums und zeigte sich dabei als weltanschaulich überzeugte Nationalsozialistin.[220] Angeblich war sie an zwei bis drei Tagen wöchentlich für die Landesbauernschaft aktiv oder hielt in Ostpreußen Vorträge.[221] Daneben übte sie weitere Funktionen aus, etwa in einem landwirtschaftlichen Hausfrauenverein.[222]

Zweifelsohne leistete das Ehepaar Spickschen ein enormes Arbeitspensum. Umso erstaunlicher ist, dass binnen weniger Jahre die Familie Spickschen währenddessen auch zu einer Großfamilie wurde. Waren die ersten beiden Kinder 1924 und 1925 geboren, so brachte Gerda Ursula Spickschen 1935, 1936, 1938 und 1939 vier Kinder zur Welt, 1941 und 1943 folgten zwei weitere.[223] Der 1938 geborene Udolf, der wie alle der insgesamt sechs in der nationalsozialis-

desbauernschaft Ostpreussen 1934–1945« von Gerda Ursula Spickschen von 1958, BArch, Ost-Dok 10/284, Bl. 1–4. Vgl. auch die entsprechenden Einträge in den Übersichten 1–5 im Anhang.

217 Vgl. den Haushaltsplan der LBsch Ostpreußen für das Rechnungsjahr 1934. B. Hauptabteilung I, BArch, R 2301/13184, unpag., sowie die Übersicht über die Dienstaufwandsentschädigungen bei der LBsch Ostpreußen für 1934 und 1935, BArch, R 2301/3589, unpag.

218 Vgl. Mentzel und v. Lengerke's landwirtschaftlicher Hilfs- und Schreib-Kalender. 96. Jahrgang, Zweiter Tl.: Landwirtschaftliches Jahr- und Adressbuch, Berlin 1943, S. 92 (zit. Mentzel [Jahr], Tl.). Siehe auch die biographische Skizze zu Gerda Ursula Spickschen im Anhang.

219 Vgl. z. B. Gerda Ursula Spickschen: Ein Weg, die Widerstandsfähigkeit und Leistung der »Landhühner« zu heben, in: Land und Frau 10 (1926), Nr. 46, S. 730–731.

220 Eine Auswahl der Artikel von Gerda Ursula Spickschen: Warum wählt die Landfrau nationalsozialistisch?, in: Nationalsozialistische Landpost vom 17. 7. 1932, unpag.; Die Weberinnenschule – eine Notwendigkeit, in: Die deutsche Frau 27 (1934), Heft 7, S. 214; Dem dritten Kriegssommer entgegen, in: Die deutsche Landfrau 35 (1942), Heft 2, S. 28–29; Die Landfrau, in: PZ vom 4. 10. 1942, unpag.; Wir Landmütter, in: WbLBsch Ostpreußen vom 15. 5. 1943, Titelseite. Näheres zur Rolle der Landfrau in Kapitel 3.1 und Kapitel 4.3.

221 So Gerda Ursula Spickschens Erinnerung von 1979, überliefert in: Schröder: Alles Liebe, S. 05.01.07.

222 Vgl. Schröder: Alles Liebe, S. 05.01.25–05.01.26.

223 Vgl. Spickschens Antrag auf Feststellung von Vertreibungsschäden vom 22. 12. 1952, BArch, ZLA 1/6008379, Bl. 11.

tischen Zeit geborenen Kinder einen nordischen Vornamen trug, starb bald nach der Geburt.[224] Dieser Familienzuwachs mag einem genuinen Kinderwunsch, der verbesserten materiellen Situation und anderen Motiven geschuldet gewesen sein. Es mag aber auch die Idee dahinter gestanden haben, die Stellung als hochrangiger Funktionär des Reichsnährstandes durch eine authentische Lebensführung zu untermauern. Sein Denken in nationalsozialistischen Kategorien auch hier deutet jedenfalls eine private Bemerkung Erich Spickschens von Ende 1933 an: »Allmählich müssen wir jetzt auch an den Erbhoferben denken.«[225] Soviel ist jedenfalls klar: Der Geburtenreichtum der Familie Spickschen entsprach ganz und gar der Vorstellung, das Bauerntum sei der »Lebensquell der deutschen Nation«, die eine der tragenden Säulen der nationalsozialistischen Ideologie in der Ausformung des Reichsnährstandes war.[226]

Diese Ideologie war neben personellen und organisatorischen Aspekten einer der Berührungspunkte zwischen Reichsnährstand und SS. Es war daher nur folgerichtig, als Spickschen, damals knapp ein Jahr im Amt des Landesbauernführers, am 12. November 1936 Mitglied der SS wurde. Er trat der Allgemeinen SS bei, die sich mit dieser Bezeichnung seit 1935 von den bewaffneten Verbänden der SS abhob, und übte alle seine Funktionen in der SS ehrenamtlich aus. Im damals Ostpreußen umfassenden SS-Oberabschnitt Nordost wohnhaft, ist Spickschens Ansiedlung innerhalb der SS von Interesse, nämlich im Rasse- und Siedlungshauptamt (RuSHA). Dort wurden ihm, nachdem er zunächst den in der SA innegehabten Dienstgrad übernommen hatte und SS-Obersturmführer geworden war, in rascher Abfolge immer höhere Dienstgrade verliehen: Am 30. Januar 1937 wurde er SS-Hauptsturmführer, am 20. April 1937 SS-Sturmbannführer, am 9. November 1938 SS-Obersturmbannführer, am 20. April 1939 SS-Standartenführer, am 30. Januar 1941 SS-Oberführer und am 9. November 1942 SS-Brigadeführer, was dem Rang eines Generalmajors in der Wehrmacht entsprach. In diesem Rang wurde Spickschen am 1. Mai 1944 vom RuSHA zum Stab des SS-Oberabschnitts Nordost versetzt.[227]

Spickschens Übertritt zur SS und dort zum RuSHA war Teil der Politik Himmlers und Darrés, die Landesbauernführer zu SS-Mitgliedern beziehungsweise »SS-Ehrenführern« zu machen und im RuSHA anzusiedeln. Auf diesem Wege sollte eine besonders enge Verbindung zwischen SS und Reichsnährstand

224 Vgl. das Schreiben des Landesbauernrates Ostpreußen vom 14.4.1938 an die Kanzlei des Deutschen Reichsbauernrates, BArch, R 16 I/135, unpag. Siehe auch Spickschens Brief vom 15.4.1938 an seine Mutter, überliefert in: Schröder: Alles Liebe, S. 05.01.32–05.01.33.

225 Brief Spickschens vom 28.11.1933 an seine Mutter, überliefert in: Schröder: Alles Liebe, S. 05.01.14.

226 Näheres hierzu in Kapitel 4.

227 Vgl. den undatierten Personalnachweis Spickschens, BArch, BDC, SSO Erich Spickschen (23.7.1897), unpag.

geschaffen werden.[228] Doch Spickschen war schon vor seinem Übertritt mit der SS verbunden, war er doch im Januar 1936 mit der Wahrnehmung der Geschäfte des SS-Bauernreferenten beim SS-Oberabschnitt Nordost beauftragt worden.[229] Offiziell wurde Spickschen offenbar erst am 3. März 1937 zum SS-Bauernreferenten beim SS-Oberabschnitt Nordost ernannt,[230] eine Funktion, mit der er jedenfalls formal über Mai 1944 hinaus betraut blieb.[231] Vermutlich konnte die Ernennung erst nach Spickschens SS-Beitritt erfolgen, denn SS-Bauernreferenten mussten Mitglieder der SS sein. Hintergrund dieser Funktion war, dass seit Anfang 1934 das Rasse- und Siedlungsamt, später das RuSHA, über eben diese SS-Bauernreferenten mit dem agrarpolitischen Apparat verbunden war. Zur Schulung im RuSHA war ein eigenes Schulungswesen aufgebaut worden, die SS-Bauernreferenten wurden den Schulungsleitern an die Seite gestellt. Ihre Aufgabe war es, die Verbindung zwischen SS und Bauern herzustellen, ihre Themenbereiche waren die ländliche Siedlung sowie allgemein das Bauerntum.[232] Das RuSHA trat 1937 auch an Spickschen heran mit der Bitte, unter seinen Bauernführern bis zum Rang der Kreishauptabteilungsleiter SS-Bauernführer zu gewinnen.[233] Es ist unbekannt, ob Spickschen in dieser Funktion tatsächlich tätig wurde, etwa durch Vorträge.

Vermutlich Mitte 1937, als er schon Landesbauernführer war, trat Spickschen auch an die Spitze des agrarpolitischen Apparates und des Gauamtes für Agrarpolitik in Ostpreußen.[234] Spickschen war nun »Gauamtsleiter für Agrar-

228 Vgl. Ermenhild Neusüss-Hunkel: Die SS, Marburg 1955, S. 72. Spickschen hierzu: »Entsprechend einem Abkommen zwischen dem RBF und dem Reichsführer SS wurden 1935 die ehrenamtl. Bauernführer von Erstgenanntem veranlasst, der Allg. SS beizutreten, so dass auch ich von der SA in die SS übertrat. Meine Mitgliedschaft war ›ehrenhalber‹, irgendwelche dienstl. Befugnisse innerhalb der SS waren mit meiner Stellung nicht verbunden.« Spickschens Fragebogen für die politische Überprüfung [vom 15.2.1949], NLA (Wolfenbüttel), 3 Nds. 92/1, Nr. 41277, unpag. Seine Stellung als SS-Bauernreferent erwähnte Spickschen nicht.

229 Vgl. das Schreiben Harms (Stabsführers im RuSHA) vom 11.1.1936 an den Rassereferenten beim SS-Oa Nordost, BArch, R 16 I/2205, unpag.

230 Vgl. die handschriftliche, undatierte Übersicht über Spickschens Stationen im RNSt, BArch, R 16 I/135, unpag.

231 Siehe die Personalverfügung des SS-Personalhauptamtes vom 20.5.1944, BArch, BDC, SSO Erich Spickschen (23.7.1897), unpag.

232 Vgl. Heinemann: Rasse- und Siedlungshauptamt, S. 66.

233 Vgl. das Schreiben des Stellvertreters des Siegelbewahrers vom 18.8.1937 an Spickschen, BArch, R 16 I/2206, unpag.

234 Vgl. Kienast: Großdeutscher Reichstag, S. 411–412. Der genaue Zeitpunkt ist unbekannt; Mitte Mai 1937 benachrichtigte das Gaupersonalamt der NSDAP Ostpreußen die Reichsleitung der NSDAP, dass Gauleiter Koch demnächst Spickschen als Amtsleiter des Amtes für Agrarpolitik vorschlagen wolle, vgl. das entsprechende Schreiben vom 19.5.1937, BArch, NS 22/694, unpag.

politik« und gehörte damit der Gauleitung der ostpreußischen NSDAP an.[235] Angesichts der Entwicklungen in Ostpreußen ist es als ein weiteres Zeichen für ein auskömmliches Verhältnis zwischen ihm und Gauleiter Koch zu werten, dass der Landesbauernführer auf diese Weise auch in die Führung der PO der ostpreußischen NSDAP einbezogen wurde.[236] Immerhin hatte Gauleiter Koch wenige Jahre zuvor in der Zeit der schweren Konflikte zwischen PO und agrarpolitischem Apparat ein eigenes Amt für Agrarpolitik aufgebaut, geführt vom ihm ergebenen Gauamtsleiter Richard Liedtke. Dieses Amt stand im Gegensatz zum damaligen agrarpolitischen Apparat in Ostpreußen, den der Landwirtschaftliche Gaufachberater und Landesbauernführer Otto leitete.[237] Noch im Juni 1936 bescheinigte Spickschen dem agrarpolitischen Apparat in Ostpreußen ein völliges Durcheinander.[238]

Es ist unbekannt, welche Konsequenzen aus dieser Funktion für Spickschen folgten. Möglicherweise half sie ihm, sein Personennetzwerk auszubauen. Rein sachlich dürfte sie kaum eine Rolle gespielt haben, denn durch den Reichsnährstand wurde der agrarpolitische Apparat im Grunde überflüssig. Meist wurden die Funktionen im agrarpolitischen Apparat ohnehin in Personalunion von den entsprechenden Funktionsträgern im Reichsnährstand wahrgenommen. Darré legte den agrarpolitische Apparat so zwar nicht formal, aber faktisch weitgehend still.[239] Es war dies eine der typischen Doppelstrukturen in und zwischen Organisationen und Personen des nationalsozialistischen Staates, die – waren sie nicht wie hier durch Personalunion entschärft – häufig zu Spannungen führten und zur nationalsozialistischen »Polykratie« beitrugen. Ungeklärte Spannungen drängten zur Klärung oder Schlichtung und erlaubten einem Dritten, die Rolle des Schiedsrichters zu übernehmen. Auf höchster Ebene bedingten sich insoweit der Kampf der »Unterführer« untereinander und

235 Vgl. Hauptorganisationsamt der Reichsleitung der NSDAP (Hg.): Adressenwerk der Dienststellen der NSDAP mit den angeschlossenen Verbänden, des Staates, der Reichsregierung und Behörden und der Berufsorganisationen in Kultur, Reichsnährstand, gewerbliche Wirtschaft. Reichsband, 3. Aufl., Berlin 1941/1942, Tl. II, Abschnitt Gau Ostpreußen, S. 11 (zit. Adressenwerk [Jahr], Tl.).

236 Laut Erich Spickschens Auskunft im Fragebogen für die politische Überprüfung [vom 15.2. 1949], NLA (Wolfenbüttel), 3 Nds. 92/1, Nr. 41277, unpag., wurde er durch Übereinkommen »zwischen dem Reichsbauernführer und dem ostpr. Gauleiter [...] etwa 1936 m. d. Führung d. Geschäfte d. Amtes f. Agrarpolitik (später Amt f. d. Landvolk) beauftragt.«

237 Vgl. das Schreiben der LBsch Ostpreußen vom 19.6.1934 an Arauner, BArch, R 16 I/2140, unpag., und das Schreiben des Geschäftsführers des Landesbauernrates Ostpreußen vom 6.7.1935 an Arauner, BArch, R 16 I/2163, unpag. Siehe auch das Schreiben des NSDAP-Gauorganisationsleiters Dargel vom 11.6.1934 an die Pressestelle des Oberpräsidiums Königsberg, GStA PK, XX. HA Rep. 240, Nr. B 20, Bl. 17–18.

238 Vgl. das Schreiben [vermutlich] Arauners vom 26.6.1936 an Spickschen, BArch, R 16 I/ 2186, unpag.

239 Vgl. Corni/Gies: Ernährungswirtschaft, S. 228–236.

die Stärke des »Führers« Hitler gegenseitig.[240] Unter der Führung Herbert Backes, der kommissarisch anstelle Darrés an die Spitze des RMEL getreten war, wurde 1942 das um Organisationszweige des Reichsnährstands erweiterte »Reichsamt für Agrarpolitik« in »Reichsamt für das Landvolk« umbenannt, entsprechend war Spickschen nun »Gauamtsleiter für das Landvolk«. Die damit offenbar beabsichtigte Wiederbelebung dieses Amtes der NSDAP blieb indes praktisch wirkungslos.[241]

Als im September 1939 das Deutsche Reich Polen überfiel, war Spickschen in einer komfortablen Lage. Seine persönliche und familiäre Situation war gefestigt, insbesondere die finanziellen Sorgen früherer Jahre waren überwunden.[242] Als Landesbauernführer war er in einer soliden Position, hinzu kamen weitere, Einfluss versprechende Ämter. Spickschen war so auch gut vernetzt in Staat und Partei, mit Kontakten bis in die Führung des nationalsozialistischen Staates. Der Zweite Weltkrieg veränderte die Lage indes grundsätzlich. Für den Landesbauernführer Spickschen brachte der Eroberungs- und Vernichtungskrieg im Osten zunächst eine enorme Ausdehnung seines Verantwortungsbereichs in den besetzten Gebieten mit sich – in Gebieten, in denen das nationalsozialistische Regime wie überhaupt im Osten mit brutaler Härte Krieg führte. Am Ende sollte dieser Krieg mit ebenfalls massiver Härte auf das Deutsche Reich zurückfallen, auch auf Spickschen persönlich.

Als im Zuge des Überfalls auf Polen im September 1939 das Gebiet südlich von Ostpreußen erobert wurde, war Spickschen dort als Beobachtungsoffizier der Wehrmacht beteiligt; zeitweise, freiwillig und trotz »uk«-Stellung, wie er später betonte.[243] Über die zu erwartenden Entwicklungen war Spickschen sich schon einige Zeit zuvor, im Juli 1939, völlig im Klaren:

> »Die allgemeine Lage drängt doch stark zur baldigen Klärung. Im September werden wir nur noch durch deutsches Gebiet nach Berlin fahren – trotz England. Die Gesellschaft blamiert sich doch täglich so gut sie kann. Dabei werden sie mit keinem Mann

240 Vgl. Peter Hüttenberger: Nationalsozialistische Polykratie, in: GG 2 (1976), S. 417–442 (zit. Hüttenberger: Polykratie), zur Entschärfung der Problematik auf regionaler und lokaler Ebene u.a. durch Personalunionen Bernhard Gotto: Polykratische Selbststabilisierung. Mittel- und Unterinstanzen in der NS-Diktatur, in: Rüdiger Hachtmann/Winfried Süß (Hg.): Hitlers Kommissare. Sondergewalten in der nationalsozialistischen Diktatur, Göttingen 2006, S. 47–50 (zit. Gotto: Selbststabilisierung).

241 Vgl. z.B. Erich Spickschen: Kriegs-Erntedank 1942, in: WbLBsch Ostpreußen vom 3.10. 1942, S. 609. Näheres zur Reorganisation von RNSt und Reichsamt für Agrarpolitik im Jahr 1942 in Kap 3.2.

242 »1938 hatten wir es so ziemlich geschafft«, notierte Gerda Ursula Spickschen diesbezüglich 1945 in ihrem Fluchttagebuch, überliefert in: Schröder: Alles Liebe, S. 04.04.29.

243 Vgl. den Lebenslauf Spickschens vom 15.2.1949 zum Fragebogen für die politische Überprüfung, NLA (Wolfenbüttel), 3 Nds. 92/1, Nr. 41277, unpag.

nachher Polen helfen, ebensowenig wie die Sowjets. Das stärkere Recht auf die Zukunft steht nun mal bei uns, da ist nichts dran zu ändern. In der heutigen Zeit der 500 und mehr Stundenkilometer haben nur noch große starke Völker Lebensmöglichkeit, die Kleinen geraten wirtschaftlich, dann volksbiologisch in ihren Bann bis zum Aufgehen. Der letzte nicht aufgeteilte und ausgenutzte Raum ist nun mal beiderseits des Urals. So stehen wir noch am Anfang unserer Entwicklung.«[244]

Dies war keine Mitteilung unter nationalsozialistischen Funktionären, sondern ein Brief Spickschens an seine Mutter. In solcher Korrespondenz sprach er immer wieder, abschnittsweise und im abrupten Wechsel mit privaten Ausführungen, politische Entwicklungen an, inhaltlich stets auf der Linie der offiziellen Propaganda gehalten. Hier etwa bringt Spickschen innerhalb weniger Zeilen mit dem Recht des Stärkeren und dem Ziel, Lebensraum zu erobern, zwei zentrale Pfeiler nationalsozialistischer Weltanschauung zu Papier.[245]

Spickschen reihte sich offenbar erst nachträglich bei den Einheiten der Wehrmacht ein. Jedenfalls war er jeweils mit Gauleiter Koch am 2. September 1939 in den Kreisen Johannisburg und Lyck unterwegs, am 6. September auf einer Inspektionsfahrt bei Graudenz und Mława.[246] Vermutlich stieß er am 14. September 1939 zur Truppe, die damals schon vor Warschau lag; Spickschen war bei einer Neben-Beobachtungsstelle bei Drewnica.[247] Seine Einheit war die Reitende Artillerie (Abteilung 1), die zur 1. (Ostpreußischen) Kavallerie-Brigade gehörte. Bei dieser hatte Spickschen 1935, 1937 und 1939 in Insterburg militärische Übungen mitgemacht.[248] Kurz vor Kriegsbeginn, am 27. August 1939, war Spickschen vom Oberleutnant der Reserve zum Hauptmann der Reserve befördert worden.[249] Beim Angriff auf Polen gehörte die 1. Kavallerie-Brigade zur 3. Armee, die im Wehrkreis I (Ostpreußen) aufgestellt worden war und unter Führung von Generaloberst Georg von Küchler stand. Die 3. Armee gehörte ihrerseits zur Heeresgruppe Nord, die unter Führung von Generalfeldmarschall Fedor von Bock im Krieg gegen Polen in Nord- und Ostpolen kämpfte. Die 1. Kavallerie-Brigade war erst an der Ostflanke der 3. Armee im Einsatz, überschritt am 6. September den Narew und am 9. September den Bug. Am 15. September war sie im Angriff auf Praga, blieb dort jedoch stecken. Die

244 Brief Spickschens vom 10.7.1939 an seine Mutter, überliefert in: Schröder: Alles Liebe, S. 05.01.49.

245 Näheres hierzu in Kapitel 4.

246 Vgl. Spickschens Brief vom 6.9.1939 an seine Familie, überliefert in: Schröder: Alles Liebe, S. 05.02.05.

247 Vgl. Spickschens Brief vom 18.9.1939 an seine Familie, überliefert in: Schröder: Alles Liebe, S. 05.02.06–05.02.07.

248 Vgl. die auf den 13.2.1944 datierte Karteikarte zu Spickschen, BArch, BDC, SSO Erich Spickschen (23.7.1897), unpag.

249 Vgl. Spickschens Schreiben vom 3.10.1939 an die Kanzlei des Deutschen Bauernrates, BArch, R 16 I/1935, unpag.

Brigade wurde am 17. September nach Wołomin zurückgezogen und diente am 20. September bei der Einschließung Warschaus der Sicherung im südlichen und südöstlichen Raum. Damit waren die Kampfhandlungen der 1. Kavallerie-Brigade im Wesentlichen abgeschlossen.[250]

Spickschen hielt seine Eindrücke vom Überfall auf Polen in seiner privaten Korrespondenz fest. Einseitig, mit dem Blick der siegreichen Seite, berichtete er von Gräueltaten der Polen und von Verschleppungen sogenannter »Volksdeutscher«, wie damals Menschen bezeichnet wurden, die zwar »deutsches Blut«, das heißt deutsche Vorfahren hatten, jedoch keine Reichsbürger waren.[251] Zum Vorgehen »des Polen« bemerkt er: »Verheerend war ja seine Parole, hinter der Front den Franktireurkrieg zu führen, wozu sich auch viele Soldaten in Zivil verleiten ließen. Das hat einer großen Anzahl Dörfern die Vernichtung und manchen oft unschuldigen Zivilisten das Leben gekostet.«[252] Ob Spickschen beim »Franktireurkrieg«, von dem in Berichten der deutschen Seite oft zu lesen ist, eher ein nützliches Trugbild reproduzierte als von Tatsachen zu berichten, sei dahingestellt.[253] Jedenfalls kostete, was bei Spickschen als hartes, aber gerechtes Vorgehen der Wehrmacht erscheint, in Wahrheit etwa 120.000 polnischen Soldaten das Leben, der zehnfache Blutzoll im Vergleich zur Wehrmacht. Und noch ehe Polen am 6. Oktober kapituliert hatte, waren von Wehrmacht, SS und Sicherheitspolizei Tausende von Soldaten und Zivilisten jenseits der Kampfhandlungen ermordet worden – der Prolog für die grausame Zivilverwaltung im polnischen Gebiet, in dem bis 1945 etwa sechs Millionen Polen starben.[254]

---

250 Vgl. den »Bericht über den Einsatz der 1. Kav. Brigade im Polenfeldzug« [ohne Autor, 1939], BArch, RH 29–1/59, unpag. Vgl. zudem Jochen Böhler: Auftakt zum Vernichtungskrieg. Die Wehrmacht in Polen 1939, Frankfurt a. M. 2006, S. 128–130 (zit. Böhler: Auftakt), Christian Zweng (Bearb.): Verbände und Truppen der deutschen Wehrmacht und Waffen-SS im Zweiten Weltkrieg, 1939–1945, Bd. 16: Verzeichnis der Friedensgarnisonen 1932–1939 und Stationierungen im Kriege 1939–1945, Tl. 1: Wehrkreise I–VI. Hrsg. von Georg Tessin, Osnabrück 1996, S. 14, Friedrich Stahl (Hg.): Heereseinteilung 1939. Gliederung, Standorte und Kommandeure sämtlicher Einheiten und Dienststellen des Friedensheeres am 3. 1. 1939 und die Kriegsgliederung vom 1. 9. 1939, Bad Nauheim 1954, S. 23–24, sowie zur Reitenden Artillerie-Abteilung I in Insterburg Horst F. Zander (Hg.): Mit klingendem Spiel. Insterburg 1919–1939. Eine ostpreußische Garnison zwischen den beiden Weltkriegen, Seesen 1981, S. 20, S. 25, S. 28 und S. 189–224.

251 Vgl. Spickschens Brief vom 6. 9. 1939 an seine Familie, überliefert in: Schröder: Alles Liebe, S. 05.02.05.

252 Brief Spickschens vom 18. 9. 1939 an seine Familie, überliefert in: Schröder: Alles Liebe, S. 05.02.07.

253 Vgl. Böhler: Auftakt, passim, sowie hierzu Christian Hartmanns Rezension in der FAZ vom 25. 1. 2007, S. 7. Hartmann kritisiert insbesondere Böhlers These, dass bereits der Krieg gegen Polen ein rassenideologisch motivierter Vernichtungskrieg der Wehrmacht gewesen sei.

254 Vgl. Madajczyk: Okkupationspolitik, S. 186–193, sowie allgemein Włodzimierz Borodziej: Geschichte Polens im 20. Jahrhundert, München 2010, S. 189–252.

Die Niederwerfung Polens hatte direkten Einfluss auf Spickschens Karriere als hochrangiger Funktionär. Per Führererlass vom 8. Oktober 1939 wurde das nördliche Masowien als neuer »Regierungsbezirk Zichenau« an das Deutsche Reich und Ostpreußen angegliedert. Dies bedeutete auch, dass die Organisationsstrukturen Altostpreußens einfach auf das neue Gebiet übertragen wurden. Die Landesbauernschaft Ostpreußen wurde entsprechend um den Regierungsbezirk Zichenau, das Soldau-Gebiet, das dem Regierungsbezirk Allenstein und dort dem Kreis Neidenburg zugeschlagen wurde, sowie die früheren Kreise Suwałki und Augustowo erweitert, die als neuer Kreis »Suwalki« dem Regierungsbezirk Gumbinnen einverleibt wurden. Mit dem Regierungsbezirk Zichenau wuchs die Provinz Ostpreußen territorial um fast ein Drittel. Zu den etwa 2,3 Millionen Einwohnern kamen nun rund 843.000 Menschen hinzu. Es handelte sich fast ausschließlich um Polen, zudem um etwa 15.000 »Volksdeutsche« und 80.000 Juden.[255]

Auf organisatorischer Ebene hatte Spickschens Position bereits unmittelbar vor dem Überfall auf Polen eine Aufwertung erfahren. Mit der »Verordnung über die Wirtschaftsverwaltung« vom 27. August 1939 war die deutsche Ernährungswirtschaft für die Zwecke der Kriegsernährungswirtschaft mobilisiert und umgebaut worden. Der Reichsnährstand wurde als Gesamtheit dem RMEL unterstellt, das nunmehr nicht mehr nur die Oberaufsicht, sondern auch Weisungsbefugnis hatte – organisatorisch ein gewaltiger Einschnitt für den Reichsnährstand. Zugleich wurden auf Grundlage der Verordnung in den Ländern und Provinzen nun Landes- beziehungsweise Provinzialernährungsämter gebildet, die in den preußischen Provinzen beim Oberpräsidenten angesiedelt wurden. Spickschen wurde, wie auch seine Kollegen als Landesbauernführer, zum Leiter des Provinzialernährungsamts in Königsberg berufen, zugleich auch zum Leiter der Abteilung A. Diese war für die »Bedarfsdeckung«, das heißt die Erfassung und Überwachung der landwirtschaftlichen Produktion sowie die Beratung der Produzenten zuständig. Zudem oblag ihr, den landwirtschaftlichen Arbeitseinsatz zusammen mit Arbeitsämtern und Wehrmeldeämtern zu koordinieren. Der Abteilung B dagegen wurde der Bereich des Verbrauchs übertragen, nämlich die Weitergabe der landwirtschaftlichen Produkte an die Verbraucher, etwa durch Ausgabe von Bezugsscheinen. Abteilung B baute auf den bestehenden staatlichen Verwaltungsstrukturen auf, Abteilung A dagegen auf den Strukturen des Reichsnährstandes; die Kreisbauernführer leiteten fortan die Abteilung A der Ernährungsämter auf Kreisebene. Die Koordination

255 Vgl. den Erlaß des Führers und Reichskanzlers über Gliederung und Verwaltung der Ostgebiete vom 8. 10. 1939, RGBl. I 1939, S. 2042–2043, Stüttgen: Ost- und Westpreußen, S. 124 und S. 129, Tilitzki: Alltag, S. 43, sowie Meindl: Koch, S. 254. Mehr zur Ausweitung der LBsch Ostpreußen in Kapitel 3.2.

der Kriegswirtschaft erfolgte letztendlich bei den für die Wehrkreise zuständigen Reichsverteidigungskommissaren, im Wehrkreis I, der mit den Provinzgrenzen Ostpreußens deckungsgleich war, also bei Gauleiter und Oberpräsident Koch.[256] An Überlieferung zum Landes- beziehungsweise Provinzialernährungsamt Königsberg fehlt es fast völlig, weshalb auch Spickschens Rolle als Leiter dieses Amts im Dunkeln bleiben muss. Das ist durchaus misslich, denn die Landesernährungsämter gewannen in den Folgejahren noch an Bedeutung, zum Beispiel im Rahmen des Luftschutzes, aber auch mit Blick auf die Versorgung der Bevölkerung einschließlich Evakuierter, Flüchtlinge, Kriegsgefangener und Zwangsarbeiter.[257]

Ebenfalls am 27. August 1939 wurde die »Verordnung über die öffentliche Bewirtschaftung von landwirtschaftlichen Erzeugnissen« erlassen, mit der Erfassung, Verteilung und Verbrauch landwirtschaftlicher Produkte geregelt wurde. Überstieg die Produktion den für die Eigenversorgung nötigen Anteil, so musste sie abgeliefert werden; die Nachfrage regelte man mit Bezugsscheinen und Rationierungen. An die Stelle der »Erzeugungsschlachten« der Friedenszeit traten nun »Kriegserzeugungsschlachten«, in denen an die Erzeuger höhere Anforderungen gestellt und diese schärfer durchgesetzt wurden.[258]

Worin Spickschen die Aufgabe für sich, die Landesbauernschaft Ostpreußen und die Bauern im Regierungsbezirk Zichenau sah, geht aus einem Geleitwort hervor, das er in der Eröffnungsausgabe des »Tygodnik Rolniczy Zichenau« veröffentlichte, dem eigens für den Regierungsbezirk Zichenau gegründeten Ableger des »Wochenblattes der Landesbauernschaft Ostpreußen«:

> »Die deutsche Landwirtschaft hat, besonders seit der Verkündung der Erzeugungsschlacht im Jahre 1934, eine Ertragshöhe erreicht, die in der Welt Staunen erregt. Gegen diese Leistungen sind die Erträge der ehemaligen polnischen Gebiete gering, obwohl z.B. der Zichenauer Bezirk Böden aufweist, die den besten Böden in Deutschland gleichwertig sind. Wenn die Erfolge der polnischen Landwirte so weit hinter denen der

256 Vgl. die Verordnung über die Wirtschaftsverwaltung vom 27.8.1939, RGBl. I 1939, S. 1495. Vgl. zudem Hendel: Den Krieg ernähren, S. 177–179, Münkel: Agrarpolitik, S. 124, Dornheim: RMEL, S. 84, und Corni/Gies: Ernährungswirtschaft, S. 413.

257 Vgl. Hendel: Den Krieg ernähren, S. 259–260. Einige weitere Ausführungen zum Landes- beziehungsweise Provinzialernährungsamt in Königsberg in Kapitel 3.2.3. Unklar muss damit auch bleiben, wie die Ernährungslage der wenigen ab 1943 in Königsberg verbliebenen, nicht deportierten und nicht ermordeten Juden war. Grundsätzlich waren ihre Lebensmittelrationen gegenüber jenen der deutschen Bevölkerung reduziert, vgl. Stefanie Schüler-Springorum: Die jüdische Minderheit in Königsberg/Preußen, 1871–1945, Göttingen 1996, S. 347–360, v.a. S. 358–360. Für die der LBsch Ostpreußen entstammenden KBF des Bezirks Bialystok ist bekannt, dass sie dort, teilweise zusammen mit der deutschen städtischen Verwaltung, für die Zuteilung von Lebensmitteln an Juden zuständig waren, vgl. Christian Gerlach: Kalkulierte Morde. Die deutsche Wirtschafts- und Vernichtungspolitik in Weißrußland 1941–1944, Hamburg 1999, S. 669–670 (zit. Gerlach: Kalkulierte Morde).

258 Vgl. Münkel: Agrarpolitik, S. 124–125.

deutschen Landwirte zurückstehen, was auch in den Ablieferungsziffern zum Ausdruck kommt, so lag das nicht so sehr an dem mangelnden Fleiß der polnischen Landwirte als an der Staatsführung. Obwohl der ehemalige polnische Staat ein Agrarstaat war, ließ die Regierung die Landwirtschaft verkommen, opferte sie größenwahnsinnigen außenpolitischen Zielen und lieferte sie der Ausbeutung durch die Juden aus.
Die deutsche Verwaltung gibt den wertvollen Kräften im Zichenauer Regierungsbezirk die Möglichkeit, ihr Können zu beweisen und sich zu bewähren. Sie will ihnen mit Aufklärung und Beratung helfen, den Ertrag des Bodens und der Viehwirtschaft zu steigern.
Diesem Zweck soll auch das neue polnische Wochenblatt für Landwirtschaft dienen, das die polnischen Landwirte Woche für Woche darüber aufklären wird, wie sie richtig wirtschaften und ihre Ablieferungspflicht erfüllen sollen.«[259]

Spickschens mit kruder antisemitischer Propaganda unterfütterte Worte zeigen deutlich den Auftrag, das Zichenauer Gebiet in die Kriegswirtschaft einzugliedern und für das nationalsozialistische Regime in bestmöglicher Weise nutzbar zu machen. Der Regierungsbezirk Zichenau war agrarisch geprägt, stärker noch als Altostpreußen, mit wenigen großen Gütern und vielen kleinen und sehr kleinen landwirtschaftlichen Betrieben, die offenbar häufig mit rückständigen Methoden arbeiteten. Die Bedingungen waren in Zichenau wegen stärkerer Niederschläge eher für Getreideanbau günstig, während in Altostpreußen Viehzucht eine größere Rolle spielte. Letztlich gelang es auch mit Anbauexperimenten und »deutscher« Anbaumethodik nicht, das Zichenauer Gebiet zu landwirtschaftlicher Blüte zu bringen. Vielmehr wurde die Produktion der Vorkriegszeit nicht erreicht, der Regierungsbezirk blieb Zuschussgebiet, trotz einiger Erfolge in Teilbereichen.[260] Spickschen selber verwies später auf Erfolge seiner Tätigkeit im besetzten polnischen Gebiet,[261] und es gibt Anzeichen dafür, dass seine Arbeit durchaus positiv beurteilt wurde. So wurde der Vorschlag seiner Beförderung zum SS-Oberführer im Dezember 1940 unter ande-

259 Vgl. Erich Spickschen: Geleitwort, in: Tygodnik vom 3.5.1942, Titelseite.

260 Vgl. Meindl: Koch, S. 254 und S. 281, Górczynska: Agrarpolitik, S. 255–256 und S. 259–260, sowie die KAZ vom 25.7.1940, 1. Beiblatt (Artikel »Zichenau ist Getreideanbaugebiet«).

261 »Was meine Tätigkeit in dem meinem Einflußbereich zugewiesenen besetzten polnischen Gebiet angeht, so habe ich mit Erfolg alles darangesetzt, die Landwirtschaft im Allgemeinen dort zu heben und die Produktion zu steigern. Ich habe für die Polen beim REM [RMEL] die Bezahlung ihrer Agrarprodukte nach deutschen Preisen erreichen können. Große Sumpfgebiete wurden entwässert, mit Raupenpflügen (Privatfirmen) umgebrochen und mit Hanf angesät, dem dann die Wiesenansaat folgte. Mehrere tausend Bullen habe ich für das Gebiet nicht nur aus Ostpreußen eingeführt, sondern auch in Dänemark angekauft [...]. Ebenso wurden Schafböcke, Eber, Läufer und Ferkel aus Ostpreußen in die Gebiete eingeführt. Für gute Ablieferungen wurden Prämien ausgesetzt«. Spickschens Erläuterungen vom 15.2.1949 zum Fragebogen für die politische Überprüfung, NLA (Wolfenbüttel), 3 Nds. 92/1, Nr. 41277, unpag.

rem mit seiner Tätigkeit beim »Neuaufbau der Landwirtschaft« im Regierungsbezirk Zichenau begründet.[262]

Erich Spickschens Tätigkeitsbereich weitete sich als Folge des Angriffs auf die Sowjetunion vom 22. Juni 1941 nochmals aus. Nicht ohne stolzen Unterton berichtete seine Frau an Spickschens Mutter:

> »Erich hat nun [...] die ganze Landwirtschaft und Marktordnung allein in den Händen, dazu noch in den neuen Gebieten. Es kommt nochmal so viel wie 3/4 von Alt-Ostpreußen dazu. Lomza, Bialystok bis runter nach Brest-Litowsk, Ostrow (bisher Generalgouvernement), Mariampol bis beinahe Grodno, den ganzen Memelbogen. Da ist natürlich unmenschlich zu tun [...]. Morgen fährt Erich nach Richtung Grodno. Der Leiter der Landgesellschaft, der bisher die Landbewirtschaftung in Zichenau machte, geht auch nach der Ukraine, so dass Erich nun auch die ganze Verantwortung für die Bewirtschaftung in den ganzen großen neuen Gebieten trägt.«[263]

Zur »Hebung der dortigen Landwirtschaft« sei Spickschen im Bezirk Bialystok vom RMEL eingesetzt worden, wo er von Juli 1941 bis Sommer 1944 Verantwortung trug.[264] Dieses südöstlich von Ostpreußen gelegene Gebiet wurde, anders als das Gebiet des Regierungsbezirkes Zichenau, rechtlich betrachtet nicht Teil des Deutschen Reichs, gehörte aber zu dessen Zollgebiet und erhielt dessen Währung und Gesetzgebung.[265] Gauleiter Koch, der im Bezirk als Chef der Zivilverwaltung (CdZ) fungierte, hatte diesen beansprucht, um eine Landbrücke zum riesigen Gebiet der Ukraine zu erhalten, dem er als »Reichskommissar« vorstand. Territorial weitete dies Spickschens Verantwortungsbereich nochmals massiv aus, war der Bezirk Bialystok doch fast so groß wie Ostpreußen im Jahr 1938. Im Bezirk lebten etwa 1,5 Millionen Menschen, darin abgesehen von der polnischen Bevölkerung etwa 8.000 »Volksdeutsche« sowie Litauer, Weißrussen, Ukrainer und rund 150.000 bis 200.000 Juden.[266]

Auch im Bezirk Bialystok war Landesbauernführer Spickschens oberste Zielstellung, den maximalen landwirtschaftlichen Ertrag aus dem Gebiet herauszuholen.[267] In vielem finden sich Parallelen zur Situation im Regierungsbe-

262 Vgl. den Beförderungsvorschlag Jaworeks (RuSHA) vom 5.12.1940, BArch, BDC, SSO Erich Spickschen (23.7.1897), unpag., Zitat ebd.

263 Brief Gerda Ursula Spickschens an ihre Schwiegermutter vom 4.8.1941, überliefert in: Schröder: Alles Liebe, S. 05.02.24.

264 So Spickschen im Fragebogen für die politische Überprüfung [vom 15.2.1949], NLA (Wolfenbüttel), 3 Nds. 92/1, Nr. 41277, unpag.

265 Vgl. Tadeusz Janicki: Die deutsche Wirtschaftspolitik in den eingegliederten Gebieten 1939–1945, in: Jacek Andrzej Młynarczyk (Hg.): Polen unter deutscher und sowjetischer Besatzung 1939–1945, Osnabrück 2009, S. 81.

266 Vgl. Meindl: Koch, S. 298–300, sowie Dieter Rebentisch: Führerstaat und Verwaltung im Zweiten Weltkrieg. Verfassungsentwicklung und Verwaltungspolitik. 1939–1945, Stuttgart 1989, S. 307–308 (zit. Rebentisch: Führerstaat).

267 Vgl. Górczynska: Agrarpolitik, S. 256–257, sowie Hans Dullo: Aufbau der Landwirtschaft

zirk Zichenau: Analog zur Organisation der Landesbauernschaft Ostpreußen ließ Spickschen auch im Bezirk Bialystok, orientiert an der Einteilung der Landkreise, Kreisbauernschaften einrichten.[268] Der Bezirk Bialystok war gleichfalls agrarisch geprägt, mit Großgrundbesitz sowie kleinen und sehr kleinen Betrieben.[269] Insgesamt darf mit Corni/Gies festgestellt werden, dass im Regierungsbezirk Zichenau ebenso wie im Bezirk Bialystok »[...] die nationalsozialistischen Behörden von Anfang an eine Politik der rücksichtslosen Ausbeutung« verfolgten.[270]

Der Regierungsbezirk Zichenau und der Bezirk Bialystok wurden indes nicht nur wirtschaftlich und ernährungswirtschaftlich ausgebeutet. In diesen Gebieten, in denen Spickschen Verantwortung für die Landwirtschaft trug, fanden Vertreibungen, Völkermord und Holocaust statt. Mit der Eroberung der riesigen Gebiete im Osten schien in den Augen der Nationalsozialisten die Idee vom »Lebensraum im Osten« Wirklichkeit zu werden – sofort begannen sie mit haarsträubenden Planungen zur »Germanisierung« dieser Räume. Auf die ansässige nicht-deutsche Bevölkerung wurde dabei keine Rücksicht genommen. Umsiedlungen sollten Menschen »deutschen Blutes« dort ansetzen, ländliche Siedler sollten Ackerland erhalten. Zwar blieben diese Pläne großteils nur Papier, doch zeitigte die deutsche Besatzungspolitik gleichwohl schrecklichen Folgen: Sondergerichte verhängten für geringe Vergehen die Todesstrafe, etwa für Schwarzschlachtungen oder Schwarzhandel. Juden wurden in Ghettos eingepfercht, ein Teil wurde nach Auschwitz deportiert und dort in den Gaskammern ermordet. 76.000 Menschen sollen als Zwangsarbeiter aus dem Zichenauer Gebiet ins Reich gebracht worden sein, insbesondere zum Einsatz in der Landwirtschaft. Zwischen 50.000 und 60.000 Juden aus dem Regierungsbezirk Zichenau kamen ums Leben; insgesamt wird der Bevölkerungsverlust des Gebietes um Zichenau (Ciechanów) auf etwa 160.000 Menschen geschätzt. Anders als für den Regierungsbezirk Zichenau gab es für den Bezirk Bialystok keine entsprechend großangelegten Pläne, denn nun schienen als »Lebensraum im Osten« die schier unendlichen Weiten des eben eroberten Teils der Sowjetunion zur Ver-

---

im Bezirk Bialystok, in: WbLBsch Ostpreußen vom 11.12.1943, Titelseite und S. 556. Im WbLBsch Ostpreußen vom 9.1.1943, S. 16 (Artikel »Landwirtschaftliches Wochenblatt für Zichenau«), heißt es: »Neben der ›Georgine‹ erscheinen nämlich seit dem vorigen Jahre schon zwei polnische landwirtschaftliche Wochenblätter: ›Tygodnik Rolniczy‹ (für den Bezirk Zichenau) und ›Haspadar Rolnik‹ (für den Bezirk Bialystok), denen Landesbauernführer Spickschen die Aufgabe gestellt hat, die polnische Landbevölkerung zu besserem Wirtschaften und damit zu einem höheren Beitrag für die Ernährung des deutschen Volkes zu bringen.«

268 Vgl. Gaspadar vom 3.5.1942, S. 9, S. 14, S. 22 und S. 34, vom 21.6.1942, S. 86, vom 28.6.1942, S. 95 sowie vom 19.7.1942, S. 118. Vgl. zudem Tilitzki: Alltag, S. 48.

269 Siehe hierzu die detaillierten Ausführungen in Kapitel 3.1.

270 Corni/Gies: Ernährungswirtschaft, S. 508.

fügung zu stehen. Ähnlich wie im Regierungsbezirk Zichenau dagegen war im Bezirk Bialystok die rücksichtlose Behandlung der ansässigen Bevölkerung. Auch hier wurden massenhaft Menschen zur Zwangsarbeit ins Reich verbracht und auch der Bezirk Bialystok war Tatort des Holocausts.[271] Rund 210.000 Juden und 72.000 Polen sollen hier ermordet worden sein.[272]

Es gibt keinerlei Hinweise, dass Erich Spickschen mit der Ermordung von Menschen und dem Holocaust im Sinne individueller, juristisch fassbarer Schuld zu tun gehabt hätte. Aber in seiner Funktion als Landesbauernführer trug er an seiner Stelle zum nationalsozialistischen Besatzungsregime im Osten bei. Auf die landwirtschaftliche Ausbeutung der ihm unterstehenden Gebiete wurde bereits hingewiesen. Darüber hinaus half die Landesbauernschaft Ostpreußen unter Spickschens Führung bei der Konkretisierung von Siedlungsplanungen für den Regierungsbezirk Zichenau. Sie wurde so Teil eines – gegenüber der ansässigen polnischen Bevölkerung rücksichtslosen – Wettbewerbs unter diversen Behörden und Akteuren. Maßgeblich war dabei die SS beziehungsweise namentlich Himmler als »Reichskommissar für die Festigung deutschen Volkstums« (RKF). Gauleiter Koch seinerseits hatte Planungen für eine neue Agrarstruktur des Regierungsbezirks vorangetrieben. Diesen Planungen zufolge sollten ostpreußische Bauernsöhne Erbhöfe auf dem früheren Boden polnischer Kleinbauern erhalten.

Vor allem aber waren Spickschen und seine Landesbauernschaft ein wichtiger Faktor bei der Umsetzung der Besatzungspolitik. Sowohl im Regierungsbezirk Zichenau als auch im Bezirk Bialystok wurden, quasi zur Vorbereitung späterer Neubesiedlung, die polnischen Eigentümer landwirtschaftlicher Betriebe enteignet. Soweit diese Eigentümer durch Kräfte der SS nicht nur enteignet, sondern auch vertrieben wurden, hatten Vertreter der Landesbauernschaft Ostpreußen zuvor für die Auswahl gesorgt, bei welchen Höfen dies erfolgen sollte, damit diese dann durch deutsche Bauernfamilien in Besitz genommen werden konnten. In beiden Gebieten wurden kleinere Betriebe zusammengelegt. Die neu entstandenen, größeren Betriebe wurden dann zum Teil den vorigen Eigentümern zur Bewirtschaftung übertragen, wo sie gewissermaßen auf dem eigenen, ihnen geraubten Boden Zwangsarbeit zu leisten und dabei exorbitante Abgaben an die deutsche Besatzungsmacht abzuführen hatten. Die nicht mehr »benötigten« früheren Eigentümer dagegen wurden zur Zwangsarbeit ins Altreich verbracht – so etwa rund 28.000 Kleinbauern aus dem Bezirk Bialystok – und häufig in der ostpreußischen Landwirtschaft eingesetzt. Größere Güter be-

271 Vgl. Meindl: Koch, S. 253, S. 272–280, S. 292–295 und S. 311–321, Madajczyk: Okkupationspolitik, S. 518–520, Gnatowski: Okkupationspolitik, S. 161–185, sowie Schulz: Zichenau, S. 262–280.

272 Vgl. Madajczyk: Okkupationspolitik, S. 146.

wirtschafteten deutsche Stellen selber; sie produzierten für die Bedarfe der Wehrmacht und die Lieferung ins Reich.[273]

Bei diesen die Bewirtschaftung des geraubten Bodens betreffenden Prozessen spielte die »Ostpreußische Landgesellschaft« (OLG) eine zentrale Rolle. Diese stellte für Spickschen, der kraft seines Amtes als Landesbauernführer Mitglied ihres Aufsichtsrates war,[274] eines der Vehikel zur Einflussnahme auf die Landbewirtschaftung dar. Nachdem Gauleiter Koch und Spickschen noch Ende 1939 die Initiative ergriffen hatten, erfasste die OLG, ab 1940 im Zusammenspiel mit dem von Siedlungsexperten des RuSHA geführten Bodenamt in Zichenau (Ciechanów), zunächst den landwirtschaftlich genutzten Boden. Im Auftrag des RMEL, durch die diesem unterstehende Landbewirtschaftungsgesellschaft »Ostland« (später »Reichsland«), bewirtschaftete die OLG sodann landwirtschaftliche Flächen in siebenstelligem Hektar-Bereich mit weit überwiegend Klein- und Mittelbetrieben. Die Zuständigkeit für die landwirtschaftlichen Betriebe war dabei umkämpft, und Landesbauernführer Spickschen suchte nach Kräften den Zugriff auf diese zu erhalten. Ab August 1942 erhielt die Landbewirtschaftung ihre abschließende Gestalt: Im Regierungsbezirk Zichenau verwaltete die OLG Güter ab 125 Hektar selber, während die landwirtschaftlichen Klein- und Mittelbetriebe unter 125 Hektar der Spickschen unterstehenden »Landbewirtschaftungsstelle Zichenau« zugeordnet wurden. Damit war auf massives Betreiben Spickschens die schon früher im Bezirk Bialystok vorgenommene Aufteilung der Aufgaben zwischen der »Zweigstelle Bialystok« der OLG und der »Landbewirtschaftungsstelle Bialystok« der Landesbauernschaft Ostpreußen übernommen worden; allerdings kam der Auftrag im Bezirk Bialystok nicht von der Ostland, sondern von Gauleiter und CdZ Koch.[275]

Auch im Hinblick auf den erwähnten Einsatz von Zwangsarbeitern spielte Spickschen als Landesbauernführer bei der Umsetzung von Besatzungspolitik eine wichtige Rolle. Grundsätzlich war der Anteil ausländischer Arbeitskräfte im Gebiet der Landesbauernschaft Ostpreußen besonders groß. Im Mai 1942 waren es 148.000 und damit 27 Prozent der Arbeitskräfte, davon 12 Prozent Kriegsgefangene, womit der Anteil ausländischer Arbeitskräfte gegenüber dem Reichsdurchschnitt (16,4 Prozent) massiv erhöht war;[276] die Statistiken des

273 Vgl. Meindl: Koch, S. 281–282, S. 298 und S. 308, Górczynska: Agrarpolitik, S. 256–257, sowie den Bericht des Generaldirektors der OLG, Schlegel, vom November 1942, überliefert in: Bericht Reinhard Kurandts »Die Ostpreußische Landgesellschaft mbH, Königsberg/Pr« vom April 1960, BArch, Ost-Dok. 10/305, Bl. 70–73. Zur Höfeauswahl durch die LBsch Ostpreußen vgl. die Ausführungen Fritz Bergs von 1958, BArch, Ost-Dok. 13/525, Bl. 59–60. Eine ausführliche Analyse zu diesem Themenfeld findet sich in Kapitel 5.

274 Vgl. die Verhandlungsniederschrift der Aufsichtsratssitzung der OLG vom 5.12.1940, BArch, R 2/19019, unpag.

275 Für diese komplexen Vorgänge vgl. die ausführliche Analyse in Kapitel 5.3.

276 Vgl. Tabelle 3.2 in Kapitel 3.1, basierend auf: Landesbauernschaften in Zahlen (1941–1942),

»Arbeitseinsatzes« weisen für Juli 1942 entsprechend rund 87.000 ausländische Arbeitskräfte (ohne Kriegsgefangene) in der ostpreußischen Landwirtschaft aus.[277] Für die Betreuung der ausländischen Arbeitskräfte im Rahmen des »Arbeitseinsatzes«, soweit in der Landwirtschaft eingesetzt, waren gemäß Auftrag des Generalbevollmächtigten für den Arbeitseinsatz, Fritz Sauckel, der Reichsnährstand und auf regionaler Ebene die Landesbauernschaften zuständig. Damit stellte sich die Frage nach dem Umgang mit den »Fremdvölkischen«. Landesbauernführer Spickschens Linie kann dabei mit der Formel von »Zuckerbrot und Peitsche« umschrieben werden, beinahe wortwörtlich. Die wirtschaftliche Nutzung der Arbeitskräfte für die Produktion von Nahrungsmitteln war das maßgebliche Kriterium. So instruierte er im Juni 1942 diesbezüglich seine Kreisbauernführer: »Auch die ausländische Arbeitskraft ist wertvoll, weil sie für den Sieg mitarbeitet.« Zugleich jedoch sei »natürlich eine strenge, aber gerechte Behandlung nach wie vor notwendig. Insbesondere ist bei renitentem Verhalten oder gar Aufsessigwerden [sic!] sofort mit allen Mitteln, auch Prügeln, durchzugreifen.«[278]

Spickschens Einfluss auf Schicksale von Zwangsarbeitern beschränkte sich indes nicht nur auf deren Betreuung und Behandlung. Er veranlasste auch persönlich die Zuweisung von Arbeitskräften, darunter auch ausländische Zivilarbeiter und Kriegsgefangene, und verhandelte mit dem Präsidenten des Landesarbeitsamtes darüber, möglichst wenige solcher Arbeitskräfte aus der ostpreußischen Landwirtschaft abgeben zu müssen.[279]

Nachdem der deutsche Vormarsch im Osten gestoppt worden war, wurde die Wehrmacht Stück um Stück zurückgeworfen und die eroberten Gebiete mussten nach und nach wieder aufgegeben werden. Im Jahr 1944 fiel der Krieg auf den Boden des Deutschen Reiches zurück, mit direkt spürbaren Konsequenzen auch für Spickschen. Im September 1944 soll es seiner Darstellung zufolge zu einem Bruch zwischen ihm und Gauleiter Koch gekommen sein. Er sei »mit allen Mitteln gegen die schleppende und falsch organisierte Räumung der Provinz Ostpreußen durch die Gauleitung« angegangen. Koch habe daraufhin beim

---

S. 136–137. Die Zahlen gelten für Ostpreußen ohne ehemalige polnische Gebiete, ebenso für das Deutsche Reich (einschließlich Eupen-Malmedy).

277 Vgl. Bohdan Koziełło-Poklewski: Zagraniczni robotnicy przymusowi w Prusach Wschodnich w latach II wojny światowej, Warszawa 1977, S. 119 (zit. Koziełło-Poklewski: Zagraniczni robotnicy). Näheres hierzu in Kapitel 3.1.

278 Alle Zitate im Sonderrundschreiben von LBF Spickschen vom 22.6.1942 an alle Kreisbauernschaften der LBsch Ostpreußen, APO, Fond No. 1574, Syg. 1, unpag. Mehr hierzu in Kapitel 3.1.

279 Vgl. Spickschens Telegramm vom 5.1.1943 an den RBF, BArch, R 3601/1774, Bl. 145, und die Meldung des stellvertretenden Gauleiters der NSDAP Ostpreußen im vertraulichen Informationsdienst vom 12.8.1943 unter dem Titel »Herauslösung von 720 Sowjetgefangenen aus der Landwirtschaft«, GStA PK, XX. HA Rep. 240, Nr. B 8, Bl. 258. Weiterführende Informationen hierzu in Kapitel 3.1.

Reichsbauernführer gefordert, dass Spickschen abgesetzt werde, doch sei der Streit durch die Eroberung der Provinz im Sande verlaufen.[280] Klar ist, dass Spickschen im Januar 1945 wohl nicht formal, aber de facto seiner Funktionen in der ostpreußischen Landwirtschaft enthoben wurde. Deren Führung übernahmen zwei Mitstreiter Kochs in der Ukraine, Albert Wipper und Friedrich Ackermann. Wipper war zuständig für »Erzeugung, Erfassung und Verteilung in den alten und neuen Teilen der Provinz Ostpreußen sowie Kurland«, während Ackermann »alle Versorgungsfragen, die durch die Kriegsführung an der ostpreußischen Grenze und auf ostpreußischem Boden entstanden sind«, oblagen. Rudolf Adam, zuvor Spickschens Mitarbeiter, wurde zum »landwirtschaftlichen Beauftragten für den Bezirk Zichenau und die Restgebiete des Bezirks Bialystok« ernannt.[281] Nach seiner Kaltstellung im landwirtschaftlichen Bereich meldete sich Spickschen, offenbar freiwillig, Anfang Februar 1945 beim Volkssturm und führte in Metgethen bei Königsberg ein Bataillon.[282]

Der Volkssturm und die Räumung Ostpreußens gehören bereits zum Zusammenbruch des Deutschen Reiches, zu dem nicht zuletzt die seit Sommer 1944 heranrückende Roten Armee beitrug. Hitler hatte Gauleiter Koch am 13. Juli 1944 zur Räumung Ostpreußens ermächtigt. In seiner Eigenschaft als Reichsverteidigungskommissar, das heißt als Verbindungsmann zwischen zivilen Stellen und der Wehrmacht, ordnete Koch zwar für einige Grenzkreise die Evakuierung von Frauen und Kindern an, jedoch keine allgemeine Räumung. Ostpreußen sollte, auch um damit Goebbels' Propaganda zu munitionieren, das Beispiel für Widerstand geben. Für den Bau von Befestigungsanlagen, den »Ostwallbau«, fehlten freilich Truppen, die diesen Wall hätten halten können. Ende September 1944 wurde auf Anordnung Hitlers der »Volkssturm« gebildet, der alle wehrfähigen und nicht bei der Wehrmacht eingesetzten Männer von 16 bis 60 Jahren umfassen sollte. Zu seinen Aufgaben gehörten die Verteidigung von Ortschaften, Schanzarbeiten und Sicherungsmaßnahmen. Dabei

280 Vgl. Spickschens Erläuterungen vom 15.2.1949 zum Fragebogen für die politische Überprüfung, NLA (Wolfenbüttel), 3 Nds. 92/1, Nr. 41277, unpag. Noch Ende September 1944 veröffentlichte Spickschen einen Artikel mit der Unterschrift »Gauamtsleiter für das Landvolk und Landesbauernführer«, vgl. Erich Spickschen: Zum sechsten Kriegs-Erntedanktag, in: WbLBsch Ostpreußen vom 30.9.1944, Titelseite. Als Gauamtsleiter hätte Gauleiter Koch Spickschen bei einem radikalen Bruch sicherlich problemlos entlassen können.

281 Vgl. das WbLBsch Ostpreußen vom 13.1.1945, Titelseite, alle Zitate ebd. (Artikel »Neue Männer in der Führung der ostpreußischen Landwirtschaft«).

282 »Im Februar 1945 übernahm ich das Volkssturmbatln. 82/25 in Metgethen bei Königsberg, wurde am 7.4.45 bei einem Gegenstoß verwundet und geriet im Lazarett Königsberg Pr. in russische Gefangenschaft.« Lebenslauf Spickschens vom 15.2.1949 zum Fragebogen für die politische Überprüfung, NLA (Wolfenbüttel), 3 Nds. 92/1, Nr. 41277, unpag. Vgl. zudem Spickschens Erläuterungen vom 15.2.1949 zum Fragebogen für die politische Überprüfung, NLA (Wolfenbüttel), 3 Nds. 92/1, Nr. 41277, unpag.

war der Volkssturm Partei und Wehrmacht zugleich unterstellt: Für Aufstellung und Führung waren maßgeblich die Gauleiter der NSDAP zuständig, und seine Gliederung orientierte sich an Parteistrukturen. Dagegen waren Organisation, Ausbildung, Bewaffnung und Ausrüstung Sache des Ersatzheeres, das Himmler unterstand. Gerade in Ostpreußen scheint Gauleiter Koch jedoch die Verfügung über den Volkssturm weitgehend an sich gezogen zu haben. In der Provinz dürfte der Volkssturm, der bereits seit Oktober 1944 im Einsatz war, Anfang 1945 etwa 80.000 Mann umfasst haben, das Durchschnittsalter der Männer soll etwa 47 Jahre betragen haben. Sowohl die Ausbildung als auch die Ausrüstung dieses letzten Aufgebotes waren offenbar katastrophal, so dass der Volkssturm militärisch-praktisch betrachtet ohne Bedeutung blieb. Er kostete einer enormen Zahl von Menschen das Leben, und gerade in Ostpreußen waren die Verluste besonders hoch.[283]

Als Spickschen zum Volkssturm kam, war die Gauhauptstadt Königsberg bereits eingeschlossen. Zwischen der Roten Armee und dem Königsberger Volkssturm wurde mit großer Härte gekämpft, unter den etwa 10.000 Männern dieser Einheiten soll es große Verluste gegeben haben.[284] Spickschen überlebte, wurde aber am 7. April verwundet, kam in ein Königsberger Lazarett und geriet dort in sowjetische Kriegsgefangenschaft.[285] Seine militärische Karriere, die er 25 Jahre zuvor so enthusiastisch als 17-jähriger Kriegsfreiwilliger begonnen hatte, hatte hiermit ihr Ende gefunden. Spickschens Verwundung am 7. April 1945 fällt zusammen mit dem Schlussangriff der Roten Armee auf Königsberg. Dieser hatte einen Tag zuvor begonnen, als sich zwischen 50.000 und 100.000 Menschen dort befanden. Am 9. April übergab General Otto Lasch die Stadt der Roten Armee.[286]

Anders als für viele hochrangige Funktionäre des nationalsozialistischen Regimes war für Spickschen mit dem Kriegsende 1945 seine berufliche Karriere im Wesentlichen beendet. Auch für seinen persönlichen Lebensweg bedeutete es einen tiefen Einschnitt, war er nun doch bis 1948 von seiner Familie getrennt. Seine Frau war Ende Januar 1945 mit den Kindern von Woydiethen geflüchtet

283 Vgl. Andreas Kunz: Wehrmacht und Niederlage. Die bewaffnete Macht in der Endphase der nationalsozialistischen Herrschaft. 1944 bis 1945, München 2007, S. 129–149, Alastair Noble: Nazi Rule and the Soviet Offensive in Eastern Germany, 1944–1945. The Darkest Hour, Brighton/Portland, Or. 2009, S. 145–160 (zit. Noble: Nazi Rule), sowie Meindl: Koch, S. 415–435.

284 Vgl. Alastair Noble: The People's Levy – the Volkssturm and Popular Mobilisation in Eastern Germany 1944–45, in: The Journal of Strategic Studies 24 (2001), Heft 1, S. 165–187, hier bes. S. 181–182 (zit. Noble: People's Levy).

285 Vgl. den Lebenslauf Spickschens vom 15.2.1949 zum Fragebogen für die politische Überprüfung, NLA (Wolfenbüttel), 3 Nds. 92/1, Nr. 41277, unpag.

286 Vgl. Meindl: Koch, S. 452–453.

und über Pillau, Gotenhafen, Stralsund und Rostock nach Braunschweig gelangt. Auf einem Gut in Bleckenstedt, einem Stadtteil von Watenstedt-Salzgitter, kamen sie schließlich unter, auch durch die Hilfe Wilhelm Meinbergs, des früheren Reichsobmanns des Reichsnährstandes.[287]

Für Erich Spickschen begann im April 1945 eine Odyssee durch sowjetische Kriegsgefangenenlager. Die zeitliche Abfolge der Lager, in denen Spickschen sich befand, lässt sich nur für die ersten Stationen präzise beschreiben: Bis September 1945 war er im Lazarett in Insterburg, dann bis März 1946 in einem Lager in Königsberg (Stadtteil Ponarth). Vermutlich von da an bis Januar 1947 war er in einem Lager in einem Waldgebiet bei Tilsit (1946 Sowjetsk) eingesetzt, danach im früheren Tilsit selber, wieder in einem Waldlager. Im Laufe des Sommers 1947 kam Spickschen in ein Lager in Daugavpils (Dünaburg), anschließend in das Lager Prokopjewsk 7525/7 in Westsibirien.[288] Am 7. Juni 1948 wurde er wegen Krankheit aus der Kriegsgefangenschaft entlassen.[289]

Als Kriegsgefangener dürfte Spickschen dem »GUPWI«, der »Hauptverwaltung für Angelegenheiten von Kriegsgefangenen und Internierten«, zugewiesen worden sein, das dem sowjetischen Innenministerium unterstand. Unter dessen Führung stand auch das System der GULag (Hauptverwaltung für Lager), das zweite große Lagersystem, in dem in der Regel Zivilverurteilte unter häufig schlechteren Lebensbedingungen gefangen gehalten wurden. Zum Archipel GUPWI gehörten alles in allem etwa 4.000 Lager, Teillager, Lazarette und Arbeitssonderbataillone. Rund 2,5 Millionen Kriegsgefangene wurden nach Ende des Krieges bei fast allen großen Bauprojekten der Sowjetunion eingesetzt und stellten insgesamt wichtige Arbeitskräfte für die sowjetische Wirtschaft dar. Lager gab es in unterschiedlichen Wirtschaftsbereichen, unter anderem in der Landwirtschaft und der Industrie.[290]

287 Vgl. Schröder: Alles Liebe, S. 05.03.02–05.03.10; die Schilderung der Flucht basiert auf einem Tagebuch, das Frau Spickschen während der Flucht geführt hatte, und ihren späteren Erinnerungen an die Flucht. Vgl. auch den Lebenslauf von Gerda Ursula Spickschen vom 27.6.1949, NLA (Wolfenbüttel), 3 Nds. 92/1, Nr. 49600, unpag.

288 Zum Lager Prokopjewsk vgl. Werner Ratza: Die deutschen Kriegsgefangenen in der Sowjetunion. Der Faktor Arbeit, München 1973, S. 193–194 und S. 328.

289 Vgl. die undatierte Karteikarte zu Spickschen, BArch, HOK Lübeck, Ostpreußen, Kreis Samland, KK 693. Die Stationen stimmen im Wesentlichen überein mit Spickschens Privatkorrespondenz, vgl. den Brief Spickschens (»E. Speckersen«) vom 22.11.1946 (S. 06.01.12–06.01.13), vom 11.7.1947 aus Riga (S. 06.01.16) und vom 18.7.1947 aus Daugavpils (Dünaburg) (S. 06.01.16), alle überliefert in: Schröder: Alles Liebe. Vgl. auch Spickschens Erläuterungen vom 15.2.1949 zum Fragebogen für die politische Überprüfung, NLA (Wolfenbüttel), 3 Nds. 92/1, Nr. 41277, unpag.

290 Vgl. Stefan Karner: Im Archipel GUPVI: Kriegsgefangenschaft und Internierung in der Sowjetunion 1941–1956, Wien/München 1995, S. 76–80, S. 136–157 und S. 235–236, sowie Andreas Hilger: Deutsche Kriegsgefangene in der Sowjetunion, 1941–1956. Kriegsgefan-

Aufschluss über seine Zeit als Kriegsgefangener gibt Spickschens Privatkorrespondenz, die freilich vorsichtig zu bewerten ist. Seine Briefe sendete er unter dem Namen »Erich Speckersen«, den er in der Kriegsgefangenschaft angenommen hatte. Es ist nicht gesichert, wie er zu diesem Namen kam, vermutlich aber half er, nicht als hochrangiger nationalsozialistischer Funktionär entdeckt zu werden.[291] Grundsätzlich konnte Spickschen nur wenige Briefe an seine Familie richten, und inhaltlich sind diese vor dem Hintergrund der Gefangenschaft zu verstehen. Wiederholte Bemerkungen etwa dahingehend, dass die Bedingungen gut seien und er in guter Verfassung sei,[292] waren sicherlich auch an die Zensoren gerichtet.[293] Politische Themen finden sich entsprechend fast keine, wie auch seine Tätigkeit als Kriegsgefangener kaum eine Rolle spielt. Immerhin erfahren wir, dass er zeitweise im Freien bei einer Wachmannschaft tätig gewesen sei,[294] offenbar bei einem Holzfällkommando bei Heinrichswalde (1946 Slawsk) nahe des früheren Tilsits. In Westsibirien, wo im Winter unter extrem tiefen Temperaturen gearbeitet wurde, war er seinen Angaben zufolge meist im Lazarett und musste nicht im Freien arbeiten. Insgesamt sind Spickschens Nachrichten aus der Kriegsgefangenschaft geprägt von der Hoffnung auf eine baldige Freilassung und den Beginn eines »zweiten Lebens«, darüber hinaus von der Sorge um seine Familie.[295]

Spickschens Entlassung aus der Kriegsgefangenschaft mag mit seinem angeschlagenen Gesundheitszustand zusammengehangen haben. Er war mit einer Herzerweiterung zurückgekehrt, hinzu kamen anfangs auch hartnäckige Probleme mit den Zähnen.[296] Zudem soll er sich in der Kriegsgefangenschaft eine Leberzirrhose zugezogen haben, die für seinen Tod 1957 verantwortlich gemacht wurde.[297] Möglicherweise hing Spickschens Entlassung aber auch mit der Repatriierungspolitik der Sowjetunion zusammen. Zwar war die Rückführung der Kriegsgefangenen aus der Sowjetunion zwischen den Alliierten umstritten, auch angesichts des sowjetischen ökonomischen Interesses an billigen Ar-

---

genenpolitik, Lageralltag und Erinnerung, Essen 2000, S. 82–96 und S. 173–219 (zit. Hilger: Deutsche Kriegsgefangene).

291 Von den Ostpreußen, die Spickschen in der Kriegsgefangenschaft als früheren LBF erkannt hatten, habe ihn niemand verraten, vgl. die Aussage Spickschens vom 2.7.1951 vor dem Berufungsausschuss für die Entnazifizierung im Niedersächsischen Verwaltungsbezirk Braunschweig, NLA (Wolfenbüttel), 3 Nds. 92/1, Nr. 41277, S. 164.

292 Vgl. z. B. Spickschens Brief vom 18. 7. 1947, überliefert in: Schröder: Alles Liebe, S. 06.01.16.

293 Vgl. Hilger: Deutsche Kriegsgefangene, S. 138–140.

294 Vgl. Spickschens Brief vom 13. 11. 1946, überliefert in: Schröder: Alles Liebe, S. 06.01.10.

295 Vgl. Spickschens Brief vom 22. 11. 1946, überliefert in: Schröder: Alles Liebe, S. 06.01.12–06.01.13, Zitat S. 06.01.13.

296 Vgl. Gerda Ursula Spickschens Brief vom 30. 6. 1948 an Spickschen (S. 07.02.06–07.02.07) und dessen Brief vom 28. 7. 1948 an Gaga (S. 07.02.20), beide überliefert in: Schröder: Alles Liebe.

297 Vgl. Schröder: Alles Liebe, S. 08.01.16.

beitskräften. Zum ursprünglich für Ende 1948 vorgesehenen Abschluss der Rückführungen kam es nicht, vielmehr dauerte es bis März 1956, ehe die letzten deutschen Kriegsgefangenen zurückkehrten. Doch 1948 wurden mit Ausnahme von Stabsoffizieren alle Männer über fünfzig Jahre aus der Kriegsgefangenschaft entlassen,[298] einer von ihnen war Spickschen.

Durch die gesundheitliche Schwächung, mit der Spickschen 1948 aus der Kriegsgefangenschaft zurückgekommen war, war er zunächst bis Ende Oktober jenes Jahres arbeitsunfähig.[299] Er war im Juni 1948 zu Frau und Kindern in Bleckenstedt gestoßen, war zur gesundheitlichen Wiederherstellung jedoch zeitweise noch von der Familie getrennt.[300] Ins Berufsleben kehrte er zunächst als landwirtschaftlicher Angestellter bei der Saatgutfirma »G. Spickschen« in Vluyn zurück.[301] Er pachtete dann im November 1950 eine kleine Landwirtschaft, mit der eine Gastwirtschaft verbunden war.[302] Die Familie siedelte nun nach Dannenfels (Rheinland-Pfalz) um.[303]

Schon bald nach Spickschens Rückkehr begann sein Entnazifizierungsverfahren. Die Entnazifizierung, deren Grundlage das Potsdamer Abkommen von 1945 war, hatte zum Ziel, die deutsche (und die österreichische) Gesellschaft umfassend vom Nationalsozialismus zu reinigen und zu befreien. Dabei verfeinerte der Alliierte Kontrollrat ab Januar 1946 den Prozess der Entnazifizierung, so durch die Definition von Kategorien, in die die betreffenden Personen eingeteilt werden sollten. In der Praxis gab es zwischen den vier Besatzungszonen beträchtliche Unterschiede. In der britischen Besatzungszone, in der Erich Spickschens Verfahren durchgeführt wurde, wurde die Entnazifizierung vergleichsweise wenig scharf und in geringem Umfang implementiert.

Bei der Entnazifizierung in Niedersachen bestand für die britische Besatzungsmacht zunächst die Gefahr, bei einer durchgreifenden »Säuberung« Wirtschaft und Verwaltung lahmzulegen. Daher mussten anfangs nur Personen einen Fragebogen ausfüllen, die in Wirtschaft, Verwaltung und freien Berufen verantwortliche Positionen besetzten. Auf dieser Grundlage wurde entschieden, ob der Betroffene zu entlassen war oder nicht. Später als in der amerikanischen Besatzungszone (1946), führten die Briten in Niedersachen die Kategorisierung erst im Juni 1947 ein. Die Kategorien I und II waren schweren Fällen (Kriegs-

298 Vgl. Hilger: Deutsche Kriegsgefangene, S. 314–331.

299 Vgl. Spickschens Fragebogen für die politische Überprüfung [vom 15.2.1949], NLA (Wolfenbüttel), 3 Nds. 92/1, Nr. 41277, unpag.

300 Vgl. Spickschens Brief vom 28.7.1948 an Gaga, überliefert in: Schröder: Alles Liebe, S. 07.02.20. Vgl. zudem Schröder: Alles Liebe, S. 07.02.22–07.02.23.

301 Vgl. Spickschens Fragebogen für die politische Überprüfung [vom 15.2.1949] und seinen Lebenslauf vom 15.2.1949 darin, NLA (Wolfenbüttel), 3 Nds. 92/1, Nr. 41277, unpag.

302 Vgl. den Brief Spickschens vom 13.10.1950 an Hans Merkel, NLA (Wolfenbüttel), 3 Nds. 92/1, Nr. 41277, unpag.

303 Vgl. Spickschens Rundbrief vom Mai 1951, überliefert in: Schröder: Alles Liebe, S. 08.01.02.

verbrechern und anderen) vorbehalten, Kategorie III definierte »Minderbelastete«, Kategorie IV »Mitläufer« und Kategorie V »Entlastete«. Bei den Kategorien III bis V konnten deutsche Ausschüsse in eigener Verantwortung Einstufungen vornehmen, während die schweren Fälle von Kategorie I und II allein britischen Stellen oblagen.[304]

Bis zum endgültigen Abschluss des Verfahrens zur Entnazifizierung vergingen bei Erich Spickschen mehrere Jahre. Zunächst war er im Juni 1949 vom Entnazifizierungshauptausschuss in Watenstedt-Salzgitter in die Kategorie IV, das heißt als Unterstützer des Nationalsozialismus eingestuft worden; daneben verlor er das passive Wahlrecht und wurde zur Zahlung von 200 DM verurteilt.[305] Offenbar auf Betreiben von Egbert Otto, Spickschens Vorvorgänger als Landesbauernführer in Ostpreußen, wurde das Verfahren wieder aufgenommen; möglicherweise versprach sich Otto davon einen politischen Vorteil, unter anderem im Bund der Heimatvertriebenen und Entrechteten (BHE).[306] Die Wiederaufnahme des Verfahrens bestätigte im März 1951 vor dem Entnazifizierungshauptausschuss Braunschweig die Einstufung Spickschens in Kategorie IV, wobei die zu zahlende Summe noch reduziert wurde.

Gegen diesen Beschluss jedoch legte der öffentliche Kläger Berufung ein, der Spickschen vor allem dessen Diäten als Reichstagsabgeordneter vorwarf, für die Spickschen de facto nichts habe leisten müssen. Dies führte dazu, dass Spickschen im Juli 1951 vom Spruchausschuss Braunschweig in Kategorie III

304 Vgl. Clemens Vollnhals (Hg.): Entnazifizierung. Politische Säuberung und Rehabilitierung in den vier Besatzungszonen 1945–1949, München 1991, S. 7–9 und S. 24–34, sowie Klaus-Dietmar Henke: Die Trennung vom Nationalsozialismus. Selbstzerstörung, politische Säuberung, »Entnazifizierung«, Strafverfolgung, in: Ders./Hans Woller (Hg.): Politische Säuberung in Europa. Die Abrechnung mit Faschismus und Kollaboration nach dem Zweiten Weltkrieg, München 1991, S. 21–83, dort bes. S. 44–49. Zur spezifischen Situation in Niedersachsen vgl. die Informationen zu Forschungen von Julie Boekhoff bei Wolfgang Brandes: Tagungsbericht: Der Umgang mit den Folgen von NS-Zeit und Krieg in Niedersachsen nach 1945, 17.2.2007 Hannover, in: H-Soz-Kult vom 31.5.2007, <http://www.hsozkult.de/conferencereport/id/tagungsberichte-1587> [21.12.2012]. Vgl. zudem Stephan A. Glienke: Die NS-Vergangenheit späterer niedersächsischer Landtagsabgeordneter. Abschlussbericht zu einem Projekt der Historischen Kommission für Niedersachsen und Bremen im Auftrag des Niedersächsischen Landtages. Hrsg. vom Präsidenten des Niedersächsischen Landtages, durchges. Nachdruck der 1. Aufl., Hannover 2012, S. 95–110, auch online verfügbar unter <http://www.landtag-niedersachsen.de/,cms_id,5,press_id,194.html> [20.9.2014].

305 Vgl. den Entnazifizierungs-Bescheid des Spruchausschusses Braunschweig vom 2.7.1951, NLA (Wolfenbüttel), 3 Nds. 92/1, Nr. 41277, unpag.

306 Vgl. Hans Merkels Schreiben vom 22.1.1951 an den Berufungsausschuss für die Entnazifizierung Braunschweig, zudem Spickschens Brief vom 22.12.1950 an Otto Hüttenbach, beide in: NLA (Wolfenbüttel), 3 Nds. 92/1, Nr. 41277, unpag. Zu Egbert Otto und dem BHE vgl. Michael Schwartz: Funktionäre mit Vergangenheit. Das Gründungspräsidium des Bundes der Vertriebenen und das »Dritte Reich«. In Zusammenarb. mit Michael Buddrus, München 2013, S. 4 (zit. Schwartz: Funktionäre).

eingeordnet wurde. Seine Tätigkeit als Reichstagsabgeordneter, aber »auch seine sonstigen Stellungen im politischen Getriebe des Nationalsozialismus« würden zwingend zu der Feststellung führen, dass Spickschen nicht einfach ein Unterstützer, sondern ein wesentlicher Förderer des Nationalsozialismus gewesen sei. Bei alledem wurde Spickschen zugute gehalten, »innerlich« gegen Gauleiter Koch in Opposition gestanden zu haben, aus seinem Amt als Landesbauernführer keine materiellen Vorteile gezogen, »anständig seines Amtes gewaltet« und »sich von den üblen Machenschaften und Methoden des Nationalsozialismus ferngehalten« zu haben. Mit der Einstufung in Kategorie III waren etliche Konsequenzen verbunden, so diverse Berufsverbote und der Verlust des aktiven und passiven Wahlrechts.[307] Gegen diese Herabstufung wehrte sich Spickschen, freilich erfolglos.[308] Spickschen argumentierte, gleichsam als »Idealist« einen anderen Nationalsozialismus gewollt zu haben und auf seinem Posten verblieben zu sein, um Schlimmeres zu verhindern. Die Einstufung in Kategorie III betrachtete er als ungerechte Herabstufung zu einem »Staatsbürger 2. Klasse«.[309] Schon beim ersten Verfahren hatte Spickschen klar gemacht, dass für ihn die Einstufung in Kategorie IV auch in beruflicher Hinsicht wichtig war, da er sich selbstständig machen wollte, was die Einstufung in Kategorie III verhinderte.[310]

Spickschens Strategie im Verfahren bestand darin, sich möglichst weit von Gauleiter Koch und der NSDAP sowie von der Ideologie der SS zu distanzieren. Sich selber wiederum beschrieb er als fachlich-sachlich und »anständig« arbeitenden Funktionär.[311] Spickschen ließ sich, auf Empfehlung Darrés hin, seit November 1950 im Entnazifizierungsverfahren von Hans Merkel beraten, einem Juristen und früheren hochrangigen Reichsnährstandsfunktionär.[312] Wie in Entnazifizierungsverfahren üblich, brachte Spickschen zu seiner Entlastung

307 Vgl. den Entnazifizierungs-Bescheid des Spruchausschusses Braunschweig vom 2.7.1951, NLA (Wolfenbüttel), 3 Nds. 92/1, Nr. 41277, unpag., sämtliche Zitate ebd.

308 Dies ging bis hin zum unzulässigen Versuch Spickschens, gegen den Bescheid vom 2.7.1951 wiederum Revision einzulegen. Er wandte sich mit der Bitte um nochmalige Revision sogar an die für Entnazifizierung zuständige Abteilung im Innenministerium Niedersachsens, vgl. das entsprechende Schreiben Spickschens vom 17.8.1951, NLA (Wolfenbüttel), 3 Nds. 92/1, Nr. 41277, unpag.

309 Vgl. Spickschens Schreiben vom 30.7.1951 an den Vorsitzenden des Berufungsausschusses für die Entnazifizierung Braunschweig, NLA (Wolfenbüttel), 3 Nds. 92/1, Nr. 41277, unpag., Zitat ebd.

310 Vgl. das Verhandlungsprotokoll der öffentlichen Sitzung des Entnazifizierungshauptausschusses (I. Spruchausschuss) in Lebenstedt (Watenstedt-Salzgitter) vom 11.6.1949, NLA (Wolfenbüttel), 3 Nds. 92/1, Nr. 41277, unpag.

311 Vgl. Spickschens Erläuterungen vom 15.2.1949 zum Fragebogen für die politische Überprüfung, NLA (Wolfenbüttel), 3 Nds. 92/1, Nr. 41277, unpag.

312 Vgl. das Schreiben Spickschens vom 13.10.1950 an Hans Merkel sowie das Schreiben Merkels vom 22.1.1951 an den Berufungsausschuss für die Entnazifizierung Braunschweig, beide in: NLA (Wolfenbüttel), 3 Nds. 92/1, Nr. 41277, unpag.

vor dem jeweils zuständigen Ausschuss zahlreiche günstige Zeugnisse für sich bei – Dokumente, die in Teilen als »Persilscheine«[313] sicherlich zutreffend charakterisiert sind. Vor allem nach dem Vorgehen Egbert Ottos[314] aktivierte Spickschen hierfür sein noch bestehendes Kontaktnetzwerk: frühere Spitzenfunktionäre des Reichsnährstandes wie Darré und Meinberg, aus der Führung der Landesbauernschaft Ostpreußen unter anderen Adolf Gruber, Arno Ortmann, Hans Dullo, Rudolf Großmann und Fritz Berg sowie etliche frühere Kreisbauernführer wie Ernst Bartel, Max Brzezinski (Brenk), Heinrich Lukas, Ernst Steppke und Fritz Teichert.[315] Allerdings waren auch Spickschens Gegner aus der nationalsozialistischen Zeit zur Stelle und äußerten Kritik an Spickschen, so Egbert Otto, Rudolf Adam und der von Spickschen wegen angeblicher »Meuterei« abgesetzte Kreisbauernführer Franz Weiß. Dabei flammten Konflikte und persönliche Aversionen aus der nationalsozialistischen Zeit wieder auf. Deren Kritik zielte jedoch im Kern darauf, Spickschen als »willensschwach«, »dumm« beziehungsweise unfähig gegenüber Gauleiter Koch darzustellen. Sie hatte mit der Neueinstufung in Kategorie III nichts zu tun.[316]

Ungezählte Entnazifizierungsverfahren endeten damit, dass die Betroffenen als »Mitläufer« eingestuft und damit weitgehend entlastet wurden. Darunter waren auch zahlreiche nationalsozialistische Funktionäre, die erheblich mehr als nur »Mitläufer« gewesen waren. Lutz Niethammer hat hierfür, am Beispiel Bayerns, den Begriff der »Mitläuferfabrik« geprägt. Für so manchen hochrangigen Funktionär im Dienste des nationalsozialistischen Staates ermöglichte diese Einstufung in der Bundesrepublik, an seine Karriere im »Dritten Reich« anknüpfen zu können, und nicht selten war hierfür das frühere Kontaktnetzwerk hilfreich.[317] Bei Spickschen indes erwies sich die Spruchkammer gerade nicht als »Mitläuferfabrik«. Seine Herabstufung in Kategorie III erscheint, nimmt man die Kategorisierung auch im Wortsinne ernst, als insgesamt angemessene Entscheidung – Spickschen war viel mehr als nur ein »Mitläufer« und ganz gewiss ein eifriger Förderer des Nationalsozialismus. Er war Teil der Funktionselite des nationalsozialistischen Deutschlands, das ohne solche Funktionäre buch-

313 Vgl. Lutz Niethammer: Die Mitläuferfabrik. Die Entnazifizierung am Beispiel Bayerns, 2. Aufl., Bonn 1982, S. 613–617 (zit. Niethammer: Mitläuferfabrik).

314 Spickschen wandte sich im November 1950, unter Darstellung der Vorwürfe gegen ihn, an viele seiner früheren Mitstreiter aus der LBsch Ostpreußen beziehungsweise vom RNSt mit der Bitte, für ihn einzutreten, vgl. das Schreiben Spickschens vom 16.11.1950 an Hans Merkel und das Dokument Spickschens vom 25.11.1950, beide in: NLA (Wolfenbüttel), 3 Nds. 92/1, Nr. 41277, unpag.

315 Reichhaltiges Material hierzu in Spickschens Entnazifizierungsakte, NLA (Wolfenbüttel), 3 Nds. 92/1, Nr. 41277.

316 Vgl. Rudolf Adams Aussage vom 29.12.1949, NLA (Wolfenbüttel), 3 Nds. 92/1, Nr. 41277, unpag.

317 Vgl. Niethammer: Mitläuferfabrik, passim.

stäblich nicht »funktioniert« hätte, und er trug als Landesbauernführer sowohl im Regierungsbezirk Zichenau wie im Bezirk Bialystok an verschiedenen Stellen zum Besatzungsregime in eroberten Gebieten bei. Es steht auf einem anderen Blatt, dass viele andere Angehörige dieser Funktionselite tatsächlich als »Mitläufer« davonkamen und mit Sicherheit unangemessen, nämlich zu milde beurteilt wurden.

Politisch wie beruflich fasste Erich Spickschen nach 1945 kaum mehr Fuß. Aus der Kriegsgefangenschaft gesundheitlich geschwächt zurückgekehrt, konnte er in der gepachteten Land- und Gastwirtschaft nicht mehr wie früher energisch mitarbeiten. Einen Versuch der Deutschen Reichspartei (DRP), in der auch Wilhelm Meinberg aktiv war, ihn zu einem neuerlichen Engagement auf der äußersten politischen Rechten zu bewegen, lehnte Spickschen ab. Abgesehen vom Engagement als Kreisvorsitzender beim Flüchtlingsverein im Kreis Kirchheimbolanden war er politisch lediglich noch für die Arbeitsgemeinschaft Demokratischer Kreise (ADK) tätig.[318] Für die ADK, die 1951 von der Regierung Adenauer gegründet worden war und der CDU nahestand, hielt Spickschen Vorträge.[319] Er hatte politisch einen langen Weg zurückgelegt: vom begeisterten Kriegsfreiwilligen zum Verächter der Weimarer Demokratie, dann zum hochrangigen Nationalsozialisten bis hin zu einem, der sich für die Regierung der jungen Bundesrepublik Deutschland engagierte. Von seinem Lebensweg gezeichnet, starb er am 1. Oktober 1957 an einer Leberzirrhose.[320]

Wie lassen sich Spickschen und die Stationen seines Lebens zusammenfassend charakterisieren? Er kam aus bäuerlichem Milieu, dem er zeitlebens verhaftet blieb. Zugleich entwuchs er diesem: Ausgestattet mit guter bis sehr guter Bildung, großer Einsatzbereitschaft sowie einigem Ehrgeiz und unterstützt von seiner mit denselben Attributen ausgestatteten Frau ergriff er die Chancen, die ihm der Niedergang der Weimarer Republik und das Aufkommen der Nationalsozialisten boten. Für ihn und seine Frau war der nationalsozialistische Staat gleichsam »ihr« Staat, ihr »Projekt« – von dessen ideologischen Grundzügen ebenso wie vom »Führer« Hitler waren sie vollends überzeugt. Zugleich verbesserte dieser Staat ihre persönliche Situation und ermöglichte ihnen das wirtschaftliche und gesellschaftliche Vorankommen, was sie dem Regime mit Engagement und Loyalität vergalten. Als politischer Funktionär, der in rascher Folge die Hierarchiestufen des Reichsnährstandes bis zum Amt des Landesbauernführers emporkletterte, erlebte Erich Spickschen einen enormen Aufstieg: Gesellschaftlich und politisch ohnehin, aber auch materiell – ein wichtiger

318 Vgl. Schröder: Alles Liebe, S. 08.01.13–08.01.15.

319 Vgl. Michael Kunczik: Verdeckte Öffentlichkeitsarbeit unter Adenauer. Die Arbeitsgemeinschaft Demokratischer Kreise, in: Jürgen Wilke (Hg.): Massenmedien und Zeitgeschichte, Konstanz 1999, S. 381–394.

320 Vgl. Schröder: Alles Liebe, S. 08.01.16.

Aspekt für einen, der bis dahin stets finanziell zu kämpfen gehabt und für den Lebensunterhalt einer vielköpfigen Familie Sorge zu tragen hatte. Einmal vom zuvor militärisch Geprägten und eher deutschnational Gesinnten zum Nationalsozialisten geworden, blieb Spickschen ein treuer Diener Hitlers und des Nationalsozialismus. Dies bis in die letzten Tage des Regimes hinein, unter Einsatz seines Lebens, wie schon im Ersten Weltkrieg. Spickschen trug damit, ob in Ostpreußen oder in den von ihm landwirtschaftlich verantworteten eroberten Gebieten, an seiner Stelle seinen Teil dazu bei, dass das »Dritte Reich« mitsamt seiner Gewalt- und Vernichtungspolitik bis 1945 fortdauern konnte. Nach 1945 hatte Spickschen sich den Konsequenzen der nationalsozialistischen Zeit zu stellen, zugleich war mit dem Niedergang des »Dritten Reiches« auch seine berufliche Karriere zu Ende gegangen.

2.2 Ein Vergleich – Erich Spickschen im Korps der Landesbauernführer

War Erich Spickschen ein typischer Landesbauernführer? Die folgende Analyse betrachtet die Landesbauernführer als Personengruppe, so dass Spickschen im Korps der Landesbauernführer verortet werden kann. Dies ermöglicht auch den Versuch, einen gleichsam typischen Landesbauernführer zu konstruieren und ihn mit anderen Typen nationalsozialistischer Funktionäre zu vergleichen. Indem die Fallstudie zu Spickschen durch einen – bislang nur ansatzweise vorliegenden[321] – kollektivbiographischen Zugriff ergänzt wird, erhält man einerseits Aufschluss über das Typische einer Personengruppe, andererseits auch über individuell Untypisches von Personen dieser Gruppe. Vorneweg sind Einschränkungen im Blick zu behalten: Der schlechte Forschungsstand sowie die Quellengrundlage, die aus prinzipiellen und arbeitsökonomischen Gründen nicht vollständig sein kann, zwingen zur Reduktion der Datengrundlage auf vielfach statische Merkmale und auf Karrierestationen. Analysiert wird gleichsam das Skelett eines Lebenslaufes, wobei wichtige Fakten und Zusammenhänge unbekannt, unbeachtet oder jedenfalls ohne die eigentlich gebotene Vertiefung bleiben können.[322] Immerhin erhält man so eine Perspektive, die geschichtliche Epochengrenzen und den Antagonismus von Person und Struktur überwindet. Der Versuch, einen typischen Landesbauernführer zu konstruieren, verhindert dabei, dass der kollektivbiographische Zugriff bei einer zwar geord-

321 Vgl. Gies: Revolution, S. 323–330. Eine kursorische Untersuchung bietet Dornheim: Moderne, S. 563–580; er untersucht das Korps der LBF und der Landesobmänner des RNSt für 1936.

322 Vgl. hierzu die quellenkritischen Überlegungen in Bd. 2, Kapitel 2.

neten, jedoch interpretationslosen Datenanhäufung stehenbleibt.[323] Die beschränkte Datengrundlage gebietet eine sehr vorsichtige Interpretation, zumal bei der kleinen Gruppe der Landesbauernführer in absoluten Zahlen geringe Veränderungen anteilsmäßig große bewirken können. Der quantitative Vergleich mit anderen Personengruppen soll daher nur kursorisch und illustrierend erfolgen.

Die folgenden Analysen dieses Kapitels beruhen auf der Auswertung der Informationen aus dem Personenlexikon (Band 2 dieser Studie). Aus den dortigen biographischen Skizzen der Landesbauernführer sowie dem Personaltableau der Landesbauernführer (1933–1945) ergibt sich die jeweilige Quellengrundlage. Diese Grundlage wird, abgesehen von Einzelfällen, bei den folgenden Auswertungen nicht mehr en détail nachgewiesen. Soweit bei einzelnen Landesbauernführern konkrete Ausführungen gemacht werden, sei zum Nachweis hiermit auf die biographische Skizze des jeweiligen Landesbauernführers samt der dort aufgeführten Quellen- und Literaturangaben verwiesen.

Als Spickschen Landesbauernführer war, lag sein Geburtsjahrgang 1897 jeweils sehr nahe am Median[324] der Geburtsjahrgänge aller Landesbauernführer (siehe Tabelle 2.1). Dabei war der Anteil der 1900 oder danach Geborenen zwischen 32 und 41 Prozent stets recht konstant. Bei den älteren Landesbauernführern machten im September 1933 die Jahrgänge vor 1890 41 Prozent, zehn Jahre später die zwischen 1890 und 1899 Geborenen 44 Prozent der Landesbauernführer aus. Die Landesbauernführer waren somit um wenige, jedoch wichtige Jahre älter als andere bedeutende Personengruppen der nationalsozialistischen Zeit. Der Median bei den NSDAP-Kreisleitern lag um 1900,[325] bei der für die Realisierung des Holocaust maßgeblichen Kerngruppe des Reichssicherheitshauptamts (RSHA)

323 Vgl. Alexander Gallus: Biographik und Zeitgeschichte, in: APuZ 55 (2005), Heft 1–2, S. 40–46, sowie Wilhelm Heinz Schröder: Kollektive Biographien in der historischen Sozialforschung: Eine Einführung, in: Ders. (Hg.): Lebenslauf und Gesellschaft. Zum Einsatz von kollektiven Biographien in der historischen Sozialforschung, Stuttgart 1985, S. 7–17.

324 Der Median teilt einen Datensatz in zwei Hälften, so dass die Werte in der einen Hälfte kleiner oder gleich dem Medianwert sind, in der anderen dagegen größer oder gleich. Im Unterschied zum arithmetischen Mittel ist der Median robuster gegenüber Ausreißern.

325 Vgl. Armin Nolzen: Funktionäre in einer faschistischen Partei. Die Kreisleiter der NSDAP, 1932/1933 bis 1944/1945, in: Till Kössler/Helke Stadtland (Hg.): Vom Funktionieren der Funktionäre. Politische Interessenvertretung und gesellschaftliche Integration in Deutschland nach 1933, Essen 2004, S. 44–45 (zit. Nolzen: Funktionäre); die Stichprobe der Kreisleiter ist mit $n = 831$ dabei freilich sehr viel größer. Vgl. zudem die ebenfalls größere Stichprobe ($n = 141$) bei Wolfgang Stelbrink: Die Kreisleiter der NSDAP in Westfalen und Lippe. Versuch einer Kollektivbiographie mit biographischem Anhang, Münster 2003, S. 17–18 (zit. Stelbrink: Kreisleiter).

waren gar drei Viertel im Jahr 1900 oder später geboren.[326] Die Landesbauernführer gehörten also mehrheitlich zur Frontgeneration.

Über zwei Drittel der Landesbauernführer im Herbst 1933 und noch immer fast 60 Prozent zehn Jahre später hatten am Ersten Weltkrieg teilgenommen; eine unmittelbare Fortsetzung der militärischen Karriere in Freikorps ist dabei allerdings nur für jeweils zwei Landesbauernführer bekannt (siehe Tabelle 2.2). Bei aller gebotenen Vorsicht im Umgang mit der Kategorie »Generation«[327] ist zu konstatieren, dass die existentielle Kriegserfahrung die deutliche Mehrheit der Landesbauernführer verband. Diese Erfahrung zeitigte Folgen weit über den Krieg hinaus, konnten sich doch nicht zuletzt der Berufseinstieg und die Familiengründung verschieben. Und auch die an der »Heimatfront« Gebliebenen der Kriegsjugendgeneration – die »überflüssige Generation« – machten spezifische Erfahrungen: abwesende Väter, was Müttern noch mehr Verantwortung als sonst übertrug; fehlende oder schlechte Nahrungsmittel; ausfallender Schulunterricht; der Eindruck der Propaganda des Kaiserreichs für den »Großen Krieg« und die Glorifizierung des Krieges, den sie aus eigener Sicht häufig nicht erleben »durften«.[328]

Tabelle 2.1: Die Geburtsjahrgänge der Landesbauernführer

LBF-Korps	**9/1933**		**9/1938**		**9/1943**	
	Zahl	%	**Zahl**	%	**Zahl**	%
< 1890	9	40,9	5	22,7	5	15,6
1890–1899	6	27,3	9	40,9	14	43,8
1900–1909	7	31,8	8	36,4	12	37,5
> 1909	0	0	0	0	1	3,1
n	22		22		32	
Median	1894,5		1895,5		1896,5	
Ø	1893,5		1895,5		1897,3	

Quellen: Personaltableau der LBF und die zugehörigen biographischen Skizzen in Bd. 2.

326 Vgl. Michael Wildt: Generation des Unbedingten. Das Führungskorps des Reichssicherheitshauptamtes, Hamburg 2002, S. 45–46 (zit. Wildt: Generation).

327 Vgl. hierzu zusammenfassend Bernd Weisbrod: Generation und Generationalität in der Neueren Geschichte, in: APuZ 55 (2005), Heft 8, S. 3–9.

328 Neben den Ausführungen hierzu in Kapitel 2.1 vgl. zudem Nolzen: Funktionäre, S. 45, Wildt: Generation, S. 45–52, sowie Detlef J. K. Peukert: Die Weimarer Republik. Krisenjahre der Klassischen Moderne, Frankfurt a. M. 1987, S. 25–31.

Tabelle 2.2: Die Teilnahme der Landesbauernführer am Ersten Weltkrieg

LBF-Korps	9/1933		9/1938		9/1943		
	Zahl	%	Zahl	%	Zahl	%	Rang
Keine Teilnahme	7	31,8	8	36,4	13	40,6	
Teilnahme	5	22,7	2	9,1	1	3,1	unbekannt
	1	4,5	3	13,6	4	12,5	Gefreiter
	0	0,0	0	0,0	1	3,1	Unteroffiziersaspirant
	3	13,6	1	4,5	1	3,1	Unteroffizier
	1	4,5	0	0,0	0	0,0	Offiziersaspirant
	0	0,0	1	4,5	1	3,1	Offiziersstellvertreter
	2	9,1	4	18,2	7	21,9	Leutnant
	1	4,5	3	13,6	4	12,5	Oberleutnant
	2	9,1	0	0,0	0	0,0	Hauptmann, Rittmeister
Summe Teilnehmende	15	68,2	14	63,6	19	59,4	
Teilnahme Freikorps	2	9,1	2	9,1	2	6,3	
n	22		22		32		

Quellen: Personaltableau der LBF und die zugehörigen biographischen Skizzen in Bd. 2.

In vielerlei Hinsicht zeichnete sich die Personengruppe der Landesbauernführer durch eine relativ große Homogenität aus (siehe Tabellen 2.3 und 2.4). Dies beginnt bei der Konfessionszugehörigkeit, die mit 77 Prozent und mehr eine deutliche Überrepräsentation der Evangelischen aufweist. Im Vergleich dazu gab es im Deutschen Reich im Jahr 1905 62,1 Prozent Evangelische und 36,5 Prozent Katholiken; bei den Landesbauernführern war damit die evangelische Konfession noch stärker überrepräsentiert als etwa bei den Kreisleitern der NSDAP.[329] Es ist jedoch nicht zu erkennen, dass die Konfessionszugehörigkeit der Landesbauernführer funktional eine bedeutende Rolle gespielt hätte, etwa dass die Konfession eines Landesbauernführers jener der jeweiligen Bevölkerungsmehrheit hätte entsprechen müssen. Gerade Ostpreußen vermag hier als Gegenbeispiel zu dienen: Egbert Otto, Spickschens Vorvorgänger, war katholisch, Spickschen dagegen evangelisch.

329 Vgl. Stelbrink: Kreisleiter, S. 18–19 und S. 306.

Tabelle 2.3: Die Konfessionszugehörigkeit der Landesbauernführer

LBF-Korps	9/1933		9/1938		9/1943	
	Zahl	%	Zahl	%	Zahl	%
Katholisch	5	22,7	3	13,6	6	19,4
Evangelisch	17	77,3	19	86,4	25	80,6
Kirchenaustritt, keine Angabe oder »gottgläubig«			13	59,1	18	58,1
n	22		22		31	

Quellen: Personaltableau der LBF und die zugehörigen biographischen Skizzen in Bd. 2. Für 1943 fehlt die Information über Dornetshubers Konfession.

Tabelle 2.4: Der Beruf des Vaters der Landesbauernführer

LBF-Korps	9/1933		9/1938		9/1943	
	Zahl	%	Zahl	%	Zahl	%
Landwirt	13	59,1	15	68,2	23	71,9
Gutsbesitzer	4	18,2	3	13,6	4	12,5
Sonstiges	5	22,7	4	18,2	5	15,6
n	22		22		32	

Quellen: Personaltableau der LBF und die zugehörigen biographischen Skizzen in Bd. 2. Beim Beruf des Vaters sind bei den Landwirten auch solche subsumiert, die Tätigkeiten neben der Landwirtschaft (Handwerker, Gastwirte etc.) ausübten. Bei den Gutsbesitzern wurde zur Vereinfachung für 1933 ein Domänenpächter hinzugerechnet.

Tabelle 2.5: Landesbauernführer adliger Herkunft

LBF-Korps	9/1933		9/1938		9/1943	
	Zahl	%	Zahl	%	Zahl	%
	3	18,2	3	13,6	2	6,3
n	22		22		32	

Quellen: Personaltableau der LBF und die zugehörigen biographischen Skizzen in Bd. 2.

Landesbauernführer waren in aller Regel fest im landwirtschaftlichen Milieu verwurzelt, was gleichsam Qualifikationskriterium für das Amt war.[330] Dies zeigt sich beim Blick auf das Elternhaus ebenso wie auf den Bildungs- und Berufsweg. Festgemacht am Beruf des Vaters, der auf Erfahrungen in der Kindheit und Erwartungen hinsichtlich der Berufswahl schließen lässt,[331] kamen zwischen

330 Vgl. die Anordnung vom 27.5.1935 betr. Altersgrenze für Bauernführer (55 Jahre), in: DNdRN vom 1.6.1935, S. 208: »Es hat sich in der Vergangenheit als schwerer Nachteil aller erwiesen, daß die berufsständige Führung meist in Händen von Personen lag, die infolge ihres Alters nicht mehr selbst wirtschaftende Bauern oder Landwirte waren und denen deshalb eine lebendige Verbindung mit den politischen und wirtschaftlichen Fragen des Bauerntums und der Ernährungswirtschaft fehlte.«

331 Vgl. Stelbrink: Kreisleiter, S. 19–22.

59 und 72 Prozent aus bäuerlichem Milieu, weitere 13 bis 18 Prozent zudem aus dem Milieu der Großgrundbesitzer. Und dabei ist zu berücksichtigen, dass 1938 und 1943 just der Protagonist Spickschen zu den »Sonstigen« beiträgt, da sein Vater Kaufmann war. Freilich war dieser damit aus einer langen Reihe von Bauern getreten, Spickschen wäre an sich zweifellos ebenfalls dem bäuerlichen Milieu zuzurechnen. Unter den »Sonstigen« erfasst, stellte Landesbauernführer Hellmut Körner in der Gruppe der Landesbauernführer eine große Ausnahme dar: Er entstammte dem bildungsbürgerlichen Haus eines Rechtsanwalts.

Unter den Landesbauernführern gab es vier Adlige mit ansehnlichem Grundbesitz. Von ihnen gehörten Kuno von Eltz-Rübenach und Hartwig von Rheden zu jenen, die von Beginn bis Niedergang des Reichsnährstands im Amt waren. Für Darré und später für Backe waren sie offenkundig wertvolle Mitarbeiter, was jedenfalls der Theorie nach nicht zu Darrés »Blut-und-Boden«-Ideologie zu passen scheint. Darré kritisierte den überkommenen Adel scharf und wollte ihn durch den »Neuadel« ersetzen, eine neue, auf bäuerlicher Basis auserlesene Führungsschicht. Jenseits der Ideologie freilich war der Widerspruch weit weniger scharf, vielmehr gab es bei aller gegenseitiger Skepsis gerade aus den Reihen adliger Großgrundbesitzer schon früh Unterstützung für die aufkommenden Nationalsozialisten.[332] Eltz-Rübenach war ein völkischer Radikaler, der seinen politischen Aufstieg zum Ausbrechen aus den Konventionen seines Standes nutzte; er war wie auch Landesbauernführer Friedrich-Franz Graf Grote engagierter SS-Führer. Der Großgrundbesitzer Rheden, der mit der »Reichsbäuerin« Hildegard von Rheden verheiratet war, war demgegenüber offenbar ohne weitergehende politische Ambitionen. Der vierte im Bunde schließlich, Johannes von Reibnitz, stand im Ruf, ein durchaus standesbewusster Großgrundbesitzer gewesen zu sein, der den Nationalsozialismus auch zum Vorteil seiner Adelsgenossen und der Großgrundbesitzer zu nutzen gesucht habe.[333]

332 Zur »Blut-und-Boden«-Ideologie und Darrés Positionen vgl. Kapitel 4.2, vgl. zudem Stephan Malinowski: Vom König zum Führer. Sozialer Niedergang und politische Radikalisierung im deutschen Adel zwischen Kaiserreich und NS-Staat, Berlin 2003, S. 516–530.

333 Vgl. Dornheim: Moderne, S. 574–576.

Tabelle 2.6: Die Schulbildung der Landesbauernführer

LBF-Korps		9/1933		9/1938		9/1943	
		Zahl	%	Zahl	%	Zahl	%
Volksschule		8	36,4	4	18,2	8	25,0
Realschule, Mittelschule		1	4,5	4	18,2	5	15,6
Oberrealschule, Realgymnasium, Gymnasium	Besuch	5	22,7	8	36,4	8	25,0
	Abitur	8	36,4	6	27,3	10	31,3
Fehlanzeige oder unbekannt		0	0,0	0	0,0	1	3,1
n		22		22		32	

Quellen: Personaltableau der LBF und die zugehörigen biographischen Skizzen in Bd. 2. Eintragungen bei »Abitur« erfolgten nur dann, wenn der Erwerb des Reifezeugnisses explizit überliefert war und entsprechend in Bd. 2 notiert ist.

Tabelle 2.7: Die Berufsausbildung der Landesbauernführer

LBF-Korps		9/1933		9/1938		9/1943	
		Zahl	%	Zahl	%	Zahl	%
Fachschule	Landwirtschaftliche Winterschule	2	9,1	4	18,2	6	18,8
	Landwirtschaftsschule	4	18,2	3	13,6	7	21,9
	Höhere landwirtschaftliche Lehranstalt	1	4,5	2	9,1	3	9,4
	Fachschule nicht landwirtschaftlicher Art	0	0,0	1	4,5	2	6,3
Hochschule	Studium (landwirtschaftlich)	5	22,7	3	13,6	4	12,5
	Abschluss (landwirtschaftliches Studium)	3	13,6	4	18,2	5	15,6
	Promotion (landwirtschaftlicher Bereich)	0	0,0	0	0,0	1	3,1
	Studium nicht landwirtschaftlicher Art	1	4,5	1	4,5	1	3,1
Fehlanzeige oder unbekannt		6	27,3	4	18,2	3	9,4
n		22		22		32	

((Fortsetzung))

Quellen: Personaltableau der LBF und die zugehörigen biographischen Skizzen in Bd. 2. Struve, der für alle Stichjahre relevant ist, besuchte eine landwirtschaftliche Winterschule und eine höhere Lehranstalt; nur letztere wurde gezählt. Bei der Auswertung 9/1933 wurde Seemann, der Gasthörer an einer Hochschule war, bei »Studium« eingeordnet. Bei Hainzl, relevant für 1938 und 1943, wurde der Besuch der »Landesschule für Alpwirtschaft Grabnerhof« nicht berücksichtigt, es handelte sich nur um einen mehrwöchigen Kurs. Der für die Auswertung für 1943 relevante Friesacher besuchte die landwirtschaftliche Mittelschule in Mödling, das renommierte »Francisco-Josephinum«. Er wurde hier den höheren landwirtschaftlichen Lehranstalten zugeordnet, vgl. hierzu auch Bruckmüller: Bauernstand, S. 480 und S. 492.

Die Beurteilung der Bildungswege bei den Landesbauernführern unterliegt gewissen Unsicherheiten (siehe Tabellen 2.6 und 2.7). So ist bei einigen der Besuch des Gymnasiums bekannt, jedoch unklar, ob sie dieses mit dem Reifezeugnis abschlossen. Bei Landesbauernführern, die ihren Bildungsweg nicht im Deutschen Reich zurücklegten, musste gleichsam »übersetzt« werden.[334] Doch bei aller Relativierung ist ein Ergebnis unzweideutig: Spickschen steht insofern stellvertretend für das Korps der Landesbauernführer, als dieses eine gute bis sehr gute Schulbildung aufwies. Übertraf bereits der Anteil von 17 Prozent an Abiturienten unter den NSDAP-Kreisleitern in Westfalen und Lippe den seinerzeit normalen Anteil weit,[335] so liegt der Anteil bei den Landesbauernführern mit zwischen 27 und 36 Prozent nochmals deutlich darüber. Gar 56 bis 64 Prozent von ihnen besuchten die höheren Schulen, die diesen Bildungsabschluss anboten – gewiss weit mehr als im Reichsgebiet insgesamt, das hier wenige Jahre vor dem Ersten Weltkrieg einen Anteil von lediglich 6 bis 7 Prozent aufwies.[336]

Dieser Befund bestätigt sich beim Blick auf die weitere Bildungskarriere der Landesbauernführer. Auch hier verkörpert Erich Spickschen mit dem Besuch einer höheren landwirtschaftlichen Lehranstalt gewissermaßen den Durchschnitt. Grundsätzlich war das landwirtschaftliche Bildungswesen um die

334 Anton Reinthaller etwa wurde in die Rubrik »Oberrealschule, Realgymnasium, Gymnasium« eingeordnet. Er hatte die Realschule besucht, was in Österreich anders als im Deutschen Reich den Zugang zur höheren Bildungslaufbahn ermöglichte, vgl. Josef Scheipl/Helmut Seel: Die Entwicklung des österreichischen Schulwesens von 1750–1938, 2., erg. und erw. Aufl., Graz 1987, S. 65–67. Entsprechendes gilt für die landwirtschaftliche Berufsbildung, vgl. hierzu Ernst Bruckmüller: Vom »Bauernstand« zur »Gesellschaft des ländlichen Raumes« – Sozialer Wandel in der bäuerlichen Gesellschaft des 20. Jahrhunderts, in: Ders./Ernst Hanisch/Roman Sandgruber u. a. (Hg.): Geschichte der österreichischen Land- und Forstwirtschaft im 20. Jahrhundert. Politik, Gesellschaft, Wirtschaft, Wien 2002, S. 409–591, v. a. S. 478–504 (zit. Bruckmüller: Bauernstand).

335 Vgl. Stelbrink: Kreisleiter, S. 22–24.

336 Vgl. Hans-Ulrich Wehler: Deutsche Gesellschaftsgeschichte, Bd. 3: Von der »Deutschen Doppelrevolution« bis zum Beginn des Ersten Weltkrieges. 1849–1914, München 1995, S. 1201 (zit. Wehler: Gesellschaftsgeschichte 3).

Jahrhundertwende und in der Folgezeit im Vergleich zu anderen Wirtschaftszweigen deutlich schlechter entwickelt. So gab es lange keine geregelte landwirtschaftliche Lehre mit Abschlussprüfung.[337] Bei den Landesbauernführern darf man eine Lehrzeit als Regelfall annehmen, wenn als Lehrzeit eine gleichsam ordentliche Lehre oder auch eine praktische Ausbildung gilt, im elterlichen landwirtschaftlichen Betrieb oder anderswo. Solche Lehrzeiten sind für 1933 bei 13, für 1938 bei 17 und für 1943 bei 21 Landesbauernführern bekannt; vermutlich waren es aber jeweils deutlich mehr.[338]

Klarer wird das Bild, wenn man den Besuch weiterführender Schulen betrachtet, die grob in landwirtschaftliche Fachschulen und landwirtschaftliche Hochschulen unterteilt werden können. Die Fachschulen wiesen dabei selber wiederum unterschiedliche Anspruchsniveaus auf. Zwei Typen der Fachschulen sind hier besonders wichtig: Landwirtschaftliche Winterschulen, die nach 1930 »Landwirtschaftsschulen« genannt wurden, vermittelten in zwei Wintersemestern fachspezifische Bildung. Der Besuch der Landwirtschaftsschule, ab dem Jahr 1927 als »Höhere Landwirtschaftsschule« bezeichnet, dauerte dagegen drei Jahre und versprach ein gutes Niveau an Allgemeinbildung und Fachwissen; es verlieh dieser Schule zusätzliche Attraktivität, dass mit ihr die Berechtigung zum begehrten Einjährig-Freiwilligen Militärdienst verbunden war. Wie erwähnt, war das Landwirtschaftliche Seminar, das Erich Spickschen in Wolfsanger bei Kassel besuchte, auf höherem Niveau angesiedelt. Es stellte eine Brücke zum Niveau des landwirtschaftlichen Studiums dar, das an einer Universität oder einer landwirtschaftlichen Hochschule absolviert und in der Regel nach sechs Semestern mit dem akademischen Grad eines Diplom-Landwirts abgeschlossen wurde.[339]

Nun mag die Ausbildung an landwirtschaftlichen Fach- und Hochschulen seinerzeit nicht die später übliche Intensität und Qualität aufgewiesen haben. Doch jedenfalls für die in manchen landwirtschaftlichen Kreisen bis tief ins

337 Vgl. Frank Uekötter: Die Wahrheit ist auf dem Feld. Eine Wissensgeschichte der deutschen Landwirtschaft, Göttingen 2010, S. 99–104, bes. S. 101 (zit. Uekötter: Wahrheit).

338 Bei einigen Landesbauernführern liegen hierzu keine oder keine klaren Informationen vor. Dies gilt beispielsweise für Alfred Arnold. Angesichts seiner Stationen beruflicher Bildung und nicht zuletzt der Tatsache, dass er später landwirtschaftlicher Beamter wurde, wurde er hier zu den Landesbauernführern mit landwirtschaftlicher Ausbildung gerechnet, vgl. Friedrich Aereboe: Allgemeine landwirtschaftliche Betriebslehre, 5., neu bearb. Aufl., Berlin 1920, S. 123 (zit. Aereboe: Betriebslehre).

339 Vgl. Martin Schmiel: Landwirtschaftliche Berufsbildung, in: Christa Berg (Hg.): Handbuch der deutschen Bildungsgeschichte, Bd. IV: 1870–1918. Von der Reichsgründung bis zum Ende des Ersten Weltkriegs, München 1991, S. 398–404, ders.: Landwirtschaftliches Bildungswesen, in: Dieter Langewiesche/Heinz-Elmar Tenorth (Hg.): Handbuch der deutschen Bildungsgeschichte, Bd. V: 1918–1945. Die Weimarer Republik und die nationalsozialistische Diktatur, München 1989, S. 294–296, sowie Klemm: Agrarwissenschaften, S. 284–287.

20. Jahrhundert reichende Bildungsfeindlichkeit sind die Landesbauernführer kein Beispiel.[340] Gemäß Tabelle 2.7 hatten jeweils mindestens rund 41 Prozent der Landesbauernführer eine höhere landwirtschaftliche Lehranstalt oder eine landwirtschaftliche Hochschule besucht; freilich wurden nicht alle dieser Ausbildungen erfolgreich abgeschlossen. Alle landwirtschaftlichen Fachschulen und Hochschulen zusammengenommen, vertieften dort mindestens zwei Drittel bis vier Fünftel dieser Landesbauernführer ihre Kenntnisse. Dabei war der Anteil akademisch Gebildeter tatsächlich noch etwas höher, denn einige Landesbauernführer hatten andere Fachrichtungen studiert. Bei Otto Lehmann war dies Jura gewesen, ebenso bei Gustav Giesecke, der mit dem Referendarexamen abschloss. Otto Jaeschke dagegen war zum Lehrer ausgebildet worden.

Diese Zahlen und Anteile sind gewiss deutlich geringer als etwa bei der durch soziale Aufsteiger geprägten Führungsgruppe des RSHA, von denen über zwei Drittel studiert und die Hälfte davon sogar promoviert hatte, meist in Jura.[341] Andererseits war der Anteil der akademisch Gebildeten unter den Landesbauernführern deutlich höher als etwa bei den westfälischen NSDAP-Kreisleitern (12 Prozent), die diesbezüglich dem Korps der höheren SA-Führer ähnelten.[342] Das Bild vom alltagspraktischen, aber ungebildeten und gelegentlich als etwas tumb belächelten Bauern hat mit dem Korps der Landesbauernführer jedenfalls nichts zu tun. Landesbauernführer waren gut bis sehr gut ausgebildet und verfügten über ein Paket theoretisch-praktischer Kenntnisse und Fähigkeiten, das allemal als Rüstzeug für ein erfolgreiches Berufsleben dienen konnte. Und alles spricht dafür, dass die Landesbauernführer insgesamt ein weit überdurchschnittliches Bildungsniveau aufwiesen, im Vergleich zum eigenen landwirtschaftlichen Milieu und zum Durchschnitt im Deutschen Reich überhaupt.[343]

Man darf annehmen, dass häufig die hohe Funktion eines Landesbauernführers so arbeitsintensiv war, dass er kaum mehr selber in der landwirtschaftlichen Praxis tätig sein konnte. Dies hätte Darrés Forderung widersprochen, dass leitende Funktionäre wie Bauernführer praktizierende Bauern sein sollten.[344] Jedoch verfügten die Landesbauernführer meist über reichlich praktische landwirtschaftliche Erfahrung und eigenen Grund und Boden, als sie in

340 Vgl. Uekötter: Wahrheit, S. 99–102.

341 Vgl. Wildt: Generation, S. 72–78.

342 Vgl. Stelbrink: Kreisleiter, S. 24–25.

343 Vgl. Uekötter: Wahrheit, S. 100–102, sowie Walter Achilles: Die Landwirtschaft in Preußen in den Grenzen des wissenschaftlichen Erkenntnisstandes und der Ausbildung vor dem Ersten Weltkrieg, in: Karl Heinrich Kaufhold/Bernd Sösemann (Hg.): Wirtschaft, Wissenschaft und Bildung in Preussen. Zur Wirtschafts- und Sozialgeschichte Preussens vom 18. bis zum 20. Jahrhundert, Stuttgart 1998, S. 48–49.

344 Vgl. Corni/Gies: Ernährungswirtschaft, S. 141.

diese Funktion gelangten. Die Auswahl hierfür war dabei nicht an eine bestimmte Hofgröße gebunden. Bäuerliche Besitzgrößen waren jeweils in der Mehrheit: Soweit bekannt, verteilten sich bäuerlicher Besitz zwischen 20 und 50 Hektar[345] und solcher zwischen 50 und 100 Hektar ungefähr gleich;[346] kleinere Betriebsgrößen bis 10 Hektar wie bei Georg Wurm und Johann Deininger dagegen waren selten. Zugleich finden sich unter den Landesbauernführern auch etliche Gutsbesitzer mit landwirtschaftlichen Betrieben ab 100 Hektar.[347]

Ob nun landwirtschaftlicher Betrieb oder Gut, ohne Zweifel war es für die Landesbauernführer grundsätzlich wichtig, eigenen landwirtschaftlichen Besitz zu haben, den sie idealerweise, jedenfalls vor der Funktionärstätigkeit, auch selber erfolgreich bewirtschaftet hatten. Dies nämlich verlieh in landwirtschaftlichen Kreisen Prestige und buchstäblich »bodenständige« Autorität.[348] Hierin dürfte in einigen Fällen der Hintergrund bestanden haben, als Landesbauernführer landwirtschaftliche Betriebe übernahmen: In der Landesbauernschaft Bayern kostete es Georg Luber wenige Monate nach Errichtung des Reichsnährstandes sein Amt, dass er ein Gut als Geschenk angenommen hatte. Dr. Hans Kohnert dagegen, Landesbauernführer im Reichsgau Wartheland, machte sich Himmlers Verfügung als RKF vom 10. August 1942 zunutze, wonach Kriegsversehrte landwirtschaftliche Betriebe in den eroberten Gebieten erhalten konnten. Offenbar erhielt Kohnert 1943 das fast 500 Hektar große Gut Osterholm im Kreis Hohensalza zu Eigentum, das er seit 1940 bewirtschaftet hatte. Nach Kriegsende ließ Kohnert es sich nicht nehmen, diesen Betrieb auf geraubtem Boden als Kriegsschaden für den Lastenausgleich anzumelden.[349]

Insgesamt darf man im Regelfall sicherlich von der landwirtschaftlichen Fachkompetenz der Landesbauernführer und mithin auch von der Zuschreibung fachlicher Autorität ausgehen. Landesbauernführer Alfred Arnold etwa »war zweifellos ein fähiger und engagierter Landwirt; sein Bühlhof galt als Musterbetrieb.«[350] Herbert Elsner soll besonders erfolgreiche Viehzucht betrieben haben und »Spitzenzüchter der Provinz Oberschlesien«[351] gewesen sein. Andererseits ist auch überliefert, dass Jaques Groeneveld »nicht als der beste

345 So Dornetshuber, Friesacher, Groeneveld, Lehmann, Matthiessen und Struve.

346 Zum Beispiel Arnold, Bloedorn, Giesecke, Jaeschke, Meinberg und Wendt; Giesecke allerdings hatte seinen landwirtschaftlichen Betrieb nur gepachtet.

347 Beispielsweise Eltz-Rübenach, Graf Grote, Otto, Reibnitz, Rettelsky (Rethel), Rheden, Seemann, Slawik, Somann und Spickschen.

348 Vgl. Pyta: Dorfgemeinschaft, S. 92–107.

349 Vgl. die undatierte Erklärung Kohnerts bei seinem Antrag bzgl. Schäden und Verlusten an land- und forstwirtschaftlichem Vermögen vom 29.3.1954, BArch, ZLA 1/1468865, Bl. 7. Vgl. auch die biographische Skizze zu LBF Raschka in Bd. 2 dieser Studie.

350 Müller: Arnold, S. 1.

351 Urteil des Verwaltungsgerichts Braunschweig vom 17.4.1964, BArch, ZLA 1/4060765, Bl. 393.

Bauer«[352] gegolten hat. Für Darré indes war das landwirtschaftliche Können ohnehin nicht das maßgebliche Kriterium, sondern die agrarpolitische Befähigung als Bauernführer im Dienste des Reichsnährstands.[353]

Bei Spickschen zeigte sich ein ungewöhnliches Reproduktionsmuster, das als Versuch gedeutet werden kann, besonders authentisch das »Blut-und-Boden«-Ideologem vom »Bauerntum als Lebensquell des deutschen Volkes« zu leben: Zwei Kindern in der Mitte der 1920er-Jahre folgten in rascher Folge sechs weitere Kinder zwischen 1935 und 1943. Ein solches Muster allerdings lässt sich bei anderen Landesbauernführern nicht finden (siehe Tabelle 2.8).

Tabelle 2.8: Familienstand und Kinderzahl der Landesbauernführer

LBF-Korps	**9/1938**			**9/1943**	
	Zahl	%		**Zahl**	%
Verheiratet	22	100	**Verheiratet**	32	100
n	22			32	
		Ø			Ø
Anzahl Kinder 9/1938	57	2,6	**Anzahl Kinder 9/1943**	95	3,0
Anzahl Kinder 1934–1938	24	1,1	**Anzahl Kinder 1934–1943**	47	1,5
Anzahl Kinder gesamt	69	3,1	**Anzahl Kinder gesamt**	100	3,1
n	22			32	

Quellen: Personaltableau der LBF und die zugehörigen biographischen Skizzen in Bd. 2. »Verheiratet« etwa bei 9/1938 bedeutet nicht zwingend, dass ein LBF 1938 verheiratet war, sondern dass er überhaupt heiratete. Bei der Geburt verstorbene Kinder und Pflegekinder wurden nicht mitgezählt. »Anzahl Kinder gesamt« meint die Anzahl der Kinder, die ein LBF nach Abschluss der reproduktiven Phase hatte. Der Durchschnitt zeigt die Anzahl der Kinder je LBF.

Für einige Landesbauernführer und deren Ehefrauen kam ein Reproduktionsmuster wie beim Ehepaar Spickschen schon deswegen nicht in Frage, weil die reproduktive Phase aus Altersgründen abgeschlossen war. Bei wenigen Landesbauernführern, die schon vor 1933 Kinder hatten, wuchs die Zahl der Kinder nach der Machtübernahme 1933 immerhin um vier (Hellmut Körner) beziehungsweise drei (Friedrich-Franz Graf Grote, Franz Stiebitz) an. Andere Landesbauernführer wurden in der nationalsozialistischen Zeit erstmals und mehrfache Väter, so Hans Bonnet (fünf Kinder), Walther Seidler (vier) und Rudi Peuckert (drei). Insbesondere bei Lothar Rettelsky (Rethel) jedoch könnte der Gedanke des »Lebensquells des deutschen Volkes« die familiäre Situation bestimmt haben: Seine kinderlos gebliebene Ehe wurde 1941 geschieden, mit der im selben Jahr geheirateten Frau gründete er bis 1944 eine Familie mit vier Kindern. Insgesamt war die Kinderzahl je Ehe unter den Landesbauernführern

352 Bericht der Polizei-Abteilung Weener vom 30. 5. 1947, BArch, Z 42 VII/1841, unpag.

353 Vgl. Corni/Gies: Ernährungswirtschaft, S. 141.

gegenüber dem Durchschnitt in Preußen und im Deutschen Reich erhöht. Diese war allgemein seit der Jahrhundertwende stark rückläufig und hatte sich von 4,2 Kindern (1900) auf rund 2,1 Kinder (1930) halbiert; dieser Trend dauerte über 1945 hinaus an.[354] Bei alledem ist festzuhalten, dass mit Ausnahme von Wilhelm Habbes sämtliche Landesbauernführer in der nationalsozialistischen Zeit verheiratet waren. Allerdings waren nicht alle bereits bei der Einführung in dieses Amt verheiratet, so Eltz-Rübenach, Gustav Giesecke und Karl Mayerzedt; der 1933 zum Landesbauernführer ernannte Peuckert war 1930 geschieden worden und heiratete erst 1934 erneut.

Erich Spickschen hatte sich 1928 dem Stahlhelm angeschlossen und war damit bereits vor seinem Beitritt zur NSDAP politisch aktiv. Solche Betätigung zeigen etliche der späteren Landesbauernführer (siehe Tabelle 2.9). Jeweils um die Hälfte der Landesbauernführer der Korps von Herbst 1933 (zwölf Personen) und Herbst 1938 (zehn) hatten der DNVP, dem Stahlhelm oder völkischen Gruppierungen angehört, teils auch mehreren dieser Organisationen; vom erweiterten Korps im Herbst 1943 war es freilich nur etwas mehr als ein Drittel (zwölf). Dies lässt auf eine erhebliche frühe Politisierung schließen – ein Befund, der sich bestätigt, betrachtet man die Zugehörigkeit zur NSDAP (siehe Tabelle 2.10).

Die Landesbauernführer waren allesamt Mitglieder der NSDAP, wobei Erich Spickschen mit seinem Beitritt im Jahr 1932 erst relativ spät zu dieser Partei stieß. Zugleich gehörte er zu jener deutlichen Mehrheit der Landesbauernführer, die zwischen 1929 und 1932 zur NSDAP kam – in der Zeit also, in der die Krise der Landwirtschaft das gesamte Deutsche Reich erfasste. Bemerkenswert ist aber auch der Anteil jener, die bis einschließlich 1928 der NSDAP beigetreten waren: In den ersten Jahren mehr als ein Drittel, vom Korps im Herbst 1943 immer noch 28 Prozent. Mit Mitgliedsnummern unter 100.000 versehen, gehörten sie zur Gruppe der »Alten Kämpfer«, die bekanntermaßen in der NSDAP besonderes Ansehen genossen. Unter den Landesbauernführern vom September 1933 gab es sogar mehr (77 Prozent) in der Wolle gefärbte, nämlich bis zur Septemberwahl 1930 in die Partei eingetretene Nationalsozialisten als etwa beim Korps der NSDAP-Kreisleiter von 1935, bei denen es knapp 70 Prozent waren. Bei alledem waren die Landesbauernführer allerdings in einer späteren Lebensphase als die NSDAP-Mitglieder insgesamt zur Partei gestoßen. Spickschen mit seinen knapp 35 Jahren beim Parteieintritt steht hierfür stellvertretend: Bei den Korps der Landesbauernführer von 1933 und 1938 betrug der Median

354 Vgl. Karl Schwarz: Die Veränderung der Zahl der Kinder in den Ehen während der letzten 50 Jahre, in: Wirtschaft und Statistik 9 (1957), Heft 5, S. 266. Die Zahlen beziehen sich auf den Ehejahrgang 1900 in Preußen und jenen von 1930 im Deutschen Reich.

34 beziehungsweise 35 Jahre, während er bei der Gesamtheit der zwischen 1925 und 1932 in die NSDAP Eingetretenen bei knapp über 28 Jahren lag.[355]

Tabelle 2.9: Landesbauernführer in politischen Organisationen der Weimarer Zeit

LBF-Korps	9/1933		9/1938		9/1943	
	Zahl	%	Zahl	%	Zahl	%
DNVP	5	22,7	2	9,1	2	6,3
Stahlhelm	6	27,3	4	18,2	6	18,8
Völkische Gruppierungen	6	27,3	6	27,3	6	18,8
Jungdeutscher Orden	3	13,6	2	9,1	2	6,3
n	22		22		32	

Quellen: Personaltableau der LBF und die zugehörigen biographischen Skizzen in Bd. 2. Enthält Mehrfachnennungen, die Anteile sind jeweils auf n = 22 bzw. n = 32 bezogen.

Tabelle 2.10: Der NSDAP-Beitritt der Landesbauernführer

LBF-Korps		9/1933		9/1938		9/1943	
		Zahl	%	Zahl	%	Zahl	%
Nicht NSDAP-Mitglied		0	0	0	0	0	0
NSDAP-Beitritt	< 1929	8	36,4	8	36,4	9	28,1
	1929/1930	12	54,5	6	27,3	8	25,0
	1931/1932	2	9,1	6	27,3	11	34,4
	> 1932	0	0,0	2	9,1	4	12,5
	Summe	22	100	22	100	32	100
n		22		22		32	

Quellen: Personaltableau der LBF und die zugehörigen biographischen Skizzen in Bd. 2. Bei mehrfachem Parteibeitritt wurde der früheste Beitritt herangezogen. Grundlage war stets das offizielle Beitrittsdatum.

Führt man die politischen Aktivitäten der Landesbauernführer in der Weimarer Republik zusammen, so zeigt sich, dass von den zwölf Personen vom Korps der Landesbauernführer des Herbstes 1933, die in der DNVP, im Stahlhelm oder in völkischen Gruppierungen gewesen waren, acht im Laufe des Jahres 1930 zur NSDAP gekommen waren. Ebenso waren von diesem Korps 17 der 22 Landesbauernführer (77 Prozent) »Alte Kämpfer« der NSDAP oder Mitglieder in der DNVP, beim Stahlhelm oder anderen völkischen Gruppierungen gewesen. Beim Korps vom Herbst 1938 waren dies 15 von 22 (68 Prozent), bei jenem vom Herbst 1943 18 von 32 (56 Prozent). Spickschens Wechsel vom Stahlhelm zur

355 Vgl. Nolzen: Funktionäre, S. 44–45, zudem Ingo Haar: Zur Sozialstruktur und Mitgliederentwicklung der NSDAP, in: Wolfgang Benz (Hg.): Wie wurde man Parteigenosse? Die NSDAP und ihre Mitglieder, Frankfurt a. M. 2009, S. 60–73, und Jürgen Falter: The Young Membership of the NSDAP Between 1925 and 1933. A Demographic and Social Profile, in: Ders.: Zur Soziographie des Nationalsozialismus, Köln 2013, S. 260–279.

NSDAP – von der Traditionsrechten zur radikaleren neuen Rechten – zeigt also symbolhaft, welchen beiden Wurzeln politischer Sozialisation die Landesbauernführer entsprangen.[356]

Etliche der Landesbauernführer, jeweils mehr als die Hälfte von ihnen, waren auch jenseits agrarpolitischer Aufgaben Funktionäre in der PO der NSDAP. Häufig waren sie in der Weimarer Zeit parallel zur Tätigkeit im agrarpolitischen Apparat, mittels der ohnehin fast alle als Landwirtschaftliche Gaufachberater der jeweiligen NSDAP-Gauleitung angehörten, auch Ortsgruppenleiter oder Kreisleiter, seltener in noch höheren Rängen. Eine regelrechte PO-Karriere machte Landesbauernführer Joachim Albrecht Eggeling, der für den Wechsel ins Gauleiteramt aus seiner Funktion als Landesbauernführer ausschied.

In der nationalsozialistischen Zeit war indes für die Landesbauernführer nicht die PO, sondern eine Gliederung der wichtigste Bezug zur NSDAP, nämlich die SS. Sie stand ideologisch, organisatorisch und personell in großer Nähe zu den Bauernführern. Dies gilt ganz besonders für die Mitte der 1930er-Jahre, und insoweit ist Spickschens Übertritt von der SA zur SS typisch.

Mit seinem Weg zunächst zur SA und später zur SS war Spickschen unter den Landesbauernführern in der Minderheit: Vom Korps vom Herbst 1933 sollten im Laufe der Jahre fünf in beiden Parteigliederungen Mitglied werden, von jenem im Herbst 1938 acht und von jenem im Herbst 1943 zehn; von diesen waren alle erst in der SA und dann in der SS. Sehr typisch für die Landesbauernführer insgesamt dagegen war Spickschens SS-Mitgliedschaft, und zwar im Hinblick auf die Tatsache an sich, den Zeitpunkt und den Dienstrang: Drei Viertel und mehr der Landesbauernführer waren im Herbst 1938 und im Herbst 1943 Mitglied der SS, jeweils der weit überwiegende Teil davon war zwischen 1933 und 1936 beigetreten, und sie erreichten jeweils am häufigsten als höchsten Dienstrang den eines SS-Brigadeführers (fünf 9/1933, neun 9/1938, neun 9/1943). In höhere Dienstränge gelangten nur zwei Landesbauernführer aus dem Korps vom Herbst 1933, die später bis zum SS-Gruppenführer (Meinberg) und sogar zum SS-Obergruppenführer (Eggeling) aufstiegen.

356 Vgl. Ulrich Herbert: Wer waren die Nationalsozialisten? Typologien des politischen Verhaltens im NS-Staat, in: Gerhard Hirschfeld/Tobias Jersak (Hg.): Karrieren im Nationalsozialismus. Funktionseliten zwischen Mitwirkung und Distanz, Frankfurt a. M./New York 2004, S. 27–28 (zit. Herbert: Typologien).

Tabelle 2.11: Der SA-Beitritt der Landesbauernführer

LBF-Korps		**9/1933**		**9/1938**		**9/1943**	
		Zahl	**%**	**Zahl**	**%**	**Zahl**	**%**
Beitritt < 1929		2	9,1	3	13,6	3	9,4
Beitritt 1929–1932		7	31,8	5	22,7	7	21,9
Beitritt > 1932		2	9,1	3	13,6	5	15,6
	Summe	11	50,0	11	50,0	15	46,9
n		22		22		32	
Dienstränge	**SA-Gruppenführer**	2	9,1	2	9,1	2	6,3
	SA-Brigadeführer	1	4,5				
	SA-Oberführer	1	4,5				
	SA-Standartenführer					1	3,1
	SA-Obersturmbannführer			1	4,5		
	SA-Sturmbannführer	3	13,6	1	4,5	2	6,3
	SA-Obersturmführer			1	4,5	2	6,3
	SA-Sturmführer	2	9,1	2	9,1	4	12,5
	SA-Scharführer	1	4,5				

Quellen: Personaltableau der LBF und die zugehörigen biographischen Skizzen in Bd. 2. Die Zahlen bei »Summe« zeigen an, wer je Mitglied der SA wurde. Die SA-Dienstränge sind nur teilweise bekannt.

Tabelle 2.12: Der SS-Beitritt der Landesbauernführer

LBF-Korps		**9/1933**		**9/1938**		**9/1943**	
		Zahl	**%**	**Zahl**	**%**	**Zahl**	**%**
Beitritt < 1933		1	4,5	1	4,5	2	6,3
Beitritt 1933–1936		12	54,5	15	68,2	15	46,9
Beitritt > 1936		0	0,0	2	9,1	7	21,9
	Summe	13	59,1	18	81,8	24	75,0
n		22		22		32	
Dienstränge	**SS-Obergruppenführer**	1	4,5				
	SS-Gruppenführer	1	4,5				
	SS-Brigadeführer	5	22,7	9	40,9	9	28,1
	SS-Oberführer	2	9,1			9	28,1
	SS-Standartenführer	3	13,6	2	9,1	1	3,1
	SS-Obersturmbann-führer	1	4,5	7	31,8	2	6,3
	SS-Sturmbannführer					2	6,3
SS-Bauernreferenten		7	31,8	14	63,6	18	56,3

Quellen: Personaltableau der LBF und die zugehörigen biographischen Skizzen in Bd. 2. Die Zahlen bei »Summe« zeigen an, wer je Mitglied der SS wurde. Daher sind z. B. im Korps für 9/1933 auch jene Mitgliedschaften erfasst, die nach 9/1933 entstanden. Für 9/1943 fehlt der SS-Dienstrang von Landmann.

Die SS-Mitgliedschaft der Landesbauernführer gehörte wie erwähnt zur Politik Himmlers und Darrés, SS und Reichsnährstand auch personell eng miteinander zu verzahnen. Die Bauernführer waren innerhalb der SS in der Regel im RuSHA angesiedelt, das zu jener Zeit Darré führte. Diese zuvor vermeintlich »nützliche« Mitgliedschaft wurde freilich nach 1945 zum Problem, denn die SS war nun zu einer verbrecherischen Organisation erklärt worden, von der sich die Landesbauernführer nach Kräften zu distanzieren suchten.[357] Vor diesem Hintergrund ist eine eidesstattliche Erklärung Darrés von Ende 1947 zu sehen, auf die sich etliche Landesbauernführer beriefen. Er versuchte so Schützenhilfe bei der Argumentation zu leisten, dass ihre SS-Mitgliedschaft lediglich eine formale gewesen sei. Himmler, so Darré, habe im Sommer 1933 darauf gedrungen, Mitarbeiter Darrés in die SS zu überführen. Mit Himmler habe er daraufhin eine Vereinbarung folgenden Inhalts getroffen, die Himmler zumindest bis 1938 auch eingehalten habe: Die normalen Voraussetzungen für den SS-Beitritt, so die Bedingungen der »Auslese«, seien nicht anzuwenden; der Dienstgrad habe dem Rang im Agrarsektor zu entsprechen; mit der SS-Mitgliedschaft sollten weder SS-Dienstpflicht noch Befehlsgewalt in der SS verbunden sein. Und schließlich: »Grundsätzlich waren meine Leute Ehrenführer der SS, die entweder als Ehrenführer beim RuSHA geführt wurden, was damals die zweckmäßigste Lösung war oder wurden als sog. ›Bauernreferenten‹ als Ehrenführer bei den Standarten der allgemeinen SS geführt.«[358]

Die obigen Zahlen zur SS-Mitgliedschaft belegen die Richtigkeit der Ausführungen Darrés, auch im Hinblick auf die Tätigkeiten als SS-Bauernreferenten. Allerdings, und gerade diese Funktion ist ein Beleg dafür, sagte auch Darrés Vereinbarung mit Himmler noch nichts darüber aus, inwieweit ein Landesbauernführer sich nun mit der SS identifizierte. Hier gab es gewiss unterschiedliche Grade, aber allen Landesbauernführern gemeinsam war zumindest die ideologische Nähe, die sich auch in ihrer Agrarpropaganda zeigte,[359] selbst wenn der SS-Beitritt ursprünglich lediglich ein formaler Akt gewesen sein sollte. Zweifellos hängt mit der SS-Mitgliedschaft auch die häufige Distanzierung der Landesbauernführer von ihrer ursprünglichen Konfession zusammen. Von den Landesbauernführern vom Herbst 1943 ist bei 58 Prozent bekannt, dass sie zwischen 1933 und 1945 aus der Kirche austraten, sich »gottgläubig« nannten oder jedenfalls über ihre Konfession keine Angabe mehr machten; beim Korps der Landesbauernführer vom Herbst 1938 lag diese Zahl bei rund 59 Prozent (siehe Tabelle 2.3). Diese gegen Kirche und Christentum gerichtete Distanzie-

357 Siehe die Ausführungen zur Entnazifizierung der LBF in diesem Teilkapitel.

358 So die eidesstattliche Erklärung Darrés vom 15.12.1947, überliefert in der Entnazifizierungsakte Dr. Richard Wagners, HHStAW, Abt. 520/DZ Nr. 519464 Wagner, Richard, Bl. 21.

359 Siehe Kapitel 4.

rung gehörte zur in der SS vorherrschenden Ideologie und lässt sich bei ihren Mitgliedern über die Jahre zunehmend nachweisen. In der Allgemeinen SS nannten sich nach 1938 fast 22 Prozent der Mitglieder »gottgläubig«, nachdem Ende 1936 noch 88 Prozent zu ihrer konfessionellen Bindung gestanden hatten.[360]

Erich Spickschen war nicht nur Landesbauernführer, sondern hatte, teils parallel, eine Reihe weiterer Funktionen im Agrarbereich inne. Um 1933 noch Landwirtschaftlicher Kreisfachberater im agrarpolitischen Apparat, wurde er ab 1935 Landesbauernführer, Gauamtsleiter für Agrarpolitik, Leiter des Landes- beziehungsweise Provinzialernährungsamts in Königsberg und in Kriegszeiten Verantwortlicher für die Landwirtschaft in eroberten Gebieten im Osten. Damit sind typische Funktionen eines Landesbauernführers benannt. Weitere konnten hinzukommen, so die Führung landwirtschaftlicher Verbände sowie Aufsichtsratsmandate bei landwirtschaftlichen Unternehmen und Banken, ganz abgesehen von Funktionen außerhalb des agrarpolitischen Bereichs, etwa in der Kommunalpolitik.

Sicherlich war das Amt des Landesbauernführers für die meisten damit betrauten Funktionäre ihre zentrale Aufgabe. Dabei gehörte Spickschen nicht zum Ursprungskorps der Landesbauernführer, von dessen 22 Landesbauernführern neun durchgehend von 1933 bis 1945 in dieser Funktion blieben.[361] Wie Spickschen waren zudem etliche Landesbauernführer, die erst nach 1933 in dieses Amt berufen worden waren, dann bis 1945 im Amt – die Amtsstabilität war bei den Landesbauernführern mithin recht hoch.[362] Anders als Spickschen spielte das Ursprungskorps der Landesbauernführer insgesamt eine wichtige Rolle im Prozess der Machtübernahme im agrarpolitischen Bereich. Fast alle dieser Landesbauernführer waren seit 1930 Landwirtschaftliche Gaufachberater im agrarpolitischen Apparat geworden und hatten dort Vorarbeiten für die Machtübernahme geleistet; es war ja überhaupt dieses Amt, das zur Einsetzung als Landesbauernführer führte.[363] Im zeitlichen Umfeld der Machtübernahme hatten nur sechs der 22 ursprünglichen Landesbauernführer[364] keine bedeutenden agrarpolitischen Funktionen jenseits der NSDAP innegehabt. Bei den übrigen ist für sieben Landesbauernführer bekannt, dass sie staatliche Funktionen übernahmen, etwa als Staatskommissare.[365] Sieben Landesbauernführer

360 Vgl. Bastian Hein: Elite für Volk und Führer? Die allgemeine SS und ihre Mitglieder 1925–1945, München 2012, S. 251 (zit. Hein: Elite). Siehe hierzu auch Kapitel 4.3.

361 Dies waren Arnold, Bloedorn, Eltz-Rübenach, Körner, Peuckert, Rheden, Seidler, Struve und Wagner.

362 Vgl. das Tableau der LBF in Bd. 2, Kapitel 1.

363 Vgl. Corni/Gies: Ernährungswirtschaft, S. 80–81 sowie S. 102.

364 Dies waren Bredow, Eltz-Rübenach, Ludwig Huber, Otto, Seemann und Struve.

365 Es handelte sich um Arnold, Luber, Meinberg, Peuckert, Rheden, Slawik und Wagner.

hatten großen Einfluss an der Spitze von Landwirtschaftskammern[366] und acht in den Bauernbünden;[367] es handelte sich meist um die jeweiligen Landbünde, bei Meinberg um den Reichslandbund selber. Peuckert vereinigte Funktionen in allen drei Bereichen in seiner Person.

War das ursprüngliche Korps der Landesbauernführer fast vollständig aus Landwirtschaftlichen Gaufachberatern rekrutiert, so wurden im Laufe der Jahre immer häufiger Personen ins Amt des Landesbauernführers berufen, die wie Spickschen die Karriereleiter des Reichsnährstands emporgeklettert waren – offenbar stieg die Bewährung im Reichsnährstand zu einem zentralen Qualifikationskriterium auf. Beim Korps der Landesbauernführer vom Herbst 1943 etwa waren achtzehn der Funktionäre[368] zuvor Landesobmann, Landeshauptabteilungsleiter oder Kreisbauernführer beziehungsweise Bezirksbauernführer gewesen; neun von ihnen waren Landesobmänner gewesen. Angesichts von neun Landesbauernführern des Ursprungskorps waren damit knapp vier Fünftel der in Frage kommenden Landesbauernführer vom Herbst 1943 über die Organisationshierarchie des Reichsnährstands aufgestiegen. Gegenüber dem Amt des Landesbauernführers war die Übernahme des Gauamts für Agrarpolitik, ab 1942 als »Gauamt für das Landvolk« bezeichnet, im Wesentlichen eine Formalie; Landesbauernführern wurde diese Funktion in der Regel gleichsam qua Amt übertragen. Inhaltliche Bedeutung hatte sie in der nationalsozialistischen Zeit offenbar kaum mehr. Ebenfalls qua Amt übernahmen die Landesbauernführer auch die Leitung der Landes- beziehungsweise Provinzialernährungsämter.[369]

Inwieweit waren die Landesbauernführer summa summarum für ihr Amt geeignet, angesichts ihres Bildungsprofils, ihrer Erfahrungen in der landwirtschaftlichen Praxis und ihrer Karrierestationen in landwirtschaftlichen Organisationen? Die gängige Meinung von komplett überforderten ehrenamtlichen Bauernführern, die sich »meist mehr durch fanatischen Eifer, leidenschaftliche Rhetorik und jugendlichen Enthusiasmus auszeichneten als durch fachliche Kompetenz und die Kunst der Menschenführung«,[370] wird jedenfalls den Landesbauernführern nicht gerecht und unterschätzt diese.

366 Es waren dies Eggeling, Körner, Meinberg, Peuckert, Poppe, Rheden und Stehle.

367 Zu diesen gehörten Bloedorn, Giesecke, Körner, Meinberg, Peuckert, Reibnitz, Reinke und Seidler.

368 Nämlich Deininger, Dreyer, Elsner, Engler-Füßlin, Friesacher, Groeneveld, Reinhold Huber, Jaeschke, Landmann, Lehmann, Matthiessen, Mayerzedt, Reinhardt, Scheu, Somann, Spickschen, Stiebitz und Wendt.

369 Näheres hierzu in Kapitel 3.1.

370 Corni/Gies: Ernährungswirtschaft, S. 141.

Während einige Landesbauernführer von 1933 bis 1945 auf das immer gleiche Gebiet ihrer Landesbauernschaft beschränkt waren, so vergrößerten sich – erst durch außenpolitischen Druck, ab September 1939 durch die Eroberungs- und Vernichtungskriege des Deutschen Reiches – die Zuständigkeitsbereiche anderer Landesbauernführer und kamen ganze Landesbauernschaften neu hinzu. Darüber hinaus entstanden im Zuge der Expansion des Deutschen Reichs besetzte Länder und Gebiete, die in ganz unterschiedlichen Formen mit dem Reich verbunden waren. Wie auch immer diese besetzten Gebiete ziviler und militärischer Verwaltung typologisch geordnet werden,[371] Landesbauernführer finden sich in fast allen Formen der Besatzung, und zwar in besetzten Gebieten östlich, westlich und südlich der Reichsgrenzen. Freilich gab es Ausnahmen, so das »Protektorat Böhmen und Mähren«, wo an der Spitze der Agrarpolitik vor allem Personal des RMEL, auf untergeordneter Ebene dann Personal des Reichsnährstandes zum Einsatz kam.[372] Offenkundig jedenfalls ist, dass das Spitzenpersonal der Landesbauernschaften als Kader-Reservoir für hochrangige agrarpolitische Leitungsfunktionen in den besetzten Gebieten diente. Auch dafür steht beispielhaft Spickschen, für den 1941 für kurze Zeit auch die Abordnung ins Reichskommissariat Ostland zusammen mit Gauleiter Koch zur Debatte stand.[373]

Spickschen gehörte einerseits wie die Landesbauernführer der Landesbauernschaft Sudetenland, der erst drei, dann sieben Landesbauernschaften auf dem Gebiet des früheren Österreichs, der Landesbauernschaften Schlesien beziehungsweise Niederschlesien und Oberschlesien sowie der Landesbauernschaften Wartheland und Danzig-Westpreußen zu jenen sechzehn Landesbauernführern, die diese Funktion in ins Reich eingegliederten Gebieten ausüb-

371 Vgl. Werner Röhr: System oder organisiertes Chaos? Fragen einer Typologie der deutschen Okkupationsregime im Zweiten Weltkrieg, in: Robert Bohn (Hg.): Die deutsche Herrschaft in den »germanischen« Ländern 1940–1945, Stuttgart 1997, S. 11–45 (zit. Röhr: Typologie).

372 Allerdings hatte LBF Raschka (LBsch Sudetenland) enge Verbindungen zum Protektorat, vgl. Barbora Štolleová: Die Manager-Elite in der Landwirtschaft des Protektorats Böhmen und Mähren. Die Rolle der deutschen Besatzungsverwaltung in der Leitung der Landwirtschafts- und Ernährungspolitik des Protektorats, in: Eduard Kubů/Torsten Lorenz/Uwe Müller u. a. (Hg.): Agrarismus und Agrareliten in Ostmitteleuropa, Berlin/Prag 2013, S. 561–587, zu Raschka dort S. 570.

373 So Spickschen in einem Brief vom 7. 8. 1941 an seine Mutter, überliefert bei Schröder: Alles Liebe, S. 05.02.29: »Hier war ja noch alles in der Entwicklung. Litauen, Lettland und Estland sollen ja ein deutscher Gau Ostland werden (Gauleiter Lohse von Schleswig-Holstein). Die Gruppe Landwirtschaft macht der Landesobmann Mathiesen [Matthiessen] von ebendort. Erst sollte Koch nach Riga, und ich war für die Landwirtschaft vorgesehen mit O. [Ortmann] und Schum. [Schumacher] Lohse wollte aber seinen Mann haben. Das hätte mir dort Freude gemacht, aber hier ist jetzt auch reichlich Arbeit im großen Raum.« Zu den Plänen um Koch und das Reichskommissariat Ostland vgl. Meindl: Koch, S. 326–328.

ten.[374] Andererseits wurde Spickschen auch die Zuständigkeit für die Landwirtschaft im Bezirk Bialystok übertragen, einem nicht de jure, sondern nur de facto annektierten Gebiet mit Gauleiter Koch als CdZ an der Spitze. Seine Tätigkeit war dabei vergleichbar mit jenen Landesbauernführern, die in den Zivilverwaltungen eingesetzt wurden: Einige von ihnen waren bei den jeweiligen CdZ für Ernährung und Landwirtschaft zuständig, nämlich Fritz Engler-Füßlin im Elsass, Josef Hainzl in der Untersteiermark sowie Julius Scheu in Lothringen. Ebenfalls im zivilen Bereich, jedoch nicht bei einem CdZ, sondern beim Reichskommissar für die besetzten niederländischen Gebiete in Den Haag war Graf Grote tätig.[375]

Eine andere Gruppe von Landesbauernführern, die fast ausnahmslos aus der Kriegsjugendgeneration stammten und der SS angehörten, war dagegen militärischen Stellen unterstellt. Unter diesen waren zunächst die Militärbefehlshaber, die nicht für den Einsatz vorgesehene Truppen führten, sondern gleichsam als Gouverneure an der Spitze der Militärverwaltung standen und für im Kern zivile Bereiche wie Wirtschaft und Verwaltung zuständig waren. Oberbefehlshaber und Wehrmachtsbefehlshaber wiederum waren die höchsten militärischen Vertreter in besetzten Gebieten, die der Zivilverwaltung unterstanden.[376] Innerhalb dieser vom Militär geführten Verwaltungen leiteten einige Landesbauernführer Abteilungen für Landwirtschaft, meist als Kriegsverwaltungs(vize)chefs beziehungsweise Militärverwaltungschefs. Nicht zuletzt im Wirtschaftsstab Ost im besetzten sowjetischen Gebiet waren sie damit für die ernährungswirtschaftliche Nutzung, nein, Ausbeutung dieser Gebiete zuständig, so etwa Otto Dreyer bei der Wirtschaftsinspektion Kaukasus (Einsatzstab Ost). Dagegen waren Eltz-Rübenach beim Bevollmächtigten General der Deutschen Wehrmacht in Italien, Reinhold Huber in der Operationszone »Adriatisches Küstenland« im Raum Triest, Karl Reinhardt beim Generalquartiermeister des Heeres im OKH (Sonderstab Wirtschaftsbevollmächtigter (I Wi)) und Rheden beim Militärbefehlshaber in Belgien und Nordfrankeich tätig. Landesbauernführer Dr. Richard Wagner schließlich war zunächst bei der Wirtschaftsinspektion Mitte (Heeresgruppe Mitte) eingesetzt, diente Generalfeld-

374 Neben Spickschen waren dies: Raschka und Stiebitz; Dornetshuber, Friesacher, Hainzl, Reinhold Huber, Landmann, Mayerzedt, Reinthaller und Wurm; Jaeschke; Elsner; Reinhardt und Kohnert; Rettelsky (Rethel). Letzterer war zugleich auch beim Reichsstatthalter des Reichsgaues Danzig-Westpreußen eingesetzt.

375 Zur Ansiedlung der Reichskommissare und CdZ im NS-Herrschaftsgefüge vgl. Röhr: Typologie, S. 22–23, Lothar Kettenacker: Die Chefs der Zivilverwaltung im Zweiten Weltkrieg, in: Dieter Rebentisch/Karl Teppe (Hg.): Verwaltung contra Menschenführung im Staat Hitlers, Göttingen 1986, S. 396–417, und Isabel Gallin: Machtstrukturen im Reichskommissariat Niederlande, in: Robert Bohn (Hg.): Die deutsche Herrschaft in den »germanischen« Ländern 1940–1945, Stuttgart 1997, S. 145–157.

376 Vgl. Röhr: Typologie, S. 24–25.

marschall Günther von Kluge mit dem Titel eines »Wirtschaftsinspekteurs« als persönlicher Berater und war anschließend bei der Militärverwaltung in Belgien und Nordfrankreich.

Drei Landesbauernführer, die sowohl bei den Militärverwaltungen als auch bei den Zivilverwaltungen eingesetzt waren, spielten in den eroberten Gebieten eine besonders hervorgehobene Rolle: Peuckert war zunächst beim Generalbevollmächtigten für das Reichskommissariat Ukraine und bei den Wirtschaftsinspektionen Don-Donezk und Kaukasus. Bald darauf wurde er Hauptabteilungsleiter im Reichsministerium für die besetzten Ostgebiete; er war dafür zuständig, Arbeitskräfte für die Landwirtschaft zu beschaffen. Ebenso leitete er als Militärverwaltungschef die Wirtschaftsgruppe Arbeit beim Wirtschaftsstab Ost in Berlin. Martin Matthiessen oblag bei der Wirtschaftsinspektion Nord (Sowjetunion) die Landwirtschaft in den baltischen Gebieten. Zugleich war er für die Hauptabteilung III (Landwirtschaft) und für die Abteilung für Wirtschaft beim Reichskommissar für das Ostland in Riga, Hinrich Lohse, zuständig.

Die wohl am weitesten reichenden Folgen hatte der Einsatz von Körner in den Ostgebieten: Nach dem Überfall auf Polen zunächst für kurze Zeit beim Oberfehlshaber Ost in Litzmannstadt (Łódź) und Posen tätig, leitete er sodann in der Regierung des Generalgouvernements die Hauptabteilung Ernährung und Landwirtschaft. Anschließend war er als Kriegsverwaltungsvizechef bei der Wirtschaftsinspektion Süd für Landwirtschaft tätig, um dann beim Reichskommissar für die Ukraine die Hauptabteilung Ernährung und Landwirtschaft zu leiten; in der Ukraine war Körner maßgeblich in die von Himmler als RKF betriebene Umsiedlungspolitik eingeschaltet. Schließlich leitete er die La-Einsatzgruppe Süd (Wirtschaftsstab Ost), um kurz vor Kriegsende noch als Militärverwaltungsvizechef bei der Heeresgruppe Weichsel die Zuständigkeit für Wirtschaft zu übernehmen.[377]

377 Neben den biographischen Skizzen zu den genannten LBF vgl. für die besetzten Gebiete und die dortige Organisation der Landwirtschaft Rolf-Dieter Müller: Von der Wirtschaftsallianz zum kolonialen Ausbeutungskrieg, in: Militärgeschichtliches Forschungsamt (Hg.): Der Angriff auf die Sowjetunion (= Das Deutsche Reich und der Zweite Weltkrieg, Bd. 4), Stuttgart 1983, S. 113–157, Dietrich Eichholtz: Institutionen und Praxis der deutschen Wirtschaftspolitik im NS-besetzten Europa, in: Richard J. Overy/Gerhard Otto/Johannes Houwink Ten Cate (Hg.): Die »Neuordnung Europas«. NS-Wirtschaftspolitik in den besetzten Gebieten, Berlin 1997, S. 29–62, sowie Röhr: Typologie, S. 42–44. Für die einzelnen besetzten Gebiete vgl. Dieter Pohl: Die Herrschaft der Wehrmacht. Deutsche Militärbesatzung und einheimische Bevölkerung in der Sowjetunion 1941–1944, Frankfurt a. M. 2011, S. 64–66, S. 107–110, S. 114 und S. 183–200, Rolf-Dieter Müller (Hg.): Die deutsche Wirtschaftspolitik in den besetzten sowjetischen Gebieten 1941–1943. Der Abschlußbericht des Wirtschaftsstabes Ost und Aufzeichnungen eines Angehörigen des Wirtschaftskommandos Kiew, Boppard a. Rh. 1991, S. 131–133 sowie S. 358–360, Gerlach: Kalkulierte Morde, S. 134–156, Andreas Zellhuber: »Unsere Verwaltung treibt einer Katastrophe zu …« Das Reichsministerium für die besetzten Ostgebiete und die deutsche Besatzungsherrschaft

Die Tätigkeit verschiedener Landesbauernführer in den eroberten Gebieten des Ostens kann nicht ohne die Frage nach den Verbindungen zur dortigen nationalsozialistischen Gewalt- und Vernichtungspolitik betrachtet werden. Waren Landesbauernführer »Täter«? Seit den 1990er-Jahren kommt der sogenannten »Täterforschung« das beträchtliche Verdienst zu, die konkret für Gewalt, Tod und Vernichtung verantwortlichen Personen und Personengruppen in den abstrakt gewordenen Diskurs über den Holocaust und nationalsozialistischen Massenmord zurückzuholen. Zugleich ist der Begriff »Täter« problematisch, handelt es sich doch auch um eine juristische Kategorie, die zudem als solche in Bewegung ist; der 2011 entschiedene Fall »Demjanjuk« markiert hier einen Paradigmenwechsel, als John (Iwan) Demjanjuk, Aufseher in einem Konzentrationslager, ohne individuellen Tatnachweis wegen Beihilfe zum Mord verurteilt wurde. Der notwendig unscharfe Begriff »Täter« steht damit auch für unscharfe Trennlinien der »Täterforschung« und die Tendenz ihrer inflationären inhaltlichen Ausdehnung.[378]

---

in der Sowjetunion 1941–1945, München 2006, S. 122–125 (zit. Zellhuber: Verwaltung), Karel C. Berkhoff: Harvest of Despair. Life and Death in Ukraine Under Nazi Rule, Cambridge, Mass. 2004, S. 38–58 (zit. Berkhoff: Harvest), Christoph Dieckmann: Deutsche Besatzungspolitik in Litauen 1941–1944, Bd. 1, Göttingen 2011, S. 540–637 (zit. Dieckmann: Litauen), Sebastian Lehmann: Reichskommissariat Ostland – Tatort und Erinnerungsobjekt. Einleitung, in: Ders./Robert Bohn/Uwe Danker: Reichskommissariat Ostland. Tatort und Erinnerungsobjekt, Paderborn/München/Wien u. a. 2012, S. 15–19, sowie Michael Wedekind: Nationalsozialistische Besatzungs- und Annexionspolitik in Norditalien. 1943 bis 1945. Die Operationszonen »Alpenvorland« und »Adriatisches Küstenland«, München 2003, S. 177–190. Zu Peuckerts Tätigkeit beim Generalbevollmächtigten für den Arbeitseinsatz, Sauckel, vgl. Jörn Hasenclever: Wehrmacht und Besatzungspolitik in der Sowjetunion. Die Befehlshaber der rückwärtigen Heeresgebiete 1941–1943, Paderborn/München/Wien u. a. 2010, S. 334–337 (zit. Hasenclever: Wehrmacht). Matthiessen war offenbar unter anderem für gewaltsame Deportationen von Zwangsarbeitern aus dem Reichskommissariat Ostland ins Deutsche Reich mitverantwortlich, vgl. das Protokoll einer Aussage von Friedrich Jeckeln vom 30. 12. 1945, überliefert in: Wassili Stepanowitsch Christoforow/Wladimir Gennadjewitsch Makarow/Matthias Uhl (Hg.): Verhört. Die Befragungen deutscher Generale und Offiziere durch die sowjetischen Geheimdienste 1945–1952, Berlin/Boston, Ma. 2015, S. 256–260. Zu LBF Körners Tätigkeit im Rahmen der Umsiedlungspolitik vgl. auch den Aktenvermerk Donners für Körner über die Umsiedlung der »Volksdeutschen« im Generalbezirk Shitomir vom 9. 9. 1942, überliefert bei Rolf-Dieter Müller: Hitlers Ostkrieg und die deutsche Siedlungspolitik. Die Zusammenarbeit von Wehrmacht, Wirtschaft und SS, Frankfurt a. M. 1991, S. 193–196 (zit. Müller: Ostkrieg).

378 Vgl. Frank Bajohr: Neuere Täterforschung, in: Oliver von Wrochem (Hg.): Nationalsozialistische Täterschaften. Nachwirkungen in Gesellschaft und Familie, Berlin 2016, S. 19–31, zudem Gerhard Hirschfeld: Einleitung, in: Ders./Tobias Jersak (Hg.): Karrieren im Nationalsozialismus. Funktionseliten zwischen Mitwirkung und Distanz, Frankfurt a. M./New York 2004, S. 9. Zum Fall Demjanjuk und seiner Bedeutung vgl. Angelika Benz: Der Henkersknecht. Der Prozess gegen John (Iwan) Demjanjuk in München, Berlin 2011, dort vor allem S. 163–172, sowie Wolfgang Proske: Für eine engagierte Täterforschung – Vorwort, in: Ders. (Hg.): Täter, Helfer, Trittbrettfahrer, Bd. 2: NS-Belastete aus der Region Ulm/

Dieter Pohl hat unter dem Rubrum »Täterapparate« darauf hingewiesen, dass auch die Besatzungsverwaltungen - unter ihnen die Vierjahresplanbehörde, der Wirtschaftsstab Ost sowie die Arbeitsverwaltungen und Arbeitsämter - an der wirtschaftlichen Ausbeutung und der Fremdarbeiter-Rekrutierung beteiligt waren und Verantwortung bei Verfolgung und Massenmord gerade in Osteuropa trugen.[379] Wie gesehen waren einige der Landesbauernführer in solchen Besatzungsverwaltungen tätig, doch ist damit noch nichts über die Beurteilung entlang des Begriffes »Täter« gesagt. Landesbauernführer waren in Organisationsapparaten und in Aufgabenfeldern tätig, in und mit denen sie im strengen Sinne individueller Tatbeteiligung zu Tätern nicht werden mussten, aber konnten: in der Praxis der Ernährungspolitik und konkret beim Ausschluss von Ernährung, beim Themenkomplex von Landbewirtschaftung, Siedlungspolitik und Vertreibungen sowie bei Einsatz und Behandlung von Zwangsarbeitern. Alle in Frage kommenden Personen müssten hierfür einer eingehenden Prüfung unterzogen werden.[380]

Von den eben erwähnten Landesbauernführern Körner, Matthiessen und Peuckert wurde keiner je für die Tätigkeiten in den eroberten Gebieten juristisch abschließend belangt - immerhin waren sie in Gebieten in der Sowjetunion tätig, in denen jene Politik der Vernichtung durch Hunger umgesetzt wurde, die 1940/1941 im RMEL als »Hungerplan« konzipiert worden war.[381] Im Falle Erich Spickschens liegt keine Überlieferung vor, mittels der gegen ihn in einem der genannten Aufgabenfelder individuell der Tatnachweis geführt werden könnte, dass er am Tod von Menschen schuldig war. Ohne Zweifel aber trug er in diesen Bereichen zum Funktionieren der Besatzungsverwaltung bei, in dessen Rahmen

---

Neu-Ulm, Münster/Ulm 2013, S. 7–14; Proskes Einführung ist dabei selber ein Beispiel für die unscharfe Ausdehnung des Täterbegriffes.

379 Vgl. Dieter Pohl: Verfolgung und Massenmord in der NS-Zeit 1933–1945, 3. Aufl., Darmstadt 2011, S. 27–28.

380 Weiterzuverfolgende Hinweise hierzu gibt es durchaus, zu LBF Kohnert etwa vgl. Michael Alberti: Die Verfolgung und Vernichtung der Juden im Reichsgau Wartheland. 1939–1945, Wiesbaden 2006, S. 60, S. 308 und S. 364, dort FN 91. Bei Gerlach: Kalkulierte Morde, finden sich zahlreiche Hinweise auf die LBF Körner (S. 223, S. 445 (dort FN 442) und S. 711), Peuckert (S. 464, dort auch FN 92) sowie Wagner (S. 340 und S. 344).

381 Zur praktisch ausgebliebenen juristischen Aufarbeitung - exemplarisch für das Reichskommissariat Ostland, wo Matthiessen tätig war - vgl. Uwe Danker: Der gescheiterte Versuch, die Legende der ›sauberen‹ Zivilverwaltung zu entzaubern. Staatsanwaltschaftliche Komplexermittlungen zum Holocaust im ›Reichskommissariat Ostland‹ bis 1971, in: Robert Bohn (Hg.): Die deutsche Herrschaft in den »germanischen« Ländern 1940–1945, Stuttgart 1997, S. 159–185, zu Matthiessen v. a. S. 164–165. Für eine aktuelle konzise Darstellung zum »Hungerplan« vgl. Dieckmann: Litauen, S. 192–209, sowie ders.: Das Scheitern des Hungerplans und die Praxis der selektiven Hungerpolitik im deutschen Krieg gegen die Sowjetunion, in: Ders./Babette Quinkert (Hg.): Kriegführung und Hunger. 1939–1945. Zum Verhältnis von militärischen, wirtschaftlichen und politischen Interessen, Göttingen 2015, S. 88–122 (zit. Dieckmann: Scheitern).

von anderen nationalsozialistische Gewalt- und Vernichtungspolitik ins Werk gesetzt wurde. Jenseits dessen kann kein Zweifel daran bestehen, dass sich alle in Gebieten jenseits der Reichsgrenzen von 1937 eingesetzten Landesbauernführer einschließlich Spickschen den Vorwurf gefallen lassen müssen, in hoher Position eine Politik der agrarwirtschaftlichen Ausbeutung zugunsten des Deutschen Reiches umgesetzt zu haben.

An den Kampfhandlungen während der Zeit des Zweiten Weltkrieges waren Landesbauernführer in aller Regel nicht beteiligt, da sie angesichts ihrer wichtigen Funktion im Ernährungssektor fast immer »uk«-gestellt waren. Spickschen stellt insofern einen doppelten Ausnahmefall dar: Zum einen ist von keinem anderen amtierenden Landesbauernführer bekannt, dass er am Endes des Krieges in den Reihen des Volkssturms gekämpft hätte; hier ist allerdings in Rechnung zu stellen, dass Gauleiter Koch Spickschen Anfang 1945 zwar nicht formal aus seinem Amt als Landesbauernführer zu drängen vermocht, ihn aber doch informal politisch kaltgestellt hatte. Zum anderen ist Spickschen auch der einzige Landesbauernführer, von dem bekannt ist, dass er sich aus dem Amt des Landesbauernführers heraus bei Kriegsbeginn im September 1939 bei der kämpfenden Truppe der Wehrmacht einreihte, wenn auch nur für kurze Zeit. Ähnliches ist nur noch für Graf Grote bekannt, der 1941 ein Skijagdkommando bei einem Infanterie-Regiment der Wehrmacht führte. Dagegen kam es vor, dass Landesbauernführer vor ihrer Berufung in dieses Amt am Zweiten Weltkrieg teilnahmen, so Alois Dornetshuber und Hans Kohnert. Überdies nahmen einige Landesbauernführer mit besonderer Nähe zur SS in den Reihen der Waffen-SS am Zweiten Weltkrieg teil. Dies galt für Eltz-Rübenach, Reinhardt und Wagner; Dreyer war vor seiner Berufung zum Landesbauernführer ebenfalls bei der Waffen-SS eingesetzt. Zumindest bei Eltz-Rübenach, der sich in seiner Funktion als Militärverwaltungsvizechef in Italien Feinde innerhalb der Wehrmacht geschaffen hatte,[382] und Wagner, der eine Untergebene sexuell belästigt hatte und als Kriegsverwaltungsvizechef verabschiedet worden war, scheint die Versetzung zur Waffen-SS gleichsam als Chance zur Bewährung gedacht gewesen zu sein.[383]

Bei den Anfang 1945 noch im Amt befindlichen Landesbauernführern lassen sich hinsichtlich ihres Schicksals am Ende des Zweiten Weltkriegs und in der Nachkriegszeit zwei Gruppen ausmachen. Die Landesbauernführer der einen Gruppe überlebten das Jahr 1945 nicht: Eltz-Rübenach fiel noch im Januar, Karl Mayerzedt wurde vermutlich auf Weisung von NSDAP-Gauleiter August Eigru-

382 Vgl. Dornheim: Moderne, S. 566–567.

383 Vor Wagners Einsatz bei der Waffen-SS 1944 gab es Beschwerden mehrerer weiblicher Untergebener über dessen sexuelle Annäherungsversuche, vgl. die biographische Skizze zu Wagner in Bd. 2; ausführliches Material hierzu in: BArch, BDC, SSO Richard Wagner (2.12. 1902).

ber exekutiert, Alois Dornetshuber beging Selbstmord, Josef Landmann starb. Franz Stiebitz wurde Ende 1945 in Leitmeritz (Litoměřice) nach kurzem Prozess vor einem der »Außerordentlichen Volksgerichte« hingerichtet, für die die eben wieder errichtete Tschechoslowakei im Juni 1945 die juristischen Grundlagen gelegt hatte.[384] Die Landesbauernführer der anderen Gruppe wurden der Freiheit entzogen; dies war bei mindestens 22 von ihnen der Fall, bei einigen weiteren ist hierzu nichts bekannt.[385] Einen Ausnahmefall stellt Spickschen dar, der in der Sowjetunion in verschiedenen Arbeitslagern war, dabei auch einige Zeit in Sibirien. Die meisten dieser Landesbauernführer dagegen waren in Internierungslagern auf dem Gebiet der späteren Bundesrepublik Deutschland, der späteren DDR beziehungsweise des späteren Österreichs.[386] Während der Internierung starb Wilhelm Bloedorn und beging Rudi Peuckert Selbstmord, die übrigen brachten in aller Regel zwischen einem und drei Jahren dort zu. Zum Vergleich: Die NSDAP-Kreisleiter in den zwei Besatzungszonen in Württemberg waren länger, nämlich durchschnittlich drei Jahre interniert.[387]

In den nach der Internierung durchgeführten Entnazifizierungsverfahren deckt Spickschen, der erst in Kategorie IV (»Mitläufer«), dann in III (»wesentlicher Förderer des Nationalsozialismus«) eingestuft wurde, die beiden wesentlichen Kategorien ab, denen die Landesbauernführer zugeordnet wurden. Dabei wurde in der amerikanischen, britischen und französischen Besatzungszone im Prinzip die gleiche, auf der im Oktober 1946 erlassenen Direktive Nr. 38 des Alliierten Kontrollrats basierende Ordnung von fünf Kategorien verwendet. Sie reichte vom Hauptschuldigen (Kategorie I) bis hin zu Entlasteten (Kategorie V). Die Kategorisierung wurde von Besatzungszone zu Besatzungszone unterschiedlich gehandhabt und en détail verändert, und die Verfahren gingen schon bald in weiten Teilen in die Hände deutscher Entnazifizierungsausschüsse über. In den Land- und Stadtkreisen wurden Spruchkammern, für

384 Neben der biographischen Skizze zu Stiebitz in Bd. 2 vgl. Arnold Suppan: Hitler – Beneš – Tito. Konflikt, Krieg und Völkermord in Ostmittel- und Südosteuropa, Bd. 1, Tl. 2, 2., korr. Aufl., Wien 2014, S. 1267–1273.

385 Diesbezügliche Informationen fehlen bei Deininger, Kienker, Kohnert, Rettelsky (Rethel) und Wendt; bei Wendt ist nur bekannt, dass er 1947 starb.

386 Zu den Internierungslagern vgl. als Beispiel für die britische Besatzungszone Heiner Wember: Umerziehung im Lager. Internierung und Bestrafung von Nationalsozialisten in der britischen Besatzungszone Deutschlands, Essen 1992 (zit. Wember: Umerziehung), für die Sowjetische Besatzungszone Natalja Jeske: Lager in Neubrandenburg-Fünfeichen 1939–1948. Kriegsgefangenenlager der Wehrmacht – Repatriierungslager – Sowjetisches Speziallager, Schwerin 2013, S. 171–283, für das Gebiet Österreichs Oskar Dohle/Peter Eigelsberger: Camp Marcus W. Orr. »Glasenbach« als Internierungslager nach 1945, Linz/Salzburg 2009; die LBF Friesacher und Reinthaller waren im Lager Glasenbach interniert.

387 Vgl. Christine Arbogast: Herrschaftsinstanzen der württembergischen NSDAP. Funktion, Sozialprofil und Lebenswege einer regionalen NS-Elite. 1920–1960, München 1998, S. 210 (zit. Arbogast: Herrschaftsinstanzen).

die zweite Instanz Berufungskammern eingerichtet, wobei die Spruchkammerverfahren nicht im Bereich des Strafrechts angesiedelt waren.[388]

Vom Korps der Landesbauernführer Anfang 1945 wurde, soweit bekannt,[389] keiner abschließend in Kategorie I (Hauptschuldige) eingeordnet. Ursprünglich in dieser Kategorie, wurde Arnold später in Kategorie II (Belastete) umgestuft. Diese Einstufung (»Schuldiger«) erhielt auch Fritz Engler-Füßlin, der in der Vorinstanz zunächst in die Gruppe der Minderbelasteten eingeordnet worden war. In Kategorie II waren zudem Reinhardt, der unter Anrechnung der Internierungszeit zu drei Jahren Arbeitslager und einem Vermögensentzug von 50 Prozent verurteilt wurde, und ursprünglich auch Dr. Wagner, der zu drei Jahren Arbeitslager und Vermögenseinzug von 25 Prozent verurteilt wurde. Nachträglich erreichte Wagner 1954 die Umstufung in Kategorie IV; vermutlich ging es hierbei um seine Pensionsansprüche, um die er jahrelang kämpfte. Am häufigsten wurden die Landesbauernführer dieses Korps in Kategorie III eingeordnet, die insbesondere durch Berufsverbote schmerzhafte Einschränkungen mit sich bringen konnte; Kategorie III erhielten Deininger, Dreyer, Groeneveld, Rheden, Scheu und Spickschen. Gerade andersherum als Spickschen, wurden Ernst Kienker und Hellmut Körner nach Berufungsverfahren in Kategorie V eingestuft, nachdem sie zunächst in Kategorie III eingereiht worden waren. Karl Somann wurde direkt in Kategorie IV eingeordnet, Herbert Elsner sogar als »Entlasteter« in Kategorie V.

Der Landesbauernführer Wilhelm Struve ist ein aufschlussreiches Beispiel für die qualitativ minderwertige Arbeit und die gelegentlich beliebigen Urteile der Entnazifizierungsausschüsse, ebenso dafür, dass es in unmittelbarer Nähe zum Kriegsende auch an Sachkenntnis über die nationalsozialistische Zeit fehlte: Mit Struves Einordnung in Kategorie IV war eine Vermögensabgabe verbunden, die bald in eine Landabgabe umgewandelt wurde; Struve hatte vor 1945 von einer Dotation profitiert. Auf der Basis zusätzlich beigebrachter Leumundszeugnisse, die mit guten Gründen als »Persilscheine« bezeichnet wurden, wurde aus dem Mitläufer nun ein scharfer Gegner von führenden Nationalsozialisten. Unter anderem habe Struve – was schlicht falsch war – als einziger

388 Vgl. Angelika Königseder: Das Ende der NSDAP. Die Entnazifizierung, in: Wolfgang Benz (Hg.): Wie wurde man Parteigenosse? Die NSDAP und ihre Mitglieder, Frankfurt a. M. 2009, S. 151–160 (zit. Königseder: Entnazifizierung). Einen Überblick über die regionalen Unterschiede bei der Entnazifizierung bieten Walter Schuster/Wolfgang Weber (Hg.): Entnazifizierung im regionalen Vergleich, Linz 2004, für aufschlussreiche Detailstudien vgl. zum Beispiel Reinhard Grohnert: Die Entnazifizierung in Baden 1945–1949. Konzeptionen und Praxis der »Epuration« am Beispiel eines Landes der französischen Besatzungszone, Stuttgart 1991, sowie Armin Schuster: Die Entnazifizierung in Hessen 1945–1954. Vergangenheitspolitik in der Nachkriegszeit, Wiesbaden 1999. Für weitere Literatur siehe die entsprechenden Hinweise oben (Kapitel 2.1) zu Spickschens Entnazifizierung.

389 Informationen fehlen hier bei Kohnert, Rettelsky (Rethel) und Lehmann.

Landesbauernführer nicht der SS angehört. Ein Gnadengesuch beim Ministerpräsidenten Schleswig-Holsteins führte schließlich dazu, dass auch die Landabgabe noch gestrichen wurde. Im Wesentlichen ungeschoren davon kam auch Seidler, der immerhin zunächst in Kategorie II eingestuft worden war. Auf seine Berufung hin indes wurde festgestellt, dass weder Kategorie I noch II anwendbar waren. Damit aber fiel er unter das am 30. November 1949 erlassene »Gesetz über den Abschluss der politischen Befreiung in Hessen«, das Verfahren wurde eingestellt.

Für insgesamt 14 Landesbauernführer[390] ist bekannt, dass sie sich auch vor Spruchgerichten verantworten mussten. Die ab 1947 tätigen Spruchgerichte waren nur in der britischen Besatzungszone eingerichtet worden, jeweils nahe bei Internierungslagern. Es handelte sich hier um Strafgerichte, anders als beim Entnazifizierungsverfahren, dem sich ein Angeklagter in der Regel unmittelbar nach Abschluss seines Spruchgerichtsverfahren stellen musste.[391] Bei den Spruchgerichtsverfahren gegen frühere Landesbauernführer stand meist die Frage der SS-Mitgliedschaft im Mittelpunkt, die die Landesbauernführer nach Möglichkeit zu einer rein formalen herunterzuspielen suchten. Die Landesbauernführer vom Korps Anfang 1945 kamen dabei durchwegs glimpflich davon: Ein gegen Elsner vorgesehenes Verfahren wurden gar nicht erst eröffnet. Groeneveld wurde zu einem Jahr Gefängnis und einer hohen Geldstrafe verurteilt, dabei galt die Freiheitsstrafe durch die Internierungszeit als verbüßt. Körner, der wie erwähnt – und wie der vor 1945 ausgeschiedene Landesbauernführer Matthiessen, der das Spruchgericht als freier Mann verließ[392] – eine bedeutende Rolle in der Ernährungswirtschaft in den besetzten Gebieten gehabt hatte, konnten keine Kriegsverbrechen nachgewiesen werden. Er erhielt lediglich eine wiederum durch die Internierung bereits abgegoltene Geldstrafe; durch die Bodenreform in der Sowjetischen Besatzungszone verlor er allerdings seinen landwirtschaftlichen Besitz. Lehmann erhielt eine Strafe von einem Jahr Gefängnis, die durch die Internierungshaft als verbüßt galt. Struve wurde eine hohe Geldstrafe auferlegt, die zur Hälfte wegen der Internierungshaft getilgt wurde. Somann dagegen wurde im Verfahren in Sachen seiner SS-Zugehörigkeit freigesprochen – er habe nicht gewusst, dass die SS an Judenverfolgung, Fremdarbeiterprogramm und Germanisierung beteiligt gewesen sei.

Die strengste Behandlung mit neun Jahren Gefangenschaft erfuhr sicherlich Jaeschke, der im Juli 1945 in der Sowjetischen Besatzungszone gefangen

390 Es waren dies Baxmann, Bliemeister, Elsner, Giesecke, Groeneveld, Hobbie, Körner, Lehmann, Matthiessen, Meinberg, Reinke, Somann, Struve und Trumpf.

391 Vgl. Königseder: Entnazifizierung, S. 164–165, sowie ausführlich Wember: Umerziehung, S. 276–365.

392 Matthiessen war zu zwei Jahren Gefängnis verurteilt worden, die jedoch durch die Internierungshaft als verbüßt galten.

genommen worden war. Auch ideologisch bedingt, waren dort die Bedingungen für Festgenommene generell deutlich rauher. In den elf Speziallagern starben Tausende von Internierten an den schlechten Haftbedingungen;[393] der oben erwähnte Landesbauernführer Bloedorn war offenbar einer von ihnen. Jaeschke war nach seiner Gefangennahme in der Strafanstalt Bautzen, den Internierungslagern Mühlberg und Buchenwald und ab Februar 1950 in Waldheim in Haft. Im Rahmen der berüchtigten Waldheimer Prozesse, in denen das DDR-Regime als »Antifaschismus« verbrämte Terrorjustiz im Stile Stalins mit härtesten Strafen bis hin zu willkürlichen Todesurteilen betrieb,[394] verurteilte ihn das Landgericht Chemnitz wenige Monate später wegen »Menschlichkeitsverbrechen« zu zwanzig Jahren Zuchthaus. Von diesen wurden 1952 im Gnadenweg zehn Jahre erlassen, und nach neuerlichen Gnadengesuchen seiner Frau wurde er im Juli 1954 aus der Haft entlassen. Jaeschke starb bereits im folgenden Jahr an Lungentuberkulose.

Eine besondere Gruppe bilden die aus Österreich stammenden Landesbauernführer. Dort erfolgte in den ersten Nachkriegsjahren die rechtliche Aufarbeitung der nationalsozialistischen Zeit insbesondere im Wege der sogenannten »Volksgerichtsverfahren«. Sie sind zur Schöffengerichtsbarkeit zu zählen und wurden nach der Strafprozessordnung durchgeführt, die in Österreich für Strafverfahren galt. Die rechtlichen Säulen, auf denen diese Verfahren ruhten, waren das »Kriegsverbrechergesetz« – das Verfassungsgesetz vom 26. Juni 1945 über Kriegsverbrechen und andere nationalsozialistische Untaten – sowie das Verbotsgesetz, das heißt das Verfassungsgesetz vom 8. Mai 1945 über das Verbot der NSDAP. Darüber hinaus wurden das seinerzeit aktuelle Strafgesetz sowie auch das deutsche Reichsstrafgesetzbuch herangezogen.[395] Wie erwähnt, überlebten von den Anfang 1945 amtierenden Landesbauernführern in den Reichsgauen auf dem Gebiet Österreichs drei dieses Jahr nicht, die übrigen vier mussten sich vor Volksgerichten verantworten.

---

393 Vgl. Königseder: Entnazifizierung, S. 160–162 und S. 165–166, sowie allgemein Manfred Wille: Entnazifizierung in der Sowjetischen Besatzungszone Deutschlands 1945–48, Magdeburg 1993.

394 Vgl. Henry Leide: NS-Verbrecher und Staatssicherheit. Die geheime Vergangenheitspolitik der DDR, Göttingen 2005, S. 39–43.

395 Vgl. Claudia Kuretsidis-Haider: »Das Volk sitzt zu Gericht«. Österreichische Justiz und NS-Verbrechen am Beispiel der Engerau-Prozesse 1945–1954, Innsbruck/Wien/Bozen 2006, S. 21 sowie S. 402 (dort FN 17 und 18). Vgl. zudem dies.: Volksgerichtsbarkeit und Entnazifizierung in Österreich (S. 563–601), sowie Walter Schuster/Wolfgang Weber: Entnazifizierung im regionalen Vergleich: der Versuch einer Bilanz (S. 15–41), beide in: Dies. (Hg.): Entnazifizierung im regionalen Vergleich, Linz 2004. Vgl. überdies Thomas Dostal: Das braune Netzwerk in Linz. Die illegalen nationalsozialistischen Aktivitäten zwischen 1933 und 1938, in: Fritz Mayrhofer/Walter Schuster (Hg.): Nationalsozialismus in Linz, Bd. 1, Linz 2001, S. 21–136, sowie Harry Slapnicka: Oberösterreich – Die politische Führungsschicht. 1918–1938, Linz 1976, S. 217–219.

Dort allerdings ging es im Kern nicht um deren Tätigkeit als Landesbauernführer beziehungsweise überhaupt im Agrarsektor. Vielmehr standen die Paragraphen 10 und 11 des Verbotsgesetzes im Mittelpunkt, die sich um die Frage der illegalen Betätigung gegen den Staat zwischen Juli 1933 und dem 13. März 1938 drehten. Michael Friesacher, dessen Besitz zunächst unter Vermögenskontrolle stand, wurde im September 1947 aus der Untersuchungshaft entlassen. Zwei Jahre später wurde er vom Volksgerichtssenat Salzburg vom Vorwurf der illegalen Betätigung freigesprochen. Hainzl dagegen wurde vom Volksgericht Graz zunächst im April 1948 zu drei Jahren Kerker und Vermögensverfall verurteilt, während er bezüglich Kriegsverbrechen freigesprochen wurde. Die Wiederaufnahme des Verfahrens führte im Oktober 1951 zur Aufhebung sämtlicher Strafen. Reinhold Huber wurde im April 1947 ebenfalls im Bereich »Illegalität« zu einem Jahr schweren Kerker sowie einem Vierteljahr Lagerstrafe verurteilt und 1948 entlassen. Im Zuge einer Amnestie 1957 wurde der komplette Vermögensverfall, soweit noch möglich, aufgehoben und auch die frühere Kerkerstrafe getilgt. Anton Reinthaller schließlich, 1950 beim Volksgericht Wien auf Basis des Kriegsverbrechergesetzes angeklagt, erhielt eine Kerkerstrafe von drei Jahren.

Betrachtet man das Korps der Landesbauernführer von Anfang 1945, so ist von den meisten dieser Landesbauernführer nach dem Zusammenbruch des Deutschen Reichs keine weitere relevante politische Betätigung bekannt. Spickschens Tätigkeit als Kreisvorsitzender in einem Flüchtlingsverein und seine lose Vortragstätigkeit bei der CDU-nahen ADK waren insofern durchaus typisch.

Bundespolitische Ambitionen lassen sich bei einigen wenigen Kandidaturen zum Deutschen Bundestag erkennen: So figurierte Arnold auf der Liste der FDP/DVP. Deininger blieb seiner rechtsextremen Haltung treu und kandidierte 1953 für den Dachverband der Nationalen Sammlung (DNS), 1957 dann für die Deutsche Partei (DP). Elsner stand 1953 beim gleichfalls rechtsorientierten GB/BHE in Niedersachsen auf der Wahlliste. Allein Meinberg, der bereits 1937 als Landesbauernführer ausgeschieden war, machte auf bundespolitischer Ebene nochmals in führender Position Karriere. Er stand von 1953 bis 1960 an der Spitze der DRP, für die er sich auch um einen Sitz im Bundestag bewarb. Später war Meinberg Vorstandsmitglied der Nationaldemokratischen Partei Deutschlands (NPD).

Auf kommunalpolitischer Ebene, nämlich als stellvertretender Landrat und Mitglied des Kreistags im Landkreis Helmstedt sowie als Kreisvorsitzender des BHE, machte Elsner nochmals Karriere. Für seine kommunalpolitischen Tätigkeiten und für seinen Einsatz für Vertriebene erhielt er 1962 das Bundesverdienstkreuz am Bande, was angesichts seiner nationalsozialistischen Vergangenheit regional einigen Widerstand heraufbeschwor. In der Vertriebenenpolitik wurde auch Dr. Kohnert tätig, der ab 1950 für zehn Jahre Bundessprecher der Landsmannschaft Westpreußen war. Von denen, die schon vor 1945 als Landesbauernführer ausgeschieden waren, nahm Spickschens Vorvorgänger Otto in der Landsmannschaft Ostpreußen und im Bund der Vertriebenen (BdV) eine wichtige Position ein. Er war auch kurzfristig Mitglied der CDU und engagierte sich beim BHE sowie bei der Sozialistischen Reichspartei (SRP); letzteres galt ebenso für den 1937 als Landesbauernführer ausgeschiedenen Giesecke, der sogar landespolitisch reüssierte und Mitglied des Niedersächsischen Landtages wurde.

Auf unterschiedlicher Ebene wurden einige der 1945 amtierenden Landesbauernführer in der Nachkriegszeit wieder im Bereich der Agrarpolitik tätig. Während dies bei Struve nur ehrenamtlich und auf kommunaler Ebene der Fall war, stieg Kohnert zum Geschäftsführer erst des Niedersächsischen Landvolks, dann des Verbandes deutscher Fleischwarenfabriken e.V. auf. Dreyer übernahm zunächst auf Kreisebene agrarpolitische Ämter, dann auch in einer Landwirtschaftskammer im Gebiet von Rheinland-Pfalz und beim Landwirtschaftsministerium des Bundeslandes. Der damalige Ministerpräsident, Dr. Helmut Kohl, ernannte Dreyer 1974 für dessen Verdienste im landwirtschaftlichen Bereich zum Ökonomierat. Dreyer war zwischen 1955 und 1974 auch Bürgermeister in Gollenberg bei Birkenfeld. Bei den vor 1945 ausgeschiedenen Landesbauernführern zeigt sich eine ähnliche kommunalpolitische Karriere bei Vinzenz Stehle, dessen nach 1945 in diversen Verfahren erkundete Rolle bei antisemitischen Ausschreitungen im Jahr 1938 ihm offenbar nichts anhaben konnten. Er war von 1952 bis 1967 Bürgermeister in Bittelbronn im Kreis Hechingen.

Wenn frühere Landesbauernführer in der Bundesrepublik Deutschland auf Bundesebene nochmals politisch aktiv wurden, so erfolgte dies also fast immer auf der äußersten Rechten des politischen Spektrums. Allerdings ist in keiner Weise zu erkennen, dass hieraus bedeutende Konsequenzen gefolgt wären. Anders verhielt dies sich mit den österreichischen Landesbauernführern: Zwar ist von den überlebenden Landesbauernführern für Friesacher, Hainzl und Wurm kein weiteres politisches Engagement bekannt. Dafür aber zeitigte die neuerliche politische Tätigkeit von Reinhold Huber und Anton Reinthaller weitreichende Folgen: Sie gehörten zum Gründungskern der Freiheitlichen Partei Österreichs (FPÖ). Huber, der 1954 auch Bürgermeister von Sirnitz-Albeck wurde, betätigte sich zunächst in einer Bauernorganisation in Kärnten und war von 1955 an zehn Jahre lang Landesobmann der FPÖ in Kärnten. Drei Jahre später wurde er auch Stellvertreter des Bundesparteiobmannes der FPÖ und saß für die Partei im Kärntner Landtag. Reinthaller war zunächst 1949 bis 1955 bei einer Vorläuferorganisation der FPÖ tätig, beim Verband der Unabhängigen (VdU). Im folgenden Jahr war er nicht nur Mitbegründer der FPÖ, sondern er wurde auch ihr Bundesparteiobmann, ein Amt, das er bis 1958 ausübte. Huber und Reinthaller vermochten damit ihrer extremen rechten Haltung in der Zweiten Republik Österreichs wiederum politischen Einfluss zu verleihen.[396] Die FPÖ entwickelte sich zu einer Partei, die sich als »freiheitlich« und »liberal« etikettierte, tatsächlich jedoch nationalistische Strömungen kanalisierte und teils in unmittelbarer Nachbarschaft zum Rechtsextremismus in Österreich tätig war. Sie gehört, ähnlich wie etwa die Schweizerische Volkspartei (SVP), zu den in der europäischen Parteienlandschaft an Zahl und Einfluss zunehmenden Kräften, die sich unter dem Deckmantel des Liberalismus zu Sammelbecken für rechtspopulistische und nationalistische Tendenzen entwickelt haben und in denen unter anderem Rassismus und offene Fremdenfeindlichkeit wieder fröhliche Urständ feiern.[397]

Das Korps der Landesbauernführer weist, zumal zu den hier gewählten unterschiedlichen Zeitpunkten, gewiss nicht immer gleiche Merkmale auf. Dennoch lohnt es sich, im Sinne eines Idealtypus nach Max Weber – das heißt unter erheblichen Vereinfachungen und Begradigungen und im Wissen, dass dieser Typus anders als der Realtypus in der Wirklichkeit nicht vorkommt – gleichsam den typischen Landesbauernführer zu konstruieren.[398] Welche Merkmale würden diesen kennzeichnen? Bei der Machtübernahme 1933 noch keine vierzig Jahre alt, gehörte er der Frontgeneration an und machte mit der Teilnahme am Ersten Weltkrieg in jungen Jahren eine prägende Erfahrung. Er war protestantischer Konfession, trat jedoch in der nationalsozialistischen Zeit aus der Kirche aus. Dies hing mit seiner Mitgliedschaft in der SS zusammen, der er in der Mitte der 1930er-Jahre beitrat; seine Verwurzelung in der »Blut-und-Boden«-Ideologie spiegelte sich in seiner Ansiedlung im RuSHA. Er war durch seinen familiären Hintergrund ebenso wie durch seinen auf gutem bis sehr gutem Niveau abgeschlossenen Bildungsweg fest im bäuerlichen Milieu verwurzelt, in dem er auch durch seine praktische Betätigung in der Landwirtschaft über gleichsam natürliche Autorität verfügte. In der Weimarer Republik war er relativ früh

396 Vgl. Knut Lehmann-Horn: Die Kärntner FPÖ 1955–1983. Vom Verband der Unabhängigen (VdU) bis zum Aufstieg von Jörg Haider zum Landesparteiobmann, Klagenfurt 1992, S. 85–131, Erker: Maria Theresia, S. 653, sowie Clemens Jöbstl: Kontinuitäten und Brüche im Dritten Lager vom Kriegsende bis zur Gründung der FPÖ. Unter besonderer Berücksichtigung der Biographien der Gründer des VdU und der FPÖ, Diplomarbeit Graz 2012.

397 Vgl. Oliver Geden: Identitätsdiskurse und politische Macht: Die rechtspopulistische Mobilisierung von Ethnozentrismus im Spannungsfeld von Oppositionspolitik und Regierung am Beispiel von FPÖ und SVP (S. 69–83), sowie Anton Pelinka: Die FPÖ: eine rechtspopulistische Regierungspartei zwischen Adaption und Opposition (S. 87–104), beide in: Susanne Frölich-Steffen/Lars Rensmann (Hg.): Populisten an der Macht. Populistische Regierungsparteien in West- und Osteuropa, Wien 2005; hier auch weitere Analysen zu rechtspopulistischen Strömungen Europas, u. a. in Deutschland und Italien.

398 Vgl. Hermann Korte: Einführung in die Geschichte der Soziologie, 8., überarb. Aufl., Wiesbaden 2006, S. 109–111.

politisiert und ist zwischen der Traditionsrechten und der neuen radikalen Rechten zu verorten. Der NSDAP beigetreten in Zeiten der Krise der Landwirtschaft, war der agrarpolitische Apparat der NSDAP die Organisation, in der der spätere Landesbauernführer seine fachliche Kompetenz und seine politischen Überzeugungen kombiniert einbringen und so als Agrarfunktionär aufsteigen konnte. Einmal Landesbauernführer geworden, übernahm er qua Amt weitere agrarpolitische Funktionen, so das Gauamt für Agrarpolitik in der NSDAP und ab September 1939 die Leitung eines Landesernährungsamts. Vom Militärdienst uk-gestellt, wurde er im Zweiten Weltkrieg in den vom nationalsozialistischen Deutschland eroberten Gebieten eingesetzt. Er war dort wichtiger Akteur der Ernährungswirtschaft und der Besatzungspolitik insgesamt. Unmittelbar nach Kriegsende 1945 wurde er gefangen genommen und saß für zwei Jahre in Internierungshaft. Im Entnazifizierungsverfahren in Kategorie III eingeordnet, zog er sich anschließend ins Privatleben zurück, mit Ausnahme von bescheidenem politischem Engagement auf kommunaler Ebene.

Klar ist damit zunächst, dass Erich Spickschen in vielerlei Hinsicht ein typischer Landesbauernführer war und mithin die Ergebnisse dieser Studie Aussagekraft über Spickschen hinaus haben dürften. Nun hat die Forschung, was wünschenswert wäre, bislang keine umfassende Matrix von Typologien zu nationalsozialistischen Funktionären erbracht, in die der entworfene typische Landesbauernführer entlang standardisierter Kriterien eingeordnet werden könnte. Immerhin aber gibt es für einige Personengruppen Sozialprofile und Typologien. Merkmale dieser Typologien sollen nun vorsichtig, um typologische Unschärfen angemessen zu berücksichtigen, mit Merkmalen des typischen Landesbauernführers verglichen werden.

Wenig bis gar nichts hatte der typische Landesbauernführer mit dem Typus des »SA-Rabauken« gemein – einer Gruppe von sozial Randständigen, die durch ihre politischen und paramilitärischen Aktivitäten beim Aufstieg der NSDAP wichtig waren, nicht zuletzt auch beim Einsatz von Gewalt. Diese Personen spielten in der nationalsozialistischen Zeit, jedenfalls nach dem »Röhm-Putsch«, in aller Regel keine Rolle mehr.[399] Mehr schon verband den Landesbauernführer mit einem anderen Typus von Nationalsozialisten der ersten Stunde, den »frühen Parteiführern«. Sie stammten aus dem Mittelstand, traten sehr früh in die NSDAP ein, nutzten die Karriereleiter der Partei für ihren persönlichen Aufstieg und waren auch in der nationalsozialistischen Zeit in wichtigen Positionen; am prominentesten waren hier wohl die Gauleiter, aber

399 Vgl. Herbert: Typologien, S. 23. Zur Sozialstruktur der SA und zum Typus »SA-Rabauken« vgl. Mathilde Jamin: Zwischen den Klassen. Zur Sozialstruktur der SA-Führerschaft, Wuppertal 1984, zur Bedeutung der Gewalt vgl. Sven Reichardt: Faschistische Kampfbünde. Gewalt und Gemeinschaft im italienischen Squadrismus und in der deutschen SA, Köln/Weimar/Wien 2002.

auch Kreisleiter der NSDAP.[400] Allerdings waren die Landesbauernführer später radikalisiert worden, und ihre politische Betätigung gründete sehr viel stärker auf ihrem ursprünglichen Sozialmilieu und ihrer Fachkompetenz. Insoweit ähnelte der Landesbauernführer eher dem Typus des »traditionellen Experten«,[401] ohne dessen Fachkompetenz das Funktionieren des »Dritten Reiches« nicht denkbar ist. Es waren dies vor allem Fachleute in der Wirtschaft, Wissenschaft, in der Verwaltung und beim Militär; man denke etwa an die Landräte, die freilich deutlich höher qualifiziert und gebildet waren.[402] Aufs Ganze besehen, erreichten die Landesbauernführer nicht das fachliche Niveau der traditionellen Experten. Diese standen dabei häufig in deutlich größerer Distanz zum Nationalsozialismus, durchaus auch in ideologischer Hinsicht, waren häufig erst nach 1933 in die NSDAP eingetreten und durch eine »Teilidentität der Ziele« (Manfred Messerschmidt) mit dem nationalsozialistischen Regime verbunden.[403]

In ideologischer Hinsicht standen die Landesbauernführer einer Personengruppe näher, die man als »Experten neuen Typs« bezeichnen könnte. Diese Personengruppen, häufig aus den Reihen oder dem Umfeld der SS,[404] waren in hohem Maße ideologisiert, verfügten über ausgezeichnete Bildungsqualifikationen und waren dabei deutlich jünger als die Landesbauernführer. Diese »Experten neuen Typs« spielten im Hinblick auf die großen ideologisch-politischen Ziele des Regimes eine zentrale Rolle. Sie waren nicht zuletzt Treiber und Nutznießer der Eroberungs- und Vernichtungspolitik im Osten und der damit verbundenen Pläne für Siedlung, Raumgestaltung und Gesellschaftsgestaltung

400 Vgl. Ronald Rogowski: The Gauleiter and the Social Origins of Fascism, in: Comparative Studies in Society and History 19 (1977), S. 399–430, Nolzen: Funktionäre, S. 37–75, und Herbert: Typologien, S. 36.

401 Dieser Typus entspricht weitgehend dem sich »unpolitisch gerierenden NS-Technokraten« nach Rüdiger Hachtmann: Wissenschaftsmanagement im »Dritten Reich«. Geschichte der Generalverwaltung der Kaiser-Wilhelm-Gesellschaft, Bd. 1, Göttingen 2007, S. 318–323. Hachtmann unterschied hier weitere Typen, so »ideologische Eiferer« wie Rosenberg und Darré, »politische Macher« wie Göring und Backe, »intellektuelle Schreibtischtäter« wie Best und »technokratische NS-Funktionäre« wie Speer.

402 Vgl. Wolfgang Stelbrink: Der preußische Landrat im Nationalsozialismus. Studien zur nationalsozialistischen Personal- und Verwaltungspolitik auf Landkreisebene, Münster/New York/München u. a. 1998, S. 19–140 (zit. Stelbrink: Landrat). Gemäß Stelbrink gab es keinen einheitlichen Typus »NS-Landrat« (S. 393).

403 Vgl. z. B. Bernd Wegner: Militärische Eliten im Nationalsozialismus: Fünf Thesen, in: Miriam Gebhardt/Katja Patzel-Mattern/Stefan Zahlmann (Hg.): Das integrative Potential von Elitenkulturen. Festschrift für Clemens Wischermann, Stuttgart 2013, S. 75–88, zum Zitat Messerschmidts dort S. 88, FN 55. Siehe auch Jost Dülffer: Die Machtergreifung und die Rolle der alten Eliten im Dritten Reich, in: Wolfgang Michalka (Hg.): Die nationalsozialistische Machtergreifung, Paderborn/München/Wien u. a. 1984, S. 182–194.

404 Es ist dabei gerade nicht die Allgemeine SS gemeint, die zwar ihrem Anspruch nach, nicht jedoch ihrem tatsächlichen Sozialprofil nach elitär war, vgl. Hein: Elite, S. 305–313. Dies gilt übrigens auch für die Waffen-SS, vgl. Bernd Wegner: Hitlers politische Soldaten. Die Waffen-SS 1933–1945, Paderborn/München/Wien u. a. 1982, S. 256–259.

im radikalsten nationalsozialistischen Sinne.[405] Von diesen Experten wiederum unterschieden sich die Landesbauernführer nicht zuletzt darin, dass sie eher am Rande dieser neuen »Politik«-Felder tätig waren, dafür jedoch im zeitlos wichtigen Bereich der Ernährungswirtschaft.

Gewiss, dieser Blick auf die Landesbauernführer müsste in vielfacher Hinsicht vertieft und geschärft werden, etwa wenn es inhaltlich um die Politik der Landesbauernführer in ihrem Verantwortungsbereich oder um ihr Handeln in den besetzten Gebieten geht. Und doch zeigt bereits diese Perspektive auf das Korps der Landesbauernführer, dass sie einen durchaus besonderen Typus eines nationalsozialistischen Funktionärs darstellten: Sie verbanden Fachkompetenz, die auch auf gleichsam bodenständiger Herkunft gründete, mit politischen Ambitionen sowie der Verankerung in der radikalen »Blut-und-Boden«-Ideologie und setzten dieses Paket im klassischen Politikfeld der Ernährung ein. Dabei waren Landesbauernführer nie maßgeblich für die Formulierung der großen politischen Linien des nationalsozialistischen Regimes, jedoch an vielen Stellen mitentscheidend an der praktischen Umsetzung dieser Linien beteiligt.

Unabhängig von den beschriebenen kollektivbiographischen Merkmalen ist das Korps der Landesbauernführer im Wesentlichen nicht als Handlungsgruppe im Sinne einer sich organisierenden und gemeinschaftlich agierenden Personengruppe zu verstehen. Persönlich trafen sich die Personen dieser Gruppe wohl recht selten, etwa bei Landesbauernführer-Tagungen in Berlin.[406] Gleichwohl konnten die Landesbauernführer, über den einzelnen Funktionär hinaus, auch als Personengruppe Wirkungen hervorrufen. Ein markantes Beispiel hierfür sind die Umstände der Beurlaubung Darrés im Mai 1942. Sie hatte ihre tiefere Ursache bekanntlich in der Darré angelasteten, allgemein problematischen Ernährungssituation, konkreter Anlass indes waren Kürzungen von Lebensmittelrationen. Die Planungen hierzu führten zu Jahresbeginn 1942 zu heftigen Diskussionen.[407]

405 Vgl. Herbert: Typologien, S. 35–36. Diese Personengruppen sind bereits tiefgründig erforscht, vgl. u. a. Wildt: Generation, passim, Jens Banach: Heydrichs Elite. Das Führerkorps der Sicherheitspolizei und des SD 1936–1945, Paderborn/München/Wien u. a. 1998, Jan Erik Schulte: SS-Mentalität und Karrierismus. Das SS-Führerkorps als neue Funktionselite im nationalsozialistischen Staat, in: Till Kössler/Helke Stadtland (Hg.): Vom Funktionieren der Funktionäre. Politische Interessenvertretung und gesellschaftliche Integration in Deutschland nach 1933, Essen 2004, S. 77–108, sowie Isabel Heinemann: Ambivalente Sozialingenieure? Die Rasseexperten der SS, in: Gerhard Hirschfeld/Tobias Jersak (Hg.): Karrieren im Nationalsozialismus. Funktionseliten zwischen Mitwirkung und Distanz, Frankfurt a. M./New York 2004, S. 73–95.

406 Vgl. z. B. die Nationalsozialistische Landpost vom 6. 10. 1939, S. 4 (Artikel »Landesbauernführertagung in Berlin«), sowie vom 4. 7. 1941, S. 4 (Artikel »Darré sprach vor Landesbauernführern«).

407 Vgl. Corni/Gies: Ernährungswirtschaft, S. 561–563; vgl. dagegen die Darstellung dieser Vorgänge bei Frank: Reichsnährstand, S. 125–126.

In dieser Situation sprach Landesbauernführer Eltz-Rübenach (Landesbauernschaft Rheinland) am 27. und 28. Januar 1942 mit seinem Landesobmann Dreyer, der wenige Wochen vor der Ernennung zum Landesbauernführer der Landesbauernschaft Moselland stand, bei Himmler vor; wenige Tage zuvor, am 21. Januar, hatte bereits Spickschen eine zweistündige Besprechung mit Himmler gehabt.[408] Eltz-Rübenach schlug sodann in einem Telegramm an den Reichsführer SS vom 8. Februar 1942 eine gemeinsame Dienstbesprechung von Agrarfunktionären mit Himmler vor. Sicherlich mit deren Einverständnis nannte er von den Landesbauernführern Spickschen (Ostpreußen), Rheden (Niedersachsen), Bloedorn (Pommern), Jaeschke (Schlesien), Matthiessen (Westfalen), Körner (Sachsen), Struve (Schleswig-Holstein), Groeneveld (Weser-Ems), Wagner (Hessen-Nassau), Deininger (Bayern) und Engler-Füßlin (Baden), zudem Darrés künftigen Nachfolger Backe sowie vom Reichsnährstand Gustav Behrens (Reichsobmann) und Dr. Albert Brummenbaum (Leiter der Reichshauptabteilung II). Eltz-Rübenach, wie vermutlich auch Spickschen, hatte offensichtlich gegen die Kürzung der Lebensmittelrationen protestiert und auf die gleichlautende Haltung der genannten Landesbauernführer und Agrarfunktionäre hingewiesen: »Alle der Meinung wie Ihnen vorgetragen. Führer Rationssenkung genehmigt. Bis jetzt noch nicht unterschriebene Denkschrift wird Ihnen unverzüglich zugeleitet.«[409] Eltz-Rübenach kündigte damit auch eine Denkschrift des Reichsgesundheitsführers Dr. Leonardo Conti an, die dieser am 10. Februar 1942 Himmler zukommen ließ und in der Conti schwere Bedenken gegen die vorgesehenen Rationskürzungen geltend machte. Die Kürzungen bei Fett, Fleisch und Brot wurden zum 6. April 1942 tatsächlich eingeführt.[410]

Eltz-Rübenachs Vorgehen musste den Eindruck erwecken, als sei von den Landesbauernführern massiver Widerstand in dieser Sache zu erwarten, und offenbar ging die Kritik der Landesbauernführer an Darré auch ins Grundsätzliche. Am 10. März 1942 schrieb Bormann, der Leiter der Partei-Kanzlei, den Himmler informiert hatte, an den Reichsführer SS: »So lange Pg. Darré amtierender Reichsminister ist, können wir m. E. seine Untergebenen unmöglich zu einer Besprechung über die Verhältnisse im Arbeitsbereich Darré einberufen.« Er glaube auch nicht, »dass der Führer einverstanden sein würde, wenn ich Untergebene Darré's zu mir bäte, damit sie mir über untragbare Verhältnisse im

408 Vgl. Peter Witte/Michael Wildt/Martina Voigt u. a. (Bearb.): Der Dienstkalender Heinrich Himmlers. 1941/42, Hamburg 1999, S. 321 (Spickschen) und S. 330–331 (Eltz-Rübenach und Dreyer).

409 Telegramm Eltz-Rübenachs vom 8. 2. 1942 an Himmler, BArch, NS 19/2746, Bl. 8. Im Telegramm sind, vermutlich auch wegen technisch schlechter Übertragung, die meisten Namen falsch geschrieben.

410 Die Denkschrift von Reichsgesundheitsführer Dr. Conti vom 10. 2. 1942 ist überliefert in: BArch, NS 19/2746, Bl. 3–6.

landwirtschaftlichen Sektor berichten.«[411] Himmler stimmte ihm wenige Tage später zu, war zugleich jedoch der Ansicht, »dass wir bei den katastrophalen Verhältnissen in der Landwirtschaft verpflichtet sind, irgendwelche Unterlagen zu beschaffen, um dem Führer rechtzeitig über die Entwicklung Meldung zu machen.«[412] Acht Wochen später, am 16. Mai 1942, wurde Darré beurlaubt. Es ist sehr wahrscheinlich, dass die hier agierende Gruppe von Landesbauernführern zu dieser Entscheidung erheblich beigetragen hat. Der Missmut und das offensichtlich gegenüber Darré schwindende Vertrauen so vieler Landesbauernführer, von denen einige auch in wichtigen Funktionen in den eroberten Ostgebieten tätig waren, bargen ohne Zweifel die Gefahr, das Funktionieren der Ernährungswirtschaft in der Praxis zu beeinträchtigen. Das aber hätte zu unerwünschten Weiterungen führen können, nicht zuletzt zur vom nationalsozialistischen Regime so sehr gefürchteten Verschlechterung der Stimmung in der Bevölkerung. Solche Entwicklungen, die das Regime für die Zeit des Ersten Weltkrieges als Kernprobleme im Ernährungsbereich konstatiert hatte, wollte es unbedingt vermeiden.[413]

411 Schreiben Bormanns vom 10.3.1942 an Himmler, BArch, NS 19/2746, Bl. 9.
412 Schreiben Himmlers vom 18.3.1942 an Bormann, BArch, NS 19/2746, Bl. 10.
413 Vgl. Corni/Gies: Ernährungswirtschaft, S. 399–409.

3. Die Landesbauernschaft Ostpreußen

3.1 Politik, Landwirtschaft und Kriegsernährungswirtschaft

Als Landesbauernführer stand Erich Spickschen an der Spitze einer bedeutenden Organisation und regionalen Mittelinstanz, der Landesbauernschaft Ostpreußen. Was charakterisierte diese im Hinblick auf Organisation, Personal und Finanzen? Wie war sie in den nationalsozialistischen Staat eingebunden? Welchen Problemlagen der ostpreußischen Landwirtschaft zur nationalsozialistischen Zeit stand sie gegenüber? Die folgende Analyse beginnt mit der Betrachtung von Politik und Landwirtschaft im Ostpreußen der Weimarer Zeit, deren Fragen sich ab 1933 die dortige Landesbauernschaft gegenübersah.

Nur schwer vermag man sich aus heutiger Sicht, angesichts eines Überflusses an Nahrungsmitteln, in die Bedeutung der Landwirtschaft zur nationalsozialistischen Zeit hineinzudenken. Im Jahr 1933 aber war im Deutschen Reich am Rande der Gesellschaft Unterernährung noch Realität, und Hunger war für viele Menschen nicht einfach eine verschwommene Erinnerung an das vorige Jahrhundert – im Ersten Weltkrieg war er kurzzeitig zurückgekehrt. Und Landwirtschaft war in der Mitte der Gesellschaft: Als Produzentin von Nahrungsmitteln war sie anders als heute kein marginalisierter und hoch technisierter Wirtschaftszweig. Über neun Millionen Menschen lebten und arbeiteten 1933 unter teils rückständigen, manchmal erbärmlichen Bedingungen in der Landwirtschaft, fast ein Drittel der Arbeitskraft im Deutschen Reich. Neben Vollerwerbsbauern gab es millionenfach Nebenerwerbsbauern, die ihr Einkommen durch etwas Ackerbau oder Viehzucht ergänzten. Zwar zogen die Städte die Menschen an, doch lebte damals noch immer fast ein Drittel der Bevölkerung in Gemeinden unter 2.000 Einwohnern. Die Menschen in der Landwirtschaft waren für Politik mithin eine bedeutende Größe, und Landwirtschaftspolitik wirkte tiefgreifend auf das Leben vieler Menschen ein. Selbst bei einem extremen Ideologem wie jenem von der Eroberung von »Lebensraum im Osten« schwang zeitgenössisch gleichsam eine landwirtschaftliche Konnotation mit, nämlich »Lebensraum« als Raum der Nahrungsmittelproduktion. Kurzum: Landwirtschaft war in der nationalsozialistischen Zeit allgegenwärtig, politisch und wichtig.[414]

Dieser allgemeine Befund galt in besonderer Weise für Ostpreußen. Die Landesbauernschaft trat dort im Herbst 1933 als neue Akteurin in ein spezifisches Geflecht von Problemfeldern ein, das die Provinz schon seit Jahren und Jahrzehnten beschäftigt hatte. »Die Lage für die Landwirtschaft wird täglich katastrophaler«,[415] lautete Spickschens Echo des gängigen Schlagworts von der »Krise der Landwirtschaft«, das vor allem gegen Ende der Weimarer Republik in Ostpreußen und darüber hinaus kursierte.[416] Die Elemente, die zu dieser Krise beitrugen, seien im Folgenden in ihrem strukturellen und prozessualen Zusammenwirken analysiert.[417]

Zunächst wurde die Landwirtschaft in Ostpreußen von eigentümlichen natürlichen Gegebenheiten geprägt, angefangen beim Klima und den damit verbundenen typischen Wetterbedingungen. Einerseits herrschte langer Winterfrost, der die Vegetationsphase stark reduzierte, so dass im Frühjahr später gesät und im Herbst früher geerntet werden musste. Hinzu kam eine überdurchschnittliche Nässe mit außerordentlich starken Niederschlägen; ungenügend waren lange Zeit die Anstrengungen zur Bodenmelioration, um die Böden in ihrem Wasserhaushalt besser regulieren zu können. Traten diese Gegebenheiten extrem und kombiniert auf, so drohten der ostpreußischen Landwirtschaft gravierende Ernteausfälle. Dabei eigneten sich Ostpreußens Böden, die sich durch eine lehmige und tonige Körnung auszeichneten, gut und teilweise sehr gut für die Landwirtschaft. Schlechter waren sie lediglich in Masuren, das Kreise der Regierungsbezirke Allenstein (Johannisburg, Lötzen, Lyck, Neidenburg, Ortelsburg, Osterode, Sensburg) und Gumbinnen (Oletzko, Teile von Goldap und Angerburg) umfasste. Knapp über die Hälfte des Landes war Ackerland, mehr als im Reichsvergleich. Landwirtschaftlich nicht nutzbare Flächen wie Ödland, Wald und unkultivierte Moore hatten entsprechend einen geringeren Anteil. Neben Getreide und Hackfrüchten wurden Futterpflanzen angebaut, die für die Viehzucht benötigt wurden. Diese war das Rückgrat der ostpreußischen Landwirtschaft, der Verkauf von tierischen Produkten die wichtigste Einnahmequelle.[418]

414 Vgl. Tooze: Zerstörung, S. 202–204.

415 Brief Spickschens vom 18.10.1931 an seine Mutter, überliefert in: Schröder: Alles Liebe, S. 04.04.26.

416 Vgl. etwa Adolf von Batocki/Gerhard Schack: Bevölkerung und Wirtschaft in Ostpreussen. Untersuchungen über die Zusammenhänge zwischen Bevölkerungsentwicklung und Erwerbsgelegenheit, Jena 1929, S. III (zit. Batocki/Schack: Bevölkerung).

417 Die folgende Analyse folgt im Wesentlich dem Problemaufriss bei Rohrer: Macht, S. 35–57, der seinerseits insbesondere auf Hertz-Eichenrode: Politik und Landwirtschaft, S. 133–157, basiert.

418 Vgl. Rohrer: Macht, S. 39, Hertz-Eichenrode: Politik, S. 138–144, sowie Stüttgen: Ost- und

Die weitreichenden Folgen, die Ernteausfälle mit sich bringen konnten, treten klar vor Augen, wenn man die sozio-ökonomische Struktur Ostpreußens betrachtet. Das für das Jahr 1938 angepasste Ostpreußenprogramm des Oberpräsidenten Koch stellte fest: »Die Grundlage unserer Wirtschaft in Ostpreußen ist die Landwirtschaft. Sie beschäftigt 57 Prozent der Ostpreußen direkt und mittelbar von dem restlichen Teile mindestens noch die Hälfte.«[419] Dies war schon 1925 nicht viel anders gewesen. Damals überwogen in Ostpreußen Einwohner von ländlichen Gemeinden bis 2.000 Einwohnern jene in größeren und Stadtgemeinden deutlich (61 : 39 Prozent); im Reichsdurchschnitt war es gerade umgekehrt (36 : 64 Prozent). Fast jeder zweite Ostpreuße (45 Prozent) lebte von der Landwirtschaft, im Reich galt dies für weniger als ein Drittel der Bevölkerung (31 Prozent); hinzu kamen in verwandten Bereichen (Forstwirtschaft, Fischerei, Gärtnerei) nochmals circa 11 Prozent. Andere Wirtschaftszweige und die damit verbundenen Milieus spielten demgegenüber eine klar untergeordnete Rolle. Dabei entsprach der Anteil der Erwerbstätigen in Handel und Verkehr mit 12 Prozent halbwegs dem Reichsdurchschnitt (17 Prozent). Der große Unterschied bestand bei Industrie und Handwerk, wo die Beschäftigten (19 Prozent) weniger als die Hälfte des Reichsdurchschnitts (41 Prozent) ausmachten. Sie fanden sich vor allem in den großen Städten, von denen nur Königsberg (280.000 Einwohner) die Viertelmillionen-Grenze überschritt, gefolgt von den bereits deutlich kleineren Städten Elbing (68.000) und Tilsit (51.000).[420]

Der geringe Grad an Industrialisierung hing wiederum mit einem weiteren Faktor zusammen, der die Landwirtschaft in Ostpreußen belastete. Kam die Industrie nicht zu den Menschen, so gingen die Menschen zur Industrie – über eine Million Menschen wanderten zwischen 1871 und 1933 aus Ostpreußen ab, insbesondere in Industriegebiete im Rheinland und in Westfalen, zudem nach Berlin. Schon wurde die Entvölkerung Ostpreußens heraufbeschworen, nicht selten verbunden mit der nationalistischen Spitze, dass Provinz und Volk durch eine »slawische Flut« gefährdet seien. Nun war Ostpreußen angesichts von nur etwa 2,26 Millionen Menschen (1925) auf rund 37.000 Quadratkilometern ohnehin dünn besiedelt, mit 61 Menschen pro Quadratkilometer erreichte die Provinz nicht einmal die Hälfte des Reichsdurchschnitts (134). Zwar wurde die Abwanderung durch eine überdurchschnittlich hohe Geburtenrate aufgefangen,

Westpreußen, S. 2–4. Angesichts der Risiken durch Klima und Wetter empfahlen Agrarwissenschaftler, den Anteil der Viehzucht auf Kosten des Ackerbaues zu erhöhen.

419 Entwurf des Ostpreußenprogramms vom August 1938, BArch, RW 19/1753, Bl. 8.

420 Vgl. Statistisches Reichsamt (Hg.): Statistisches Jahrbuch für das Deutsche Reich. 47. Jahrgang. 1928, Berlin 1928, S. 25 (zit. Statistisches Jahrbuch Reich [Jahrgang] [(Jahr)]), Preußisches Statistisches Landesamt (Hg.): Statistisches Jahrbuch für den Freistaat Preußen, Bd. 24, Berlin 1928, S. 10 und S. 14–15, sowie Rohrer: Macht, S. 42. Für eine zeitgenössische Darstellung vgl. Anton Kerschensteiner: Die soziale Struktur Ostpreußens, in: Soziale Praxis 47 (1938), Sp. 207.

doch veränderte sich so der innere Aufbau der Bevölkerung. Im Vergleich zum Reichsdurchschnitt gab es 6 Prozent weniger Menschen von 15 bis 60 Jahren, während Kinder sowie alte Menschen in gleicher Höhe überrepräsentiert waren. Es wanderten mithin gerade Menschen aus den arbeitsfähigen Bevölkerungskohorten ab. In Zeiten wirtschaftlicher Krisen gewann die Landwirtschaft dabei durch ihre Selbstversorgereigenschaft kurzzeitig an Attraktivität. Dies führte zu Rückwanderungen, so dass in diesen schwierigen Zeiten noch mehr Menschen von der Landwirtschaft Ostpreußens lebten. Gegenüber diesen Bevölkerungsbewegungen war die Binnenwanderung in der Provinz unbedeutend; Zuzug und Abwanderung in großer Zahl zeigten insbesondere Gebiete mit einem hohen Anteil an Großgrundbesitz.[421]

Dies verweist zugleich auf die spezifische innere Struktur der ostpreußischen Landwirtschaft. Ostpreußen war auch, aber eben nicht nur das »Junkerland«, das Land adliger Großgrundbesitzer mit Gütern gewaltigen Ausmaßes.[422] Vielmehr zeichnete es sich durch die Kombination starken bäuerlichen Besitzes und starken Großgrundbesitzes zu Lasten von Klein- und Kleinstbesitz aus. Betriebsgrößen bis 20 Hektar machten lediglich 28,3 Prozent der landwirtschaftlichen Nutzfläche aus (Reich: 53,4 Prozent), Großgrundbesitz (ab 100 Hektar) dagegen mehr als 39 Prozent (Reich: 20,2 Prozent). Lediglich zu einem Viertel in adliger Hand, gab es Großgrundbesitz vor allem im Regierungsbezirk Königsberg, nämlich von Königsberg südwärts in Richtung des Provinzzentrums, zudem in den Kreisen Rosenberg, Mohrungen und Osterode. Bäuerlicher Besitz dagegen prägte neben Masuren den Norden der Provinz, einige westpreußische Kreise und insbesondere das Ermland; diese Hochburg der Katholiken, deren Anteil an der ansonsten weit überwiegend evangelischen Bevölkerung Ostpreußens (84 Prozent) insgesamt 15 Prozent betrug, umfasste die Kreise Allenstein, Braunsberg, Heilsberg und Rößel. Freilich gab es riesige Güter, mit teils deutlich mehr als 1.000 Hektar, die dann tatsächlich häufig in adligem Besitz waren. Die gewaltigen Ausmaße relativ weniger Güter erhellt, dass Großbesitz über 200 Hektar weniger als 1 Prozent der Betriebe, aber 41,5 Prozent der Gesamtfläche Ostpreußens ausmachte.[423]

---

421 Vgl. Rohrer: Macht, S. 41 sowie S. 43–44. Vgl. auch Christian Saehrendt: Der Horror vacui der Demographie. 100 Jahre Abwanderung aus dem deutschen Osten, in: Tel Aviver Jahrbuch für deutsche Geschichte 35 (2007), S. 239–242.

422 Vgl. Francis L. Carsten: Geschichte der preußischen Junker, Frankfurt a. M. 1988, S. 9 und S. 157–158; vgl. hierzu wiederum für eine aktuelle, die Vorstellung traditionaler Junkerherrschaft überwindende Deutung Patrick Wagner: Bauern, Junker und Beamte. Lokale Herrschaft und Partizipation im Ostelbien des 19. Jahrhunderts, Göttingen 2005, S. 569–592.

423 Vgl. Hertz-Eichenrode: Politik, S. 86–98 und S. 133–136. Zur konfessionellen Gliederung Ostpreußens vgl. Statistisches Jahrbuch Reich 47 (1928), S. 18. Für eine detaillierte Betrachtung der Betriebsgrößenstruktur in Ostpreußen vgl. Kapitel 6.1.

Diese sozio-ökonomischen Faktoren sind in Wechselwirkung mit politischen Faktoren zu sehen. Es waren im Wesentlichen Vertreter des Großgrundbesitzes, die in den bedeutenden landwirtschaftlichen Personenverbänden Ostpreußens die führenden Positionen innehatten – sie waren an Zahl gering im Vergleich zur Masse der Bauern, aber an zugeschriebener Autorität um vieles größer. Im agrarisch-protestantischen Milieu waren sie in der Dorfgemeinschaft jene, auf deren Meinung gehört wurde; ähnlichen Einfluss als Meinungsführer hatten nur noch Lehrer und Pfarrer. Die großagrarische Führung findet sich beim schon erwähnten LVO, ebenso bei der Landwirtschaftskammer Ostpreußen und auch bei landwirtschaftlichen Kreditinstituten wie der Ostpreußischen Landschaft. Bei näherer Betrachtung zeigt sich zudem, dass damit auch eine klare nationale und konservative Positionierung verbunden war – etliche Führungspersonen der ostpreußischen Landwirtschaft hingen der DNVP an. Diese war bis zur Septemberwahl 1930 die klar dominierende politische Kraft der Provinz und verfügte personell wie inhaltlich über einen tiefgreifenden Rückhalt im agrarisch-protestantischen Milieu Ostpreußens.[424]

Um die »Krise der Landwirtschaft« zu verstehen, muss der Blick jedoch noch weiter zurück gerichtet werden, nämlich auf die Protektion der Landwirtschaft durch die konservativen Eliten des Kaiserreichs. Die Politik der Schutzzölle, mit denen landwirtschaftliche Erzeugnisse insbesondere aus Nordamerika verteuert wurden, erleichterte zunächst der ostpreußischen Landwirtschaft den Absatz ihrer Produkte im Deutschen Reich, zumal dieses gerade um die Jahrhundertwende ein massives Bevölkerungswachstum mit entsprechend steigendem Bedarf erlebte. Diese Politik war indes ein zweischneidiges Schwert, und dies nicht nur wegen der Reaktionen der betroffenen Staaten, die ihrerseits die deutsche Industrie von ihren Märkten fernhielten. Die nicht per Marktmechanismus zustande gekommenen Preise suggerierten einen zu geringen Anpassungs- und Modernisierungsdruck. Dieser Druck aber baute sich nach dem Ersten Weltkrieg rasch und mit aller Macht auf, nachdem der Landwirtschaft die schützende Hand der konservativen Eliten entzogen worden war.[425]

Diese Problematik verband sich nach dem Ersten Weltkrieg mit einer weiteren, die dem Versailler Vertrag entsprang. Die Abtrennung Ostpreußens vom übrigen Deutschen Reich durch den »Korridor« polnischen Gebietes war im Lichte der dargelegten Problemfelder keine originäre Ursache, aber doch ein verschärfendes Moment für die Krise der Landwirtschaft in Ostpreußen. Vordergründig waren durch den Korridor vor allem die Verkehrsverbindungen auf Straßen und Schienen unterbrochen; das innerostpreußische Verkehrssystem,

424 Vgl. Rohrer: Macht, S. 47–49, zum agrarisch-protestantischen Milieu Ostelbiens zudem Pyta: Dorfgemeinschaft, S. 35–82. Weiteres zu diesem Milieu in Kapitel 4.1.
425 Vgl. Rohrer: Macht, S. 46.

bestehend aus einem Netz von Straßen, Schienen (Reichsbahn und ostpreußische Kleinbahn) und Seewegen (Binnenschifffahrt, Seeschifffahrt), blieb dagegen intakt und leistungsfähig. Wirtschaftlich indes bedeutete der Korridor den Ausfall der Absatzmärkte Posen und Westpreußen, so dass für Handel und Warenaustausch mit westlichen gelegenen Handelspartnern längere Transportwege und damit hohe Frachtkosten anfielen.

Hinzu kam, dass auch im Osten nahe gelegene Absatzmärkte wegfielen. In beide Himmelsrichtungen hatte vor dem Ersten Weltkrieg der Königsberger Hafen als Handelsdrehscheibe gedient. Von dort aus, ebenso wie über andere Verkehrswege, gab es regen Handel mit dem Zarenreich, damals einziger Nachbar im Osten; vor allem Holz, Hülsenfrüchte und Getreide wurden aus Russland importiert. Durch den Versailler Vertrag war Ostpreußen nun, zumal seit dem Frieden von Riga (1921), weitenteils von Polen umgeben. Hinzu kam Litauen als neuer Nachbar, nachdem es sich 1923/1924 mittels Freischärlern und unter Billigung des Deutschen Reichs in den Besitz des – eigentlich eigenständigen, von einem französischen Präfekten geführten – Memelgebiets gebracht hatte. Vor allem Spannungen mit Polen beeinträchtigten die Handelsbeziehungen, auch die Beziehungen mit dem kleineren Litauen waren nicht ohne Probleme, während die nach dem Vertrag von Rapallo (1922) etablierten freundlichen Beziehungen mit Russland nur unwesentlich den wirtschaftlichen Austausch förderten.[426] Die Bedingungen für Handel waren für wirtschaftliche Akteure in Ostpreußen und mithin auch für die ostpreußische Landwirtschaft schwierig.

All diese Faktoren trugen dazu bei, dass die Landwirtschaft in Ostpreußen die Rentabilität verlor, und das bedeutete in erster Linie: Verschuldung. Nun war das Verschuldungsproblem im Zuge der Geldentwertung zu Beginn der Weimarer Republik oft wie bei einer Sanduhr auf Null gesetzt. Wirtschaftlich gut geführte, auf Wettbewerb eingestellte Betriebe konnten Kredite leicht ablösen und fortan prosperieren. Doch in vielen Fällen war das Problem im Kern ein strukturelles – bei diesen drehte sich die Verschuldungsspirale wieder, sobald sich die Reichsmark als neue Währung etabliert hatte. Und hier sorgte die politische Unsicherheit, die mit der abgetrennten Provinz in einem spannungsreichen Umfeld verbunden wurde, für ungünstige Kreditbedingungen. Das Zinsniveau übertraf den Reichsdurchschnitt um bis zu 2 Prozent. Ausländische Investoren wurden abgeschreckt, an Kapital aus privater Hand in der Provinz mangelte es. Und so stammten mehr als zwei Drittel (1926: 69 Prozent) der Kredite von reichsdeutschen Instituten westlich des Korridors, und wiederum zu über zwei Dritteln (70 Prozent) kamen Kredite aus der Hand öffentlich-rechtlicher Banken wie etwa der Ostpreußischen Landschaft. Wiederholt

426 Vgl. ebd., S. 39–41.

mussten das Deutsche Reich oder Preußen unterstützend einspringen. Dabei wurden kurzfristige Kredite ausgegeben, die später in Realkredite überführt werden sollten.

Problematisch war nicht nur die aus der Verschuldung rührende Kreditlast an sich. Viele landwirtschaftliche Betriebe konnten mit Krediten zwar Schulden oder auch Steuern bezahlen, doch konnte das Kapital nicht in die Zukunft des Betriebes investiert werden. Maschinisierung und Technisierung insgesamt blieben so in vielen Betrieben zurück, so dass sich in der ostpreußischen Landwirtschaft ein erheblicher Modernisierungsbedarf aufbaute. Dieser trat dabei in differenzierter Form auf. In der Substanz waren eher Kleinbauern, gerade jene in Masuren, durch die Verschuldung und ihre Folgen betroffen als Großbetriebe; relativ stabil zeigte sich die ostpreußische Landwirtschaft in den westlichen Kreisen der Provinz.[427]

Hinter dem Schlagwort von der »Krise der Landwirtschaft« stand also ein Geflecht vieler Faktoren, die in Wechselwirkung standen. Entsprechend gab es eine ganze Reihe von Ansatzpunkten, um der Krise der Landwirtschaft zu begegnen; unveränderlich waren nur die natürlichen Bedingungen. Welche Lösungsversuche für diese Krise gab es vor 1933? Zunächst schien es vielversprechend, das Problem der Abwanderung anzugehen, war doch diese Frage wie gezeigt mit verschiedenen wirtschaftlichen Schwierigkeiten verknüpft. Als Mittel der Wahl galt hier die Siedlungspolitik, die bereits zu Zeiten des Kaiserreichs und mehr noch zur Weimarer Zeit betrieben wurde. Sie umfasste die sogenannte »innere Kolonisation«, bei der Menschen in Ostpreußen neue Siedlungsflächen erhielten und so in der Provinz gehalten werden sollten. Ebenso wurde versucht, im Osten Europas und in Westdeutschland beheimatete Familien in Ostpreußen anzusiedeln.

Auf die Wirtschaftsstruktur insgesamt zielten Überlegungen, den Anteil von Industrie und Handwerk in Ostpreußen auszubauen. Dies hätte Menschen im arbeitsfähigen Alter an Ostpreußen binden und die Abhängigkeit von der Landwirtschaft reduzieren können. Industrielle »Leuchttürme« gab es durchaus, etwa die Schichau-Werke in Elbing oder die Waggonfabrik Steinfurth in Königsberg. An Bemühungen, Ostpreußen stärker zu industrialisieren, fehlte es also nicht, auch durch flankierende Maßnahmen wie etwa der flächendeckenden Elektrifizierung. Letztlich jedoch, auch weil es nicht gelang, ausreichend Investitionskapital hierfür zu mobilisieren, blieben diese Bemühungen im Ansatz stecken.[428] An der spezifischen Problematik der ostpreußischen Landwirtschaft hätte dies kurzfristig ohnehin fast nichts geändert.

427 Vgl. Hertz-Eichenrode: Politik, S. 130–132 sowie S. 145–157.

428 Vgl. Rohrer: Macht, S. 44 und S. 49–50, für eine zeitgenössische Analyse zudem Batocki/ Schack: Bevölkerung, passim.

Staatliche Hilfsprogramme dagegen zielten konkret auf die Landwirtschaft und waren kurzfristig wirksam. Bereits 1920 hatte Ernst Siehr, der als Oberpräsident an der Spitze der preußischen Provinz Ostpreußen stand, mit dem Pfund der Sonderlage Ostpreußens gewuchert und besondere Förderung eingefordert. Dem »Ostpreußenprogramm« von 1922 folgte in der Weimarer Republik eine ganze Reihe von Förderprogrammen (Sofortprogramm, Grenzhilfe, Ostpreußenhilfe), finanziert vom Reich und von Preußen. Sie kulminierten in der »Osthilfe« der Regierung Brüning von 1931, die auf sämtliche ostelbische Provinzen ausgedehnt wurde und die Entschuldung der Landwirtschaft zum Inhalt hatte. Ohne auf diese Programme näher einzugehen, die auch als Reaktion auf spezifische Problemlagen der ostpreußischen Landwirtschaft gerade Mitte und Ende der 1920er-Jahre zu verstehen sind, seien die wesentlichen Ansatzpunkte genannt: Im Vordergrund stand die finanzielle Unterstützung durch die Reduktion von Steuern, Soziallasten und von Tarifen bei Bahn und Frachten, durch Kredite, Umschuldungen und Entschuldung. Maßnahmen der Marktlenkung, etwa hinsichtlich der Einfuhren, schützten den Absatz ostpreußischer landwirtschaftlicher Produkte. Hinzu kam die Förderung der landwirtschaftlichen Produktion, sei es durch Meliorationen oder Beschaffung von Düngemitteln. Eher mittelfristig wirksam konnte der Ausbau der Infrastruktur sein, so bei den Verkehrswegen. Gleiches galt für weitere Fördermaßnahmen, mit denen zum Beispiel das landwirtschaftliche Bildungswesen oder auch Landarbeiter unterstützt wurden.[429]

Nach der Machtübernahme waren die Probleme der Landwirtschaft Ostpreußens nicht anders als unmittelbar davor, doch veränderten sich die Rahmenbedingungen fundamental. Für die Reichsebene ist die nationalsozialistische Landwirtschaftspolitik bestens bekannt und soll, auch in ihrer Wechselwirkung mit der Gesamtwirtschaft, nur in groben Zügen skizziert werden. Die Veränderungen sind institutioneller, organisatorischer, personeller ebenso wie ideologischer Art und dabei dynamisch in ihrer zeitlichen Entwicklung zu beobachten. 1933 stand im Zeichen von vier zentralen gesetzgeberischen Weichenstellungen: 1) Zunächst entstand durch das Reichsnährstandsgesetz vom 13. September 1933 mit dem Reichsnährstand eine Mammutorganisation mit 16 Millionen zwangsweisen Mitgliedern, die praktisch alle Elemente der Landwirtschaft und Ernährungswirtschaft in sich vereinte. Der Reichsnährstand trat damit auch in Konkurrenz zum RMEL, eine Konkurrenz, die durch Darrés

429 Ausführlich zu diesen Fördermaßnahmen Hertz-Eichenrode: Politik, S. 159–339, zu den Verkehrsverhältnissen S. 111–116. Reichsbahn und Reichsverkehrsministerium (bis 1927) gewährten ermäßigte Tarife, wovon insbesondere die ostpreußische Landwirtschaft profitierte. Ab 1928 gab es beim Oberpräsidenten der Provinz eine Frachttreuhandstelle der Ostpreußenhilfe, die zehn Mio. RM zur Ermäßigung von Frachtkosten einsetzen konnte.

Personalunion in der Führung gemildert wurde. 2) Das Reichserbhofgesetz vom 29. September 1933 ist Symbol für den Einzug der nationalsozialistischen »Blut-und-Boden«-Ideologie in die deutsche Gesetzgebung und stellt den Versuch dar, landwirtschaftliche Probleme wie Verschuldung und Landflucht mit ideologischen Lösungen zu beantworten. 3) Die »Marktordnung«, gleichfalls Folge des Reichsnährstandsgesetzes vom 13. September 1933, zielte darauf, Preise und Markt zu regulieren, die Produktion zu erhöhen und den Verbrauch von Devisen zu reduzieren. 4) Bereits zuvor war am 14. Juli 1933 mit dem Gesetz zur »Neubildung deutschen Bauerntums« die Siedlungspolitik der Weimarer Republik in ein nationalsozialistisches Gewand gehüllt worden, was insbesondere im Zuge der Eroberung von »Lebensraum im Osten« ab 1939 zu gewaltigen Konsequenzen führte. Die Produktionsleistung und Erträge deutscher Bauern, deren Arbeitslast ohne Weiteres bei zwölf Stunden täglich an sechs Tagen pro Woche liegen konnte, bei festgezurrtem Preisgefüge zu steigern, ihre landwirtschaftlichen Betriebe im Bestand zu sichern sowie zu entschulden und deren durchschnittliche Größe auf einen für den Ertrag günstigen Wert von etwa 20 Hektar zu erhöhen – so könnte man, landwirtschaftlich betrachtet, das Ziel der genannten Weichenstellungen zusammenfassen. Im Kern war die Antwort der Nationalsozialisten auf die Krise der Landwirtschaft Agrarprotektionismus – anders als im Kaiserreich in erster Linie zugunsten der bäuerlichen Besitzklassen, nicht des Großgrundbesitzes, und von der »Blut-und-Boden«-Ideologie durchwirkt.

Die Landwirtschaftspolitik war in dieser ersten Phase institutionell, organisatorisch und personell noch im Begriff ihrer Entfaltung, als 1936 mit dem Vierjahresplan bereits eine zweite Phase eingeläutet wurde. Die Vorbereitung des Deutschen Reiches auf einen Krieg verlangte, so Hitler in seiner Denkschrift vom August 1936, auch eine binnen vier Jahren kriegsfähige Wirtschaft. In diese Planungen wurde die Landwirtschaft eingeordnet: Sie sollte die Produktion steigern, um der ernährungswirtschaftlichen Autarkie möglichst nahe zu kommen, so dass im Kriegsfall die »Heimatfront« keinen Hunger würde leiden müssen – anders als im Ersten Weltkrieg, was gern als mitverantwortlich für den Zusammenbruch 1918 betrachtet wurde. Zugleich sollte die Landwirtschaft möglichst wenige Devisen verbrauchen, die für die Industrie und dort vor allem für die enorm angeheizte Rüstungsproduktion benötigt wurden. Zur Steuerung von Produktion, Verteilung und Verbrauch konnte nun auf die vom Reichsnährstand etablierte Organisation der Landwirtschaft und das System der Marktordnung zurückgegriffen werden, das Anreize, aber auch viele Instrumente der Kontrolle und des Zwangs beinhaltete. Mit der Vierjahresplanbehörde, die gegenüber Reichsministerien weisungsbefugt war, ging auch der Stern von Herbert Backe auf, der fortan neben Darré einflussreichster Akteur im Bereich der Landwirtschaftspolitik war.

Kurz vor dem Überfall auf Polen begann im August 1939 mit dem Übergang zur Kriegsernährungswirtschaft die dritte und letzte Phase der nationalsozialistischen Landwirtschaftspolitik. Der Reichsnährstand wurde als Ganzes dem RMEL unterstellt, sein feingliedriges Organisationsnetz in die staatliche Verwaltung eingebaut. Der Schwerpunkt lag nun stärker denn je auf der Produktion, die bei nochmals verschärften Kontroll- und Sanktionsmechanismen in neue Höhen getrieben wurde. Dabei war es keineswegs so, dass der ideologische Überbau von »Blut und Boden« bedeutungslos geworden wäre. Herbert Backe übernahm 1942 kommissarisch von Darré die Führung des RMEL und des Reichsnährstandes.[430]

In dieser Phase wirkte, mittelbar und unmittelbar, die Wehrmacht als wichtige Einflussgröße auf die nationalsozialistische Agrarpolitik und deren Praxis ein. Neue Forschungen legen immer deutlicher die enge Verbindung der nationalsozialistischen Kriegsführung sowie der Eroberungs- und Vernichtungspolitik im Osten mit der Ernährungsfrage offen: »Die Ernährungsfrage drängte sich sozusagen in den Widerspruch zwischen Ökonomie und Ideologie hinein, zwischen die Imperative Arbeitskraft und Völkermord.«[431] Weltanschauliche Prämissen – »Lebensraum im Osten« zu erobern und den »jüdischen Bolschewismus« zu vernichten – und der konkrete Kriegsverlauf, situative Faktoren und längerfristige Planungen waren bei wechselnden Einflussgrößen ineinander verschränkt und trieben die vom Deutschen Reich betriebene Besatzungspolitik und dessen Gewalt- und Vernichtungsfeldzug gerade im Osten Europas voran. Bei den Entscheidungsträgern, zu denen auch die Wehrmacht gehörte, waren es im Wesentlichen Fragen von Ernährung und Arbeit, um die gerungen wurde. Ob es nun darum ging, die für die Kriegsführung der Wehrmacht nötige Ernährungsgrundlage bereitzustellen oder Arbeitskräfte für das Deutsche Reich einzuspannen, die zur Erhaltung ihrer Leistungskraft ebenfalls hinreichend ernährt werden mussten: Diese Aspekte waren untrennbar mit der grundsätzlichen Frage der Ernährung der Menschen in den besetzten Gebieten und im Deutschen Reich verbunden, mit Rückwirkungen auf die Landwirtschaftspolitik und deren Praxis insgesamt. In den besetzten Gebieten selber entstanden zu deren wirtschaftlicher Ausbeutung Organisationsapparate einschließlich landwirtschaftlicher Abteilungen, so beim bereits erwähnten Wirtschaftsstab Ost, in dem die genannten Akteure der Landwirtschaftspolitik miteinander agierten: Er unterstand dem von Göring als Beauftragtem für den Vierjahresplan geführten

430 Dieser knappe Überblick zur NS-Agrarpolitik folgt im Wesentlichen Münkel: Agrarpolitik, S. 93–128. Für detaillierte Betrachtungen vgl. Corni/Gies: Ernährungswirtschaft, passim, Dornheim: Moderne, S. 545–658, sowie Tooze: Zerstörung, dort vor allem S. 201–239, S. 309–315, S. 419–423 und S. 550–554, zur Orientierung Wehler: Gesellschaftsgeschichte 4, S. 699–707, sowie Herbert: Deutschland, S. 362–364. Für eine nützliche Sammlung von Fakten und Gesetzen zur NS-Agrarpolitik vgl. Tornow: Chronik, passim.

431 Tooze: Zerstörung, S. 619.

Wirtschaftsführungsstab Ost, wurde der Wehrmacht angegliedert, verfügte unter anderem über die vom RMEL geführte Abteilung »Chefgruppe Landwirtschaft« und dirigierte vor Ort Landwirtschaftsführer, die häufig dem Reichsnährstand entstammten.[432]

Was bedeutete diese fundamental veränderte Landwirtschaftspolitik für die Provinz Ostpreußen? Für Wirtschaftspolitik samt Landwirtschaftspolitik maßgeblich war dort spätestens ab Ende Juni 1933 Gauleiter Koch, als er Oberpräsident geworden war. Mit Ideen und Konzepten von Intellektuellen des »Königsberger Kreises« ausgestattet und mit den Apparaten der Verwaltung (Oberpräsidium) und der NSDAP im Rücken, stellte er fortan die wirtschaftliche Entwicklung Ostpreußens in den Mittelpunkt seiner Politik. Grundlage hierfür war nicht zuletzt die »berufungslose Sonderlage« Ostpreußens, die Hitler in einer für das nationalsozialistische Ostpreußen wegweisenden Besprechung am 5. Juli 1933 mit Koch und weiteren Regierungsvertretern feststellte. Dies aktualisierte nicht einfach die seit den 1920er-Jahren akzeptierte Notwendigkeit zur Unterstützung Ostpreußens durch Reich und Preußen, sondern grenzte die Provinz von den anderen, gleichfalls mit der »Osthilfe« gestützten ostelbischen Provinzen ab – Ostpreußen als »Insel« und »Bollwerk« Richtung Osten sollte hier stabilisiert und ausgebaut werden. Mit diesem schlagenden Argument im Rücken wurde versucht, den »Ostpreußenplan« – auch »Erich-Koch-Plan« genannt – zu realisieren. Er zielte darauf, mittelständische Industrie und Gewerbe in Ostpreußen anzusiedeln, vor allem um landwirtschaftliche Produkte weiterzuverarbeiten. Vorbild war insbesondere die ausgewogene, krisenfeste Wirtschaftsstruktur Württembergs. Die Umsetzung dieser Konzeption sollte Ostpreußen wirtschaftlich festigen und so attraktiv machen, dass eine bis anderthalb Millionen Menschen dort neu angesiedelt werden könnten. Damit waren wiederum Konsequenzen verbunden, so die Notwendigkeit einer aktiven Wohnungsbaupolitik. Den Erfolg der Konzeption sollten mannigfaltige wirtschaftliche Unterstützungsmaßnahmen der Reichsregierung befördern.[433]

Zwar stand anfangs eher die propagandistische als die realwirtschaftliche

432 Vgl. Christoph Dieckmann/Babette Quinkert: »Kriegsnotwendigkeiten« und die Eskalation der deutschen Massengewalt im totalen Krieg. Einführende Bemerkungen, in: Dies. (Hg.): Kriegführung und Hunger. 1939–1945. Zum Verhältnis von militärischen, wirtschaftlichen und politischen Interessen, Göttingen 2015, S. 11–14, Dieckmann: Scheitern, S. 91–98, Tooze: Zerstörung, S. 591–633, Corni/Gies: Ernährungswirtschaft, S. 536–538, Gerlach: Kalkulierte Morde, S. 168–171, sowie Hasenclever: Wehrmacht, S. 43–47.

433 Vgl. Rohrer: Macht, S. 263–265, Meindl: Koch, S. 183–184, zeitgenössisch zum »Ostpreußenplan« Hans-Bernhard von Grünberg: Die Hauptgrundsätze des Ostpreußenplanes, in: Das nationalsozialistische Ostpreußen, Königsberg 1934, S. 7–42 (zit. Grünberg: Hauptgrundsätze des Ostpreußenplanes), zudem Bethke/Grünberg: Entschuldung und Neubau, passim. Das Protokoll der erwähnten Besprechung vom 5. 7. 1933 ist überliefert bei Richter: Industriepolitik, Dokument Nr. 25, S. 167–171.

Wirkung im Vordergrund – die Meldung, als erste Provinz des Reichs »arbeitslosenfrei« zu sein, machte reichsweit großen Eindruck und mehrte Kochs Ansehen.[434] In der Folge wurden jedoch umfangreiche Bemühungen unternommen, den großspurigen Zielen auch Taten folgen zu lassen. Institutionell dienten dem in der Provinz selber das Landesgewerbeamt und die Landesplanungsstelle, im Verhältnis zum Reich vor allem der 1935 eingerichtete »Ostpreußenausschuss« (OPA), ein Unterausschuss des Reichsverteidigungsausschusses. Er steht für die Interessenkonvergenz von Koch und der Wehrmacht, die mit der wirtschaftlichen auch die wehrwirtschaftliche Gesundung verband, und diente dem abgestimmten, einheitlichen Vorgehen und Auftreten Ostpreußens auf Reichsebene.[435] Das im OPA regelmäßig thematisierte Ostpreußenprogramm ist dabei als kontinuierlich fortgeschriebene Bestandsaufnahme der wirtschaftlichen Lage Ostpreußens zu verstehen, aus der jeweils ein Katalog von Forderungen nach Unterstützungsmaßnahmen aller Art abgeleitet wurde.[436] Die Diskussionen zum Ostpreußenprogramm um 1938/1939 zeigen dabei anschaulich Schwerpunkte der Landwirtschaftspolitik in der Friedenszeit des nationalsozialistischen Regimes und die Ziele für die kommenden Jahre. Es soll daher ausführlich betrachtet werden.

Der auf den August 1938 datierte Entwurf der Denkschrift für die Sitzung des OPA definiert als zentrales Ziel die Umkehrung der Abwanderung, die nach wenigen Jahren geringfügiger Zuwanderung 1937 wieder eingesetzt hatte: »Der Führer hat nach der Machtübernahme angeordnet, daß in Ostpreußen die Bevölkerung um 1 Million Menschen zu vermehren ist.«[437] Ursächlich für die neuerliche Abwanderung sei das Gefälle in der Lebenshaltung, das insbesondere von geringeren Löhnen und Gehältern sowie höheren Kosten im Vergleich zu anderen Reichsteilen rühre. Die Maßnahmen des Ostpreußenprogrammes sollten daher darauf zielen, diese Kluft zu schließen.[438] Dabei war die Landwirtschaft als Grundlage der ostpreußischen Wirtschaft der entscheidende Ansatzpunkt – das stellt das Ostpreußenprogramm, bei aller propagandistischen Prominenz der Industrialisierungspläne von Gauleiter Koch, unzwei-

434 Vgl. Detlev Humann: »Arbeitsschlacht«. Arbeitsbeschaffung und Propaganda in der NS-Zeit 1933–1939, Göttingen 2011, S. 19, S. 312–314 und S. 503.

435 Zum Ostpreußenausschuss vgl. Rohrer: Macht, S. 331–332, Meindl: Koch, S. 188–189, sowie Richter: Halbzeit, S. 359–360.

436 Die für 1936 publizierte Fassung liegt in gedruckter Fassung vor: Ostpreußenprogramm. Denkschrift zu den Beschlüssen des Ostpreußenausschusses in der Sitzung vom 27. Oktober 1936. Vorgelegt durch den Oberpräsidenten der Provinz Ostpreußen, Königsberg/Pr. 1936.

437 Denkschrift für den Ostpreußen-Ausschuss vom August 1938 (Entwurf), BArch, RW 19/1753, Bl. 3.

438 Vgl. ebd., Bl. 2–8.

deutig fest. Erfahre die Landwirtschaft einen Auftrieb, so übertrage sich dies auf die gesamte Wirtschaft. Zwei Aufgaben wurden betont:

> »1. muß die ostpreußische Landwirtschaft in die Lage versetzt werden, ein gesundes, widerstandsfähiges Volk auf dem Lande als Wall gegen das andringende Slaventum zu halten. Hierzu muß sie u.a. in erster Linie Arbeitern Löhne und sonstige Lebensbedingungen bieten können, daß der zur Zeit bestehende, beängstigend große Anreiz zur Landflucht stark eingedämmt wird. [...]
> 2. muß die Provinz als ausgesprochenes Agrargebiet mit der größten landwirtschaftlichen Nutzfläche im Reiche ihre Landwirtschaft zu Leistungen entwickeln, die einen wesentlichen Beitrag zur Sicherung der deutschen Nahrungsdecke darstellen.«[439]

Die erste Aufgabe zeigt, dass von Kochs noch 1934 vertretener slawophiler »Ostideologie« nichts mehr übrig geblieben war; freilich waren solche antislawischen Ausfälle in Ostpreußen schon vor 1933 fester Bestandteil in der Kommunikation der Provinz gewesen.[440] Die zweite Aufgabe dagegen musste, ganz im Sinne der Aufgabenverteilung durch den Vierjahresplan, Ostpreußens Charakter als Agrarprovinz und Produzent von Nahrungsmitteln zementieren.[441]

Welche Maßnahmen forderte das Ostpreußenprogramm, und welche Probleme reflektierte es also um 1938/1939? Offenbar hatte sich das Verhältnis von Einnahmen und Ausgaben der ostpreußischen Landwirtschaft nach einer kurzfristigen Besserung um 1934/1935 wieder negativ entwickelt: Mehr als zwei von drei Betrieben (70 Prozent) machten 1938 Verlust, der durchschnittliche Betrieb verschuldete sich auch bei persönlicher konsumtiver Zurückhaltung; die Gesamtverschuldung der landwirtschaftlichen Betriebe Ostpreußens wurde auf bis zu 1,5 Milliarden Reichsmark geschätzt. Aus dieser Feststellung wurde im Ostpreußenprogramm ein Betrag von 90 Millionen Reichsmark errechnet, der notwendig sei, um die Landwirtschaft – durch eine Lohn- und Produktionssteigerung – auf wirtschaftlich gesunde Füße zu stellen. Von diesem Betrag waren 55 Millionen direkte Zuwendungen, der Rest indirekt wirkende Maßnahmen, in erster Linie Erleichterungen bei den Ausgaben.[442] Dieser eigens auf

439 Ebd., Bl. 8–9.

440 Vgl. Robert Traba: Ostpreußen – die Konstruktion einer deutschen Provinz. Eine Studie zur regionalen und nationalen Identität 1914–1933, Osnabrück 2010, S. 213–231 (zit. Traba: Konstruktion). »Seit 500 Jahren bricht sich der von Osten gegen Deutschland und Europa anbrandende, slawische Anprall an Ostpreußen«, so der frühere Reichsinnenminister Wilhelm von Gayl: Der politische und wirtschaftliche Kampf um Ostpreußen seit dem 19. Jahrhundert, Leipzig 1934, S. 4.

441 Vgl. hierzu auch Ernst Belser: Ostpreußen und der Vierjahresplan, in: Geographischer Anzeiger 38 (1937), S. 565–566.

442 Vgl. die Denkschrift für den Ostpreußen-Ausschuss vom August 1938 (Entwurf), BArch, RW 19/1753, Bl. 9–10 sowie Bl. 47. Der dort aufgeführte Maßnahmen-Katalog (Bl. 10–15) umfasste insgesamt 10 Einzelforderungen: 1) Mit Reichsmitteln von 30 Mio. RM sei der Realzins für landwirtschaftliche Hypothekarkredite auf einen Satz von 2 % zu senken.

die Landwirtschaft zugeschnittene Forderungskatalog wurde um Forderungen ergänzt, die andere Wirtschaftsbereiche oder die ostpreußische Wirtschaft insgesamt betrafen. So sollten Ausgaben gesenkt werden, und zwar in den Bereichen »Osthilfe« (Steuersenkung), Frachterstattung, Verkehrswegebau, Kultur und bei Mitteln der Reichsanstalt für Arbeitsvermittlung und Arbeitslosenversicherung. Ein weiterer Ansatzpunkt zielte auf eine allgemeine Produktionssteigerung, indem Tätigkeiten in die lange Winterzeit verlagert werden sollten, die einen erheblichen Arbeitsausfall verursachte. Erst nach diesen Aspekten wurden die Industrialisierungspläne ins Feld geführt, denen mit Reichsmitteln in Millionenhöhe und Vorzugsbehandlungen etwa bei Auftragsvergaben, Devisen- und Kontingentzuteilungen und Errichtungsgenehmigungen neuer Schwung verliehen werden sollte.[443]

Insgesamt stellte dieses Ostpreußenprogramm, jenseits laufender Förderungen, ein Unterstützungspaket in Höhe von knapp über 100 Millionen Reichsmark dar. Dabei sollten die Fördermaßnahmen für Ostpreußen, um nicht im Tagesgeschäft der Reichsressorts zerrieben zu werden, künftig statt von den einzelnen Ressorts nun als Globalsumme von einer Stelle in Berlin etatisiert werden. Bei Umsetzung des Programms, so schloss die Denkschrift, würde die Steuerkraft Ostpreußens zumindest auf den Stand Pommerns gehoben werden können. Doch dies sei ohnehin nicht entscheidend – unter Berufung auf den »Führer« wurde erklärt, dass die Maßnahmen unter allen Umständen, das heißt auch bei wirtschaftlichem Verlust durchzuführen seien, denn ohne sie finde »ein von Jahr zu Jahr steigendes Ausbluten der Provinz statt, eine Erscheinung, die aus den Gesamtzielen unserer nationalen Politik unter allen Umständen vermieden werden muss.«[444]

Diese Denkschrift kann keineswegs als taktisch motivierte Klageschrift abgetan werden, die nur neue Vorzugsbehandlungen für Ostpreußen erlangen sollte. Sie beschreibt vielmehr im Kern zutreffend die Situation der ostpreußi-

---

2) Steuern und Abgaben seien zu senken, mit Reichszuschuss von rd. 4 Mio. RM. 3) Sozialasten für Arbeitgeber wie Arbeitnehmer seien um 50 % zu senken, durch Reichszuschuss von rd. 9 Mio. RM. Wichtig und dabei nicht budgetiert war 4) die Forderung, die Lebensbedingungen der Landarbeiter insbesondere durch Werkwohnungsbau zu verbessern. 5) Um eiweißreiche Futtermittel, die Grundlage der Milcherzeugung, zu verbilligen, seien 2 Mio. RM einzusetzen. 6) Ebenfalls nicht budgetiert war die Forderung, die Meliorationen der Böden zu beschleunigen. Seit 1933 seien 200.000 ha melioriert worden, doch stünden noch 800.000 ha aus. 7) Mit rd. 10 Mio. RM seien die Meliorationsgenossenschaften zu entschulden. 8) Mittels Abkalkungen sei die Leistungsfähigkeit der ostpreußischen Böden zu verbessern, wofür per Frachtermäßigung günstiger Düngekalk einzuführen sei. 9) Die Einnahmen durch Milch seien zu erhöhen, wodurch die Löhne erhöht werden könnten. 10) Das Getreidepreisniveau in Ostpreußen sei zu vereinheitlichen, mit der Aussicht auf Mehreinnahmen in Höhe von 1,5 Mio. RM.

443 Vgl. ebd., Bl. 16–23.

444 Ebd., Bl. 24, für die Schlussbetrachtung vgl. ebd., Bl. 23–25.

schen Landwirtschaft am Vorabend des Zweiten Weltkrieges. Der landwirtschaftliche Charakter der Provinz – das war in der kurzen Zeit auch nicht anders zu erwarten – war nach der Machtübernahme wenig verändert. Zwar waren Wohnbevölkerung und Bevölkerungsdichte angestiegen, ebenso gingen das Stadt-Land-Gefälle und der Anteil der in Land- und Forstwirtschaft Beschäftigten zurück. Doch Ostpreußen war nach wie vor zutiefst agrarisch-ländlich geprägt, mehr als alle anderen flächengroßen Länder und Provinzen reichsweit.[445] Die Betriebe waren massiv verschuldet, die Abwanderung wieder in vollem Gange.[446] Die nun »Neubildung deutschen Bauerntums« genannten Siedlungsbemühungen blieben weitgehend erfolglos und erloschen während des Zweiten Weltkriegs fast völlig.[447] Auch bei Lebenshaltung, Preisen, Löhnen und Gehältern blieb Ostpreußen unattraktiv. War das Preisniveau fast auf der Höhe des Reichsdurchschnitts geblieben und lag es in Städten gar darüber, so blieben die Löhne und Gehälter zurück.[448] Kurzum: Gewiss gaben unter anderem Marktordnung und andere Maßnahmen des Reichsnährstandes den Bauern

---

445 Vgl. Statistisches Jahrbuch Reich 58 (1939/1940), S.10 und S. 22. Ostpreußen 1939 im Einzelnen: Wohnbevölkerung: 2,49 Mio. EW (ohne Memelgebiet), rd. 67 EW/qkm (1933: 63 EW). Verteilung, jeweils einschließlich des Memelgebiets: Gemeinden unter 2.000 EW: 51,6 % (1933: 57 %; Reich 1939: 31,6 %); Gemeinden 2.000–100.000 EW: 33,4 % (1933: 29,5 %; Reich 1939: 37,9 %); Gemeinden über 100.000 EW: 15 % (1933: 13,5 %; Reich 1939: 30,5 %). Die Berufszugehörigkeit Mitte 1939 (ohne Memelgebiet, die Prozentzahlen geben den Anteil der Erwerbspersonen und deren Angehöriger ohne Hauptberuf an der Gesamtbevölkerung an): Land- und Forstwirtschaft 36,5 % (1933: 42,1 %; 1925; 45,4 %; Reich 1939: 19,1 %); Industrie und Handwerk 24,1 % (1933: 21,6 %; 1925: 20,6 %; Reich 1939: 40,3 %); Handel und Verkehr 12,7 % (1933: 12,4 %; 1925: 12,8 %; Reich 1939: 15,4 %); Öffentlicher Dienst und private Dienstleistungen 11,6 % (1933: 7,2 %; 1925: 7,0 %; Reich 1939: 9,8 %), vgl. hierzu ebd., S. 27, zudem Statistisches Jahrbuch Reich 53 (1934), S. 21, sowie Statistisches Amt der Provinz Ostpreußen (Hg.): Statistisches Handbuch für die Provinz Ostpreussen. 1938. Ein Wegweiser durch Verwaltung, Bevölkerungs- und Wirtschaftsentwicklung seit der Machtübernahme 1933–1937, Schlossberg (Ostpr.)/Leipzig 1938, S. 100 (zit. Statistisches Handbuch Ostpreußen 1938).

446 In den Jahren 1933 bis 1935 gab es insgesamt ein kleines Plus von rd. 5.000 Menschen, dann stieg der Wanderungsverlust wieder rapide an (1936: rd. 1.600; 1937: rd. 10.800; 1938: rd. 15.000). Vgl. Verwaltungsamt des Reichsbauernführers (Zusammenstellung): Landwirtschaftliche Statistik. 1939/1940, Berlin 1940, S. 17, sowie N. N.: Zum sozialen Aufbau im Osten, in: Michael Hepp/Karl Heinz Roth (Bearb.): Sozialstrategien der Deutschen Arbeitsfront, Tl. A: Jahrbücher des Arbeitswissenschaftlichen Instituts der Deutschen Arbeitsfront 1936–1940/41, Bd. 4: Jahrbuch 1939, Teilbd. I, München/London/New York u. a. 1987, S. 53–54 (zit. N. N.: Sozialer Aufbau).

447 Siehe hierzu detailliert Kapitel 5. Zahlen zu Erwerb und Bereitstellung von Siedlungsland in Ostpreußen (einschließlich des RB Westpreußen, ohne Memelgebiet und Ostgebiete) in ha: 1933: 14.995; 1934: 20.947; 1935: 9.173; 1936: 6.628; 1937: 6.898; 1938: 4.969; 1939: 5.320; 1940: 3.258, vgl. Landesbauernschaften in Zahlen (1940–1941), S. 188.

448 Vgl. Rohrer: Macht, S. 490–491. Arbeiter in Ostpreußen erhielten 1938 nur 70 % des Reichsdurchschnitts der Arbeiter, auch Angestellte blieben mit 93 % darunter.

Schutz und Sicherheit, im Tausch gegen Kontrolle und Zwang. An Attraktivität hatte die Landwirtschaft in Ostpreußen indes kaum gewonnen.

Vor diesem Hintergrund ist der Übergang von der Ernährungswirtschaft zur Kriegsernährungswirtschaft zu sehen.[449] Mit diesem Übergang wurden die ideologischen Ziele nationalsozialistischer Agrarpolitik keineswegs obsolet,[450] unmittelbar kriegswichtig jedoch war nun die Nahrungsmittelproduktion. Zwar liegt die Entwicklung der ostpreußischen Landwirtschaft von 1939 bis 1945 in vielem im Dunkeln.[451] Die folgende Betrachtung ausgewählter Aspekte der Landwirtschaft in Ostpreußen zu Kriegszeiten soll jedoch einen hinreichenden Überblick verschaffen.[452]

Eine Orientierungsmarke für die Produktionsleistung der ostpreußischen Landwirtschaft bildeten regelmäßig erneuerte Pläne. Nun waren vom Reichsnährstand grobe Richtlinien, mit denen der »Sieg« in der ersten »Erzeugungsschlacht« errungen werden sollte, bereits 1934 in den sogenannten »Zehn Geboten« gefasst worden, beginnend mit »1. Nutze Deinen Boden intensiv«.[453] Leitlinien solcher Art wurden, an die aktuelle Situation angepasst, immer wieder unter das Landvolk gebracht, namentlich von Darré und Backe.[454] Dabei wurden die auf Reichsebene ausgerufenen Parolen regional und lokal heruntergebrochen, so dass die Aufgaben der »Erzeugungsschlacht« bis in die letzten Winkel des Deutschen Reichs getragen werden konnten. Die Verhältnisse bei Boden und Klima berücksichtigend, habe »der Reichsbauernführer den einzelnen Landesbauernschaften besondere Anbaupläne, die den natürlichen und wirtschaftlichen Grundlagen des Ackerbaues angepaßt sind, zur Auflage gemacht.« Den »ihr auferlegten Plan« habe die Landesbauernschaft Ostpreußen sodann wieder

449 Mehr zu den damit verbundenen organisatorischen Implikationen in Kapitel 3.2.

450 Siehe hierzu Kapitel 4.

451 Die Quellen- und Datengrundlage ist dünn, Gebietsveränderungen erschweren Vergleiche. Eine tiefgehende, auch betriebs- und volkswirtschaftliche Analyse steht aus und kann hier nicht geleistet werden. Unseriös und offenkundig politisch motiviert sind die oft unbelegten Ausführungen bei Bloech: Landwirtschaft, z. B. S. 117–122. Ebenso unseriös ist Bloech/Heide: Landwirtschaft, z. B. S. 117–119.

452 Hierfür werden im Folgenden statistische Angaben und wenige, dabei meist disparate Quellen mit aktuellen Forschungsergebnissen zusammengeführt.

453 Die »Zehn Gebote« sind überliefert bei Clifford R. Lovin: Die Erzeugungsschlacht 1934–1936, in: ZAA 22 (1974), S. 214–215. Die Kerninhalte dieser »Zehn Gebote« lauteten: »1. Nutze Deinen Boden intensiv: […] 2. Dünge mehr und dünge richtig! […] 3. Verwende stets einwandfreie Saat. 4. Wirtschafte vielseitig und vermeide Einseitigkeit im Anbau […]. 5. Wirtschafte vielseitig […]. 6. Baue Grünfutter als Zwischenfrucht […]. 7. Verbessere Deinen Boden durch Meliorationen. […] 8. Halte nur so viel Vieh, wie Du mit wirtschaftseigenem Grünfutter ernähren kannst. 9. Halte Leistungstiere und nicht leistungsunfähige Fresser. 10. Halte Schafe!«

454 Vgl. Corni/Gies: Ernährungswirtschaft, S. 315–316 sowie S. 477, zudem Lehmann: Deutsche Landwirtschaft, S. 616–617.

aufgeteilt und an die spezifischen Gegebenheiten der Provinz angepasst, heißt es beim »Anbauplan« für das Jahr 1943.[455] Teils für Masuren, den Regierungsbezirk Zichenau und den Bezirk Bialystok regional differenziert, setzte beispielsweise dieser Plan folgende Schwerpunkte:

»1. Brot
An erster Stelle im Anbauplan steht die ausreichende Versorgung der Bevölkerung mit Brot. Wenn wir in Ostpreußen die Brotgetreideflächen des Jahres 1938/39 erhalten, so haben wir unsere Aufgabe im Gesamtanbauplan des Reiches erfüllt. [...]
2. Hackfrüchte
[...] Unter diesen nehmen wieder die Kartoffeln die größte Fläche ein. Schon in den Anbaujahren 1941 und 1942 hat der Landesbauernführer die Ausweitung des Kartoffelbaues um 10 bzw. 20 Prozent angeordnet. [...]
3. Oelfruchtanbau
Die Fettversorgung kann nur sichergestellt werden, wenn außer der Butter- und Schweinefetterzeugung Oelfruchtanbau in genügendem Umfange betrieben wird. [...] Alle ostpreußischen Betriebe, die ihre Oelfruchtanbaufläche gegenüber dem Anbaujahr 1941 ausdehnen, erhalten je Hektar eine zusätzliche Düngung von 30 kg Reinstickstoff. [...]
4. Hülsenfrüchte
Der Anbau der Hülsenfrüchte wie Bohnen, Erbsen, Wicken, Peluschken muß entsprechend dem Anbauplan gehalten werden. [...]
5. Feldfutterbau
[...] Im Feldfutterbau, insbesondere beim Rotklee, haben wir Jahre mit Saatgutmangel erleben müssen, und die mit bestem Erfolg begonnene Selbsterzeugung der Kleesaaten muß auch 1943 fortgesetzt werden. [...]
6. Faserpflanzen
[...] Der Hanfanbau auf gut entwässerten, gesunden Niederungsmoorböden muß weiter an Ausdehnung zunehmen. [...]
Zusammenfassend ist zu sagen, daß jeder Bauer und Landwirt sein Bestes dazu beitragen muß, um den Anbauplan zu erfüllen. Die kriegsbedingten Schwierigkeiten sind groß, doch muß ein jeder nach Mitteln und Wegen trachten, um diese Schwierigkeiten abzumildern oder zu überwinden, denn es geht letzten Endes in diesem Kriege um das Sein oder Nichtsein des deutschen Volkes.«[456]

Offenkundig waren diese Anbaupläne und Aufgabenstellungen nur teilweise konkret. Sie sind dabei als jährliche Anpassungen zu verstehen, die den Bauernführern und der ländlichen Bevölkerung unter anderem durch das Publikationsorgan der Landesbauernschaft Ostpreußen bekannt gegeben wurden.[457]

455 Beide Zitate in: Paul Ziehr: Der Anbauplan 1943 für Ostpreußen, in: WbLBsch Ostpreußen vom 27.2.1943, S. 119.
456 Ebd., S. 119–120.
457 Vgl. z.B. Erich Spickschen: Auch 1938 Weiterarbeit an der Verwirklichung der Nahrungsfreiheit, in: WbLBsch Ostpreußen vom 17.12.1937, S. 1845, Arthur Schumacher: Die Aufgaben in der Kriegserzeugungsschlacht, in: WbLBsch Ostpreußen vom 2.3.1940,

Beim Anbau in den an Ostpreußen angegliederten Gebieten musste dabei deren unterschiedliche Agrarstruktur berücksichtigt werden. Dies galt nicht beim Memelgebiet, das in wesentlichen landwirtschaftlichen Kennzahlen der Provinz Ostpreußen glich.[458] Anders war dies beim Regierungsbezirk Zichenau: Von der landwirtschaftlichen Nutzfläche, insgesamt etwa 68 Prozent der Gesamtfläche, wurden rund 78 Prozent als Äcker genutzt (Altostpreußen circa 70 Prozent). Zudem gab es dort häufig bessere Böden als in der Altprovinz. Das Klima war im Jahresdurchschnitt um ein Grad wärmer (7,5 Grad), der Jahresniederschlag mit circa 400 bis 500 Millimeter deutlich geringer. Die Vegetation entwickelte sich etwa zwei Wochen früher als in Ostpreußen, im Herbst waren einige Tage mehr Zeit für die Einbringung der Ernte. Die Erträge durch Ackerbau waren allerdings geringer als in der Altprovinz, wofür zeitgenössisch der Mangel an Düngung und an systematischer Entwässerung sowie eine unzureichende Bodenkultur verantwortlich gemacht wurden. Im Bereich der Viehhaltung (Rinder, Schweine, Schafe, Geflügel) lag das Gebiet fast in jeder Hinsicht unter dem Niveau der Altprovinz, mit Ausnahme der Pferdehaltung. Anders als die Altprovinz war der Regierungsbezirk Zichenau durch extensive Landwirtschaft geprägt.[459]

Formal nicht zur Provinz Ostpreußen gehörte der Bezirk Bialystok. Auch dieser war Agrargebiet, im Hinblick auf die Berufsgliederung der Bevölkerung noch deutlich stärker als Ostpreußen. Ausweislich einer Erhebung von 1931 sollen dort in den einzelnen Kreisen zwischen 70 und 85 Prozent der Bevölkerung in der Land- und Forstwirtschaft tätig gewesen sein. Der Anteil landwirtschaftlicher Nutzfläche (66 Prozent) ähnelte jenem Ostpreußens. Rund ein Viertel des Bezirks bestand aus Waldgebiet einschließlich Ödland, etwa die Hälfte wurde als Ackerfläche genutzt, auf der vor allem Roggen (32 Prozent), Kartoffeln (15 Prozent) und Hafer (13 Prozent) angebaut wurden. In der Regel

---

S. 113–114, ders.: Zur Erzeugungsschlacht des Jahres 1944, in: WbLBsch Ostpreußen vom 4.12.1943, S. 547–548, sowie ders.: Der ostpreußische Anbauplan 1945, in: WbLBsch Ostpreußen vom 22.7.1944, S. 273–274.

458 So im Hinblick auf die LN, die Betriebsgrößenstruktur und die Erzeugungsstruktur. Vgl. Landesbauernschaften in Zahlen (1933–1938), S. 244–247, zudem Gerhard Willoweit: Die Wirtschaftsgeschichte des Memelgebiets. II. Bd., Marburg a. d. L. 1969, S. 593–615.

459 Vgl. zeitgenössisch Paul Ziehr: Die Landwirtschaft im Regierungsbezirk Zichenau, in: WbLBsch Ostpreußen vom 10.8.1940, S. 478–479, und ders.: Die Landwirtschaft im Regierungsbezirk Zichenau (Schluss), in: WbLBsch Ostpreußen vom 17.8.1940, S. 505–506, zudem Landesbauernschaften in Zahlen (1938–1939), S. 193–195. Vgl. auch die im Vorfeld einer Reise in den RB Zichenau entstandene Daten-Aufstellung »Die landwirtschaftlichen Verhältnisse des Regierungsbezirks Zichenau« (ohne Autor), BArch, R 3001/22182, Bl. 158–162. Dort finden sich allerdings andere Zahlen, nämlich für ca. 1940 77 % LN in den neun Kreisen des RB Zichenau (mit 1.235.972 ha, hiervon 950.770 ha LN; 104.970 kleine und mittlere Betriebe unter 125 ha, 564 Betriebe über 125 ha; 861.000 EW, 70 EW/qkm). Vgl. dagegen die Übersicht über diese Kennzahlen in Kapitel 3.2.

herrschten leichte Böden vor, lediglich zwei Gebiete – jeweils südöstlich von Lomscha (Łomża) und Grodno – wiesen bessere Böden auf. Die Tierhaltung spielte demgegenüber eine geringe Rolle. Im Bezirk Bialystok dominierte der landwirtschaftliche Kleinbetrieb: Mehr als die Hälfte der Betriebe wies Größen bis 20 Hektar auf, während die Größenklasse von 50 bis 100 Hektar mit rund 3 Prozent extrem gering vertreten war; deren Anteil war in Ostpreußen um ein Vielfaches größer.[460] Zeitgenössisch wurde der Landwirtschaft im Bezirk Bialystok ein niedriges Niveau bescheinigt, wofür man primitive Bewirtschaftung, die zersplitterte Bodenverteilung sowie die Kriegsumstände verantwortlich machte: Zwei Mal innerhalb kürzester Zeit, 1939 und 1941, war das Land durch einfallende Armeen verwüstet worden.[461]

Die Adressaten von Anbauplänen und damit Träger der landwirtschaftlichen Produktion in Ostpreußen waren rund 154.000 landwirtschaftliche Betriebe (Mai 1939), wie erwähnt mit starkem bäuerlichen Besitz und Großgrundbesitz gleichermaßen (Tabelle 3.1).

Betrachtete man allein die Größenverteilung der landwirtschaftlichen Betriebe,[462] so hätte Ostpreußen ohne Zweifel eine gute Ausgangslage für hohe Produktionsleistungen geboten. Im Rahmen der Raumplanungen, die die Nationalsozialisten für die eroberten Ostgebiete anstellten, steht namentlich der beim RKF angesiedelte Konrad Meyer für einen Paradigmenwechsel: Anstelle der Bodenproduktivität sollte nun die Arbeitsproduktivität als relevante Messgröße in den Fokus rücken. Hierfür sollten Familienbetriebe und Großbetriebe im Durchschnitt größer werden; die Modelle dafür waren unterschiedlich, eines von Max Schönberg forderte 1942 für Familienbetriebe mindestens 25 Hektar, für Großbetriebe mindestes 250 Hektar Betriebsgröße. Diese Planungen waren nach heutigem Stand der Wirtschaftswissenschaften tatsächlich geeignet, die Arbeitsproduktivität zu erhöhen und damit die Landwirtschaft auf ein höheres Einkommensniveau zu heben. Konrad Meyers Planungen freilich zielten auf eine rücksichtslose Umgestaltung der wirtschaftlichen und sozialen Struktur in diesen Ostgebieten, waren brutale »Menschenökonomie« reinsten Wassers –

460 Vgl. den vom Reichsrechnungshof veranlassten Bericht über das Ergebnis der Prüfung bei der OLG, Zweigstelle Bialystok, vom 29.12.1943, BArch, R 2301/4035, Bl. 3–4. Vgl. zudem aus nationalsozialistischer Sicht, aber mit aufschlussreichen faktischen Angaben zum Bezirk Bialystok: Heinz Kabermann: Der Bezirk Bialystok, in: Neues Bauerntum 34 (1942), S. 333–335. Vgl. auch vom Pressechef der LBsch Ostpreußen, Hans Dullo: Aufbau der Landwirtschaft im Bezirk Bialystok, in: WbLBsch Ostpreußen vom 11.12.1943, Titelseite und S. 556, sowie den Vermerk Dr. Heuers (Reichsstelle für Raumordnung) vom 18.2.1943 über einen Vortrag des Bezirksplaners Bayer (Białystok) zum Thema »Der Bezirk Bialystok«, BArch, R 113/355, Bl. 19–20.

461 Vgl. den vom Reichsrechnungshof veranlassten Bericht über das Ergebnis der Prüfung bei der OLG, Zweigstelle Bialystok, vom 29.12.1943, BArch, R 2301/4035, Bl. 4.

462 Siehe hierzu auch die Ausführungen in Kapitel 6.1.

Tabelle 3.1: Ostpreußens land- und forstwirtschaftliche Betriebe (1933, 1939)

	Zahl	LN	0,5–2 ha		2–5 ha		5–10 ha		10–20 ha		20–100 ha		über 100 ha	
			%	LN	%	LN	%	LN	%	LN	%	LN	%	LN
Ostpreußen 1933	136.143	2.499.000	14,2	21.000	19,3	81.000	21,6	194.000	22	376.000	19,9	941.000	3	886.000
Ostpreußen 1939	153.652	2.648.000	15,8	25.000	18	85.000	20,9	214.000	23,1	450.000	19,5	1.026.000	2,7	848.000
Reich 1933	3.046.819	26.624.000	27,4	865.000	25,8	2.376.000	20,3	3.889.000	14,8	5.337.000	10,6	8.846.000	1,1	5.311.000
Reich 1939	4.786.363	38.155.000	30,4	1.452.000	25,6	3.712.000	18,7	5.633.000	14,5	8.296.000	9,9	12.373.000	1	6.689.000

Quellen: Statistisches Jahrbuch Reich 53 (1934), S. 60–61; Statistisches Jahrbuch Reich 59 (1941/42), S. 102–103; Deutsches Reich 1933 ohne Saargebiet; für das Jahr 1939 Ostpreußen und Deutsches Reich mit Gebietsstand 17. 5. 1939; LN in ha.

denn der besagte Paradigmenwechsel war mit der Vertreibung oder Ermordung der ansässigen Bevölkerungen und mit der Umsiedlung Hunderttausender Menschen aus den Realteilungsgebieten des Deutschen Reiches dorthin verbunden.[463]

Für die Produktionsleistung der Landwirtschaft war die Betriebsgrößenstruktur freilich nur ein Faktor, der durch andere Faktoren konterkariert werden konnte. In Ostpreußen waren dies die verkürzte Vegetationszeit und die technische Rückständigkeit. Daher war dort für den gleichen Ertrag eine höhere Betriebsgröße als in anderen Regionen nötig, die Bodenproduktivität also geringer; und wie noch zu zeigen sein wird, war vermutlich auch die Arbeitsproduktivität nicht sonderlich gut.

Große Veränderungen in der ostpreußischen Landwirtschaft im Zweiten Weltkrieg sind beim Produktionsfaktor »Arbeitskräfte« zu erkennen: Nun war es zunächst nicht nur, aber auch eine Folge der Abwanderung, dass der ostpreußischen Landwirtschaft schon vor dem Zweiten Weltkrieg rund 40.000 Arbeitskräfte fehlten, insbesondere Mägde, Melker und Deputanten.[464] Beginnend mit dem Überfall auf Polen aber veränderte sich die Struktur des Reservoirs an Arbeitskräften in Ostpreußen massiv: Einerseits verschärfte sich durch Einziehungen zur Wehrmacht - zumal in Ostpreußen Männer nicht bis zum 45., sondern bis zum 55. Lebensjahr eingezogen wurden - der Arbeitskräftemangel schlagartig. Allein im September 1939 sollen so rund 90.000 Männer der Landwirtschaft entzogen worden sein und einen gewaltigen Landarbeitermangel bewirkt haben,[465] und bis September 1940 sollen etwa 150.000 in der Landwirtschaft erwerbstätige Männer eingezogen worden sein.[466] Andererseits wurden durch die Kriegslage nun neue Arbeitskräfte-Potentiale erschlossen; dies betraf insbesondere Frauen und Ausländer.[467]

Unter den weiblichen Arbeitskräften machten allein Familienangehörige über 30 Prozent der Arbeitskräfte in der Landwirtschaft Ostpreußens (ohne Ostge-

463 Vgl. Streb/Pyta: Arbeitsproduktivität, S. 56–78, dort vor allem S. 72–76, Uwe Mai: Rasse und Raum. Agrarpolitik, Sozial- und Raumplanung im NS-Staat, Paderborn/München/Wien u. a. 2002, S. 289–331 (zit. Mai: Rasse), sowie Wolfram Pyta: »Menschenökonomie«. Das Ineinandergreifen von ländlicher Sozialraumgestaltung und rassenbiologischer Bevölkerungspolitik im NS-Staat, in: HZ 273 (2001), S. 31–94.

464 Vgl. die Wirtschaftsberichte der Wehrwirtschaftsinspektion I (Königsberg/Pr.) vom März 1939 (Bl. 111 und Bl. 113) sowie zum 20. 7. 1939 (Bl. 49–50), beide in: BArch, RW 19/51. Für die Bergung der Ernte im Juli 1939 wurden insgesamt 20.000 Männer des Reichsarbeitsdienstes, 10.000 Studenten und insgesamt 3.400 ausländische Arbeiter aus Italien, Litauen und der Slowakei eingesetzt.

465 Vgl. den Wirtschaftsbericht der Wehrwirtschaftsinspektion I (Königsberg/Pr.) zum 20. 9. 1939, BArch, RW 19/51, Bl. 36.

466 Vgl. die Geschichte der Rüstungsinspektion I für 1. 9. 1939–30. 9. 1940, BArch, RW 20–1/19, unpag.

467 Vgl. die Zahlen für Mai 1941 in: Landesbauernschaften in Zahlen (1940–1941), S. 178–179.

Tabelle 3.2: Die Arbeitskräfte der landwirtschaftlichen Betriebe Ostpreußens (Mai 1942)

Landesbauernschaft(en)			**Ostpreußen**		**Deutsches Reich**		**Anteil Ostpreußen / Deutsches Reich**
			Zahl	**%**	**Zahl**	**%**	**%**
erfasste Betriebe			133.600		3.607.400		
hauptberufliche Betriebsinhaber und Betriebsleiter		*männlich*	80.700	14,8	1.898.500	16,2	4,3
		weiblich	8.400	1,5	241.200	2,1	3,5
Familienangehörige	*ständig beschäftigt*	*männlich*	31.000	5,7	790.900	6,7	3,9
		weiblich	161.400	29,5	4.568.000	38,9	3,5
	nicht ständig beschäftigt	*männlich*	2.700	0,5	162.300	1,4	1,7
		weiblich	5.100	0,9	272.900	2,3	1,9
Verwaltungs-, Aufsichts- und Rechnungspersonal		*männlich*	3.400	0,6	55.600	0,5	6,1
		weiblich	2.500	0,5	41.800	0,4	6,0
deutsche Gesindekräfte		*männlich*	13.100	2,4	268.400	2,3	4,9
		weiblich	23.300	4,3	510.100	4,3	4,6
sonst ständige deutsche Arbeitskräfte		*männlich*	44.500	8,1	364.200	3,1	12,2
		weiblich	7.400	1,4	156.500	1,3	4,7
nichtständige deutsche Arbeitskräfte		*männlich*	4.800	0,9	125.600	1,1	3,8
		weiblich	10.500	1,9	361.100	3,1	2,9
ausländische Gesindekräfte		*männlich*	41.200	7,5	496.600	4,2	8,3
		weiblich	15.600	2,9	266.600	2,3	5,9
sonstige ausländische Arbeitskräfte		*männlich*	19.700	3,6	263.800	2,2	7,5
		weiblich	4.900	0,9	143.500	1,2	3,4
Kriegsgefangene			66.600	12,2	758.800	6,5	8,8
GESAMT			546.800	100,0	11.746.400	100,0	4,7

Quelle: Landesbauernschaften in Zahlen (1941–1942), S. 136–137; Ostpreußen ohne ehemalige polnische Gebiete; Deutsches Reich ohne ehemalige polnische Gebiete, mit Eupen-Malmedy; ohne zum Heer Einberufene.

biete) aus. Die Vorstellung der Nationalsozialisten vom Einsatz von Frauen in der Landwirtschaft und insbesondere das Bild von der Landfrau wurden durch die Realität des Krieges verändert. Im ländlich-bäuerlichen Bereich propagierten gerade die Landesbauernschaften ein Rollenbild der Bäuerin, durch das ihre Aufgabensphäre klar von der des Mannes getrennt war: Zusammen bildeten sie den Kern der »Haus- und Hofgemeinschaft«, zu der auch mitarbeitende Familienangehörige und das Gesinde rechneten, unter dem wiederum Frauen als Mägde und Landarbeiterinnen waren.[468] Dem Bauern war die Rolle als Zeuger

468 Vgl. Reischle/Saure: Reichsnährstand, S. 138–139, sowie Corni/Gies: Ernährungswirtschaft, S. 212–213.

von Leben und des die Familie versorgenden Vaters zugedacht, der die schwere Feldarbeit samt Tierhaltung übernahm und den Hof nach außen, gleichsam für die bäuerliche Öffentlichkeit, repräsentierte. Die Sphäre der Bäuerin dagegen war der private Raum des Hofes. Dort sollte sie »erbgesundem« Nachwuchs das Leben schenken und diesen als Mutter mit Blick auf die »Sippe« und in einer Weise erziehen, dass der Nachwuchs auf dem Land verwurzelt blieb. Sie war überdies für die Pflege des bäuerlichen Brauchtums zuständig, etwa wenn sie die Fertigkeit des Spinnens vermittelte. Im Arbeitsprozess sollte sie die Funktion einer »Kameradin« des Mannes übernehmen, die sich um den Hof und den Garten einschließlich der Kleintierhaltung zu kümmern hatte.[469]

Nun gab es schon regional gesehen Differenzierungen. So untersagte die Marktordnung, dass Landfrauen wie früher landwirtschaftliche Produkte im Wege der Selbstvermarktung verkauften. In Ostpreußen indes gab es diese Selbstvermarktung weiterhin, vermittels sogenannter Verkaufsstellen in Kooperation mit dem genossenschaftlichen Raiffeisenverband. Das »ideale« nationalsozialistische Rollenbild der Landfrau jedoch war auch grundsätzlich nicht in Stein gemeißelt – die Zeitumstände und insbesondere die Konsequenzen der Rüstungswirtschaft dynamisierten es. Die Berufstätigkeit der Frau wurde im ländlichen Bereich als »arteigen« definiert und so ohnehin nie in Frage gestellt. Doch schon ab etwa 1936, endgültig aber mit Beginn des Zweiten Weltkrieges wurde sie zur schlichten wirtschaftlichen Notwendigkeit, als viele Bauern zur Wehrmacht eingezogen wurden. Der Bauernhof gehörte nun zur Heimatfront, und dort übernahmen mehr und mehr Frauen das Zepter.[470]

Ohne Zweifel hatten Landfrauen eine enorme Arbeitslast zu bewältigen, die ab September 1939 nochmals massiv stieg. Reichsweit wuchs der Anteil der in der Landwirtschaft – und dabei mehrheitlich in bäuerlichen Familien – beschäftigten Frauen von 4,65 Millionen (1933) auf rund 6 Millionen (1939), unter Rückgang familienfremder Mitarbeiter; bis September 1944 sank diese Zahl dann auf knapp 5,8 Millionen. Zugleich wanderten vor allem junge Arbeitskräfte aus der Landwirtschaft in die Industrie ab. Maßnahmen gegen die Landflucht, die insbesondere auch Landfrauen entlasten sollten, waren unzureichend: Die verschiedenen Dienstformen (Reichsarbeitsdienst, Erntejahr, Pflichtjahr) waren nur Notlösungen, die nicht nachhaltig wirkten und quantitativ wenig Bedeutung

469 Vgl. Münkel: Landfrau, S. 146–148, sowie Corni/Gies: Ernährungswirtschaft, S. 290.

470 Vgl. Anke Sawahn: Die Frauenlobby vom Land. Die Landfrauenbewegung in Deutschland und ihre Funktionärinnen 1898 bis 1948, Frankfurt a. M. 2009, S. 432 (zit. Sawahn: Frauenlobby), sowie Münkel: Landfrau, S. 152–155. Zum Rollenbild der »nationalsozialistischen Landfrau« siehe auch Kapitel 4.3.

hatten. Auch zeigten Modernisierungsversuche, etwa technischer Art und hinsichtlich Arbeitsmethoden, relativ wenig Erfolg.[471]

In der Kriegszeit sollte Entlastung für die Landfrauen auch der Einsatz von ausländischen Arbeitskräften bringen, einschließlich sogenannter »Fremdvölkischer«.[472] Tabelle 3.2 weist einen Anteil von mehr als 27 Prozent ausländischer Arbeitskräfte in der ostpreußischen Landwirtschaft aus, von denen wiederum die 66.600 Kriegsgefangenen etwas weniger als die Hälfte (12 Prozent) stellten. Der Anteil ausländischer Arbeitskräfte lag demgegenüber bei den Landesbauernschaften des Reichs insgesamt nur bei rund 12 Prozent, jener der Kriegsgefangenen bei circa 9 Prozent.

Damit wird auch die Frage nach Zwangsarbeitern berührt. Diese ist, anders als für die Industrie, für den landwirtschaftlichen Bereich noch nicht hinreichend erforscht. Eine Charakterisierung ersterer als »Sklavenarbeit«, letzterer dagegen als »Gastarbeit« ist unhaltbar, auch wenn dies gängigen Geschichtsbildern entspricht. Das Problem beginnt indes früher, nämlich mit der Definition von »Zwang«. Worum es geht, soviel mag in aller Unschärfe hier reichen, ist die Heranziehung ausländischer Arbeitskräfte zu unfreiwillig geleisteter Arbeit für das Deutsche Reich. Dies betraf sechs Personengruppen: 1) ungefähr zwei Millionen Kriegsgefangene (1944), von denen 2) ein Teil per formal korrektem Arbeitsvertrag bald zur etwa fünf Millionen zählenden Masse der ausländischen Zivilarbeiter (»Fremdarbeiter«) stieß, die häufig ins Reich verbracht wurden. Im Sommer 1944 erreichten diese beiden Gruppen mit 7,6 Millionen Menschen ihre Maximalzahl, angesichts der massiven Fluktuation muss aber von insgesamt bis zu 10 Millionen ausgegangen werden. Weitere Gruppen umfassten 3) die Häftlinge, die in den Konzentrationslagern der SS im Deutschen Reich schufteten; 4) europäische Juden, die innerhalb und außerhalb des Reichsgebiets Zwangsarbeit leisten mussten; 5) für deutsche Besatzungsorganisationen arbeitende Menschen; 6) Kriegsgefangene und zivile Arbeiter, die außerhalb ihrer Heimatländer in anderen Ländern, etwa in Frankreich, für das Deutsche Reich Zwangsarbeit leisteten.[473]

---

471 Vgl. Corni/Gies: Ernährungswirtschaft, S. 283, S. 287 und S. 296–297, sowie Münkel: Landfrau, S. 158.

472 Vgl. Sawahn: Frauenlobby, S. 433–436.

473 Vgl. Ulrich Herbert: Zwangsarbeit im 20. Jahrhundert. Begriffe, Entwicklung, Definitionen, in: Dieter Pohl/Tanja Sebta (Hg.): Zwangsarbeit in Hitlers Europa. Besatzung, Arbeit, Folgen, Berlin 2013, S. 23–36, sowie Ela Hornung/Ernst Langthaler/Sabine Schweitzer: Zwangsarbeit in der Landwirtschaft, in: Jörg Echternkamp (Hg.): Die deutsche Kriegsgesellschaft. 1939 bis 1945, 2. Halbbd.: Ausbeutung, Deutungen, Ausgrenzung (= Das Deutsche Reich und der Zweite Weltkrieg, Bd. 9/2), München 2005, S. 577–579. Siehe auch dies.: Landarbeit unter Zwang. Ausländische Arbeitskräfte in der deutschen Landwirtschaft am Beispiel des Reichsgaues Niederdonau 1939–1945, in: JbWG (2004), Heft 1, S. 13–40. »Zwangsarbeit« ist ein Begriff, der sich historisch entwickelt hat und in einem Kontinuum

Personen der ersten beiden Gruppen wurden noch im Herbst 1939 in der ostpreußischen Landwirtschaft eingesetzt. Als Ersatz für die zur Wehrmacht eingezogenen Arbeitskräfte mussten zunächst etwa 70.000 polnische Kriegsgefangene bei der Hackfruchternte und Herbstbestellung arbeiten.[474] Im Frühjahr 1940 wurden aus dem Regierungsbezirk Zichenau und dem Suwałki-Gebiet tausende polnische Zivilarbeiter für die ostpreußische Landwirtschaft angeworben.[475] Und dies war nur der Beginn eines dauernden Ringens um Kriegsgefangene und zivile Zwangsarbeiter, an dem vor allem das Landesarbeitsamt Ostpreußen, Gauleiter Koch und die Landesbauernschaft Ostpreußen beteiligt waren. Indes waren Akteure außerhalb Ostpreußens ebenso umtriebig, so dass ein regelrechter Verschiebebahnhof entstand. So wurden im Sommer 1940 34.000 polnische Zivilarbeiter aus dem Generalgouvernement und dem Regierungsbezirk Zichenau für die ostpreußische Landwirtschaft angeworben, indessen 8.000 polnische Kriegsgefangene in den Westen verbracht sowie 9.000 ukrainische und weißrussische Kriegsgefangene freigelassen. Daraufhin erhielt die ostpreußische Landwirtschaft wiederum eine Zuteilung von rund 48.000 Kriegsgefangenen aus Belgien und Frankreich.[476] Die Landesbauernschaft Ostpreußen war bei der Organisation des »Arbeitseinsatzes« einschließlich Zwangsarbeitern dabei nicht nur wie erwähnt durch Landesbauernführer Spickschens persönliche Interventionen involviert, sondern unter anderem auch durch ständige Lageberichte über die aktuelle Arbeitskräftesituation.[477] Auch beim erzwungenen landwirtschaftlichen Arbeitseinsatz deutscher Ar-

---

jenseits freier Lohnarbeit angesiedelt werden kann. Exakt ist dieses Kontinuum schwer zu definieren, soll nicht schon eine etwa wegen sozialer Not aufgenommene Arbeit darunter fallen; am anderen Ende des Kontinuums mag die Sklavenarbeit jüdischer Zwangsarbeiter in Konzentrationslagern stehen. Außerökonomischer Zwang ist ein für die Einteilung sinnvolles, aber gelegentlich praktisch schwer zu entscheidendes Kriterium, ein anderes Kriterium fragt nach einem nicht auflösbaren Arbeitsverhältnis von nicht definierter Dauer.

474 Vgl. das Kriegstagebuch der Rüstungsinspektion I für 26.8.–31.12.1939, BArch, RW 20–1/1, Bl. 42.

475 Geschichte der Rüstungsinspektion I für 1.9.1939–30.9.1940, BArch, RW 20–1/19, unpag.

476 Vgl. den Lagebericht der Rüstungsinspektion I für 1.4.1940–30.6.1940, BArch, RW 20–1/3, Bl. 82, zudem das Kriegstagebuch der Rüstungsinspektion I für 1.1.–31.3.1940, BArch, RW 20–1/2, Bl. 55. Zur Zusammenarbeit der LBsch Ostpreußen mit dem Landesarbeitsamt Ostpreußen in Sachen ausländischer Arbeitskräfte vgl. die Zeugenaussage von Dr. Bernhard Schwarz vom 7.5.1947, IfZ, ZS 1451, Bl. 3 (online unter <http://www.ifz-muenchen.de/archiv/zs/zs-1451.pdf> [15.10.2014]). Zum Zusammenhang vgl. Dieter G. Maier: Vom Vermittlungsbüro zum »zivilen Wehrbezirkskommando«. Der Umbau der Arbeitsverwaltung zur Arbeitseinsatzbehörde für deutsche und ausländische Arbeitskräfte 1933–1945, in: Karsten Linne/Florian Dierl (Hg.): Arbeitskräfte als Kriegsbeute: Der Fall Ost- und Südosteuropa 1939–1945, Berlin 2011, S. 29–39.

477 Vgl. Spickschens Telegramm vom 5.1.1943 an den RBF, BArch, R 3601/1774, Bl. 145, und das Schreiben des RBF (Verwaltungsamt) vom 24.12.1941 an den Reichsminister für Ernährung und Landwirtschaft, BArch, R 3601/2182, Bl. 11.

beitskräfte spielte die Landesbauernschaft eine wichtige Rolle. So konnten die Ortsbauernführer auf Grundlage der sogenannten »Göring-Verordnung« vom März 1942 im gemeinsamen Vorgehen mit Bürgermeistern und NSDAP-Ortsgruppenleitern Arbeitspflichtige der Dienstverpflichtung zuführen, notfalls auch unter Einsatz polizeilicher Mittel.[478]

Der Mangel an Arbeitskräften prägte die Kriegsjahre der ostpreußischen Landwirtschaft, wobei sich die Bedingungen nicht zuletzt durch die jeweilige Kriegssituation änderten. Vor dem Überfall auf die Sowjetunion am 22. Juni 1941 sollen wiederum 30.000 Menschen in der ostpreußischen Landwirtschaft gefehlt haben. Hier wurden zunächst 7.000 französische Kriegsgefangene und 10.000 litauische Landarbeiter zum Arbeitseinsatz geholt, im September wurden auch sowjetische Kriegsgefangene zur Bergung der Ernte herangezogen.[479] Bei der Herbstbestellung wurde bereits wieder massiver Arbeitskräftemangel reklamiert, es fehlte ständiges Personal wie Gesinde, Melker, Deputanten sowie landwirtschaftliche Beamte und vor allem weibliches Personal; der Bedarf wurde zunächst einigermaßen durch polnische Zivilarbeiter aus dem Regierungsbezirk Zichenau, aus dem Suwałki-Gebiet und dem Bezirk Bialystok sowie durch sowjetische Kriegsgefangene gedeckt.[480] In diesem Kampf um Arbeitskräfte wendeten sich sowohl Gauleiter Koch als auch Anton Kerschensteiner, der Präsident des Landesarbeitsamts Ostpreußen, an die zuständigen Berliner Stellen, um gegen neuerliche Belastungen zu protestieren und auf neue Zuweisungen von Zwangsarbeitern hinzuwirken.[481] Zunehmend flüchteten Zwangsarbeiter von ihren Arbeitsstätten, Ersatz wurde dann zumeist in den eben erwähnten Gebieten, in der Ukraine und im Generalgouvernement zu organisieren versucht.[482]

Die zeitgenössischen Statistiken zum »Arbeitseinsatz« wiesen für die in der ostpreußischen Landwirtschaft beschäftigten ausländischen Arbeitskräfte (ohne Kriegsgefangene) einen starken Anstieg auf, von rund 87.000 im Juli 1942

478 Vgl. die Meldung des stellvertretenden Gauleiters der NSDAP Ostpreußen im vertraulichen Informationsdienst vom 11.6.1943 unter dem Titel »Einsatz von Arbeitskräften für die Ernährungssicherung – Durchführung der Göringaktion im Jahre 1943«, GStA PK, XX. HA Rep. 240, Nr. B 8, Bl. 205. Vgl. hierzu auch Hendel: Den Krieg ernähren, S. 308–313.

479 Vgl. den Lagebericht der Rüstungsinspektion I vom 12.8.1941, BArch, RW 20–1/23, Bl. 164, sowie den Lagebericht der Rüstungsinspektion I vom 12.9.1941, BArch, RW 20–1/23, Bl. 181.

480 Vgl. den Lagebericht der Rüstungsinspektion I vom 12.11.1941, BArch, RW 20–1/23, Bl. 215.

481 Vgl. das Schreiben Kochs an den Reichsminister des Innern vom 31.8.1942, BArch, RW 20–1/11, Bl. 79–81, sowie das Schreiben Kerschensteiners vom 26.9.1942 an den Beauftragten für den Vierjahresplan, Generalbevollmächtigter für den Arbeitseinsatz, BArch, RW 20–1/11, Bl. 83–87.

482 Vgl. das Kriegstagebuch der Rüstungsinspektion I für 1.4.–30.6.1943, BArch, RW 20–1/14, Bl. 17.

über 122.000 im Mai 1943 bis auf 148.000 Menschen im August 1944. Bei Gesamtzahlen von rund 113.000 (Juli 1942), 195.000 (Mai 1943) und 220.000 (August 1944) fiel der Anteil der in der Landwirtschaft beschäftigten ausländischen Arbeitskräfte damit von 77,5 Prozent (Juli 1942) über 73,9 Prozent auf 67 Prozent relativ leicht, zugunsten von Industrie, Handwerk, Handel, Verkehr und Verwaltung.[483] Im Lichte aller angeführten Zahlen kommt man kaum an der Schlussfolgerung vorbei, dass die ostpreußische Landwirtschaft ohne ausländische Arbeitskräfte einschließlich Zwangsarbeiter wohl zusammengebrochen wäre.[484] Die gleiche Bedeutung darf dem »Reichseinsatz« in der Landwirtschaft insgesamt zugewiesen werden, bei dem zwischen 1939 und 1945 insgesamt rund 4,6 Millionen Kriegsgefangene und circa 8,4 Millionen ausländische Zivilarbeiter für das Deutsche Reich arbeiteten.[485] Im August 1944 waren bei 5,9 Millionen Beschäftigten in der Landwirtschaft 2,75 Millionen Ausländer, davon etwas über zwei Millionen Zivilarbeiter und entsprechend annähernd 700.000 Kriegsgefangene – fast die Hälfte der Arbeitskraft (46,4 Prozent) in der Landwirtschaft! Bis 1944 war dabei vom Gesamt der ausländischen Arbeitskräfte, Zivilarbeiter wie Kriegsgefangene, stets fast die Hälfte in der Landwirtschaft eingesetzt, dann fiel dieser Anteil auf etwas mehr als ein Drittel.[486]

Grundsätzlich waren aus dem Osten stammende ausländische Arbeitskräfte gegenüber solchen aus dem Westen deutlich schlechter gestellt, etwa bei den Lebensmittelrationen. Zugleich ging es den in der Landwirtschaft Eingesetzten tendenziell besser als jenen in der Industrie; ganz abgesehen davon, dass etwa bei Juden und Häftlingen in Konzentrationslagern das wirtschaftliche Kalkül hintangestellt wurde und das ideologische Ziel der Vernichtung den Primat

483 Vgl. Koziełło-Poklewski: Zagraniczni robotnicy, S. 119 und S. 124. Koziełło-Poklewskis Zahlen basieren auf den einschlägigen Statistiken »Der Arbeitseinsatz im Deutschen Reich« beziehungsweise »Der Arbeitseinsatz im Großdeutschen Reich«. In diesen Statistiken fehlen bei Ostpreußen der Regierungsbezirk Zichenau und das Suwałki-Gebiet, so dass die Angaben mit Tabelle 3.2 vergleichbar sind; die Zahlen der ausländischen Arbeitskräfte (ohne Kriegsgefangene) stimmen für Mai bzw. Juli 1942 auch fast exakt überein. Vgl. die quellenkritischen Ausführungen bei Mark Spoerer: NS-Zwangsarbeiter im Deutschen Reich. Eine Statistik vom 30. September 1944 nach Arbeitsamtsbezirken, in: VfZG 49 (2001), S. 667–671.

484 Koziełło-Poklewski weist für Februar 1944 für die ostpreußische Landwirtschaft gar einen Anteil von 63,1 % an ausländischen Arbeitskräften einschließlich Kriegsgefangener aus, vgl. Koziełło-Poklewski: Zagraniczni robotnicy, S. 223.

485 Vgl. Mark Spoerer: Zwangsarbeit unter dem Hakenkreuz. Ausländische Zivilarbeiter, Kriegsgefangene und Häftlinge im Dritten Reich und im besetzten Europa 1939–1945, Stuttgart/München 2001, S. 219–222 (zit. Spoerer: Zwangsarbeit); dort auch Ausführungen zur schwierigen Quantifizierung des Ausländereinsatzes. Vgl. auch, mit anderen Zahlen, Lehmann: Deutsche Landwirtschaft, S. 610–611.

486 Vgl. Ulrich Herbert: Politik und Praxis des »Ausländer-Einsatzes« in der Kriegswirtschaft des Dritten Reiches, Neuaufl., Bonn 1999 (EA 1985), S. 314–315.

erhielt.[487] In der Landwirtschaft wurden ausländische Arbeitskräfte, die auf ihrer Kleidung durch Aufnäher mit »Ost« (»Ostarbeiter«) und »P« (»Pole«) gekennzeichnet waren, in Gruppen auf Gütern oder meist einzeln auf Höfen eingesetzt. Ihr Einsatz widersprach der ursprünglichen Konzeption der »Hofgemeinschaft«. Nachdem er nun zur Aufrechterhaltung der Kriegsernährungswirtschaft unumgänglich geworden war, sollten diese Arbeitskräfte wenigstens möglichst weit von der »Volksgemeinschaft« ferngehalten werden. Auf Geschlechtsverkehr mit deutschen Frauen etwa stand für Russen und Polen der Tod. Im ländlichen und bäuerlichen Alltag freilich wurde die geforderte Distanz zu den »Fremdvölkischen« häufig missachtet, wofür es viele Motive gab, von wirklicher Menschlichkeit bis hin zu schlichten wirtschaftlichen Nützlichkeitserwägungen.[488]

Die Behandlung der ausländischen Arbeitskräfte konnte also je nach Personengruppe und auch je nach Einzelfall ganz unterschiedlich ausfallen. Ein wichtiger Faktor hierbei war der Reichsnährstand, vor allem dessen Landesbauernschaften. Dem Reichsnährstand war 1942 vom Generalbevollmächtigten für den Arbeitseinsatz, Fritz Sauckel, die Betreuung der ausländischen Arbeitskräfte in der Landwirtschaft übertragen worden, analog der DAF jene für Arbeitskräfte in Industrie und Gewerbe.[489] Und so wurden im Publikationsorgan der Landesbauernschaft Ostpreußen schon bald hierzu organisatorische Fragen erörtert,[490] auf eigens für »Ostarbeiter« in deren Muttersprachen hergestellte Zeitungen hingewiesen[491] und Anweisungen für die korrekte Haltung gegenüber »Fremdvölkischen« gegeben.[492]

487 Vgl. ders.: Geschichte Deutschlands, S. 489–493.

488 Vgl. Sawahn: Frauenlobby, S. 435.

489 Vgl. die Anordnung »Betreuung der Ostarbeiter im landwirtschaftlichen Arbeitseinsatz« vom 8.7.1942, in: DNdRN vom 11.7.1942, Sp. 543–544, und Spoerer: Zwangsarbeit, S. 36–37 und S. 95–96. Zu Organisation, Programm und Praxis des »Arbeitseinsatzes« vgl. Walter Naasner: Neue Machtzentren in der deutschen Kriegswirtschaft 1942–1945. Die Wirtschaftsorganisation der SS, das Amt des Generalbevollmächtigten für den Arbeitseinsatz und das Reichsministerium für Bewaffnung und Munition / Reichsministerium für Rüstung und Kriegsproduktion im nationalsozialistischen Herrschaftssystem, Boppard a. Rh. 1994, S. 25–162 (zit. Naasner: Machtzentren).

490 Vgl. z. B. das WbLBsch Ostpreußen vom 30.5.1942, S. 341 (Artikel »Die Arbeitskräfte aus den besetzten Ostgebieten. Ihre arbeitsrechtliche und steuerrechtliche Behandlung«), und das WbLBsch Ostpreußen vom 22.7.1944, S. 272 (Artikel »Neue Lohnsätze für Polen und Ostarbeiter«). Die LBsch Ostpreußen gab auch, abgestimmt mit dem Reichstreuhänder der Arbeit (Wirtschaftsgebiet Ostpreußen) und dem Präsidenten des Gauarbeitsamtes, eine Publikation unter dem Titel »Entlohnung fremdvölkischer Arbeitskräfte in der ostpr. Landwirtschaft« heraus, vgl. das WbLBsch Ostpreußen vom 1.7.1944, S. 263 (Artikel »Neuauflage ›Entlohnung fremdvölkischer Arbeitskräfte in der ostpr. Landwirtschaft‹«).

491 Vgl. das WbLBsch Ostpreußen vom 8.5.1943, S. 246 (Artikel »Bauern und Landwirte, landwirtschaftliche Betriebsführer!«).

492 Vgl. das WbLBsch Ostpreußen vom 6.5.1944, Sonderbeilage »Die Gefolgschaft«, unpag.

Wie schon dargelegt, gab Landesbauernführer Spickschen die Leitlinie für die Behandlung der ausländischen Arbeitskräfte in der ostpreußischen Landwirtschaft vor. Spickschens Linie sei hier ihrer Unmissverständlichkeit wegen nochmals in seinen eigenen Worten aufgezeigt: So drohte er an, dass ein Betriebsführer keine solchen Arbeitskräfte mehr erhalte, wenn dieser »seine ausländische Arbeitskraft menschenunwürdig behandelt, so daß sie ihm fortlaufen«. Denn: »Auch die ausländische Arbeitskraft ist wertvoll, weil sie für den Sieg mitarbeitet.« Der Aspekt der Nahrungsmittelproduktion für das Deutsche Reich stand über allem, und das konnte für den ausländischen Arbeiter auch massive Strafen bedeuten: »Auf der anderen Seite ist natürlich eine strenge, aber gerechte Behandlung nach wie vor notwendig. Insbesondere ist bei renitentem Verhalten oder gar Aufsessigwerden [sic!] sofort mit allen Mitteln, auch Prügeln, durchzugreifen.«[493] Spickschen hatte sich bereits im Frühjahr 1942 mit der Wehrmacht (Generalkommando), der Gestapo und dem Landesarbeitsamt in dieser Sache besprochen und daraufhin dem Oberpräsidenten Koch eine Eingabe zugeleitet, in der er bei flüchtenden und widersetzlichen Polen harte Bestrafungen verlangte, etwa Prügelstrafen.[494] Hiermit berührte er einen auch im Reichsnährstand umstrittenen Punkt, denn etwa die Richtlinien des Reichsbauernführers über die Behandlung ausländischer Arbeitskräfte vom April 1943 lehnten Prügelstrafen explizit ab; der Generalbevollmächtigte für den Arbeitseinsatz hatte im Juni 1942 lediglich den willkürlichen Einsatz von Prügelstrafen gegen »Ostarbeiter« verboten.[495] Spickschens Generallinie, ausländische Arbeitskräfte entscheidend unter dem Gesichtspunkt ihres wirtschaftlichen Nutzens zu sehen und anderweitige Bedenken nötigenfalls zurückzustellen, zeigte sich durchaus auch in anderen Bereichen, etwa bei der Unterbringung »Fremdvölkischer«.[496]

Wie bei den Arbeitskräften litt die ostpreußische Landwirtschaft im Zweiten Weltkrieg auch bei den Produktionsmitteln unter dauerhaftem Mangel. Bei

---

(Artikel »Deutscher Landarbeiter, sei Vorbild! Unsere Haltung gegenüber der fremdvölkischen Arbeitskraft«). Dort heißt es: »Deutsche Ehre und Sitte aber müssen gegenüber dem Fremden unter allen Umständen zu allen Zeiten aufrecht erhalten bleiben. Es hat seinen tieferen Sinn, wenn Vergehen dagegen sehr hart bestraft werden müssen. Verhalten wir uns entsprechend diesen Überlegungen, dann wird uns der Fremde als Vorbild anerkennen, von dem er sich willig führen lässt, von dem er aber auch weiß, dass er sich nichts zuschulden kommen [sic!] und schon gar nicht widersetzlich werden darf. Er wird dann zu unserem wie seinem eigenen Nutzen die uns allen auferlegten Pflichten erfüllen.«

493 Alle diese Zitate im Sonderrundschreiben Spickschens vom 22.6.1942 an alle Kreisbauernschaften, APO, Fond No. 1574, Syg. 1, unpag.

494 Vgl. das Schreiben aus dem Verwaltungsamt der LBsch Ostpreußen vom 27.2.1942 an alle Kreisbauernschaften der LBsch Ostpreußen, APO, Fond No. 1574, Syg. 1, unpag.

495 Vgl. das »Merkblatt über die allgemeinen Grundsätze für die Behandlung der im Reich tätigen ausländischen Arbeitskräfte« des RBF vom 15.4.1943, APO, Fond No. 1574, Syg. 1, unpag., sowie Naasner: Machtzentren, S. 107–108.

496 Vgl. das Sonderrundschreiben Spickschens vom 9.1.1943 an alle Kreisbauernschaften der LBsch Ostpreußen, APO, Fond No. 1574, Syg. 1, unpag.

den Düngemitteln hatte sie schon zur Friedenszeit ein massives Defizit gegenüber anderen Reichsteilen. So wurden 1937/1938 nur 9,5 Kilogramm Reinstickstoff je Hektar und damit nicht einmal halb so viel wie im Reichsdurchschnitt (21,6 Kilogramm je Hektar) eingesetzt.[497] Dieser Mangel verschärfte sich durch die Kriegsernährungswirtschaft. Einzelne Sonderaktionen, so etwa die für 1940/1941 gewährte Förderung von zusätzlichen Düngekalk-Lieferungen im Wert von 300.000 Reichsmark durch das RMEL, konnten das grundsätzliche Problem nicht lösen.[498] Dabei fehlte es nicht nur an Düngemitteln, sondern auch an den dafür nötigen Transportmitteln. Ende März 1942 etwa fehlten 130.000 Tonnen Düngemittel und Saatgetreide, die erst unter Einschaltung des Wehrwirtschafts- und Rüstungsamts und des Reichsverkehrsministers beschafft werden konnten.[499]

Ostpreußen stand mit diesem Problem nicht allein. Reichsweit war nach einem beträchtlichen Ausgabenanstieg bei Düngemitteln von 813 Millionen Reichsmark (1933) auf 1.472 Millionen Reichsmark (1938) eine weitere Steigerung kaum möglich. Hinzu kam, dass im Zweiten Weltkrieg Düngemittel sowohl hinsichtlich der benötigten Rohstoffe als auch des Transports gegenüber der Rüstung nachrangig waren. Dabei konnte zunächst der Rückgang an Düngemitteln bei der Phosphorsäure noch halbwegs durch höheren Kaliverbrauch kompensiert werden. Maßgeblich verschlechterte sich die Lage ab Anfang 1943, zumal alliierte Bombenangriffe den Transport mit Eisenbahnwaggons zunehmend erschwerten. Zum Verdruss der Landwirte ging der Gesamtverbrauch bei den wichtigsten Düngemitteln – Phosphorsäure, Stickstoff und Kali – von 2,7 Millionen Tonnen (1938) auf rund 1,8 Millionen Tonnen (1943) zurück.

Eine ähnliche Entwicklung zeigt sich beim Einsatz landwirtschaftlicher Maschinen. Auch hier schien die Vorkriegszeit mit einem erheblichen Ausgabenanstieg vielversprechend, lagen die Ausgaben mit 988 Millionen Reichsmark 1938 doch mehr als 200 Millionen Reichsmark über jenen von 1933. Doch wäre, das zeigte schon der internationale Vergleich, weitere Modernisierung vonnöten gewesen. Dem stand indes nicht nur die »Blut-und-Boden«-Ideologie entgegen, sondern es wurden auch die nötigen Rohstoffe und Betriebsmittel zur Rüstungsindustrie und zur Wehrmacht gelenkt. Geschönte Presseberichte konnten hierüber nicht hinwegtäuschen, wie unter anderem unverblümte Klagen seitens der Bauern zeigten. Dieser Mangel spiegelt sich beispielsweise im jährlichen Absatz bei Landmaschinen, der 1944 um fast die Hälfte gegenüber 1939

497 Vgl. Statistisches Jahrbuch Reich 59 (1941/1942), S. 139.

498 Vgl. Liehrs (RMEL) Schreiben vom 10.5.1941 an Oberpräsident Koch, BArch, R 2/18012, unpag.

499 Vgl. die Geschichte der Rüstungsinspektion I für 1.1.–3.5.1942, BArch, RW 20–1/21, Bl. 44–45, und den Lagebericht der Rüstungsinspektion I für 1.10.1940–31.12.1940, BArch, RW 20–1/5, Bl. 63–64.

(543 Millionen Reichsmark) gesunken war. Gegen Kriegsende brach die Produktion in diesem Bereich zusammen.[500]

Auch im Reichsvergleich war Ostpreußens Landwirtschaft in der Vorkriegszeit beim Einsatz von Maschinen schwach. So lag 1939 der Anteil der Betriebe, die Antriebsmaschinen verwendeten, in Ostpreußen knapp unter 20 Prozent, bei über 36 Prozent dagegen der Reichsschnitt.[501] Offenbar eine Folge mangelnder Liquidität, war dies in Ostpreußen angesichts der gedrängten Arbeitsperiode besonders misslich. Nicht zufällig trieb Gauleiter Koch 1939/1940 die sogenannte »Schlepperaktion« voran, bei der mit Mitteln des Vierjahresplans (4 Millionen Reichsmark) und des Reichsnährstandes (600.000 Reichsmark) Traktoren gekauft wurden. Koch und Landesbauernführer Spickschen waren auch Aufsichtsratsmitglieder der eigens gegründeten »Obege« (Ostpreußische Landwirtschaftliche Betriebsgesellschaft mbH), vermittels welcher jeweils sechs Betrieben ein Traktor zur Verfügung gestellt wurde.[502] Die Engpässe, die die ostpreußische Landwirtschaft in der Kriegsernährungswirtschaft bei der Versorgung mit landwirtschaftlichen Maschinen und Ersatzteilen hatte, konnten so freilich nicht grundsätzlich beseitigt werden.[503]

Wie ist nun, mit besonderem Blick auf die Zeit des Zweiten Weltkrieges, die Produktionsleistung der ostpreußischen Landwirtschaft zu beurteilen? Zunächst ist für das Deutsche Reich insgesamt festzuhalten, dass die vollmundig ausgerufene »Erzeugungsschlacht« beziehungsweise »Kriegserzeugungsschlacht« verloren wurde, erhebt man ihre Ziele zum Maßstab. Die landwirtschaftliche Erzeugung im Deutschen Reich konnte nicht so massiv gesteigert werden, dass kurzfristig die Devisenbilanz entlastet und langfristig die Autarkie – die Unabhängigkeit von ausländischen Nahrungsmitteln – erreicht worden wäre; dies war wohl unter allen Umständen utopisch. Zeitgenössisch wurde gerne auf die gestiegene Erzeugung hingewiesen, die im Gegenlicht besonders schwacher Vergleichsjahre größer erscheinen sollte als sie war. Nun gab es dieses Wachstum tatsächlich, und es fiel in Teilen durchaus beachtlich aus. Es war

500 Vgl. Corni/Gies: Ernährungswirtschaft, S. 423–433.

501 Vgl. Landesbauernschaften in Zahlen (1939–1940), S. 256; die Werte beziehen sich auf das Reichsgebiet vor März 1939. Nur die Landesbauernschaften der Reichsgaue Südmark, Alpenland und Donauland sowie im Westen Hessen-Nassau wiesen noch geringere Anteile auf.

502 Für etliche Landräte wurde ein »zbV-Schlepper« für spezielle Aufgaben und ohne Bindung an landwirtschaftliche Betriebe zurückgestellt. Zur »Schlepperaktion« einiges Quellenmaterial in BArch, R 2/19520. Siehe dort insbesondere den Bericht »Tagesfragen der ostpreussischen Landwirtschaft unter besonderer Berücksichtigung des Schleppereinsatzes« von 1940 (ohne Autor, unpag.) sowie den Geschäftsbericht der Obege für 1.4.1942–31.3.1942 (unpag.).

503 Vgl. das Kriegstagebuch der Rüstungsinspektion I für 26.8.–31.12.1939, BArch, RW 20–1/1, Bl. 87–88, sowie den Lagebericht der Rüstungsinspektion I vom 12.12.1941, BArch, RW 20–1/24, Bl. 32.

allerdings geringer als in vergleichbaren Zeiträumen der Weimarer Zeit. Überhaupt sieht die Bilanz nicht sonderlich günstig aus, bindet man sie in eine längerfristige Betrachtung ein: Die Schere bei den Einkommen zwischen Landwirtschaft und anderen Wirtschaftszweigen blieb bestehen und damit auch der Anreiz zur Landflucht. Bei der realen Wertschöpfung in der Landwirtschaft blieb die nationalsozialistische Zeit deutlich hinter jener der Weimarer Zeit und jener der frühen Bundesrepublik Deutschland zurück. Der Versuch, die Erzeugung zu steigern, setzte bei den schon vorhandenen Produktionsfaktoren an. Doch war der Boden nur geringfügig zu vermehren, längerfristig schrumpfte die landwirtschaftliche Nutzfläche gar, während die Steigerung der Bodenproduktivität misslang. Immerhin wurde der Rückgang des Faktors Arbeitskraft geringer, offenbar jedoch verbunden mit erhöhter Arbeitsbelastung des Einzelnen. Der Faktor Kapital wuchs leicht, doch zeigt erst die junge Bundesrepublik einen relevanten Schub etwa bei der Mechanisierung der Landwirtschaft. Auf das 20. Jahrhundert besehen, wurde in der nationalsozialistischen Zeit der landwirtschaftliche Modernisierungsprozess erheblich verlangsamt. Und offenkundig waren hierfür nicht externe Faktoren, sondern ganz wesentlich die vielen Regularien und Beschränkungen für individuelles, marktgerechtes Handeln der Landwirte verantwortlich. Dafür stehen symbolisch der Reichsnährstand und das Reichserbhofgesetz – die nationalsozialistische Agrarpolitik scheiterte an sich selber.[504]

Die Erzeugung der ostpreußischen Landwirtschaft – gemeint ist das Gebiet der Landesbauernschaft Ostpreußen[505] – folgte in vielem den Erzeugungsziffern im Deutschen Reich insgesamt. Eine Erhöhung der landwirtschaftlichen Produktion durch die schiere Ausweitung der landwirtschaftlichen Nutzfläche gelang schon vor 1939 nicht, im Gegenteil war der Umfang etwas geringer als vor 1933. Die Gebietsveränderungen ab 1939 hingegen, vor allem durch den Regierungsbezirk Zichenau, vergrößerten die landwirtschaftliche Nutzfläche erheblich; das erreichte Niveau von circa 3,5 Millionen Hektar landwirtschaftlicher Nutzfläche (ohne den Bezirk Bialystok) blieb dann weitgehend konstant.

Die Anfälligkeit der ostpreußischen Landwirtschaft durch das Klima und die verkürzte Vegetationsperiode kam während des Zweiten Weltkriegs voll zum Tragen. Insbesondere 1940 und 1941 beeinträchtigte ungewöhnliche Nässe die Ernte, mit der Folge von gewaltigen Auswinterungsschäden und Ausfällen. Dies betraf 1940 in Altostpreußen (ohne Regierungsbezirk Zichenau) 37.000 Hektar bei Brotgetreide und 22.000 Hektar bei Weizen. Gegenüber 1938/1939 konsta-

504 Vgl. Spoerer/Streb: Wirtschaftsgeschichte, S. 123–134, Corni/Gies: Ernährungswirtschaft, S. 309–318, Stephanie Degler/Jochen Streb: Die verlorene Erzeugungsschlacht: Die nationalsozialistische Landwirtschaft im Systemvergleich, in: JbWG (2008), Heft 1, S. 161–181, sowie Tooze: Zerstörung, S. 229–232.

505 Detaillierte Informationen zu den Veränderungen dieses Gebiets in Kapitel 3.2.1.

Tabelle 3.3: Die landwirtschaftlich genutzte Fläche Ostpreußens (1931–1943)

	Gebiet der Landesbauernschaft Ostpreußen						Gebiet der Landesbauernschaften im Deutschen Reich					
	1931	**1938**	**1940**	**1941**	**1942**	**1943**	**1931**	**1938**	**1940**	**1941**	**1942**	**1943**
LN (1.000 ha)	2.648	2.516	3.579	3.570	3.505	3.530	29.368	28.539	40.522	40.685	40.374	40.367
Forsten, Holzungen (1.000 ha)	685	720	900	914	953	996	12.776	12.939	18.432	18.800	19.021	18.930
Sonstige Flächen (1.000 ha)	366	454	638	638	696	677	4.721	5.495	7.447	7.923	8.135	8.225
Gesamtfläche (1.000 ha)	3.699,2	3.690	5.117	5.122	5.154	5.203	46.864,8	46.973	66.401	67.408	67.530	67.522

Quellen: Statistisches Jahrbuch Reich 51 (1932), S. 56–57; Landesbauernschaften in Zahlen (1933–1938), S. 53; Landesbauernschaften in Zahlen (1939–1940), S. 16; Landesbauernschaften in Zahlen (1940–1941), S. 6; Landesbauernschaften in Zahlen (1941–1942), S. 5; Landesbauernschaften in Zahlen (1942–1943), S. 6; Deutsches Reich: 1931 ohne Saargebiet, 1938 ohne »Sudetenland«, ohne »Ostmark«; 1940–1943 mit neuen Ostgebieten, ab 1941 zusätzlich mit Eupen-Malmedy.

tierte die Landesbauernschaft einen Schaden im Bereich von 225 Millionen Reichsmark und einen Ernteverlust von rund 41 Prozent.[506] Im September 1941 wurden die Versorgung der Bevölkerung und die verlangte Ablieferungsmenge für andere Reichsteile nur dadurch erreicht, dass die landwirtschaftliche Produktion aus dem Regierungsbezirk Zichenau stärker als vorgesehen herangezogen wurde.[507] Und wie es der Landwirtschaft zu eigen ist, konnten Ernteausfälle im einen Jahr die Produktion des folgenden Jahres beeinträchtigen. So waren aufgrund der schwachen Ernte des Jahres 1941 die für 1942 zurückgestellten Vorräte schnell verbraucht, woraufhin Vieh nicht hinreichend ernährt werden konnte und einging.[508] Ebenso konnte, wie es im Frühjahr 1941 der Fall war, durch eine schlechte Ernte das Saatgut für das kommende Jahr fehlen; die Landesbauernschaft beschaffte daraufhin unter große Anstrengungen Saatgetreide aus anderen Gauen.[509]

Die Erzeugungsleistung der ostpreußischen Landwirtschaft in der nationalsozialistischen Zeit soll im Folgenden anhand von aussagekräftigen Beispielen aus den Bereichen des Ackerbaus und der Viehwirtschaft skizziert werden.

Kartoffeln wurden zunehmend als Grundnahrungsmittel für die menschliche Ernährung benötigt und daher immer weniger als Futtermittel genutzt. In der Landesbauernschaft Ostpreußen wie bei allen Landesbauernschaften war die Produktion ungleichmäßig. Die Zahlen spiegeln für 1941 die erste Krise bei der Versorgung mit Kartoffeln, die infolgedessen noch im selben Jahr rationiert wurden. Diese Maßnahme wurde im Oktober 1942 aufgehoben, als eine gute Ernte für Entspannung sorgte, auch in den für die »Heimatfront« ausgebeuteten besetzten Ostgebieten. Zudem wurden Anfang 1942 die Erzeugerpreise bei Kartoffeln um 0,75 Reichsmark je Zentner erhöht – bei allem Widerwillen, in das Gefüge der Marktordnung einzugreifen, weil so wiederum die Lebenshaltungskosten stiegen. Bei tendenziell abnehmender, nur durch die Gebietsgewinne 1939 erweiterter Anbaufläche wurden in Ostpreußen höhere Hektar-Erträge als zur Weimarer Zeit erreicht. Im Reichsvergleich dagegen waren die Erträge der ostpreußischen Landwirtschaft meist etwas niedriger. Der Hektar-Ertrag war bei den ab 1939 zur Landesbauernschaft Ostpreußen hinzugekommenen Gebieten, also insbesondere im Regierungsbezirk Zichenau, niedriger als in der Altprovinz. Er lag 1940 bei 153,3 und 1941 bei 112,2 Doppelzentnern je

506 Vgl. den Lagebericht der Rüstungsinspektion I für 1.4.1940–30.6.1940, BArch, RW 20–1/3, Bl. 81, den Halbjahresbericht der Rüstungsinspektion I vom 26.3.1940, BArch, RW 20–1/22, Bl. 160–161, sowie den Bericht des Präsidenten des Oberlandesgerichts Königsberg vom 4.11.1940, überliefert bei Tilitzki: Alltag, S. 123–124.

507 Vgl. den Lagebericht der Rüstungsinspektion I vom 12.9.1941, BArch, RW 20–1/23, Bl. 185.

508 Vgl. die Geschichte der Rüstungsinspektion I für 1.1.–3.5.1942, BArch, RW 20–1/21, Bl. 44–45.

509 Vgl. den Lagebericht der Rüstungsinspektion I vom 12.5.1941, BArch, RW 20–1/23, Bl. 89.

Tabelle 3.4: Erzeugung von Kartoffeln in Ostpreußen (1925–1943)

	Gebiet	1925	1931	1935	1936	1937	1938	1940	1941	1942	1943
Anbaufläche (1.000 ha)	LBsch Ostpreußen	181,3	180,1	162,0	162,0	168,0	171,0	310,0	307,0	275,0	252,0
	Alle Landesbauernschaften	2.809,0	2.824,2	2.770,0	2.792,0	2.888,0	2.894,0	4.041,0	4.002,0	3.907,0	3.733,0
Hektarertrag (dz)	LBsch Ostpreußen	125,5	139,1	149,7	148,8	196,8	165,1	164,6	130,4	145,6	116,6
	Alle Landesbauernschaften	148,5	155,3	149,1	165,9	191,5	175,9	179,3	149,0	170,0	123,8
Erntemenge (1.000 to)	LBsch Ostpreußen	2.275,4	2.504,4	2.422,0	2.406,0	3.295,0	2.823,0	5.104,0	4.005,0	4.005,0	2.936,0
	Alle Landesbauernschaften	41.718,4	43.866,4	41.016,0	46.324,0	55.310,0	50.894,0	72.468,0	59.620,0	66.430,0	46.214,0

Quellen: Statistisches Jahrbuch Reich 45 (1926), S. 45; Statistisches Jahrbuch Reich 51 (1932), S. 63; Landesbauernschaften in Zahlen (1933–1938), S. 65 und S. 104–105; Landesbauernschaften in Zahlen (1940–1941), S. 38; Landesbauernschaften in Zahlen (1942–1943), S. 37; Deutsches Reich 1926, 1931 und 1935 ohne Saarland, 1938 ohne »Sudetenland« und ohne »Ostmark«, 1940–1943 inklusive neue Ostgebiete, 1941–1943 inklusive Eupen-Malmedy.

Tabelle 3.5: Erzeugung von Raps in Ostpreußen (1935–1943)

	Gebiet	1935	1936	1937	1938	1940	1941	1942	1943
Anbaufläche (1.000 ha)	LBsch Ostpreußen	0,2	0,2	0,1	0,2	4,9	3,6	4,7	7,8
	Alle Landesbauernschaften	33,6	41,4	40	51,6	57,6	172,1	112	332,4
Hektarertrag (dz)	LBsch Ostpreußen	10,4	15,2	12,7	17,4	11,8	14,3	9,8	10,5
	Alle Landesbauernschaften	18,1	19,5	16,9	21,7	13,8	17,4	13,3	18
Erntemenge (1.000 to)	LBsch Ostpreußen	0,2	0,3	0,1	0,4	5,8	5,2	4,6	8,2
	Alle Landesbauernschaften	60,6	80,7	67,7	112	79,4	300	149,6	598,8

Quellen: Landesbauernschaften in Zahlen (1933–1938), S. 67 und S. 116–117; Landesbauernschaften in Zahlen (1940–1941), S. 30; Landesbauernschaften in Zahlen (1942–1943), S. 30; Deutsches Reich 1935 ohne Saarland, 1938 ohne »Sudetenland« und ohne »Ostmark«, 1940–1943 inklusive neue Ostgebiete, ab 1941 auch inklusive Eupen-Malmedy.

Hektar, was für die Provinz insgesamt den Hektar-Ertrag der Altprovinz 1940 (174,5 Doppelzentner je Hektar) um etwa 6 Prozent, jenen von 1941 (147,1 Doppelzentner je Hektar) gar um rund 11 Prozent senkte. In absoluten Zahlen ist ein Rückgang der Erntemenge 1943 bei den Landesbauernschaften des Reiches auf knapp zwei Drittel (63,8 Prozent) der Menge von 1940 zu verzeichnen, im Gebiet der Landesbauernschaft Ostpreußen wurde dieser Rückgang nochmals deutlich unterboten (57,5 Prozent). Der Anteil der Landesbauernschaft Ostpreußen an der Kartoffelerzeugung stieg 1940 bis 1943 auf jeweils zwischen 6 und 7 Prozent der Gesamtproduktion der Landesbauernschaften, nach jeweils 5 bis 6 Prozent in den Vorjahren.[510]

Die Fettwirtschaft war für das nationalsozialistische Regime von tatsächlich großer und propagandistisch noch größerer Bedeutung – »Fettlücke« lautete das Schlagwort, und 1940 sinnierte Backe über die »Fettblockade« Großbritanniens als Mittel im Kampf gegen das Deutsche Reich. Die Fettwirtschaft übergreift den Bereich von pflanzlicher und tierischer Erzeugung: Hinreichende Mengen an Futtermitteln sind Bedingung für die Produktion tierischer Fette wie Butter und Milch. Zu diesen Futtermitteln gehörte Raps, bei dem wie auch bei anderen Ölfrüchten und Ölsamen Anreize etwa in Form von Anbauprämien gesetzt wurden; das Reich ließ sich dies 1943/1944 rund 100 Millionen Reichsmark kosten. Diese Anreize und der Ansporn seitens des Reichsnährstandes zeitigten durchaus Wirkung. Freilich handelte sich in absoluten Zahlen um einen geringen Beitrag zur Kriegsernährungswirtschaft.[511] In der Landesbauernschaft Ostpreußen stieg die Erntemenge von 1935 bis 1943 auf das 43-Fache, im Durchschnitt aller Landesbauernschaften um das Zehnfache. Diese Steigerungen korrespondieren recht exakt mit der massiven Ausweitung der Anbauflächen. Dabei war allerdings das Ausgangsniveau in der Landesbauernschaft Ostpreußen extrem tief. Auch hier war der Hektar-Ertrag durchgängig niedriger: Zwischen 1940 und 1943 betrug er bei allen Landesbauernschaften durchschnittlich 15,6 Doppelzentner je Hektar, dagegen nur 11,6 in Ostpreußen.

Bei der Milchwirtschaft zeigte sich das staatliche Eindringen – nicht zuletzt durch den langen Arm der Landesbauernschaften – in den früher privatwirtschaftlichen Bereich besonders deutlich. Schon zu Friedenszeiten brachte die Verarbeitung von Milch auf den einzelnen Höfen erhebliche Verluste mit sich, weshalb die Verarbeitung von Milch bei Molkereien konzentriert werden sollte. In der Kriegsernährungswirtschaft wurden hierzu weitere Maßnahmen ergriffen: So wurden ab Juni 1940 zum Verdruss der Landwirte ihre Zentrifugen und Butterfässer beschlagnahmt. Um zu erhöhter Produktion anzureizen, wurden

510 Vgl. Landesbauernschaften in Zahlen (1940–1941), S. 38, Corni/Gies: Ernährungswirtschaft, S. 478–481, Lehmann: Deutsche Landwirtschaft, S. 620–622, sowie Tabelle 3.4.

511 Vgl. Corni/Gies: Ernährungswirtschaft, S. 481–482 sowie S. 484.

Wettbewerbe ausgeschrieben und Prämien ausgelobt, die erhalten sollte, wer über das Soll hinaus Milch an die zuständige Molkerei ablieferte. Zudem wurde auch hier die Marktordnung geändert, wurden die Preise für Butter und Milch erhöht. Diese Anreize wirkten offenbar, die Milcherzeugung hielt während der gesamten Kriegszeit ein hohes, zum Kriegsende hin nur leicht rückläufiges Niveau. Milch war dabei freilich nicht Milch, vielmehr wurde während des Zweiten Weltkrieges nur noch entrahmte Milch anstelle von Vollmilch verkauft.[512]

In der Landesbauernschaft Ostpreußen stieg die Zahl der Milchkühe gegenüber dem Ende der Weimarer Republik bis 1938 um über 10 Prozent an, reichsweit waren es lediglich rund 3 Prozent. Durch die neuen Ostgebiete erhöhte sich der Bestand ganz erheblich, von 1943 gegenüber 1938 um fast 43 Prozent, etwas weniger reichsweit. Dabei zeigt sich, dass die ostpreußische Landwirtschaft in der Friedenszeit einen leicht höheren, zwischen 7 und 8 Prozent liegenden Anteil an der Milcherzeugung der Landesbauernschaften hatte, während er in der Kriegszeit meist zwischen 6 und 7 Prozent lag.

Anders als bei der pflanzlichen war bei der tierischen Produktion im Gebiet der Landesbauernschaft Ostpreußen die Produktivität höher als im Durchschnitt aller Landesbauernschaften. Der Milchertrag je Kuh lag von 1939 bis 1943 zwischen 20 und 30 Prozent darüber, wobei der Regierungsbezirk Zichenau und die übrigen eingegliederten Gebiete diese enorme Produktivität reduzierten. Denn zwar fügten sie 195 Tonnen zu den 1.858 Tonnen Milch hinzu, doch senkten sie dabei den Ertrag je Kuh von 2.780 Kilogramm auf nur noch 2.192 Kilogramm.[513]

Die Erzeugung der ostpreußischen Landwirtschaft wurde seitens der Landesbauernschaft stets propagandistisch begleitet, das Erreichte bilanziert und zu neuem Einsatz für die »Volksernährung« aufgerufen. Regelmäßig erfolgte dies in der Zeit des Erntedankfests. Plakativ als »Erntesieg« aufgemacht, ließ Landesbauernführer Spickschen vor versammeltem Publikum etwa im Oktober 1943 die bisherige Saison im Hinblick auf Wetter, Bestellung und Ernte Revue passieren. Er hob die um 20 Prozent überdurchschnittliche Ernte bei Brotgetreide hervor, schätzte die Kartoffelernte als enttäuschend ein und wies auf gute Ergebnisse im Regierungsbezirk Zichenau und im Bezirk Bialystok hin. Spickschen lobte die Ablieferung, die vorbildlich gewesen sei, gerade im Bereich der Milcherfassung und konstatierte, dass Ostpreußen in praktisch allen Bereichen

512 Vgl. ebd., S. 482–484.
513 Vgl. Landesbauernschaften in Zahlen (1942–1943), S. 97.

Tabelle 3.6: Viehbestände in Ostpreußen (1925–1943)

	Gebiet	**1925**	**1931**	**1935**	**1936**	**1937**	**1938**	**1940**	**1941**	**1942**	**1943**
Rindvieh (in 1.000)	LBsch Ostpreußen	1.127	1.243	1.294	1.349	1.337	1.354	1.739	1.663	1.670	1.697
	Alle LBsch	17.202	19.124	18.938	20.088	20.504	19.911	26.353	25.825	25.417	25.938
Milchkühe (in 1.000)	LBsch Ostpreußen		591	645	653	655	657	915	939	944	937
	Alle LBsch		9.659	9.954	10.122	10.224	9.962	13.622	13.740	13.789	13.928
Schafe (in 1.000)	LBsch Ostpreußen	305	182	217	222	222	221	256	279	345	412
	Alle LBsch	4.753	3.499	4.234	4.669	5.028	5.241	5.728	5.992	6.408	7.087

Quellen: Statistisches Jahrbuch Reich 45 (1926), S. 50–51; Statistisches Jahrbuch Reich 51 (1932), S. 70–71; Landesbauernschaften in Zahlen (1933–1938), S. 178–179 und S. 208; Landesbauernschaften in Zahlen (1940–1941), S. 68–69; Landesbauernschaften in Zahlen (1942–1943), S. 66–67; Deutsches Reich 1925, 1931 und 1935 ohne Saarland, 1938 ohne »Sudetenland« und ohne »Ostmark«, 1938 vorläufiges Ergebnis, 1940–1943 sind die neuen Ostgebiete sowie Eupen-Malmedy zugrunde gelegt; 1941 handelt es sich für Ostpreußen um vorläufige Ergebnisse.

Tabelle 3.7: Kuhmilcherzeugung in Ostpreußen (1928–1943)

	Gebiet	**1928**	**1931**	**1934**	**1937**	**1938**	**1939**	**1940**	**1941**	**1942**	**1943**
Milch (in Mio. kg)	LBsch Ostpreußen	1.476	1.713	1.809	1.921	2.027	1.844	1.844	1.772	1.736	1.858
	Alle LBsch	21.664	23.601	24.450	25.445	25.358	27.457	27.280	26.977	25.719	26.028
je Kuh (in kg)	LBsch Ostpreußen				2.943	3.094	3.193	2.833	2.704	2.629	2.780
	Alle LBsch				2.519	2.491	2.453	2.300	2.258	2.136	2.146

Quellen: Landesbauernschaften in Zahlen (1933–1938), S. 167–168, S. 219 und S. 223; Landesbauernschaften in Zahlen (1940–1941), S. 156; Landesbauernschaften in Zahlen (1942–1943), S. 97; Deutsches Reich 1938 ohne »Sudetenland« und ohne »Ostmark«, 1938 Ergebnisse als »vorläufig« bezeichnet; Ostpreußen 1939 ohne Memelgebiet, 1939–1943 ohne Ostgebiete, Deutsches Reich ebenfalls, zudem ab 1941 mit Danzig und Eupen-Malmedy; die Zahlen für 1940 und 1941 waren als »vorläufig« angegeben.

die verlangten Kontingente zur Kriegsernährungswirtschaft beigesteuert, in Teilen die Sollwerte sogar übertroffen habe.[514]

Die ostpreußische Landwirtschaft, so kann man vorsichtig bilanzieren, bewegte sich in der Kriegsernährungswirtschaft am Rande der Leistungsfähigkeit und der Erschöpfung. Die Berichte der Wehrmacht über zahllose Mangelerscheinungen bei Produktionsmitteln sprechen eine klare Sprache. Offenbar halfen hier Improvisation, aber auch Verzicht, die Situation zu überbrücken. Verzicht ist dabei auch buchstäblich zu verstehen, nämlich etwa dann, wenn Lebensmittel rationiert und die Rationen gekürzt wurden, so 1942 bei Brot und Fleisch.[515] Vieles spricht dafür, dass die Produktionsleistung der ostpreußischen Landwirtschaft im Wesentlichen der Entwicklung im Reich insgesamt folgte. Dabei setzte sich fort, was schon in der Friedenszeit zu beobachten war, nämlich dass die Produktivität häufig unterhalb jener des Reichsdurchschnitts lag. Gleichwohl trug die ostpreußische Landwirtschaft ohne Zweifel beachtlich zur Kriegsernährungswirtschaft bei: So lieferte allein die Altprovinz im Wirtschaftsjahr 1940/1941 465.000 Tonnen an Brotgetreide ab, was zur Versorgung der eigenen Bevölkerung und darüber hinaus von rund 3 Millionen Menschen reichte.[516] In einem Bereich wies die ostpreußische Landwirtschaft weit überdurchschnittliche Werte auf – beim Einsatz von ausländischen Zivilarbeitern und Kriegsgefangenen, von Zwangsarbeitern mithin. Nur vor diesem Hintergrund kann die Aufrechterhaltung der landwirtschaftlichen Produktion gesehen werden. In Anbetracht dessen ist es geradezu perfide, dass apologetische, pseudo-wissenschaftliche Literatur – faktisch vermutlich ohnehin nicht zutreffend – die Rentabilität der ostpreußischen Landwirtschaft behauptet hat, ohne auch nur ein Wort über die Arbeitskraft der Kriegsgefangenen und ausländischen Zivilarbeiter zu verlieren.[517]

514 Vgl. den Abschnitt »Landesbauernführer Spickschen spricht«, in: N. N.: So half Ostpreußen beim Erntesieg, in: KAZ vom 4. 10. 1943, unpag.

515 Vgl. die Geschichte der Rüstungsinspektion I für 1.1.–3. 5. 1942, BArch, RW 20–1/21, Bl. 44–45, sowie den Bericht des Generalstaatsanwalts (Oberlandesgerichtsbezirk Königsberg) vom 11. 6. 1942, überliefert bei Tilitzki: Alltag, S. 202.

516 Vgl. das Kriegstagebuch der Rüstungsinspektion I für 1.7.–30. 9. 1941, BArch, RW 20–1/8, Bl. 64.

517 So bei Bloech: Landwirtschaft, S. 117–122, ebenso bei Bloech/Heide: Landwirtschaft, S. 117–119. Bei letzteren wird für die ostpreußische Landwirtschaft der nationalsozialistischen Zeit das Erreichen der gesicherten Rentabilität behauptet, unter pauschaler Zitation des Aufsatzes von Dimigen: Entwicklung, S. 518–568, der indes auf die eingeschränkte Aussagekraft seiner Untersuchung hingewiesen hat (vgl. ebd., S. 519–525). Es fehlt zudem jeder Hinweis, welcher Gebietsumfang Ostpreußens gemeint ist und unter welchem enormem Personaleinsatz, nicht zuletzt von Zwangsarbeitern, dies zu sehen ist.

3.2 Organisation und Kompetenzen

3.2.1 Der Raum der Organisation und seine Ausdehnung

Die Landesbauernschaft Ostpreußen war mit dem Gebiet der preußischen Provinz und damit auch mit dem Gau Ostpreußen deckungsgleich. An der Einteilung der Landkreise orientiert, gab es bei fünf Stadt- und 37 Landkreisen in den Regierungsbezirken Königsberg, Allenstein, Gumbinnen und Westpreußen insgesamt 36 Kreisbauernschaften. Die Differenz rührt daher, dass die Kreisbauernschaften Allenstein, Elbing, Königsberg, Insterburg und Tilsit-Ragnit die dortigen Stadtkreise integrierten. Zudem wurden offenbar 1936/1937 die Kreisbauernschaften Marienburg und Stuhm zusammengelegt.[518]

Eine erste Ausdehnung des Zuständigkeitsbereichs von Landesbauernführer Spickschen folgte dem 23. März 1939, als das Memelgebiet dem Regierungsbezirk Gumbinnen zugeschlagen wurde. Wenig später, am 4. Mai 1939, wurde die Landesbauernschaft Ostpreußen um zwei Kreisbauernschaften erweitert, nämlich Memel (einschließlich Memel-Stadt) sowie Heydekrug. Restgebiete des früheren Landkreises Pogegen, der im September 1939 aufgelöst wurde, erhielt die Kreisbauernschaft Tilsit-Ragnit.[519] Formal wurde das Memelgebiet allerdings erst am 23. Januar 1940 per Anordnung des Reichsbauernführers in die Landesbauernschaft Ostpreußen eingegliedert.[520]

Die Eroberung polnischer Gebiete ab dem 1. September 1939 veränderte die Provinz und damit auch die Landesbauernschaft Ostpreußen ganz erheblich. Zum einen wurde der Regierungsbezirk Westpreußen Teil des neuen Reichsgaues Danzig-Westpreußen. Mit Wirkung zum 1. April 1940 wurde dies auch in der Organisationsgliederung der Landesbauernschaften nachvollzogen, als die Kreisbauernschaften Elbing, Stuhm-Marienburg, Marienwerder und Rosenberg von der Landesbauernschaft Ostpreußen zur neu errichteten Landesbauernschaft Danzig-Westpreußen wechselten.[521] Zum anderen wurde die Landesbauernschaft Ostpreußen um das als »Regierungsbezirk Zichenau« in die

518 Siehe die Übersicht 6 im Anhang. LBF Otto hatte diese Zusammenlegung aus organisatorischen Gründen bereits im Januar 1934 gefordert, vgl. sein Schreiben vom 27.1.1934 an Arauner, BArch, R 16 I/2140, unpag.

519 Vgl. die undatierte örtliche Prüfung der Oberrechnung der Oberkasse der LBsch Ostpreußen in Königsberg für das Rechnungsjahr 1938 durch den Reichsrechnungshof [Ende 1939/Anfang 1940], BArch, R 2301/3592, unpag., zudem Stüttgen: Ost- und Westpreussen, S. 26 und S. 119.

520 Vgl. die am 23.1.1940 erlassene Anordnung des RBF betr. Eingliederung des Memellandes in die LBsch Ostpreußen, in: DNdRN vom 3.2.1940, Sp. 87. Zwei Gemeinden der KBsch Elchniederung, Elchwinkel und Skierwit, wurden der KBsch Heydekrug zugeschlagen.

521 Vgl. die Anordnung des RBF betr. Gebietsverschiebungen in der LBsch Ostpreußen vom 8.3.1940, in: DNdRN vom 16.3.1940, Sp. 158.

Provinz Ostpreußen eingegliederte Ostgebiet ausgedehnt; offiziell wenige Tage, nachdem das Reichsnährstandsgesetz in den eingegliederten Ostgebieten eingeführt worden war, nämlich wie das Memelgebiet am 23. Januar 1940.[522] Zeitgleich wurde die Organisationsstruktur des Reichsnährstandes über die übrigen eingegliederten Ostgebiete gelegt.[523]

Die Gebiete der neuen Kreisbauernschaften der Landesbauernschaft Ostpreußen entsprachen jenen der Landkreise.[524] Hinzu kamen die Kreisbauernschaften Mackeim, Mielau, Scharfenwiese, Schröttersburg, Plöhnen, Praschnitz, Ostenburg, Sichelberg und Zichenau.[525] Diese Bezeichnungen erhielten die Kreisbauernschaften Mitte Juli 1941, womit sie den Umbenennungen der Landkreise vom Mai 1941 folgten. Die Namen der Orte, die die Verwaltungssitze der Landkreise waren, wurden nun vollends eingedeutscht, entsprechend auch die Bezeichnungen der Landkreise. Dabei war es bereits im Dezember 1939 zu einer ersten solchen Anpassung an die deutsche Ortsnamensgebung gekommen, etwa wenn aus Mława Mlawa wurde; diese angepassten Namen, wiederum entsprechend der Landkreise, trugen die Kreisbauernschaften im Regierungsbezirk Zichenau ursprünglich.[526]

522 Siehe die Verordnung über die Einführung des Reichsnährstandsgesetzes in den eingegliederten Ostgebieten vom 10.1.1940, in: RNVbl. vom 17.1.1940, S. 41.

523 Vgl. die am 23.1.1940 erlassene Anordnung des RBF betr. Aufbau des Reichsnährstandes in den eingegliederten deutschen Ostgebieten, in: DNdRN vom 27.1.1940, Sp. 63–64. Das Gebiet des RB Kattowitz wurde der LBsch Schlesien hinzugefügt und neben »Danzig-Westpreußen« auch die LBsch »Posen« gegründet. Letztere wurde schon wenige Tage später wie der zugehörige Reichsgau in »Wartheland« umbenannt, vgl. die Anordnung des RBF betr. Namensänderung der LBsch Posen in »Landesbauernschaft Wartheland« vom 8.2.1940, in: DNdRN vom 17.2.1940, Sp. 103.

524 Vgl. die Anordnung des RBF betr. Errichtung von Kreisbauernschaften in den der LBsch Ostpreußen eingegliederten Ostgebieten vom 13.9.1940, in: DNdRN vom 21.9.1940, Sp. 641–642.

525 Vgl. die Karte der LBsch Ostpreußen (Stand 1940) in: BArch, R 2301/3593, unpag. Die Kreisbauernschaften Altostpreußens einschließlich Memels lauten dort: Allenstein, Angerapp, Angerburg, Bartenstein, Braunsberg, Ebenrode, Elchniederung, Gerdauen, Goldap, Gumbinnen, Heiligenbeil, Heilsberg, Heydekrug, Insterburg, Johannisburg, Labiau, Lötzen, Lyck, Memel, Mohrungen, Neidenburg, Ortelsburg, Osterode, Pr. Eylau, Pr. Holland, Rastenburg, Rößel, Samland-Ost, Samland-West, Sensburg, Schloßberg, Tilsit-Ragnit, Treuburg, Wehlau. Mit »Samland-Ost« ist die KBsch Königsberg gemeint, mit »Samland-West« die KBsch Fischhausen.

526 Zur Umbenennung der Orte und Landkreise: Aus Maków war erst Makow (1939), dann Mackeim geworden; aus Mława erst Mlawa (1939), dann Mielau; aus Pułtusk erst Pultusk (1939), dann Ostenburg; aus Płońsk erst Plonsk (1939), dann Plöhnen; aus Przasnysz Praschnitz (1939); aus Ostrołęka erst Ostrolenka (1939), dann Scharfenwiese; aus Płock erst Plozk (1939), dann Schröttersburg; aus Sierpc erst Schirps (1939), dann Sichelberg; aus Ciechanów Zichenau (1939), vgl. Stüttgen: Ost- und Westpreussen, S. 158. Vgl. hierzu die auf den 16.7.1941 datierte Namensänderung von Kreisbauernschaften der Landesbauernschaften Ostpreußen, Danzig-Westpreußen, Wartheland und Schlesien, in: DNdRN vom 19.7.1941, Sp. 502–503. Vgl. auch das Handbuch für den Regierungsbezirk Zichenau

Karte 3.8: Die Landesbauernschaft Ostpreußen und ihre Kreisbauernschaften (1940)
Quelle: Anlage I im Bericht der Landesbauernschaft Ostpreußen vom 29.7.1940 an den Reichsrechnungshof betr. Oberrechnung 1939, BArch, R 2301/3593, unpag.

In Opinogora (Opinogóra) unweit von Zichenau (Ciechanów) hatte die Landesbauernschaft Ostpreußen ihren Sitz für den Regierungsbezirk Zichenau. Dort fanden Besprechungen mit den Mitarbeitern sowie Tagungen der Landesbauernschaft statt.[527]

Als Folge des Überfalls auf Polen wurde die Landesbauernschaft Ostpreußen um zwei weitere, kleinere Gebiete ausgedehnt: Im Suwałki-Gebiet, das zum Regierungsbezirk Gumbinnen geschlagen wurde, wurde eine zusätzliche Kreisbauernschaft eingerichtet; offiziell wurde dies Mitte März 1940.[528] Sie trug zunächst die Bezeichnung »Suwalki«, ab Mitte Juli 1941 dann »Sudauen«.[529] Dagegen wurde das Soldau-Gebiet dem Landkreis Neidenburg im Regierungsbezirk Allenstein einverleibt. Entsprechend wurde dieses Gebiet, offiziell im September 1940, Teil der Kreisbauernschaft Neidenburg.[530]

Tabelle 3.9: Die Kreis- und Ortsbauernschaften der Landesbauernschaft Ostpreußen (1939–1943)

Jahr	Kreise	Kreisbauernschaften	Ortsbauernschaften	Gemeinden
1939	42	36	4.583	4.789
1940	50	44	4.786	5.501
1941	48	44	4.797	4.643
1942	48	44	4.836	4.702
1943	49	43	4.863	4.844

mit Ortschaftsverzeichnis. Behördenanschriften, Parteidienststellen, Postämtern, Schulen, Einwohnerzahlen, Allenstein 1943, S. 6. Bereits 1938 waren Namen von Kreisbauernschaften eingedeutscht worden, nachdem dies zuvor bei den Landkreisen gemacht worden war, vgl. die DNdRN vom 17.12.1938, Sp. 883. Aus der KBsch Niederung wurde die KBsch Elchniederung, aus Pillkallen Schloßberg, aus Stallupönen Ebenrode sowie aus Darkehmen Angerapp.

527 Vgl. das Schreiben der OLG vom 7.2.1942 an die Ostland, BArch, R 82/18, Bl. 166.

528 Vgl. die Anordnung des RBF betr. Gebietsverschiebungen in der LBsch Ostpreußen vom 8.3.1940, in: DNdRN vom 16.3.1940, Sp. 158.

529 Vgl. die auf den 16.7.1941 datierte Namensänderung von Kreisbauernschaften der Landesbauernschaften Ostpreußen, Danzig-Westpreußen, Wartheland und Schlesien, in: DNdRN vom 19.7.1941, Sp. 502–503, sowie Stüttgen: Ost- und Westpreussen, S. 89 und S. 124.

530 Vgl. die auf den 13.9.1940 datierte Anordnung des RBF betr. Errichtung von Kreisbauernschaften in den der LBsch Ostpreußen eingegliederten Ostgebieten, in: DNdRN vom 21.9.1940, Sp. 641–642, zudem Stüttgen: Ost- und Westpressen, S. 129.

((Fortsetzung))

Quellen: 1939: Landesbauernschaften in Zahlen (1933–1938), S. 1 (ohne Memelland, bezieht sich auf 1. 1. 1939); 1940: Landesbauernschaften in Zahlen (1938–1939), S. 1 (Stand 1. 4. 1940; beginnend 1940 jeweils inklusive Memelgebiet und Regierungsbezirk Zichenau); 1941: Landesbauernschaften in Zahlen (1939–1940), S. 1 (Stand 1. 5. 1941); 1942: Landesbauernschaften in Zahlen (1940–1941), S. 1 (Stand 1. 3. 1942); 1943: Landesbauernschaften in Zahlen (1941–1942), S. 1 (Stand 1. 4. 1943). Die Zahlen für 1939 dürfen als stellvertretend für die Friedenszeit gelten, vgl. den Bericht des Reichsrechnungshofs vom 11. 5. 1936 über die Prüfung der Haushaltsrechnung der LBsch Ostpreußen, BArch, R 2301/3589, unpag., und den Bericht des Reichsrechnungshofs vom 18. 10. 1937 über die Prüfung der Oberrechnung in der LBsch Ostpreußen, BArch, R 2301/3590, unpag. Zum 1. 4. 1943 waren die Kreisbauernschaften Fischhausen und Königsberg-Stadt zur KBsch Samland fusioniert worden, die den Landkreis Samland und den Stadtkreis Königsberg umfasste, vgl. die DNdRN vom 17. 4. 1943, Sp. 415.

Mit diesen Erweiterungen hatte die Landesbauernschaft Ostpreußen ihre maximale Ausdehnung erreicht. Das freilich ist eine formale Betrachtung, denn faktisch wuchs sie 1941 nochmals ganz massiv an. Als Folge des Überfalls auf die Sowjetunion wurde mit dem Bezirk Bialystok ein Gebiet fast so groß wie Ostpreußen vor 1939 mit der Provinz verbunden. Dabei bestand die Verbindung vor allem in der Führung, die Gauleiter Koch in Personalunion übernommen hatte. Er hatte das Gebiet als Landbrücke zum Reichskommissariat Ukraine verlangt, wobei schon im Oktober 1941 die Perspektive einer späteren Eingliederung in die Provinz Ostpreußen angedacht war. Auch orientierte sich die Organisation des Bezirks an der Struktur eines preußischen Regierungsbezirks, ohne deren Bezeichnungen zu übernehmen. Vergleichbar den Landkreisen, gab es sieben Kreiskommissariate.[531] Entsprechend richtete die Landesbauernschaft sieben Kreisbauernschaften ein, die eingedeutschte Namen erhielten (Bialystok, Bielsk, Grajewo, Grodno, Lomscha, Sokolka, Wolkowysk).[532]

Nicht zum Verantwortungsbereich von Landesbauernführer Spickschen gehörte das Gebiet des Reichskommissariats Ukraine, das ebenfalls Gauleiter Koch als Reichskommissar führte. Dort war, als Leiter der Hauptabteilung Ernährung und Landwirtschaft, mit Hellmut Körner ein anderer Landesbauernführer tätig.[533] Dennoch: War Ostpreußen schon 1935 bei Spickschens Amtsübernahme eine der größten Provinzen im Deutschen Reich gewesen, so wuchs sein Zu-

531 Vgl. Madajczyk: Okkupationspolitik, S. 144–145, dort auch FN 6, sowie Meindl: Koch, S. 297–300.

532 Vgl. den Prüfbericht des Reichsrechnungshofs vom 24. 7. 1942 (Örtliche Prüfung der Oberrechnung der LBsch Ostpreußen in Königsberg/Pr. für das Rechnungsjahr 1940), BArch, R 2301/3593, unpag., die Darstellung von Dr. Bernhard Schwartz [ca. 1960], BArch, Ost-Dok 10/282, unpag., sowie die Übersicht 7 im Anhang.

533 Zur Landwirtschaft im Reichskommissariat Ukraine vgl. Berkhoff: Harvest, S. 114–140, sowie zeitgenössisch aus deutscher Sicht H.-G. Haenelt: Die Landwirtschaft im Ostland und in der Ukraine, in: Neues Bauerntum 34 (1942), S. 31–33. Zu LBF Körner vgl. die biographische Skizze im Personenlexikon (Bd. 2).

Karte 3.10: Der Bezirk Bialystok
Quelle: Ernst Keit: Der Bezirk Bialystok. Landschaft und Geschichte, Wirtschaft und Verkehr, in: Preußische Zeitung vom 29. 5. 1942, unpag. Die in dieser zeitgenössischen, nationalsozialistischen Darstellung noch als eigene »Kreise« ausgewiesenen Gebiete um Augustowo und Pružana waren bis März 1942 in den Kreiskommissariaten Grajewo und Grodno sowie Bielsk aufgegangen, vgl. Stoll: Wahrheit, S. 155.

ständigkeitsbereich zwischen März 1939 und Herbst 1941 um mehr als das Doppelte und umfasste schließlich die Landwirtschaft in einem Gebiet von über 83.000 Quadratkilometern mit mehr als 4,8 Millionen Menschen.

Tabelle 3.11: Der Verantwortungsbereich des Landesbauernführers Spickschen (1941–1944)

			Fläche (qkm)	**Einwohner**	**EW/ qkm**	**LN (ha)**	**LN (%)**
Provinz Ostpreußen			52.731	3.338.978	63,3	3.530.000	67,0
	Altprovinz		34.070	2.186.314	64,2	ca. 2.430.000	67,0
		Regierungs-bezirk Königsberg	13.148	1.059.085	80,6		
		Regierungs-bezirk Gumbinnen	9.401	559.205	59,5		
		Regierungsbezirk Allenstein	11.520	568.024	49,3		
	Memelgebiet		2.416	154.694	64,0		
	Eingegliederte Ostgebiete		16.245	997.970	61,4	ca. 1.100.000	68,0
		Regierungs-bezirk Zichenau	12.914	856.505	66,3		
		Suwałki-Gebiet	2.841	116.635	41,1		
		Soldau-Gebiet	491	24.830	50,5		
Bezirk Bialystok			31.140	ca. 1.500.000	48,2	ca. 2.055.200	66,0
GESAMT			83.871	ca. 4.838.978	57,7	ca. 5.585.200	67,0

Quellen: Zur Provinz Ostpreußen (Gebietsstand 1.8.1941) vgl. Statistisches Jahrbuch Reich 59 (1941/1942), S. 8; »Altprovinz« umfasst hier Ostpreußen in den Grenzen von 1938 ohne den Regierungsbezirk Westpreußen. Die mit »ca.« gekennzeichneten LN wurden aus verschiedenen Angaben errechnet und auf gegebene Gesamtwerte angepasst; sie sind daher nicht völlig, aber hinreichend exakt. Zur LN der Provinz Ostpreußen (1943) vgl. Landesbauernschaften in Zahlen (1942–1943), S. 4–5. Zahlen aus anderen Jahren weichen nur geringfügig ab, vgl. den »Prüfungsbericht. Örtliche Prüfung der Oberrechnung der LBsch Ostpreußen für die Rechnungsjahre 1941 und 1942« [1943], BArch, R 2301/3594, unpag., Landesbauernschaften in Zahlen (1940–1941), S. 6, und Paul Ziehr: Die Landwirtschaft im Regierungsbezirk Zichenau, in: WbLBsch Ostpreußen vom 10.8.1940, S. 478. Zum Bezirk Bialystok vgl. den vom Reichsrechnungshof veranlassten Bericht vom 29.12.1943 über das Ergebnis der Prüfung bei der OLG, Zweigstelle Bialystok, BArch, R 2301/4035, Bl. 3–4, sowie Rebentisch: Führerstaat, S. 307.

3.2.2 Der innere Aufbau der Organisation

Die Landesbauernschaft Ostpreußen veränderte sich über die Jahre nicht nur räumlich, sondern auch in ihrer Organisation. Festgemacht an Veränderungen bei den Reichs- und Landeshauptabteilungen, lassen sich drei wesentliche Phasen der Organisation unterscheiden: Eine erste Phase des Aufbaus (September 1933 bis Februar 1935), eine zweite Phase organisationaler Stabilität (Februar 1935 bis Mai 1942) sowie eine dritte Phase der kriegsbedingten Verschlankung (Mai 1942 bis zum Zusammenbruch 1945). Der Blick auf die Organisationsstruktur setzt dabei sinnvollerweise bei der zweiten Phase an, die gewissermaßen den Normalzustand darstellte.

An der Spitze des Reichsnährstandes stand der Reichsbauernführer, der vom

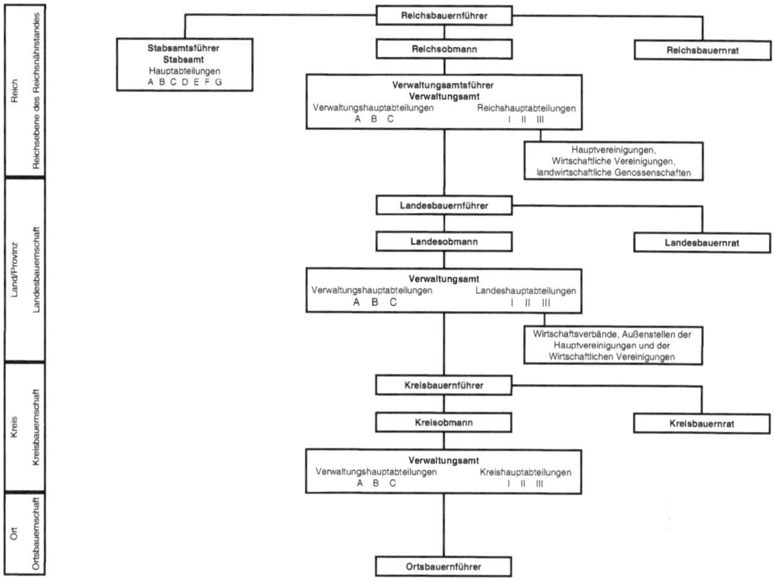

Schaubild 3.12: Die Organisationsstruktur des Reichsnährstandes
Quelle: Eigene Darstellung, basierend auf: Ostpreußischer Bauernkalender 1939, S. 118–123, Reischle/Saure: Reichsnährstand, S. 32–37, sowie Corni/Gies: Ernährungswirtschaft, S. 104.

Reichskanzler ernannt wurde und im Reichsobmann und im Stabsamtführer Stellvertreter hatte. Er allein führte den Reichsnährstand, und das meinte auch die untergeordneten Organisationsebenen einschließlich der Landesbauernschaften, die damit Dienststellen der Zentrale waren; ein wesentlicher Unterschied zur Weimarer Zeit, als die Landwirtschaftskammern, auf denen die Landesbauernschaften in einiger Hinsicht aufbauten, selbstständig gewesen waren. Das wesentliche organisatorische Alleinstellungsmerkmal der Reichsebene war das Stabsamt, das dem Reichsbauernführer zur Verfügung stand. Es setzte sich aus verschiedenen, inhaltlich definierten Abteilungen zusammen und sollte den Reichsbauernführer in politischen und weltanschaulichen Belangen beraten. Die praktische Arbeit hingegen wurde im Verwaltungsamt geleistet, einem Organisationszweig, der auf der Reichsebene, auf der Ebene der Landesbauernschaften und auf jener der Kreisbauernschaften jeweils in gleicher Weise zu finden war.

Das Verwaltungsamt bestand aus insgesamt sechs Abteilungen: drei innere Hauptabteilungen, nämlich die Hauptabteilung A für Organisation, Verwaltung und Personal, Hauptabteilung B für Finanz- und Vermögensfragen sowie die Hauptabteilung C für den Bereich der Presse und Propaganda. Hinzu kamen drei Reichshauptabteilungen: Die Reichshauptabteilung I übernahm unter dem Titel »Der Mensch« jene Funktionen, die vor 1933 Vereine und Verbände der deutschen Landwirtschaft erfüllt hatten. Diese Hauptabteilung nahm die Mitglieder sozialpolitisch gleichsam an die Hand und stellte die ideologische Herzkammer des Reichsnährstandes dar. Im Sinne der »Menschenführung« wurden die in der Landwirtschaft tätigen Menschen – horizontal differenziert nach »Erbhofbauer«, Landfrau, Landarbeiter, Landjugend und so weiter – mit der Weltanschauung von »Blut und Boden« indoktriniert. Als zentrale Aufgaben wurden die Durchführung des Erbhofrechts sowie die »Neubildung deutschen Bauerntums« definiert.

Demgegenüber ersetzte die Reichshauptabteilung II (»Der Hof«) im Wesentlichen die früheren öffentlich-rechtlichen Berufsvertretungen der Landwirtschaft. Dies galt namentlich für die Landwirtschaftskammern, deren Personal sich hier in Teilen wiederfindet, und entsprechend war hier auch die betrieblich-fachliche Betreuung angesiedelt. Die dieser Hauptabteilung zugeteilte Kernaufgabe waren die sogenannten »Erzeugungsschlachten«, deren Ziel die maximale Produktion für die »Volksernährung« war. Die Reichshauptabteilung III (»Der Markt«) schließlich war im weitesten Sinne für den Markt zuständig, nämlich für Absatz, Verteilung, Bearbeitung und Verarbeitung der in den Betrieben produzierten Lebensmittel. Dies umfasste die Marktordnung einschließlich Überwachung, Recht und Schiedsgerichtsbarkeit. Auch wurden von hier aus das Genossenschaftswesen und der Landhandel organisiert. Die Reichshauptabteilung III verfügte damit über die wesentlichen Instrumente zur Steuerung der nationalsozialistischen Ernährungswirtschaft.[534] Dabei war die Marktordnung keine Erfindung der Nationalsozialisten, vielmehr gab es – weniger starke – Eingriffe in den Markt schon in der Weimarer Republik, und vergleichbare Strukturen des Agrarmarktes findet man ab 1949 in der Bundesrepublik Deutschland. Es handelt sich bei der Ausbildung derartiger Strukturen mithin um eine Konstante der Agrarpolitik in Deutschland, und es ist keineswegs abwegig, Konturen einer solchen Ordnung auch im Agrarmarkt der Europäischen Union zu erkennen.[535]

In der ersten Phase bis Februar 1935 indes gab es vier Reichs- beziehungsweise Landeshauptabteilungen: Abteilung III (»Marktordnung«) war für das Genossenschaftswesen zuständig, Abteilung IV (»Marktförderung«) dagegen für Landhandel und Nebengewerbe – eine Aufteilung, die sich wegen vielfacher

534 Vgl. Reischle/Saure: Reichsnährstand, S. 32–35 und S. 70–81, Corni/Gies: Ernährungswirtschaft, S. 101–102, Frank: Reichsnährstand, S. 135 und S. 139–144, sowie Hertz-Eichenrode: Politik, S. 88–89.

535 Vgl. Dornheim: Moderne, S. 793, sowie ders.: RMEL, S. 46.

Überschneidungen in der Praxis als untauglich erwies.[536] Dagegen spiegelte die Reorganisation des Reichsnährstandes vom 29. Mai 1942, der Übergang zur dritten organisatorischen Phase, eine inhaltliche Grundsatzentscheidung wider. Unmittelbar nachdem Backe kommissarisch die Geschäfte des Reichsbauernführers übernommen hatte, löste er die ursprüngliche Reichshauptabteilung I auf. Damit gliederte er wesentliche – nämlich für die Indoktrination mit der Ideologie von »Blut und Boden« sowie für »Menschenführung« wichtige – Teile ins »Reichsamt für Agrarpolitik« und damit in die NSDAP ein.[537] Analog zur Reichsebene wurde auch die Ebene der Landesbauernschaften verschlankt. Es gab nur noch drei Landeshauptabteilungen: In der neuen Landeshauptabteilung I ging das frühere Verwaltungsamt auf, das unter anderem mit der inneren Verwaltung beschäftigt gewesen war. Die neue Landeshauptabteilung II übernahm zusätzlich zu den bisherigen Geschäftsbereichen Teile der früheren Landeshauptabteilung I, während die Landeshauptabteilung III fortbestand.[538]

Das weist auch darauf hin, dass sich die Organisationsstruktur des Reichsnährstandes auf den untergeordneten Ebenen im Wesentlichen wiederholte. Die Landesbauernschaften verfügten entsprechend über eine Verwaltungshauptabteilung und drei Landeshauptabteilungen. Der konkrete Organisationsprozess freilich konnte dabei in den verschiedenen Landesbauernschaften variieren. So verkündete die Landesbauernschaft Ostpreußen zum 1. November 1933, sie habe »ihren organischen Aufbau«[539] abgeschlossen. Davon konnte jedoch keine Rede sein. Denn zwar waren die Zweige der Organisationshierarchie gleichsam an ihren Spitzen besetzt, doch dauerte es noch einige Zeit, ehe die Landesbauernschaft organisatorisch tatsächlich voll ausgebildet war. Besichtigungen seitens der Reichsnährstandszentrale in den Jahren 1934 und 1935 förderten etliche Mängel zu Tage.[540]

536 Vgl. Frank: Reichsnährstand, S. 140, FN 61. Die »Vierte Verordnung über den vorläufigen Aufbau des Reichsnährstandes« vom 4.2.1935 führte die Abteilungen III und IV wie erwähnt auf Reichsebene und auf Landesebene zur neuen Abteilung III »Markt« zusammen, vgl. RGBl. I 1935, S. 170–171, sowie die Anordnung des RBF vom 4.2.1935 über den Aufbau der neuen Reichshauptabteilung III, in: RNVbl. 1935, S. 70. Vgl. auch Hans Merkel: Einheitliche Marktorganisation im Reichsnährstand, in: Georgine vom 12.2.1935, Titelseite, sowie die Georgine vom 15.2.1935, S. 126 (Artikel »Hauptabteilung III ›Der Markt‹«).

537 Vgl. Corni/Gies: Ernährungswirtschaft, S. 419–420. Näheres hierzu in Kapitel 3.2.3.

538 Vgl. die Anordnung des RBF betr. Neugliederung der Reichsnährstandsverwaltung (Vereinfachung der Verwaltung) vom 29.5.1942, in: DNdRN vom 1.6.1942, Sp. 423–429, dort zu den Landesbauernschaften Sp. 427–429. Siehe auch die Anordnung betr. den Aufbau und die Aufgaben der Reichs- und Landeshauptabteilungen I, II und III vom 20.10.1942, in: DNdRN vom 30.10.1942, S. 945–973, die die neue organisatorische Ausdifferenzierung des RNSt und darin der Landesbauernschaften zeigt. Vgl. auch Corni/Gies: Ernährungswirtschaft, S. 245–248.

539 So in der Georgine vom 31.10.1933, S. 749 (Artikel »Der Aufbau der Landesbauernschaft«).

540 So lagen Abteilungen örtlich außerhalb der LBsch, die in der Beethovenstraße 24–26 in

Als Erich Spickschen Ende 1935 ins Amt des Landesbauernführers berufen wurde, war seine Landesbauernschaft organisatorisch weitgehend aufgebaut. Die Landeshauptabteilung II, die der Struktur nach Ende 1933 noch eher der früheren Landwirtschafskammer geglichen hatte, nahm ein Jahr später eine bis 1942 weitgehend stabile Form an. Ebenso gefestigt war die Landeshauptabteilung III, nachdem sie 1935 aus den bisherigen Landeshauptabteilungen III und IV gebildet worden war. Lediglich die Struktur der Unterabteilungen wurde über die Jahre vereinfacht, ab 1938 gab es nur noch die drei Abteilungen »Marktrecht«, »Wirtschaft« sowie »Verwaltung«, die die Aufsicht über die Zusammenschlüsse der Wirtschaftsverbände ausübte.[541] Die Wirtschaftsverbände umfassten das Genossenschaftswesen sowie diverse spezialisierte Marktverbände (Getreidewirtschaft, Viehwirtschaft, Milchwirtschaft, Kartoffelwirtschaft, Eierwirtschaft, Gartenbauwirtschaft, Zuckerwirtschaft).[542]

Allerdings ist Organisation, wie es ihrer Eigenlogik entspricht, auch beim Reichsnährstand als kontinuierlicher Prozess zu begreifen. Im Dezember 1937 etwa gab Reichsbauernführer Darré einen Geschäftsverteilungsplan für die Hauptabteilung I auf Reichs-, Landes- und Kreisebene bekannt, der deren inneren Aufbau präzisierte und bis in die Unterabteilungen der Landesbauernschaften hinein die Aufgabenbereiche explizit festlegte.[543] Auf solche Verlautbarungen hin passten die Landesbauernschaften umgehend ihre Organisationsstrukturen an. Bei näherer Betrachtung zeigen sich dabei kleine, aber aufschlussreiche Veränderungen. So gab es bei der Landesbauernschaft Ost-

---

Königsberg/Pr. ihren Sitz hatte. Einige Abteilungen sollten dorthin überführt werden, wenngleich klar war, dass eine Unterbringung aller Abteilungen unter einem Dach nur mit einem Neubau möglich gewesen wäre. Auch die interne Kommunikation ließ zu wünschen übrig, regelmäßige Besprechungen des LBF mit den Leitern der Abteilungen wurden angemahnt. Darüber hinaus galt es, die Arbeitsabläufe der vielgliedrigen Organisation effizienter zu machen und auf die korrekte Beachtung der Kompetenzen zu dringen, die vor Ort gelegentlich anders als formal vorgesehen gehandhabt wurden. Solche Defizite wurden freilich auch bei anderen Landesbauernschaften festgestellt. Vgl. hierzu den »Bericht zum Schreiben des Reichsbauernführers vom 16. Wonnemond 1935« des Generalinspekteurs des RBF vom 13.7.1935 sowie den Bericht Hallermanns (RMEL) samt Anlage vom 21.3. 1934 an Arauner, beide in: BArch, R 16 I/2117, unpag.

541 Vgl. die Übersichten 1–5 im Anhang sowie Mentzel 1927, Tl. II, S. 83.

542 Vgl. den Ostpreußischen Bauernkalender 1939, S. 120. Im Juni 1942 zählten hierzu folgende Verbände, alle mit Sitz in Königsberg: Milch- und Fettwirtschaftsverband Ostpreußen, Getreidewirtschaftsverband Ostpreußen, Viehwirtschaftsverband Ostpreußen, Kartoffelwirtschaftsverband Ostpreußen, Eierwirtschaftsverband Ostpreußen, Gartenbauwirtschaftsverband Ostpreußen, Zuckerwirtschaftsverband Ostpreußen, Hauptvereinigung der deutschen Fischwirtschaft (Außenstelle Königsberg), Brauwirtschaftsverband Ostdeutschland, Außenstelle Ostpreußen, vgl. das Verzeichnis der im Gebiet der LBsch Ostpreußen vorhandenen wirtschaftlichen Zusammenschlüsse, Stand 22.6.1942, BArch, R 2301/3593, unpag.

543 Vgl. Darrés Anordnung betr. den Aufbau und die Aufgaben der Reichs-, Landes- und Kreishauptabteilungen I vom 12.12.1937, in: DNdRN vom 18.12.1937, S. 472–485.

preußen bis 1937 in der Landeshauptabteilung I, die ansonsten seit Ende 1934 organisatorisch weitgehend ausgebildet war, lediglich eine für »Verwaltung« zuständige Unterabteilung I A. Auf Basis des neuen Organisationsplans von Darré wurde 1938 in der Landeshauptabteilung I sodann die Abteilung I A eingerichtet: Es handelte sich um die ausgebaute frühere Unterabteilung I B 1, die nunmehr unter dem Titel »Hege des Blutes und der Sippen« figurierte.[544] Es unterstreicht den Charakter dieser im Sinne von »Blut und Boden« hochgradig ideologisierten Abteilung, dass sie mit Richard Schütze von einem eifrigen SS-Mitglied geführt wurde. Im RuSHA angesiedelt, war er von 1940 an bei den folgenschweren Siedlungs- und Umsiedlungsaktionen im Reichsgau Wartheland tätig.[545]

Mit der Unterabteilung I B 1 wurde eine Abteilung organisatorisch aufgewertet, der drei Aufgabenkreise zugewiesen worden waren: die »Sippenpflege und -forschung«, an die der »Verein für bäuerliche Sippenkunde und bäuerliches Wappenwesen e.V., Goslar« angegliedert war; die »Altbauernehrung«; Bauerngeschichte, zu der explizit die »Abwehr der Feinde des Bauerntums« gehörte, namentlich »Der Jude«, »Der Jesuit« und »Der Freimaurer«.[546] Diese Unterabteilung stand zugleich für eine in der Realität erlebbare Anwendung der Ideologie von »Blut und Boden«: In »Dorfsippenbüchern«, für deren Herausgabe der oben erwähnte Verein zuständig war, sollten von einer Arbeitsgemeinschaft des Reichsnährstands, des NS-Lehrerbundes sowie des Rassenpolitischen Amtes der NSDAP mittels Kirchenbüchern Informationen über »alteingesessene Bauerngeschlechter« zusammengetragen werden, die über Jahrhunderte ihren Grund und Boden als Bauern gepflegt hatten.[547] Diese »Sippen« wurden als Sinnbilder für »Blut und Boden« und für die Lebenskraft und Abwehrkraft deutschen Bauerntums gegen vorgeblich schädliche Einflüsse betrachtet. Die Tätigkeit dieser Unterabteilung wurde, auch schon vor der organisatorischen Aufwertung, weidlich propagandistisch genutzt. So berichtete die Presse breit in Wort und Bild, wenn der Landesbauernführer feierliche Ehrungen von »Bauerngeschlechtern« vornahm und dabei eine Eichentafel überreichte, der zu entnehmen war, wie lange ein Bauerngeschlecht schon »erbeingesessen« war.[548]

544 Siehe die Übersichten 1–5 im Anhang sowie den Ostpreußischen Bauernkalender für die Jahre 1938 (S. 108) und 1939 (S. 119). Für Ende 1937 wurde die Unterabteilung I A überhaupt nicht ausgewiesen.

545 Vgl. die biographische Skizze zu Schütze im Anhang.

546 So Darrés Anordnung betr. den Aufbau und die Aufgaben der Reichs-, Landes- und Kreishauptabteilungen I vom 12.12.1937, in: DNdRN vom 18.12.1937, S. 473–474.

547 Vgl. Kurt Czelinski: Bauerntum und Sippenpflege, in: Ostpreußischer Bauernkalender 1939, S. 83–84.

548 Vgl. z.B. das WbLBsch Ostpreußen vom 29.4.1938, S. 644–645 (Artikel »62 ostpreußische Bauerngeschlechter werden geehrt«), zudem Walther Sagel: Zur Ahnen- und Sippschafts-

Welche Position hatte nun in dieser Organisationsstruktur ein Landesbauernführer wie Spickschen inne? Der Landesbauernführer war Vertreter des Reichsbauernführers für das Gebiet seiner Landesbauernschaft und führte diese. Er war für sämtliche Angelegenheiten vertretungsbefugt, die den Geschäftsbereich seiner Landesbauernschaft betrafen; diese Befugnis konnte er räumlich oder inhaltlich in einzelnen Sachen auf untergeordnete Stellen delegieren. Hieraus leiteten sich weitere, auf einzelne Sachverhalte bezogene Kompetenzen ab. Dies konnte seine Eigenschaft als Dienstvorgesetzter betreffen, in der er Geldstrafen verhängen konnte. Vor allem aber wirkte er bei zentralen Anliegen des Reichsnährstandes mit, namentlich bei der Umsetzung des Reichserbhofgesetzes und bei der bäuerlichen Siedlung. Der Landesbauernführer verfügte darüber hinaus über weitere Kompetenzen: beim Wechsel von landwirtschaftlichem Besitz; bei der Anordnung von Zwangsmaßnahmen; bei Betrieben, die nicht im Sinne der »Volksernährung« wirtschafteten; in vermögensrechtlichen Fragen bei Familienfideikommissen; bei Flächenumlegungen; bei Enteignungen von Land für Wehrmachtszwecke; bei der Planung von Wohnsiedlungsgebieten; bei der Schätzung von Kulturboden.[549]

Dem Landesbauernführer direkt untergeordnet war der Landesobmann, sein Stellvertreter. Dieser hatte die Vertretungsbefugnis für Verwaltungsangelegenheiten, soweit sie im Geschäftsbereich der Landesbauernschaft lagen. Der Landesobmann stand an der Spitze des Verwaltungsamtes. Dieses umfasste die Landes-Verwaltungshauptabteilung, die er selber leitete, sowie die Landeshauptabteilungen I, II und III, deren Leiter ihm unterstellt waren.[550] Unterhalb der Landesbauernschaften waren die Kreisbauernschaften die dritte und letzte gleichartige Organisationsebene, abgesehen vom nur auf Reichsebene vorhandenen Stabsamt. Geführt vom Kreisbauernführer, der vom Kreisobmann vertreten wurde, gab es auch dort vier Hauptabteilungen, eine für Verwaltung sowie die drei inhaltlichen. Die darunter liegenden Ebenen hatten diese organisatorischen Merkmale nicht mehr: Weder die vom Ortsbauernführer geführten Ortsbauernschaften noch die vom Bezirksbauernführer geführten Bezirksbauernschaften, in denen gelegentlich verschiedene Ortsbauernschaften zusammengefasst wurden, verfügten über eine eigene Geschäftsstelle.[551]

Mit dieser Organisationsstruktur dürfte im Wesentlichen auch jene der Kreisbauernschaften im Bezirk Bialystok beschrieben sein. Denn sie waren so eingerichtet, dass sie im Falle einer formalen Eingliederung des Bezirks in das »Großdeutsche Reich« leicht in die Landesbauernschaft Ostpreußen überführt

forschung, in: Ostpreußischer Bauernkalender 1937, S. 93–96, und ders.: Alteingesessene Bauerngeschlechter in Ostpreußen, in: Ostpreußischer Bauernkalender 1938, S. 91–93.

549 Vgl. Reischle/Saure: Reichsnährstand, S. 36, S. 39, S. 41 und S. 84–86.

550 Vgl. ebd., S. 36 und S. 83.

551 Vgl. ebd., S. 86–89.

werden konnten. Die Kreisbauernschaften unterstanden fachlich der vom Landesbauernführer geführten und dem Zivilkommissar (später: CdZ) – Gauleiter Koch – unterstellten Landbewirtschaftungsstelle Bialystok, verwaltungsmäßig dagegen den Kreiskommissaren, die Landräten entsprachen. Die Bezahlung des Personals erfolgte durch die Landesbauernschaft Ostpreußen, die jedoch die verauslagten Gelder vom CdZ zurückerstattet erhielt.[552]

Dem Selbstverständnis nach war der Reichsnährstand ein straff nach dem Führerprinzip durchorganisiertes Gebilde. Dafür steht beispielhaft der Personalbereich, in dem Reichsbauernführer Darré weitreichende Kompetenzen hatte: »Die Ernennung und Abberufung der Bauernführer vom Kreisbauernführer an aufwärts sowie die Anstellung, Versetzung und Entlassung von Beamten und Angestellten [...] hat der Reichsbauernführer seiner Entscheidung vorbehalten.«[553] Auf der Ebene der Länder beziehungsweise der Provinzen und der Kreise hatten die Landesbauernführer ein Vorschlagsrecht, ebenso wie beim Personal der Kreisbauernschaften und der Ortsbauernschaften die Kreisbauernführer ein Vorschlagsrecht gegenüber dem Landesbauernführer hatten; doch weder Reichsbauernführer noch Landesbauernführer mussten auf diese Vorschläge eingehen. Darüber hinaus zeichnete sich der Reichsnährstand formal durch einen klar definierten innerorganisatorischen »Dienstweg« aus, ebenso gab es einen nur über die Zentrale führenden »Dienstverkehr« etwa mit dem RMEL.

Die Praxis freilich zeigte, dass die Kompetenzenfelder keineswegs immer klar abgegrenzt waren. So konkurrierte der Reichsobmann mit dem Führer des – 1941 schließlich aufgelösten – Stabsamtes, und bis 1937 trat noch der gleichfalls Darré direkt unterstellte Generalinspekteur hinzu, der für die Prüfung der Landesbauernschaften zuständig war. Mithin zeichnete sich auch der Reichsnährstand durch die für den Nationalsozialismus typischen polykratischen Reibereien aus.[554] Generell stand der formalen Kompetenz eines »Führers« stets die informale »Gegenmacht« eines »Unterführers« gegenüber. Der Landesbauernführer etwa konnte weit besser als der Reichsbauernführer aus der Ferne beurteilen, wer sich als Kreisbauernführer eignete – dies schränkte den Vorbehalt des Reichsbauernführers faktisch stark ein.[555] Vielleicht war es der Einsicht in ebendiese Organisationsrealität geschuldet, dass im Laufe der Jahre und gerade zu Kriegszeiten dem Landesbauernführer auch formal zunehmend Kom-

552 Vgl. den Prüfbericht des Reichsrechnungshofs vom 24.7.1942 (Örtliche Prüfung der Oberrechnung der LBsch Ostpreußen in Königsberg/Pr. für das Rechnungsjahr 1940), BArch, R 2301/3593, unpag.

553 Reischle/Saure: Reichsnährstand, S. 41–42.

554 Vgl. Corni/Gies: Ernährungswirtschaft, S. 121–131.

555 LBF Spickschen war de facto die entscheidende Instanz bei Personalbesetzungen, etwa bei KBF-Posten, vgl. z. B. sein Schreiben vom 7.4.1936 an Arauner, BArch, R 16 I/2140, unpag.

petenzen und Verantwortung übertragen wurden. Die Landesbauernschaften wurden so unabhängiger von der Zentrale. Sie fügen sich damit in die allgemeine Tendenz zur organisatorischen Vereinfachung und Verschlankung ein, die die nationalsozialistische Verwaltungspraxis in der Kriegszeit prägte.[556]

Bei alledem sollte die Bedeutung der der erwähnten Polykratie entspringenden Spannungen nicht überschätzt werden. Sie nahmen tendenziell ab, je niedriger die Stufe der Organisationshierarchie war. Das dürfte Teil der Erklärung dafür sein, dass der nationalsozialistische Staat tatsächlich in vielen Bereichen trotz Polykratie funktionierte und stabil war. Dem mochten informale Verfahren, die formale bürokratische Organisation funktional ersetzen konnten, vielfältige Ämterkumulationen oder auch Spannungen kanalisierende Kollegialgremien dienen.[557] All dies gab es auch im Reichsnährstand, auf Ebene der Landesbauernschaften ist hier zum Beispiel an den Landesbauernrat zu denken. Dieser wurde dem Landesbauernführer an die Seite gestellt; er umfasste in Ostpreußen im Wesentlichen die hochrangigen Bauernführer. Große Bedeutung wird dem Landesbauernrat nicht beizumessen sein, doch ist jedenfalls ersichtlich, dass er auch als Instrument genutzt wurde, um innerorganisatorische Spannungen und Schwierigkeiten in ein geordnetes Verfahren zu überführen und zu lösen.[558]

Auf Reichsebene gab es entsprechend den Reichsbauernrat, in dem das Spitzenpersonal des Reichsnährstandes vereint werden sollte. Und so finden sich dort neben dem Reichsbauernführer und Personen wie Himmler, denen Verdienste um das Bauerntum zugeschrieben wurden, die Landesbauernführer und deren Landesobmänner. Besondere Bedeutung hat der Reichsbauernrat freilich nie erlangt. Immerhin scheint auch der Reichsbauernrat, von Darré ursprünglich offenbar zur Stärkung seines Personennetzwerkes ins Leben gerufen, dazu gedient zu haben, Spannungen zu kanalisieren; dies zeigte sich, durchaus entgegen den Zielen Darrés, im Zuge der »Meinberg-Revolte«.[559] Der Reichsbauernrat wurde, wie auch die Landesbauernräte, im April 1941 aufgelöst.[560]

556 Vgl. Frank: Reichsnährstand, S. 271–272, für ein konkretes Beispiel auch Kapitel 6.4 dieser Studie, zudem Dieter Rebentisch: Innere Verwaltung, in: Kurt G. A. Jeserich/Hans Pohl/Georg-Christoph von Unruh (Hg.): Deutsche Verwaltungsgeschichte, Bd. IV: Das Reich als Republik und in der Zeit des Nationalsozialismus, Stuttgart 1985, S. 765–770.

557 Vgl. Gotto: Selbststabilisierung, S. 28–50.

558 Vgl. Reischle/Saure: Reichsnährstand, S. 36, die Auflistung des Landesbauernrates Ostpreußen im Schreiben des RNSt vom 28. 7. 1936 an Spickschen, BArch, R 16 I/2186, unpag., sowie die Georgine vom 9. 7. 1935, Titelseite (Artikel »Die Vereidigung des Ostpreußischen Landesbauernrates«). Beispiele für die Arbeit dieses Landesbauernrates zeigen die jeweils reichhaltig dokumentierten Fälle des KBF Rose (BArch, R 16 I/2278) und des LHAL Ortmann (BArch, R 16 I/1453).

559 Vgl. Reischle/Saure: Reichsnährstand, S. 35, Corni/Gies: Ernährungswirtschaft, S. 133 und S. 197–200, sowie Wilhelm Lenz: Der Deutsche Reichsbauernrat – Darrés agrarpolitische

3.2.3 Verflechtungen mit anderen Organisationen

Die volle Bedeutung des Reichsnährstandes und seiner Landesbauernschaften erhellt erst, wenn man Umfang, Tiefe und Reichweite ihrer Verflechtung mit anderen Organisationen des nationalsozialistischen Staates in den Blick nimmt.

Diese Verflechtung erstreckte sich in erster Linie auf staatliche Stellen, zuvorderst auf das RMEL, das Dienstaufsichtsbehörde des Reichsnährstandes war.[561] Mit dem Ministerium ist der Instanzenzug der staatlichen Verwaltung mitgedacht, der in einer preußischen Provinz wie Ostpreußen – jeweils samt ihren Behörden – vom Oberpräsidenten über die Regierungspräsidenten und Landräte bis hin zu den Bürgermeistern führte. Unter Darré, seit Ende Juni 1933 Reichsminister für Ernährung und Landwirtschaft,[562] arbeiteten die beiden Staatssekretäre Werner Willikens und Herbert Backe, beide wie ihr Chef hochrangige SS-Mitglieder. Backe war ein ebenso talentierter Organisator wie fanatischer »Blut-und-Boden«-Ideologe. Er sollte schrittweise Darrés Kompetenzen beschneiden, ehe er ihn am 23. Mai 1942 de facto ablöste; Darré war nur auf unbegrenzte Zeit beurlaubt worden und blieb formell bis Kriegsende Reichsminister für Ernährung und Landwirtschaft. Backe führte nun das RMEL, den Reichsnährstand sowie das Reichsamt für Agrarpolitik; am 7. April 1944 wurde er offiziell Reichsminister, ohne Geschäftsbereich indes. Backe sollte eine der treibenden Kräfte hinter dem »Hungerplan« werden, der ab 1941 in den eroberten Gebieten der Sowjetunion Opfer in Millionenhöhe forderte.[563]

Backe und Willikens leiteten die Abteilungen des RMEL. Ende 1938 gab es acht Abteilungen: allgemeine Verwaltung (Abteilung I), landwirtschaftliche

---

Kampfgemeinschaft, in: Friedrich P. Kahlenberg (Hg.): Aus der Arbeit der Archive. Beiträge zum Archivwesen, zur Quellenkunde und zur Geschichte. Festschrift für Hans Booms, Boppard a. Rh. 1989, S. 787–799.

560 Vgl. die Anordnung des Reichsministers für Ernährung und Landwirtschaft und des RBF betr. Aufhebung des Reichsbauernrates und der Landes- und Kreisbauernräte vom 22.4. 1941, in: DNdRN vom 3.5.1941, Sp. 304–305. Organisatorisch war dies freilich nur ein Etikettenschwindel, denn an seiner Stelle sollten sofort Reichsbeiräte, Landesbeiräte und Kreisbeiräte eingerichtet werden – jeweils mit dem Personal der früheren Bauernräte!

561 Vgl. Corni/Gies: Ernährungswirtschaft, S. 210.

562 Vgl. Dornheim: RMEL, S. 50–51. Im Januar 1935 wurde das RMEL, nach Fusion mit dem Preußischen Ministerium für Landwirtschaft, Domänen und Forsten, zum »Reichs- und Preußischen Ministerium für Ernährung und Landwirtschaft« mit neun Abteilungen (Verwaltung, Wirtschaftspolitik, Holzwirtschaftspolitik, Bauern- und Bodenrecht, Zoll- und Handelspolitik, Wasser- und Landeskultur, Bäuerliche Siedlung und staatseigener Grundbesitz, Gestütswesen, Preußische Veterinärverwaltung).

563 Vgl. Tooze: Zerstörung, S. 209–211, Corni/Gies: Ernährungswirtschaft, S. 418, Joachim Lehmann: Herbert Backe – Technokrat und Agrarideologe, in: Ronald Smelser/Enrico Syring/Rainer Zitelmann (Hg.): Die Braune Elite II. 21 weitere biographische Skizzen, Darmstadt 1993, S. 1–12, Dornheim: RMEL, S. 59–60, Gerhard: Food and Genocide, S. 45–65, und dies.: Food as a Weapon, S. 339–341.

Erzeugung und Ernährung (II), Gestütswesen und Pferdezucht (III), landwirtschaftliches Kredit-, Bank- und Genossenschaftswesen (IV), Zoll- und Handelspolitik (V), Wasserwirtschaft und Landeskultur (VI), Verwaltung des staatseigenen Grundbesitzes (VII), bäuerliche Siedlung (VIII).[564] Der Abteilung II zugeordnet waren die verschiedenen Reichsstellen (Reichsstelle für Milcherzeugnisse, Öle und Fette, Reichsstelle für Eier und so weiter), die nicht zuletzt für die Auslandseinfuhr Sorge trugen, zudem die Überwachungsstellen und auch die Wirtschaftlichen Vereinigungen. Diese Verbünde im Bereich von Erzeugung und Handel, so etwa die Wirtschaftliche Vereinigung der Fischindustrie, waren zwischen 1933 und 1935 eingerichtet worden und für die Absatzregelung zuständig. Sie wurden Schritt für Schritt in die Hauptvereinigungen des Reichsnährstandes eingegliedert, die komplette Produktionsbereiche von der Herstellung bis zum Handel zusammenführten, beispielsweise die Hauptvereinigung der deutschen Milchwirtschaft; auf Ebene der Landesbauernschaften waren die Marktverbände das regionale Pendant. Den acht Abteilungen des RMEL waren diverse Dienststellen angegliedert, unter anderen Forschungsanstalten (Abteilung I), Reichserbhofgericht (IV), Landeskulturabteilungen (VI) und bäuerliche Siedlung bei den Landeskulturabteilungen (VIII).

Im Laufe der Jahre änderten sich Zahl, Bezeichnungen sowie Zuschnitt dieser Abteilungen samt ihren Referaten und kamen neue Abteilungen hinzu. Aus der Abteilung für bäuerliche Siedlung wurde jene für »Neubildung deutschen Bauerntums«, zudem erhielt sie ein Referat für die »Arisierung« landwirtschaftlichen Grundbesitzes. Die Ausdehnung des Deutschen Reichs spiegelte die neue Abteilung IX (»Eingegliederte Gebiete und Protektoratsgebiete«), überdies gab es Verbindungsstellen zur Wehrmacht und zur NSDAP. Im Vergleich zum Reichsnährstand war das RMEL, dessen Führung sich aus hoch ideologisierten Nationalsozialisten und teils altbewährten Fachleuten zusammensetzte, ein personell relativ schlankes Gebilde mit insgesamt 847 Bediensteten (ohne nachgeordnete Dienststellen).[565]

564 Vgl. Mentzel 1939, Tl. II, S. 49–53. Die Titel der Abteilungen sind unvollständig benannt.
565 Vgl. Dornheim: RMEL, S. 59–72, sowie Corni/Gies: Ernährungswirtschaft, S. 157–162. Für die Organisationsgliederung des RMEL um Ende 1942 siehe Mentzel 1943, Tl. II, S. 33–39. Die Abteilungen wiesen im Kern folgende Aufgabenbereiche auf: allgemeine Verwaltung, einschließlich »Angelegenheiten des Reichsnährstandes« (Abt. I); landwirtschaftliche Erzeugung und Ernährung (II); Gestütswesen und Pferdezucht (III); Arbeitseinsatz, landwirtschaftliches Arbeiterwesen, landwirtschaftliches Kredit-, Bank- und Genossenschaftswesen (IV); Zoll- und Handelspolitik (V); Erbhofrecht, Reichserbhofgericht, Bauerntumsangelegenheiten (VI); Verwaltung der Reichs- und Staatsgüter (VII); ländliche Besiedlung der neuerworbenen Gebiete, Neubildung deutschen Bauerntums im Altreich (VIII); Aufrüstung des Dorfes, Bergland, Umlegung und Landeskultur (IX). Angegliedert waren diverse Dienststellen, u. a. Forschungsanstalten (Abt. I), die verschiedenen Reichsstellen (Abt. II, für Getreide, Tiere, Milcherzeugnisse usw.), das Reichserbhofgericht

Zwischen RMEL und Reichsnährstand bestand zunächst ein Dualismus, in dem eher der Reichsnährstand den Takt vorgab. Doch gab es 1936 den ersten gravierenden Einschnitt, der das Kräfteverhältnis veränderte: An der Spitze der Vierjahresplanbehörde konnte Göring nun obersten Reichsbehörden und mithin auch dem RMEL Weisungen erteilen. Dies schränkte Darré ein und stärkte den für die Geschäftsgruppe »Ernährung« Verantwortlichen in der Vierjahresplanbehörde – Herbert Backe. Er behielt seine Funktionen im RMEL und im Reichsnährstand, dort unverändert Darré untergeben, konnte diesem nun aber über die Vierjahresplanbehörde entgegenwirken. Hier begann Darrés politischer Niedergang, der sich in den folgenden Jahren unter anderem in der »Meinberg-Revolte« und dem Rückzug von der Spitze des RuSHA fortsetzte. Die implizite Botschaft der Vierjahresplanbehörde, nämlich wirtschaftlich und rüstungswirtschaftlich einen Krieg vorzubereiten, verschob die wirtschaftlichen Prioritäten im Deutschen Reich. Das spürten alle Akteure und veränderte auch den Reichsnährstand – dessen Schwerpunkt verlagerte sich gewissermaßen von Bauerntumspolitik hin zu einer Politik der Erzeugung.[566]

Unmittelbar vor dem Überfall auf Polen gewann die Verflechtung des Reichsnährstandes mit staatlichen Stellen indes eine ganz neue Dimension. Wie schon erwähnt, wurde Ende August 1939 die Ernährungswirtschaft mit einem Bündel von Verordnungen für die Kriegswirtschaft mobilisiert. Der Reichsnährstand wurde per »Verordnung über die Wirtschaftsverwaltung« vom 27. August 1939 als Gesamtheit dem RMEL unterstellt, auf Ebene der Länder und Provinzen wurden Landes- beziehungsweise Provinzialernährungsämter eingerichtet. Sie wurden in den preußischen Provinzen beim Oberpräsidenten angesiedelt, auf Ebene der Kreise wurden bei den Landräten »Ernährungsämter« eingerichtet.[567] Am selben Tag führte der Generalbevollmächtigte für die deutsche Wirtschaft, Walther Funk, die Bezugspflicht für Verbrauchsgüter – nicht zuletzt für Grundnahrungsmittel – auf Basis von Bezugsscheinen ein.[568] Die am 27. August 1939 erlassene, von Darré als Reichsminister für Ernährung und Landwirtschaft gezeichnete »Verordnung

(Abt. VI) sowie die Landeskulturabteilungen (Abt. VIII bzgl. Siedlung, Abt. IX bzgl. Umlegungs- und Auseinandersetzungsangelegenheiten). Für die Organisationsgliederung des RMEL um Ende 1938 vgl. Mentzel 1939, Tl. II, S. 49–53.

566 Vgl. Corni/Gies: Ernährungswirtschaft, S. 208, S. 273–277 und S. 591, Münkel: Agrarpolitik, S. 120–124, sowie Dieter Petzina: Autarkiepolitik im Dritten Reich. Der nationalsozialistische Vierjahresplan, Stuttgart 1968, S. 91–96.

567 Vgl. die Verordnung über die Wirtschaftsverwaltung vom 27.8.1939, RGBl. I 1939, S. 1495–1498.

568 Vgl. die Verordnung zur vorläufigen Sicherstellung des lebenswichtigen Bedarfs des deutschen Volkes vom 27.8.1939, RGBl. I 1939, S. 1498–1501. Bezugsscheinpflichtig wurden u.a. Brot, Mehl, Kartoffeln, Fleisch, Milch, Öle, Fette, Eier, Zucker, Kaffee, Tee, Kakao, Seife und Schuhwaren.

über die öffentliche Bewirtschaftung von landwirtschaftlichen Erzeugnissen« regelte detailliert die Erfassung, die Verteilung sowie den Verbrauch landwirtschaftlicher Produkte und definierte Struktur und Aufgaben der Landes- beziehungsweise Provinzialernährungsämter und der Ernährungsämter.[569] »Kriegsarbeitspläne« vom Oktober 1939 präzisierten hierfür die Aufgaben der Reichs-, Landes- und Kreisebene.[570]

Mit den Landes- beziehungsweise Provinzialernährungsämtern wurden die Landesbauernschaften nicht nur in staatliche Strukturen eingepasst, sondern sie stehen auch dafür, dass die Ernährungspolitik jetzt letztlich von militärischen Notwendigkeiten her organisiert wurde. Nicht zufällig entsprachen die Gebiete der Landes- beziehungsweise Provinzialernährungsämter den Wehrkreisen, in Ostpreußen mithin dem Wehrkreis I. Dort waren überhaupt alle wesentlichen Organisationsgebiete mit den Provinzgrenzen kongruent, was in anderen Gauen und Provinzen durchaus anders war und die Kompetenzenlage verkomplizieren konnte. Die Koordination der Kriegswirtschaft erfolgte bei den für die Wehrkreise zuständigen Reichsverteidigungskommissaren, im Wehrkreis I bei Gauleiter und Oberpräsident Koch, der so in eine Schlüsselstellung zwischen den zivilen Behörden und der Wehrmacht kam. Die Landes- beziehungsweise Provinzialernährungsämter und die Ernährungsämter waren jeweils in zwei Abteilungen unterteilt: Aufgabe der Abteilung A war die sogenannte »Bedarfsdeckung«. Diese umfasste die Erfassung und Überwachung der landwirtschaftlichen Produktion vom Anbau über Viehhaltung und Ernte bis hin zur Ablieferung, zudem die Beratung der Produzenten. Ein wichtiges Instrument war die 1938 eingeführte Hofkarte, mittels derer vor Ort alle wichtigen Kennzahlen jedes landwirtschaftlichen Betriebes oberhalb von 5 Hektar Größe erfasst wurden. Die Produzenten durften einen Teil ihrer Produktion behalten, mussten aber Erträge abliefern, sobald die vom RMEL festgesetzten Höchstmengen überschritten wurden. Eine wichtige Aufgabe war darüber hinaus, mit den Arbeitsämtern und Wehrmeldeämtern den Arbeitseinsatz in der Landwirtschaft zu koordinieren. Die Abteilung A wurde meist aus den Landes- und Kreisbauernschaften des Reichsnährstandes gebildet, mit dem Landesbauernführer als Leiter der Abteilung A und des Landes- beziehungsweise Provinzialernährungsamtes insgesamt. Auf Kreisebene führten die Kreisbauernführer in den Ernährungsämtern die Abteilung A.

Abteilung B dagegen regulierte den Verbrauch. Sie hatte dafür zu sorgen, dass die erzeugten landwirtschaftlichen Produkte an die Verbraucher weiter-

569 Vgl. die Verordnung über die öffentliche Bewirtschaftung von landwirtschaftlichen Erzeugnissen vom 27.8.1939, RGBl. I 1939, S. 1521–1526.

570 Siehe auch die Anordnung des RBF betr. Kriegsarbeitspläne des Reichsnährstandes (Kriegsarbeitspläne der Reichsdienststellen, Landes- und Kreisbauernschaften) vom 18.10.1939, in: DNdRN vom 27.10.1939 (2. Aufl., Nr. 40a), Sp. 772–785.

gegeben wurden. Der Abteilung B oblag damit beispielsweise, Bezugsscheine auszugeben und Rationierungen umzusetzen. Sie baute auf dem Instanzenzug der staatlichen Verwaltung auf. Eine zentrale Rolle bei der Verwendung und Verteilung landwirtschaftlicher Erzeugnisse kam den Hauptvereinigungen zu. Ihnen arbeiteten die Reichsstellen zu, vor allem kontrollierten sie, welche Nahrungsgüter eingeführt wurden. Ein Bündel von Verordnungen vom 7. September 1939 spezifizierte insbesondere diese öffentliche Bewirtschaftung von Lebensmitteln durch die Hauptvereinigungen. Zur Durchsetzung dieses ernährungswirtschaftlichen Systems schließlich wurden Anfang September 1939 Verordnungen erlassen, die Zwangsmaßnahmen bis hin zu Haft und sogar zur Todesstrafe androhten. Diese Kriegsernährungswirtschaft kann als verspätete Reaktion auf die Ernährungsproblematik des Deutschen Reiches im Ersten Weltkrieg und als massiv verschärfte Form der gelenkten Ernährungswirtschaft in der Vorkriegszeit verstanden werden.[571]

Die sehr geringe Überlieferung zum Landes- beziehungsweise Provinzialernährungsamt zeigt für Ostpreußen eine bedeutsame Besonderheit. Dort war schon bald in beiden Abteilungen des Provinzialernährungsamtes Führungspersonal der Landesbauernschaft Ostpreußen maßgeblich. Ab September 1939 führte Landesbauernführer Spickschen dieses samt Abteilung A mit Diensitz im Haus der Landesbauernschaft in Königsberg.[572] Die Abteilung B des Provinzialernährungsamts mit Dienstsitz in der Landhofmeisterstraße 5/6[573] leitete zunächst Reinhard Dullien. Doch kurz nach dessen Versetzung in die Ukraine 1941 übernahm sie in Personalunion Friedrich Dimigen, der Leiter der Abteilung II B in der Landeshauptabteilung II,[574] wobei die wesentliche Sacharbeit offenbar von Dr. Anneliese Gramberg durchgeführt wurde. Beide Abteilungen waren nun im Haus der Landesbauernschaft angesiedelt, so dass andernorts wegen räumlicher Distanz auftretende Kommunikationsschwierigkeiten hier

571 Vgl. Corni/Gies: Ernährungswirtschaft, S. 413–416, Hendel: Den Krieg ernähren, S. 163–165 und S. 179–180, Münkel: Agrarpolitik, S. 122–125, sowie zeitgenössisch Reischle/Saure: Reichsnährstand, S. 250–251. Vgl. auch Arnulf Huegel: Kriegsernährungswirtschaft Deutschlands während des Ersten und Zweiten Weltkrieges im Vergleich, Konstanz 2003, S. 1–472.

572 Vgl. die Übersicht über die Landes-(Provinzial-)Ernährungsämter, in: DNdRN vom 27.10.1939 (2. Aufl., Nr. 40a), Sp. 787–788.

573 Vgl. den Verteiler des Schreibens aus dem Haus des RBF (Verwaltungsamt) vom 7.10.1940 an die Landesbauernschaften, BArch, R 3601/2354, unpag.

574 Vgl. die Darstellung Dimigens unter dem Titel »Ergänzungen der Tonbandaussagen über die Abteilungen der Landesbauernschaft« [1958/1959], BArch, Ost-Dok. 10/283, unpag. Zu Reinhard Dullien vgl. Dieter Schenk: Die braunen Wurzeln des BKA, Frankfurt a. M. 2003, S. 230–233. Dullien war in der Ukraine als Hauptabteilungsleiter III im Generalkommissariat Wolhynien/Podolien im Zuge der wirtschaftlichen Ausbeutung auch für Verbrechen gegen die Zivilbevölkerung verantwortlich, stieg aber nichtsdestotrotz in der Bundesrepublik Deutschland bis zum Chef des Bundeskriminalamts auf.

ausgeschlossen waren.[575] Auf Ebene der Kreise konnte bei den Ernährungsämtern der Dualismus Landrat–Kreisbauernführer zu Spannungen führen, etwa wenn ein Kreisbauernführer unabgesprochen »im Auftrag« des Landrats unterzeichnete; unterschiedliche Dienstsitze konnten auch hier die Kommunikation zusätzlich erschweren.[576] Viel hing vom Vertrauen zwischen Landrat und Kreisbauernführer ab, ebenso vom Verhältnis zwischen Landesbauernschaft und Verwaltung. In Ostpreußen berührte dies zugleich das Verhältnis der Landesbauernschaft zur NSDAP, da – ein Resultat der von Koch betriebenen, insgesamt nur halbwegs erfolgreichen Personalpolitik – viele Landräte in Personalunion Kreisleiter waren. Alles spricht jedenfalls dafür, dass in Ostpreußen Landräte und Kreisbauernführer im Wesentlichen gut harmonierten.

Das Provinzialernährungsamt, das nur in preußischen Provinzen so hieß und ab Ende 1942 – wie schon seit 1939 in den übrigen Ländern des Reichs – im Zuge der Vereinheitlichung der Wirtschaftsverwaltung nun auch dort »Landesernährungsamt« genannt wurde,[577] wurde mithin in Ostpreußen ab 1941 vollständig von der Landesbauernschaft gesteuert. Die nur fragmentarisch erhaltene Überlieferung zeigt das Landes- beziehungsweise Provinzialernährungsamt, wie es bei der Organisation des Arbeitseinsatzes in der Landwirtschaft, unter anderem durch Lageberichte und statistische Erfassung,[578] sowie bei der Versorgung Anspruchsberechtigter, etwa von Flüchtlingen, mitwirkte; letzteres in Abstimmung mit der NSV.[579] Das waren typische Aufgaben eines Provinzial- beziehungsweise Landesernährungsamts, so dass zu vermuten steht, dass jenes in Königsberg auch die übrigen typischen Aufgaben erledigte. Zu diesen gehörten die Mitwirkung beim Luftschutz, aber auch die Umsetzung von Rationierungsmassnahmen und die allgemeine Versorgung der Menschen, zu denen neben der ostpreußischen Wohnbevölkerung mit zunehmender Kriegs-

575 Vgl. Max Warnack (Hg.): Taschenbuch für Verwaltungsbeamte. 1943. Sechzigster Jahrgang, Berlin 1943, S. 192, die Darstellung Dimigens unter dem Titel »Ergänzungen der Tonbandaussagen über die Abteilungen der Landesbauernschaft« [1958/1959], BArch, Ost-Dok. 10/283, unpag., sowie Hendel: Den Krieg ernähren, S. 180.

576 Vgl. Stelbrink: Landrat, S. 323–327.

577 Vgl. die Verordnung über die Reichsverteidigungskommissare und die Vereinheitlichung der Wirtschaftsverwaltung vom 16. 11. 1942, RGBl. I, S. 649–656, dort S. 651 (§ 10).

578 Vgl. den Vermerk Brendlers (RMEL) vom 12. 11. 1941, BArch, R 3601/2182, Bl. 9, und die Auszüge aus den Vierteljahresberichten der Landesbauernschaften vom 1. 4. 1943, BArch, R 3601/2009, Bl. 221.

579 Vgl. das Schreiben des Reichsministers für Ernährung und Landwirtschaft vom 18. 9. 1944 an das Landesernährungsamt in Königsberg (Abt. A und B), GStA PK, XX. HA Rep. 18, Nr. 2, Bl. 21. Vgl. auch die Darstellung Dimigens unter dem Titel »Ergänzungen der Tonbandaussagen über die Abteilungen der Landesbauernschaft« [1958/1959], BArch, Ost-Dok. 10/283, unpag.

dauer auch Zwangsarbeiter, Kriegsgefangene, Evakuierte und Flüchtlinge hinzukamen.[580]

In ihrer Aufgabe, unter Kriegsbedingungen die Ernährungsversorgung zu sichern, hatten die Landes- beziehungsweise Provinzialernährungsämter zur Friedenszeit einen Vorläufer, der die Verflechtung der Landesbauernschaften mit der Wehrmacht deutlich zeigt. Diese Verbindung wurde durch die »Stelle für Ernährungssicherung« hergestellt, offiziell zum 1. Mai 1936 eingerichtet und häufig als »ES-Stelle« bezeichnet. Sie ersetzte den beim Reichsnährstand angesiedelten »Sonderbeauftragten für die Fragen der Ernährungssicherung« und wurde wenige Wochen später auch bei den Landesbauernschaften aufgebaut.[581] Jeweils dem Reichsbauernführer beziehungsweise dem Landesbauernführer persönlich unterstellt, diente diese Stelle der Vorbereitung und Durchführung spezifisch kriegsernährungswirtschaftlicher Maßnahmen.[582] Die Stelle stehe »zur Verfügung des Landesbauernführers für die zentrale Steuerung der ernährungswirtschaftlichen Aufgaben und für die Verbindung zur Wehrmacht«.[583]

Wer mit der ES-Stelle befasst war, dem musste in einem ganz konkreten Sinne ab 1937/1938 klar sein, dass das Deutsche Reich auf einen Krieg zusteuerte. Dieser Kreis Eingeweihter war sehr klein und umfasste nur den Landesbauernführer, den »ES-Beauftragten« sowie wenige Sekretäre und Mitarbeiter.[584] Mit der ES-Stelle wurden in der Landesbauernschaft Ostpreußen ab Anfang 1937 hoch qualifizierte Führungskräfte betraut: Zunächst Dr. Fritz Derboven, bereits ab Juni 1937 Dr. Erich-Günther Amlong und bald nach Kriegsbeginn Friedrich Dimigen; Amlong war als ziviler Sachbearbeiter zum CdZ nach Koblenz beordert worden.[585] In den Kreisbauernschaften war der Kreisbauernführer selber

580 Vgl. Hendel: Den Krieg ernähren, S. 259–260.

581 Vgl. die Anordnung betr. Errichtung einer Stelle für Ernährungssicherung vom 29.4.1936, in: DNdRN vom 2.5.1936, S. 140–141, sowie die Anordnung betr. Errichtung von Stellen für Ernährungssicherung bei den Landesbauernschaften vom 7.7.1936, in: DNdRN vom 11.7.1936, S. 218.

582 Vgl. die Anordnung des RBF betr. Aufbau und Aufgaben der Stellen für Ernährungssicherung bei dem Reichsbauernführer und den Landesbauernführern vom 30.3.1939, in: DNdRN vom 1.4.1939, Sp. 227–229, sowie Friedrich Untermann: Kriegsernährungswirtschaft. Die Generalstabsarbeit der Ernährungssicherung, in: Odal. Monatsschrift für Blut und Boden 8 (1939), Heft 11, S. 947–951.

583 Anordnung des RBF betr. Kriegsarbeitspläne des Reichsnährstandes (Kriegsarbeitspläne der Reichsdienststellen, Landes- und Kreisbauernschaften) vom 18.10.1939, in: DNdRN vom 27.10.1939, Sp. 781, gesamte Anordnung Sp. 772–786. Diese Pläne ersetzten frühere Aufgabenverteilungen. Beim RBF war die ES-Stelle Ende September 1939 ins Stabsamt eingegliedert worden.

584 Vgl. die Protokolle der Vernehmungen von Dr. Bernhard Schwarz (Stabsleiter der LHA II in der LBsch Ostpreußen) vom 9.5.1947 (Bl. 8) und vom 14.5.1947 (Bl. 10), beide in: IfZ, ZS 1451 (online unter <http://www.ifz-muenchen.de/archiv/zs/zs-1451.pdf> [22.7.2014]).

585 Vgl. die DNdRN vom 27.2.1937, S. 72, die DNdRN vom 10.7.1937, S. 247, sowie das Schreiben Grubers betr. Neugliederung der Ernährungssicherung vom 20.12.1939, APO,

für die ES-Stelle zuständig, die Arbeiten führte ein Sachbearbeiter durch;[586] auch dort verweist die hohe Geheimhaltungsstufe auf die Kriegsvorbereitung.[587]

Ein Arbeitsplan vom Juni 1939 zeigt die weitreichenden Tätigkeiten der ES-Stelle in der Landesbauernschaft Ostpreußen: »Betriebssicherung für die Landwirtschaft«, »Wehrmachtsversorgung«, »Sicherstellung des Verpflegungsbedarfes der außerhalb der Wehrmacht bestehenden Schutzgliederung«, »Verpflegung von Arbeitern in Rüstungsbetrieben«, »Milch- und Fettversorgung«, »Versorgung der Zivilbevölkerung mit Brot«.[588] Bei der Durchführung der Aufgaben spielten vor allem die Landeshauptabteilung III und die von ihr geführten Verbände eine wichtige Rolle. So war der Getreidewirtschaftsverband angewiesen, neue Lagerräume für Getreide in Städten bauen zu lassen, während der Viehwirtschaftsverband dafür Sorge zu tragen hatte, dass genügend Schlachthöfe und Kühlhäuser zur Verfügung standen.[589]

Ende 1939 wurden bei den Landesbauernschaften mit dem Kriegsarbeitsplan Aufgaben der ES-Stellen neu zugeordnet: Die »Betriebssicherung«, das heißt die Betreibung und Bearbeitung von uk-Stellungen in landwirtschaftlichen Betrieben, oblag nun allein der Landeshauptabteilung I. Maßnahmen dagegen, die die Versorgung der Wehrmacht sicherstellen sollten, übernahm die Landeshauptabteilung III.[590] Auf der Ebene der Kreisbauernschaften wiederum verbanden sich die verschiedenen Organisationsstränge in der Person des

---

Fond No. 12, Syg. 59, unpag. Zu Derboven, Amlong und Dimigen siehe auch die biographischen Skizzen im Anhang.

586 Vgl. die 1938 vom RBF (ES-Stelle) herausgegebene Anlage 1 für die »Vorläufige Dienstanweisung für die Bearbeitung der ES-Angelegenheiten in den Kreisbauernschaften«, APO, Fond No. 12, Syg. 59, unpag.

587 Vgl. z. B. die von Spickschen gezeichnete »Vorläufige Dienstweisung für die ES-Bearbeiter in den Kreisbauernschaften und in den Wirtschaftsverbänden« vom 27. 5. 1937, APO, Fond No. 12, Syg. 59, unpag. Demnach mussten Panzerschränke installiert werden, in denen mit den roten Stempeln »Geheim!«, »Geheime Reichssache« oder »Vertraulich« versehene Verschlusssachen für Dritte unzugänglich zu deponieren waren. Der LBF verpflichtete die mit der ES-Stelle befassten Personen persönlich.

588 So lauten die Gliederungspunkte des Arbeitsplans der ES-Stelle (LBsch Ostpreußen) für die Abteilung Ernährungssicherung der Kreisbauernschaften vom 28. 6. 1939, APO, Fond No. 12, Syg. 59, unpag. Corni/Gies: Ernährungswirtschaft, S. 411, springen daher zu kurz mit der Ansicht, dass »das Fehlen von Archivmaterial und die wenigen Hinweise auf diese Dienststelle in der zeitgenössischen Publizistik darauf schließen« lassen, diese Stelle sei »nicht sehr aktiv« gewesen. Der Quellenmangel mag auch von der hohen Geheimhaltungsstufe und der Vernichtung von Verschlusssachen rühren.

589 Vgl. die eidesstattliche Erklärung von Dr. Bernhard Schwarz vom 26. 5. 1947, IfZ, ZS 1451, Bl. 17–18 (online verfügbar unter <http://www.ifz-muenchen.de/archiv/zs/zs-1451.pdf> [22. 7. 2014]).

590 Vgl. Grubers Schreiben betr. Neugliederung der Ernährungssicherung vom 20. 12. 1939, APO, Fond No. 12, Syg. 59, unpag., und die Anordnung des RBF betr. Kriegsarbeitspläne des Reichsnährstandes (Kriegsarbeitspläne der Reichsdienststellen, Landes- und Kreisbauernschaften)« vom 18. 10. 1939, in: DNdRN vom 27. 10. 1939 (2. Aufl., Nr. 40a), Sp. 774, Sp. 781 und Sp. 783–784.

Kreisbauernführers. Ein Tätigkeitsbericht von Anfang 1940 veranschaulicht seine große Bedeutung für die operative Durchführung kriegsernährungswirtschaftlicher Maßnahmen auf regionaler und lokaler Ebene: Die »Betriebssicherung« im Zusammenspiel mit Arbeitsamt und Wehrbezirkskommando der Wehrmacht, die Versorgung der Landwirtschaft mit Treibstoff, die Überwachung der landwirtschaftlichen Betriebe mittels der Hofkarten – all dies lief beim Kreisbauernführer zusammen, der mit »der örtlichen Wehrmachtdienststelle sowie mit dem Landrat und Arbeitsamt auf dem Gebiet der Kriegsernährungswirtschaft engste Fühlungnahme«[591] hielt.[592]

Die Ausgliederung von Aufgaben aus der ES-Stelle spricht allerdings dafür, dass diese Organisationsform nicht hinreichend effizient war. Jedenfalls wurde die ES-Stelle 1941/1942 schrittweise und beinahe geräuschlos entsorgt.[593] Von ihr blieb nur die Funktion des Abwehrbeauftragten, die schon in der Vorkriegszeit beim Leiter der ES-Stelle angesiedelt gewesen war. Als in Ostpreußen Dimigen die ES-Stelle führte, konnte er als Abwehrbeauftragter von Dr. Richard Hintmann vertreten werden, einem weiteren hoch qualifizierten Funktionär der Landesbauernschaft. Der Abwehrbeauftragte war unter anderem für die Überwachung der Geheimhaltungsvorschriften zuständig.[594]

Neben Staat und Militär war die NSDAP der dritte große Akteur, mit dem der Reichsnährstand eng verflochten war. Diese Verbindung geht letztlich auf den

591 Tätigkeitsbericht des Ernährungsamts Abt. A (KBsch Rastenburg) vom 9. 1. 1940, APO, Fond No. 12, Syg. 59, unpag.

592 Siehe auch das Schreiben der LBsch Ostpreußen (Verwaltungsamt) vom 28. 10. 1940 an die Kreisbauernschaften, APO, Fond No. 12, Syg. 59, unpag.

593 Vgl. die Anordnung des Reichsministers für Ernährung und Landwirtschaft und des RBF betr. Auflösung des Stabsamts vom 3. 5. 1941, in: DNdRN vom 17. 5. 1941, Sp. 346–347, die Anordnung des RBF betr. Amt für Ernährungssicherung vom 26. 11. 1941, in: DNdRN vom 13. 12. 1941, Sp. 885–886, sowie die Anordnung des Reichsministers für Ernährung und Landwirtschaft über die Auflösung des Amtes für Ernährungssicherung vom 3. 8. 1942, in: DNdRN vom 8. 8. 1942, Sp. 639. Die Anfang Mai 1941 erfolgte Auflösung des Stabsamtes, in das die ES-Stelle 1939 eingegliedert worden war, betraf auch die ES-Stelle. Zunächst wurde ein »Forschungs- und Ausbildungsamt für Ernährungssicherung« gebildet, geleitet von Dr. Friedrich Untermann und Backe untergeordnet. Dieses Amt wurde ein halbes Jahr später in »Amt für Ernährungssicherung« umbenannt, im Juni 1942 indes aufgehoben.

594 Gegen Ende des Krieges war er z. B. damit befasst, die auch in der ES-Stelle angefallenen Verschlusssachen verbrennen zu lassen, soweit sie nicht mehr gebraucht wurden und vernichtet werden durften. Vgl. zu den Funktionen des Abwehrbeauftragten das Schreiben Dimigens als Abwehrbeauftragter der LBsch Ostpreußen vom 28. 1. 1944 an die Kreisbauernschaften, das Schreiben Spickschens vom 30. 12. 1943 an den KBF Rastenburg sowie die von Spickschen gezeichnete »Vorläufige Dienstweisung für die ES-Bearbeiter in den Kreisbauernschaften und in den Wirtschaftsverbänden« vom 27. 5. 1937, alle in: APO, Fond No. 12, Syg. 59, unpag. Der Abwehrbeauftragte hatte in der neuen Organisationsgliederung ein Referat (I A 1/9) in den Reichs- und Landeshaupteilungen I, vgl. die Anordung betr. den Aufbau und die Aufgaben der Reichs- und Landeshauptabteilungen I, II und III vom 20. 10. 1942, in: DNdRN vom 30. 10. 1942, Sp. 947–948.

bereits erwähnten agrarpolitischen Apparat zurück, der 1930 unter Darrés Führung in den Gauen der NSDAP eingerichtet worden war. Dessen Funktionärsnetz, das die gesamte Landbevölkerung durchdringen sollte, bildeten Fachberater, beginnend beim Landwirtschaftlichen Gaufachberater auf Gauebene und mit entsprechenden Beauftragten auf Bezirks-, Kreis- und Ortsebene. Damit sollten einerseits die ländliche Bevölkerung von der NSDAP überzeugt und andererseits die agrarwirtschaftlichen Interessenvertretungen mit parteinahen Funktionären infiltriert werden. Auch aus innerparteilichen Spannungen heraus wurde im Dezember 1932 der agrarpolitische Apparat in das Amt für Agrarpolitik integriert, das zuvor in der Reichsleitung der NSDAP verankert worden war. Zwar einer der Hebel beim Prozess der Gleichschaltung, machte der Reichsnährstand das Amt für Agrarpolitik indes im Grunde bald obsolet.[595] Doch blieb es bestehen und bildete mit dem Reichsnährstand eine typische redundante Doppelstruktur, die zur »nationalsozialistischen Polykratie« beitrug.[596]

Die Brücke vom Reichsnährstand samt Landesbauernschaften zur PO der NSDAP schlug das Amt für Agrarpolitik mittels Personalunionen, angefangen beim Reichsbauernführer. Nun ist Ostpreußen hierfür ein schlechtes Beispiel, denn dort übernahm Spickschen erst Mitte 1937 die Führung des agrarpolitischen Apparates, der seit 1933 schwer umkämpft gewesen war. Im Vorfeld der Ende 1935 kulminierenden »Oberpräsidentenkrise« hatte Gauleiter Koch gar ein eigenes Amt für Agrarpolitik aufgebaut, so dass noch Mitte 1936 der agrarpolitischen Apparat in Ostpreußen organisatorisch darniederlag. Als »Gauamtsleiter für Agrarpolitik« war Spickschen Teil der Gauleitung der ostpreußischen NSDAP,[597] in den Kreisen der Partei wurden die Kreisbauernführer nun regelmäßig zu Kreisamtsleitern für Agrarpolitik ernannt.[598] Diese Personalunionen strebte Spickschen auch für die darunter liegende Funktionärsebene an; so vereinbarte er 1939 mit dem Gauorganisationsamt der ostpreußischen NSDAP, dass Bezirksbauernschaften Ortsgruppen der NSDAP entsprechen und Bezirksbauernführer deren Amtsleiter für Agrarpolitik werden sollten.[599] Spickschen, der gemäß Organisationsbuch der NSDAP als Landwirtschaftlicher Gaufachberater zum Leiter des Gauamtes für Agrarpolitik wurde, unterlag in

595 Vgl. Rohrer: Macht, S. 164–165, Gies: Landwirtschaftliche Organisationen, S. 343–347 und S. 353–364, Pyta: Dorfgemeinschaft, S. 358–359 und S. 371–373, sowie Corni/Gies: Ernährungswirtschaft, S. 229. Zum agrarpolitischen Apparat siehe ausführlich Frank: Reichsnährstand, S. 60–114.

596 Vgl. Hüttenberger: Polykratie, S. 417–442.

597 Vgl. die entsprechenden Ausführungen in Kapitel 2.1.

598 Vgl. die Übersicht 6 zu den Kreisbauernführern der LBsch Ostpreußen sowie die zugehörigen biographischen Skizzen im Anhang.

599 Vgl. Spickschens Schreiben vom 23.6.1939 an Dargel (Bl. 287) sowie das Schreiben Dargels vom 12.6.1939 an Spickschen (unpag.), beide in: GStA PK, XX. HA Rep. 240, Nr. B 12.

dieser Funktion disziplinarisch den Weisungen des Gauleiters Koch, fachlich dagegen dem Leiter des Reichsamts für Agrarpolitik; diese Unterscheidung galt für alle Ebenen des Gauamtes. Entsprechend dem Reichsamt verfügte es über einzelne Ämter, so für Organisation und Personal – den früheren agrarpolitischen Apparat umfassend –, für Agrarwirtschaft, für Blutsfragen des deutschen Bauerntums und für bäuerliche Siedlung. Aufgabe des Gauamtes war vor allem die agrarpolitische Beratung des Gauleiters. Neben der fachlichen Arbeit gehörte zum Aufgabenkreis zudem die Kooperation mit den Dienststellen des RMEL sowie des Reichsnährstandes.[600]

Die tatsächliche Bedeutung des Amtes für Agrarpolitik nach 1933 ist nicht ganz klar. Durch den Einbau in Gauleitung und Kreisleitungen der NSDAP erhielten die Bauernführer Zugang zur Parteikommunikation, zudem wuchs so ihr personelles Netzwerk. Sachlich wurden das Amt für Agrarpolitik ebenso wie der agrarpolitische Apparat angesichts des Reichsnährstandes nicht mehr gebraucht, und jedenfalls in Ostpreußen ist eine eigenständige Rolle des Amtes für Agrarpolitik nicht zu erkennen.[601] Dies entspricht der Entwicklung im Reich, denn Darré setzte beide Organisationen bald nach der Machtübernahme nicht formal, aber de facto gleichsam außer Betrieb; spätere Versuche Darrés, diese Organisationen wiederzubeleben, verliefen im Sande.[602]

Wie schon angedeutet, kam es im Mai 1942 zu einer organisatorischen »Berührung« zwischen Reichsnährstand und dem Reichsamt für Agrarpolitik. Zunächst beurlaubte Hitler Darré per Führerverfügung am 16. Mai 1942 als Leiter des Reichsamts und beauftragte Backe mit dessen Führung.[603] Ende Mai 1942 löste Backe die Reichshauptabteilung I und die Landeshauptabteilungen I auf, Teile dieser Abteilungen wurden in die neuen Reichs- beziehungsweise Landeshauptabteilungen eingegliedert.[604] Zudem wurden die übrigen Unterabteilungen (I A »Hege des Blutes und der Sippen«, I E »Schulung«) mitsamt

600 Vgl. Reichsorganisationsleiter der NSDAP (Hg.): Organisationsbuch der NSDAP, 6. Aufl., München 1940, S. 313–316 (zit. Organisationsbuch der NSDAP [Jahr]), dies fast wortgleich in der Ausgabe von 1937, vgl. Organisationsbuch der NSDAP 1937, S. 313–316. Vgl. zudem Adressenwerk 1941/1942, Tl. IV (Die Ernährungs- und Landwirtschaft), S. 19, und Corni/Gies: Ernährungswirtschaft, S. 243.

601 Vgl. die Befehlsausgabe der Gauleitung Ostpreußen der NSDAP. Jahrgänge 4–7, Königsberg 1936–1939, passim. Im Gegensatz zu anderen NSDAP-Gauämtern findet sich hier praktisch keine Aktivität des Amtes für Agrarpolitik.

602 Vgl. Corni/Gies: Ernährungswirtschaft, S. 228–248, insbesondere S. 231 und S. 242–243.

603 Siehe Hitlers Verfügung V 5/42 vom 16.5.1942, überliefert bei Martin Moll (Hg.): »Führer-Erlasse« 1939–1945. Edition sämtlicher überlieferter, nicht im Reichsgesetzblatt abgedruckter, von Hitler während des Zweiten Weltkrieges schriftlich erteilter Direktiven aus den Bereichen Staat, Partei, Wirtschaft, Besatzungspolitik und Militärverwaltung, Stuttgart 1997, S. 251 (zit. Moll: »Führer-Erlasse«).

604 Vgl. die Anordnung des RBF betr. Neugliederung der Reichsnährstandsverwaltung (Vereinfachung der Verwaltung) vom 29.5.1942, in: DNdRN vom 1.6.1942, Sp. 423–429.

Reichshauptabteilungsleiter Haidn sowie den Landeshauptabteilungsleitern I den Ämtern für Agrarpolitik auf Reichs- und Gauebene »zur Verfügung gestellt«.[605] Im Herbst 1942 ließ Backe auf Verfügung Hitlers die Amtsbezeichnungen ändern, aus dem »Reichsamt für Agrarpolitik« wurde das »Reichsamt für das Landvolk«[606] und entsprechend zeichnete Erich Spickschen nun gelegentlich als »Gauamtsleiter für das Landvolk«.[607]

Mit diesen Entwicklungen gingen zwei Abteilungen zur NSDAP über, denen in besonderer Weise die Vermittlung der Ideologie von »Blut und Boden« in den ländlichen Raum oblegen hatte. Doch war dies höchstens eine ideologische Akzentverschiebung.[608] Denn wichtiger als der inhaltliche Aspekt war, dass so politischer Druck in politische Mobilisierung und Entlastung gleichermaßen verwandelt werden sollte. Offenbar hatten sich die Gauleiter in den Vorjahren massiv über die mangelnde »Menschenführung« durch das Amt für Agrarpolitik beschwert. Mit der Reorganisation war Backe den Gauleitern entgegengekommen, er nahm sie zusammen mit Bormann, dem Leiter der Partei-Kanzlei, aber auch in die Pflicht, nun ihrerseits gewünschte Personaländerungen in den Gauämtern für das Landvolk anzubringen und deren Arbeit nach Kräften zu unterstützen. Mit der Umbenennung von »Agrarpolitik« auf »Landvolk« war zugleich ein Weg gefunden, die Reorganisation als verschärfte Mobilisierung aller auf dem Land lebenden und arbeitenden Menschen für die »Volksgemeinschaft« erscheinen zu lassen.[609] Es ist indes nicht zu erkennen, dass diese Maßnahmen spürbare Veränderungen nach sich gezogen hätten.[610] Backe je-

605 Zitat aus der Anordnung des RBF zur Durchführung der Anordnung betr. Neugliederung der Reichsnährstandsverwaltung (Vereinfachung der Verwaltung) vom 30.5.1942, in: DNdRN vom 1.6.1942, Sp. 431.

606 Vgl. Hitlers Verfügung V 16/42 vom 24.8.1942, überliefert bei Moll: »Führer-Erlasse«, S. 278, zudem das WbLBsch Ostpreußen vom 12.9.1942, S. 564 (Artikel »›Reichsamt für das Landvolk‹ statt Reichsamt für Agrarpolitik«).

607 Vgl. z.B. Erich Spickschen: Kriegs-Erntedank 1942, in: WbLBsch Ostpreußen vom 3.10. 1942, S. 609.

608 Backe definierte als Aufgaben des Reichsamtes für das Landvolk, dass das Verständnis »für die ernährungswirtschaftlichen Maßnahmen in der gesamten Bevölkerung und die Erziehung des deutschen Bauern zu einer immer ausgeprägteren nationalsozialistischen Haltung und Pflichterfüllung« zu vertiefen sei. Ebenso sei die Aufbauarbeit nach Ende des Krieges vorzubereiten, vor allem »die agrarpolitischen Aufgaben der Mehrung und Aufartung des Landvolkes sowie der Durchführung einer nationalsozialistischen Bodenordnung aufgrund der großen Siedlungsmöglichkeiten im Osten«. Schreiben Backes vom 29.8.1942 an die Gauleiter, BArch, NS 8/173, Bl. 27.

609 Vgl. ebd., Bl. 27–28, sowie Bormanns Rundschreiben betr. Aktivierung des Reichsamtes und der Gau- und Kreisämter für das Landvolk vom 28.8.1942, BArch, NS 6/338, Bl. 118.

610 In der letzten Ausgabe des Organisationsbuchs der NSDAP wurde das Reichsamt für das Landvolk im Vergleich zu entsprechenden Passagen früherer Ausgaben deutlich undifferenzierter dargestellt. Dies mag ein Fingerzeig darauf sein, dass ihm in der Realität keine besondere Aufmerksamkeit geschenkt wurde, vgl. Organisationsbuch der NSDAP 1943, S. 313–314, sowie das Organisationsbuch der NSDAP 1940, S. 313–316.

denfalls hatte so einen Teil des Reichsnährstands entfernt, der mit den vordringlichen Aufgaben der Kriegsernährungswirtschaft wenig zu tun hatte. Zugleich ist es ein Beispiel für Backes Bestrebungen, den aufgeblähten Apparat des Reichsnährstandes zu verschlanken.[611]

Anders als bei der PO der NSDAP bestand die Klammer zwischen Reichsnährstand und SS – formal eine Gliederung der Partei – in erster Linie in der Weltanschauung von »Blut und Boden«, bei allen Unterschieden im Detail.[612] Dazu traten personelle und organisatorische Verbindungen. Als Spickschen Ende 1936 der SS beitrat, folgte er der erwähnten Verabredung zwischen Darré und Himmler, die Reichsnährstand und SS besonders eng verknüpfen sollte: Alle Landesbauernführer sollten SS-Mitglieder beziehungsweise »SS-Ehrenführer« und dabei in das RuSHA eingegliedert werden.[613] Aus Sicht Darrés zielte die Verabredung auch darauf, seine Funktionäre nicht stärker als von ihm gewünscht an die SS zu binden.[614]

Spickschen war freilich bereits zuvor organisatorisch mit der SS verbunden, als SS-Bauernreferent.[615] Dieses Amt übten nicht nur die höchsten Bauernführer aus. In Ostpreußen übernahmen es zwar viele Funktionäre aus der Führung der Landesbauernschaft ebenso wie Kreisbauernführer, doch gilt dies auch für weniger »prominente« Funktionäre.[616] An Bewerbern gab es keinen Mangel: Funktionäre von der Ebene der Landesbauernschaft bis hinab zur Ebene der Ortsbauernführer wollten »SS-Bauernreferenten« werden. Es verweist dabei auf die ideologische Aufladung dieses Amtes, dass bei den Bewerbenden das Datum der Heirat und die Zahl der Kinder notiert wurde – ein Verweis auf

611 Vgl. Corni/Gies: Ernährungswirtschaft, S. 419–420.

612 Vgl. hierzu Kapitel 4.2.

613 Vgl. den undatierten Personalnachweis Spickschens [frühestens Mai 1944], BArch, BDC, SSO Erich Spickschen (23.7.1897), unpag., sowie Spickschens Fragebogen für die politische Überprüfung [vom 15.2.1949], NLA (Wolfenbüttel), 3 Nds. 92/1, Nr. 41277, unpag., zudem Ermenhild Neusüss-Hunkel: Die SS, Marburg 1955, S. 72.

614 Vgl. die bereits in Kapitel 2.2 näher erläuterte eidesstattliche Erklärung Darrés vom 15.12.1947, überliefert in: HHStAW, Abt. 520/DZ Nr. 519464 Wagner, Richard, Bl. 21. Die darin gemachten Ausführungen Darrés finden in der zeitgenössischen Überlieferung Bestätigung, vgl. das Schreiben des Stellvertreters des Siegelbewahrers vom 18.8.1937 an den LBF der LBsch Ostpreußen, BArch, R 16 I/2206, unpag.

615 Spickschen war zunächst Anfang 1936 mit der Wahrnehmung des Amtes eines SS-Bauernreferenten beauftragt worden, ehe er im März 1937 auch formal SS-Bauernreferent wurde, vgl. das Schreiben Harms (Stabsführer im RuSHA) vom 11.1.1936 an den Rassereferenten beim SS-Oa Nordost, BArch, R 16 I/2205, unpag., sowie die handschriftliche, undatierte Übersicht über Spickschens Stationen im RNSt, BArch, R 16 I/135, unpag.

616 Vgl. z.B. das Verzeichnis der SS-Bauernreferenten nach dem Stand vom 1.6.1938, BArch, R 16 I/2206, unpag. Hier figuriert neben Rudolf Adam, Fritz Berg, Hans Bethge, Adolf Gruber und Oskar Horn auch Siegfried Großmann, ein Sachbearbeiter beim Kartoffelwirtschaftsverband. Vgl. auch die biographischen Skizzen zur LBsch Ostpreußen im Anhang, die viele SS-Bauernreferenten beinhalten.

die Vorstellung vom Agrarfunktionär, der selber »Blutsquell des deutschen Volkes« ist und die »Blut-und-Boden«-Ideologie vorlebt.[617] Für die Auswahl der Bewerber darf der Landesbauernführer als maßgebliche Instanz betrachtet werden, wobei er sich bei Bewerbern der unteren Hierarchieebenen auf das Urteil der Kreisbauernführer stützte.[618]

Durch die SS-Bauernreferenten war ab Anfang 1934 das Rasse- und Siedlungsamt, der Vorläufer des RuSHA, mit dem agrarpolitischen Apparat organisatorisch und zwingend auch personell verknüpft, denn diese Referenten mussten der SS angehören. Sie unterstützten Schulungsleiter des Schulungswesens, das im Rasse- und Siedlungsamt beziehungsweise im RuSHA aufgebaut wurde, und sollten die Verbindung zwischen SS und Bauern herstellen. Ihnen oblag es, etwa in Schulungen das Bauerntum und die ländliche Siedlung zu behandeln.[619] Ob die zu »SS-Bauernreferenten« erhobenen Funktionäre der Landesbauernschaft Ostpreußen als solche tatsächlich tätig wurden, hing offensichtlich vom Einzelfall ab. Im Falle Spickschens ist eine solche Tätigkeit nicht bekannt, vermutlich war er mit seinen vielen anderen Funktionen bereits mehr als ausgelastet. Landesobmann Adolf Gruber dagegen, seit März 1937 SS-Bauernreferent, galt im RuSHA als einsatzbereiter und unermüdlicher SS-Führer, der Schulungen erfolgreich durchführte und Vorträge über Siedlungsfragen hielt.[620]

Anders als bei der SS war ein Konflikt Ausgangspunkt der organisatorischen Verbindung des Reichsnährstands mit der DAF, einem angeschlossenen Verband der NSDAP. Er drehte sich um den Anspruch des Reichsnährstands, für sämtliche an der Ernährungswirtschaft beteiligten Menschen zuständig zu sein. Nun hatte mit der Machtübernahme 1933 die NSDAP ihre Bedeutung als mobilisierende »Bewegung« verloren. Die neuen Aufgabengebiete »Menschenführung« und »Menschenbetreuung« im nationalsozialistischen Sinne gaben ihr eine neue Funktion. Dies bezog sich auf die gesamte »Volksgemeinschaft«, woraufhin sich etliche Unterorganisationen ausdifferenzierten, darunter die DAF. Der

617 Vgl. die Liste der SS-Bauernreferenten beim Schreiben des Landesbauernrates Ostpreußen vom 22.11.1937 an den Deutschen Reichsbauernrat, BArch, R 16 I/2206, unpag.

618 Vgl. das Schreiben des Stellvertreters des Siegelbewahrers vom 8.11.1937 an das RuSHA, BArch, R 16 I/2204, unpag., sowie Spickschens Schreiben vom 8.9.1937 an die Kanzlei des Deutschen Bauernrates, BArch, R 16 I/2204, unpag.

619 Vgl. Heinemann: Rasse- und Siedlungshauptamt, S. 66. Aus einem Schreiben des Stabsführers des RuSHA vom 14.10.1937 an den zum SS-Bauernreferenten in Ostpreußen ernannten Erich Klein, BArch, R 16 I/2204, unpag.: »Der Bauernreferent hat die Aufgabe, die Verbundenheit des Bauerntums mit der SS zum Ausdruck zu bringen, den Schulungsleiter der Einheit im Schulungsdienst – insbesondere in bäuerlichen Fragen – und den Einheitsführer in der Aufstellung von Bauernscharen als Nachwuchs für die SS zu unterstützen.«

620 Vgl. den Beförderungsvorschlag aus dem RuSHA vom 15.5.1943, BArch, BDC, RS Adolf Gruber (16.6.1888), unpag.

Anspruch auf Führung und Betreuung des Menschen im ländlichen Raum aber manifestierte sich im Reichsnährstand in einer ganzen Abteilung, nämlich in den Hauptabteilungen I auf Reichsebene und darunter. Diese Abteilung umfasste Menschen in ganz unterschiedlichen Rollen: die gesamte »Haus- und Hofgemeinschaft«, das heißt den Bauern samt Frau (»Landfrau«) und Kindern, mithin auch die Jugend; das Gesinde, zu dem neben Angestellten, Mägden und Knechten auch die Landarbeiter zu rechnen sind. Dies verweist wiederum auf die »Betriebsgemeinschaft«, die Betriebsführer und Gefolgschaftsmitglieder in ländlichen Betrieben bildeten.[621]

Der Anspruch des Reichsnährstandes auf Betreuung dieser »Betriebsgemeinschaft« kollidierte nun mit der DAF, die Einheitsorganisation für Arbeitgeber und Arbeitnehmer und damit auch Nachfolger der früheren Gewerkschaften war. Ins Zentrum der Auseinandersetzung rückte die Betreuung der Landarbeiter. Diese Auseinandersetzung hinterließ auch in Ostpreußen Spuren, auch bei Erich Spickschen. Er war als Landeshauptabteilungsleiter I und seit September 1934 auch als Beauftragter für Landarbeiterfragen in Ostpreußen damit befasst.[622] Den ständigen Rangeleien um Zuständigkeiten zwischen DAF und Reichsnährstand sollte eigentlich das »Bückeberger Abkommen« vom 5. Oktober 1935 ein Ende setzen, das anlässlich des Reichserntedankfestes von Darré und Robert Ley für die DAF unterzeichnet wurde.[623] Kern der Vereinbarung war, dass der Reichsnährstand als Körperschaft Mitglied der DAF wurde. Die entsprechende Abteilung der DAF wurde in die Hauptabteilung I der verschiedenen Organisationsebenen des Reichsnährstandes eingegliedert.[624] In der Gauwaltung der DAF in Ostpreußen figurierte daher der langjährige Landes-

621 Vgl. Corni/Gies: Ernährungswirtschaft, S. 212–213.

622 Vgl. Erich Spickschen: Bauer und Landarbeiter, in: Georgine vom 28.9.1934, S. 799–800, sowie die Georgine vom 28.9.1934, S. 801 (Artikel »Pg. Spickschen kommissarischer Beauftragter für Landarbeiterfragen«). Vgl. zudem Corni/Gies: Ernährungswirtschaft, S. 233, FN 735. Die Stapo Tilsit meldete im Lagebericht vom Oktober 1934: »Die Stimmung unter den Landarbeitern ist gedrückt. Sie fühlen sich zurückgesetzt, weil alle anderen Reichsbetriebsgemeinschaften in die Arbeitsfront eingegliedert sind, mit Ausnahme der Landarbeiter. Es kann gesagt werden, dass der Landarbeiter gern zum Reichsnährstand übertreten würde, wenn die Bauern Nationalsozialisten wären. Da dies aber nur bei einem kleinen Teil der Fall ist, ist die Erregung der Landarbeiter nur verständlich.« GStA PK, Rep. 90 P, Lageberichte, Bd. 6,6 (Gumbinnen), Bl. 24.

623 Vgl. Frank: Reichsnährstand, S. 205–209.

624 »Die Aufgaben und die Leitung der Reichsbetriebgemeinschaft XIV ›Landwirtschaft‹ sind von der Reichshauptabteilung I, die der Gebietsdienststellen der RGB [Reichsbetriebsgemeinschaft] XIV von den Landes- und Kreisbauernschaften übernommen worden.« Reischle/Saure: Reichsnährstand, S. 75. Dort heißt es weiter: »Die Organe des Reichsnährstandes (Reichsbauernführer, Landesbauernführer, Kreis- und Ortsbauernführer) sind in die Selbstverwaltung der DAF. und des Arbeitsordnungsgesetzes (Reichsarbeits- und wirtschaftsrat, Reichsarbeitskammer, Gauarbeits- und Wirtschaftsrat, Gauarbeitskammer usw.) eingetreten.«

hauptabteilungsleiter I, Fritz Berg, als Leiter der Gaubetriebsgemeinschaft 14, die später zur »Fachabteilung 12 (Landwirtschaft)« wurde.[625]

Trotz des Bückeberger Abkommens stritten die Kontrahenten jedoch weiter um Zuständigkeiten, nicht zuletzt auf Reichsebene Darré, Ley und Rudolf Heß, der »Stellvertreter des Führers«.[626] Ob es auch in Ostpreußen zu nennenswerten Differenzen solcher Art kam, ist dabei unklar.[627] Provinzweite Bekanntheit erlangte jedenfalls der 1934 von der DAF zur Landesbauernschaft übergetretene »Landesgefolgschaftswart« Paul Tischel, der in der Landeshauptabteilung I bis zum Leiter der Abteilung I B (»Betriebsgemeinschaft«) aufstieg. Er vermochte es, gewissermaßen als Verkörperung des Anliegens der Landarbeiter in Ostpreußen zu erscheinen, auch noch tief im Zweiten Weltkrieg.[628]

Der Reichsnährstand musste, weil er entlang des Kriteriums eines Berufsstandes geschneidert war, auch gegenüber anderen Unterorganisationen der NSDAP die Zuständigkeitsbereiche abstecken. Im Oktober 1934 gab es eine Art Ausgleich zwischen Reichsbauernführer und Reichssportführer darüber, wer für die sportliche Ertüchtigung der Landbevölkerung zuständig sei. Auch in das Gebiet der Jugend griff der Reichsnährstand durch seinen Anspruch auf die Landjugend ein, worüber ab 1934 mit dem Reichsjugendführer verhandelt wurde. Als die HJ per Gesetz im Dezember 1936 zur Pflichtorganisation wurde, betraf dies sämtliche Jugendlichen vom 10. bis 18. Lebensjahr. Ein halbes Jahr später vereinbarten Reichsjugendführer Baldur von Schirach und Darré, dass letzterer für die Erziehung der Landjugend verantwortlich sei, soweit sie Agrarpolitik und Beruf betreffe. Zudem sollte die Unterabteilung Landjugend aus der Landeshauptabteilung I mit den Organisationen der HJ und des BDM personell und sachlich kooperieren. Eine Vereinbarung gab es darüber hinaus

---

625 Vgl. Adressenwerk 1937, Tl. II, Gau Ostpreußen, S. 12, sowie Adressenwerk 1941/1942, Tl. II, Gau Ostpreußen, S. 15.

626 Vgl. Corni/Gies: Ernährungswirtschaft, S. 224–228. Weitere Akteure konnten dabei etwaige Differenzen verstärken, vgl. Oliver Volckart: Polykratische Wirtschaftspolitik: Zu den Beziehungen zwischen Wirtschaftsministerium, Arbeitsministerium, DAF und Reichsnährstand, 1933–1939, in: VSWG 90 (2003), S. 174–193.

627 Eine Beschwerde Darrés ist wohl als Teil seines Gerangels mit Ley und Heß zu verstehen. Darré am 20.1.1939 an Heß, BArch, NS 35/3, unpag.: »Das Bauerntum wird diffamiert. In grob entstellender und verletzender Weise werden im Bericht der Gauwaltung Ostpreussen auf Grund verschwindend geringer Einzelfälle 50 v.H. der ostpreussischen landwirtschaftlichen Betriebsführer der niedrigsten asozialen Vergehen bezichtigt«.

628 Vgl. die biographische Skizze zu Tischel sowie die Übersichten 3–5 im Anhang. Vgl. zudem Paul Tischel: Schritt um Schritt vorwärts und aufwärts. Was 10 Jahre nationalsozialistischer Staatsführung dem ostpreußischen Landarbeiter brachten, in: WbLBsch Ostpreußen vom 23.1.1943, Titelseite und S. 44. Die Information bei Corni/Gies: Ernährungswirtschaft, S. 224, wonach die von der DAF in die Hauptabteilung I des RNSt übernommenen Repräsentanten in Sachen Landarbeiter nicht ernst genommen (beziehungsweise gar als »Marxisten« angefeindet) worden seien, trifft mithin für Ostpreußen nicht zu.

zwischen dem Reichsnährstand und der NS-Frauenschaft. Hier hatte Heß als Stellvertreter des Führers im Januar 1935 verfügt, dass die Landfrauen in der NS-Frauenschaft organisiert sein mussten; die Referentinnen der NS-Frauenschaft sollten dabei in Personalunion die entsprechenden Aufgaben als Abteilungsleiterinnen im Reichsnährstand übernehmen.[629]

Betrachtet man nun das dargelegte Geflecht von Organisation und Kompetenzen, das den Reichsnährstand innen ausmachte und in das er nach außen hin eingebunden war, gleichsam aus der Vogelperspektive, so gelangt man zu einem aufschlussreichen Befund: Die organisatorischen Veränderungen des Reichsnährstandes auf Reichsebene, und damit auch sein konstatierter Bedeutungsverlust, relativieren sich auf der Ebene der Landesbauernschaft Ostpreußen. Gewiss, auch sie wurde in verschiedene neue Zusammenhänge eingepasst. Doch blieb der innere organisatorische Zusammenhang der Landesbauernschaft in weiten Teilen erhalten; cum grano salis, mit Blick auf die Abgabe von Teilen der Landeshauptabteilung I. Von diesen gewachsenen Strukturen konnten neue Organisationen profitierten – man denke an die von den Kreisbauernführern geleiteten Ernährungsämter. In Ostpreußen war es nach wie vor im Wesentlichen die Landesbauernschaft mit ihren Organisationszweigen, die für die Praxis der Landwirtschaftspolitik maßgeblich war. Hinzu kommt, dass vielfach Funktionäre der Landesbauernschaft in Personalunion Aufgaben in anderen Organisationen übernahmen und so die zwischenorganisatorischen Bande stärkten. Ein genauerer Blick auf das Führungspersonal der Landesbauernschaft Ostpreußen zeigt einige Wesenszüge dieses Personals und offenbart, dass sich auch dessen Zusammensetzung über wichtige organisatorische Einschnitte hinweg relativ wenig veränderte.

3.3 Personalia

In den folgenden Unterkapiteln wird eine Kerngruppe des Führungspersonals analysiert, das unter und mit Erich Spickschen die Landesbauernschaft Ostpreußen lenkte. Für diese Analyse ist vorneweg festzuhalten, dass die Datengrundlage sehr viel problematischer als beim Korps der Landesbauernführer ist. Für Personal unterhalb der Ebene jener Spitzenfunktionäre nimmt die Quellenüberlieferung massiv ab, wobei sie von Person zu Person sehr unterschiedlich und gerade bei Kreisbauernführern in Teilen sehr lückenhaft ist. Selbst wenn arbeitsökonomische Überlegungen keine Rolle spielten, könnten nicht annähernd so viele Informationen wie zu den Landesbauernführern gewonnen

629 Vgl. ebd., S. 214–216.

werden. Die Analyse kann daher nicht Repräsentativität beanspruchen, soll mit diesen Einschränkungen aber gleichwohl gewagt werden.

Landesbauernschaften setzten sich im Wesentlichen aus zwei unterschiedlichen Arten von Personal zusammen: einerseits Bauernführern, die man im eigentlichen Sinne als Funktionäre bezeichnen kann, und andererseits Verwaltungsexperten, unter diesen wiederum landwirtschaftliche Fachleute und Personen mit eher allgemeinen Verwaltungsaufgaben. Zum Personal der Landesbauernschaft Ostpreußen gehörten »ehrenamtlich« Tätige ebenso wie hauptamtlich Beschäftigte, die Beamte oder Angestellte waren.[630] Letztere machten im September 1937 insgesamt 1.409 Personen aus, nämlich 120 Beamte sowie 1.289 Angestellte.[631]

Die folgende Analyse geht von den im Anhang aufgeführten Personalübersichten zur Landesbauernschaft Ostpreußen aus. Sie ist beschränkt auf den Zeitraum von Herbst 1936 bis Herbst 1942, das heißt auf jenen Zeitraum, für den zur Landesbauernschaft unter Landesbauernführer Spickschen vergleichbare Personaltableaus vorliegen. Mit den Personaltableaus dieser Zeitspanne wurden verschiedene Personengruppen gebildet: 1) Personen, die die wesentlichen Spitzenfunktionen unterhalb des Landesbauernführers innehatten und mit ihm gleichsam den inneren Führungszirkel der Landesbauernschaft Ostpreußen konstituierten: der Landesobmann, der Hauptstabsleiter des Verwaltungshauptamts, die Landeshauptabteilungsleiter samt deren Stabsleitern, zudem der persönliche Referent des Landesbauernführers. Diese Personen werden nicht als Gruppe untersucht, sondern einzeln beschrieben.[632] 2) Dagegen als Personengruppe analysiert werden die Kreisbauernführer, die von Herbst 1936 bis Herbst 1942 an der Spitze der Kreisbauernschaften der Landesbauernschaft Ostpreußen standen. Da sich die Ausdehnung der Landesbauernschaft in dieser Zeit veränderte, wurden die Grenzen der Landesbauernschaft Ostpreußen von August 1939 als räumliches Kriterium definiert. Dies schließt die Kreisbauernschaften Altostpreußens und des Memelgebiets ein, nicht aber jene des Regierungsbezirks Zichenau. 3) Ein separater Blick wird auf ausgewählte Kreisbauernführer im Regierungsbezirk Zichenau geworfen, ebenso auf deren Kollegen im Bezirk Bialystok, die ebenfalls »Kreisbauernführer« genannt wurden, obgleich das Gebiet des Bezirks formal nicht zur Landesbauernschaft gehörte.[633] Die Datengrundlage der Analyse bilden die entsprechenden biographischen Skizzen zum Personal der Landesbauernschaft Ostpreußen im An-

630 Vgl. Gies: Revolution, S. 324.
631 Vgl. den Stellenbesetzungsplan der LBsch Ostpreußen (samt Aussenstellen) mit Stand vom 1.9.1937, BArch, R 2301/3590, unpag.
632 Siehe die Übersichten 2–5 im Anhang.
633 Siehe die Übersichten 6 und 7 im Anhang.

hang; diese Grundlage wird im Weiteren nicht mehr per Einzelnachweis aufgeführt.

3.3.1 Der innere Führungszirkel auf Ebene der Landesbauernschaft

Landesobmann der Landesbauernschaft Ostpreußen war Adolf Gruber,[634] offenbar fast während der gesamten Amtszeit Spickschens als Landesbauernführer.[635] Gruber, Jahrgang 1888, war wie Spickschen im Kreis Fischhausen sesshaft. Er war evangelischer Konfession und besaß einen 45 Hektar großen Hof, zudem durch Heirat ein Gut mit 326 Hektar Betriebsgröße. Gruber, der auch als landwirtschaftlicher Beamter tätig gewesen war, war offenbar 1918 Mitglied der DNVP. Er trat im November 1931 der NSDAP bei und übte in der Landesbauernschaft vor 1936 das Amt des Kreisobmanns im Kreis Fischhausen aus.[636] Neben seiner Tätigkeit im Reichsnährstand war er offenbar besonders in der SS engagiert, der er seit März 1937 angehörte. Als er 1943 zum SS-Obersturmbannführer befördert wurde, war er bereits seit mehr als sechs Jahren als ehrenamtlicher SS-Bauernreferent tätig. Als SS-Mitglied im RuSHA stand er in hohem Ansehen, man schätzte dort wie schon erwähnt seine Einsatzbereitschaft etwa bei Schulungen und Vorträgen.[637] Landesbauernführer Spickschen und Landesobmann Gruber waren einander freundschaftlich verbunden,[638] was der Zusammenarbeit zweifellos zuträglich war. So war der möglichen Rivalität - der Landesbauernführer hatte Referent und Sachbearbeiter, der Landesobmann führte die Landeshauptabteilungen und die Kreisbauernführer - die Spitze genommen. In anderen Landesbauernschaften war dies durchaus anders und führte dort zu massiven, gewiss dysfunktionalen Spannungen; freilich konnte zuviel Nähe auch den Ruch von Kumpanei und Korruption heraufbeschwören.[639]

Die zentrale Figur im Verwaltungshauptamt der Landesbauernschaft Ostpreußen war Dr. Richard Hintmann,[640] der 1938 Dr. Fritz Derboven als Haupt-

634 Zu Gruber vgl. die entsprechende biographische Skizze im Anhang.

635 Gruber wurde zum 14.2.1936 von Darré (zunächst kommissarisch) zum LO der LBsch Ostpreußen ernannt, vgl. das WbLBsch Ostpreußen vom 28.2.1936, S. 341 (Artikel »Neuer Landesobmann der Landesbauernschaft Ostpreußen«).

636 Vgl. den Personalvorschlag Spickschens vom 19.2.1936, BArch, R 16 I/2140, unpag.

637 Vgl. den Beförderungsvorschlag aus dem RuSHA vom 15.5.1943, BArch, BDC, RS Adolf Gruber (16.6.1888), unpag.

638 Vgl. z. B. die Erklärung Grubers vom 29.6.1956, BArch, ZLA 1/6008379, Bl. 57.

639 Vgl. Corni/Gies: Ernährungswirtschaft, S. 179–183. Spannungen sind z. B. bekannt für die Landesbauernschaften Schleswig-Holstein (LBF Struve/LO Matthiessen), Oldenburg (LBF Poppe/LO Helmers), Baden (LBF Ludwig Huber/LO Engler-Füßlin), Mecklenburg (LBF Seemann/LO Studier), Gerüchte um Kumpanei und Korruption dagegen z. B. für die LBsch Bayern (LBF Luber/LO Deininger).

640 Zu Hintmann vgl. die entsprechende biographische Skizze im Anhang.

stabsleiter ersetzte; Derboven war zu den neuen Landesbauernschaften in der »Ostmark« abgeordnet worden. Hintmann war 1895 als Sohn eines Fabrikanten geboren und evangelischer Konfession. Nachdem er als Kriegsfreiwilliger in den Ersten Weltkrieg gezogen war, absolvierte er ein Studium, das er als Diplom-Kolonialwirt abschloss; anschließend promovierte er zum Dr. rer. pol. Nach privatwirtschaftlicher Tätigkeit trat er im August 1933 in die Dienste des Reichsnährstandes in Berlin ein, wo er verschiedene Aufgaben beim Reichsbauernführer übernahm. Hintmann, erst im Mai 1933 der NSDAP beigetreten, war SS-Mitglied und wurde von 1935 bis 1944 beim RuSHA geführt; er war auch Mitglied im Verein Lebensborn.

Langjähriger Leiter der Landeshauptabteilung I (1935–1942) war Fritz Berg.[641] Wie Spickschen 1897 geboren, evangelisch, besaß Berg ein 102 Hektar großes Gut. Nach der Teilnahme am Ersten Weltkrieg wurde er landwirtschaftlicher Beamter; er hospitierte auch an einer landwirtschaftlichen Hochschule. Berg stieß im April 1930 zur SA und zur NSDAP, in beiden Organisationen übernahm er Führungsfunktionen.[642] In der Wehrmacht bis in den Rang eines Rittmeisters der Reserve gelangt, nahm Berg am Überfall auf Polen im September 1939 teil. Er war wie Gruber nach seinem Beitritt 1937 aktives SS-Mitglied und ehrenamtlicher SS-Bauernreferent. Im RuSHA angesiedelt, genoss er bei dessen regionaler Führung in Ostpreußen große Reputation: Er gehöre »zu den aktivsten und erfolgreichsten Mitarbeitern des RuS-Führers Nordost. Berg ist ein anständiger, hilfsbereiter und stets voll im SS-Sinne arbeitender Bauernreferent.« Berg habe sich als Landeshauptabteilungsleiter I »jederzeit für die Belange der Schutzstaffel eingesetzt.«[643] Im Herbst 1942 wurde Berg zum Generalkommissar Estland im Reichskommissariat Ostland versetzt, wo er die Abteilung Ernährung und Landwirtschaft leitete.[644] Dies erfolgte unmittelbar nach der Reorganisation des Reichsnährstandes, mit der die bisherige Landeshauptabteilung I entfiel.[645]

Für die besondere Bedeutung der Ideologie von »Blut und Boden« in der Landeshauptabteilung I steht Fritz Bergs Stellvertreter Rudolf Adam.[646] Im Jahr 1905 geboren, war Adam von 1933 bis 1941 hauptamtlich in dieser Funktion

641 Zu Berg vgl. die entsprechende biographische Skizze im Anhang.

642 Vgl. den Personalbogen Fritz Bergs vom 16.2.1939, BArch, R 16 I/1427, unpag.

643 Vgl. den Beförderungsvorschlag des RuSHA vom 15.5.1943, BArch, BDC, SSO Fritz Berg (30.9.1897), unpag., Zitate ebd.

644 Vgl. das Schreiben Fritz Bergs vom 23.10.1942 an das RuSHA (Personalstelle), BArch, BDC, SSO Fritz Berg (30.9.1897), unpag.

645 Bergs Entbindung von der Führung der LHA I wurde jedoch erst im Juli 1943 verkündet, vgl. die DNdRN vom 24.7.1943, Sp. 788.

646 Zu Adam vgl. die entsprechende biographische Skizze im Anhang.

eines Stabsleiters[647] tätig. Er war evangelischer Konfession und staatlich geprüfter Landwirt.[648] Adam trat im November 1932 der NSDAP und im Juli 1935 auch der SS bei,[649] 1937 wurde er ehrenamtlicher SS-Bauernreferent im RuSHA. Adam war dort hoch angesehen[650] und fungierte auch als wichtige Schnittstelle zwischen SS und der Landesbauernschaft Ostpreußen: »Vom RuS-Führer Nordost wird SS-Ostuf. Adam als Verbindungsführer verwendet, sowohl zum Landesbauernführer, als auch zu den anderen im Bereiche des SS-Oberabschnittes Nordost bestätigten Bauernreferenten.«[651] Im Zweiten Weltkrieg leitete er im Regierungsbezirk Zichenau und im Bezirk Bialystok die Landbewirtschaftung operativ.[652]

Arthur Schumacher[653] führte lange Jahre die Geschicke der Landeshauptabteilung II. Geboren 1895, evangelisch, besaß er einen Hof von etwa 77 Hektar, den er 1927 nach einer landwirtschaftlichen Lehre vom Vater übernommen hatte. Schumacher hatte als Kriegsfreiwilliger im Ersten Weltkrieg gedient und war der NSDAP im März 1932 beigetreten. Er war beim Aufbau des agrarpolitischen Apparates beteiligt und wurde 1933 Kreisbauernführer. Schumacher war offenbar kein Mitglied der SS, sondern blieb seiner SA-Mitgliedschaft treu.[654]

Stabsleiter der Landeshauptabteilung II unter Schumacher war Dr. Bernhard Schwarz.[655] 1897 als Sohn eines Lehrers geboren, evangelisch, studierte er – nach der Teilnahme am Ersten Weltkrieg, zuletzt als Leutnant der Reserve – an der Königsberger Albertina Landwirtschaft. Er wurde Diplom-Landwirt, promovierte und soll sich während des Zweiten Weltkrieges im Fachbereich Tierzucht auch habilitiert haben. Schwarz war 1932 der NSDAP beigetreten, war offenbar

647 Dies entsprach der Funktion eines Geschäftsführers, vgl. Corni/Gies: Ernährungswirtschaft, S. 137.

648 Vgl. die Personalangaben Rudolf Adams vom 28.2.1939, BArch, BDC, SSO Rudolf Adam (8.3.1905), unpag., sowie den Fragebogen zur Ergänzung beziehungsweise Berichtigung der Führerkartei und der Dienstaltersliste vom 2.10.1937, BArch, BDC, SSO Rudolf Adam (8.3.1905), unpag.

649 Vgl. die SS-Stammrolle Rudolf Adams, BArch, BDC, SSO Rudolf Adam (8.3.1905), unpag.

650 Adam sei »derjenige Bauernreferent, der laufend vom RuS-Führer mit den verschiedensten Fragen betraut wird und sich stets voll für die Belange der SS eingesetzt hat.« Beförderungsvorschlag des RuSHA vom 15.3.1943, BArch, BDC, SSO Rudolf Adam (8.3.1905), unpag.

651 Beförderungsvorschlag aus dem RuSHA vom 30.11.1940, BArch, BDC, SSO Rudolf Adam (8.3.1905), unpag.

652 Vgl. das WbLBsch Ostpreußen vom 13.1.1945, Titelseite (Artikel »Neue Männer in der Führung der ostpreußischen Landwirtschaft«). Näheres hierzu in Kapitel 5.

653 Zu Schumacher vgl. die entsprechende biographische Skizze im Anhang.

654 Vgl. die undatierte Übersicht über den Landesbauernrat der LBsch Ostpreußen, BArch, R 16 I/2218, unpag., Arthur Schumachers undatierten Personalbogen, BArch, R 16 I/1465, unpag., LBF Ottos Schreiben vom 27.1.1934 an den RBF, BArch, R 16 I/2140, unpag., und die Georgine vom 22.12.1933, S. 890 (Artikel »Arthur Schumacher«).

655 Zu Schwarz vgl. die entsprechende biographische Skizze im Anhang.

aber weder SS- noch SA-Mitglied. Seine von 1936 bis 1943 dauernde Tätigkeit in der Landesbauernschaft Ostpreußen wurde kurzzeitig durch Abkommandierung in das Reichsprotektorat Böhmen und Mähren unterbrochen. Ab 1943 nahm er, zuletzt als Hauptmann der Reserve, bis Kriegsende am Zweiten Weltkrieg teil, kurzzeitig in der Sowjetunion und schließlich in Italien.

Auch bei der Landeshauptabteilung III war die Führung über lange Jahre von einer Person besetzt, nämlich von 1935 bis 1942 durch Arno Ortmann.[656] Ortmann, Jahrgang 1885, evangelisch, übernahm 1919 das 417 Hektar große väterliche Gut, nachdem er zuvor Forstwissenschaft und Nationalökonomie studiert hatte. Er war Hauptmann a. D., hatte im Kaiserreich und im Ersten Weltkrieg gedient. Zur Zeit der Weimarer Republik war er Mitglied im Reichslandbund. Von 1921 bis 1930 Mitglied der DNVP, trat Ortmann im Dezember 1931 der NSDAP bei, 1933 der SA. Im Jahr 1934 wurde er Vorsitzender des Viehwirtschaftsverbandes in Ostpreußen. Bemerkenswert ist Ortmanns Karriere in der SS, der er im August 1936 beitrat. Schon im April 1938 wurde er aus der SS ausgeschlossen, weil er Handel mit einem Juden betrieben hatte. Gauleiter Koch verwendete sich jedoch für Ortmann, und Landesbauernführer Spickschen schloss sich dem an,[657] so dass Ortmann im Oktober 1940 wieder in alter Dienststellung in die SS aufgenommen wurde.[658] Im Mai 1942 wurde er zur Wirtschaftsinspektion Nord versetzt und wurde Landesdirektor beim Reichskommissar für das Ostland. 1944 kehrte er als Landeshauptabteilungsleiter III zur Landesbauernschaft Ostpreußen zurück.[659]

Ortmanns Stabsleiter in der Landeshauptabteilung III war der 1903 geborene Oskar Horn,[660] ein überzeugter Anhänger der »Blut-und-Boden«-Ideologie. Aus einem Beamtenhaushalt stammend, erlernte er die Landwirtschaft und ließ sich zum Diplom-Landwirt ausbilden. Allerdings hat er vermutlich nie einen eigenen Hof bewirtschaftet. Bereits mit 26 Jahren begann seine Karriere als Geschäftsführer eines Verbandes, die ihn 1934 in die Spitze der Landesbauernschaft Ostpreußen führte. Er sollte an der Seite Ortmanns den Bereich der

656 Vgl. das Schreiben eines SS-Führers (SS-Oa Ost) vom 26.4.1938 an SS-Gruf Redieß, BArch, R 16 I/1453, unpag., sowie das Schreiben von Frau Ortmann vom 12.8.1942 an das RuSHA, BArch, BDC, RS Arno Ortmann (4.5.1885), unpag. Zu Arno Ortmann vgl. die entsprechende biographische Skizze im Anhang.

657 Vgl. das Schreiben eines SS-Führers (SS-Oa Ost) vom 26.4.1938 an SS-Gruf Redieß, BArch, R 16 I/1453, unpag., sowie den undatierten SS-Personalbogen Arno Ortmanns, BArch, BDC, RS Arno Ortmann (4.5.1885), unpag.

658 Vgl. das Schreiben des SS-Personalamtes vom 25.11.1940 an das RuSHA, BArch, BDC, RS Arno Ortmann (4.5.1885), unpag.

659 Vgl. das Schreiben von Frau Ortmann vom 12.8.1942 an das RuSHA, BArch, BDC, RS Arno Ortmann (4.5.1885), unpag. Vgl. auch Arno Ortmann: Die Landwirtschaft in den Generalbezirken Lettland, Estland und Litauen, in: Tygodnik vom 22.8.1943, S. 383–384.

660 Zu Horn vgl. die entsprechende biographische Skizze im Anhang.

Marktordnung führen, dies später auch im Regierungsbezirk Zichenau. 1932 stieß er zur NSDAP und drei Jahre später zur SS, deren Ideologie ihm zur Leitlinie seines Lebens wurde. Horn habe, so hieß es in einer Beurteilung des RuSHA, anders als die meisten Bauernreferenten »aus seiner lebensgesetzlichen Weltanschauung auch die Schlussfolgerungen gezogen.«[661] Dafür sprechen der Umstand, dass der ursprünglich evangelische Horn sich spätestens 1939 als »gottgläubig« bezeichnete, seine Mitgliedschaft im Verein Lebensborn und wohl auch sein an die Formel vom »Bauerntum als Lebensquell des deutschen Volkes« erinnerndes Reproduktionsmuster: Nicht unähnlich jenem Spickschens, bekam das Ehepaar Horn 1932 zunächst ein Kind, dem in rascher Folge 1935, 1936, 1938 und 1942 vier weitere Kinder folgten. Bereits 1940 war er für kurze Zeit bei der Waffen-SS, zu der Horn ab April 1944 erneut einberufen war. Er war unter anderem bei Kämpfen in Warschau im Einsatz.

Keine formal bedeutende Stellung in der vertikalen Organisation der Landesbauernschaft, jedoch informal wichtig war der Referent des Landesbauernführers, Rudolf Großmann.[662] Dieser, 1905 geboren, war Sohn eines Rittergutsbesitzers und hatte ebenfalls eine landwirtschaftliche Laufbahn eingeschlagen; sein Studium der Landwirtschaft schloss er aber offenbar nicht ab. Großmann war als landwirtschaftlicher Beamter und sodann für die Landwirtschaftskammer Ostpreußen tätig, ehe er ab 1934 Referent des Landesbauernführers wurde. Er fungierte zugleich als Geschäftsführer des Landesbauernrates – vermutlich wusste neben Spickschen und Gruber niemand besser über die Interna der Landesbauernschaft Ostpreußen Bescheid als Großmann. Dabei war dieser, vor 1928 noch beim Stahlhelm, binnen weniger Monate des Jahres 1932 erst der NSDAP und dann der SS beigetreten; vor dem Hintergrund der SS-Mitgliedschaft auch ist zu sehen, dass er sich von seiner evangelischen Konfession lossagte. Immer wieder, zuletzt als Hauptmann der Reserve, war Großmann bei der Wehrmacht als Offizier im Zweiten Weltkrieg eingesetzt, so beim Überfall auf Polen, in Norwegen und in Finnland.

Die Reorganisation des Reichsnährstands im Jahr 1942 veränderte die Personalstruktur der Landesbauernschaft Ostpreußen auf der Führungsebene relativ wenig. Fritz Berg und Rudolf Adam schieden aus, ansonsten jedoch wurden weitgehend dieselben Personen in die neue Organisationsstruktur überführt. Die Leiter der neuen Landeshauptabteilung I waren jene des früheren Verwaltungshauptamts (Dr. Richard Hintmann, Walter Heinrich, Dr. Walter Beutler, Dr. Hans Röhr, Wilhelm Engels), ebenso blieb die Landeshauptabteilung III mit Ortmann an der Spitze fast unverändert. Arthur Schumacher stand

661 Beförderungsvorschlag des SS-Oberstubaf Jacobsens vom 15.12.1938, BArch, BDC, RS Oskar Horn (24.1.1903), unpag.

662 Zu Großmann vgl. die entsprechende biographische Skizze im Anhang.

weiterhin an der Spitze der Landeshauptabteilung II, die Teile der früheren Landeshauptabteilung I und die frühere Landeshauptabteilung II in sich vereinigte. Ebenso wurden die Unterabteilungen der neuen Landeshauptabteilung II, die vielfach den Unterabteilungen der früheren Landeshauptabteilungen I und II entsprachen, zu einem Gutteil vom selben Führungspersonal wie zuvor geleitet. Gerda Ursula Spickschen etwa, die Frau des Landesbauernführers, führte nun die Abteilung II B 2 »Ländliche Frauenarbeit«, die ungefähr ihrer früheren Abteilung I C »Die Landfrau« entsprach. Ebenso leitete Dr. Heinrich Petersen vor wie nach der Umstrukturierung die Unterabteilung »Neubildung deutschen Bauerntums«.[663]

Der Untergang des nationalsozialistischen Deutschlands hatte für die dargestellten Personen aus der Führung der Landesbauernschaft Ostpreußen ganz unterschiedliche Konsequenzen. Bei Gruber liegen für diese Zeit gar keine Informationen vor, bei Berg und Ortmann ist lediglich bekannt, dass sie offenbar umgehend wieder berufstätig waren. Interniert waren Schumacher (drei bis vier Jahre) sowie Großmann (anderthalb Jahre), beide in sowjetischer Gefangenschaft. Offenbar nur für einige Monate der Freiheit entzogen war Dr. Schwarz, unter anderem 1947 in Nürnberg und Dachau; noch im gleichen Jahr kehrte er ins Berufsleben zurück, in dessen Verlauf er Direktor einer Landwirtschaftsschule wurde. Ebenfalls interniert, jedoch in der britischen Besatzungszone, war für zweieinhalb Jahre Dr. Hintmann, der als einziger dieser Gruppe vor ein Spruchgericht gestellt wurde. Er wurde dort indes freigesprochen, denn es sei nicht nachzuweisen gewesen, dass er vom verbrecherischen Einsatz der SS während des Zweiten Weltkrieges gewusst habe. Soweit diese Personen entnazifiziert wurden, erfolgte dies in Kategorie IV (Mitläufer), beziehungsweise nach einigem Hin und Her bei Hintmann sogar in Kategorie V. Der rote Faden der Entlastung bestand jeweils darin, dass die SS-Mitgliedschaft als eine rein formale betrachtet wurde. Bei Großmann wurde das Verfahren direkt nach Beginn eingestellt. In keinem der Verfahren spielte die Tatsache eine maßgebliche Rolle, dass die Tätigkeit eines Teils dieses Personals der Landesbauernschaft während des Zweiten Weltkrieges durchaus auch mit Besatzungspolitik verknüpft gewesen war. Dies gilt insbesondere für den im Regierungsbezirk Zichenau und im Bezirk Bialystok tätigen Adam, der 1949 an seine Funktionärskarriere auf niedrigerer Stufe anknüpfte und Geschäftsführer des Niedersächsischen Landvolks wurde. Nicht nur war nach 1945 das Wissen um die Tätigkeit der Bauernführer offensichtlich gering, sondern offenkundig auch ihre Wahrnehmung als Funktionäre, die gleichsam unpolitisch und rein fachlich-sachlich gehandelt hätten, ungetrübt. Dies zeigt sich auch bei Schumacher, der ebenfalls wieder im landwirtschaftlichen Bereich tätig war und von 1957 bis

663 Vgl. die Personaltableaus der LBsch Ostpreußen im Anhang.

1970 für den Heimatkreis Preußisch Holland zur Ostpreußischen Landesvertretung (Landsmannschaft Ostpreußen) gehörte.

3.3.2 Kreisbauernführer Ostpreußens

Insgesamt 54 Personen umfasst die Gruppe der Kreisbauernführer, die vom Herbst 1936 bis Herbst 1942 die Kreisbauernschaften der Landesbauernschaft Ostpreußen, bezogen auf deren Grenzen von August 1939, leiteten.[664] Weil für etliche Personen dieser Gruppe die Quellenlage vielfach unbefriedigend ist, variiert die Größe der jeweils untersuchten Gruppe (*n*). Aufgrund dieser Unsicherheiten ist ein systematischer quantitativer Vergleich mit anderen Personengruppen wenig sinnvoll, und daher auch sollen Schlussfolgerungen nur sehr vorsichtig gezogen werden.

Tabelle 3.13: Die Geburtsjahrgänge der Kreisbauernführer der Landesbauernschaft Ostpreußen (Korps 1936–1942)

	Zahl	%
< 1890	14	25,9
1890–1899	26	48,2
1900–1909	14	25,9
> 1909	0	0,0
n	54	
Median	1895,0	
Ø	1894,9	

Quellen: Übersicht 6 zu den Kreisbauernführern der LBsch Ostpreußen und die zugehörigen biographischen Skizzen im Anhang.

664 Zu dieser Personengruppe gehören entsprechend: Aschmotat; Bartel; Erich Behrendt; Herbert Behrendt; Bethge; Boriß; Bredschneider; Brzezinski; Danielczyk; Ehlert; Federau; Finne; Fischer; Grohnert; Haneberg; Hartmann; Heyer; Hofer; Jankowski; Kausch; Keßler; Knutti; Kolwe; Kowitz; Krämer; Kröhn; Krüger; Leffler; Lehmann; Lenz; Lewandowski; Lorenz; Lubenau; Lukas; Mehl; Molks; Paltinat; Parschau; Pukall; Radtke; Rex; Romanowski; Ronschke; Rose; Roski; Schabram; Schmidt; Schumacher; Schwichtenberg; Spengler; Steppke; Stolz; Weisheit; Winkler. Finne und Grohnert waren formal nur Kreisobmänner, sie wurden jedoch im Tableau der KBF für 1936 aufgelistet. Gleiches gilt für Lukas, der als KO im KBF-Tableau für 1942 aufscheint, jedoch erst 1943 KBF wurde, vgl. im Anhang die Übersicht 6 und die biographische Skizze zu Lukas. Sie alle wurden aufgrund der Auflistung im KBF-Tableau in diese Untersuchung einbezogen.

Tabelle 3.14: Die Teilnahme der Kreisbauernführer der Landesbauernschaft Ostpreußen (Korps 1936–1942) am Ersten Weltkrieg

	Zahl	%	Rang
Keine Teilnahme	14	30,4	
Teilnahme	12	26,1	**unbekannt**
	4	8,7	**Mannschaftsdienstgrad**
	1	2,2	**Unteroffiziersaspirant**
	6	13,0	**Unteroffizier**
	7	15,2	**Leutnant**
	2	4,3	**Hauptmann, Rittmeister**
Summe Teilnehmende	32	69,6	
Teilnahme Freikorps	2	4,3	
n	46		

Quellen: Übersicht 6 zu den Kreisbauernführern der LBsch Ostpreußen und die zugehörigen biographischen Skizzen im Anhang.

Die Kreisbauernführer der untersuchten Personengruppe entstammten weit überwiegend der Frontgeneration. Drei von vier waren vor 1900 geboren, und fast die Hälfte entstammte den Jahrgängen von 1890 bis 1899. Diese Kreisbauernführer gehörten damit klar mehrheitlich zu jener Generation, für die – wie bei den Landesbauernführern – der Erste Weltkrieg in aller Regel zur prägenden Erfahrung in jungen Jahren geworden sein dürfte (Tabelle 3.13). Die verfügbaren Informationen zur Weltkriegsteilnahme indizieren, dass mehr als zwei Drittel dieser späteren Kreisbauernführer in den »Großen Krieg« gezogen waren. Mindestens 14 von ihnen erreichten den Rang eines Unteroffiziers oder Offiziers; sie sammelten also bereits früh Führungserfahrungen. Aus der ebenso großen Gruppe jener, die nicht am Ersten Weltkrieg teilnahmen, war einer untauglich, alle anderen waren zu jung. Eine politische Prägung oder gar Radikalisierung durch den Einsatz bei Freikorps dagegen ist auszuschließen, in deren Reihen fand sich fast niemand aus diesem Personenkreis (Tabelle 3.14).

Tabelle 3.15: Die Konfessionszugehörigkeit der Kreisbauernführer der Landesbauernschaft Ostpreußen (Korps 1936–1942)

	Zahl	%
Evangelisch	46	88,5
Katholisch	6	11,5
n	52	

Quellen: Übersicht 6 zu den Kreisbauernführern der LBsch Ostpreußen und die zugehörigen biographischen Skizzen im Anhang.

Tabelle 3.16: Der Beruf des Vaters der Kreisbauernführer der Landesbauernschaft Ostpreußen (Korps 1936–1942)

	Zahl	%
Landwirte	29	64,4
Gutsbesitzer	11	24,4
Sonstige	5	11,1
davon Adlige	0	0,0
n	45	

Quellen: Übersicht 6 zu den Kreisbauernführern der LBsch Ostpreußen und die zugehörigen biographischen Skizzen im Anhang. Die »Besitzer« genannten Väter der KBF Heyer, Rose und Weisheit wurden den Landwirten zugerechnet.

Die Konfessionszugehörigkeit, die bei 52 der 54 Kreisbauernführer bekannt ist, spiegelt die konfessionelle Gliederung Ostpreußens (Tabelle 3.15). Von ihnen waren 46 (89 Prozent) evangelisch, sechs katholisch. Dabei waren die katholischen Kreisbauernführer fast immer in den Kreisbauernschaften des katholisch geprägten Ermlands eingesetzt, nämlich in Heilsberg (Bruno Parschau, Paul Schabram), Braunsberg (Ferdinand Federau, Hugo Roski) und Allenstein (Bruno Krämer). Allein der katholische Paul Romanowski leitete als Kreisbauernführer den evangelischen Kreis Heiligenbeil, während der evangelische Friedrich Kolwe Kreisbauernführer der im Ermland liegenden Kreisbauernschaft Rößel war. Die Konfessionszugehörigkeit der Kreisbauernführer in Ostpreußen stimmte mithin fast immer mit der konfessionellen Mehrheit ihrer Kreisbauernschaft überein. Nur von acht der hier in Rede stehenden Kreisbauernführer ist bekannt, dass sie in der nationalsozialistischen Zeit aus der Kirche austraten, keine Angabe mehr zur Konfessionszugehörigkeit machten oder sich »konfessionslos« beziehungsweise »gottgläubig« nannten.[665] Dies korrespondiert mit der relativ geringen Zahl an SS-Mitgliedern unter diesen Kreisbauernführern, auf die noch einzugehen sein wird.

Die untersuchten Kreisbauernführer entstammten fast sämtlich, zu 89 Prozent, dem landwirtschaftlichen Milieu. Knapp drei Viertel kamen aus bäuerlichen Familien, ein Viertel kam aus Familien mit Gutsbesitz; adliger Abstammung war keiner dieser Kreisbauernführer (Tabelle 3.16). Der Blick auf den Bildungsweg legt nahe, dass die Eltern dieser Kreisbauernführer den Wert guter Bildung hoch einschätzten. Von den dreißig Kreisbauernführern, von denen die Schulbildung bekannt ist, besuchte die Hälfte eine höhere Schule (Tabelle 3.17). Auch wenn nur in zwei Fällen das Abitur als tatsächlich erreichter Abschluss

665 Vgl. die entsprechenden Personaltableaus und biographischen Skizzen im Anhang.

bekannt ist, so war die Schulbildung dieser Kreisbauernführer doch in jedem Fall überdurchschnittlich.[666]

Nach Abschluss der Schule gingen diese Kreisbauernführer in aller Regel direkt in die landwirtschaftliche Praxis (Tabelle 3.18). Wie erwähnt, hatte die landwirtschaftliche Lehre zu jener Zeit noch keine fest geregelte Form angenommen.[667] Eine Lehrzeit landwirtschaftlicher Praxis, ob nun im elterlichen oder einem anderen landwirtschaftlichen Betrieb, ist für 26 der untersuchten Kreisbauernführer bekannt; wie bei den Landesbauernführern ist auch hier von einer deutlich höheren Zahl auszugehen.[668]

Tabelle 3.17: Die Schulbildung der Kreisbauernführer der Landesbauernschaft Ostpreußen (Korps 1936–1942)

		Zahl	%
Volksschule		8	26,7
Realschule, Mittelschule		7	23,3
Oberrealschule, Realgymnasium, Gymnasium	**Besuch**	13	43,3
	Abitur	2	6,7
n		30	

Quellen: Übersicht 6 zu den Kreisbauernführern der LBsch Ostpreußen und die zugehörigen biographischen Skizzen im Anhang; bezogen auf jene 30 KBF, zu denen Informationen zum Schulbesuch vorliegen.

Nur bei 23 dieser Kreisbauernführer ist der weitere Bildungsweg bekannt, wobei die Überlieferung hier besonders problematisch erscheint, etwa im Hinblick auf die möglicherweise unpräzise Benennung von Schultypen. Die Quelleninformationen zum Nennwert genommen, hat von diesen Kreisbauernführern etwa die Hälfte auf einer Landwirtschaftsschule ein solides theoretisches Fundament für die landwirtschaftliche Praxis gelegt, und insgesamt waren es zwei Drittel, die landwirtschaftliche Fachschulen absolvierten. Insgesamt sieben Kreisbauernführer, meist Söhne von Gutsbesitzern, besuchten landwirtschaftliche Hochschulen; allerdings ist nur in einem Fall der erfolgreiche Studienabschluss als Diplom-Landwirt bekannt (Tabelle 3.18). Insgesamt war das Bildungsniveau der Kreisbauernführer, so wird man vorsichtig festhalten dürfen,

666 Wie schon in Kapitel 2.2 erwähnt, hatten reichsweit vor dem Ersten Weltkrieg 6–7 % eine höhere Schule besucht, vgl. Wehler: Gesellschaftsgeschichte 3, S. 1201.

667 Vgl. die entsprechenden Ausführungen in Kapitel 2.2.

668 So ist bei sieben der in Rede stehenden KBF nur bekannt, dass sie landwirtschaftliche Beamte wurden. Dies setzte eine landwirtschaftliche Ausbildung voraus. Der Agrarökonom Aereboe formulierte in einem seiner Lehrbücher (Aereboe: Betriebslehre, S. 123) u. a. mit Bezug auf landwirtschaftliche Beamte, dass diese »[…] eine allgemein landwirtschaftliche Ausbildung erfahren haben und praktische Landwirte sind. In der Regel haben sie auch eine wissenschaftlich-landwirtschaftliche Ausbildung genossen.«

niedriger als bei den Landesbauernführern, jedoch sicherlich deutlich überdurchschnittlich, zumal im Vergleich zum Durchschnitt der in der Landwirtschaft Beschäftigten.[669]

Tabelle 3.18: Die Berufsbildung der Kreisbauernführer der Landesbauernschaft Ostpreußen (Korps 1936–1942)

		Zahl	%
Fachschule	Landwirtschafliche Winterschule	3	13,0
	Landwirtschaftsschule	12	52,2
	Höhere landwirtschaftliche Lehranstalt	0	0,0
	Fachschule nicht landwirtschaftlicher Art	0	0,0
Hochschule	Studium (landwirtschaftlich)	6	26,1
	Abschluss (landwirtschaftliches Studium)	1	4,3
	Promotion (landwirtschaftlicher Bereich)	0	0,0
	Studium nicht landwirtschaftlicher Art	1	4,3
n		23	

Quellen: Übersicht 6 zu den Kreisbauernführern der LBsch Ostpreußen und die zugehörigen biographischen Skizzen im Anhang; bezogen auf jene 23 KBF, zu denen Informationen zur Berufsbildung jenseits einer Lehre vorliegen. Hofer, der sowohl an der LWK Ostpreußen ausgebildet wurde als auch Hospitant an der Königsberger Albertus-Universität war, wurde bei »Studium« eingeordnet.

In der landwirtschaftlichen Praxis gehörten die Kreisbauernführer mehrheitlich zur Gruppe der Bauern (Tabelle 3.19). Die geringe Zahl von Kreisbauernführern mit Betriebsgrößen bis 50 Hektar darf dabei, wie schon bei den Landesbauernführern, als Hinweis darauf verstanden werden, dass die Zuschreibung von Prestige und Autorität in den landwirtschaftlichen Kreisen Ostpreußens mit der Besitzgröße korreliert war, wobei zur Größe des Besitzes auch der Erfolg in der Bewirtschaftung getreten sein sollte.[670]

Gutsbesitzer waren mit 40 Prozent etwas stärker vertreten als Bauern mit landwirtschaftlichem Besitz ab 50 Hektar. Unter ihnen waren einige Kreisbauernführer mit sehr großen Gütern, so Ernst Ehlert (400 Hektar), Helmut Schwichtenberg (376 Hektar) sowie Andreas Matthias Hofer (335 Hektar). Bei der Betriebsgröße lag der Durchschnitt daher mit 119 Hektar deutlich oberhalb der technischen Grenze zwischen bäuerlichem Besitz und Gutsbesitz, der Median dagegen mit rund 84 Hektar deutlich darunter. Nun war damit noch längst keine repräsentative Verteilung entlang der Verteilung der Betriebsgrößen in Ostpreußen erreicht. Und doch hatte sich diese Repräsentation der Bauern im Vergleich zur Weimarer Zeit grundlegend verändert: Noch 1927 oblag die

669 Vgl. den entsprechenden Abschnitt in Kapitel 2.2.
670 Vgl. Pyta: Dorfgemeinschaft, S. 92.

Führung der Kreise in der Landwirtschaftskammer zu drei Vierteln Gutsbesitzern oder Rittergutsbesitzern sowie einigen Pächtern von Domänen und Rittergütern.[671] Und noch 1932 waren unter den 34 Kreisführern des LVO gesichert nur zwei bäuerliche Besitzer, aber 31 Gutsbesitzer, darunter zehn jeweils mit Besitz über 500 Hektar.[672]

Tabelle 3.19: Die landwirtschaftlichen Betriebe der Kreisbauernführer der Landesbauernschaft Ostpreußen (Korps 1936–1942)

	Kreisbauernführer		**Verteilung der Besitzgrößen in Ostpreußen (1933)**	
	Zahl	**%**	**Zahl**	**%**
0–10 ha	1	1,9	75.055	55,1
10–20 ha	3	5,8	29.905	22,0
20–50 ha	9	17,3	20.134	14,8
50–100 ha	18	34,6	6.938	5,1
> 100 ha	21	40,4	4.111	3,0
Ø Betriebsgröße (ha)	119,2			
Median Betriebsgröße (ha)	83,5			
n	52			

Quellen: Übersicht 6 zu den Kreisbauernführern der LBsch Ostpreußen und die zugehörigen biographischen Skizzen im Anhang, zudem Statistisches Jahrbuch Reich 53 (1934), S. 60. Pachtland wurde berücksichtigt.

Bis auf Ernst Steppke waren alle dieser Kreisbauernführer verheiratet, und zwar wahrscheinlich deutlich mehrheitlich bereits vor 1933. Vermutlich also betrieben sie ihren Hof oder Gutsbetrieb in klassischer Rollenverteilung zusammen mit der Ehefrau. En détail unklar muss bleiben, ob und inwieweit Kreisbauernführer das Ideologem vom »Bauerntum als Lebensquell des deutschen Volkes« gleichsam authentisch vorleben wollten, wie es in den Fällen Spickschens und Horns nahe liegt. Viele, rasch aufeinander folgende Kinder während der nationalsozialistischen Zeit hatten Ernst Bartel (fünf Kinder), Willi Pukall (vier) und Paul Romanowski (sechs). Legt man alle Fälle zugrunde, in denen Kinderzahl und Geburtsjahrgänge bekannt sind, so kamen für die Zeit bis einschließlich 1945 rein rechnerisch auf jeden Kreisbauernführer der untersuchten Gruppe etwa zwei Kinder; vermutlich war die tatsächliche Zahl indes deutlich höher.

Auch über politische Betätigungen der Kreisbauernführer in der Weimarer Zeit jenseits der NSDAP liegen nur bruchstückhaft Informationen vor. Vor-

671 Vgl. Mentzel 1927, Tl. II, S. 83–91.
672 Vgl. Hertz-Eichenrode: Politik, S. 75, FN 312.

sichtig abgeschätzt, dürfte etwa die Hälfte von ihnen der DNVP und, teils in Personalunion, etwa ein Drittel dem Stahlhelm angehört haben. Andere Kreisbauernführer waren in völkischen Gruppierungen tätig, einige zudem im LVO.[673] Klar jedenfalls ist, dass die Kreisbauernführer in Ostpreußen keine frühen, in der Wolle gefärbten Nationalsozialisten waren. Vielmehr legen die Zahlen über den Beitritt zur NSDAP (Tabelle 3.20) nahe, dass sie durch die Krise der Landwirtschaft politisch radikalisiert wurden – fast drei Viertel der Kreisbauernführer kamen erst ab 1931 zur NSDAP. Allein auf die Jahre 1931 und 1932 entfällt die Hälfte der Parteibeitritte, auf jene Jahre also, in denen die Auswirkungen der Krise in der Landwirtschaft in ganzer Breite durchschlugen. Ein Viertel der Kreisbauernführer stieß gar erst nach der Machtübernahme zur NSDAP.

Waren alle Kreisbauernführer auch Mitglieder der NSDAP, so war dies bei den Gliederungen SA und SS, für die in den hier interessierenden Fällen die Überlieferungslage sehr schlecht ist, in jedem Fall anders. Die Mitgliedschaft in beiden dieser Gliederungen ist für drei Kreisbauernführer bekannt, in mindestens einer der beiden Gliederungen waren 35. Von den 32 der in Rede stehenden Kreisbauernführer, für die eine SA-Mitgliedschaft bekannt ist, trat fast die Hälfte dieser Gliederung erst ab 1933 bei (Tabelle 3.21). Dies hatte seine Ursache ohne Zweifel in der erwähnten Sondersituation in Ostpreußen, in der die SA von Landesbauernführer Otto als Verbündete im Kampf gegen Gauleiter Koch und dessen Entourage betrachtet wurde.[674] Die Kreisbauernführer erreichten in aller Regel nur niedrige SA-Ränge, mit Erich Behrendt und Hermann Paltinat gab es unter ihnen indes auch zwei SA-Brigadeführer.

Nur sehr wenige Informationen liegen zu SS-Mitgliedschaften der untersuchten Kreisbauernführer vor (Tabelle 3.22). Diese Mitgliedschaft ist nur für sechs dieser Kreisbauernführer bekannt. Es mag dies ein Hinweis darauf sein, dass bereits auf der Ebene der Kreisbauernführer die SS-Mitgliedschaft, im Gegensatz zur Ebene der Landesbauernschaft oder gar beim Korps der Landesbauernführer selber, generell deutlich seltener war. Soweit Kreisbauernführer in der SS waren, hatten sie niedrige SS-Ränge. Von sieben Kreisbauernführern ist zuverlässig überliefert, dass sie als SS-Bauernreferenten fungierten; dabei waren durchaus mehr Kreisbauernführer für diese Funktion vorgesehen, doch lehnten manche wegen Überlastung ab oder wurden als Bewerber gestrichen, da sie Auswahlkriterien nicht erfüllten.[675]

---

673 Es liegen nur für 29 dieser KBF Informationen hierzu vor. Dieser Personenkreis zeichnet für 16 Mitgliedschaften bei der DNVP, 11 beim Stahlhelm, 4 bei sonstigen völkischen Gruppierungen, 2 bei der Heimatwehr sowie 6 im LVO verantwortlich.

674 Vgl. die entsprechenden Ausführungen in Kapitel 2.1.

675 Vgl. die Aufstellung der als SS-Bauernreferenten vorgesehenen KBF der LBsch Ostpreußen vom 16.10.1937, BArch, R 16 I/2201, unpag., und das Verzeichnis der SS-Bauernreferenten der LBsch Ostpreußen vom 1.6.1938, BArch, R 16 I/2006, unpag. Brzezinski wurde als

Tabelle 3.20: Der NSDAP-Beitritt der Kreisbauernführer der Landesbauernschaft Ostpreußen (Korps 1936–1942)

	Zahl	**%**
Beitritt < 1929	3	5,6
Beitritt 1929/1930	11	20,4
Beitritt 1931/1932	27	50,0
Beitritt > 1932	13	24,1
n	54	

Quellen: Übersicht 6 zu den Kreisbauernführern der LBsch Ostpreußen und die zugehörigen biographischen Skizzen im Anhang.

Tabelle 3.21: Der SA-Beitritt der Kreisbauernführer der Landesbauernschaft Ostpreußen (1936–1942)

	Zahl	**%**
SA-Mitglied	10	31,3
Beitritt < 1929	1	3,1
Beitritt 1929–1932	6	18,8
Beitritt > 1932	15	46,9
n	32	

Quellen: Übersicht 6 zu den Kreisbauernführern der LBsch Ostpreußen und die zugehörigen biographischen Skizzen im Anhang. Bei den übrigen Kreisbauernführern liegt entweder kein SA-Beitritt oder keine Information dazu vor. Bei zehn Kreisbauernführern ist das SA-Beitrittsdatum nicht bekannt.

Tabelle 3.22: Der SS-Beitritt der Kreisbauerführer der Landesbauernschaft Ostpreußen (1936–1942)

	Zahl	**%**
Beitritt < 1933	0	0,0
Beitritt 1933–1936	4	66,7
Beitritt > 1936	2	33,3
n	6	
SS-Bauernreferenten	7	

Quellen: Übersicht 6 zu den Kreisbauernführern der LBsch Ostpreußen und die zugehörigen biographischen Skizzen im Anhang. Bei den übrigen Kreisbauernführern liegt entweder kein SS-Beitritt oder keine Information dazu vor. Kowitz war, obschon SS-Bauernreferent, kein SS-Mitglied.

Bewerber gestrichen, weil er noch Junggeselle war (Schreiben vom 15.3.1937), ebenso Werner Gerlach, weil er zu wenige Kinder hatte (Schreiben vom 16.12.1937), während Herbert Behrendt wegen Überlastung durch Ehrenämter zunächst ablehnte (Schreiben

Von den untersuchten Kreisbauernführern waren offenbar nur wenige vor 1933 in den bedeutenden landwirtschaftlichen Gremien Ostpreußens vertreten. Lediglich für drei von ihnen ist bekannt, dass sie als gewählte Mitglieder der Landwirtschaftskammer Ostpreußen angehört hatten, zwei weitere waren in den 1930er-Jahren in der Landwirtschaftskammer in Memel. Dagegen waren, wie erwartet, etliche bereits im agrarpolitischen Apparat der NSDAP tätig gewesen, zehn davon als Landwirtschaftliche Kreisfachberater; elf von ihnen waren im NSL und damit um die Zeit der Machtübernahme herum unweigerlich in die inneren Querelen der ostpreußischen NSDAP im agrarpolitischen Bereich verwickelt gewesen. Mit den Jahren wurde die Organisationshierarchie des Reichsnährstands zur zentralen Instanz für die Rekrutierung von Kreisbauernführern. Einige der Kreisbauernführer waren zuvor Kreisobmänner gewesen, und vermutlich liegt es an der schlechten Überlieferung, dass zu einem Aufstieg späterer Kreisbauernführer über die Ortsbauernschaften und gegebenenfalls Bezirksbauernschaften nichts bekannt ist.

Die Landesbauernschaft Ostpreußen war bei den Kreisbauernführern von einer relativ hohen Amtsstabilität geprägt. Betrachtet man das Tableau der Kreisbauernführer zwischen Herbst 1936 und Herbst 1942 für jene Kreisbauernschaften, die durchgehend existierten,[676] so zeigt sich, dass deutlich mehr als die Hälfte (59 Prozent) dieser Kreisbauernführer ununterbrochen im Amt war. Weitet man diesen Zeitraum auf jenen von Herbst 1933 bis Herbst 1942 aus, so gilt dies noch immer für mehr als ein Drittel (34 Prozent).[677] Dabei rührten alleine sieben Veränderungen auf den Posten der Kreisbauernführer aus dem September 1935, als der damalige Landesobmann Spickschen Kreisbauernführer wegen »Meuterei« absetzen ließ. Sie hatten sich offenbar auf einer Tagung gegen seine Linie gestellt.[678]

Wenig ist bekannt, inwieweit die in Rede stehenden Kreisbauernführer im Zweiten Weltkrieg in militärischen Verbänden zum Einsatz kamen. Dies darf als Indiz dafür gedeutet werden, dass Kreisbauernführer häufig uk-gestellt waren. Allerdings ist auch gesichert, dass mindestens zwölf der Kreisbauernführer im

vom 28.10.1936); diese Schreiben – jeweils von der Personalabteilung des RuSHA an den Deutschen Reichsbauernrat – alle in: BArch, R 16 I/2202, unpag.

676 Es waren dies insgesamt 32 Kreisbauernschaften, nämlich die 9 Kreisbauernschaften des RB Allenstein, 13 Kreisbauernschaften des RB Königsberg sowie 10 Kreisbauernschaften des RB Gumbinnen; es entfallen damit die Kreisbauernschaften Memel, Heydekrug und Suwalki sowie sämtliche Kreisbauernschaften der Regierungsbezirke Marienwerder und Zichenau.

677 Von Herbst 1936 bis Herbst 1942 (Herbst 1933 bis Herbst 1942) waren im RB Alleinstein 7 (5), im RB Königsberg 6 (1) und im RB Gumbinnen 6 (5) KBF durchgehend im Amt, vgl. Übersicht 6 im Anhang.

678 Vgl. das Schreiben Spickschens vom 23.8.1935 an Meinberg, BArch, R 16 I/2140, unpag., sowie die DNdRN vom 14.9.1935, S. 323. Bei den abgesetzten Kreisbauernführern handelte es sich um Grieffenhagen, Haffke, Teichert, Müller, Kulemann, Haedge-Medicus und Weiß.

Zweiten Weltkrieg in der Wehrmacht kämpften, zwei bei der Waffen-SS und fünf beim Volkssturm.

Auch die Konsequenzen, die die untersuchten Kreisbauernführer nach dem Zusammenbruch des nationalsozialistischen Deutschlands zu gewärtigen hatten, liegen vielfach im Dunkeln. Bekannt ist, dass mindestens zwölf von ihnen inhaftiert oder interniert waren. Noch länger als Landesbauernführer Spickschen war wie erwähnt Arthur Schumacher interniert, nämlich ebenfalls in sowjetischer Kriegsgefangenschaft von 1945 bis etwa 1949, während Walter Radtke erst 1949 aus französischer Kriegsgefangenschaft zurückkehrte. Bruno Parschau hingegen starb 1946 in Internierungshaft in Insterburg.

Bei zehn Kreisbauernführern liegen Informationen über Entnazifizierungsverfahren vor. Sechs von ihnen wurden in Kategorie IV eingeordnet, wobei Alfred Danielczyk und Willi Kowitz bald die Umstufung in Kategorie V erreichten. In diese Kategorie waren Max Brzezinski (Brenk), Otto Keßler und Hugo Roski direkt eingruppiert worden. Lediglich Fritz Stolz erhielt Kategorie III. Stolz war zugleich einer von vier der untersuchten Kreisbauernführer, die sich in der britischen Besatzungszone vor Spruchgerichten verantworten mussten. In diesen Verfahren war nicht die Tätigkeit als Kreisbauernführer, sondern die in Personalunion ausgeübte Leitungsfunktion in der NSDAP oder die Mitgliedschaft in der SS entscheidend. Dies galt für Paul Jankowski, Willi Pukall und Fritz Stolz, die allesamt auch Kreisleiter der NSDAP gewesen waren. Sie wurden jeweils zu zwischen 18 und 24 Monaten Haft verurteilt, die in allen Fällen wegen der Internierungszeit als verbüßt galt; dieses Strafmaß lag im üblichen Rahmen.[679] Dagegen erhielt Hermann Paltinat, der ebenfalls Kreisleiter der NSDAP gewesen war, eine der höchsten Strafen, die je von Spruchgerichten gegen Kreisleiter verhängt wurden, nämlich fünf Jahre Gefängnis ohne Anrechnung der Internierungszeit. Bei Paltinat konnten insbesondere Zweifel daran nicht ausgeräumt werden, dass er in den Reihen der Waffen-SS daran beteiligt gewesen war, den Warschauer Ghetto-Aufstand niederzuschlagen. Er wurde in den 1950er-Jahren parteipolitisch wieder auf der extremen Rechten auf Kreis- und Landesebene aktiv.[680]

Damit stellte Paltinat freilich eine Ausnahme dar, denn in aller Regel beschränkte sich neuerliches parteipolitisches Engagement der untersuchten Kreisbauernführer auf kommunalpolitische Aktivitäten. Immerhin zwölf von ihnen übernahmen nach 1945 Funktionen in der Landsmannschaft Ostpreußen.

679 So Arbogast: Herrschaftsinstanzen, S. 204–214, sowie Stelbrink: Kreisleiter, S. 95–100 und S. 107–115.

680 Vgl. die biographische Skizze zu Paltinat im Anhang.

3.3.3 Kreisbauernführer im Regierungsbezirk Zichenau und im Bezirk Bialystok

Die Kreisbauernführer im Regierungsbezirk Zichenau waren in aller Regel bewährte Kreisbauernführer – im Falle Friedrich Soppas ein bewährter Kreisobmann – aus Altostpreußen. Sieht man von einer personell noch instabilen Phase zu Beginn und von den häufigeren Personalwechseln gegen Endes des Krieges ab,[681] so war dort die Übernahme benachbarter Kreisbauernschaften in Personalunion typisch. Im Herbst 1941 führte allein Fritz Schmidt mit Scharfenwiese nur eine Kreisbauernschaft; er übernahm jedoch zusätzlich eine Kreisbauernschaft im Bezirk Bialystok. Dagegen leitete Soppa die Kreisbauernschaften Pultusk (ab Juli 1941 Ostenburg) und Makow (Mackeim), und drei Kreisbauernführer traten an die Spitzen dreier Kreisbauernschaften gleichzeitig: Erwin Leffler blieb Kreisbauernführer in Rastenburg und übernahm zusätzlich die Kreisbauernschaften Zichenau und Plonsk (Plöhnen), entsprechend Fritz Hartmann bei den Kreisbauernschaften Gumbinnen, Plozk (Schröttersburg) und Schirps (Sichelberg) sowie Ernst Steppke bei den Kreisbauernschaften Sensburg, Mlawa (Mielau) und Praschnitz. Vermutlich wurden diese Kreisbauernführer in ihren angestammten Kreisbauernschaften vom Kreisobmann operativ vertreten. Dauerhaft drei solcher Kreisbauernschaften parallel zu führen, erscheint angesichts der Distanzen kaum machbar: Zwischen Sensburg und Mielau (Mława) lagen circa 130 km, zwischen Rastenburg und Plöhnen (Płońsk) etwa 175 km und zwischen Gumbinnen und Sichelberg (Sierpc) sogar rund 250 km. Die erwähnten drei Kreisbauernführer seien nun näher dargestellt.

Über Erwin Leffler liegen nur wenige Informationen vor. Evangelisch, Stiefsohn eines Pfarrers, wurde er 1899 in Oberfranken geboren. Leffler kam 1926 als landwirtschaftlicher Beamter nach Ostpreußen und wurde dort 1934/1935 ansässig, als er von der OLG ein Gut in der Größe von rund 87 Hektar erwarb. Im März 1930 der NSDAP beigetreten, wurde er im August 1939 mit der Führung der Kreisbauernschaft Rastenburg beauftragt.

Fritz Hartmann hingegen, evangelisch, gehörte mit Jahrgang 1889 zu den älteren Kreisbauernführern. Er war wie Leffler landwirtschaftlicher Beamter gewesen, ehe er den väterlichen Hof in Samelucken (Kreis Gumbinnen) mit einer Betriebsgröße von etwa 85 Hektar übernahm. Nach der Teilnahme am Ersten Weltkrieg legte Hartmann den Weg von der Traditionsrechten zur radikalen Rechten zurück: Ab 1923 Mitglied beim Stahlhelm, trat er auch dem LVO bei und

681 Die Besetzung der KBF-Posten wird für die Zeit nach 1942 unübersichtlich. Gerade gegen Kriegsende kam es zu umfangreichen, teils kurzfristigen Änderungen, auch weil KBF zum Wehrdienst berufen wurden, vgl. das WbLBsch Ostpreußen vom 1.7.1944, S. 252 (Artikel »Veränderungen in der Besetzung der Bauernführerposten«). Dort wird u.a. auf vertretungsweise eingesetzte KBF im RB Zichenau und im Bezirk Bialystok hingewiesen.

wurde dort 1931 Kreisführer in Gumbinnen. Seine Aufnahme in die NSDAP scheiterte 1933 an Querelen mit der PO um Gauleiter Koch und verzögerte sich bis 1937. Seit 1933 war Hartmann Kreisbauernführer der Kreisbauernschaft Gumbinnen, und im gleichen Jahr trat er der SA bei; er wechselte nicht zur SS.

Dies war anders bei Ernst Steppke, der für eine andere, jüngere Gruppe von Kreisbauernführern steht. Wie Hartmann evangelisch, wurde er 1903 als Sohn eines Gutsbesitzers geboren. Er war ebenfalls via Landwirtschaftsschule und landwirtschaftlicher Lehrzeit zum landwirtschaftlichen Beamten geworden und schloss zudem ein Studium an der Albertina in Königsberg als Diplom-Landwirt ab. Ehe er als Lehrer an die Landwirtschaftsschule nach Sensburg kam, war er bis 1934 als praktischer Landwirt auf einem sehr kleinen Betrieb von drei Hektar tätig. In jenem Jahr war er in der Landesbauernschaft bereits im Aufstieg begriffen. 1931 der NSDAP beigetreten und vermutlich schon früher für diese tätig, führte er ab 1936 die Geschäfte eines Kreisbauernführers in der Kreisbauernschaft Sensburg. Anders als Hartmann aber war Steppke eifriges Mitglied der SS, der er schon 1933 beigetreten war. Er fungierte als SS-Bauernreferent und war im RuSHA angesiedelt. Pflichtgemäß stellte Steppke 1943 beim RuSHA auch ein Heiratsgesuch, das offenbar aber folgenlos blieb; er ist der einzige Kreisbauernführer der Landesbauernschaft Ostpreußen, von dem gesichert ist, dass er ledig blieb. 1944 ging Steppke zur Waffen-SS, vermutlich war er an den Kämpfen in Warschau beteiligt.

Für den Bezirk Bialystok liegt kein offizielles Tableau der dort eingesetzten sieben Kreisbauernführer vor; es lässt sich jedoch für Mitte 1942 aus Einzelinformationen zusammensetzen. Mindestens fünf dieser Kreisbauernführer waren auch 1944 im Amt. Allerdings wird, wie auch bei den anderen Kreisbauernführern, die Personalbesetzung für die Zeit nach 1942 und insbesondere gegen Kriegsende unübersichtlich.[682] Auch hier seien drei dieser Kreisbauernführer vorgestellt.

682 Diese KBF waren Mitte 1942 Florian, Heister, Kausch, Kleist, Kurras, Lenz und Schmidt, vgl. Übersicht 7 im Anhang. Kleist wurde als KBF Grajewo Ende Juni 1944 zum Heeresdienst einberufen, vgl. das WbLBsch Ostpreußen vom 1.7.1944, S. 252 (Artikel »Veränderungen in der Besetzung der Bauernführerposten«). Florian, bisher KBF der KBsch Sokolka, übernahm um September 1944 die Dienstgeschäfte des KBF der KBsch Mackeim. Lenz, bisher KBF Bialystok, übernahm wieder die Dienstgeschäfte als KBF der KBsch Lyck, Kausch, bisher KBF der KBsch Wolkowysk, jene als KBF der KBsch Heydekrug, vgl. das WbLBsch Ostpreußen vom 2.9.1944, unpag. (Artikel »Veränderung in der Besetzung der Bauernführerposten«). Schmidt, KBF der KBsch Lomscha, wurde zugleich mit der Wahrnehmung der Dienstgeschäfte des KBF der KBsch Scharfenwiese beauftragt, vgl. das WbLBsch Ostpreußen vom 28.10.1944, S. 391 (Artikel »Änderung in der Besetzung der Bauernführerposten«). Mindestens einer dieser KBF verblieb nicht dauerhaft auf seinem Posten im Bezirk Bialystok , denn um März 1943 wird für die KBsch Wolkowysk ein KBF Wasz angegeben, vgl. Wasz [Vorname unbekannt]: Czego żąda w tym roku Kreisbauernführer powiatu Wolkowysk od swoich rolników? Was der Kreisbauernführer von Wol-

Mit Alfred Lenz und Fritz Schmidt waren zwei altgediente Kreisbauernführer im Bezirk Bialystok im Einsatz, die – anders als ihr Amtskollege Arthur Kausch – zugleich aktive SS-Mitglieder waren. 1892 geboren, evangelisch, war Lenz als Sohn eines Mittelschullehrers zunächst nicht für die Karriere eines Agrarfunktionärs prädestiniert. Er hatte anfangs einige Semester neue Sprachen studiert, kam jedoch nach der Teilnahme am Ersten Weltkrieg (Leutnant der Reserve) durch Einheirat zu einem Gut von 185 Hektar im ostpreußischen Kreis Lyck. Mitte der 1920er-Jahre noch Mitglied der DNVP, radikalisierte er sich anschließend. Im Jahr der Machtübernahme war er Kreisamtsleiter für Agrarpolitik und übernahm als Kreisbauernführer die Kreisbauernschaft Lyck. Im selben Jahr trat er der NSDAP bei und wurde Kreisleiter im Kreis Goldap. Ebenfalls 1933 Mitglied der SA geworden, trat er 1938 zur SS über, für die er auch als SS-Bauernreferent tätig war.

Fritz Schmidt, 1896 geborener Sohn eines Landwirts und evangelischer Konfession, wurde nach einer landwirtschaftlichen Ausbildung und der Teilnahme am Ersten Weltkrieg (Leutnant der Reserve) landwirtschaftlicher Beamter. Anschließend übernahm er den 113 Hektar großen landwirtschaftlichen Betrieb seiner Schwiegereltern. In den 1920er-Jahren war er bei der Traditionsrechten aktiv: Mitglied der DNVP, aktiver Führer beim Stahlhelm im Kreis Pillkallen und Führer eines Wehrsportbataillons. Zwar trat Schmidt erst 1937 der NSDAP bei, doch stieg er schon 1933 mit Errichtung des Reichsnährstandes zum Kreisbauernführer auf. Er hatte sich bereits in den 1920er-Jahren als Vorsitzender eines örtlichen landwirtschaftlichen Vereins agrarpolitisch betätigt. 1933 wurde Schmidt auch Mitglied der SA, er trat jedoch 1936 zur SS über, angesiedelt beim RuSHA. Er fungierte auch als SS-Bauernreferent.

Arthur Kausch, Jahrgang 1896, evangelisch, war als Sohn eines Bauern in dessen Fußstapfen getreten. Er übernahm den Hof des Vaters, der eine Gesamtbetriebsgröße von etwa 17 Hektar aufwies. Als im Deutschen Reich die Nationalsozialisten die Macht übernahmen, bekleidete Kausch im Memelgebiet öffentliche Funktionen: Er saß im Kreistag von Heydekrug, baute eine Ortsgruppe des Memeldeutschen Kulturverbandes auf und war Abgeordneter des letzten Memelländischen Landtages. Zuvor schon Vorsitzender eines landwirtschaftlichen Vereins, gehörte Kausch seit 1933 der Landwirtschaftskammer im Memelgebiet an, von 1936 bis zur Auflösung 1939 auch ihrem Vorstand. Im April 1939 trat Kausch, der auch Mitglied der SA war, der NSDAP bei; er war nie SS-Mitglied. Im selben Jahr wurde er Kreisbauernführer der Kreisbauernschaft Heydekrug, die Kreisbauernschaft Wolkowysk im Bezirk Bialystok übernahm er später zusätzlich.

---

kowysk im kommenden Jahr von seinen Landwirten fordert?, in: Gaspadar vom 7.3.1943, S. 107.

Aufs Ganze besehen kann, auch wenn man die teils problematische Überlieferung berücksichtigt, über die Bedeutung des Aufstiegs der Landesbauernschaft Ostpreußen kein Zweifel bestehen: Hier war keine Revolution im Sinne eines kompletten Austauschs der herrschenden Schicht erfolgt – wohl aber nicht nur ein massiver politischer, personeller und generationeller, sondern auch sozialer Wechsel in der Führung der Landwirtschaft Ostpreußens. Der Einfluss der bislang führenden Großagrarier war zugunsten von Personen aus bäuerlichem Milieu zurückgedrängt worden.[683] Dieter Hertz-Eichenrodes 1969 geäußerte Vermutung, dass »die NSDAP in Ostpreußen einen großen Teil der Bauern nicht nur radikalisiert, sondern auch von der Vormundschaft des konservativ-agrarischen Großgrundbesitzes emanzipiert hat«,[684] war zutreffend. Dabei war es nicht so, dass Großgrundbesitzer nun gar keine Rolle mehr gespielt hätten – es gab sie in der Führung der Landesbauernschaft durchaus noch, so im Falle Ortmanns und bei den Kreisbauernführern. Doch hatte sich die Repräsentation in der Landesbauernschaft Ostpreußen der realen Verteilung der Besitzgrößen angenähert, insbesondere das zahlenmäßige Verhältnis zwischen Bauern und Großgrundbesitzern wurde nun besser als zuvor abgebildet. Unklar muss hierbei bleiben, inwieweit diese Entwicklungen auch die lokale Ebene erreichten; vermutlich war dies nur in geringerem Umfang der Fall.[685]

Dabei gab es auch Kontinuitäten. Dafür sorgten unter anderem jene Fachleute der landwirtschaftlichen Verwaltung, die schon zu Weimarer Zeiten oder gar zu Zeiten des Kaiserreichs in der Landwirtschaftskammer beschäftigt gewesen waren; so etwa Hans Dullo.[686] Man wird sich indes hier vor einer allzu einfachen Dichotomie von ideologisierten, aber fachlich überforderten Bauernführern einerseits und gleichsam unpolitisch arbeitenden Verwaltungsexperten andererseits hüten müssen. Vielmehr mischten sich die Eigenschaften in vielfältiger Weise: Auf Ebene der Landesbauernschaft erscheinen die Bauernführer tatsächlich als hoch ideologisiert, bringen zugleich aber Bildung, Fachkompetenz und teils auch Erfahrung in landwirtschaftlichen Organisationen mit. Andererseits finden sich fest in der Weltanschauung von »Blut und Boden« verankerte Verwaltungsexperten wie Dr. Richard Hintmann oder auch Fachleute wie etwa der altbewährte Justitiar Walter Heinrich, der maßgeblich für die Umsetzung des Reichserbhofgesetzes wurde. Man wird also nicht einfach von

683 Vgl. die Informationen zur Führungsstruktur des LVO im Jahr 1932 bei Hertz-Eichenrode: Politik, S. 75, FN 312, sowie zur Führung der LWK Ostpreußen im Jahr 1926 bei Mentzel 1927, Tl. II, S. 83.

684 Hertz-Eichenrode: Politik, S. 138.

685 Dies legt eine Untersuchung zur LBsch Westfalen nahe, vgl. Schwartz: Westfalen, S. 322–331.

686 Vgl. die biographische Skizze zu Dullo im Anhang, zudem Corni/Gies: Ernährungswirtschaft, S. 142, sowie Hertz-Eichenrode: Politik, S. 86–99.

einer Elitenverschränkung sprechen können, sondern vermutlich beeinflussten diese Eliten einander wechselseitig und bildeten so ein ganz neues Amalgam von »Führung« und »Verwaltung«.[687]

3.4 Finanzen

Eine so große Organisation wie der Reichsnährstand, der Arbeitgeber für Tausende von Menschen war, entwickelte zwangsläufig einen ebenso großen Finanzbedarf. Nun konnte der Reichsnährstand zu Beginn aus dem Vermögen jener Organisationen schöpfen, die er sich nach der Machtübernahme einverleibt hatte. Hinzu kamen Kredite, insbesondere von landwirtschaftlichen Kreditinstituten, und Spenden, die ihm seitens der Ernährungsindustrie zuflossen. Auch generierte der Reichsnährstand aus Vermögenswerten Erträge und erhielt Beihilfen von Reich und Ländern. Gleichwohl wurde die Grundlage der Finanzierung mit den Paragraphen 12 und 13 der 1. Durchführungsverordnung des Reichsnährstands-Gesetzes erweitert. Diese Verordnung ermöglichte dem Reichsnährstand, Mitgliedsbeiträge und Gebühren zu erheben. Mitgliedsbeiträge speisten sich dabei aus drei Quellen: Für landwirtschaftliche Betriebe wurde pro 1.000 Reichsmark Einheitswert ein Betrag von zwei Reichsmark angesetzt; dies galt auch für den Bereich der Fischerei. Beim Landhandel sowie den Be- und Verarbeitern der landwirtschaftlichen Produkte ging man rasch dazu über, von den zugehörigen Dachverbänden einen Gesamtbeitrag einzufordern. Das Personal der landwirtschaftlichen Betriebe schließlich, die »Gefolgschaftsmitglieder«, entrichtete ab September 1936 einen monatlichen Beitrag. Der »Betriebsführer« zog ihn, je nach Lohnhöhe zwischen 0,3 und 1,2 Reichsmark, vom Lohn zugunsten des Reichsnährstandes ab.

Dabei bestand keine uneingeschränkte Finanzhoheit des Reichnährstandes. Zwar war das Problem, die nötige Zustimmung für die Erhebung von Beiträgen durch den Reichminister für Ernährung und Landwirtschaft zu erhalten, im Wege der Personalunion gelöst. Doch kamen dem Reichsfinanzminister, über dessen Finanzämter der Einzug der Beiträge lief, sowie dem Rechnungshof des Deutschen Reiches Kontrollfunktionen zu. Diese Kontrolle blieb keine graue Theorie – beide Institutionen kritisierten kontinuierlich die Überorganisation sowie den zu hohen Personalbesatz des Reichsnährstandes, dessen Haushalt sich 1937 auf immerhin 130 Millionen Reichsmark belief. Vergleichbare Organisationen wie das RMEL etwa seien diesbezüglich deutlich effizienter, bemängelte 1942 der Rechnungshof des Deutschen Reiches. Maßnahmen wie etwa

687 Vgl. Schwartz: Westfalen, S. 303 und S. 314, mit Betonung der Dichotomie Corni/Gies: Ernährungswirtschaft, S. 136 und S. 142, sowie Gies: Revolution, S. 323–330.

die organisatorische Verschlankung des Reichsnährstandes 1935 oder die Fusion von Landesbauernschaften sind auch vor diesem Hintergrund zu betrachten.[688]

Es war insofern symptomatisch, als sich Landesobmann Gruber im November 1939 an die Kreisbauernschaften in Ostpreußen wendete und strikte Sparsamkeit forderte.[689] Nun ist die Haushaltsstruktur der Landesbauernschaft Ostpreußen nur unvollständig für die Jahre von 1934 bis 1942 überliefert (Tabellen 3.23 und 3.24). Doch soviel ist klar, über die Jahre zeitigte das Streben nach Sparsamkeit keine sichtbaren Erfolge – die benötigten Summen stiegen und stiegen. Zwar erschweren die unterschiedlichen Größen und Aufgaben der Landesbauernschaft Ostpreußen, die sich ab 1939 auf eroberte Gebiete im Osten ausdehnte, den Vergleich. Doch ist jedenfalls bemerkenswert, dass der Anteil eigener Einnahmen an den Gesamteinnahmen zwischen 20 und 29 Prozent lag. Alles andere waren Zuschüsse und Beihilfen, wobei der Zuschuss des Reichsnährstandes den Löwenanteil ausmachte; er lag in einem Korridor zwischen 35 und 50 Prozent. Der Anteil der Beihilfen von den verschiedenen staatlichen Ebenen (Reichsebene, Provinz, Kreise, Gemeinden) schwankte relativ stark, er bewegte sich zwischen 23 und 41 Prozent. Beim Reichsnährstand machte 1936/1937 der Anteil staatlicher Zuschüsse, bei einem Etat von 112 Millionen Reichsmark (1936) beziehungsweise 130 Millionen Reichsmark (1937), jeweils nur rund ein Fünftel aus. Dagegen rührte jeweils rund die Hälfte der Haushaltseinnahmen von den Beiträgen der landwirtschaftlichen Betriebe.[690]

Bei den Ausgaben fallen die enormen Kosten für Besoldungen und Vergütungen auf, die zwischen 1934 und 1942 für 41 bis 54 Prozent der gesamten

688 Vgl. Corni/Gies: Ernährungswirtschaft, S. 105–116, Rainer Weinert: »Die Sauberkeit der Verwaltung im Kriege«. Der Rechnungshof des Deutschen Reiches 1938–1946, Opladen 1993, S. 20–40 und S. 124–127 (zit. Weinert: Rechnungshof), und am Beispiel Bayerns Reinhard Heydenreuter: Finanzkontrolle in Bayern unterm Hakenkreuz. 1933–1945. Der Bayerische Oberste Rechnungshof und die Außenstelle München des Rechnungshofs des Deutschen Reiches, München 2012, S. 94–100 (auch online unter <http://www.orh.bayern.de/images/files/ORH/Geschichte/Finanzkontrolle_in_Bayern_unterm_Hakenkreuz_mit_Umschlagtitel.pdf> [14.2.2015]). Für den allgemeinen Zusammenhang vgl. Rolf Caesar/Karl-Heinrich Hansmeyer: Haushalts- und Finanzwesen, in: Kurt G. A. Jeserich/Hans Pohl/Georg-Christoph von Unruh (Hg.): Deutsche Verwaltungsgeschichte, Bd. IV: Das Reich als Republik und in der Zeit des Nationalsozialismus, Stuttgart 1985, S. 832–872.

689 Gruber bezog sich auf eine entsprechende Rundverfügung des RBF vom 13.10.1939. Konkreter Anlass waren die gerade gebildeten Ernährungsämter auf Provinz- und Kreisebene, deren haushaltsmäßige Betreuung und damit auch die Verantwortung für Haushaltsdisziplin dem RNSt oblagen. Gruber verlangte alle Sachkosten im Verwaltungsbereich auf Einsparmöglichkeiten zu prüfen: so bei den Reisekosten, deren Anstieg der Reichsrechnungshof kontinuierlich kritisiert habe, und bei Geschäftsbedürfnissen, vgl. Grubers Schreiben vom 1.11.1939 an alle Kreisbauernschaften der LBsch Ostpreußen, BArch, R 2301/3592, unpag.

690 Vgl. hierzu Corni/Gies: Ernährungswirtschaft, S. 115–116.

Tabelle 3.23: Die Haushaltseinnahmen der Landesbauernschaft Ostpreußen (1934–1942)

	1934		1935		1936		1937		1938		1940		1941		1942		
	Soll	**Ist**	**Soll**	**Ist**	**Soll**	**Ist**	**Soll**	**Ist**	**Soll**	**Ist**	**Soll**	**Ist**	**Soll**	**Ist**	**Soll**	**Ist**	
Eigene Einnahmen	–	1.814.031	–	1.548.573	–	2.210.587	–	3.160.688	3.544.054	–	2.412.300	3.237.796	2.842.400	3.305.219	2.842.400	3.188.663	Eigene Einnahmen
Reichs- und Staatsbeihilfen	–	2.480.330	–	1.381.041	–	1.416.311	–	4.787.411	1.554.333	–	2.161.400	4.053.842	2.861.250	5.876.230	2.861.250	4.323.797	Reichs- und Staatsbeihilfen
Beihilfen (Provinz, Kreis, Gemeinden)	–	437.723	–	389.736	–	332.432	–	508.042	249.383	–	112.300	298.223	113.350	276.540	113.350	201.997	Sonstige Beihilfen
Zuschuss des Reichsnährstandes	–	2.811.602	–	3.042.354	–	3.617.197	–	4.601.332	4.741.000	–	7.937.800	6.238.926	7.063.450	6.541.748	7.728.050	7.714.458	Zuschuss des Reichsnährstandes
GESAMT	–	**7.543.686**	–	**6.361.704**	–	**7.576.527**	–	**13.057.473**	**10.088.770**	–	**12.623.800**	**13.828.788**	**12.880.450**	**15.999.737**	**13.545.050**	**15.428.915**	**GESAMT**

Quellen: Bericht des Reichsrechnungshofs über die Prüfung der LBsch Ostpreußen für das Rechnungsjahr 1937 [vermutlich vom Juli 1938], BArch, R 2301/3591, unpag.; Bericht des Reichsrechnungshofs über die Prüfung der LBsch Ostpreußen für die Rechnungsjahre 1941 und 1942, BArch, R 2301/3594, unpag. Die Zahlen sind gerundet.

Tabelle 3.24: Die Haushaltsausgaben der Landesbauernschaft Ostpreußen (1934–1942)

	1934		1935		1936		1937		1938		1940		1941		1942		
	Soll	Ist	Soll	Ist	Soll	Ist	Soll	Ist	Soll	Ist	Soll	Ist	Soll	Ist	Soll	Ist	
Besoldung inkl. Soziallasten	–	2.919.191	–	2.869.688	–	3.757.229	–	5.217.571	5.928.243	–	7.273.170	6.855.928	7.952.550	8.023.693	8.164.500	8.044.574	Besoldung und Vergütungen inkl. Sozialversicherung
Aufwandsentschädigungen	–	247.795	–	281.134	–	295.547	–	234.942**	315.200	–	308.900	282.945	311.160	276.832	311.100	337.722	Aufwandsentschädigungen
Reisekosten einschl. Kraftwagen	–	608.017	–	689.916	–	744.536	–	1.035.166	1.100.580	–	787.780	702.585	744.620	1.119.172	1.256.100	1.126.638	Erstattung barer Auslagen an OBF
Sächliche Verwaltungskosten	–	1.540.154	–	978.902	–	1.145.875	–	2.017.046	2.209.287	–	284.650	264.903	aus zentralen Mitteln		–	–	Versorgung, Ruhegehälter, Renten
Sächliche Förderungsmaßnahmen	–	1.561.195	–	1.482.884	–	1.757.569	–	4.199.866	535.460	–	80.400	52.273	80.300	77.232	119.300	88.435	Sonst. persönliche Verwaltungsausgaben
											1.218.550	892.755	1.226.390	910.220	1.269.500	1.029.146	Reisekosten inkl. Kraftwagenhaltung
											1.427.720	1.084.279	1.281.740	1.129.055	1.390.700	1.039.430	Sonstige sächliche Verwaltungsausgaben
											53.000	63.719	29.200	26.921	24.200	15.743	Vermögensverwaltung (ohne Grundvermögen)
											1.189.630	3.629.401	1.254.490	4.436.614	1.271.200	3.207.086	Allgemeine Haushaltsausgaben
GESAMT	–	**6.876.352**	–	**6.302.524**	–	**7.700.756***	–	**12.704.591**	**10.088.770**	–	**12.623.800**	**13.828.788**	**12.880.450**	**15.999.739**	**13.806.600**	**14.888.774**	**GESAMT**

Quellen: Bericht des Reichsrechnungshofs über die Prüfung der LBsch Ostpreußen für das Rechnungsjahr 1937 [vermutlich vom Juli 1938], BArch, R 2301/3591, unpag.; Bericht des Reichsrechnungshofs über die Prüfung der LBsch Ostpreußen für die Rechnungsjahre 1941 und 1942, BArch, R 2301/3594, unpag. Die Zahlen sind gerundet. (*) es fehlen Vergütungen (171.749 RM) an die Milchkontrollassistenten, die 1937 haushaltsmäßig nicht erfasst sind; (**) Aufwandsentschädigungen für BBF und OBF nicht enthalten, sie wurden als Verwaltungskosten budgetiert.

Ausgaben verantwortlich waren. Dieser Ausgabeposten machte in absoluten Zahlen gerade von 1936 auf 1937 einen gewaltigen Sprung; dies war vermutlich nicht zuletzt die Folge einer neuen Besoldungsordnung des Reichsnährstandes vom September 1936.[691] Der Anteil der Sachkosten, zu denen Reisekosten, Verwaltungsausgaben, Vermögensverwaltung und allgemeine Haushaltsausgaben gehörten, betrug in der Friedenszeit meist etwas mehr als die Hälfte der Gesamtausgaben, in der Kriegszeit etwas weniger als die Hälfte; für 1936 allerdings entsprach dieser Anteil mit 47,3 Prozent fast exakt dem Anteil der Sachkosten an den Gesamtausgaben beim Reichsnährstand insgesamt.[692] Alles in allem wuchs das Budget der Landesbauernschaft Ostpreußen von (1934) 6,9 Millionen Reichsmark über 12,7 Millionen Reichsmark (1937) bis auf 16 Millionen Reichsmark (1941), freilich unter ganz unterschiedlichen Vorzeichen. Diese Zahlen unterstreichen jedenfalls, dass die Landesbauernschaft Ostpreußen auch finanziell eine abhängige Filiale der Reichsnährstandszentrale war.

Zur Bilanz der Landesbauernschaft Ostpreußen gehörten, im Umfang von rund einer Viertelmillion Reichsmark (1942/1943), Beteiligungen an wirtschaftlichen Unternehmen. Mithin war für die Landesbauernschaft Ostpreußen auch insoweit der finanzielle Erfolg etwa der OLG oder der Ostpreußischen Saatzucht GmbH Nordost von Interesse, die ihren Tätigkeitsbereich ab Ende 1939 auf den Regierungsbezirk Zichenau ausdehnten.[693]

Nicht direkt enthalten in den Übersichten des Haushalts (Tabellen 3.23 und 3.24) sind die Reichsnährstandsbeiträge, die von den Finanzämtern, dort von den jeweiligen Oberfinanzpräsidien, eingezogen und verwaltet wurden.[694] Laut Oberfinanzpräsidium in Ostpreußen betrug im Rechnungsjahr 1936 das Aufkommen aus diesen Beiträgen 3.409.305 Reichsmark, im darauffolgenden Rechnungsjahr 3.565.144 Reichsmark.[695] Der im Haushaltsplan der Landesbauernschaft Ostpreußen planmäßig vorgesehene Zuschuss des Reichnährstandes überstieg für 1936 diese Mitgliedsbeiträge kaum, für 1937 allerdings um 29 Prozent. Der Zuschuss entsprach mithin – zumindest – einem indirekten Rückfluss der im Gebiet der Landesbauernschaft Ostpreußen eingenommenen Reichsnährstandsbeiträge. Dieser Beitrag, zunächst nur im Altreich eingezogen, wurde ab 1942 auch von den land- und forstwirtschaftlichen Betrieben

691 Zur Besoldungsordnung des RNSt vom 14.9.1936 vgl. Tornow: Chronik, S. 36–37.

692 Vgl. Corni/Gies: Ernährungswirtschaft, S. 118.

693 Siehe hierzu Kapitel 5.

694 Vgl. die Beitragsordnung des RNSt für die land- und forstwirtschaftlichen Betriebe und für die Betriebe der Küsten- und kleinen Hochseefischerei vom 5.5.1938, RStBl. vom 17.8. 1938, S. 791–793.

695 Vgl. den Bericht des Reichsrechnungshofs über die Prüfung der LBsch Ostpreußen für das Rechnungsjahr 1937 [vermutlich Juli 1938], BArch, R 2301/3591, unpag.

Tabelle 3.25: Beteiligungen der Landesbauernschaft Ostpreußen (1942/1943)

	Zweck	Stammkapital (RM)	Ursprüngliche Beteiligung (RM)	Jetzige Beteiligung (RM)
Ostpreußische Landgesellschaft mbH, Königsberg/Pr.	Bewirtschaftung eigener und anvertrauter Gutsbetriebe, Durchführung von Siedlungsverfahren	3.504.200	30.000	30.000
Ostpreußische Heimstätte GmbH, Königsberg/Pr.	Finanzielle und technische Förderung des Baues von Eigenheimen sowie Kleinsiedlungs-Kleinwohnungen und -gärten	5.904.000	11.600	11.600
Ostpreußische Saatzucht GmbH Nordost, Königsberg/Pr.	Züchtung, Anbau und Vertrieb von Saatgut		900	200.000
Staatlich anerkannte Versuchswirtschaft für Schweinehaltung und -zucht GmbH, Heilsberg	Schweinemastleistungsprüfungen, Berufs- und Spezialausbildung in Schweinehaltung	20.000	10.000	10.000
Reit- und Fahrschule GmbH, Marienburg	Förderung der Pferdezucht	7.600	100	100
Turniergesellschaft mbH, Insterburg	Anlage und Unterhaltung von Übungs- und Prüfungsbahnen zur Förderung der ostpreußischen Pferdezucht	32.000	11.000	11.000
Landwirtschaftlicher Treuhand-Verband Ostpreussen GmbH, Königsberg/Pr.	Treuhänderische Betriebsüberwachung entschuldeter und gefährdeter landwirtschaftlicher Betriebe	40.000	125	125

Quellen: Bericht des Reichsrechnungshofs vom 24.7.1942 über die Prüfung der LBsch Ostpreußen für das Rechnungsjahr 1940, BArch, R 2301/3593, unpag.; Bericht des Reichsrechnungshofs über die Prüfung der LBsch Ostpreußen für die Rechnungsjahre 1941 und 1942 [Bericht um Juli 1943], BArch, R 2301/3594, unpag.

erhoben, die in den eingegliederten Ostgebieten produzierten. Er wurde ab dem Rechnungsjahr 1942 in Höhe von 80 Prozent des Steuermessbetrags – unter bestimmten Bedingungen auch nur die Hälfte davon – abgeführt und bei »Reichsdeutschen«, »Volksdeutschen« sowie »deutschen« Unternehmen erhoben.[696] Eine Besonderheit in Ostpreußen war, dass ab 1943 die dortigen Kran-

696 Vgl. das WbLBsch Ostpreußen vom 12.9.1942, S. 565 (Artikel »Reichsnährstands-Beitrag in eingegliederten Gebieten«). Die genauen Bestimmungen lauteten: »Zu den Beiträgen herangezogen werden die Grundflächen, die der Grundsteuer nach der Verordnung vom 31. März 1940 unterliegen, sowie die Betriebe der Binnenfischerei, die den Fischfang in einem zur Grundsteuer nicht herangezogenen Gewässer ausüben. Beitragsmaßstab ist für die Grundflächen der für die Grundsteuer festgesetzte Steuermeßbetrag. Der Jahresbeitrag zum Reichsnährstand ist mit 80 v. H. des Steuermeßbetrages festgelegt worden, wird von den deutschen Staatsangehörigen, den deutschen Volkszugehörigen und den deutschen Unternehmern aber nur zur Hälfte erhoben, solange auf Grund der Verordnung vom 9. Dezember 1940 die Realsteuern nur in Höhe von 50 v. H. zu entrichten sind. Für die Betriebe der Binnenfischerei, die den Fischfang in einem zur Grundsteuer nicht herange-

kenkassen die Reichsnährstandsbeiträge einzogen, von deutschen »Gefolgschaftsmitgliedern« und »fremdvölkischen« Arbeitern gleichermaßen.[697]

Angesichts der Ausgabenstruktur der Landesbauernschaft Ostpreußen erscheinen die Aufwandsentschädigungen, die sich im Bereich von zwei bis vier Prozent des Gesamtbudgets bewegten, als Quantité négligeable (Tabelle 3.24). Einen wiederum geringen Anteil davon machten die Aufwandsentschädigungen für die ehrenamtlich Tätigen einschließlich der Bauernführer aus. Dabei darf man sich vom Begriff der »ehrenamtlichen« Tätigkeit nicht täuschen lassen. Er wurde beim Reichsnährstand insbesondere für Bauernführer genutzt, nicht zuletzt in Abgrenzung von Beamten und Angestellten. Die Funktion etwa eines Landesbauernführers war eine hochrangige und entsprechend arbeitsintensive Tätigkeit, die gewiss mehr als das Stundenbudget eines gewöhnlichen Arbeitstages verlangte – sie hatte nichts mit dem Ehrenamt im Sinne unbezahlter Tätigkeit im öffentlichen Interesse zu tun. »Ehrenamtlichkeit« erlaubte hier vielmehr, diese Tätigkeit mittels Dienstaufwandsentschädigungen vergüten zu können, was für die Empfänger Vorteile mit sich brachte. So stellte der Reichsfinanzminister im August 1936 fest, die Aufwandsentschädigungen seien »grundsätzlich steuerfrei. In ihrer Höhe reichen sie infolgedessen an die Bezüge der hauptamtlich tätigen Arbeitskräfte heran und werden diese zum Teil noch je nach der Auswirkung der Steuerfreiheit übersteigen.«[698]

Die in der Landesbauernschaft Ostpreußen ausbezahlten Aufwandsentschädigungen (Tabelle 3.26), deren Höhen über die Jahre sehr stabil waren, entsprachen im Wesentlichen der von der Führung des Reichsnährstandes vorgesehenen Vergütungsstruktur. Umgerechnet erhielten ein Reichshauptabteilungsleiter 1.500 Reichsmark, ein Landesbauernführer 800 Reichsmark, ein Landesobmann 600 Reichsmark, die Landeshauptabteilungsleiter 500 Reichsmark und Kreisbauernführer 250 Reichsmark pro Monat an steuerfreiem Ein-

zogenen Gewässer ausüben, richtet sich die Beitragshöhe nach der Zahl der durchschnittlich beschäftigten Arbeitskräfte.«

697 Vgl. das WbLBsch Ostpreußen vom 9.1.1943, S. 21 (Artikel »Änderung im Einzug der Reichsnährstandsbeiträge«). Dort heißt es: »Mit Wirkung vom 1. Januar 1943 werden die Beiträge der deutschen Gefolgschaftsmitglieder und der fremdvölkischen Arbeitskräfte zum Reichsnährstand durch die Krankenkassen (Landkrankenkassen, Ortskrankenkassen, Kreiskrankenkassen und Bezirkskrankenkassen) eingezogen. Für die Zeit bis zum 31. Dezember 1942 haben demnach die Betriebsführer noch die Beiträge in der bisherigen Weise durch Einkleben von bei der Post erhältlichen Marken in die Beitragskarten zu entrichten. Ab 1. Januar 1943 sind also Beitragsmarken nicht mehr zu verwenden. Die Krankenkassen erheben die Reichsnährstandsbeiträge zusammen mit den Gesamtbeiträgen zur Sozialversicherung. Diese Regelung gilt nur für Ostpreußen. Sie geschieht aus Gründen der Verwaltungsvereinfachung.«

698 Schreiben des Reichsfinanzministers vom 25.8.1936 an den Reichs- und Preußischen Minister für Ernährung und Landwirtschaft, GStA PK, I. HA Rep. 151 IC, Nr. 8112, unpag.

Tabelle 3.26: Dienstaufwandsentschädigungen für ehrenamtlich Tätige in der Landesbauernschaft Ostpreußen (1937–1942)

	1937		1940		1942	
	Anzahl	**RM**	**Anzahl**	**RM**	**Anzahl**	**RM**
LBF	1	9.600	1	9.600	1	9.600
LO	1	7.200	1	6.600	1	7.200
LHAL	3	18.000	3	18.000	1	6.000
Abteilungsleiterinnen (LHA I C, LHA II H)	2	2.300	2	2.400	2	1.900
KBF	37	103.980	42	161.410	48	162.250
KO	29	18.980	23	13.690	16	6.450
BBF	491	53.028				
OBF	4.588	495.442				

Quellen: Bericht des Reichsrechnungshofs über die Prüfung der LBsch Ostpreußen für das Rechnungsjahr 1937 [vermutlich vom Juli 1938], BArch, R 2301/3591, unpag.; Bericht des Reichsrechnungshofs vom 24.7.1942 über die Prüfung der LBsch Ostpreußen für das Rechnungsjahr 1940, BArch, R 2301/3593, unpag.; Bericht des Reichsrechnungshofs über die Prüfung der LBsch Ostpreußen für die Rechnungsjahre 1941 und 1942 [um Juli 1943], BArch, R 2301/3594, unpag. Die Auflistung ist nicht vollständig, es wurden weitere Ämter mit Dienstaufwandsentschädigungen vergütet, z.B. Landesgefolgschaftswarte, Kreishauptabteilungsleiter und Kreisjugendwartinnen.

kommen.[699] Weiteres Einkommen konnte hinzukommen. Wie Spickschen waren nicht nur die Landesbauernführer insgesamt meist zugleich Mitglieder des Reichstages, sondern in Ostpreußen zum Beispiel auch Kreisbauernführer Paltinat. Damit wurden auch ihm zusätzlich 540 Reichsmark an monatlichen Diäten in die Kasse gespült, ganz abgesehen von der geldwerten Leistung in Form einer Freifahrkarte auf allen deutschen Eisenbahnen.[700]

Im Einzelfall, das zeigt der Vergleich der Landesbauernschaften für das Jahr 1941 (Tabelle 3.27), konnten Aufwandsentschädigungen dabei durchaus höher oder niedriger als der Richtwert ausfallen. Bei der Landesbauernschaft Ostpreußen beispielsweise lag die Aufwandsentschädigung bei Landesobmann Gruber niedriger als üblich. Dies hatte seine Ursache vermutlich darin, dass Einnahmen aus seiner Anstellung bei der OLG[701] von der Aufwandsentschädigung abgezogen wurden.

Im Vergleich zu den Aufwandsentschädigungen der ehrenamtlich Tätigen waren die hauptamtlichen Kräfte der Landesbauernschaft Ostpreußen keineswegs schlecht gestellt. Dr. Hans Röhr etwa, Abteilungsleiter im Verwaltungshauptamt, erhielt ein Grundgehalt von 8.800 Reichsmark jährlich, das durch eine

699 Vgl. ebd.
700 Vgl. Hubert: Reichstag, S. 312–316, zudem die biographische Skizze zu Paltinat im Anhang.
701 Näheres hierzu in Kapitel 5.3.

Tabelle 3.27: Ausgaben der Landesbauernschaften für ehrenamtlich Tätige (1941)

LBsch	LBF	LO	LHAL	Abteilungs-leiter	Landesfach-schaftswarte	Landesfach-schafts-gruppen-warte	Sonstige	GESAMT
Alpenland	9.600	7.680	12.000	2.400	2.940		4.879	39.499
Baden	9.600	7.200	18.000	1.800	6.000		3.500	46.100
Bayerische Ostmark	6.400	3.900	15.475	1.800	3.150	600	3.600	34.925
Bayern	9.600	18.084	35.226	6.184	2.180	2.100	2.400	75.774
Danzig-Westpreußen	9.600		18.000	1.800	5.300	3.764		38.464
Donauland	9.600	7.200	18.000	1.800	4.000		7.700	48.300
Hessen-Nassau	6.000	9.000	13.600		1.800	3.880		34.280
Kurhessen	3.574	6.213	24.750	2.400	5.136	780		42.853
Kurmark	9.600	7.200	18.000	3.000	2.350	2.250	6.597	48.997
Mecklen-burg	7.200	7.200	9.000	3.300	705	840	4.377	32.622
Nieder-sachsen	9.600	9.300	13.577	3.600	3.330	1.835	4.463	45.705
Ost-preußen	9.600	6.600	5.818	2.400	2.850	4.800	7.194	39.262
Pommern	9.600	7.200	14.500	1.700	5.300		3.937	42.237
Rheinland	9.600	4.500	21.700	3.600	2.800	4.320		46.520
Westmark	9.600	7.200	11.833	3.600		350	5.459	38.042
Sachsen		9.600	19.580	3.700	1.950	1.200		36.030
Sachsen-Anhalt	9.600	7.200	18.250	3.600	3.150	7.270	1.200	50.270
Schlesien	9.600	1.800	14.400	3.600	3.000	3.600	3.799	39.799
Schleswig-Holstein	9.600	2.400	18.000	4.870	450	3.213	600	39.133
Sudeten-land	9.600		15.197	2.400	600	3.640	500	31.937
Südmark	347		12.500	3.200	1.200	500	3.900	21.647
Thüringen	9.600	9.300	13.000	4.800		1.800	5.150	43.650
Warthe-land	13.200	7.200	12.000	5.440	1.300	2.645	6.614	48.399
Weser-Ems	9.600	4.800	18.000	3.180	520		8.940	45.040
Westfalen	3.600	9.000	12.000	3.963	4.650	1.200	5.790	40.203
Württem-berg	9.600	7.200	15.000	1.200	1.740		3.582	38.322
GESAMT	213.121	166.977	417.406	79.338	66.401	50.587	94.179	1.088.009

Quelle: Zusammenstellung des Reichsrechnungshofs vom 31.7.1942 über die Ausgaben für ehrenamtlich tätige Personen bei den Landesbauernschaften im Rechnungsjahr 1941, BArch, R 2301/3547, unpag.

Wohngeldzulage auf 10.168 Reichsmark anwuchs.[702] Im Vergleich mit anderen nationalsozialistischen Funktionären wiederum lag ein Kreisbauernführer finanziell angesichts einer monatlichen Aufwandsentschädigung von etwa 250 Reichsmark nicht sonderlich hoch. Freilich darf man davon ausgehen, dass hier Einkünfte hinzukamen; dies hat bereits der Fall Paltinat gezeigt, andere Kreisbauernführer wiederum hatten auch Einkünfte aus dem eigenen landwirtschaftlichen Betrieb.[703] Ein hauptamtlicher Kreisleiter der NSDAP, der dieses Amt vollberuflich ausübte, stieg dagegen 1937 gemäß vorläufigen Besoldungsrichtlinien des Reichsschatzmeisters mit 400 Reichsmark monatlich ein. Dieser Betrag stieg, als im März 1941 neue Besoldungsrichtlinien eingeführt wurden, auf mindestens 575 Reichsmark; in beiden Fällen konnte das Endgehalt durch Zulagen und Progressionen erheblich höher sein.[704] Das Pendant der NSDAP-Kreisleiter auf staatlicher Ebene, der Landrat, erhielt als Grundgehalt jährlich 4.800 Reichsmark, umgerechnet also monatlich 400 Reichsmark, wobei das Endgehalt bis auf 8.800 Reichsmark steigen konnte.[705]

3.5 Der Zusammenbruch 1944/1945

Mit der Provinz Ostpreußen brach Schritt für Schritt auch die Landesbauernschaft Ostpreußen zusammen. Als Auftakt dessen kann die sowjetische Sommeroffensive ab 22. Juni 1944 gegen die Heeresgruppe Mitte der Wehrmacht betrachtet werden. Innerhalb kurzer Zeit hatte die Rote Armee das Baltikum, Weißrussland und polnisches Gebiet von der deutschen Besatzung befreit. Im August 1944 wurden bereits Luftangriffe auf Königsberg geflogen, bald stand die Rote Armee an den Grenzen Ostpreußens. Im Herbst 1944 stabilisierte sich dieser Frontverlauf zunächst für einige Zeit. Das nationalsozialistische Regime mobilisierte die buchstäblich letzten Reserven, wie sich in Ostpreußen beim »Volkssturm«, dem bereits erwähnten, etwa 80.000 Mann starken Heer schlecht bewaffneter und ebenso schlecht ausgebildeter 16- bis 60-Jähriger, und beim »Ostwallbau« an den Grenzen der Provinz zeigte.[706]

702 Vgl. aus Röhrs RNSt-Personalakte die Mitteilung über seine Überleitung in die NStBO vom 15.9.1938, BArch, R 16/1524, unpag.

703 Vgl. beispielsweise die Angaben des früheren KBF Max Brzezinski (Brenk) vom 25.6.1947 im Fragebogen des Military Government of Germany, LAV NRW R, NW 1099, Nr. 3192, unpag.

704 Vgl. Claudia Roth: Parteikreis und Kreisleiter der NSDAP unter besonderer Berücksichtigung Bayerns, München 1997, S. 81–97.

705 Vgl. Rohrer: Macht, S. 483, dort auch FN 114.

706 Vgl. Noble: Nazi Rule, S. 73–188, ders.: People's Levy, S. 165–187, ders.: The Phantom Barrier: »Ostwallbau« 1944–1945, in: War in History 8 (2001), Heft 4, S. 442–467, ders.: A Most Distant Target. The Bombing of Königsberg, August 1944, in: War & Society 25 (2006),

Einer flächendeckenden Evakuierung verschloss sich Hitler ebenso wie Gauleiter Koch, der die 1939 zugewiesene Funktion eines Reichsverteidigungskommissars ausübte. Pläne zur Evakuierung ganzer Teile der Provinz, die von untergeordneten Dienststellen der NSDAP und der Verwaltung ausgearbeitet worden waren, lehnte Koch ab – Ostpreußen als »Bollwerk« sollte um beinahe jeden Preis gehalten werden. Bis September 1944 wurde diese Linie durchgehalten, geräumt wurde aber dort, wo die Wehrmacht im Einsatz war. Immerhin wurden im Juli 1944 Frauen und Kinder aus östlichen Grenzkreisen Ostpreußens evakuiert und diese Kreise zwischen August und Oktober komplett geräumt, gleiches galt Anfang Oktober für das Memelgebiet. Im selben Monat indes ließ Gauleiter Koch nun doch großflächig räumen, und zwar mehrheitlich den Regierungsbezirk Gumbinnen sowie Gebiete des Kreises Lyck. Unterdessen rückte die Rote Armee immer weiter vor und besetzte ab November ein vierzig Kilometer tief nach Ostpreußen hineinragendes Gebiet am östlichen Rand der Provinz. Von Mitte November 1944 an und über Weihnachten und Neujahr hinweg war es dann für knapp zwei Monate ruhig.

Mitte Januar 1945 begann der entscheidende Angriff der Roten Armee auf Ostpreußen: Die 2. Weißrussische Front von Süden her über den Regierungsbezirk Zichenau bis ans Frische Haff und die 3. Weißrussische Front von der Ostgrenze der Provinz her umfassten Ostpreußen. Am 18. Januar ließ Gauleiter Koch Masuren räumen, und schon Ende Januar waren nur noch Königsberg, das umliegende Samland sowie der Heiligenbeiler Kessel in deutscher Hand. Letzterer fiel Ende März 1945, während über das Samland die Bevölkerung Königsbergs evakuiert wurde. Anfang April griff die Rote Armee Königsberg an, das am 9. April kapitulierte. Gauleiter Koch und seine Getreuen verließen Ostpreußen fast zeitgleich mit letzten Stäben der Wehrmacht am 24. April 1945, tags darauf endeten die Evakuierungen der Zivilbevölkerung in Pillau, das die Rote Armee einnahm. Ostpreußen hörte hiermit faktisch zu bestehen auf, nach einem erbittert geführten Endkampf, in dem zahllose Frauen von marodierenden Rotarmisten vergewaltigt worden, zahllose Menschen auf beiden Seiten durch Kampfhandlungen ums Leben gekommen, zahllose Menschen auf der Flucht Richtung Westen erfroren und ertrunken waren. Der vom nationalsozialistischen Deutschland angezettelte Vernichtungskrieg im Osten war mit brutaler Härte auf Ostpreußen zurückgefallen.[707]

Heft 1, S. 55–75, sowie ders.: The First Frontgau: East Prussia, July 1944, in: War in History 13 (2006), Heft 2, S. 200–216.

707 Vgl. Richard Lakowski: Der Zusammenbruch der deutschen Verteidigung zwischen Ostsee und Karpaten, in: Rolf-Dieter Müller (Hg.): Der Zusammenbruch des Deutschen Reiches. 1945, 1. Halbbd.: Die militärische Niederwerfung der Wehrmacht (= Das Deutsche Reich und der Zweite Weltkrieg, Bd. 10/1), München 2008, S. 531–550, Meindl: Koch, S. 412–458, Kossert: Mythos, S. 318–323, Ian Kershaw: The End. Hitler's Germany, 1944–

Die Landesbauernschaft Ostpreußen versuchte noch bis tief in den Herbst 1944 hinein Normalität zu demonstrieren. Wie die anderen Landesbauernschaften auch, reichte sie bis Ende Oktober ihren Vierteljahresbericht für das dritte Quartal ein, der offenbar auf einem Bericht des Gauamtes für das Landvolk vom September 1944 beruhte. Diese Berichte geben einen groben Überblick über die Situation und die damals drängenden Probleme der ostpreußischen Landwirtschaft: über den Entzug von Arbeitskräften infolge des Ostwallbaus; über die gleichwohl insgesamt gute Ernte und die durch Trockenheit und Arbeitskräftemangel bedrohte Herbstbestellung der Felder; über die ungünstig verlaufene, für die Milchproduktion wichtige Ölfrucht-Bestellung; über den Mangel an Düngemitteln und funktionierenden Landmaschinen; über den Rückgang bei der Milchablieferung um 23 Prozent im Vergleich zum September 1943; über die relativ schwache Ernte bei Spätkartoffeln, die mit 100 Doppelzentnern je Hektar unter den Vorjahresergebnissen blieb. Bei alledem sei die Stimmung in der Bevölkerung gut, so hieß es, wegen der bedrohten Grenzen jedoch sorgenvoll.[708]

In diesem Bericht spiegelten sich die Schwierigkeiten der Agrarproduktion im Deutschen Reich jener Tage insgesamt. Durch den Vormarsch der Roten Armee entfiel die Agrarproduktion in den eroberten Gebieten, deren Erzeugnisse unter Inkaufnahme ungezählter Hungertoter dort ins Deutsche Reich transportiert worden waren. Eine Denkschrift Backes von Ende August 1944 problematisierte dies präzise, insbesondere die zunehmenden Versorgungsanforderungen der Wehrmacht. Sie hätte eine gesteigerte landwirtschaftliche Produktion verlangt, was aber nicht zuletzt durch den Einsatz der Wehrmacht selber ausgeschlossen war. Backe kam unter anderem zu dem Schluss, dass die Rationen bei Lebensmitteln teils eingefroren, teils sogar gekürzt werden müssten. In den folgenden Monaten kam es entsprechend zu weiteren Einschrän-

45, London 2011, S. 101–118, Heinrich Schwendemann: Endkampf und Zusammenbruch im deutschen Osten, in: Freiburger Universitätsblätter 34 (1995), S. 9–28, sowie ders.: Der deutsche Zusammenbruch im Osten 1944/45, in: Bernd-A. Rusinek (Hg.): Kriegsende 1945. Verbrechen, Katastrophen, Befreiungen in nationaler und internationaler Perspektive, Göttingen 2004, S. 134–144. Den Untergang Ostpreußens insbesondere anhand vieler, freilich teils mit Vorsicht zu genießender Zeitzeugenberichte stellt dar Pölking: Ostpreussen, S. 677–797.

708 Vgl. die Zusammenfassung der Vierteljahresberichte der Landesbauernschaften für das 3. Vierteljahr 1944 aus dem Haus des RBF (erstellt November 1944), IfZ, MA 3 Himmler, Rolle 6, Folder 39, Nr. 7, sowie die Auszüge aus den Berichten der Gauämter für das Landvolk für den September 1944 (erstellt November 1944) im Schreiben des RMEL vom 6.11.1944 an den RFSS, IfZ, MA 3 Himmler, Rolle 6, Folder 39, Nr. 8. Zum Vergleich der Erträge bei Spätkartoffeln vgl. Landesbauernschaften in Zahlen (1942–1943), S. 37, sowie Landesbauernschaften in Zahlen (1933–1938), S. 109. Demzufolge lag der Ertrag pro ha 1942 bei 147 Doppelzentnern, 1943 bei 116 Doppelzentnern, in der Friedenszeit von 1933 bis 1938 durchschnittlich bei 161 Doppelzentnern und dabei nie unter 124 Doppelzentern.

kungen in vielen Bereichen der Lebensmittelversorgung, die ab Herbst 1944 mittels eines vereinfachten Lebensmittelkartensystems organisiert wurde. Die Ernährungslage verschlechterte sich rapide, im Winter 1944/1945 lag der Nährwert für einen Normalverbraucher mit rund 1.600 Kalorien im Vergleich zum Sollwert um etwa ein Drittel zu tief.[709]

In Ostpreußen hatte zunächst auch noch Normalität signalisiert, dass Schumacher, der Landeshauptabteilungsleiter II der Landesbauernschaft, im Juli 1944 im »Wochenblatt« den ostpreußischen Anbauplan für das Jahr 1945 publizierte. In diesem Plan, der die Ostpreußen zugedachten Teile des »Reichsanbauplans« enthielt, wurde die Erzeugung von Brot, Kartoffeln und Gemüse als vorrangig definiert, als nachgeordnet jene von Fett, Milch und Fleisch; zudem sei die Produktion von Faserpflanzen kriegsnotwendig. Der Anbauplan sollte entlang der Befehlskette der Landesbauernschaft bis auf die einzelnen landwirtschaftlichen Betriebe heruntergebrochen werden.[710] Doch schon bald konnte man am »Wochenblatt« selber ablesen, dass es längst nicht mehr um Produktionsmaximierung, sondern um die nackte Existenz ging. Offenbar bei den Luftangriffen im August 1944 wurde die Königsberger Filiale des Reichsnährstands-Verlags fast völlig zerstört. Der Verlag konnte bei der Landesbauernschaft und in einem benachbarten Gebäude die Arbeit rasch wieder aufnehmen, musste fortan aber immer wieder Informationen zur Zustellung im »Wochenblatt« bekannt geben. So wurden Anfang November 1944 die vielen Umquartierten aufgerufen, ihre neue Adresse mitzuteilen.[711] Das »Wochenblatt« als publizistisches Flagschiff der Landesbauernschaft Ostpreußen erschien letztmals während der Offensive der Roten Armee, nämlich am 20. Januar 1945. Tags darauf folgte die letzte Ausgabe des »Tygodnik Rolniczy Zichenau«, während die im Bezirk Bialystok erschienene Zeitschrift »Gaspadar / Rolnik / Der Landwirt« offenbar mit der Ausgabe vom 16. Juli 1944 eingegangen war; Bialystok (Białystok) stand damals wenige Tage vor der Einnahme durch die Rote Armee.[712]

Die Einschnürung Ostpreußens zeitigte im Spätherbst 1944 auch organisatorische Konsequenzen bei der Landesbauernschaft. Anfang November 1944 wurde mitgeteilt, dass im Osten der Provinz die Kreisbauernschaften Memel,

709 Vgl. Corni/Gies: Ernährungswirtschaft, S. 575–582.

710 Vgl. Arthur Schumacher: Der ostpreußische Anbauplan 1945, in: WbLBsch Ostpreußen vom 22.7.1944, S. 273–274.

711 Vgl. das WbLBsch Ostpreußen vom 2.9.1944, S. 323 (Artikel »Es wird weitergearbeitet!«), vom 9.9.1944, S. 331 (Artikel »Aus dem Reichsnährstandsverlag«), sowie vom 4.11.1944, Titelseite (Artikel »Weiterlieferung der ›Georgine‹ an die Umquartierten«).

712 Die letzten überlieferten Ausgaben dieser Zeitschriften – es handelt sich um Gaspadar vom 16.7.1944, das WbLBsch Ostpreußen vom 20.1.1945 sowie Tygodnik vom 21.1.1945 – sind sehr wahrscheinlich auch die letzten produzierten. Zu Bialystok (Białystok) vgl. Madajczyk: Okkupationspolitik, S. 631.

Heydekrug, Ebenrode, Goldap, Treuburg, Sudauen sowie Gumbinnen ihren Betrieb eingestellt hatten; ihre Dienststellen wurden zur Abwicklung noch laufender Arbeiten in westlicher gelegene ostpreußische Kreisbauernschaften verlegt.[713] Andere Kreisbauernschaften dagegen arbeiteten bis kurz vor der Räumung weiter. So war etwa die Kreisbauernschaft Schröttersburg noch Ende Dezember damit befasst, den Einsatz von Dreschmaschinen vorzubereiten,[714] und unter dem Datum vom 13. Januar 1945 sendete gar ein Amtskommissar an das Ernährungsamt Schröttersburg, das heißt an die dortige Kreisbauernschaft, eine Meldung zur »Wollerfassung«.[715]

Bei den Evakuierungen einzelner Kreise waren, neben NSV und NSDAP,[716] die Kreisbauernschaften wichtige Akteure, galt es doch, mit den Menschen auch das Vieh zu evakuieren, zudem war die Versorgung mit Lebensmitteln zu organisieren. Nach 1945 beschrieb der Kreisbauernführer von Heydekrug, Kausch, die Räumung seines Gebiets in einem ebenso plausiblen wie aufschlussreichen Bericht. Demzufolge hatte er Anfang August 1944 von Landesbauernführer Spickschen und Dr. Schwarz, dem Stabsleiter der Landeshauptabteilung II, den Räumungsbefehl erhalten, den die Kreisbauernschaft anschließend en détail ausarbeitete. Entsprechend zog am 4. August ein Treck von Frauen und Kindern in den Kreis Labiau und führten die Männer Vieh auf Wiesen nahe der Memel. Der Plan, das Vieh nun durch die Memel ebenfalls in den Kreis Labiau zu treiben, ging jedoch nicht auf, das Vieh verblieb auf den Wiesen; unter anderem mit Hilfe der Wehrmacht wurden auch die Schweinebestände dorthin gebracht. Um im Kreis Heydekrug aber die Ernte weiter einbringen zu können, wurden Wagen und Pferde dorthin zurückgebracht, zunächst nur von kinderlosen Frauen. Nach und nach war die gesamte Bevölkerung dorthin zurückgekehrt – eine Entwicklung, die es offenbar auch in anderen ostpreußischen Kreisen gab. Nun wurde die Ernteeinbringung abgeschlossen und in Absprache mit dem Landesbauernführer Anfang Oktober 1944 nochmals geräumt, als die Wehrmacht

---

713 Vgl. die Nachricht »Schließung und Verlegung von Dienststellen im Bereich der LBsch Ostpreußen« vom 2.11.1944, in: DNdRN vom 4.11.1944, S. 1034–1035. Demzufolge wurden die KBsch Memel in Königsberg beim Milch-, Fett- und Eierwirtschaftsverband, Heydekrug bei der KBsch Elchniederung, Schloßberg bei der KBsch Wehlau, Ebenrode bei der KBsch Pr. Eylau, Goldap bei der KBsch Rößel, Treuburg bei der KBsch Sensburg, Sudauen bei der KBsch Sensburg und Gumbinnen bei der KBsch Gerdauen abgewickelt. Bald wurden einige Abwicklungsstellen geändert, vgl. die DNdRN vom 25.11.1944, S. 1123. Nun waren für die KBsch Heydekrug die KBsch Labiau, für Gumbinnen die KBsch Osterode und für Sudauen eine Stelle in Drengfurt (Kr. Rastenburg) zuständig.

714 Vgl. das von KBF Leffler gezeichnete Schreiben vom 27.12.1944 an die Kreisbauernschaften Schröttersburg, Sichelberg und Mielau, APP, Fond No. 533, Syg. 670, Bl. 32.

715 Vgl. das Schreiben des Amtskommissars Wolfshütte vom 13.1.1945 an den Landrat (Ernährungsamt, Kreisbauernschaft) Schröttersburg, APP, Fond No. 533, Syg. 670, Bl. 23.

716 Vgl. etwa das Schreiben des Hauptamtes für Volkswohlfahrt (Kreisleitung der NSDAP Schröttersburg) vom 13.10.1944 an alle OGL des Kreises, APP, Fond No. 813, Syg. 68, Bl. 8.

dort bereits in Gefechte mit der Roten Armee verwickelt war. Die Räumung endete mit der Sprengung einer von der Wehrmacht errichteten Brücke in Schilleningken. Offenbar blieben einige tausend Menschen im Kreis Heydekrug zurück, ebenso die eingebrachte Ernte, und zudem ging viel Vieh verloren.[717]

Diese Vorgänge bei Räumungen von Gebieten, die Operationsgebiet geworden waren, scheinen auch in anderen Kreisen regelmäßig vorgekommen zu sein. Offenbar ließ die Wehrmacht nicht selten Vieh schlachten, das herrenlos herumlief oder zurückgelassen worden wäre.[718] Es oblag den Kreisbauernführern, zur Schlachtung dieses »Räumungsviehs« Fleischer anzufordern, die hierfür etwa vom Einsatz beim Volkssturm zeitweise freigestellt wurden.[719]

Mit der Umfassung und Einnahme Ostpreußens durch die Rote Armee ab Mitte Januar 1945 war auch das organisatorische Ende der Landesbauernschaft Ostpreußen besiegelt. Im eingeschlossenen Königsberg arbeitete das Landesernährungsamt offenbar bis Ende Januar 1945, dann stellte es in Absprache mit Vertretern von Wehrmacht und NSDAP seine Tätigkeit ein. Diese drei Akteure hatten zuvor noch für die belagerte Provinzhauptstadt die Versorgung der Zivilbevölkerung neu organisiert: Die Wehrmacht sollte die Lebensmittellager übernehmen und mit Angehörigen des Volkssturms verwalten, die NSDAP dagegen über ihre noch intakten Strukturen der Kreisleitung und der Ortsgruppen die Verteilung der Lebensmittel übernehmen. Für das Landesernährungsamt waren Dr. Otto Born, Dr. Hintmann und Dimigen als Leiter der Abteilung B des Landesernährungsamtes vertreten, allesamt aus der Führung der Landesbauernschaft; Landesbauernführer Spickschen war angesichts der in der ersten Januarhälfte erfolgten Kaltstellung durch Gauleiter Koch hier nicht mehr involviert.[720] Am 20. Februar 1945 schließlich, als die Landesbauernschaft Ost-

---

717 Vgl. Kauschs undatierten Bericht »Niederschrift über die Räumung des Kreises Heydekrug/Ostpr. im August und Oktober 1944«, BArch, Ost-Dok. 8/552, Bl. 2–4. Vgl. auch den Tätigkeitsbericht des Gebietskommandos Dehnert vom 14.8.1944 (Dokument Nr. 49, S. 114–116), die Lageberichte des Armeewirtschaftsführers beim Armeeoberkommando 4 vom 26.8.1944 (Dokument Nr. 67, S. 158–163) und vom 25.9.1944 (Dokument Nr. 100, S. 276–284), zudem den Lagebericht des Armeewirtschaftsführers beim Armeeoberkommando 2 vom 28.9.1944 (Dokument Nr. 105, S. 290–299) sowie den auf den 29.12.1944 datierten Aktenvermerk des Militärverwaltungsrats Jungclaussen über eine Besprechung beim Räumungskommissar in Zichenau am 28.12.1944 (Dokument Nr. 174, S. 621–622), alle überliefert in: Eugeniusz Kozłowski/Piotr Matusak (Hg.): Eksploatacja siły roboczej i grabież ziem polskich przez Wehrmacht w końcowym okresie II Wojny Światowej (= Documenta occupationis, Bd. 12), Poznań 1986.

718 Vgl. den Bericht des Generalstaatsanwalts des Oberlandesgerichtsbezirks Königsberg vom 18.1.1945, überliefert bei Tilitzki: Alltag, S. 300–304.

719 Vgl. das Schreiben Ebelings (Reichsverteidigungskommissar, Gruppe Süd II, Zichenau) vom 4.11.1944 an alle Kreisleiter, IPN, GK 836/30, Bl. 17.

720 Vgl. das von Hintmann und Dimigen unter dem Siegel der KBsch Samland-West gezeichnete Dokument vom 30.1.1945, überliefert in: BArch, Ost-Dok. 10/283, unpag. Zu Spick-

preußen de facto wohl schon nicht mehr existierte, ordnete der Reichsnährstand an, in Güstrow in Mecklenburg eine Ausweichstelle für die Landesbauernschaft Ostpreußen zu errichten.[721]

War die Landesbauernschaft Ostpreußen damit faktisch mit der Provinz Ostpreußen zugrunde gegangen, so überdauerte, formal betrachtet, der Reichsnährstand das Kriegsende. Er gehörte nicht zu jenen Organisationen, die infolge des Gesetzes Nr. 2 über die »Auflösung und Liquidierung der Naziorganisationen« vom Alliierten Kontrollrat am 10. Oktober 1945 zerschlagen wurden. Zwar wurde die Berliner Zentrale aufgelöst, doch behielt die Reichsnährstands-Gesetzgebung ihre Gültigkeit, wie auch Organisationsstrukturen des Reichsnährstandes auf Ebene der Länder im späteren Bundesgebiet – und kurzzeitig übrigens auch in der Sowjetischen Besatzungszone[722] – fortbestanden. Rechtsgültig aufgelöst wurde der Reichsnährstand in der britischen und amerikanischen Besatzungszone am 21. Januar 1948, in der französischen Besatzungszone durch rheinland-pfälzisches Landesgesetz vom 15. Juli 1949. In den folgenden Jahren wurden noch aus dem Reichsnährstand erwachsene Fragen geregelt, so bezüglich der Ansprüche von Beamten, Angestellten, Arbeitern und Versorgungsempfängern im Rahmen des Wiedergutmachungsgesetzes. Mit dem Reichsnährstands-Abwicklungsgesetz vom 23. Februar 1961 sollten letzte Fragen nicht zuletzt vermögensrechtlicher Art erledigt werden. Solche Fragen kamen jedoch nach der deutschen Einheit von 1990 erneut auf. Erst seit 2006, als der deutsche Bundestag das Reichsnährstands-Abwicklungsgesetz aufhob, kann die »Akte Reichsnährstand« als juristisch vollständig geschlossen betrachtet werden.[723]

Schon dieser kursorische Überblick über die Landesbauernschaft Ostpreußen hat gezeigt, dass diese während der gesamten nationalsozialistischen Zeit eine wichtige regionale Mittelinstanz blieb. Die Landesbauernschaft Ostpreußen erlebte mehrere organisatorische Verwandlungen und wurde in neue organisatorische Zusammenhänge eingepasst. Sie behielt aber, nicht zuletzt mittels weiterhin intakter innerer Strukturen und durch ihr Führungspersonal, stets die zentrale Rolle bei der Umsetzung und Ausgestaltung nationalsozialistischer Landwirtschaftspolitik in Ostpreußen. In ihren vielfältigen Verflechtungen mit

---

schens Kaltstellung vgl. die Georgine vom 13.1.1945, Titelseite (Artikel »Neue Männer in der Führung der ostpreußischen Landwirtschaft«).

721 Vgl. die Anordnung »Verlegung von Dienststellen der LBsch«, in: DNdRN vom 24.2.1945, Sp. 123. Die Ausweichstelle war in einem von 1934 bis 1936 für die LBsch Mecklenburg errichteten Gebäude (»Am Wall 3«) in Güstrow vorgesehen, so die Auskünfte des Stadtarchivs Güstrow vom 20.5.2014 und vom 21.7.2014.

722 In Thüringen existierten nach Mai 1945 in einigen Landkreisen die alten Kreisbauernschaften weiter, vgl. Dornheim: Moderne, S. 666.

723 Vgl. ders.: RMEL, S. 127–134, sowie Will: Selbstverwaltung, S. 802–803.

praktisch allen wichtigen Akteuren des nationalsozialistischen Staates spiegelt sich die große Bedeutung der Ernährungssicherung. Mit dieser zeitlos wichtigen, jedoch zu Kriegszeiten buchstäblich existentiellen Aufgabe war in den Führungspositionen dieser personalintensiven, teuren Organisation eine über die Jahre relativ wenig veränderte Gruppe von gut bis sehr gut qualifizierten Personen beschäftigt. Zugleich diente die Landesbauernschaft Ostpreußen gewissermaßen auch als Kader-Reservoir, wenn es galt, Funktionen zumeist im landwirtschaftlichen Bereich zu übernehmen, die im Zuge der Besatzungspolitik in eroberten Gebieten im Osten entstanden waren. Die folgenden Kapitel sollen nun die Untersuchung von Landesbauernführer Spickschen und der Landesbauernschaft Ostpreußen am Beispiel konkreter Aufgaben- und Handlungsfelder vertiefen.

4. Botschaften eines Landesbauernführers: Kommunikation – Weltanschauung – Propaganda

4.1 Die Landesbauernschaft Ostpreußen zwischen Propaganda und Kommunikation im ländlichen Raum

Betrachtet man im »Dokumentenarchiv« des Reichsnährstandes die nicht selten dicken Akten mit Presseerzeugnissen der Landesbauernführer,[724] so scheint klar, dass diese Funktionäre es als ihre – nicht explizit festgeschriebene – Aufgabe betrachteten, auch bei der Propaganda ihre Landesbauernschaft zu führen und so auf die ländliche Bevölkerung einzuwirken. Erich Spickschens Akte bildet diesbezüglich keine Ausnahme. Doch was kennzeichnete die Propaganda des Landesbauernführers Spickschen, welche Themen hatte sie und welche Reichweite?

Die Konzentration auf die Botschaften des Landesbauernführers Spickschen erlaubt es, den Gesamtprozess der Kommunikation kursorisch zu beleuchten, ohne allzu tief in die Feinheiten kommunikationstheoretischer Modelle einsteigen zu müssen. Um ein Bild davon zu erhalten, in welchen Kommunikationsraum Spickschens Botschaften eingebettet waren, mag es genügen, die grundlegenden Elemente von Kommunikation zu betrachten: neben dem Kommunikator selber, hier also Landesbauernführer Spickschen, die zu kommunizierende Information – den Inhalt – sowie die Rezipienten. Sachlogisch stellt sich damit auch die Frage nach den Kanälen, auf denen Informationen vom Kommunikator zum Rezipienten gelangten. Die umgekehrte Richtung ist, vor allem aufgrund der Quellenlage, im vorliegenden Zusammenhang schwer zu fassen. Dabei ist klar, dass auch diese Richtung – und sei es als in Propaganda einberechnete Annahmen darüber, wie jene von den Rezipienten aufgenommen

724 Es handelt sich um den im Bundesarchiv Berlin-Lichterfelde lagernden Bestand »Reichslandbund-Pressearchiv, Personalia« (BArch, R 8034 III). Das Reichslandbund-Pressearchiv wurde vom RNSt als eigenständiger Bestand in sein »Dokumentenarchiv« übernommen und weitergeführt. Vgl. Günther Meyer: Das Pressearchiv des Bundes der Landwirte (1893–1945), in: ZfG 7 (1959), S. 1121–1123. Solche Akten sind, soweit vorhanden, auch bei den biographischen Skizzen der LBF in Bd. 2 (Personenlexikon) aufgeführt.

werden mag – auf Propaganda zurückwirkt. In der kommunikativen Realität ist Propaganda als dynamischer, dialektischer Prozess zu verstehen.[725] Im Wissen um diese Elemente gestalteten die Nationalsozialisten ihre Strategien für Kommunikation und Propaganda, mit bisweilen erstaunlich modernem Herangehen.[726]

Fragt man nach den Rezipienten der Kommunikation, so ist der Blick auf das agrarische Milieu Ostpreußens zu lenken: auf die »Dorfgemeinschaft«, die in der Bodennutzung ihren ursprünglichen gemeinsamen Nenner hatte, jedoch auch darüber hinaus durch soziale und kulturelle Bande eine vielfältig verwobene Einheit bildete; gewiss mit nicht exakt definierbaren, fließenden Grenzen gegenüber anderen Milieus. Prestige verlieh in diesem ländlichen Milieu der Besitz eigenen Bodens ebenso wie die tägliche, körperlich anstrengende Arbeit auf und mit diesem Boden. Dieses Milieu war stärker als andere Milieus abgeschottet und auf sich bezogen. Über die lokalen Belange hinausreichende Politik war in bäuerlichen Kreisen nicht, wie es etwa beim Bildungsbürgertum gewesen sein mag, ein tagtäglich besprochenes, relevantes Thema. Wer politisch in die Dorfgemeinschaft eindringen wollte, fand indes einen Ansatzpunkt in der sozialen Differenzierung der Dorfgemeinschaft: Pfarrer, Gutsbesitzer und Lehrer bildeten im Dorf im Hinblick auf Bildung und gesellschaftlich zugeschriebenes Ansehen die Elite und fungierten als Meinungsführer. Über sie ließen sich wiederum andere Teile der Dorfgemeinschaft wie die Masse der Landarbeiter, Kirchgänger, Schüler und deren Eltern erreichen.[727] Nun mag es sein, dass diese

725 Vgl. Florian Cebulla: Rundfunk und ländliche Gesellschaft. 1924–1945, Göttingen 2004, S. 19–22 (zit. Cebulla: Rundfunk), mit einer Darstellung von Kommunikationsmodellen komplexeren Zuschnitts. Cebulla nutzt für seine Studie das kommunikationsgeschichtliche Modell von Winfried Lerg, vgl. ebd., S. 28. Zur Macht des Rezipienten vgl. auch Rolf Felbinger/Katja Scherl: »Flieger sind Sieger!« Konstruierte Erlebniswelten in der Populärkultur des Nationalsozialismus, in: Rainer Gries/Wolfgang Schmale (Hg.): Kultur der Propaganda, Bochum 2005, S. 129–130. Vgl. zudem allgemein im selben Sammelband von Rainer Gries: Zur Ästhetik und Architektur von Propagemen. Überlegungen zu einer Propagandageschichte als Kulturgeschichte (S. 9–34), zur Kommunikationsgeschichte Patrick Merziger/Rudolf Stöber/Esther-Beate Körber u. a. (Hg.): Geschichte, Öffentlichkeit, Kommunikation. Festschrift für Bernd Sösemann zum 65. Geburtstag, Stuttgart 2010, sowie Rainer Leschke: Mediale Konstellationen und mechanische Bräute. Überlegungen zur Konzeption von Kommunikationsgeschichte, in: Matthias Buck/Florian Hartling/Sebastian Pfau (Hg.): Randgänge der Mediengeschichte, Wiesbaden 2009, S. 29–45.

726 Dabei wäre gerade der kampagnenartige Charakter der NS-Propaganda noch näher zu erforschen. Aufschlussreich diesbezüglich ist von Christoph Ziegler: Versuchte Massenverführung. Kommunikationsstrategie der NS-Propaganda am Beispiel des Wochenspruchs der NSDAP, in: Patrick Merziger/Rudolf Stöber/Esther-Beate Körber u. a. (Hg.): Geschichte, Öffentlichkeit, Kommunikation. Festschrift für Bernd Sösemann zum 65. Geburtstag, Stuttgart 2010, S. 419–432.

727 Vgl. Wolfram Pyta: Das Dorf im Fadenkreuz der Politik. Politische Willensbildung und Milieuwandel im ländlichen Lebenskreis 1918 bis 1945, in: Daniela Münkel (Hg.): Der lange

Vorstellung einer parochialen politischen Kultur im ländlichen Bereich generell eine zu starke Vereinheitlichung von tatsächlich diffuseren Sachverhalten darstellt. Vermutlich müsste insbesondere generationell differenziert werden, denn offenbar waren jüngere Angehörige der Dorfgemeinschaft für Neuerungen aufgeschlossener als ältere. Soweit es diese Kultur aber noch gab, wurde sie in der nationalsozialistischen Zeit aufgebrochen.[728]

Es gehört zur Geschichte der untergehenden Weimarer Republik, dass es insbesondere der NSDAP gelang, sich ab etwa 1930 Zugang zum agrarischen Milieu zu verschaffen. Sie erhielt einen gewaltigen Zustrom an Wählern aus diesem Milieu, gerade in Ostpreußen und nicht zuletzt über die erwähnten Meinungsführer.[729] Auch noch nach der Machtübernahme, freilich unter den sehr viel besseren Bedingungen einer ausgeschalteten Opposition und eines ungehinderten Zugriffs auf alle Kanäle und Mittel der Kommunikation, musste dieses Milieu als Teilöffentlichkeit erreicht werden. Nun konnte Öffentlichkeit – der nicht-private Raum, der durch Kommunikation gebildet wird – etwa im persönlichen Kontakt oder in Versammlungen hergestellt werden. In aller Regel aber gelang dies durch medial vermittelte Kommunikation.[730] Vor diesem Hintergrund ist auch die Propaganda, das heißt die auf Einflussnahme zielende Öffentlichkeitsarbeit der Landesbauernschaft Ostpreußen, zu sehen. Auch sie setzte auf den Weg des persönlichen Kontaktes, um auf die Kommunikation im agrarischen Milieu Ostpreußens einzuwirken, so in zahllosen Versammlungen

Abschied vom Agrarland. Agrarpolitik, Landwirtschaft und ländliche Gesellschaft zwischen Weimar und Bonn, Göttingen 2000, S. 209–210 (zit. Pyta: Fadenkreuz), sowie ders.: Dorfgemeinschaft, S. 35–82.

728 Vgl. Cebulla: Rundfunk, S. 296–297, sowie Pyta: Fadenkreuz, S. 211.

729 Vgl. Rohrer: Macht, S. 155–156, S. 164–165, S. 182–183 sowie S. 191–200, zudem Meindl: Koch, S. 106–111.

730 Vgl. Rohrer: Macht, S. 54. Zu den für Kommunikationsprozesse zentralen Begriffen »Öffentlichkeit« und »Medien« vgl. Jörg Requate: Öffentlichkeit und Medien als Gegenstände historischer Analyse, in: GG 25 (1999), S. 5–16, Andreas Schulz: Der Aufstieg der »vierten Gewalt«. Medien, Politik und Öffentlichkeit im Zeitalter der Massenkommunikation, in: HZ 270 (2000), S. 65–97, Axel Schildt: Das Jahrhundert der Massenmedien. Ansichten einer zukünftigen Geschichte der Öffentlichkeit, in: GG 27 (2001), S. 177–206, Bernd Sösemann: Einführende Bemerkungen zur Erforschung der Geschichte der Medien und der öffentlichen Kommunikation in Preußen, in: Ders. (Hg.): Kommunikation und Medien in Preußen vom 16. bis 19. Jahrhundert, Stuttgart 2002, S. 9–21, ders.: Propaganda und Öffentlichkeit in der »Volksgemeinschaft«, in: Ders. (Hg.): Der Nationalsozialismus und die deutsche Gesellschaft. Einführung und Überblick, München 2002, S. 114–154, Karl Christian Führer/Knut Hickethier/Axel Schildt: Öffentlichkeit – Medien – Geschichte. Konzepte der modernen Öffentlichkeit und Zugänge zu ihrer Erforschung, in: AfS 41 (2001), S. 1–38, für einen systemtheoretischen Zugriff zudem Niklas Luhmann: Die Beobachter der Beobachter im politischen System: Zur Theorie der Öffentlichen Meinung, in: Jürgen Willke (Hg.): Öffentliche Meinung. Theorie, Methoden, Befunde. Beiträge zu Ehren von Elisabeth Noelle-Neumann, Freiburg i. Br./München 1992, S. 77–86.

der Kreisbauernschaften.[731] Propaganda über Massenmedien indes versprach eine ungleich größere Reichweite.

Gab es Presseerzeugnisse schon länger, so war der Aufstieg des Films und des Radios Ausdruck des technologischen Fortschritts und eine relativ neue Erscheinung. Die einzelnen Massenmedien befanden sich damit in unterschiedlichen Entwicklungsphasen, weiteten aber alle ihre Reichweite gerade in der nationalsozialistischen Zeit in Medialisierungsschüben erheblich aus. Rasch wurden die Massenmedien für die Propaganda des Regimes in Dienst genommen, auch im ländlichen Bereich. Dabei ist diese kulturelle Modernisierung als ambivalent zu begreifen: Einerseits bedeutete sie eine Chance, eine Art »imagined community« zu schaffen – gerade das Radio vermittelte den Eindruck, durch das zeitgleiche Erleben mit Menschen im ganzen Land verbunden zu sein. Dies erlaubte, auf diesem Wege auch Gemeinschaft, nein, »Volksgemeinschaft« zu suggerieren. Andererseits barg dieselbe Entwicklung die Gefahr, kontraproduktiv zu wirken. Nicht nur hatten die Propaganda-Experten bei dem Vorgehen im ländlichen Bereich die Gefahr vor Augen, dass die virtuelle Annäherung von Stadt und Land, wie sie durch Massenmedien möglich wird, am Ende Landflucht begünstigen könnte. Ebenso war zu verhindern, dass die Propaganda für die ländliche Bevölkerung sich gleichsam am »Eigensinn«, an der inneren Logik und Befindlichkeit des Milieus brach, etwa wenn Propaganda leicht als karikaturhafter Außenblick auf das bäuerliche Milieu entlarvt werden konnte.[732]

Der Film kam in kleineren Gemeinden mittels des mobilen Landkinos zu den Menschen des agrarischen Milieus. Die Durchdringung scheint jedoch eher gering gewesen zu sein; Schätzungen für die Jahre von 1935 bis 1944 gehen von einem Kinobesuch jährlich je Dorfbewohner aus. Gewöhnlich wurden bei den Vorführungen eine »Wochenschau«, ein ideologisch durchsetzter Kulturfilm sowie ein Kurzfilm mit nationalsozialistischer Propaganda gezeigt. Angesichts häufig schlechter Vorführbedingungen sowie mangelhafter Qualität, Aktualität und Anschlussfähigkeit an die bäuerliche Lebenswelt wird die Beurteilung zurückhaltend ausfallen müssen, inwieweit über das Medium Film im Landkino

731 Vgl. exemplarisch das WbLBsch Ostpreußen vom 27.7.1934, S. 650 (Artikel »Kreisbauernschaft Fischhausen. Bericht über die Versammlung«), und das WbLBsch Ostpreußen vom 25.4.1942, S. 265 (Artikel »Jeder muß seine Pflicht tun! Versammlungen des Reichsnährstandes im Kreise Mielau«). Vgl. zudem N. N.: Seit' an Seite mit unseren Soldaten. Landesbauernführer Spickschen auf den Kreisversammlungen des ostpreußischen Landvolkes, in: WbLBsch Ostpreußen vom 19.12.1942, S. 772.

732 Vgl. Ernst Langthaler: Massenmedien in der ländlichen Gesellschaft im Nationalsozialismus – am Beispiel der Agrarpresse, in: ZAA 58 (2010), S. 50–54 und S. 62–64 (zit. Langthaler: Massenmedien), sowie ders.: Kolonien, S. 348–375, dort v.a. S. 367–371. Vgl. auch Karl Christian Führer: Auf dem Weg zur »Massenkultur«? Kino und Rundfunk in der Weimarer Republik, in: HZ 262 (1996), S. 739–781.

tatsächlich politische Botschaften transportiert wurden.[733] Dennoch wurde der Film auch im Reichsnährstand als wichtiger Kanal für Propaganda erkannt, wie sich am Einsatz in der Landesbauernschaft Ostpreußen zeigt. Dort wurden üblicherweise von einem zentralen Verleih, der Deutschen Landwerbung GmbH (Berlin), Schmalfilme bestellt und dann in Veranstaltungen der Kreisbauernschaften gezeigt. Die Verzeichnisse des Verleihs enthielten Stumm- und Tonfilme, die von der Ernährungspolitik über offene »Blut-und-Boden«-Propaganda und Kultur bis hin zur praktischen Landwirtschaft alle Tätigkeitsbereiche des Reichsnährstandes abdeckten.[734] Immer größere Bedeutung erlangte dabei die filmische Propaganda für die »Erzeugungsschlachten«. Im Jahr 1943 etwa zirkulierte der Film »Mehr abliefern!« in der Landesbauernschaft Ostpreußen, wo er in Zusammenarbeit mit der Gaufilmstelle in den Ortsbauernschaften gezeigt werden sollte.[735]

In ähnlicher Weise wie für den Film sind Bedeutung und Reichweite des in der Weimarer Republik aufgekommenen Radios zu veranschlagen, das freilich anders als der Film in der Regel im familiären Umfeld konsumiert wurde. Der sogenannte »Landfunk« richtete sich nicht nur, aber vor allem an die ländliche Bevölkerung. Wie es für die NS-Propaganda insgesamt kennzeichnend war, wurde die Radiopropaganda zunehmend mit vorgeblich unpolitischer Unterhaltung gemischt, ohne dabei tatsächlich den Charakter politischer Indoktrination je zu verlieren. Dabei durchlief das Radioprogramm unterschiedliche Phasen, und ab 1940 gab es ein Einheitsprogramm, ausgestrahlt vom »Großdeutschen Rundfunk«. In all diesen Jahren gab es Programmfenster für den Landfunk, der bei allen Versuchen, die Sendeformate unterhaltsam zu gestalten, auch zur Belehrung der Landbevölkerung eingesetzt wurde. Gewöhnlich wurden unter der Woche einige Minuten morgens zwischen 6 und 7 Uhr gesendet, die, wie etwa die Wettervorhersage, Servicecharakter hatten. Hinzu traten Sendeblöcke der jeweiligen Reichssender, häufig eine Viertelstunde zwischen 11 und 12 Uhr. Hier wurden zum Beispiel in kürzeren Vorträgen Themen der Landwirtschaft behandelt. Zu Kriegszeiten wurde der Landfunk immer mehr zu einem Organ der Beratung, nicht zuletzt für die vielen Land-

733 Vgl. Clemens Zimmermann: Landkino im Nationalsozialismus, in: AfS 41 (2001), S. 231–243.

734 Vgl. das Verzeichnis »Filme aufs Land« der Deutschen Landwerbung GmbH vom Januar/Februar 1937, das Schreiben Goldmanns vom 15.10.1937 an die KBsch Rastenburg sowie Grubers Schreiben vom 31.8.1938 an die Kreisbauernschaften der LBsch Ostpreußen, alle in: APO, Fond No. 12, Syg. 56, unpag.

735 Vgl. das Schreiben Grubers vom 8.12.1938 an die Kreisbauernschaften der LBsch Ostpreußen, das Schreiben Engels vom 7.11.1942 an den KBF der KBsch Rastenburg sowie das Schreiben Thorens vom 3.6.1943 an den KBF der KBsch Rastenburgs, alle in: APO, Fond No. 12, Syg. 56, unpag.

frauen, die anstelle ihrer in den Krieg geschickten Männer die landwirtschaftlichen Betriebe leiteten.[736]

In Ostpreußen war es der Reichssender Königsberg, der die ländliche Bevölkerung mit Landfunk versorgte; crossmedial, nämlich in Presseerzeugnissen, wurde für entsprechende Radiosendungen geworben. Der Landfunk umfasste die erwähnten kurzen Beiträge wochentags, die zum Beispiel ab Juni 1940 unter dem Titel »Kurznachrichten für den Bauern« morgens von 6 bis 6.10 Uhr gesendet wurden: »Diese Sendungen bringen ausschließlich Beratung und Aufklärung für den praktischen Einsatz in der Erzeugungsschlacht und sind deshalb mit ihren wichtigen Hinweisen für jeden Bauern und Landwirt unentbehrlich.«[737] Gelegentlich war auch Landesbauernführer Spickschen mit einem Vortrag im Rundfunk vertreten, etwa als von ihm am 1. Juni 1940, am Jahrestag der Erhebung Darrés zum Bauernführer der NSDAP, ein Vortrag unter dem Titel »Zehn Jahre nationalsozialistische Agrarpolitik« gesendet wurde.[738] Öfter kam es zu Umstellungen des Programms: War vor Oktober 1940 ein fester Sendeplatz am Mittwoch zwischen 11.45 und 12 Uhr eingerichtet, so entfiel dieser nun und wurde durch einen Sendetermin am Sonntag um 8 Uhr ersetzt, der »Vorträge und Hörberichte aus Landwirtschaft und Ernährungswirtschaft« zum Inhalt hatte.[739]

Ständige Erscheinung des Landfunks im Programm des Reichssenders Königsberg war eine Reihe unter dem Titel »Schimkat ist der Ansicht«. In ihr wurden einem stilisierten dickköpfigen Bauern namens Schimkat die Vorteile und Erfolge nationalsozialistischer Agrarpolitik dargestellt – gleichsam mit

736 Vgl. hierzu ausführlich Cebulla: Rundfunk, S. 247–293. Siehe zudem Daniela Münkel: »Der Rundfunk geht auf die Dörfer«. Der Einzug der Massenmedien auf dem Lande von den zwanziger bis zu den sechziger Jahren, in: Dies. (Hg.): Der lange Abschied vom Agrarland. Agrarpolitik, Landwirtschaft und ländliche Gesellschaft zwischen Weimar und Bonn, Göttingen 2000, S. 177–198, Rohrer: Macht, S. 408–409, sowie allgemein Peter Reichel: Der schöne Schein des Dritten Reiches. Faszination und Gewalt des Faschismus, München/Wien 1991, S. 157–207.

737 WbLBsch Ostpreußen vom 1.6.1940, S. 315 (Artikel »Landfunk jetzt von 6 Uhr bis 6.10 Uhr«). Im »Wochenblatt« gab es eine Rubrik »Rundfunk-Ecke«, vgl. z. B. das WbLBsch Ostpreußen vom 3.7.1936, S. 1110. Diese Ecke ging als regelmäßige Rubrik in späteren Jahren ein, wie etwa am WbLBsch Ostpreußen vom 22.2.1941 zu sehen ist. Das Rundfunkprogramm konnte allerdings den ostpreußischen Tageszeitungen entnommen werden, vgl. z.B. die PZ vom 16./17.9.1944, unpag.

738 Vgl. das WbLBsch Ostpreußen vom 25.5.1940, S. 294 (Artikel »Rundfunkvortrag des Landesbauernführers«). Möglicherweise entspricht dem Inhalt dieses Rundunkvortrags der Artikel »10 Jahre nationalsozialistischer Agrarpolitik. Ostpreußens Erfolge in der Erzeugungsschlacht«, in: PZ vom 29.5.1940, unpag. Der Zeitungsartikel ist ohne Autor veröffentlicht, entspricht aber in Aufbau, Stil und Duktus den Veröffentlichungen Spickschens beziehungsweise der LBsch Ostpreußen.

739 Vgl. das WbLBsch Ostpreußen vom 19.10.1940, S. 657 (Artikel »Neue Landfunksendung im Reichssender Königsberg«).

einem Augenzwinkern präsentiert, mag diese Sendung als Versuch der Programmverantwortlichen zu verstehen sein, auf die oben angeführte, offenbar mindestens unterstellte mentale Abschottung der bäuerlichen Lebenswelt zu reagieren.[740] Ähnlich wie beim Landkino ist freilich die Reichweite des Radios, jedenfalls für Ostpreußen, skeptisch zu beurteilen. Dort war die Verbreitung des Rundfunks auch im Reichsvergleich schwach. Auf die ganze Provinz besehen, kamen 1941 auf 100 Haushalte rund 56 Rundfunkteilnehmer, im Reich dagegen 63. In Gemeinden unter 5.000 Einwohnern waren es im selben Jahr lediglich rund 42 Rundfunkteilnehmer je 100 Haushalte, und in den stärker bäuerlich geprägten Regierungsbezirken Allenstein (38) und Gumbinnen (36) lag die Zahl jeweils noch tiefer. Im Reich einschließlich »Ostmark« und »Sudetenland« dagegen wurden in dieser Vergleichskategorie immerhin rund 52 Rundfunkteilnehmer gezählt. Dabei waren alle diese Zahlen im Vergleich zu 1938 schon erheblich angestiegen; in Ostpreußen betrug der Anstieg knapp 49 Prozent.[741]

Vor diesem Hintergrund wird man für das Gebiet der Landesbauernschaft Ostpreußen Presseerzeugnisse als jedenfalls nicht minder wichtiges Massenmedium bezeichnen dürfen. Diese Einschätzung findet sich auch in der Landesbauernschaft Ostpreußen selber. Landesobmann Gruber etwa gab intern zu bedenken, »wie notwendig es ist, die Arbeit des RNSt den weitesten Kreisen der Bevölkerung erkenntlich zu machen, und daß mehr als ein anderes die Presse das geeignete Mittel ist, diesem Zweck zu dienen.«[742] Auf Presseerzeugnisse soll sich daher die Analyse nun konzentrieren: Welche Reichweite hatte die publizistische Tätigkeit Erich Spickschens an der Spitze der Landesbauernschaft Ostpreußen?

Zur Analyse soll hier ein Korpus von Texten genutzt werden, die unter Erich Spickschens Namen veröffentlicht wurden;[743] hinzu treten einige ausgewählte Artikel, in denen über Ausführungen Spickschens berichtet wurde.[744] Das Kor-

740 Vgl. Cebulla: Rundfunk, S. 256.

741 Vgl. R. Weisflog [Vorname unbekannt]: Die Verbreitung des Rundfunks auf dem Lande, in: Rundfunkarchiv 15 (1942), Heft 2, S. 49–54, dort v.a. S. 52–53.

742 Vgl. das Rundschreiben Grubers vom 25.2.1937, APO, Fond No. 12, Syg. 50, unpag.

743 Dieses Quellenkorpus findet sich im Quellen- und Literaturverzeichnis im Abschnitt »Publikationen von Erich Spickschen«.

744 Es handelt sich um folgende Artikel: N. N.: Große Landdienstkundgebung in Tilsit, in: WbLBsch Ostpreußen vom 11.9.1936, Titelseite und S. 1474; N. N.: Sorgen und Aufgaben der ostpreußischen Landwirtschaft, in: WbLBsch Ostpreußen vom 20.8.1937, Titelseite und S. 1214; N. N.: Arbeit und Ziel. Von der Schulungsarbeit der Landesbauernschaft im Winter 1940/41, in: WbLBsch Ostpreußen vom 19.3.1941, Titelseite und S. 243; N. N.: Der Weg des ostpreußischen Bauerntums, in: WbLBsch Ostpreußen vom 18.10.1941, S. 732–734; N. N.: Landesbauernführer Spickschen sprach zu ostpreußischen Bauern, in: WbLBsch Ostpreußen vom 21.3.1942, Titelseite und S. 181; N. N.: Der deutsche Geist entscheidet über die Zukunft der Nation, in: WbLBsch Ostpreußen vom 27.6.1942, Titelseite; N. N.: Ostpreußens Bauerntum stand seinen Mann, in: KAZ vom 5.10.1942, unpag.;

pus der Texte Spickschens findet sich dabei fast ausschließlich in Periodika des Reichsnährstands-Verlags. Fast oder ganz wortgleiche Abdrucke dieser Texte finden sich auch in der »Preußischen Zeitung«,[745] der Tageszeitung der ostpreußischen NSDAP. Zudem wurden in der »Königsberger Allgemeinen Zeitung« Reden Spickschens wörtlich abgedruckt.[746] In diesen beiden Blättern sowie im »Königsberger Tageblatt«[747] – und damit in allen großen ostpreußischen Tageszeitungen – wurde gelegentlich über Spickschen und seine Aktivitäten berichtet. Über die genannten Publikationen hinaus erschienen Texte Spickschens in anderen, reichsweit und regional vertriebenen Druckerzeugnissen aus dem Bereich des Reichsnährstands,[748] zudem in einer Festschrift der ostpreußischen NSDAP.[749]

Die Publikationsorte der Texte Spickschens spiegeln dabei die Vielfalt von Reichsnährstandspublikationen auf verschiedenen räumlichen Ebenen. Mit dem »Wochenblatt der Landesbauernschaft Ostpreußen« verfügte Spickschen über ein Hausorgan. Hier publizierte er in der Hauptsache, während Veröffentlichungen etwa in der »Nationalsozialistischen Landpost«, einer der reichsweit erscheinenden Publikationen des Reichsnährstands-Verlags, weitaus seltener waren.[750] Das »Wochenblatt« ging auf die »Georgine« zurück, eine altbewährte, 1824 ins Leben gerufene Institution in der ostpreußischen Land-

---

N. N.: Seit' an Seite mit unseren Soldaten, in: WbLBsch Ostpreußen vom 19.12.1942, Titelseite; N. N.: Kreisbauerntage in Ostpreußen, in: WbLBsch Ostpreußen vom 3.4.1943, Titelseite und S. 194–195; Abschnitt »Landesbauernführer Spickschen spricht«, in: N. N.: So half Ostpreußen beim Erntesieg, in: KAZ vom 4.10.1943, unpag.; N. N.: Landesbauernführer Spickschen sprach vor samländischen Bauern, in: WbLBsch Ostpreußen vom 29.1.1944, Titelseite und S. 38; N. N.: Landesbauernführer Spickschen beim Landdiensttreffen, in: WbLBsch Ostpreußen vom 23.3.1944, Titelseite und S. 122; N. N.: Arbeitstagung der Jugendberufswarte. Landesbauernführer Spickschen und Reichsjugendberufswart Moses sprachen, in: WbLBsch Ostpreußen vom 1.7.1944, S. 257–258.

745 So ist der Artikel »Kriegserntedank 1942« in der PZ vom 4.10.1942, Titelseite, identisch mit dem Artikel »Kriegs-Erntedanktag« im WbLBsch Ostpreußen vom 3.10.1942, S. 609.

746 Diese Reden waren eingebunden in Zeitungsartikel, vgl. N. N.: Ostpreußens Bauerntum stand seinen Mann, in: KAZ vom 5.10.1942, unpag., sowie den Abschnitt »Landesbauernführer Spickschen spricht« in: N. N.: So half Ostpreußen beim Erntesieg, in: KAZ vom 4.10.1943, unpag.

747 Vgl. z.B. das Königsberger Tageblatt vom 12.3.1942, S. 3 (Artikel »In aller Offenheit über Sorgen und Nöte«).

748 Vgl. Erich Spickschen: Arbeitseinsatz im Osten, in: Reichsnährstand (Hg.): Der 4. Reichsbauerntag in Goslar vom 22.–29. November 1936, Berlin 1936, S. 239–247, ders.: Aufgaben der ostpreußischen Landwirtschaft, in: Odal. Monatsschrift für Blut und Boden 7 (1938), Heft 8, S. 598–602, und ders.: An das ostpreußische Landvolk, in: Ostpreußischer Bauernkalender 1940, S. 31.

749 Ders.: Das ostpreußische Bauerntum, in: Kurt Nester (Verantw.): Festschrift zum Gautag 1938 der NSDAP. 10 Jahre Gau Ostpreußen, Königsberg 1938, S. 67–72 .

750 Siehe den Abschnitt »Publikationen von Erich Spickschen« im Quellen- und Literaturverzeichnis. Ein Überblick über die Presseerzeugnisse des RNSt findet sich in: Adressenwerk 1937, Tl. IV (Die Ernährungs- und Landwirtschaft), S. 18.

wirtschaft. Bis 1908 freies Unternehmen, war sie danach Organ der Landwirtschaftskammer Ostpreußen, ab 1933 dann der Landesbauernschaft Ostpreußen. Es war einer reichsweiten Vereinheitlichung solcher Blätter geschuldet, dass die »Georgine«, nach einem Zwischenschritt im Jahr 1935, 1936 ein neues Format erhielt und in »Wochenblatt der Landesbauernschaft Ostpreußen« umbenannt wurde. Dies wurde in anderen Landesbauernschaften analog gehandhabt, jede Landesbauernschaft verfügte nun über ein »Wochenblatt«, das ihren Namen trug und ihr Gebiet abdeckte.[751]

Das »Wochenblatt der Landesbauernschaft Ostpreußen« war 1941 18 bis 22 Seiten stark und setzte sich, von Ausgabe zu Ausgabe unterschiedlich, aus verschiedenen Bausteinen zusammen: programmatisch-politische Artikel und Wochenüberblicke; amtliche Mitteilungen; Marktberichte; landwirtschaftspraktische Informationen; Rubriken des Reichsnährstandes und der »Landfrau«; Buchbesprechungen. Bilder, ein Fortsetzungsroman und Rubriken, die einen regen Austausch mit der Landbevölkerung suggerierten (Rubrik »Frage und Antwort«), dienten der Auflockerung.[752] Im Herbst 1942 erhielt das »Wochenblatt der Landesbauernschaft Ostpreußen«, wenn auch nur als Untertitel, den früheren Namen »Georgine« zurück, angeblich auf Initiative Spickschens bei Reichsbauernführer Backe. Spickschen verwies in diesem Zusammenhang darauf, dass so der Leserschaft besondere Freude verschafft würde, denn der Name »Georgine« sei auch nach der Umbenennung 1936 lebendig geblieben.[753] Dies und die behutsamen, nur schrittweise erfolgten Umbenennungen der Zeitschrift insgesamt lassen vermuten, dass die Landesbauernschaft Ostpreußen in dieser symbolischen Frage auf den Widerwillen der ostpreußischen Landbevölkerung gestoßen war und diesen zu kanalisieren und abzuschwächen suchte.

Vergleichbar mit anderen Wochenblättern, kostete das »Wochenblatt der Landesbauernschaft Ostpreußen« zur Kriegszeit als einzelne Ausgabe zwanzig

751 Vgl. Erich Spickschen: An das ostpreußische Landvolk, in: WbLBsch Ostpreußen vom 3.1.1936, Titelseite; vgl. auf derselben Seite des »Wochenblatts« auch den Artikel »Die Georgine im neuen Jahr«. Vgl. zudem Franz Hartmann: Die statistische und geschichtliche Entwicklung der NS-Presse. 1926–1936, [München 1936], S. 480 (zit. Hartmann: NS-Presse); Hartmanns Studie blieb unveröffentlicht, sie ist überliefert in: BArch, NS 26/2307. Offenbar hatte Darré Anfang 1935 angeordnet, die Publikationsorgane der Landesbauernschaften zu vereinheitlichen. Die »Georgine« wurde zum 1.4.1935 zunächst in »Wochenblatt der Landesbauernschaft Ostpreussen, vorm. Georgine« umbenannt, wobei der Schriftzug »Georgine« graphisch noch dominant erschien. In der ersten Zeit nach der Umbenennung in »Wochenblatt der Landesbauernschaft Ostpreußen« erschien weiterhin »vorm. Georgine« im Titel, nun jedoch war »Wochenblatt« dominant, vgl. das WbLBsch Ostpreußen vom 21.8.1936, Titelseite.

752 Vgl. hierzu den Jahrgang 1941 des WbLBsch Ostpreußen.

753 Vgl. Erich Spickschen: Meldung an die Leser der »Georgine«, in: WbLBsch Ostpreußen vom 31.10.1942, S. 669.

Pfennig, im vierteljährlichen Abonnement 1,18 Reichsmark. Es erschien in der Königsberger Zweigstelle der Reichsnährstand Verlags-GmbH und wurde von der Ostdeutschen Verlagsanstalt und Druckerei GmbH gedruckt.[754] Damit war das »Wochenblatt« auch Teil der in mancher Hinsicht spezifischen Landschaft der Presseerzeugnisse im nationalsozialistischen Ostpreußen: Wer immer das »Wochenblatt« kaufte, förderte damit die Erich-Koch-Stiftung, denn die erwähnte Druckerei gehörte zur berüchtigten Stiftung des Gauleiters Ostpreußens. Unter deren Mantel wurden von Koch und seinen Helfershelfern Unternehmen vieler Branchen aus seinem Machtbereich aufgesaugt, darunter der Löwenanteil der Verlage und Druckereien Ostpreußens. In Ostpreußen vollzog sich somit unter dem Mantel der Erich-Koch-Stiftung ein Prozess, der auch reichsweit zu beobachten war, dort allerdings im Wesentlichen durch den Eher-Verlag vorangetrieben wurde. Der Zeitungsmarkt wurde konzentriert, weil manche Zeitungen, teils unter Zwang, miteinander fusionierten, während andere Blätter schlicht verschwanden. Dazu trug zum Beispiel die auf Seiten des agrarisch-konservativen Milieus und der Landesbauernschaft stehende »Ostpreußische Zeitung« bei, die die Erich-Koch-Stiftung 1934 aufkaufte und noch im selben Jahr eingehen ließ. Der zur Erich-Koch-Stiftung gehörende Sturmverlag stieg im Zuge dessen zum wichtigsten Verlag Ostpreußens auf, seine Zeitungen – unter anderem die »Preußische Zeitung« – erreichten 1939 eine Gesamtauflage von annähernd 179.000 Exemplaren.[755]

Gleichwohl war die Landesbauernschaft Ostpreußen durch die Königsberger Zweigstelle des Reichsnährstands-Verlags in einer etwas unabhängigeren Position.[756] Die Auflage ihres Publikationsorgans schwankte und lag dabei lange in derselben Größenordnung wie in der Weimarer Zeit: als allerdings zwei Mal pro Woche erscheinende »Georgine« 61.050 im März 1930 und 53.567 im November 1935, als wöchentlich herausgegebenes »Wochenblatt der Landesbauernschaft Ostpreußen« im zweiten Vierteljahr 1937 58.350, im zweiten Vierteljahr 1939 dann 68.173.[757] Im Laufe des Krieges soll die Auflagenhöhe indes bis Sommer 1944 auf 105.000 gestiegen sein.[758] Um die Zeit des Kriegsbeginns 1939 gehörte

754 Vgl. das WbLBsch Ostpreußen vom 1. 1. 1944, Impressum, und Langthaler: Massenmedien, S. 53.

755 Vgl. Rohrer: Macht, S. 296 sowie S. 401–407, zudem ders.: Wachstum, S. 77–112.

756 Der Verlag wurde am 1. 4. 1935 aus der LBsch Ostpreußen ausgegliedert und als GmbH unter das Dach des Reichsnährstands-Verlags (Zweigniederlassung Ostpreußen, Königsberg) gezogen, vgl. Hartmann: NS-Presse, S. 480, sowie z. B. das WbLBsch Ostpreußen vom 27. 7. 1940, Titelseite (Titelkopf).

757 Vgl. die Georgine vom 15. 4. 1930, Titelseite (Titelkopf), und vom 31. 12. 1935, Titelseite (Titelkopf), sowie das WbLBsch Ostpreußen vom 17. 9. 1937, Titelseite (Titelkopf), und vom 9. 9. 1939, Titelseite (Titelkopf).

758 So die unbelegten Angaben im Ostpreußenblatt vom 11. 1. 1969, S. 15 (Artikel »Nur die ›Georgine‹ durfte ihren Namen wieder führen«). In der Kriegszeit entfiel die Angabe der

das »Wochenblatt der Landesbauernschaft Ostpreußen« damit zu den auflagenstärksten Blättern der Provinz, hinter der »Preußischen Zeitung« (74.000), aber vor der »Königsberger Allgemeinen Zeitung« (54.155) und dem »Königsberger Tageblatt« (31.827), die freilich allesamt täglich erschienen.[759]

Erich Spickschens publizistische Präsenz war also nicht nur im Wesentlichen auf landwirtschaftliche Presseerzeugnisse beschränkt, sondern weitgehend auch auf seinen territorialen Zuständigkeitsbereich, das Gebiet der Landesbauernschaft Ostpreußen. Dieses Gebiet wurde infolge der Expansion des Deutschen Reichs ab September 1939 erweitert, und entsprechend wurde auch Spickschens Publikationsgebiet um Ableger des »Wochenblattes der Landesbauernschaft Ostpreußen« erweitert. Von April 1942 bis 1945 richtete sich das Blatt »Tygodnik rolniczy Zichenau. Landwirtschaftliches Wochenblatt für Zichenau« wöchentlich an polnische Landwirte mit dem Ziel, im neugeschaffenen Regierungsbezirk Zichenau die landwirtschaftliche Produktion zu steigern.[760] Druckerzeugnisse der Landesbauernschaft Ostpreußen waren damit nun auch in einem Gebiet erhältlich, das angeblich in dieser Hinsicht bislang noch kaum erfasst worden war. In der Zeit der polnischen Herrschaft, vor Überfall und Eingliederung durch das Deutsche Reich, soll es im Gebiet des Regierungsbezirks Zichenau sogar weder eine Zeitung noch eine Druckerei gegeben haben. Die nationalsozialistischen Presseerzeugnisse, die sich anfangs an die wenigen »Volksdeutschen« richteten, entwickelten sich nur langsam. Zunächst erschien ab 1940 die »Wochenzeitung für die deutschen Ostgebiete«, die bald »Deutsche Ostwacht« hieß. Hinzu kam als Nebenausgabe zur »Allensteiner Zeitung«, dem amtlichen Organ der NSDAP, die »Zichenauer Zeitung«. Im April 1942 wurden die beiden Zeitungen zu einer eigenständigen Tageszeitung unter dem Namen »Deutsche Ostwacht – Zichenauer Zeitung« fusioniert, wiederum als amtliches Parteiorgan.[761] Diese Publikation und jene der Landesbauernschaft sorgten mithin ab April 1942 dafür, dass sämtliche Bevölkerungsteile gleich welcher Sprache im Regierungsbezirk Zichenau mit Informationen und nationalsozialistischer Propaganda versorgt werden konnten. Im Januar 1943 soll darüber hinaus ein

Auflage, die zuvor in der »Georgine« und im »Wochenblatt der Landesbauernschaft Ostpreußen« jeweils auf der Titelseite abgedruckt worden war.

759 Vgl. Institut für Zeitungswissenschaft der Universität Berlin (Hg.): Handbuch der deutschen Tagespresse, 7. Aufl., Leipzig 1944, S. 168–169 (zit. Handbuch deutsche Tagespresse 1944). Die Auflagenhöhen der Tageszeitungen beziehen sich auf September 1939.

760 Vgl. Erich Spickschen: Zum Geleit, in: Gaspadar vom 5.4.1942, Titelseite. Der Erscheinungszeitraum ist in der Zeitschriftendatenbank nachgewiesen, vgl. <http://dispatch.opac.dnb.de> [23.9.2013].

761 Vgl. N. N.: Die Presse des Regierungsbezirks Zichenau, in: Ostland 21 (1940), Nr. 18, S. 442–443, sowie Handbuch deutsche Tagespresse 1944, S. 166.

wiederum »Landwirtschaftliches Wochenblatt für Zichenau« genanntes Blatt erschienen sein, das sich an »volksdeutsche« Landwirte gerichtet habe.[762]

Auch auf den Bezirk Bialystok dehnten sich die Publikationen der Landesbauernschaft Ostpreußen aus: Mit dem gleichen Ziel wie »Tygodnik rolniczy Zichenau« wandte sich von Mai 1942 bis 1944 die Wochenzeitschrift »Gaspadar / Rolnik / Der Landwirt. Ausgabe für den Bezirk Bialystok« an Landwirte polnischer und weißruthenischer Sprache;[763] in Bialystok (Białystok) wurde Anfang 1944 auch eine Zweigstelle des Reichsnährstands-Verlags gegründet.[764] Eine derartige Anpassung an die Sprachstruktur des Gebietes einer Landesbauernschaft gab es auch bei Wochenblättern anderer Landesbauernschaften, so etwa bei der in slowenischer Sprache verfassten »Oberkrainer Beilage« im »Wochenblatt der Landesbauernschaft Kärnten«, das auch in den ab 1941 unter deutscher Zivilverwaltung stehenden Gebieten in Kärnten und Krain herausgegeben wurde.[765]

Die Veröffentlichungen des Landesbauernführers erfolgten in sehr unterschiedlichen Formaten: In gleichsam programmatischen Texten wurden grundsätzliche Ausführungen zu ideologischen, politischen und landwirtschaftlichen Fragen niedergelegt.[766] Daneben gab es zu bestimmten Ereignissen in jedem Jahr erscheinende Texte, so zur Ostmesse, die im August stattfand, sowie einen weihnachtlichen Gruß an das ostpreußische Landvolk. Diese waren eher feierlich gehalten, führten jedoch auch politische Botschaften mit sich.[767] Gleiches galt für Texte, die im September oder Oktober zum jährlichen Erntedankfest erschienen – jenem Fest also, bei dem das nationalsozialistische Regime, ob auf Reichsebene in Bückeberg oder bei Veranstaltungen in den Landesbauernschaften, das Idealbild der Bauern als Grundlage der nationalsozia-

762 Vgl. den Hinweis im WbLBsch Ostpreußen vom 9.1.1943, S. 16 (Artikel »Landwirtschaftliches Wochenblatt für Zichenau«). Offenbar sind von dieser Zeitschrift keine Exemplare überliefert.

763 Vgl. Erich Spickschen: Geleitwort, in: Gaspadar vom 3.5.1942, Titelseite. Der Erscheinungszeitraum ist in der Zeitschriftendatenbank nachgewiesen, vgl. <http://dispatch.opac.dnb.de> [23.9.2013].

764 Vgl. das WbLBsch Ostpreußen vom 15.1.1944, S. 25 (Artikel »Geschäftsstelle Bialystok des Reichsnährstandsverlages«). Neben der Wochenzeitung wurden hier auch Kalender in polnischer und weißruthenischer Sprache veröffentlicht.

765 Vgl. die »Oberkrainer Beilage« im WbLBsch Kärnten vom 2.1.1943, zudem Erker: Maria Theresia, S. 616.

766 Dies gilt v.a. für diese Artikel Erich Spickschens: Arbeitseinsatz im Osten, in: WbLBsch Ostpreußen vom 24.12.1936, S. 2152–2154; Das ostpreußische Bauerntum, S. 67–72; Ostpreußen als Beispiel für künftige Aufgaben, in: Nationalsozialistische Landpost vom 18.10.1940, S. 5; 1933–1945 – Der Führer wies den Weg. Zehn Jahre Aufstieg der ostpreußischen Landwirtschaft, in: WbLBsch Ostpreußen vom 30.1.1943, Titelseite und S. 58–59.

767 Vgl. z.B. Erich Spickschen: Kriegserntedanktag, in: WbLBsch Ostpreußen vom 5.10.1940, S. 615–616.

listischen Gesellschaft inszenierte. Hier wurde die ideologische Aufwertung des »Bauernstandes« und die Stilisierung der Bauern als Helden geradezu zelebriert.[768]

Darüber hinaus wurden, vor allem während der Kriegszeit, unter dem Namen des Landesbauernführers zahlreiche Befehle, Anweisungen, Aufrufe und sonstige Bekanntmachungen für die ländliche Bevölkerung vermittelt.[769] Und schließlich gehörte es zur Kommunikation des Landesbauernführers, Verstorbene in Nachrufen und Todesanzeigen zu würdigen, in der Regel ehemalige Mitarbeiter aus dem Kreis der Landesbauernschaft.[770]

Die Veröffentlichung politisch relevanter Artikel Erich Spickschens setzte im April 1934 ein, als er bereits als Landeshauptabteilungsleiter I in der Führung der Landesbauernschaft Ostpreußen tätig war. Die Zahl seiner Veröffentlichungen stieg mit Aufnahme seiner Tätigkeit als Landesbauernführer insbesondere im Jahr 1936 an, ging jedoch in den Folgejahren wieder zurück. In den Kriegsjahren war Spickschen öffentlich insgesamt präsenter als in den Friedensjahren, vor allem im Jahr 1940. Dazu trug nicht zuletzt eine verstärkte Berichterstattung über seine Reden und Vorträge bei.[771]

Wie und unter Beteiligung welcher Personen kamen die Texte Erich Spickschens zustande? Der Arbeitsprozess ist im Einzelnen nicht bekannt. Neben Spickschens Eigenanteil ist zunächst ein gewisser Einfluss seiner Frau Gerda Ursula zu vermuten, und wenn auch nur durch Gegenlesen oder Korrektur. Ganz abge-

768 Vgl. z. B. Erich Spickschen: Zum sechsten Kriegs-Erntedanktag, in: WbLBsch Ostpreußen, 30. 9. 1944, Titelseite und S. 354. Vgl. allgemein Gesine Gerhard: Das Bild vom Bauern in der modernen Industriegesellschaft (S. 116–119), sowie Daniela Münkel: Das Bild vom Bauern im Nationalsozialismus und der DDR – zwischen Herrschaftslegitimation und Identitätsstiftung (S. 131–136), beide in: Dies./Frank Uekötter (Hg.): Das Bild des Bauern. Selbst- und Fremdwahrnehmungen vom Mittelalter bis ins 21. Jahrhundert, Göttingen 2012. Zu den Reichserntedankfesten vgl. Anette Blaschke: Die Reichserntedankfeste vor Ort. Auf der »Hinterbühne« einer nationalsozialistischen Masseninszenierung, in: Dietmar von Reeken/Malte Thießen (Hg.): »Volksgemeinschaft« als soziale Praxis. Neue Forschungen zur NS-Gesellschaft vor Ort, Paderborn/München/Wien u. a. 2013, S. 125–141, und Stefan Winghart (Hg.): Die Reichserntedankfeste auf dem Bückeberg bei Hameln. Diskussion über eine zentrale Stätte nationalsozialistischer Selbstinszenierung, Hameln 2010, dort vor allem Detlef Schmiechen-Ackermann: Inszenierte »Volksgemeinschaft«: Das Beispiel der Reichserntedankfeste am Bückeberg 1933–1937 (S. 10–19). Einen Eindruck über die Bilder, die mit den Reichserntedankfesten verbunden waren beziehungsweise durch diese produziert wurden, vermittelt Bernhard Gelderblom: Die Reichserntedankfeste auf dem Bückeberg 1933–1937, 2., geänderte Aufl., Hameln 2008.

769 Vgl. Erich Spickschen: Aufruf! Beschäftigt verheiratete Gutsangestellte!, in: WbLBsch Ostpreußen vom 6. 5. 1938, S. 680.

770 Vgl. zum Beispiel das WbLBsch Ostpreußen vom 2. 12. 1944, S. 427, eine Todesanzeige für Wilhelm Engels, den gefallenen Leiter der Abteilung I B (LHA I) der LBsch Ostpreußen, mit einigen persönlichen Worten Erich Spickschens.

771 Dies zeigt etwa ein Vergleich der Jahrgänge 1937 und 1940 des WbLBsch Ostpreußen.

sehen von ersten publizistischen Gehversuchen rein landwirtschaftlicher Art in der Mitte der 1920er-Jahre,[772] kannte sie sich mit dem Verfassen propagandistischer Artikel bestens aus: Lange vor ihrem Mann, schon vor 1933, war Gerda Ursula Spickschen mit solchen Presseartikeln in Erscheinung getreten. Absolut treu gegenüber Regime und »Führer«, legte sie in diesen Texten unzweideutige Bekenntnisse zum Nationalsozialismus ab. Sie reproduzierte dabei, neben ganz auf die bäuerliche Praxis und bäuerliches Brauchtum bezogenen Artikeln, wie es dem Aufgabenbereich einer Leiterin der Abteilung I C in der Landesbauernschaft entsprach, im Laufe der Jahre immer wieder Kernelemente nationalsozialistischer »Blut-und-Boden«-Ideologie. Zwar gab es, im Gegensatz zu ihrem Ehemann, über sie kaum eine Berichterstattung, da sie in keiner vergleichbar bedeutenden Funktion war. Andererseits erschienen ihre Artikel etwa zur Hälfte auch in reichsweit erhältlichen Publikationen und erreichten damit gelegentlich enorme Reichweiten.[773] Den Höhepunkt in dieser Hinsicht stellte ihr Durchhalte-Artikel »Wir Landmütter« dar: Er erschien Mitte Mai 1943 auf der Titelseite aller Wochenblätter der Landesbauernschaften,[774] was insgesamt einer Auflage in Millionenhöhe entsprochen haben dürfte. Hintergrund dessen war, dass im April 1943 die Wochenblätter der Landesbauernschaften vereinheitlicht und verschlankt worden waren: Die ersten sechs Seiten wurden nun zentral gestaltet, vier weitere von den jeweiligen Landesbauernschaften. Hinzu kamen zwei Anzeigenseiten, so dass der Umfang insgesamt bei zwölf Seiten lag.[775]

Für seine Publikationen konnte Spickschen auf den Apparat seiner Landesbauernschaft zurückgreifen. Zur Verwaltungshauptabteilung gehörend, umfasste die für Propaganda zuständige Abteilung IVC auch das Pressewesen. Innerhalb der Abteilung gab es Unterabteilungen, 1937 etwa die Unterabteilungen I (»Rundfunk, Presse«), II (»Werbung und Ausstellungswesen«), III (»Marktaufklärung«), IV (»Schrifttum und Verlagswesen«) sowie V (»Archiv und Bibliothek«). Geleitet wurde die Abteilung zunächst von Ewald Goldmann, einem 1899 geborenen »Alten Kämpfer« und Redakteur mit einiger fachlicher Erfahrung.[776] Nachdem Ende September 1938 der vier Jahre jüngere Dr. Walter

772 Vgl. Gerda Ursula Spickschen: Ein Weg, die Widerstandsfähigkeit und Leistung der »Landhühner« zu heben, in: Land und Frau 10 (1926), Nr. 46, S. 730–731.

773 Für eine Auswahl dieser Publikationen siehe im Quellen- und Literaturverzeichnis die Auflistung unter »Publikationen von Gerda Ursula Spickschen«.

774 Vgl. Gerda Ursula Spickschen: Wir Landmütter, in: WbLBsch Ostpreußen vom 15.5.1943, Titelseite, wortgleich unter demselben Titel zu finden auch im WbLBsch Niederschlesien vom 15.5.1943, S. 281 (Titelseite), und im WbLBsch Salzburg vom 15.5.1943, S. 1 (Titelseite).

775 Vgl. den Hinweis im Artikel »Unser ›Wochenblatt‹«, in: WbLBsch Donauland vom 3.4. 1943, S. 219.

776 Vgl. Goldmanns »Fragebogen zur Bearbeitung des Aufnahmenantrages für die Reichsschrifttumskammer« vom 18.4.1943, BArch, BDC, RK/RSK II Ewald Goldmann (20.11.

Striewski, ein 1931 zur NSDAP gestoßener Diplom-Landwirt,[777] die Abteilung übernommen hatte, stand ab Juli 1939 der 38-jährige Wilhelm Engels an der Spitze der Abteilung IVC. Engels vereinigte beachtliche landwirtschaftliche, kaufmännische und werbefachliche Kompetenzen in sich.[778] Der Abteilung IVC entsprach auf Reichsebene im Verwaltungsamt des Reichsbauernführers die Innere Hauptabteilung C, die in der Friedenszeit von Roland Schulze, ab 1941 dann von Hanns Deetjen geleitet wurde.[779] Diese beiden Ebenen trugen beide gemeinsam und einander ergänzend zur Propaganda in den Landesbauernschaften bei. Ab Ende 1940 übermittelte die Reichsebene den Landesbauernschaften detaillierte monatliche Planungen für ihre Pressearbeit. War dies ein Schritt hin zu Zentralisierung und Vereinheitlichung, so forderte die Reichsebene von den Landesbauernschaften zugleich »eine möglichst umfangreiche Eigenarbeit, weil es nur durch diese möglich ist, die erforderliche Berücksichtigung örtlicher Gesichtspunkte zu erzielen.«[780] Den Landesbauernschaften wurden Materialien mit vielfältigen Informationen an die Hand gegeben, von »Blut-und-Boden«-Artikeln über Sprachregelungen zu politischen Ereignissen bis hin zur einheitlichen Propagierung der »Erzeugungsschlacht«. Zu den Aufgaben der Landesbauernschaften gehörte auch, die lokale und regionale Presse zu beobachten. Gegebenenfalls sollten dort Inhalte platziert werden, um so dem Gedanken des Bauerntums Geltung zu verschaffen.[781]

Aus der Abteilung IVC war für Spickschen ein Mann besonders wichtig: Hans

1899), unpag. Weiterführende Informationen zu Goldmann finden sich in der biographischen Skizze im Anhang.

777 Vgl. die DNdRN vom 29.10.1938, Sp. 724, und die biographische Skizze zu Striewski im Anhang; dort auch der Hinweis darauf, dass Striewski Ende 1941 zur Zentral-Handelsgesellschaft Ost für landwirtschaftlichen Absatz und Bedarf wechselte, einem wichtigen Instrument zur landwirtschaftlichen Ausbeutung eroberter sowjetischer Gebiete, vgl. Hans-Erich Volkmann: Ökonomie und Expansion. Grundzüge der NS-Wirtschaftspolitik. Ausgewählte Schriften, München 2003, S. 412.

778 Vgl. die DNdRN vom 15.7.1939, Sp. 486, Mentzel 1940, Tl. II, S. 86, sowie Engels' Karteikarte über seine NSDAP-Mitgliedschaft, BArch, BDC, NSDAP-Mitgliederkartei (Ortsgruppenkartei). Vgl. zudem die biographische Skizze zu Engels im Anhang.

779 Vgl. den Bericht über die vom 7.9.–16.10.1937 vorgenommene örtliche Prüfung der Oberrechnung in der LBsch Ostpreußen für die Rechnungsjahre 1935 und 1936, dort die Anlage B mit dem Geschäftsverteilungsplan der LBsch Ostpreußen (Stand 1.9.1937), BArch, R 2301/3590, unpag., den Ostpreußischen Bauernkalender 1937, S. 106, Mentzel 1940, Tl. II, S. 86, Mentzel 1941, Tl. II, S. 88, und Mentzel 1943, Tl. II, S. 74 und S. 92. Die Abt. IVC führte 1937 den Untertitel »Presse, Rundfunk, Aufklärung«, 1940 dann »Presse, Funk, Werbung und Aufklärung«. Nach der Umstrukturierung des RNSt im Jahr 1942 wurde daraus die Abt. »I B: Aufklärung« in der neuen LHA I.

780 Rundschreiben Deetjens (RBF, Verwaltungsamt, Abt. IVC) vom 29.11.1940 an die Landesbauernschaften, BArch, R 3601/2360, Bl. 30.

781 Vgl. die Anlage zum Schreiben des RBF (Verwaltungsamt) betr. »Anweisung für die Pressearbeit im Dezember 1940« vom 29.11.1940 an die Landesbauernschaften, BArch, R 3601/2360, Bl. 31–49.

Dullo, der verantwortliche Redakteur des »Wochenblattes der Landesbauernschaft Ostpreußen«. Erst 1937 zur NSDAP gekommen und zuvor in keiner anderen Partei, war Dullo seit Juni 1939 »Hauptschriftleiter«, wie der verantwortliche Redakteur in der nationalsozialistischen Zeit genannt wurde. Er fungierte zugleich als Pressereferent des Landesbauernführers und des Landes- beziehungsweise Provinzialernährungsamtes.[782] Dullo, 1899 geboren, stammte aus einer Bauernfamilie im ostpreußischen Kreis Labiau, wo er die Volksschule und Oberrealschule besucht hatte. Mit Erreichen der Obersekundareife 1916 begann er unverzüglich seine Tätigkeit bei der »Georgine«.[783] Im Oktober 1934 wurde Dullo zum stellvertretenden Schriftleiter ernannt; zum Schriftleiter und Pressereferenten des Landesbauernführers war damals der bereits erwähnte Ewald Goldmann erhoben worden.[784] Dullo arbeitete nicht nur für Spickschen, sondern publizierte auch selber. Unter seinem Namen erschienen Einzelpublikationen in der Königsberger Filiale des Reichsnährstands-Verlags,[785] und als Hauptschriftleiter des »Wochenblattes« verfasste Dullo zudem etliche Texte für die Ableger »Tygodnik« und »Gaspadar«, für deren Inhalt er wie beim »Wochenblatt« selber verantwortlich war.[786]

Dullos Karriere war mit dem Zusammenbruch des nationalsozialistischen Regimes durchaus nicht beendet: Anfang der 1950er-Jahre war er wieder als »Hauptschriftleiter« tätig, nunmehr für das »Landwirtschaftliche Wochenblatt für Westfalen und Lippe«.[787] Diese Nachkriegskarriere ist durchaus bemerkenswert, betrachtet man Dullos Texte aus nationalsozialistischer Zeit: Neben Überblicksartikeln, etwa zum »Aufbau der Landwirtschaft im Bezirk Bialystok«,[788] erschienen unter seinem Namen, und gerade in den »Wochenblatt«-Ablegern für den Regierungsbezirk Zichenau und den Bezirk Bialystok, auch Artikel reinster nationalsozialistischer Propaganda mit so aussagekräftigen

782 Vgl. den Antrag zur Bearbeitung der Aufnahme in die Reichsschrifttumskammer [vermutlich November 1941], BArch, BDC, RK/RSK II Hans Dullo (3.9.1899), unpag., und das WbLBsch Ostpreußen vom 31.5.1941, S. 402 (Artikel »25 Jahre Arbeit für die landwirtschaftliche Presse Ostpreußens«).

783 Vgl. das Dokument »Überleitung in die NStBO und Festsetzung des Besoldungsdienstalters« und den dortigen Lebenslauf Dullos, BArch, BDC, DS Hans Dullo (3.9.1899), unpag.

784 Vgl. die Georgine vom 5.10.1934, S. 814 (Artikel »Wechsel in der Leitung der Georgine«).

785 Vgl. z.B. Hans Dullo (Bearb.): Praktiker zur Erzeugungsschlacht. Hrsg. von der Landesbauernschaft Ostpreußen, Königsberg 1942, ders. (Bearb.): Die Landfrau in der Erzeugungsschlacht, Königsberg 1942, sowie ders.: Lustige Geschichten aus Ostpreußen. Neu bearb. von Hans Dullo. Zeichn. von Erich Birth, 4. Aufl., Königsberg 1943.

786 Vgl. Tygodnik vom 21.1.1945, S. 24 (Impressum), Gaspadar vom 16.7.1944, S. 334 (Impressum), sowie das WbLBsch Ostpreußen vom 1.1.1944, unpag. (Impressum).

787 Vgl. das Schreiben Dullos vom 16.11.1950 an Spickschen, NLA (Wolfenbüttel), 3 Nds. 92/1, Nr. 41277, unpag., sowie die biographische Skizze zu Dullo im Anhang.

788 Vgl. Hans Dullo: Aufbau der Landwirtschaft im Bezirk Bialystok, in: WbLBsch Ostpreußen vom 11.12.1943, Titelseite und S. 556.

Titeln wie »Gegen das internationale Judentum«.[789] Dullo war mithin kein in der Wolle gefärbter Nationalsozialist der ersten Stunde, sondern ein Agrarfunktionär, der seine Position offenbar problemlos in verschiedenen politischen Systemen halten und ausbauen konnte - auch wenn dies bedeutete, schärfste nationalsozialistische Propaganda unter die ländliche Bevölkerung zu bringen. Er steht damit auch für einen Funktionärstyp, der in der Landesbauernschaft Ostpreußen offenkundig nicht selten war.[790]

Die Propaganda von Landesbauernführer Spickschen, das wurde dargelegt, beruhte nicht zum Geringsten auf Personal, Organisation und Struktur der Landesbauernschaft Ostpreußen und des Reichsnährstandes insgesamt. Doch was war der Inhalt der Propaganda? Wie beschrieben, war nationalsozialistische Propaganda durchaus von der Aufnahme durch die Rezipienten her gedacht und keineswegs nur plumpe ideologische Indoktrination. Gleichwohl: Für einen hochrangigen Agrarfunktionär wie Spickschen war nationalsozialistische Weltanschauung, wie sie im Reichsnährstand herrschte, die inhaltliche Grundlage seiner Propaganda - quasi ein zentraler Pfeiler, um den herum andere Inhalte platziert werden konnten. Daher soll zunächst der »Blut-und-Boden«-Ideologie nach Maßgabe Darrés nachgegangen werden, um sodann im Lichte dessen die verschiedenen Inhalte der Propaganda Spickschens einordnen zu können.

4.2 Grundlage nationalsozialistischer Agrarpropaganda: Die Weltanschauung von »Blut und Boden«

»Weltanschauung« und der hier synonym verwendete Begriff der »Ideologie« kann definiert werden als die Vorstellung von der Welt als einem in sich folgerichtigen und schlüssigen Gedankengebäude, das keine größeren inneren Widersprüche aufweist.[791] Die Darstellung einer Weltanschauung ist dabei immer ein Konstrukt, das von der Quellenbasis und mithin auch von Quellenkritik und -interpretation abhängig ist.[792] Dessen eingedenk kann zunächst festgehalten

789 Vgl. ders.: Gegen das internationale Judentum, in: Tygodnik vom 10.1.1943, Titelseite und S. 10, wortgleich unter demselben Titel abgedruckt in Gaspadar vom 10.1.1943, Titelseite und S. 10. Vgl. auch ders: Nationalsozialistische Agrarpolitik, in: Königsberger Tageblatt vom 31.5.1940, S. 3.

790 Vgl. auch Kapitel 6.2 bzgl. des Personals der Rechtsabteilung der LBsch Ostpreußen.

791 So die einfache und praktikable Definition bei Eberhard Jäckel: Hitlers Weltanschauung. Entwurf einer Herrschaft, erw. und überarb. Neuausgabe, 4. Aufl., Stuttgart 1991, S. 23 (zit. Jäckel: Hitlers Weltanschauung).

792 Für instruktive quellenkritische Hinweise vgl. Frank-Lothar Kroll: Utopie als Ideologie. Geschichtsdenken und politisches Handeln im Dritten Reich, 2., durchges. Aufl., Pader-

werden, dass es nicht die eine, ausformulierte und allgemeingültige nationalsozialistische Weltanschauung gab, sondern viele Nationalsozialisten mit unterschiedlichen und teils erheblich abweichenden Weltanschauungen. Allerdings lassen sich unabhängig von Personen bestimmte Grundstrukturen feststellen.[793] Das Gesamt dieser Grundstrukturen und Vorstellungen mag als »nationalsozialistische Weltanschauung« bezeichnet werden.

Landesbauernführer Spickschen leistete sicherlich keinen eigenen substantiellen Beitrag zur nationalsozialistischen Weltanschauung. Er gehörte zu jenen hochrangigen Nationalsozialisten, die sich Elemente dieser Weltanschauung individuell aneigneten und diese reproduzierten. Es gab überhaupt nur einige wenige Nationalsozialisten, bei denen eine halbwegs kohärente, auch aus eigenen, originären Bestandteilen aufgebaute Weltanschauung mit einem hinreichenden Maß politischen Einflusses im »Dritten Reich« verknüpft war: Hitler, Himmler, Goebbels, Rosenberg und nicht zuletzt Darré zählen zu ihnen.[794]

In den 1920er-Jahren waren die Nationalsozialisten nur eine Gruppierung unter vielen innerhalb der völkischen Bewegung. Mit den anderen Gruppierungen verband sie ein Kern an Überzeugungen, der auch in den programmatisch unterschiedenen Richtungen innerhalb der NSDAP unbestritten war. Zu diesem Kern gehörten nicht zuletzt: die Überzeugung von der Richtigkeit des Sozialdarwinismus, das heißt die Überzeugung, dass der Stärkere sich gegen den Schwächeren durchzusetzen habe; die Überzeugung, dass das deutsche Volk Lebensraum im Osten erobern müsse; Antisemitismus. Schon 1920 hatte sich die NSDAP das für unabänderlich erklärte 25-Punkte-Programm gegeben. Mit dem Aufstieg Adolf Hitlers vom »Trommler« zum »Führer« stieg die Bedeutung seiner weltanschaulichen Ausführungen. Zu den Säulen seiner Weltanschauung gehörte, die Geschichte als eine Geschichte von »Rasse«-Kämpfen zu betrachten. Nur der »Arier« sei zu menschlicher Kultur fähig; diametral stehe ihm der Jude gegenüber. Zunächst sollten die »arischen« Deutschen gleichsam als Kern der »Arier« in ihrem Siedlungsgebiet vereint, dann die Reinheit der »Rasse« erhöht und sie sodann aufgerüstet werden. Um künftige Generationen der »rassereinen Arier« zu sichern, gelte es, neuen Lebensraum zu erobern – Lebensraum im

---

born/München/Wien u.a. 1999, S. 24–25, S. 29, S. 101, S. 158–159, S. 210–211 und S. 259 (zit. Kroll: Utopie).

793 Vgl. Manuel Becker/Stephanie Bongartz: Einleitung, in: Dies. (Hg.): Die weltanschaulichen Grundlagen des NS-Regimes. Ursprünge, Gegenentwürfe, Nachwirkungen. Tagungsband der XXIII. Königswinterer Tagung vom Februar 2010, Berlin 2011, S. 4.

794 Vgl. Kroll: Utopie, passim. Einen Überblick über die Weltanschauungen führender Nationalsozialisten und »völkischer Denker« insgesamt bietet Stefan Breuer: Ordnungen der Ungleichheit – die deutsche Rechte im Widerstreit ihrer Ideen 1871–1945, Darmstadt 2001 (zit. Breuer: Ordnungen).

Osten. Der Weg dorthin führe über einen Kampf mit den fundamentalen Gegnern, mit dem Judentum und dem Marxismus.[795]

Die Propaganda des Landesbauernführers Spickschen aber ruhte, und das galt wohl für die meisten nationalsozialistischen Agrarfunktionäre, vor allem auf den weltanschaulichen Grundlagen auf, die Richard Walther Darré entwickelt hatte. Darré war 1895 in Argentinien in eine deutsch-schwedische Kaufmannsfamilie geboren worden, mit der er 1905 nach Deutschland kam. Nach einer Zeit der beruflichen Suche vor und nach seiner Teilnahme am Ersten Weltkrieg nahm er ein Studium der Landwirtschaft auf, das er 1925 als Diplom-Landwirt abschloss. Im Zuge dessen hatte er sich insbesondere mit der Vererbungslehre befasst. Der Berufseinstieg wollte zunächst nicht recht gelingen, so auch bei einer Tätigkeit für die Landwirtschaftskammer Ostpreußen im Jahr 1929; Darré reiste ins Baltikum und nach Finnland mit dem Auftrag, dort den Absatz von Agrarprodukten zu fördern. Doch schon bald, 1929/1930, gelangte er zur NSDAP. Er sollte sich bei der aufstrebenden politischen Kraft nicht nur als fähiger Organisator erweisen, dem man für den Aufstieg der NSDAP im agrarischen Milieu erheblichen Einfluss zuschreiben darf: Sich seit 1927 im Umfeld der »Nordischen Bewegung« tummelnd, brachte Darré auch eine eigene Weltanschauung mit, die er bis 1930 in Publikationen mit bezeichnenden Titeln wie »Das Bauerntum als Lebensquell der Nordischen Rasse«[796] und »Neuadel aus Blut und Boden«[797] niederlegte. Und auch weil Darré Weltanschauung und organisatorische Leistungsfähigkeit vereinte, erlangte seine Weltanschauung reale Wirkungskraft. Dies wurde unter anderem sichtbar in der SS, zu der Darré ab 1931 als Leiter des Rasse- und Siedlungsamtes (später RuSHA) eine personelle Brücke schlug und deren Weltanschauung in weiten Teilen kongruent mit der im Reichsnährstand vertretenen war.[798]

Darrés Weltanschauung[799] gründete auf der Überzeugung, dass die »nordische Rasse« im intellektuellen und kulturellen Bereich Leistungen erbringe, die

795 Vgl. ders.: Die Völkischen in Deutschland. Kaiserreich und Weimarer Republik, Darmstadt 2008, S. 147–264 (zit. Breuer: Die Völkischen), sowie Uwe Puscher: Ein Volk, ein Reich, ein Gott. Völkische Weltanschauung und Bewegung, in: Bernd Sösemann (Hg.): Der Nationalsozialismus und die deutsche Gesellschaft. Einführung und Überblick, München 2002, S. 25–41.

796 Richard Walther Darré: Das Bauerntum als Lebensquell der Nordischen Rasse, München 1929.

797 Richard Walther Darré: Neuadel aus Blut und Boden, München 1930.

798 Zur Biographie Darrés vgl. Corni/Gies: Blut und Boden, S. 17–18, sowie Gustavo Corni: Richard Walther Darré – Der »Blut-und-Boden«-Ideologe, in: Ronald Smelser/Enrico Syring/Rainer Zitelmann (Hg.): Die Braune Elite I. 22 biographische Skizzen, Darmstadt 1989, S. 15–27. Vgl. auch Stefan Breuer: Die »Nordische Bewegung« in der Weimarer Republik, in: ZfG 57 (2009), S. 485–509.

799 Die nun folgende Darstellung der Weltanschauung Darrés lehnt sich eng an an Kroll: Utopie, S. 155–205. Vgl. zudem Corni/Gies: Blut und Boden, S. 17–24.

anderen »Menschenrassen« überlegen seien. Diesen Ausgangspunkt dürfte Darré insbesondere dem Einfluss von Hans F. K. Günther, dem sogenannten »Rasse-Günther«, zu verdanken gehabt haben; Darré war auch Mitglied der »Nordischen Gesellschaft«, die Günthers Gedankenwelt nahestand.[800] Dabei verstand Darré, so das zentrale Postulat seiner Weltanschauung, die »nordische Rasse« nicht als kriegerische Nomaden, sondern sie war für ihn »eine *Bauernrasse*, bäuerliche Kultur die ihr gemäße Lebenswelt.«[801] Bei alledem argumentierte Darré in erster Linie biologisch: Es bedürfe der »Reinheit des Blutes«, wolle die »nordische Rasse« weiter Kulturschöpferin sein. Der Gegenbegriff zur »nordischen Rasse« war dabei, anders als etwa in Hitlers Dichotomie von »Arier« und »Jude«, das »Nomadentum«, zu dem Darré Juden, aber auch etwa Araber hinzurechnete. So schrieb er Nomaden jene negativen Eigenschaften zu, die andere Nationalsozialisten Juden unterstellten, nämlich dahingehend, dass sie vorhandene Werte ausbeuteten. Darré war Antisemit, doch war dies in seiner Weltanschauung weniger zentral als bei anderen führenden Nationalsozialisten.

In der Moderne war nach Darrés Weltanschauung die »nordische Rasse« zusehends degeneriert. Dieser Verfall hatte nach Darré jeweils dann eingesetzt, wenn die bäuerliche Grundlage zugunsten einer am Handel orientierten Grundlage aufgegeben worden war. Dabei wollte Darré einen als universell gültig erachteten Kreislauf erkannt haben: Wer die Bindung an den eigenen Boden löste, verminderte die Grundlage für die Gründung einer Familie und mithin für die Aufzucht der »nordischen Rasse«. Gingen aber die Geburtenrate und insgesamt die Wertschätzung für die Familie zurück, so würden sich »blutsmäßig« reine Nachkommen nicht gegen die Kräfte des Verfalls wehren können, und eine solcherart geschwächte »Rasse« sei dem Untergang geweiht.[802]

Insbesondere das 19. Jahrhundert galt Darré als Epochenwende, bei der das bis dahin noch weithin intakte Bauerntum der »nordischen Rasse« den Gesetzen des Handels unterworfen worden sei. Die Verschuldung der Bauern, eine massive Landflucht, der Niedergang des »Rassenniveaus« und das Auseinanderbrechen sozialer Beziehungen seien die wirtschaftlichen, bevölkerungspolitischen, volksbiologischen und sozialen Konsequenzen gewesen, für die Darré insbesondere die preußischen Reformen zu Beginn des Jahrhunderts verantwortlich machte. Dabei sah er drei Symptome des Zerfallsprozesses, nämlich im

800 Vgl. Kroll: Utopie, S. 160, sowie Elvira Weisenburger: Der »Rassepapst«. Hans Friedrich Karl Günther, Professor für Rassenkunde, in: Michael Kißener/Joachim Scholtyseck (Hg.): Die Führer der Provinz. NS-Biographien aus Baden und Württemberg, Konstanz 1997, S. 161–199. Günthers »Schaffen« wurde auch im »Wochenblatt« gepriesen, vgl. Johann von Leers: Wegbereiter des nordischen Gedankens und der Rasseforschung. Prof. Hans F. K. Günther 50 Jahre alt, in: WbLBsch Ostpreußen vom 15.2.1941, Titelseite und S. 123.

801 Kroll: Utopie, S. 162 [Kursivsetzung im Original].

802 Vgl. ebd., S. 173, sowie Breuer: Ordnungen, S. 362.

persönlichen Bereich den Individualismus, im politischen Bereich den Liberalismus und im wirtschaftlichen Bereich den Kapitalismus; die Großstadt war für ihn eine Art Brennspiegel all dieser Symptome. Von diesen Überlegungen leitete Darré die Konsequenz ab, dass – wenn eine bäuerliche Lebensform den Erfolg des »nordischen Menschen« bedingte und allein der Boden Quelle für gleichsam gesundes, will sagen: »erbgesundes« Blut sein konnte – es der politischen Führung oblag, das bäuerlich-ländliche Milieu zu pflegen oder gar erst wieder aufzubauen.[803]

Darrés Formel von »Blut und Boden«[804] bringt, wenn er sie selber auch nur abgeleitet und gleichsam »rassisch« gewendet hat, die wesentlichen Kerne dieser Konsequenzen auf den Punkt. Um die glorifizierte bäuerliche Lebenswelt der Vormoderne auf höherem Niveau wiederherzustellen, wählte Darré zwei zentrale Ansatzpunkte: Einer war der Boden, der mit dem Bauern, seiner Familie und seiner »Sippe« verbunden sein musste, untrennbar, unteilbar, unbelastbar und unveräußerlich – das Reichserbhofgesetz war Ausdruck dieses vorgeblichen Rekurses auf altgermanisches Anerbenrecht. Zweitrangig für Darré war gegenüber dieser »Schollenbindung« die Aufgabe des Bauerntums, die Ernährung des Volkes zu sichern und damit für Autarkie zu sorgen, bei aller praktischen Bedeutung. Wichtig ist hierbei, dass Darré mit dieser »Bodenpolitik« zunächst nicht die Idee verband, Lebensraum im Osten zu erobern. Vielmehr sollte das deutsche Volk erst in den eigenen Grenzen an den Boden gebunden werden. Die Eroberung von Lebensraum – und zwar nicht in Kolonien, sondern in slawisch bevölkerten Gebieten im Osten Kontinentaleuropas – nebst dortiger Ansiedlung lag für Darré in der fernen Zukunft.[805]

Darrés gleichsam »rassisch-agrarisch« gedachte Position zur Lebensraumfrage ähnelte damit unter den Konzeptionen führender Nationalsozialisten am stärksten jener Himmlers, wenngleich dieser im Zuge der Siedlungspolitik in seiner Funktion als RKF eine sehr viel konkretere und zeitlich weniger distanzierte Lebensraum-Politik konzipieren und mit all ihren grausamen Konsequenzen umsetzen sollte. Hitlers Position war demgegenüber stärker machtpolitisch gedacht, unter Betonung industrieller und wirtschaftlicher Aspekte. Rosenberg schließlich unterschied in seinem »Mythus des 20. Jahrhunderts«, anders als Himmler und Hitler, die slawischen Bevölkerungen in Osteuropa nach

803 Vgl. Kroll: Utopie, S. 188.

804 Für eine ausführliche Analyse dieses Begriffspaares vgl. Mathias Eidenbenz: »Blut und Boden«. Zu Funktion und Genese der Metaphern des Agrarismus und Biologismus in der nationalsozialistischen Bauernpropaganda R. W. Darrés, Bern/Berlin/Frankfurt a. M. u. a. 1993.

805 Vgl. Breuer: Ordnungen, S. 183–184, Kroll: Utopie, S. 191–194, sowie Andrea D'Onofrio: Rassenzucht und Lebensraum: zwei Grundlagen im Blut- und Boden-Gedanken von Richard Walther Darré, in: ZfG 49 (2001), S. 141–157.

ihrem »Rassenwert«. Er entwarf eine ebenso antisemitische wie antibolschewistische Konzeption, die Teile der slawischen Bevölkerungen aus der Sowjetunion herauslösen und an die Seite des Deutschen Reiches führen sollte; dem konnte, so Rosenbergs Konzeption, ein Eroberungskrieg gegen die Sowjetunion folgen.[806]

Der zweite Ansatzpunkt Darrés, und auch dafür steht exemplarisch das Reichserbhofgesetz, zielte auf den »rassisch-biologisch« gedachten »Schutz des Blutes«. Damit verband Darré verschiedene Aspekte: Zunächst generell die Idee der Züchtung, womit die »nordische Menschheit« auf ein höheres »rassisches« Niveau gebracht werden sollte. Gerade in diesem Bereich arbeitete Darré mit pseudo-wissenschaftlichen Mitteln, indem er zum Beispiel auf Basis der Vererbungslehre krude Analogieschlüsse von der Tierwelt auf die Menschenwelt zog. Die Aufzucht der »nordischen Rasse«, auch im Wege bäuerlicher Siedlung, sollte nach Darré bis in die Spitzen des Staatsaufbaus Folgen haben. So sollte es zur Bildung einer Elite kommen – personifiziert nicht im bisherigen, degenerierten Adel, sondern in einem auf der »Reinheit des Blutes« basierenden Neuadel. Aus dessen Reihen auch sollte mittels Führerauslese die Spitze des »rassisch« geordneten »Dritten Reiches« kommen.[807]

Vor dem Hintergrund der Weltanschauung Darrés soll nun die Propaganda des Landesbauernführers Spickschen betrachtet werden. Inwieweit lehnte diese sich an die nationalsozialistische Weltanschauung und in Sonderheit an die »Blut-und-Boden«-Ideologie Darrés an?

4.3 Mehr als »Blut und Boden«: Die Propaganda des Landesbauernführers Spickschen

In der Propaganda Erich Spickschens war der ideologische Anteil im Gewand von Darrés »Blut-und-Boden«-Lehre in den Jahren von 1935 bis 1938 besonders stark.[808] Selten aber erfolgte dies so konzentriert wie in einem Text aus Anlass der Ostmesse 1935, als Spickschen noch Landesobmann der Landesbauernschaft

806 Vgl. Zellhuber: Verwaltung, S. 25–55, mit einer eingehenden vergleichenden Darstellung diverser Ost- und Lebensraum-Konzeptionen, insbesondere jenen von Hitler, Himmler und Rosenberg.

807 Vgl. Kroll: Utopie, S. 194–197, sowie zu »Aufzüchtung« und Siedlung Mai: Rasse, S. 41–46.

808 Wie im Text schon erwähnt, beruht diese Analyse auf einem Korpus von Texten Erich Spickschens, die im Quellen- und Literaturverzeichnis unter »Publikationen von Erich Spickschen« aufgeführt sind, ergänzt durch einige Artikel, die Spickschens Propaganda widergaben, vgl. die entsprechende Auflistung in Kapitel 4.1. Im Folgenden werden nur spezielle Bezugnahmen nachgewiesen, allgemeine Aussagen über Spickschens Texte beziehen sich stets auf die Gesamtheit dieses Quellenkorpus.

Ostpreußen war. Das Bauerntum habe »neben der großen Aufgabe, die Ernährungsgrundlage für das ganze Volk zu bilden, seine höchste Sendung als ewiger Blutserneuerer der Nation«.[809] Und das bedeute: »Bauer mit vielen gesunden Kindern auf eigener Scholle, das ist das Ziel!«[810] Es bedürfe der »Hege und Pflege unseres Blutquells, des deutschen Bauerntums, auf daß wir wieder erbgesunde Stammväter und Stammütter für kommende Geschlechter erhalten«.[811] Dem »Erbgesunden« stellte Spickschen den Erbkranken gegenüber[812] und übertrug, ganz im Stile Darrés, Erkenntnisse aus der Tierzucht direkt auf den Menschen.[813]

Selbst in Kriegszeiten findet sich in Spickschens Propaganda die typische Akzentuierung Darrés, dem Aspekt der »Schollenbindung« und dem »Schutz des Blutes« eine etwas höhere Bedeutung als der Ernährungssicherung einzuräumen.[814] Allerdings wurde der »blutliche« Aspekt, vor allem in der Kriegszeit, immer seltener genannt, während die zur »Erzeugungsschlacht« verklärte Ernährungssicherung stets ihren Platz in der Propaganda hatte und im Krieg zum zentralen Thema aufstieg. Dann »Kriegserzeugungsschlacht« genannt, war dies eine typische Vokabel nationalsozialistischer Propaganda, die – analog zur »Arbeitsschlacht«, »Geburtenschlacht«, »Arbeitsfront« oder auch der »Nahrungsfreiheit« – einen positiv besetzten Begriff mit einem revolutionär-militaristischen Kampfbegriff verband. Im konkreten Fall lehnte sie sich an die 1925 von Benito Mussolini ausgerufene »battaglia del grano« (»Weizenschlacht«) an, das erste große Propagandaprojekt, das im faschistischen Italien mit staatlicher Förderung auf den Weg gebracht worden war.[815] Doch konnte zugleich mit

809 Erich Spickschen: Das ostpreußische Bauerntum auf der Ostmesse, in: Georgine vom 16.8. 1935, Titelseite.

810 Ebd., S. 676.

811 Ebd.

812 Ebd.: Der Zweck der Ausstellung sei es nicht, »dem einzelnen Beruhigung zu verschaffen über das Schicksal unseres Volkes, sondern ihn mitzureißen, den Willen zum Kinde wachzurufen, und zwar zum erbgesunden Kinde. Wir sehen voll Erschütterung an praktischen Beispielen, welch furchtbares Schicksal ein erbkranker Mensch über seine unglücklichen Nachkommen durch Generationen bereiten kann und wie diese Kranken als Hemmklotz von den Gesunden durchgeschleppt werden.«

813 Ebd.: »Auch dem Laien ist es klar, daß ein durch Generationen auf Robustheit und Leistung gezüchtetes Tier für die Volkswirtschaft erheblich mehr bedeutet, als ein zufälliges Vermehrungsprodukt. Um wieviel mehr muß nicht diese Erkenntnis auf den angewandt werden, um den sich hier auf Erden letzten Endes alles dreht, damit er wieder werde, was er war, die Krone der Schöpfung, der Mensch. Und wenn wir vom Bauern sprechen, meinen wir im tiefsten Sinne den deutschen Menschen überhaupt.«

814 Vgl. N. N.: Landesbauernführer Spickschen beim Landdiensttreffen, in: WbLBsch Ostpreußen vom 23.3.1944, Titelseite.

815 Vgl. Horst Dieter Schlosser: Sprache unterm Hakenkreuz. Eine andere Geschichte des Nationalsozialismus, Köln/Weimar/Wien 2013, S. 89–91 sowie S. 288 (zit. Schlosser: Sprache), Cornelia Schmitz-Berning: Vokabular des Nationalsozialismus, 2., durchges. und

solchen Ausdrücken zweifellos auch die gleichsam subkutan mitschwingende Leitmetapher vom sozialdarwinistisch gedachten »Leben als Kampf« aufgerufen werden.[816]

Ständiger Bestandteil der Propaganda Spickschens war die »Volksgemeinschaft«. Dies war nicht einfach ein bloßes Schlagwort, sondern ein Code für das jedenfalls postulierte, auf biologistischen Kriterien beruhende Ideal einer nationalsozialistischen Gesellschaftsordnung: die egalitäre Inklusion des deutschen »Volkes« bei Ausgrenzung jener, die nicht zu diesem »Volk« und dieser »Rasse« zu zählen seien.[817] Spickschen ging dabei von der Vorstellung aus, dass das Landvolk ein Block sei, der zusammen mit anderen Blöcken die »Volksgemeinschaft« bilde.[818] Die Idee der »Volksgemeinschaft« brach er sodann als »Landvolkfrage« auf die ländlich-bäuerliche Lebenswelt herunter. Dieser Begriff zog sich wie ein roter Faden durch die Texte des Landesbauernführers, der die »Landvolkfrage« das »für die ostpreußische Landwirtschaft das bei weitem wichtigste Problem«[819] nannte. Der Block »Landvolk« war hierbei einheitlich, aber aus verschiedenen gesellschaftlichen Teilen der ländlich-bäuerlichen Welt zusammengesetzt gedacht. Diese einzelnen Teile erhielten als solche in Spickschens Texten gesonderte Aufmerksamkeit.

In der gesamten Zeit seiner publizistischen Tätigkeit, vor allem aber von 1934 bis 1938, galt dies besonders für die Landarbeiter: Auch diese gehörten zum Landvolk – Vorbedingung freilich sei die »Weckung des Rasse- und Blutge-

überarb. Aufl., Berlin 2007, S. 210–212 (zit. Schmitz-Berning: Vokabular), sowie Wenke Nitz: Führer und Duce. Politische Machtinszenierungen im nationalsozialistischen Deutschland und im faschistischen Italien, Köln/Weimar/Wien 2013, S. 59.

816 Vgl. Christian A. Braun: Nationalsozialistischer Sprachstil. Theoretischer Zugang und praktische Analysen auf der Grundlage einer pragmatisch-textlinguistisch orientierten Stilistik, Heidelberg 2007, S. 248 (zit. Braun: Sprachstil).

817 Ganz abgesehen davon, dass »Volksgemeinschaft« in der Forschung als erkenntnisleitender Begriff genutzt wird, im Hinblick auf seine sozialpsychologische Wirkung und auf die Frage, inwieweit er in der sozialen Realität des Nationalsozialismus eine Entsprechung hatte. Vgl. Detlef Schmiechen-Ackermann: »Volksgemeinschaft«: Mythos der NS-Propaganda, wirkungsmächtige soziale Verheißung oder soziale Realität im »Dritten Reich«? Einführung, in: Ders. (Hg.): »Volksgemeinschaft«. Mythos, wirkungsmächtige soziale Verheißung oder soziale Realität im »Dritten Reich«? Zwischenbilanz einer kontroversen Debatte, Paderborn/München/Wien u.a. 2012, S. 13–46. Kritisch hierzu Hans Mommsen: Amoklauf der »Volksgemeinschaft«? Kritische Anmerkungen zu Michael Wildts Grundkurs zur Geschichte des Nationalsozialismus, in: NPL 53 (2008), S. 15–20. Vgl. zudem Armin Nolzen: Nationalsozialismus und »Volksgemeinschaft«. Plädoyer für eine operative Semantik, in: Dietmar von Reeken/Malte Thießen (Hg.): »Volksgemeinschaft« als soziale Praxis. Neue Forschungen zur NS-Gesellschaft vor Ort, Paderborn/München/Wien u.a. 2013, S. 51–63, und Frank Bajohr/Michael Wildt (Hg.): Volksgemeinschaft. Neue Forschungen zur Gesellschaft des Nationalsozialismus, Frankfurt a.M. 2009.

818 Erich Spickschen: Bauer und Landarbeiter, in: Georgine vom 28.9.1934, S. 799.

819 Ders.: Das ostpreußische Bauerntum, S. 71.

fühls.«[820] Wie erwähnt, war Spickschen mit der Situation der Landarbeiter bereits als Landeshauptabteilungsleiter I näher befasst; angesichts des Kompetenzengerangels zwischen Reichsnährstand und DAF um die Betreuung der Landarbeiter hatte Propaganda hier auch eine machtpolitische Funktion.[821] Beim 4. Reichsbauerntag hielt Landesbauernführer Spickschen am 24. November 1936 vor hochrangigen Vertretern des Reichsnährstandes in Goslar einen Vortrag, der die Behandlung des Themas »Landarbeiter«, aber auch dessen Verknüpfung mit anderen Themen der Propaganda beispielhaft zu erhellen vermag.[822] Spickschens Vortrag ging von der Aufgabe des Reichsnährstandes im nationalsozialistischen Staat aus, die »Nahrungsfreiheit des deutschen Volkes« zu erlangen.[823] Unter den Bedingungen des Vierjahresplanes müsse das Bauerntum, der »Blutsquell des Volkes«,[824] die landwirtschaftliche Produktion steigern – trotz Arbeitskräftemangels und spezifischer Erschwernisse in Ostpreußen wie dem verstärkten Einzug wehrfähiger Männer, der Abwanderung von Saisonarbeitern und der durch das Klima verkürzten Ernteperiode. Die Lösung hierfür liege in einer Aufwertung des Landarbeiters, gebe es doch eine »Geringschätzung der Landarbeit«:[825] »War es da ein Wunder, daß dem Landarbeiter das Gefühl für die inneren Werte der Arbeit auf der Scholle verlorenging, wo selbst der Landwirt und Bauer immer mehr dem liberalistischen Denken verfielen?«[826]

Die Frage der Abwanderung wird bei Spickschen so zu einem Problem der inneren Einstellung, wofür Marxismus, Gewerkschaften und der Liberalismus verantwortlich seien. Nötig sei ein »seelischer Umbruch des gesamten Berufsstandes«.[827] Konkret bedeute das: Der Landarbeiternachwuchs benötige eine bessere Ausbildung, Aufstiegschancen und eine gesicherte Altersversorgung; das wiederum erfordere sozialpolitische Maßnahmen wie etwa den Bau von Wohnungen. Zudem müsse der Landarbeiter Land und Vieh erhalten. All dies sei jedoch aus eigener Kraft der Landwirtschaft nicht zu stemmen, vielmehr bedürfe die ostpreußische Landwirtschaft der Hilfe, finanzieller Art und nicht zuletzt vonseiten des Reichs. Die Unterstützung durch den weiblichen Arbeits-

820 Ders.: Das ostpreußische Bauerntum auf der Ostmesse, in: Georgine vom 16. 8. 1935, S. 676.
821 Siehe Kapitel 2.1.
822 Der Vortrag wurde propagandistisch »zweitverwertet«, vgl. Erich Spickschen: Arbeitseinsatz im Osten, in: Reichsnährstand (Hg.): Der 4. Reichsbauerntag in Goslar vom 22.–29. November 1936, Berlin 1936, S. 239–247, und ders.: Arbeitseinsatz im Osten, in: WbLBsch Ostpreußen vom 24. 12. 1936, S. 2152–2154. Beim letztgenannten Artikel gab es freilich Kürzungen und Hinzufügungen.
823 Ders.: Arbeitseinsatz, S. 239.
824 Ebd., S. 243.
825 Ebd., S. 242.
826 Ebd.
827 Ebd., S. 243.

dienst oder auch den Landdienst der HJ sei begrüßenswert, aber nicht genügend. Alle arbeits-, aber nicht wehrfähigen Männer seien für zwei Jahre auf dem Land zu erfassen, ein stärkerer »Einsatz von Wehrmacht, Arbeitsdienst und den Organisationen der Partei« gerade zur Erntezeit sei nötig. Häufig auf den Sonntag beschränkt, sei solcher Ernteeinsatz möglicherweise nur ein »ethischer Wert«, aber: »Die Bedeutung der Landarbeit und des Bauerntums geht mehr und mehr auch den übrigen Volksteilen auf, und Stadt und Land rücken dadurch immer näher zusammen.«[828]

Spickschens Propaganda war bemüht, die bereits dargelegten realen Probleme der Landarbeiter und der Landwirtschaft nicht auszublenden. Hier aber war kurzfristig keine Besserung in Sicht, und so wich sie auf nicht-materielle Werte aus. Auf Aufstiegshoffnungen, auf »völkisches Sein« und auf »völkische Gesinnung«, um so den Landarbeiter in das Landvolk einzubinden und ihn damit wenigstens propagandistisch der »Volksgemeinschaft« auf dem Land zu erhalten, was ganz offensichtlich auch konkret gegen die Landflucht gerichtet war. Spickschen lag damit auf der Linie des 1934 eingesetzten Reichskommissars für Landarbeiter, Helmut Reinke, dem früheren Landesbauernführer der Landesbauernschaft Hamburg.[829]

Wie der Landarbeiter, so erhielt die Landfrau in den unter Spickschens Namen publizierten Propaganda-Texten große Aufmerksamkeit. Die Überlastung der Landfrauen war Realität, insbesondere zur Kriegszeit, und häufig Gegenstand nationalsozialistischer Propaganda.[830] Ihre Thematisierung in Spickschens Artikeln stieg in der Kriegszeit an und kulminierte in dem Text »Von der Berufung der Landfrau« vom Oktober 1943. Im Zeichen der totalen Kriegswirtschaft wurde dort das Hohelied auf die Landfrau gesungen, gleichviel ob sie Gutsfrau, Kleinbäuerin oder Frau des Landarbeiters war. Neben der Aufgabe als Mutter erfülle sie gegen die Widrigkeiten der Zeit – die Abwesenheit des Mannes, der als Soldat unter Waffen stand, die Führung des Hofes samt »fremdvölkischem« Personal, der Mangel – ihre Pflicht und erbringe ihre Leistung. Wie selten in der Propaganda Spickschens während des Krieges wurden hier nochmals wesentliche Formulierungsstanzen der »Blut-und-Boden«-Ideologie wiederholt, so beim Verweis auf vermeintliche »liberalistisch-städtische Einflüsse« und die Überwindung des Kapitalismus aus der »Systemzeit«.[831] Ideologische Inhalte so stark zu betonen, war hier freilich nicht unproblematisch. Denn die

828 Alle Zitate ebd., S. 246.

829 Programmatisch hierzu Helmut Reinke: Der deutsche Landarbeiter. Sein Kommen und Werden. Eine Vortragsfolge, Berlin 1935. Vgl. zudem Corni/Gies: Ernährungswirtschaft, S. 221.

830 Vgl. Sawahn: Frauenlobby, S. 433–434, sowie Münkel: Landfrau, S. 158.

831 Vgl. Erich Spickschen: Von der Berufung der Landfrau, in: WbLBsch Ostpreußen vom 9. 10. 1943, S. 470.

Situation vieler Landfrauen, ihr massiver Arbeitseinsatz auf den Höfen, war mit den der Landfrau zugedachten Aufgaben in der Weltanschauung von »Blut und Boden« kaum noch zu vereinbaren. Dieser Widerspruch wurde in Spickschens Artikel in damals typischer Weise aufgelöst, nämlich indem die gegenwärtige Situation als Ausnahmezustand verstanden wurde, während die »eigentlichen« Aufgaben der Landfrau als Ideal in die Zukunft projiziert wurden; nur die Not rechtfertige, Landfrauen in die totale Kriegswirtschaft einzubeziehen. Denn, so lautete der geradezu triumphierende Abschluss des Artikels:

> »Die höchste Sendung der Frau ist und bleibt, Mutter vieler Kinder zu sein und zu werden. Aufgabe der übrigen ist es, ihr durch Arbeit, durch direkte und indirekte Hilfe, die Möglichkeit dazu zu geben. Boden, Blut, Rasse und Arbeit sind die Grundfesten unseres Seins. Wer sie mißachtet, versündigt sich an der Volksgemeinschaft.«[832]

Propaganda und Ideologie dienten in der Kriegszeit auch dazu, von der gegenwärtigen, immer schlechter werdenden Lage abzulenken und durch die Aussicht auf eine »bessere« Zukunft zu motivieren. Viel weniger ideologisch, aber unverkennbar ebenfalls für die Motivation zum Durchhalten eingesetzt, hatte wenige Monate zuvor Spickschens Frau die Leistung der Landfrauen für das nationalsozialistische Regime gewürdigt, wie erwähnt auf dem Titelblatt sämtlicher Wochenblätter der Landesbauernschaften. Sie zeichnete das Bild einer durch die Abwesenheit der Männer von Arbeitslast gedrückten Landfrau, die unverzagt im tapferen, unbeirrbaren Dienst für den »Führer« ihre Höfe zu leiten und ihre Kinder zu opfern bereit ist. Sie schloss mit dem Gelöbnis, »weiterhin unser Teil zum endgültigen Siege zu leisten und still und treu wie bisher unsere Pflicht zu tun auf unserer Heimatscholle.«[833] Was solche Durchhalte-Artikel bewirkten, muss unklar bleiben. Jedenfalls aber spricht vieles dafür, dass die Zustimmung der Landfrauen zum Regime insgesamt hoch war, und vermutlich trug die Aufwertung der Bauern im Allgemeinen und der Landfrau im Besonderen dazu nicht unwesentlich bei. Eine Grenze fand diese Zustimmung dort, wo gegen tief eingeschliffene bäuerliche Traditionen verstoßen wurde. Die Erbfolgeregelungen des Reichserbhofgesetzes, die auf Kritik hin 1943 zugunsten weiblicher Familienmitglieder geändert wurden, sind ein Beispiel hierfür.[834]

Der Krieg veränderte Inhalt und Schwerpunkt der Propaganda. Gleichwohl zog sich auch in dieser Zeit die »Landvolkfrage« wie ein roter Faden durch die Propaganda Erich Spickschens. In dieser Frage räumte er 1943 sogar ein Versagen des Nationalsozialismus ein:

---

832 Beide Zitate ebd. Die Frage muss unbeantwortet bleiben, ob und inwieweit Gerda Ursula Spickschen an diesem Text mitgewirkt hat. Vgl. hierzu auch Münkel: Landfrau, S. 152.

833 Gerda Ursula Spickschen: Wir Landmütter, in: WbLBsch Ostpreußen vom 15.5.1943, Titelseite.

834 Vgl. Münkel: Landfrau, S. 162. Zum Reichserbhofgesetz siehe Kapitel 6.

»Wir wissen, daß das Landvolk ein untrennbares Ganzes ist, zusammengefaßt im Reichsnährstand, der alle betreut und in dem jeder Arbeiter an der Scholle, gleich ob Bauer, Landwirt oder Landarbeiter, gleich gewertet wird. Zu dieser Erkenntnis hat nicht zuletzt ein Problem beigetragen, dessen der Nationalsozialismus nicht Herr geworden ist, und das im Kriege auch nicht lösbar ist, sondern der Zeit nach dem Kriege vorbehalten bleiben muß. Ich meine das Landvolkproblem, in dem die Landflucht nur eine Erscheinungsform ist.«[835]

Auch hier bot die Aussicht auf die Zeit nach dem Krieg den einfachen Ausweg aus der Wirklichkeit. Gegen Ende des Zweiten Weltkrieges wurde aus der abstrakten »Volksgemeinschaft« eine sehr konkrete Realität, und aus der weltanschaulichen fixen Idee ein Mittel letzter Mobilisierung und Motivation – eine »Volksgemeinschaft« im Angesicht der für viele gleichen Not und des absehbaren Zusammenbruches. In Spickschens Texten waren »Front und Heimat« nun eine »unauflösbare Schicksalsgemeinschaft«,[836] und im Herbst 1944 beschwor er, als der Krieg mit Bombenangriffen auf Ostpreußen zurückfiel, den Zusammenhalt von Land und Stadt.[837] Auch jetzt noch war für ihn das deutsche Volk der Bezugspunkt, nicht der Einzelne: So wies er auf die Gefahr hin, dass vom »Einzelschicksal unserer Nächsten« der Blick auf die »Schicksalsgemeinschaft des Volkes« verstellt werden könne.[838]

Die Idee der »Volksgemeinschaft« hatte zwei Seiten. Inklusion brauchte Exklusion, die Abgrenzung gegen außen und den Ausschluss jener, die nicht zu dieser Gemeinschaft gehörten. Der Ausschlüsse von Teilen der Gesellschaft gab es viele, aus dem Berufsleben, vom kulturellen Leben oder eben verbaler Art wie in Propaganda-Artikeln. All diese Ausschlüsse machten den davon Betroffenen im nationalsozialistischen Deutschland das Leben von Tag zu Tag schwerer und erwiesen sich für viele als Stationen auf dem Weg zu Vertreibung und Ver-

835 Spickschen: Führer, S. 59.

836 Ders.: An das ostpreußische Landvolk!, in: WbLBsch Ostpreußen vom 27.9.1941, Titelseite.

837 Vgl. ders.: Ostpreußisches Landvolk!, in: WbLBsch Ostpreußen vom 2.9.1944, Titelseite.

838 Aus Spickschens Artikel »Zum sechsten Kriegs-Erntedanktag«, in: WbLBsch Ostpreußen vom 30.9.1944, S. 354: »So schön dieses Gemeinschaftshandeln gegenüber schwerbetroffenen Volksgenossen auch ist, es birgt in sich für das Landvolk eine Gefahr, die wir nicht übersehen dürfen: die Gefahr nämlich, daß wir unseren Blick zu sehr abwenden von der Schicksalsgemeinschaft des Volkes und ihn hinwenden zum Einzelschicksal unserer Nächsten. Wir dürfen nicht vergessen, daß die Pflichten des Landvolkes gegenüber dem Gesamtvolk heute noch viel größer geworden sind als bisher schon. Die großen Vorfelder deutschen Lebensraumes sind verlorengegangen. Aus ihnen kam ein wesentlicher Beitrag zur Ernährung des deutschen Volkes und seiner ausländischen Mitarbeiter. Sie alle müssen aber in Zukunft allein aus der deutschen Scholle ernährt werden!« Analog wird Spickschen in der KAZ vom 15.4.1944, unpag. (Artikel »Bauern-Arbeit für des Volkes Zukunft. Landesbauernführer Spickschen über die Ernährungssicherung«), mit dem Leitspruch »Volk – Sippe – Du« zitiert.

nichtung.[839] Während des Krieges mehr als zur Friedenszeit, wurden in Spickschens Propaganda immer wieder »die Juden« als die zu Exkludierenden genannt.[840] So hieß es 1936 in einem Artikel Spickschens über den Grund für den Untergang sogenannter »großer Völker«: »Sie haben sich rassisch vermischt, sie haben ihr Blut nicht reingehalten. Immer ist es der ewige Jude gewesen, der sich in diese Völker drängte.«[841] Hier wie auch an anderer Stelle bleibt der Antisemitismus in Spickschens Texten auf abstrakter Ebene; dabei ist er im vorliegenden Fall, analog zur »Blut-und-Boden«-Ideologie, stärker biologistisch angelegt und im metaphorischen Begriffsfeld des rein zu haltenden »Volkskörpers« angesiedelt.[842] Antisemitismus als Kernelement aller nationalsozialistischen Weltanschauung war regelmäßiger Bestandteil der Propaganda Spickschens, ohne jedoch im Mittelpunkt zu stehen; die »positive« Heraushebung der zu Inkludierenden etwa durch das Konzept der »Volksgemeinschaft« war sehr viel stärker.

Verbunden war dieser Gedanke gelegentlich mit Anti-Kommunismus. Nun war in der Kommunikation Ostpreußens der Gedanke, ein »Vorposten« und »Bollwerk« im Osten auch gegen den Kommunismus zu sein, schon zu Zeiten der Weimarer Republik virulent.[843] Dieser Gedanke findet sich auch in Spickschens Artikeln: So bilde die östlichste Provinz doch »deutsches Schicksalsland«, wo »neben dem Soldaten der Bauer der stärkste Schutz und Wall gegen den Bolschewismus« sei.[844] In der Kriegszeit und gerade nach Juni 1941, als im Vernichtungskrieg gegen die Sowjetunion mit »dem Bolschewismus« und »dem

839 Vgl. Inge Marszolek: Verhandlungssache: Die »Volksgemeinschaft« – eine kommunikative Figuration, in: Dietmar von Reeken/Malte Thießen (Hg.): »Volksgemeinschaft« als soziale Praxis. Neue Forschungen zur NS-Gesellschaft vor Ort, Paderborn/München/Wien u.a. 2013, S. 69–73.

840 Vgl. z.B. N. N.: Der deutsche Geist entscheidet über die Zukunft der Nation, in: WbLBsch Ostpreußen vom 27.6.1942, Titelseite: »Je stärker der Führer das Fundament des neuen Deutschlands fügte – so führte der Landesbauernführer aus – desto blindwütiger und wahlloser war der Feind in der Auswahl seiner Kampfmethoden. Nie dürfen wir vergessen, dass hinter den Kulissen der Jude arbeitet. […] Unser heldisches Denken und Handeln ist die Waffe, die wir dem internationalen Judentum entgegensetzen.« Im WbLBsch Ostpreußen vom 2.1.1943, S. 10 (Artikel »25 Jahre Haupthandelsgesellschaft ostpreußischer landwirtschaftlicher Genossenschaften mbH«), wird Spickschen wie folgt widergegeben: »Den Wandel der Dinge könne man gerade an den völlig verschiedenen Zuständen im vierten Jahr des Weltkrieges und dieses Krieges erkennen. Aber damals im Weltkrieg hatte es kaum einen gegeben, der unseren grimmigsten Feind erkannt hatte, den internationalen Juden. Nach dem Weltkrieg bis zur Machtübernahme sei das Genossenschaftswesen beinahe daran gestorben, daß es aus der Notlage heraus mit Juden zusammengearbeitet habe.«

841 WbLBsch Ostpreußen vom 27.3.1936, S. 513 (Artikel »Landesbauernführer Spickschen sprach in Sensburg«).

842 Vgl. Braun: Sprachstil, S. 251–253, und Schlosser: Sprache, S. 221–253.

843 Vgl. Traba: Konstruktion, S. 213–288.

844 Beide Zitate bei Erich Spickschen: Aufgaben der ostpreußischen Landwirtschaft, in: Odal. Monatsschrift für Blut und Boden 7 (1938), Heft 8, S. 602.

Juden« gleich zwei ideologische Feinde ausgelöscht werden sollten, wurden die zu Exkludierenden zusammengeführt: So liest man in Spickschens Texten nun von mit »den Bolschewisten verbündeten jüdisch-plutokratischen Feinden des deutschen Volkes«.[845] Gegen Ende des Krieges wurden die Texte des Landesbauernführers immer mehr zu Durchhaltepropaganda. Die Realität verbot es längst, den angeblichen Glanz und die Errungenschaften des »Dritten Reiches« zu feiern. Wurde nicht auf die Zeit nach dem »Endsieg« vertröstet, so wurde nun in Spickschens Propaganda die gegenwärtige Lage gegen gleichsam noch schlechtere Jahre in der sogenannten »Systemzeit« gehalten. Mit dem gleichen Ziel finden sich in Spickschens Texten gelegentlich Vergleiche der Kriegssituation mit dem entsprechenden Jahr des Ersten Weltkrieges.[846]

Angesichts der Aufgaben, die Spickschen als Landesbauernführer auch in eroberten Gebieten im Osten übernahm, wäre denkbar, dass seine Propaganda auch den »Lebensraum im Osten« thematisiert hätte. Immerhin war dieses Kernelement nationalsozialistischer Weltanschauung, über das Otto, Spickschens Vorvorgänger als Landesbauernführer, 1933 noch abstrakt schwadroniert hatte,[847] für Spickschen bereits Lebens- und Arbeitswirklichkeit geworden. Doch grundsätzliche Ausführungen dazu gab es in seiner Propaganda nicht. Insoweit seine Texte sich mit den neuen Räumen im Regierungsbezirk Zichenau und im Bezirk Bialystok befassten, waren sie stets auf seine konkrete Aufgabe bezogen, nämlich das Maximum an landwirtschaftlicher Produktion aus diesen Gebieten zu erwirtschaften.[848]

In der Propaganda gab es hier eine klare Aufgabenteilung: Spickschen behandelte Aspekte seines Kompetenzenbereiches, mischte sich jedoch nicht in die übergeordneten Zusammenhänge ein. Diese waren »Chefsache«, und damit, abgesehen von der Propaganda der zentralen Figuren auf Reichsebene, Sache der Propaganda von Gauleiter Koch; das schloss freilich nicht aus, dass bei Spickschen wie bei Koch diesen direkt zuarbeitende Funktionäre durch eigene

845 Ders.: Ostpreußisches Landvolk!, in: WbLBsch Ostpreußen vom 2.9.1944, Titelseite.

846 Vgl. N. N.: Landesbauernführer Spickschen sprach vor samländischen Bauern, in: WbLBsch Ostpreußen vom 29.1.1944, Titelseite, sowie Erich Spickschen: 1933–1945 – Der Führer wies den Weg. Zehn Jahre Aufstieg der ostpreußischen Landwirtschaft, in: WbLBsch Ostpreußen vom 30.1.1943, Titelseite.

847 Otto hatte in »Richtlinien zu den Wahlen« vom 23.2.1933, GStA PK, XX. HA Rep. 240, Nr. B 7, Bl. 120–121, formuliert: »Sehr bald werden wir jetzt eine Verlagerung des Bevölkerungsschwerpunktes aus den Städten auf die Scholle des Ostens erleben. Wenn der vorhandene Lebensraum dazu nicht ausreicht, wird er erweitert werden müssen. [...] Nehmen Sie an, wir hätten den Krieg gewonnen mit Adolf Hitler zum Führer, dann hätten wir auf Lüttich und Longwy verzichtet, uns aber im Osten 10 Provinzen einverleibt und ihren Boden germanisiert. Menschen kann man nicht germanisieren, man kann sie wohl in eine deutsche Schule zwingen und deutsch erziehen, aber germanisieren kann man nur den Boden. Und den hätten wir mit deutschen Bauern besiedelt.«

848 Vgl. Erich Spickschen: Geleitwort, in: Gaspadar vom 3.5.1942, Titelseite.

Veröffentlichungen zu solcher Propaganda beitrugen.[849] In Kochs Propaganda wurden frühere Ansätze – eine verstärkte Industrialisierung in landwirtschaftlich geprägten Gebieten – auf den ihm anvertrauten neuen »Lebensraum« übertragen und Ostpreußen in die neuen Rahmenbedingungen eingeordnet: Ohne Korridor sei Ostpreußen und darin auch der Regierungsbezirk Zichenau aussichtsreich an Handelswegen in Nord-Süd- und West-Ost-Richtung gelegen, was die wirtschaftliche Entwicklung nur befördern könne. Ostpreußen wurde zudem wieder, in diesem Punkt an Kochs Ostraum-Ideologie aus den Jahren um 1934 anknüpfend, die Funktion einer Brücke zwischen Mittel- und Osteuropa zugewiesen.[850] Solche Konzeptionen Kochs, die auch den landwirtschaftlichen Bereich berührten,[851] wurden wiederum von der landwirtschaftlichen Presse aufgenommen und dort abgedruckt.[852]

Beließe man es bei dieser Betrachtung, so verfügte man über einen ausgewogenen Eindruck davon, welche Elemente nationalsozialistischer Weltanschauung die Propaganda des Landesbauernführers Spickschen prägten. Einen Ein-

849 Näheres hierzu in Kapitel 5. Veröffentlichungen im Themenkreis Landbewirtschaftung, Siedlung und Raumplanung für den RB Zichenau gab es z. B. von Dr. Petersen, Spickschens Siedlungsexperte, ebenso von den Gauleiter Koch direkt zuarbeitenden Paul Dargel (Regierungspräsident im RB Zichenau) und Hans-Bernhard von Grünberg, dem Experten für Raumplanung und Siedlung.

850 Vgl. Erich Koch: Ostpreußens neuer Auftrag Suwalki und Zichenau, in: PZ vom 31. 12. 1939, unpag., Georg Schrolle: Ostpreußen – Brücke nach Rußland. »DAZ«-Unterredung mit Gauleiter Koch, in: Deutsche Allgemeine Zeitung vom 7. 2. 1940, S. 3 (auszugsweise widergegeben in der KAZ vom 7. 2. 1940, Titelseite (Artikel »›Ostpreußen – Brücke zu Rußland‹. Eine Unterredung mit Oberpräsident Gauleiter Erich Koch«)), Erich Koch: Die Zukunftsaufgaben des Gaues Ostpreußen, in: PZ vom 29. 1. 1941, unpag., die KAZ vom 22. 3. 1941, unpag. (Artikel »Gauleiter Koch über Ostpreußens Aufbau«), Erich Koch: Weltverkehrsstraßen treffen sich in Ostpreußen, in: PZ vom 19. 4. 1941, unpag., sowie die KAZ vom 26. 4. 1941, unpag. (Artikel »Gauleiter Erich Koch über Zichenau. Aufbau im neuen Ostpreußen – Kraftlinie Wien – Königsberg«). Vgl. auch Meindl: Koch, S. 274–277, sowie ders.: Politik, S. 108–115.

851 So formulierte Koch Ende 1940 seine Vorstellungen für die Landwirtschaft: Die Preise der landwirtschaftlichen Erzeugnisse seien an das übrige Reichsgebiet anzugleichen, mit dem Bau von Landarbeiterwohnungen sollten Arbeitskräfte in Ostpreußen gehalten werden, was vor allem als Mittel gegen Landflucht zu verstehen war; und schließlich sollte die bäuerliche Landwirtschaft gestärkt werden, auch durch Umsiedlung von Bauern aus Altostpreußen auf perspektivreichere bäuerliche Betriebe im RB Zichenau, vgl. die KAZ vom 23. 11. 1940, unpag. (Artikel »Ostpreußen als Reichsaufgabe. Gauleiter Koch über die Zukunft unserer Provinz«). Der Artikel war eine Übernahme eines Textes, der in der Zeitschrift »Der Vierjahresplan« erschienen war.

852 Vgl. Ostpreußisches Genossenschaftsblatt vom 5. 12. 1940, S. 111 (Artikel »Der Gauleiter über die ostpreußische Landwirtschaft«), sowie das WbLBsch Ostpreußen vom 29. 3. 1941, S. 244 (Artikel »Ostpreußen ohne Korridor«); in diesem Artikel fehlen gegenüber dem Original einige Teile, vgl. Erich Koch: Ostpreußen ohne Korridor. Ausbau der Flankenstellung, in: Das Reich vom 23. 3. 1941, unpag.

druck seiner Propaganda insgesamt erhielte man damit aber nicht. Denn weltanschauliche Elemente waren zwar fast immer vorhanden, bildeten indes nur einen Teil seiner Propaganda. Sie dienten meist als Skelett für andere Inhalte: für die allgemeine politische Situation im Deutschen Reich und die spezielle Lage in Ostpreußen, zudem für landwirtschaftliche Sachfragen. In diesen Passagen sind Spickschens Texte nüchtern gehalten und setzen auf vermeintliche Objektivität, gelegentlich unterfüttert mit umfangreichem Zahlenmaterial.[853] Dies bedeutet nicht, dass Spickschens Propaganda nicht auch theatralisch-euphorische Momente gehabt hätte, wie sich etwa bei der Rückgliederung des Memelgebietes zeigte.[854] Solche Emphase zeigte sich ansonsten nur bei Bekundungen der uneingeschränkten Loyalität gegenüber dem »Führer«: »Das kommende Jahr möge uns vor allem den Sieg unserer gerechten Sache bringen, damit wir dann unter unserem geliebten Führer wieder am friedlichen Aufbau für die Zukunft unseres Volkes arbeiten dürfen.«[855] In der letzten Woche des Jahres 1944 abgedruckt, waren dies die letzten publizierten Sätze Spickschens in der nationalsozialistischen Zeit – es war durchaus symbolhaft und passend, dass sie dem propagandistisch und wohl auch tatsächlich verehrten »Führer« galten. Gauleiter Koch war demgegenüber nur selten Gegenstand der Propaganda Spickschens.[856]

In der Kriegszeit traten zu den Veröffentlichungen des Landesbauernführers knappe Aufrufe sowie Befehle, in denen für Vergehen, die zu Friedenszeiten relativ unbedeutend waren, teils drakonische Strafen angedroht wurden.[857] Elemente der »Blut-und-Boden«-Ideologie waren nach wie vor präsent,[858] doch drängte die »Ernährungssicherung« in den Vordergrund – die propagandistische Entsprechung dafür, dass anders als im Ersten Weltkrieg die Nahrungs-

853 Vgl. Erich Spickschen: Das ostpreußische Bauerntum, in: Kurt Nester (Verantw.): Festschrift zum Gautag 1938 der NSDAP. 10 Jahre Gau Ostpreußen, Königsberg 1938, S. 67–72. In dieser Publikation beschreibt Spickschen – anders als andere Funktionäre, die schwülstig den »Führer« und Gauleiter Koch preisen – nüchtern die Lage der ostpreußischen Landwirtschaft. Vgl. Erich Spickschen: 1933–1945 – Der Führer wies den Weg. Zehn Jahre Aufstieg der ostpreußischen Landwirtschaft, in: WbLBsch Ostpreußen vom 30.1.1943, Titelseite und S. 58–59.

854 Vgl. ders.: Deutsche Saat für deutsche Erde, in: WbLBsch Ostpreußen vom 25.3.1939, S. 399.

855 Ders.: Männer und Frauen des ostpreußischen Landvolkes!, in: WbLBsch Ostpreußen, 23./30.12.1944, Titelseite.

856 Eine Eloge auf Koch verfasste Spickschen anlässlich Kochs Dienstjubiläum als Oberpräsident, vgl. Erich Spickschen: 10 Jahre Oberpräsident, in: WbLBsch Ostpreußen vom 5.6.1943, S. 284.

857 Siehe z. B. Spickschens Verbot, Brotgetreide zu verfüttern, in seinem Artikel »Bauern und Landwirte«, in: WbLBsch Ostpreußen vom 11.1.1941, S. 19.

858 So etwa Spickschens Verweis auf die Bauern als »Treuhänder der deutschen Scholle, die unserem Volk ewig neues Blut und Nahrung spendet.« Erich Spickschen: Kriegserntedanktag, in: WbLBsch Ostpreußen vom 5.10.1940, S. 616.

mittelgrundlage im Deutschen Reich stabil gehalten werden sollte.[859] In der Propaganda spiegelte sich dabei jene Realität, der sich Landesbauernführer im Reich insgesamt zu stellen hatten: die Ablieferung verlangter Produktionsmengen, Abwanderung und Landflucht, Arbeitskräftemangel, der Einsatz »fremdvölkischer« Arbeitskräfte, Mängel im Bereich der Mechanisierung. Propaganda bedeutete nun immer öfter auch, die mit der Umstellung auf die Kriegsernährungswirtschaft verbundene Zunahme an staatlicher Kontrolle und Repression in die ländliche Bevölkerung zu tragen.[860]

Hat man nun ein Bild davon, welche Elemente Spickschens Propaganda insgesamt kennzeichneten, so weiß man noch nichts über die Umgebung dieser Propaganda. Selbst in seinem Hausorgan »Wochenblatt der Landesbauernschaft Ostpreußen« rückte Spickschen keineswegs ins Zentrum der Aufmerksamkeit. Eine grobe Auswertung des Jahrganges 1941 ergibt folgende Abschätzung der inhaltlichen Anteile: Etwa 37 Prozent der Seiten beinhalteten Artikel zur landwirtschaftlichen Praxis, hinzu kamen jene etwa 12 Prozent der Seiten, auf denen Aspekte aus dem »Reich der Landfrau« beschrieben wurden, wobei es sich zumeist ebenfalls um Fragen der praktischen Landwirtschaft handelte. Meldungen, Mitteilungen und Bekanntmachungen des Reichsnährstandes füllten etwa 11 Prozent der Seiten, etwa 3 Prozent bargen solche Informationen aus der Landesbauernschaft Ostpreußen. Gemischte Meldungen, die im Zusammenhang mit der Landesbauernschaft Ostpreußen oder dem ländlichen Leben in Ostpreußen stehen konnten, machten rund 8 Prozent der Seiten aus. Der Auflockerung dienten Fortsetzungsromane (rund 7 Prozent), kommerzielle Anzeigen und Todesanzeigen gab es auf etwa 9 Prozent der Seiten. Artikel mit explizit politischem Bezug (5 Prozent) fanden sich zum einen in der Rubrik »Ereignisse der Woche«, die stets im Sinne des nationalsozialistischen Regimes die vergangene Woche besprach, häufig mit Bezug auf militärische Entwicklungen. Ausführlichere Artikel, in denen nationalsozialistische Agrarpolitik, Wirtschaftspolitik, Weltpolitik oder Weltanschauung propagiert wurde, gab es auf etwa 8 Prozent der Seiten. Von Landesbauernführer Spickschen stammten

859 Vgl. ders.: Zum sechsten Kriegs-Erntedanktag, in: WbLBsch Ostpreußen vom 30.9.1944, Titelseite und S. 354, ders.: An das ostpreußische Landvolk!, in: WbLBsch Ostpreußen vom 5.8.1944, Titelseite, die KAZ vom 12.3.1942, unpag. (Artikel »Klare Parolen für das Landvolk. Landesbauernführer Spickschen: ›Es geht um die Sicherheit der Ernährung‹«), sowie allgemein Corni/Gies: Ernährungswirtschaft, S. 477–478.

860 Vgl. Erich Spickschen: Ostpreußen als Beispiel für künftige Aufgaben, in: Nationalsozialistische Landpost vom 18.10.1940, S. 5, N. N.: Der Weg des ostpreußischen Bauerntums, in: WbLBsch Ostpreußen vom 18.10.1941, S. 732–734, N. N.: Landesbauernführer Spickschen sprach zu ostpreußischen Bauern, in: WbLBsch Ostpreußen vom 21.3.1942, Titelseite, sowie N. N.: Seit' an Seite mit unseren Soldaten. Landesbauernführer Spickschen auf den Kreisversammlungen des ostpreußischen Landvolkes, in: WbLBsch Ostpreußen vom 19.12.1942, S. 772.

im »Wochenblatt« des Jahres 1941 nur sechs kleinere und größere Aufrufe, in drei Artikeln über die Landesbauernschaft war er prominenter vertreten, zudem drehte sich ein einziger Artikel allein um Spickschen.[861]

Diese Zahlen mögen für andere Jahrgänge anders ausfallen, der Tendenz nach sind sie aber sicher übertragbar. In solchen Publikationen der Agrarpresse machte die politisch-ideologische Propaganda des Landesbauernführers Spickschen nur einen geringen Teil aus. Im Zusammenspiel mit anderen politisch-ideologischen Inhalten war sie eingebettet in einen überwältigenden Anteil von Texten landwirtschaftlichen Inhalts, in denen Politik und Ideologie keine zentrale Rolle spielten; diese Elemente konnten freilich in gleichsam homöopathischen Dosen eingefügt sein. Nun publizierte Spickschen auch an anderer Stelle Propaganda-Artikel, etwa in der ostpreußischen Tagespresse. Dort aber waren seine Artikel wiederum nur wenige angesichts einer riesigen Zahl anderer Propaganda-Artikel. Spickschen wird dabei als eine Stimme aus der dritten Reihe im Chor nationalsozialistischer Propaganda einzustufen sein: Allen voran stand die Reichsebene mit Hitler, aber auch Goebbels, während auf Ebene des Gaues und der Provinz Ostpreußen Gauleiter Koch die bei weitem stärkste Propaganda-Maschinerie hinter sich wusste und so ins Zentrum der öffentlichen Kommunikation rückte.[862]

Welche Wirkungen der Propaganda des Landesbauernführers Spickschen zugeschrieben werden können, nachdem sie in den Kommunikationsraum Ostpreußens und darüber hinaus eingespeist worden war, muss offen bleiben. Die ansteigenden Auflagenzahlen beim »Wochenblatt« legen ein großes Informationsbedürfnis seitens der ländlichen Bevölkerung nahe.[863] Doch ist die Auflage ein Indiz, aber kein Beweis für Transport und Aufnahme von Informationen: »Unendlich viel Arbeit bliebe dem Reichsnährstand [...] erspart, wenn alle Bauern und Landwirte das ›Wochenblatt‹ nicht nur halten, sondern auch lesen würden«,[864] beklagte ein stellvertretender Kreisbauernführer. Ohnehin war die Mediennutzung höchst differenziert. Sie war im ländlichen Bereich wegen des unterschiedlichen Lebens- und Arbeitsrhythmus anders als etwa im städtischen, Frauen hatten andere Leseinteressen als Männer und jüngere Leser andere als ältere, so dass die Frage bleibt, in welchem Umfang pro-

---

861 Eigene Auswertung des WbLBsch Ostpreußen, Jahrgang 1941; es handelt sich wie erwähnt um eine grobe Abschätzung, nicht um eine exakte maschinengestützte Analyse. Im Zentrum des Artikels steht Spickschen bei N. N.: Der Weg des ostpreußischen Bauerntums, in: WbLBsch Ostpreußen vom 18. 10. 1941, dort S. 732–733. Für eine instruktive Inhaltsanalyse der Wochenblätter der Landesbauernschaften Donauland und Niederdonau vgl. Langthaler: Schlachtfelder, S. 522–534.

862 Vgl. Meindl: Koch, S. 172–184, sowie Rohrer: Macht, S. 451–460.

863 Vgl. auch Bachmann: Blut und Boden, S. 625, FN 7.

864 Rudolf Diesner: Im Interesse aller Bauern und Landwirte, in: WbLBsch Ostpreußen vom 26. 4. 1941, S. 318.

pagandistische Inhalte überhaupt wahrgenommen werden konnten. Diese Differenzierungen spiegelten sich ja gerade in einem Presseerzeugnis wie dem »Wochenblatt«, das neben Propaganda auch viele andere Inhalte lieferte.[865]

Wie dem auch sei: Auf Grundlage der analysierten Publikationen von Spickschen ist klar, dass dessen Äußerungen bei seiner Entnazifizierung irreführend waren, denen zufolge er landwirtschaftliche Fachartikel verfasst,[866] sich jedoch »die von der SS verkörperte ›Weltanschauung‹ nicht zu eigen gemacht« habe.[867] Angesichts der weitgehenden Kongruenz der Weltanschauungen von SS und Reichsnährstand müssen diese Äußerungen Spickschens als Teil seiner Strategie bei der Entnazifizierung gewertet werden, sich möglichst weit von SS, Partei und Gauleiter Koch zu distanzieren. Die Betonung der »fachlichen« Tätigkeit war dabei eine typische Entlastungsstrategie, die auch andere Landesbauernführer nach dem Krieg anwendeten.[868] Genau diese Selbstbeschreibung aber mag einen Schlüssel darstellen, um die propagandistische Bedeutung der Landesbauernführer und vergleichbarer hochrangiger Agrarfunktionäre zu verstehen: Ihre Propaganda und ihre weltanschauliche Indoktrination war von scheinbarer oder tatsächlicher Sachinformation umgeben oder gar durchdrungen. Es ist gut vorstellbar, dass gerade die durch vermeintliche Objektivität »geadelte« Propagierung weltanschaulicher Aspekte besonders wirkungsvoll war.

Eine letzte Frage bleibt: Entsprachen die weltanschaulichen Elemente der Propaganda Spickschens seinen Ansichten, wie er sie im privaten, nicht-öffentlichen Bereich äußerte, oder gab es Differenzen? Die verfügbaren Quellen geben hierüber ein wenig Aufschluss. Zwar gab Spickschen in seiner privaten Korrespondenz zwischen 1922 und 1945 immer wieder einen Einblick in seine ideologischen Überzeugungen, doch waren dies in aller Regel allgemeine Kerngedanken ohne stärkere Differenzierung. Immerhin lässt sich so mitverfolgen, wie er deutlich vor seiner Hinwendung zur NSDAP Gedanken vertrat, die nicht nur bei den Nationalsozialisten zirkulierten, sondern zur Weimarer Zeit bei etlichen völkischen Gruppierungen beziehungsweise Parteien mit völkischem Flügel wie

865 Vgl. Ernst Langthaler: Massenmedien, S. 51, sowie Clemens Zimmermann: Mediennutzung in der ländlichen Gesellschaft. Medialisierung in historischer Perspektive, in: ZAA 58 (2010), S. 10–22, dort vor allem S. 17–21.

866 Er habe »Fachaufsätze üb. Tagesfragen im Ldw. Wochenblatt Ostpr., Landpost u. ostpr. Tagespresse, ebenso vereinzelt Aufrufe zur Erzeugungsschlacht, Ostmesse u. dergl.« geschrieben, so Spickschen im Fragebogen für die politische Überprüfung [vom 15.2.1949], NLA (Wolfenbüttel), 3 Nds. 92/1, Nr. 41277, unpag.

867 Erläuterungen Spickschens vom 15.2.1949 zum Fragebogen für die politische Überprüfung, NLA (Wolfenbüttel), 3 Nds. 92/1, Nr. 41277, unpag.

868 Siehe Kapitel 2.1 und Kap 2.2.

der DNVP:[869] die Ablehnung des Versailler Friedensvertrages, was freilich Gemeingut im Deutschen Reich war;[870] die »Dolchstoßlegende«, das heißt die Vorstellung, dass der Erste Weltkrieg durch Verrat im Deutschen Reich verloren worden sei; Anti-Marxismus; Anti-Kapitalismus;[871] Antisemitismus.[872] Dabei waren antisemitische Passagen kaum unüberlegt dahingeschriebene Floskeln, sondern vermutlich schlicht seine Überzeugung. So formulierte Spickschen selbst tief im Zweiten Weltkrieg ebenso dogmatisch wie unverblümt gegenüber seiner Mutter:

> »Vielleicht kommen da die vernünftigeren Teile der Menschheit noch rechtzeitig zur Besinnung und lassen von der wahnwitzigen nur den Juden freuenden Selbstzerfleischung der nordisch bestimmten weißen Rasse, die allen Grund hätte, endlich einmal zusammenzustehen, die in Jahrtausenden gewonnenen Kulturgüter der Ahnen durch unzählige Geschlechterfolgen zu retten und ein lebenswertes Dasein für die Nachkommen zu sichern.«[873]

Ehe Erich Spickschen mit seinem Eintritt in die NSDAP 1932 einer politischen Partei beitrat, konnte er wie viele mit der Parteiendemokratie wenig anfangen. »Ich persönlich bin gegen die ganze Parteiwirtschaft und hoffe immer noch, dass wir einmal eine nationale Volksgemeinschaft bekommen, die sich vielleicht zum großen Teil auf dem Nat. Sozialismus aufbaut.«[874] Dies zeigt nicht nur, dass er auf ein anderes politisches System hoffte, ohne ein solches selber zu skizzieren. Vor allem tritt hier die Idealvorstellung der »Volksgemeinschaft« auf, die Spickschens Publikationen bis 1945 prägen sollte. Er mag in dieser Frage schon in den frühen 1920er-Jahren von seiner Frau Gerda Ursula beeinflusst worden sein. Sie stand offenbar stark unter dem Eindruck der auf Frederik Grundtvig (1783–1872) zurückgehenden Bewegung der Grundtvigianer, mit der sie während ihrer Zeit in Dänemark in Kontakt gekommen war.

Grundtvig, ein lutherischer Theologe, hatte ein komplexes Gedankengebäude entwickelt, das unter anderem nationale Komponenten, so den friedlichen Aufstieg der nordischen Völker, mit sozialen Überlegungen zusammenführte, die Freiheit und Gleichheit der Menschen bei Unterordnung unter das Allgemeinwohl vorsahen. Grundtvigs Ansatz, der stark auf christlichen

869 Vgl. Breuer: Die Völkischen, S. 147–264.

870 Vgl. Spickschens Brief vom 16.7.1922 an seine Mutter (S. 04.01.24) sowie seinen Brief vom 6.6.1929 an Bruder Alfred (S. 04.03.09), beide überliefert in: Schröder: Alles Liebe.

871 Vgl. den Brief Spickschens vom 5.4.1931 an seine Mutter, überliefert in: Schröder: Alles Liebe, S. 04.04.18.

872 Brief Spickschens vom 25.6.1930 an seine Mutter, überliefert in: Schröder: Alles Liebe, S. 04.04.13.

873 Brief Spickschens vom 15.9.1943 an seine Mutter, überliefert in: Schröder: Alles Liebe, S. 05.02.40.

874 Brief Spickschens vom 30.4.1930 an seine Mutter, überliefert in: Schröder: Alles Liebe, S. 04.04.07; vgl. dort (S. 04.04.15) auch seinen Brief vom 19.9.1930 an seine Mutter.

Grundüberzeugungen fußte, ist vor dem Hintergrund der Nationalbewegungen des 19. Jahrhunderts zu sehen. Das Schlagwort »Folkelighed« fasste Grundtvigs Überlegungen einigermaßen treffend zusammen, die gewiss keine Begründung etwa für ein diktatorisches Regime boten – im Gegenteil. Doch konnten sie eklektizistisch und unter Ausblendung entgegenstehender Komponenten als Propagierung des »Nordischen« und der »Volksgemeinschaft« verstanden werden. Genau dies scheint bei Gerda Ursula Spickschen passiert zu sein; vermutlich konnte ihre Gedankenwelt nicht zuletzt auch an der christlichen Grundierung einschließlich der Idee der Volkskirche bei Grundtvig andocken. Sowohl für ihre eigene Hinwendung zum Nationalsozialismus als auch für die darauf folgende Erich Spickschens dürfte der Einfluss des Grundtvigianismus von erheblicher Bedeutung gewesen sein.[875]

Mit der Idee eines »Volkes ohne Raum« teilte Spickschen einen Gedanken, der schon lange in der völkischen Bewegung zirkulierte. Wie oben (Kapitel 2.1) bereits erwähnt, schrieb er kurz vor dem Überfall auf Polen im September 1939: »Das stärkere Recht auf die Zukunft steht nun mal bei uns, da ist nichts dran zu ändern.« Es besäßen »nur noch große starke Völker Lebensmöglichkeit, die Kleinen geraten wirtschaftlich, dann volksbiologisch in ihren Bann bis zum Aufgehen. Der letzte nicht aufgeteilte und ausgenutzte Raum ist nun mal beiderseits des Urals.«[876] Ebenso eine völkische Position, nimmt dieser Gedanke den Standpunkt vom Recht des Stärkeren in Anspruch und begreift das Volk als biologischen Körper – all dies ist in differenzierter Form auch in Darrés »Blut-und-Boden«-Ideologie zu finden. Es überrascht dabei nicht, dass in Spickschens Briefen, die ja auf den persönlichen Bereich gemünzt waren, für solche Differenzierungen kein Raum war. Es verwundert vielmehr, wie häufig er solche politisch-ideologischen Ausführungen in seine Privatkorrespondenz einflocht. Dabei gingen viele seiner Briefe an seine Mutter, und an etlichen Stellen erscheinen seine politischen Ausführungen auch als Versuche, die Mutter mit Stolz ob des durch den Sohn Erreichten zu erfüllen. So dienten die Heraushebungen

875 Vgl. Gerda Ursula Spickschens Brief vom 16.2.1922 an ihre Mutter, überliefert in: Schröder: Alles Liebe, S. 04.01.16, zudem dort auch S. 05.01.04. Vgl. überdies Poul Engberg: Folkelighed – die nationalen, sozialen und demokratischen Komponenten in Grundtvigs Gedanken (S. 29–37), sowie Theodor Jørgensen: Volk und Volkskirche bei Schleiermacher und Grundtvig (S. 246–257), beide in: Paul Röhrig (Hg.): Um des Menschen willen. Grundtvigs geistiges Erbe als Herausforderung für Erwachsenenbildung, Schule, Kirche und soziales Leben, Weinheim 1991, zudem Anders Pontoppidan Thyssen: Die volkskirchliche Tradition in Skandinavien, in: Carsten Nicolaisen (Hg.): Nordische und deutsche Kirchen im 20. Jahrhundert, Göttingen 1982, S. 278.

876 Brief Spickschens vom 10.7.1939 an seine Mutter, überliefert in: Schröder: Alles Liebe, S. 05.01.49.

Hitlers und anderer Prominenter, die Spickschen etwa nach persönlichen Treffen gelegentlich unternahm, auch seiner eigenen Heraushebung.[877]

Bei alledem erscheint, jenseits programmatischer Positionen, auch in Spickschens Privatkorrespondenz die Person Hitlers als absolut zentraler, uneingeschränkter Bezugspunkt. Hier unterschied sich Spickschen kaum von jenen, die dem »Führer« annähernd messianische Züge zuschrieben.[878] Die Beschäftigung mit dessen Schrift »Mein Kampf« im Jahr 1930 scheint maßgeblich zu Spickschens Hinwendung zum Nationalsozialismus beigetragen zu haben.[879] Hitler schrieb er genialische Fähigkeiten zu, stellte ihn außerhalb jeder Kritik und verehrte ihn grenzenlos.[880] Mit bemerkenswerter argumentativer Akrobatik geriet Hitler ihm gar zum Gottesbeweis, als er seiner Mutter mit Bezug auf diesen schrieb:

> »Ist es nicht ein großes Wunder, wie der Geist in diesem einen Mann über alle materiellen Mächte siegt? Wo sind die Pfaffen, die auf diesen größten und herrlichsten Beweis der Allmacht unseres Herrgotts hinweisen, dieses größtes Wunder aller Zeiten.«[881]

In diesem Zusammenhang stellt sich die Frage, ob bei Erich Spickschen nicht beim christlichen Glauben eine Differenz zwischen öffentlicher und privater Haltung hätte zu Tage treten müssen. Im Entnazifizierungsverfahren distanzierte er sich gerade von der SS mit dem Hinweis, seine Kinder im christlichen Glauben erzogen zu haben;[882] die Erinnerung der Familie unterstützt diese Sicht und verweist auf Sonntagsschule und das abendliche Gebet.[883] Nun war eine Differenz zur privaten Haltung jedenfalls bei öffentlichen Verlautbarungen insoweit schon kaum möglich, als Religion, Christentum und Kirche in Spickschens Propaganda praktisch keine Rolle spielten. Immerhin finden sich gelegentlich Anspielungen auf den »Herrgott«, was nicht kirchlich, aber doch sehr allgemein als religiös zu verstehen ist.[884] Das freilich war eine auch in der SS

---

877 Vgl. z.B. Spickschens Brief vom 5.5.1939 an seine Mutter, überliefert in: Schröder: Alles Liebe, S. 05.01.44–05.01.45.

878 Vgl. Schlosser: Sprache, S. 181–210, dort vor allem S. 186–189.

879 Vgl. Spickschens Brief vom 3.6.1930 an seine Mutter, überliefert in: Schröder: Alles Liebe, S. 04.04.11.

880 Vgl. die Briefe Spickschens an seine Mutter vom 3.6.1930 (S. 04.04.11), vom 19.9.1930 (S. 04.04.15), vom 11.2.1934 (S. 05.01.19), vom 5.5.1939 (S. 05.01.44–05.01.45) und vom 10.7.1939 (S. 05.01.48), alle überliefert in: Schröder: Alles Liebe.

881 Brief Spickschens vom 5.5.1939 an seine Mutter, überliefert in: Schröder: Alles Liebe, S. 05.01.44.

882 Vgl. Spickschens Erläuterungen vom 15.2.1949 zum Fragebogen für die politische Überprüfung, NLA (Wolfenbüttel), 3 Nds. 92/1, Nr. 41277, unpag.

883 Vgl. Schröder: Alles Liebe, S. 05.02.44. Zu Erich Spickschens christlicher Prägung durch sein Elternhaus siehe auch Kapitel 2.1.

884 So Erich Spickschen: An Ostpreußens Bauern, Landwirte und Landarbeiter, in: WbLBsch

akzeptable Formulierung, denn nicht Religiosität im Sinne eines nicht näher definierten Glaubens an einen Gott, sondern Christentum und Kirche kamen in der SS unter Druck, befeuert durch Himmler und auch Darré. Dies zeigte sich zum Beispiel bei religionsähnlichen Ritualen wie Weihen, die christliche Rituale ablösten. SS-Mitglieder wurden gedrängt, nicht kirchlich zu heiraten, und nicht zufällig lösten viele – Ende 1938 jedes fünfte Mitglied der Allgemeinen SS – formell ihre Konfessionszugehörigkeit, um sich fortan als »gottgläubig« zu bezeichnen.[885] Von Spickschen ist dies nicht bekannt. Entgegen seiner ursprünglichen Stellungnahme im Entnazifizierungsverfahren trat er zwar offenbar im Herbst 1944 aus der Kirche aus, um dann bald wieder einzutreten; die Hintergründe sind nicht klar, womöglich spielten taktische Überlegungen bei Auseinandersetzungen mit Gauleiter Koch eine Rolle.[886]

Denkbar wäre also bei Spickschens christlicher Grundhaltung ein Widerspruch zwischen privat geäußerter Überzeugung und den an ihn als SS-Mitglied gestellten Erwartungen gewesen. Tatsächlich aber war auch in dieser Hinsicht die Kluft wohl gering. Denn was ist hier unter »christlich« zu verstehen? Im Entnazifizierungsverfahren erklärte Spickschen seinen Beitritt zur NSDAP damit, dass seiner Ansicht nach eine »Volksgemeinschaft« »nur durch eine starke Partei herbeigeführt werden könne, die, wie damals die NSDAP, das positive Christentum als Programmpunkt anführte.«[887] Das »positive Christentum« aber war nicht nur Punkt 24 des NSDAP-Parteiprogramms von 1920,[888] sondern auch eine feste Formel der »Deutschen Christen«.[889] Sie hatten, was auch Ausdruck der besonderen Nähe des protestantischen Sozialmilieus zunächst zu staatlichen Strukturen allgemein und dann zum Nationalsozialismus

Ostpreußen vom 6.1.1940, Titelseite: »Im festen Vertrauen auf den Führer und unsere Kraft wollen wir dem deutschen Volk an der Front und in der Heimat das Brot schaffen. Wir glauben fest daran, daß der Herrgott in unserem ehrlichen und gerechten Kampf im kommenden Jahre der Entscheidung unserer Scholle den Segen und unseren Waffen den Sieg verleihen wird.«

885 Vgl. Hein: Elite, S. 240–255.

886 Vgl. Spickschens Erläuterungen vom 15.2.1949 zum Fragebogen für die politische Überprüfung, den Entnazifizierungs-Bescheid des Spruchausschusses Braunschweig vom 2.7.1951 sowie das Schreiben Spickschens vom 30.7.1951 an den Vorsitzenden des Berufungsausschusses für die Entnazifizierung Braunschweig, alle in: NLA (Wolfenbüttel), 3 Nds. 92/1, Nr. 41277, unpag.

887 Spickschens Erläuterungen vom 15.2.1949 zum Fragebogen für die politische Überprüfung, NLA (Wolfenbüttel), 3 Nds. 92/1, Nr. 41277, unpag.

888 Vgl. Nr. 24 des Parteiprogramms der NSDAP vom 24.2.1920, überliefert in: Albrecht Tyrell (Hg.): Führer befiehl ... Selbstzeugnisse aus der »Kampfzeit« der NSDAP. Dokumentation und Analyse, Düsseldorf 1969, S. 25–26.

889 Vgl. Thomas Martin Schneider: Reichsbischof Ludwig Müller. Eine Untersuchung zu Leben, Werk und Persönlichkeit, Göttingen 1993, S. 274–280. Reichsbischof Müller, der bis 1933 als Wehrkreispfarrer in Königsberg gewirkt hatte, war führender Exponent der Deutschen Christen.

war, 1933 bereitwillig die Tür für die neuen Machthaber hochgemacht. Mit den Nationalsozialisten gingen die Deutschen Christen innen- wie außenpolitisch meist konform und arbeiteten ihnen auch durch eine »völkische« Umgestaltung theologischer Inhalte zu: so mit der Ausradierung jüdischer Worte, Inhalte und Symbole; mit der Konstruktion eines heroischen Bildes von Jesus; mit der Infiltration durch die Gedanken von »Blut und Boden« und der »Rasse«; mit Kulten und Ritualen wie Fahnenweihen. Der »Kirchenkampf«, der zur evangelischen Abspaltung in Form der Bekennenden Kirche führte, ist als Kampf gegen diese »völkische« Umgestaltung zu verstehen, nicht als grundsätzliche Opposition gegen das nationalsozialistische Regime.[890]

Nun spielten in Ostpreußen Religion, Kirche und vor allem die protestantische Konfession eine wichtige Rolle im Leben der Menschen.[891] Der protestantische Bevölkerungsanteil machte 84 Prozent aus, der katholische Anteil von nur 15 Prozent war fast vollständig in den ermländischen Kreisen konzentriert.[892] Die Kirchenprovinz Ostpreußen, Teil der Evangelischen Kirche der altpreußischen Union, war konservativ-lutherisch geprägt. In der Weimarer Republik war sie den Deutschnationalen verbunden und spielte eine Rolle, die das Religiös-Kirchliche überstieg. Sie trug wie andere Parteien und Organisationen Ostpreußens zur nationalen Identitätsbildung bei, die die vermeintlich bedrohte Insel Ostpreußen vor dem vermeintlich aggressiven, katholischen Polen schützen sollte. Die Deutschen Christen in Ostpreußen wiederum waren dabei offenbar moderater als andernorts, ihre theologische Wendung ins »Völkische« deutlich schwächer ausgeprägt. Auf Organisation wie Mäßigung nahm nicht zuletzt Gauleiter Koch schon vor der Machtübernahme, vor allem aber zwischen 1933 und 1935 erheblichen Einfluss, auch unterstützt vom Wehrkreispfarrer und

890 Vgl. Manfred Gailus: Keine gute Performance. Die deutschen Protestanten im »Dritten Reich«, in: Ders./Armin Nolzen (Hg.): Zerstrittene »Volksgemeinschaft«. Glaube, Konfession und Religion im Nationalsozialismus, Göttingen 2011, S. 96–121, hier bes. S. 102–106 (zit. Gailus: Performance).

891 Die Forschungslage hierzu ist unbefriedigend, vgl. ebd. S. 120, FN 51. Vgl. auch Manfred Gailus/Wolfgang Krogel (Hg.): Von der babylonischen Gefangenschaft der Kirche im Nationalen. Regionalstudien zu Protestantismus, Nationalsozialismus und Nachkriegsgeschichte 1930 bis 2000, Berlin 2006; der Sammelband enthält allerdings keine Studie zur Kirche in Ostpreußen. Ältere Forschungen hierzu: Walther Hubatsch: Geschichte der Evangelischen Kirche Ostpreußens. 3 Bde, Göttingen 1968; Manfred Koschorke (Hg.): Geschichte der Bekennenden Kirche in Ostpreußen 1933–1945. Allein das Wort hat's getan, Göttingen 1976; Hugo Linck: Der Kirchenkampf in Ostpreußen 1933 bis 1945, München 1968; Gerhard Reifferscheid: Das Bistum Ermland und das Dritte Reich, Köln 1975.

892 Vgl. Rohrer: Macht, S. 41. Die katholischen Kreise zeigen bis 1933 bei den Wahlergebnissen deutlich geringeren Zulauf für die NSDAP als die protestantischen. Die gewaltigen Wahlsiege der ostpreußischen NSDAP nahmen ihren Ausgang in den protestantischen Grenzkreisen im RB Gumbinnen, wo offenbar die auch antislawisch grundierte und mit vorgeblichen Expansionsgelüsten Polens munitionierte Propaganda verfing, vgl. ebd., S. 147–148 und S. 540–541.

späteren Reichsbischof Ludwig Müller. Koch, selber stark protestantisch geprägt, ließ sich im August 1933 sogar zum neuen Präses der Provinzialsynode wählen, was mit ehrlichem Interesse oder der Suche nach Zustimmung in protestantischen Bevölkerungskreisen zu erklären sein mag. Doch konnte er die Entstehung der Bekennenden Kirche im Oktober 1934 nicht verhindern und zog sich nach 1935 aus machtpolitischen Gründen weitgehend aus der Kirchenpolitik zurück. Viele Angehörige dieser Kirche und mehr noch die Katholiken waren auch in Ostpreußen in den kommenden Jahren staatlicher Verfolgung ausgesetzt.[893]

Vor diesem Hintergrund ist Spickschens christliche Haltung zu sehen. Fraglos hatte er den Deutschen Christen gegenüber keine Berührungsängste.[894] Besonders ein Blick auf den für Spickschens Kirchengemeinde Thierenberg von 1927 bis 1945 zuständigen Pfarrer, Richard Paluk, ist hierbei aufschlussreich. Etwa bei der Einweihung des Thierenberger Gotteshauses im Juni 1936 ließ er auf eine rein theologisch gehaltene Predigt, die weder politische Bezüge noch deutsch-christliche Schärfen aufwies, bei der anschließenden Feier im Wirtshaus eine überschwängliche Eloge auf den »Führer« und den Nationalsozialismus folgen.[895] Paluk, der auch Provinzialsiedlungspfarrer war, hatte bereits 1933 in der »Georgine« die neuen Machthaber freudig begrüßt, einschließlich auf seine Siedlungsarbeit angewendeter Gedanken der »Blut-und-Boden«-Ideologie.[896] Der Thierenberger Pfarrer lebte so vor, dass – stieg man nicht tiefer in theologische Feinheiten ein, was dann objektiv zu Unvereinbarkeiten hätte führen müssen – Christentum und Nationalsozialismus im praktischen Leben miteinander vereinbar waren.[897] Dies musste zumal für jemanden wie Spickschen gelten, dem gewiss keine theologisch ausdifferenzierte, sondern eine alltags-

893 Vgl. Meindl: Koch, S. 139–142 und S. 164–172, zudem Manfred Kittel: Konfessioneller Konflikt und politische Kultur in der Weimarer Republik, in: Olaf Blaschke (Hg.): Konfessionen im Konflikt, Göttingen 2002, S. 243–297, Klaus Scholder: Die Kirchen und das Dritte Reich, Bd. 1: Vorgeschichte und Zeit der Illusionen 1918–1934, Frankfurt a. M. 1977, S. 172–173, S. 250–251, S. 255–267 und S. 273, sowie Pyta: Dorfgemeinschaft, S. 415–416.

894 Es wäre sonst kaum vorstellbar, dass Ernst Czygan, ein Königsberger Pfarrer und Deutscher Christ, 1938 die Feier anlässlich des Todes von Spickschens Sohn Udolf durchführte. Czygans Sohn war offenbar Lehrling auf Spickschens Gut in Woydiethen, vgl. Spickschens Brief vom 15.4.1938 an seine Mutter, überliefert in: Schröder: Alles Liebe, S. 05.01.33.

895 Vgl. Paluks Predigt zur Weihefeier des Thierenberger Gotteshauses vom 21.6.1936 sowie den Text seiner Ansprache im Gasthaus Link vom selben Tag, beide überliefert in: EZA, Bestand 507/1602, unpag.

896 Vgl. Richard Paluk: Bauerntum, Siedlung und Kirche. Gedanken zum Erntedankfest, in: Georgine vom 29.9.1933, S. 660–661. Ein kurzer, unkritischer biographischer Abriss zu Richard Paluk findet sich bei Hugo Linck: Richard Paluk – Pfarrer in Thierenberg †, in: Ostpreußenblatt vom 5.12.1953, S. 6.

897 Vgl. hierzu die Befunde für Thüringen bei Dornheim: Moderne, S. 795.

praktische christliche Haltung zugeschrieben werden darf.[898] Genau diese alltagstaugliche Verbindung von Christentum und Nationalsozialismus explizierte Spickschens Frau bereits 1932 in einer flammenden Wahlempfehlung für die NSDAP: Das »Dritte Reich« werde es Kindern ermöglichen, »in ihrer Scholle, ihrem Volkstum, ihrer christlichen nordischen Weltanschauung« verwurzelt zu sein und eine »christliche und deutsche Erziehung«[899] zu genießen; hierin mag wiederum ein Einfluss der eklektizistisch übernommenen Idee der Volkskirche zu erkennen sein, die zum oben erwähnten Grundtvigianismus gehört.

Was also kennzeichnete die Propaganda des Landesbauernführers Spickschen? Es überrascht wenig, dass Spickschen als zuverlässiger Multiplikator der »Blut-und-Boden«-Weltanschauung Darrés diente. Deren wesentlichen Elemente finden sich allesamt, in unterschiedlicher Massierung, je nach Format, Erscheinungsort und Zeitumständen. Dabei ist in Rechnung zu stellen, dass solche Propaganda durch den Entstehungsprozess innerhalb des Apparates der Landesbauernschaft und Vorgaben der Reichsebene bis zu einem gewissen Grad gleichsam uniformiert wurde. Insbesondere in der Kriegszeit nahm der Aspekt der Ernährungssicherung die zentrale Rolle ein, während die ideologische Idee vom Bauerntum als »Lebensquell des deutschen Volkes« zurückgedrängt wurde. Dies mag in der Forschung den Kurzschluss befördert haben, dass auch in der Praxis die Ideologie zugunsten ökonomischer Aspekte kaum mehr eine Rolle mehr gespielt hätte.[900] Die auf das Landvolk heruntergebrochene Idee der »Volksgemeinschaft« bildete den roten Faden der Propaganda Spickschens. Weniger prominente, aber gleichfalls feste Bestandteile waren Antisemitismus, Rassismus und Anti-Kommunismus. Neben diesen personenunabhängigen Ideologemen manifestierte Spickschen in seinen Texten einen unerschütterlichen Glauben an den »Führer« Hitler. Wie gesagt, all dies überrascht nicht – wohl aber, dass sich diese Elemente weniger differenziert, aber im Kern unverändert auch in Spickschens privaten Verlautbarungen wiederfinden. Alles spricht dafür, dass nationalsozialistische Weltanschauung für Spickschen kein letztlich belangloses Beiwerk war, sondern ein gedanklicher Ordnungsrahmen, von dessen Richtigkeit er zutiefst überzeugt war.

Nicht abschließend zu klären ist die Frage nach der Reichweite der Propaganda Spickschens. In räumlicher Hinsicht konzentrierte sie sich im Wesentlichen auf das agrarische Milieu Ostpreußens. Dabei blieb Spickschen ohne Zweifel propagandistisch in der dritten Reihe, hinter der Reichsebene und der

898 Spickschen war mindestens gelegentlicher Kirchgänger, vgl. seinen Brief vom 3.4.1931 (Karfreitag) an seine Mutter, überliefert in: Schröder: Alles Liebe, S. 04.04.17.

899 Beide Zitate in Gerda Ursula Spickschen: Warum wählt die Landfrau nationalsozialistisch?, in: Nationalsozialistische Landpost vom 17.7.1932, unpag.

900 Vgl. Münkel: Agrarpolitik, S. 128.

Ebene der Gaue und Provinzen, auf der in Ostpreußen eindeutig Gauleiter Koch im Mittelpunkt stand. Das agrarische Milieu adressierte der Landesbauernführer vor allem über die Kanäle der Massenmedien, und wenn Auflagehöhen ein Indikator sind, so erreichte er dieses Milieu durchaus. Hier freilich spielten die Mechanismen der Dorfgemeinschaft eine Rolle, die propagandistischer Vereinnahmung auch Grenzen setzten, und hier waren die Eigenlogik und der Eigensinn der ländlichen Bevölkerung zu beachten.

Unklar muss dagegen mangels präziser Messinstrumente wie etwa Umfragen bleiben, was diese Propaganda bei den Rezipienten auslöste, welche Wirkung sie hatte. In Spickschens Propaganda waren weltanschauliche Aspekte stets eingebettet in Fragen der Landwirtschaftspolitik und der praktischen Landwirtschaft, und zwar in aller Regel aus der spezifischen Perspektive Ostpreußens. Diese Aspekte knüpften in hohem Maße an die Realität der ländlichen Bevölkerung Ostpreußens an. Sie waren insoweit relevant für deren alltägliches Leben, auch für deren Überleben in Zeiten des Krieges. War das ideologische Ziel, das Bauerntum müsse »Lebensquell des deutschen Volkes« sein, abstrakt, so war die Sicherung der Ernährung sehr konkret und real. Und prägte diese Mischung Spickschens Propaganda selber, so war sie wiederum in vielfältige Inhalte gleichsam zwischen nationalsozialistischer Propaganda und Sachinformation eingebunden – das galt bereits für sein eigenes Hausorgan, das »Wochenblatt der Landesbauernschaft Ostpreußen«, in dem Sach- und Fachartikel deutlich den größten Anteil ausmachten. Vor diesem Hintergrund wird plausibel, dass das Wirken von Agrarfunktionären wie Spickschen nach 1945 verkürzt als rein »sachlich« und »fachlich« und unter Außerachtlassung des ideologischen Beitrages charakterisiert wurde.[901]

901 Dies zeigte sich etwa in Spickschens Entnazifizierungsverfahren, mehr hierzu in Kapitel 2.1.

5. »Neubildung deutschen Bauerntums« im Regierungsbezirk Zichenau: Die Landesbauernschaft Ostpreußen zwischen ländlicher Siedlung, Landbewirtschaftung und Umsiedlungen

5.1 Vorkriegsentwicklungen: Von der ländlichen Siedlung zur »Neubildung deutschen Bauerntums«

Die Idee der »ländlichen Siedlung« entstand im 19. Jahrhundert als Reaktion auf die Abwanderung vom Land in die Städte, die im Wesentlichen der Industrialisierung geschuldet war. Häufig führte die Wanderungsbewegung vom agrarischen Osten in den stärker industrialisierten Westen des Deutschen Reiches. Für die ländliche Siedlung wurden dabei unterschiedliche Konzeptionen entwickelt: Im Preußen des Kaiserreichs sollten Grenzgebiete durch ländliche Bevölkerung gesichert werden, was auch eine antislawische Stoßrichtung hatte, fürchtete man doch die »Polonisierung« durch polnische Bauern, die sich in Posen und Westpreußen niederließen. Während der Weimarer Republik, als Siedlungspolitik im Reichssiedlungsgesetz von 1919 auch auf Reichsebene eine gesetzliche Grundlage bekam, wurde die West-Ost-Siedlung forciert. Auch kam es zu einer Hinwendung zur »Raumpolitik«, bei der neben die ländliche Siedlung Überlegungen traten, mittels Industrialisierung Menschen in Grenzgebieten anzusiedeln.

Viele dieser Konzeptionen einte, dass die ländliche Siedlungspolitik mit gleichsam sachfremden Überlegungen begründet und das Bauerntum ideologisch aufgeladen und politisch instrumentalisiert wurde. Für die Bewegung der Artamanen etwa war die ländliche Siedlung ein Mittel gegen »die Großstadt«, der sie feindlich gegenüberstand und mit Agrarromantik begegnen wollte. Die Artamanen gingen dabei nicht vom Volkstum aus, sondern von der »Rasse«, die sich gegen fremden Einfluss wehren sollte. Der Aspekt der »Rasse«, der häufig auf Analogieschlüssen aus der damaligen wissenschaftlichen Tierzucht gründete, war auch in der »Nordischen Bewegung« ein wichtiger Bestandteil. Sie begriff das Bauerntum als »rassereine« Bevölkerungsgruppe, die einen vorbildlichen Lebensstil pflege und daher als »Blutquelle« dem deutschen Volk zu »rassischer Erneuerung« verhelfen solle.

Vor allem durch Darré wurden Bestandteile dieser Konzeption zunächst zum Agrarprogramm der NSDAP und gehörten ab 1933 zur Agrarpolitik des nationalsozialistischen Staates. »Rasse« war hierbei eine zentrale Kategorie, die einerseits »negativ« im Sinne von Exklusion gedacht wurde, was sich nicht zuletzt gegen Juden richtete. Als »positiv« im Sinne von Inklusion dagegen wurde die »Aufzüchtung« des deutschen »Volkskörpers« verstanden. Dieser »positive Rassismus« umfasste »eugenische«, die »Erbgesundheit« betreffende Maßnahmen und kennzeichnete insbesondere die Agrarpolitik. Ein Ausdruck dessen war das Reichserbhofgesetz, ein anderer, gleichsam ergänzend dazu, das Gesetz zur »Neubildung deutschen Bauerntums« vom 14. Juli 1933. Neben der Idee der »Aufzüchtung« stand das Gesetz für jene einer grundlegenden Agrarstrukturreform, die im Kern Großgrundbesitz reduzieren und bäuerliche Siedlung vermehren sollte. Dies war zugleich als Einstieg in eine Politik der Raumordnung gedacht, in die eine Förderung der ländlichen Siedlung eingefügt werden sollte. Dabei liefen in den Friedensjahren auch organisatorisch die Fäden der nationalsozialistischen Siedlungspolitik bei Darré zusammen, führte er doch das RMEL, den Reichsnährstand und das RuSHA.[902]

In Ostpreußen gehörte vor wie nach der Machtübernahme der Nationalsozialisten die ländliche Siedlung zu den Kernfragen der wirtschaftlichen Situation und war Gegenstand wirtschaftlicher Analysen und politischer Programme gleichermaßen. Die in der Weimarer Republik aufgelegten Hilfsprogramme, vom »Ostpreußenprogramm« bis hin zur »Osthilfe«, hatten immer auch die ländliche Siedlung im Blick. Und schon vor 1933 wurde die Frage erörtert, ob abgesehen von der ländlichen Siedlung Menschen auch durch Industrieansiedlung nach Ostpreußen gebracht oder jedenfalls dort gehalten werden könnten.[903] Der »Ostpreußenplan« beziehungsweise der »Erich-Koch-Plan«, also die Industrialisierung der Provinz unter Berücksichtigung der landwirtschaftlichen Struktur, war unmittelbar mit der Frage der Siedlung verbunden. Er sollte zur Ansiedlung von bis zu anderthalb Millionen Menschen führen. Die Überlegungen zur Siedlung, die als Lösung der Abwanderungsproblematik

902 Vgl. Mai: Rasse, S. 13–58, zudem Dornheim: RMEL, S. 109–124, mit einer Bilanz des aktuellen Forschungsstands zur nationalsozialistischen Siedlungspolitik bis hin zum »Generalplan Ost«, sowie Corni/Gies: Blut und Boden, S. 40–41 und S. 120–126. Für das Gesetz zur »Neubildung deutschen Bauerntums« vom 14. 7. 1933 vgl. RGBl. I 1933, S. 517–518. Zum Gesamtkomplex der nationalsozialistischen Siedlungspolitik vgl. Karl-Rolf Schultz-Klinken: Preußische und deutsche Ostsiedlungspolitik von 1886 bis 1945; ihre Zielvorstellungen und Ergebnisse, in: ZAA 21 (1973), S. 198–215, Müller: Ostkrieg, passim, Michael A. Hartenstein: Neue Dorflandschaften. Nationalsozialistische Siedlungsplanung in den »eingegliederten Ostgebieten« 1939 bis 1944, Berlin 1998, passim (zit. Hartenstein: Dorflandschaften), sowie Heinemann: Rasse- und Siedlungshauptamt, passim.

903 Vgl. Richter: Industriepolitik, S. 29–31, sowie Hertz-Eichenrode: Politik, S. 306–328. Für eine zeitgenössische Analyse vgl. Batocki/Schack: Bevölkerung, passim.

betrachtet wurde, umfassten dabei den städtischen ebenso wie den ländlichen Bereich. Sie wandten sich nicht gegen die Landwirtschaft, doch verlagerte sich das Zentrum der Aufmerksamkeit weg von dieser. Aus dem »Königsberger Kreis«, dessen Intellektuelle um die Zeit der Machtübernahme Gauleiter Koch programmatisch beeinflussten, war insbesondere Hans-Bernhard von Grünberg intensiv mit Fragen der Siedlung und Raumordnung befasst. Er wirkte in Königsberg unter anderem am Institut für ostdeutsche Wirtschaft sowie an der Albertus-Universität und war daneben auch in der Führung der ostpreußischen NSDAP tätig.[904]

Im Prinzip konnte Koch bei den relevanten Akteuren Ostpreußens für diese Pläne mit Zustimmung rechnen, denn das Problem der Abwanderung betraf sie alle. So betrachtete Walther von Brauchitsch, der Befehlshaber der Reichswehr im Wehrkreis 1 (Ostpreußen), in einer Denkschrift grundsätzlich die wirtschaftliche Stärkung als Bedingung für eine militärische Stärkung. Kurzfristig zielte er auf einen Aufwuchs an Wehrfähigen. Ein Erfolg des »Ostpreußenplanes« hätte insoweit auch der Reichswehr beziehungsweise der Wehrmacht gedient. Nicht zufällig unterstützte sie den »Ostpreußenplan« ab 1935 im schon erwähnten OPA.[905]

In den ersten Jahren des nationalsozialistischen Ostpreußens wurde die ländliche Siedlung in die politischen Gegensätze innerhalb der Provinz hineingezogen. So gab im Jahr 1934 Richard Liedtke, der das auf der Linie von Gauleiter Koch liegende Gauamt für Agrarpolitik führte, den Kreisleitern der NSDAP eine Argumentation für die kommenden Versammlungen an die Hand. Dort schälte er aus dem Industrialisierungsplan des Gauleiters die Vorzüge hinsichtlich Wehrfähigkeit, Vermehrung der Bevölkerung und besserer Absatzchancen für Produkte heraus. Es müsse dabei »auch dem Blödesten einleuchten, dass hierdurch der ostpr. Bauer Vorteile haben kann und muss.«[906] Und es war nicht nur dieser Stil, mit dem Liedtke die damalige Führung der Landesbauernschaft provozierte:

> »Es kann hier weiter darauf hingewiesen werden, dass die Bevölkerungspolitik des Ostens nicht damit gelöst werden kann, indem wir bäuerliche Stellen schaffen. – Wir haben in Ostpreussen nur noch Landstellen für ca. 23.000 bäuerliche Stellen. Es würden im schlimmsten Falle 100.000 Menschen, einschliesslich Kinder, sich hier ansiedeln können. Schliesslich ist es auch gleich, auf welcher Fläche der Mensch bodenverbunden

904 Vgl. die Ausführungen zum »Ostpreußenplan« in Kapitel 3.1, sowie zeitgenössisch Grünberg: Hauptgrundsätze des Ostpreußenplanes, S. 7–42.

905 Zur Denkschrift Brauchitschs siehe Rohrer: Macht, S. 299, zum Ostpreußenausschuss vgl. ebd., S. 331–332, zudem Meindl: Koch, S. 188–189.

906 Rundschreiben Liedtkes vom 18.6.1934 an alle Kreisleitungen der NSDAP im Gau Ostpreußen, GStA PK, XX. HA Rep. 240, Nr. B 20, Bl. 20.

gemacht wird (ob auf 1.000, 100 oder 1 Morgen), die Hauptsache ist, dass er überhaupt bodenverbunden gemacht wird!«[907]

Damit visierte Liedtke zwei ideologische Kerne des Reichsnährstandes zugleich an, die ländliche Siedlung und den Erbhof, der mindestens 30 Morgen (7,5 Hektar) groß sein sollte. Auf höherer politischer Ebene stritten Koch und Darré Anfang 1934 darum, wessen Politik der »Neubildung deutschen Bauerntums« nützlich sei.[908] Zudem vertrat Koch um diese Zeit eine – von Otto Weber-Krohse aus den Reihen des »Königsberger Kreises« entwickelte – eigenständige »Ostideologie«, was die damalige weltanschauliche Frontstellung des Gauleiters gegenüber dem Reichsnährstand unterstreicht. In der Schrift »Aufbau im Osten«, die Kochs Namen trug, aber wohl im Wesentlichen von Weber-Krohse verfasst worden war, wurde Preußen gelobt. Es »bildete, indem es sich gegen die rassischen Elemente, die es – ausgenommen die Juden – in seinen östlichen Kolonisationsgebieten vorfand, nicht abschloß, geradezu den rassischen Vorposten und die Blutzufuhr für das Reich«.[909] Mit der Idee vom »Bauerntum als Lebensquell des deutschen Volkes« hatte dies nichts gemein.

Mit der Befriedung des Gegensatzes zwischen Gauleitung und Landesbauernschaft Ostpreußen in den Jahren 1934 und 1935[910] jedoch scheint bald eine gute Zusammenarbeit einhergegangen zu sein. Einerseits war Gauleiter Koch nach der »Oberpräsidentenkrise« als Führungsfigur Ostpreußens unangreifbar. Von seiner starken Stellung im »Dritten Reich«, nicht zuletzt bei Hitler selber, profitierten viele Akteure der Provinz. Andererseits spielte die Politik des Reiches, nämlich es in kurzer Zeit kriegsfähig zu machen, der Landesbauernschaft in die Hände – im Vierjahresplan war Ostpreußen die Rolle eines Nahrungsmittelproduzenten zugewiesen. Die Industrialisierungspolitik des Gauleiters verlor infolgedessen an Bedeutung, wenngleich sie weiter verfolgt wurde. Zugleich gewann die Frage der Siedlungspolitik neue Aktualität, verstärkte sich doch die Abwanderung aus Ostpreußen im Zuge der Aufrüstung und der durch sie steigenden Attraktivität der Industriezentren im Westen erneut.[911]

Der institutionelle Hebel für die »Neubildung deutschen Bauerntums« in Ostpreußen war in erster Linie die OLG.[912] Sie arbeitete dabei eng mit der Lan-

907 Ebd., Bl. 21–22.

908 Vgl. Rohrer: Macht, S. 291.

909 Erich Koch: Aufbau im Osten, Breslau 1934, S. 82. Zu Weber-Krohse vgl. auch Meindl: Koch, S. 177–179.

910 Siehe oben, Kapitel 2.1.

911 Vgl. Meindl: Koch, S. 188–189.

912 Die OLG habe, so Bethke, Kochs Stellvertreter im Oberpräsidium, »die Monopolstellung auf dem Gebiet der Erneuerung des Bauerntums.« Protokoll der OLG-Aufsichtsratssitzung vom 13.12.1938, BArch, R 2/19018, unpag. Vgl. auch das Schreiben des Oberpräsidenten Ostpreußens (Berichterstatter Dullien) vom 26.3.1938 an den Reichsminister für Ernährung und Landwirtschaft, BArch, R 2/19018, unpag. Vgl. zudem das Statistische Handbuch

deskulturabteilung im Oberpräsidium zusammen, die bis 1932 eine eigene Behörde gewesen war, das Landeskulturamt. Diese Abteilung verfügte über einige Zweigstellen in den Regierungsbezirken (»Kulturämter«) und befasste sich unter Führung von Willy Treichel mit Siedlungsfragen.[913] Zwei weitere in Ostpreußen in diesem Bereich tätige Organisationen, die »Gemeinnützige Siedlungsgesellschaft Deutscher Osten« und die »Treuhandstelle für Umschuldungskredite in der Provinz Ostpreußen«, können hier vernachlässigt werden.[914]

Die gemeinnützige OLG war 1905 gegründet worden mit der Aufgabe, die landwirtschaftliche Siedlung zu fördern. Sie war unter anderem mit Kapital des preußischen Staates, des Provinzialverbandes, sämtlicher Landkreise und der Landwirtschaftskammer gegründet worden. Prominenter Vertreter in der Führung der OLG war, mit Unterbrechungen, zwischen 1910 und 1933 Wilhelm Freiherr von Gayl, der Reichsinnenminister im Kabinett von Papen.[915] Zu Beginn der nationalsozialistischen Zeit wurde die OLG gleichgeschaltet. An der Spitze ersetzte im Juli 1933 Fritz Schlegel, nun »Erster Geschäftsführer« genannt, den seit 1917 amtierenden Generaldirektor Arthur Graff.[916] Mit Schlegel kam ein »Alter Kämpfer« an die Spitze der OLG, der seit Kochs Übernahme des NSDAP-Gaues Ostpreußen hochrangiger Parteifunktionär war.[917] Er stand an der Spitze

Ostpreußen 1938, S. 167. Die Einschätzung bei Meindl: Koch, S. 281, die OLG habe Gauleiter Koch »als Vehikel zur Kontrolle der Wirtschaft und zu seiner persönlichen Bereicherung« gedient, ist allzu oberflächlich und übersieht die weit über Koch hinausgehende Bedeutung der OLG.

913 Vgl. das Handbuch über den Preußischen Staat 1938, S. 136, S. 152 und S. 154. Zu Willy Treichel: Geb. 19.5.1892, gest. 31.1.1945 Königsberg/Pr. (vermutlich gefallen), leitender Regierungsdirektor in Königsberg/Pr., vgl. die Übersicht »Stellenkontrolle der Landeskulturverwaltung in Preußen (1941–1945)« [undatiert], BArch, R 3601/2286, Bl. 2.

914 Vgl. Walter Gebert: Der Weg zum Neubauern, in: Ostpreußischer Bauernkalender 1937, S. 58 (zit. Gebert: Weg zum Neubauern). Zur »Gemeinnützigen Siedlungsgesellschaft Deutscher Osten« sind Rechnungsberichte bis ins Jahr 1940 überliefert, Material hierzu in: BArch, R 2/18858, sowie BArch, R 2/18993. Die »Treuhandstelle für Umschuldungskredite« wurde offenbar 1942 liquidiert, Material hierzu in: BArch, R 2/18264.

915 Vgl. Hertz-Eichenrode: Politik, S. 201. Für einen zeitgenössischen Überblick vgl. Zwanzig Jahre deutscher Siedlungsarbeit in Ostpreußen. 1906–1926. Ein Überblick über die Tätigkeit der Ostpreußischen Land-GmbH zu Königsberg, Königsberg 1927, S. 11–42. Zu Wilhelm Freiherr von Gayl (1879–1945) vgl. Herbert Obenaus: Artikel »von Gayl, Wilhelm Moritz Egon Freiherr«, in: Kurt Forstreuter/Fritz Gause (Hg.): Altpreußische Biographie, Bd. III: Ergänzungen zu Bd. I und II, Marburg a. d. L. 1975, S. 916–917.

916 Vgl. Ostpreußische Landgesellschaft m.b. Haftung zu Königsberg i. Pr. (Gemeinnützige provinzielle Siedlungsgesellschaft): Bericht für die Zeit vom 1. Januar bis 31. Dezember 1933, Königsberg 1934, S. 7.

917 Zu Fritz Schlegel: Geb. 11.10.1900 Marburg a. d. L. (Kr. Marburg), gest. 31.12.1945 (für tot erklärt), evangelisch-lutherisch, Sohn eines Molkereidirektors, 4/1932–1933 MdPrLT, NSDAP-Beitritt 1.10.1928 (Nr. 102.955), Bezirksleiter Natangen, Gaukommissar (Kreise Groß-Königsberg, Bartenstein, Pr. Eylau), Gauinspekteur, 1933 1. Geschäftsführer der Ostpreußischen Heimstätte mbH (Königsberg/Pr.), 7/1933 Geschäftsführer der OLG,

einer Organisation von ansehnlicher Größe, Ende 1940 hatte die OLG insgesamt 139 Mitarbeiter.[918]

Nach der Machtübernahme veränderte sich auch das Tableau der Gesellschafter. An die Stelle Preußens trat das Deutsche Reich, und auch die Landesbauernschaft Ostpreußen war nun Gesellschafterin der »Ostpreußischen Landgesellschaft mit beschränkter Haftung«. Diese hatte ihren Sitz in Königsberg und wies ein Stammkapital von über 3,5 Millionen Reichsmark auf. Als ihr Zweck wurde »die Ansiedlung von Landarbeitern«, »die Vermehrung der Bauernstellen« und »die Durchführung der staatlichen Besitzfestigung nach Maßgabe des Besitzfestigungsgesetzes vom 26. Juni 1912« definiert, ebenso sollte die OLG der »Befestigung des bäuerlichen Grundbesitzes durch Regelung der Schuldverhältnisse und Förderung gemeinwirtschaftlicher Einrichtungen«[919] dienen.

Die OLG konnte hierfür geeignete Maßnahmen durchführen, zum Beispiel Schulden übernehmen und Hypotheken erwerben. Im Wesentlichen war die Tätigkeit der OLG auf die Provinz Ostpreußen beschränkt. Die allgemeine Aufsicht lag beim Oberpräsidenten der Provinz, der zugleich Vorsitzender des Aufsichtsrats war. Der Aufsichtsrat bestand aus zwölf Mitgliedern: zunächst der Vorsitzende, dann ein von ihm ernannter Vertreter der Staatsbank, der Landeshauptmann, der auch als Stellvertreter des Aufsichtsratsvorsitzenden fungierte, sowie drei vom Oberpräsidenten ernannte Mitglieder. Hinzu kamen ein Vertreter des RMEL und fünf Personen der Landesbauernschaft Ostpreußen: der Landesbauernführer, der Landesobmann sowie je ein Vertreter der drei Landeshauptabteilungen; diese drei wurden vom Landesbauernführer ernannt, unter ihnen musste zumindest ein Neubauer, das heißt ein Siedler sein. Aufgabe des Aufsichtsrates war es, die OLG entlang des Gesellschaftszwecks strategisch zu führen, wobei die operative Umsetzung bei der Geschäftsführung lag.[920] Neben Gauleiter Koch hatte damit vor allem der Landesbauernführer großen Einfluss auf die Besetzung des Aufsichtsrats. Aus den Protokollen der Aufsichtsratssitzungen wird insgesamt ein kooperatives Vorgehen der Akteure deutlich, nicht zuletzt auch in Abstimmung mit der Landeskulturabteilung im Oberpräsidium.[921]

5/1935 alleiniger 1. Geschäftsführer der OLG, vgl. Rohrer: Macht, S. 600, und die Auskunft des Stadtarchivs Marburg a. d. L. vom 28. 8. 2014.

918 Ostpreußische Landgesellschaft mit beschränkter Haftung zu Königsberg/Pr. Gemeinnützige provinzielle Siedlungsgesellschaft: Jahresbericht 1940. 1. Januar bis 31. Dezember, Königsberg/Pr. 1941, S. 6 (zit. OLG: Jahresbericht 1940), überliefert in: BArch, R 2/19019, unpag.

919 Alle Zitate gemäß der Satzung der OLG in der Druckfassung vom November 1934, überliefert in: BArch, R 2/19017, unpag.

920 Vgl. ebd.

921 Vgl. die Protokolle der Aufsichtsratssitzungen vom 9. 5. 1935, vom 20. 8. 1936, vom 2. 3. 1937

Wenngleich die Siedlungsarbeit in der Regel sehr konkret war, so war sie doch unverkennbar von nationalsozialistischer Ideologie durchzogen und stand im Zeichen der »Neubildung deutschen Bauerntums«. Es gelte »in Ostpreussen einen gesunden, starken Bauernstand als Damm gegen die rote Flut zu schaffen, und der Ruf ›Gen Osten geht unser Ritt!‹ würde zu einer Farce werden, wenn nicht alle Kraft eingesetzt würde, um diesen Wall zu schaffen«[922], verkündete Landesbauernführer Spickschen 1937 in einer Aufsichtsratssitzung. Personell war der Aufsichtsrat nach den Änderungen zu Beginn der nationalsozialistischen Zeit von etwa 1936 bis weit in den Zweiten Weltkrieg hinein weitgehend stabil. Vorsitzender war Gauleiter Koch, sein Stellvertreter Landeshauptmann Helmuth von Wedelstaedt. Spickschen, der bereits 1934 als Landeshauptabteilungsleiter I der Landesbauernschaft Ostpreußen Mitglied des Aufsichtsrats gewesen war, berief Landesobmann Gruber sowie seine Landeshauptabteilungsleiter Berg, Schumacher und Ortmann in dieses Gremium.[923] 1942 legte Koch den Vorsitz im Aufsichtsrat nieder, die Sitzungen wurden jetzt vom Königsberger Regierungspräsidenten Dr. Paul Hoffmann geleitet.[924] Die Satzung blieb dabei unverändert gültig, eine seit den Friedensjahren angedachte Änderung scheiterte an Koch, der verhinderte, dass der Einfluss des Reiches ausgeweitet wurde. Genau dies hatte das RMEL gefordert, durchaus nicht grundlos, hatte doch das Reich die »Neubildung deutschen Bauerntums« ausgerufen und trug es deren materielle Kosten.[925]

Die Ergebnisse der »Neubildung deutschen Bauerntums«, soviel kann für das »Dritte Reich« der Friedenszeit festgehalten werden, waren insgesamt schlecht. Im Vergleich zur Weimarer Republik ging die ländliche Siedlung zwischen 1933 und 1939 deutlich zurück. Zu einer einschneidenden Veränderung der Agrarstruktur kam es nicht, insbesondere der ostelbische Großgrundbesitz blieb im Wesentlichen unangetastet. Probleme bereitete auch die Auswahl der Neusiedler nach

---

(alle in: BArch, R 2/19017, unpag.), vom 19. 10. 1937 und vom 13. 12. 1938 (beide in: BArch, R 2/19018, unpag.), sowie vom 5. 12. 1940, vom 6. 3. 1942 und vom 13. 6. 1944 (alle in: BArch, R 2/19019, unpag.). Am Tag der Aufsichtsratssitzung fand in der Regel auch die Gesellschafterversammlung statt.

922 Protokoll der Sitzung des Aufsichtsrats der OLG vom 2. 3. 1937, BArch, R 2/19017, unpag.

923 Vgl. Ostpreußische Landgesellschaft mbH zu Königsberg i. Pr. (Gemeinnützige provinzielle Siedlungsgesellschaft): Bericht für die Zeit vom 1. Januar bis 31. Dezember 1934, Königsberg/Pr. 1935, S. 5, sowie Ostpreußische Landgesellschaft mit beschränkter Haftung zu Königsberg/Pr. Gemeinnützige provinzielle Siedlungsgesellschaft: Bericht für die Zeit vom 1. Januar bis 31. Dezember 1935, Königsberg/Pr. 1936, unpag., beide überliefert in: BArch, R 2/19017, unpag. Vgl. zudem OLG: Jahresbericht 1940, unpag., überliefert in: BArch, R 2/19019, unpag.

924 Vgl. den Vermerk aus dem Reichsfinanzministerium vom 3. 7. 1942, BArch, R 2/19019, unpag.

925 Vgl. das Schreiben Hoffmanns (Oberpräsidium Ostpreußen) vom 14. 9. 1943 an die OLG sowie das Protokoll der Aufsichtsratssitzung der OLG vom 13. 6. 1944, beide in: BArch, R 2/19019, unpag.

Maßgabe politischer, wirtschaftlicher und »rassischer« Eignung – Kriterien, die viele Bewerber nicht erfüllten. Der Sog der Industrie, befeuert durch die massive Aufrüstung, tat wie erwähnt ein Übriges, so dass die Landflucht allen Versuchen der »Neubildung deutschen Bauerntums« zum Trotz bis zum Kriegsbeginn 1939 zunahm.[926] Auch in Ostpreußen fielen die Ergebnisse der ländlichen Siedlung in den Friedensjahren des nationalsozialistischen Regimes gegenüber jenen der Weimarer Zeit ab. Waren etwa am Höhepunkt der Entwicklung 1931 noch 2.385 Neusiedler-Stellen im Umfang von 26.212 Hektar geschaffen worden, so waren es 1937 nur 137 Stellen mit insgesamt 3.171 Hektar.[927] Allerdings waren die Neusiedlungen 1931 im Durchschnitt etwa 11 Hektar groß, 1937 dagegen über 23 Hektar – ganz im Sinne des Erbhofgedankens, zu dem neben den genannten fachlichen und »rassischen« Kriterien auch das Ziel gehörte, im Vergleich zur Weimarer Zeit Höfe von durchschnittlich höherer Betriebsgröße entstehen zu lassen, um den Neubauern die Existenzsicherung zu erleichtern.[928]

5.2 Planungen zur Siedlung, »Neubildung deutschen Bauerntums« und Dorfgestaltung im Regierungsbezirk Zichenau

Die expansive Außenpolitik des Deutschen Reiches nach 1937 und insbesondere die Eroberung von »Lebensraum im Osten« ab September 1939 verliehen ländlicher Siedlung und »Neubildung deutschen Bauerntums« eine neue Dimension. Für die Siedlungspolitik in Ostpreußen war es dabei noch praktisch unbedeutend, als am 23. März 1939 das Memelgebiet nach massivem Druck der Regierung Hitler auf Litauen wieder an das Reich und die Provinz Ostpreußen angeschlossen wurde.[929] Dort seien »nur wenige große Güter vorhanden«, hieß es in einem Jahresbericht der OLG. Es dominiere der Klein- und Mittelbesitz, »größerer Landanfall« für Siedlungsaktivitäten sei nicht zu erwarten. »Die uns anfänglich im Memelland gestellten Aufgaben, die sich hauptsächlich auf die wirtschaftliche Betreuung von Gütern erstreckten, haben wir erfüllt.«[930] Diese

926 Vgl. Mai: Rasse, S. 58–76.

927 Vgl. Statistisches Handbuch Ostpreußen 1938, S. 167.

928 Vgl. Gebert: Weg zum Neubauern, S. 56. Zum Komplex »Erbhof« siehe Kapitel 6.

929 Vgl. Joachim Tauber: Deutschland, Litauen und das Memelgebiet 1938/1939, in: Jürgen Zarusky/Martin Rückert (Hg.): Das Münchener Abkommen von 1938 in europäischer Perspektive, München 2013, S. 429–439.

930 Ostpreußische Landgesellschaft mit beschränkter Haftung zu Königsberg/Pr. Gemeinnützige provinzielle Siedlungsgesellschaft: Jahresbericht 1938. 1. Januar – 31. Dezember, Königsberg/Pr. 1939, S. 4, überliefert in: BArch, R 2/19018, unpag.

Aufgaben sollten für die OLG ein Vorgeschmack auf ihre Aufgaben im Regierungsbezirk Zichenau sein.

Auf Reichsebene indes hatte sich in der Siedlungspolitik längst das Kräfteverhältnis verschoben, mit weitreichenden Auswirkungen bis hin zur späteren Vernichtungspolitik im Osten. Zum einen war der Februar 1937 für den Reichsnährstand insofern eine Zäsur, als im Stabsamt unter maßgeblicher Führung von Hermann Reischle erstmals Siedlungsplanungen die damaligen Reichsgrenzen überschritten: Unter strengster Geheimhaltung waren zunächst das Gebiet der Tschechoslowakei, später dann polnische Gebiete, die früher zum Deutschen Reich gehört hatten, Gegenstand dieser Planungen. Sie stellten angewandte »Blut-und-Boden«-Ideologie dar und sahen Umsiedlungen von Hunderttausenden von Menschen vor, ohne Rücksicht auf die ansässigen Bevölkerungen. Zentrale Leitlinie war dabei nicht etwa, dass »fremdvölkische« Menschen zu »germanisieren« seien, sondern dass der Boden durch die Bearbeitung deutscher beziehungsweise »volksdeutscher« Menschen »germanisiert« werden müsse. Zum anderen war Darré 1938 in Gegensatz zu Himmler geraten. Die Hintergründe dessen sind nicht ganz klar, möglicherweise ging es um Fragen der bäuerlichen Siedlungspolitik: Darré habe eine längerfristig angelegte Strategie der »Germanisierung« verfolgt, bei der der Gedanke der »Aufzüchtung« des »Volkskörpers« im Vordergrund gestanden habe. Dagegen habe Himmler, wie auch Hitler, eine raschere »Germanisierung« ins Auge gefasst, einschließlich räumlicher Expansion, Umsiedlungen und Vertreibungen. Doch mögen auch andere Faktoren wie persönliche und machtpolitische Konkurrenz oder auch die internen Querelen im Reichsnährstand (»Meinberg-Revolte«) zu diesem Gegensatz geführt haben. Jedenfalls gab Darré im September 1938 die Leitung des RuSHA ab.

Spätestens am 7. Oktober 1939, im Gefolge des Überfalls auf Polen, übernahm Himmler die führende Rolle in der Siedlungspolitik, als Hitler ihn mit der »Festigung deutschen Volkstums« betraute. Damit war im Kern die Kompetenz für die Aussiedlung von Nicht-Deutschen, die Ansiedlung Deutscher sowie die Gestaltung der Siedlungsgebiete in den eroberten Ostgebieten verbunden. Hitlers Anweisung enttäuschte Darré, dessen Organisationen sich bei der »Neubildung deutschen Bauerntums« nun Himmlers allgemeinen Direktiven unterzuordnen hatten. Dies galt allerdings nur in den eroberten Ostgebieten, wo dem RMEL immerhin Ausführungsfunktionen im Rahmen der »Neubildung deutschen Bauerntums« zugeordnet wurden, nicht dagegen im Altreich, wo Darrés Kompetenzen unbeschnitten blieben, die dieser auch weidlich für seine Zwecke einzusetzen suchte. Himmler baute seine Position indes bald aus. Organisatorischer Ausdruck dessen war ab Oktober 1939 die Dienststelle beziehungsweise (ab 1941) als SS-Hauptamt das Stabshauptamt des »Reichskommissars für die Festigung deutschen Volkstums«, wie Himmler sich in dieser Funktion nannte.

Diese Behörde, von Ulrich Greifelt geleitet, konnte ihrerseits auf viele Organisationen und Behörden zugreifen, nicht zuletzt auf andere innerhalb der SS wie die Volksdeutsche Mittelstelle. Die vom Stab des RKF angestoßenen Planungen mündeten in den »Generalplan Ost« in seinen vier Versionen sowie den nicht abgeschlossenen »Generalsiedlungsplan« – Planungen, in denen das Siedlungsgebiet im Osten das bisherige Reichsgebiet unter Inkaufnahme der Vertreibung und Vernichtung von Millionen von Menschen mehr als verdoppelt hätte.[931]

Als »Allgemeine Anordnung 7/II« erließ Himmler am 26. November 1940 »Grundsätze und Richtlinien für den ländlichen Aufbau in den neuen Ostgebieten«. Diese Anordnung, die in den nächsten Jahren durch weitere Richtlinien ergänzt wurde, kann als zentraler Bezugspunkt für die folgenden Planungen zur ländlichen Siedlung in den eroberten Ostgebieten gelten. In der Anordnung wurde in einem ersten Teil eine Bodenordnung entwickelt, die zu dem übergeordneten Ziel führen sollte, »deutsches Volkstum« neu zu bilden und zu festigen. Kernelement hierfür war die bäuerliche Familienwirtschaft, die ohne Zersplitterung und Verschuldung in jeder Hinsicht den Anforderungen der »Volksgemeinschaft« gerecht werden sollte – biologisch, sozial und wirtschaftlich. Gegenüber dem mittleren Erbhof wurde hierfür eine höhere Betriebsgröße angestrebt, nämlich eine als »Hufe« bezeichnete Normalbauernstelle mit etwa 25 bis 40 Hektar. Innerhalb eines Dorfes sollten diese Hufen 50 bis 60 Prozent der Betriebe auf ebensolcher Fläche ausmachen; mit anderen Betriebsgrößen sollten sie ein harmonisches, der »Volksgemeinschaft« dienendes Ganzes bilden. Dazu gehörten kleinere Stellen, etwa für Landarbeiter, aber auch für Handwerker, die immerhin 30 bis 40 Prozent der Betriebe auf 5 bis 15 Prozent der Fläche umfassen sollten. Zudem waren größere Betriebe vorgesehen, auch solche über der Erbhof-Höchstgröße von 125 Hektar – auf diesen Gütern sollte ein »bodenständiges Führertum« gebildet werden. Dies zeigt, dass mit dieser Bodenordnung auch Überlegungen zum Gesellschaftsaufbau verbunden waren; an anderer Stelle äußerte sich dies zum Beispiel in Aufstiegschancen für Landarbeiter.

Der zweite Teil der Anordnung widmete sich der Dorfplanung. Hier ist deutlich zu sehen, wie an die Stelle bäuerlicher Siedlung die Raumplanung trat. Bäuerliche Betriebe wurden in Bezug zur landschaftlichen Umgebung gesetzt. Um ein Hauptdorf waren Dörfer zu gruppieren, wobei das Hauptdorf in jeder

---

931 Vgl. hierzu zusammenfassend Dornheim: RMEL, S. 109–121, detailliert Mai: Rasse, S. 113–154, zudem Corni/Gies: Blut und Boden, S. 126–128. Zur RKF-Behörde fehlt eine aktuelle Monographie, vgl. daher noch immer Robert L. Koehl: RKFDV. German Settlement and Population Policy. 1939–1945. A History of the Reich Commission for the Strengthening of Germandom, Cambridge 1957. Informationen finden sich entsprechend der vernetzten Arbeitsweise der Behörde an vielen Orten, vgl. z. B. Heinemann: Rasse- und Siedlungshauptamt, S. 190–195.

Hinsicht der Mittelpunkt des öffentlichen Lebens war – hier war der Ort, an dem sich die »Volksgemeinschaft« symbolisch manifestieren konnte, etwa auf Festplätzen oder in den Gemeinschaftshäusern der Partei. Sehr detailliert wurde in diesem Teil der Anordnung beschrieben, wie Straßen zu bauen und Gemeinschaftsanlagen zu errichten waren. Nicht zuletzt gab es eine detaillierte Ausplanung für Bauernhöfe, die in wirtschaftlicher Hinsicht funktional und effizient sein, gute Lebensbedingungen für alle Bewohner bieten und zugleich Ausdruck neuer deutscher Bauernkultur sein sollten.[932]

Hitlers Auftrag zur »Festigung deutschen Volkstums« gab Himmler keine allumfassende Kompetenz an die Hand, insbesondere nicht für die Detailplanung. Und so nahmen in den folgenden Jahren viele Akteure Einfluss auf die Siedlungspolitik. Auf Reichsebene waren dies der Reichsnährstand und das RMEL, die Reichsstelle für Raumordnung, das Reichsministerium für Arbeit, das Reichsheimstättenamt der DAF, die Wehrmacht, die Reichsbahn und weitere Stellen (Hochbauabteilung des Preußischen Finanzministeriums, Reichsforstmeister, Amt des Generalinspektors für das deutsche Straßenwesen, Amt des Generalinspektors für Wasser und Energie, Reichswasserstraßenverwaltung). Auf regionaler Ebene kamen verschiedene Planungsbehörden für Raumordnung hinzu, die bei den Oberpräsidenten angesiedelten Siedlungs- und Umlegungsabteilungen, regionale Siedlungsgesellschaften, lokale Behörden sowie verschiedene Forschungseinrichtungen.[933]

Welche Konsequenzen brachten diese Weichenstellungen nun konkret für die Siedlungsplanung für den Regierungsbezirk Zichenau mit sich? Grundsätzlich waren die vom Planungsamt des RKF erstellten Pläne zur Raumordnung maßgeblich. Schon Anfang 1940 wurde in den »Planungsgrundlagen für den Aufbau der Ostgebiete«, dem ersten Generalplan Ost, eine »Siedlungszone 1. Ordnung« ausgewiesen. Gebiete dieser Zone sollten rasch und prioritär »germanisiert« werden, entlang des Grenzverlaufs des Generalgouvernements sollte »ein Wall deutschen Volkstums in Gestalt eines tief gestaffelten Gürtels germanischer Bauernhöfe« entstehen, wodurch das »Polentum« im Reich vom Generalgouvernement abgetrennt werden sollte. In der Umgebung größerer Städte sollten Bauern in dichter Folge siedeln. Im Sinne einer Ost-West-Achse sollte eine »deutsche Volkstumsbrücke« errichtet werden, als Verbindung vom Grenzwall zum Reich einerseits und zur Vereinzelung der polnischen Siedlungsgebiete andererseits. Der Siedlungszone I zugeordnet wurden, neben dem Suwałki-Gebiet, alle Kreise des Regierungsbezirkes Zichenau mit Ausnahme von Schirps

932 Himmlers Allgemeine Anordnung Nr. 7/II vom 26.11.1940 ist publiziert bei Hartenstein: Dorflandschaften, S. 93–96.
933 Ausführlich hierzu ebd., S. 42–77.

und Mlawa (ab Mai 1941 Sichelberg und Mielau). In weiteren Anordnungen des RKF wurde die Siedlungszone I bis Anfang 1941 verändert. Sie wurde insgesamt ausgeweitet, vom Regierungsbezirk Zichenau gehörte jedoch insgesamt ein kleinerer und anderer Teil zu dieser Zone: die Gebiete der Kreise Plozk (ab Mai 1941 Schröttersburg), Plonsk (Plöhnen), Schirps (Sichelberg), Mlawa (Mielau), Zichenau und Praschnitz, nicht dagegen das Gebiet des Kreises Suwalki (Sudauen) sowie die Gebiete der Kreise Makow (Mackeim), Pultusk (Ostenburg) und Ostrolenka (Scharfenwiese). Insgesamt wurden die Planungen um die Siedlungszone I bald von der Realität überholt, der Raum für Umsiedler erschien zu knapp.[934]

Zeitgleich arbeitete man andernorts bereits an Detailplanungen. Schon im September 1940 abgeschlossen wurden die »Vorschläge für die ländliche Besiedlung des neuen deutschen Ostraumes«, ein nicht für die Öffentlichkeit bestimmtes Gutachten eines fünfköpfigen Expertenkreises um den Königsberger Geographen Erwin Scheu. Es war von der Reichsarbeitgemeinschaft für Raumforschung in Auftrag gegeben worden, unter den Experten war auch Heinrich Klaaßen, der frühere Direktor der OLG. Die Vorschläge nehmen die in Himmlers Anordnung Nr. 7/II skizzierten Grundlagen in wichtigen Fragen vorweg. Die »Eindeutschung« der neuen Ostgebiete sollte idealerweise durch bäuerliche Familienbetriebe erfolgen, die allerdings nur auf 15 bis 25 Hektar Größe veranschlagt wurden. Bäuerliche Großbetriebe waren in geringer Zahl vorgesehen, auf ihnen sollte eine bäuerliche Führungsschicht herangezogen werden; zudem waren dörfliche Handwerker und Landarbeiter funktional in die Dorfgemeinschaft zu integrieren.[935] Konkrete Berechnungen befassten sich mit Boden und Besiedlung der »Siedlungszone I«: Für den Regierungsbezirk Zichenau wurde ein Siedlerbedarf von 4.259 Aufstiegsstellen, 24.026 Bauernhöfen, 3.616 Handwerkerstellen, 3.616 Landarbeiterstellen sowie 32.468 Siedlerstellen berechnet.[936]

Der Einfluss, den die Planungen des RKF-Stabshauptamts auf die Überlegungen zur bäuerlichen Siedlung im Regierungsbezirk Zichenau nahmen, ist an

934 Die am 24. 1. 1940 vorgestellten »Planungsgrundlagen für den Aufbau der Ostgebiete« sind publiziert u. a. ebd., S. 85–91, sämtliche Zitate S. 87; vgl. auch die weiteren Ausführungen ebd., S. 242–245. Intern wurde beim RKF noch zwischen den Siedlungszonen I und Ia unterschieden, zu letzterer gehörten vom RB Zichenau die Gebiete der Kreise Mlawa (ab Mai 1941 Mielau), Schirps (Sichelberg) und Plozk (Schröttersburg). Der Unterschied zur Siedlungszone I war, dass hier keine Schwierigkeiten beim Umbau im Sinne von Neuaufbau und »Germanisierung« erwartet wurden, während man den Neuaufbau in Siedlungszone I zumindest in Teilen nur schrittweise für möglich hielt.

935 Vgl. Scheu: Vorschläge, S. III und S. 107–108.

936 Vgl. Emil Lang/Heinrich Klaaßen: Die landwirtschaftlichen Grundlagen der Besiedlung des neuen Ostgebietes und die daraus sich ergebende Betriebsstruktur, in: Scheu: Vorschläge, S. 79 (zit. Lang/Klaaßen: Grundlagen).

vielen Stellen sichtbar. Walther Kiesers Studie »Der Aufbau im Gebiet um Zichenau« etwa gehörte zu einer Publikationsreihe, die von der Haupttreuhandstelle Ost und vom RKF-Stabshauptamt veranlasst worden war. Die Studie behandelte den Regierungsbezirk Zichenau und ist ein typisches Beispiel für die einschlägigen Publikationen jener Tage, in denen die Planungen für den – nach den angeblich trostlosen polnischen Verhältnissen – nun anhebenden glorreichen deutschen »Neuaufbau« in allen Facetten beschrieben wurden. Neben anderen Aspekten wie Industrie, Handel und Verkehr nahm Kieser auch die ländliche Siedlung in den Blick. Er plädierte dafür, dass der Regierungsbezirk Zichenau bäuerlich besiedelt werden müsse, durch »rassisch« und landwirtschaftlich fähige Bauern, die Reichsdeutsche aus Realteilungsgebieten oder umgesiedelte »Volksdeutsche« sein konnten. Dabei betonte er die Notwendigkeit, das Leben auf dem Land auch sozial und kulturell attraktiv zu machen. Kieser zielte damit auf den Ausgleich zwischen Stadt und Land und mithin auf den Raum insgesamt.[937]

Eine sehr bedeutende Rolle spielte die Landesplanungsgemeinschaft in Ostpreußen, die als Dienststelle des RKF fungierte. Wie in anderen Ländern und Provinzen eine Selbstverwaltungskörperschaft mit eigenem Haushalt und Dienststellen, hatte sie die Aufgabe, Vorarbeiten für die Reichs- und Landesplanung zu liefern. Zur Landesplanungsgemeinschaft gehörten verschiedene, jeweils mit großräumiger Planung beschäftigte Akteure, unter anderen die Wehrmacht, die land- und forstwirtschaftliche Verwaltung sowie Reichs- und Landesbehörden. Sie wurde von der Reichsstelle für Raumordnung fachlich beaufsichtigt. Den Vorsitz der Landesplanungsgemeinschaft führte Oberpräsident Koch, der Stellvertreter des RKF in Ostpreußen war. Fachlicher Leiter war zur Kriegszeit der Landesplaner Guido Görres, zugleich Generalreferent für Raumordnung beim Oberpräsidenten und Planungsbeauftragter des RKF. In den Bezirken gab es Bezirksstellen, so ab Anfang 1940 auch im Regierungsbezirk Zichenau, Wolfgang von Auer war dort Bezirksplaner.[938] Zur Landesplanungsgemeinschaft gehörte ein Beirat, in dem Vertreter der Behörden, der Partei, der Wehrmacht, der kommunalen Selbstverwaltung, der Wirtschaft und der Wissenschaft Ostpreußens vertreten waren. Auch Spickschen gehörte kraft seines Amtes als Landesbauernführer diesem Beirat an,[939] durch den er regelmäßig über die Aktivitäten der Landesplanungsgemeinschaft informiert wurde.[940]

937 Vgl. Kieser: Zichenau, dort vor allem S. 26–30.

938 Vgl. Harteinstein: Dorflandschaften, S. 59–62. Die Hauptgeschäftsstelle der Landesplanungsgemeinschaft und der größte Teil ihres Planungsmaterials wurden Ende August 1944 zerstört, vgl. Görres' Schreiben vom 4.9.1944 an den Leiter der Reichsstelle für Raumordnung, BArch, R 113/354, Bl. 81.

939 Vgl. das Verzeichnis über den Beirat der Landesplanungsgemeinschaft Ostpreußen vom 9.8.1937, BArch, R 113/652, Bl. 1–3.

Den Tenor für die eroberten Gebiete gab Görres' Vorgänger als Landesplaner, Ewald Liedecke, bereits am 1. September 1939 vor. Er verwarf die bisherige polnische Siedlung und Aufteilung des Landes grundsätzlich und forderte: »Statt diesem partiellen Vorgehen ist ein totaler kolonisatorischer Akt nötig, der das ganze Gebiet erfaßt, neu umlegt und aus deutscher Vorstellung heraus neu besiedelt.«[941] Hierfür nutzten die Landesplaner um den Jahreswechsel 1939/1940 herum, als deren Zichenauer Bezirksstelle beim dortigen Regierungspräsidenten gerade entstand, Karten und statistisches Material von früheren polnischen Dienststellen, das durch eigene Erhebungen ergänzt wurde.[942] Die Grundlinien für die Besiedlung des Regierungsbezirkes skizzierte Görres als Planungsbeauftragter des RKF im Mai 1942: »Die neuen Städte und Dörfer der Aufbaugebiete müssen der Ausdruck des nationalsozialistischen Gemeinschaftswillens und der unerschöpflichen Gestaltungskraft unseres Volkes für die kommenden Generationen sein.« Orientiert an den Richtlinien des RKF, erstellte die Landesplanungsgemeinschaft Raumordnungspläne für den Regierungsbezirk Zichenau: Neunzig Hauptdorfbereiche mit jeweils fünf bis sechs Nebendörfern mit je 300–500 Einwohnern waren vorgesehen. In den Hauptdörfern waren alle »der Gemeinschaft dienenden politischen, kulturellen und wirtschaftlichen Einrichtungen« konzentriert. Dabei stellte die Landesplanungsgemeinschaft bei der RKF-typischen Idee des »Hauptdorfes« explizit den Bezug zu Arbeiten Grünbergs her, der mit dem »Hoheitsort« eine ähnliche Konzeption ausgearbeitet hatte. Beide Elemente gehören in den Kontext der Zentrale-Orte-Theorie von Walter Christaller, die die effiziente, funktionale Gestaltung von Raum um einen zentralen Ort zum Inhalt hat und zum bestimmenden raumplanerischen Paradigma für die besetzen Gebiete im Osten wurde, nicht zuletzt für die RKF-Planungen.[943]

Grünberg seinerseits trat als Leiter des Instituts für ostdeutsche Wirtschaft und Leiter der Abteilung Heimstätten der DAF Ostpreußen mit siedlungspolitischen Planungen und Publikationen hervor.[944] Er hatte bereits vor 1939

940 Vgl. Liedeckes Schreiben vom 22.4.1938 an die Reichsstelle für Raumforschung, BArch, R 113/654, Bl. 2.

941 Zitiert nach Hartenstein: Dorflandschaften, S. 79. Im Original ist der Satz durch Unterstreichung hervorgehoben. Zu Liedecke vgl. Niels Gutschow: Ordnungswahn. Architekten planen im »eingedeutschten Osten«. 1939–1945, Gütersloh/Berlin/Basel u.a. 2001, S. 203–205.

942 Vgl. den Bericht Görres' vom 25.1.1940, BArch, R 113/356, Bl. 28–30.

943 Vgl. Guido Görres: Landgestaltung in Ostpreußen, in: PZ vom 31.5.1942, unpag., sämtliche Zitate ebd., ders.: Gestaltungsaufgaben im neuen Ostpreußen, in: Neues Bauerntum 32 (1940), S. 245–247, sowie Karl R. Kegler: Deutsche Raumplanung. Das Modell der »zentralen Orte« zwischen NS-Staat und Bundesrepublik, Paderborn 2015, S. 155–166.

944 Zu Grünbergs Position vgl. Adressenwerk 1941, Tl. II, Abschnitt Ostpreußen, S. 14. Zu seiner Stellung bzgl. der Siedlungspolitik im RB Zichenau vgl. Hans-Bernhard von Grün-

großangelegte Planungen im Bereich der Raumordnung und Siedlung erstellt. Dabei übernahm Grünberg von Christallers Zentrale-Orte-Theorie die Idee einer möglichst effizienten Anordnung aller relevanten Elemente eines Raumes, von der Infrastruktur über die Siedlungsanordnung bis hin zu kulturellen und politischen Einrichtungen; zentrale Orte entsprachen dabei durchaus nicht historisch »zentralen Orten«. Bei Grünberg wurde der Sitz der NSDAP-Ortsgruppe zum Hoheitsort, von dem aus die weitere Raumplanung abzuleiten war.[945] Die Siedlungsplanungen für den Regierungsbezirk Zichenau sollen zu Differenzen der ostpreußischen Planer mit der SS geführt haben, da bei ihnen die »rassische Auslese« der Siedler gefehlt habe. Vielmehr habe Koch durch die Absicht, Bauernsöhne aus Ostpreußen dort ansiedeln zu wollen, die Siedlungspolitik zu einer innerostpreußischen Sache machen wollen. Verbindendes Element der Planungen des RKF und der ostpreußischen Planungen war freilich, dass in beiden Konzeptionen neben der Landwirtschaft auch Industrie zur Weiterverarbeitung landwirtschaftlicher Rohstoffe vorgesehen war.[946]

Ins Zentrum der Konzeptionen für die Besiedlung des Regierungsbezirks Zichenau rückte ein Gebiet nahe Schröttersburg (Płock), der »Hauptdorfbereich Minden«. Bei diesen Planungen führte das Kulturamt Zichenau einen Erlass des RKF vom März 1941 aus, fachlich maßgeblich war der Vertrauensarchitekt Fritz Besecke. Die Ausplanungen, die später in einer Publikation des RKF veröffentlicht wurden, umfassten auf 12.000 Hektar ein Hauptdorf mit sieben umliegenden Dörfern. Während auf bestehende polnische Streusiedlungen keine Rücksicht genommen werden sollte, wurden die bestehenden Gutshöfe komplett in die Neuplanung integriert. Dabei wurde insbesondere auf geringe mittlere Entfernungen zwischen den Höfen Wert gelegt. Sehr viele Höfe wurden mit Betriebsgrößen zwischen 25 und etwa 50 Hektar ausgewiesen. Besecke konnte für seine Arbeit auf Resultate eines Dorfgestaltungs-Wettbewerbes für dieses Gebiet zurückgreifen, den Gauleiter Koch im November 1941 ausgeschrieben hatte. Zahlreiche Stellen verschiedener Ebenen waren in die Planungen involviert, unter anderen das RMEL, der RKF, die Reichsstelle für Raumplanung, das Oberpräsidum samt Landeskulturabteilung, in Schröttersburg (Płock) der Landrat sowie das Landesbauamt, das Bodenamt Zichenau, und nicht zuletzt auch die Landesbauernschaft Ostpreußen, die Kreisbauernschaften Zichenau

berg: Geleitwort zur Rubrik »Aufbau im deutschen Osten«, in: PZ vom 1.4.1941, unpag., und ders.: Hauptgesichtspunkte für die Aufstellung eines Wohnungsbauprogrammes im Regierungsbezirk Zichenau, in: Der soziale Wohnungsbau in Deutschland 1 (1941), Heft 14, S. 490–494 (zit. Grünberg: Hauptgesichtspunkte).

945 Vgl. Meindl: Koch, S. 278–279. Zur Konzeption »Hoheitsort« vgl. Hans-Bernhard von Grünberg: Hauptgrundsätze der Siedlungspolitik. Notwendigkeit eines totalen Landesaufbaues in Dorf und Stadt, Berlin 1940, S. 77–80. Vgl. auch ders.: Hauptgesichtspunkte, S. 490–494.

946 Vgl. Meindl: Koch, S. 279–280.

und Schröttersburg sowie die OLG.[947] Landesbauernführer Spickschen war, wie sein Ressortleiter Dr. Petersen, an diesen Planungen persönlich beteiligt und trug zu ihrer Konkretisierung bei.[948]

Die Landesbauernschaft Ostpreußen war bei solchen Planungen nicht initiativ, aber beitragend involviert. Sie beschäftigte sich eingehend mit dem Gebiet um Schröttersburg (Płock), und eines der Ergebnisse dieser Planungen, die zusammen mit der Staatsbauschule Königsberg erarbeitet worden waren, wurde bei der Ostmesse im Oktober 1941 in einer Sonderausstellung präsentiert. Die Leitgedanken dieser Ausstellung spiegelten die Richtlinien des RKF, zugleich aber auch Kerngedanken des RMEL bzw. des Reichsnährstandes: Künftige Besiedlung ziele auf die »Schaffung lebensfähiger Höfe unter zweckmäßiger und gesunder Abstufung aller Größenklassen zueinander«,[949] das Grundgesetz der Siedlung laute: »Den Boden bearbeiten heißt den Raum beherrschen«.[950] Als Legitimation skizzierte die Ausstellung angeblich jahrhundertealte Spuren deutscher Kultur im Regierungsbezirk Zichenau und die angeblich unzureichende Struktur der polnischen Höfe, die nur angesichts der extensiven Wirtschaftsart und der primitiven Lebenshaltung der polnischen Bauern möglich gewesen sei. Für die künftige Siedlung wurden Planungsbeispiele von Bauernhöfen gezeigt. Drei Modelle stellten Bauernhöfe in der Umgebung von Schröttersburg (Płock) mit Betriebsgrößen von 20, 50 und 100 Hektar dar.[951]

Mit diesen Modellen hängt wahrscheinlich direkt ein Planungsbeispiel (Abbildungen 5.1 und 5.2) aus der Landesbauernschaft Ostpreußen zusammen, das an entlegenem Ort publiziert wurde.[952] Gegenstand der Planungen war eine bäuerliche Siedlung im Kreis Schröttersburg. Programmatisch begann der Artikel mit:

---

947 Vgl. Hartenstein: Dorflandschaften, S. 305–320, und Fritz Besecke: Planungsbeispiel Hauptdorfbereich Minden, in: Neue Dorflandschaften. Gedanken und Pläne zum ländlichen Aufbau in den neuen Ostgebieten und im Altreich. Herausgegeben vom Stabsamt des Reichskommissars für die Festigung deutschen Volkstums, Planungsamt sowie vom Planungsbeauftragten für die Siedlung und ländliche Neuordnung, Berlin 1943, S. 64–73. Zu Besecke vgl. Hartenstein: Dorflandschaften, S. 67, zum erwähnten Wettbewerb die PZ vom 18. 11. 1941, unpag. (Artikel »Gestaltung des neuen Dorfes im Osten«).

948 Vgl. die Verhandlungsniederschrift der auf Ladung des Landeskulturamts (Oberpräsidium Ostpreußen) abgehaltenen Planprüfungssitzung vom 20. 11. 1941, BArch, R 113/8, Bl. 118.

949 Hans Dullo: Die landwirtschaftliche Schau auf der 29. Deutschen Ostmesse in Königsberg vom 12. bis 15. Oktober, in: WbLBsch Ostpreußen vom 27. 9. 1941, S. 679 (zit. Dullo: Schau).

950 PZ vom 13. 10. 1941, Beilage »29. Deutsche Ostmesse«, unpag. (Artikel »Bauernfleiß des Ostens wirtschaftliche Grundlage«).

951 Vgl. ebd., zudem Dullo: Schau, S. 679.

952 Zu diesem Planungsbeispiel aus der LBsch Ostpreußen vgl. A. M. Jahn [Vorname unbekannt]: Das landwirtschaftliche Bauprogramm der Ostgebiete, in: Die deutsche Landfrau 35 (1942), Heft 5, S. 86–87.

»Der Aufbau des Ostgebietes muß ausschließlich zum Ziel haben, durch Schaffung einer starken, krisenfesten Landwirtschaft mit beherrschend bäuerlicher Betriebsform und einem starken Aufbau gewerblicher und industrieller Betriebe die Grundlage für deutsches Leben und deutsche Art zu bilden und damit den Raum dem deutschen Menschen für alle Zeiten zu sichern.
Zwei Gesichtspunkte sind es also, die bei der Besiedlung dieses Gebietes ausschlaggebend sein müssen:
1. Durch Schaffung einer entsprechenden Siedlungsdichte die Eindeutschung des Gebietes zu erreichen.
2. Die Krisenfestigkeit der Höfe.«[953]

Planungskriterien waren die Bedingungen der Landschaft, die Bodengüte und die klimatischen Verhältnisse, der vom Reichsbauernführer geforderte »arrondierte Hof«, die Vorgaben des RKF sowie verkehrstechnische Belange – explizit in dieser Reihenfolge. Grundlage der Ausarbeitung waren Informationen zu Anbau, Kulturarten, Betriebsgrößen und deren Verhältnissen sowie über Industrien und die Ausgangslage aus polnischer Zeit gewesen. Bodenuntersuchungen hätten darüber hinaus erbracht, dass im Regierungsbezirk Zichenau massiv aufgeforstet werden müsse, rund 200.000 Hektar an größeren Flächen sowie rund 30.000 Hektar Bauernwald. Untersuchungsgegenstand war eine Fläche von rund 1.500 Hektar, etwa die Größe eines Hauptdorfes. Die Gemarkung durchzogen zwei Reichsstraßen, an denen keine Höfe stehen sollten. Um den Raum der neuen Gebiete neu zu ordnen, seien um eine Kreisstadt acht bis zehn Hauptdorfbezirke mit jeweils einem Hauptdorf und acht bis zehn Nebendörfern zu gruppieren; für einen solchen Hauptdorfbezirk wurden etwa 10.000 Hektar veranschlagt. Die in polnischer Zeit vorhandene Struktur der Dörfer und Höfe sollte komplett ausgelöscht werden. Zentrale Einrichtungen eines Dorfes wie die Schule, der Sportplatz, Geschäfte oder auch der Arzt bildeten den Dorfkern und den wirtschaftlichen und kulturellen Mittelpunkt; nicht selten waren dies zugleich nationalsozialistische Einrichtungen, so etwa eine Feierhalle. Soweit der Boden dies erlaubte, wurde für den Familienbetrieb eine Größe ab 20 Hektar angepeilt:

»Auch in volkspolitischer Hinsicht kommt er dem Ziel am nächsten, da auf Grund exakter Untersuchungen in Ostpreußen die größte Anzahl von Familienangehörigen in Betrieben von 20 bis 50 ha leben. Es muß dann aber die Möglichkeit vorhanden sein, daß die weichenden Erben des Bauern einen eigenen Hof erwerben, den sie sich durch eigenen Fleiß ausbauen. Dieses ist dadurch geschaffen, daß zwei Aufstiegsstellen und etwa 8 vH Vorbehaltsland vorgesehen sind. Grundsätzlich soll der beste Boden mit den günstigsten Betriebsbedingungen in die Hand des bäuerlichen Familienbetriebes.

953 Ebd., S. 86.

Der größere Bauer muß die geringeren Böden bewirtschaften, weil hier eine größere Ausgleichsmöglichkeit vorhanden ist. Hierdurch ist nicht ausgeschlossen, daß wertvolle Großbetriebe mit gutem Boden auch weiterhin bestehen bleiben dürfen.«[954]

Abbildung 5.1: Planungsmodell von 1942 aus der Landesbauernschaft Ostpreußen für bäuerliche Siedlung in der Umgebung von Schröttersburg (Płock), Entwurf für eine Neubauernstelle
Quelle: A. M. Jahn: Das landwirtschaftliche Bauprogramm der Ostgebiete, in: Die deutsche Landfrau 35 (1942), Heft 5, S. 86.

Wesentlicher Gedanke für die Anlage des Dorfes war die betriebswirtschaftlich motivierte Forderung, für kurze Wege zu sorgen. Diese wurde dann beim »arrondierten Hof« in vielerlei Hinsicht durchdekliniert, so für Landarbeiterstellen, Nebenerwerbsstellen und Gebäudeformen. Immer wieder wurde dabei die planerische Logik mit ideologischen Fragmenten durchsetzt, so im Falle der Landfrauen, denen in Zeiten des Krieges besondere Lasten aufgebürdet wurden. Besondere Beachtung, jedenfalls mit Worten, war quasi die Kompensation hierfür:

954 Ebd.

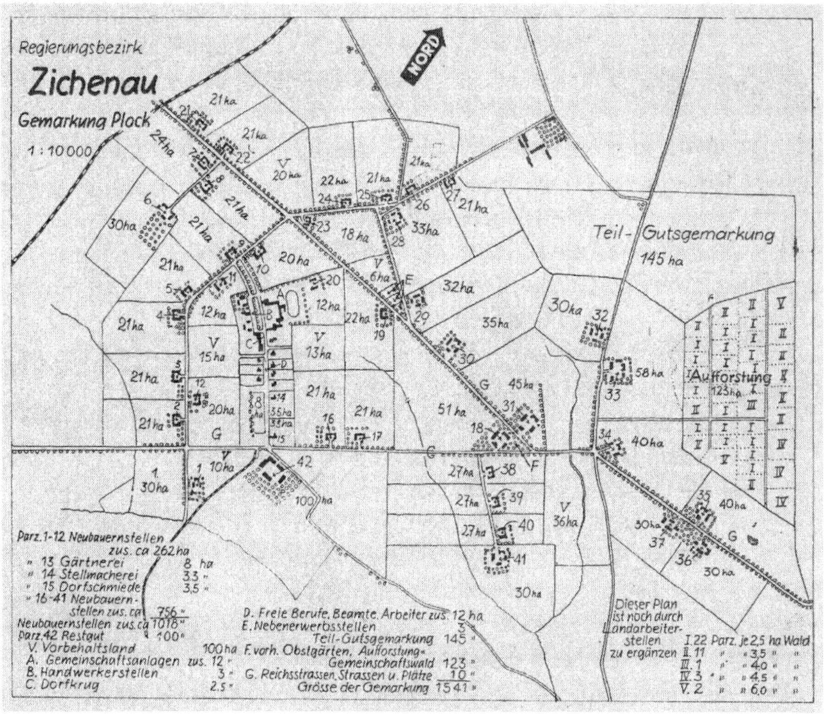

Abbildung 5.2: Planungsmodell von 1942 aus der Landesbauernschaft Ostpreußen für bäuerliche Siedlung in der Umgebung von Schröttersburg (Płock), Ausplanung der »Gemarkung Plock«
Quelle: A. M. Jahn: Das landwirtschaftliche Bauprogramm der Ostgebiete, in: Die deutsche Landfrau 35 (1942), Heft 5, S. 87.

»Die Aufgabe der Landfrau in dem neu zu besiedelnden Gebiet ist nicht zu unterschätzen. Sie ist die Trägerin der Kultur, sie ist es, die dem Hause das Gepräge gibt und die Atmosphäre schafft, in der die gesamte Familie sich wohl fühlt. Sie ist es, die dem Hofe die Kinder schenkt und sie im bäuerlichen Denken erzieht zu einem gesunden, tüchtigen Bauerngeschlecht, das sich seiner Vorpostenstellung gegen den Osten jederzeit bewußt ist.«[955]

Auch bei dieser Ausarbeitung aus der Landesbauernschaft Ostpreußen gaben die Richtlinien des RKF wesentliche Orientierungsmarken vor, die sodann mit anderen Kriterien, regionalen und solchen des Reichsnährstandes beziehungsweise des RMEL, kombiniert wurden. Bei alledem sind Planungen dieser Art und in der Folge die tatsächliche Umsetzung der Siedlungsplanungen als ein sich über Wochen, Monate und Jahre hinweg wechselseitig beeinflussender Prozess

955 Ebd., S. 87. Die besondere Heraushebung der Landfrau dürfte dem Publikationsort des Artikels geschuldet sein.

zu verstehen. Dies zeigen etwa Einlassungen des Regierungspräsidenten Paul Dargel vom November 1940, als er in den konkreten Umsiedlungsprozess involviert war. Dargel äußerte öffentlich seine Vorstellungen von der Siedlungsstruktur im Regierungsbezirk Zichenau: Von den 1,25 Millionen Hektar Fläche sollten 750.000 Hektar landwirtschaftlich genutzt werden, wobei Bauern nur gute Böden erhalten sollten. 15.000 Bauernhöfe mit einer Durchschnittgröße von 62,5 Hektar sollten entstehen. Insgesamt sollten 270.000 Menschen angesiedelt werden, wobei der Durchschnitt von 60 Menschen pro Quadratkilometer im Laufe der Zeit auf 100 bis 110 angehoben werden sollte. Die anzusiedelnden Menschen sollten »Leistungsmenschen« sein, »keine Goldgräbertypen und keine verkrachten Existenzen.« In erster Linie aber sollten sie »unbedingte Nationalsozialisten sein, die im Volkstumskampf unbeirrt subjektiv sind und die Rassengesetze streng befolgen, die hart und klar sind in allen weltanschaulichen Dingen.«[956] Wenig später wurde die angedachte Durchschnittsgröße für Höfe auf 37,5 Hektar reduziert, wodurch Dargels Verlautbarungen nun auch den Vorgaben des RKF in der Allgemeinen Anordnung Nr. 7/II entsprachen. Ein Viertel der 15.000 Bauernhöfe sollte von »Volksdeutschen« bewirtschaftet werden, der Rest von Siedlern und Landwirten aus dem Altreich. Der Status des Neubauern war allein Deutschen vorbehalten, dagegen sollten alle Polen das Land verlassen, sie waren lediglich als Saisonarbeiter vorgesehen.[957]

Dargels Überlegungen ebenso wie etwa die Planungen zum »Hauptdorfbereich Minden« zeigen die Vielfalt der beteiligten Akteure. Vor Ort wurde dies auch argwöhnisch kommentiert. So kritisierte Friedrich Soppa, der Kreisbauernführer im Kreis Pultusk: »Die Siedlungsplanung läßt an Einheitlichkeit zu wünschen übrig. Alle möglichen Stellen befassen sich mit ihr, SS, Partei, und sogar die NSV. Diese Stellen beschäftigen sich teilweise mit eigenmächtigen Umsiedlungen volksdeutscher Familien.«[958] Nun standen die Planungen freilich zunächst nur auf dem Papier – wie aber sah die Realität der Siedlung im Regierungsbezirk Zichenau aus?

956 Vgl. die PZ vom 12.11.1940, unpag. (Artikel »Wir schaffen Siedlungsland für deutsche Bauern«), alle Zitate Dargels ebd. Vgl. auch die Nationalsozialistische Landpost vom 22.11.1940, unpag. (Artikel »Aufbaupläne für Zichenau. 15000 Bauernhöfe für deutsche Siedler«). Dargels Zahlenbasis weicht von den o.g. Zahlen ab, vgl. Tabelle 3.11.

957 Vgl. den Bericht über einen Vortrag Dargels in der PZ vom 5.2.1941, unpag. (Artikel »Siedlung erst nach Rückkehr der Frontsoldaten«).

958 Zitat Friedrich Soppas, so überliefert im Bericht Dellians über die Dienstreise zur LBsch Danzig-Westpreußen und in den RB Zichenau (LBsch Ostpreußen) vom 25.–28.9.1940 [Bericht vermutlich vom Oktober 1940], BArch, R 3001/22182, Bl. 204–205.

5.3 Siedlungswirklichkeit im Regierungsbezirk Zichenau – Landbewirtschaftung, Umsiedlungen und »Neubildung deutschen Bauerntums«

Im Herbst 1939 bestimmten in den von der Wehrmacht eroberten und dann eingegliederten Gebieten vier Faktoren Situation und Entwicklung der Landwirtschaft grundsätzlich: die maßgebliche Stellung der SS und des RKF-Apparats, beide geführt von Himmler; die Einbringung der Ernte und für die Folgezeit die Forderung nach einem möglichst hohen Ertrag an landwirtschaftlicher Produktion, der auch Überschüsse für das Reich mit sich bringen sollte; die Notwendigkeit, Entnahmen seitens der Wehrmacht, etwa beim Saatgetreide, zu ersetzen; die Ansiedlung von »Volksdeutschen«.[959] Dabei stand im eroberten Gebiet der rücksichtslosen Verwirklichung von Siedlungsplanungen im Prinzip nichts im Wege, doch verbarg sich ein vielschichtiger und zeitlich verschachtelter Prozess dahinter. Der eroberte Boden war zu erfassen, zu bewirtschaften und »einzudeutschen«, was zwingend die Vertreibung von Polen und Juden zur Voraussetzung hatte und die Frage beinhaltete, wie und welche Menschen »deutschen Blutes« dort angesiedelt werden sollten. Diesen Prozess verwirklichte arbeitsteilig ein regelrechter Umsiedlungsapparat, bei dem die Stelle des RKF, die Volksdeutsche Mittelstelle, das RSHA mit Einwandererzentralstelle und Umwandererzentralstelle, das RuSHA sowie die Höheren SS- und Polizeiführer (HSSPF) die wesentlichen Akteure waren. Doch kamen weitere hinzu, unter anderem der Reichsnährstand beziehungsweise die Landesbauernschaften. Dieser komplexe Prozess soll im Folgenden am konkreten Beispiel entfaltet werden. Dabei ist stets mitzudenken, dass der Terminus »Umsiedlung« frühere Vorstellungen von »Siedlung« in einen Euphemismus für den Austausch von Bevölkerungsgruppen auf »rassenbiologischer« Grundlage pervertierte. Er bedeutete für zahllose Menschen, die aus den deutsch besetzten Gebieten »umgesiedelt« wurden, nichts anderes als Enteignung und Vertreibung bis hin zur Ermordung und steht in unmittelbarem Zusammenhang mit dem Holocaust.[960]

Schon am 7. September 1939, wenige Tage nach Beginn des Überfalls auf Polen, wurden die Landesbauernführer von der Reichsnährstandszentrale aufgefordert, geeignetes Personal zu benennen, mit dem in den eroberten Gebieten die Ernte eingebracht und die landwirtschaftlichen Betriebe übernommen

959 Vgl. Ingo Loose: Kredite für NS-Verbrechen. Die deutschen Kreditinstitute in Polen und die Ausraubung der polnischen und jüdischen Bevölkerung 1939–1945, München 2007, S. 221 (zit. Loose: Kredite).

960 Vgl. Maria Fiebrandt: Auslese für die Siedlergesellschaft. Die Einbeziehung Volksdeutscher in die NS-Erbgesundheitspolitik im Kontext der Umsiedlungen 1939–1945, Göttingen 2014, S. 15 und S. 135–149 (zit. Fiebrandt: Auslese).

werden konnten.[961] In Ostpreußen war gerade die Getreideernte geborgen worden. Durch Krieg und Einberufung waren der Landwirtschaft viele Maschinen und Männer entzogen worden, zumal in Ostpreußen, wo die Altersgrenze für den Kriegsdienst bei 55 statt 45 Jahren lag. Herbstbestellung und Hackfruchternte drohten beeinträchtigt zu werden, was nicht zuletzt durch den Einsatz vieler polnischer Kriegsgefangener sowie polnischer Arbeiter vermieden wurde, die im Regierungsbezirk Zichenau angeworben worden waren. Dort sorgten Landesbauernschaft, Wehrmacht und die OLG dafür, dass die Ernte einigermaßen ordnungsgemäß eingebracht werden konnte.[962]

Rasch nach der militärischen Eroberung wurde damit begonnen, den Boden des Gebietes zu erfassen und damit für Umsiedlungen und Ansiedlungen vorzubereiten. Grundsätzlich spielten hier SS-Organe eine zentrale Rolle, vor allem Experten des RuSHA sowie das Zentralbodenamt in Berlin samt dessen Filialen. Diese Filialen wiederum gehörten zum Apparat des jeweiligen HSSPF, der als lokaler Beauftragter des RKF fungierte. Zusammen mit den regionalen Siedlungsgesellschaften machten sich die Bodenämter sofort an die Arbeit und begannen, den landwirtschaftlich genutzten Boden zu erfassen und umzuverteilen.[963]

In Ostpreußen indes begann dieser Prozess in besonderer Weise. Ehe die genannten Akteure ins Spiel kamen, hatten Gauleiter Koch und Landesbauernführer Spickschen bereits wichtige Weichenstellungen vorgenommen. Das Bodenamt Zichenau, wohl unter Führung von SS-Obersturmführer Bruno Risch, nahm seine Tätigkeit vermutlich erst Anfang 1940 auf.[964] Offenbar spielte bei der

961 Vgl. das geheime Schreiben aus dem Haus des RNSt (Verwaltungsamt, Abt. I V A II) vom 7.9.1939 an die LBF, BArch, R 16/55, unpag.

962 Vgl. das Kriegstagebuch der Rüstungsinspektion I für 26.8.–31.12.1939, BArch, RW 20–1/1, Bl. 42 und Bl. 87, das Kriegstagebuch der Rüstungsinspektion I für 1.1.–31.3.1940, BArch, RW 20–1/2, Bl. 55, den Bericht der Rüstungsinspektion I vom 5.12.1939, BArch, RW 20–1/22, Bl. 64, Erich Spickschen: Gesicherte Herbstsaat das Gebot der Stunde, in: WbLBsch Ostpreußen vom 2.9.1939, S. 1174, das WbLBsch Ostpreußen vom 6.1.1940, S. 5 (Artikel »Die Läuferaktion im Regierungsbezirk Zichenau«), sowie die PZ vom 10.11.1940, unpag. (Artikel »Verwahrlostes Land gibt wieder Brot«). Vgl. zudem Ostpreußische Landgesellschaft mit beschränkter Haftung zu Königsberg/Pr. Gemeinnützige provinzielle Siedlungsgesellschaft: Jahresbericht 1939. 1. Januar – 31. Dezember, Königsberg/Pr. 1940, S. 7 (zit. OLG: Jahresbericht 1939), überliefert in: BArch, R 2/19018, unpag.

963 Vgl. Heinemann: Rasse- und Siedlungshauptamt, S. 212–214.

964 Vgl. das Schreiben von Holzschuhers vom 22.2.1940 an den RFSS (RKF), BArch, R 49/194, Bl. 1. Die Aussage Walter Gerlachs (RKF Königsberg), das Bodenamt Zichenau habe erst ab Sommer 1940 existiert, ist nicht korrekt, vgl. seine Zeugenaussage vom 3.11.1947, überliefert in: Trials of War Criminals Before the Nuernberg Military Tribunals Under Control Council Law No. 10. Volume IV: »The Einsatzgruppen Case«. Nuernberg October 1946 – April 1949, Washington, D.C. 1950, S. 987. Heinemann: Rasse, S. 213, gibt keine exakte Angabe hierzu. Siehe auch Heinrich Mundt: Eine Grundstückskartei für die eingegliederten Ostgebiete, in: Neues Bauerntum 34 (1942), S. 104–109.

Bodenerfassung anfangs auch der HSSPF keine wesentliche Rolle. Es mag hierbei geholfen haben, dass Gauleiter Koch und HSSPF Wilhelm Redieß ohnehin gut kooperierten. Dies entspannte die eigentlich problematische Situation, dass der HSSPF sowohl dem Verwaltungsführer, nämlich dem Oberpräsidenten Koch, als auch Himmler als Reichsführer SS und Chef der Deutschen Polizei, aber auch als RKF unterstand.[965] Schließlich scheinen auch Agrarspezialisten des RMEL wenig Einfluss auf den Prozess genommen zu haben. Zwar hatte das RMEL bald nach Beginn des Polenfeldzugs, noch in der ersten Septemberhälfte, in Sachen Landbewirtschaftung Sonderbeauftragte samt Stäben zu den jeweiligen CdZ entsandt, darunter auch den Stab I, der im ostpreußischen Neidenburg angesiedelt wurde. Bis November wurden diese Sonderbeauftragten zurückgerufen; Fachleute der Stäbe blieben teils länger, so im Regierungsbezirk Zichenau mindestens für einige Monate ein Wirtschaftsoberleiter, der dann formal dem Oberpräsidenten unterstand.[966]

Für die Landbewirtschaftung im Regierungsbezirk Zichenau aber spielte auch dieser Sonderbeauftragte des RMEL offensichtlich keine tragende Rolle. »In Ostpreußen widmeten der Oberpräsident Koch und Landesbauernführer Spickschen ihr Interesse sofort der Landbewirtschaftung in den südlich der Provinz besetzten Gebieten und nahmen weitgehend Einfluss darauf«,[967] stellte das RMEL Anfang 1940 fest.[968] Schon bald war Spickschen auch in offizieller Funktion im eroberten Gebiet unterwegs, denn im Oktober 1939 wurde ihm vom RMEL das Amt eines Sonderbeauftragten des Reichsernährungsministeriums für die Landbewirtschaftung im Regierungsbezirk Zichenau und im Suwałki-

965 Vgl. Meindl: Koch, S. 266–267. HSSPF im SS-Oa Nordost war von Juni 1938 bis Juni 1940 SS-Gruf Wilhelm Redieß, danach SS-Gruf Jakob Sporrenberg, vgl. die PZ vom 11.2.1941, unpag. (Artikel »Der Höhere SS- und Polizeiführer Nordost«). Zu Redieß vgl. zudem Rohrer: Macht, S. 597, sowie Birn: HSSPF, S. 343.

966 Vgl. den Bericht »Bemerkung zur Zusammenstellung des Vorschußbedarfs für die Landbewirtschaftung in den besetzten Gebieten bis 31. März 1940«, Anhang des Schreibens von Janzen (RMEL) vom 11.1.1940 an Nitschke (Reichsfinanzministerium), BArch, R 2/18211, unpag. Grundlage für die Tätigkeit dieser Sonderbeauftragten war die Verordnung über die Einsetzung von kommissarischen Verwaltern für Unternehmungen, Betriebe und Grundstücke in den besetzten ehemals polnischen Gebieten vom 29.9.1939. Entsprechend dieser Verordnung wurden treuhänderische Verwalter in landwirtschaftlichen Betrieben mit Ausnahme jener eingesetzt, die im Besitz von »Volksdeutschen« waren, vgl. Schwartz: Funktionäre, S. 486.

967 Vgl. den Bericht »Bemerkung zur Zusammenstellung des Vorschußbedarfs für die Landbewirtschaftung in den besetzten Gebieten bis 31. März 1940«, Anhang des Schreibens von Janzen (RMEL) vom 11.1.1940 an Nitschke (Reichsfinanzministerium), BArch, R 2/18211, unpag., Zitat ebd.

968 Spickschens bereits am 6.9.1939 privat mitgeteilter Hinweis, dass er mit Gauleiter Koch auf Inspektionsfahrt im besetzten Gebiet gewesen sei, dürfte genau diesen Hintergrund gehabt haben, vgl. den Brief Spickschens vom 6.9.1939 an seine Familie, überliefert in: Schröder: Alles Liebe, S. 05.02.05.

Gebiet übertragen. Solche Sonderbeauftragte, die auch in Danzig, Posen und Kattowitz eingesetzt wurden, hatten den Auftrag, die Landwirtschaft wieder in Gang zu bringen. Er umfasste alle Betriebsgrößen.[969]

Vermutlich beriet Spickschen also Koch in landwirtschaftlichen Sachfragen im eroberten Gebiet. Darauf aufbauend traf der Gauleiter und Oberpräsident in Sachen Landbewirtschaftung rasch eigenmächtige Entscheidungen. Offiziell geschah dies per Verfügung am 10. November 1939,[970] tatsächlich jedoch offenbar schon viel früher, wie die OLG in ihrem Jahresbericht für 1939 vermerkte:

> »Noch vor dem Abschluß des Polen-Feldzuges erhielten wir von dem Oberpräsidenten der Provinz Ostpreußen den Auftrag, die treuhänderische Verwaltung der im Regierungsbezirk Zichenau, Suwalki- und Soldaugebiet gelegenen über 125 ha großen Güter zu übernehmen. Es handelt sich um 606 Güter mit einer Gesamtgröße von rd. 174000 ha.«[971]

Was hier als »Übernahme« verbrämt wurde, bedeutete implizit zugleich mindestens die Vertreibung der polnischen Großgrundbesitzer. Diese wurden ausnahmslos enteignet und mehrheitlich ins Generalgouvernement verbracht, teilweise auch ermordet.[972]

Kochs Auftrag an die OLG bezog sich auf Betriebe in »nicht-deutschem« Besitz, umfasste also nicht Betriebe sogenannter »Volksdeutscher«. Für diesen Auftrag wurde zunächst in Neidenburg eine Geschäftsstelle der OLG errichtet, die noch 1939 nach Plozk (Płock), dem späteren Schröttersburg, verlegt wurde. Im neu geschaffenen Regierungsbezirk Zichenau machte sich sodann OLG-Chef Schlegel mit ungefähr zwanzig seiner Angestellten sowie rund 150 Gutsverwaltern daran, diese Güter zu erfassen und zu betreuen. Dies war bis Ende 1939 bei etwa 600 Gütern erfolgt, die Erfassung zu dieser Zeit also fast abgeschlossen.[973]

---

969 Vgl. den Bericht Lauensteins über die Entwicklung des Auftrages der Ostland an die »OLG Plock« (Zweigstelle Plock/Schröttersburg) vom 24.10.1941, BArch, R 82/18, Bl. 147.

970 Vgl. ebd.

971 OLG: Jahresbericht 1939, S. 7, überliefert in: BArch, R 2/19018, unpag. Vgl. auch das Schreiben der OLG vom 7.11.1939 an den Präsidenten des Reichsrechnungshofs, BArch, R 2301/3878, Bl. 138.

972 Vgl. Madajczyk: Okkupationspolitik, S. 306–307, sowie die Ausführungen Arthur Schumachers vom 19./20.5.1958, BArch, Ost-Dok. 13/525, Bl. 77.

973 Vgl. den »Bericht über die Prüfung der Verwendung der zur Neubildung deutschen Bauerntums bereitgestellten Siedlungskredite bei der Ostpr. Landgesellschaft mbH Königsberg« des Reichsrechnungshofs vom 18.12.1939, BArch, R 2301/3879, Bl. 142. Siehe zudem den Vertrag zwischen der Ostland und der OLG vom 20./22.4.1940, BArch, R 82/11, Bl. 12–14.

Tabelle 5.3: Landwirtschaftliche Kennzahlen des Regierungsbezirks Zichenau (1940)

Kreis	Fläche	LN	Großbetriebe über 125 Hektar		Klein- und Mittelbetriebe unter 125 Hektar	
	ha	%	Zahl	%	Zahl	%
Mlawa	123.980	87	71	12,6	12.161	11,6
Schirps	130.000	77	68	12,1	8.132	7,7
Plozk	160.000	85	143	25,4	14.538	13,8
Plonsk	166.346	80	99	17,6	14.841	14,1
Zichenau	120.850	72	80	14,2	8.232	7,8
Pultusk	106.766	84	50	8,9	11.347	10,8
Makow	113.000	81	17	3,0	9.742	9,3
Praschnitz	141.030	66	35	6,2	9.437	9,0
Ostrolenka	174.000	64	1	0,2	16.540	15,8
SUMME	1.235.972	77	564	100,0	104.970	100,0

Quelle: »Die landwirtschaftlichen Verhältnisse des Regierungsbezirks Zichenau« (ohne Autor) [1940], BArch, R 3001/22182, Bl. 158. Die hier angegebenen Summenzahlen zu Gesamtgröße und LN des Regierungsbezirks Zichenau weichen leicht von jenen in Tabelle 3.11 ab.

Angesichts dieser Entwicklungen sah sich die OLG in ihrem Jahresbericht 1939 als wichtiger Akteur für die »Germanisierung« der eroberten Gebiete im Osten. Die Landbewirtschaftung erschien nur als Zwischenschritt zur »Neubildung deutschen Bauerntums«, das nunmehr auch außerhalb des Altreichs entstehen sollte:

> »Dem deutschen Volk ist nach jahrhundertelanger Enge wieder die Möglichkeit gegeben, für sein wachsendes Volkstum neuen Boden und eine neue Heimat zu schaffen. In den eingegliederten Ostgebieten sollen deutsche Menschen seßhaft werden, in erster Linie durch die Agrarstruktur des Landes bedingt, Bauern und Landwirte. Erst dann können diese Gebiete als untrennbare Bestandteile des Deutschen Reiches betrachtet werden, wenn in ihnen mit dem Boden verwachsene starke deutsche Geschlechter leben. Hier hat die bäuerliche Siedlungstätigkeit eine der größten und verantwortungsvollsten Aufgaben zu erfüllen. Unsere Gesellschaft fühlt sich für die Aufgaben der Siedlungstätigkeit in diesen Gebieten in jeder Hinsicht gerüstet. Unser finanzieller Aufbau erlaubt uns, würdige und vorbildliche Gehöfte zu errichten, und unser geschulter Stab an geeigneten Fachkräften gibt die Gewähr für eine umsichtige und reibungslose Durchführung der zu leistenden Arbeiten.«[974]

Diesen Enthusiasmus verbreitete die OLG auch im folgenden Jahr noch,[975] doch war klar, dass ihre Tätigkeit in den eroberten Gebieten bis auf Weiteres auf die

974 OLG: Jahresbericht 1939, S. 7, überliefert in: BArch, R 2/19018, unpag.

975 »Die künftige Besiedlung des eingegliederten Ostgebiets wird von den maßgebenden

Landbewirtschaftung begrenzt bleiben sollte. Mit einer planmäßigen Siedlungstätigkeit in diesem Gebiet wurde erst für die Zeit nach dem Krieg gerechnet.[976] Kochs »wilder« Auftrag an die OLG war kein Einzelfall, sondern wurde in anderen Regionen ebenfalls an die jeweiligen Landgesellschaften erteilt, so etwa an die Schlesische Landgesellschaft.[977]

Was aber geschah mit den beschlagnahmten Klein- und Mittelbetrieben unter 125 Hektar? Als Sonderbeauftragter des RMEL für alle Betriebsgrößen zuständig, war zunächst Landesbauernführer Spickschen aktiv geworden. Er richtete einen Sonderstab für den Regierungsbezirk Zichenau ein, der wohl in Opinogora (Opinogóra) bei Zichenau (Ciechanów) ihren Sitz hatte und von Landesobmann Gruber geleitet wurde. Die Geschäfte führte Dr. Bernhard Schwarz, ebenfalls aus der Führung der Landesbauernschaft Ostpreußen.[978] Zu den frühen Aktionen im Regierungsbezirk Zichenau, offenbar 1940 in Kooperation von Landesbauernschaft und OLG durchgeführt, gehörte der Versuchsanbau von Flachs, zu dem die polnischen Bauern sowie die Gutsverwalter gezwungen wurden.[979]

Ehe die 1940 einsetzenden Irrungen und Wirrungen der Landbewirtschaftung im Regierungsbezirk Zichenau näher betrachtet werden, ist auf Grundlage der bisherigen Betrachtungen festzuhalten, wie sehr in jener Zeit die Entwicklungen noch im Fluss waren. Im Hintergrund wurde seit Abschluss der Kampfhandlungen auf Reichsebene in großem Maßstab um Regelungen für das eroberte polnische Gebiet gerungen, auch im Hinblick auf Boden und Vermögen der landwirtschaftlichen Betriebe. Eine Vielzahl von Akteuren suchte hier nach ihrem Vorteil, ein Beispiel nationalsozialistischer Polykratie. Bei seinem Vorpreschen vom 10. November 1939 profitierte Koch davon, dass auf Reichsseite noch darum gekämpft wurde, wer auf polnischen Besitz zugreifen durfte. Zwar ließ am 19. Oktober 1939 Göring als Beauftragter für den Vierjahresplan die »Haupttreuhandstelle Ost« mit dem Auftrag gründen, sämtlichen beschlag-

Stellen planmäßig vorbereitet. Da es sich im Regierungsbezirk Zichenau um ein geschlossenes Siedlungsgebiet handelt, werden besonders dankbare und verantwortungsvolle Aufgaben dem Landschaftsgestalter, den Siedlungsbehörden und der Ostpreußischen Landgesellschaft erwachsen. Die richtungsweisenden Anordnungen des Herrn Reichskommissars für die Festigung deutschen Volkstums werden ausschlaggebend für die landschaftliche Gestaltung sein.« OLG: Jahresbericht 1940, S. 6, überliefert in: BArch, R 2/19019, unpag.

976 Vgl. den Bericht der Deutschen Revisions- und Treuhand-Aktiengesellschaft (Zweigniederlassung Danzig) über die bei der OLG vorgenommene Prüfung des Jahresabschlusses für das Jahr 1940, BArch, R 2301/3879, Bl. 236.

977 Vgl. die Anlage 2 des Reiseberichtes von Witt (RMEL) über den Besuch bei der Zweigstelle Schröttersburg [März 1942], BArch, R 82/18, Bl. 189.

978 Vgl. den Bericht Lauensteins über die Entwicklung des Auftrages der Ostland an die »OLG Plock« (Zweigstelle Plock/Schröttersburg) vom 24.10.1941, BArch, R 82/18, Bl. 144–145, sowie den 3. Vermerk Lauensteins vom 16.4.1940, BArch, R 82/18, Bl. 30–31.

979 Vgl. den Lagebericht der Rüstungsinspektion I vom 12.8.1940, BArch, RW 20–1/22, Bl. 246–247.

nahmten Besitz in Polen zu verwalten. Hiergegen wehrte sich jedoch Himmler, der mit Erlass vom 10. November 1939 die Zuständigkeit der Stelle des RKF verfügte, wenn landwirtschaftliches Vermögen zu erfassen und beschlagnahmen war.[980] Im Februar 1940 war dann – jedenfalls formalrechtlich – die Landbewirtschaftung geregelt. In der »Ostlandverordnung« vom 12. Februar 1940 ordnete Göring als Beauftragter für den Vierjahresplan die »öffentliche Bewirtschaftung der in den eingegliederten Ostgebieten gelegenen land- und forstwirtschaftlichen Betriebe und Grundstücke zur Sicherung der Volksernährung« an, soweit »am 1. September 1939 nicht im Eigentum von Personen deutscher Volkszugehörigkeit«. Die Verordnung bezog sich auch auf Grundstücke und Betriebe, die vom RKF beschlagnahmt worden waren.[981] Die Beschlagnahme selber war dabei nach wie vor Sache des RKF.[982]

Konsequenz der Göring'schen Verordnung war Ende Februar 1940 die Gründung der »Ostland« (Ostdeutsche Landbewirtschaftungsgesellschaft mbH). Sie unterstand dem RMEL und diente der Bewirtschaftung des landwirtschaftlichen Grundes in den neuen Ostgebieten. Ausgenommen von der Bewirtschaftung waren jene Betriebe in Land- und Forstwirtschaft, die dem polnischen Staat gehört hatten; sie unterstanden direkt der Domänenverwaltung des RMEL. In der Regel richtete die Ostland eine Zweigstelle pro Regierungsbezirk ein, die den Weisungen der Zentrale unterlag. In den Zweigstellen wiederum waren Wirtschaftsoberleiter tätig, jeder von ihnen in drei bis vier Kreisen. Unterhalb der Zweigstellen gab es Nebenstellen, an deren Spitze der Kreislandwirt stand. Ihm arbeiteten Bezirkslandwirte bei den Großbetrieben zu sowie Betriebsleiter, die für deren Bewirtschaftung zuständig waren. Andere Bezirkslandwirte übersahen jeweils zwischen 100 und 1.000 Klein- und Mittelbetriebe, die von polnischen Landwirten bewirtschaftet wurden; diese Bezirkslandwirte wurden von Ortslandwirten unterstützt (Schaubild 5.4). Ein typisches, auch im Regierungsbezirk Zichenau angewendetes Verfahren bei dieser Landbewirtschaftung war, kleinere Betriebe zusammenzulegen. Soweit nicht direkt der »Neubildung deutschen Bauerntums«, das heißt der Ansiedlung zugeführt, musste einer der enteigneten früheren polnischen Eigentümer den zusammengelegten Betrieb zwangsweise bis auf Weiteres bewirtschaften. Er musste einen enormen Teil

980 Vgl. Bernhard Rosenkötter: Treuhandpolitik. Die »Haupttreuhandstelle Ost« und der Raub polnischer Vermögen. 1939–1945, Essen 2003, S. 81–88 (zit. Rosenkötter: Treuhandpolitik). Am 24.11.1939 legte Himmler darüber hinaus fest, dass es dem Reichsernährungsminister obliege, Bewirtschafter für landwirtschaftlichen Besitz einzusetzen, vgl. Schwartz: Funktionäre, S. 487.

981 Vgl. RGBl. I 1940, S. 355–357, Zitate S. 355, zudem Heinrich Petersen: Öffentliche Bewirtschaftung aller landwirtschaftlichen Betriebe und Grundstücke in den eingegliederten Ostgebieten, in: WbLBsch Ostpreußen vom 9.3.1940, S. 128.

982 Vgl. Loose: Kredite, S. 222.

seiner landwirtschaftlichen Produktion abliefern, während die übrigen früheren polnischen Eigentümer, die im Zuge dieses Vorgehens enteignet worden waren, zum Arbeitseinsatz im Altreich gezwungen wurden.

Das Tätigkeitsgebiet der Ostland umfasste, abgesehen vom Regierungsbezirk Zichenau, auch den Reichsgau Wartheland, die Provinz Schlesien beziehungsweise Oberschlesien sowie den Reichsgau Danzig-Westpreußen. Nachdem besetztes Gebiet westlich des Reichs, in Nord- und Ostfrankreich, zu ihrem Aufgabenbereich hinzugekommen und außerdem das Reichskommissariat Ostland ins Leben gerufen worden war, wurde die »Ostland« im Mai 1942 in »Reichsland« (Reichsgesellschaft für Landbewirtschaftung mbH) umbenannt. Allein bis 1941 war die Ostland für die Verwaltung von rund 7 Millionen Hektar an landwirtschaftlicher Nutzfläche zuständig. Mitte 1942 war diese Zahl auf über 9 Millionen Hektar angestiegen, darunter auch Boden von polnischen Universitäten, Kirchen und Synagogengemeinden.[983]

Die Ostland/Reichsland war mithin ein wichtiger Akteur der nationalsozialistischen Besatzungspolitik.[984] Welche Rolle spielte sie für den Regierungsbezirk Zichenau? Man könnte erwarten, dass mit ihr Kochs Auftrag an die OLG und Spickschens Amt als Sonderbeauftragter obsolet geworden wären. Doch zunächst weigerte sich OLG-Chef Schlegel offenbar auf Weisung Kochs, die Ostland als zuständige Behörde anzuerkennen. Bei einer Besprechung im RMEL von Koch, Schlegel und Staatssekretär Backe am 9. April 1940 sodann gab Backe Kochs Drängen nach und vereinbarte, dass die OLG weiterhin für die Landbewirtschaftung im Regierungsbezirk Zichenau durch die Zweigstelle in Plozk (Płock) zuständig sein konnte – nun als Beauftragte der Ostland, der gegenüber sie mit Wirkung vom 1. April 1940 verantwortlich, weisungsgebunden und rechenschaftspflichtig war.[985] Wie sich indes herausstellen sollte, war die Frage

983 Vgl. Madajczyk: Okkupationspolitik, S. 446–448, Meindl: Koch, S. 281–282, Loose: Kredite, S. 222, Schwartz: Funktionäre, S. 486–492, und das Schreiben Reinthallers (RMEL) vom 5.3.1940 an die Regierungspräsidenten der Regierungsbezirke Zichenau und Allenstein, BArch, R 3601/2365, Bl. 149.

984 Gleichwohl ist die Ostland/Reichsland in zentralen Fragen noch unerforscht. Das Urteil von Loose: Kredite, S. 222, die archivalische Überlieferung zur Ostland/Reichsland sei »[…] minimal, weshalb zentrale Fragen hinsichtlich ihrer Tätigkeit offen bleiben«, ist schon angesichts der Aktenlage zur Tätigkeit der Ostland/Reichsland im RB Zichenau zu bezweifeln. Die Bedeutung der Ostland/Reichsland in diesem Zusammenhang ist praktisch unbekannt, karge Hinweise finden sich bei Górczynska: Agrarpolitik, S. 256, bei Górczyńska-Przybyłowicz: Życie, S. 60–62, sowie bei Loose: Kredite, S. 225.

985 Vgl. den Bericht Lauensteins über die Entwicklung des Auftrages der Ostland an die »OLG Plock« (Zweigstelle Plock/Schröttersburg) vom 24.10.1941, BArch, R 82/18, Bl. 147–150. Vgl. auch OLG: Jahresbericht 1939, S. 7, überliefert in: BArch, R 2/19018, unpag. Die vertragliche Vereinbarung zwischen Ostland und OLG vom 20.4.1940 ist überliefert in: BArch, R 2301/4034, Bl. 13–16.

der Zuständigkeit bei der Landbewirtschaftung auch damit noch nicht gänzlich vom Tisch.[986]

Tatsächlich unstrittig war ab April 1940 die Bewirtschaftung der Güter ab 125 Hektar, die von der OLG-Zweigstelle in Plozk (Płock) – erst »Zweigstelle Plock«, ab 1941/1942 dann »Zweigstelle Schröttersburg« genannt – besorgt wurde. Diese Zweigstelle, bereits Ende 1939 gegründet, stand unter Leitung von Hans-Wilhelm Gusovius, der auch Kreislandwirt im Regierungsbezirk Zichenau gewesen war. Die Zweigstelle verfügte über Abteilungen für Landwirtschaft, Finanzen und Verwaltung und finanzierte sich aus einer Verwaltungskostenumlage, die von den von ihr bewirtschafteten Betrieben eingezogen wurde. Die Zweigstelle selber hatte im März 1942 insgesamt 67 Mitarbeiter; ein Teil der Belegschaft war für die Landbewirtschaftung in die Ukraine abkommandiert und durch Personal aus dem Altreich ersetzt worden. Mit 252 Betriebsleitern bewirtschaftete die Zweigstelle 562 Großbetriebe (März 1942), die zusammen eine landwirtschaftliche Nutzfläche von 147.000 Hektar aufwiesen.[987] In den Nebenstellen der Zweigstelle arbeiteten insgesamt elf Kreislandwirte (Januar 1942). Auch bei diesen gab es eine hohe Fluktuation, mehr als die Hälfte von ihnen wurde nach dem Überfall auf die Sowjetunion dorthin entsendet; auch OLG-Chef Schlegel kam dort zum Einsatz.[988] Die von der Zweigstelle Schröttersburg selber bewirtschafteten Betriebe machten 1943/1944 auf einer landwirtschaftlichen Nutzfläche von circa 113.000 Hektar einen Gesamtumsatz von knapp 34 Millionen Reichsmark.[989]

Mit Bewirtschaftungsverträgen, die dem RMEL zur Genehmigung vorzulegen waren, gab die Zweigstelle Betriebe aus der Eigenbewirtschaftung ab und überließ sie der Bewirtschaftung durch Dritte. Meist lag dem zugrunde, dass diese Güter schon vor der Beauftragung der Ostland im April 1940 gleichsam »freihändig« Dritten übergeben worden waren, oder dass man bestimmte Verwalter als für die wirtschaftspolitische Entwicklung des Gebiets aussichtsreich und vorteilhaft betrachtete. Unter den so ausgegliederten Betrieben waren ge-

986 Vgl. die Anlage 3 zum Bericht von Witt (RMEL) über seinen Besuch der Zweigstelle Schröttersburg vom 11.–21. 3. 1942, BArch, R 82/18, Bl. 188.

987 Vgl. die Anlage 2 zum Bericht von Witt (RMEL) über seinen Besuch der Zweigstelle Schröttersburg vom 11.–21. 3. 1942, BArch, R 82/18, Bl. 189–191, zur ursprünglichen Benennung den Vertrag zwischen der Ostland und der OLG vom 20. 4. 1940, BArch, R 2301/4034, Bl. 13–16. Vgl. zudem Górczynska: Agrarpolitik, S. 256–257. Zu Hans-Wilhelm Gusovius vgl. Paul Gusovius: Die Geschichte der ostpreußischen Familie Gusovius einschließlich ihres geadelten Zweiges. Bis in die Gegenwart fortgesetzt und herausgegeben von Albrecht von Gusovius, Osnabrück 1982, S. 69 (zit. Gusovius: Geschichte).

988 Vgl. das Schreiben Lauensteins vom 6. 1. 1942 an den Reichsminister für Ernährung und Landwirtschaft, BArch, R 82/18, Bl. 157.

989 Vgl. die Übersicht über die Umsätze der selbst bewirtschafteten Betriebe der Zweigstelle Schröttersburg für das Wirtschaftsjahr 1943/1944 beim Schreiben der Zweigstelle Schröttersburg vom 24. 11. 1944 an die Reichsland, BArch, R 82/12, unpag.

legentlich auch solche unter 125 Hektar, da auf Weisung der Ostland-/Reichsland-Zentrale schon Betriebe ab 100 Hektar als Großbetriebe behandelt werden konnten. In etwa 2 Prozent der Fälle schien bei der Vergabe von Gütern eine Begünstigung vorzuliegen, woraufhin der Rechnungshof des Deutschen Reiches Ende 1942 reklamierte. So erhielten unter anderen die Landräte Herbert Seiler (Kreis Makow beziehungsweise Mackeim) und Erich Matthes (Kreis Zichenau), beide zugleich bewährte NSDAP-Kreisleiter, sowie der Kreisbauernführer Friedrich Soppa große Güter zur Bewirtschaftung überlassen. Die Bewirtschaftungsverträge waren aber offenbar zum Ende Juni 1942 auf Weisung der Reichsland »mit dem Hinweis auf die mögliche Rückführung der Volksdeutschen Gruppen 3, 2 und 1« sämtlich aufgelöst worden.[990]

Hier wurde die Deutsche Volksliste als Argument eingesetzt, die im März 1941 unter anderem auch im Regierungsbezirk Zichenau Geltung erhalten hatte und als »deutschstämmig« erachtete Menschen in vier Kategorien mit abgestuften Rechten einsortierte. Die in der Liste Eingetragenen sollten als Siedler künftig dazu beitragen, die ins Deutsche Reich eingegliederten Gebiete Polens zu »germanisieren«. Dieses Ziel verfolgten alle regionalen Machthaber, aber der Einsatz der Deutschen Volksliste hierfür war unterschiedlich. Arthur Greiser im Reichsgau Wartheland etwa spielte sie machtpolitisch in die Hände. Ihm diente die Deutsche Volksliste als Instrument zur »Germanisierung« nach »rassenbiologischer« Ordnung und nicht zufällig kam es dort zu enormen Umsiedlungsmaßnahmen. Gauleiter Koch, der wie erwähnt auf Besiedlung aus Ostpreußen heraus setzte, nutzte die Deutsche Volksliste nur mäßig für seine Zwecke. Insgesamt trugen sich 46.500 Personen im Regierungsbezirk Zichenau darin ein.[991]

Die Entnahme von Gütern aus der öffentlichen Bewirtschaftung zugunsten Dritter war ein generelles Problem, denn die öffentliche Landbewirtschaftung war, wie schon angedeutet, gedacht als Platzhalter für die Zeit nach dem Krieg. Dies galt nicht für Umgesiedelte, ansonsten sollte dann der zu besiedelnde Boden im Osten an Frontsoldaten gegeben werden, mit der Idee, Boden durch die Ansiedlung von »Wehrbauern« »einzudeutschen«. Im September 1942 verkündete das »Wochenblatt der Landesbauernschaft Ostpreußen« diesen Vorbehalt der Siedlungspolitik folgendermaßen:

> »Nach dem Willen des Führers soll die Landzuteilung in den befreiten Gebieten des Ostens erst endgültig erfolgen, wenn die Soldaten dieses Krieges in die Heimat zu-

990 Vgl. den internen Bericht des Reichsrechnungshofs zur Prüfung der Zweigstelle Schröttersburg vom 4.11.1942, BArch, R 2301/4032, Bl. 77–79, Zitat Bl. 77, zu Matthes und Seiler zudem Rohrer: Macht, S. 589 und S. 605.

991 Vgl. Gerhard Wolf: Ideologie und Herrschaftsrationalität. Nationalsozialistische Germanisierungspolitik in Polen, Hamburg 2012, S. 165–189, sowie Meindl: Koch, S. 270–272.

rückkehren. Lediglich die Umsiedler und Rückwanderer machen hiervon eine Ausnahme, weil sie infolge der Aufgabe ihrer Höfe und Besitzungen an ihrem früheren Wohnsitz einen Landanspruch in ihrer wieder geschenkten deutschen Heimat haben. Um den Kriegsteilnehmern Siedlungsland zur Verfügung stellen zu können, wird inzwischen der frühere polnische oder sowjetische Grundbesitz im Osten von Betriebsleitern kommissarisch verwaltet. Als Treuhänder für die späteren, jetzt noch unbekannten Besitzer, die irgendwo als Soldaten an der Front Leib und Leben einsetzen, führen sie in den Ostgauen die Wirtschaften und Bauernhöfe.«[992]

Gerade bei Wehrmachtsangehörigen kann in der Rückschau von einem Drang zur Siedlung im Osten nicht gesprochen werden; sie waren eine kaum sichtbare Größe unter den Siedlern. Zeitgenössisch indes spielten sie, auch für die Propaganda, eine bedeutende Rolle: Hitler, Himmler als RKF und die in der Siedlungspolitik relevanten Kräfte hatten in einer ganzen Reihe von Erlassen den Vorrang der Frontsoldaten bei der Ansiedlung in den eroberten Gebieten festgeschrieben.[993] Auch in der ostpreußischen Presse wurde das Idealbild des siedelnden Frontsoldaten regelmäßig beschworen. Dabei wurde den Frontsoldaten durch eine detaillierte Beschreibung das Siedlungsprozedere im Regierungsbezirk Zichenau transparent und schmackhaft gemacht: im Hinblick auf den Kreis der Anspruchsberechtigten, der auch Kriegerwitwen umfasste; auf das Ziel, der »Festigung deutschen Volkstums« zu dienen; auf die Voraussetzungen, einschließlich der »Erbgesundheit«; auf den Prozess von der Idee bis zum eigenen Hof schließlich, der über den Siedlungsreferenten der Wehrmacht und den Beauftragten des RKF führte, die ihrerseits fachlich von der Landesbauernschaft Ostpreußen und der OLG unterstützt wurden.[994]

Angesichts dieser Prioritätensetzung wurden schon die erwähnten Bewirtschaftungsverträge im Regierungsbezirk Zichenau für die Landräte Seiler und Matthes sowie den Kreisbauernführer Soppa kritisch verfolgt. Dies galt umso mehr für die Einverleibung zweier riesiger Güter durch Gauleiter Koch, deren Grund zuvor vom Bodenamt Zichenau beschlagnahmt worden war. Koch überging das Bodenamt und berief sich auf eine mündliche Zusage Himmlers. Das knapp 20.000 Hektar große Gut Krasne (Kreis Zichenau), für das Grund von insgesamt 43 Bauerndörfern zusammengelegt und 1.000 polnische Familien von ihren Höfen vertrieben worden waren, wurde offenbar bereits bis April 1940 in die Erich-Koch-Stiftung überführt. Es wurde von Gauleiter Koch als Landsitz

992 WbLBsch Ostpreußen vom 5.9.1942, S. 547 (Artikel »Für Kriegsteilnehmer vorbehalten«).

993 Vgl. Müller: Ostkrieg, S. 25–39, zudem den »Erlaß des Führers über die Einschränkung des Verkehrs mit landwirtschaftlichen Grundstücken im Kriege« vom 28.7.1942, RGBl. I 1942, S. 481.

994 Vgl. die KAZ vom 28.11.1943, 1. Beiblatt, unpag. (Artikel »Kriegsversehrte Landwirte siedeln in Südostpreußen«), zudem die PZ vom 24.7.1942, unpag. (Artikel »Frontkämpfer werden in Zichenau siedeln«).

genutzt, unter anderem zum Empfang hochrangiger Gäste;[995] auch Landesbauernführer Spickschen war dort mit seiner Frau zu Gast.[996] Das knapp 12.000 Hektar umfassende Gut Nacpolsk im Kreis Plonsk (ab Juli 1941 Plöhnen) wurde 1941 der Provinzialverwaltung übertragen.[997] Insgesamt entzog Koch damit 15.000 bis 16.000 Hektar besiedlungsfähigen Grundes der öffentlichen Bewirtschaftung. Der Rechnungshof des Deutschen Reiches, die RKF-Behörde, die Landeskulturabteilung im Oberpräsidium in Königsberg nebst dessen Ableger in Zichenau (Ciechanów), Backe und das RMEL ebenso wie Himmler selber – sie alle konnten oder wollten gegen Kochs Vorgehen nichts unternehmen.[998] Koch nutzte Güter auch zur politischen Landschaftspflege: So machte er sich dafür stark, dass der Schwiegervater des HSSPF Hans-Adolf Prützmann im Zichenauer Gebiet ein Gut erhielt. Himmler brachte er in den Besitz des im Kreis Plonsk (Plöhnen) gelegenen Gutes Smoszewo.[999]

Ein Spezialfall waren Landentnahmen durch die Wehrmacht. Siedlungspolitik gab es im militärischen Bereich schon zur Zeit Friedrichs II., als Veteranen Landgeschenke in den angegliederten polnischen Gebieten erhielten – ein frühes »Wehrbauern«-Konzept, das schon damals durchaus chauvinistische beziehungsweise rassistische Züge trug. Unmittelbar nach Ende des Polenfeldzuges im Herbst 1939 schien die Wehrmacht in Konkurrenz zu Himmlers Ansprüchen in den neuen Gebieten im Osten zu treten. Ihr Pochen auf militärische Einrichtungen, etwa Truppenübungsplätze, konnte die Planungen des RKF

995 Vgl. die Berichte des Reichsrechnungshofs vom 30.10.1944, BArch, R 2301/9685, Bl. 19, und vom 15.4.1942, BArch, R 49/130, Bl. 49–51, ebenso den Auszug des Aktenvermerks Greifelts über seinen Vortrag bei Himmler am 10.8.1942, BArch, NS 19/1321, Bl. 11, sowie das Schreiben Backes vom 10.8.1944 an Himmler, BArch, R 49/130, Bl. 113. Vgl. auch Meindl: Koch, S. 283–284.

996 »Beim Gauleiter haben wir das neue Haus in Krasne bewundert.« Brief Gerda Ursula Spickschens vom 4.8.1941 an ihre Schwiegermutter, überliefert in: Schröder: Alles Liebe, S. 05.02.25.

997 Vgl. den Bericht des Reichsrechnungshofs vom 15.4.1942, BArch, R 49/130, Bl. 49–50, und Weinert: Rechnungshof, S. 124–127. Anders als bei Meindl: Koch, S. 283–284, behauptet, wurde Nacpolsk – dort falsch mit dem Gut Hohendorf identifiziert – nicht Teil der Erich-Koch-Stiftung. Eine Übertragung von der Provinz auf die Stiftung war eventuell angedacht, wurde aber nicht durchgeführt, vgl. den Vermerk aus dem RKF-Stabshauptamt vom 15.9.1943 (Bl. 86) sowie Backes Schreiben vom 10.8.1944 an Himmler (Bl. 113), beide in: BArch, R 49/130. Zum Gut Hohendorf, im Kr. Preußisch Holland gelegen, vgl. Carl von Lorck: Ostpreußische Gutshäuser. Bauform und Kulturgehalt, Kitzingen a.M. 1953, S. 44–45 und S. 68.

998 Vgl. das Schreiben Witts (RMEL) vom 23.4.1942 an das Stabshauptamt des RKF (Bl. 55), das Schreiben Mellinghofs (Kulturamt Zichenau) vom 5.8.1942 an Treichel (Landeskulturabteilung, Oberpräsidium Königsberg) (Bl. 63–66), den Aktenvermerk Hieges vom 21.10.1943 (Bl. 88) und das Schreiben Backes vom 10.8.1944 an Himmler (Bl. 113), alle in: BArch, R 49/130. Vgl. zudem den Bericht des Reichsrechnungshofs vom 30.10.1944, BArch, R 2301/9685, Bl. 19.

999 Vgl. Meindl: Koch, S. 282.

empfindlich stören. Mit Entgegenkommen aber vermochte Himmler den Plänen aus dem OKH die Spitze zu nehmen und eine Zusammenarbeit in diesem Bereich einzuleiten.[1000] Dies läßt sich auch im Regierungsbezirk Zichenau beobachten: Dort übernahm die Wehrmacht größere landwirtschaftliche Gebiete im Kreis Praschnitz, die zuvor in den Händen polnischer Klein- und Mittelbauern gewesen waren, aus der Bewirtschaftung durch die Ostland und nutzte diese als Truppenübungsplätze.[1001] Als die Wehrmacht dagegen an anderer Stelle im Regierungsbezirk Zichenau einen Bombenabwurfplatz errichten wollte, erhoben die zivilen Planungsbehörden Einspruch, »weil es sich bei dem fraglichen Gelände um ein Gebiet mit landwirtschaftlich hochwertigem Boden handelt, der für die Umsiedlung Volksdeutscher notwendig gebraucht wurde.« Die Wehrmacht verzichtete schließlich auf dieses Gebiet, für den Abwurfplatz wurde ein anderes Areal gefunden.[1002]

Wie schon angedeutet, war auch die Landesbauernschaft Ostpreußen in den Entzug landwirtschaftlicher Güter aus öffentlicher Bewirtschaftung verwickelt – obschon der Reichsnährstand gerade hier von seinen Mitgliedern und insbesondere von den hohen Funktionären äußerste Zurückhaltung verlangt hatte.[1003] Es mag in Teilen mit den Aufgaben der Landesbauernschaft zusammengehangen haben, dass sie Gutsbetriebe auf über 6.300 Hektar Fläche im Gebiet um Opinogora (Opinogóra) nahe Zichenau (Ciechanów) in eigene Bewirtschaftung übernahm. Beim Gut Opinogora, am Sitz der Landesbauernschaft im Regierungsbezirk Zichenau, wurden in großem Stil Versuche zur Züchtung verschiedener Getreidesorten sowie bei der Düngung durchgeführt. Das Gut wurde auf Drängen von Landesbauernführer Spickschen nicht öffentlich bewirtschaftet, sondern wurde landwirtschaftlicher Betrieb der Ostpreußischen Saatzucht GmbH Nordost, was den Weisungen von RKF und RMEL direkt zuwiderlief.[1004]

Aus der Spitze der Landesbauernschaft wurde Landesobmann Gruber vom Rechnungshof des Deutschen Reiches kritisch beobachtet, der einen Großbetrieb im Kreis Praschnitz gepachtet hatte.[1005] Landesbauernführer Spickschen

1000 Vgl. Müller: Ostkrieg, S. 11–20.

1001 Vgl. den Bericht des Reichsrechnungshofs vom 15.4.1942, BArch, R 49/130, Bl. 52.

1002 Vgl. den Lagebericht der Rüstungsinspektion I für 1.10.1940–31.12.1940, BArch, RW 20-1/5, Bl. 40, Zitat ebd.

1003 Vgl. die Anordnung des RBF betreffend Erwerb von Bauernhöfen durch ehrenamtliche Bauernführer und Beamte und Angestellte des RNSt vom 26.11.1940, in: DNdRN vom 30.11.1940, Sp. 857–858, zudem das Schreiben des RBF vom 21.10.1942 an die LBF, BArch, BDC, DS Rudolf Adam (8.3.1905), unpag.

1004 Vgl. Lauensteins Schreiben vom 12.2.1942 an Steinacker (RBF, Verwaltungsamt) (Bl. 169) sowie das Schreiben der OLG vom 7.2.1942 an die Ostland (Bl. 166–167), beide in: BArch, R 82/18. Vgl. zudem den Bericht des Reichsrechnungshofs vom 15.4.1942, BArch, R 49/130, Bl. 49–50, sowie Wolfgang Clauß: Künftiges deutsches Bauernland, in: Nationalsozialistische Landpost vom 17.1.1941, S. 6 (zit. Clauß: Bauernland).

1005 Vgl. den Bericht des Reichsrechnungshofs vom 15.4.1942, BArch, R 49/130, Bl. 50.

selber scheint sich solchen Vorgehens enthalten zu haben, auch wenn im Kreis Zichenau die Meinung geherrscht haben soll, dass Opinogora sein Gut sei.[1006] Privat hatte Spickschens Frau freilich ihre Gedanken bereits ins Suwałki-Gebiet schweifen lassen: »Wenn nur erst der Krieg zu Ende wäre! Im Kreis Mariampol soll es sehr schöne Güter geben. Vielleicht ist dort etwas für uns darunter.«[1007]

Ein weiterer – freilich nicht zwingend auf die eingegliederten Ostgebiete bezogener – Hinweis darauf, dass auch der Landesbauernführer langfristig auf den weiteren Kauf eines landwirtschaftlichen Gutes spekulierte, war im Frühjahr 1944 sein Engagement für Rudolf Adam, seinen damaligen Vertrauten und für die Landbewirtschaftung im Regierungsbezirk Zichenau und im Bezirk Bialystok Zuständigen. Adam wollte ein etwa 223 Hektar großes Gut im Landkreis Ebenrode (vor 1938 Stallupönen) übernehmen. Spickschen rechtfertigte dies mit Adams Wunsch, in die landwirtschaftliche Praxis zurückzukehren. Unterstützt von Landesbauernschaft und Oberpräsidium, verwendete sich Spickschen persönlich für Adam an höchster Stelle, bei Backe, Reichsobmann Behrens und bei Greifelt vom RKF-Stabshauptamt.[1008] Dabei hatte sich der im Oberpräsidium zuständige Leiter der Landeskulturabteilung, Willy Treichel, intern gegen Spickschen gestellt. Er verlieh seiner Ablehnung hinter den Kulissen, unter Umgehung des Dienstwegs, auch gegenüber dem RMEL Ausdruck: Treichel unterstellte andere Motive, nämlich dass Spickschens Vorgehen eine »Generalprobe für weitere Gutsverkäufe sein soll, denn Adam deutete mir unter vier Augen an, daß auch der Landesbauernführer noch die Absicht habe, ein Objekt der Ostpr. Landgesellschaft zu erwerben«. Ebenso, vermutete Treichel, wolle sich der in der Landesbauernschaft für »Neubildung deutschen Bauerntums« zuständige Dr. Petersen das Restgut Gallgarben (Kreis Samland) sichern.[1009] Das Ansinnen Adams wurde schließlich im Mai 1944 von Greifelt und Backe abgelehnt.[1010]

Im Gegensatz zu den Großbetrieben blieb die Frage der Bewirtschaftung bei den Klein- und Mittelbetrieben trotz der Vereinbarung vom 20. April 1940 noch bis in den Herbst 1942 umstritten. Landesbauernführer Spickschen, weiterhin

1006 Vgl. das Schreiben Lauensteins vom 12. 2. 1942 an Steinacker (RBF, Verwaltungsamt), BArch, R 82/18, Bl. 169.

1007 So Gerda Ursula Spickschen in einem Brief vom 4. 8. 1941 an ihre Schwiegermutter, überliefert in: Schröder: Alles Liebe, S. 05.02.25.

1008 Vgl. die Schreiben Erich Spickschens vom 6. 4. 1944 an Backe, vom 27. 4. 1944 an Reichsobmann Behrens und vom 3. 5. 1944 an Greifelt, zudem das Schreiben aus dem Oberpräsidium Ostpreußen vom 24. 3. 1944 an den Reichsminister für Ernährung und Landwirtschaft, alle in: BArch, BDC, DS Rudolf Adam (8. 3. 1905), unpag.

1009 Vgl. das vertrauliche Schreiben Treichels vom 21. 3. 1944 an Dr. Krüger (RMEL), BArch, BDC, DS Rudolf Adam (8. 3. 1905), unpag., Zitate ebd.

1010 Vgl. das Schreiben Greifelts vom 24. 5. 1944 an Spickschen, BArch, BDC, DS Rudolf Adam (8. 3. 1905), unpag.

Sonderbeauftragter des RMEL für alle Betriebsgrößen, versuchte seinen Einfluss auf die Klein- und Mittelbetriebe zu behalten. Mitte Juli 1940 schien das Kompetenzengerangel, an dem die OLG und die Ostland ebenso wie Spickschen und Koch beteiligt waren, durch Kompromiss beigelegt: Landesobmann Gruber wurde mit Wirkung vom 1. Mai 1940 als Geschäftsführer der OLG für den Regierungsbezirk Zichenau und das Suwałki-Gebiet angestellt. Er war nun für die Klein- und Mittelbetriebe unter 125 Hektar zuständig. In Grubers Kompetenz lag die Auswahl von Personal, das dann von der OLG eingestellt wurde; über Einstellung und Entlassung der Kreislandwirte entschieden Gruber und die OLG-Führung gemeinsam.[1011] Erst nach dieser Vereinbarung entband das RMEL Spickschen, mit Dank »für die unter schwierigsten Verhältnissen geleistete Aufbauarbeit«, offiziell von seinem Amt als Sonderbeauftragter, das ihm im Oktober 1939 übertragen worden war.[1012]

Mit Gruber hatte ein Mann die Landbewirtschaftung bei Klein- und Mittelbetrieben übernommen, der der SS besonders nahe stand.[1013] Seine Vorstellungen von der Siedlungspolitik lassen nichts an Klarheit vermissen:

> »Zunächst müssten die polnischen Familienbetriebe in deutsche Hände übergeführt werden; denn hier habe die völkische Durchdringung des Raumes das stärkste Bollwerk zu überwinden. Solange, bis diese Arbeit abgeschlossen sei, sollte man die Großbetriebe, die gut wirtschaften, unberührt lassen. An sie könne man herangehen, wenn der bäuerliche Sektor von Polen gereinigt sei und dann noch Siedlungsbedarf bestehe. [...]
> Die Frage der Besitzgröße in der künftigen Agrarstruktur spitzt sich, so erklärte Landesobmann G r u b e r weiter notwendig darauf zu, ob und inwieweit man polnische Arbeitskräfte im Lande halten wolle. Als Grundsatz müsse wohl gelten, dass eine wirkliche Eindeutschung des Gebietes auf Dauer nur gesichert sei, wenn im Mittelpunkt der künftigen Siedlungsstruktur der deutsche Familienbetrieb stehe, der weitgehend mit familieneigenen Arbeitskräften auskomme.«[1014]

1011 Vgl. den Bericht Lauensteins über die Entwicklung des Auftrags der Ostland an die »OLG Plock« (Zweigstelle Plock/Schröttersburg) vom 24.10.1941, BArch, R 82/18, Bl. 143–145. Dort (Bl. 87) findet sich auch der Vertrag vom 15.7.1940 zwischen Gruber und der OLG.

1012 Vgl. das Schreiben des Reichsministers für Ernährung und Landwirtschaft (i. V. Backe) vom 8.7.1940 an Spickschen, BArch, R 82/18, Bl. 82, Zitat ebd. Gemäß diesem Schreiben habe Spickschen nun »in den der öffentlichen Bewirtschaftung unterliegenden Betrieben in den zu Ostpreußen gekommenen eingegliederten Ostgebieten diejenige Befugnisse, die Ihnen als Landesbauernführer gegenüber jedem Betrieb als Mitglied des Reichsnährstandes zustehen.« Vgl. auch das WbLBsch Ostpreußen vom 1.6.1940, S. 312 (Artikel »Gemeinsame Tagung der Landräte, Kreisbauernführer und Kreislandwirte des Regierungsbezirks Zichenau«). Dort wird noch von Spickschens »Gesamtaufsicht über die Landbewirtschaftung im Zichenauer Bezirk« gesprochen.

1013 Zu Gruber siehe die entsprechende biographische Skizze im Anhang.

1014 Bericht Dellians über die Dienstreise zur LBsch Danzig-Westpreußen und in den RB Zichenau (LBsch Ostpreußen) vom 25.–28.9.1940 [vermutlich Oktober 1940], BArch, R 3001/22182, Bl. 199.

Der mit der Ostland erreichte Friede hielt freilich nicht lange: Geschäftsführer Gruber, im November 1940 vom Reichsbauernführer als Landesobmann abberufen, überwarf sich schon bald mit OLG-Leiter Schlegel und schied zum 1. April 1941 aus der OLG aus. Fortan arbeiteten OLG, Landesbauernschaft und staatliche Organe in Sachen Klein- und Mittelbetriebe vor allem neben- und gegeneinander. Selbst eine Aussprache auf höchster Ebene, an der Darré, Backe, Koch, Regierungspräsident Dargel und Ostland-Leiter Johann-Dietrich Lauenstein teilnahmen, vermochte im August 1941 keine dauerhafte Lösung herbeizuführen. Die Ostland-Zentrale war mit der OLG und der Zweigstelle in Schröttersburg (Płock) höchst unzufrieden. Dies galt für den organisatorischen Aufbau, der nicht den Ostland-Vorgaben entsprach. Und offenbar nutzte die OLG die Ostland, um Kredite in Millionenhöhe zu erlangen, ohne jedoch Weisungen der Ostland-Zentrale zu folgen. Die Verbindlichkeiten der OLG sollen rund 15 Millionen Reichsmark betragen haben, neben 5 bis 6 Millionen Reichsmark an weiteren Verbindlichkeiten gegenüber Dritten. Die OLG entwickelte damit einen Geldbedarf, der weit über jenem in den Gebieten lag, in denen die Ostland/Reichsland selber für die Landbewirtschaftung zuständig war, so etwa im Reichsgau Wartheland. Darüber hinaus war Regierungspräsident Dargel ein Unruheherd, da er sich ständig in Bewirtschaftungsfragen einmischte.[1015]

Die Auflösung der verworrenen Situation kam schließlich aus dem Bezirk Bialystok: Dort war nicht nur die OLG von Koch in seiner Funktion als CdZ beauftragt worden, rasch die Ernte einzubringen.[1016] Bei der Landbewirtschaftung wurde schon bald der OLG die Zuständigkeit für die Großbetriebe, der Landesbauernschaft Ostpreußen dagegen für die Klein- und Mittelbetriebe übertragen. Rechtlich war die Situation grundsätzlich anders als im Regierungsbezirk Zichenau, denn im Bezirk Bialystok hatte Koch als CdZ der OLG am 4. September 1941 den Auftrag zur Landbewirtschaftung der Großbetriebe erteilt – die Ostland/Reichsland hatte mit der Landbewirtschaftung hier nichts zu tun. Um die Landbewirtschaftung im Bezirk Bialystok sogleich im August 1941 übernehmen zu können, kommandierte die OLG zeitweise Betriebsleiter, Bezirks- und Kreislandwirte aus dem Regierungsbezirk Zichenau in den neuen Bezirk ab. Die Organisation der Zweigstelle Bialystok der OLG ähnelte jener der Zweigstelle Schröttersburg. Die Leitung der Zweigstelle lag zunächst beim Gü-

1015 Vgl. Lauensteins Bericht über die Entwicklung des Ostland-Auftrags an die »OLG Plock« (Zweigstelle Plock/Schröttersburg) vom 24.10.1941 (Bl. 123–143), Lauensteins Schreiben an den Reichsminister für Ernährung und Landwirtschaft vom 6.1.1942 (Bl. 157) sowie die Anlage 3 zum Bericht Witts (RMEL) über seinen Besuch der Zweigstelle Schröttersburg vom 11.–21.3.1942 (Bl. 184–188), alle in: BArch, R 82/18.

1016 Vgl. den Kurzbericht der Deutschen Revisions- und Treuhand-AG vom 16.2.1942 über die bei der OLG vorgenommene Prüfung des Jahresabschlusses zum 31.12.1940, BArch, R 2301/3879, Bl. 376.

terdirektor Stöckler, dann bei Güterdirektor Kurt Hilmers. Sie verfügte über Abteilungen für Verwaltung, Kaufmännisches, Landwirtschaft sowie eine Bauabteilung und beschäftigte 14 deutsche und 59 polnische Mitarbeiter. Für jedes der sieben Kreiskommissariate gab es eine Güterdirektion, unter deren Aufsicht jeweils Bezirkslandwirte und Betriebsleiter arbeiteten. Insgesamt wurden 304 landwirtschaftliche Großbetriebe mit 113.626 Hektar Gesamtfläche (Juli 1942) bewirtschaftet. Auch hier wurden etliche Güter aus der Bewirtschaftung der OLG entnommen und an Dritte gegeben, unter anderem an Landräte, an die Landesbauernschaft, an Kreisbauernschaften und an die Erich-Koch-Stiftung.

Die Landbewirtschaftung bei den Betrieben unter 125 Hektar – sie machten etwa 95 Prozent der gesamten landwirtschaftlichen Fläche aus – stand unter Leitung einer Landbewirtschaftungsstelle mit Sitz in Bialystok (Białystok). Bei dieser hatte Landesbauernführer Spickschen, der auch allgemein für die Landwirtschaft im Bezirk Bialystok zuständig war, den Oberlandwirtschaftsrat und Vertrauten Adam als Leiter eingesetzt. Wie im Regierungsbezirk Zichenau wurden auch von dieser Stelle Flächen des bäuerlichen Besitzes Gütern zugeschlagen, zudem bewirtschafteten SS, für die Gemeinden ihres Amtsbezirks zuständige Amtskommissare sowie Kreisbauernführer größere der bäuerlichen Betriebe. Die Landbewirtschaftungsstelle Bialystok finanzierte sich aus einer Umlage, die von den einzelnen Betrieben eingezogen wurde und jährlich Einkünfte in Millionenhöhe einbrachte.[1017]

Dieses Modell wurde schließlich auch im Regierungsbezirk Zichenau angewendet. Zunächst aber verkomplizierte Regierungspräsident Dargel dort zunächst die Situation weiter: Er warf der OLG vor, die Klein- und Mittelbetriebe zu vernachlässigen und aus diesen Betrieben nicht das Maximum an Erzeugung und Ablieferung herauszuholen. Die polnischen Bauern seien durch andere Tätigkeiten von ihrer wichtigsten Aufgabe abgelenkt; tatsächlich wurden sie gezwungen, Hand- und Spanndienste zu übernehmen und mit ihren Wagen Steine für den Straßenbau zu transportieren. Zugleich wollte Dargel mittels seiner Amtskommissare gegen die Bauern schärfer vorgehen können, etwa bei Schwarzhandel. Dargels Druck führte schließlich sogar dazu, dass er am 1. Juni

1017 Vgl. den Bericht des Reichsrechnungshofs vom 29. 12. 1943 über das Ergebnis der Prüfung bei der OLG, Zweigstelle Bialystok, BArch, R 2301/4035, Bl. 1–26, zudem den Vermerk aus dem Reichswirtschaftsministerium über die Besprechung im Reichsfinanzministerium vom 15. 12. 1941, datiert auf den 18. 12. 1941, BArch, R 2301/4035, Bl. 57, den Vermerk aus dem Reichswirtschaftsministerium über die Besprechung vom 12. 1. 1942, datiert auf den 13. 1. 1942, BArch, R 2301/4035, Bl. 59, sowie die Anlage 3 zum Bericht Witts (RMEL) über seinen Besuch der Zweigstelle Schröttersburg vom 11.–21. 3. 1942, BArch, R 82/18, Bl. 184. Vgl. überdies Ostpreußische Landgesellschaft mbH, Zweigstelle Bialystok: Tätigkeitsbericht für die Zeit vom 1. August 1941 bis 30. Juni 1942, o. O. o. D., überliefert in: BArch, R 2/19019, unpag. Die zahlenmäßigen Angaben der einzelnen Berichte sind teils uneinheitlich, vermutlich eine Folge der tatsächlich raschen Veränderungen.

1942 eine Vertragsvereinbarung mit der Ostland/Reichsland erreichte. Diesem Übereinkommen zufolge wurden die Klein- und Mittelbetriebe maßgeblich von Dargel und seinen untergeordneten Stellen, besonders den Amtskommissaren, geführt, freilich in Zusammenarbeit mit Landesbauernschaft und OLG. Gegen diese Vereinbarung protestierte Landesbauernführer Spickschen.[1018]

Tatsächlich war diese Regelung schon bald obsolet. Offenbar ohne Abstimmung mit der OLG beziehungsweise der Ostland/Reichsland übertrug Gauleiter Koch im August 1942, analog zum Bezirk Bialystok, Spickschen die Bewirtschaftung der unter 125 Hektar liegenden Klein- und Mittelbetriebe.[1019] Offiziell wurde dies durch Vertrag zwischen Reichsland und OLG vom 20. Oktober 1942: Die unter 125 Hektar großen Klein- und Mittelbetriebe im Regierungsbezirk Zichenau, im Soldau-Gebiet und im Suwałki-Gebiet wurden, soweit bislang vom früheren polnischen Eigentümer weitergeführt, mit Wirkung vom 1. Oktober 1942 von der »Landbewirtschaftungsstelle Zichenau« bewirtschaftet. Diese war eine Dienststelle der OLG und fungierte – wie die OLG-Zweigstelle in Schröttersburg (Płock) und anders als im Bezirk Bialystok – als Beauftragte der Reichsland (Schaubild 5.4). Allerdings war diese Unterstellung unter die OLG im Kern nur eine formale, maßgeblich war hier nun die Landesbauernschaft Ostpreußen. Landesbauernführer Spickschen oblag es, den Leiter dieser in Chruschewo (Chruszczewo) bei Zichenau (Ciechanów) beheimateten Stelle zu benennen. Ebenso verfügte er, im Rahmen der Reichsland-Richtlinien, über das Weisungsrecht für die wirtschaftliche Lenkung dieser Betriebe. Auf der Ebene der Kreise wurden grundsätzlich die Kreisbauernführer zu Nebenstellen-Leitern ernannt. Diesen Nebenstellen wurde pro Amtsbezirk ein Bezirkslandwirt zugeordnet, diesem wiederum pro Gemeinde ein Ortshelfer; der Ortshelfer konnte auch Pole sein.[1020] Mit den Klein- und Mittelbetrieben der Landbewirtschaftungsstelle Zichenau dürfte Spickschen für eine Fläche von geschätzt über 800.000 Hektar mit über 100.000 Bauernstellen zuständig gewesen sein.[1021]

1018 Vgl. die Anlage 3 zum Bericht Witts (RMEL) über seinen Besuch der Zweigstelle Schröttersburg vom 11.–21. 3. 1942, BArch, R 82/18, Bl. 184–188, sowie die Vereinbarung über die Bewirtschaftung der Klein- und Mittelbetriebe im RB Zichenau vom 1. Juni 1942 zwischen Dargel und Lauenstein vom 1./20. 6. 1942, BArch, R 2301/4032, Bl. 28–30.

1019 Vgl. das Telegramm Kochs an Schlegel vom 25. 8. 1942 (Bl. 4) und die von Schlegel, Adam und Spickschen gezeichnete Notiz vom 1. 9. 1942 (Bl. 3), beide in: BArch, R 2301/4034. Koch verwies auf seine Eigenschaft als Vorsitzender des Aufsichtsrats der OLG. LBF Spickschen, so Koch, handele in seinem Auftrag und solle Zugriff zu allen nötigen Unterlagen und Informationen erhalten.

1020 Vgl. die Vereinbarung zwischen Reichsland und OLG vom 20. 10. 1942 (Bl. 6–9) sowie das Schreiben Lauensteins an die OLG vom 20. 10. 1942 (Bl. 10–12), beide in: BArch, R 2301/ 4034. Vgl. auch das Schreiben des Regierungspräsidenten des RB Zichenau vom 28. 9. 1942 an die dortigen Landräte, BArch, R 82/19, Bl. 13.

1021 Genaue Zahlen für Ende 1942 liegen nicht vor. Die OLG bewirtschaftete Ende 1940 angeblich 974.252 ha mit 121.856 Bauernstellen unter 125 ha, vgl. OLG: Jahresbericht 1940, S. 5,

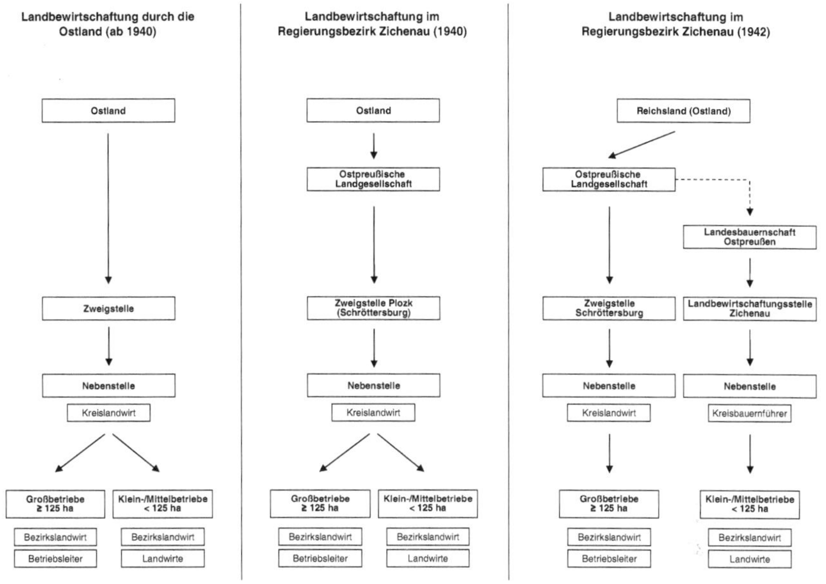

Schaubild 5.4: Landbewirtschaftung: »Normalfall« Ostland und Regierungsbezirk Zichenau (ab 1940)
Quelle: Eigene Darstellung, basierend auf: Schwartz: Funktionäre, S. 488–490, sowie Vereinbarung zwischen Reichsland und OLG vom 20. 10. 1942 (Bl. 6–9), Vertrag zwischen Ostland und OLG vom 20. 4. 1940 (Bl. 13–16) und Schreiben Lauensteins an die OLG vom 20. 10. 1942 (Bl. 10–12), alle in: BArch, R 2301/4034. Erläuterungen zum Inhalt des Schaubilds im Text.

Die Landbewirtschaftungsstelle Zichenau finanzierte sich aus einer Gesamtabgabe, die mittels staatlicher Verwaltung von den polnischen Klein- und Mittelbetrieben zwangsweise eingezogen wurde. Sie bestand aus Anteilen für Verwaltungskosten und Steuern, für Überschüsse und Reichsnährstandsbeiträge. Die Erträge aus der Umlage für Verwaltungskosten wurden auf die Landbewirtschaftungsstelle Zichenau, die OLG-Zweigstelle in Schröttersburg (Płock) und die Reichsland-Zentrale aufgeteilt. Die Gesamtabgabe soll zwischen 30 und 40 Reichsmark pro Hektar und Jahr betragen haben. Sie muss erhebliche Einkünfte erbracht haben, die auf einem von der Landbewirtschaftungsstelle Zichenau geführten Konto landeten. Allein die Steuern, Abgaben und Verwaltungskosten, die die Reichsland gemäß Pauschalabkommen mit dem Reichsfinanzminister für ihre Einnahmen aus den Klein- und Mittelbetrieben in

überliefert in: BArch, R 2/19019, unpag.; vgl. dagegen Tabelle 5.3. Ende 1941 sei die Fläche auf 879.746 ha zurückgegangen, eine Information zur Zahl der Bauernstellen liegt hier nicht vor, vgl. Ostpreußische Landgesellschaft mit beschränkter Haftung zu Königsberg/Pr. Gemeinnützige provinzielle Siedlungsgesellschaft: Jahresbericht 1941. 1. Januar bis 31. Dezember, Königsberg/Pr. [vermutlich 1944], S. 1 (zit. OLG: Jahresbericht 1941), überliefert in: BArch, R 2/19019, unpag. Vgl. auch Górczynska: Agrarpolitik, S. 257.

Ostpreußen im Jahr 1944 zu entrichten hatte, beliefen sich auf 4 Millionen Reichsmark.[1022]

Spickschen nutzte die neu gewonnenen Befugnisse sogleich. Entsprechend dem Bezirk Bialystok, setzte er Adam als Leiter der Landbewirtschaftungsstelle Zichenau ein.[1023] Adam, der auf seinem Leitungsposten über einen ständigen Vertreter verfügte, baute die Landbewirtschaftungsstelle organisatorisch auf; bis Dezember 1942 sollte sie arbeitsfähig sein.[1024] Spickschen ergriff sofort erste Maßnahmen, so die Beschaffung von Dreschkästen und Gerätschaften zur Bearbeitung des Ackers, ebenso Saatgutaktionen. Hierfür wollte er die Gemeinden »für den Gegenwert in Solidarhaft« nehmen.[1025] Wie die Zweigstelle Schröttersburg bewirtschaftete auch die Landbewirtschaftungsstelle Zichenau einen – allerdings geringen – Teil der Klein- und Mittelbetriebe selber.[1026]

Sehr wahrscheinlich konnte Spickschens Landbewirtschaftungsstelle auf Vorarbeiten der Zweigstelle Schröttersburg aufbauen, denn von dort aus waren die polnischen Landwirte kontrolliert und beraten worden. Die Bezirkslandwirte hatten die Klein- und Mittelbetriebe Dorf für Dorf gemäß Inventar und Größe in Listen aufgeführt und die Bestellung der Felder sowie die Ablieferung überwacht, unterstützt von polnischen Ortsvertrauensmännern. Über sie lief auch die Zuteilung von Saatgut und künstlichem Dünger an die polnischen Bauern. Hatte es Schwierigkeiten gegeben oder ein Bezirkslandwirt mangelnden Einsatz vermutet, schaltete er den zuständigen Amtskommissar ein. In Einzelfällen hatte er in Abstimmung mit Landrat oder Amtskommissar sogar verfügt, dass Betriebe zusammengelegt oder ein seiner Ansicht nach unzureichend wirtschaftender polnischer Bauer durch einen anderen ersetzt wurde.[1027]

Die Landbewirtschaftungsstelle Zichenau war ein Zugeständnis der Ostland/

1022 Vgl. das Schreiben der Landbewirtschaftungsstelle Zichenau vom 17.4.1944 an den Reichsminister für Ernährung und Landwirtschaft, BArch, R 82/19, Bl. 50, Lauensteins Schreiben vom 20.10.1942 an die Landbewirtschaftungsstelle Zichenau, BArch, R 82/19, Bl. 3, und Lauensteins Schreiben vom 20.10.1942 an die OLG, BArch, R 2301/4034, Bl. 11–12.

1023 Vgl. den vom Reichsrechnungshof veranlassten Bericht über das Ergebnis der Prüfung bei der OLG, Zweigstelle Bialystok, vom 29.12.1943, BArch, R 2301/4035, Bl. 6.

1024 Vgl. den Vermerk aus dem Haus der Reichsland vom 11.11.1942, BArch, R 82/19, Bl. 16.

1025 Vgl. das Schreiben Lauensteins vom 20.10.1942 an die OLG, BArch, R 2301/4034, Bl. 11.

1026 Vgl. die Übersicht über die steuerpflichtigen Umsätze der selbst bewirtschafteten Betriebe im Wirtschaftsjahr 1943/1944 im Schreiben der Landbewirtschaftungsstelle Zichenau (OLG) vom 30.11.1944 an die Reichsland, BArch, R 82/12, unpag. Die LN dieser Betriebe betrug 1943/1944 insgesamt nur etwa 7.380 ha; sie waren vor allem in den Kreisen Schröttersburg, Plöhnen und Sichelberg. Diese Betriebe erwirtschafteten einen steuerpflichtigen Umsatz von 1,74 Mio. RM. Im Kr. Soldau betrug die selbst bewirtschaftete LN lediglich 16 ha (Umsatz: 2.368 RM), im Kr. Sudauen 803 ha (Umsatz: 118.918 RM).

1027 Vgl. die Anlage 3 zum Bericht Witts (RMEL) über seinen Besuch der Zweigstelle Schröttersburg vom 11.–21.3.1942, BArch, R 82/18, Bl. 188.

Reichsland vor allem an Landesbauernführer Spickschen, der von Beginn an die Landbewirtschaftung bei den Klein- und Mittelbetrieben in seinem Einflussbereich halten wollte. Dies blieb nicht unbeachtet – 1942 erkundigte sich der Landesbauernführer der Landesbauernschaft Danzig-Westpreußen, Lothar Rethel (Rettelsky), bei der Reichsland diesbezüglich, offenkundig um auch für sich Vorzugsbehandlungen zu erreichen.[1028]

Zeitgleich zur Landbewirtschaftung im Regierungsbezirk Zichenau gleichsam als Siedlungsvorbereitung und zu den erwähnten diversen Siedlungsplanungen kann dort auch von »Neubildung deutschen Bauerntums« gesprochen werden – freilich nur in sehr geringem Umfang.

Im Deutschen Reich selber war das Interesse in den neuen Ostgebieten zu siedeln – der sogenannte »Ostwille« – grundsätzlich gering, vor allem bei der Bevölkerung in der Westhälfte.[1029] Es mag insoweit propagandistisch motiviert oder doch Ausdruck einer anderen Haltung im östlichen Teil des Altreiches gewesen sein, dass die Landesbauernschaft Ostpreußen schon Anfang 1940 reges Interesse von Bauern aus Altostpreußen an Siedlungsland in den an die Provinz angegliederten Gebieten vermeldete. Über das Publikationsorgan der Landesbauernschaft versuchte Dr. Petersen, der Leiter der Unterabteilung F in der Landeshauptabteilung I, die ihm obliegende »Neubildung deutschen Bauerntums« vorzubereiten. Er betonte dabei die ideologischen Leitplanken: Ein »fester Wall kleinerer und mittlerer Bauern aus allen Teilen Deutschlands, die ihren Acker selbst bestellen und in diesem Existenzkampf täglich von neuem ihre Scholle erwerben«, damit sei die für die Zeit nach dem Krieg geplante »Eindeutschung« des Bodens erreicht. Für die Siedlung im Osten sollten Deutsche aus allen Regionen des Reiches, dabei aber generell nur besonders dafür qualifizierte Personen in Frage kommen. Hierzu sollten diese bei der jeweils zuständigen Kreisbauernschaft den Neubauernschein beantragen und noch während des Krieges das Prüfungsverfahren durchlaufen, um dann für die Siedlung nach dem Krieg bereit zu sein. Grundvoraussetzungen für den Erhalt des Neubauernscheines war ein »Mindestalter von 25 Jahren, Verheiratung oder Verlobung, Erbgesundheit, sowie fachliche, charakterliche und politische Eignung.«[1030]

Das Prüfungsverfahren steuerte Dr. Petersens Unterabteilung: Zunächst waren vom Bewerber die erforderlichen Unterlagen – insbesondere über die

1028 Vgl. den Vermerk Lauensteins vom 14.11.1942, BArch, R 82/19, Bl. 19.

1029 Vgl. Mai: Rasse, S. 319–331.

1030 Vgl. Heinrich Petersen: Neubildung deutschen Bauerntums im Kriege, in: WbLBsch Ostpreußen vom 20.1.1940, S. 30, sämtliche Zitate ebd. Vgl. auch ders.: Der Neubauernschein, in: WbLBsch Ostpreußen vom 17.2.1940, S. 85, sowie ders.: Umsiedlungsmaßnahmen in Ostpreußen, in: WbLBsch Ostpreußen vom 17.8.1940, S. 504–505.

landwirtschaftlichen Befähigung und über die ärztliche Untersuchung der gesamten Familie – beizubringen. Lagen diese vor, wurden sie mitsamt einer Begutachtung der Landesbauernschaft, in die hinsichtlich der fachlich-landwirtschaftlichen Eignung auch Beurteilungen der zuständigen Kreisbauernschaft und Landwirtschaftsschule einflossen, an die Zentrale des Reichsnährstands geleitet. Dort wurden die Bewerber – nicht zuletzt auf »rassenbiologischer« Grundlage – ausgewählt, anschließend gingen die genehmigten Unterlagen an die Landesbauernschaft zurück. Mit der Unterschrift des Landesbauernführers erhielt der Bewerber den Neubauernschein, erst jetzt kam er für Siedlungsvorhaben in Betracht.[1031]

Nicht wenigen Personen im Gebiet der Landesbauernschaft Ostpreußen waren die verlangten Eigenschaften jedenfalls auf dem Papier bescheinigt worden. Zwischen 1934 und 1942 waren 5.952 Anträge auf Neubauernscheine gestellt worden, von denen 4.098 genehmigt wurden; im Reich waren dies 38.767 Genehmigungen bei 55.227 Anträgen. Der Anteil Ostpreußens davon, nämlich jeweils rund 11 Prozent, überstieg damit deutlich den Anteil, den man aufgrund des Größenverhältnisses der entsprechenden ländlichen Bevölkerungen hätte erwarten können. Im Jahr 1942 gab es in der Landesbauernschaft Ostpreußen 466 neue Inhaber von Neubauernscheinen bei 652 Anträgen. Knapp die Hälfte der Inhaber war zwischen 35 und 45 Jahre alt, ein knappes Viertel war jünger, der Rest über 45 Jahre. Sie waren in der Regel Eigentümer beziehungsweise Pächter (33 Prozent) oder Landarbeiter und Heuerlinge (42 Prozent). Mit wenigen Ausnahmen waren alle verheiratet, von den Verheirateten hatte fast die Hälfte vier oder mehr Kinder, während nur 5 Prozent kinderlos waren.[1032]

Bei der »Neubildung deutschen Bauerntums« durch Umsiedlungen und Ansiedlungen von »Volksdeutschen« im Regierungsbezirk Zichenau spielte die Landesbauernschaft Ostpreußen zunächst eine beitragende Rolle. Die ersten Ansiedlungen im Regierungsbezirk Zichenau betrafen im Jahr 1940 die »Narewdeutschen«, auf Basis der Vereinbarungen mit der Sowjetunion im Hitler-Stalin-Pakt. Von 8.000 »Volksdeutschen« aus dem Gebiet um Bialystok (Białystok) wurden die meisten umgesiedelt. Ein Gutteil davon, knapp 4.000 Menschen, wurde in den eingegliederten Ostgebieten Ostpreußens angesiedelt, weitestgehend im ländlichen Bereich. Dies erfolgte im Soldau-Gebiet und im Regierungsbezirk Zichenau, dort offenbar vor allem in den Kreisen Plonsk, Mlawa, Plozk und Schirps, aber auch Pultusk und Makow. Diese frühe Um- und

1031 Vgl. die Ausführungen Fritz Bergs von 1960 in den »4 Niederschriften von Tonbandgesprächen über die Hauptabteilungen der Landesbauernschaft Ostpreußen und einleitende Bemerkungen hierzu«, BArch, Ost-Dok. 10/282, unpag.

1032 Vgl. Landesbauernschaften in Zahlen (1942–1943), S. 2 und S. 109–111. Heuerlinge erhielten im Tausch gegen Abgaben und Arbeitskraft von einem Bauern Wohnhaus und landwirtschaftlichen Grund.

Ansiedlung steht im Zusammenhang mit den zahlenmäßig sehr viel umfangreicheren Um- und Ansiedlungen »Volksdeutscher« aus Wolhynien und Galizien. Sie führten im Wesentlichen in den Reichsgau Wartheland; hierbei etablierte sich die RKF-Behörde als Schlüsselinstitution bei der Organisation von Umsiedlungen. Die Ansiedlung von Familien aus diesen Gebieten war zunächst auch für den Regierungsbezirk Zichenau im Gespräch, dann aber wurden »Narewdeutsche« auserkoren, bei der Einrichtung eines Truppenübungsplatzes der Wehrmacht im Kreis Mlawa einen »Siedlungsgürtel« von »Volksdeutschen« zu bilden.[1033]

Im Vorfeld der Ansiedlung von »Volksdeutschen« im Regierungsbezirk Zichenau zeigt sich der typische, zeitlich und organisatorisch verzahnte Ablauf von Aussiedlungen, Umsiedlungen und Ansiedlungen. Federführend war, neben der RKF-Zentrale selber, SS-Oberführer Walter Gerlach,[1034] der Stabskommissar

1033 Vgl. die RKF-Anweisung vom 1.3.1940, BArch, NS 2/61, Bl. 67–69, Lang/Klaaßen: Vorschläge, S. 64 und S. 68, Clauß: Bauernland, S. 6, Stephan Döring: Die Umsiedlung der Wolhyniendeutschen in den Jahren 1939 bis 1940, Frankfurt a. M./Berlin/Bern 2001, passim, vor allem S. 264–266 (zit. Döring: Umsiedlung), Peter Reinhard Hartmann: Die missbräuchliche Ausnutzung auslandsdeutscher Volksgruppen durch den Hitlerfaschismus im Rahmen der expansiven Agrarsiedlungspolitik zur Stärkung des deutschen Imperialismus, dargestellt am Beispiel der ›Rückführung‹ der Deutschen aus Wolhynien, Galizien und dem Narewgebiet, in: Wissenschaftliche Zeitschrift der Universität Rostock. Gesellschafts- und Sprachwissenschaftliche Reihe 18 (1969), Heft 1, S. 89–92, ders.: Die annexionistische Agrarsiedlungspolitik des deutschen Faschismus in den sogenannten »Eingegliederten Ostgebieten« (»Reichsgau Danzig-Westpreußen«, »Reichsgau Wartheland«, »Regierungsbezirk Zichenau«) 1939–1945, Rostock 1969, Anhang, Tabelle 1b, Meindl: Koch, S. 298–299, Fiebrandt: Auslese, S. 137, und Müller: Ostkrieg, S. 21.

1034 Zu Walter Adolf Leopold Gerlach, dessen Biographie, gerade seine Rolle in Ostpreußen, näher untersucht werden sollte: Geb. 25.8.1896 Gusow (Kr. Lebus), gest. 19.4.1964 Haiger (Dillkreis), evangelisch, jedoch 1936 Kirchenaustritt, dann »gottgläubig«, Sohn des Tischlermeisters Reinhold Gerlach, 1903–1912 Volksschule, Realgymnasium und Bürgerschule (Reifezeugnis), ab 1912 Lehre im Bauhandwerk, 1913–1914 Mittel- und Baugewerbeschule (ohne Abschluss), 1919 – nach Teilnahme am Ersten Weltkrieg (8/1914–1/1919) als Kriegsfreiwilliger – Gesellenprüfung als Maurer, übernimmt 1920 die väterliche Tischlerei (Frankfurt/Oder), kommt in wirtschaftliche Schwierigkeiten und verliert 1931 Grundstück und Betrieb. Beitritt zur NSDAP 1.9.1930 (Nr. 307.120), 10/1930–2/1931 SA-Mitglied, 2/1931 Allgemeine SS (Nr. 14.567), 30.1.1936 SS-Staf, 30.1.1939 SS-Oberf, u. a. 8/1934–11/1934 Kommandeur des KZ Columbia in Berlin, 12/1934–3/1935 Kommandant KZ Sachsenburg, 4/1935 Schutzlagerhaftführer KZ Lichtenburg, 4/1935–1/1936 Adjutant des Kommandanten des KZ Dachau, 1/1936–9/1936 Stabsführer des Kommandeurs des KZ Dachau, 9/1936–11/1938 Führer der 64. SS-Standarte (Königsberg), 11/1938–7/1942 Führer SS-Abschnitt VII Königsberg. Ende 1939 bis 1944 hauptamtlicher Stabsleiter beim Vertreter des RKF in Königsberg/Pr., ab 7/1942 als Führer im Stabshauptamt (RKF) geführt. Unter seiner Aufsicht stand u. a. das Bodenamt Zichenau mit der Aufgabe, den Grundbesitz von Polen zu notieren und für spätere Besiedlung ein Register erstellen. Ab 11/1944 Angehöriger der Waffen-SS, Leiter des persönlichen Büros des HSSPF Dänemark, nach Kriegsende zunächst in Kriegsgefangenschaft, seit 30.5.1945 interniert, u. a. in Neuengamme, am 20.7.1948 vom Spruchgericht Bergedorf wegen Mitgliedschaft in der SS des RKF beim Oberpräsidenten Ostpreußens. Er stimmte sich mit dem HSSPF Warthe und dessen SS-Ansiedlungsstab, der Einwandererzentralstelle in Lodsch (Łódź) und der Volksdeutschen Mittelstelle ab. Letztere richtete Sammellager mit den für die Ansiedlung vorgesehenen Personen ein, zugleich bereitete das RSHA die als »Evakuierung« codierte Vertreibung von Polen aus dem betreffenden Gebiet vor. Aus den auch im Altreich diesseits des früheren Korridors befindlichen Lagern der Volksdeutschen Mittelstelle sollten sodann Transport für Transport Personen zunächst in ein »Bereitstellungslager« in Neidenburg »abgerufen« werden, dann von dort ins Ansiedlungsgebiet. Im Zuge dieses Transfers durchlief ein Teil der »Narewdeutschen« Lager bei der Einwandererzentralstelle, wo sie der sogenannten »Schleusung« unterzogen wurden und an deren Ende in der Regel die Einbürgerung stand; hierbei kam unter anderem auch das RuSHA ins Spiel, das die »Volksdeutschen« einer »rassischen Auslese« unterzog. Offenbar war jedoch ein Teil der »Narewdeutschen« nicht systematisch unter Leitung der Volksdeutschen Mittelstelle umgesiedelt worden, sondern hatte sich schon bald nach Kriegsbeginn 1939 aus eigener Initiative ins Gebiet des Regierungsbezirks Zichenau durchgeschlagen. Dort waren sie, wie ebenfalls als »Flüchtlinge« bezeichnete »Volksdeutsche« aus dem Generalgouvernement, vorläufig im ländlichen Bereich angesiedelt worden. Daher wurde ein Teil der »Schleusung« und »Auslese« im Sommer 1940 vor Ort von den dafür vorgesehenen mobilen Kommandos (Fliegende Kommission VI) vorgenommen.[1035]

An der Schnittstelle zwischen Aussiedlungen und Ansiedlungen kam die Landesbauernschaft Ostpreußen ins Spiel. Um Umsiedlern landwirtschaftliche Betriebe für die sogenannte »Ansetzung« zuweisen zu können, mussten bestehende Betriebe geräumt worden sein. Nun verblieb ein Teil der polnischen

---

zu 22 Monaten Gefängnis verurteilt; die Strafe galt durch die Internierungshaft als verbüßt. Vom Entnazifizierungshauptausschuss Siegen-Stadt am 21.9.1948 in Kategorie III eingereiht, mit politischen, beruflichen und Bewegungsbeschränkungen. 1948 als Schreiner beschäftigt, 1950 als Provisionsreisender einer Firma in Darmstadt tätig. Neben Tilitzki: Alltag, S. 120, FN 3, reichlich Material in: BArch, BDC, SSO Walter Gerlach (25.8.1896), BArch, Z 42 III/2591, LAV NRW R, NW 1110, Nr. 2780, Trial of the Major War Criminals Before the International Military Tribunal. Nuremberg 14 November 1945–1 October 1946. Volume XLII: Documents and Other Material in Evidence, Nürnberg 1949, S. 517–521, Trials of War Criminals Before the Nuernberg Military Tribunals Under Control Council Law No. 10. Volume IV: »The Einsatzgruppen Case«. Nuernberg October 1946 – April 1949, Washington, D.C. 1950, S. 987–988; berücksichtigt bei diesen Informationen ist zudem eine Auskunft des Stadtarchivs Haiger vom 25.8.2014.

1035 Vgl. den Aktenvermerk aus der Dienststelle des RKF vom 6.4.1940 zur »Ansiedlung von 1000 wolhyniendeutschen Familien im Regierungsbezirk Zichenau/Ostpreußen« (Bl. 1–2) sowie Greifelts Schreiben vom 10.4.1940 an den HSSPF Nordost (Beauftragter des RKF) (Bl. 3–4), beide in: BArch, R 49/117, zudem Wagners »Abschlussbericht der Fliegenden Kommission VI über die Durchschleusung im Regierungsbezirk Zichenau vom 16. Juni–4. Juli 1940«, BArch, R 69/1047, Bl. 2–8, die PZ vom 4.11.1940, unpag. (Artikel »Ihre letzte Wanderung ging heim ins Reich«), und Döring: Umsiedlung, S. 135–136.

Vorbesitzer zwangsweise als Landarbeiter auf ihrem früheren landwirtschaftlichen Betrieb,[1036] in der Regel aber ging den Ansiedlungen die Vertreibung der polnischen Besitzer voraus. Diese Aufgabe oblag dem HSSPF im Zusammenspiel mit dem RSHA, innerhalb dessen die Umwandererzentralstelle für die Organisation und Koordination der Vertreibungs- und Deportationsmaßnahmen bei Polen und Juden nach »rassenbiologischen« Kriterien sorgte.[1037] Im Regierungsbezirk Zichenau und im Suwałki-Gebiet wurden bis November 1940 24.636 Personen ausgesiedelt (bis Dezember 1943 zudem 28.465 Personen aus dem Bezirk Bialystok); die ermordeten Juden aus Ostpreußen sowie aus dem Bezirk Bialystok sind hier nicht dazugerechnet.[1038]

Bevor polnische Bauern von ihren Höfen vertrieben wurden, mussten die entsprechenden Höfe ausgewählt werden – dies war Aufgabe der Landesbauernschaft Ostpreußen, maßgeblich von Landeshauptabteilungsleiter Fritz Berg und Dr. Heinrich Petersen. Berg schilderte nach 1945 das Vorgehen: Vom Landesbauernführer beauftragt, habe er mit Petersen diese Höfeauswahl geleitet. Auf seine Weisungen hin habe dann weiteres Personal der Landesbauernschaft, aufgeteilt auf die Kreise und Bezirke, die landwirtschaftlichen Betriebe entsprechend unter die Lupe genommen. Ziel sei gewesen, den »Volksdeutschen« lebensfähige Höfe mit Betriebsgrößen zwischen ungefähr 38 und 50 Hektar zur Verfügung zu stellen; je nach Bodenqualität auch etwas mehr oder weniger. Diese Anforderungen, so Berg, erfüllten manche Gehöfte direkt, andere seien durch Zusammenlegung mit weiteren Höfen bis zur gewünschten Größe erweitert worden.[1039]

Für die Höfeauswahl im Rahmen der geplanten Umsiedlungen hatten Reichsnährstand und RSHA schon im Januar 1940 grundsätzlich vereinbart, dass die Vertreter der Landesbauernschaften einerseits eine Hofkartei mit landwirtschaftlichen Kennzahlen der in Augenschein genommenen Höfe sowie eine Personalkartei der zu Vertreibenden zu erstellen hatten.[1040] Das Personal der

1036 Vgl. Górczynska: Agrarpolitik, S. 258, sowie Fiebrandt: Auslese, S. 148.

1037 Vgl. Lang/Klaaßen: Grundlagen, S. 68. Eine plastische Schilderung eines Falles im Reichsgau Wartheland, der zeigt, wie kaltschnäuzig und rücksichtslos solche Vertreibungen abliefen, findet sich bei Schwartz: Funktionäre, S. 486–487.

1038 Vgl. Madajczyk: Okkupationspolitik, Tabelle 15, und Heinemann: Rasse- und Siedlungshauptamt, S. 228, dort auch FN 131.

1039 Vgl. den Bericht Fritz Bergs von 1958, BArch, Ost-Dok. 13/525, Bl. 36–37 und Bl. 59–60, sowie Bergs Ausführungen von 1960 in den »4 Niederschriften von Tonbandgesprächen über die Hauptabteilungen der Landesbauernschaft Ostpreußen und einleitende Bemerkungen hierzu«, BArch, Ost-Dok. 10/282, unpag. Den Ausführungen Bergs zufolge sei diese Arbeit nur im Rahmen der Ansiedlung auf dem Truppenübungsplatz Mlawa erfolgt, danach sei es zum Streit mit der SS gekommen. Dazu habe auch beigetragen, dass er viele polnische Bauern auf ihren Höfen belassen habe.

1040 Vgl. den Entwurf »Bemerkungen zur Rückführung der Volksdeutschen aus Wolhynien, Galizien und dem Narewgebiet« von Hermann Benz (RNSt) vom 6.1.1940 an die Ein-

Landesbauernschaften agierte hier als Teil der sogenannten »Kreisarbeitsstäbe«, die je Landkreis eingerichtet worden waren. Sie unterstanden dem jeweiligen SS-Ansiedlungsstab; jener für Ostpreußen war in Soldau (Działdowo). Diese SS-Ansiedlungsstäbe waren ihrerseits dem zuständigen HSSPF und dem RKF untergeben. Den Kreisarbeitsstäben gehörten neben Personal des Reichsnährstands auch solches des SD, der Polizei, des RuSHA, der NSV und des Reichsgesundheitsführers sowie Studierende bei ihrem »Osteinsatz« an. Sie waren für die in jeder Hinsicht möglichst bis ins Detail ausgearbeitete Organisation der Ansiedlung zuständig, wobei operativ der jeweilige Landrat Träger der Ansiedlung war.[1041]

Vor diesem Hintergrund ist gerade der Werdegang Petersens bemerkenswert. Er steht dabei, ähnlich wie etwa die schon erwähnten Hans Dullo und Walter Heinrich, für jene in der Landesbauernschaft Ostpreußen, die schon zur Weimarer Zeit als landwirtschaftliche Fachleute tätig waren. Ausgezeichnet qualifiziert, weder SS-Mitglied noch früher, eingefleischter Nationalsozialist, hatte er unter anderem als landwirtschaftlicher Beamter, Landwirtschaftslehrer und schließlich als landwirtschaftlicher Sachbearbeiter bei der Bank für deutsche Industrie-Obligationen in Königsberg gearbeitet. Er wechselte 1934 zur Landesbauernschaft, übernahm bald die Siedlungsabteilung und betätigte sich weniger als sechs Jahre später als Handlanger der nationalsozialistischen Gewalt- und Besatzungspolitik auf erobertem und geraubtem Boden.[1042]

Den betroffenen polnischen Bauern war offenbar klar, mit welchem Ziel Vertreter der Landesbauernschaft ihre Betriebe in Augenschein nahmen:

> »Insbesondere ist eine außerordentliche Beunruhigung in den Ortschaften eingetreten, in denen der Reichsnährstand am Anfang dieses Monats die Auslese der sogenannten Saatgutwirtschaften vorgenommen hatte. Trotzdem den Bauern hierüber der Grund dieser Maßnahme strengstens verschwiegen wurde, ahnten diese sogleich, daß es sich um eine bevorstehende Umsiedlung handeln müsse, zumal ihnen zum Schluß bei Aufnahme des Inventars untersagt wurde, aus der Wirtschaft nichts mehr zu verkaufen.«[1043]

---

wandererzentralstelle, HSSPF Koppe und die Landesbauernschaft Ostpreußen (Bl. 1–5) sowie den »Aktenvermerk über eine Vereinbarung des Reichsnährstandes mit dem Reichssicherheitshauptamt« von Dr. Hans Ehlich (RSHA) vom 16.2.1940 (Bl. 12–13), beide in: BArch, R 69/85.

1041 Vgl. Heinemann: Rasse- und Siedlungshauptamt, S. 217–218, sowie Döring: Umsiedlung, S. 270–274.

1042 Vgl. die undatierte RNSt-Personalnachweisung zu Dr. Heinrich Petersen, BArch, R 16/14114, unpag. Für weitere Informationen zu Petersen vgl. die entsprechende biographische Skizze im Anhang.

1043 Siehe den Bericht der Gendarmerie des Kreises Zichenau an die Gendarmerie des RB Zichenau vom 24.4.1940, APW, Fond No. 499, Syg. 1, Bl. 33.

Dies stand offenbar im Zusammenhang mit den erwähnten Aktivitäten der Ostpreußischen Saatzucht GmbH Nordost, die Landesbauernführer Spickschen veranlasst hatte. Schon aus den wenigen überlieferten Berichten der Gendarmerie des Kreises Zichenau geht hervor, dass die polnischen Bauern im Grunde ständig mit ihrer Vertreibung von Haus und Hof rechneten. Dies war von deutscher Seite durchaus nicht gewünscht, wurde doch ein Schaden für die Kriegsernährungswirtschaft befürchtet, wenn diese Bauern sich nicht mehr um Bewirtschaftung und Produktion kümmerten.[1044]

Die Rückführung von 3.505 »Litauendeutschen« führte 1941 nur in städtisches Gebiet im Regierungsbezirk Zichenau; wenige wurden überdies in den Reichsgauen Wartheland und Danzig-Westpreußen angesiedelt. Maßgeblich waren hierbei die Volksdeutsche Mittelstelle, das RKF und das Auswärtige Amt, während die organisatorische Durchführung in Händen eines Umsiedlungskommandos der SS lag. Auf ostpreußischer Seite war insbesondere Regierungspräsident Dargel mit der Umsiedlung befasst. Insgesamt notierte das RKF 1942 rund 50.000 Umsiedler aus Litauen. Dieser Aktion waren langwierige Auseinandersetzungen zwischen dem Deutschen Reich und der Sowjetunion vorausgegangen. Ein nicht exakt bezifferbarer Teil der im Regierungsbezirk Zichenau angesiedelten »Litauendeutschen« wurde nach dem Überfall auf die Sowjetunion rückgesiedelt; dies war ein einmaliger Vorgang, da Umgesiedelte nicht an ihre vorherigen Lebensorte zurückkehren sollten.[1045]

Ursprünglich sollten »Litauendeutsche« auch im ländlichen Bereich des Regierungsbezirkes Zichenau angesiedelt werden. Gauleiter Koch, obgleich Beauftragter Himmlers als RKF, zog jedoch eine entsprechende Zusage zurück mit dem Hinweis, dass auf den polnischen Bauernhöfen Kriegsveteranen und ostpreußische Bauernsöhne angesiedelt werden sollten. Himmler ließ es da-

1044 Vgl. z. B. den Bericht der Gendarmerie des Kreises Zichenau an die Gendarmerie des RB Zichenau vom 10. 12. 1940, APW, Fond No. 499, Syg. 1, Bl. 109.

1045 Vgl. Markus Leniger: Nationalsozialistische »Volkstumsarbeit« und Umsiedlungspolitik 1933–1945. Von der Minderheitenbetreuung zur Siedlerauslese, Berlin 2006, S. 81–90, Harry Stossun: Die Umsiedlungen der Deutschen aus Litauen während des Zweiten Weltkrieges. Untersuchungen zum Schicksal einer deutschen Volksgruppe im Osten, Marburg a. d. L. 1993, S. 152–153, sowie ders.: Die Rücksiedlung der Litauendeutschen (1942–1944), in: Annaberger Annalen 5 (1997), S. 70. Vgl. auch Christoph Dieckmann: Plan und Praxis. Deutsche Siedlungspolitik im besetzten Litauen. 1941–1944, in: Isabel Heinemann/Patrick Wagner (Hg.): Wissenschaft – Planung – Vertreibung. Neuordnungskonzepte und Umsiedlungspolitik im 20. Jahrhundert, Stuttgart 2006, S. 98–105. Für einen zeitgenössischen Bericht des Regierungspräsidenten des RB Zichenau vgl. Dargels »Erster Lagebericht über die Umsiedlung von Litauendeutschen« vom 19. 4. 1941, BArch, R 69/116, Bl. 1–6. Vgl. zudem die PZ vom 5. 2. 1941, unpag. (Artikel »Liebevolle Betreuung der Umsiedler«), sowie die PZ vom 1. 4. 1941, Rubrik »Aufbau im Osten«, unpag. (Artikel »Ansiedlung im Bezirk Zichenau«). Diese Artikel sind Beispiele für die propagandistische Ausschlachtung dieser Umsiedlungsaktion in der ostpreußischen Presse.

bei bewenden, ebenso wie Überlegungen des Stabshauptamtsleiters Greifelt vom September 1941 nicht verwirklicht wurden, »Volksdeutsche« aus der Bukowina, Dobrudscha und Bessarabien im Regierungsbezirk Zichenau und im Bezirk Bialystok anzusiedeln. Versuche des RKF-Stabshauptamts, im Jahr 1943 »Volksdeutsche« aus Umsiedlerlagern in Lublin und 1944 Kriegsversehrte der Waffen-SS im Regierungsbezirk Zichenau anzusiedeln, wurden ebenfalls nicht realisiert.[1046] Insgesamt war die Zahl der Ansiedlungen im Regierungsbezirk Zichenau gering – im Vergleich etwa mit den erwähnten Zielvorstellungen des Regierungspräsidenten Dargel, aber mehr noch im Vergleich mit anderen Ansiedlungsgebieten. Allein im Reichsgau Wartheland wurden bis Juli 1944 rund 246.000 Menschen angesiedelt, im Reichsgau Danzig-Westpreußen knapp 52.000; insgesamt wurden bis dahin 770.000 Menschen umgesiedelt.[1047]

Nach der anfänglichen »Ansetzung« gewannen beim weiteren Prozess der Ansiedlung die landwirtschaftlichen Kräfte in Ostpreußen an Bedeutung. Sie übernahmen die längerfristige Begleitung und Betreuung der Umgesiedelten. Die OLG wurde beauftragt, die Rückwandererfamilien aus dem Narew-Gebiet zu betreuen. Bis Ende 1940 soll sie 566 dieser »volksdeutschen« Familien erfasst haben. Die Gehöfte, die die Rückwanderer bezogen, stattete die OLG im Auftrag der Siedlungsbehörde ab Anfang 1941 aus.[1048] Diese Gehöfte waren vermutlich jene Stützpunktbetriebe, die die OLG-Zweigstelle in Plozk (Płock) zur Betreuung von Umsiedlern nach Genehmigung durch RKF und Königsberger Landeskulturamt erhalten hatte.[1049]

Nicht nur die Siedlungsgesellschaften, auch die Landesbauernschaften waren von Beginn an am weiteren Prozess der Ansiedlung beteiligt. Generell sollten die Kreisbauernschaften detailliert über die ankommenden Umsiedler Meldung machen, so dass, beginnend im Oktober 1940, die Landesbauernschaften ihrerseits in regelmäßigen Abständen der Reichsnährstandszentrale berichten konnten. Grundsätzlich galt:

> »Bei allen mit der Eindeutschung zusammenhängenden Maßnahmen ist mit den beteiligten Dienststellen, den höheren SS- und Polizeiführern als Beauftragten des Reichskommissars für die Festigung deutschen Volkstums, den Dienststellen der Partei und denen der Arbeitseinsatzverwaltung engste Zusammenarbeit geboten. Eine in-

1046 Vgl. Meindl: Koch, S. 269–270.

1047 Vgl. Madajczyk: Okkupationspolitik, S. 444.

1048 Auf Basis von RMEL-Erlassen vom 26.3. und 28.3.1940, vgl. OLG: Jahresbericht 1939, S. 7, und OLG: Jahresbericht 1940, S. 5, beide überliefert in: BArch, R 2/19019, unpag.

1049 Vgl. Witts Schreiben vom 29.6.1942 an den Reichsrechnungshof, BArch, R 2301/4032, Bl. 31. Zu den Stützpunktgütern vgl. Bericht Nr. 366 der Deutschen Revisions- und Treuhand-Aktiengesellschaft, Zweigniederlassung Danzig, über die bei der OLG in Königsberg/Pr. vorgenommene Prüfung des Jahresabschlusses für das Jahr 1940, BArch, R 2301/3879, Bl. 237.

tensive Betreuung durch die KBsch. ist notwendig, um die Aufnahme der für die Eindeutschung ausgelesenen, rassisch wertvollen Familien in die Dorfgemeinschaft zu erleichtern und deren Seßhaftmachung zu fördern. [...]
Das Ziel ist einerseits, rassisch wertvolle Familien dem deutschen Arbeitseinsatz zuzuführen, andererseits, dem polnischen Volkstum diejenigen nordisch bestimmten Familien zu entziehen, aus denen sich erfahrungsgemäß die polnische Führerschicht in der Hauptsache zu ergänzen pflegte.«[1050]

Konkret war die Landesbauernschaft Ostpreußen durch sogenannte »Siedlungshelfer« in den Prozess der Ansiedlung nach der »Ansetzung« involviert. Im Januar 1941 kündigte sie angesichts der erwarteten Umsiedlung der »Litauendeutschen« an, einen Betreuungsapparat für die »heimgekehrten volksdeutschen Bauern« aufzubauen. Dabei sollte ein Siedlungshelfer unter fünfzig bis siebzig dieser Familien wohnen, sie betreuen und beraten. Hierfür schrieb die Landesbauernschaft Stellen für »Bauern- und Landwirtssöhne und ehemalige Landwirtschaftsschüler« mit hinreichenden Fachkenntnissen und Allgemeinbildung aus.[1051] Die Siedlungshelfer wurden in Schulungen »über die künftige Gestaltung des Regierungsbezirks Zichenau aufgeklärt«, so zum Beispiel im November 1941 in der Bauernschule Ripkeim. Dort sprachen unter anderen Landesbauernführer Spickschen zur zukünftigen Siedlungspolitik aus Sicht des Bauerntums sowie RKF-Stabskommissar Gerlach zu den Aufgaben des RKF, andere Vorträge befassten sich unter anderem mit Siedlungsplanung, der Auswahl von Neubauern und der zukünftigen Ansetzung Wehrmachtsangehöriger in den neuen Ostgebieten.[1052] Auch für die »Volksdeutschen« selber führte die Landesbauernschaft Ostpreußen Schulungskurse durch. Dabei ging es um die Vermittlung landwirtschaftlicher Kenntnisse und um Grundlagen wie Lesen, Schreiben und Rechnen.[1053]

Vermutlich wurde angesichts der ausgebliebenen Ansiedlung der »Litauendeutschen« im ländlichen Bereich der Betreuungsapparat in geringerem Umfang als geplant aufgebaut.[1054] Allerdings waren Siedlungshelfer beziehungsweise

1050 Anordnung »Eindeutschung rassisch wertvoller Familien aus fremden Staaten« vom 18.7.1940, in: DNdRN vom 20.7.1940, Sp. 512–513, ganze Verordnung Sp. 511–516.

1051 Vgl. das WbLBsch Ostpreußen vom 18.1.1941, dort den Artikel »Die Betreuung der rückgeführten Volksdeutschen aus dem Osten« (S. 45–46), zudem die Annonce »Zur Betreuung von rückgeführten volksdeutschen Landwirten im Regierungsbezirk Zichenau werden noch Siedlungshelfer gesucht« (unpag., Werbeteil). Für Siedlungshelfer waren 1943 122.000 RM im Haushalt der LBsch Ostpreußen eingestellt, vgl. die Anlage 1 zur Oberrechnung der LBsch Ostpreußen für das Rechnungsjahr 1943, BArch, R 2301/3595, Bl. 1.

1052 Vgl. das WbLBsch Ostpreußen, 22.11.1941, S. 818 (Artikel »Die Siedlungshelfer des Regierungsbezirks Zichenau werden geschult«), Zitat ebd.

1053 Vgl. das WbLBsch Ostpreußen vom 12.4.1941, S. 289 (Artikel »Der erste Schulungskurs für Volksdeutsche in Golondkowo, Kr. Pultusk«).

1054 Im November 1941 teilte die LBsch Ostpreußen mit, dass sie Siedlungshelfer des RB

»Siedlungsberater« auch in den folgenden Jahren im Einsatz.[1055] Ihr Auftrag wurde dabei symbolisch-ideologisch aufgeladen: Es ginge darum, dass die »Volksdeutschen« »wieder an deutsche Kultur und deutsche Lebensart gewöhnt werden«, vor allem aber sei dafür zu sorgen, dass »die ihnen anvertrauten landwirtschaftlichen Betriebe soviel wie möglich zu der Besserung unserer Ernährungslage beitragen.« Voraussetzung für Bewerber, die ihre Unterlagen über die Kreisbauernschaften einreichten, war neben landwirtschaftlichen Kenntnissen und breiter Allgemeinbildung, dass sie weder uk-gestellt noch zur Wehrmacht einberufen waren.[1056]

Neben den beschriebenen Umsiedlern wurden im Regierungsbezirk Zichenau Kriegsversehrte angesiedelt. Sie bildeten einen besonderen Personenkreis, der im Gegensatz zu anderen Gruppen auf Grundlage einer Anordnung des RKF (Nr. 14/IV) bereits zu Kriegszeiten in den eroberten Ostgebieten angesiedelt werden konnte. Dabei waren Sachbearbeiter von Reichsbauernführer und Reichsführer SS für die Beurteilung von Gesundheit, »Erbgesundheit« und politischer Zuverlässigkeit zuständig. Auch die »rassische Eignung« war zu prüfen, wobei auf Weisung Himmlers die Ablehnung eines Bewerbers durch das RuSHA offiziell nicht wegen »rassischer Ungeeignetheit«, sondern mit vorgeschobenen Argumenten erfolgen sollte, etwa mit dem Hinweis auf »gesundheitliche oder erbgesundheitliche Mängel«.[1057]

Tatsächlich wurden offenbar ab etwa März 1943 kontinuierlich Kriegsversehrte im Regierungsbezirk Zichenau angesiedelt. Dies führte ein Jahr später Landesbauernführer Spickschen die Widersprüche von Ideologie und Kriegsanforderungen deutlich vor Augen. Denn zu jener Zeit lag noch immer die Bewirtschaftung von etwa 85 Prozent der landwirtschaftlichen Nutzfläche im Regierungsbezirk Zichenau in polnischer Hand. Die besten dieser Höfe wurden an Kriegsversehrte abgegeben – jene Höfe also, auf denen die polnischen Bewirtschafter in der Hoffnung, dadurch die Vertreibung zu vermeiden, besonders ertragreich für die deutsche Kriegswirtschaft produziert hatten. Sie wurden zwar nicht ganz vertrieben, sondern »nur« auf schlechtere Betriebe abgeschoben. Dennoch sah Spickschen die landwirtschaftliche Erzeugung und Ablieferung in Gefahr, würden nicht ebenso fähige Kriegsversehrte angesiedelt:

Zichenau zur »Betreuung der neu angesetzten Siedler und der im Bezirk wohnenden Volksdeutschen« einsetzt, vgl. das WbLBsch Ostpreußen vom 22.11.1941, S. 818 (Artikel »Die Siedlungshelfer des Regierungsbezirks Zichenau werden geschult«), Zitat ebd.

1055 Vgl. das WbLBsch Ostpreußen vom 7.8.1943, S. 383 (Artikel »Siedlungshelfer gesucht!«), sowie das WbLBsch Ostpreußen vom 23.10.1943, S. 491 (Artikel »Tagung der Siedlungsberater des Regierungsbezirks Zichenau«).

1056 Vgl. das WbLBsch Ostpreußen vom 11.7.1942, S. 437 (Artikel »Die Betreuung und Beratung der volksdeutschen Umsiedler in den neuen Ostgebieten«), beide Zitate ebd.

1057 Vgl. das Schreiben Himmlers vom 31.10.1942 an Greifelt, IfZ, MA 3 Himmler, Rolle 12, Folder 144, unpag., Zitate ebd.

»Wenn der Pole gut gewirtschaftet und abgeliefert hat, so müsste man ihn vorläufig auf seinem Hof lassen.« Die in Frage kommenden ansiedlungsberechtigten Kriegsversehrten seien gegenüber der erwähnten Anordnung Nr. 14/IV nach engeren Kriterien auszuwählen. Spickschen erkannte die Ansprüche der Kriegsversehrten an, er habe sich aber »einzig und allein von dem zwingenden Gesichtspunkt leiten lassen, daß im Augenblick nur das getan werden darf, was unmittelbar dem Siege dient.« Spickschen hatte diesen Standpunkt nicht nur gegenüber Greifelt, sondern im Februar 1944 auch im persönlichen Gespräch gegenüber Himmler vertreten und angeblich dessen Zustimmung gefunden.[1058] Diese Intervention blieb indes folgenlos. Greifelt verwies darauf, dass Spickschens Überlegungen längst in den geltenden, teils mit dem OKW erlassenen Regelungen berücksichtigt seien, auch dadurch, dass die Landesbauernschaft eingeschaltet sei, wenn ein Betrieb für einen Bewerber ausgesucht werde.[1059]

Wie sah nun die Bilanz der »Neubildung deutschen Bauerntums« in der Provinz Ostpreußen und im Regierungsbezirk Zichenau aus? Der Gedanke der »Neubildung deutschen Bauerntums« war vor wie nach 1939 ein ideologischer Pfeiler der nationalsozialistischen Siedlungspolitik. Nach der Rückgliederung des Memelgebiets etwa hatte die OLG dort zum Zwecke der »Neubildung deutschen Bauerntums« noch die »Arisierung« eines landwirtschaftlichen Betriebes vorangetrieben, der in jüdischer Hand gewesen war.[1060] Nun ging die Siedlungstätigkeit schon in den Friedensjahren des »Dritten Reiches« gegenüber jener der Weimarer Zeit zurück, und insgesamt war die »Neubildung deutschen Bauerntums« wenig erfolgreich. Abgesehen von den erwähnten Ansiedlungen der »Narewdeutschen« und von Kriegsversehrten fand die »Neubildung deutschen Bauerntums« im Regierungsbezirk Zichenau in den Papieren der verschiedenen Planungsinstanzen statt, nicht aber in der Realität. Auch in Altostpreußen ging es damit kaum mehr voran, dort kam die eigentliche Siedlungstätigkeit in der Zeit des Zweiten Weltkrieges fast völlig zum Erliegen.

Hatte die OLG 1939 noch Siedlungsgrund in Höhe von 3.241 Hektar angekauft, so waren es 1940 nur noch 698 Hektar. Die OLG war weniger mit eigentlicher Siedlung beschäftigt als vielmehr damit, ältere Verfahren abzuwickeln und noch nicht aufgeteilte Güter in der Zwischenbewirtschaftung zu

1058 Vgl. das Schreiben Spickschens vom 31.3.1944 an Greifelt, BArch, NS 19/967, Bl. 157, Zitate ebd.

1059 Vgl. Greifelts Schreiben vom 25.4.1944 an Spickschen, BArch, NS 19/967, Bl. 158. In dieser Akte befindet sich weiteres reichhaltiges Material hierzu.

1060 Vgl. das Schreiben des Reichsministers für Ernährung und Landwirtschaft, Abt. VIII B 2 (Wex, Dr. Krüger), vom 12.1.1940 an den Oberpräsidenten Ostpreußen (Landeskulturabteilung), BArch, R 2/19018, unpag. Dieses Gut war als besiedlungsfähig erachtet worden und sollte durch die OLG für die »Neubildung deutschen Bauerntums« weiterverkauft werden.

halten. Dabei verlangsamten Siedlungsbewerber das Prozedere, die bei der Wehrmacht dienten.[1061] Insgesamt wurden 1940 im Reich 687 Bauernhöfe errichtet, davon 38 Neubauernhöfe in Ostpreußen mit einer landwirtschaftlichen Nutzfläche von 1.181 Hektar, mehrheitlich im Regierungsbezirk Gumbinnen. Insgesamt 207 landwirtschaftliche Kleinbetriebe (Reich: 5.698) erhielten Landzulagen von insgesamt 581 Hektar (Reich: 12.845 Hektar). Mit dieser sogenannten »Anliegersiedlung zu Eigentum« sollten Kleinbetriebe vergrößert werden und so eine hinreichende Existenzgrundlage erhalten.[1062]

Die Landesbauernschaft Ostpreußen unter Führung Spickschens spielte bei der »Neubildung deutschen Bauerntums« im Regierungsbezirk Zichenau selten eine entscheidende, aber stets eine wichtige Rolle. Dies galt für die Landbewirtschaftung als Vorstufe der Siedlung, für die Planung von Siedlungspolitik und für deren Umsetzung. Die Landesbauernschaft Ostpreußen war in Gremien anderer wichtiger Akteure vertreten, etwa bei der OLG und der Landesplanungsgemeinschaft. Bei der Landbewirtschaftung war die Landesbauernschaft in Teilen maßgeblich tätig, bei der Um- und Ansiedlung arbeitete sie anderen Organisationen wie vor allem der SS zu. Unter anderem mit ihren »fachlichen« Beiträgen lieferte die Landesbauernschaft an vielen Stellen Entscheidungs- beziehungsweise Argumentationshilfen. Sie trug auf diese Weise dazu bei, dass in den eroberten Ostgebieten eine Besatzungs-, Gewalt- und Vernichtungspolitik ohnegleichen Wirklichkeit werden konnte. Hierfür trugen Funktionäre und namentlich die Spitzenfunktionäre der Landesbauernschaft Ostpreußen Verantwortung.

1061 Vgl. z.B. den Kurzbericht der Deutschen Revisions- und Treuhand-AG über die bei der OLG vorgenommene Prüfung des Jahresabschlusses zum 31.12.1940, BArch, R 2301/3879, Bl. 378–380, den Bericht der Deutschen Revisions- und Treuhand-Aktiengesellschaft, Zweigniederlassung Danzig, vom 13.3.1944 über die bei der OLG vorgenommene Prüfung des Jahresabschlusses für 1941, BArch, R 2301/3880, Bl. 27, sowie OLG: Jahresbericht 1941, S. 1, überliefert in: BArch, R 2/19019, unpag. Der »Landvorrat« der OLG betrug Anfang 1941 damit 10.387 ha, ein Jahr zuvor waren es 11.247 ha gewesen; davon freilich war ein guter Teil nicht besiedlungsfähig, Anfang 1941 etwa ein Drittel.

1062 Vgl. die KAZ vom 27.5.1942, 1. Beiblatt (Artikel »3654 ha für Ostpreußens Bauernsiedlung«). Vgl. auch Landesbauernschaften in Zahlen (1933–1938), S. 238, sowie Landesbauernschaften in Zahlen (1939–1940), S. 181.

6. Der Landesbauernführer und die Umsetzung des Reichserbhofgesetzes in Ostpreußen (1939–1945)

6.1 Das Reichserbhofrecht in Ostpreußen

Es war eine der zentralen Aufgaben und Kompetenzen eines Landesbauernführers, bei der Umsetzung des Reichserbhofgesetzes mitzuwirken. Dies zur »Aufgabe von größter Bedeutung«[1063] zu erheben, war hier kein inhaltsleerer Superlativ, wie ihn die Nationalsozialisten sonst gern gebrauchten. Vielmehr kann das Reichserbhofgesetz nachgerade als Essenz der Politik des Reichsnährstandes bezeichnet werden. Es steht für seine ideologischen Grundfesten ebenso wie für die Realität der bäuerlichen Lebenswelt einschließlich massiver Eingriffe seitens des Reichsnährstandes in diese Welt. Diese Realität und die Rolle der Landesbauernschaft Ostpreußen und des Landesbauernführers Spickschen darin sollen nun am konkreten Beispiel untersucht werden.

Das Reichserbhofgesetz ist im Kern Anerbengesetzgebung. Dabei wird Boden geschlossen, das heißt komplett auf einen Haupterben übertragen, in der Regel auf den ältesten Sohn. Im Gegensatz dazu wurde bei der Realteilung der Besitz auf verschiedene Personen aufgeteilt. Die Option der Nationalsozialisten für das Anerbenrecht ist eng mit Reichsbauernführer Darré und dessen Ideologie von »Blut und Boden« verknüpft. Dabei reichen die Wurzeln des Anerbenrechts deutlich weiter zurück, und wie bei der »Blut-und-Boden«-Ideologie insgesamt war hier das 19. Jahrhundert prägend. Vor dem Hintergrund der sogenannten »Bauernbefreiung« in Preußen erschien das Anerbenrecht als Schutz gegen die Industriegesellschaft, die auch den bäuerlichen Bereich zu erfassen und Boden als Objekt des Profits und der Kapitalmaximierung zu betrachten schien. Vor allem in Nordwestdeutschland kam es zu Bestrebungen, mittels Anerbenrecht Höfe vor Zersplitterung zu schützen. Freilich traten andere Stimmen demgegenüber für die Freiheit ein, über die Erbfolge selber entscheiden zu können, und sahen Bodenteilung als motivierenden Antrieb für die Erbenden an. Einige deutsche Länder führten an der Wende vom 19. zum 20. Jahrhundert Aner-

1063 Vgl. Reischle/Saure: Reichsnährstand, S. 83.

bengesetzgebungen ein, nicht zuletzt unter dem Eindruck der Verschuldung der Landwirtschaft. Reichsgesetzgebung wurde das Anerbenrecht in dieser Zeit indes nicht.

Dies änderte sich, unter maßgeblichem Einfluss von Darré, durch die Nationalsozialisten. Die »Blut-und-Boden«-Ideologie war ein halbwegs konsistentes Gedankengebäude, das beim Bodenrecht mit dem »unveränderlichen« 25-Punkte-Programm der NSDAP von 1920 nur noch wenig gemein hatte. In jenem hatte sich die NSDAP antikapitalistisch gezeigt, sie forderte eine Bodenreform und wollte insbesondere den Großgrundbesitz in Nord- und Ostdeutschland zerschlagen. Das Agrarprogramm der NSDAP von 1930 dagegen speiste sich aus der Bauerntumsideologie des 19. Jahrhunderts und war von Strömungen wie den Artamanen beeinflusst, die bereits in den 1920er-Jahren aggressiv nationalistische Pläne der Ostsiedlung und Ostagrarisierung verfolgt hatten und, soweit möglich, am eigenen Beispiel in die Praxis umsetzten. Das Agrarprogramm der NSDAP trug 1930 bereits Darrés Stempel und führte die Forderung nach einem Anerbenrecht mit sich; Verbände wie etwa der Reichslandbund lagen inhaltlich auf gleicher Linie.

Wenn der Bauer der »Blutsquell des deutschen Volkes« war, so war die Überlegung, wie war dieser wertvolle Teil des Volkes dann zu vermehren? »Den Schlüssel zur Erhaltung der nordischen Rasse glaubte Darré im bäuerlichen Erbrecht zu finden: Die Zulassung zum Hoferben sei von jeher das Mittel zur Auslese des erbgesunden Nachwuches gewesen«.[1064] Dies war die Voraussetzung für den »Neuadel von Blut und Boden«, der auf »Hegehöfen« heranzubilden sei, gleichsam der Prototyp des späteren »Erbhofs«. In Heinrich Himmler, selber Artamane, fand Darré einen Bruder im Geiste; ihre Verbindung wurde im 1931 gegründeten, von Darré geführten Rasse- und Siedlungsamt der SS institutionalisiert. Alle diese Entwicklungslinien mündeten, weder völlig zwangsläufig noch rein zufällig, im September 1933 in das Reichserbhofgesetz, nachdem zuvor auch Alfred Hugenberg als Minister für Ernährung und Landwirtschaft zugunsten Darrés aus dem Weg geräumt worden war – nicht nur, aber auch mit dem Hebel des »Bäuerlichen Erbhofrechts« Preußens vom 15. Mai 1933.[1065]

Die Kerngedanken des Reichserbhofgesetzes vom 29. September 1933[1066] sind in der Präambel enthalten. Zunächst werden die Ziele des Gesetzes definiert:

> »Die Reichsregierung will unter Sicherung alter deutscher Erbsitte das Bauerntum als Blutquelle des deutschen Volkes erhalten.
> Die Bauernhöfe sollen vor Überschuldung und Zersplitterung im Erbgang geschützt werden, damit sie dauernd als Erbe der Sippe in der Hand freier Bauern bleiben.

1064 Grundmann: Agrarpolitik, S. 23.
1065 Vgl. ebd., S. 15–38.
1066 Das REG ist veröffentlicht im RGBl. I 1933, S. 685–692.

Es soll auf eine gesunde Verteilung der landwirtschaftlichen Besitzgrößen hingewirkt werden, da eine große Anzahl lebensfähiger kleiner und mittlerer Bauernhöfe, möglichst gleichmäßig über das ganze Land verteilt, die beste Gewähr für die Gesunderhaltung von Volk und Staat bildet.«

Daran schließen sich die maßgeblichen Bestimmungen des Reichserbhofgesetzes an:

»Land- und forstwirtschaftlicher Besitz in der Größe von mindestens einer Ackernahrung und von höchstens 125 Hektar ist Erbhof, wenn er einer bauernfähigen Person gehört.
Der Eigentümer des Erbhofs heißt Bauer.
Bauer kann nur sein, wer deutscher Staatsbürger, deutschen oder stammesgleichen Blutes und ehrbar ist.
Der Erbhof geht ungeteilt auf den Anerben über.
Die Rechte der Miterben beschränken sich auf das übrige Vermögen des Bauern. Nicht als Anerben berufene Abkömmlinge erhalten eine den Kräften des Hofes entsprechende Berufsausbildung und Ausstattung; geraten sie unverschuldet in Not, so wird ihnen die Heimatzuflucht gewährt.
Das Anerbenrecht kann durch Verfügung von Todes wegen nicht ausgeschlossen oder beschränkt werden.
Der Erbhof ist grundsätzlich unveräußerlich und unbelastbar.«[1067]

In 61 Paragraphen werden diese Ziele und Festlegungen dann näher bestimmt.[1068] Wie bei kaum einem anderen Gesetz erlangte hier nationalsozialistische Ideologie weitgehend ungefiltert Gesetzeskraft. Die existierende Mischung von Realteilungsgebieten und Anerbengebieten wurde aufgehoben, der Wille von Hofeigentümern ignoriert. Selbst über frühere Anerbenrechtskonzeptionen hinausgehend, wurde gleichsam im Dienste eines höheren Zweckes, der »Volksgemeinschaft«, ein Zwangsanerbenrecht eingeführt.[1069] Das Reichserbhofrecht war daher schon bald Gegenstand von Kritik: seitens früherer konservativer Agrarfunktionäre, ausgewiesener Agrarexperten und nicht zuletzt betroffener Bauern selber. Die vielleicht fundierteste Kritik äußerte der Agrarwissenschaftler Max Sering, der im Grundsatz die Einführung eines Instituts wie des Reichserbhofgesetzes durchaus begrüßte, jedoch nicht in dieser Form. Er

1067 Beide Zitate ebd., S. 685.

1068 Näheres hierzu anhand konkreter Fälle in Kapitel 6.3.

1069 Zum REG vgl. Grundmann: Agrarpolitik, S. 44–50, Christian Böse: Die Entstehung und Fortbildung des Reichserbhofgesetzes, Frankfurt a. M. 2008 (zit. Böse: Entstehung), Jürgen Weitzel: Nationalsozialistische Agrarideologie und Landwirtschaftsrecht, in: Dieter Gosewinkel (Hg.): Wirtschaftskontrolle und Recht in der nationalsozialistischen Diktatur, Frankfurt a. M. 2005, S. 157–180, sowie Jan Schleusener: Eigentumspolitik im NS-Staat. Der staatliche Umgang mit Handlungs- und Verfügungsrechten über privates Eigentum 1933–1939, Frankfurt a. M. 2009, S. 141–150 (zit. Schleusener: Eigentumspolitik). Den aktuellen Forschungsstand zum Reichserbhofrecht referiert Dornheim: RMEL, S. 84–88.

kritisierte unter anderem die Schlechterstellung der Geschwister eines Erben ebenso wie jene der Töchter und Ehefrauen eines Erben. Sering wies schon früh darauf hin, dass die Einschränkung der Freiheitsrechte in bäuerlichen Kreisen auf massive Ablehnung stoße. Solche Kritik wurde nicht zuletzt mit massiver Propagandatätigkeit seitens des Regimes energisch bekämpft und zum Verstummen gebracht.[1070] Im Laufe der Jahre wurde, auch als Reaktion auf die vielfältig geäußerten negativen Rückmeldungen, das Reichserbhofgesetz durch Verordnungen und Verfahrensordnungen fortentwickelt.[1071] Dabei wurden einige stark kritisierte Punkte korrigiert; mit der Verordnung vom 30. September 1943 etwa wurden Töchter und Töchtersöhne bessergestellt.[1072] Das Gesetz avancierte bald auch zu einem Kernbereich rechtswissenschaftlicher Befassung, was mehr als fünfzig Dissertationen sowie zahlreiche Aufsätze und sonstige Kommentierungen zum Thema belegen.[1073]

War das Reichserbhofgesetz, in dessen Zentrum ja der klein- und mittelbäuerliche Besitz stand, im »Junkerland« Ostpreußen überhaupt von großer Bedeutung? Auf das gesamte Deutsche Reich ohne das annektierte Österreich und einschließlich des Saarlandes besehen, machten Mitte 1938 Erbhöfe 22 Prozent der land- und forstwirtschaftlichen Betriebe und 37 Prozent der land- und forstwirtschaftlichen Betriebsfläche aus. Dabei war die Erbhofstruktur regional sehr unterschiedlich ausgeprägt, insbesondere wegen des Vererbungsmodus. Vor allem in den im Westen und Südwesten gelegenen Realteilungsgebieten, die eine große Zahl kleiner bäuerlicher Betriebe aufwiesen, war die Erbhofquote gering, so in Baden (6 Prozent der Betriebe, 17 Prozent der Fläche), Württemberg (11 Prozent, 25,6 Prozent) und Hessen-Nassau (11 Prozent, 19 Prozent). Dem standen Länder und Provinzen mit geschlossener Vererbung wie Bayern und Sachsen gegenüber, deren Erbhofquote den Reichsdurchschnitt noch übertraf. Allen voran lag Schleswig-Holstein (46 Prozent, 62 Prozent), sehr hoch war die Quote auch in Pommern (34 Prozent, 29 Prozent). Zwischen diesen beiden Provinzen lag die Quote Ostpreußens, das damit ebenfalls sehr hohe Erbhofzahlen aufwies.

In Ostpreußen machten Mitte 1938 Erbhöfe 37 Prozent der land- und forst-

1070 Vgl. Grundmann: Agrarpolitik, S. 54–62.

1071 Vgl. Arno Buschmann: Nationalsozialistische Weltanschauung und Gesetzgebung, Bd. 2: Dokumentation einer Entwicklung, Wien 2000, S. XXI–XXII. Auszüge der Verordnungen bei Böse: Entstehung, S. 462–534. Das Reichserbhofgesetz und zugehörige Verordnungen finden sich, ohne die letzten beiden Verordnungen aus dem Jahr 1944, auch zeitgenössisch in: Reichserbhofgesetz mit Erbhofrechtsverordnung, Erbhofverfahrensordnung, Erbhoffortbildungsverordnung, den Einführungsverordnungen für die neuen Reichsgebiete und wichtigen Verwaltungsvorschriften, Textausgabe mit Verweisungen, Gebührentabelle und Sachverzeichnis, 5., erg. Aufl., Stand vom 1. 11. 1943, München 1944.

1072 Vgl. Böse: Entstehung, S. 226–233.

1073 Vgl. Schleusener: Eigentumspolitik, S. 195, FN 261.

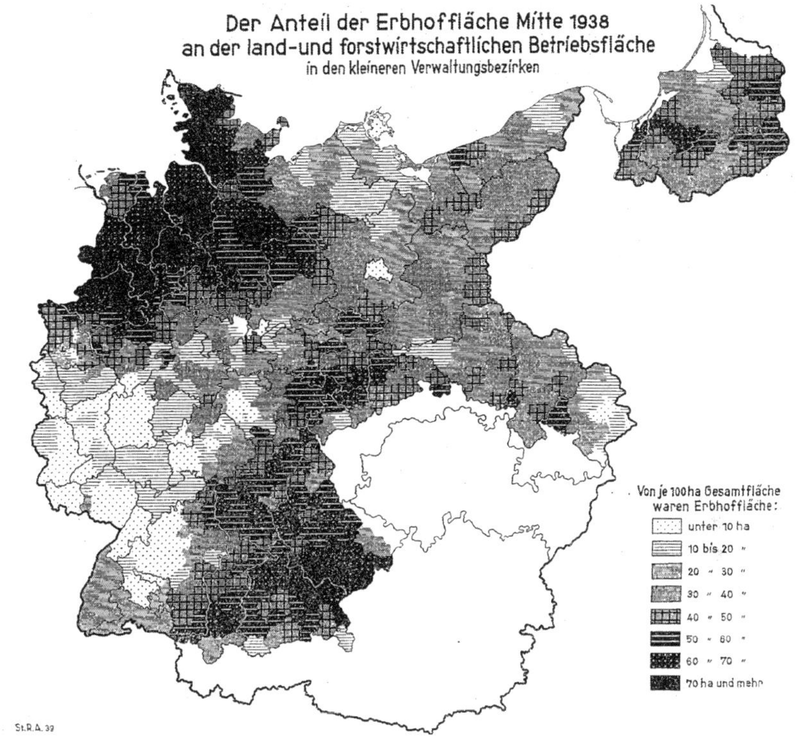

Abbildung 6.1: Anteil der Erbhoffläche im Deutschen Reich (1938)
Quelle: N. N.: Die Erbhöfe im Deutschen Reich nach dem Stande von Mitte 1938, in: Vierteljahrshefte zur Statistik des Deutschen Reiches 48 (1939), Heft 2, S. 39.

wirtschaftlichen Betriebe und 41 Prozent der land- und forstwirtschaftlichen Betriebsfläche aus. Innerhalb der Provinz bestanden dabei erhebliche Unterschiede, Landkreisen mit relativ geringer Erbhofquote wie Labiau (14 Prozent) und Sensburg (23 Prozent) standen Landkreise mit enorm hoher Erbhofquote gegenüber, so Braunsberg (49 Prozent), Preußisch Holland (47 Prozent), Gumbinnen (46 Prozent), Rößel (46 Prozent), Darkehmen (46 Prozent) und Elbing (45 Prozent).[1074] Dieser Befund mag überraschen, ist mit Ostpreußen doch das Bild einer stark vom Großgrundbesitz geprägten Provinz verbunden. Tatsächlich gab es dort im Reichsvergleich überdurchschnittlich viel Großgrundbesitz, namentlich im Regierungsbezirk Königsberg, von Königsberg aus Richtung Zentrum der Provinz, und im Südwesten (Kreise Rosenberg, Mohrungen, Osterode). Zugleich gab es aber auch etliche Landstriche mit bäuerlicher

1074 Vgl. N. N.: Die Erbhöfe im Deutschen Reich nach dem Stande von Mitte 1938, in: Vierteljahrshefte zur Statistik des Deutschen Reichs 48 (1939), Heft 2, S. 36–39, Münkel: Agrarpolitik, S. 193–195, sowie Grundmann: Agrarpolitik, S. 67–69. Vgl. auch Tabelle 6.3.

Struktur: vor allem in den ermländischen Kreisen, zudem in Westpreußen, Masuren und im Norden der Provinz. Diese Gegenden mit vorwiegend bäuerlicher Betriebsstruktur waren einigermaßen kongruent mit jenen Gebieten, die eine besonders hohe Erbhofquote hatten.[1075]

Rein rechnerisch war der durchschnittliche Erbhof Mitte 1938 reichsweit knapp 23 Hektar groß, in Ostpreußen dagegen über 28 Hektar. Wie Tabelle 6.2. zeigt, wiesen um die Jahresmitte 1938 in Ostpreußen die Erbhöfe zwischen 10 und 50 Hektar fast den gleichen Anteil auf wie im Deutschen Reich insgesamt, nämlich knapp drei Viertel; diese ostpreußischen Erbhöfe umfassten dabei circa 58 Prozent der landwirtschaftlichen Fläche aller Erbhöfe der Provinz, deutlich weniger als auf Reichsebene (70 Prozent). Die Unterschiede zeigen sich bei den sehr kleinen und sehr großen Betriebsklassen. Gab es in Ostpreußen deutlich weniger Erbhöfe bis 10 Hektar als im Reich (11,3 zu 17,5 Prozent), so waren die Erbhöfe oberhalb 50 Hektar doppelt so häufig (14,5 zu 7,3 Prozent), bei weitaus größerem Anteil an der landwirtschaftlichen Fläche der Erbhöfe (38 zu 15 Prozent). Die Verteilung der Erbhöfe in Ostpreußen blieb bei Erhebungen für die Jahre 1940 und 1941 weitgehend unverändert, auch als der Regierungsbezirk Westpreußen von Ostpreußen abgetrennt wurde. Das Memelgebiet ist in den Berechnungen nicht enthalten; im Regierungsbezirk Zichenau wurde das Reichserbhofgesetz wie überall in den eingegliederten Ostgebieten formal nie in Kraft gesetzt, worauf noch näher einzugehen sein wird. Auch die absoluten Zahlen der Erbhöfe in Ostpreußen veränderten sich nach 1938 nur noch wenig, trotz Wegfall der Erbhöfe aus dem früheren Regierungsbezirk Westpreußen.[1076]

Diese Beobachtungen über Zahl und strukturelle Verteilung der Erbhöfe in Ostpreußen zeigen, dass in der vermeintlichen Provinz des Großgrundbesitzes die Einführung des Reichserbhofgesetzes erhebliche Auswirkungen auf die Menschen der bäuerlichen Lebenswelt haben musste. Nun gab es grundsätzliche Kritik auch in anderen Gebieten des Reiches, und so verwundert es wenig, dass gerade das Reichserbhofgesetz schon bald als Thema in die Auseinandersetzungen zwischen Gauleiter Koch und seinen Gegnern hineingezogen wurde, unter ihnen die Landesbauernschaft unter Landesbauernführer Otto.[1077] Jenseits dessen aber betraf das Reichserbhofgesetz unzählige Menschen, für die das

1075 Vgl. Rohrer: Macht, S. 44–45, sowie die Tabellen 6.2 und 6.3.

1076 Vgl. die Tabellen 6.2 und 6.3, sowie Statistisches Jahrbuch Reich 59 (1941/1942), S. 112. Zum Versuch, das Reichserbhofgesetz in den eingegliederten Ostgebieten einzuführen, vgl. Kapitel 6.4.

1077 Vgl. z. B. das Schreiben des Landrats von Preußisch Holland vom 8. 5. 1934 an den Regierungspräsidenten Königsberg, GStA PK, XX. HA Rep. 10, Titel 36, Nr. 40, Bl. 44, sowie Grundmann: Agrarpolitik, S. 54–55. Zu den Querelen um Gauleiter Koch vgl. auch Kapitel 2.1.

Tabelle 6.2: Ostpreußens Erbhöfe nach Betriebsgrößen (1938–1941)

Erbhöfe	**Deutsches Reich Mitte 1938**				**Ostpreußen Mitte 1938**				**Ostpreußen 1940**		**Ostpreußen 1941**	
Betriebsgröße	**Zahl**	**%**	**Fläche**	**%**	**Zahl**	**%**	**Fläche**	**%**	**Zahl**	**%**	**Zahl**	**%**
0–7,5	20.067	2,9	134.470	0,9	417	0,8	2.864	0,2	294	0,7	289	0,6
7,5–10	99.786	14,6	875.521	5,6	5.207	10,5	45.772	3,2	14.985	32,8	4.497	9,8
10–15	175.444	25,6	2.168.463	13,9	11.359	22,8	141.160	10,0			10.498	23,0
15–20	118.741	17,3	2.053.121	13,2	8.345	16,8	143.952	10,2	12.384	27,1	7.675	16,8
20–25	75.696	11,1	1.692.212	10,9	5.081	10,2	113.719	8,0			4.714	10,3
25–50	145.057	21,2	4.969.085	31,9	12.182	24,5	427.391	30,1	11.351	24,8	11.336	24,8
50–75	33.120	4,8	1.975.355	12,7	4.222	8,5	254.079	17,9	3.920	8,6	3.925	8,6
75–100	11.320	1,7	964.612	6,2	1.935	3,9	165.039	11,6	1.796	3,9	1.798	3,9
100–125	4.680	0,7	520.397	3,3	912	1,8	101.519	7,2	835	1,8	837	1,8
über 125	1.086	0,2	208.637	1,3	129	0,3	22.626	1,6	133	0,3	134	0,3
GESAMT	684.997	100,0	15.561.873	100,0	49.789	100,0	1.418.121	100,0	45.698	100,0	45.703	100,0

Quellen: N.N.: Die Erbhöfe im Deutschen Reich nach dem Stande von Mitte 1938, in: Vierteljahrshefte zur Statistik des Deutschen Reiches 48 (1939), Heft 2, S. 40–41 und S. 70–71; Landesbauernschaften in Zahlen (1939–1940), S. 4–5; Statistisches Jahrbuch Reich 59 (1941/1942), S. 112. Betriebsgrößen und Flächen in ha. Die letzten beiden Zahlenkolonnen beziehen sich auf Ostpreußen ohne Westpreußen und ohne annektierte, ehemals polnische Gebiete. Die Zahlen sind gerundet mit Ausnahme jener unter 1. Die Summen der Prozente weichen teilweise wegen der Rundungen minimal von 100 ab. Vgl. auch die Zahlen der Volks-, Berufs- und Betriebszählung vom 17. 5. 1939, veröffentlicht in: Statistisches Reichsamt (Hg.): Landwirtschaftliche Betriebszählung (= Statistik des Deutschen Reichs, Bd. 560), Berlin 1943, S. 166–167.

Gesetz negative Folgen und erhebliche Härten mit sich bringen konnte – Folgen, die mancher Bauer nicht tragen wollte.

Mit der Einrichtung der Anerbenbehörden war hierfür bereits im Reichserbhofgesetz selber vorgesorgt worden. Diese Sondergerichtsbarkeit bestand aus drei Instanzen: aus den Anerbengerichten, die bei den Amtsgerichten, das heißt bei staatlichen Gerichten angesiedelt waren, den Erbhofgerichten, die auf der Ebene der Länder eingerichtet wurden, und dem Reichserbhofgericht.[1078] Anerbengerichte aus dem Gebiet der Landesbauernschaft Ostpreußen gehörten zum Oberlandesgerichtsbezirk Königsberg, soweit sie in den Regierungsbezirken Königsberg, Allenstein und Gumbinnen lagen, oder zum Oberlandesgerichtsbezirk Marienwerder, falls die Anerbengerichte zum Regierungsbezirk Westpreußen gehörten; dieser Oberlandesgerichtsbezirk umfasste auch Gebiete diesseits des Korridors. Für alle diese Anerbengerichte war das Landeserbhofgericht in Celle die zweite Instanz. Wie andere Erbhofgerichte auch, war es bei einem Oberlandesgericht, eben jenem in Celle, angesiedelt und für Preußen sowie einige weitere Länder (Schaumburg-Lippe, Lippe, Anhalt) zuständig.[1079] Aus der Überlieferung des Landeserbhofgerichts Celle ist, wie nun zu zeigen sein wird, Aufschluss über die Durchsetzung des Reichserbhofgesetzes in Ostpreußen und die Rolle der Landesbauernschaft Ostpreußen darin zu gewinnen.

6.2 Erbhofverfahren aus Ostpreußen vor dem Landeserbhofgericht Celle

Publizierte offizielle Statistiken über Zahl, Inhalte und Erfolgsquoten der Verfahren vor dem Landeserbhofgericht Celle liegen nicht vor.[1080] Aufschluss über die Zahl der dort behandelten Fälle aus dem Gebiet des Oberlandesgerichts Königsberg lässt sich jedoch mittels Register gewinnen. Jedes Verfahren erhielt ein eigenes Aktenzeichen; vereinzelt wurde ein komplexer Fall in mehrere Verfahren mit jeweils eigenem Aktenzeichen aufgespalten. Tabelle 6.4 zeigt, aus welchen Landgerichtsbezirken die von den dortigen Anerbengerichten in erster

1078 Zu den Anerbenbehörden vgl. den 5. Abschnitt (§§ 40–51) des REG, RGBl. I 1933, S. 690–691.

1079 Vgl. Schleusener: Eigentumspolitik, S. 153–154, Böse: Entstehung, S. 79–85, sowie Tilitzki: Alltag, S. 22–25.

1080 Vgl. Peter Lindemann: Blut und Boden – Erbhöfe im Dritten Reich. Das Landeserbhofgericht in Celle, in: Ders./Käthe Poppinga: Celler Gerichtsbarkeiten im Nationalsozialismus und nach 1945. Landeserbhofrecht – Sozialgerichtsbarkeit, Kiel 2011, S. 58 (zit. Lindemann: Blut und Boden).

Tabelle 6.3: Die regionale Gliederung der Erbhöfe Ostpreußens (Mitte 1938)

	Erbhöfe		Betriebsgröße																				Von der Gesamtzahl	Von der Gesamtfläche
			unter 7,5		7,5 bis unter10		10 bis unter 15		15 bis unter 20		20 bis unter 25		25 bis unter 50		50 bis unter 75		75 bis unter 100		100 bis 125		über 125		der land- und forstwirtschaftlichen Betriebe mit mindestens 0,51 ha Fläche	
	Zahl	Fläche	Zahl	Fläche	Zahl	Fläche	Zahl	Fläche	Zahl	Fläche	Zahl	Fläche	Zahl	Fläche	Zahl	Fläche	Zahl	Fläche	Zahl	Fläche	Zahl	Fläche	waren Erbhöfe	entfielen auf Erbhoffläche
Deutsches Reich	684.997	15.561.873	20.067	134.470	99.786	875.521	175.444	2.168.463	118.741	2.053.121	75.696	1.692.212	145.057	4.969.085	33.120	1.975.353	11.320	964.612	4.680	52.0397	1.086	208.637	22,3	37,4
Preußen	397.135	9.790.316	12.444	82.906	54.631	478.281	94.277	1.166.226	65.414	1.130.771	42.351	947.705	89.357	3.091.818	24.376	1.458.913	9.273	790.542	3.947	438.784	1.065	204.370	23,7	37,6
Ostpreußen	49.789	1.418.121	417	2.864	5.207	45.772	11.359	141.160	8.345	143.952	5.081	113.719	12.182	427.391	4.222	254.079	1.935	165.039	912	101.519	129	22.626	36,6	41,1
RB Königsberg	*15.074*	*463.919*	*47*	*329*	*1.279*	*11.324*	*3.451*	*43.404*	*2.807*	*48.302*	*1.433*	*31.910*	*3.270*	*115.708*	*1.587*	*96.905*	*744*	*65.797*	*377*	*41.783*	*49*	*8.457*	*38,2*	*36,3*
Bartenstein	768	25.840			32	280	150	1.930	175	3.000	76	1.703	175	6.248	86	5.164	44	3.862	25	2.786	5	867	43,4	31,2
Braunsberg	1.428	59.056	5	32	114	1.010	212	2.594	141	2.403	84	1.860	317	11.590	375	23.294	138	11.517	38	4.141	4	615	49,3	62,5
Gerdauen	628	22.311			2	19	85	1.141	133	2.304	85	1.916	199	6.980	57	3.480	39	3.333	27	2.997	1	141	31,8	26,7
Heiligenbeil	1.358	39.654	2	14	121	1.067	357	4.420	283	4.920	106	2.345	266	9.316	111	6.806	77	6.550	32	3.520	3	696	49,2	46,8
Heilsberg	2.059	67.164	15	106	178	1.568	399	4.894	267	4.658	200	4.509	548	19.743	307	18.567	110	9.273	34	3.712	1	134	41,7	65,7
Königsberg	4	233											3	113					1	120			1	6,3
Labiau	693	19.254	1	7	84	745	173	2.172	145	2.493	75	1.667	112	3.873	45	2.771	36	3.048	22	2.514			14,3	16,1
Mohrungen	1.756	42.166	6	43	206	1.808	516	6.494	364	6.252	193	4.298	303	10.298	89	5.384	53	4.475	21	2.347	5	767	39,7	34,2
Preußisch Eylau	1.629	42.553	6	44	155	1.388	441	5.501	346	5.956	188	4.160	309	11.121	103	6.232	51	4.309	21	2.333	9	1.509	45,4	36,7
Preußisch Holland	1.303	34.758	4	29	166	1.450	308	3.847	199	3.472	135	3.019	335	11.900	107	6.450	32	2.687	16	1.768	1	126	47,2	41,8
Rastenburg	800	25.900	3	21	55	484	148	1.918	188	3.241	86	1.905	171	5.859	67	4.088	48	4.199	31	3.441	3	744	42,9	31
Samland	1.629	54.297	3	19	108	969	423	5.501	373	6.284	110	2.422	261	9.322	155	9.590	94	8.210	91	10.093	11	1.887	32,3	28,5
Wehlau	1.019	30.733	2	14	58	526	239	2.992	193	3.319	95	2.106	271	9.381	85	5.079	52	4.334	18	2.011	6	971	40,7	27,8
RB Gumbinnen	*14.823*	*400.130*	*196*	*1.364*	*2.135*	*18.698*	*3.592*	*43.895*	*2.061*	*35.634*	*1.419*	*31.842*	*3.554*	*123.707*	*1.021*	*60.818*	*510*	*43.640*	*293*	*32.804*	*42*	*7.728*	*36,8*	*46*
Darkehmen (Angerapp)	984	26.389	5	36	145	1.278	281	3.458	143	2.428	63	1.413	218	7.718	64	3.831	39	3.339	25	2.762	1	126	45,5	33,8
Angerburg	981	30.784	2	11	72	627	204	2.561	185	3.185	90	1.991	255	9.286	96	5.757	52	4.472	23	2.590	2	304	33,0	40,9
Stallupönen (Ebenrode)	1.349	36.114	16	114	250	2.171	258	3.173	139	2.395	145	3.294	383	13.151	94	5.572	43	3.689	18	2.028	3	527	40,5	52,4

((Fortsetzung))

	Erbhöfe		Betriebsgröße																				Von der Gesamtzahl	Von der Gesamtfläche
			unter 7,5		7,5 bis unter10		10 bis unter 15		15 bis unter 20		20 bis unter 25		25 bis unter 50		50 bis unter 75		75 bis unter 100		100 bis 125		über 125		der land- und forstwirtschaftlichen Betriebe mit mindestens 0,51 ha Fläche	
	Zahl	Fläche	Zahl	Fläche	Zahl	Fläche	Zahl	Fläche	Zahl	Fläche	Zahl	Fläche	Zahl	Fläche	Zahl	Fläche	Zahl	Fläche	Zahl	Fläche	Zahl	Fläche	waren Erbhöfe	entfielen auf Erbhoffläche
Niederung (Elchniederung)	1.749	42.101	65	445	289	2.522	474	5.743	229	3.952	150	3.355	346	12.224	133	7.855	44	3.842	19	2.163			29,7	41,5
Goldap	1.510	42.636	5	35	92	825	237	3.016	304	5.304	200	4.483	522	17.459	89	5.137	42	3.612	13	1.446	6	1.319	33,6	49,7
Gumbinnen	1.296	37.443	30	210	215	1.847	232	2.774	140	2.452	140	3.171	353	12.085	93	5.594	52	4.534	36	4.015	5	761	46,2	51,8
Insterburg (Stadtkreis)	16	460			1	8	4	50	2	33	4	84	2	78	2	105			1	102			10,8	19,1
Insterburg (Landkreis)	1.569	44.266	9	64	248	2.181	431	5.245	189	3.283	140	3.158	322	11.207	101	6.026	71	6.052	51	5.682	7	1.368	38,4	40,5
Pillkallen (Schloßberg)	1.605	46.329	29	200	287	2.527	404	4.905	160	2.732	132	2.934	335	11.981	131	8.003	74	6.280	47	5.283	6	1.484	39,8	47,1
Tilsit (Stadtkreis)	61	1.099			13	113	21	270	10	176	6	129	11	411									9,8	26,5
Tilsit-Ragnit	2.044	46.956	33	235	417	3.622	588	7.078	278	4.830	190	4.256	356	12.239	96	5.847	46	3.986	34	3.863	6	1.000	37,0	44,6
Treuburg	1.659	45.553	2	14	106	977	458	5.622	282	4.864	159	3.574	451	15.868	122	7.091	47	3.834	26	2.870	6	839	39,0	57,1
RB Allenstein	*14.981*	*434.556*	*60*	*406*	*1.089*	*9.611*	*2.999*	*37.376*	*2.545*	*44.041*	*1795*	*40.204*	*4.453*	*156.771*	*1.306*	*77.977*	*507*	*43.317*	*176*	*19.602*	*31*	*5.251*	*33,8*	*42*
Allenstein (Stadtkreis)	10	487							1	18	2	47	3	121	2	118	1	76	1	107			8,1	12,2
Allenstein (Landkreis)	1.550	46.572			51	452	240	3.028	309	5.358	237	5.279	503	17.408	143	8.599	44	3.792	20	2.192	3	464	27,1	42,6
Johannisburg	1.784	53.487	10	69	125	1.109	332	4.155	292	5.085	208	4.666	563	19.747	157	9.411	71	6.086	19	2.144	7	1.015	32,9	42,8
Lötzen	1.343	42.582	2	14	127	1.131	325	3.988	187	3.221	118	2.597	336	12.028	137	8.252	76	6.548	25	2.813	10	1.990	40,1	58,4
Lyck	2.201	60.231	9	66	284	2.503	515	6.285	314	5.429	208	4.659	592	21.144	183	11.067	68	5.843	26	2.882	2	353	43,9	58,2
Neidenburg	1.374	41.110	1	7	69	606	265	3.327	235	4.058	175	3.917	425	15.328	146	8.672	48	4.043	9	1.022	1	130	37,7	39,8
Ortelsburg	2.015	63.039	1	7	12	110	252	3.254	325	5.673	314	7.039	860	29.919	183	10.744	54	4.661	13	1.434	1	198	26,9	38,3
Osterode	1.995	46.913	30	195	248	2.177	531	6.540	422	7.246	219	4.973	350	12.033	129	7.628	45	3.787	20	2.208	1	126	37,6	31,5
Rößel	1.651	45.759	7	48	167	1.466	378	4.704	253	4.387	184	4.126	455	16.085	132	7.905	52	4.424	22	2.444	1	170	46,1	53,3
Sensburg	1.038	34.376			6	57	161	2.095	207	3.566	130	2.901	366	12.958	94	5.581	48	4.057	21	2.356	5	805	22,7	28,1

((Fortsetzung))

			Betriebsgröße																				Von der Gesamtzahl	Von der Gesamtfläche
	Erbhöfe		unter 7,5		7,5 bis unter10		10 bis unter 15		15 bis unter 20		20 bis unter 25		25 bis unter 50		50 bis unter 75		75 bis unter 100		100 bis 125		über 125		der land- und forstwirtschaftlichen Betriebe mit mindestens 0,51 ha Fläche	
	Zahl	Fläche	Zahl	Fläche	Zahl	Fläche	Zahl	Fläche	Zahl	Fläche	Zahl	Fläche	Zahl	Fläche	Zahl	Fläche	Zahl	Fläche	Zahl	Fläche	Zahl	Fläche	waren Erbhöfe	entfielen auf Erbhoffläche
RB Westpreußen	*4.931*	*119.516*	*114*	*765*	*704*	*6.139*	*1.317*	*16.485*	*932*	*15.975*	*434*	*9.763*	*905*	*31.205*	*308*	*18.379*	*144*	*12.285*	*66*	*7.330*	*7*	*1.190*	*40,5*	*41,6*
Elbing (Stadtkreis)	12	244	1	7	3	28	4	47	1	17			1	35	2	110							7,1	5,9
Elbing (Landkreis)	1.005	24.524	23	157	170	1.488	239	2.954	170	2.955	88	2.032	194	6.619	86	5.073	24	2.028	10	1.088	1	130	45,6	62,2
Marienburg	371	10.524	18	117	46	398	92	1.119	48	863	30	668	75	2.560	34	2.095	17	1.470	11	1.234			32,1	52,6
Marienwerder	1.007	23.732	33	220	189	1.653	304	3.768	145	2.460	77	1.727	150	5.319	60	3.629	30	2.572	15	1.662	4	722	39,1	47,3
Rosenberg	1.715	35.043	16	106	212	1.840	556	7.086	448	7.635	149	3.319	242	8.161	45	2.539	36	3.057	10	1.100	1	200	43,9	37,3
Stuhm	821	25.449	23	158	84	732	122	1.511	120	2.045	90	2017	243	8.511	81	4.933	37	3.158	20	2.246	1	138	37,8	42,3

Quelle: N.N.: Die Erbhöfe im Deutschen Reich nach dem Stande von Mitte 1938, in: Vierteljahrshefte zur Statistik des Deutschen Reiches 48 (1939), Heft 2, S. 40–41 und S. 70–71. Fläche und Betriebsgröße in ha.

Tabelle 6.4: Den Oberlandesgerichtsbezirk Königsberg betreffende, vor dem Landeserbhofgericht Celle verhandelte Fälle (1934–1944)

	1934	1935	1936	1937	1938	1939	1940	1941	1942	1943	1944	GESAMT
LG-Bezirk Allenstein	204	127	82	90	74	36	39	28	32	18	5	735
LG-Bezirk Bartenstein	96	67	35	41	35	10	22	31	22	10	11	380
LG-Bezirk Braunsberg	65	43	32	45	42	20	11	9	3	10	4	284
LG-Bezirk Insterburg	81	75	59	57	54	29	22	21	14	12	8	432
LG-Bezirk Königsberg	45	69	27	30	16	33	29	18	16	12	6	301
LG-Bezirk Lyck	136	111	79	89	83	55	22	31	23	19	12	660
LG-Bezirk Memel							31	16	21	4	2	74
LG-Bezirk Tilsit	114	50	36	39	33	27	40	31	27	16	6	419
GESAMT	741	542	350	391	337	210	216	185	158	101	54	3285

Quellen: Register der Anerbengerichte des Oberlandesgerichtsbezirks Königsberg, 1934–1937, GStA PK, I. HA Rep. 217, Nr. 419, sowie Register der Anerbengerichte des Oberlandesgerichtsbezirks Königsberg, 1937–1944, GStA PK, I. HA Rep. 217, Nr. 420.

Instanz entschiedenen und dann vor dem Landeserbhofgericht Celle angefochtenen Fälle stammten.

Angesichts der erwähnten 49.789 Erbhöfe in Ostpreußen 1938 wurden also in jenem Jahr mindestens 0,7 Prozent dieser Erbhöfe neu in Verfahren vor dem Landeserbhofgericht Celle verwickelt; tatsächlich war dieser Anteil mit Blick auf die fehlenden Fälle aus dem Oberlandesgerichtsbezirk Marienwerder noch etwas größer. Auf das Deutsche Reich besehen erreichten bis Anfang November 1944 33.242 Beschwerden das Landeserbhofgericht Celle, von denen am Ende jenes Monats alle bis auf 294 bearbeitet waren; Spitzenreiter bei den Beschwerden war der Oberlandesgerichtsbezirk Breslau mit 5.527 Beschwerden.[1081] Die Fälle im Oberlandesgerichtsbezirk Königsberg indizieren, dass das Reichserbhofgesetz unmittelbar nach seiner Einführung besonders viel Konfliktstoff bot. Von dort wurden allein 1934 mehr Verfahren vor dem Landeserbhofgericht Celle durchgeführt als von 1940 bis 1944 zusammen; in jenem Zeitraum wiederum zeigt die anfangs überproportionale Zahl der Fälle aus dem Landgerichtsbezirk Memel dasselbe Muster.

Tabelle 6.5: Den Oberlandesgerichtsbezirk Marienwerder betreffende, vor dem Landeserbhofgericht Celle verhandelte Fälle (1934–1936)

	1934	**1935**	**1936**	**GESAMT**
LG-Bezirk Deutsch-Eylau	7	3	1	11
LG-Bezirk Elbing	9	5	17	31
LG-Bezirk Marienburg	19	2	3	24
LG-Bezirk Marienwerder	13	3	6	22
LG-Bezirk Rosenberg	11	3	6	20
LG-Bezirk Stuhm	13	11	2	26
GESAMT	72	27	35	134

Quellen: Register der Anerbengerichte des Oberlandesgerichtsbezirks Marienwerder, 1934–1937, GStA PK, I. HA Rep. 217, Nr. 421. Offenbar wurden die Fälle für das Jahr 1937 in diesem Register nicht mehr vollständig erhoben, sie wurden daher außer Betracht gelassen.

Die Zahl der ostpreußischen Verfahren aus dem Oberlandesgerichtsbezirk Marienwerder sind den erwähnten Registern nur für die Jahre 1934 bis 1936 zuverlässig zu entnehmen. Diese Fälle wurden bis Anfang 1936 vor dem 1. Senat, dann vor dem 4. Senat behandelt. Im Weiteren sollen Fälle aus dem Gebiet des Oberlandesgerichts Marienwerder nicht näher betrachtet werden, insbesondere deshalb, weil es Ende 1939 von Ostpreußen abgetrennt wurde.

Dieser Zugriff auf Verfahren aus Ostpreußen vor dem Landeserbhofgericht

1081 Vgl. ebd., S. 57.

Tabelle 6.6: Den Oberlandesgerichtsbezirk Königsberg betreffende, vor dem Landeserbhofgericht Celle verhandelte und überlieferte Fälle (1940–1944): Herkunft der Fälle (Landgerichtsbezirke und Anerbengerichte)

	1940	1941	1942	1943	1944	GESAMT		1940	1941	1942	1943	1944	GESAMT
LG-Bezirk Allenstein	**10**	**6**	**14**	**10**	**9**	**49**	**LG-Bezirk Bartenstein**	**3**	**8**	**7**	**7**	**2**	**27**
Allenstein	1	2	1	1	1	6	Barten	1	0	0	0	0	1
Gilgenburg	0	1	1	0	1	3	Bartenstein	0	0	0	1	0	1
Hohenstein	0	1	1	0	0	2	Bischofsburg	0	0	0	0	0	0
Neidenburg	4	0	6	3	2	15	Bischofstein	0	0	0	0	0	0
Ortelsburg	5	0	3	2	4	14	Kreuzburg	1	1	1	0	0	3
Osterode	0	0	0	1	0	1	Domnau	0	1	1	0	0	2
Passenheim	0	0	0	0	0	0	Preußisch Eylau	0	0	0	0	0	0
Wartenburg	0	0	2	2	1	5	Friedland	0	1	0	0	0	1
Willenberg	0	2	0	1	0	3	Gerdauen	0	1	0	0	0	1
							Guttstadt	0	1	1	1	1	4
							Heilsberg	0	0	1	1	1	3
LG-Bezirk Braunsberg	**4**	**4**	**1**	**5**	**3**	**17**	Landsberg	0	1	1	2	0	4
Braunsberg	0	0	0	0	1	1	Nordenburg	0	0	1	0	0	1
Heiligenbeil	1	1	1	3	1	7	Rastenburg	1	1	1	0	0	3
Preußisch Holland	0	0	0	0	0	0	Rößel	0	0	0	0	0	0
Liebstadt	0	0	0	0	0	0	Schippenbeil	0	1	0	0	0	1
Mehlsack	1	0	0	0	0	1	Seeburg	0	0	0	2	0	2
Mohrungen	0	0	0	0	1	1							
Mühlhausen	0	0	0	1	0	1	**LG-Bezirk Insterburg**	**4**	**12**	**6**	**5**	**3**	**30**
Saalfeldt	0	1	0	1	0	2	Darkehmen (Angerapp)	0	1	0	0	0	1
Wormditt	0	0	0	0	0	0	Goldap	1	5	3	2	0	11
Zinten	2	2	0	0	0	4	Gumbinnen	1	2	0	2	0	5

((Fortsetzung))

	1940	1941	1942	1943	1944	GESAMT		1940	1941	1942	1943	1944	GESAMT
							Insterburg	1	4	0	0	2	7
LG-Bezirk Königsberg	**7**	**6**	**10**	**5**	**4**	**32**	Pillkallen (Schloßberg)	0	0	3	1	0	4
Fischhausen	2	5	1	0	2	10	Stallupönen (Ebenrode)	1	0	0	0	1	2
Königsberg	1	1	7	3	2	14							
Labiau	1	0	0	1	0	2	**LG-Bezirk Lyck**	**9**	**13**	**9**	**8**	**10**	**49**
Mehlauken (Liebenfelde)	1	0	2	1	0	4	Angerburg	0	3	3	3	1	10
Tapiau	2	0	0	0	0	2	Arys	0	0	0	0	0	0
Wehlau	0	0	0	0	0	0	Bialla (Gehlenburg)	3	1	1	2	1	8
							Johannisburg	1	2	0	0	1	4
LG-Bezirk Memel	**9**	**8**	**14**	**5**	**0**	**36**	Lötzen	2	3	1	0	1	7
Heydekrug	8	6	8	4	0	26	Lyck	1	1	2	2	1	7
Prökuls	0	1	2	0	0	3	Treuburg	1	3	0	1	1	6
Memel	0	1	4	1	0	6	Nikolaiken	0	0	0	0	0	0
Ruhs	1	0	0	0	0	1	Rhein	0	0	0	0	0	0
							Sensburg	1	0	2	0	4	7
LG-Bezirk Tilsit	**9**	**17**	**12**	**10**	**3**	**51**							
Heinrichswalde	2	2	2	3	0	9	**keine Angabe**	0	0	2	1	0	3
Kaukehmen (Kuckerneese)	2	3	0	1	1	7							
Ragnit	2	0	0	1	0	3	**Urteile Reichserbhofgericht**	0	15	7	9	7	38
Skaisgirren (Kreuzingen)	0	1	0	2	0	3							
Tilsit	3	9	2	1	1	16	**GESAMT**	**55**	**89**	**82**	**65**	**41**	**332**
Wischwill	0	2	8	2	1	13							

Quellen: Die den Oberlandesgerichtsbezirk Königsberg betreffenden Fälle im Bestand GStA PK, I. HA Rep. 217, dort Nr. 94, 95, 96, 98, 99, 100, 101, 104, 105, 107, 108 und 109.

Celle gibt einen Eindruck nur über Zahl und Verteilung, da die zugrunde liegenden Register keinerlei inhaltliche Informationen bieten. Um zu qualitativen Ergebnissen zu kommen, wurde ein spezielles Quellenkorpus gebildet: Es umfasst alle überlieferten Verfahren aus dem Oberlandesgerichtsbezirk Königsberg, die vor dem 2. Senat des Landeserbhofgerichts Celle während der Zeit des Zweiten Weltkrieges behandelt wurden. Solche Verfahren sind für die Jahre von 1940 bis 1944 überliefert, nicht dagegen für 1939 und 1945.[1082] Obgleich der 2. Senat praktisch ausschließlicher Ort solcher Verhandlungen war, deckt dieses Quellenkorpus nicht alle vor dem Landeserbhofgericht verhandelten relevanten Fälle des Untersuchungszeitraums ab, wie sich aus den Fallzahlen der oben erwähnten Register ergibt.[1083] Damit muss auch unklar bleiben, ob das analysierte Quellenkorpus repräsentativ für alle jene Fälle ist. Grundsätzlich spricht freilich nichts dagegen, vielmehr sprechen Indizien für eine Repräsentativität der berücksichtigten Fälle, wie noch zu zeigen sein wird.

Die Verfahren des Quellenkorpus stammen aus fast allen Anerbengerichten im Oberlandesgerichtsbezirk Königsberg. Tabelle 6.6 zeigt die Verteilung dieser Verfahren auf die Landgerichtsbezirke und die Anerbengerichte.

Damit umfasst das Quellenkorpus aus den fünf Kriegsjahren von 1940 bis 1944 insgesamt 294 Fälle in zweiter Instanz vor dem Landeserbhofgericht Celle, deren Urteile in erster Instanz von Anerbengerichten im Oberlandesgerichtsbezirk Königsberg entschieden und anschließend angefochten wurden. Im Verhältnis zum oben erwähnten Register, das für diesen Zeitraum 714 Fälle ausweist, sind das etwa 41 Prozent dieser Fälle. Von den 294 Fällen gingen wiederum 38 Fälle, also knapp 13 Prozent, vor die dritte und letzte Instanz, das Reichserbhofgericht.[1084]

Wie Tabelle 6.7 zeigt, waren die Zeiträume zwischen den Entscheidungen der verschiedenen Instanzen der Anerbenbehörden für die Verfahrensbeteiligten nicht kalkulierbar und konnten stark variieren: Manchmal verging vom Verfahren vor dem Anerbengericht bis zu jenem vor dem Landeserbhofgericht Celle weniger als ein Monat, manchmal waren es mehrere Jahre. Vom Verfahren vor dem Landeserbhofgericht Celle bis zum Verfahren vor dem Reichserbhofgericht

1082 Diese Stichprobe von Quellen findet sich im Bestand GStA PK, I. HA Rep. 217, und zwar in den Aktenbänden Nr. 94, 95, 96, 98, 99, 100, 101, 104, 105, 107, 108 und 109. Die Beschränkung auf Verfahren während des Zweiten Weltkrieges beruht v. a. auf arbeitsökonomischen Überlegungen; die Zahl der Verfahren früherer Jahre wäre für eine hinreichende Analyse zu umfangreich gewesen.

1083 Vgl. Tabelle 6.4.

1084 Aus dem Gebiet des Anerbengerichts Pfaffenhofen/Ilm gingen von 1.234 Verfahren 82 vor die zweite Instanz, das Erbhofgericht München, von diesen wiederum nur sechs vor das Reichserbhofgericht, vgl. Gerhard Schober: Die Anwendung des Reichserbhofgesetzes im ehemaligen Amtsgerichtsbezirk Pfaffenhofen/Ilm, München 2007, S. 140, S. 145 und S. 150 (zit. Schober: Pfaffenhofen).

dauerte es im besten Fall zwei bis drei Monate, häufig aber ebenfalls mehrere Jahre. Zum Kriegsende hin stieg die Dauer jeweils enorm an.

Tabelle 6.7: Durchschnittliche Dauer zwischen Entscheiden der Anerbenbehörden im Oberlandesgerichtsbezirk Königsberg (1940–1944)

	Anerbengerichte -> Landeserbhofgericht Celle	**Landeserbhofgericht Celle -> Reichserbhofgericht**
1940	215	
1941	174	199
1942	197	364
1943	203	251
1944	416	563

Quellen: Die den Oberlandesgerichtsbezirk Königsberg betreffenden Fälle im Bestand GStA PK, I. HA Rep. 217, dort Nr. 94, 95, 96, 98, 99, 100, 101, 104, 105, 107, 108 und 109; Dauer in Tagen.

Tabelle 6.8: Den Oberlandesgerichtsbezirk Königsberg betreffende, vor dem Landeserbhofgericht Celle verhandelte und überlieferte Fälle (1940–1944): Übersicht über die Ergebnisse der Verfahren

	Landeserbhofgericht Celle						Reichserbhofgericht					
	Erfolg	Zurück	Änderung	Rückverw.	unbekannt	Ohne Urteil	Erfolg	Zurück	Änderung	Rückverw.	unbekannt	Ohne Urteil
1940	4	29	28	2	0	2						
1941	12	43	22	11	0	3	1	15	1	0	0	0
1942	7	46	30	5	0	6	2	5	0	0	0	0
1943	13	31	18	6	1	6	1	7	0	0	0	1
1944	0	14	11	0	0	11	1	6	0	0	0	1
GESAMT	36	163	109	24	1	28	5	33	1	0	0	2

Quellen: Die den Oberlandesgerichtsbezirk Königsberg betreffenden Fälle im Bestand GStA PK, I. HA Rep. 217, dort Nr. 94, 95, 96, 98, 99, 100, 101, 104, 105, 107, 108 und 109. Es gab Mehrfachnennungen, daher ist die Gesamtzahl höher als jene des Quellenkorpus. Fälle ohne Urteil gab es, wenn Fälle etwa durch Zurücknahme einer Beschwerde als »erledigt« galten.
Legende: Erfolg = voller Erfolg der Beschwerde, Zurück = Zurückweisung der Klage, Änderung = Änderung des Beschlusses der Vorinstanz, Rückverw. = Rückverweisung des Falles an die Vorinstanz, unbekannt = Entscheidung nicht bekannt.

Zu welchen Entscheidungen kamen das Landeserbhofgericht Celle und das Reichserbhofgericht? Ein voller Erfolg einer Beschwerde war vor beiden Instanzen eher selten. Während das Landeserbhofgericht in knapp der Hälfte der Fälle das Urteil des Anerbengerichts änderte, war beim Reichserbhofgericht die komplette Zurückweisung der Beschwerde die Regel (Tabelle 6.8). Diese Verteilung ist inhaltlich allerdings wenig aussagekräftig: So konnte der volle Erfolg einer Beschwerde in einem Verfahren, das über die »Bauernfähigkeit« einer Person zu entscheiden hatte, die Bestätigung dieser Bauernfähigkeit oder auch das Gegenteil bedeuten – je nachdem, welcher Prozessbeteiligte die Beschwerde eingereicht hatte.

Betrachtet man die Verteilung der Fälle nach Inhalten, so gelangt man zu der Aufgliederung in Tabelle 6.9.

Für die Zuordnung zu den einzelnen Themen und Themenkomplexen (Erbhof-Status, Sanktion und Repression, Vererbung, Bodenmobilität, Belastung und Kredite), auf die noch näher einzugehen sein wird (Kapitel 6.3), findet sich in den Dokumenten des Quellenkorpus selber keine eindeutige Information. Die Zuordnung erfolgte also erst in der Analyse und ist in einzelnen Fällen durchaus diskutabel.[1085] Es stellt sich damit nicht nur die Frage, ob das Quellenkorpus repräsentativ ist, sondern auch, inwieweit die im Quellenkorpus ermittelten Zahlen belastbar sind. Hier nun trifft es sich günstig, dass für die Jahre von 1938 bis 1941, aufgegliedert entlang der 13 Oberlandesgerichtsbezirke Preußens (Berlin, Breslau, Celle, Düsseldorf, Frankfurt, Hamburg, Hamm, Kassel, Kiel, Köln, Königsberg, Marienwerder, Stettin), im Reichsjustizministerium Informationen über die beim Landeserbhofgericht Celle eingegangenen Verfahren gesammelt wurden. Aus diesen läßt sich die in Tabelle 6.10 gezeigte Verteilung von Inhalten gewinnen.

Hieraus geht nicht nur hervor, dass die oben (Tabelle 6.4) aus anderer Quelle ermittelte Statistik zu den vor dem Landeserbhofgericht Celle verhandelten Fällen aus dem Oberlandesgerichtsbezirk Königsberg nur geringe Abweichungen aufweist. Die in der Auflistung enthaltene Verteilung von Inhalten ist auch ein starkes Indiz dafür, dass das oben analysierte spezifische Quellenkorpus zumindest qualitativ, aber einigermaßen auch in quantitativer Hinsicht repräsentativ ist. Dies wird leicht ersichtlich, wenn man die Fälle der einzelnen Rechtsvorschriften in das bereits verwendete Raster von Themenkomplexen (Tabelle 6.9) einordnet.[1086] Die Themenkomplexe, die mit den in gleicher

1085 So konnte die Frage der »Bauernfähigkeit« für verschiedene Komplexe relevant sein, so dass hier die Zuordnung dort erfolgte, wo der inhaltliche Kern des Verfahrens lag. Fälle vor dem LEG konnten den Endpunkt einer ganzen Serie von Verfahren bilden, die sich ihrerseits auf unterschiedliche Themenkomplexe erstreckt haben konnten. Und schließlich waren Verfahren vor dem LEG auch durch taktisches Vorgehen geprägt. So wurden gelegentlich Anträge, etwa zur »Bauernfähigkeit«, hilfsweise gestellt, um Verfahren anderer Themenkomplexe voranzubringen.

1086 Die Themenkomplexe umfassen: 1) Erbhof-Status: Feststellung der Erbhofeigenschaft (§ 10 REG; § 56 EHVfO), Feststellung der Bauernfähigkeit (§§ 13, 18 REG; § 57 EHVfO), Feststellung des Brauchtums (§ 21 Abs. 3 REG) (Brauch bzgl. Ältesten- oder Jüngstenrecht), Genehmigung der Teilung eines Erbhofs beziehungsweise Entziehung der Erbhofeigenschaft (§ 27 EHRV). 2) Sanktion und Repression: Abmeierung (§ 15 REG, §§ 73–98 EhVfO), d. h. im Einzelnen: Wirtschaftsüberwachung (§§ 74–76 EHVfO), Wirt-

Tabelle 6.9: Den Oberlandesgerichtsbezirk Königsberg betreffende, vor dem 2. Senat des Landeserbhofgerichts Celle verhandelte und überlieferte Fälle, inklusive der hieraus resultierenden Fälle vor dem Reichserbhofgericht (1940–1944): Thematische Übersicht

	Landeserbhofgericht Celle					**Reichserbhofgericht**				
	1940	1941	1942	1943	1944	1940	1941	1942	1943	1944
Erbhof-Status	**20**	**26**	**38**	**20**	**5**		**6**	**4**	**4**	**5**
Ackernahrung	0	1	0	0	0		0	0	0	0
Aberkennung/ Feststellung »Bauernfähigkeit«	1	2	6	4	0		0	0	1	1
Erbhof-Eigenschaft	18	20	29	16	4		6	4	3	4
Erbhof-Teilung	1	0	0	0	0		0	0	0	0
Erbhof-Zusammenführung	0	2	2	0	0		0	0	0	0
Erbhof-Sache	0	1	1	0	1		0	0	0	0
Sanktion und Repression	**10**	**7**	**5**	**7**	**6**		**3**	**0**	**0**	**0**
Abmeierung	0	0	1	1	0		0	0	0	0
Einsetzung eines Treuhänders	6	5	2	5	3		2	0	0	0
Entziehung der Verwaltung und Nutznießung	4	0	0	1	2		1	0	0	0
Wirtschaftsführung	0	1	0	0	1		0	0	0	0
Wirtschafts-überwachung	0	1	2	0	0		0	0	0	0
Vererbung	**15**	**30**	**21**	**22**	**16**		**2**	**0**	**4**	**2**
Anerbeneinsetzung	0	1	2	7	2		1	0	1	0
Ausgedinge/Altenteil/ Ausstattung	9	17	9	5	6		1	0	1	1
Hofübergabe	2	4	7	4	2		0	0	1	0
Überlassungsvertrag	4	8	3	5	1		0	0	1	0
Versorgungs-streitsache	0	0	0	1	5		0	0	0	1
Bodenmobilität	**9**	**8**	**9**	**6**	**3**		**4**	**3**	**1**	**0**
Landverkauf	1	2	2	0	1		1	0	1	0
Pachtverlängerung	0	0	1	0	0		0	0	0	0
Pachtvertrag	2	4	4	6	2		1	2	0	0
Verkauf Erbhof	6	2	2	0	0		2	1	0	0
Belastung und Kredite	**0**	**2**	**2**	**0**	**1**		**0**	**0**	**0**	**0**
Belastungen/Kredit/ Hypotheken	0	2	2	0	1		0	0	0	0
Sonstige	**1**	**1**	**0**	**1**	**3**		**0**	**0**	**0**	**0**
GESAMT	**55**	**74**	**75**	**56**	**34**		**15**	**7**	**9**	**7**

Quellen: Die den Oberlandesgerichtsbezirk Königsberg betreffenden Fälle im Bestand GStA PK, I. HA Rep. 217, dort Nr. 94, 95, 96, 98, 99, 100, 101, 104, 105, 107, 108 und 109.

Tabelle 6.10: Übersicht über die aus den Oberlandesgerichtsbezirken Preußens beim Landeserbhofgericht Celle eingegangenen Beschwerden (1937/1938–1941)

		1937	1938			1939			1940			1941		
		Pr	**Kg**	**Mw**	**Pr**	**Kg**	**Mw**	**Pr**	**Kg**	**Mw**	**Pr**	**Kg**	**Mw**	**Pr**
Eingänge		3.237	340	74	2.946	216	77	2.325	214	53	1.722	195	34	1.665
Feststellung	Erbhofeigenschaft (§ 10 REG; § 56 EHVfO)	994	85	24	728	47	22	505	69	8	378	54	6	275
	Bauernfähigkeit (§§ 13, 18 REG; § 57 EHVfO)	174	23	7	173	19	4	139	6	5	103	13	2	103
	Brauchtum (§ 21 Abs. 3 REG)	0	0	0	1	0	1	5	0	0	7	0	0	0
Streitverfahren	§ 36 EHRV	149	50	13	259	38	6	212	28	7	160	34	5	140
	§ 32 REG	0	0	0	0	4	0	20	2	0	8	1	0	15
Genehmigung von Übergabeverträgen	§ 37 Abs. 3 REG	519	71	7	483	40	15	370	31	11	299	31	8	299
Genehmigung der Veräußerung	Erbhof (§ 37 Abs. 2 REG)	207	20	3	136	19	17	150	21	6	110	12	3	96
	einzelne Grundstücke (§ 37 Abs. 2 REG)	261	13	0	315	10	1	261	15	1	147	8	1	170
Genehmigung der	Belastung (§ 37 REG; §§ 26, 28 EHRV)	120	8	2	112	6	0	78	7	1	66	1	5	54
	Verpachtung (§ 30 EHRV)	168	2	2	180	3	4	179	6	7	141	9	1	140
	Teilung, Entziehung (§ 27 EHRV)	16	2	1	20	0	0	11	0	0	3	1	0	6

((Fortsetzung))

		1937	1938			1939			1940			1941		
		Pr	Kg	Mw	Pr	Kg	Mw	Pr	Kg	Mw	Pr	Kg	Mw	Pr
Abmeierung (§ 15 REG, §§ 73–98 EhfO)	Wirtschaftsüberwachung (§§ 74–76 EHVfO)	28	8	0	24	1	0	18	0	0	14	0	0	12
	Wirtschaftsführung (§§ 77–84 EHVfO)	114	9	2	130	3	0	91	7	1	82	5	1	89
	Entziehung Nutzverwaltung (§ 15 REG; § 85 EHVfO)	45	8	4	70	1	1	70	7	2	43	8	0	47
	Entziehung Eigentum (§ 15 REG; §§ 95–98 EHVfO)	5	1	0	3	0	0	2	0	0	2	0	0	0
Zustimmung zur Anerbenbestimmung	§ 25 REG	110	4	2	93	5	1	77	1	1	33	2	0	25
	§§ 7, 9, 21, 47, 50–53 EHRV	31	5	0	41	2	1	26	4	1	26	3	0	15
Sonstiges		239	29	7	159	18	4	97	7	2	85	12	2	164
	davon Pachtsachen	0	0	0	0	0	0	0	0	1	22	1	0	76
Antrag aus § 54 EHRV (AR)		57	2	0	19	0	0	14	3	0	15	1	0	15

Quellen: Die Schreiben Springmanns (Präsident des LEG Celle) nebst statistischen Aufstellungen vom 20. 1. 1939 (Bl. 42–45), vom 9. 1. 1940 (Bl. 76–79), vom 9. 1. 1941 (Bl. 116–119) und vom 15. 1. 1942 (Bl. 157–160), jeweils an den Reichsjustizminister, alle in: BArch, R 3001/22216. Die statistischen Aufstellungen wurden über die Jahre geringfügig verändert. Vor allem wurden zusätzliche Spalten eingefügt, so wurden ab 1940 Pachtsachen unter »Sonstiges« eigens ausgewiesen und bereits ab 1939 Anträge gemäß § 54 EHRV (AR) – gemeint ist Abs. 3, d. h. die Änderung der Anerbenfolge auf Antrag des RBF (»AR«) – in einer eigenen Spalte ausgewiesen. Die Darstellung wurde entsprechend standardisiert.

Legende: Pr = die 13 Oberlandesgerichtsbezirke Preußens, Kg = Oberlandesgerichtsbezirk Königsberg, Mw = Oberlandesgerichtsbezirk Marienwerder, EHRV = Erbhofrechtsverordnung, EHVfO = Erbhofverfahrensordnung, REG = Reichserbhofgesetz.

Weise[1087] gebildeten Themenkomplexen des Quellenkorpus verglichen werden können, verteilen sich wie in Tabelle 6.11 dargelegt.

Mit den beiden Tabellen 6.11 und 6.12 können zunächst die Anteile der 1940 und 1941 aus dem Oberlandesgerichtsbezirk Königsberg beim Landeserbhofgericht Celle eingegangenen Beschwerden direkt verglichen werden. Im arithmetischen Mittel zeigen sich für sämtliche Themenkomplexe nur geringe Abweichungen zwischen 0,5 und 3,6 Prozent. Einzige Ausnahme hiervon ist der Bereich von Sanktion und Repression, der beim speziellen Quellenkorpus mit 7,2 Prozent stärker vertreten ist. Darüber hinaus können für das hier besonders interessierende spezielle Quellenkorpus einige Trends festgehalten werden, die durch die zeitgenössisch erhobenen Zahlen (Tabelle 6.11) jeweils mehr oder weniger genau bestätigt werden. Typischerweise stellten mit einem Anteil von jeweils etwa einem Drittel der Fälle die Bereiche Erbhof-Status und Vererbung die beiden zentralen Themen dar. Dabei stieg gegen Kriegsende der Anteil der Verfahren zu Vererbungsfragen massiv an, während Verfahren zum Erbhof-Status drastisch abnahmen. Die Frage der Bodenmobilität spielte mit durchschnittlich 11,7 Prozent nie eine große Rolle, und auch der Bereich Sanktion und Repression wies stets niedrige Werte auf (11,7 Prozent im Durchschnitt von 1940 bis 1944). In allen Statistiken spielte der Bereich Belastung und Kredite praktisch keine Rolle und bewegte sich stets im niedrigen einstelligen Bereich.

Von den 294 Fällen des Quellenkorpus wurden, wie erwähnt, 38 weiter vor das Reichserbhofgericht gezogen. Nun ist zwar zu bedenken, dass bei geringen Fallzahlen kleine Veränderungen der absoluten Zahlen relativ große Verände-

---

schaftsführung (§§ 77–84 EHVfO), Entziehung der Nutzverwaltung (§ 15 REG; § 85 EHVfO), Entziehung des Eigentums (§ 15 REG; § 95 EHVfO). 3) Vererbung: Streitverfahren nach § 36 EHRV (Streitigkeiten über vertragliche Versorgungsansprüche) und § 32 REG (Regelung von Streitigkeiten), Genehmigung von Übergabeverträgen (§ 37 Abs. 3 REG), Zustimmung zur Anerbenbestimmung gemäß § 25 REG und gemäß §§ 7, 9, 21, 47, 50–53 EHRV, zudem Anträge aus § 54 Abs. 3 EHRV (Änderung der Anerbenfolge auf Antrag des RBF). 4) Bodenmobilität: Genehmigung der Veräußerung eines Erbhofs (§ 37 Abs. 2 REG) sowie einzelner Grundstücke (§ 37 Abs. 2 REG), Genehmigung der Verpachtung (§ 30 EHRV). 5) Belastung und Kredite: Genehmigung der Belastung (§ 37 REG; §§ 26, 28 EHRV). 6) Sonstiges: Sonstige Fälle. Bei diesen werden für 1940 und 1941 eigens »Pachtsachen« ausgewiesen. Aus der Überlieferung geht nicht hervor, weshalb »Pachtsachen« in der statistischen Übersicht von der Verpachtung (gemäß § 30 EHRV) getrennt sind. Vermutlich waren diese »Pachtsachen« auch 1938 und 1939 unter »Sonstiges« subsumiert. Sie wurden daher für die Berechnung der Anteile der Themenkomplexe in der Rubrik »Sonstiges« belassen. Auf die Gesamtzahlen der Oberlandesgerichtsbezirke besehen, handelt es sich ohnehin um sehr wenige Fälle, die auf die Anteile der Themenkomplexe praktisch keinen Einfluss haben. Diese Einteilung der Fälle schließt an die thematische Einteilung in Münkels Studie zum Landkreis Stade an, vgl. Münkel: Agrarpolitik, S. 197–260.

1087 Vgl. Tabelle 6.9. Wie erwähnt erfolgte dort die Zuordnung der Fälle zu den Inhalten »freihändig«, da aus der Überlieferung oft nicht explizit und präzise hervorging, um welche konkreten Rechtsnormen es ging.

Tabelle 6.11: Anteile für die aus den Oberlandesgerichtsbezirken Preußens beim Landeserbhofgericht Celle eingegangenen Beschwerden (1937/1938–1941), geordnet nach Themenkomplexen

	1937	1938			1939			1940			1941			Ø 1938–1941		
	Pr	**Kg**	**Mw**	**Pr**	**Kg**	**Mw**	**Pr**	**Kg**	**Mw**	**Pr**	**Kg**	**Mw**	**Pr**	**Kg**	**Mw**	**Pr**
	%	%	%	%	%	%	%	%	%	%	%	%	%	%	%	%
Erbhof-Status	36,6	32,4	43,2	31,3	30,6	35,1	28,4	35,0	24,5	28,5	34,9	23,5	23,1	33,1	33,6	28,4
Sanktion und Repression	5,9	7,6	8,1	7,7	2,3	1,3	7,8	6,5	5,7	8,2	6,7	2,9	8,9	6,0	4,6	8,1
Vererbung	26,8	38,8	29,7	30,4	41,2	29,9	30,9	32,2	37,7	31,4	36,9	38,2	30,6	37,5	32,8	30,8
Bodenmobilität	19,6	10,3	6,8	21,4	14,8	28,6	25,4	19,6	26,4	23,1	14,9	14,7	24,4	14,3	19,3	23,4
Belastung und Kredite	3,7	2,4	2,7	3,8	2,8	0,0	3,4	3,3	1,9	3,8	0,5	14,7	3,2	2,3	3,4	3,6
Diverse	7,4	8,5	9,5	5,4	8,3	5,2	4,2	3,3	3,8	4,9	6,2	5,9	9,8	6,8	6,3	5,8
Summe	100,0	100,0	100,0	100,0	100,0	100,0	100,0	100,0	100,0	100,0	100,0	100,0	100,0	100,0	100,0	100,0

Quellen: Die Schreiben Springmanns (Präsident des LEG Celle) nebst statistischen Aufstellungen vom 20.1.1939 (Bl. 42–45), vom 9.1.1940 (Bl. 76–79), vom 9.1.1941 (Bl. 116–119) und vom 15.1.1942 (Bl. 157–160), jeweils an den Reichsjustizminister, alle in: BArch, R 3001/22216. Legende: Pr = die 13 Oberlandesgerichtsbezirke Preußens, Kg = Oberlandesgerichtsbezirk Königsberg, Mw = Oberlandesgerichtsbezirk Marienwerder.

Tabelle 6.12: Anteile der Themenkomplexe basierend auf den für den Oberlandesgerichtsbezirk Königsberg überlieferten, vor dem 2. Senat des Landeserbhofgerichts Celle verhandelten Fällen (1940–1944)

	Landeserbhofgericht Celle						Reichserbhofgericht					
	1940	1941	1942	1943	1944	Ø	1940	1941	1942	1943	1944	Ø
	%	%	%	%	%	%	%	%	%	%	%	%
Erbhof-Status	36,4	35,1	50,7	35,7	14,7	34,5		40,0	57,1	44,4	71,4	53,3
Sanktion und Repression	18,2	9,5	6,7	12,5	17,6	12,9		20,0	0,0	0,0	0,0	5,0
Vererbung	27,3	40,5	28,0	39,3	47,1	36,4		13,3	0,0	44,4	28,6	21,6
Bodenmobilität	16,4	10,8	12,0	10,7	8,8	11,7		26,7	42,9	11,1	0,0	20,2
Belastung und Kredite	0,0	2,7	2,7	0,0	2,9	1,7		0,0	0,0	0,0	0,0	0,0
Sonstige	1,8	1,4	0,0	1,8	8,8	2,8		0,0	0,0	0,0	0,0	0,0
GESAMT	100,0	100,0	100,0	100,0	100,0	100,0		100,0	100,0	100,0	100,0	100,0

Quellen: Die den Oberlandesgerichtsbezirk Königsberg betreffenden Fälle im Bestand GStA PK, I. HA Rep. 217, dort Nr. 94, 95, 96, 98, 99, 100, 101, 104, 105, 107, 108 und 109.

rungen der prozentualen Anteile bewirken. Dennoch ist festzuhalten, dass sich hier die Verteilung der Themenkomplexe ein wenig verschob. Knapp die Hälfte dieser Fälle befasste sich mit dem Erbhof-Status. Nur noch bei etwa jedem fünften Verfahren stand Vererbung im Mittelpunkt, gleiches gilt für Verfahren zur Bodenmobilität (21 Prozent). Verfahren im Bereich Sanktion und Repression gab es noch weniger, insgesamt nur 5 Prozent.

Aus alledem wird klar, dass das hier diskutierte spezifische Quellenkorpus qualitativ und quantitativ weitgehend als repräsentativ betrachtet kann. Es verwundert daher auch nicht, dass diese Zahlen jenen für den Landkreis Stade (Provinz Hannover) in ihrer Verteilung ähneln. Die Zahlen für Stade beruhen auf nur 122 Fällen, die ohne zeitliche Differenzierung für den Zeitraum von 1933 bis 1945 bekannt sind. Dort hatte ein Drittel (34 Prozent) der 122 vor dem Landeserbhofgericht Celle verhandelten Fälle Fragen im Bereich des Erbhof-Status zum Gegenstand, mehr als ein Viertel (27 Prozent) den Themenkomplex Vererbung. Auch hier fielen die Themenkomplexe Sanktion und Repression (12 Prozent) sowie Bodenmobilität (15 Prozent) anteilsmäßig ab und spielte der Bereich von Belastung und Krediten (7 Prozent) eine geringe Rolle. Wiederum tendenziell ähnlich ist dieses Muster bei den zwanzig Fällen, die vor das Reichserbhofgericht gezogen wurden. Von diesen hatten zwölf Fälle (60 Prozent) den Bereich Erbhof-Status zum Inhalt, fünf (25 Prozent) den Bereich der Bodenmobilität; ein Fall erstreckte sich auf den Bereich Belastung und Kredite, zwei weitere betrafen jenen der Vererbung.[1088]

Diese Verteilung der Themenkomplexe kann allerdings nicht unbesehen auf

1088 Vgl. Münkel: Agrarpolitik, S. 201. Vgl. dort, S. 193–196, auch mit Schaubild 6.1 und Tabelle 6.2 dieser Studie. Die Erbhofstruktur des Kr. Stade zeigt für Mitte 1938 bemerkenswerte Ähnlichkeiten mit jener Ostpreußens. Münkels Auswertungen beziehen sich auf Fälle vor Anerbengerichten. Grundlage der Analyse waren 2.877 Erbhöfe im Kr. Stade, der für Mitte 1938 mit 37,9 % eine fast gleiche Quote an Erbhöfen wie Ostpreußen aufwies. Selbst die Verteilung auf die einzelnen Betriebsgrößen ist in weiten Teilen sehr ähnlich; lediglich bis 10 ha hat Stade einen deutlich größeren Anteil (21 %, Ostpreußen 11 %), während Ostpreußen zwischen 25 und 50 ha einen klar höheren Anteil hat (25 %, Stade 17 %). Vgl. auch Schober: Pfaffenhofen, S. 150. Für den Vergleich weniger nützlich ist Langthalers Aufsatz zur Inklusion und Exklusion durch Erbhofgerichtsverfahren, der den Begriff der »Bäuerlichkeit« zum Inhalt hat. Er beruht auf lediglich 25 Verfahren, die vor vier Anerbengerichten im Reichsgau Niederdonau durchgeführt wurden, vgl. Langthaler: Inklusion und Exklusion, S. 268. Keine mit Münkels Studie vergleichbare, systematische Analyse bieten Farquharson: Plough, S. 125–140, Grundmann: Agrarpolitik, S. 145–150, Herlemann: Bauer, S. 99–116, Helmut Paulus: Landwirtschaftliche Entschuldung und Erbhofrecht im »Dritten Reich«. Tätigkeiten des Entschuldungsamtes und der Anerbengerichte des LG-Bezirks Bayreuth, in: Archiv für Geschichte von Oberfranken 81 (2001), S. 481–523, sowie Rebecca Hoßbach: Anspruch und Durchführung des Reichserbhofgesetzes – untersucht am Beispiel des Kreises Schönberg/Mecklenburg, in: Illona Buchsteiner (Hg.): Rostocker Landes- und agrargeschichtliche Forschungen nach 1990. Bilanz, Einblick, Ausblick, Rostock 2011, S. 245–266.

die Anerbengerichte übertragen werden, die unterste Stufe der Anerbenbehörden. In den ersten Jahren nach Einführung des Reichserbhofgesetzes, etwa bis 1935/1936, wurden vor Anerbengerichten im Deutschen Reich vor allem Fragen im Bereich des Erbhof-Status behandelt. Im Wesentlichen ging es um die Erfassung von Erbhöfen in der Erbhöferolle, was zu strittigen Grenzfällen führen konnte. Offenbar ab etwa 1936 wurden dort vorrangig Fälle aus dem Bereich Bodenmobilität (Landverkäufe, Verpachtungen etc.) verhandelt, in geringerem Umfang aus dem Bereich Vererbung und noch weniger aus dem Bereich Sanktion und Repression.[1089]

In den Akten des Landeserbhofgerichts Celle ist häufig von Anträgen des Landesbauernführers die Rede. Dies verwies auf eine ganze Abteilung der Landesbauernschaft Ostpreußen, nämlich – innerhalb der Landeshauptabteilung I – auf die Abteilung I G, die für Rechtsfragen zuständig war und von Walter Heinrich geleitet wurde. Sie hatte vier Unterabteilungen; im vorliegenden Zusammenhang waren von Bedeutung die Unterabteilung G 2 unter Leitung von Fritz Kalweit, die sich unter anderem mit dem Erbhofrecht befasste, die von Franz Kehler geleitete Unterabteilung G 3, die sich um Fragen des Pachtwesens kümmerte, sowie die Unterabteilung G 4, in deren Aufgabenbereich unter anderem Fragen der Entschuldung lagen und an deren Spitze Werner Gerlach stand.[1090] Die Rechtsabteilung war unter Landesbauernführer Spickschen organisatorisch als eigenes Ressort und auch personell sehr stabil. Mindestens bis 1943 und vermutlich bis Kriegsende stand dort Heinrich an der Spitze.[1091] Nach der organisatorischen Umstrukturierung von 1942 wurde die Abteilung I G zur Abteilung II A 3 »Bauern- und Bodenrecht« in der neuen Landeshauptabteilung II.[1092]

Wenn das Reichserbhofgesetz ein besonders klarer Ausdruck der »Blut-und-Boden«-Ideologie war, war Walter Heinrich ein besonders eifriger Vertreter dieser ideologischen Ausrichtung? Heinrichs Hintergrund war ein ganz anderer. Geboren 1884, war Heinrich Jurist mit Assessorexamen und seit 1915 bei der Landwirtschaftskammer Ostpreußen angestellt. Heinrich gehörte nie einer politischen Organisation an, auch nicht der NSDAP. Um seine Position an der Spitze der Rechtsabteilung gab es in den ersten Jahren nach 1933 ein zähes

1089 Vgl. Münkel: Agrarpolitik, S. 200, FN 28, mit Verweis auf Karl Hopp: Erbhofrecht in Zahlen, in: Deutsche Justiz 98 (1936), S. 1566–1568 (zit. Hopp: Erbhofrecht), sowie Farquharson: Plough, S. 129.

1090 Vgl. Ostpreußischer Bauernkalender 1937, S. 108.

1091 Vgl. Ostpreußischer Bauernkalender 1938, S. 109, Ostpreußischer Bauernkalender 1939, S. 119, Ostpreußischer Bauernkalender 1940, S. 128, Mentzel 1943, Tl. II, S. 92, sowie das Schreiben Heinrichs vom 17.11.1944 an das Reichserbhofgericht, BArch, R 46/358, Bl. 4.

1092 Vgl. Mentzel 1943, Tl. II, S. 92, sowie Mentzel 1942, Tl. II, S. 88.

Ringen. Wilhelm Meinberg und Matthias Haidn, die Interimsführung der Landesbauernschaft, erkannten Heinrichs fachliche Fähigkeiten unumwunden an, lehnten ihn jedoch als politisch unzuverlässig beziehungsweise nicht hinreichend nationalsozialistisch ab. Sie vermochten ihn indes aus beamtenrechtlichen Gründen nicht loszuwerden. Selbst in der Führung der Landesbauernschaft Ostpreußen, beim Verwaltungshauptamt, wurde noch 1937 bezweifelt, dass Heinrich der richtige Mann in Fragen des Erbhofgesetzes sei. Tatsächlich hatte er sich jahrelang als Justitiar der Landesbauernschaft betätigt und war dabei vor allem mit Steuerangelegenheiten und Rechtsberatung befasst gewesen, erst um 1937/1938 arbeitete er sich tiefer in das Reichserbhofgesetz ein. Dabei allerdings zeigte er großen Elan, so dass bald alle Vorbehalte schwanden. War ihm in den Vorjahren in der Leitung der Rechtsabteilung noch der Assessor Curt von Malotki an die Seite gestellt gewesen, so wurde Heinrich 1938 endgültig und nun allein mit der Leitung der Rechtsabteilung beauftragt. Diese Position war materiell betrachtet höchst attraktiv, erhielt Heinrich doch bereits 1936 ein Grundgehalt von 9.700 Reichsmark jährlich.[1093]

Heinrich war ein typischer Vertreter der alten Eliten, der im »Dritten Reich« ebenso wie im Kaiserreich und in der Weimarer Republik »funktionierte«. Eifrig, dienstbeflissen und mit hoher Fachkompetenz setzte er das Recht des jeweiligen Staatswesens durch – nun eben das rassistisch durchsetzte Reichserbhofgesetz. Es ist nicht bekannt, inwieweit ihm die »Blut-und-Boden«-Ideologie persönliche Motivation war. Wichtiger ist, dass er zur Umsetzung dieser Ideologie beitrug – ohne diesen Typus hätte der nationalsozialistische Staat nicht funktioniert. Heinrich selber spielte in anderem Zusammenhang hierauf an, als er äußerte, dass sich »bald nach der Eingliederung der Landwirtschaftskammer in den Reichsnährstand herausstellte, dass es für die neu eingestellten, jüngeren Herren nicht so ganz einfach war, die langjährige praktische Erfahrung der Vorkriegsbeamten zu ersetzen.«[1094] Mit diesem Selbstbewusstsein hatte sich Heinrich in der Landesbauernschaft gehalten und dabei die Rückendeckung von Landesbauernführer Spickschen erworben.[1095] Heinrich darf maßgeblicher Einfluss auf

1093 Reichhaltiges Material zu Walter Heinrich findet sich in seiner unpaginierten RNSt-Personalakte, BArch, R 16/8489. Vgl. dort vor allem die undatierte »Personalnachweisung für Syndikus Walter Heinrich«, die Beurteilung des Verwaltungsamts der LBsch Ostpreußen vom 23.12.1937, die Schreiben Haidns (vom 26.10.1934) und Meinbergs (vom 6.12.1934), jeweils an das Verwaltungsamt des RBF, das Schreiben des Personalamts des RBF vom 12.12.1934 an Meinberg, das Schreiben des Verwaltungsamts der LBsch Ostpreußen vom 13.8.1938 an das Verwaltungsamt des RBF sowie die »Überleitung in die NStBO und Festsetzung des Besoldungsdienstalters« mit Stand 1.10.1936. Vgl. auch die biographische Skizze zu Walter Heinrich im Anhang.

1094 Schreiben Heinrichs an Käsler vom 28.7.1941, BArch, R 16/8489, unpag.

1095 Vgl. Spickschens Schreiben vom 31.7.1941 an das Verwaltungsamt des RBF, BArch, R 16/8489, unpag.

die Haltung des Landesbauernführers und der Kreisbauernführer vor den Instanzen der Anerbenbehörden und damit auf die Durchsetzung des Reichserbhofgesetzes in Ostpreußen zugeschrieben werden. Zwar waren die hochrangigen Bauernführer persönlich mit solchen Fällen befasst.[1096] Aber es ist klar, dass sie sich hier ganz wesentlich auf das Urteil Heinrichs und der ihm zuarbeitenden Unterabteilungen verlassen mussten und dass die Stellungnahmen des Landesbauernführes ganz wesentlich auf Heinrichs Schreibtisch entstanden.[1097] »Die Bauernführer machen doch nur das, was ich vorschlage«,[1098] taxierte Heinrich selber im März 1938 seinen Einfluss, unbescheiden und vermutlich zutreffend.

Ähnlich wie Walter Heinrich waren auch seine Unterabteilungsleiter keine in der Wolle gefärbten »Blut-und-Boden«-Ideologen. Fritz Kalweit, Jahrgang 1896 und lediglich mit Volksschulbildung ausgestattet, hatte sich als Bürovorsteher eines Rechtsanwalts und mit einer kurzzeitigen Anstellung bei der Bank für deutsche Industrie-Obligationen in Königsberg für die Landesbauernschaft Ostpreußen empfohlen. Dort war er seit Mai 1934 Sachbearbeiter; er war Mitglied der DAF, aber nicht der NSDAP.[1099] Anders als Heinrich und Kalweit entstammte der 1887 geborene Franz Kehler dem landwirtschaftlichen Milieu. Er hatte unter anderem als landwirtschaftlicher Beamter gearbeitet und war von 1919 bis 1931 selbstständig gewesen. Nach kurzer Arbeitslosigkeit kam er über die Funktion eines Treuhänders für Umschuldungsbetriebe (Landstelle Königsberg) und als landwirtschaftlicher Sachverständiger des Landlieferungsverbandes Ostpreußen zur Landesbauernschaft Ostpreußen. Kehler war zur Weimarer Zeit Mitglied der DNVP gewesen, nach der Machtübernahme kam er zur DAF und zur SA-Reserve.[1100] Werner Gerlach schließlich, Jahrgang 1904, hatte eine Ausbildung im Bankfach gemacht. Nach acht Jahren bei einer Bank in Chile und zwei Jahren beim Kommissar für die Osthilfe (Landstelle Königsberg) kam er im Januar 1934 zur Landesbauernschaft Ostpreußen. Er war vor 1933 nicht politisch aktiv gewesen, hatte allerdings dem Deutschen Bankbeamtenverein und dem Gewerkschaftsbund der Angestellten angehört. Gerlach trat im Mai 1933 der NSDAP bei und fungierte zudem als Betriebswalter der DAF in der

1096 Vgl. z. B. Spickschens Schreiben vom 20. 3. 1944 an die Geschäftsstelle des Reichserbhofgerichts, BArch, R 46/345, Bl. 13.

1097 Vgl. z. B. Heinrichs Schreiben vom 17. 11. 1944 an das Reichserbhofgericht, BArch, R 46/358, Bl. 4.

1098 So das von Haidn kolportierte, glaubhafte Zitat Heinrichs im Schreiben Haidns vom 8. 10. 1938 an die RNSt-Abt. I V A II, BArch, R 16/8489, unpag.

1099 Vgl. die undatierte Personalnachweisung des RNSt für Fritz Kalweit, BArch, R 16/10170, unpag. Vgl. auch die biographische Skizze zu Fritz Kalweit im Anhang.

1100 Vgl. die undatierte Personalnachweisung des RNSt für Franz Kehler sowie den Fragebogen des RNSt vom 21. 5. 1935, beide in: BArch, R 16/10310, unpag. Vgl. auch die biographische Skizze zu Franz Kehler im Anhang.

Landesbauernschaft Ostpreußen.[1101] Aufs Ganze besehen, zeichnete sich mithin das Führungspersonal der Rechtsabteilung in der Landesbauernschaft Ostpreußen nicht durch »Blut-und-Boden«-Fanatiker aus, sondern in erster Linie durch Fachkompetenz im Bereich der Praxis landwirtschaftlichen Rechts. Auf der Grundlage dieses Rechts und im Zusammenspiel mit den sehr viel stärker ideologisch aufgeladenen Bauernführern entstand die Haltung der Landesbauernschaft Ostpreußen vor den Anerbenbehörden.

Beim Landeserbhofgericht Celle wurden ostpreußische Fälle ab etwa März/April 1935 fast ausnahmslos vor dem 2. Senat verhandelt,[1102] zuvor auch vor dem 1. Senat und dem 4. Senat.[1103] Dies hing vermutlich damit zusammen, dass die Senate des Landeserbhofgerichts Celle nach den ersten Jahren nicht mehr nach Sachfragen geordnet waren, sondern Verfahren gemäß regionaler Herkunft auf die Senate verteilt wurden.[1104] Die Verfahren beim Landeserbhofgericht Celle wurden vom Präsidenten des jeweiligen Senats geleitet. Beim 2. Senat war dies Heinrich Stahljans (Jahrgang 1881), der zuvor an einem Amtsgericht und einem Oberlandesgericht tätig gewesen war. Den Präsidenten unterstützten zwei Erbhofgerichtsräte, die ebenfalls ausgebildete Juristen waren und meist aus Ratsstellen bei Amtsgerichten an das Landeserbhofgericht gewechselt waren; diese Erbhofgerichtsräte entstammten den Jahrgängen von 1880 bis 1900.[1105] Sie wurden von zwei Erbhofrichtern unterstützt, von denen häufig keiner, gelegentlich einer und in seltenen Fällen beide aus Ostpreußen stammten.[1106] Die Erbhofrichter aus Ostpreußen, wie in anderen Oberlandesgerichtsbezirken Laien, waren Bauern, die »arische« Abstammung und einen Erbhof nachweisen mussten. Hans Semturris etwa war ein vierzig Jahre alter Bauer und Ortsbau-

1101 Vgl. die undatierte Personalnachweisung des RNSt für Werner Gerlach (Bl. 1), Gerlachs Lebenslauf vom 11.4.1934 (Bl. 2) sowie die undatierte Personalnachweisung (Bl. 3), alle in: BArch, R 16/7467. Vgl. auch die biographische Skizze zu Werner Gerlach im Anhang.

1102 Eine Ausnahme bildet ein Verfahren vor dem 4. Senat des LEG Celle vom 21.11.1939, GStA PK, I. HA Rep. 217, Nr. 218, Bl. 82–83.

1103 Vgl. hierzu das Register der Anerbengerichte des Oberlandesgerichtsbezirks Königsberg, 1934–1937, GStA PK, I. HA Rep. 217, Nr. 419, sowie das Register der Anerbengerichte des Oberlandesgerichtsbezirks Königsberg, 1937–1944, GStA PK, I. HA Rep. 217, Nr. 420. Die Zuordnung der Verfahren zu den einzelnen Jahren richtet sich nach dem im Aktenzeichen genannten Jahr.

1104 Vgl. Lindemann: Blut und Boden, S. 58. Dort wird die Umstellung auf regionale Zuständigkeit jedoch erst für Ende 1936 festgestellt.

1105 Vgl. ebd., S 51–52. Erbhofgerichtsräte bei Ostpreußen betreffenden Fällen waren, in unterschiedlicher Besetzung, meist Dr. Erich Bauer, Dr. Walter Christiani, Friedrich Weitz und seltener Dr. Wilhelm Meyer.

1106 Vgl. hierzu exemplarisch den Beschluss des LEG Celle vom 15.10.1940, GStA PK, I. HA Rep. 217, Nr. 94, Bl. 13, zudem dessen Beschlüsse vom 18.9.1942 (Bl. 220) sowie vom 19.9.1942 (Bl. 232), beide in: GStA PK, I. HA Rep. 217, Nr. 105.

ernführer aus Luisenhof (Kreis Memel), als er 1939 zum Erbhofrichter am Landeserbhofgericht Celle vorgeschlagen wurde.[1107] Erbhofrichter kamen auf Vorschlag des Reichsbauernführers in ihr Amt, jedoch spielte bei dieser Personalentscheidung die Empfehlung des Landesbauernführers eine maßgebliche Rolle.[1108] Gab es im Oberlandesgerichtsbezirk Königsberg in der Friedenszeit zwei Planstellen für Erbhofrichter aus Ostpreußen, so wurde diese Zahl in der Kriegszeit auf drei erhöht; offenbar kamen von dort relativ viele Beschwerden. Vorgesehen war ein Erbhofrichter aus dem Regierungsbezirk Allenstein, was ihm die Teilnahme an Ortsbesichtigungsreisen des 2. Senats erleichtern sollte. Vor allem aber sollte er die ostpreußischen Verhältnisse und insbesondere jene in Masuren sehr gut kennen.[1109]

Der Einfluss des Landesbauernführers auf die personelle Besetzung von Anerbenbehörden zeigt sich auch bei den Anerbengerichten. Diese setzten sich aus einem hauptamtlichen Richter, dem Vorsitzenden des Gerichtes, sowie zwei ehrenamtlichen Beisitzern zusammen, die Laien waren. Es war das Recht des Landesbauernführers, diese Beisitzer dem Präsidenten des ernennenden Oberlandesgerichtes vorzuschlagen; häufig handelte es sich um Ortsbauernführer. In die Gerichtsverfahren involviert wurden Orts-, Bezirks- und Kreisbauernführer, letztere durch gutachterliche Stellungnahmen, wodurch die lokale und regionale Perspektive einfließen sollte. Kreisbauernführer, der Landesbauernführer und der Reichsbauernführer samt ihren Vertretern konnten jederzeit an Sitzungen von Anerbengerichten teilnehmen, die ansonsten nicht-öffentlich stattfanden; der Landesbauernführer hatte überhaupt Zugang zu allen mündlichen Verhandlungen in Verfahren vor Anerbenbehörden. Er war freilich auch hier stets gegenüber dem Reichsbauernführer weisungsgebunden, ebenso wie die Kreisbauernführer stets der Aufsicht und den Weisungen des Landesbauernführers unterlagen.[1110]

Der Arbeitsprozess beim Landeserbhofgericht begann mit einer formalen Prüfung des Urteils, das die Vorinstanz beschlossen hatte. War es nicht korrekt,

---

1107 Vgl. das Schreiben des Verwaltungsamts des RBF vom 30.11.1939 an den Präsidenten des LEG Celle, GStA PK, I. HA Rep. 217, Nr. 469, Bl. 217, sowie das Schreiben des Präsidenten des LEG Celle vom 9.2.1940 an den LBF der LBsch Ostpreußen, GStA PK, I. HA Rep. 217, Nr. 495, Bl. 4.

1108 Vgl. Spickschens Schreiben vom 16.3.1940 an den Präsidenten des LEG Celle, GStA PK, I. HA Rep. 217, Nr. 495, Bl. 5.

1109 Vgl. das Schreiben des Präsidenten des LEG Celle vom 30.6.1942 an den LBF der LBsch Ostpreußen, GStA PK, I. HA Rep. 217, Nr. 470, Bl. 48. Zum Vergleich mit der Friedenszeit vgl. das Schreiben des Präsidenten des LEG Celle vom 31.7.1936 an den RBF, GStA PK, I. HA Rep. 217, Nr. 469, Bl. 33. Vgl. auch Tabelle 6.4., bei der v.a. die hohe Zahl an Verfahren im Bereich des Landgerichtsbezirks Allenstein ins Auge sticht.

1110 Vgl. Reischle/Saure: Reichsnährstand, S. 83–84, sowie Schleusener: Eigentumspolitik, S. 151–152 und S. 155.

ging es an das Anerbengericht zurück, ansonsten begann das Landeserbhofgericht mit der inhaltlichen Prüfung der Beschwerde. Der Prozess lief in aller Regel auf dem Wege schriftlicher Verhandlungen ab. Zur Meinungsbildung konnte das Gericht auf vier Informationsquellen aufbauen: Fachgutachten Sachverständiger, etwa von kommunalen Behörden, auf deren Auswahl der Kreisbauernführer Einfluss nahm; Stellungnahmen der Bauernführer des Reichsnährstandes, teils auch anderer politischer Funktionäre; Stimmungsbilder, die im sozialen Umfeld der Prozessbeteiligten entstanden; Ortstermine, bei denen Höfe von einer Abordnung des Gerichts in Augenschein genommen wurden.[1111]

Gegen Urteile des Landeserbhofgerichts konnte in letzter Instanz beim Reichserbhofgericht Beschwerde geführt werden. Alle Urteile in Verfahren vor dem Landeserbhofgericht, in denen der Kreisbauernführer Beschwerderecht hatte, wurden auch dem Landesbauernführer zugestellt, denn er konnte grundsätzlich gegen alle Urteile dieser Art beim Reichserbhofgericht Beschwerde einlegen.[1112] Im gleichfalls in Celle angesiedelten Reichserbhofgericht waren nebenamtliche Ministerialbeamte, hauptamtliche Richter und Hilfsrichter des Reiches tätig. An der Spitze der drei Senate standen Präsidenten, so beim 1. Senat Darré persönlich, der Sitzungen gelegentlich selber leitete. Sein Stellvertreter war Rudolf Harmening vom RMEL, der den Sitzungsvorsitz tatsächlich recht häufig übernahm.[1113]

Die Verfahren vor dem Landeserbhofgericht Celle waren häufig vielschichtig. Verschiedene Streitgegenstände konnten behandelt werden: einmal ein harmloser Streit um Versorgungsleistungen, einmal ein folgenschwerer Vorwurf, die »Volksgemeinschaft« geschädigt zu haben. Gelegentlich waren verschiedene Streitgegenstände Hintergrund eines einzigen Falles. Unterschiedliche und nicht selten viele Akteure waren involviert. Es gab Gegner und Verbündete, deren Auftreten vor Gericht der Wahrheit verpflichtet, aber auch taktisch motiviert sein konnte – hier öffnet sich der Blick ins Innere der bäuerlichen Lebenswelt, auf Beziehungen unter Verwandten, aber auch auf den Aufeinanderprall und das Ineinanderfließen dieser Lebenswelt mit der politischen Welt. Letztere wiederum war in hohem Maße von den konkreten Zeitumständen abhängig; man denke nur an die Kriegszeit, die das Leben im ländlichen Raum stark beeinflusste. Verhandelt schließlich wurde in der juristischen Welt, wobei Verfahren gelegentlich am Ende einer ganzen Serie vorheriger Urteile standen, die von der Vorinstanz und von Gerichten außerhalb der Sondergerichtsbarkeit des Reichsnährstandes rührten. Ernst Langthaler hat diese komplexen Zusammenhänge treffend mit der Vorstellung einer »Vorderbühne«, dem Geschehen

1111 Vgl. ebd., S. 155–158.
1112 Vgl. Reischle/Saure: Reichsnährstand, S. 84.
1113 Vgl. Lindemann: Blut und Boden, S. 54, sowie Böse: Entstehung, S. 83–85.

vor Gericht, und einer »Hinterbühne« beschrieben, dem dahinter stehenden Geschehen etwa im Dorf, das die Quelle des vor Gericht verhandelten Konflikts war.[1114]

Nachdem Struktur, Personal, Prozess und nicht zuletzt die erheblichen Kompetenzen gerade des Landesbauernführers bei der Umsetzung des Reichserbhofgesetzes klar vor Augen liegen, ist nun die Rolle der Landesbauernschaft Ostpreußen bei den Verfahren vor dem Landeserbhofgericht Celle in den Blick zu nehmen. Vor dem Hintergrund der erfolgten statistischen Erfassung kann diese Frage anhand geeigneter Fallbeispiele aus den vier zentralen Themenfeldern Erbhof-Status, Sanktion und Repression, Vererbung sowie Bodenmobilität behandelt werden.[1115] Weil die Fallbeispiele in sich vielschichtig sind, werden jeweils im Anschluss in verschiedenen Hinsichten Querverbindungen zu anderen Fällen gezogen.[1116] Auf diese Weise erfährt man von typischen Vorgehensweisen der Bauernführer und wird der Raum der Möglichkeiten für die Beteiligten bei solchen Verfahren aufgespannt.

6.3 Die Rolle der Landesbauernschaft Ostpreußen in Erbhofverfahren vor dem Landeserbhofgericht Celle

6.3.1 Vererbung

Im April 1939 versagte das Anerbengericht Insterburg einem Vertrag vom März 1938 die Genehmigung, mit dem Witwe C.[1117] ihren Hof dem Sohn übertragen wollte. Der Kreisbauernführer hatte die vereinbarten Übergabebedingungen akzeptiert, lehnte die Genehmigung indes wegen der politischen Haltung des Sohnes ab. Dieser sei nicht Mitglied der NSV geworden, er und seine Frau seien sogar 1935 auf den Vorhalt, mit Juden geschäftlich verkehrt zu haben, aus NSDAP beziehungsweise NS-Frauenschaft ausgeschieden; die Ehefrau habe

1114 Vgl. Langthaler: Inklusion und Exklusion, S. 273–275.

1115 Ein Eingehen auf den Bereich Belastung und Kredite erübrigt sich, er spielte im hier betrachteten Quellenkorpus wie beschrieben quantitativ praktisch keine Rolle. Die wenigen überlieferten Fälle wurden vom LEG Celle in aller Kürze abgehandelt, vgl. die LEG-Urteile vom 1.7.1941, GStA PK, I. HA Rep. 217, Nr. 101, Bl. 37–40, vom 17.7.1941, GStA PK, I. HA Rep. 217, Nr. 101, Bl. 162–163, vom 28.4.1942, GStA PK, I. HA Rep. 217, Nr. 104, Bl. 20–22, vom 19.8.1942, GStA PK, I. HA Rep. 217, Nr. 105, Bl. 102–103, sowie vom 22.11.1944, GStA PK, I. HA Rep. 217, Nr. 109, Bl. 177–179.

1116 So wird vermieden, dem Einzelfall eine zu große Bedeutung zuzumessen. Zu den methodischen Problemen bei der Auswertung solcher Gerichtsakten vgl. Schleusener: Eigentumspolitik, S. 159–160.

1117 Alle Namen aus den Gerichtsakten sind anonymisiert; ausgenommen hiervon sind Namen politischer Funktionäre.

unter Duldung des Mannes weiter Geschäftsverkehr mit Juden gehabt. Das Anerbengericht folgte der Ansicht des Kreisbauernführers, rügte die Haltung des Sohnes und sprach ihm wegen »unzeitgemäßer Gesinnung« die »Ehrbarkeit« als Bauer ab. Der Übergabevertrag wurde daher nicht genehmigt, wogegen der Sohn sofortige Beschwerde einlegte. Er wehrte sich gegen die Vorwürfe, unter anderem damit, dass er der NSV habe beitreten wollen, was jedoch abgelehnt worden sei. Zwar blieb der Kreisbauernführer bei seinen Vorwürfen; Einlassungen der Gestapo Allenstein, eines Ortsgruppenleiters der NSDAP und jene des benachbarten Kreisbauernführers, der von seinem Kollegen um Stellungnahme gebeten worden war, beurteilten die politische Zuverlässigkeit des Sohnes und seiner Frau jedoch günstig. Das Landeserbhofgericht folgte dem: Das Verhalten des Sohnes sei nicht sonderlich geschickt – ein politisch sehr enger Horizont habe sich »mit dem Eigensinn eines ostpreußischen Dickschädels«[1118] gepaart –, doch rechtfertigten die Vorwürfe nicht die Absprechung der bäuerlichen »Ehrbarkeit«. Es änderte den angefochtenen Beschluss, so dass der Vertrag über die Hofübergabe unter Bedingungen genehmigt werden konnte.[1119]

Dies ist nicht nur ein Beispiel für den Bereich der Vererbung, sondern auch dafür, wie flexibel und weitreichend der Begriff der »Ehrbarkeit« verwendbar war. Denn es gab für ihn keine eindeutige Definition: Zur Absprechung der »Ehrbarkeit« konnten unter anderem Trunksucht, Tierquälerei, häusliche Gewalt, Verfehlungen gegenüber der Gesellschaft (zum Beispiel das Wegschaffen von Erntevorräten), moralische, das heißt »sittliche« Verfehlungen (zum Beispiel sexueller Art) und schließlich politische Haltungen führen. Angedacht, aber nicht eingeführt wurde die Bestimmung, dass nach einer strafrechtlichen Verurteilung zwingend die »Ehrbarkeit« abzusprechen sei. Durch die Dehnbarkeit des Begriffes war »Ehrbarkeit« besonders geeignet, vorgebliche politische Gegner oder nationale Minderheiten zu diskriminieren und Juden sozial zu isolieren.[1120]

Die Frage der »Ehrbarkeit« gehört in den größeren Rahmen der »Bauernfähigkeit«. Ihre Feststellung – die Fähigkeit einer Person zur Bewirtschaftung eines Erbhofes – beruhte gemäß Reichserbhofgesetz auf vier Kriterien: deutsche Staatsangehörigkeit; deutsches beziehungsweise »stammesgleiches« Blut; berufliche Eignung (»Wirtschaftsfähigkeit«) sowie die schon erwähnte »Ehrbarkeit«. Ein so qualifizierter Bauer wurde gleichsam als Keimzelle betrachtet, aus der »neues deutsches Bauerntum« und neue deutsche »Bauernsippen« erwachsen sollten.[1121] Wurde ein Bauer für nicht »bauernfähig« erklärt, so durfte er

1118 Entscheidung des LEG Celle vom 15.10.1940, GStA PK, I. HA Rep. 217, Nr. 94, Bl. 5.
1119 Vgl. die Entscheidung des LEG Celle vom 15.10.1940, GStA PK, I. HA Rep. 217, Nr. 94, Bl. 1–6.
1120 Vgl. Böse: Entstehung, S. 182–184, sowie Schleusener: Eigentumspolitik, S. 173–177.
1121 Vgl. Böse: Entstehung, S. 155.

sich nicht mehr »Bauer« nennen, allerdings führte dies nicht zur Aberkennung der Erbhofeigenschaft seines Besitzes.[1122] Die Eigenschaft der »Wirtschaftsfähigkeit« war dabei noch eher einer objektiven Bewertung zugänglich, etwa wenn einem Eigentümer die »geldliche Wirtschaftsfähigkeit« unter Hinweis auf seinen übermäßigen Schuldenstand abgesprochen wurde.[1123]

Wie im Beispielfall wurde in Ostpreußen in etlichen Fällen das Argument der politischen Unzuverlässigkeit genutzt. Schon der Ruch, den Reichsnährstand und den nationalsozialistischen Staat abzulehnen, mochte einen Bauern vor das Anerbengericht bringen.[1124] Kreisbauernführer konnten dabei von NSDAP-Funktionären unterstützt werden, deren Beurteilung in Erbhofverfahren gelegentlich eingeholt wurde. So versuchte 1943 der Kreisbauernführer in Heydekrug einem Eigentümer die Aufnahme seines Hofes in die Erbhöferolle zu versagen, weil er nach Ansicht des Kreisleiters politisch unzuverlässig und als »Grenzlandbauer« nicht tragbar war. Das Landeserbhofgericht hob den entsprechenden Beschluss des Anerbengerichts indes auf, da er nur auf der Beurteilung eines Dritten, nämlich des Kreisleiters, fußte. Das Kriterium der politischen Zuverlässigkeit aber akzeptierte das Landeserbhofgericht durchaus: Es verwies den Fall an das Anerbengericht zur Prüfung einiger Fragen zurück. »Bauernfähigkeit« sei zum Beispiel dann nicht gegeben, wenn sich ein Bauer »im Kreise der deutschgesonnenen Standesgenossen« als Bauer untragbar gemacht habe[1125] – hier floss das bäuerliche Milieu in die Entscheidung ein. In einem anderen Fall wurden auf Antrag des Landesbauernführers einem Bauern Verwaltung und Nutznießung seines Besitzes entzogen und auf seine Tochter übertragen. Der Bauer war zuvor wegen Beleidigung des Gauleiters Koch und anderer führender NSDAP-Funktionäre vom Sondergericht beim Landgericht Königsberg verurteilt worden.[1126]

Zurück zum Bereich Vererbung: Hier drehten sich viele Fälle um die Festsetzung des Altenteils der Ehegatten und der Ausstattung der Geschwister. Diese hatten hierauf gemäß Reichserbhofgesetz einen Anspruch, der freilich von der

1122 Vgl. § 16 REG, RGBl. I 1933, S. 687, zudem Schmitz-Berning: Vokabular S. 86–87.

1123 Zitate im Urteil des LEG Celle vom 19.3.1941, GStA PK, I. HA Rep. 217, Nr. 99, Bl. 56, gesamter Fall Bl. 49–57.

1124 So lehnte der KBF bei einem Verfahren im Bereich Bodenmobilität die Genehmigung für den Verkauf eines Erbhofs ab. Er sprach dem Käufer »Ehrbarkeit« und mithin die »Bauernfähigkeit« ab, nicht zuletzt weil der Käufer dem NS-Staat und dem RNSt ablehnend gegenübergestanden habe. Das LEG wies dies allerdings zurück, eine Schwäche im Charakter sei nicht hinreichend, um die Genehmigung eines Kaufvertrages zu versagen, vgl. den Beschluss des LEG Celle vom 18.12.1940, GStA PK, I. HA Rep. 217, Nr. 96, Bl. 82–89.

1125 Vgl. den Beschluss des LEG Celle vom 23.3.1943, GStA PK, I. HA Rep. 217, Nr. 108, Bl. 97–99, Zitat Bl. 99.

1126 Vgl. das Urteil des LEG Celle vom 30.10.1940, GStA PK, I. HA Rep. 217, Nr. 94, Bl. 173–174.

Leistungskraft des Hofes abhing.[1127] Daher wurde nach Kompromisslösungen gesucht, die für alle Seiten tragbar waren: für den neuen Hofbesitzer, der möglichst wenig abgeben wollte, für die Landesbauernschaft, die einen im Sinne der Ernährungswirtschaft möglichst ertragreichen Hof anstrebte, und für die Ehegatten beziehungsweise Geschwister, die eine gerechte Entschädigung verlangten. Nicht selten traten die Kreisbauernführer mit Kompromissvorschlägen hervor.[1128] Erschien indes die einem Bauern auferlegte Ablieferung für die Ernährungswirtschaft gefährdet, so veranlassten die Vertreter der Landesbauernschaft auch rigorose Zwangsmaßnahmen gegen Hofeigentümer. So verlangte der Landesbauernführer beim Anerbengericht Allenstein, dass der Hofeigentümer C. seinen Hof an den Anerben übergebe, da der Hof angesichts des hohen Alters des Eigentümers ungenügend bewirtschaftet werde und nur unterdurchschnittlichen Ertrag erbringe; er warf ihm einen Verstoß gegen die »bäuerliche Lebensordnung« vor. Das Anerbengericht setzte dem Eigentümer daraufhin im Mai 1944 eine Frist von zwei Monaten. Als diese ergebnislos verstrichen war, beschloss das Gericht gemäß dem Antrag des Landesbauernführers. Die Beschwerde des Alteigentümers C. lehnte das Landeserbhofgericht ab und führte dazu aus:

> »Der Fall ist geradezu ein Musterbeispiel für den Tatbestand, den § 43 der Erbhoffortbildungsverordnung aufgestellt hat. Diese Bestimmung ist geschaffen worden, um ohne Absprechung der Bauernfähigkeit, notfalls auch im Wege des Zwangs den Generationswechsel auf dem Hofe herbeizuführen, der nach den Anschauungen billig und gerecht denkender Bauern, also nach der bäuerlichen Lebensordnung, dann einzutreten hat, wenn der Bauer alt geworden und der Anerbe in die Jahre gekommen ist, daß er selbst den Hof bewirtschaften sollte.«[1129]

Dies zeigt, wie ideologischer Anspruch und ökonomische Erwägungen Hand in Hand gehen konnten und sich gegenseitig keineswegs ausschlossen. Dabei konnten nicht nur die vermeintlichen Anforderungen der bäuerlichen Lebenswelt, sondern auch die Ansprüche der »Volksgemeinschaft« ins Feld geführt werden, um die Weitergabe eines Hofes zu steuern. So lehnte der Kreisbauernführer in Heilsberg 1942 die Genehmigung für eine Erbhofübernahme ab. Seiner Begründung, der Übernehmer sei nicht »bauernfähig«, folgte das Anerbengericht. Die Beschwerde des Übernehmers schmetterte das Landeserbhofgericht in grundsätzlicher Weise ab: Sowohl »Volksgemeinschaft« als auch Gläubiger hätten »einen Anspruch darauf, daß für die Zukunft eine ordnungsmäßige, auf

---

1127 Vgl. die Präambel sowie die §§ 30–31 REG, RGBl. I 1933, S. 685 und S. 689, zudem Böse: Entstehung, S. 291–303.

1128 Vgl. das Urteil des LEG Celle vom 19. 8. 1942, GStA PK, I. HA Rep. 217, Nr. 105, Bl. 138–142. Ähnliches beobachtete Münkel im Kr. Stade, vgl. Münkel: Agrarpolitik, S. 234–237.

1129 Urteil des LEG Celle vom 22. 8. 1944, GStA PK, I. HA Rep. 217, Nr. 109, Bl. 137, gesamtes Urteil Bl. 136–137. Vgl. hierzu auch Münkel: Agrarpolitik, S. 242.

die Erzielung höchstmöglicher Erträge und die pünktliche Erfüllung aller Verpflichtungen ausgerichtete Wirtschaftsführung auf dem Hofe Platz greift.«[1130]

6.3.2 Bodenmobilität

Der Bauer B. hatte im September 1940 dem Landarbeiter I. im Bereich des Anerbengerichts Zinten (Kreis Heiligenbeil) seinen Erbhof auf die Dauer von sechs Jahren verpachtet. B. führte an, beim Feldzug gegen Polen eine Lungenentzündung erlitten zu haben und so einstweilen nicht mehr zu körperlicher Arbeit fähig zu sein. Er arbeite daher als Amtskommissar in Markthausen (Kreis Plozk, Regierungsbezirk Zichenau). Die Verpachtung statt eines Verkaufs sei erfolgt, weil B. Kinder und Brüder habe, die später den Hof übernehmen sollten. Obgleich der Kreisbauernführer der Genehmigung des Pachtvertrages entgegentrat, genehmigte das Anerbengericht ihn. Der Kreisbauernführer legte dagegen unverzüglich Beschwerde ein. Der Erbhof war eine Neubauernstelle, weshalb der Kreisbauernführer argumentierte, »dass gerade der Neubauer mit seinem Grund und Boden verbunden bleiben müsse und diese Verbundenheit nicht durch einen Pachtvertrag aufgeben dürfe.« Sei der Bauer aus gesundheitlichen Gründen nicht zur Bewirtschaftung in der Lage, »müsse er ihn an einen geeigneten Inhaber eines Neubauernscheines verkaufen.« Und bei so geringer Pachtdauer bestehe die Gefahr, dass »der Pächter den Boden nur aussaugt, da er an einer systematischen Wirtschaftsführung kein Interesse haben könnte.«[1131] Gegenüber dem Landeserbhofgericht Celle bat der Pächter I. erfolglos um Zurückweisung der Beschwerde. Auf Vorlage der Akten hatte sich das Kulturamt der Haltung des Kreisbauernführers angeschlossen. Nach Ende des Krieges könne Eigentümer B. im Regierungsbezirk Zichenau für seine Kinder günstig ein Grundstück erwerben. Das Landeserbhofgericht folgte dem: Es ging davon aus, dass sich für B. »fraglos die Möglichkeit bieten wird, im Regierungsbezirk Zichenau erneut ansässig zu werden, wenn er tatsächlich Wert auf die Bewirtschaftung und Erhaltung eines Bauernhofes für seine Familie legt.«[1132] Ein Neubauer aber müsse seinen Hof selber bewirtschaften, ansonsten müsse er ihn an einen anderen Neubauern verkaufen.[1133]

Regelmäßig kreisten Verfahren zur Bodenmobilität um die weltanschauliche Idee der »blutlichen« Bindung des Bauern an seinen Boden. Dabei verweist die

1130 Urteil des LEG Celle vom 26.1.1943, GStA PK, I. HA Rep. 217, Nr. 107, Bl. 217, gesamtes Urteil Bl. 212–218.

1131 Zitate in der Entscheidung des LEG Celle vom 19.3.1941, GStA PK, I. HA Rep. 217, Nr. 99, Bl. 37.

1132 Ebd., Bl. 38.

1133 Für den gesamten Fall vgl. ebd., Bl. 35–38.

bloße Existenz solcher Fälle darauf, dass Erbhöfe im Gegensatz zur rigoros postulierten »Unveräußerlichkeit« und »Unbelastbarkeit« unter bestimmten Bedingungen eben doch veräußerlich und belastbar waren. Dies ermöglichte im Reichserbhofgesetz der »wichtige Grund« (§ 37 Absatz 2 Satz 1), ein zunächst nicht näher bestimmter Begriff, der im Zuge der Rechtsprechung mit Inhalt gefüllt wurde. Lagen Veräußerungen im öffentlichen Interesse, etwa wenn es um Siedlungszwecke, die Wehrmacht oder den Bau von Straßen und Eisenbahnstrecken ging, oder gab es persönliche Gründe, beispielsweise wenn ein Bauer eine besonders hohe Schuldenlast tilgen musste, so konnte dies als »wichtiger Grund« anerkannt werden. Zudem wurden, wenn auch rechtstheoretisch unerwünscht, in der Praxis gelegentlich Grundstücksverkäufe zur Ausstattung von Abkömmlingen erlaubt. Der »wichtige Grund« diente mithin als Instrument der Flexibilisierung, wenn in der Praxis des Reichserbhofgesetzes ideologische und ökonomische Aspekte auszubalancieren waren.[1134] Unter den Verfahren des hier betrachteten Quellenkorpus spielten solche Fälle indes keine Rolle.

Verfahren zur Bodenmobilität aus dem Oberlandesgerichtsbezirk Königsberg zielten auf die Bildung neuer Erbhöfe als Ausgangspunkt für »neues deutsches Bauerntum«: Da ein Ehepaar zwei selbstständige Erbhöfe besaß, genehmigte das Anerbengericht Tilsit die Veräußerung eines der Erbhöfe – dies sei »im staatspolitischen Interesse«, nämlich um möglichst viele Erbhofbauern zu schaffen.[1135] Und entsprechend verhinderten Kreisbauernführer und Landesbauernführer, dass ein Erbhofbauer einen weiteren Hof erwarb. Es sei nicht zu rechtfertigen, dass von der »grundsätzlichen Ablehnung der Vereinigung mehrerer Höfe in einer Hand«[1136] abgewichen werde. Diese Linie konnte freilich bei entgegenstehenden Orientierungsmarken des Reichserbhofgesetzes durchbrochen werden. So unterstützte in einem Verfahren aus dem Bereich Vererbung der Kreisbauernführer die Zusammenlegung zweier Höfe, die gerade noch Erbhof-Status aufwiesen. Anders als bei knappem Siedlungsraum, führte das Landeserbhofgericht aus, sei »in Anbetracht der Schaffung neuen Siedlungsraums im Osten dieser Grund für die Ablehnung einer Vereinigung kleinster Erbhöfe nicht mehr« gegeben. Vielmehr sollten »gerade im Osten Stellen geschaffen werden, die auch auf lange Sicht gesehen, zum dauernden Sitz einer Bauernfamilie geeignet sind und von den Eigentümern ausgebaut werden können.«[1137] Hier wie

1134 Vgl. Böse: Entstehung, S. 367–372 und S. 379–380, sowie Münkel: Agrarpolitik, S. 217–221.

1135 Entscheidung des LEG Celle vom 3.12.1940, GStA PK, I. HA Rep. 217, Nr. 96, Bl. 66, ganzer Fall Bl. 65–68.

1136 Entscheidung des LEG Celle vom 19.8.1942, GStA PK, I. HA Rep. 217, Nr. 105, Bl. 57, ganzer Fall Bl. 55–59.

1137 Entscheidung des LEG Celle vom 17.7.1941, GStA PK, I. HA Rep. 217, Nr. 101, Bl. 113, ganzer Fall Bl. 110–113.

im Beispielfall zeigt sich, dass die nationalsozialistische Siedlungspolitik in den eroberten Gebieten auf die Praxis des Reichserbhofgesetzes zurückwirkte.

Bei Verfahren zur Bodenmobilität wurde gelegentlich nicht nur die Gegenwart eines Erbhofes und dessen Besitzers verhandelt, sondern – explizit als Ausdruck des weltanschaulichen Kerngedankens vom »Bauerntum als Lebensquell des deutschen Volkes« – zugleich die Zukunftsaussichten einer »Sippe« abgeschätzt. Der im Reichserbhofgesetz nicht vorkommende, jedoch in der zugehörigen Rechtsliteratur oft gebrauchte Begriff der »Sippe« bezeichnete einen Familienverband, der auf gemeinsame Abstammung zurückgeführt wurde.[1138] So durchlief ein Verfahren alle drei Instanzen bis hin zum Reichserbhofgericht, das das Anrecht zweier »Sippen« auf einen Erbhof durch Prüfung ihrer Bezüge zum Hof bis ins 19. Jahrhundert zurück untersuchte. Schließlich kam es zur Entscheidung, dass bei der 53 Jahre alten, kinderlosen Witwe L. der Erbhof nicht »Sitz einer neuen Sippe werden« würde, weil auch keine Kinder mehr zu erwarten seien, im Gegensatz zu dem 33-jährigen T., der mit einer Bauerstochter »voraussichtlich auf dem Hof eine neue bäuerliche Familie begründen«[1139] würde.

Allerdings war auch die »Sippe« keineswegs sakrosankt, sondern konnte gegen andere Überlegungen abgewogen werden. So versuchte ein Ehepaar im Memelgebiet den Verkauf eines Erbhofes rückgängig zu machen, um den Erbhof dem Sohn – der Anerbe war, in den Vereinigten Staaten gelebt hatte und bald nach der Rückgliederung des Memelgebiets dorthin zurückgekehrt war – unter den nun vermuteten besseren Bedingungen im Deutschen Reich übergeben zu können. »Die Beziehungen zur elterlichen Scholle sind damals von ihm endgültig gelöst worden«, befand dagegen das Reichserbhofgericht, womit es der Haltung des Landesbauernführers und des Landeserbhofgerichts folgte. Das Ehepaar führte seinerseits aus, dass damit ein anderer Grundsatz des Reichserbhofgesetzes im Bereich der Bindung an den Boden verletzt würde, nämlich der Gedanke der »Sippe«. Es gebe einen Anerben, so dass der Hof nicht an einen »Sippenfremden« verkauft werden dürfe. Das Reichserbhofgericht erkannte dieses Argument an, entschied jedoch gegen die Eheleute.[1140] Bei dieser Entscheidung handelte es sich wohl um eine Abwägung ideologischer Rechtsgüter, in die ökonomische Erwägungen hineinspielten. Denn offenbar hatte die auf den Kreisbauernführer zurückgehende Beurteilung Einfluss, dass der Hof unter Führung eines jungen Neubauern nun deutlich bessere wirtschaftliche Leis-

1138 Vgl. Schmitz-Berning: Vokabular, S. 574–576.

1139 Entscheidung des Reichserbhofgerichts vom 26.6.1942, GStA PK, I. HA Rep. 217, Nr. 96, Bl. 58, gesamter Fall S. 51–59.

1140 Zitate in der Entscheidung des Reichserbhofgerichts vom 10.10.1941, GStA PK, I. HA Rep. 217, Nr. 94, Bl. 171, gesamter Fall Bl. 166–172.

tungen erbringe.[1141] Entscheidungen der Anerbenbehörden konnten mithin auf einer nicht immer durchschaubaren Verknüpfung tatsächlicher und vorgeschobener Argumente beruhen, die ihrerseits ideologisch, ökonomisch oder in sonstiger Weise fundiert waren.

6.3.3 Erbhof-Status

Im Dezember 1940 stellte das Anerbengericht Lötzen fest, dass der Besitz des Landwirts I. und seiner Ehefrau, ein knapp 11,5 Hektar großer Hof, kein Erbhof sei. Diese Feststellung hatte das Entschuldungsamt beim Anerbengericht beantragt, die Kreisbauernschaft hatte die Erbhofeigenschaft ebenfalls verneint. Das Anerbengericht folgte der Argumentation des Entschuldungsamts, dass keine »Ackernahrung« vorliege, das heißt der Hof kein hinreichendes Auskommen aus seinem Ertrag böte, weshalb der Hof kein Erbhof sein könne. Die Beschwerde des Landwirts vor dem Landeserbhofgericht Celle wurde mit gleicher Argumentation zurückgewiesen.[1142] Dieser Fall wurde jedoch weiter vor das Reichserbhofgericht gezogen – vom Landesbauernführer. Seiner Ansicht nach war die Ertragsfähigkeit des Hofes unterschätzt worden; das Entschuldungsamt widersprach dem. Der Landesbauernführer aber führte Einträge aus der Ablieferungskartei der Kreisbauernschaft ins Feld, und eine Betriebsbesichtigung der Kreisbauernschaft im Mai 1941 bestätigte seine Haltung: »Die Eigentümer seien auch nach ihrer Persönlichkeit einer Entschuldung würdig und verdienten auf dem ererbten Besitz erhalten zu werden.«[1143] Dem zuständigen 2. Senat des Reichserbhofgerichts sei bekannt, »dass die landwirtschaftlichen Einheitswerte in Ostpreußen außerordentlich niedrig festgesetzt sind; zahlreiche Höfe mit noch weit geringerem Einheitswert als 4120 Reichsmark haben sich als sichere Ackernahrung erwiesen.«[1144] Das Reichserbhofgericht folgte dem Landesbauernführer, hob die Urteile beider Vorinstanzen auf und erklärte den Besitz der Eheleute zum Erbhof.[1145]

Fehlende »Ackernahrung« war – neben Überschuldung, Zwangsvollstreckung und Zwangsverwaltung[1146] – einer der Gründe, einem Hof den Status eines

1141 Vgl. die Entscheidung des LEG Celle vom 3.12.1940, GStA PK, I. HA Rep. 217, Nr. 96, Bl. 41–50.
1142 Vgl. die Entscheidung des LEG Celle vom 25.4.1941, GStA PK, I. HA Rep. 217, Nr. 99, Bl. 245–248.
1143 Entscheidung des Reichserbhofgerichts vom 29.1.1942, GStA PK, I. HA Rep. 217, Nr. 99, Bl. 252.
1144 Ebd., Bl. 254.
1145 Für den gesamten Fall vgl. ebd., Bl. 249–255.
1146 Vgl. Schleusener: Eigentumspolitik, S. 162.

Erbhofes zu versagen. Ein Hof musste nach § 2 des Reichserbhofgesetzes, ohne Berücksichtigung der Markt- und Wirtschaftslage, eine Familie ernähren und als solcher, als Stammsitz der besitzenden Familie, erhalten werden können. Hintergrund war hier die Vorstellung einer auf germanisches Bauerntum zurückgeführten, die »Sippe« erhaltenden Bodeneinheit, wie sie etwa bei Ernst Moritz Arndt zu finden ist. Diese Eigenschaft eines Erbhofs war damit an Leistungsfähigkeit gekoppelt, die Betriebsgrößen-Grenzen (7,5 und 125 Hektar) waren hierfür lediglich Richtwerte.[1147] Wie im Beispielfall konnte die Beurteilung der »Ackernahrung« mithin heftig umstritten sein. Einem Hof von über 9 Hektar etwa wurde die Eigenschaft der »Ackernahrung« mit Hilfe eines Sachverständigen und von Ertragsschätzungen des Landesbauernführers abgesprochen.[1148] Der entgegengesetzte Fall, dass ein Hof unter 7,5 Hektar als Ackernahrung betrachtet wurde und mithin Erbhof werden konnte, war in Ostpreußen selten; dort fielen lediglich 0,8 Prozent der Erbhöfe (1938) in diese Kategorie, im Vergleich zu 3 Prozent auf Reichsebene,[1149] was ein deutlicher Hinweis auf die schwierigeren natürlichen Bedingungen für die Landwirtschaft in Ostpreußen ist.

Oberhalb der Grenze von 125 Hektar, die der klaren Abgrenzung vom Großgrundbesitz dienen und damit die bäuerliche Landwirtschaft als Ideal nationalsozialistischer »Blut-und-Boden«-Ideologie betonen sollte, wurden Höfe selten zu Erbhöfen erklärt.[1150] Verfahren dieser Art sind im vorliegenden Quellenkorpus nicht enthalten, doch gab es sie. Offenbar versuchte Alexander zu Dohna-Schlobitten sein Gut, das größer als 125 Hektar war, als Erbhof anerkennen zu lassen. Doch habe Landesbauernführer Spickschen im Zusammenspiel mit dem Landeskulturamt im Oberpräsidium Königsberg dies abgelehnt.[1151] Dabei ist klar, dass jedenfalls formal hierüber der Reichsminister für Ernährung und Landwirtschaft endgültig entschied; dem Landesbauernführer oblag es, solche Anträge mit einer gutachterlichen Stellungnahme zu versehen und dem Reichsminister zuzuleiten.[1152]

Wie erwähnt, ist in Ostpreußen wie auch andernorts[1153] das grundsätzliche Bestreben zu erkennen, möglichst viele Erbhöfe zu bilden. Dies bestätigt eine Stellungnahme des Landesbauernführers in einem Verfahren vor dem Reichs-

1147 Vgl. Böse: Entstehung, S. 97–102.
1148 Vgl. die Entscheidung des LEG Celle vom 3.4.1941, GStA PK, I. HA Rep. 217, Nr. 99, Bl. 160–165, und jene des Reichserbhofgerichts vom 18.9.1941, GStA PK, I. HA Rep. 217, Nr. 99, Bl. 166–171.
1149 Vgl. Tabelle 6.2.
1150 Vgl. Böse: Entstehung, S. 104–105.
1151 Vgl. Alexander zu Dohna-Schlobitten: Erinnerungen eines alten Ostpreußen, Berlin 1989, S. 181–182.
1152 Vgl. Reischle/Saure: Reichsnährstand, S. 83–84.
1153 So im Kr. Stade, vgl. Münkel: Agrarpolitik, S. 205.

erbhofgericht aus dem Jahr 1942. Er bejahte Ackernahrung und Erbhofeigenschaft eines Hofes – es seien »bei der erstmaligen Feststellung der Erbhofeigenschaft eines Grundstückes an die Bauernfähigkeit des Eigentümers keine zu strengen Anforderungen zu stellen«. Weder hohes Alter noch Alterserscheinungen böten eine Grundlage, die Bauernfähigkeit abzusprechen.[1154]

Gerade für Eigentümer von sehr kleinen Besitzungen am Rande der Wirtschaftlichkeit war die Anerkennung ihres Hofes als Erbhof erstrebenswert, unter anderem weil so Vollstreckungsschutz gewährleistet war.[1155] Die Erbhof-Bildung konnte indes durchaus auch gegen den Willen der Eigentümer erfolgen: So wollte im Kreis Neidenburg ein Ehepaar die Nicht-Erbhofeigenschaft seines Hofes feststellen lassen. Orts-, Bezirks- und Kreisbauernführer unterstützen dies und waren wie der Bürgermeister der Ansicht, dass der Hof keine Ackernahrung darstelle. Der Sachverständige des Anerbengerichts dagegen sah diese Ackernahrung gegeben, worin ihm das Anerbengericht und später das Landeserbhofgericht folgten.[1156] Dies war durchaus kein Einzelfall, vielmehr gab es immer wieder Eigentümer, die den Erbhof-Status ablehnten: Im Kreis Heydekrug etwa versuchte ein Ehepaar die Eintragung zu verhindern, da sie beide schon im 59. Lebensjahr standen und beide Söhne nicht als Bauern in Frage kamen. Vermutlich befürchteten sie, mit dem Erbhof-Status den Hof nicht oder nur unter großen Anstrengungen verkaufen zu können. Auch hier wurde das Ansinnen der Eheleute von Anerbengericht und Landeserbhofgericht abgelehnt.[1157]

Neben solcher eigener Unpässlichkeit gab es weitere Motive für die Ablehnung der Erbhofeigenschaft: prinzipielle Kritik am Reichserbhofgesetz; der Wunsch, die Möglichkeit einer Verpachtung offenzuhalten; Furcht, künftig keine Kredite mehr zu bekommen; unzureichende Wirtschaftsleistung des Hofes; die Auffassung, einen gemischten Betrieb, das heißt in erster Linie einen Gewerbebetrieb zu führen. Auch konnte die Ablehnung der Erbhofeigenschaft taktisch motiviert sein, etwa um einem Abmeierungsverfahren zu entgehen. Zudem konnten andere Akteure an der Nicht-Erbhofeigenschaft interessiert sein: Gläubiger, die den Vollstreckungsschutz des Erbhofbauern fürchteten, oder auch Kreisbauernführer, die keine wirtschaftlich fragilen Höfe in der Erbhöferolle haben wollten.[1158]

1154 Vgl. die Entscheidung des Reichserbhofgerichts vom 28.1.1942, GStA PK, I. HA Rep. 217, Nr. 96, Bl. 121–134, Zitat Bl. 124.

1155 Vgl. Schleusener: Eigentumspolitik, S. 160.

1156 Vgl. die Entscheidung des LEG Celle vom 19.8.1942, GStA PK, I. HA Rep. 217, Nr. 105, Bl. 88–91.

1157 Vgl. die Entscheidung des LEG Celle vom 10.2.1943, GStA PK, I. HA Rep. 217, Nr. 107, Bl. 270–272.

1158 Vgl. Münkel: Agrarpolitik, S. 210, Herlemann: Bauer, S. 102, sowie Schleusener: Eigentumspolitik, S. 163–164.

6.3.4 Sanktion und Repression

Gegen den Hofeigentümer I. hatte der Landesbauernführer beantragt, ihm für die Dauer von sechs Jahren die Verwaltung und Nutznießung seines Erbhofs zu entziehen und diesen der als »bauernfähig« eingeschätzten Ehefrau des Bauern zu übertragen. Der Bauer war zuvor im Zusammenhang mit Pferdehandel vom Amtsgericht Seeburg wegen Urkundenfälschung, Betrug und Verstoß gegen Preisbildungsvorschriften zu Gefängnis- und Geldstrafen verurteilt worden. Auch nachdem er verurteilt worden war, soll er Pferdehandel betrieben und seinen Erbhof vernachlässigt haben. Dies beurteilte der Landesbauernführer als Verstoß gegen die bäuerliche Standesehre. Der Bauer rechtfertigte sich unter anderem damit, dass die Kreisbauernschaft ihm trotz Zusage keine gültige Pferdekarte gegeben habe. Das Anerbengericht Seeburg lehnte daraufhin im November 1942 den Antrag des Landesbauernführers ab – es gehe zu weit, wegen der Verstöße die bäuerliche Ehre aberkennen zu wollen. Nach Untersuchung durch einen der beiden Anerbenrichter sei festzustellen, dass der Hof in gutem Zustand sei. Die Abmeldung seines Gewerbes und der Entzug der Handelserlaubnis lasse erwarten, dass Bauer I. sich nun noch mehr um den Hof kümmern werde. Der Landesbauernführer legte gegen diesen Beschluss sofortige Beschwerde beim Landeserbhofgericht Celle ein. Er zeigte sich bei der Dauer der Sanktion flexibel, grundsätzlich davon abzusehen sei jedoch nicht möglich. Bauer I. bat um Zurückweisung der Beschwerde und argumentierte, dass es der Kriegswirtschaft nicht hülfe, wenn der Hof in andere Hände käme. Das Landeserbhofgericht Celle indes folgte der Argumentation des Landesbauernführers: Es wolle dem Eigentümer Gelegenheit geben, »den an einen ehrbaren Bauern zu stellenden Anforderungen auch in charakterlicher Hinsicht zu genügen.«[1159] Es verkürzte allerdings die Entziehung von Verwaltung und Nutznießung, die nun Ende 1946 ablaufen sollte.[1160]

In keinem thematischen Bereich war die Rolle des Landesbauernführers bedeutender als bei Sanktion und Repression. Wie die statistischen Betrachtungen (Kapitel 6.2) zeigten, machte dieser Bereich innerhalb des Quellenkorpus einen relativ kleinen Teil aus. Das sagt aber nichts über die Wirkung der angedrohten Sanktionen aus, denn allein die Tatsache, dass sie im Raum standen und exemplarisch durchaus angewandt wurden, konnte bereits Wirkung entfalten. Und schätzt man das Quellenkorpus unter dem Gesichtspunkt ein, in welchen Fällen eine substantielle Beteiligung des Landesbauernführers zu erkennen ist, so machen Verfahren aus dem Bereich Sanktion und Repression mehr als die Hälfte

1159 Entscheidung des LEG Celle vom 25.5.1943, GStA PK, I. HA Rep. 217, Nr. 108, Bl. 222.
1160 Vgl. die Entscheidung des LEG Celle vom 25.5.1943, GStA PK, I. HA Rep. 217, Nr. 108, Bl. 218–222.

aus. Dies verwundert nicht, denn gerade hier verfügte der Landesbauernführer über maßgebliche Kompetenzen: Wurde einem Hofeigentümer die »Ehrbarkeit« abgesprochen, war er nicht in der Lage, seinen Hof ordnungsgemäß zu bewirtschaften oder bediente er seine Schuldverpflichtungen nicht, so konnte »das Anerbengericht auf Antrag des Landesbauernführers die Verwaltung und Nutznießung des Erbhofs dauernd oder auf Zeit dem Ehegatten des Bauern oder auf denjenigen übertragen, der im Falle des Todes des Bauern der Anerbe wäre.«[1161] Obgleich nicht im Gesetzestext so genannt, war hierfür die Bezeichnung »kleine Abmeierung« üblich, im Gegensatz zur »großen Abmeierung«:[1162] Gab es keine Ehegatten oder Anerben beziehungsweise waren diese »nicht bauernfähig, so kann das Anerbengericht das Eigentum am Erbhof auf Antrag des Reichsbauernführers auf eine von diesem vorzuschlagende bauernfähige Person übertragen.«[1163] Dabei sollte der Reichsbauernführer nach Möglichkeit bauernfähige Verwandte vorschlagen. Die Abmeierung diente dem Schutz von Gläubigern und stellte funktional betrachtet einen Ersatz für die Zwangsvollstreckung dar, die bei Erbhöfen wegen des Vollstreckungsschutzes (§ 38 Reichserbhofgesetz) nicht mehr möglich war.[1164]

Als das Reichserbhofgesetz im Dezember 1936 durch eine Verfahrensordnung ergänzt wurde, wurden weitere Sanktionen für den Fall eingeführt, dass ein Bauer seine Schuldverpflichtungen nicht erfüllte oder seinen Hof unzureichend bewirtschaftete. Damit erhielt auch der Landesbauernführer neue Sanktionsmöglichkeiten: So konnte er nun, quasi als Vorstufen der Entziehung von Verwaltung und Nutznießung, beim Anerbengericht für einen Erbhof die Anordnung der Wirtschaftsüberwachung oder der Wirtschaftsführung durch einen Treuhänder beantragen.[1165] Mit all diesen Sanktionsmaßnahmen wurde der Landesbauernführer, der gerade bei schwerwiegenden Eingriffen in Eigentumsrechte stets involviert war und durch seine Haltung die jeweilige Entscheidung maßgeblich beeinflusste, für Bauern zum Schicksal. Im äußersten Fall bedeutete eine »große Abmeierung« nichts anderes als eine ersatzlose Enteignung – hier hing die Existenz eines Menschen und seiner Familie auch von der Haltung des Landesbauernführers ab.[1166]

Die Nutzung dieses Instrumentariums bis hin zur »großen Abmeierung« auf

1161 § 15 Abs. 2 REG, RGBl. I 1933, S. 687.
1162 Vgl. Schmitz-Berning: Vokabular, S. 1–2.
1163 § 15 Abs. 3 REG, RGBl. I 1933, S. 687.
1164 Vgl. Böse: Entstehung, S. 188–192.
1165 Vgl. die Erbhofverfahrensordnung vom 21. 12. 1936, dort §§ 73–95, RGBl. I 1936, S. 1095–1101, zudem Reischle/Saure: Reichsnährstand, S. 84, und Münkel: Agrarpolitik, S. 248–249.
1166 Vgl. Schleusener: Eigentumspolitik, S. 146–147.

Antrag des Landesbauernführers[1167] zeigt sich im Quellenkorpus in ganzer Breite. Häufig gab es den Verweis auf die Kriegssituation und auf den verlangten Beitrag zur Ernährungswirtschaft. So hatte der Landesbauernführer im April 1942 für einen Hof beantragt, dort einen Treuhänder mit der Wirtschaftsführung zu betrauen. Die Beschwerde des Bauern lehnte das Landeserbhofgericht ab mit dem Hinweis, dass gewiss auf zur Wehrmacht eingezogene Bauern Rücksicht genommen werden müsse. »Ebensosehr liegt es aber angesichts der gegenwärtigen Kriegs- und Ernährungsverhältnisse auf der Hand, daß erhöhte Anforderungen an eine ordnungsmäßige und nachdrückliche Wirtschaftsführung gestellt werden müssen.«[1168]

Das Instrumentarium von Sanktion und Repression war nicht nur Selbstzweck, sondern wurde auch als Mittel genutzt, um andere Ziele zu erreichen. Im August 1939 hatte das Anerbengericht Neidenburg auf Antrag des Landesbauernführers beschlossen, die Verwaltung und Nutznießung eines Erbhofs zwangsweise dem Anerben zu übertragen. Der Kreisbauernführer hatte gar die Möglichkeit ins Spiel gebracht, dem Hof die Erbhofeigenschaft zu entziehen und ihn der Zwangsversteigerung preiszugeben. Der zum Nutzverwalter bestimmte Sohn indes hatte kein Interesse, den Hof zu übernehmen. Seine Beschwerde lehnte das Landeserbhofgericht Celle jedoch ab und drohte dem Bauern bei fortgesetzter Weigerung der Hofübernahme mit den Mitteln des Landesbauernführers. Als Maßnahme komme, »wenn nicht etwa die Nichterbhofeigenschaft des Betriebes festgestellt werden sollte, auch die Wirtschaftsführung durch einen Treuhänder in Betracht, der den Hof verpachten und die Räumung desselben durch die Eigentümer erzwingen kann.«[1169]

Äußerungen wie diese mussten jedem Erbhofbauern eine grundsätzliche Konsequenz des Reichserbhofgesetzes vor Augen halten: Er war anders als früher kein »Eigentümer« mehr, sondern vielmehr eine Art Treuhänder des von ihm bewirtschafteten Bodens für die »Volksgemeinschaft«. Hierin lag das Verräterische am Begriff der »Abmeierung« – er verweist auf den im Mittelalter so bezeichneten »Meier«, der Boden für die Gemeinschaft treuhänderisch bewirtschaftete. Entsprechend nahm sich nun die »Volksgemeinschaft«, hier vor allem in Gestalt des Landesbauernführers und des Reichsbauernführers, das Recht heraus, tatsächlich oder angeblich schlecht wirtschaftenden Bauern die Verfügungsrechte über ihren Grund und Boden zu nehmen.[1170]

1167 Vgl. den Beschluss des LEG Celle vom 7.3.1944, GStA PK, I. HA Rep. 217, Nr. 109, Bl. 20–22.

1168 Entscheidung des LEG Celle vom 27.1.1943, GStA PK, I. HA Rep. 217, Nr. 107, Bl. 266, gesamter Fall Bl. 261–269.

1169 Entscheidung des LEG Celle vom 29.10.1940, GStA PK, I. HA Rep. 217, Nr. 94, Bl. 115, gesamter Fall Bl. 111–115.

1170 Vgl. Schleusener: Eigentumspolitik, S. 183–184.

Die Ausführungen zu den vier thematischen Bereichen lassen erahnen, in welch komplexer Weise die Verfahrensbeteiligten in Erbhofverfahren vor den Anerbenbehörden involviert waren. Was kann nun über die Rolle der Landesbauernschaft Ostpreußen bei der Durchsetzung des Reichserbhofgesetzes gesagt werden, wie sie sich in den Verfahren vor dem Landeserbhofgericht Celle manifestiert? Betrachtet man die beteiligten Akteure, so waren die hochrangigen Bauernführer der Landesbauernschaft Ostpreußen in diesen Verfahren nur eine Gruppe von Akteuren unter vielen anderen. Im Wesentlichen waren dies: Bauern beziehungsweise Eigentümer, deren Höfe Gegenstand der Verfahren waren, und ihre Verfahrensgegner, wobei beide häufig noch Rechtsanwälte beizogen; Personal der Anerbenbehörden, vor allem haupt- und nebenamtliche Richter; durch gutachterliche Tätigkeit involvierte Personen; und Personal der Landesbauernschaft Ostpreußen. Jedes Verfahren konstituierte damit auch ein personales Netz von Akteuren aus dem politischen, gesellschaftlichen und wirtschaftlichen Bereich, die über viele Knotenpunkte miteinander verknüpft sein konnten.

Es kennzeichnet daher diese Verfahren, dass sie nicht als rein juristische Angelegenheiten zu begreifen sind. Inhaltlich spielten vielmehr implizit oder explizit auch gesellschaftliche, wirtschaftliche und kulturelle Aspekte hinein, etwa die soziale Kontrolle durch das bäuerliche Milieu. Im Zeitablauf war darüber hinaus mit politischen und militärischen Entwicklungen zu rechnen: Kriegswirtschaft und Ernährungslage konnten zum Argument in den Verfahren werden. Gegen Kriegsende wurden gar per Verordnung Beschwerden gegen Urteile der Anerbengerichte unterbunden, die Urteile wurden damit sofort rechtskräftig.[1171]

All dies in Rechnung gestellt, ist dem Landesbauernführer großer Einfluss zuzuschreiben, vielleicht der größte aller Akteure – wegen seiner formalen Kompetenzen bei der Umsetzung des Reichserbhofgesetzes, aber auch wegen der Rechtspraxis und deren Folgen. Auf Basis seiner Kompetenzen bestimmte der Landesbauernführer das Personal der Rechtsabteilung in seiner Landesbauernschaft, und er hatte auch Einfluss auf die Auswahl des Personals der Anerbenbehörden. Zwar behielt sich der Reichsbauernführer die Bestätigung solcher Personalentscheidungen vor, doch wurde auf Ebene der Landesbauernschaft eine Vorauswahl getroffen, die von der Reichsebene nur schwer in Frage zu stellen war. Vor allem aber: Mit der Auswahl der Kreisbauernführer bestimmte der Landesbauernführer jenen Kreis von Personen, mit dem zusammen er auf

1171 Vgl. die 2. Kriegsvereinfachungsverordnung für das Erbhofrecht vom 27.9.1944, RGBl. I 1944, S. 238. Mit dieser wurden im Dezember 1944 etliche Fälle aus Ostpreußen für erledigt erklärt, vgl. z. B. die Entscheidung des LEG Celle vom 1.12.1944, GStA PK, I. HA Rep. 217, Nr. 109, Bl. 187.

die Umsetzung des Reichserbhofgesetzes auf lokaler, regionaler und auf Reichsebene einwirkte.

Nun stechen markante Unterschiede ins Auge, betrachtet man Kreisbauernführer und Landesbauernführer in ihrem Verhältnis zur Praxis der Erbhofverfahren im Oberlandesgerichtsbezirk Königsberg. Grundsätzlich ist bei einer Reihe von Verfahren nicht zu erkennen, dass der Kreisbauernführer eine besondere Rolle gespielt hätte. Bei etlichen Fällen ist unklar, ob er überhaupt involviert war.[1172] Vermutlich wäre die hinreichende Befassung mit allen Fällen schon aus arbeitsökonomischen Gründen unmöglich gewesen. War der Kreisbauernführer involviert, so gingen Kreisbauernführer und Anerbengericht zwar klar mehrheitlich, aber keineswegs immer konform.[1173] Anders war dies bei Landesbauernführer Spickschen: War er einmal in ein Verfahren involviert – was ebenfalls nicht immer der Fall war –, so konnte davon ausgegangen werden, dass sein Standpunkt später Rechtskraft erlangte. Freilich gab es Ausnahmen, so als sich im Juni 1942 ein Beschwerdeführer gegen die Beschlüsse des Anerbengerichts und des Landeserbhofgerichts, damit aber auch gegen den Standpunkt von Kreisbauernführer und Landesbauernführer beim Reichserbhofgericht durchsetzte.[1174] In aller Regel aber folgten die Anerbengerichte und Kreisbauernführer ebenso wie das Landeserbhofgericht und das Reichserbhofgericht dem Landesbauernführer.

Die Umsetzung des Reichserbhofgesetzes spielte dem Landesbauernführer aber, ohne dass er den Gang jedes einzelnen Verfahrens hätte zweifelsfrei bestimmen können und jenseits seiner formalen Kompetenzen, darüber hinaus in grundsätzlicher Weise in die Hände. Denn Ablauf und Rechtspraxis der Erbhofverfahren trugen zur allgemeinen Kontrolle und Disziplinierung der Bauern, ja des bäuerlichen Milieus bei. Aus Sicht der darin verwickelten Bauern waren Verfahren vor Anerbenbehörden schlicht nicht kalkulierbar, weder zeitlich noch inhaltlich. Das galt auch für den Landesbauernführer, doch tangierte es ihn nicht wesentlich, jedenfalls nicht in existenzieller Weise. Nun war in bäuerlichen Kreisen sicherlich bekannt, dass häufig versucht wurde, für alle Beteiligten tragbare Kompromisslösungen zu finden, so dass durch das Reichserbhofgesetz Konfliktpotential, darunter auch Gegensätze zu lokalen oder regionalen Traditionen, in der ländlichen Bevölkerung kanalisiert und entschärft werden

---

1172 Vgl. den Beschluss des LEG Celle vom 3. 12. 1940, GStA PK, I. HA Rep. 217, Nr. 96, Bl. 62–64.

1173 Vgl. z. B. die Entscheidung des LEG Celle vom 3. 4. 1941, GStA PK, I. HA Rep. 217, Nr. 99, Bl. 124–129. Für den Kr. Stade sieht Münkel: Agrarpolitik, S. 261, einen größeren Einfluss des KBF.

1174 Vgl. die Entscheidung des Reichserbhofgerichts vom 26. 6. 1942, GStA PK, I. HA Rep. 217, Nr. 96, Bl. 51–59.

konnte.[1175] Insoweit konnte der Einfluss der Kreisbauernführer und des Landesbauernführers an eine milieu-immanente Grenze stoßen. Aufs Ganze besehen war jedoch auch dies – im Sinne eben der Kanalisierung von Konfliktpotential – für die Landesbauernschaft durchaus funktional. Denn erst die Möglichkeit, dass sich zum Beispiel ein Anerbengericht auch gegen den Kreisbauernführer stellen könnte, signalisierte den Bauern, dass ein Verfahren vor einem Anerbengericht überhaupt aussichtsreich sein konnte.

Gleichwohl konnten die Sanktionsmittel des Landesbauernführers im Einzelfall enorme, existentielle Folgen haben, und wie gezeigt enthielten das Reichserbhofgesetz und dessen Fortbildungen Bestimmungen, die der Willkür Tür und Tor öffneten. Zudem konnte der Landesbauernführer auf die Mittel der Erzeugungskontrolle auch in solchen Verfahren zurückgreifen, etwa wenn für Altenteil-Leistungen mittels Hofkarte die Produktionskraft eines Erbhofes abgeschätzt wurde.[1176] Im Ergebnis barg ein Erbhofverfahren für einen Bauern eine hohe Erwartungsunsicherheit und erhebliche Risiken. Dies wirkte auf die Erbhofverfahren zurück: Etliche Verfahren endeten wegen Rücknahme der Beschwerde ohne Urteil, so galt der Verhandlungsgegenstand noch vor Abschluss des Verfahrens als »erledigt«. In Teilen war dies dem Druck der Bauernführer geschuldet.[1177] Diesen Fällen ist noch eine unbestimmte Zahl von gleichsam unterlassenen Verfahren hinzuzufügen, nämlich wenn die ländliche Bevölkerung Beschwerden angesichts möglicher Sanktionen durch das Reichserbhofgesetz von vornherein unterließ und ihr Verhalten entsprechend vorauseilend anpasste. Das Gesetz diente auch insofern, über die eigentliche Praxis der Erbhofgerichte hinaus, als Mittel zur Disziplinierung der ländlichen Bevölkerung.[1178]

Bei alledem behielt bei den Verfahren aus dem Oberlandesgerichtsbezirk Königsberg vor dem Landeserbhofgericht Celle bis Ende des Krieges die Weltanschauung von »Blut und Boden« ihre Bedeutung. Es war mithin keineswegs so, dass ungefähr mit Einführung des Vierjahresplanes 1936 und ganz gewiss ab September 1939 Ideologie zugunsten ökonomischer Bedürfnisse weitestgehend zurückgestellt worden wäre.[1179] Statt eines diametralen Gegensatzes zwischen

1175 Vgl. auch Langthaler: Inklusion und Exklusion, S. 275–276.

1176 Vgl. die Entscheidung des LEG Celle vom 25.4.1941, GStA PK, I. HA Rep. 217, Nr. 99, Bl. 239–240.

1177 Dies ist bereits auf der Ebene der KBF zu beobachten, vgl. den Beschluss des LEG Celle vom 19.8.1942, GStA PK, I. HA Rep. 217, Nr. 105, Bl. 102–103.

1178 Vgl. zeitgenössisch Hopp: Erbhofrecht, S. 1566 und 1568, zudem Münkel: Agrarpolitik, S. 249.

1179 So aber Münkel, vgl. ebd., S. 248–249 und S. 258–259. Vgl. auch dies.: Reichserbhofgesetz, S. 549–580, und Schober: Pfaffenhofen, S. 147–148, dagegen aber Farquharson: Plough, S. 131–132, der ebenfalls auf die Flexibilität der Rechtssprechung von Anerbenbehörden hinweist.

den beiden Polen von Ideologie und Ökonomie ist vielmehr zu konstatieren, dass ideologische und wirtschaftliche Anforderungen häufig miteinander verbunden werden konnten – wie dargelegt, bot das Reichserbhofgesetz hierfür genügend Spielraum. Bei den oben genannten Verfahren ist nicht zu erkennen, dass durch eine Gerichtsentscheidung absichtlich die Verschlechterung der Produktionsleistung in Kauf genommen worden wäre, um ideologischen Forderungen zu genügen. Und umgekehrt ist nicht zu erkennen, dass ideologische Postulate keine Rolle gespielt hätten, nur um die landwirtschaftliche Erzeugung eines Hofes zu verbessern. Vielmehr lag die Realität zwischen diesen Extremen: Die weltanschaulichen Leitplanken von »Blut und Boden«, die das Reichserbhofgesetz prägten, wurden in Urteilen immer wieder implizit mitgedacht und explizit erwähnt. Diese Leitplanken standen nie grundsätzlich zur Diskussion, auch nicht in den letzten Kriegsjahren.[1180] Urteile in den Erbhofverfahren zeichneten sich daher durch ein Ausbalancieren ideologischer und wirtschaftlicher – und übrigens auch weiterer, etwa sozialer – Anforderungen aus, die bald diesen, bald jenen Aspekt stärker gewichteten. Stets aber gab es Mindestanforderungen in ideologischer und wirtschaftlicher Hinsicht, die nicht verhandelbar waren.

Das Reichserbhofgesetz diente der Landesbauernschaft Ostpreußen, das zeigte ihre Rolle bei dessen Umsetzung, nicht zuletzt als wichtiges Mittel der Disziplinierung und Sanktionierung. Es verwundert daher nicht, dass sie auch Einfluss auf den Versuch nahm, das Reichserbhofrecht auf die eingegliederten Ostgebiete auszudehnen. Hier aber kamen sich die beiden für den Reichsnährstand zentralen Aufgabengebiete, das Reichserbhofrecht und die »Neubildung deutschen Bauerntums«, in die Quere. Zugleich ist dieser Versuch ein Beispiel dafür, dass zu Kriegszeiten gerade regionale Akteure wie die Landesbauernführer mehr und mehr Aufgaben, Kompetenzen und damit Verantwortung erhalten sollten.

1180 Dies zeigte sich exemplarisch, als eine Frau die »arische« Abstammung ihres Mannes nachweisen musste, so dass ihr schließlich »Bauernfähigkeit« attestiert werden konnte, vgl. die Entscheidung des LEG Celle vom 20.5.1942, GStA PK, I. HA Rep. 217, Nr. 104, Bl. 23–29. In dieselbe Richtung weist eine Stellungnahme des LBF, der zu einem Urteil des Landeserbhofgerichts mitteilte, er halte »die angefochtene Entscheidung falls gegen die Erbgesundheit der Erwerberin Bedenken nicht bestehen würden, für zutreffend.« Urteil des Reichserbhofgerichts vom 26.6.1942, GStA PK, I. HA Rep. 217, Nr. 96, Bl. 56, gesamter Fall Bl. 51–59.

6.4 Reichserbhofrecht im Regierungsbezirk Zichenau? Zum Entwurf für die »Verordnung über die Einführung des Erbhofrechts in den eingegliederten Gebieten (OstEHV)«

Im Regierungsbezirk Zichenau kam es, wie in den eingegliederten Ostgebieten insgesamt, nicht zur förmlichen Einführung des Reichserbhofgesetzes. Die zur »Neubildung deutschen Bauerntums« gewendete ländliche Siedlung und das Reichserbhofgesetz ließen sich in den eingegliederten Ostgebieten gleichzeitig jedenfalls nicht sofort verwirklichen – anders als 1933 im Reichsgebiet, und auch anders als in jenen Gebieten, die zwischen Februar 1935 und September 1940 ins Deutsche Reich eingegliedert worden waren.[1181] Bei den Diskussionen in dieser Sache spielte die Führung der Landesbauernschaft Ostpreußen eine wichtige Rolle, ebenso wie die Landesbauernschaften Danzig-Westpreußen und Wartheland.

Nun waren zwar bereits Anfang 1940 in den eingegliederten Ostgebieten wesentliche Ideen des Reichserbhofgesetzes im Verordnungswege umgesetzt worden, namentlich mittels der Verordnungen vom 31. Januar 1940 zur »Sicherung des geordneten Aufbaus der Wirtschaft der eingegliederten Ostgebiete« und vom 12. Februar 1940 über die »öffentliche Bewirtschaftung land- und forstwirtschaftlicher Betriebe und Grundstücke in den eingegliederten Ostgebieten«. Mit ihnen war im eroberten polnischen Gebiet der Verkehr mit landwirtschaftlichen Grundstücken – und damit auch deren Teilung und Zersplitterung – praktisch vollständig unterbunden worden, ebenso die Belastung solcher Grundstücke. Doch bestand hier eine Lücke bei Anerbengütern, falls sie im Besitz von Reichsdeutschen und »Volksdeutschen« waren.[1182] Vor diesem Hintergrund wurde schon 1940 mit den Bemühungen begonnen, das Reichserbhofgesetz als solches auf die eingegliederten Ostgebiete auszuweiten.

Roland Freisler, der damalige Staatssekretär im Reichsjustizministerium und spätere Präsident des Volksgerichtshofs, erteilte den Auftrag, dass zunächst vor Ort die dafür notwendigen Voraussetzungen geprüft werden sollten. Eine Delegation des Reichsjustizministeriums, des RMEL sowie des Reichsbauernführers bereiste im Juni und September 1940 die Reichsgaue Wartheland und Danzig-Westpreußen sowie den Regierungsbezirk Zichenau. Dort konferierten

---

1181 Diese Gebiete waren das Saarland, die »Ostmark«, das Memelgebiet, die sudetendeutschen Gebiete, Danzig sowie Eupen, Malmedy und Moresnet. Zur Fortbildung des Erbhofrechts und zu seiner Ausdehnung auf Gebiete außerhalb des Deutschen Reichs in den Grenzen von 1933 vgl. Buschmann: Gesetzgebung, S. XXI–XXII. Material zur eingeschränkten Einführung des REG im Memelgebiet findet sich in: BArch, R 2/18257, zur Einführung in der »Ostmark« vgl. Siegl: Bergbauern, S. 78–82.

1182 Vgl. das Schreiben des Oberlandesgerichtspräsidenten Posens vom 11.3.1940 an den Reichsminister der Justiz, BArch, R 3001/22182, Bl. 39–40.

sie mit den Spitzen der Landesbauernschaften und informierten sich bei ausgewählten Kreisbauernführern sowie »volksdeutschen« Bauern, deren Höfe als Beispiele dienten, anhand derer konkrete Fragen des Erbhofrechts diskutiert wurden.[1183] Die Landesbauernschaft Schlesien, die Ende 1939 um den Regierungsbezirk Kattowitz erweitert worden war, wurde ohne Besichtigungsreise, jedoch durch Schriftverkehr in diese Diskussion einbezogen.[1184]

Wie sich zeigte, war die Haltung der Landesbauernschaften zur Einführung des Erbhofrechts uneinheitlich. Die Landesbauernschaft Wartheland drängte darauf: Zwar gab es Hindernisse, denn es fehlten Grundbücher und bei geschätzten 13.000 Erbhöfen war deren vollständige Erfassung angesichts des Personalmangels praktisch kaum umsetzbar. Andererseits waren dort bereits umfangreiche Umsiedlungen angelaufen, mit gelegentlich unerwünschtem »wildem« Vorgehen einzelner Stellen. Die Einführung des Erbhofrechts erschien daher der Landesbauernschaft als ein probates Mittel, Recht und Gesetz wieder die gebührende Stellung zu verschaffen; ganz abgesehen von der ideologischen Komponente, mittels des Gesetzes eine Bodenordnung nach nationalsozialistischer Weltanschauung ins Werk zu setzen.[1185]

Die Landesbauernschaften in Ostpreußen und Danzig-Westpreußen indes stellten sich gegen eine frühzeitige Einführung des Reichserbhofrechts in den eingegliederten Ostgebieten. Sie lehnten Überlegungen ab, das Anlegungsverfahren direkt vom Altreich zu übernehmen, und waren zudem dagegen, dass mit der Feststellung der Volkstumszugehörigkeit gleichsam automatisch die Grundlage für die Feststellung der Erbhofeigenschaft gegeben sein sollte.[1186] Bei der Besichtigungsreise im Regierungsbezirk Zichenau führte Landesobmann

1183 Vgl. Hopps Bericht über die Dienstreise in den Reichsgau Wartheland vom 16.–21.6.1940 [vermutlich Juni 1940], BArch, R 3001/22182, Bl. 43–80, dort Bl. 44. Vgl. zudem Dellians Bericht über die Dienstreise zur LBsch Danzig-Westpreußen und in den RB Zichenau (LBsch Ostpreußen) vom 25.–28.9.1940 [vermutlich Oktober 1940], BArch, R 3001/22182, Bl. 199.

1184 Vgl. das Schreiben des Reichsministers der Justiz vom 6.5.1942 an den Reichminister für Ernährung und Landwirtschaft und weitere, BArch, R 3001/22182, Bl. 393–394. Eine für 1941 geplante Besichtigungsreise, die nach Oberschlesien führen sollte, fiel aus, vgl. das Schreiben der LBsch Schlesien vom 25.7.1941 an den RBF (Verwaltungsamt), BArch, R 3001/22182, Bl. 297–299, und das Schreiben des RBF (Verwaltungsamt, Abt. I G) vom 21.1.1942 an den Reichsminister für Ernährung und Landwirtschaft, BArch, R 3001/22182, Bl. 330. Für die schriftliche Berichterstattung der LBsch Schlesien vgl. deren undatierte »Übersicht über die Land- und Forstwirtschaft Oberschlesiens« [1942], BArch, R 3001/22182, Bl. 310–392. Zur Erweiterung der LBsch Schlesien um den RB Kattowitz vgl. Nationalsozialistische Landpost vom 9.2.1940, S. 4 (Artikel »Landesbauernschaften in den Ostgebieten«).

1185 Vgl. Hopps Bericht über die Dienstreise in den Reichsgau Wartheland vom 16.–21.6.1940 [vermutlich Juni 1940], BArch, R 3001/22182, Bl. 45–69 sowie Bl. 78–80.

1186 Vgl. das Schreiben des RBF (Verwaltungsamt, Abt. I G) vom 21.1.1942 an den Reichsminister für Ernährung und Landwirtschaft, BArch, R 3001/22182, Bl. 330.

Adolf Gruber im Auftrag Spickschens die Delegation der Landesbauernschaft Ostpreußen an, unterstützt von Landeshauptabteilungsleiter Fritz Berg, Stabsleiter Rudolf Adam und Walter Heinrich, dem Leiter der Rechtsabteilung. Die Einführung des Reichserbhofsgesetzes, so Gruber, erscheine der Landesbauernschaft Ostpreußen »nicht dringlich, da gerade im Ziechenauer [sic!] Bezirk eine große Bodenbewegung einsetzen werde und die Zahl der jetzt für das Reichserbhofgesetz in Betracht kommenden, noch nicht von Umsiedlungsplänen erfassten Höfe verhältnismäßig gering sei.« Gruber befürchtete, »das Reichserbhofgesetz könne die notwendigen Umsiedlungsmaßnahmen verhindern.«[1187]

Offenbar spielte auch die Vorstellung hinein, dass gewissermaßen »nicht hinreichend deutsche« Personen zu Bauern werden könnten. So ging der Kreisbauernführer Hartmann aus dem Kreis Plozk (ab Mai 1941 Schröttersburg) von einer zu leichtfertigen Bestätigung der »Volkstumszugehörigkeit« aus, etwa bei Mitgliederaufnahmen durch NSDAP und DAF, wonach den betreffenden Personen kaum die Zugehörigkeit zum deutschen »Volkstum« bestritten werden könne.[1188] Auf die eingegliederten Gebiete bezogen, wurde die Frage des »Volkstums« damit in größerem Zusammenhang erneut gestellt. Sie war für die östlichen Grenzgebiete des Deutschen Reiches, in Zusammenhang mit der polnischen Minderheit im Reich, bereits seit Einführung des Reichserbhofgesetzes 1933 diskutiert worden. Zwar blieb es auch in der Kriegszeit dabei, dass Betrieben von Angehörigen der polnischen Minderheit nicht prinzipiell der Weg zur Erhebung zum Erbhof verschlossen werden konnte. Mit rechtlichen Kniffen, im Wege der Einzelfallprüfung, wurde dieser Ausschluss gleichwohl realisiert.[1189] Von der grundlegenden Ablehnung abgesehen, schloss sich die Landesbauernschaft Ostpreußen der Haltung der anderen beteiligten Landesbauernschaften an, dass nur in unstrittigen Fällen – wenn ein Hof keinesfalls durch Siedlung beziehungsweise Umsiedlung wieder aufgelöst zu werden drohte – Betriebe zu Erbhöfen werden sollten, und zwar durch positive Auswahl, nämlich auf Antrag des Reichsnährstandes.[1190]

Es kam also den Landesbauernschaften in Ostpreußen und Danzig-Westpreußen entgegen, dass die Einführung des Erbhofrechts in den eingegliederten Ostgebieten zunächst stockte. Dabei zielte das Reichsjustizministerium gerade

1187 So die Darstellung der Haltung Grubers in Dellians Bericht über die Dienstreise zur LBsch Danzig-Westpreußen und in den RB Zichenau (LBsch Ostpreußen) vom 25.–28.9.1940 [vermutlich Oktober 1940], BArch, R 3001/22182, Bl. 199–200.

1188 Vgl. ebd., Bl. 201.

1189 Vgl. Grundmann: Agrarpolitik, S. 122–127.

1190 Vgl. Dellians Bericht über die Dienstreise zur LBsch Danzig-Westpreußen und in den RB Zichenau (LBsch Ostpreußen) vom 25.–28.9.1940 [vermutlich Oktober 1940], BArch, R 3001/22182, Bl. 200.

auf eine rasche Einführung ab, weil es diese angesichts der Erfahrungen bei früheren Gelegenheiten, vom Saarland bis zu Eupen, Malmedy und Moresnet, als vorteilhaft beurteilte. 1942 endlich war ein Entwurf der »Verordnung über die Einführung des Erbhofrechts in den eingegliederten Gebieten (OstEHV)« fertig. Das Erbhofrecht gehöre, so führte das Reichsjustizministerium in der Begründung ganz im Sinne des Reichnährstandes zunächst aus, »zu den tragenden Grundgesetzen des neuen Reiches. Mit seinen die Bindung von Blut und Boden sichernden Rechtsgrundsätzen äussert es vornehmlich in den Grenzgauen seine aufbauende Kraft.«[1191] Der Entwurf überwinde zudem sämtliche Schwierigkeiten: Auf Basis der Ostrechtspflegeverordnung vom 25. September 1941 sei nun das notwendige Anknüpfen an allgemeines Recht auch in den eingegliederten Ostgebieten möglich. Die organisatorischen Voraussetzungen, etwa arbeitsfähige Gerichte und Dienststellen des Reichsnährstandes, seien vorhanden. Über die Frage, ob ein Eigentümer eines landwirtschaftlich genutzten Grundstückes zum deutschen Volk zu zählen sei, könne jetzt entschieden werden: mittels der »Verordnung über die Deutsche Volksliste und die deutsche Staatsangehörigkeit« vom 4. März 1941 sowie eines Erlasses des RKF vom 13. März 1941. Und schließlich seien die durch Siedlung und Umsiedlung gegebenen Unsicherheiten dadurch umgangen worden, dass es keine grundsätzliche Unterstellung von Betrieben unter das Erbhofrecht gab. Vielmehr war eine positive Auswahl von Fällen vorgesehen, bei denen der Eigentümer die Kriterien »Ackernahrung« und »Bauernfähigkeit« absolut sicher erfüllte, und zwar »im besonderen auch hinsichtlich seiner volksdeutschen Haltung«. Zudem sei Bedingung, dass »andererseits die erbhofrechtliche Bindung des Besitzes auch im Rahmen des Gesamtsiedlungsplanes unbedenklich erscheint.«[1192]

Im Wesentlichen auf die »volksdeutschen« Eigentümer landwirtschaftlicher Betriebe in den eingegliederten Ostgebieten gemünzt, erklärte das Reichsjustizministerium per Verordnung die Erhebung eines Betriebes in den Status eines Erbhofs zum Ansporn bäuerlichen Handelns:

> »In dieser Ausgestaltung schafft das Erbhofrecht die Voraussetzungen für eine Rechtsanwendung, bei der die Eintragung des Einzelhofes in die Erbhöferolle den Beteiligten als ein begehrenswertes Ziel erscheinen muss, das den Schlussstein in der Sicherung des Hofes in ihrer Hand setzt und diese Eigentümer damit als reichsgesetzlich anerkannte Bauern aus der Masse derer heraushebt, die als Treuhänder oder in einer sonstigen ungefestigten Rechtsform einen landwirtschaftlichen Betrieb verwalten.«[1193]

1191 Begründungen zum Entwurf der »Verordnung über die Einführung des Erbhofrechts in den eingegliederten Ostgebieten (OstEHV)« von 1942 aus dem Reichsjustizministerium, BArch, R 3001/22182, Bl. 422 (Entwurf Bl. 417–421).

1192 Ebd., Bl. 424, zu den Begründungen insgesamt vgl. ebd., Bl. 422–428.

1193 Ebd., Bl. 424.

Eine besondere Rolle war dabei dem Landesbauernführer zugedacht. Ihm wurde bei der Auswahl von Betrieben, die Erbhöfe werden sollten, ein Initiativrecht eingeräumt. Mit anderen Worten: Ohne Antrag und mithin ohne Zustimmung des Landesbauernführers hätte kein Hof in den eingegliederten Ostgebieten Erbhof werden können. Dabei sollte erzwungen werden können, dass der Landesbauernführer überhaupt tätig wurde; seine Informationen über in Frage kommende Betriebe sollte er aus den Unterlagen der Kreisbauernschaften erhalten. Zudem ging der Entwurf davon aus, dass »der Landesbauernführer aus der Zusammenarbeit mit den Dienststellen des Reichskommissars für die Festigung deutschen Volkstums über die Siedlungsplanung innerhalb seiner Landesbauernschaft im einzelnen unterrichtet ist«.[1194] Mit der Einführung des Reichserbhofrechts in den eingegliederten Ostgebieten wäre also die Kooperation zwischen RKF, SS und den Landesbauerführern im Osten verstärkt, wären Siedlungspolitik und Erbhofpolitik noch enger miteinander verknüpft worden.

Die »Verordnung über die Einführung des Erbhofrechts in den eingegliederten Gebieten (OstEHV)«, dessen Entwurf im Mai 1942 an eine Vielzahl von Behörden – an die Reichsministerien des Inneren sowie für Ernährung und Landwirtschaft, die Partei-Kanzlei, den RKF sowie an die Reichsstatthalter, Gauleiter und Oberlandesgerichtspräsidenten der betroffenen Gebiete – zur Stellungnahme gesendet wurde,[1195] erhielt nie Rechtskraft. Die Gründe hierfür sind unklar, und eher wäre das Gegenteil zu erwarten gewesen. Denn seit 1941 gab es immer weniger Regierungsgesetze und Führererlasse, erfolgte Gesetzgebung mehr und mehr mittels Verordnungen einzelner Ressorts.[1196] An der kommissarischen Übernahme des RMEL durch Herbert Backe just im Mai 1942 kann es kaum gelegen haben, denn 1942/1943 wurde auf Initiative Martin Bormanns als Leiter der Partei-Kanzlei an der Besserstellung von Ehegatten und Töchtern im Reichserbhofgesetz gearbeitet. Zwar kam dies nur mühsam voran, doch nach einer Erbhofrechtstagung in Salzburg im Februar 1943 kam es immerhin zur schon erwähnten Erbhofrechtsfortbildung durch die Verordnung vom 30. September 1943.[1197] Die Erbhof-Verordnung für die eingegliederten Ostgebiete dagegen hatte vermutlich angesichts der Kriegsereignisse im Osten keine Priorität mehr. Nach 27 Verordnungen zum Reichserbhofrecht zwischen Oktober 1933 und April 1942 folgten auf die im Mai 1942 erlassene »Verordnung über das Erbhofrecht bei Besitzungen im Grenzgebiet des Protektorats Böhmen und Mähren« nur noch vier weitere Erbhof-Verordnungen, darunter die oben erwähnte vom 30. September 1943. Zwei dieser vier Verordnungen hatten

1194 Ebd., Bl. 427.
1195 Vgl. das entsprechende Schreiben zum Entwurf des Reichsjustizministeriums vom 6.5. 1942, BArch, R 3001/22182, Bl. 393.
1196 Vgl. Rebentisch: Führerstaat, S. 374–375.
1197 Vgl. Böse: Entstehung, S. 65–71.

Kriegsvereinfachungen zum Gegenstand, so die letzte Verordnung vom 27. September 1944 »über außerordentliche Maßnahmen im Erbhofrecht und Erbhofverfahren aus Anlass des totalen Krieges (Zweite Kriegsvereinfachungs-Verordnung für das Erbhofrecht)«.[1198]

Der Versuch, das Erbhofrecht in den eingegliederten Ostgebieten einzuführen, zeigt, dass weltanschauliche Kerne wie die ländliche Siedlung und das Reichserbhofgesetz bis tief in den Zweiten Weltkrieg hinein relevant blieben. Die praktischen Schwierigkeiten bei der Umsetzung verweisen dabei gerade darauf, dass diese Kerne wechselseitig verbunden waren. Und dieser Versuch zeigt, dass neben anderen auch die Landesbauernschaften auf solche Initiativen Einfluss nahmen – mittendrin dabei der Landesbauernführer und seine Spitzenfunktionäre. Sie nahmen nicht führend, aber gleichsam präjudizierend Einfluss, weil sie besser als andere Akteure die örtlichen und regionalen Gegebenheiten der ländlichen Welt kannten und daher mit umso größerer Überzeugungskraft durch Stellungnahmen auf Entscheidungen einwirken konnten.

1198 Vgl. Buschmann: Gesetzgebung, S. XXI–XXII.

Schlussbemerkung

Die Ergebnisse der vorstehenden fünf Einzelstudien zu den beiden Untersuchungsgegenständen, Erich Spickschen als Landesbauernführer im nationalsozialistischen Ostpreußen und die Landesbauernschaft Ostpreußen, können nun zu einem Gesamtbild zusammengeführt werden. So wenig diese Beschreibung vollständig sein kann, so beinhaltet sie doch wesentliche Eigenschaften der Untersuchungsgegenstände. Zudem können über den Einzelfall hinaus generalisierende Aussagen zu Landesbauernführern und Landesbauernschaften getroffen werden. Dabei gebietet die disparate, teilweise schlechte Quellengrundlage, die bei der Analyse methodische Folgeprobleme und eine teilweise eingeschränkte Reichweite der Aussagen nach sich zog, eine vorsichtige Interpretation. Es ist ein grundsätzliches Desiderat, andere Landesbauernschaften der nationalsozialistischen Zeit – bei womöglich besserer Quellengrundlage – zu untersuchen, auch um im Wege des Vergleichs Generalisierungen präzisieren oder gegebenenfalls korrigieren zu können. Daneben gibt es wichtige spezifische Desiderate in Einzelfragen, die im Folgenden an Ort und Stelle genannt werden.

Erich Spickschen war zweifelsohne ein typischer Landesbauernführer, der in vielem stellvertretend für das Korps der Landesbauernführer insgesamt stehen kann. Das beginnt mit der Feststellung, dass Landesbauernführer fest im agrarisch-ländlichen Milieu verankert waren. Obgleich sein Vater Kaufmann war, galt das auch für Spickschen, der diesem Milieu im Grunde zeit seines Lebens verhaftet blieb. Auch wenn er später als hochrangiger Agrarfunktionär sein Gut in Ostpreußen im Wesentlichen nicht mehr selber bewirtschaftete – wann immer Spickschen von der politischen Arbeit aus Königsberg oder Berlin nach Woydiethen kam, erinnerte ihn schon der Geruch der Landwirtschaft an seine Herkunft, an dieses Milieu und an diese ganz eigene Lebenswelt. Und, das dürfte Landesbauernführer von vielen anderen hochrangigen nationalsozialistischen Funktionären unterschieden haben, sie entstammten nicht nur weitestgehend diesem Milieu, sondern blieben in ihm auf buchstäblich tiefgründige Weise verwurzelt.

Landesbauernführer besaßen mehrheitlich keine akademischen Weihen, und doch waren sie landwirtschaftliche Fachleute. Bildungsbürgerlicher Dünkel, etwa wonach Expertentum erst bei der Hochschulbildung beginne, ist für den Bereich der Landwirtschaft fehl am Platz. Erich Spickschen war tatsächlich kein akademisch gebildeter Intellektueller. Aber er verfügte über eine insgesamt gute bis sehr gute Bildung, und er war mit landwirtschaftlichem Fachwissen ausgestattet, das er sich auf einer höheren Fachschule und autodidaktisch angeeignet hatte. Hinzu gesellte sich viel Erfahrung aus der landwirtschaftlichen Praxis, erworben auch auf eigenem Grund und Boden. Dieses theoretisch-praktische Paket aus Bildung, Fähigkeiten und Erfahrungen brachten Landesbauernführer in aller Regel mit – günstige Voraussetzungen, um in landwirtschaftlichen Kreisen Autorität zugeschrieben und Vertrauen entgegengebracht zu bekommen.

Der typische Landesbauernführer war zum Zeitpunkt der Machtübernahme der Nationalsozialisten annähernd vierzig Jahre alt. Er gehörte daher häufig zur Frontgeneration, für die die Teilnahme am Ersten Weltkrieg eine prägende, nein, eine existentielle Erfahrung bedeutete. Erich Spickschen drängte mit 17 Jahren regelrecht darauf, als Freiwilliger in den Krieg zu ziehen. Vier Jahre später kehrte er als Offizier aus dem »Großen Krieg« zurück, ganz gewiss mit tief eingebrannten Bildern von Leiden und Sterben, von Gewalt und Tod, aber auch mit Führungserfahrung.

Zur NSDAP stießen die Landesbauernführer mehrheitlich erst mit der Krise der Landwirtschaft. Mit dieser wohl ebenfalls als existentiell wahrgenommenen Krise ab Ende der 1920er-Jahre verschob sich die politische Grundhaltung von Erich Spickschen, der zunächst engagiertes Mitglied im Stahlhelm gewesen war, von der Traditionsrechten zur neuen, radikalen Rechten – aus diesen beiden Quellen politischer Milieus speiste sich das Korps der Landesbauernführer. Dabei erfolgte Spickschens formaler Beitritt erst 1932 und damit später als bei den meisten Landesbauernführern; inhaltlich indes hatte sein Gesinnungswandel bereits um 1930 eingesetzt. Die Bedeutung, die der Krise der Landwirtschaft für den Aufstieg der Nationalsozialisten beizumessen ist, wird durch die Landesbauernführer, aber auch die Befunde für Funktionäre der Landesbauernschaft Ostpreußen unterstrichen: Diese Krise trieb der NSDAP nicht nur Wähler, sondern auch angehende Agrarfunktionäre mit Verbindungen in den konservativ-nationalistischen Teil der ländlichen Gesellschaft zu, und zwar quer durch die Besitzgrößen; unter ihnen waren Großgrundbesitzer ebenso wie Bauern mit kleinen und mittleren landwirtschaftlichen Betrieben.

Innerhalb der NSDAP war sodann der agrarpolitische Apparat das Vehikel, mit dem diese Agrarfunktionäre an die Spitze ihrer Landesbauernschaft gelangten. Das galt auch für Erich Spickschen, doch war er insofern eher untypisch, als er erst Ende 1935 Landesbauernführer wurde und dabei maßgeblich über die Hierarchie der Landesbauernschaft aufstieg. Gerade im Ursprungskorps der Landesbauernführer vom September 1933 waren etliche, die neben ihrer Funktion im agrarpolitischen Apparat auch einflussreiche Positionen in regionalen landwirtschaftlichen Interessenvertretungen erobert hatten, ganz im Sinne der Strategie Darrés zur Gewinnung des ländlichen Raumes für die Nationalsozialisten. Mit ihrem Aufstieg wurden die späteren Landesbauernführer gleichsam als Agrarfunktionäre sozialisiert und entwuchsen in diesem Sinne ihrem angestammten Milieu, zu dem sie die Wurzeln jedoch wie erwähnt in aller Regel nicht kappten.

Erich Spickschens von großer Einsatzbereitschaft und ebenso großem Ehrgeiz angetriebener Aufstieg ist dabei untrennbar mit seiner Frau Gerda Ursula verbunden. Sie war früher noch als ihr Mann für die Nationalsozialisten tätig und übte ab 1934 ebenfalls Funktionen in der Landesbauernschaft Ostpreußen aus. Die Bedeutung des nationalsozialistischen Staates mag für Landesbauernführer Spickschen und seine Frau eine noch größere als für andere Landesbauernführer gewesen sein: Dieser Staat war »ihr« Staat, er war nach vielen persönlichen Krisen, Enttäuschungen und Anstrengungen gleichsam »ihr Projekt«. Sie erlebten einen materiellen, gesellschaftlichen und politischen Aufstieg, und dieser Staat vermittelte ihnen den Eindruck, an etwas »wirklich Großem« mitwirken zu können. Für diesen Staat gaben sie buchstäblich fast alles, bis fast zum letzten Tag Ostpreußens und des Deutschen Reiches.

Mit diesen Ergebnissen weiß man bereits einiges über Erich Spickschen und über das Korps der Landesbauernführer, doch worin besteht die Relevanz? Hier gilt es zunächst, sich eindringlich die Verhältnisse der damaligen Zeit vor Augen zu führen. Ernährung und Landwirtschaft, Ernährungswirtschaft und Agrarpolitik sind unverzichtbare Aspekte, will man das nationalsozialistische Deutschland verstehen. Nun macht die biologisch bedingte anthropologische Konstante, dass ernährungsphysiologische Bedürfnisse befriedigt werden müssen, Ernährung und Landwirtschaft zu einem zeitlos wichtigen, zu einem klassischen Feld der Politik. Ernährung und vermittelt damit auch Landwirtschaft betraf und betrifft Geschichte ganz elementar. Diese Feststellung gewinnt für die Zeit vor der europäischen Konsum- und Überflussgesellschaft noch an Gewicht, denn im ersten Drittel des 20. Jahrhunderts war ausreichende Ernährung durchaus keine Selbstverständlichkeit. Und Landwirtschaft war damals mitten in der Gesellschaft angesiedelt: als Lebensmittel produzierender, wichtiger Zweig der Wirtschaft, als Determinante der gesellschaftlichen Stratifikation und als eigene Lebenswelt mit spezifischem kulturellem Ausdruck.

Vor diesem Hintergrund erhellt die Relevanz der Landesbauernführer. Sie waren die regional führenden Repräsentanten des Reichsnährstandes, an dessen Spitze der Reichsbauernführer und in Personalunion der Reichsminister für

Ernährung und Landwirtschaft stand. Landesbauernführer waren nicht für die großen Linien der Landwirtschafts- und Ernährungspolitik im Deutschen Reich zuständig, auf die vor allem Hitler, das RMEL, ab 1936 zudem die Vierjahresplanbehörde und zu Kriegszeiten auch die Wehrmacht entscheidenden Einfluss nahmen. Aber Landesbauernführer zählten zu den wichtigsten Akteuren bei der Umsetzung dieser Politik. Dabei ist das Korps der Landesbauernführer nicht als Personengruppe zu verstehen, die sich organisierte und gemeinsam agierte. Landesbauernführer konnten freilich als Gruppe Wirkung entfalten – so trug eine Gruppe von Landesbauernführern, unter ihnen Spickschen, Anfang 1942 mit hoher Wahrscheinlichkeit ganz erheblich dazu bei, dass Reichsbauernführer Darré bald beurlaubt wurde und damit faktisch aus der Agrarpolitik des Deutschen Reiches ausschied.

Mit dem Amt des Landesbauernführers war eine ganze Reihe von Aufgaben und Kompetenzen verbunden. Im Gebiet ihrer Landesbauernschaft waren sie die Vertreter des Reichsbauernführers, dessen Weisungen sie unterlagen. Sie waren die Führer ihrer Landesbauernschaft und gegenüber deren Personal ihrerseits weisungsbefugt. Sie fungierten in ihrer Landesbauernschaft auch als Dienstvorgesetzte, was Sanktionsrechte bis hin zu Geldstrafen einschloss. Programmatisch standen als zentrale Aufgabenbereiche der Landesbauernführer die Umsetzung des Reichserbhofgesetzes und die bäuerliche Siedlung im Vordergrund, doch reichten die Kompetenzen noch deutlich weiter: Sie erstreckten sich auf Wechsel von landwirtschaftlichem Besitz sowie auf Zwangsmaßnahmen gegen Betriebe, die im Sinne der »Volksernährung« unzureichend wirtschafteten. Weitere Rechte im landwirtschaftlichen Bereich hatten Landesbauernführer bei Fragen der Bodenordnung, des Vermögensrechts, der Siedlungsplanung, der Bodenschätzung und von Enteignungen.

Innerhalb der Landesbauernschaft Ostpreußen war Erich Spickschen die unbestrittene Führungsfigur. Bemerkenswert sind dabei die vielen persönlichen Vertrauensverhältnisse, etwa zwischen Spickschen und Landesobmann Gruber, die wenig Raum für innere Spannungen ließen; ein Nachhall dessen ist darin zu erkennen, dass Spickschen nach 1945 für sein Entnazifizierungsverfahren ein erstaunlich breites Netzwerk seiner früheren Mitarbeiter aktivieren konnte. Innerhalb des Reichsnährstands war das Verhältnis zwischen der Reichsebene und der Landesbauernschaft Ostpreußen, zwischen Zentrum und Peripherie, weithin kooperativ und unproblematisch. Bei Personalentscheidungen etwa innerhalb der Landesbauernschaft war formal der Reichsbauernführer letztentscheidend, tatsächlich aber segnete dieser im Wesentlichen die Vorschläge des hier maßgeblichen Landesbauernführers nur noch ab. Insgesamt nahm die Bedeutung der Landesbauernführer mit fortschreitendem Bestehen des Reichsnährstands zu, wurden Kompetenzen zunehmend auf die regionale Ebene und dort vor allem auf den Landesbauernführer übertragen. Das mag in Teilen den besonderen Bedingungen des Krieges geschuldet gewesen sein, darf aber auch als Eingeständnis dessen verstanden werden, dass ein Teil der seit 1933 mit dem Reichsnährstand verbundenen weitreichenden Zentralisierungen sich letztlich nicht als effizient erwiesen hatte.

Die oben aufgeführten Aufgaben eines Landesbauernführers setzen implizit umfangreiche Informationen sowie Möglichkeiten der Lenkung, Kontrolle, Überwachung und Sanktionierung voraus. Hierfür stand dem Landesbauernführer mit seiner Landesbauernschaft ein eigener Apparat zur Verfügung. Ihre bis auf die Ortsebene reichende räumliche Organisation stellte gleichsam ein Kapillarsystem dar, mit dem die landwirtschaftliche Lebenswelt bis in ihre letzten Winkel erreicht werden konnte. Die Landesbauernschaften verfügten über Instrumente, mit denen sehr präzise in diese Lebenswelt hineingehorcht werden konnte, sei es im Hinblick auf ihre reale landwirtschaftliche Produktionsleistung, sei es im Hinblick auf ihre inneren Befindlichkeiten. Dabei wurden Landesbauernschaften auch zu einem riesigen Speicher von Informationen und Wissen über landwirtschaftliche Zusammenhänge, die im Sinne des nationalsozialistischen Regimes verwertet wurden. Die Hofkarte, Verfahren vor den Anerbenbehörden und der Austausch der Bauernführer untereinander auf Kreis- und Ortsebene sind Beispiele dafür, aus welchen Quellen diese Informationen geschöpft wurden.

Gegenüber der bäuerlichen Bevölkerung im Gebiet seiner Landesbauernschaft konnte Landesbauernführer Spickschen dabei, auch durch seine umfangreichen Informationen, in eine Position geradezu existentieller Bedeutung kommen: Durch das Reichserbhofgesetz und seine praktische Anwendung konnte er – im Extremfall, der tatsächlich nur selten Wirklichkeit wurde, aber als Möglichkeit wie ein Damoklesschwert über jedem Erbhofbauern schwebte – über die Lebensgrundlage eines Bauern und seiner Familie mindestens mitentscheiden.

Bei alledem war Landwirtschaft im nationalsozialistischen Staat nicht einfach nüchterne Landwirtschaft, sondern zutiefst von der Weltanschauung von »Blut und Boden« durchwirkt. Landesbauernführer, auch hierfür darf Erich Spickschen als typisch gelten, reproduzierten und adaptierten eifrig diese im Reichsnährstand gültige, auf Darré zurückgehende Ausformung nationalsozialistischer Ideologie. Ihr dienten sie als Transmissionsriemen, der insbesondere von einer im Verwaltungshauptamt der Landesbauernschaft angesiedelten Abteilung mittels Presse und Radio angetrieben wurde. Auch hier bot das organisatorische Kapillarsystem der Landesbauernschaft Ostpreußen im Prinzip die Möglichkeit, diese Ideologie ständig flächendeckend zu aktualisieren – sei es durch Medien oder im persönlichen Kontakt.

Die unter dem Namen von Landesbauernführer Spickschen verbreitete Weltanschauung nahm das Narrativ von der »Volksgemeinschaft« auf und brach es unter dem Schlagwort der »Landvolkfrage« auf die agrarisch-ländliche Lebenswelt herunter. Gleichviel ob Bauer, Gutsherr oder Landarbeiter, gleichviel ob Landfrau oder Magd – sie alle gehörten demzufolge zum »Landvolk«, das seinerseits einen Teil der »Volksgemeinschaft« gebildet habe. Der rote Faden dieser gleichsam ländlichen »Volksgemeinschaft« war unter anderem angereichert mit exkludierenden Elementen wie Antisemitismus, Rassismus und Anti-Kommunismus. Hinzu trat das stete Bekenntnis zum »Führer« Hitler. Jenseits aller propagandistischen Funktionalität darf man davon ausgehen, dass diese Elemente für Spickschen keine gedankenlos dahingeschriebenen Floskeln waren, sondern vielmehr einen inneren Ordnungsrahmen bildeten, den er für richtig hielt und an dem er sich orientierte.

Offenbleiben muss indes, inwieweit die von Landesbauernführer Spickschen und seinem Apparat in die Kommunikation des ländlichen Ostpreußens eingespeiste weltanschauliche Propaganda ihre Adressaten, das heißt vor allem die Bewohner der bäuerlichen Lebenswelt, tatsächlich erreichte. Typischerweise wurden Ideologeme nach Art von »Blut und Boden« in allgemeinere Informationen der Landwirtschaftspolitik und der landwirtschaftlichen Praxis eingebettet, die ihrerseits auf die Belange und Bedürfnisse Ostpreußens zugeschnitten waren. Zwar war der ideologische Anteil stets vorhanden, auch zu Kriegszeiten, doch war er der weitaus geringere. Allerdings ist zu berücksichtigen, dass etwa der Bauer in Masuren der »Blut-und-Boden«-Ideologie auch in ganz anderer Form als plakativer Propaganda begegnen konnte. Denn sie war an vielen Stellen gleichsam organisch in die landwirtschaftliche Kommunikation eingebaut, so dass sachlich-fachliche und ideologische Aspekte miteinander regelrecht verschmolzen. Die Vergabe von Neubauernscheinen, die auch nach »rassischen« Kriterien erfolgte, ist ein Beispiel dafür, die Praxis des Reichserbhofrechts ein anderes.

Mit der »Blut-und-Boden«-Ideologie hängt auch zusammen, dass Landesbauernführer in aller Regel Mitglieder der SS waren. Diese Weltanschauung war sowohl im Reichsnährstand als auch in der SS verankert. Nach 1945 suchten sich hochrangige Bauernführer wie Spickschen in Entnazifizierungsverfahren, andere auch in Spruchgerichtsverfahren, mit der Behauptung einer nur formalen SS-Mitgliedschaft von dieser zu distanzieren. Tatsächlich waren die Landesbauernführer meist als »Ehrenführer« auf Grundlage einer Vereinbarung von Himmler und Darré zur SS gekommen. Das aber hinderte viele nicht, tatsächlich für die SS tätig zu werden. Neben seiner Mitgliedschaft und seinen ideologischen Verlautbarungen übernahm Spickschen auch das Amt eines SS-Bauernreferenten, setzte in personalpolitischer Hinsicht auf einige besonders eifrige Bauernführer mit SS-Mitgliedschaft und verkehrte auch im Zweiten Weltkrieg gelegentlich in höchsten SS-Kreisen. Spickschens Nähe zur SS war gewiss nicht so groß wie etwa bei anderen Landesbauernführern; so hatte Spickschen seine kirchliche Bindung zwar für ganz kurze Zeit, jedoch nicht wegen dieser SS-Mitgliedschaft gelöst. Aber sie war doch weitaus mehr als eine bloße Formalie. Dies galt ganz gewiss für viele Landesbauernführer, von denen einige, so etwa Kuno von Eltz-Rübenach oder Dr. Richard Wagner, bekanntermaßen sehr enge Beziehungen zur SS pflegten.

Die Brücke zwischen SS und der Landesbauernschaft Ostpreußen bestand nicht nur in Landesbauernführer Spickschen, vielmehr gab es auf der Führungsebene der Landesbauernschaft eine ganze Reihe weiterer SS-Mitglieder und auch SS-Bauernreferenten. Organisatorisch stellte im bis 1942 gültigen Organisationsschema die Landeshauptabteilung I, analog zur Reichshauptabteilung I auf Ebene des Reichsnährstandes, die ideologische Herzkammer jeder Landesbauernschaft dar – nicht zufällig finden wir dort Richard Schütze, im Jahr 1939 Leiter der Abteilung I A (»Hege des Blutes und der Sippen«) bei der Landesbauernschaft Ostpreußen, der bereits 1940 in SS-Ansiedlungsstäben bei folgenschweren Siedlungs- und Umsiedlungsaktionen im Reichsgau Wartheland im Einsatz war. Dagegen war unterhalb der Ebene der Landesbauernschaft, bei den Kreisbauernführern, der Anteil von SS-Mitgliedern bereits deutlich geringer. Es ist ein Desiderat der Forschung, dieses Muster bei der SS-Mitgliedschaft auch für andere Landesbauernschaften zu prüfen.

Das Führungspersonal der Landesbauernschaft Ostpreußen ist auch in anderer Hinsicht bemerkenswert. Es stellte in seiner Zusammensetzung, im Längsschnitt der Geschichte Ostpreußens betrachtet, einen beinahe unerhörten Einschnitt dar. Es handelte sich um gänzlich neues Personal aus einer anderen Generation als die bisherigen Amtsträger und mit anderer politischer Grundhaltung, als sie die ostpreußische Agrarelite bislang vertreten hatte. Und vor allem: Diese Funktionsträger repräsentierten einen anderen Teil des protestantisch-agrarischen Milieus. Die Gewichte verschoben sich von den bislang führenden, teilweise adligen Großgrundbesitzern hin zu bäuerlichen Repräsentanten. Diese Zusammensetzung war näher an der tatsächlichen Verteilung von Bauern und Großgrundbesitzern als zuvor, als über Jahrzehnte zahlenmäßig wenige Großagrarier mittels der maßgeblichen landwirtschaftlichen Organe zahlenmäßig weit überlegene bäuerliche Kreise lenken konnten. Der Einfluss des Großgrundbesitzes in Ostpreußen wurde nicht durch Aufteilung von Gütern, sondern durch die Zurückdrängung aus Führungsfunktionen reduziert. Insoweit fand die vollmundige Verlautbarung von der »Verbäuerlichung der Landwirtschaftskammer«[1199] vom Oktober 1933 in der Realität der Landesbauernschaft eine gewisse Entsprechung.

Unter Landesbauernführer Spickschen war das Führungspersonal der Lan-

1199 Vgl. Georgine vom 3.10.1933, Titelseite (Artikel »Die Verbäuerlichung der Landwirtschaftskammer«).

desbauernschaft Ostpreußen weitgehend stabil, sowohl bei hochrangigen Funktionären auf Ebene der Landesbauernschaft als auch auf Ebene der Kreise bei den Kreisbauernführern. Dies war in den ersten turbulenten Jahren, als die Landesbauernschaft unter Führung Egbert Ottos in Gegensatz zu Gauleiter Erich Koch gestanden hatte, durchaus anders gewesen. Doch selbst von jenen Kreisbauernführern, die bereits 1933 ihr Amt übernommen hatten, waren nicht wenige noch tief im Zweiten Weltkrieg in Amt und Würden. Erkennbar, trotz gerade bei den Kreisbauernführern teils sehr schlechter Quellenüberlieferung, ist überdies, dass die untersuchte Gruppe der Kreisbauernführer in mancher Hinsicht eine Brücke zur Zeit vor der Machtübernahme schlug: Im selben Lebensalter wie die Landesbauernführer, entsprangen sie der Frontgeneration und hatten hinreichend Bildung und Ausbildung, um landwirtschaftliche Fachkompetenz reklamieren zu können. Einige repräsentierten auch den früheren Teil der Traditionsrechten um DNVP und Stahlhelm in Ostpreußen und wurden in aller Regel durch die landwirtschaftliche Krise radikalisiert; etwa drei Viertel dieser Kreisbauernführer kamen erst ab 1931 zur NSDAP.

Ein Element der Kontinuität zur Zeit vor 1933 stellten auch jene hauptamtlich beschäftigten Beamten und Angestellten innerhalb der Landesbauernschaft dar, die vor Errichtung des Reichsnährstandes Beschäftigte der Landwirtschaftskammer Ostpreußen gewesen waren. Diese Fachleute wurden gebraucht, denn in der »Regimephase« eine funktionierende Ernährungswirtschaft zu gewährleisten, stellte andere Anforderungen, als in der »Bewegungsphase« den ländlichen Raum für die Nationalsozialisten zu gewinnen. Doch sollte man sich von der dichotomen Vorstellung lösen, wonach es einen fundamentalen Gegensatz von ideologisierten, jedoch fachlich überforderten Bauernführern einerseits und bewährten, allein sachlich-fachlich arbeitenden Verwaltungsbeamten andererseits gegeben habe – »Führung« hier, »Verwaltung« dort gleichsam. Vielmehr entstand jedenfalls in der Landesbauernschaft Ostpreußen etwas Neues: Es gab nicht einfach eine Verschränkung dieser alten und neuen Eliten in der Landwirtschaft, sondern vielmehr die partielle Verschmelzung beider Gruppen. Bauernführer und Personal der landwirtschaftlichen Verwaltung formten und beeinflussten einander gegenseitig. Einerseits finden wir Bauernführer, die zuverlässig organisatorische Apparate der landwirtschaftlichen Verwaltung leiten konnten. Andererseits war die Tätigkeit altbewährter landwirtschaftlicher Verwaltungsbeamter nicht einfach gewöhnliche Sacharbeit, sondern von nationalsozialistischer »Blut-und-Boden«-Ideologie durchdrungen, und auch diese Arbeit erledigten sie mit offenkundiger Überzeugung und Einsatzbereitschaft.

Welchen Einfluss die Landesbauernschaft Ostpreußen auf die reale Produktionsleistung der ostpreußischen Landwirtschaft hatte, ist dabei schlechterdings nicht zu sagen. Zu viele Faktoren waren dort im Spiel, und viele davon sind schlecht oder gar nicht erforscht – ein weiteres Forschungsdesiderat, das im

Rahmen der vorliegenden Studie nicht angegangen werden konnte. Es eignete sich trefflich für ein interdisziplinäres, geschichtswissenschaftliches wie wirtschaftswissenschaftliches Herangehen.

Soviel kann gesagt werden: Alles deutet darauf hin, dass das Grundproblem der Landwirtschaft Ostpreußens – jenes der Verschuldung und der mangelnden Rentabilität – fundamental nicht behoben war. Die ostpreußische Landwirtschaft war, unter den Bedingungen einer hochgradig reglementierten und auch subventionierten Agrarwirtschaft, insgesamt leistungsfähig, unterschiedlich je nach Produktionszweigen. Sie vermochte dabei aber vermutlich, wie die Landwirtschaft im Deutschen Reich insgesamt, nicht dem langfristigen Wachstumspfad vor 1933 zu folgen. Und dabei ist zu berücksichtigen, dass ihre Leistungsfähigkeit nicht auf Modernisierung etwa bei Methoden und Maschinen beruhte, sondern nicht zuletzt auf Raubbau beim Produktionsfaktor Arbeitskraft. Dies erfolgte insbesondere auf dem Rücken der Landfrauen, und im Zweiten Weltkrieg wurde der Raubbau ganz buchstäblich, nämlich beim massiven Einsatz von Zwangsarbeitern. In der bäuerlichen Lebenswelt mögen subjektiv die nationalsozialistischen Jahre dennoch positiv erfahren worden sein. Im Großen und Ganzen waren nicht zuletzt dank der Marktordnung die existentiellen Nöte passé, die in der Weimarer Zeit Bauern und ihre Familien gequält hatten – im Tausch gegen Kontrolle, Zwang und sogar den Verlust einer uneingeschränkt freien Verfügung über das landwirtschaftliche Eigentum.

Landesbauernschaften sind auch als Knotenpunkte eines weitverzweigten Handlungs- und Kommunikationsnetzwerks zu verstehen. Die Landesbauernschaft Ostpreußen war stets mit verschiedenen anderen Organisationen des nationalsozialistischen Staates eng verflochten: über das RMEL mit der preußischen Verwaltung, ehe der Reichsnährstand 1939 insgesamt diesem Ministerium unterstellt wurde; mit der NSDAP über das Amt für Agrarpolitik, das 1942 zum »Amt für das Landvolk« wurde; mit der Wehrmacht; mit der SS vermittels der SS-Bauernführer; und mit einer Reihe weiterer Organisationen darüber hinaus, so etwa mit der DAF. Die Verflechtung der Landesbauernschaft Ostpreußen mit der Wehrmacht mittels der »Stelle für Ernährungssicherung« steht dabei auch symbolisch für den Januscharakter der Ernährungswirtschaft. Sie diente eben nicht nur der Befriedigung elementarer Bedürfnisse, sondern wurde ab 1939 zur Kriegsernährungswirtschaft und in den eroberten Gebieten im Osten in Händen der Nationalsozialisten auch zur Waffe im Eroberungs- und Vernichtungskrieg.

Die Landesbauernschaften boten in diesem Sinne gleichsam »dual-use«-Potential, das im Rahmen der Mobilisierung aller Kräfte für den Krieg nutzbar war. Für die Mobilisierung im Ernährungssektor steht stellvertretend die Einrichtung der Landes- beziehungsweise Provinzialernährungsämter. Die fehlende Überlieferung im Falle Ostpreußens verhindert, hier die Rolle von Landesbauernführer Spickschen als Leiter dieses Amtes zu untersuchen. Dies ist insofern bedauerlich, als die Provinzial- beziehungsweise Landesernährungsämter im Laufe der Kriegsjahre an Bedeutung gewannen. Sie übernahmen Funktionen im Bereich des Luftschutzes und waren für die Versorgung der Bevölkerung zuständig, darunter auch Kriegsgefangene und ausländische Zivilarbeiter sowie Evakuierte und Flüchtlinge. Dabei wäre nicht zuletzt nach Entscheidungsspielräumen zu fragen; zumal angesichts des besonderen Umstandes, dass in Ostpreußen die Landesbauernschaft – nicht wie andernorts, wo staatliche Stellen die Abteilung B (Verbrauchsregulierung) leiteten – neben der Abteilung A (Bedarfsdeckung) auch für die Abteilung B und damit für das Landes- beziehungsweise Provinzialernährungsamt insgesamt zuständig war.

Klar ist mit alledem jedenfalls, dass die gängige Vorstellung, wonach der Reichsnährstand ab etwa 1936 immer weiter an Bedeutung verloren habe und zum bloßen staatlichen Ausführungsorgan geworden sei, eine verkürzte Betrachtung gleichsam von oben herab ist. Gewiss, der Reichsnährstand und darin die Landesbauernschaften wurden 1939 dem RMEL unterstellt. Doch vom Bedeutungverlust, der auf Reichsebene zu konstatieren ist, kann nicht einfach auf die darunter liegenden Ebenen extrapoliert werden. Die Landesbauernschaft Ostpreußen diente in der mobilisierten Kriegsernährungswirtschaft gleichsam als Basisstation, die einen bewährten Grundbestand hinsichtlich Organisation und Personal barg; unter anderem einen Grundbestand an Informationen, Kenntnissen, Fähigkeiten, Erfahrungen und ideologischen Prägungen, ebenso an Organisations- und Kommunikationsstrukturen. In einem Ressourcentransfer konnte benötigte Teile dieses Grundbestandes an anderer Stelle in neuem Zusammenhang eingesetzt werden. Beispiele hierfür sind die Landes- und Provinzialernährungsämter sowie auf Kreisebene die von den Kreisbauernführern in Personalunion geleiteten Ernährungsämter, »Blut-und-Boden«-Experten, die bei Umsiedlungsaktionen eingesetzt wurden, oder auch Landeshauptabteilungsleiter, die landwirtschaftliche Abteilungen in Besatzungsverwaltungen in den besetzten Gebieten führten. Transferiertes Personal kehrte dabei durchaus zu dieser Basisstation zurück, denn die Landesbauernschaft Ostpreußen war nie ein toter Organisationsmantel. Sie durchlebte eine regelrechte Metamorphose, passte sich Schritt für Schritt der veränderten Umwelt an. Dabei existierte die Landesbauernschaft bei aller Restrukturierung als Organisation weiter und blieb in diesem Sinne von Anfang bis Ende der nationalsozialistischen Zeit die bedeutendste Institution der ostpreußischen Land- und Ernährungswirtschaft.

Selbst der formal bedeutende Schritt, den die Unterstellung unter das RMEL 1939 unmittelbar vor Kriegsbeginn bedeutete und der auf Reichsebene den Dualismus zwischen Reichsnährstand und RMEL zugunsten des letzteren auflöste, zerstörte nicht die innere organisatorische Struktur der Landesbauernschaften. Eher noch war die 1942 erfolgte Abspaltung der Landeshauptabteilung I bedeutend, doch selbst von dieser Abteilung verblieb ein Teil der Unterabteilungen bei den jeweiligen Landesbauernschaften. Im Großen und Ganzen blieb die Landesbauernschaft Ostpreußen als Organisationskörper erhalten, wie sich bis hin zum Zusammenbruch 1944/1945 zeigte. Dieser Körper war dabei finanziell nie ein schlanker, der Haushalt wuchs von 7,5 Millionen Reichsmark im Jahr 1934 auf 16 Millionen im Jahr 1941. Dies mag auch, aber nicht nur dem erweiterten Zuständigkeitsgebiet der Landesbauernschaft Ostpreußen im Zweiten Weltkrieg geschuldet gewesen sein. Sowohl die Bauernführer als auch Spitzenfunktionäre der Landesbauernschaft wie etwa Landeshauptabteilungsleiter waren formal »ehrenamtlich« tätig. Sie erhielten freilich gut dotierte Aufwandsentschädigungen, die im Haushalt der Landesbauernschaft Ostpreußen indes nur einen relativ kleinen Posten darstellten. Für Besoldungen und Vergütungen der hauptamtlichen Kräfte dagegen wurde um die Hälfte der gesamten Ausgaben der Landesbauernschaft eingesetzt.

Im Amt des Landesbauernführers, das zeigt sich bei Erich Spickschen exemplarisch, spiegeln sich die vielfältigen Verflechtungen der Landesbauernschaften. Landesbauernführer waren insoweit auf regionaler Ebene auch »big linker«, große Vernetzer. Im Laufe der Jahre lagerte sich an dieses Amt eine Vielzahl weiterer Ämter und Funktionen an. Qua Amt trat Erich Spickschen an die Spitze des landwirtschaftlichen Fachressorts der ostpreußischen NSDAP, das Gauamt für Agrarpolitik (ab 1942 Gauamt für das Landvolk), wie erwähnt führte er ab 1939 das Landes- beziehungsweise Provinzialernährungsamt, zudem war er Mitglied diverser Gremien und Gesellschaften, so etwa bei der Ostpreußischen Landgesellschaft. Er war überdies Reichstagsabgeordneter und wie erwähnt hochrangiges SS-Mitglied.

Im Zweiten Weltkrieg indes nahm diese Anlagerung zusätzlicher Ämter und Funktionen, die auch mit der besonderen Bedeutung von Landwirtschaft und Ernährung zu Kriegszeiten zu tun hatte, eine ganz neue Dimension an. Das Korps der Landesbauernführer diente nun auch als Kader-Reservoir für land- und ernährungswirtschaftliche Aufgaben in den im Zuge des Eroberungs- und Vernichtungskrieges besetzten Gebieten. Bei Erich Spickschen stechen drei Tätigkeitsfelder ins Auge: Grundsätzlich wurde ihm vor allem im Regierungsbezirk Zichenau und im Bezirk Bialystok, zudem im Soldau-Gebiet und im Suwałki-Gebiet, die Verantwortung für die Landwirtschaft übertragen. Seine Aufgabe war, dort das Maximale an landwirtschaftlicher Produktion herauszuholen. Im Ergebnis waren zwar die Erträge in diesen Gebieten insgesamt nicht auf dem Niveau Altostpreußens, aber sie stellten doch einen Beitrag zur deutschen Kriegsernährungswirtschaft und damit insgesamt zur Aufrechterhaltung der Besatzungs- und Kriegsmaschinerie des Deutschen Reiches dar. Spickschens Zuständigkeitsbereich vergrößerte sich dabei durch die in die Provinz Ostpreußen eingegliederten und die mit dieser verbundenen Gebiete auf mehr als das Doppelte, nämlich auf fast 84.000 Quadratkilometer. Ein weiteres Tätigkeitsfeld war jenes der Siedlung und Landbewirtschaftung: Hier war Spickschen ein Akteur unter anderen bei der Siedlungspolitik für den Regierungsbezirk Zichenau; Planungen hierfür wurden auch aus den Reihen der Landesbauernschaft Ostpreußen heraus entwickelt, auch unter persönlicher Beteiligung Spickschens. Die Landesbauernschaft war zudem in einem arbeitsteiligen Prozess an der Umsetzung von Siedlungspolitik beteiligt. Dazu gehörte, dass hochrangige Funktionäre nicht entschieden, dass polnische Bauern zu vertreiben waren, aber sie entschieden, welche Bauern von ihren Höfen zu vertreiben waren, so dass »volksdeutsche« Bauern diese Höfe übernehmen konnten. Als Landesbauernführer spielte Spickschen zudem eine wichtige Rolle bei der Landbewirtschaftung im Regierungsbezirk Zichenau und im Bezirk Bialystok. Er, und mit ihm etliche andere Bauernführer der Landesbauernschaft Ostpreußen unter seiner Leitung in neu geschaffenen Organisationen, war im Zusammenspiel mit der Ostpreußischen Landgesellschaft dafür zuständig, eroberten Boden gleichsam für die spätere deutsche Besiedlung vorzubereiten und bis auf Weiteres landwirtschaftlich in den Dienst des Reiches zu stellen. Und schließlich war Spickschen als Landesbauernführer für die Betreuung der ausländischen Arbeitskräfte im landwirtschaftlichen Bereich zuständig, die im Rahmen des »Arbeitseinsatzes« Zwangsarbeit für das Deutsche Reich leisteten. Ausländische Arbeitskräfte, sowohl Zivilarbeiter als auch Kriegsgefangene, gab es im Gebiet der Landesbauernschaft Ostpreußen besonders viele.

Schon aus diesen Ausführungen wird klar, dass keineswegs nur die Landesbauernführer Aufgaben im Bereich der Besatzungspolitik übernahmen. Ebenso diente hochrangiges Personal aus der Führung der Landesbauernschaft Ostpreußen als Kader-Reservoir für land- und ernährungswirtschaftliche Aufgaben in den eroberten Gebieten. Fritz Berg, der frühere Landeshauptabteilungsleiter I, übernahm beim Generalkommissar Estland im Reichskommissariat Ostland die Abteilung für Ernährung und Landwirtschaft. Beim Reichskommissariat Ostland selber führte Arno Ortmann landwirtschaftliche Abteilungen; er war vorher und nachher Landeshauptabteilungsleiter III bei der Landesbauernschaft Ostpreußen. Rudolf Adam war die operativ zentrale Person bei der Landbewirtschaftung im Regierungsbezirk Zichenau und im Bezirk Bialystok. Dr. Heinrich Petersen von der Abteilung I F (»Neubildung deutschen Bauerntums«) war für die eben beschriebene Höfeauswahl für »Volksdeutsche« zuständig, auf die Tätigkeit von Richard Schütze bei SS-Ansiedlungsstäben wurde bereits hingewiesen – Personal der Landesbauernschaft findet sich mithin in

Kernbereichen einer Politik und Praxis von Besatzung, die unzähligen Menschen insbesondere im Osten Europas das Leben kostete.

Bei Erich Spickschen ist nichts bekannt, wonach er etwa in den Holocaust, in die Ermordung oder den Tod von Menschen im Sinne individueller Tatbeteiligung verwickelt gewesen wäre. Aber seine Tätigkeitsbereiche bei der Siedlungspolitik und Landbewirtschaftung, bei »Arbeitseinsatz« und Zwangsarbeit und schließlich in der Kriegsernährungspolitik selber hatten fließende Übergänge zur Gewalt- und Vernichtungspolitik der Nationalsozialisten. Dies gilt in vergleichbarer Weise für eine ganze Reihe weiterer Landesbauernführer, die unter militärischer oder ziviler Leitung in anderen eroberten Gebieten im Einsatz waren. Bei der rücksichtslosen wirtschaftlichen, auch landwirtschaftlichen Ausbeutung dieser Gebiete für das Deutsche Reich wurde mindestens das Hungern und Verhungern von zahllosen Menschen in Kauf genommen, wie es etwa der »Hungerplan« Backes vorsah. Die Ernährungsfrage war bei der nationalsozialistischen Vernichtungspolitik im Osten ebenso ein Einflussfaktor wie ideologische Prämissen, längerfristige, auch wirtschaftliche Planungen und situative Faktoren. In den angesprochenen Bereichen das Handeln etwa von Dr. Hans Kohnert, Landesbauernführer der Landesbauernschaft Wartheland, oder Lothar Rettelsky (Rethel), Landesbauernführer der Landesbauernschaft Danzig-Westpreußen, en détail zu untersuchen, ist ein Desiderat der Forschung.

Landesbauernführer mitsamt ihren Landesbauernschaften bildeten als regionale Mittelinstanz ein Scharnier, das vertikal Reichsebene und Ortsebene miteinander verband, während sie horizontal vielfältig mit anderen Akteuren verflochten waren. Aus dieser Positionierung heraus nahmen sie auf Entscheidungsprozesse Einfluss, die im nationalsozialistischen Staat, das hat die Forschung vielfach erbracht, viel komplexer abliefen als einfache »top-down«-Prozesse, wie sie gemäß dem Führerprinzip sachlogisch gewesen wären. Regionale Faktoren dynamisierten solche Prozesse; im Falle des Landesbauernführers Spickschen und seiner Landesbauernschaft ist solche Dynamisierung in erster Linie im Bereich des Einsatzes ausländischer Arbeitskräfte – mit entsprechenden Folgen für die Betroffenen – und bei der Landbewirtschaftung in den eroberten Gebieten zu erkennen.

Dabei erfolgte die Beteiligung von Landesbauernführern an Entscheidungsprozessen außerhalb des Reichsnährstandes häufig gleichsam indirekt und subtil. Unterstützt von den jeweils zuständigen Abteilungen der Landesbauernschaft, waren sie »fachlich« beteiligt. Sie schrieben Gutachten und Stellungnahmen, ihre Ansicht wurde angefordert und berücksichtigt, sie gehörten gemischten Gremien an, wie am Beispiel Spickschens bei der Siedlungs- und Besatzungspolitik in eroberten Gebieten und an den Diskussionen um die Einführung des Reichserbhofrechts in den eingegliederten Gebieten zu sehen war. Der Landesbauernführer fungierte gleichsam als »stiller Mitentscheider«:

Er verengte durch seine Stellungnahme den Raum der Entscheidungsmöglichkeiten, durch Ausschluss bestimmter Optionen oder auch Empfehlung anderer. In einer schlussendlichen Anordnung etwa wird man diesen Einfluss nicht mehr finden, sondern lediglich den souveränen Akt des abschließend Entscheidenden – existent war solcher Einfluss des Landesbauernführers dennoch.

Als regionale und hochgradig verflochtene Mittelinstanz waren Landesbauernschaften auch in Kompetenzstreitigkeiten verwickelt. Dies war in Ostpreußen unmittelbar nach der Machtübernahme bei den gauinternen Querelen zwischen der Landesbauernschaft Ostpreußen unter Otto und Gauleiter Koch samt dessen Entourage der Fall, was vermutlich Spickschens Bestellung zum Leiter des Gauamts für Agrarpolitik verzögerte. Solche Querelen sind vor allem für die ersten Jahre der nationalsozialistischen Zeit bekannt, auch in anderen Gauen, Provinzen und Ländern. Ein Ringen um Kompetenzen trug Landesbauernführer Spickschen etliche Jahre später mit Paul Dargel, dem Regierungspräsidenten in Zichenau, um die Zuständigkeit für die Landbewirtschaftung im Regierungsbezirk Zichenau aus; ein Kampf, bei dem Spickschen obsiegte.

Doch sollten diese Protuberanzen nationalsozialistischer Polykratie nicht überbewertet werden. Es liegt in der Logik von Überlieferung, dass solche Spannungen aktenkundig werden, im Gegensatz zu funktionierenden Prozessen und Strukturen. In der Landesbauernschaft Ostpreußen jedenfalls wird man beginnend mit Spickschens Übernahme als Landesbauernführer Ende 1935 bis weit in den Zweiten Weltkrieg hinein von einem insgesamt kooperativen Verhältnis von Landesbauernschaft und NSDAP unter dem gewiss schwierigen Gauleiter Koch ausgehen dürfen. Das schließt regelmäßige, freilich nicht grundsätzliche Streitigkeiten keineswegs aus, verweist aber darauf, dass es auch starke Kohäsionskräfte gab. So profitierten im Falle Ostpreußens Gauleiter Koch mit seinen agrarwirtschaftlich fundierten Industrialisierungsplänen und Landesbauernführer Spickschen mit den Versuchen zur Hebung der Landwirtschaft wechselseitig voneinander und hatten an vielen Punkten übereinstimmende Interessen.

Mit dem Zusammenbruch des nationalsozialistischen Deutschlands im Mai 1945 endeten wie bei Erich Spickschen die politischen Karrieren der meisten Landesbauernführer. Im Vergleich zum Schicksal der zahllosen Opfer des nationalsozialistischen Regimes im Deutschen Reich und in den eroberten Gebieten war das Schicksal der Landesbauernführer, die nach dem Zweiten Weltkrieg meist für ein, zwei oder mehr Jahre in Internierungshaft waren, ein leichtes. Erich Spickschen trug seine Funktionärskarriere im nationalsozialistischen Deutschland drei Jahre Kriegsgefangenschaft in sowjetischen Lagern ein, die seine Gesundheit ruinierte. Anders als vielen seiner Landesbauernführer-Kollegen gelang es ihm bis zu seinem Tod 1957 im Alter von sechzig Jahren auch nicht mehr, beruflich noch einmal Fuß zu fassen.

Seine politische Karriere erfuhr durch seine Einordnung in Kategorie III im Entnazifizierungsverfahren gewissermaßen einen formalen Abschluss. Spickschen zeigte sich hierbei als ein hochrangiger Bauernführer unter vielen, die sich in solchen Verfahren von der nationalsozialistischen Ideologie distanzierten und ihre Tätigkeit zwischen 1933 und 1945 gleichsam als nur sachlich-fachlich verstanden wissen wollten – durchaus zu Unrecht, schon weil wie erwähnt sachliche und ideologische Aspekte nicht selten untrennbar verbunden waren.

Politisch aktiv war Erich Spickschen nur noch auf relativ unbedeutender Ebene, auch hierin steht er durchaus stellvertretend für die meisten der Landesbauernführer; lediglich Wilhelm Meinberg erlangte bei der DRP und der NPD eine gewisse bundespolitische Bedeutung. Und nur zwei ehemaligen Landesbauernführern aus der »Ostmark«, Anton Reinthaller und Reinhold Huber, gelang es, nochmals politische Karrieren zu starten, die bis in die heutige Zeit reichende relevante Spuren hinterlassen haben – sie gehörten zum Gründungskern der FPÖ und setzten unter nunmehr demokratischen Rahmenbedingungen ihr politisches Engagement für die äußerste Rechte auf Bundesebene in Österreich fort.

Landesbauernführer Erich Spickschen und die Landesbauernschaft Ostpreußen waren wichtige Akteure des nationalsozialistischen Ostpreußens. Es ist ein Zeichen für die Relevanz dieser Untersuchungsgegenstände, dass ihre Analyse gleichsam natürlich zu vielen wichtigen Forschungsdiskursen führte. Landesbauernführer und Landesbauernschaften waren, in vielfacher Weise, in einer buchstäblich zentralen Position des »Dritten Reiches«: eine regionale Mittelinstanz, die Reichsebene und die lokale Ebene miteinander verband; hochrangige Funktionäre, die nicht die großen Entscheidungen trafen, aber an bedeutenden Stellen mitentschieden und mit ihrer Landesbauernschaft für die Praxis von Politik zuständig waren; eingesetzt im angestammten Gebiet im Deutschen Reich, aber auch als Kader-Reservoir in den besetzten Gebieten. Und all dies spielte sich im wichtigen Bereich der Land- und Ernährungswirtschaft ab, die etwa bei der Versorgung der Bevölkerung eine positive Seite zeigen konnte, ebenso wie Funktionäre der Landesbauernschaften bei der nationalsozialistischen Besatzungs- und Vernichtungspolitik in den besetzten Gebieten auf der negativen, auch tödlichen Seite im Einsatz sein konnten. Das Beispiel Ostpreußens vertiefend zu analysieren und durch weitere Untersuchungen anderer Landesbauernführer und Landesbauernschaften zu ergänzen, bleibt künftigen Studien vorbehalten – vor dem Hintergrund der beschriebenen Bedeutung der Untersuchungsgegenstände ganz gewiss ebenfalls mit der Aussicht auf eine besonders aufschlussreiche Perspektive auf das nationalsozialistische Deutschland.

Anhang: Die Landesbauernschaft Ostpreußen

Personalübersichten

Die folgenden Übersichten über das Führungspersonal der Landesbauernschaft Ostpreußen für die Jahre von 1933 bis 1942 basieren weitgehend auf den Angaben in »Mentzel und v. Lengerke's landwirtschaftlicher Hilfs- und Schreibkalender«[1200] (im Folgenden kurz »Mentzel« genannt). Anders als im Personenlexikon (Band 2 dieser Studie) wurden die in dieser Publikation angegebenen Informationen praktisch[1201] unverändert übernommen.[1202] Dabei spielte keine Rolle, ob die Personen als gewissermaßen abschließend ernannt, als »m. d. F. b.« (mit der Führung beauftragt) oder »m. d. W. d. G. b.« (mit der Wahrung/Wahrnehmung der Geschäfte beauftragt) gekennzeichnet waren; dies wurde jedoch in den Fußnoten vermerkt. Ebenfalls anders als im Personenlexikon konnten mangels belastbarer Informationen die Tableaus nicht bis zum Kriegsende 1945 weitergeführt werden. Wie im Personenlexikon dargelegt, ist der Kalender nicht immer hinreichend exakt. Vor allem ist klar, dass nicht alle Personalangaben für denselben Stichtag gelten können. Während diese Ungenauigkeiten beim Korps der Landesbauernführer gleichsam von Hand korrigiert werden konnten, so war dies hier vor allem wegen der weitaus schlechteren Quellenüberlieferung nicht möglich. Die Personalübersichten zur Landesbauernschaft Ostpreußen bilden daher nicht einen exakt definierbaren Stichtag ab, sondern ungefähr den Zeitraum vom Herbst jeden Jahres zwischen 1933 und 1942. Bei allen Einschränkungen ist durch die Personaltableaus ein hinreichend tiefer Einblick in die Personalstruktur der Landesbauernschaft Ostpreußen gegeben, sowohl auf Ebene der Landesbauernschaft als auch auf Ebene der Kreisbauernschaften.

1200 Die exakten bibliographischen Angaben für die verwendeten Jahrgänge dieses Kalenders finden sich im Quellen- und Literaturverzeichnis, Abschnitt »Editionen und Periodika«.

1201 In seltenen Fällen wurden Namen vereinheitlicht oder die in der Quelle fehlerhafte Schreibweise berichtigt. Gleichlautende Namen wurden durch Hinzufügen des abgekürzten Vornamens unterscheidbar gemacht; die vollen Vornamen sind dem Register zu entnehmen.

1202 Hierfür und für die folgenden Ausführungen siehe Bd. 2 dieser Studie, dort Kapitel 1.

Übersicht 1: Die Führungsebene der Landesbauernschaft Ostpreußen (1933–1934)

1933		1934	
LBF	Otto	**LBF**	Meinberg
LO	Witt	**LO**	Haidn
		VHA	
		Hauptstabsleiter	Schleitzer
		Abt. A: Verwaltung	Beutler
		Abt. B: Rechnungsamt	Schleitzer
		Abt. B: Oberkasse	Hartmann, A
		Abt. C: Personal	Schleitzer
		Abt. D: Presse	Goldmann
		Abt. E: Werbung, Vortragswesen, Ausstellungswesen	Obermayr/ Munier/ Kurschat
LHA I		**LHA I**	
LHAL I	Spickschen, E	LHAL I	Spickschen, E
		Stabsleiter	Adam
		Abt. I A: Verwaltung	Gerlach, We
		Abt. I B: Der Mann	Hellbardt
		Abt. I C: Die Frau	Spickschen, GU
		Abt. I D: Landjugend	Hilpert
		Abt. I E: Bauernschulung	Dettmering
		Abt. I F: Siedlung	Petersen
		Abt. I G: Allgemeines	Malotki/ Heinrich, W
LHA II		**LHA II**	
LHAL II	Otto	LHAL II	Schumacher
Stellvertreter	Manns	Stabsleiter	Sommer
Hauptverwaltung	Fink u. a.	Abt. II A: Verwaltung	Sommer
Hauptkasse	Hartmann, A	Abt. II B: Grundlagen der Betriebsführung	Amlong

((Fortsetzung))

1933		1934	
Institute		Abt. II C: Zweige der Betriebswirtschaft	Tomzig
Untersuchungsamt	Goy	Abt. II D: Hauswirtschaft	Siebert
Pflanzenschutzstelle/ Samenuntersuchungsamt	Crüger	Abt. II E: Werkausbildung	Kuhn
Tiergesundheitsamt	Krage	Abt. II F: Ausstellungswesen	siehe VHA
Forstamt	Hämmerle		
Mooramt	Feldt		
Futterbaustelle	Hoffmann		
Bauamt	Reich		
Schriftleitung/Verlag Georgine	Fink		
Buchführungsgenossen-schaft	Graf		
Maschinenberatungsstelle	Hillman		
Wirtschaftsamt	Kuhn		
Tierversicherungsamt der LWK	Martens		
Zentralstelle für landwirtschaftliche Buchführung	Schmodde		
Ackerbau- und Saatzuchtabteilung	Tomzig		
Gartenbauabteilung	Zahn		
Ostpreußische Saatzucht-Gesellschaft mbH »Nordost«	Tomzig		
1. Abschnittsstelle der LHA II, Königsberg/Pr.	Munier		
2. Abschnittsstelle der LHA II, Insterburg	Thiele		
3. Abschnittsstelle der LHA II, Allenstein	Sack		

((Fortsetzung))

1933		1934	
LHA III		**LHA III**	
LHAL III	Mey	LHAL III	
Verband landwirtschaftlicher Genossenschaften – Raiffeisen – e.V.	Otto	Stabsleiter	
Verband wirtschaftlicher Genossenschaften des Ermlandes e.V.	Krause	Abt. III A: Verwaltung	Schawaller
		Abt. III B: genossenschaftliches Geld- und Kreditwesen	LHAL III
		Abt. III C: genossenschaftliches Revisionswesen	LHAL III
		Abt. III D: Rechts- und Steuerwesen	Stabsleiter
		Abt. III E: Versicherungswesen	Stabsleiter
		Abt. III F: genossenschaftliches Bildungswesen, Statistik	Glaubitt
		Abt. III G: genossenschaftlicher Warenbezug	Wiese
		Abt. III H: genossenschaftlicher Maschinenbezug	Kiewitt
		Abt. III J: genossenschaftlicher Getreideabsatz	LHAL III
		Abt. III K: genossenschaftlicher Milchabsatz	LHAL III
		Abt. III L: genossenschaftliche Eierverwertung	LHAL III
		Abt. III M: genossenschaftlicher Ost-/Gemüse-/Weinabsatz	Stabsleiter
		Abt. III N: genossenschaftliche Viehverwertung	Müller
		Abt. III O: genossenschaftliche Elektrizitätswirtschaft	Stabsleiter

((Fortsetzung))

1933		1934	
LHA IV		**LHA IV**	
LHAL IV	Sinnecker	LHAL IV	Sinnecker
		Stabsleiter	Beruleit
		Abt. IV A: Verwaltung	Röhr
		Abt. IV B: Getreide- und Futtermittelwirtschaft	Käsler
		Abt. IV C: Lebens- und Genußmittelwirtschaft	Serger
		Abt. IV D: Viehwirtschaft	Knobel
		Abt. IV E: Milch- und Fettwirtschaft	Hartmann, KO
		Abt. IV G: Holzwirtschaft	Hämmerle
		Abt. IV H: Rechtsabteilung	Käsler

Quellen: 1933: Mentzel 1934, Tl. II, S. 51 (Gliederung des RNSt, abgeschlossen am 15. 1. 1934), S. 52–53 und S. 57–58. Bei der LHA II, Hauptverwaltung, wird wie folgt differenziert: Allgemeine Verwaltung, Pressestelle, Rechtsberatungsstelle, Steuerberatungsstelle, Frachtenprüfungsstelle, Landwirtschaftliche Schulabteilung, Landwirtschaftliche Frauenabteilung. In Führungspositionen sind hier Kammerdirektor Fink, Syndikus Walter Heinrich sowie Becker, Röhr, Jessat, Anbuhl, Amlong, Georg Meyer und Freiin von Gayl. Nur die Führungspositionen (LBF, LO, LHA I–IV) werden abgebildet in der Georgine vom 31. 10. 1933, Titelseite; hier zeigt sich bereits der Wechsel von Korell zu Spickschen als LHAL I. 1934: Mentzel 1935, Tl. II, S. 70–73. Bei Meinberg steht: »direkt Staatsrat Meinberg unterstellt«. Bei Amlong der Zusatz »Mit der Geschäftsführung beauftragt«. Bei der LHA III heißt es: »Dieser Dienstplan ist vorläufig. Die Stellenbesetzung ist bis auf weiteres nur kommissarisch.« Bei der LHA IV ist keine Abt. F angegeben. Lücken: keine Angabe.

Übersicht 2: Die Führungsebene der Landesbauernschaft Ostpreußen (1935–1936)

1935		1936	
LBF	Meinberg	**LBF**	Spickschen, E
LO	Spickschen, E	**LO**	Gruber
VHA		**VHA**	
Hauptstabsleiter	Schleitzer	Hauptstabsleiter	Derboven
Abt. A: Verwaltung	Beutler	Abt. IVA: Verwaltung/ Personalfragen	Beutler
Abt. B: Haushaltswesen	Thiel	Abt. IVB: Haushaltsabteilung	Thiel
Abt. B: Oberkasse	Hartmann, A	Abt. IVC: Presse/ Funk/Werbung/ Aufklärung	Goldmann
Abt. C: Personal	Julitz		
Abt. D: Presse	Goldmann		
Abt. E: Werbung, Vortragswesen, Ausstellungswesen	Hinz		
LHA I		**LHA I**	
LHAL I	Berg	LHAL I	Berg
Stabsleiter	Adam	Stabsleiter	Adam
Abt. I A: Verwaltung	Gerlach, We	Abt. I A: Verwaltung	Adam
Abt. I B: Der Mann	Hellbardt	Abt. I B: Der Mann	Hellbardt
Abt. I C: Die Frau	Spickschen, GU	Abt. I C: Die Frau	Spickschen, GU
Abt. I D: Landjugend	Lindemann	Abt. I D: Landjugend	Lindemann/Salwey
Abt. I E: Bauernschulung	Dettmering	Abt. I E: Bauernschulung	Gerlach, We
Abt. I F: Siedlung	Petersen	Abt. I F: Siedlung	Petersen
Abt. I G: Rechtsabteilung	Malotki/ Heinrich, W	Abt. I G: Rechtsabteilung	Malotki/ Heinrich, W
LHA II		**LHA II**	
LHAL II	Schumacher	LHAL II	Schumacher
Stabsleiter	Sommer	Stabsleiter	Schwarz
Abt. II A: Verwaltung	Sommer	Abt. II A: Verwaltung	Schwarz
Abt. II B: Grundlagen der Betriebsführung	Amlong	Abt. II B: Grundlagen der Betriebsführung	Amlong
Abt. II C: Boden und Pflanze	Ziehr	Abt. II C: Boden/ Pflanze	Ziehr
Abt. II D: Tiere	Peters	Abt. II D: Tiere	Peters

((Fortsetzung))

1935		1936	
Abt. II E: Werkausbildung	Kuhn	Abt. II E: Werkausbildung	Kuhn
Abt. II F: Forst im Privatbesitz bäuerlicher/ landwirtschaftlicher Betriebe	Dohna-Finckenstein	Abt. II F: Forst im Privatbesitz bäuerlicher/ landwirtschaftlicher Betriebe	Dohna-Finckenstein
Abt. II G: Landwirtschaftliche Geräte/ Maschinenwesen/ Bauberatung	Hillman	Abt. II G: Landwirtschaftliche Geräte/ Maschinenwesen/ Bauberatung	Hillman
Abt. II H: Hauswirtschaft	Spickschen, GU	Abt. II H: Hauswirtschaft	Spickschen, GU
LHA III		**LHA III**	
LHAL III	Ortmann	LHAL III	Ortmann
Stabsleiter	Horn	Stabsleiter	Horn
Abt. III A: Verwaltung	Horn	Abt. III A: Verwaltung	Horn
Abt. III B: Marktrecht	Käsler	Abt. III B: Marktrecht	Käsler
Abt. III C: Marktkredit-/ Versicherungswesen	Weller	Abt. III C: Marktkredit-/ Versicherungswesen	Weller
Abt. III D: Marktübersicht	Amlong	Abt. III D: Marktübersicht	Amlong
Abt. III E: Marktwerbung	Striewski	Abt. III E: Marktwerbung	Wiehler, I
Abt. III F: Marktüberwachung	Tintemann	Abt. III F: Marktüberwachung	Tintemann
Abt. III G: Marktförderung	Hartmann, KO	Abt. III G: Marktförderung	Hartmann, KO
Abt. III H: Marktausgleich	Röhr	Abt. III H: Marktausgleich	Röhr

Quellen: 1935: Mentzel 1936, Tl. II, S. 93–94. Bei Gerda Ursula Spickschens Funktion in der Abt. H (»Hauswirtschaft«) der LHA II der Zusatz »komm.« [kommissarisch]. 1936: Mentzel 1937, Tl. II, S. 92–94. Bei Gerda Ursula Spickschens Funktion in der Abt. H (»Hauswirtschaft«) der LHA II der Zusatz »komm.« [kommissarisch].

Übersicht 3: Die Führungsebene der Landesbauernschaft Ostpreußen (1937–1938)

1937		1938	
LBF	Spickschen, E	**LBF**	Spickschen, E
		Führungsgehilfe	Großmann
LO	Gruber	**LO**	Gruber
VHA		**VHA**	
Hauptstabsleiter	Derboven	Hauptstabsleiter	Hintmann
Abt. IVA: Verwaltungs-/ Personalfragen	Beutler	Abt. IVA: Verwaltung/ Personalien	Beutler
Abt. IVB: Haushaltsabteilung	Röhr	Abt. IVB: Haushaltsabteilung	Röhr
Abt. IVC: Presse/ Funk/Aufklärung	Goldmann	Abt. IVC: Presse/ Funk/Werbung/ Aufklärung	Striewski
LHA I		**LHA I**	
LHAL I	Berg	LHAL I	Berg
Stabsleiter	Adam	Stabsleiter	Adam
		Abt. I A: Hege des Blutes und der Sippen	Czelinski
Abt. I B: Der Mann	Hellbardt	Abt. I B: Betriebsgemein-schaft	Tischel
Abt. I C: Die Frau	Spickschen, GU	Abt. I C: Die Landfrau	Spickschen, GU
Abt. I D: Landjugend	Tietz/Salwey	Abt. I D: Landjugend	Tietz/Salwey
Abt. I E: Bauernschulung	Gerlach, We	Abt. I E: Schulung	Gerlach, We
Abt. I F: Siedlung	Petersen	Abt. I F: Neubildung deutschen Bauerntums	Petersen
Abt. I G: Rechtsabteilung	Malotki/ Heinrich, W	Abt. I G: Recht	Heinrich, W
LHA II		**LHA II**	
LHAL II	Schumacher	LHAL II	Schumacher
Stabsleiter	Schwarz	Stabsleiter	Schwarz
Abt. II B: Grundlagen der Betriebsführung		Abt. II B: Grundlagen der Betriebsführung	Amlong
Abt. II C: Boden/ Pflanze	Ziehr, Paul	Abt. II C: Boden und Pflanze	Ziehr
Abt. II D: Tiere	Peters	Abt. II D: Tiere	Sack

((Fortsetzung))

1937		1938	
Abt. II E: Werkausbildung	Kuhn	Abt. II E: Werkausbildung	Kuhn
Abt. II F: Forst im Privatbesitz bäuerlicher/ landwirtschaftlicher Betriebe	Dohna-Finckenstein	Abt. II F: Forst im Privatbesitz bäuerlicher/ landwirtschaftlicher Betriebe	Dohna-Finckenstein
Abt. II G: Landwirtschaftliche Geräte/ Maschinenwesen/ Bauberatung	Hillmann	Abt. II G: Landwirtschaftliche Geräte/ Maschinenwesen/ Bauberatung	Hillmann
Abt. II H: Hauswirtschaft	Thierfeldt	Abt. II H: Hauswirtschaft	Thierfeldt
LHA III		**LHA III**	
LHAL III	Ortmann	LHAL III	Ortmann
Stabsleiter	Horn	Stabsleiter	Bienko
Abt. III A: Verwaltung	Horn	Abt. III A: Verwaltung (Aufsicht über die Zusammenschlüsse)	Bienko
Abt. III B: Marktrecht	Käsler	Abt. III B: Marktrecht	Käsler
Abt. III C: Marktkredit	Weller	Abt. III C: Wirtschaft	Anbuhl
Abt. III D: Marktübersicht	Anbuhl		
Abt. III E: Marktüberwachung	Peter		
Abt. III F: Marktförderung	Wiehler, I		
Abt. III G: Marktausgleich	Bienko		

Quellen: 1937: Mentzel 1938, Tl. II, S. 96–97; die Abteilungen der LHA III in: Ostpreußischer Bauernkalender 1938, S. 110. Bei der LHA I und der LHA II fehlt jeweils Abteilung A. Der Leiter der Abteilung B in der LHA II ist nicht genannt. 1938: Mentzel 1939, Tl. II, S. 95–96; die Abteilungen der LHA III in: Ostpreußischer Bauernkalender 1939, S. 120. In LHA II ist keine Abteilung A ausgewiesen. Czelinski ist Abteilungsvorstand, nicht Abteilungsleiter; letztere Stelle ist »unbesetzt«. Bei Bienko der Zusatz »(kommissarisch)«.

Übersicht 4: Die Führungsebene der Landesbauernschaft Ostpreußen (1939–1940)

1939		1940	
LBF	Spickschen, E	**LBF**	Spickschen, E
Persönlicher Referent	Großmann	Persönlicher Referent	Großmann
LO	Gruber	**LO**	Gruber
VHA		**VHA**	
Hauptstabsleiter	Hintmann	Hauptstabsleiter	Hintmann
Abt. IVA: Verwaltung/ Personalien	Beutler	Abt. IVA I: Organisation/ allgemeine Verwaltung	Heinrich, F
Abt. IVB: Haushaltsabteilung	Röhr	Abt. IVA II: Personalien	Beutler
Abt. IVC: Presse/ Funk/Werbung/ Aufklärung	Engels	Abt. IVB: Haushaltsabteilung	Röhr
		Abt. IVC: Presse/ Funk/Werbung/ Aufklärung	Engels
LHA I		**LHA I**	
LHAL I	Berg	LHAL I	Berg
Stabsleiter	Adam	Stabsleiter	Adam
Abt. I A: Hege des Blutes und der Sippen	Schütze	Abt. I A: Hege des Blutes und der Sippen	Schütze
Abt. I B: Betriebsgemein-schaft	Tischel	Abt. I B: Betriebsgemein-schaft	Tischel
Abt. I C: Die Landfrau	Spickschen, GU	Abt. I C: Die Landfrau	Spickschen, GU
Abt. I D: Landjugend	Tietz	Abt. I D: Landjugend	Tietz/Salwey
Abt. I E: Schulung	Gerlach, We	Abt. I E: Schulung	Gerlach, We
Abt. I F: Neubildung deutschen Bauerntums	Petersen	Abt. I F: Neubildung deutschen Bauerntums	Petersen
Abt. I G: Recht	Heinrich, W	Abt. I G: Recht	Heinrich, W
LHA II		**LHA II**	
LHAL II	Schumacher	LHAL II	Schumacher
Stabsleiter	Schwarz	Stabsleiter	Schwarz
Abt. II A: Berufsausbildung/ Wirtschaftsbera-tung	Kuhn	Abt. II A: Berufsausbildung/ Wirtschaftsbera-tung	Kuhn

((Fortsetzung))

1939		1940	
Abt. II B: Grundlagen der Betriebsführung	Dimigen	Abt. II B: Grundlagen der Betriebsführung	Dimigen
Abt. II C: Landbau	Ziehr	Abt. II C: Landbau	Ziehr
Abt. II D: Tierzucht	Sack	Abt. II D: Tierzucht	Sack
Abt. II E: Gartenbau	Zahn	Abt. II E: Gartenbau	Zahn
Abt. II F: Forst im Privatbesitz bäuerlicher/ landwirtschaftlicher Betriebe	Dohna-Finckenstein	Abt. II F: Forst im Privatbesitz bäuerlicher/ landwirtschaftlicher Betriebe	Dohna-Finckenstein
Abt. II G: Technik in der Landwirtschaft	Hillmann	Abt. II G: Technik in der Landwirtschaft	Hillmann
Abt. II H: Hauswirtschaft	Thierfeldt	Abt. II H: Hauswirtschaft	Thierfeldt
Abt. II J: Landwirtschaftliches Bauwesen	Kuehn	Abt. II J: Landwirtschaftliches Bauwesen	Kuehn
Abt. II K: Weinbau	Zahn		
LHA III		**LHA III**	
LHAL III	Ortmann	LHAL III	Ortmann
Stabsleiter	Horn	Stabsleiter	Horn
Abt. III A: Verwaltung (Aufsicht über die Zusammenschlüsse)	Horn		
Abt. III B: Marktrecht	Käsler		
Abt. III C: Wirtschaft	Bienko		

Quellen: 1939: Mentzel 1940, Tl. II, S. 86–87; die Abteilungen der LHA III in: Ostpreußischer Bauernkalender 1940, S. 128. 1940: Mentzel 1941, Tl. II, S. 88–89. Bei den Abteilungen der LHA II haben die Abteilungen II A, II B usw. jeweils noch Unterabteilungen II A 1, II A 2 usw. Die einzelnen Abteilungen der LHA III sind bei Mentzel nicht aufgeführt.

Übersicht 5: Die Führungsebene der Landesbauernschaft Ostpreußen (1941–1942)

1941		1942	
LBF	Spickschen, E	**LBF**	Spickschen, E
Persönlicher Referent	Großmann	Persönlicher Referent	Großmann
Führungsgehilfe/ Leiter Stelle für Ernährungssicherung	Amlong		
LO	Gruber	**LO**	Gruber
VHA		**LHA I**	
Hauptstabsleiter	Hintmann	Hauptstabsleiter	Hintmann
Abt. VA I: Organisation/ allgemeine Verwaltung	Heinrich, F	Abt. I A 1: Allgemeine Verwaltung/ Organisation/ Justitiariat	Heinrich, F
Abt. VA II: Personalien	Beutler	Abt. I A 2: Personalverwaltung	Beutler
Abt. VB: Haushaltsabteilung	Röhr	Abt. I A 3: Geld-/ Vermögensverwaltung	Röhr
Abt. VC: Presse/ Funk/Werbung/ Aufklärung	Engels	Abt. I B: Aufklärung	Engels
LHA I		**LHA II**	
LHAL I	Berg	LHAL II	Schumacher
Stabsleiter	Adam	Stabsleiter	Schwarz
Abt. I A: Hege des Blutes und der Sippen	Schütze	Abt. II A 1: Berufsausbildung	Salwey
Abt. I B:	Gerlach, We	Abt. II A 2: Arbeitsleben/ Berufsordnung	Gerlach, We
Abt. I B: Betriebsgemeinschaft	Tischel	Abt. II A 3: Bauern-/ Bodenrecht	Heinrich, W
Abt. I C: Die Landfrau	Spickschen, GU	Abt. II A 4: Neubildung deutschen Bauerntums	Petersen
Abt. I D: Landjugend	Tietz/Salwey	Abt. II A 5: Landwirtschaftliches Bauwesen	Kuehn

((Fortsetzung))

1941		1942	
Abt. I E: Schulung	Gerlach, We	Abt. II B 1: Fachschulen/ Wirtschaftsberatung	Kuhn
Abt. I F: Neubildung deutschen Bauerntums	Petersen	Abt. II B 2: Ländliche Frauenarbeit	Spickschen, GU
Abt. I G: Recht	Heinrich, W	Abt. II B 3: Grundlagen der Betriebsführung	Dimigen
		Abt. II B 4: Technik in der Landwirtschaft	Hillmann
LHA II		Abt. II C 1: Ackerbau	Ziehr
LHAL II	Schumacher	Abt. II C 2: Gartenbau	Zahn
Stabsleiter	Schwarz	Abt. II D: Tierzucht	Sack
Abt. II A: Berufsausbildung/ Wirtschaftsberatung	Kuhn	Abt. II D 1: Allgemeine Tierzucht	Hagedorn
Abt. II B: Grundlagen der Betriebsführung	Dimigen	Abt. II D 2: Pferde	Jessat
Abt. II C: Landbau	Ziehr	Abt. II D 3: Rinder	Sack
Abt. II D: Tierzucht	Sack	Abt. II D 4: Milchleistungsprüfungen	Krey
Abt. II E: Gartenbau	Zahn	Abt. II D 5: Schafe	Truckenbrodt
Abt. II F: Forst im Privatbesitz bäuerlicher/ landwirtschaftlicher Betriebe		Abt. II D 6: Schweine	Foerster
Abt. II G: Technik in der Landwirtschaft	Hillmann	Abt. II D 7: Kleintierzucht	Meyer, G
Abt. II H: Hauswirtschaft	Thierfeldt	Abt. II D 8: Fische	Rehbronn

((Fortsetzung))

1941		1942	
Abt. II J: Landwirtschaftliches Bauwesen	Kuehn	Abt. II D 9: Förderung der Nutztierhaltung/ Milchgewinnung und Behandlung	
		Abt. II D 10: Tiergesundheitswesen	Krage
		Abt. II E: Forst	Hämmerle
		Abt. II E 1: Waldbau	Ostwald
		Abt. II E 2: Waldschätzung	Ostwald
		Abt. II E 3: Waldnutzung	Starck
		Abt. II E 4: Waldschutz	Neumann
		Abt. II E 5: Reichsverband der Forstpflanzenzüchter/Klenganstalten	Neumann
LHA III		**LHA III**	
LHAL III	Ortmann	LHAL III	Ortmann
Stabsleiter	Horn	Stabsleiter	Horn
Abt. III A: Verwaltung	Horn	Abt. III A: Aufsicht über die Zusammenschlüsse	Horn
Abt. III B: Marktrecht	Käsler	Abt. III B: Recht der Marktordnung	Arntz
Abt. III C: Wirtschaft	Bienko	Abt. III C: Wirtschaft	Bienko
		Abt. III D: Prüfung der Ernährungsämter	Born

Quellen: 1941: Mentzel 1942, Tl. II, S. 88–89. In der Abteilung I B der LHA I ist Werner Gerlach Abteilungsleiter, zugleich wird ebenfalls unter Abteilung I B als Landesgefolgschaftswart Tischel genannt. Bei den Abteilungen der LHA II haben die Abteilungen II A, II B usw. jeweils noch Unterabteilungen II A 1, II A 2 usw. Der Leiter der Abteilung II F in der LHA II ist nicht genannt. 1942: Mentzel 1943, Tl. II, S. 92–93. Bei Abteilung II B 2 (»Ländliche Frauenarbeit«) der Zusatz »(einschl. früher I C: Landfrau)«. Bei Abteilung II B 3 (»Grundlagen der Betriebsführung«) der Zusatz »(einschl. bisher VD: Grundlagen der Erzeugung u. des Marktes)«. Bei Arntz der Zusatz »(i.V.)« Der Leiter der Abteilung II D 9 in der LHA II ist nicht genannt.

Übersicht 6: Die Kreisbauernführer der Landesbauernschaft Ostpreußen (1933–1942)

Kreisbauern-schaft	**1933**	**1934**	**1935**	**1936**	**1937**	**1938**	**1939**	**1940**	**1941**	**1942**
RB Allenstein										
Allenstein	Krämer	Krämer	Krämer	Krämer	Krämer	Krämer	Krämer	Krämer	Krämer	Krämer
Johannisburg	Danielczyk	Danielczyk	Danielczyk	Danielczyk	Danielczyk	Danielczyk	Danielczyk	Danielczyk	Danielczyk	Danielczyk
Lötzen	Lubenau	Lubenau	Lubenau	Lubenau	Lubenau	Jankowski	Jankowski	Jankowski	Jankowski	Jankowski
Lyck	Lenz	Lenz	Lenz	Lenz	Lenz	Lenz	Lenz	Lenz	Lenz	Lenz
Neidenburg	Grieffenhagen	Grieffenhagen		Lewandowski	Lewandowski	Lewandowski	Lewandowski	Lewandowski	Lewandowski	Lewandowski
Ortelsburg	Brzezinski	Brzezinski	Brzezinski	Brzezinski	Brzezinski	Brzezinski	Brzezinski	Brzezinski	Brzezinski	Brzezinski
Osterode	Weiß	Weiß		Boriß					Boriß	Boriß
Rößel	Kolwe	Kolwe	Kolwe	Kolwe	Kolwe	Kolwe	Kolwe	Kolwe	Kolwe	Kolwe
Sensburg	Haedge-Medicus	Haedge-Medicus		Steppke	Steppke	Steppke	Steppke	Steppke	Steppke	Steppke
RB Königsberg										
Bartenstein	Ronschke	Ronschke	Ronschke	Ronschke	Ronschke	Ronschke	Ronschke	Ronschke	Ronschke	Ronschke
Braunsberg	Federau	Federau	Federau	Federau	Roski	Roski	Roski	Roski	Roski	Roski
Fischhausen	Spickschen	Spickschen	Spickschen	Lehmann	Lehmann	Lehmann	Lehmann	Lehmann	Lehmann	Lehmann
Gerdauen	Ehlert	Ehlert	Ehlert	Ehlert	Stolz	Stolz	Stolz	Stolz	Stolz	Stolz
Heiligenbeil	Philipp	Knorr	Romanowski	Romanowski	Romanowski	Romanowski	Romanowski	Romanowski	Romanowski	Romanowski
Heilsberg	Schabram	Schabram	Schabram	Schabram	Schabram	Schabram	Parschau	Parschau	Parschau	Parschau
Königsberg	Teichert	Teichert		Grohnert	Behrendt, E	Behrendt, E	Behrendt, E	Behrendt, E	Behrendt, E	Lukas
Labiau	Haffke	Haffke		Knutti	Knutti	Knutti	Knutti	Knutti	Knutti	Knutti
Memel							Lorenz	Lorenz	Lorenz	Lorenz
Mohrungen	Berg	Berg	Berg	Rex	Rex	Rex	Rex	Rex	Rex	Rex
Pr. Eylau	Schleth	Weisheit	Weisheit	Weisheit	Weisheit	Weisheit	Weisheit	Weisheit	Weisheit	Weisheit
Pr. Holland	Schumacher	Schumacher	Schumacher	Schumacher			Schwichtenberg	Schwichtenberg	Schwichtenberg	Schwichtenberg
Rastenburg	Bredschneider	Bredschneider	Bredschneider	Bredschneider	Bredschneider	Bredschneider	Leffler	Leffler	Leffler	Leffler
Wehlau	Rose	Rose	Rose	Rose	Rose	Rose	Rose	Rose		

((Fortsetzung))

Kreisbauern-schaft	**1933**	**1934**	**1935**	**1936**	**1937**	**1938**	**1939**	**1940**	**1941**	**1942**
RB Gumbinnen										
Angerburg	Molks	Molks	Molks	Molks		Heyer	Heyer	Heyer	Mehl	Mehl
Darkehmen (1938 Angerapp)	Müller	Müller		Kröhn	Kröhn	Kröhn	Kröhn	Kröhn	Kröhn	Kröhn
Goldap	Spengler	Spengler	Spengler	Spengler	Spengler				Behrendt, H	Behrendt, H
Gumbinnen	Hartmann, F	Hartmann, F	Hartmann, F	Hartmann, F	Hartmann, F	Hartmann, F	Hartmann, F	Hartmann, F	Hartmann, F	Hartmann, F
Heydekrug							Kausch	Kausch	Kausch	Kausch
Insterburg	Bethge	Bethge	Bethge	Bethge	Bethge	Bethge	Bethge	Bethge	Bethge	Bethge
Niederung (1938 Elchniederung)	Sturies	Sturies	Sturies			Paltinat	Paltinat	Paltinat	Paltinat	Aschmotat
Treuburg	Kowitz	Kowitz	Kowitz	Kowitz	Kowitz	Kowitz	Kowitz	Kowitz	Kowitz	Kowitz
Pillkallen (1938 Schloßberg)	Schmidt	Schmidt	Schmidt	Schmidt	Schmidt	Schmidt	Keßler	Keßler	Keßler	Keßler
Stallupönen (1938 Ebenrode)	Fischer	Fischer	Fischer	Fischer	Fischer	Fischer	Fischer	Fischer	Fischer	Fischer
Suwalki (1941 Sudauen)								Kowitz	Kowitz	Kowitz
Tilsit-Ragnit	Hofer	Hofer	Hofer	Hofer	Hofer	Hofer	Hofer	Hofer	Hofer	Hofer
RB Marienwerder										
Elbing	Winkler	Winkler	Winkler	Winkler		Bartel	Bartel			
Marienburg	Wiehler	Radtke	Radtke							
Marienwerder	Krüger	Krüger	Krüger	Krüger	Haneberg	Haneberg	Haneberg			
Rosenberg	Kulemann	Kulemann		Finne	Pukall	Pukall	Pukall			
Stuhm	Ortmann	Radtke	Radtke	Radtke	Radtke	Radtke	Radtke			

((Fortsetzung))

Kreisbauernschaft	1933	1934	1935	1936	1937	1938	1939	1940	1941	1942
RB Zichenau										
Makow (1941 Mackeim)								Florian	Soppa	Soppa
Mlawa (1941 Mielau)								Steppke	Steppke	Steppke
Ostrolenka (1941 Scharfenwiese)									Schmidt	Schmidt
Plozk (1941 Schröttersburg)								Hartmann, F	Hartmann, F	Hartmann, F
Plonsk (1941 Plöhnen)									Leffler	Leffler
Praschnitz								Brzezinski	Steppke	Steppke
Pultusk (1941 Ostenburg)								Soppa	Soppa	Soppa
Schirps (1941 Sichelberg)								Heister	Hartmann, F	Hartmann, F
Zichenau								Leffler	Leffler	Leffler

Quellen: 1933: Georgine vom 31. 10. 1933, Titelseite; bei Schleth der Zusatz »(vorläufig m. d. W. d. G. b.)«. Diese Auflistung stellt das ursprüngliche Korps der KBF der LBsch Ostpreußen dar. Bei Mentzel 1934, Tl. II, S. 70–71, ist bereits Philipp durch Knorr ersetzt. 1934: Mentzel 1935, Tl. II, S. 73. 1935: Mentzel 1936, Tl. II, S. 94–95. 1936: Mentzel 1937, Tl. II, S. 92–94; bei Grohnert und Finne der Zusatz »(Kreisobmann)«. 1937: Mentzel 1938, Tl. II, S. 97–98. 1938: Mentzel 1939, Tl. II, S. 96–97; hier, 1939 und 1940 kein Eintrag bei Goldap, doch war Herbert Behrendt seit 5/1938 mit der Führung der KBsch Goldap beauftragt, vgl. seine biographische Skizze im Anhang. 1939: Mentzel 1940, Tl. II, S. 86–88; hier und 1940 kein Eintrag bei Osterode, doch war Boriß seit 9/1939 mit der Führung der Geschäfte des KBF dort beauftragt, vgl. seine biographische Skizze im Anhang. 1940: Mentzel 1941, Tl. II, S. 88–90. 1941: Mentzel 1942, Tl. II, S. 88–90. 1942: Mentzel 1943, Tl. II, S. 92–94; bei Krämer und Aschmotat der Zusatz »(m. d. F. b.)«, bei Lukas »(m. d. F. b. KO)«. Kolwe wird hier weiterhin als KBF aufgeführt, obwohl er um 6/1942 amtsenthoben wurde, vgl. seine biographische Skizze im Anhang.
Lücken: »keine Angabe« bzw. »unbesetzt«. Ausnahme ist für 1936 bis 1939 die KBsch Marienburg, dort fehlt die Eintragung offenbar, weil die KBsch mit der KBsch Stuhm zusammengeführt worden war. Die eingedeutschen Namen »Brenk« statt Brzezinski ab 1938 und »Lenk« statt Lewandowski ab 1939 wurden entgegen der Quellen-Vorlage nicht übernommen, damit die jeweiligen Kontinuitäten im Amt sichtbar bleiben.

Übersicht 7: Die Kreisbauernführer im Bezirk Bialystok (um Mitte 1942)

Kreisbauernschaft	**1933**	**1934**	**1935**	**1936**	**1937**	**1938**	**1939**	**1940**	**1941**	**1942**
Grajewo										Kleist
Sokolka										Florian
Bialystok										Lenz
Wolkowysk										Kausch
Lomscha										Schmidt
Bielsk										Kurras
Grodno										Heister

Quellen: Gaspadar vom 3.5.1942, S. 9 (Schmidt), vom 10.5.1942, S. 22 (Lenz), vom 17.5.1942, S. 34 (Heister, Kurras), vom 21.6.1942, S. 86 (Florian), vom 28.6.1942, S. 95 (Kausch), und vom 19.7.1942, S. 118 (Kleist).

Biographische Skizzen

Die biographischen Skizzen wurden im Wesentlichen analog zu denen des Personenlexikons aufgebaut, entsprechend sei hier auf die dortigen einführenden Ausführungen verwiesen.[1203] An dieser Stelle sind daher lediglich noch Aspekte zu betrachten, in denen sich dieser Anhang vom Personenlexikon unterscheidet. Zweck des Anhangs ist, durch biographische Skizzen das personelle Geflecht der Landesbauernschaft Ostpreußen in wesentlichen Zügen vorzustellen; er dient auch als Datengrundlage für die Analyse zur Personalstruktur der Landesbauernschaft Ostpreußen (Kapitel 3.3). Ausgangspunkt waren die im vorigen Teilkapitel vorgestellten Personaltableaus. Freilich war es aus Gründen der Arbeitsökonomie ebenso wie der Quellenüberlieferung nicht möglich, biographische Skizzen aller dort aufgeführten Personen zu erstellen. Erfasst wurden daher – soweit es die Quellengrundlage ermöglichte und mit freilich sehr unterschiedlicher Informationsdichte – im Wesentlichen vier Personenkreise: 1) Gleichsam »horizontal« die oberste Führungsebene der Landesbauernschaft Ostpreußen: Neben den im Personenlexikon vorgestellten Landesbauernführern die Landesobmänner,[1204] die Verwaltungsamtsleiter sowie die Landeshauptabteilungsleiter samt deren Stabsleiter. 2) Der zweite Personenkreis umfasst, wiederum soweit möglich, gleichsam »vertikal« jene, die im Herbst 1941 die Führungsebene der Landesbauernschaft Ostpreußen bildeten.[1205] 3) Der dritte Personenkreis besteht aus den Kreisbauernführern aus der Zeit Spickschens als Landesbauernführer, die sich bei Mentzel in den Ausgaben von 1937 bis 1943 finden. Hinzugefügt wurden von Hand auch die sieben Kreisbauernführer, die um die Mitte 1942 im Bezirk Bialystok verantwortlich waren; sie sind nicht bei Mentzel zu finden, wie überhaupt kein zeitgenössisches Tableau dieser Kreisbauernführer zu existieren scheint. 4) Der vierte und letzte Personenkreis besteht aus einer Reihe ausgewählter, für die Studie wichtiger Personen der Landesbauernschaft Ostpreußen außerhalb der zuvor genannten Personenkreise; so etwa Hauptschriftleiter Hans Dullo. In allen Fällen handelt es sich um Personal der Landesbauernschaft Ostpreußen.

Ein spezifischer Aspekt zur Recherche nach personenbezogenen Informationen sei gesondert erwähnt: Im »Ostpreußenblatt«, das heute »Preußische Allgemeine Zeitung« heißt, wurden als Organ der Landsmannschaft Ostpreußen nicht selten schwer erträgliche Artikel mit revanchistischer Schlagseite veröf-

---

1203 Vgl. Kapitel 2 (Hinweise zum Personenlexikon) in Bd. 2 dieser Studie.

1204 Außer Acht gelassen wurden die 1934 zur Beruhigung der Lage in der LBsch Ostpreußen ad interim eingesetzten Meinberg (LBF) und Haidn (LO). Zu Meinberg, der auch regulärer LBF der LBsch Westfalen gewesen war, liegt im Personenlexikon (Bd. 2) eine biographische Skizze vor.

1205 Vgl. Mentzel 1942, Tl. II, S. 88–89.

fentlicht. Für die Recherche erwies es sich freilich als außerordentlich wertvolles Instrument. Denn das »Ostpreußenblatt« war in der Nachkriegszeit gewissermaßen das Schwarze Brett der früheren Ostpreußen. Hier finden sich Meldungen aus den Kreisgemeinschaften, aber auch Todesanzeigen und Erinnerungen, die auch für die hier interessierenden Funktionäre wichtige Anhaltspunkte über Aufenthaltsorte, Lebensstationen und Todesdaten und -orte gaben. Mittels dieser Informationen konnten nicht nur die biographischen Skizzen ergänzt werden, sondern sie bildeten auch Ausgangspunkte für neue Recherchen, mit denen z. B. Entnazifizierungsakten ausfindig gemacht werden konnten. Bei etlichen Personen wäre ohne diese Informationen die Recherche stecken geblieben. Das »Ostpreußenblatt«, ebenso wie andere derartige Publikationen, wurde daher als Informationsquelle genutzt, freilich mit der nötigen Vorsicht und Distanz, so dass nur Fakten in die biographischen Skizzen einflossen, die der Beugung entlang der politischen Ausrichtung des Blattes unverdächtig waren.[1206]

In der Rubrik »Quellen und Literatur« werden stets nur Kurztitel verwendet, auch dann, wenn sie zuvor noch nicht eingeführt wurden. Die vollen bibliographischen Angaben zu diesen Kurztiteln lassen sich leicht über das Quellen- und Literaturverzeichnis erschließen.

Adam, Georg Karl August Rudolf

Geburtsdatum/-ort: 8. 3. 1905 Lüthorst (Kr. Einbeck). **Sterbedatum/-ort:** 28. 10. 1980 Stadtoldendorf (Kr. Holzminden). **Konfession:** Evangelisch-lutherisch. **Herkunft, Familie:** Sohn des Bauern Karl Adam. Ab 14. 1. 1929 mit Hedwig (geb. Balduhn, *29. 12. 1905) verheiratet, drei Kinder (*1932; *1934; *1939). **Bildung, Beruf:** 1911–1917 Volksschule in Lüthorst, dort auch sieben Jahre Privatunterricht; mittlere Reife. 4/1919–8/1925 in väterlicher Wirtschaft tätig. 1924/1925 Landwirtschaftliche Schule Einbeck bei Hannover. Höhere Landwirtschaftsschule in Hildesheim (ein Semester). 8/1925–9/1926 landwirtschaftlicher Eleve (Kr. Königsberg/Pr.); 9/1926 Lehrlingsprüfung vor der LWK Ostpreußen. 9/1926–10/1927 landwirtschaftlicher Beamter (Kr. Königsberg/Pr.). 1927/1928 Höhere Lehranstalt für Landwirte in Helmstedt (ein Semester); 9/1928 Abschlussexamen, staatlich geprüfter Landwirt. 10/1928–5/1929 landwirtschaftlicher Beamter auf der Domäne Kleinhof (Tapiau). 5/1929–1/1930 landwirtschaftlicher Beamter und Sachbearbeiter für ländliche Siedlung bei der Ostpreußischen Bau- und Siedlungsgesellschaft Königsberg/Pr. 1/1930–12/1930

1206 Dagegen beruhen z. B. die biographischen Skizzen bei Gerhard Fischer: Ostpreußische Frauen und Männer im Dienste der Landwirtschaft, Tessin 2000 (zit. Fischer: Landwirtschaft), in den hier interessierenden Fällen vielfach auf unkritisch übernommenem Quellenmaterial, u. a. aus der »Georgine« und dem »Ostpreußenblatt«.

Sachbearbeiter beim LVO in Königsberg/Pr. 12/1930–10/1933 Geschäftsführer beim Kreislandwirtschaftsverband Gumbinnen. **Weimarer Zeit:** 1.8.–28.10. 1924 Zeitfreiwilliger Feldartillerie-Regiment Nr. 6 Hannover; Kanonier. LVO. **NSDAP:** Beitritt 1.11.1932 (Nr. 1.367.362). 1934–1945 NSV. **Agrarpolitische Funktionen:** Frühjahr 1933 bis 1.10.1933 Geschäftsführung des NSL, Kreisabteilung Gumbinnen. 1933 Sachbearbeiter (Stabsleiter) bei der LWK Ostpreußen, 10/1933 bis Ende 1941 hauptamtlicher Stabsleiter der LHA I der LBsch Ostpreußen. Ab 1936 Deutsche Jägerschaft. 9/1937 zum Landwirtschaftsrat ernannt. Prokurist der OLG. Ende 1941 Leiter der Landbewirtschaftungsstelle in Bialystok (Białystok); Adam behält dabei einige verwaltungstechnische Funktionen bei der LHA I. (Operativer) Leiter der Landbewirtschaftungsstelle Zichenau. 1/1945 landwirtschaftlicher Beauftragter für den Regierungsbezirk Zichenau und die Restgebiete des Bezirks Bialystok. **Nationalsozialistische Zeit:** 1935–1945 RLB. **SA, SS:** SS-Beitritt 17.7.1935 (Nr. 271.602). 30.1.1937 SS-Ustuf, 9.11.1938 SS-Ostuf, 30.1.1941 SS-Hstuf, 21.6.1943 SS-Stubaf. Ab 30.1.1937 Führer im RuSHA, am 1.5.1944 unter Beibehaltung seiner Dienststellung als SS-Bauernreferent des SS-Oa Nordost nebenamtlicher Führer im Stab des SS-Oa Nordost. **Wehrmacht, Waffen-SS, Volkssturm:** 14.3.–14.5.1938 Übung bei der Panzer-Abwehr-Abteilung 1 Goldap; Gefreiter d.R., Reserveoffizier-Anwärter. 3/1939 bei einer Übung nach einer Woche wegen Krankheit entlassen. Im Zweiten Weltkrieg uk-gestellt. **Kriegsende und Nachkriegszeit:** Adam wird am 10.8.1949 vom Entnazifizierungshauptausschuss Einbeck im Überprüfungsverfahren in Kategorie V eingestuft; zugunsten Adams wird seine NSDAP-Mitgliedschaft als rein formal, seine SS-Mitgliedschaft als durch Vereinbarung Darrés mit Himmler erzwungen betrachtet. Seine Mitwirkung an der Besatzungspolitik in den besetzten Ostgebieten war in diesem Verfahren kein Thema. 1949 Geschäftsführer des Niedersächsischen Landvolks in Einbeck.
Quellen und Literatur: BArch, BDC, SSO; BArch, R 16/3261; BArch, R 2301/3880, Bl. 3; BArch, R 2301/4035, Bl. 6; NLA (Hannover), Nds. 171 Hildesheim, Nr. 25589; NLA (Wolfenbüttel), 3 Nds. 92/1, Nr. 41277 (Vernehmung Adams vom 29.12.1949); WbLBsch Ostpreußen vom 13.1.1945, Titelseite; Auskunft Standesamt Dassel vom 30.1.2015; Auskunft Standesamt Einbeck vom 30.1.2015.

Amlong, Erich-Günther Karl Helmuth, Dr.
Geburtsdatum/-ort: 26.3.1898 Kiel. **Sterbedatum/-ort:** Vermutlich 1945 in den letzten Kriegsmonaten in Königsberg/Pr. umgekommen.[1207] **Konfession:** Evan-

1207 »Das waren die letzten Reste der Landesbauernschaft. (...) Dr. Amlong, Dr. Knippenberg, Dr. Bienko, Brokoph, Will, Dr. Schumann und anderes Personal der Ernährungsämter sind umgekommen.« So die auf die Zeit nach Januar 1945 Bezug nehmende Darstellung gelisch. **Herkunft, Familie:** Sohn des Marinezahlmeisters und Verwaltungsinspektors i. R. Karl Ludwig Amlong. Verheiratet ab 17.7.1925 mit Kathi (geb. Becker, *27.7.1899), vier Kinder (*1928; *1929, gestorben 1931; *1933; *1938). **Bildung, Beruf:** 1904–1915 Gymnasium Kiel. 1919–1923 Universität Kiel; 1923 Promotion zum Dr. rer. pol. 6/1923–4/1925 wissenschaftlicher Assistent am Seminar für Landwirtschaftliche Verwaltungskunde der Albertus-Universität Königsberg. 5/1925–4/1928 wissenschaftlicher Hilfsarbeiter an der LWK Ostpreußen (Volkswirtschaftliche Abteilung). **Militär, Erster Weltkrieg, Freikorps:** Teilnahme am Ersten Weltkrieg. Kriegsfreiwilliger. 21.6.1915–10.12.1918 beim Feldartillerie-Regiment Nr. 9 beziehungsweise Feldartillerie-Regiment Nr. 287. Einsatz in Russland und Frankreich, Unteroffizier. Angeblich nimmt Amlong im Frühjahr 1919 an der »Spartakusabwehr« in Kiel und an der Verteidigung der Kieler Maschinenbauschule im Verband einer Marineabwehr- und studentischen Stoßtruppformation teil. **Weimarer Zeit:** 1918–1935 Mitglied einer studentischen Verbindung. **NSDAP:** Beitritt 1.5.1937 (Nr. 4.860.839). NSV ab 7/1936. **Agrarpolitische Funktionen:** 10/1934–6/1937 (zunächst kommissarisch) Leiter der Abteilungen II B (LHA II) und III D (LHA III) der LBsch Ostpreußen. Mit Wirkung vom 22.6.1937 zum Leiter der Stelle für Ernährungssicherung berufen, zugleich der Stelle als Abteilungsleiter (II B) enthoben; Amlong führt die Abteilung II B aber nebenamtlich weiter. Ab 1.4.1937 Leiter der Gruppe II der Wehrwirtschaftlichen Abteilung des Oberpräsidenten der Provinz Ostpreußen (früher Außenstelle des RMEL). Ab 11/1937 Landwirtschaftsrat, ab 8/1938 Oberlandwirtschaftsrat. 11/1939 als ziviler Sachbearbeiter zum CdZ nach Koblenz abkommandiert, 5/1940–9/1944 dort als Militärverwaltungsoberrat beim Militärverwaltungsstab beziehungsweise Reichskommissar. **Nationalsozialistische Zeit:** 1935 RLB. **SA, SS:** Beitritt zum Stahlhelm 11/1933, dann Übergang zur SA-Reserve I. Als SA-Mitglied ab 1.11.1933 geführt, 9.11.1936 SA-Scharführer.

Quellen und Literatur: BArch, R 16/3361; DNdRN vom 10.7.1937, S. 247; DNdRN vom 20.11.1937, S. 425; DNdRN vom 3.12.1938, Sp. 828; Auskunft Neubrandenburger Stadtarchiv vom 24.2.2016.

Aschmotat, Max

Geburtsdatum/-ort: 25.9.1906 Tilsit (Stadtkreis Tilsit). **Konfession:** Evangelisch. **Herkunft, Familie:** Sohn des Bauern Georg Aschmotat. Verheiratet ab 1931 mit Lisbeth (geb. Kuschnerus, gestorben 1943), drei Kinder (u. a. *1940; *1940). **Bildung, Beruf:** Nach der Schulzeit ist Aschmotat zunächst in der väterlichen Landwirtschaft tätig. Als 18-Jähriger beginnt er eine zwei Jahre dauernde Lehre

---

Dimigens unter dem Titel »Ergänzungen der Tonbandaussagen über die Abteilungen der Landesbauernschaft« [1958/1959], BArch, Ost-Dok. 10/283, unpag.

auf einem 375 ha großen Gut; zudem Besuch der Landwirtschaftsschule (zwei Semester). Nach sieben Jahren Tätigkeit in landwirtschaftlichen Betrieben zwischen 50 und 375 ha bewirtschaftet Aschmotat ab seiner Hochzeit einen ihm und seiner Frau gehörenden Hof in Jurken im Kr. Tilsit-Ragnit (Gesamtbetriebsgröße rd. 58 ha). **NSDAP:** Beitritt 2.12.1927 (Nr. 71.602). OG Tilsit. 8/1931–10/1936 OGL. (1941) kommissarischer KL, ab 10/1936 im hauptamtlichen Parteidienst. NSV. **Agrarpolitische Funktionen:** 7/1942 mit der Führung der Geschäfte als KBF der KBsch Elchniederung beauftragt. Um 11/1942 wird Aschmotat zum KBF der KBsch Elchniederung ernannt. **Wehrmacht, Waffen-SS, Volkssturm:** Teilnahme am Zweiten Weltkrieg. 1939 bei der Luftwaffe und bei der Infanterie in Stettin und Königsberg, Unteroffizier. 1944 in Holland verwundet. **Kriegsende und Nachkriegszeit:** Gelangt in britische Kriegsgefangenschaft, bleibt ein Jahr als Kriegsgefangener in England und wird anschließend als Kriegsversehrter entlassen. 1946 zunächst in Riepe bei Soltau (Kr. Fallingbostel) wohnhaft, versucht Aschmotat als landwirtschaftlicher Verwalter wieder Fuß zu fassen. Er verschweigt bei der politischen Überprüfung durch die Militärregierung seine Parteimitgliedschaft. Der öffentliche Kläger beim Entnazifizierungshauptausschuss des Kr. Fallingbostel erlässt am 1.10.1948 den Bescheid, dass Aschmotat nicht vom Entnazifizierungsrecht betroffen sei; er sei nicht Mitglied der NSDAP oder einer ihrer Gliederungen gewesen und habe den Nationalsozialismus weder gefördert noch unterstützt. Aschmotat siedelt nach Walsrode (Kr. Fallingbostel) über, ab 1970 in Stuttgart wohnhaft.

Quellen und Literatur: BArch, BDC, PK; BArch, ZLA 1/0596943; EZA, Bestand 980/1752, Tilsit, Kr. Tilsit/Ostpreußen, Taufen (1906–1914), Bl. 2; GStA PK, XX. HA Rep. 240, Nr. C 77, Bl. 6; NLA (Hannover), Nds. 171 Lüneburg, Nr. 38464; DNdRN vom 11.7.1942, Sp. 535; DNdRN vom 28.11.1942, Sp. 1077–1078.

Bartel, Ernst

Geburtsdatum/-ort: 3.3.1904 Weißhof (Kr. Marienwerder). **Sterbedatum/-ort:** 6.1.1993 Chilliwack (British Columbia, Kanada). **Konfession:** Mennonitisch. **Herkunft, Familie:** Sohn des Bauern Albert Bartel. Verheiratet ab 12.7.1934 mit Lisbeth (geb. Siebert, *17.11.1908), sechs Kinder (*1935; *1937; *1938; *1940; *1941; *1947). **Bildung, Beruf:** 6.–8. Lebensjahr Vorschule zum Gymnasium in Stuhm. 9.–15. Lebensjahr Realschule in Elbing; Frühjahr 1920 Reifezeugnis für die Obersekunda. 1920–1922 im väterlichen landwirtschaftlichen Betrieb in Oberkerbswalde tätig. 1922–1924 auf einem Gut im Kr. Preußisch Holland tätig. 1924 Prüfung zum landwirtschaftlichen Beamten bei der LWK Ostpreußen. Winter 1924/1925 Landwirtschaftliche Winterschule Preußisch Holland (Oberklasse). Ab 1925 wieder in der väterlichen Landwirtschaft tätig. Bartel bewirtschaftet den väterlichen Erbhof ab der Heirat 1934 selbstständig (Betriebsgröße rd. 43 ha), er übernimmt diesen 1939 nach Erbauseinandersetzung von seinen Geschwistern in Alleineigentum. **NSDAP:** Beitritt 1.2.1932 (Nr. 956.088). Mitbegründer der OG Kerbswalde, 1.2.1932–1.4.1938 OGL. **Agrarpolitische Funktionen:** Um 1/1938 mit der Führung der Geschäfte als KBF der KBsch Elbing beauftragt, 25.5.1939 KBF der KBsch Elbing. Bezirkshofberater. Wegen Eingliederung des Regierungsbezirks Marienwerder in die LBsch Danzig-Westpreußen wird Bartel mit Wirkung vom 1.4.1940 zu dieser LBsch überwiesen. Verein für bäuerliche Sippenkunde und bäuerliches Wappenwesen. **Nationalsozialistische Zeit:** Gemeinderat. Beisitzer beim Landesarbeitsgericht. Stellvertretendes Kreisausschussmitglied. **SA, SS:** Keine Mitgliedschaft. **Kriegsende und Nachkriegszeit:** Wohnt zunächst in Zweibrücken (Pfalz) und siedelt Ende 1951 nach Kanada in die Provinz British Columbia über; erst in Clearbrook, ab 1953 dann in Agassiz wohnhaft. 1953–1963 Farmer in Agassiz mit einem Milchbetrieb. Nach Verkauf der Landwirtschaft Neubau eines Hauses in Agassiz, 1986 Übersiedlung nach Chilliwack. Offenbar ist Bartel dort aktives Mitglied in der mennonitischen Gemeinde Eden.

Quellen und Literatur: BArch, R 16 I/891; BArch, ZLA 1/6002016; DNdRN vom 29.1.1938, Sp. 41; DNdRN vom 17.6.1939, S. 395; The Chilliwack Progress vom 13.1.1993, S. 19.

Behrendt, Erich Karl Helmut

Geburtsdatum/-ort: 22.5.1904 Drengfurtshof (Kr. Rastenburg). **Sterbedatum/-ort:** 27.12.1941 Kolpino vor Leningrad; gefallen. **Konfession:** Evangelisch. **Herkunft, Familie:** Sohn des Gutsbesitzers Luis Behrendt. Verheiratet ab 3.11.1938 mit Herta (geb. Jegelka). **Bildung, Beruf:** Reformrealgymnasium. Praktische landwirtschaftliche Tätigkeit. Landwirtschaftlicher Beamter. Landwirt in Raulitt. **NSDAP:** Beitritt 1.5.1929 (Nr. 136.114). 10/1929–10/1930 OGL der OG Benkheim, Gau Ostpreußen. **Agrarpolitische Funktionen:** 3/1937 mit der Führung der Geschäfte des KBF der KBsch Königsberg beauftragt, 1.9.1937–27.12.1941 KBF der KBsch Königsberg. **Nationalsozialistische Zeit:** MdL 1933 (Preußen). MdR 11/1933–27.12.1941 (WK 1). **SA, SS:** 1.1.1933 SA-Standartenführer, 1.9.1933 SA-Oberführer, 20.4.1936 SA-Brigadeführer. 1.9.1933–28.2.1937 Führer der SA-Brigade 4 (Königsberg), 1.3.1937–27.12.1941 (bis 15.6.1937 m.d.W.d.G.b.) Stabsführer der SA-Gruppe Ostland (Königsberg). **Wehrmacht, Waffen-SS, Volkssturm:** Teilnahme am Zweiten Weltkrieg. Schwadronsführer, Leutnant d.R.

Quellen und Literatur: BArch, BDC, SA; BArch, NS 23/210, Bl. 161; BArch, R 16 I/1426; DNdRN vom 20.3.1937, S. 108; DNdRN vom 25.9.1937, S. 344; DNdRN vom 24.1.1942, Sp. 61; Kienast: Großdeutscher Reichstag 1938, S. 156; WbLBsch Ostpreußen vom 10.1.1942, S. 26; Lilla: Statisten, S. 31; Rohrer:

Macht, S. 559; Auskunft Staatsarchiv Leipzig (Deutsche Zentralstelle für Genealogie) vom 15.2.2016.

Behrendt, Herbert

Geburtsdatum/-ort: 14.2.1898 Freudenberg (Kr. Rastenburg). **Sterbedatum/-ort:** 31.3.1945 Weypoth (Kr. Rastenburg); für tot erklärt. **Konfession:** Evangelisch, später Kirchenaustritt. **Herkunft, Familie:** Sohn des Bauern Gustav Behrendt. Verheiratet mit Meta (geb. Mahrun, *7.8.1898), vier Kinder (*1925; *1926; *1930; *1936). **Bildung, Beruf:** Stadtschule Barten. Herzog-Albrecht-Schule Rastenburg (Gymnasium). Anschließend Prüfung für den Dienst als Einjährig-Freiwilliger. Behrendt erlernt ab 1919 die Landwirtschaft. Ab 1.4.1922 Landwirt im Kr. Goldap. Selbstständiger Gutsbesitzer (Gesamtgröße des Betriebes in Langensee im Kr. Goldap 184 ha). **Militär, Erster Weltkrieg, Freikorps:** Teilnahme am Ersten Weltkrieg, Soldat ab 18.11.1916. 11/1916–3/1917 beim Feldartillerie-Regiment Nr. 52, 3/1917–1/1919 Fronteinsatz beim Feldartillerie-Regiment Nr. 101, Vize-Wachtmeister. 1–5/1919 Grenzschutz Ostpreußen. **Weimarer Zeit:** Will zunächst der DVFB nahegestanden haben, sei 1927 zur NSDAP übergetreten, doch sei die Mitgliedschaft nicht weitergeführt worden. **NSDAP:** Beitritt 1.5.1933 (Nr. 3.535.551). **Agrarpolitische Funktionen:** KHAL II. 10/1935 (zunächst kommissarisch) KO der KBsch Goldap. Ab 15.5.1938 mit der Führung der KBsch Goldap beauftragt, um 5/1941 zum KBF der KBsch Goldap ernannt. **SA, SS:** SS-Beitritt 24.1.1934 (Nr. 274.620). 9.11.1942 SS-Ustuf. 9.11.1942–1.5.1944 beim RuSHA geführt. Ab 1.5.1944 unter Beibehaltung seiner Dienststellung als SS-Bauernreferent zum Führer in der 1. SS-Reiterstandarte ernannt. **Wehrmacht, Waffen-SS, Volkssturm:** Um 7/1944 zum Heeresdienst einberufen.

Quellen und Literatur: BArch, BDC, SSO; BArch, ZLA 1/3014838; DNdRN vom 21.12.1935, S. 454; DNdRN vom 29.8.1936, S. 273; DNdRN vom 10.5.1941, Sp. 317; DNdRN vom 16.5.1942, Sp. 376; WbLBsch Ostpreußen vom 1.7.1944, S. 252.

Berg, Fritz

Geburtsdatum/-ort: 30.9.1897 Sonnenborn (Kr. Mohrungen). **Sterbedatum/-ort:** 14.7.1967 Rinteln (Kr. Grafschaft Schaumburg). **Konfession:** Evangelisch-lutherisch. **Herkunft, Familie:** Sohn des Bauern Ernst Berg. Verheiratet ab 8.6.1922 mit Frieda (geb. Bieber, *26.10.1897), drei Kinder (*1923; *1925; *1930). **Bildung, Beruf:** Volksschule. Höhere Schule. Ab 1919/1920 landwirtschaftlicher Beamter. 1921/1922 Studium an einer landwirtschaftlichen Hochschule; Berg hospitiert dort, ohne Abschluss. Ab 7/1922 selbstständig als Pächter, pachtet zwei Vorwerke des Rittergutes Kallisten (Kr. Mohrungen). Ab 5.4.1934 selbstständiger Bauer. Berg erwirbt von der OLG ein Restgut in Ban-

ners im Kr. Mohrungen (Hofgröße 102 ha). **Militär, Erster Weltkrieg, Freikorps:** 1914 Kriegsfreiwilliger beim Litthauischen Ulanenregiment Nr. 12. Frontkämpfer, Einsatz im Osten (in Ostpreußen, bei Riga und in Livland). 7/1915 zur Infanterie versetzt, Leutnant d. R. Rückkehr aus dem Wehrdienst Ende 1918. 1919 Grenzschutz Ost (Grenzschutz Westpreußen, Generalkommando 17, Danzig). **Weimarer Zeit:** 1923/1924 Stahlhelm. Angeblich 4/1932 wegen seiner politischen Betätigung verhaftet und inhaftiert. **NSDAP:** Beitritt 15.4.1930 (Nr. 338.661). Mitbegründer der OG Liebstadt. 4/1931–10/1933 OGL. **Agrarpolitische Funktionen:** LKF im aA. 9/1933–5/1937 KBF der KBsch Mohrungen. 1/1935 stellvertretender LHAL I der LBsch Ostpreußen. 3/1935 Nachfolger Erich Spickschens als LHAL I der LBsch Ostpreußen. 10/1942 wird Berg als Leiter der Abteilung Ernährung und Landwirtschaft zum Generalkommissar Estland versetzt. Nach der 1942 erfolgten Auflösung der früheren LHA I wird Berg offiziell um 7/1943 vom Amt als LHAL I der LBsch Ostpreußen entbunden. Verein für bäuerliche Sippenkunde und bäuerliches Wappenwesen. **Nationalsozialistische Zeit:** 3/1933 Kreistagsmitglied. **SA, SS:** SA 15.4.1930–30.3.1937. SA-Obertruppführer. SS-Beitritt 5.4.1937 (Nr. 281.054). 12.9.1937 SS-Ustuf, 11.9.1938 SS-Ostuf, 30.1.1941 SS-Hstuf, 21.6.1943 SS-Stubaf. Von 12.9.1937–1.5.1944 Führer im RuSHA. Ab 12.9.1937 ehrenamtlicher SS-Bauernreferent beim SS-Oa Nordost. Ab 1.5.1944 unter Beibehaltung seiner Dienststellung als SS-Bauernreferent im SS-Oa Nordost als nebenamtlicher Führer zum Stab des SS-Oa Nordost versetzt. **Wehrmacht, Waffen-SS, Volkssturm:** 1.3.1941–15.10.1942 bei der Wehrmacht. Leutnant d.R., Rittmeister d.R. **Kriegsende und Nachkriegszeit:** Nach 1945 wieder selbstständiger Landwirt. Berg lebt bis zu seinem Tod in Bodenengern über Rinteln (Kr. Grafschaft Schaumburg).
Quellen und Literatur: BArch, BDC, RS; BArch, BDC, SSO; BArch, NS 22/268; BArch, R 16 I/1427; BArch, ZLA 1/4226647; Georgine vom 12.1.1934, S. 27; DNdRN vom 5.1.1935, S. 2; Georgine vom 2.4.1935, S. 259; DNdRN vom 22.5.1937, S. 203; DNdRN vom 24.7.1943, Sp. 788; Ostpreußenblatt vom 28.4.1956, S. 15; Ostpreußenblatt vom 29.7.1967, S. 19; Rohrer: Macht, S. 560; Auskunft Museum Rinteln vom 7.9.2015.

Bethge, Hans
Geburtsdatum/-ort: 16.6.1894 Marienhütte (Kr. Rummelsburg). **Sterbedatum/-ort:** 25.5.1985 Braunfels (Lahn-Dill-Kreis). **Konfession:** Evangelisch. **Herkunft, Familie:** Sohn eines Bauern. Verheiratet mit Edith (geb. Hundsdorfer, *26.11.1894), drei Kinder (*1923; *1925; *1929). **Bildung, Beruf:** Gymnasium. Landwirtschaftlicher Eleve. Bauer. Ab 1.3.1920 Eigentümer des köllmischen Gutes Mühle Kepurren (Gesamtbetriebsgröße 265 ha), das zuvor seinem Schwiegervater gehört hat. **Militär, Erster Weltkrieg, Freikorps:** 1913 MG-Abteilung V in Insterburg. 8/1914–2/1919 bei diesem Truppenteil Teilnahme am

Ersten Weltkrieg, mit Ausnahme von sechs Monaten bei der Infanterie. Leutnant d. R. **Weimarer Zeit:** 1920–1924 DNVP. 1929–1932 Stahlhelm. **NSDAP:** Beitritt 1.3.1932 (Nr. 1.060.042). 1–10/1932 OGL der OG Kohlischken. **Agrarpolitische Funktionen:** 7/1932 aA, LKF. 1932 Führer im NSL. 9/1933 KBF der KBsch Insterburg. **SA, SS:** SA-Mitglied 7/1933–5/1937. (12/1933) SA-Obertruppführer, Referent für landwirtschaftliche Fragen beim Stab der SA-Standarte 45. SS-Beitritt 9.2.1937 (Nr. 280.698). 4/1938 SS-Ustuf, 11/1942 SS-Ostuf. Ab 6/1937 SS-Bauernreferent bei der 1. SS-Reiterstandarte. 1937 oder 1938 bis 4/1944 Führer im RuSHA, ab 5/1944 Führer in der 1. SS-Reiterstandarte, unter Beibehaltung seiner Stellung als SS-Bauernreferent bei der 1. SS-Reiterstandarte. **Wehrmacht, Waffen-SS, Volkssturm:** 1935 beim Reiter-Regiment 1. 12/1938 Oberleutnant d. R. Rittmeister d. R. **Kriegsende und Nachkriegszeit:** Als selbstständiger Landwirt und Imkermeister tätig, in Pfaffenheck (Nörtershausen, Kr. St. Goar) wohnhaft.

Quellen und Literatur: BArch, BDC, RS; BArch, BDC, SSO; BArch, R 16 I/1428; BArch, R 16 I/2204; BArch, R 16 I/2206; BArch, ZLA 1/1308802; Niekammer Ostpreußen 1932, S. 158; Georgine vom 8.12.1933, S. 855; Bloech: Ostpreußens Rinder, S. 506–507; Ostpreußenblatt vom 8.6.1985, S. 17; Auskunft Standesamt Braunfels vom 18.8.2014.

Beutler, Friedrich Walter Martin, Dr.

Geburtsdatum/-ort: 16.6.1900 Groß Sittkeim (Kr. Labiau). **Sterbedatum/-ort:** 20.10.1977 Emmendingen (Kr. Emmendingen). **Konfession:** Evangelisch. **Herkunft, Familie:** Sohn des Landwirts Ernst Beutler. Verheiratet mit Else (geb. Thiel, *5.11.1905), zwei Kinder (*1935; *1940). **Bildung, Beruf:** 1907–1919 Oberrealschule Königsberg/Pr.; 1919 Abitur. 4/1920–3/1922 landwirtschaftliche Lehre. 4/1922–9/1925 landwirtschaftlicher Inspektor. 1925–1928 Studium der Landwirtschaft an der Albertus-Universität Königsberg; 7/1928 Diplom-Landwirt. 1928–1930 ebendort auch vier Semester Jura-Studium. 1929 Promotion zum Dr. phil. 6–10/1929 landwirtschaftlicher Beamter. 11/1929–12/1933 arbeitet Beutler bei der LWK Ostpreußen als wissenschaftlicher Assistent. **Weimarer Zeit:** 5/1919–2/1920 Friedensdienst im Reichsheer, bei der Horchabteilung einer Brigade-Nachrichten-Abteilung, Funker. **NSDAP:** Beitritt 1.12.1931 (Nr. 854.748). Stellvertretender Blockleiter. **Agrarpolitische Funktionen:** 1/1934–4/1945 LBsch Ostpreußen, Verwaltungshauptabteilung (ab 1942 LHA I), dort 1934–1936 Leiter der Verwaltungsabteilung, 1936–1945 Leiter der Personalabteilung. 10/1937 Landwirtschaftsrat. **Kriegsende und Nachkriegszeit:** 7/1945–12/1949 landwirtschaftlicher Verwalter. Im Entnazifizierungsverfahren [1949] in Kategorie IV ohne Berufsbeschränkung eingeordnet. 1950–1955 ohne feste Arbeitsstelle, Beutler erhält Übergangsgehalt. 1951/1952 als Beamter z. b. V. anerkannt. (1955) in Linden bei Ebstorf (Kr. Uelzen) wohnhaft, freiberufliche

und ehrenamtliche Tätigkeit, unter anderem für die LWK Hannover und das Landesernährungsamt Hannover. Ab 11/1955 im Bundesdienst beschäftigt, 1/1963 zum Bundesministerium für Vertriebene versetzt.
Quellen und Literatur: BArch, BDC, NSDAP-Mitgliederkartei (Ortsgruppenkartei); BArch, PERS 101/32780; BArch, R 82/149; BArch, ZLA 1/0129704; DNdRN vom 16. 10. 1937, S. 372; Auskunft Stadtarchiv Emmendingen vom 22. 8. 2014.

Bienko, Gerhard, Dr.
Geburtsdatum/-ort: 3. 4. 1902 Skottau (Kr. Neidenburg). **Sterbedatum/-ort:** 30. 6. 1945 Preußisch Eylau (Kr. Preußisch Eylau). **Konfession:** Evangelisch. **Herkunft, Familie:** Sohn des Pfarrers Gottfried Bienko. Verheiratet ab 17. 5. 1929 mit Gertrud (geb. Fiedler, *10. 12. 1907), drei Kinder (*1930; *1934; *1936). **Bildung, Beruf:** 1908–1910 Volksschule Skottau (Kr. Neidenburg). 1910–1911 Vorschule Lötzen. 1911–1921 Humanistisches Gymnasium Lötzen; Abitur. 4/1921–3/1922 landwirtschaftlicher Lehrling in Groß Karwinden (Kr. Preußisch Eylau). 4/1922–3/1924 landwirtschaftlicher Lehrling Stadtgut Waldau (Kr. Osterode). Sommersemester 1924 bis Wintersemester 1927 Albertus-Universität Königsberg; Diplom-Landwirt. 4/1927–3/1928 Doktorand beim Tierzuchtinstitut der Universität, am 27. 7. 1928 Promotion zum Dr. phil. 4/1928–4/1937 Tierzuchtinspektor bei der Dienststelle für Kleintierzucht, am 11. 4. 1930 besteht Bienko die staatliche Prüfung für Tierzuchtbeamte. **Weimarer Zeit:** Ab Sommersemester 1924 Mitglied der Burschenschaft Germania in der Deutschen Burschenschaft. **NSDAP:** Beitritt 1. 5. 1937 (Nr. 4.860.865). 1934 NSV. RDB. **Agrarpolitische Funktionen:** 1934–1937 Mitglied des Beirats der Reichsfachgruppe Landwirtschaftlicher Geflügelzüchter im Reichsverband Deutscher Kleintierzüchter. 6/1934–4/1937 Geschäftsführer des Eierwirtschaftsverbandes Ostpreußen, ab 1/1936 stellvertretender Vorsitzender. Ab 5/1937 Leiter der Abteilung III C (LHA III) der LBsch Ostpreußen. Bienko verwaltet ab 10/1939 das Landwirtschaftsdezernat bei der Regierung in Zichenau (Ciechanów). 3/1941 Oberlandwirtschaftsrat. **Nationalsozialistische Zeit:** 15. 11. 1933 Reichsbund Deutscher Diplomlandwirte. **SA, SS:** SA-Beitritt 5. 11. 1933, ab 9. 11. 1936 SA-Rottenführer. **Wehrmacht, Waffen-SS, Volkssturm:** 8–10/1936 und 9–10/1938 beim I. Flak-Regiment 1, Kanonier. Ab 11. 5. 1940 Dienst bei der Militärverwaltung in Marburg a. d. L. 5/1940–2/1944 bei der Wehrmacht an der Westfront, meist im besetzen Frankreich. Anfang 1944 beim Kommandanten des Heeresgebiets Südfrankreich (Lyon), Abteilung Verwaltung und Wirtschaft. Mit Wirkung vom 16. 4. 1944 zur Oberfeldkommandantur 894 (Avignon) kommandiert. 11. 5. 1940 Kriegsverwaltungsrat, 7. 3. 1941 Oberkriegsverwaltungsrat, 8. 12. 1943 Militärverwaltungsoberrat. **Kriegsende und Nachkriegszeit:** Am

30.6.1945 stirbt Bienko in einem sowjetischen Internierungslager in Preußisch Eylau.
Quellen und Literatur: BArch, PERS 6/36135; BArch, R 16/4449; BArch, ZLA 1/3201820; DNdRN vom 29.3.1941, Sp. 183.

Boriß, Kuno
Geburtsdatum/-ort: 20.9.1898 Groß Karnitten (Kr. Mohrungen). **Sterbedatum/-ort:** 23.1.1945 Güldenboden bei Elbing (Kr. Elbing); gefallen. **Konfession:** Evangelisch. **Herkunft, Familie:** Verheiratet. **Bildung, Beruf:** Landwirt, Gut Adlig Liegen im Kr. Osterode (Betriebsgröße 266 ha). **NSDAP:** Beitritt 1.3.1932. Zunächst OG Osterode, ab 9/1933 OG Liebemühl, jeweils Gau Ostpreußen. **Agrarpolitische Funktionen:** 9/1935 (zunächst kommissarisch) KO der KBsch Osterode, 9/1939 mit der Führung der Geschäfte als KBF der KBsch Osterode beauftragt. Um 8/1943 vom Amt als KBF der KBsch Osterode entbunden. **Wehrmacht, Waffen-SS, Volkssturm:** Offenbar als Volkssturmmann gefallen. **Quellen und Literatur:** BArch, BDC, NSDAP-Mitgliederkartei (Ortsgruppenkartei); BArch, R 16 I/2140; Niekammer Ostpreußen 1932, S. 62; DNdRN vom 28.9.1935, S. 335; DNdRN vom 25.1.1936, S. 26; DNdRN vom 14.8.1943, Sp. 845; Auskunft WASt vom 22.1.2016.

Bowien, Ulrich Karl, Dr.
Geburtsdatum/-ort: 6.11.1903 Karthaus (Kr. Karthaus). **Sterbedatum/-ort:** 14.2.1986. **Konfession:** Evangelisch-lutherisch. **Herkunft, Familie:** Sohn des Kreisoberinspektors Alfred Bowien. **Bildung, Beruf:** 1909–1919 Realgymnasium Dirschau. 2/1919–4/1920 Privatunterricht. 4/1920–6/1921 Bürolehrling im Landratsamt Mohrungen. 7/1921–6/1923 landwirtschaftlicher Eleve; Lehrlingsprüfung 9/1923. 7/1923–9/1926 landwirtschaftlicher Beamter in verschiedenen landwirtschaftlichen Betrieben. 1926–1927 Höhere Lehranstalt für praktische Landwirte Elbing; 8/1927 staatlich geprüfter Landwirt. 1926–1927 Selbstunterricht, Ersatzreifeprüfung. 4–10/1928 landwirtschaftlicher Beamter. 10/1928–3/1933 Landwirtschaftliche Hochschule Bonn-Poppelsdorf; 8/1931 Diplom-Landwirt, 3/1933 Promotion zum Dr. agr. 5–10/1932 Sachbearbeiter bei der Osthilfestelle des Landratsamts Mohrungen. 4–10/1933 Sachbearbeiter bei der Landberatung Dr. Brandes (Königsberg/Pr.). 11/1933–5/1934 arbeitslos. **Weimarer Zeit:** Mitglied der Agronomia Bonn (im Naunburger Senioren-Convent). **NSDAP:** Beitritt 1.5.1933. 1937 NSV. **Agrarpolitische Funktionen:** 1.6.1934–6/1935 Sachbearbeiter bei der KBsch Wehlau. 27.6.1935–1939 Stabsleiter bei der KBsch Wehlau. 1939–10/1944 Stabsleiter bei der KBsch Memel. 1941 Deutsche Jägerschaft. 10/1944 bis Kriegsende Verbindungsmann der LBsch Ostpreußen zur Wehrmacht. **Nationalsozialistische Zeit:** 1933 Reichsbund Deutscher Diplomlandwirte. **SA, SS:** Keine Mitgliedschaft. **Wehrmacht, Waffen-**

SS, Volkssturm: Ab Kriegsbeginn uk-gestellt, allerdings 4–10/1940 freiwilliger Kriegsdienst bei der Wehrmacht. **Kriegsende und Nachkriegszeit:** 1945–1946 als Student an der Universität Graz. 2/1946–9/1946 arbeitslos. 10/1946–6/1947 Sachbearbeiter bei der KBsch Schleswig. Bowien wird 7/1947 im Entnazifizierungsverfahren des Entnazifizierungshauptausschusses des Stadtkreises Bonn als nominelles Mitglied der NSDAP zunächst in Kategorie IV (Mitläufer) eingeordnet, wogegen er Berufung einlegt. Er wird 8/1948 auf Empfehlung des Bonner Berufungsausschusses im Entnazifizierungsverfahren vom Sonderbeauftragten für die Entnazifizierung im Land Nordrhein-Westfalen in Kategorie V umgestuft; auf Bowiens Schilderungen über seine Tätigkeiten in der nationalsozialistischen Zeit hin wird festgestellt, er habe im Rahmen seiner Möglichkeiten Widerstand als Gegner des Nationalsozialismus geleistet. 1950 stellvertretender Abteilungsleiter der LWK Rheinland in Bonn.
Quellen und Literatur: LAV NRW R, NW 1049, Nr. 52450; NLA (Wolfenbüttel), 3 Nds. 92/1, Nr. 41277 (eidesstattliche Erklärung Bowiens vom 23.12.1950); Bowien: Durchführung der Ostpreußenhilfe, S. 133; DNdRN vom 6.7.1935, S. 239; DNdRN vom 29.3.1941, Sp. 183; Auskunft Bürgeramt Bad Godesberg vom 23.8.2014.

Bredschneider, Werner Oskar Fritz
Geburtsdatum/-ort: 30.7.1885 Wickerau (Kr. Rastenburg). **Sterbedatum/-ort:** 30.1.1945; soll auf seinem Gut Wickerau erschossen worden sein. **Konfession:** Evangelisch. **Herkunft, Familie:** Sohn des Gutsbesitzers Oskar Bredschneider. Verheiratet mit Alice (geb. Rittmeister), drei Kinder (*1913; *1916; *1919). **Bildung, Beruf:** Gymnasium; Abitur. Landwirtschaftliche Praxis im väterlichen landwirtschaftlichen Betrieb. Ein Semester Hochschulstudium in Halle. Anschließend landwirtschaftliche Praxis in Ostpreußen und Posen. Landwirtschaftlicher Beamter. Ab 1928 Besitzer des Ritterguts Wickerau (Betriebsgröße 404 ha). **Militär, Erster Weltkrieg, Freikorps:** Militärische Ausbildung beim 1. Garde-Feld-Artillerie-Regiment. Offizier beim 4. Garde-Feldartillerie-Regiment. 1914–1918 Teilnahme am Ersten Weltkrieg. Batterieführer und Ordonnanzoffizier, als Hauptmann aus dem Heer entlassen. **NSDAP:** Beitritt 1.6.1930 (Nr. 260.195). **Agrarpolitische Funktionen:** Ab Bestehen im aA, LKF. Herbst 1933 bis 8/1939 KBF der KBsch Rastenburg. Verein für bäuerliche Sippenkunde und bäuerliches Wappenwesen. **Nationalsozialistische Zeit:** Aufsichtsrat unter anderem bei der Raiffeisenbank Rastenburg und bei der Zuckerfabrik Rastenburg. **SA, SS:** SA-Beitritt 1930. SA-Obertruppführer.
Quellen und Literatur: BArch, R 16 I/1429; EZA, Bestand 980/1317, Barten, Kr. Rastenburg/Ostpreußen, Taufen (1883–1906), Bl. 55; BArch, ZLA 1/6005030; Niekammer Ostpreußen 1932, S. 394; Georgine vom 27.3.1934, S. 285;

DNdRN vom 30.9.1939, Sp. 689; Rohrer: Macht, S. 564; Auskunft WASt vom 22.1.2016.

Brzezinski (1937: Brenk), Max Hans August

Geburtsdatum/-ort: 3.4.1899 Kurkau (Kr. Neidenburg). **Sterbedatum/-ort:** 1.8. 1985 Bad Pyrmont (Kr. Hameln-Pyrmont). **Konfession:** Evangelisch-lutherisch, (1939) konfessionslos. **Herkunft, Familie:** Sohn eines Gutsbesitzers. Verheiratet mit Rosemarie (geb. Müller, *7.9.1910). Führt ab Ende 1937 den Familiennamen »Brenk«. **Bildung, Beruf:** Schulabschluss in Ortelsburg. Nach dem Ersten Weltkrieg Ausbildung in landwirtschaftlichen Betrieben Ostpreußens. 1927–1929 vier Semester Studium der Landwirtschaft an der Albertus-Universität Königsberg; ohne Abschluss. Übernimmt 1929 das elterliche Gut Ottilienhof bei Passenheim (Gesamtgröße 188,5 ha). **Militär, Erster Weltkrieg, Freikorps:** 1914–1918 Teilnahme am Ersten Weltkrieg. **Weimarer Zeit:** Bis 1927/1928 DNVP. LVO. Vorsitzender des Aufsichtsrats der Molkereigenossenschaft Passenheim. Mitglied der Verbindung Agronomia Königsberg. **NSDAP:** Beitritt 1.8. 1932. DAF. NSV. **Agrarpolitische Funktionen:** 9/1933–1942 KBF der KBsch Ortelsburg, jedoch erst um 7/1944 offiziell von diesem Amt entbunden. (1940) KBF der KBsch Praschnitz. Kreisamtsleiter für Agrarpolitik. Mitglied des Vorstandes der Ostpreußischen Herdbuchgesellschaft. Mitglied der Ostpreußischen Generallandschaftsdirektion. Mitglied des Beirats der Ostpreußischen Landschaft. Deutsche Jägerschaft. **Nationalsozialistische Zeit:** NS-Reichskriegerbund. Reichskolonialbund. RLB. **SA, SS:** SA-Beitritt 6.6.1933. SA-Hauptsturmführer. (1936) als SS-Bauernreferent vorgesehen, doch übernimmt Brzezinski diese Funktion offenbar nicht. **Wehrmacht, Waffen-SS, Volkssturm:** 1936 und 1938 diverse Übungen bei der Wehrmacht. Teilnahme am Zweiten Weltkrieg 1941, 1942 und 1943 in der Sowjetunion, Polen und Frankreich. 2–7/1943 als Wirtschaftsoffizier beim Wehrkreiskommando (Abteilung Heeresgüter) im Generalgouvernement, in Jaroslau (Jarosław) und Konskie (Końskie) eingesetzt. Zuletzt Oberleutnant. Ende 1943 aus der Wehrmacht entlassen. 12/1944–1/1945 im Volkssturmbataillon Passenheim. **Kriegsende und Nachkriegszeit:** Bis 11/1949 als Vertreter (Angestellter) tätig. Im Entnazifizierungsverfahren 7/1947 vorläufig in Kategorie IV eingestuft, wird er am 24.9.1949 vom Entnazifizierungshauptausschuss Hagen in Kategorie V eingeordnet. 1949–1953 »Kreisvertrauenslandwirt für das vertriebene Landvolk« im Kr. Hagen. 11/1954–1976 Kreisvertreter des Heimatkreises Ortelsburg in der Landsmannschaft Ostpreußen. Gehört der Ostpreußischen Landesvertretung an. Betreibt in den 1960er-Jahren eine Zimmervermietung für Kurgäste in Bad Pyrmont.

Quellen und Literatur: BArch, R 16 I/1430; BArch, R 16 I/2201; BArch, R 16 I/2202; BArch, ZLA 1/5207940; LAV NRW R, NW 1099, Nr. 3192; DNdRN vom 22.1.1938, Sp. 25; DNdRN vom 15.7.1944, Sp. 559; WbLBsch Ostpreußen vom

15.7.1944, unpag.; Ostpreußenblatt vom 5.4.1969, S. 19; Ostpreußenblatt vom 31.3.1979, S. 14; Ostpreußenblatt vom 10.8.1985, S. 18; Ostpreußenblatt vom 17.8.1985, S. 19; Rohrer: Macht, S. 564.

Danielczyk, Alfred

Geburtsdatum/-ort: 28.8.1885 Danielshof bei Drygallen (Kr. Johannisburg). **Sterbedatum/-ort:** 21.9.1962 Enge (Kr. Südtondern). **Konfession:** Evangelisch. **Herkunft, Familie:** Sohn eines Gutsbesitzers. Verheiratet mit Hedwig (geb. Schulz, *15.11.1898). **Bildung, Beruf:** Gymnasium in Lyck und Rastenburg. Erlernt die Landwirtschaft, übernimmt 1920 die väterliche Landwirtschaft, den Danielshof (Betriebsgröße rd. 160 ha). Gutsbesitzer. **Militär, Erster Weltkrieg, Freikorps:** Train-Abteilung I in Königsberg/Pr. Teilnahme am Ersten Weltkrieg beim Heer, 1914–1916 in Russland eingesetzt, als Vizewachtmeister d.L. entlassen. **Weimarer Zeit:** 1920 Deutschvölkischer Schutz- und Trutzbund. DVFB. Bauernnotbewegung (»Schwarze Fahne«). **NSDAP:** Beitritt 1.10.1930 (Nr. 317.599). Danielczyk gründet die OG Drygallen, 1931–1933 PO-Amtsleiter. DAF. **Agrarpolitische Funktionen:** 1931 aA, LKF. Führer im NSL. Herbst 1933 KBF der KBsch Johannisburg, um 4/1943 von diesem Amt entbunden. **Nationalsozialistische Zeit:** 1933 Mitglied des Provinziallandtages Ostpreußen und stellvertretendes Provinzialausschussmitglied. 1933 Kreisausschussmitglied. **SA, SS:** SA-Beitritt 1933. SA-Obertruppführer z. b. V. bei der SA-Standarte 147. 1934 SA-Sturmführer z. b. V., Danielczyk fungiert in der SA als Referent für Bauern- und Siedlungswesen. (1936) als SS-Bauernreferent vorgesehen, doch übernimmt Danielczyk diese Funktion nicht. **Wehrmacht, Waffen-SS, Volkssturm:** Nicht in der Wehrmacht oder der Waffen-SS, lediglich »arbeitsverwendungsfähig«. **Kriegsende und Nachkriegszeit:** Nach 1945 wieder als Landwirt tätig, in Klixbüll (Kr. Südtondern). Danielczyk wird vom Entnazifizierungshauptausschuss für den Kr. Südtondern am 11.12.1948 wegen seiner Mitgliedschaften in NSDAP, SA, DAF und RNSt in Kategorie IV eingereiht. Danielczyk legt zunächst Einspruch ein, zieht diesen 6/1949 jedoch zurück und beantragt 5/1950, wie es nach einem Jahr möglich ist, die Umgruppierung in Gruppe V. Der Entnazifizierungshauptausschuss Kiel folgt dem und stuft Danielczyk am 28.10.1950 in die Gruppe der Entlasteten um.

Quellen und Literatur: BArch, BDC, NSDAP-Mitgliederkartei (Zentralkartei); BArch, R 16 I/1431; BArch, R 16 I/2201; BArch, R 16 I/2202; BArch, ZLA 1/7115263; GStA PK, XX HA. Rep. 240, Nr. D 127, Bl. 2; LASH, Abt. 460, Nr. 1437, »Alfred Danielczyk«; Georgine vom 2.2.1934, S. 94; DNdRN vom 24.4.1943, Sp. 448; Ostpreußenblatt vom 13.10.1962, S. 20; Rohrer: Macht, S. 567.

Derboven, Friedrich Georg (»Fritz«), Dr.

Geburtsdatum/-ort: 28.7.1902 Bremervörde (Kr. Bremervörde). **Sterbedatum/-ort:** Ab 1.2.1945 bei Sagemühl (Kr. Deutsch Krone) vermisst. **Konfession:** Evangelisch-lutherisch. **Herkunft, Familie:** Sohn des Bahnmeisters Fritz Derboven. Verheiratet ab 21.6.1933 mit Luise Emma Auguste (geb. Martens, *27.4.1906, gestorben 1935), zwei Kinder (*1934; *1935). **Bildung, Beruf:** Rektorschule Bremervörde. Realgymnasium Uelzen (Hannover); 1921 Reifezeugnis. Kaufmännische Lehre, anschließend eineinhalb Jahre Angestellter in der Industrie in Harburg-Wilhemsburg. Ab Wintersemester 1922/1923 Studium an der Rechts- und Staatswissenschaftlichen Fakultät der Universität Hamburg; Sommersemester 1926 Diplom-Volkswirt. Ab Sommersemester 1927 Promotionsstudiengang an der Wirtschafts- und Sozialwissenschaftlichen Fakultät der Universität Köln; 1928 Promotion. **NSDAP:** Beitritt 5/1933. Reichsbund der Deutschen Beamten. **Agrarpolitische Funktionen:** Stabsleiter der KBsch Hannover. Ab 15.7.1934 (zunächst kommissarisch) Hauptstabsleiter der LBsch Hannover. 12/1935 in das Verwaltungsamt der LBsch Ostpreußen (VHA) berufen. Unter Beibehaltung seiner Stelle als Hauptstabsleiter um 2/1937 mit der Stelle für Ernährungssicherung bei der LBsch Ostpreußen beauftragt. 12/1937 zum Beamten auf Lebenszeit ernannt. 5/1938 wird Derboven zum Vertreter Anton Reinthallers als »Beauftragter für den Aufbau des Reichsnährstandes in Österreich« bestellt, mit der Wahrnehmung der Geschäfte des Hauptstabsleiters beim Beauftragten für den Aufbau des RNSt in Österreich beauftragt, dort für alle organisatorischen und personellen Sachen zuständig. Unter Beibehaltung dieser Tätigkeit um 6/1938 zur LBsch Donauland nach Linz kommandiert. Oberlandwirtschaftsrat. 6/1941 Militärverwaltungsoberrat. 6/1941–12/1943 als Militärverwaltungsoberrat beim Wirtschaftsstab Ost, dort bei der Chefgruppe Landwirtschaft, Stabsleiter und Leiter der Abteilung I (landwirtschaftliche Verwaltung und Organisation). 12/1943–5/1944 als Militärverwaltungsoberrat beim Militärbefehlshaber Südost (Belgrad), dort im Referat Ernährung und Landwirtschaft eingesetzt. Am 25.5.1944 wird Derboven aus dem Verhältnis als Militärverwaltungsbeamter entlassen und vom RNSt als Hauptstabsleiter zur LBsch Mecklenburg versetzt. **SA, SS:** Keine Mitgliedschaft. **Wehrmacht, Waffen-SS, Volkssturm:** 8/1939–6/1941 Kriegsdienst beim Artillerie-Regiment 269. 5/1944 auf Antrag des RMEL uk-gestellt und zum Grenadier-Ersatz-Bataillon 116 (Annahme- und Entlassungsstelle für Militärverwaltungsbeamte in Marburg a.d.L.) versetzt. Zuletzt bei der 5. Kompanie Infanterie-Regiment 1, Wachtmeister.

Quellen und Literatur: BArch, NS 5 VI/17561, Bl. 10; BArch, PERS 6/21778; Derboven: Güternahverkehr, S. 57; DNdRN vom 23.3.1935, S. 109; DNdRN vom 21.12.1935, S. 454; DNdRN vom 27.2.1937, S. 72; DNdRN vom 18.12.1937, S. 470; DNdRN vom 4.6.1938, Sp. 379 und Sp. 383; DNdRN vom 28.5.1938,

Sp. 343; Auskunft Kreisarchiv des Landkreises Rotenburg (Wümme) vom 27.7. 2015; Auskunft Staatsarchiv Hamburg vom 13.10.2015; Auskunft WASt vom 22.1.2016.

Dimigen, Friedrich August Adolf Heinrich

Geburtsdatum/-ort: 30.3.1899 Kiel. **Sterbedatum/-ort:** 21.9.1976 Schleswig (Kr. Schleswig-Flensburg). **Konfession:** Evangelisch-lutherisch. **Herkunft, Familie:** Sohn des Lehrers Friedrich Johann Christian Dimigen. Verheiratet ab 16.5.1931 mit Karoline (geb. Weber, *25.7.1906), sechs Kinder. **Bildung, Beruf:** Diplom-Landwirt. Dimigen zieht 1927 für seine Promotion bei Prof. Emil Lang nach Ostpreußen; diese kommt jedoch nicht zustande. Dimigen wird Mitarbeiter der LWK Ostpreußen, zunächst Sachbearbeiter bei der Zentralstelle für landwirtschaftliche Buchführung, die nach der Machtübernahme aus der LBsch Ostpreußen ausgegliedert und der Landwirtschaftlichen Buchführungsgenossenschaft eingegliedert wird. **NSDAP:** Beitritt 1.5.1937 (Nr. 4.860.416). **Agrarpolitische Funktionen:** Ab 9.4.1937 als Leiter der Unterabteilung II B 1 (LHA II) zur LBsch Ostpreußen berufen. Zusätzlich übernimmt Dimigen [1940] die Leitung der Stelle für Ernährungssicherung der LBsch Ostpreußen. 1941–1945 auch Leiter des Landesernährungsamtes (Abteilung B) Ostpreußens.

Quellen und Literatur: BArch, BDC, NSDAP-Mitgliederkartei (Ortsgruppenkartei); BArch, Ost-Dok. 10/283 (dort auch die Schreiben Dimigens und Hintmanns vom 30.1.1945); DNdRN vom 17.7.1937, S. 256; Auskunft Gemeinschaftsarchiv der Stadt Schleswig und des Kreises Schleswig-Flensburg vom 15.2.2016; Auskunft Stadtarchiv Kiel vom 22.2.2016.

Dullo, Hans

Geburtsdatum/-ort: 3.9.1899 Nautzken (Kr. Labiau). **Sterbedatum/-ort:** 12.5. 1968 Hiltrup (Kr. Münster). **Konfession:** Evangelisch. **Herkunft, Familie:** Sohn eines Bauern. Verheiratet. **Bildung, Beruf:** 1906–1909 Volksschule. 1909–1916 Oberrealschule; Obersekundareife. Ab 5/1916 in der Schriftleitung der »Georgine« (LWK Ostpreußen), 11/1931 zum Verwaltungsinspektor ernannt. Schriftleiter. **NSDAP:** Beitritt 1.5.1937 (Nr. 4.926.104). 4/1937 NSKK. **Agrarpolitische Funktionen:** 10/1933 Schriftleitungsassistent der »Georgine«. Stellvertretender Hauptschriftleiter der »Georgine«. 6/1939 Hauptschriftleiter beim »Wochenblatt der Landesbauernschaft Ostpreußen«. Leiter der Nachrichtenstelle der LBsch Ostpreußen. Pressereferent des LBF der LBsch Ostpreußen und des Landes- beziehungsweise Provinzialernährungsamtes. 8/1941 Landwirtschaftsrat. **Nationalsozialistische Zeit:** Reichsverband der Deutschen Presse. **Kriegsende und Nachkriegszeit:** Hauptschriftleiter beim »Landwirtschaftlichen Wochenblatt für Westfalen und Lippe«.

Quellen und Literatur: BArch, BDC, DS; BArch, BDC, RK/RSK II; NLA (Wolfenbüttel), 3 Nds. 92/1, Nr. 41277 (Schreiben Dullos an Spickschen vom 16.11. 1950); WbLBsch Ostpreußen vom 31.5.1941, S. 402; Ostpreußisches Genossenschaftsblatt vom 12.6.1941, S. 59; DNdRN vom 6.9.1941, Sp. 655; Ostpreußenblatt vom 18.5.1968, S. 18.

Ehlert, Ernst

Geburtsdatum/-ort: 25.3.1889 Kgl. Kublitz (Kr. Stolp). **Sterbedatum/-ort:** 23.2. 1966 Heßheim (Kr. Frankenthal). **Konfession:** Evangelisch. **Herkunft, Familie:** Sohn eines Bauern. Verheiratet ab 15.4.1915 mit Helene (geb. Villbrandt, *1893), drei Kinder (*1917; *1923; *1924). **Bildung, Beruf:** Oberrealschule Stolp. Landwirtschaftliche Praxis. Zwei Semester Studium an der Landwirtschaftlichen Hochschule in Berlin. Zunächst Gutsbesitzer in Pommern (Betriebsgröße 225 ha), übernimmt 1919 das Rittergut Georgenfelde im Kr. Gerdauen (Gesamtbetriebsgröße 400 ha). **Militär, Erster Weltkrieg, Freikorps:** Militärdienst beim Feldartillerie-Regiment Nr. 36 in Danzig. Teilnahme am Ersten Weltkrieg als Unteroffizier d.R., Leutnant. **Weimarer Zeit:** Stahlhelm (Kr. Gerdauen), bis 1929 Ortsgruppenführer. **NSDAP:** Beitritt 1.4.1931 (Nr. 522.374). Angeblich fördert Ehlert die NSDAP bereits ab 1928. **Agrarpolitische Funktionen:** 1931 aA, 10/1931 LKF. 1932 Führer im NSL. 9/1933 KBF Kr. Gerdauen, mit Wirkung vom 5.10.1936 amtsenthoben. **SA, SS:** SA-Beitritt 1.7.1933. SA-Obertruppführer. **Kriegsende und Nachkriegszeit:** Ehlert bewirtschaftet offenbar zunächst in Krielow (bei Groß Kreutz/Havel) einen Bauernhof, verliert diesen 1953, flieht aus der DDR und baut danach in Heßheim einen neuen Hof auf.

Quellen und Literatur: BArch, R 16 I/1825; GStA PK, XX. HA Rep. 240, Nr. D 127, Bl. 1; Niekammer Ostpreußen 1932, S. 278; Georgine vom 29.12.1933, S. 902; DNdRN vom 17.10.1936, S. 335; Bloech: Ostpreußens Rinder, S. 774–775; Ostpreußenblatt vom 12.3.1966, S. 12 und S. 18; Rohrer: Macht, S. 569; Wagner: Kultur, S. 541–544; Auskunft Standesamt Verbandsgemeinde Lambsheim-Heßheim vom 13.8.2015.

Engels, Wilhelm

Geburtsdatum/-ort: 30.5.1901 Buchholz (Kr. Hattingen). **Sterbedatum/-ort:** 18.10.1944; bei Schloßberg (Kr. Schloßberg) gefallen. **Konfession:** Katholisch, nennt sich später »deutschgläubig«. **Herkunft, Familie:** Sohn des Bergwerkdirektors und Landwirts Josef Engels. Verheiratet mit Margarete (*24.2.1903), zwei Kinder (*1930; *1934). **Bildung, Beruf:** 1906–1910 Volksschule Hammerthal, 1910–1918 Gymnasien Steele, Oberkassel und Siegburg; Notprüfung 12/1918. 4/1919–6/1921 landwirtschaftlicher Lehrling, 9/1921–6/1923 Studium an der Landwirtschaftlichen Hochschule Bonn-Poppelsdorf, 10/1923–6/1924 Hochschule Berlin; kein Abschluss des landwirtschaftlichen Studiums. 10/

1924–5/1925 Volontärverwalter in einem landwirtschaftlichen Betrieb, 10/1925–8/1927 Verwalter von landwirtschaftlichen Gütern, 9/1927–10/1935 Kaufmann und Werbefachmann bei der Berliner Städtischen Elektrizitäts-Werke AG. **Militär, Erster Weltkrieg, Freikorps:** Angeblich 1918 freiwillige Meldung als Fahnenjunker in Siegburg. **Weimarer Zeit:** Unterbricht 1923 und 1924 offenbar sein Studium, um sich gegen den »rheinischen Separatismus« und die Besetzung von Rheinland und Ruhrgebiet zu engagieren. **NSDAP:** Beitritt 1.2.1932 (Nr. 887.242). 1933 Zellenwart und stellvertretender OGL. Ab 1939 im Gau Ostpreußen, OG Königsberg und OG Cranz. **Agrarpolitische Funktionen:** 1935–1939 zunächst Sachbearbeiter, dann Abteilungsleiter bei der LBsch Rheinland (Abteilung IVC); Engels ist dort für Werbung und für die Vorbereitung von Sonderveranstaltungen wie etwa Reichsnährstandsschauen zuständig. Im Frühjahr 1939 kurzzeitig auch Tätigkeit als kommissarischer Abteilungsleiter bei der LBsch Bayerische Ostmark. 7/1939 wird Engels von der LBsch Rheinland als Leiter der Abteilung IVC (Aufklärung und Propaganda) zum Verwaltungsamt (VHA) der LBsch Ostpreußen versetzt. **SA, SS:** SA-Beitritt 3.11.1932. SA-Obertruppführer. **Wehrmacht, Waffen-SS, Volkssturm:** 8/1939–2/1940 Kriegsdienst, dann uk-gestellt. Zum 1.6.1943 wieder für den Wehrdienst freigegeben. Zuletzt 2. Kompanie Grenadier-Regiment 43, Gefreiter.
Quellen und Literatur: BArch, BDC, NSDAP-Mitgliederkartei (Ortsgruppenkartei); BArch, R 16/6306; DNdRN vom 15.7.1939, Sp. 486; WbLBsch Ostpreußen vom 2.12.1944, S. 427; Auskunft WASt vom 22.1.2016.

Federau, Ferdinand
Geburtsdatum/-ort: 21.3.1880 Schafsberg (Kr. Braunsberg). **Sterbedatum/-ort:** 22.3.1962 Remagen (Kr. Ahrweiler). **Konfession:** Katholisch. **Herkunft, Familie:** Sohn des Landwirts Ferdinand Federau. Verheiratet mit Ottilie (geb. Radau, *5.10.1878), vier Kinder (u.a. *1910; *1912; *1920). **Bildung, Beruf:** 1887–1894 Elementarschule Betkendorf. Anschließend in väterlicher Landwirtschaft tätig. Als Bauer ab 1912 mit seiner Frau Eigentümer eines Hofes in Wusen im Kr. Braunsberg (Betriebsgröße 70 ha). **Militär, Erster Weltkrieg, Freikorps:** Militärische Ausbildung bei der Infanterie. Teilnahme am Ersten Weltkrieg beim Landwehr-Infanterie-Regiment Nr. 18. Nach schwerer Verwundung 7/1915–4/1919 Amtsvorsteher bei der Militärverwaltung in Litauen. **Weimarer Zeit:** 1919 DNVP. 1930 Mitglied im Kreistag Braunsberg. **NSDAP:** Beitritt 1.2.1932 (Nr. 956.090). 11/1936 aus der NSDAP ausgeschlossen. **Agrarpolitische Funktionen:** 5/1932 aA. Herbst 1933 KBF der KBsch Braunsberg, mit Wirkung vom 21.10.1936 von diesem Amt entbunden. **Nationalsozialistische Zeit:** 1933 Mitglied des Provinziallandtages Ostpreußen. NS-Reichskriegerbund bis 1936. Angeblich wird Federau nach oppositionellen Äußerungen und der Verhaftung durch die Gestapo 12/1943 vom Oberlandesgericht Königsberg

wegen Zersetzung der Wehrkraft und Heimtücke zu drei Jahren Zuchthaus verurteilt; Verbüßung der Strafe bis 1/1945. **SA, SS:** 11/1933–8/1936 SA-Mitglied. SA-Obertruppführer. **Kriegsende und Nachkriegszeit:** Federau ist nach Kriegsende zunächst in Schleswig-Holstein wohnhaft, zieht 7/1950 von Ratekau (Kr. Eutin) nach Remagen-Kripp (Kr. Ahrweiler). Er ist wieder als Landwirt tätig.

Quellen und Literatur: BArch, BDC, OPG; BArch, R 16 I/1826; BArch, ZLA 1/6047114; LASH, Abt. 460.3, Nr. 201, Geschäftszeichen Eu 2193; Verhandlungen Provinziallandtag Ostpreußen 1933, S. XI; Georgine vom 16.1.1934, S. 37; DNdRN vom 7.11.1936, S. 364; Ostpreußenblatt vom 31.3.1962, S. 20; Ostpreußenblatt vom 26.2.1966, S. 17; Rohrer: Macht, S. 569–570; Auskünfte Stadtarchiv Remagen vom 18.8.2015, 12.10.2015 und 13.10.2015.

Finne, Albert

Geburtsdatum/-ort: 5.2.1888 Lemgo. **Sterbedatum/-ort:** 17.7.1971 Uffeln (Amt Hausberge, Kr. Minden). **Konfession:** Evangelisch-reformiert. **Herkunft, Familie:** Sohn des Zeugmachers Wilhelm Finne. Verheiratet mit Antonie (geb. Klann, verw. Nickel), keine Kinder; Antonie brachte zwei Kinder in die Ehe mit. **Bildung, Beruf:** Bewirtschaftet Pachtland (3 ha) sowie einen Hof in Sommerau (Kr. Rosenberg); den Hof, der beiden Ehepartnern gehört, brachte seine Frau in die Ehe mit (Gesamtbetriebsgröße rd. 13 ha). Bauer. **NSDAP:** Beitritt 1.3.1932 (Nr. 1.040.229). **Agrarpolitische Funktionen:** Um 9/1935 (zunächst kommissarisch) zum KO der KBsch Rosenberg berufen. **Kriegsende und Nachkriegszeit:** Finne kehrt 11/1945 nach Lemgo zurück.

Quellen und Literatur: BArch, BDC, NSDAP-Mitgliederkartei (Ortsgruppenkartei); BArch, R 16 I/2071; BArch, R 16 I/2140; BArch, ZLA 1/5450044; DNdRN vom 28.9.1935, S. 336; DNdRN vom 25.1.1936, S. 26; Auskünfte Stadtarchiv Lemgo vom 18.8.2015.

Fischer, Franz Otto

Geburtsdatum/-ort: 22.4.1887 Gulbenischken (Kr. Goldap). **Sterbedatum/-ort:** 15.10.1965 Wuppertal-Barmen. **Konfession:** Evangelisch. **Herkunft, Familie:** Verheiratet in erster Ehe mit Anna (geb. Stockfisch, gestorben am 7.12.1944 auf der Flucht), zwei Kinder (u.a. *1919). Ab 14.8.1946 verheiratet mit Auguste (geb. Hausmann, *3.3.1903). **Bildung, Beruf:** Bis etwa 1907 in der Landwirtschaft tätig. Übernimmt 1912 den Hof Gawehnen, später in »Scharfeneck« umbenannt, von seinem Schwiegervater (Betriebsgröße 63 ha). **Militär, Erster Weltkrieg, Freikorps:** Um 1907 Militärdienst beim Litthauischen Ulanen-Regiment Nr. 12 in Insterburg. 1914–1918 Teilnahme am Ersten Weltkrieg beim aktiven Ulanen-Regiment Nr. 8. **Weimarer Zeit:** 1929 Mitglied des Kreistages Stallupönen. Bis 1930 DNVP. **NSDAP:** Beitritt 1.3.1930. Ab 1930 stellvertretender OGL, 1932 KL,

(1938) PO-Amtsleiter. **Agrarpolitische Funktionen:** 1930 aA, LKF. Kreisführer im NSL. 9/1933 KBF der KBsch Stallupönen (ab 1938 Ebenrode). **Nationalsozialistische Zeit:** 1933 Kreisausschuss des Kr. Stallupönen, dort stellvertretender Vorsitzender. **SA, SS:** SA 1.7.1933. SA-Obertruppführer beim Stab der SA-Standarte 44.
Quellen und Literatur: BArch, R 16 I/1432; BArch, ZLA 1/5873696; Georgine vom 10.4.1934, S. 329; Ostpreußenblatt vom 30.10.1965, S. 20; Rohrer: Macht, S. 570; Auskunft Stadtarchiv Wuppertal vom 18.8.2014.

Florian, Fritz
Geburtsdatum/-ort: 15.6.1893 Deutsch Wilten (Kr. Bartenstein). **Sterbedatum/-ort:** 31.7.1971 Detmold (Kr. Lippe). **Konfession:** Evangelisch. **Herkunft, Familie:** Sohn des Gutsbesitzers Albert Florian. Verheiratet mit Edith (geb. Wiechert, *29.6.1898), ein Kind (*1926). **Bildung, Beruf:** Landwirt. Übernimmt 1922 den väterlichen landwirtschaftlichen Betrieb (121 ha) inklusive Gastwirtschaft und einer Dorfschmiede. **NSDAP:** Beitritt 1.10.1929 (Nr. 168.450). OG Deutsch Wilten, später OG Mackeim. **Agrarpolitische Funktionen:** 9/1935 (zunächst kommissarisch) KO der KBsch Bartenstein. Um 6/1942 KBF der KBsch Sokolka (Bezirk Bialystok). (1940) KBF der KBsch Makow (Regierungsbezirk Zichenau), dort (KBsch Mackeim) um 9/1944 erneut Übernahme der Dienstgeschäfte. **Kriegsende und Nachkriegszeit:** Als Milchfuhrunternehmer tätig.
Quellen und Literatur: BArch, BDC, NSDAP-Mitgliederkartei (Ortsgruppenkartei); BArch, R 16 I/2071; BArch, R 16 I/2140; BArch, ZLA 1/5616493; EZA, Bestand 980/160, Deutsch Wilten, Kr. Friedland/Ostpreußen, Taufen (1875–1901), Nr. 22, unpag.; Niekammer Ostpreußen 1932, S. 235; DNdRN vom 28.9.1935, S. 335; DNdRN vom 25.1.1936, S. 25; Gaspadar vom 21.6.1942, S. 86; WbLBsch Ostpreußen vom 2.9.1944, unpag.; Bloech: Ostpreußens Rinder, S. 650; Ostpreußenblatt vom 21.8.1971, S. 18; Auskunft Stadtarchiv Lage vom 19.8.2014; Übersicht 6 (Anhang, Band 1).

Gerlach, Julius Paul Werner
Geburtsdatum/-ort: 18.12.1904 Königsberg/Pr. **Sterbedatum/-ort:** 18.9.1949 Münden (Kr. Münden). **Konfession:** Evangelisch. **Herkunft, Familie:** Sohn des Postinspektors Paul Gerlach. Verheiratet ab 9.12.1933 mit Helene (geb. Pechbrenner, *2.5.1908), mindestens ein Kind. **Bildung, Beruf:** Bis zum 16. Lebensjahr am Staatlichen Hufengymnasium in Königsberg/Pr.; Ostern 1921 geht Gerlach mit der Reife zur Unterprima vom Gymnasium ab. Ausbildung im Bankfach bei der Ostbank für Handel und Gewerbe. Acht Jahre Abteilungsleiter bei der Commerz- und Privatbank Königsberg/Pr. Lebt als Auswanderer von etwa 1923 bis 1931 in Chile. Anschließend zwei Jahre lang (ca. 1931–1933) beim Kommissar für die Osthilfe (Landstelle Königsberg/Pr.) tätig. **Weimarer Zeit:**

Deutscher Bankbeamtenverein. Gewerkschaftsbund der Angestellten. **NSDAP:** Beitritt 1.5.1933 (Nr. 1.886.979). Blockwart. Betriebswalter der DAF. **Agrarpolitische Funktionen:** 1/1934 hauptamtlicher Sachbearbeiter in der Abteilung I G (LHA I) bei der LBsch Ostpreußen. 1935 als Sachbearbeiter für Entschuldungsfragen tätig, zugleich ist Gerlach auf dem Posten eines Abteilungsvorstands der Abteilung I C (LHA I). 8/1936 Leiter der Abteilung I E (LHA I) der LBsch Ostpreußen. 4/1938 Landwirtschaftsrat. 2/1940 als Abteilungsleiter zur Abteilung I B (LHA I) der LBsch Ostpreußen versetzt. 1/1943 mit der Leitung der Abteilung II A 1 (LHA II) der LBsch Ostpreußen beauftragt. **Wehrmacht, Waffen-SS, Volkssturm:** 11/1935–1/1936 bei der Wehrmacht Unterführeranwärter, Flak-Regiment 1 Königsberg/Pr.

Quellen und Literatur: BArch, R 16/7467; DNdRN vom 26.9.1936, S. 308; DNdRN vom 30.4.1938, Sp. 275; DNdRN vom 2.3.1940, Sp. 132; Ostpreußenblatt vom 1.10.1949, S. 24; Auskunft Stadtarchiv Hannoversch Münden vom 21.8.2014.

Goldmann, Gustav Friedrich Ewald

Geburtsdatum/-ort: 20.11.1899 Witten a. d. Ruhr. **Konfession:** Evangelisch, später »gottgläubig«. **Herkunft, Familie:** Sohn des Ziegeleibesitzers Bernhard Goldmann. Verheiratet mit Hertha (geb. Riehl, *12.7.1906), keine Kinder. **Bildung, Beruf:** 1906–1910 Volksschule Dortmund. Ostern 1910 bis Ostern 1916 Oberrealschule Dortmund; Reife für Obersekunda. 4/1916–8/1917 und 12/1918–9/1920 Volontär bei der Reichspost Dortmund; 20.9.1920 Praktikantenprüfung. 9/1920–5/1924 Praktikant bei der Deutschen Reichspost (Reichspostdirektion Dortmund). 5/1924–11/1930 »freier Schriftsteller«. 12/1930–12/1931 Mitarbeiter der Nationalzeitung, Essen. 1/1932–4/1933 Schriftleiter bei der Zeitung »Rote Erde«, Bochum. 5/1933–12/1933 Schriftleitung und stellvertretender Hauptschriftleiter bei der Zeitung »Westfälische Landeszeitung Rote Erde«, Dortmund. **Militär, Erster Weltkrieg, Freikorps:** Teilnahme am Ersten Weltkrieg, 8/1917–12/1918 Pionier beim Eisenbahnregiment II Hanau a.M., dann bei einer Pionier- und Feldeisenbahntruppe in Mazedonien. **Weimarer Zeit:** Schriftstellerische Tätigkeit 1925–1940. **NSDAP:** Will Ende 1924 zur Nationalsozialistischen Freiheitsbewegung gehört haben. Beitritt zur NSDAP 1.1.1926 (Nr. 16.250) in Dortmund. Goldmanns Mitgliedschaft erlischt, als er sich Ende 1927 von der aktiven Parteiarbeit zurückzieht. Schreibt bis 1931 einige Artikel im »Völkischen Beobachter«. Nach seinem Wiederaufnahmeantrag führt Goldmann das frühere Eintrittsdatum und die frühere Mitgliedsnummer weiter. 3/1934 von der OG Dortmund Mitte an die OG Königsberg-Amalienau überwiesen. **Agrarpolitische Funktionen:** 1/1934–12/1934 Hauptschriftleiter »Ostpreußische Zeitung«, Königsberg/Pr. Ab 8/1934 hauptamtlich beim RNSt, Leiter der Abteilung D (»Presse«) im Verwaltungsamt (VHA) der LBsch Ostpreußen

und Hauptschriftleiter der »Georgine«. 6/1938 als Leiter der Abteilung IVC (VHA) der LBsch Ostpreußen ausgeschieden. **Nationalsozialistische Zeit:** 3/1933 Stadtverordneter in Dortmund, NSDAP-Stadtverordnetenfraktion. 4–7/1933 vom Staatskommissar der Stadt Dortmund zum kommissarischen Dezernenten für Kunst und Wissenschaft beim Magistrat der Stadt Dortmund berufen. Mitglied der Reichspressekammer. 1/1941 mit der Organisation und Kontrolle des Pressewesens im Protektorat Böhmen und Mähren für die Reichswerke AG für Waffen- und Maschinenbau »Hermann Göring« beauftragt. Lebt 4/1943 in Berlin-Lichtenrade. **Wehrmacht, Waffen-SS, Volkssturm:** 1939 Teilnahme am Zweiten Weltkrieg bei einer Eisenbahnpioniertruppe (Eisenbahn-Bau-Kompanie 38), Gefreiter.
Quellen und Literatur: BArch, BDC, PK; BArch, BDC, RK/RSK II; BArch, R 16/7734; DNdRN vom 6.10.1934, S. 62; DNdRN vom 22.12.1934, S. 206; DNdRN vom 11.6.1938, Sp. 387; Auskunft WASt vom 22.1.2016.

Grohnert, Fritz
Geburtsdatum/-ort: 8.11.1903 Königsberg-Moditten. **Sterbedatum/-ort:** 10.7.1976. **Konfession:** Evangelisch. **Herkunft, Familie:** Sohn des Landwirts Ernst Grohnert. Verheiratet, keine Kinder. **Bildung, Beruf:** Selbstständiger Bauer auf dem Bauernhof seines Vaters, den Grohnert 1929 erbt (Gesamtbetriebsgröße rd. 26 ha). **NSDAP:** Beitritt 1.2.1930 (Nr. 201.935). **Agrarpolitische Funktionen:** Um 4/1936 und um 1/1939 zum KO der KBsch Königsberg berufen. **Nationalsozialistische Zeit:** Ab 9/1939 bei der Polizei-Reserve. 7/1940–5/1941 in Pultusk (Pułtusk) als Kurierfahrer beim Reserve-Polizei-Bataillon 11 eingesetzt. Dieses Bataillon ist bereits ab 11/1939 an der Ermordung polnischer Zivilisten beteiligt, in den folgenden Jahren ebenso am Holocaust in den besetzten Gebieten Polens und später der Sowjetunion.[1208] (1941) Polizeioberwachtmeister d. R. **Kriegsende und Nachkriegszeit:** In Bissendorf (Kr. Burgdorf) wohnhaft. Als Kreisangestellter beschäftigt.
Quellen und Literatur: BArch, BDC, NSDAP-Mitgliederkartei (Ortsgruppenkartei); BArch, R 16 I/2071; BArch, R 16 I/2140; BArch, R 16 I/2163; BArch, ZLA 1/4315406; DNdRN vom 25.4.1936, S. 128; DNdRN vom 21.1.1939, Sp. 75; Ostpreußenblatt vom 7.8.1976, S. 23.

Großmann, Fritz Artur Rudolf
Geburtsdatum/-ort: 16.9.1905 Gurnen (Kr. Goldap). **Sterbedatum/-ort:** 12.8.1964 Alfeld (Leine). **Konfession:** Evangelisch, später »gottgläubig«. **Herkunft, Familie:** Sohn des Rittergutsbesitzers Fritz Großmann. Verheiratet ab 7/1934

1208 Vgl. Wolfgang Curilla: Der Judenmord in Polen und die deutsche Ordnungspolizei. 1939–1945, Paderborn/München/Wien u.a. 2011, S. 93–97.

mit Anneliese (geb. Castner, *15.12.1909), drei Kinder (*1935; *1937; *1939). **Bildung, Beruf:** 1912–1913 Privatschule. Gymnasium Goldap. 1914–1919 Wilhelmsgymnasium Königsberg/Pr.; Abschluss 12/1919. 1/1920–3/1923 Landwirtschaftliche Realschule Heiligenbeil; 3/1923 Abschluss mit Einjährigen-Reifeprüfung. 4/1923–4/1925 landwirtschaftlicher Eleve in Neutrempen (Kr. Darkehmen); 3/1925 landwirtschaftliche Elevenprüfung bei der LWK Ostpreußen. 4/1925–3/1927 drei Semester Studium der Landwirtschaft an der Albertus-Universität Königsberg, eines an der Technischen Hochschule München. Anschließend landwirtschaftliche Praxis in verschiedenen Betrieben. Landwirtschaftlicher Beamter in verschiedenen Kreisen Ostpreußens. Ab 9/1930 bei der Regierung Allenstein Rechnungsführer der Domäne Posorten. Ab 1.8.1933 Kreisstellenleiter (Buchstelle) der LWK Ostpreußen in Ortelsburg. **Weimarer Zeit:** Ab 1925 in der Studentenverbindung Agronomia Königsberg, später Kameradschaft Honigfelde. Vor 1928 Stahlhelm. **NSDAP:** Beitritt 1.4.1932 (Nr. 1.428.277). Stellvertretender Blockleiter. 11/1935 NSV (Nr. 5.446.535). **Agrarpolitische Funktionen:** 1.4.1934–16.8.1939 Adjutant des LBF der LBsch Ostpreußen. Ab 1.1.1935 zugleich Geschäftsführer des Landesbauernrates. **Nationalsozialistische Zeit:** 1/1935 RLB (Nr. 30.482). **SA, SS:** SS-Beitritt 20.12.1932 (Nr. 54.532). 30.1.1937 SS-Hschf, später SS-Ustuf. Ab 10.9.1939 Führer beim Stab des SS-Oa Nordost. **Wehrmacht, Waffen-SS, Volkssturm:** 1936 und 1938 Übungen und Lehrgänge bei der Wehrmacht, unter anderem ein sechswöchiger Lehrgang in Jüterborg (Artillerie-Schule). Teilnahme am Zweiten Weltkrieg, 16.8.1939–5/1940 beim Polenfeldzug (Artillerie-Regiment 206, Gefreiter und Unteroffizier) und 5/1940–6/1941 bei der Besetzung Norwegens (Artillerie-Regiment 234, Wachtmeister und Leutnant). 6/1941–1/1945 in Finnland stationiert (Artillerie-Regiment 234, Oberleutnant und Hauptmann). Hauptmann d.R. **Kriegsende und Nachkriegszeit:** 2/1945–9/1946 in sowjetischer Gefangenschaft. 16.9.1946–4.2.1947 vom Arbeitsamt Alfeld wegen Entkräftung freigestellt. Ab 2/1947 ist Großmann als Arbeiter tätig, ab 7.4.1948 Fabrikarbeiter in der Hannoverschen Papierfabrik Alfeld. Das Entnazifizierungsverfahren gegen Großmann, für das dieser 2/1949 den gängigen Fragebogen einreicht, wird bereits am 19.3.1949 eingestellt. Der öffentliche Kläger bei dem Entnazifizierungshauptauschuss für den Kr. Alfeld (Leine) stellt fest, dass Großmann nicht zu dem Personenkreis gehöre, der überprüft werden müsse. **Quellen und Literatur:** BArch, BDC, RS; BArch, BDC, SSO; BArch, R 16/8000; NLA (Hannover), Nds. 171 Hildesheim, Nr. 3607; NLA (Wolfenbüttel), 3 Nds. 92/1, Nr. 41277 (Aussage Großmanns vom 7.12.1950); Ostpreußenblatt vom 29.8.1964, S. 20; Auskunft Stadtarchiv Alfeld (Leine) vom 18.8.2014.

Gruber, Adolf

Geburtsdatum/-ort: 16.6.1888 Oletzko (Kr. Oletzko). **Sterbedatum/-ort:** 9.10. 1967 Bad Oldesloe (Kr. Stormarn). **Konfession:** Evangelisch. **Herkunft, Familie:** Sohn des Rechnungsrates Gustav Gruber. Verheiratet ab 20.5.1921 mit Margarete (geb. Quednau, *18.12.1881), die drei Kinder (*1906; *1910; *1916) offenbar aus erster Ehe hat. **Bildung, Beruf:** Humanistisches Gymnasium Tilsit; bis Obersekunda. Ab 10/1907 Landwirtschaftslehrling im Betrieb Moulinen (Kr. Ragnit). Nach Abschluss der Lehrzeit 9/1909 landwirtschaftlicher Beamter in verschiedenen Betrieben Ostpreußens (unterbrochen durch Militärdienst). 5/ 1914 wird Gruber bei einem Sturz von einem Pferd schwer verletzt, ist zunächst arbeitsunfähig. Ab 1917 wieder als landwirtschaftlicher Beamter tätig. Erwirbt 1921 einen Hof in Godnicken (Betriebsgröße 45 ha) und bewirtschaftet diesen zusammen mit dem Gut Bohnau (Kr. Fischhausen), der aus dem Besitz seiner Frau stammt (Betriebsgröße 326 ha). Gruber pachtet 1940 zusätzlich auf dem Truppenübungsplatz in Mlawa (Mława) ein Randgut, das 500 ha Ackerland und 500 ha Schafweiden umfasst. **Militär, Erster Weltkrieg, Freikorps:** Ab 10/1911 Militärdienst, Feldartillerie. Aus gesundheitlichen Gründen keine Teilnahme am Ersten Weltkrieg. **Weimarer Zeit:** 1918 DNVP. **NSDAP:** Beitritt 1.11.1931 (Nr. 725.016). **Agrarpolitische Funktionen:** 1931–1932 für die NSDAP in der LWK Ostpreußen. Leiter des Amtes für Agrarpolitik bei der NSDAP-OG Germau. 9/1935 (zunächst kommissarisch) bis 10/1936 KO der KBsch Fischhausen. Mit Wirkung vom 14.2.1936 mit der Führung der Geschäfte des LO der LBsch Ostpreußen beauftragt, ab 12.9.1936 LO der LBsch Ostpreußen. Für die Zeit von 1/1937 bis 12/1939 zum Reichserbhofrichter ernannt. Mit Wirkung vom 1.5. 1940 als Geschäftsführer der OLG für die Landbewirtschaftung im Regierungsbezirk Zichenau und im Suwałki-Gebiet eingestellt; offenbar 11/1940 wird er deswegen vom Amt des LO der LBsch Ostpreußen entbunden, jedoch vermutlich nur vorübergehend, Gruber legt seine Aufgabe in der OLG schon am 1.4. 1941 nieder. **SA, SS:** SS-Beitritt 1.3.1937 (Nr. 278.156). 3/1937 SS-Ostuf, 4/1939 SS-Hstuf, 1/1941 SS-Stubaf, 1943 SS-Ostubaf. 3/1937 zum SS-Bauernreferenten im SS-Abschnitt VII ernannt. 1.3.1937–1.5.1944 Führer im RuSHA, mit Wirkung vom 1.5.1944 seiner Dienststellung als Führer im RuSHA enthoben und zum nebenamtlichen Führer im Stab des SS-Abschnittes VII ernannt, unter Beibehaltung seiner Dienststellung als SS-Bauernreferent des SS-Abschnittes VII.

Quellen und Literatur: BArch, BDC, RS; BArch, BDC, SSO; BArch, R 16 I/46; BArch, R 16 I/1433; BArch, R 16 I/2140; BArch, R 18/18, Bl. 143–144; BArch, ZLA 1/7264851; Niekammer Ostpreußen 1932, S. 267; DNdRN vom 28.9.1935, S. 335; DNdRN vom 25.1.1936, S. 26; DNdRN vom 22.2.1936, S. 53; WbLBsch Ostpreußen vom 28.2.1936, S. 341; DNdRN vom 3.10.1936, S. 315; DNdRN vom 7.11.1936, S. 365; Nationalsozialistische Landpost vom 25.12.1936, S. 21;

WbLBsch Ostpreußen vom 17.6.1938, S. 896–897; Auskunft Standesamt Reinfeld (Holstein) vom 29.8.2014.

Gusovius, Hans-Wihelm
Geburtsdatum/-ort: 17.6.1904 Königsberg/Pr. **Sterbedatum/-ort:** 27.1.1972 Branitz. **Konfession:** Evangelisch. **Herkunft, Familie:** Sohn des Rittergutspächters Ernst Ferdinand Georg Gusovius. Verheiratet ab 15.5.1929 mit Frieda Johanna (geb. Müller, *4.6.1904), drei Kinder (*1930; *1933; *1935). **Bildung, Beruf:** 1912–1914 Hufengymnasium Königsberg/Pr. Landwirtschaftliche Schule in Eldena bei Greifswald bis 1920. Erlernt 1920–1924 Landwirtschaft in Betrieben in Hedeper bei Wolfenbüttel und bei Prenzlau-Uckermark. Anschließend landwirtschaftlicher Beamter in Wolplauken (Kr. Rastenburg), Linow, Mecklenburg-Strelitz und Blindow-Uckermark. 1929–1939 Pächter des Guts Erlenhof bei Wustrau im Kr. Neuruppin (Betriebsgröße ca. 125 ha). Ab 1939 Verwaltung der Pachtung Wesdehlen im Kr. Samland (Betriebsgröße ca. 1.125 ha). **NSDAP:** Beitritt 1.5.1933 (Nr. 2.775.847). **Agrarpolitische Funktionen:** 1942–1945 Bezirkslandwirt im Regierungsbezirk Zichenau. Leiter der »Zweigstelle Plock« (ab 1941/1942 »Zweigstelle Schröttersburg«) der OLG, beauftragt von der »Ostland«; Gusovius betreut etwa 140 Güter, die Gesamtgröße der Betriebe liegt bei über 35.000 ha. **Kriegsende und Nachkriegszeit:** In Branitz bei Cottbus (DDR) Neusiedler auf 23 ha großem Grund im Fürst-Pückler-Park.
Quellen und Literatur: BArch, BDC, NSDAP-Mitgliederkartei (Ortsgruppenkartei); BArch, R 82/18, Bl. 190; Gusovius: Geschichte, S. 20–21, S. 69 und S. 74.

Haedge-Medicus, Max
Geburtsdatum/-ort: 18.7.1892 Jamielnick (Kr. Löbau). **Sterbedatum/-ort:** 11.12.1965 Hänigsen (Kr. Burgdorf). **Konfession:** Evangelisch. **Herkunft, Familie:** Sohn des Oberamtmanns und Domänenbesitzers Ludwig Haedge. Verheiratet mit Johanna (geb. Medicus, *4.10.1897), drei Kinder (*1920; *1921; *1926). **Bildung, Beruf:** 1898–1901 Volksschule. 1901–1908 Pro-Gymnasium Neumark (Westpreußen); Abschlussprüfung. 1908–1912 Baugewerbeschule Königsberg/Pr.; 1913 Baumeister. Praktische Lehrzeit im Zimmer- und Maurerhandwerk, 1911 Maurer und Zimmergeselle. Übernimmt nach dem Ersten Weltkrieg das Gut Peitschendorfswerder im Kr. Sensburg (Betriebsgröße 190 ha). **Militär, Erster Weltkrieg, Freikorps:** Militärdienst 1913 als Einjährig-Freiwilliger bei der MG-Kompanie des Infanterie-Regiments Nr. 59 in Deutsch Eylau. Teilnahme am Ersten Weltkrieg ab 1914. 1915 Leutnant d.R. 12/1917 Wechsel zur Fliegertruppe. **Weimarer Zeit:** Bis 1923 Mitglied der DNVP, anschließend DVFP. Bauernnotbewegung. LVO. **NSDAP:** Beitritt 1.7.1931 (Nr. 587.052). **Agrarpolitische Funktionen:** Von Beginn an im aA, LKF Kr. Sensburg. Herbst 1933 KBF der KBsch Sensburg. Scheidet 9/1935 aus RNSt

aus, wegen angeblicher Auflehnung als KBF amtsenthoben. **Nationalsozialistische Zeit:** Vorsitzender der Viehverwertungsgenossenschaft Sensburg. **SA, SS:** 1931 SA-Beitritt. SA-Sturmführer z.b.V. 8/1936 aus SA entlassen. **Wehrmacht, Waffen-SS, Volkssturm:** 1935–1938 militärische Lehrgänge bei der Wehrmacht, 1938–1939 unter anderem bei der Flugzeugführerschule Serau. 1939–1945 Teilnahme am Zweiten Weltkrieg bei der Luftwaffe, eingesetzt in Polen und Norwegen. Zuletzt Horstkommandant in Illesheim, Oberstleutnant. **Kriegsende und Nachkriegszeit:** Haedge-Medicus ist 5/1945–5/1946 in Kriegsgefangenschaft, dann in Thedinghausen (Kr. Braunschweig) wohnhaft und offenbar als Landarbeiter tätig. Er wird im schriftlichen Verfahren auf Antrag des öffentlichen Klägers vom 7.2.1949 vom Entnazifizierungshauptausschuss des Kr. Braunschweig am 9.2.1949 in Kategorie V eingeordnet.
Quellen und Literatur: BArch, BDC, OPG; BArch, R 16 I/1828; BArch, ZLA 1/4621485; GStA PK, XX. HA Rep. 240, Nr. D 127, Bl. 1; NLA (Wolfenbüttel), 3 Nds. 92/1, Nr. 29684; Georgine vom 23.1.1934, S. 57; DNdRN vom 14.9.1935, S. 323; Bloech: Ostpreußens Rinder, S. 275; Auskunft Kirchengemeinde Thedinghausen vom 11.2.2016.

Haneberg, Otto
Geburtsdatum/-ort: 3.1.1896 Littschen (Kr. Marienwerder). **Sterbedatum/-ort:** 31.12.1945; für tot erklärt. **Herkunft, Familie:** Ab 15.9.1921 verheiratet mit Hulda (geb. Karrasch), zwei Kinder (u.a. *1924). **Bildung, Beruf:** Landwirt. Haneberg besitzt einen Hof in Wandau im Kr. Marienwerder (Gesamtbetriebsgröße 24 ha). Während des Zweiten Weltkrieges kauft er einen Hof in Ottotschen (Kr. Marienwerder) hinzu, der angeblich jedoch nicht landwirtschaftlich genutzt wird, sondern als Gefangenenlager (Betriebsgröße rd. 2 ha). **NSDAP:** Beitritt 1.10.1930 (Nr. 339.906). **Agrarpolitische Funktionen:** Ab 15.6.1937 mit der Führung der Geschäfte des KBF der KBsch Marienwerder beauftragt. Um 12/1937 zum KBF der KBsch Marienwerder ernannt.
Quellen und Literatur: BArch, BDC, NSDAP-Mitgliederkartei (Ortsgruppenkartei); BArch, BDC, PK; BArch, R 16 I/2206; BArch, ZLA 1/4114570; DNdRN vom 3.7.1937, S. 240; DNdRN vom 18.12.1937, S. 470.

Hartmann, Fritz
Geburtsdatum/-ort: 20.9.1889 Groß Tellitzkehmen (Kr. Gumbinnen). **Sterbedatum/-ort:** 14.3.1958 Westerstede (Kr. Ammerland). **Konfession:** Evangelisch. **Herkunft, Familie:** Sohn eines Bauern. Verheiratet mit Meta (geb. Frühbrodt). **Bildung, Beruf:** Volksschule. Landwirtschaftliche Schule Gumbinnen. Nach Militärzeit landwirtschaftlicher Beamter. Ab 1913 Bauer in Samelucken. Hartmann übernimmt den väterlichen Besitz, der Hof Samelucken hat eine Betriebsgröße von ca. 85 ha. **Militär, Erster Weltkrieg, Freikorps:** 1908–1911

Dreijährig-Freiwilliger im 1. Garde-Dragoner-Regiment in Berlin, 1911 als Unteroffiziersaspirant entlassen. Teilnahme am Ersten Weltkrieg, 1914–1915 Reserve-Ulanen-Regiment Nr. 1, 1916 bis Ende 1917 Kavallerie-Schützen-Regiment Nr. 94, 1–9/1918 bei Grenadier-Regiment Nr. 3 in Frankreich. **Weimarer Zeit:** 1923 Stahlhelm. LVO, mehrere Jahre im Vorstand der Kreisabteilung Gumbinnen, dort 1930 stellvertretender Kreisführer, Frühjahr 1931 Kreisführer. **NSDAP:** Aufnahme für 1.5.1933 (Nr. 2.057.617) vorgesehen, wegen des angeblichen Kampfes Hartmanns gegen Gauleiter Koch gibt es starken Widerstand hiergegen seitens der OG Walterkehmen und des Kreisgerichts Gumbinnen. Am 1.5.1937 wird Hartmann unter der oben genannten Mitgliedsnummer aufgenommen. DAF. NSV. **Agrarpolitische Funktionen:** 9/1933 KBF der KBsch Gumbinnen. Zudem ab 1939/1940 KBF der KBsch Plozk (ab 7/1941 Schröttersburg), ab 1940 KBF der KBsch Schirps (ab 7/1941 Sichelberg). (5/1938) Kreisamtsleiter für Agrarpolitik. **SA, SS:** SA-Mitglied ab 1.7.1933. (1934) SA-Obertruppführer. **Wehrmacht, Waffen-SS, Volkssturm:** War weder bei der Wehrmacht noch bei der Waffen-SS. **Kriegsende und Nachkriegszeit:** Nach dem Zweiten Weltkrieg als Landarbeiter in Nettelau (Gemeinde Depenau, Kr. Plön) tätig. Hartmann wird vom Entnazifizierungshauptauschuss für den Kr. Plön am 11.2.1949 in Kategorie IV (ohne Wiederaufbaubeitrag, ohne Vermögenssperre, ohne Beschränkungen) eingeordnet; außer seiner Mitgliedschaft in NSDAP und SA sei ihm nichts Belastendes nachzuweisen.

Quellen und Literatur: BArch, BDC, PK; BArch, R 16 I/1434; BArch, ZLA 1/4709052; LASH, Abt. 460.10, Nr. 526, »Fritz Hartmann«; Georgine vom 30.1.1934, S. 83; DNdRN vom 23.10.1943, Sp. 1043; Ostpreußenblatt vom 29.3.1958, S. 16; Ostpreußenblatt vom 26.4.1958, S. 11; Übersicht 6 (Anhang, Band 1).

Hauth, Rudolf August Albert

Geburtsdatum/-ort: 1.1.1876 Königsberg/Pr. **Konfession:** Evangelisch. **Herkunft, Familie:** Sohn des Schlossers und Maschinenbauers Friedrich Hauth. Verheiratet ab 27.4.1908 mit Frida (geb. Riehl, *15.3.1885), zwei Kinder (*1910; *1922). **Bildung, Beruf:** 4/1882–3/1890 Bürgerschule, Mittelschule. 1.4.1890–1.4.1893 Ausbildung für die Tätigkeit im Rechtsanwaltsbüro. 1893–1897 Bürogehilfe. 1899–1914 Bürovorsteher bei einem Rechtsanwalt. 20.8.1916–31.3.1922 Büroleiter (bis 15.8.1920) beziehungsweise Geschäftsführer beim Oberpräsidium in Königsberg/Pr. 1.4.1922–14.12.1933 bei der LWK Ostpreußen tätig, Rechts- und Steuerberatung sowie Bearbeitung von Rechts- und Steuerangelegenheiten. **Militär, Erster Weltkrieg, Freikorps:** 1897–1899 Militärdienst. Teilnahme am Ersten Weltkrieg, 1.8.1914 bis Ende 6/1916 Landsturm-Infanterie-Bataillon I/1, Vizefeldwebel; dann im Lazarett. 15.7.1916–30.8.1916 Landsturm-Infanterie-Ersatz-Bataillon I/13, Königsberg. **NSDAP:** Kein Parteimitglied. **Agrarpolitische Funktionen:** Ab 15.12.1933 Rechts- und Steuerberatung

sowie Bearbeitung von Rechts- und Steuerangelegenheiten bei der LBsch Ostpreußen, Abteilung I G (LHA I). (1939) Verwaltungsamtmann. **SA, SS:** Förderndes Mitglied der SS ab 20.3.1934 (Nr. 1.010.401).
Quellen und Literatur: BArch, R 16/8621.

Heinrich, Fritz Gustav August
Geburtsdatum/-ort: 8.7.1896 Seewalde (Kr. Königsberg/Pr.). **Sterbedatum/-ort:** 19.4.1973 Bad Oldesloe (Kr. Stormarn). **Herkunft, Familie:** Verheiratet ab 5.11.1926 mit Helene Anna (geb. Melzner, *18.11.1898); ein Kind. **Bildung, Beruf:** Verwaltungsamtmann. **NSDAP:** Beitritt 1.5.1932 (Nr. 1.158.065). **Agrarpolitische Funktionen:** Erster Büroleiter der Abteilung IVA (VHA) der LBsch Ostpreußen. 11/1937 vom Verwaltungsinspektor zum Verwaltungsoberinspektor befördert, um 10/1938 zum Verwaltungsamtmann im RNSt befördert.
Quellen und Literatur: BArch, BDC, NSDAP-Mitgliederkartei (Zentralkartei); BArch, R 2301/3590; DNdRN vom 20.11.1937, S. 425; DNdRN vom 15.10.1938, Sp. 688; Ostpreußenblatt vom 5.5.1973, S. 19; Auskunft Stadtarchiv Bad Oldesloe vom 19.8.2014.

Heinrich, Walter Eugen Rudolf
Geburtsdatum/-ort: 25.4.1884 Königsberg/Pr. **Konfession:** Evangelisch. **Herkunft, Familie:** Sohn des Buchhändlers Eugen Heinrich. Verheiratet ab 19.5.1913 mit Marie (geb. Densch, *13.1.1886), keine Kinder. **Bildung, Beruf:** 1890–1903 Gymnasium Königsberg/Pr. 1903–1906 Studium der Rechtswissenschaften an den Universitäten Berlin und Freiburg; 1906 Referendarexamen. 1906–1911 Referendarausbildung, Handelshochschulkurse; Assessorexamen 7/1911. 1911–1915 Anwaltsvertretungen, Kommissorien, Justitiar bei der Ostbank für Handel und Gewerbe. 1915 Gerichtsassessor im Oberlandesgerichtsbezirk Königsberg, 3/1915–7/1918 für die Leitung der Volksauskunftei und für die LWK Ostpreußen beurlaubt. 3/1915–12/1933 Justitiar beziehungsweise Syndikus bei der LWK Ostpreußen. **Militär, Erster Weltkrieg, Freikorps:** Landsturm. **NSDAP:** Kein Partei-Mitglied. NSV. **Agrarpolitische Funktionen:** Ab 12/1933 Justitiar beziehungsweise Syndikus bei der LBsch Ostpreußen. Leiter der Abteilung I G in der LHA I; Heinrich wird dabei als Abteilungsleiter wegen interner Zweifel an seiner nationalsozialistischen Haltung erst 1938 endgültig bestätigt. Er ist (1937) zudem in der LHA I im Bereich Rechtsberatung tätig und bearbeitet auch die Steuerangelegenheiten der LHA II. (1938) Oberlandwirtschaftskammerrat. (3/1944) Leiter der Abteilung II A 3 der LBsch Ostpreußen.
Quellen und Literatur: BArch, R 16/8489; BArch, R 3001/59648.

Heister, Friedrich Luis August

Geburtsdatum/-ort: 8.1.1899 Klein Blumenau (Kr. Fischhausen). **Sterbedatum/-ort:** 3.1.1975 Rottweil (Kr. Rottweil). **Konfession:** Evangelisch. **Herkunft, Familie:** Verheiratet ab 14.7.1937 mit Henriette (geb. Güttler), zwei Kinder (*1938; *1941). **Bildung, Beruf:** Übernimmt 1933 den Hof seiner Adoptivmutter. Gutsbesitzer in Arissau bei Thierenberg im Kr. Fischhausen (Gesamtbetriebsgröße rd. 117 ha). **NSDAP:** Beitritt 1.5.1933 (Nr. 1.846.021). OG Thierenberg. **Agrarpolitische Funktionen:** KBF der KBsch Schirps (Regierungsbezirk Zichenau). KBF der KBsch Grodno (Bezirk Bialystok). **Kriegsende und Nachkriegszeit:** Selbstständiger Milchhändler. 1970–1972 in Erzingen (Kr. Waldshut), dann in Rottweil (Kr. Rottweil).

Quellen und Literatur: BArch, BDC, NSDAP-Mitgliederkartei (Zentralkartei); BArch, ZLA 1/0582076; Gaspadar vom 17.5.1942, S. 34; Ostpreußenblatt vom 15.2.1964, S. 16; Auskunft Melde- und Passamt Klettgau vom 19.8.2015; Auskunft Stadtarchiv Rottweil vom 20.8.2015; Übersicht 6 (Anhang, Band 1).

Heyer, Friedrich Gustav

Geburtsdatum/-ort: 14.12.1885 Barenhütte (Kr. Berent). **Sterbedatum/-ort:** 23.12.1972 Herscheid (Kr. Lüdenscheid). **Konfession:** Evangelisch. **Herkunft, Familie:** Sohn des Besitzers Gustav Heyer. Verheiratet ab 17.7.1912 mit Minna (geb. Treptow, *21.8.1892), zwei Kinder (*1918; *1930). **Bildung, Beruf:** Bauer, bewirtschaftet seinen Hof in Groß Guja (Gesamtbetriebsgröße 59 ha) sowie Pachtland (12 ha). **NSDAP:** Beitritt 1.9.1931 (Nr. 683.251). **Agrarpolitische Funktionen:** Um 5/1938 mit der Führung der Geschäfte als KBF der KBsch Angerburg beauftragt; um 8/1940 von dieser Aufgabe entbunden. **Kriegsende und Nachkriegszeit:** Nach Kriegsende zunächst in Freiberg (Kr. Freiberg, Sachsen), ab 1951 in Wunstorf (Kr. Neustadt am Rübenberge) wohnhaft, ab 1965 in Herscheid.

Quellen und Literatur: BArch, BDC, NSDAP-Mitgliederkartei (Ortsgruppenkartei); BArch, ZLA 1/7246601; EZA, Bestand 980/6327, Mariensee, Kr. Karthaus/Westpreußen, Taufen (1874–1894), Bl. 222; Niekammer Ostpreußen 1932, S. 108; DNdRN vom 14.5.1938, Sp. 318; DNdRN vom 17.8.1940, Sp. 561; Ostpreußenblatt vom 9.12.1972, S. 16; Auskunft Amt Horst-Herzhorn vom 12.8. 2015; Auskunft Gemeindearchiv Herscheid vom 13.8.2015.

Hillman, Paul Abraham Adolf Theodor

Geburtsdatum/-ort: 26.4.1882 Nordenthal (Kr. Oletzko). **Konfession:** Evangelisch. **Herkunft, Familie:** Sohn des Landwirts Roderich Hillmann. Verheiratet mit Ilka (geb. von Szczepanski, *6.1.1894), vier Kinder (*1920; *1921; *1922; *1926). **Bildung, Beruf:** 1890–1900 Humanistisches Gymnasium Lyck; Abitur. 11/1901–11/1910 Technische Hochschule Charlottenburg; Diplom-Ingenieur. 5/1901–10/1901 und 8–9/1902 Maschinenbaueleve auf der Kaiserlichen Werft

Danzig. 9/1905 und 7–9/1906 Maschinenbaueleve auf der Kaiserlichen Werft Wilhelmshaven. 2/1911–9/1921 (mit Unterbrechung durch Militärdienst) in verschiedenen technischen Büros als Projektingenieur tätig. 10/1921–12/1933 Leiter der Maschinenbauberatungsstelle der LWK Ostpreußen. **Militär, Erster Weltkrieg, Freikorps:** 11.4.1900–13.4.1904 Kaiserliche Marine, Einjährig-Freiwilliger, Matrose. 7–8/1907, 5–6/1912 und 6/1913 Kaiserliche Marine, Vize-Steuermann, Vize-Feuerwerker, Leutnant. 1.8.1914–6.12.1918 bei verschiedenen Truppenteilen als Batterieführer und Kompanieführer. **Weimarer Zeit:** DVP. **NSDAP:** Keine Parteimitgliedschaft bekannt. **Agrarpolitische Funktionen:** Ab 15.12.1933 Leiter der Abteilung II G (LHA II) in der LBsch Ostpreußen. **SA, SS:** Förderndes Mitglied der SS ab 16.3.1934. **Wehrmacht, Waffen-SS, Volkssturm:** 2/1935, 3/1935 und 3–4/1936 Waffenlehrgänge bei der Wehrmacht, Kapitänleutnant. 1941 vom Wehrdienst freigestellt.
Quellen und Literatur: BArch, R 16/9121.

Hintmann, Richard Friedrich Hermann, Dr.
Geburtsdatum/-ort: 30.12.1895 Itzehoe (Kr. Steinburg). **Sterbedatum/-ort:** 14.7.1963 Hamburg. **Konfession:** Evangelisch-lutherisch. **Herkunft, Familie:** Sohn des Wagenfabrikanten Johann Hintmann. Verheiratet ab 27.4.1934 mit Gertrud (geb. Sandvoß, *3.11.1896), drei Kinder (*1924; *1935; *1937). **Bildung, Beruf:** 1902–1904 Volksschule Itzehoe. 1904–1914 Realgymnasium Itzehoe; Reifezeugnis. 1914 Universität München. 1919–1920 Deutsche Kolonialschule (Hochschule für In- und Auslandssiedlung) in Witzenhausen/Werra; Diplom-Kolonialwirt. Handelsakademie Hamburg; 1922 Diplom. Hilfsarbeiter bei einer Speditionsfirma. 1922–1929 Studium an den Universitäten Hamburg und Würzburg; Promotion zum Dr. rer. pol. Bis 1928 Bankangestellter in Hamburg. Anschließend ist Hintmann bis 8/1933 wieder bei einer Speditionsfirma tätig, zuletzt als Abteilungsleiter. **Zeit des Kaiserreichs:** Ab Sommersemester 1914 Mitglied der Studentenverbindung Lotharingia, München; beim Wechsel des Studiums 1919 tritt Hintmann aus der Verbindung aus. **Militär, Erster Weltkrieg, Freikorps:** 8/1914–12/1918 Teilnahme am Ersten Weltkrieg. Kriegsfreiwilliger. Einsätze in Kurland, Galizien, Serbien, Belgien und in Frankreich, bei der Feldartillerie. **Weimarer Zeit:** Reichsverband Deutscher Volkswirte. Verband Alter Herren der Deutschen Kolonialschule. **NSDAP:** Beitritt 1.5.1933 (Nr. 1.864.101). NS-Rechtswahrerbund. NSV. **Agrarpolitische Funktionen:** 8/1933 beim RNSt in Berlin Referent für das bäuerliche Erbhofrecht. 9/1934 Stabsleiter der Reichsbauernführerschule in Goslar. 2/1935 (zunächst kommissarisch) Hauptstabsleiter im Stabsamt des RBF. 5/1938 als Hauptstabsleiter vom Stabsamt zum Verwaltungsamt des RBF versetzt. 6/1938–1945 Hauptstabsleiter im Verwaltungsamt der LBsch Ostpreußen (VHA). 1/1941 Oberlandwirtschaftsrat. **Nationalsozialistische Zeit:** Lebensborn e.V. NS-

Reichskriegerbund. RLB. **SA, SS:** SS-Beitritt 1935 (Nr. 263.714). 20.4.1935 SS-Ustuf, 13.9.1936 SS-Ostuf, 30.1.1938 SS-Hstuf. 4/1935–7/1944 Führer beim Stab des RuSHA. Ab 7/1944 Führer in der 18. SS-Standarte. **Wehrmacht, Waffen-SS, Volkssturm:** Ist »nicht kriegsverwendungsfähig« und uk-gestellt. **Kriegsende und Nachkriegszeit:** Am 7.8.1945 verhaftet, bis 13.2.1948 im Lager Neuengamme interniert. Die 11. Spruchkammer des Spruchgerichts Bergedorf spricht Hintmann am 27.7.1948 frei; es habe nicht erwiesen werden können, dass Hintmann vom verbrecherischen Einsatz der SS während des Krieges gewusst habe. Vom Entnazifizierungshauptauschuss Schleswig wird er am 3.2.1949 in Kategorie V eingestuft. Dem liegen die lange Internierung, die guten Leumundszeugnisse und die Beurteilung zugrunde, dass Hintmanns Zugehörigkeit zur SS eine nur formale gewesen sei. Der Landesausschuss für Entnazifizierung in Kiel jedoch wirft dieses Urteil am 3.1.1950 um und stuft Hintmann in Kategorie IV (ohne Beschränkung) ein; er sei mindestens Mitläufer gewesen, wegen der langen Internierungszeit werde von sonstigen Maßnahmen abgesehen. Nach nochmaliger Befassung hebt der Landesausschuss für Entnazifizierung in Kiel schließlich am 7.3.1951 dieses Urteil auf, schließt sich dem Urteil vom 3.2.1949 an und stuft Hintmann daher erneut in Kategorie V ein. Wiederum wird seine SS-Zugehörigkeit lediglich als formal-repräsentative gesehen, und umfangreiches Entlastungsmaterial schildere Hintmann als eine wertvolle und aufrechte Person, die sogar gegen die NSDAP-Gauleitung opponiert habe.
Quellen und Literatur: BArch, BDC, RS; BArch, BDC, SSO; BArch, Z 42 III/179; LASH, Abt. 460, Nr. 2151, »Richard Hintmann«; DNdRN vom 22.9.1934, S. 38; DNdRN vom 9.2.1935, S. 42; DNdRN vom 25.5.1935, S. 185; DNdRN vom 28.5. 1938, Sp. 345; WbLBsch Ostpreußen vom 17.6.1938, S. 897; DNdRN vom 1.2. 1941, Sp. 47; Auskunft Stadtarchiv Friedrichstadt vom 19.8.2014; Auskunft Gemeinsames Archiv Kreis Steinburg und Stadt Itzehoe vom 21.8.2014.

Hofer, Andreas Matthias
Geburtsdatum/-ort: 8.1.1907 Rittergut Breitenstein (Kr. Tilsit-Ragnit). **Sterbedatum/-ort:** 1.6.1989 Mielkendorf (Kr. Rendsburg-Eckernförde). **Konfession:** Evangelisch. **Herkunft, Familie:** Sohn des Gutsbesitzers Gustav Hofer. Verheiratet ab 28.7.1938 mit Hildegard (geb. Dannacker, *15.2.1911), vier Kinder (*1939; *1942; *1943; *1957). **Bildung, Beruf:** Wilhelmsgymnasium Königsberg/Pr. Gutsrendantenkurs der LWK Ostpreußen. Zwei Semester als Hospitant an der Albertus-Universität Königsberg. Gutsbeamter im Kr. Wehlau. Vermutlich wegen Ansiedlungsüberlegungen ist Hofer 4–9/1930 auf einer Großfarm in Transvaal (Südafrika) tätig. Das Gut Adlig Breitenstein, das sein Vater 1905/1906 gekauft hat, gelangt nach dessen Tod 1915 in den Besitz einer Erbengemeinschaft, zu der Andreas Matthias Hofer gehört. Bei seiner Verheiratung 1938 wird Hofer per Erbauseinandersetzungsvertrag Alleineigentümer

und Besitzer des Gutes (Gesamtbetriebsgröße ca. 335 ha). **NSDAP:** Beitritt 1.5. 1931. 2/1931–12/1932 OGL der OG Kraupischken. NSV 5/1934. 7/1937 DAF. **Agrarpolitische Funktionen:** 2/1932 aA, LKF im Kr. Tilsit-Ragnit. 4/1932 Mitglied der LWK Ostpreußen. Herbst 1933 KBF der KBsch Tilsit-Ragnit. **Nationalsozialistische Zeit:** 5/1936 RLB. **SA, SS:** SA-Beitritt 31.8.1933. 8/1933 Siedlungsreferent der SA-Standarte 41. **Wehrmacht, Waffen-SS, Volkssturm:** 1942 zur Wehrmacht eingezogen, Leutnant. **Kriegsende und Nachkriegszeit:** Noch 1945 aus britischer Kriegsgefangenschaft entlassen. Zeitweise arbeitslos. Hofer verwaltet landwirtschaftliche Betriebe in Schleswig-Holstein und Niedersachsen, kauft 1953 einen Hof nahe Kiel (Betriebsgröße 32 ha). 1958 Mitglied der LWK Schleswig-Holstein. 1959 stellvertretender Bürgermeister der Gemeinde Mielkendorf. Mitbegründer der Kreisgemeinschaft Tilsit-Ragnit, 1973–1984 deren Kreisvertreter. Mitglied der Ostpreußischen Landesvertretung in der Ostpreußischen Landsmannschaft. Träger des Bundesverdienstkreuzes am Bande. Träger des Goldenen Ehrenzeichens der Landsmannschaft Ostpreußen. Verdienstmedaille der LWK Schleswig-Holstein.
Quellen und Literatur: BArch, R 16 I/1435; BArch, ZLA 1/7196140; Georgine vom 13.4.1934, S. 339; Bloech: Ostpreußens Rinder, S. 584–585; Fischer: Landwirtschaft, S. 180–181; Ostpreußenblatt vom 4.5.1957, S. 8; Ostpreußenblatt vom 19.11.1966, S. 18; Ostpreußenblatt vom 10.6.1989, S. 18; Ostpreußenblatt vom 17.6.1989, S. 18; Rohrer: Macht, S. 578; Auskunft Standesamt Molfsee/Achterwehr vom 15.2.2016.

Horn, Oskar Karl-Heinrich
Geburtsdatum/-ort: 24.1.1903 Ahlbeck (Kr. Lauenburg). **Sterbedatum/-ort:** 5.5.1996 Bremervörde (Kr. Rotenburg (Wümme)). **Konfession:** Evangelisch, 1938 Kirchenaustritt. **Herkunft, Familie:** Sohn des Reichsbahnbeamten Karl-Heinrich Horn. Verheiratet ab 13.4.1931 mit Annemarie (geb. Stakemann, *14.11.1908), fünf Kinder (*1932; *1935, gestorben 1937; *1936; *1938*; *1942). **Bildung, Beruf:** 1909–1912 Vorschule Zoppot. 1913–5/1919 Humanistisches Gymnasium Deutsch Eylau. Frühjahr 1920 bis Ostern 1921 Rückkehr ans Gymnasium. 5/1921–3/1923 landwirtschaftliche Lehre; Prüfung 1923. 5/1923–12/1926 Studium der Landwirtschaft an der Landwirtschaftlichen Hochschule Königsberg/Pr.; 12/1926 Diplom-Landwirt. In den Semesterferien 1924 und 1925 als Beamter auf einem Gut tätig. 1/1927–1/1929 tätig in einer Saatzucht- und Ackerbaulehranstalt und einer Wirtschaft in Hansberg als Beamter der LWK Ostpreußen (Saatzuchtassistent). 1–6/1929 Volontär auf einem Rittergut. 6/1929–9/1933 Geschäftsführer der Ostdeutschen Edelpelztier-Züchtervereinigung in Allenstein. **Militär, Erster Weltkrieg, Freikorps:** 5/1919–2/1920 Landesjäger beim Freikorps Generalmajor von Maercker (später VI. Abteilung der Reichswehrbrigade XVI). **NSDAP:** Beitritt 1932 (Nr. 963.945). NSV. **Agrar-**

politische Funktionen: 10/1933–1/1934 Geschäftsführer des Reichsverbandes der Züchter-Vereinigung Berlin. 2/1934–9/1934 Stabsleiter der LHA III der LBsch Ostpreußen. 10/1934–4/1935 Geschäftsführer des Getreidewirtschaftsverbandes Ostpreußen. 1. 10. 1935 Stabsleiter der LHA III der LBsch Ostpreußen, Horn ist ab 1939/1940 unter anderem für die Einführung der Marktordnung im Regierungsbezirk Zichenau zuständig. 1/1938–6/1939 vorübergehend beim RNSt in Goslar tätig, mit der Wahrnehmung eines Lehrauftrages für Agrarpolitik und Marktordnung an der Beamtenschule und Beamtenakademie beauftragt. Landwirtschaftsrat, 1/1938 Oberlandwirtschaftsrat. Deutsche Jägerschaft. **Nationalsozialistische Zeit:** RLB. Reichskolonialbund. Freikorps-Kameradschaft »York«. Reichsbund Deutscher Diplomlandwirte. Lebensborn e.V. **SA, SS:** SS-Beitritt 17. 7. 1935 (Nr. 272.178). 4/1937 SS-Ustuf, 1/1939 SS-Ostuf, 1/1941 SS-Hstuf, 6/1943 SS-Stubaf. Ab 4/1937 als Führer im RuSHA geführt. 4/1937 SS-Bauernreferent beim Reiterinspekteur Nordost (SS-Oa Nordost). »Im Gegensatz zu den meisten übrigen BR [SS-Bauernreferenten] hat SS-U-Stuf Horn aus seiner lebensgesetzlichen Weltanschauung auch die Schlussfolgerungen gezogen.«[1209] **Wehrmacht, Waffen-SS, Volkssturm:** 4–5/1940 SS-Unterführerschule in Lublinitz, zum SS-Uscha der Waffen-SS befördert; auf Drängen von Gauleiter Koch und LBF Spickschen dort entlassen. 4/1944 zur Waffen-SS einberufen (SS-Panzergrenadier-Ersatz-Regiment, Ausbildungsabteilung, Warschau), angeblich 11/1944 als untauglich entlassen. **Kriegsende und Nachkriegszeit:** Nach Kriegsende angeblich ehrenamtlicher Mitarbeiter der Gemeinde Himmelpforten, dann Landarbeiter bei einem landwirtschaftlichen Betrieb. Horn wird am 14. 1. 1948 vom Entnazifizierungsausschuss Stade in Kategorie IV eingereiht, ohne Vermögens- und Kontensperre. Seine Parteimitgliedschaft wird als lediglich nominell gewertet, bei der Reiter-SS sei er Ehrenmitglied gewesen. Horns Tätigkeit bei der Waffen-SS ist dem Ausschuss offenbar nicht bekannt; Horn hat seine Mitgliedschaft geleugnet und seinen Einsatz 1944 als gewöhnlichen Wehrdienst deklariert.

Quellen und Literatur: BArch, BDC, RS; BArch, BDC, SSO; BArch, R 16/6277; BArch, R 16/6278; NLA (Stade), Rep. 275 I, Nr. 17.3.11; DNdRN vom 12.10. 1935, S. 438; DNdRN vom 15.5.1937, S. 186; DNdRN vom 8.1.1938, Sp. 3; Ostpreußenblatt vom 18.5.1996, S. 18; Auskünfte Standesamt Bremervörde vom 24.6.2014 und vom 30.6.2014.

Jankowski, Paul Rudolph

Geburtsdatum/-ort: 3.12.1887 Graiwen (Kr. Lötzen). **Sterbedatum/-ort:** 25.8. 1963 Ebersberg (Kr. Ebersberg). **Konfession:** Evangelisch, ab mindestens 1939

1209 Beförderungsvorschlag des SS-Oberstubaf Jacobsens vom 15.12.1938, BArch, BDC, RS Oskar Horn (24.1.1903), unpag.

»gottgläubig«. **Herkunft, Familie:** Sohn des Bauern Rudolf Jankowski. Verheiratet mit Margarete (geb. Kickstein, *8.2.1894), zwei Kinder (beide vor 1933 geboren). **Bildung, Beruf:** 1893–1898 Dorfschule Kampen. 1898–1902 Mittelschule Johannisburg. 1904 Landwirtschaftliche Schule Johannisburg. Jankowski bewirtschaftet ab 1918 den über Generationen in Familienbesitz befindlichen landwirtschaftlichen Betrieb seines Vaters in Graiwen, 1939 erbt er den Betrieb (Gesamtbetriebsgröße 60 ha). **Militär, Erster Weltkrieg, Freikorps:** 1914–1918 Teilnahme am Ersten Weltkrieg, Einsätze in Belgien und Frankreich. **NSDAP:** Beitritt 1.12.1931. 4/1939–1/1945 KL im Kr. Lötzen. NSV. **Agrarpolitische Funktionen:** Mindestens 1933 aA, LKF im Kr. Lötzen. 9/1938 mit der Führung der Geschäfte als KBF der KBsch Lötzen beauftragt, 9/1939 bis um 9/1944 KBF der KBsch Lötzen. Kreisamtsleiter für Agrarpolitik. Deutsche Jägerschaft. **Nationalsozialistische Zeit:** NS-Reichskriegerbund. **Kriegsende und Nachkriegszeit:** Nach Räumung des Kr. Lötzen in der zweiten Januarhälfte 1945 bewirtschaftet Jankowski noch für einige Zeit eine Domäne im Samland, verlässt Ostpreußen 4/1945. Ab 29.9.1945 in Internierungshaft im Lager Staumühle. Von der 2. Spruchkammer des Spruchgerichts Bielefeld wird Jankowski am 14.4. 1948 wegen Zugehörigkeit zum politischen Führerkorps der NSDAP (nach dem 1.9.1939 in Kenntnis des verbrecherischen Einsatzes dieser Organisation) zu einer Gefängnisstrafe von zwei Jahren verurteilt; die Strafe gilt durch die Internierungshaft als verbüßt. Der Entnazifizierungshauptausschuss Meschede reiht Jankowski am 21.3.1949 in Kategorie IV ein. Rentner. Landwirtschaftsreferent und zeitweiliger Geschäftsführer der Landesgruppe Bayern e.V. in der Landsmannschaft Ost- und Westpreußen.

Quellen und Literatur: BArch, R 16 I/1436; BArch, Z 42 IV/1484; BArch, ZLA 1/1383406; GStA PK, XX. HA Rep. 240, Nr. D 127, Bl. 1; LAV NRW R, NW 1108, Nr. 4669; DNdRN vom 10.9.1938, Sp. 583; DNdRN vom 30.9.1939, Sp. 686; DNdRN vom 9.9.1944, Sp. 781; Bloech: Ostpreußens Rinder, S. 247; Ostpreußenblatt vom 7.9.1963, S. 24; Ostpreußenblatt vom 14.9.1963, S. 20.

Kalweit, Fritz

Geburtsdatum/-ort: 6.7.1896 Insterburg (Kr. Insterburg). **Sterbedatum/-ort:** 5.1.1979 Bassum (Kr. Diepholz). **Konfession:** Evangelisch. **Herkunft, Familie:** Sohn des Maschinisten Otto Kalweit. Verheiratet mit Elsa (geb. Bolkmann, *28.12.1892), keine Kinder. **Bildung, Beruf:** 1902–1910 Volksschule Insterburg. 4/1910–3/1913 Bürolehrling bei einem Rechtsanwalt. 4/1913–8/1914 Bürogehilfe. 8/1917–5/1919 Beamtenstellvertretung bei der Stellvertretenden Intendantur [vermutlich] des 1. Ostpreußischen Feldartillerie-Regiments Nr. 16, dort 6/1919–9/1919 Vertragsangestellter. 9/1919–8/1933 Bürovorsteher bei einem Rechtsanwalt. 8/1933–5/1934 Büroangestellter bei der Bank für deutsche Industrie-Obligationen in Königsberg/Pr. **Militär, Erster Weltkrieg, Freikorps:**

4.8.1914–17.8.1917 II. Ersatz-Abteilung Feldartillerie I, Unteroffizier. **NSDAP:** Kein Partei-Mitglied. DAF. **Agrarpolitische Funktionen:** Ab 22.5.1934 Sachbearbeiter in der Abteilung I G (LHA I) der LBsch Ostpreußen.
Quellen und Literatur: BArch, R 16/10170; Auskunft Standesamt Bassum vom 20.8.2014.

Käsler, Martin Otto
Geburtsdatum/-ort: 12.4.1903 Stettin. **Sterbedatum/-ort:** 6.6.1942; gefallen am Wolchow-Brückenkopf Kirischi. **Konfession:** Evangelisch. **Herkunft, Familie:** Sohn des Landesversicherungssekretärs Hermann Käsler. Verheiratet ab 30.7.1935 mit Margot (geb. Kollat, *8.6.1907), drei Kinder (*1936; *1938; *1941). **Bildung, Beruf:** 1909–1922 Realgymnasium Stettin. 1922–1925 Lehrling (kaufmännischer Angestellter) bei einer Speditionsfirma in Stettin. 4/1925–2/1926 Volontariat beim Verband sächsischer Industriebetriebe, Geschäftsstelle Berlin. 1925–1929 Studium der Rechte an den Universitäten Berlin, Heidelberg und Greifswald; Referendarexamen 3/1929. 6/1929–7/1932 sowie 2/1933–9/1933 Referendar bei Amtsgerichten, beim Landesgericht und beim Oberlandesgericht Stettin. Assessorexamen 2/1934, danach bis 5/1934 Richter beim Amtsgericht in Stettin. Käsler ist 3–4/1934 auch bei der Rechtsstelle der DAF in Stettin tätig. **Militär, Erster Weltkrieg, Freikorps:** Angeblich 1920 am Kapp-Putsch in Stettin beteiligt. **NSDAP:** Beitritt 1.5.1937. 9/1933 NSKK. 10/1936 NS-Rechtswahrerbund. **Agrarpolitische Funktionen:** 7/1934–3/1935 Sachbearbeiter in der Abteilung IV H (LHA IV) der LBsch Ostpreußen. 4/1935–6/1942 Leiter in der Abteilung III B (LHA III) der LBsch Ostpreußen. 2/1939 Landwirtschaftsrat. 5.–31.8.1940 zur Dienstleistung an die LBsch Danzig-Westpreußen abgeordnet. **Nationalsozialistische Zeit:** 6–9/1933 Stahlhelm. **SA, SS:** SA-Beitritt 17.9.1933. SA-Mann, Motor-SA. **Wehrmacht, Waffen-SS, Volkssturm:** 1936 und 1937 militärische Übungen beim Ersatzbataillon des Infanterie-Regiments 23 in Lyck, 1939 bei der Infanterieschule Döberitz. 5/1938 Unteroffizier d.R. 1942 Kriegsdienst. Zuletzt bei der 7. Kompanie des Infanterie-Regiments 23, Feldwebel.
Quellen und Literatur: BArch, R 16/9953; BArch, R 3001/62671; DNdRN vom 18.2.1939, Sp. 145; Auskunft WASt vom 22.1.2016.

Kausch, Arthur Leopold Ludwig Ernst
Geburtsdatum/-ort: 13.10.1896 Hannover. **Sterbedatum/-ort:** 4.1.1972 Norderstedt (Kr. Segeberg). **Konfession:** Evangelisch. **Herkunft, Familie:** Sohn eines Bauern. Verheiratet ab 17.12.1929 mit Lydia (geb. Hohn, *15.3.1907), fünf Kinder (u.a. *1937; *1943). **Bildung, Beruf:** Siedelt 1912 mit seiner Familie nach Schillwen (Kr. Heydekrug) in Ostpreußen über. Bauer. Kausch übernimmt 1929 den väterlichen Hof (Betriebsgröße ca. 17 ha). **Militär, Erster Weltkrieg, Freikorps:** Teilnahme am Ersten Weltkrieg. **Weimarer Zeit:** 1929–1939 im

Vorstand der Memeldeutschen Kriegsopferversorgung. Vorsitzender des Landwirtschaftlichen Vereins Paszieszen. **NSDAP:** Beitritt 1.4.1939 (Nr. 7.139.553). **Agrarpolitische Funktionen:** Zu Beginn der 1930er-Jahre Vorsitzender des Landwirtschaftlichen Vereins in Schillwen. 1933–1939 LWK Memel, dort 1936–1939 im Vorstand. 4/1939 Kreisamtsleiter. 8/1939 mit der Führung der Geschäfte als KBF der KBsch Heydekrug beauftragt, 3/1940 KBF der KBsch Heydekrug. Mindestens ab 6/1942 KBF der KBsch Wolkowysk (Bezirk Bialystok). Übernimmt um 9/1944 die Geschäfte des KBF Heydekrug. **Nationalsozialistische Zeit:** Kreistag Heydekrug, dort im Kreisausschuss. Im Zuge der Gründung des Memeldeutschen Kulturverbandes baut Kausch die OG Paszieszen auf. Mitglied des letzten Memeler Landtages. **SA, SS:** SA-Mitglied. **Kriegsende und Nachkriegszeit:** Im Kreisausschuss der Heimatkreisgemeinschaft Heydekrug (Landsmannschaft Ostpreußen) tätig.

Quellen und Literatur: BArch, R 16 I/1437; BArch, ZLA 1/7229926; DNdRN vom 30.9.1939, Sp. 688; DNdRN vom 16.3.1940, Sp. 155; Gaspadar vom 28.6. 1942, S. 95; WbLBsch Ostpreußen vom 2.9.1944, unpag.; Balling: Parlamentarier II, S. 736–737; Ostpreußenblatt vom 29.1.1972, S. 18; Ostpreußenblatt vom 12.2.1972, S. 12; Rohrer: Macht, S. 581; Auskunft Stadtarchiv Norderstedt vom 28.8.2014.

Kehler, Franz

Geburtsdatum/-ort: 17.10.1887 Neuhof (Kr. Tilsit-Ragnit). **Konfession:** Evangelisch. **Herkunft, Familie:** Sohn des Gutsbesitzers Franz Kehler. Verheiratet mit Erna (geb. Tautorat, *9.2.1894), ein Kind (*1922). **Bildung, Beruf:** Gymnasium Tilsit bis Sekunda. 4/1906–2/1907 Landwirtschaftseleve. 2/1907–3/1908 in väterlichem Betrieb in Neuhof sowie in Packamohren (Kr. Memel) tätig. 1908–1914 und 1919 landwirtschaftlicher Beamter. 1919–1931 selbstständig, 10/1931–1/1932 arbeitslos. 1/1932–6/1934 Treuhänder für Umschuldungsbetriebe (Landstelle Königsberg/Pr.). 6/1934–6/1935 landwirtschaftlicher Sachverständiger beim Landlieferungsverband Ostpreußen in Königsberg/Pr. **Militär, Erster Weltkrieg, Freikorps:** 8/1914–12/1918 Teilnahme am Ersten Weltkrieg, Unteroffizier. **Weimarer Zeit:** DNVP. LVO. **NSDAP:** Kein Partei-Mitglied. 1.3.1934 NSV. 6/1934 DAF. **Agrarpolitische Funktionen:** 7/1935 Sachbearbeiter in der Abteilung I G (LHA I) der LBsch Ostpreußen. **SA, SS:** 4/1934 SA-Reserve I.

Quellen und Literatur: BArch, R 16/10310; DNdRN vom 7.9.1935, S. 314.

Keßler, Gustav Otto

Geburtsdatum/-ort: 11.3.1892 Draugupönen (Kr. Pillkallen). **Sterbedatum/-ort:** 24.12.1947 Langwedel (Kr. Verden). **Konfession:** Evangelisch-lutherisch, später Kirchenaustritt und »gottgläubig«. **Herkunft, Familie:** Sohn des Bauern Johann Karl Keßler. Verheiratet ab 4.11.1919 mit Emma (geb. Naujokat,

*16.4.1891), keine Kinder. **Bildung, Beruf:** 1898–1906 Volksschule Draugupönen. 1906–1908 Landwirtschaftsschule Gumbinnen. Selbstständiger Bauer in Jänischken (Kr. Pillkallen), Keßler übernimmt 1919 ein landwirtschaftliches Grundstück von seinen Schwiegereltern (Gesamtbetriebsgröße 29 ha). **Militär, Erster Weltkrieg, Freikorps:** 1914–1918 Teilnahme am Ersten Weltkrieg, Einsatz in Russland und Frankreich. **Weimarer Zeit:** Bis 10/1930 DNVP und Stahlhelm. LVO. **NSDAP:** Ab 1.3.1931 (Nr. 502.555) als Mitglied geführt, Keßler ist offenbar aber bereits ab 10/1930 für die NSDAP tätig. 1/1931 OG-Amtsleiter. 1/1932 NSBO. 12/1936–1945 NSV. **Agrarpolitische Funktionen:** Ab 1931 aA, OG-Fachberater, 9/1932 LKF im Kr. Pillkallen. 1934 Kreisamtsleiter für Agrarpolitik. 6/1939 mit der Führung der Geschäfte als KBF der KBsch Schloßberg beauftragt, 11/1939 zum KBF der KBsch Schloßberg ernannt. **Nationalsozialistische Zeit:** 1/1935–1945 RLB. **SA, SS:** Keine Mitgliedschaft. **Wehrmacht, Waffen-SS, Volkssturm:** Als KBF uk-gestellt. **Kriegsende und Nachkriegszeit:** Arbeitet unmittelbar nach Kriegsende in der Gemeinde Langwedel. 11.10.1945–5.11.1946 im Internierungslager Westertimke interniert. Am 11.3.1949 wird Keßler posthum vom Entnazifizierungshauptausschuss des Kr. Verden für entlastet erklärt und in Kategorie V eingestuft; Keßler sei nur formal NSDAP-Mitglied gewesen und habe außer durch Parteimitgliedsbeiträge den Nationalsozialismus nicht unterstützt.

Quellen und Literatur: BArch, R 16 I/1438; BArch, ZLA 1/4655135; GStA PK, XX. HA Rep. 240, Nr. D 127, Bl. 1; NLA (Stade), Rep. 257 II, Nr. 34632; Niekammer Ostpreußen 1932, S. 196; DNdRN vom 17.6.1939, Sp. 395; DNdRN vom 18.11.1939, Sp. 847; Ostpreußenblatt vom 16.3.1957, S. 16; Auskunft Niedersächsisches Landesarchiv (Stade) vom 7.9.2015.

Kleist, Kurt

Geburtsdatum/-ort: 19.4.1903 Groß Neuhof (Kr. Königsberg/Pr.). **Sterbedatum/-ort:** 1.11.1982 Düsseldorf. **Konfession:** Evangelisch. **Herkunft, Familie:** Verheiratet ab 29.5.1929 mit Herta (geb. Klein, *14.12.1904), keine Kinder. **Bildung, Beruf:** Gutsbesitzer in Nordenburg (Abbau Karlsburg) im Kr. Gerdauen (Betriebsgröße 132 ha). **NSDAP:** Beitritt 1.3.1930 (Nr. 220.780). **Agrarpolitische Funktionen:** Um 7/1942 bis um 7/1944 KBF der KBsch Grajewo (Bezirk Bialystok). **Wehrmacht, Waffen-SS, Volkssturm:** Um 7/1944 zum Heeresdienst einberufen. **Kriegsende und Nachkriegszeit:** Nach Kriegsende zunächst in Hilden, ab 1950 in Düsseldorf wohnhaft, als unselbstständiger Kraftfahrer tätig. Später ist Kleist offenbar wieder Landwirt.

Quellen und Literatur: BArch, BDC, NSDAP-Mitgliederkartei (Ortsgruppenkartei); BArch, ZLA 1/5266895; Niekammer Ostpreußen 1932, S. 284; Gaspadar vom 19.7.1942, S. 118; Gaspadar vom 16.5.1943, S. 227; WbLBsch Ostpreußen vom 1.7.1944, S. 252; Ostpreußenblatt vom 1.8.1956, S. 14; Auskunft Stadtarchiv Düsseldorf vom 10.8.2015.

Knutti, Bruno

Geburtsdatum/-ort: 15.4.1893 Münsterwalde (Kr. Marienwerder). **Sterbedatum/-ort:** 7.12.1960 Meldorf (Kr. Süderdithmarschen). **Konfession:** Evangelisch. **Herkunft, Familie:** Sohn eines Gutsbesitzers. Verheiratet ab 1920 mit Grete (geb. Klein, *17.1.1897), zwei Kinder (*1921; *1925). **Bildung, Beruf:** Schulzeit in Elbing. 4/1911–4/1912 landwirtschaftlicher Lehrling. 4/1912–8/1914 und 2/1918–9/1919 landwirtschaftlicher Beamter. Ab 9/1919 selbstständiger Landwirt, durch Überlassungsvertrag mit seinem Vater übernimmt Knutti 1919 den Hof in Kadgiehnen im Kr. Labiau (Betriebsgröße ca. 138 ha). **Militär, Erster Weltkrieg, Freikorps:** Teilnahme am Ersten Weltkrieg. Kriegsfreiwilliger, Einsatz an der Ost- und Westfront beim Feldartillerie-Regiment Nr. 79 und beim Fußartillerie-Bataillon Nr. 151. 2/1918 aus Heeresdienst entlassen. **Weimarer Zeit:** 1920–1924 DNVP. 1924–1931 Stahlhelm. **NSDAP:** Beitritt 1.1.1933 (Nr. 1.460.131). Kreismitarbeiter der PO ab Frühjahr 1938. Obergemeinschaftsleiter. DAF. NSV. **Agrarpolitische Funktionen:** KHAL III. 9/1935 (zunächst kommissarisch) KO der KBsch Labiau. Mit Wirkung vom 21.12.1936 als KBF der KBsch Labiau berufen. Leiter des Kreisamts für das Landvolk. Kreisjägermeister des Kr. Labiau. **Nationalsozialistische Zeit:** Kreisausschussmitglied, stellvertretender Amtsvorsteher, Gemeinderat, Hegeringleiter. **SA, SS:** 1933 förderndes Mitglied der SS. **Kriegsende und Nachkriegszeit:** Zeitweise arbeitslos. Als Schädlingsbekämpfer angestellt. Mehrere Jahre in einem Lager in Dänemark. Im Rahmen der Entnazifizierung füllt Knutti 8/1948 den üblichen »Politischen Fragebogen für Vorprüfungen« aus, doch ist unklar, ob je ein Verfahren in Gang kam; weder Verfahren noch Spruchentscheidung sind überliefert. In der Landsmannschaft Ostpreußen ist Knutti für die Führung der Heimatkreiskartei des Kr. Labiau zuständig.

Quellen und Literatur: BArch, R 16 I/1439; BArch, ZLA 1/7005790; LASH, Abt. 460.16, Nr. 213, »Bruno Knutti«; DNdRN vom 28.9.1935, S. 335; DNdRN vom 25.1.1936, S. 26; DNdRN vom 23.1.1937, S. 24; Bloech: Ostpreußens Rinder, S. 924; Ostpreußenblatt vom 17.12.1960, S. 12 und S. 20; Ostpreußenblatt vom 24.12.1985, S. 22; Ostpreußenblatt vom 14.12.1991, S. 17; Rohrer: Macht, S. 582; Auskunft Standesamt Mitteldithmarschen vom 23.2.2016.

Kohn (1918: Kuehn), Paul Wilhelm Hugo

Geburtsdatum/-ort: 14.5.1885 Königsberg/Pr. **Sterbedatum/-ort:** Ende 1945; für tot erklärt. **Konfession:** Evangelisch. **Herkunft, Familie:** Sohn des Stadtsekretärs Adolf Kohn (Hugo Kuehn ließ seinen Namen 1918 entsprechend ändern). In erster Ehe mit Hermine (geb. Kohn, gestorben 1934) verheiratet; zwei Kinder (*1913; *1913). In zweiter Ehe mit Gertrud (geb. Hallmann, *30.12.1891) verheiratet. **Bildung, Beruf:** 1891–1901 Mittelschule in Königsberg/Pr. 4/1901–7/1904 Maurerlehrling; Gesellenprüfung. In den Wintersemestern 1902/1903, 1903/1904, 1904/1905 und 1905/1906 auf der Baugewerkschule Königsberg/Pr. 10/1906–8/1907 in einem Architekturbüro tätig. 10/1908–1/1909 als Maurer tätig. 1–3/1909 bei der Kreisbauinspektion in Wehlau. Ab 4/1909 bei der LWK Ostpreußen, zunächst als Techniker, dann technischer Sekretär, 2/1929 Oberbausekretär. **Militär, Erster Weltkrieg, Freikorps:** 10/1907–9/1908 Einjährig-Freiwilliger beim Samländischen Pionier-Bataillon Nr. 18. 1914 Teilnahme am Ersten Weltkrieg beim genannten Bataillon. Kuehn wird in Frankreich verwundet. Unteroffizier d. R. **Weimarer Zeit:** 6/1932 Nationalsozialistische Beamtenarbeitsgemeinschaft. **NSDAP:** Beitritt 1.5.1933 (Nr. 2.073.109). 1936 RDB. **Agrarpolitische Funktionen:** Ab 1937 (zunächst kommissarisch) Leiter der Bauabteilung der LBsch Ostpreußen. 12/1938 Bauoberinspekteur, 2/1940 Bauamtmann, 3/1943 Landwirtschaftsrat. Nimmt 1942 an einem Wettbewerb zur Neugestaltung der Bauernhöfe im »deutschen Osten«, das heißt in den eroberten Ostgebieten teil, seine Arbeit wird mit einem Preis ausgezeichnet. **Nationalsozialistische Zeit:** 1934 Reichsverband Deutscher Baumeister. **Kriegsende und Nachkriegszeit:** Zwischen 3/1945 und 4/1945 in Königsberg/Pr. vermisst, auf Ende des Jahres 1945 für tot erklärt.

Quellen und Literatur: BArch, R 16/11888; BArch, ZLA 1/2324424; DNdRN vom 28.1.1939, Sp. 93; DNdRN vom 9.3.1940, Sp. 145; DNdRN vom 13.3.1943, Sp. 251.

Kolwe, Otto Friedrich (»Fritz«)

Geburtsdatum/-ort: 25.10.1896 Wierzbowen (Kr. Lyck). **Sterbedatum/-ort:** 30.9.1961 Wermsdorf (Kr. Oschatz). **Konfession:** Evangelisch. **Herkunft, Familie:** Sohn eines Bauern. Verheiratet mit Elsa Thekla (geb. Straube). **Bildung, Beruf:** Volksschule. Mittelschule. Zunächst schlägt Kolwe eine kaufmännische Laufbahn ein, nach Erkrankung seines Vaters kehrt er auf dessen Hof zurück. Nach dem Ersten Weltkrieg Übernahme des väterlichen Hofes (Hofgröße ca. 49 ha). **Militär, Erster Weltkrieg, Freikorps:** Teilnahme am Ersten Weltkrieg, Königin Augusta Garde-Grenadier-Regiment Nr. 4. Zunächst wegen Herzleidens als dienstunfähig entlassen, wird Kolwe 1916 dennoch beim genannten Regiment ausgebildet. Er wird dann als MG-Schütze bei einer fliegenden Division an der Westfront eingesetzt. **Weimarer Zeit:** Führt 1923/1924 angeblich die Bauern des Kr. Rößel im ostpreußischen Bauernnotbund zusammen. 1924 Mitgründer und Mitglied im Aufsichtsrat einer An- und Verkaufsgenossenschaft. 1928–1931 Vorsitzender einer Landkrankenkasse. 1931 im Vorstand einer Spar- und Darlehnskasse, übernimmt 1933 dort den Vorsitz. **NSDAP:** Beitritt 1.4.1931 (Nr. 522.138). 1931 Blockwart, 1932 Zellenleiter, 1933 Kreisamtsleiter. **Agrar-**

politische Funktionen: Führt im Herbst/Winter 1932 Bauern im NSL zusammen. Im Herbst 1933 mit der Führung der KBsch Rößel beauftragt, um 6/1942 vom Amt als KBF der KBsch Rößel entbunden. 6/1938 Kreisamtsleiter für Agrarpolitik. **Nationalsozialistische Zeit:** 3/1933 Kreisausschuss Rößel und Amtsvorsteher. **SA, SS:** SA-Beitritt 6/1933. **Kriegsende und Nachkriegszeit:** Lebte zuletzt in Hohburg (Kr. Wurzen, DDR).
Quellen und Literatur: BArch, R 16 I/1440; BArch, ZLA 1/5742714; DNdRN vom 20.6.1942, Sp. 479; Georgine vom 16.3.1934, S. 245; Ostpreußenblatt vom 21.10.1961, S. 19; Rohrer: Macht, S. 583.

Korell, Hugo
Geburtsdatum/-ort: 31.12.1903 Lank (Kr. Heiligenbeil). **Sterbedatum/-ort:** 26.7.1955 Bochum. **Herkunft, Familie:** Sohn eines Bauern. Verheiratet mit Luise (geb. Doepner, *12.5.1906), zwei Kinder (*1935; *1938). **Bildung, Beruf:** Realschule in Heiligenbeil. Studium der Agrarwissenschaften an der Albertus-Universität Königsberg; Diplom-Landwirt. Dort für zwei Semester Vorsitzender der Königsberger Studentenschaft. Vier Jahre landwirtschaftlicher Oberinspektor auf der Domäne Mörsen bei Osterode (Ostpreußen). Anschließend drei Jahre in der väterlichen Landwirtschaft in Lank tätig (Hofgröße ca. 146 ha). Korell erhält diesen Hof 1933 vom Vater übertragen; er kauft zudem 1933 den Hof Abbau Lank mit ca. 38 ha hinzu und pachtet 1941 den ca. 86 ha großen Hof des Bruders. Korells Ehefrau besitzt das Kaufhaus Adolf Doepner in Heiligenbeil; offenbar wird mit dessen Erträgnissen Korells landwirtschaftlicher Betrieb ausgebaut. **Weimarer Zeit:** Verbandsvorsitzender der An- und Verkaufsgenossenschaft Heiligenbeil. Vorsitzender einer Landkrankenkasse. Leiter eines Raiffeisenvereins. **NSDAP:** Beitritt 1.12.1931 (Nr. 842.479). **Agrarpolitische Funktionen:** Im aA LKF im Kr. Heiligenbeil. Mitglied der Generallandschaftsdirektion. Aufsichtsrat der Bank der Ostpreußischen Landschaft und der Ostpreußischen Haupthandelsgesellschaft. Herbst 1933 LHAL I der LBsch Ostpreußen. Landwirtschaftsrat. 10/1944 beim RNSt eingestellt, wird Mitarbeiter der KBsch Weimar (LBsch Thüringen). **SA, SS:** SA-Mitglied. SA-Sturmführer bei der Stabsgruppe Ost. **Kriegsende und Nachkriegszeit:** Lebt ab 1947 im Gebiet der späteren Bundesrepublik Deutschland, ab 1949 in einem Beamtenverhältnis beschäftigt.
Quellen und Literatur: BArch, BDC, NSDAP-Mitgliederkartei (Ortsgruppenkartei); BArch, R 16/11342; BArch, ZLA 1/5101914; Georgine vom 31.10.1933, S. 751; Bloech: Ostpreußens Rinder, S. 816–817; Ostpreußenblatt vom 13.8.1955, S. 16.

Kowitz, Willi

Geburtsdatum/-ort: 19.12.1904 Seesken (Kr. Oletzko). **Sterbedatum/-ort:** 7.4. 1958 Pinneberg (Kr. Pinneberg). **Konfession:** Evangelisch. **Herkunft, Familie:** Sohn eines Gutsbesitzers. Verheiratet mit Hildegard (geb. Dzikonski, *23.8. 1909), fünf Kinder (*1938; *1940; *1941; *1943; *1945). **Bildung, Beruf:** Landwirtschaftliche Lehre. Besuch der Landwirtschaftsschule in Oletzko. Leitender Beamter auf verschiedenen landwirtschaftlichen Betrieben in Ostpreußen. Übernimmt 1931 per Überlassungsvertrag von seinem Vater das Gut Klein Gordeiken (Gesamtgröße 227 ha). Pachtet zusätzlich 93 ha Land. Gutsbesitzer und Ziegeleibesitzer. **NSDAP:** Beitritt 1.2.1932 (Nr. 955.688). Zunächst in der OG Treuburg, dann in der OG Dullen, jeweils im Gau Ostpreußen. **Agrarpolitische Funktionen:** 7/1932 aA. (1938) KBF der KBsch Treuburg. Um 4/1942 zudem KBF der KBsch Sudauen; formal erst um 10/1943 mit der Wahrnehmung der Geschäfte als KBF der KBsch Sudauen beauftragt. Um 7/1944 als KBF der KBsch Treuburg und Sudauen zum Heeresdienst einberufen. **Nationalsozialistische Zeit:** Angeblich erhält Kowitz 1942, als erster ostpreußischer Züchter überhaupt, den Staatsehrenpreis für gesamtzüchterische Leistungen. **SA, SS:** SA-Obertruppführer. Als SA-Mitglied wird Kowitz per Verfügung des RuSHA 1/1936 SS-Bauernreferent bei der 3. SS-Reiterstandarte; er wird bereits 10/1936 dieses Amtes enthoben. **Wehrmacht, Waffen-SS, Volkssturm:** 1935 und 1939 Militärdienst. Ab 3/1944 Teilnahme am Zweiten Weltkrieg, Heeresdienst, zuletzt als Leutnant bei der 3. Kavallerie-Division. **Kriegsende und Nachkriegszeit:** Nach dem Zweiten Weltkrieg als Bauer in Schleswig-Holstein tätig. Abteilungsleiter bei der Schleswig-Holsteinischen Viehverwertung. Kowitz wird am 19.7.1948 vom Entnazifizierungshauptausschuss für den Kr. Pinneberg in Gruppe IV eingereiht. Es sei nichts Nachteiliges über Kowitz bekannt, daher die Einstufung in Kategorie IV; da er Flüchtling ist, muss er auch keinen Wiederaufbaubeitrag bezahlen. Nach Kowitz' entsprechender Anfrage 1/1949 wird ihm vom Entnazifizierungshauptausschuss für den Kr. Pinneberg am 10.3.1949 ein Entlastungszeugnis ausgestellt, das ihn nunmehr in Gruppe V einreiht. Mitbegründer der Landsmannschaft Ostpreußen, darin Vorsitzender der Kreisgemeinschaft Treuburg.

Quellen und Literatur: BArch, BDC, NSDAP-Mitgliederkartei (Ortsgruppenkartei); BArch, R 16 I/1441; BArch, R 16 I/2207; BArch, ZLA 1/7054582; LASH, Abt. 460.9, Nr. 137, »Willi Kowitz«; Tygodnik vom 5.4.1942, S. 9; DNdRN vom 23.10.1943, Sp. 1043; WbLBsch Ostpreußen vom 1.7.1944, S. 252; Bloech: Ostpreußens Rinder, S. 613; Ostpreußenblatt vom 2.3.1957, S. 16; Ostpreußenblatt vom 19.4.1958, S. 10 und S. 16; Rohrer: Macht, S. 583.

Krämer, Bruno

Geburtsdatum/-ort: 24.9.1902 Legainen (Kr. Allenstein). **Sterbedatum/-ort:** 5.9.1990 Langenhagen (Kr. Hannover). **Konfession:** Katholisch. **Herkunft, Familie:** Sohn eines ermländischen Bauern. Ab 1937 verheiratet mit Hildegard (geb. Galitzki), vier Kinder (*1940; *1941; *1942; *1948). **Bildung, Beruf:** Volksschule Wartenburg. Humanistisches Gymnasium Rößel; bis Untersekunda. Verlässt die Schule und arbeitet auf dem Hof seines Vaters. 1921/1922 Landwirtschaftliche Schule (Winterschule) in Allenstein. Anschließend zwei Jahre Eleve in landwirtschaftlichen Betrieben. 1924 Rückkehr zur väterlichen Wirtschaft infolge Erkrankung seines Vaters, 1927 Übernahme des väterlichen Hofes Abbau Wartenburg (Betriebsgröße ca. 101 ha), zudem knapp 3 ha Pachtfläche. **Weimarer Zeit:** Bei Bauernnotbewegung (»Schwarze Fahne«), Kirchspielführer. LVO. **NSDAP:** Beitritt 1.4.1933 (Nr. 1.839.634). Stadtverordneter der NSDAP in der Stadt Wartenburg. Kreisausschussmitglied des Kr. Allenstein. **Agrarpolitische Funktionen:** Mitglied des aA. 1932/1933 Kreisführer des NSL. NSDAP-Kreisredner für Agrarpolitik. Herbst 1933 bis 1/1944 KBF der KBsch Allenstein. Leiter des Ernährungsamts im Kr. Allenstein. **SA, SS:** SA-Beitritt 6/1933. SA-Obertruppführer. **Wehrmacht, Waffen-SS, Volkssturm:** 1/1944 zur Wehrmacht einberufen. **Kriegsende und Nachkriegszeit:** Zunächst in Gefangenschaft, später Angestellter. Wohnt 1954 in Celle, 1961 in Langenhagen bei Hannover. Krämer gründet mit Egbert Otto die Kreisgemeinschaft Allenstein-Land (Landsmannschaft Ostpreußen), fungiert dort als Geschäftsführer und leitet die Kartei.

Quellen und Literatur: BArch, BDC, NSDAP-Mitgliederkartei (Ortsgruppenkartei); BArch, R 16 I/1442; BArch, ZLA 1/4316769; Georgine vom 19.12.1933, S. 882; Ostpreußenblatt vom 10.7.1954, S. 7; Ostpreußenblatt vom 25.2.1961, S. 14; Ostpreußenblatt vom 23.9.1967, S. 12; Ostpreußenblatt vom 25.9.1982, S. 14; Ostpreußenblatt vom 15.9.1990, S. 22; Rohrer: Macht, S. 583.

Kröhn, Fritz

Geburtsdatum/-ort: 2.1.1895 Groß Skirlack (Kr. Darkehmen). **Sterbedatum/-ort:** 20.8.1963. **Konfession:** Evangelisch. **Herkunft, Familie:** Sohn eines Bauern. Verheiratet ab 25.9.1922 mit Johanna (geb. Kalweit), zwei Kinder (u.a. *1929). **Bildung, Beruf:** Erlernt die Landwirtschaft im väterlichen Betrieb. Kröhn bewirtschaftet einen Hof in Groß Skirlack (Betriebsgröße ca. 47 ha). **Militär, Erster Weltkrieg, Freikorps:** Teilnahme am Ersten Weltkrieg. **NSDAP:** Beitritt 6.1.1932 (Nr. 893.469). Stützpunktleiter. **Agrarpolitische Funktionen:** Mitglied im aA. Ab 28.4.1936 als KBF der KBsch Darkehmen (ab 1938 Angerapp) berufen. Verein für bäuerliche Sippenkunde und bäuerliches Wappenwesen. **Nationalsozialistische Zeit:** Gemeinderat. **SA, SS:** SA-Truppführer.

Quellen und Literatur: BArch, BDC, NSDAP-Mitgliederkartei (Ortsgruppenkartei); BArch, R 16 I/1443; BArch, R 16 I/2206; BArch, ZLA 1/5760420; DNdRN vom 9.5.1936, S. 148–149; DNdRN vom 7.11.1936, S. 363; Rohrer: Macht, S. 584.

Krüger, Bruno

Geburtsdatum/-ort: 29.11.1899 Ottotschen (Kr. Marienwerder). **Konfession:** Evangelisch. **Herkunft, Familie:** Sohn des Bauern Gustav Krüger. Verheiratet mit Ruth (geb. Dirksen, *17.8.1904), zwei Kinder (u.a. *1929). **Bildung, Beruf:** Praktische landwirtschaftliche Ausbildung auf dem Hof seines Vaters. Nach dem Ersten Weltkrieg acht Jahre landwirtschaftlicher Beamter in Betrieben Ostpreußens. Selbstständiger Landwirt, Besitzer eines Hofes (Betriebsgröße 75 ha). **Militär, Erster Weltkrieg, Freikorps:** 1917–10/1918 Teilnahme am Ersten Weltkrieg, Königin Elisabeth Garde-Grenadier-Regiment Nr. 3 in Charlottenburg, MG-Schütze. **NSDAP:** Beitritt 1.3.1932 (Nr. 1.060.591), Krüger förderte die NSDAP offenbar jedoch bereits früher. 1937 aus der NSDAP ausgeschlossen. **Agrarpolitische Funktionen:** 2/1933 aA, bis 8/1933 in Marienwerder Kreislandvolkführer im NSL. 1933–6/1937 KBF der KBsch Marienwerder. **SA, SS:** SA-Obertruppführer bei der SA-Brigade 5 Elbing. **Wehrmacht, Waffen-SS, Volkssturm:** 8/1939–1/1940 Nachrichtenabteilung I Königsberg-Ballit, Kraftfahrer. 3/1945–4/1945 Polizei-Stadtwache Danzig, Polizeiwachtmeister. **Kriegsende und Nachkriegszeit:** Angeblich 4/1945–5/1945 im Strafgefangenenlager Maskau bei Danzig sowie 5/1945–9/1948 im Amtsgerichtsgefängnis Königsberg und Gefangenenhauptlager Preußisch Eylau interniert. Jedoch 7/1947–6/1954 in Zehlendorf im Kr. Niederbarnim (ab 1952 Kr. Oranienburg, Bezirk Potsdam, DDR) gemeldet, anschließend illegal nach Westberlin verzogen. 1955 offenbar in Bremen wohnhaft; arbeitslos.
Quellen und Literatur: BArch, BDC, NSDAP-Mitgliederkartei (Ortsgruppenkartei); BArch, R 16 I/1831; GStA PK, XX. HA Rep. 240, Nr. D 127, Bl. 2; Georgine vom 24.11.1933, S. 816; DNdRN vom 3.7.1937, S. 240; Rohrer: Macht, S. 584; Auskunft WASt vom 22.1.2016; Auskunft Stadtarchiv Oranienburg vom 16.2.2016.

Kuhn, Friedrich Wilhelm

Geburtsdatum/-ort: 23.9.1884 Trunz (Kr. Elbing). **Sterbedatum/-ort:** 11.3.1973 Bad Oldesloe (Kr. Stormarn). **Konfession:** Evangelisch. **Herkunft, Familie:** Sohn des Gasthofbesitzers und Bauern Michael Kuhn. Verheiratet ab 4.10.1911 mit Eveline (geb. Grunwaldt, *29.4.1891), vier Kinder (*1919; *1920; *1924; das fehlende Kind, das das erste Kind war, verstarb mit fünf Jahren). **Bildung, Beruf:** 4/1897–1903 Oberrealschule Elbing. Praktische Lehrzeiten in landwirtschaftlichen Betrieben (4/1903–9/1904, 10/1905–3/1906, 5/1908–9/1908). Von Som-

mersemester 1906 bis Sommersemester 1908 Studium an der Landwirtschaftlichen Hochschule Berlin; Abschluss Diplom. 1908–1913 Landwirtschaftslehrer an der Landwirtschaftsschule Marienburg. 1913–1928 (mit Unterbrechung durch den Ersten Weltkrieg) Direktor der Landwirtschaftsschule Preußisch Holland. Ab 1.5.1928 Leiter der Schulabteilung und des Wirtschaftsamts der LWK Ostpreußen. **Militär, Erster Weltkrieg, Freikorps:** 1.10.1904–30.9.1905 Fußartillerie-Regiment von Hindersin (1. Pommersches) Nr. 2, Oberleutnant d.R. und Adjutant. 8/1914–12/1918 Teilnahme am Ersten Weltkrieg bei Fußartillerie-Regimentern, auch Fronteinsatz; Batterieoffizier und Batterieführer. **Weimarer Zeit:** 19.9.1928 DNVP. **NSDAP:** Beitritt 1.5.1933 (Nr. 2.059.810). 12/1934 NSV. **Agrarpolitische Funktionen:** Ab 1928 bei der LWK Ostpreußen, ab 12/1933 Leiter der Abteilung II A (LHA II) der LBsch Ostpreußen, später dort Leiter der Abteilung II E (LHA II). Oberlandwirtschaftsrat. **Nationalsozialistische Zeit:** 9/1935 RLB. **SA, SS:** SS ab 12.3.1934 (SS-Anwärter). Schulungsleiter beim RuS der SS. **Wehrmacht, Waffen-SS, Volkssturm:** Am 16.3.1938 bei der Wehrmacht Hauptmann d.L. mit Patent vom 1.4.1937. Ab 15.9.1939 im Wehrdienst, Teilnahme am Zweiten Weltkrieg, Major und Kommandeur einer schweren Artillerie-Abteilung. **Kriegsende und Nachkriegszeit:** 1945–1951 Geschäftsführer der Kreisbauernkammer Stormarn. Nach seiner Pensionierung 1951 ist Kuhn als Berater von Neusiedlern tätig. In Grabau bei Bad Oldesloe wohnhaft.
Quellen und Literatur: BArch, R 16/11469; Georgine vom 29.9.1933, S. 665; Ostpreußen-Warte vom September 1954, S. 5; Ostpreußenblatt vom 19.9.1959, S. 6; Ostpreußen-Warte vom 1.10.1959, S. 15; Ostpreußenblatt vom 30.9.1961, S. 15; Auskunft Stadtarchiv Bad Oldesloe vom 21.8.2014.

Kurras, Arno
Geburtsdatum/-ort: 1.11.1889 Ober Eisseln (Kr. Tilsit-Ragnit). **Sterbedatum/-ort:** 1963. **Konfession:** Evangelisch. **Herkunft, Familie:** Verheiratet. **Bildung, Beruf:** Hofbesitzer in Ober Eisseln (Betriebsgröße 49 ha). **NSDAP:** Beitritt 1.10.1929 (Nr. 168.268). **Agrarpolitische Funktionen:** 9/1935 KO der KBsch Tilsit-Ragnit. (5/1942) KBF der KBsch Bielsk (Bezirk Bialystok). **Nationalsozialistische Zeit:** Stellvertretender Landrat des Kr. Tilsit-Ragnit.
Quellen und Literatur: BArch, BDC, NSDAP-Mitgliederkartei (Ortsgruppenkartei); BArch, R 16 I/2071; BArch, R 16 I/2140; Niekammer Ostpreußen 1932, S. 226; DNdRN vom 28.9.1935, S. 336; DNdRN vom 25.1.1936, S. 26; Gaspadar vom 17.5.1942, S. 34; Ostpreußenblatt vom 10.1.1970, S. 17.

Leffler, Erwin
Geburtsdatum/-ort: 20.10.1899 Azendorf (BA Kulmbach). **Sterbedatum/-ort:** 7.5.1988 Bayreuth. **Konfession:** Evangelisch. **Herkunft, Familie:** Stiefsohn des

Pfarrers Karl Leffler. Verheiratet ab 23.2.1932 mit Selma (geb. Gutzeit, *25.4. 1908), zwei Kinder (*1933; *1935). **Bildung, Beruf:** Leffler kommt 1926 als landwirtschaftlicher Beamter nach Ostpreußen. Er kauft 1934/1935 von der OLG ein Restgut in Klein Wolfsdorf im Kr. Rastenburg (Betriebsgröße ca. 87 ha). **NSDAP:** Beitritt 1.3.1930 (Nr. 220.691). **Agrarpolitische Funktionen:** 8/1939 mit der Führung der Geschäfte als KBF der KBsch Rastenburg beauftragt, 12/ 1940 zum KBF der KBsch Rastenburg ernannt. Leffler führt auch die KBsch Zichenau und die KBsch Plonsk (ab 7/1941 Plöhnen); formell um 10/1943 mit der Wahrnehmung der Geschäfte als KBF der KBsch Zichenau beauftragt. **Kriegsende und Nachkriegszeit:** Nach 5/1945 zunächst in Schleswig-Holstein. Leffler bewirtschaftet 1949 den 12 ha großen landwirtschaftlichen Betrieb seines Bruders in Ebenhof bei Bayreuth. Stellvertretender Vorsitzender in der Kreisgemeinschaft Rastenburg (Landsmannschaft Ostpreußen).
Quellen und Literatur: BArch, BDC, NSDAP-Mitgliederkartei (Ortsgruppenkartei); BArch, R 16 I/1444; BArch, ZLA 1/1174595; DNdRN vom 30.9.1939, Sp. 688; DNdRN vom 14.12.1940, Sp. 882; DNdRN vom 23.10.1943, Sp. 1043; Ostpreußenblatt vom 27.10.1984, S. 19; Ostpreußenblatt vom 28.5.1988, S. 18; Ostpreußenblatt vom 9.7.1988, S. 19; Auskünfte Standesamt Verwaltungsgemeinschaft Kasendorf vom 29.8.2014 und 4.9.2014; Auskunft Standesamt Bayreuth vom 3.9.2014; Auskunft Stadtarchiv Bayreuth vom 4.9.2014.

Lehmann, Harry Johannes Friedrich
Geburtsdatum/-ort: 4.5.1906 Linkau (Kr. Fischhausen). **Sterbedatum/-ort:** 1.2. 1991 Barsbek (Kr. Plön). **Konfession:** Evangelisch. **Herkunft, Familie:** Sohn des Gutsbesitzers Hermann Lehmann. Verheiratet ab 7.5.1938 mit Eva (geb. Raeder, gesch. Boruttau, *22.1.1907), die ein Kind (*1931) in die Ehe mitbringt. **Bildung, Beruf:** Ein Jahr Lehrzeit in der väterlichen Wirtschaft, ein Jahr Lehrzeit im landwirtschaftlichen Betrieb Wege in Sonnenstuhl (Kr. Heiligenbeil); Abschluss Lehrlingsprüfung bei der LWK Ostpreußen. Drei Semester landwirtschaftliches Studium in München. Danach zehn Jahre landwirtschaftlicher Beamter. Landwirt. **Weimarer Zeit:** Stahlhelm. **NSDAP:** Beitritt 1.3.1931 (Nr. 502.432). Gründer der OG Germau, 3–8/1931 dort OGL. Ab 3/1938 erneut PO-Amtsleiter. **Agrarpolitische Funktionen:** Mit Wirkung vom 21.10.1936 mit der Führung der Geschäfte des KBF der KBsch Fischhausen beauftragt, ab 3/1938 KBF der KBsch Fischhausen. 3/1938 Kreisamtsleiter für Agrarpolitik. **SA, SS:** 1.8.1931 SA-Mitglied. Ab 8/1931 bis mindestens 1938 SA-Führer. **Wehrmacht, Waffen-SS, Volkssturm:** Bei der Luftwaffe. Übungen beim Flak-Regiment 1, Wachtmeister d.R. **Kriegsende und Nachkriegszeit:** Gelangt 1945 in die Umgebung von Rostock, dort zunächst als Gärtner tätig, ab 1946 Pachtung eines landwirtschaftlichen Betriebs in Neu Harmstorf (Kr. Rostock). Lehmann siedelt 11/1967 mit seiner Frau in die Bundesrepublik Deutschland über.

Quellen und Literatur: BArch, R 16 I/1445; BArch, ZLA 2/7019462; GStA PK, XX. HA Rep. 10, Titel 36, Nr. 30, Bl. 148; DNdRN vom 7.11.1936, S. 364; Ostpreußenblatt vom 10.4.1954, S. 16; Ostpreußenblatt vom 9.2.1991, S. 18; Auskunft Standesamt Amt Probstei vom 1.9.2014.

Lenz, Alfred Richard

Geburtsdatum/-ort: 4.6.1892 Magdeburg. **Konfession:** Evangelisch. **Herkunft, Familie:** Sohn des Mittelschullehrers Joachim Lenz, der seinerseits Sohn eines Bauern war. Verheiratet ab 21.5.1920 mit Gertrud (geb. Kramer, *22.4.1897), ein Kind. **Bildung, Beruf:** Volksschule. Realgymnasium in Magdeburg. Sieben Semester Studium der neuen Sprachen an den Universitäten Halle, Leipzig und Greifswald; aktiver Couleurstudent. Wird nach dem Ersten Weltkrieg Bauer, übernimmt vom Schwiegervater das Gut Loebelshof im Kr. Lyck (Betriebsgröße 185 ha). **Militär, Erster Weltkrieg, Freikorps:** 1914–1918 bei Infanterie und Artillerie, Leutnant d.R. **Weimarer Zeit:** 1924–1926 DNVP. **NSDAP:** Beitritt 1.5.1933 (Nr. 1.830.579). 8/1933 KL des Kr. Goldap. **Agrarpolitische Funktionen:** 1933 aA. Kreisamtsleiter für Agrarpolitik. 9/1933 KBF der KBsch Lyck. (5/1942) KBF der KBsch Bialystok (Bezirk Bialystok). Übernimmt um 9/1944 wieder die Dienstgeschäfte des KBF Lyck. Verein für bäuerliche Sippenkunde und bäuerliches Wappenwesen. **SA, SS:** 3/1933–4/1938 SA-Mitglied. SA-Scharführer, SA-Obertruppführer, (1937) SA-Sturmführer, Siedlungsreferent der SA-Standarte 147. SS-Beitritt 20.4.1938 (Nr. 293.300). 4/1938 SS-Ustuf, 11/1942 SS-Ostuf. Ab 5/1938 SS-Bauernreferent beim Sturmbann II der 61. SS-Standarte. 4/1938–5/1944 Führer im RuSHA, 5/1944 wird Lenz zum Führer in der 61. SS-Standarte ernannt, unter Beibehaltung seiner Dienststellung als SS-Bauernreferent des Sturmbanns II der 61. SS-Standarte. **Wehrmacht, Waffen-SS, Volkssturm:** 4–5/1937 und 3–4/1938 Übungen beim Infanterie-Regiment 23, Oberleutnant d. L., Hauptmann d. L.

Quellen und Literatur: BArch, BDC, RS; BArch, BDC, SSO; BArch, R 16 I/1447; BArch, R 16 I/2204; Georgine vom 6.2.1934, S. 110; Gaspadar vom 10.5.1942, S. 22; WbLBsch Ostpreußen vom 2.9.1944, unpag.; Rohrer: Macht, S. 586; Auskunft Stadtarchiv Magdeburg vom 26.8.2014.

Lewandowski (Lenk), Paul August

Geburtsdatum/-ort: 16.2.1888 Frankenau (Kr. Neidenburg). **Sterbedatum/-ort:** 24.1.1945 Platteinen (Kr. Osterode). **Konfession:** Evangelisch. **Herkunft, Familie:** Sohn des Bauern Karl Lewandowski. In erster Ehe ab 15.10.1918 verheiratet, zwei Kinder (u.a. *1924). In zweiter Ehe ab 16.2.1935 verheiratet mit Auguste (geb. Ziewitz, *17.11.1896), ein Kind (*1936). Nimmt den Familiennamen »Lenk« an. **Bildung, Beruf:** Übernimmt 1932 als Erbschaft den Betrieb seines Vaters (Gesamtbetriebsgröße 82 ha). **Weimarer Zeit:** Sympathisiert um

1920 mit dem Deutschvölkischen Schutz- und Trutzbund. DVFP. LVO. **NSDAP:** Beitritt 1.3.1933 (Nr. 1.488.122). Lewandowski will bereits 1931 für die NSDAP aktiv gewesen sein. **Agrarpolitische Funktionen:** 1932 LWK Ostpreußen. 9/1935 (zunächst kommissarisch) KO der KBsch Neidenburg, 3/1936–3/1944 KBF der KBsch Neidenburg. **Kriegsende und Nachkriegszeit:** Soll auf der Flucht getötet worden sein.
Quellen und Literatur: BArch, R 16 I/1446; BArch, R 16 I/2206; BArch, ZLA 1/5196934; GStA PK, XX. HA Rep. 240, Nr. D 127, Bl. 1; DNdRN vom 28.9.1935, S. 335; DNdRN vom 25.1.1936, S. 26; DNdRN vom 20.3.1937, S. 108; DNdRN vom 25.3.1944, Sp. 250; WbLBsch Ostpreußen vom 20.5.1944, S. 198; Fischer: Landwirtschaft, S. 256.

Lorenz, Otto
Geburtsdatum/-ort: 5.10.1888 Kleinküdde (Kr. Neustettin). **Sterbedatum/-ort:** 23.5.1944 Pangirren (Kr. Memel). **Konfession:** Evangelisch. **Herkunft, Familie:** Verheiratet. **Bildung, Beruf:** 1907–1918 landwirtschaftlicher Beamter in Balga (Kr. Heiligenbeil), Langendorf (Kr. Wehlau), Fuchshöfen (Kr. Königsberg/Pr.) und Laggarben (Kr. Gerdauen). Ab 6/1918 selbstständiger Gutsbesitzer in Pangirren (Gesamtbetriebsgröße 125 ha). **Militär, Erster Weltkrieg, Freikorps:** Militärdienst 1906–1907, wegen Herzleidens ohne militärische Ausbildung entlassen. **NSDAP:** 1933/1934 KL bei der CSA. Beitritt zur NSDAP 1.4.1939. **Agrarpolitische Funktionen:** Mitglied der LWK Memel. 4/1939 Kreisamtsleiter für Agrarpolitik in den NSDAP-Kreisen Memel-Stadt und Memel-Land. 28.8.1939 KBF der KBsch Memel (zunächst mit der Führung der Geschäfte beauftragt). **Nationalsozialistische Zeit:** Kreistag und Kreisausschuss in Memel. Mitglied des Landesverwaltungsgerichts Memel. Mitglied und Präsident des letzten Memeler Landtages. Vom litauischen Kriegsgericht 1935 zu vier Jahren Zuchthaus verurteilt, von denen Lorenz offenbar drei Jahre verbüßt.
Quellen und Literatur: BArch, R 16 I/1448; Niekammer Ostpreußen 1922, S. 378–379; DNdRN vom 30.9.1939, Sp. 688; DNdRN vom 16.3.1940, Sp. 155; WbLBsch Ostpreußen vom 10.6.1944, S. 222; Balling: Parlamentarier II, S. 738; Rohrer: Macht, S. 587.

Lubenau, Erich Franz
Geburtsdatum/-ort: 19.1.1881 Marggrabowa (Kr. Oletzko). **Sterbedatum/-ort:** 17.4.1957 Mariental-Horst (Kr. Helmstedt). **Konfession:** Evangelisch. **Herkunft, Familie:** Sohn eines Gutsbesitzers. Verheiratet ab 1910 mit Gertrud (geb. Wegner), zwei Kinder (*1911; *1912). **Bildung, Beruf:** Stadtschule Oletzko. Höhere Landwirtschaftsschule in Oletzko. 1899–1901 Kaufmannslehre. 1901–1907 Kaufmann. 1902–1903 Studium der Staatswissenschaft und Handelswissenschaften in Leipzig. Lubenau kauft 1909 das Gut Schraderswerth (Gemeinde

Widminnen, Kr. Lötzen), das er anschließend selber bewirtschaftet (Gesamtbetriebsgröße 180 ha). **Militär, Erster Weltkrieg, Freikorps:** 1903 Einjähriger im Infanterie-Regiment Graf Dönhoff (7. Ostpreußisches) Nr. 44 in Lötzen, Leutnant d. R. 1914 bis Ende 1918 Teilnahme am Ersten Weltkrieg, Einsätze in Ostpreußen, Russland, Ukraine und Rumänien, 1919 Hauptmann d. R. **Weimarer Zeit:** DNVP, Austritt Herbst 1931. **NSDAP:** Beitritt 15. 2. 1932. OGL der OG Widminnen. **Agrarpolitische Funktionen:** Landwirtschaftlicher Sachberater der NSDAP-OG Widminnen. 10/1933 (zunächst kommissarisch) bis 9/1938 KBF der KBsch Lötzen. Verein für bäuerliche Sippenkunde und bäuerliches Wappenwesen. **SA, SS:** SA-Beitritt 7. 12. 1933. SA-Scharführer. **Wehrmacht, Waffen-SS, Volkssturm:** 1937/1938 Übungen bei der Wehrmacht, Hauptmann d. R. **Kriegsende und Nachkriegszeit:** Ohne Berufstätigkeit.

Quellen und Literatur: APO, Fond No. 11, Syg. 242, Bl. 15; BArch, R 16 I/1449; BArch, R 16 I/2140; ZLA 1/4045689; Niekammer Ostpreußen 1932, S. 30; Georgine vom 29. 3. 1934, S. 295; DNdRN vom 10. 9. 1938, Sp. 583; Ostpreußenblatt vom 4. 5. 1957, S. 16.

Lukas, Heinrich Albert (»Heinz«)

Geburtsdatum/-ort: 22. 2. 1903 Sczyballen (Kr. Lötzen). **Sterbedatum/-ort:** 24. 6. 1995 Faulück (Kr. Schleswig-Flensburg). **Herkunft, Familie:** Sohn des August Lukas. Verheiratet mit Irma (geb. Wiemann), drei Kinder (*1934; *1937; *1941). **Bildung, Beruf:** 6/1931–6/1932 landwirtschaftlicher Beamter im Samland. Bauer auf seinem Hof in Seerappen im Kr. Fischhausen (Betriebsgröße rd. 19 ha). Lukas pachtet zudem 1935 vom Schwiegervater ein Gut in Seerappen (Betriebsgröße rd. 102 ha). **NSDAP:** Beitritt 1. 11. 1929 (Nr. 178.910). **Agrarpolitische Funktionen:** 21. 10. 1936 mit der Führung der Geschäfte des KO der KBsch Fischhausen beauftragt. Um 4/1938 zum KO der KBsch Fischhausen ernannt. Um 10/1943 mit der Wahrnehmung der Geschäfte als KBF der KBsch Samland beauftragt. **Kriegsende und Nachkriegszeit:** Erwirbt nach 1945 einen Hof in Faulück. Beauftragter für die Landwirtschaft beim Kulturamt in Flensburg. Im Vorstand des Bauernverbandes der Vertriebenen in Bonn. 1951 Mitbegründer der Kreisgemeinschaft Fischhausen (Landsmannschaft Ostpreußen), 1951–1977 deren Vorsitzender.

Quellen und Literatur: BArch, BDC, PK; BArch, R 16 I/2071, BArch, ZLA 1/7215522; DNdRN vom 7. 11. 1936, S. 364; DNdRN vom 2. 4. 1938, Sp. 199; DNdRN vom 23. 10. 1943, Sp. 1043; Ostpreußenblatt vom 5. 6. 1950, S. 176–177; Ostpreußenblatt vom 8. 7. 1995, S. 18; Ostpreußenblatt vom 16. 9. 1995, S. 18.

Mehl, Max Kurt Otto

Geburtsdatum/-ort: 18. 1. 1893 Uszblenken (Kr. Darkehmen). **Sterbedatum/-ort:** 25. 7. 1966 Wiesbaden. **Konfession:** Evangelisch. **Herkunft, Familie:** Sohn

des Otto Mehl. Verheiratet ab 5.10.1920 mit Anna Rose (geb. Leuthold, *13.1. 1897), mindestens drei Kinder (*1924; *1926; *1927). **Bildung, Beruf:** Alleiniger Eigentümer eines landwirtschaftlichen Betriebs in Wesowken im Kr. Angerburg (Gesamtbetriebsgröße ca. 128 ha). **NSDAP:** Beitritt 1.5.1933 (Nr. 2.078.439). **Agrarpolitische Funktionen:** 5/1941 KBF der KBsch Angerburg. **Kriegsende und Nachkriegszeit:** Invalidenrentner.
Quellen und Literatur: BArch, BDC, PK; BArch, ZLA 1/3396089; DNdRN vom 10.5.1941, Sp. 317; Ostpreußenblatt vom 13.8.1966, S. 19; Auskunft Stadtarchiv Wiesbaden vom 22.8.2014.

Mey, Gustav
Geburtsdatum/-ort: 12.7.1892 Schmolainen (Kr. Heilsberg). **Sterbedatum/-ort:** 20.5.1946. **Konfession:** Evangelisch. **Herkunft, Familie:** Sohn eines Rektors. Verheiratet ab 6.4.1920 mit Herta (geb. Schmidt, *20.10.1896), Ehe am 27.7. 1939 geschieden; ein Kind (*1921). **Bildung, Beruf:** Altstädtisches Gymnasium Königsberg/Pr.; Ostern 1911 Abitur. Studium der Theologie und Germanistik; 7/1914 theologisches Staatsexamen. 5/1919–4/1920 Volontär im Textil-Engros in Braunschweig. 4/1920–4/1921 Volontär bei der Dresdner Bank, Filiale Königsberg/Pr., 4/1921–2/1928 dort als Bankbeamter Bevollmächtigter und Prokurist. 2/1928–7/1933 Direktor der Deutschen Raiffeisenbank AG, Filiale Königsberg/ Pr. Mey besitzt keinen eigenen landwirtschaftlichen Betrieb. **Militär, Erster Weltkrieg, Freikorps:** Teilnahme am Ersten Weltkrieg, vom 3.8.1914 bis Kriegsende. Ausscheiden aus dem Heer am 20.3.1919. Kriegsfreiwilliger, ab 1915 Offizier. 1919/1920 Mitglied der Braunschweigischen Landeswehr. **Weimarer Zeit:** Gehört vor 1932 keiner Partei an. **NSDAP:** Beitritt 1.2.1932 (Nr. 948.673). **Agrarpolitische Funktionen:** 7/1932–4/1934 Gruppenfachberater für agrarpolitische Aufgaben und Siedlungswesen. Vertrauensmann für das Genossenschaftswesen der Provinz Ostpreußen. Ab 22.5.1933 im Vorstand des Verbandes Landwirtschaftlicher Genossenschaften – Raiffeisen e.V., Königsberg/Pr., ab 12.5.1934 dessen Verbandspräsident. 18.7.1933 LHAL III der LBsch Ostpreußen; 1935 nach Fusion von LHA III und LHA IV als LHAL ausgeschieden. 1.8.1933–1945 Direktor der Ostpreußischen Landwirtschaftlichen Genossenschaftsbank – Raiffeisen, Königsberg/Pr. **Nationalsozialistische Zeit:** Beisitzer des Ehrengerichts der Wirtschaftskammer Ostpreußen. **SA, SS:** SA-Mitglied. SA-Sturmführer. **Wehrmacht, Waffen-SS, Volkssturm:** 1936, 1937 und 1938 Übungen und Lehrgänge bei einem Flak-Regiment, Oberleutnant d.R.
Quellen und Literatur: BArch, BDC, NSDAP-Mitgliederkartei (Ortsgruppenkartei); BArch, R 16 I/1450; Georgine vom 14.11.1933, S. 790; WbLBsch Ostpreußen vom 11.7.1942, S. 435; Schubert: Akademie für Deutsches Recht 4, S. 60; Ostpreußenblatt vom 12.5.1956, S. 16.

Molks, Rudolf
Geburtsdatum/-ort: 28.8.1895 Benkheim (Kr. Angerburg). **Sterbedatum/-ort:** 16.11.1984 Evessen (Kr. Wolfenbüttel). **Konfession:** Evangelisch. **Herkunft, Familie:** Verheiratet ab 5.3.1935 mit Hildegard (geb. Rübner, *25.4.1910), zwei Kinder (*1936; *1939). **Bildung, Beruf:** Landwirt, Pächter eines Hofes in Judittenhof im Kr. Stuhm (Gesamtbetriebsgröße 89 ha). **NSDAP:** Nr. 683.142 [Beitritt 1931]. **Agrarpolitische Funktionen:** 1933 KBF Angerburg, vermutlich 1937 als KBF entlassen. **SA, SS:** (1934) SA-Mitglied. SA-Sturmbannführer z.b.V. **Kriegsende und Nachkriegszeit:** Als Obstbausiedler tätig.
Quellen und Literatur: BArch, R 16 I/1451; BArch, R 16 I/2140; BArch, ZLA 1/4004658; GStA PK, XX. HA Rep. 240, Nr. B 12, Bl. 271; Auskunft Einwohnermeldeamt Sickte vom 12.8.2015 und 13.8.2015.

Ortmann, Arno
Geburtsdatum/-ort: 4.5.1885 Luisenwalde (Kr. Stuhm). **Sterbedatum/-ort:** 14.10.1953 Bevensen (Kr. Uelzen). **Konfession:** Evangelisch. **Herkunft, Familie:** Sohn des Gutsbesitzers Max Ortmann. Verheiratet ab 6.9.1918 mit Hertha (geb. Reichsgräfin von Schwerin, *19.10.1887), drei Kinder (*1919; *1922; *1925). **Bildung, Beruf:** Abitur. Studium der Forstwissenschaft und Nationalökonomie; 1910 Staatsexamen. 1910 Assistent an der Forstakademie in Eberswalde. Preußischer Forstassessor. 1919 Übernahme des väterlichen Gutes in Luisenwalde (Betriebsgröße 417 ha). Forstmeister und Landwirt. **Militär, Erster Weltkrieg, Freikorps:** 1905–1908 Militärdienst im Heer, Garde-Jäger-Bataillon Potsdam. 1908–1914 Reitendes Feldjägerkorps. 1914–1919 Teilnahme am Ersten Weltkrieg beim Garde-Feldjägerkorps. Ordonnanzoffizier beim Stab des Generalfeldmarschalls Paul von Hindenburg, 1916 Kompanieführer, Adjutant des Oberbefehlshabers General Otto von Below an der Balkanfront. 8/1918 zur Deutschen Gesandschaft nach Den Haag kommandiert. Letzter Dienstgrad Hauptmann, verabschiedet 1921. **Weimarer Zeit:** 1921–1930 DNVP. 1921–1933 Schwarze Reichswehr. Reichslandbund. **NSDAP:** Beitritt 1.12.1931 (Nr. 893.053). **Agrarpolitische Funktionen:** Langjähriges Mitglied der LWK Ostpreußen. 1932 aA, Kreisfachberater für Forstwirtschaft. Herbst 1933 KBF der KBsch Stuhm und der KBsch Stuhm-Marienburg. 4/1934 stellvertretender Vorsitzender der Deutschen Milchwirtschaftlichen Vereinigung (Hauptvereinigung). 4/1934 Vorsitzender des Milchwirtschaftsverbandes Ostpreußen. Ab 14.6.1935 (zunächst kommissarisch) LHAL III der LBsch Ostpreußen. Vorsitzender des Viehwirtschaftsverbandes Ostpreußen. Beim Landes- beziehungsweise Provinzialernährungsamt in Königsberg tätig, dafür uk-gestellt. Unter Aufhebung seiner uk-Stellung 5/1941 als Kriegsverwaltungs-Abteilungschef zur Heeresgruppe Nord (Wirtschaftsinspektion Nord) überwiesen. Ca. 5/1942 Landesdirektor und Abteilungsleiter der Abteilung Ernährung beim Reichs-

kommissar für das Ostland in Riga; offenbar führt Ortmann darüber hinaus in Vertretung des Leiters der Hauptabteilung III (Wirtschaft), LBF Martin Matthiessen, weitere diesem unterstehende landwirtschaftliche Abteilungen beim Reichskommissar für das Ostland. 6/1944 wieder LHAL III bei der LBsch Ostpreußen. **Nationalsozialistische Zeit:** RLB. **SA, SS:** SA-Mitglied 1933–1936. SA-Obertruppführer (SA-Reserve I). SS-Beitritt 15.3.1936 (Nr. 276.838). 1/1937 SS-Ustuf. Führer im RuSHA. 1/1936–10/1936 vom RuSHA mit der Wahrnehmung der Geschäfte als SS-Bauernreferent beim SS-Reiterabschnitt II beauftragt. (1937) SS-Bauernreferent. 4/1938 wegen mehrjährigen Geschäftsverkehrs mit einem jüdischen Viehhändler degradiert und aus der SS ausgeschlossen. Auf Betreiben des LBF Spickschen und Gauleiters Koch mit Wirkung vom 1.10.1940 im Rang eines SS-Ustuf wieder in die SS aufgenommen. 10/1940–1/1943 im RuSHA geführt. 1/1943–8/1944 Führer beim Stab des SS-Oa Ostland. Mit Wirkung vom 1.8.1944 seiner Dienststellung als Führer beim Stab des SS-Oa Ostland enthoben und zum Führer im RuSHA ernannt. **Kriegsende und Nachkriegszeit:** Arbeitet nach 1945 in Oldenburg als Einkäufer in einer Holzfirma. **Quellen und Literatur:** BArch, BDC, RS; BArch, BDC, SSO; BArch, R 16 I/1453; BArch, R 16 I/2205; BArch, R 16 I/2206; BArch, ZLA 1/4518606; Georgine vom 12.12.1933, S. 864 (dort als »Max Ortmann« bezeichnet); Ostpreußische Zeitung vom 29.4.1934, unpag.; DNdRN vom 29.6.1935, S. 229; DNdRN vom 30.11.1935, S. 418; Rohrer: Macht, S. 592–593.

Otto, Egbert Franz Leopold
Siehe den entsprechenden Eintrag im Personenlexikon (Band 2, Kapitel 4).

Paltinat, Hermann Ernst
Geburtsdatum/-ort: 23.10.1905 Oschke (Kr. Niederung). **Sterbedatum/-ort:** 10.6.1956 Nienburg/Weser (Kr. Nienburg/Weser). **Konfession:** Evangelisch, Kirchenaustritt um 1943, dann »gottgläubig«. **Herkunft, Familie:** Sohn des Bauern Richard Paltinat. Verheiratet ab 1.12.1933 mit Anna (geb. Böttcher, *10.3.1906), fünf Kinder (*1935; *1936; *1937; *1938; *1941). **Bildung, Beruf:** Erlernt die Landwirtschaft auf dem väterlichen Hof. 1920 sechs Monate an der landwirtschaftlichen Schule in Insterburg, danach ist Paltinat wieder im väterlichen Betrieb (Betriebsgröße ca. 45 ha) tätig; er erbt den Hof 1943. Lässt sich Ende 1933 in Neukirch (Kr. Niederung) nieder. **Weimarer Zeit:** 1932–1933 MdL (Preußen). **NSDAP:** Beitritt 1.8.1928 (Nr. 94.580). Hauptamtlich im Parteidienst ab 1.8.1928. OGL. Baut 8/1928–1932 im Kr. Niederung PO und SA auf, 8/1937 bis 2/1941 (erster) KL des Kr. Niederung, Gau Ostpreußen. 2/1941 bis 1.5.1943 sowie 1.2.1944–9/1944 KL des Kr. Scharfenwiese. NSFR. NSKK. **Agrarpolitische Funktionen:** 12.7.–13.8.1930 in Untersuchungshaft, wegen schweren Aufruhrs im Zusammenhang mit dem »Pillkaller Bauernprozess« zu sechs Monaten Ge-

fängnis verurteilt; dann amnestiert. 1932 Junglandvolkführer in der Bauernnotbewegung. 9.11.1937 mit der Führung der Geschäfte des KBF der KBsch Niederung beauftragt, 12/1938–7/1942 KBF der KBsch Elchniederung (vor 1938 Niederung). **Nationalsozialistische Zeit:** 11/1933–1945 MdR (WK 1). Kreisausschussmitglied. Ab 2/1941 (zunächst kommissarisch) LR des Kr. Ostrolenka (ab 5/1941 Scharfenwiese). Mit Unterbrechung durch seine Zeit bei der Waffen-SS ist Paltinat bis 9/1944 als Landrat im Amt. **SA, SS:** SA-Beitritt 1.8.1928. 1.1. 1933 SA-Standartenführer, 9.11.1937 SA-Oberführer, 9.11.1944 SA-Brigadeführer. 1.1.–31.8.1933 Führer der SA-Standarte 41 (SA-Gruppe Ostland), 1.9. 1933 Führer der SA-Standarte 372 (Wolfsdorf), 15.6.1937–14.9.1938 mit der Führung der SA-Standarte 141 beauftragt. 15.9.1938 zur Verfügung der SA-Reiterstandarte 4 gestellt. (1941) SA-Oberführer z. b. V. der SA-Gruppe Ostland. **Wehrmacht, Waffen-SS, Volkssturm:** In der Friedenszeit Übungen in Tilsit bei einem Reiterregiment, Wachtmeister d. R. Um 7/1941 bis 10/1941 zur Waffen-SS (5. SS-Infanterie-Regiment Rastenburg (motorisiert)) berufen. 1.5.1943–1.2. 1944 erneut zur Waffen-SS eingezogen, Zugführer bei einer SS-Kavallerie-Division; infolge Erkrankung um 10/1943 im Lazarett, anschließend Einsatz in Warschau. Am 1.2.1944 Rückkehr in seine Funktionen im Kr. Scharfenwiese. Paltinat flieht 9/1944 aus dem Kreis, wird anschließend zum Volkssturm eingezogen, wo er bis 2/1945 kämpft, zuletzt als Kompanieführer. **Kriegsende und Nachkriegszeit:** Nach Tätigkeit beim Volkssturm 3/1945 erkrankt, kommt ins Lazarett nach Wismar, dort 5/1945–6/1945 in amerikanischer Kriegsgefangenschaft. Paltinat kommt 12/1945 nach Helmsloh bei Rheden (Kr. Diepholz). 23.10.1946–28.8.1947 interniert im Lager Fallingbostel. Von der 1. Spruchkammer des Spruchgerichts in Benefeld-Bomlitz am 29.8.1947 wegen Zugehörigkeit zur SS und zum Korps der politischen Leiter zu einer Gefängnisstrafe von fünf Jahren verurteilt, die Internierungshaft wird ihm dabei nicht angerechnet. Paltinat erhält damit eine der höchsten Strafen, zu denen die Spruchgerichte KL verurteilten; dazu tragen offenbar sein teils leugnendes Verhalten vor Gericht und die Tatsache bei, dass eine Beteiligung Paltinats bereits an der Niederschlagung des Warschauer Ghetto-Aufstandes (4–5/1943) weder zweifelsfrei nachgewiesen noch restlos ausgeschlossen werden konnte. Er sitzt in Esterwegen (Strafanstalten Emsland) ein. Ein Gnadengesuch Paltinats vom 13.7. 1948 wird am 30.9.1948 abgelehnt. Am 2.6.1950 setzt der Niedersächsische Ministerpräsident die Reststrafe unter Bewilligung einer Bewährungsfrist für die Dauer von drei Jahren aus, Paltinat wird am 10.6.1950 aus der Haft entlassen. 5/ 1953 tritt Paltinat der DRP bei, deren stellvertretender Landesvorsitzender (Niedersachsen) er wird und für die er auf Kreisebene unter anderem als Redner engagiert ist. Er erwirbt 1953 in Diepholz auf dem Flugplatz eine kleine Landwirtschaft (Betriebsgröße ca. 5 ha). Paltinat stirbt 1956 an den Folgen eines Verkehrsunfalls.

Quellen und Literatur: BArch, BDC, PK; BArch, R 16 I/1455; BArch, Z 42 II/520; BArch, ZLA 1/4119181; GStA PK, XX. HA Rep. 240, Nr. C 65, Bl. 2–3; DNdRN vom 20. 11. 1937, S. 424; DNdRN vom 7. 1. 1939, Sp. 3; DNdRN vom 11. 7. 1942, Sp. 535; Diepholzer Kreisblatt vom 11. 6. 1956, unpag.; Lilla: Statisten, S. 453–454; Ostpreußenblatt vom 21. 7. 1956, S. 15; Rohrer: Macht, S. 593; Stüttgen: Ost- und Westpreußen, S. 159; Auskünfte Stadtarchiv Diepholz vom 15. 2. 2016, 17. 2. 2016 und 18. 2. 2016.

Parschau, Bruno
Geburtsdatum/-ort: 6. 10. 1899 Reichsen (Kr. Heilsberg). **Sterbedatum/-ort:** 2. 1. 1946 Insterburg. **Konfession:** Katholisch. **Herkunft, Familie:** Sohn des Bauern Bernhard Parschau. Verheiratet ab 21. 10. 1928 mit Gertrud (geb. Hoenig, *16. 12. 1907), zwei Kinder (*1930; *1931). **Bildung, Beruf:** 6.–9. Lebensjahr Volksschule in Krekollen. Realschule in Heilsberg; 1917 Obersekundazeugnis. 10/1919–10/1927 landwirtschaftlicher Beamter. Parschau übernimmt 10/1928 den väterlichen Hof (Gesamtbetriebsgröße 24 ha). Später Gutsbesitzer in Reichsen (Betriebsgröße 118 ha). **Militär, Erster Weltkrieg, Freikorps:** Teilnahme am Ersten Weltkrieg. 4. 12. 1917–1. 5. 1919 bei der Fußartillerie, Kanonier. **NSDAP:** Beitritt 1. 5. 1937 (Nr. 4.927.996). 3/1934 NSKK. **Agrarpolitische Funktionen:** 10/1938 Leitung des aA in Heilsberg. 5/1939 mit der Führung der Geschäfte des KBF der KBsch Heilsberg beauftragt, um 1/1940 zum KBF der KBsch Heilsberg ernannt. Verein für bäuerliche Sippenkunde und bäuerliches Wappenwesen. **Nationalsozialistische Zeit:** Erster Kreisdeputierter. **Kriegsende und Nachkriegszeit:** Am 2. 1. 1946 in einem Lager in Insterburg gestorben.
Quellen und Literatur: BArch, R 16 I/1456; BArch, ZLA 1/4055515; Niekammer Ostpreußen 1932, S. 309; DNdRN vom 13. 1. 1940, Sp. 20; Rohrer: Macht, S. 593–594.

Petersen, Heinrich Friedrich, Dr.
Geburtsdatum/-ort: 10. 2. 1897 Scheggerott (Kr. Schleswig). **Sterbedatum/-ort:** Vermutlich 1945 in den letzten Kriegsmonaten in Königsberg/Pr. umgekommen (gefallen). **Konfession:** Evangelisch. **Herkunft, Familie:** Sohn des Bauern Heinrich Petersen. Verheiratet mit Axeline (geb. Jöns, *6. 10. 1903), drei Kinder (*1932; *1935; *1939). **Bildung, Beruf:** Dorfschule. Realschule in Schleswig. 4/1914–11/1916 Oberrealschule in Flensburg; Abitur. 4/1920–7/1923 Studium zunächst der Chemie, dann der Landwirtschaft und Kulturtechnik in Königsberg, Göttingen und Kiel; 5/1922 Diplom-Landwirt an der Albertus-Universität Königsberg, 11/1923 Promotion zum Dr. phil. an der Universität Göttingen, 5/1928 Abschluss an der Universität Kiel im Fach Kulturtechnik. 8/1923–9/1924 landwirtschaftlicher Eleve in der Moor-Versuchswirtschaft Neuhammerstein und in der Gutswirtschaft Gohrke in Pommern. 11/1924–3/1926 Schriftleiter bei

der Zeitung »Norddeutsche landwirtschaftliche Zeitung«. 3/1926–3/1927 landwirtschaftlicher Beamter (Gutsverwalter) in Gutzmin in Pommern, 4/1927–9/1927 landwirtschaftlicher Beamter auf dem Gut Gülzow (Herzogtum Lauenburg), 10/1927–4/1928 landwirtschaftlicher Beamter auf dem Gut Bovenau (Kr. Rendsburg). 5/1928–9/1930 eigene Unternehmung für Landeskultur in Schleswig-Holstein, zunächst für die Landeskultur AG, Berlin, dann auf eigene Rechnung. 10/1930–9/1931 Pädagogisches Seminar in Eldena (Pommern); Prüfung für das Lehramt der Landwirtschaft. 11/1931–3/1932 Landwirtschaftslehrer und landwirtschaftlicher Hilfslehrer an der Landwirtschaftsschule Gumbinnen (LWK Ostpreußen). 7/1932–3/1934 landwirtschaftlicher Sachbearbeiter bei der Bank für deutsche Industrie-Obligationen, Königsberg/Pr. **Militär, Erster Weltkrieg, Freikorps:** 7.11.1916–27.10.1918 Teilnahme am Ersten Weltkrieg. Ersatz-Bataillon des Reserve-Infanterie-Regiments Nr. 31. Infanterie-Regiment Nr. 464, Vize-Feldwebel. 27.10.1918–17.2.1920 in französischer Gefangenschaft. **Weimarer Zeit:** 1923/1924 und 1926/1927 in Grenzschutz-Organisationen in den Kreisen Lauenburg und Schlawe in Pommern aktiv. Reichsbund Deutscher Diplomlandwirte. **NSDAP:** Beitritt 7.4.1933 (Nr. 2.059.973). NSV, Ortsgruppenamtsleiter. **Agrarpolitische Funktionen:** Ab 3/1934 hauptamtlich bei der LBsch Ostpreußen, zunächst wissenschaftlicher Hilfsarbeiter bei der LHA I, dann Leiter der Abteilung I F (Siedlung beziehungsweise »Neubildung deutschen Bauerntums«) in der LHA I. 3/1938 Landwirtschaftsrat. **SA, SS:** Keine Mitgliedschaft. **Wehrmacht, Waffen-SS, Volkssturm:** 1/1941 uk-gestellt. **Kriegsende und Nachkriegszeit:** Offenbar strebt Petersen gegen Kriegsende für sich die Ansiedlung auf einem Neubauernhof an, 10/1944 wird ihm seitens des RNSt (RHA II A 4) ein Neubauernschein ausgestellt.
Quellen und Literatur: BArch, Ost-Dok. 13/525, Bl. 45; BArch, R 16/14114.

Pukall, Willi
Geburtsdatum/-ort: 16.6.1907 Jakobsdorf (Kr. Rosenberg). **Sterbedatum/-ort:** 3.12.1987 Celle (Kr. Celle). **Konfession:** Evangelisch, Kirchenaustritt 6.5.1936, später »gottgläubig«. **Herkunft, Familie:** Sohn des Landwirts Gustav Pukall. Ab 17.4.1937 mit Charlotte (geb. Such, *20.2.1913) verheiratet, vier Kinder (*1937; *1941; *1942; *1944). **Bildung, Beruf:** Volksschule. Realgymnasium Riesenburg, bis Unterprima. Anschließend landwirtschaftlicher Eleve auf einer Begüterung im Kr. Mohrungen. Danach ist Pukall in der väterlichen Landwirtschaft in Jakobsdorf tätig, die er 1937 als Eigentum übernimmt (Betriebsgröße 57 ha). **Weimarer Zeit:** 1929–1930 DNVP. **NSDAP:** Beitritt 1.1.1930 (Nr. 199.554). 1933 kurzzeitig stellvertretender OGL in Riesenkirch, 1937–1938 OGL Riesenburg, 1940–1945 KL im Kr. Rosenberg, 1942–1943 zusätzlich kommissarisch KL des Kr. Wirsitz. **Agrarpolitische Funktionen:** 1936 Kreisamtsleiter für Agrarpolitik. 3/1937–1945 KBF der KBsch Rosenberg. **Nationalsozia-**

listische Zeit: 11/1937–12/1938 Bürgermeister von Riesenburg. Kreisdeputierter im Kreistag Rosenberg. 12/1939 mit der Wahrnehmung der Geschäfte eines Landrats für den Kr. Rosenberg beauftragt, später endgültig ernannt, bis 1945 Landrat im Kr. Rosenberg. **SA, SS:** SA-Beitritt 1930. 1933 SA-Sturmführer, 1934 SA-Sturmbannführer, 1942 SA-Standartenführer. Führer eines SA-Sturmbanns im Kr. Rosenberg. **Wehrmacht, Waffen-SS, Volkssturm:** 1936 bei der Artillerie in Allenstein, Kanonier. Als KBF uk-gestellt. Angeblich gehört Pukall gegen Kriegsende dem Volkssturm an, ist jedoch nicht mehr für diesen im Einsatz. **Kriegsende und Nachkriegszeit:** Pukall flieht 2/1945, zunächst nach Dänemark, wo er interniert wird. Am 8.9.1945 wird er wegen seiner politischen Tätigkeit festgenommen und inhaftiert, später in das Internierungslager Morsede überführt. 22.3.1946–21.11.1947 im Internierungslager Neuengamme interniert. Am 23.10.1947 wird Pukall von der 8. Spruchkammer des Spruchgerichts Bergedorf wegen Zugehörigkeit zum Führerkorps der NSDAP in Kenntnis des verbrecherischen Einsatzes dieser Organisation zu einer Gefängnisstrafe von 18 Monaten verurteilt; durch die Internierungshaft gilt die Strafe als verbüßt. Am 4.9.1948 vom Entnazifizierungshauptausschuss für den Kr. Pinneberg in Kategorie IV eingereiht; Pukall sei weder bei der NSDAP noch bei der SA in Erscheinung getreten, er sei ein harmloser Charakter, der nun an Deutschlands demokratischem Aufbau mitarbeite. Pukall wohnt zunächst in Bokel (Kr. Pinneberg), ab 9/1953 in Scheuen (Kr. Celle) und später, offenbar ab 1973, in Celle. In der Nachkriegszeit als Bauarbeiter tätig.

Quellen und Literatur: BArch, BDC, NSDAP-Mitgliederkartei (Ortsgruppenkartei); BArch, Z 42 III/2720; BArch, ZLA 1/4237325; LASH, Abt. 460.9, Nr. 238, Geschäftszeichen 10045; Ostpreußenblatt vom 7.2.1987, S. 23; Auskünfte Stadtarchiv Celle vom 10.8.2015 und vom 29.9.2015; Auskunft Evangelisches Zentralarchiv Berlin vom 29.9.2015.

Radtke, Heinrich Ferdinand Walter

Geburtsdatum/-ort: 3.10.1896 Rückfort (Kr. Marienburg). **Sterbedatum/-ort:** 14.4.1959 Lübeck. **Konfession:** Evangelisch, Kirchenaustritt 4/1939, später »gottgläubig«. **Herkunft, Familie:** Sohn des Gasthofbesitzers Emil Radtke. Verheiratet ab 5/1922 mit Edith (geb. Guenther, *5.6.1900), vier Kinder (*1923; *1924; *1926; *1940). **Bildung, Beruf:** Altstädtische Knabenschule Elbing (Volksschule). 1911 landwirtschaftlicher Eleve. Landwirtschaftsschule Marienburg. Landwirtschaftlicher Beamter in Pommern (mit Unterbrechung durch die Kriegszeit), dann in Ostpreußen. Ab 1922 selbstständiger Bauer. Hofeigentümer in Stuhm Abbau im Kr. Stuhm (Gesamtbetriebsgröße 74 ha). **Militär, Erster Weltkrieg, Freikorps:** 8/1914–11/1918 Teilnahme am Ersten Weltkrieg, Vize-Wachtmeister. 1915–1917 in russischer Gefangenschaft. **Weimarer Zeit:** 1926 bis Auflösung Stahlhelm. **NSDAP:** Beitritt 1.5.1931 (Nr. 533.795). **Agrarpolitische**

Funktionen: 1934 KBF der Kreisbauernschaften Stuhm und Marienburg (später KBsch Stuhm-Marienburg). 1.4.1938 Kreisamtsleiter für Agrarpolitik. Wegen der Eingliederung des Gebietes des Regierungsbezirks Marienwerder in die LBsch Danzig-Westpreußen wird Radtke mit Wirkung vom 1.4.1940 an diese überwiesen. Aufsichtsrat des Zuckerwirtschaftsverbandes Ostpreußen. Stellvertretender Kreisjägermeister. Verein für bäuerliche Sippenkunde und bäuerliches Wappenwesen. **Nationalsozialistische Zeit:** Kreisausschuss Stuhm. Gemeinderat der Stadt Stuhm. Mitglied des Kreisverwaltungsgerichts Stuhm. Hegeringsleiter. **SA, SS:** SS-Beitritt 1.11.1933 (Nr. 263.335). 10.9.1939 SS-Sturmführer, 1.12.1940 SS-Ostuf. Ab 10.9.1939 Führer im RuSHA. SS-Bauernreferent. **Wehrmacht, Waffen-SS, Volkssturm:** 1935 Übung beim Reiter-Regiment 2. 8/1939–9/1940 beim Infanterie-Regiment 400, Oberleutnant. **Kriegsende und Nachkriegszeit:** In französischer Kriegsgefangenschaft, zunächst in Rennes, dann ab 1948 im Pariser Militärgefängnis Cherche-Midi inhaftiert; Radtke soll als Kriegsverbrecher angeklagt werden. Er kehrt nach seiner Haftentlassung am 20.8.1949 aus der Kriegsgefangenschaft zurück, ist dann in Großholzleute (Kr. Wangen/Allgäu) und Ziegelsdorf (Kr. Coburg) wohnhaft. Zunächst Unterhaltsempfänger, 1/1951–7/1952 Gutsverwalter, anschließend arbeitslos. Umzug nach Reinfeld (Kr. Stormarn); Radtke soll 1955 auf einer landwirtschaftlichen Nebenerwerbssiedlung im Kr. Stormarn angesetzt werden. 1956 in Geesthacht wohnhaft, 1956 Umzug nach Lübeck.
Quellen und Literatur: BArch, B 305/3273; BArch, BDC, NSDAP-Mitgliederkartei (Ortsgruppenkartei); BArch, BDC, SSO; BArch, R 16 I/894; BArch, R 16 I/2071; BArch, R 16 I/2206; BArch, ZLA 1/7088425; Niekammer Ostpreußen 1932, S. 463; Auskunft Stadtarchiv Lübeck vom 13.8.2015.

Rex, Gustav
Geburtsdatum/-ort: 11.3.1901 Herrndorf (Kr. Preußisch Holland). **Sterbedatum/-ort:** 9.4.1974 Erlangen. **Konfession:** Evangelisch. **Herkunft, Familie:** Sohn des Bauern Johann Rex. Verheiratet mit Emma (geb. Hinz, *28.3.1905), drei Kinder (*1931; *1937; *1940). **Bildung, Beruf:** Volksschule. Bauer auf einem Hof mit 11,31 ha Betriebsgröße. **Militär, Erster Weltkrieg, Freikorps:** Teilnahme am Ersten Weltkrieg. 10/1917–11/1918 Kaiserliche Marine, Schiffsjungen-Division, Matrose. 1–12/1919 Freikorps Lützow. **Weimarer Zeit:** 6/1921–1/1923 Reichswehr, 1. (Preußische) Kraftfahrabteilung. 1925–1930 Stahlhelm. **NSDAP:** Beitritt 1.10.1930 (Nr. 338.665). OG Liebstadt. **Agrarpolitische Funktionen:** Um 3/1937 mit der Führung der Geschäfte des KBF der KBsch Mohrungen beauftragt. 1.9.1937 KBF der KBsch Mohrungen. (1938) Kreisamtsleiter im aA. Verein für bäuerliche Sippenkunde und bäuerliches Wappenwesen. **SA, SS:** SA-Beitritt 17.4.1930 in Liebstadt. 15.7.1932 SA-Sturmbannführer, 1.6.1934 SA-Obersturmbannführer, 9.11.1934 SA-Standartenführer. 17.4.–1.6.1930 SA-Mann

beim Sturm 22 Liebstadt, 1.6.1930–1.9.1931 Führer des SA-Sturms 22 Liebstadt, 1.9.1931–1.11.1932 Führer des SA-Sturmbanns II/7 Liebstadt, 1.11.1932–1.8.1933 Adjutant bei der SA-Standarte 18 Stollen, 1.8.1933–15.2.1934 Ausbilder bei der Gruppenschule Rauschen und beim Lehrkommando Arys, 15.2.1934–1.10.1936 Führer der SA-Standarte 136 und der SA-Standarte 148 Elbing, 1.10.1936–15.6.1937 z.V. bei der SA-Brigade 5, 15.6.1937 Sachbearbeiter der SA-Brigade 5. **Wehrmacht, Waffen-SS, Volkssturm:** Obergefreiter, Unteroffizier, Sonderführer (Z). **Kriegsende und Nachkriegszeit:** Offenbar als Arbeiter tätig. Lebt 1957–1968 in den USA, dann Rückkehr nach Erlangen.
Quellen und Literatur: BArch, BDC, SA; BArch, R 16 I/1457; BArch, ZLA 1/1255771; DNdRN vom 20.3.1937, S. 108; DNdRN vom 25.9.1937, S. 344; Auskunft Stadtarchiv Erlangen vom 21.8.2014.

Röhr, Johannes Christoph Hans, Dr.
Geburtsdatum/-ort: 5.4.1880 Burg/Fehmarn (Kr. Oldenburg). **Sterbedatum/-ort:** 8.5.1945; für tot erklärt. **Konfession:** Evangelisch. **Herkunft, Familie:** Sohn des Rechnungsrats Fritz Röhr. Verheiratet mit Anna Magdalena (geb. Stehnfadt, *22.3.1885), ein Kind. **Bildung, Beruf:** 1890–1897 und 1899–1901 Humanistisches Gymnasium Altona. 4/1897–10/1899 landwirtschaftlicher Eleve. 8–10/1901, 3–4/1902 und 4/1905–3/1906 landwirtschaftlicher Verwalter. Zugleich 1901–1905 Studium an den Universitäten Zürich und Berlin sowie an den Landwirtschaftlichen Hochschulen Kiel und Bonn; Diplom-Landwirt. 6/1906 Promotion zum Dr. phil. an der Universität Gießen. 7/1906–6/1912 Anwärter zum Spezialkommissar, dann Spezialkommissar (beim späteren Landeskulturamt Königsberg/Pr.). 7/1912–10/1920 Referent der Ödlandkulturstelle Hannover beim Oberpräsidium Hannover. 11/1920–1/1921 Referent für Siedlung beim Reichsarbeitsministerium, Berlin. 2/1921–10/1923 freiberufliche Tätigkeit im Bereich Torfverwertung, zugleich 1/1922–10/1923 Abteilungsleiter bei einem Ottenser Eisenwerk. 11/1923–12/1933 bei der LWK Ostpreußen. **Weimarer Zeit:** Reichsbund akademisch gebildeter Landwirte. **NSDAP:** Kein Parteimitglied. **Agrarpolitische Funktionen:** 12/1933 Landwirtschaftsrat. In der LBsch Ostpreußen zunächst bei der LHA IV, dann Leiter der Abteilung Marktausgleich (III H) in der LHA III, ab 1937 Abteilungsleiter IVB (VHA). Stellvertretender Leiter der Außenstelle Ostpreußen der Hauptvereinigung der deutschen Fischwirtschaft. **Kriegsende und Nachkriegszeit:** Vom Amtsgericht Heidelberg am 3.10.1950 für tot erklärt, als Todeszeitpunkt wird der 8.5.1945 festgelegt.
Quellen und Literatur: BArch, R 16/15424; BArch, R 3901/100755; Röhr: Entwicklung der Landwirtschaft, unpag.; Auskunft Stadtarchiv Fehmarn vom 16.2.2016.

Romanowski, Paul

Geburtsdatum/-ort: 26.7.1892 Mehlsack (Kr. Braunsberg). **Sterbedatum/-ort:** 18.5.1967 Lüdenscheid. **Konfession:** Katholisch. **Herkunft, Familie:** Sohn des Bauern Arthur Romanowski, einem bekannten Pferdezüchter aus Mehlsack. In erster Ehe verheiratet mit Maria (geb. Kunigk), keine Kinder. In zweiter Ehe verheiratet mit Margarete (geb. Perner,* 1.8.1909), sechs Kinder (*1937; *1938; *1939; *1941; *1943; *1945). **Bildung, Beruf:** Landwirt. Kauft 1920 das Adlige Gut Morren im Kr. Heiligenbeil (Betriebsgröße 205 ha). **Militär, Erster Weltkrieg, Freikorps:** Teilnahme am Ersten Weltkrieg. **Weimarer Zeit:** 1923–1930 Stahlhelm, Ortsgruppenführer. Vor 1930 in völkischen Gruppierungen tätig. **NSDAP:** Beitritt 1.10.1930 (Nr. 338.846). **Agrarpolitische Funktionen:** (1938) Kreisamtsleiter für Agrarpolitik. 3/1935 KBF der KBsch Heiligenbeil. Verein für bäuerliche Sippenkunde und bäuerliches Wappenwesen. **SA, SS:** SA-Beitritt 1930. (1938) SA-Sturmführer. **Wehrmacht, Waffen-SS, Volkssturm:** Hauptmann d.R. **Kriegsende und Nachkriegszeit:** Nach Kriegsende ist Romanowski zunächst verschollen. Kommt angeblich 5/1945 in sowjetische Kriegsgefangenschaft, wird unter anderem in Sibirien festgesetzt. Kehrt 1955 aus der Kriegsgefangenschaft zurück.

Quellen und Literatur: BArch, R 16 I/1458; BArch, ZLA 1/5199857; Fischer: Landwirtschaft, S. 372–373; Ostpreußenblatt vom 5.5.1951, Titelseite; Ostpreußenblatt vom 31.3.1956, S. 4; Ostpreußenblatt vom 3.6.1967, S. 22; Poschmann: Artikel »Romanowski, Arthur«, S. 1146–1147; Rohrer: Macht, S. 598; Wagner: Heiligenbeil, S. 512–513; Auskunft Stadtarchiv Lüdenscheid vom 27.8. 2014.

Ronschke, Georg

Geburtsdatum/-ort: 21.11.1894 Schönbruch (Kr. Bartenstein). **Konfession:** Evangelisch. **Herkunft, Familie:** Sohn eines Bauern. Verheiratet mit Selma (geb. Passarge), zwei Kinder (*1923 oder 1924; *1925 oder 1926). **Bildung, Beruf:** Volksschule Schönbruch. Landwirtschaftsschule Bartenstein. Bauer. Übernimmt 1922 den elterlichen Hof in Schönbruch (Betriebsgröße 29,5 ha). **Militär, Erster Weltkrieg, Freikorps:** 11/1914 bis Kriegsende Teilnahme am Ersten Weltkrieg. Ausbildung bei einem Ersatzbataillon des Grenadier-Regiments 1 in Königsberg/Pr. Anschließend Frontsoldat beim Infanterie-Regiment Nr. 376. 8/1918 beim Grenadier-Regiment 3, Unteroffizier. **Weimarer Zeit:** DNVP. Stahlhelm. Ab 1923 Amtsvorsteher in Schönbruch. 1925–1931 Kreistag Bartenstein. **NSDAP:** Beitritt 1.12.1931 (Nr. 830.815). 3/1938 PO-Amtsleiter. **Agrarpolitische Funktionen:** 3/1932 LKF im aA. Kreisführer beim NSL. Herbst 1933 KBF der KBsch Bartenstein. Verein für bäuerliche Sippenkunde und bäuerliches Wappenwesen. **Nationalsozialistische Zeit:** 1933 Kreistag Bartenstein, Kreisausschussmitglied und erster Kreisdeputierter. **SA, SS:** SA-Beitritt 10/1931. Landwirtschaftsreferent beim Stab der SA-Brigade 3 Altpreußen. SA-Obertruppführer.

Quellen und Literatur: BArch, R 16 I/1459; BArch, R 16 I/2071; GStA PK, I. HA Rep. 217, Nr. 515; Georgine vom 13.2.1934, S. 133; Rohrer: Macht, S. 598.

Rose, Emil

Geburtsdatum/-ort: 31.7.1901 Lakellen (Kr. Oletzko). **Sterbedatum/-ort:** 31.12. 1945. **Konfession:** Evangelisch. **Herkunft, Familie:** Sohn des Besitzers August Rose. Verheiratet ab 16.9.1931 mit Ilse (geb. Bitterkien, *17.2.1908), vier Kinder (*1933; *1935; *1937; *1942). **Bildung, Beruf:** Landwirtschaftsschule (zwei Semester). 1915–1924 in der väterlichen Landwirtschaft tätig. 1924–1931 landwirtschaftlicher Beamter in mehreren Betrieben. Ab 1934 ist Rose in Moterau Eigentümer eines Hofes, der zuvor über viele Generationen im Eigentum der Familie seiner Frau gestanden hat (Betriebsgröße ca. 96 ha). **Weimarer Zeit:** 1919 freiwillige militärische Ausbildung beim Litthauischen Ulanen-Regiment Nr. 12 in Insterburg, Reiter. Weiterer Militärdienst 1924. Heimatwehr Masuren. **NSDAP:** Beitritt 1.2.1931 (Nr. 466.757). **Agrarpolitische Funktionen:** Vor 1933 Ortsgruppenfachberater im NSL. 9/1933 KBF der KBsch Wehlau, 9/1939 als KBF nach Briesen im späteren Reichsgau Danzig-Westpreußen beordert. Nach Rückkehr nach Ostpreußen um 10/1939 bald als Sachbearbeiter für landwirtschaftliche Fragen zum Landratsamt Zichenau unter Landrat Horst von Einsiedel beordert. Rose wird als KBF der KBsch Zichenau eingesetzt; 3/1940 von diesem Amt entbunden, nimmt die Dienstgeschäfte als KBF der KBsch Wehlau wieder auf. 8/1940 wird durch LBF Spickschen ein Ehrenverfahren angestoßen, der Ehrenrat des Landesbauernrates leitet gegen Rose ein Ehrengerichtsverfahren wegen des Vorwurfs der Bereicherung während seiner Abordnung in den Regierungsbezirk Zichenau ein; Rose war zuvor 6/1940 als KBF der KBsch Wehlau von LBF Spickschen beurlaubt worden. 11/1940 des Amtes als KBF der KBsch Wehlau enthoben. 10/1936–6/1940 Erbhofrichter beim Landeserbhofgericht Celle. (1938) Kreisamtsleiter für Agrarpolitik. Vorstandsmitglied bei der An- und Verkaufsgenossenschaft des Kr. Wehlau. **Nationalsozialistische Zeit:** Schulverbandsvorsteher. Kreisausschussmitglied. **SA, SS:** SA-Beitritt 1.7.1933. SA-Sturmführer. **Wehrmacht, Waffen-SS, Volkssturm:** 1937 Reserveübung bei der Wehrmacht, Gefreiter d.R. Zuletzt Führer im Volkssturm. **Kriegsende und Nachkriegszeit:** Zum 31.12.1945 (ohne Ort) für tot erklärt.

Quellen und Literatur: BArch, R 16 I/1835; BArch, R 16 I/2278; BArch, ZLA 1/1395124; GStA PK, I. HA Rep. 217, Nr. 469, Bl. 37–38; GStA PK, I. HA Rep. 217, Nr. 513; Georgine vom 19.1.1934, S. 46; DNdRN vom 30.11.1940, Sp. 843; Rohrer: Macht, S. 598.

Roski, Hugo
Geburtsdatum/-ort: 22.5.1893 Schalmey (Kr. Braunsberg). **Sterbedatum/-ort:** 3.1.1961 Hiltrup (Kr. Münster). **Konfession:** Katholisch. **Herkunft, Familie:** Sohn eines Bauern und Gastwirts. Verheiratet ab 1923 mit Elvira (geb. Radtke), ein Pflegekind (*1943). **Bildung, Beruf:** 1899–1903 Volksschule Schalmey. 1903–1907 Realschule Heilsberg; Abgangszeugnis aus der Quarta. 1908–1909 Landwirtschaftliche Winterschule Freckenhorst; Abgangszeugnis. 1909–1923 (mit Unterbrechung durch den Ersten Weltkrieg) in der elterlichen Land- und Gastwirtschaft tätig. Landwirt und Pferdezüchter, Roski bewirtschaftet ab 1923 einen Hof in Schalmey (Betriebsgröße 56 ha), eine Schenkung der Eltern der Ehefrau. **Militär, Erster Weltkrieg, Freikorps:** Teilnahme am Ersten Weltkrieg. **Weimarer Zeit:** 1922–1923 DNVP. Mitglied des Ermländischen Bauernvereins. **NSDAP:** Beitritt 1.3.1933 (Nr. 1.511.807). Roski ist jedoch schon 1931 PO-Stützpunktleiter, ab 1933 stellvertretender OGL. DAF. NSKOV. NSV. **Agrarpolitische Funktionen:** 15.6.1937 mit der Führung der Geschäfte des KBF der KBsch Braunsberg beauftragt, 12/1937 bis um 4/1943 KBF der KBsch Braunsberg. 6/1938 Kreisamtsleiter für Agrarpolitik. Aufsichtsrat der Überlandzentrale des Kr. Braunsberg. Aufsichtsrat der Molkereigenossenschaft Braunsberg (Ostpreußen). Vorstand der Kreissparkasse Braunsberg (Ostpreußen). **Kriegsende und Nachkriegszeit:** Roski hält sich nach seiner Flucht zunächst in Münster auf, später in Hiltrup bei Münster. Vom Entnazifizierungshauptausschuss in Münster am 14.10.1949 in Kategorie V eingeordnet; Roski gilt durch die eingereichten eidesstattlichen Erklärungen als entlastet. Als Nachtwächter tätig. 1955–1961 Schatzmeister der Kreisgemeinschaft Braunsberg (Landsmannschaft Ostpreußen).
Quellen und Literatur: BArch, R 16 I/1460; BArch, ZLA 1/5486373; LAV NRW R, NW 1038, Nr. 3137; DNdRN vom 3.7.1937, S. 240; DNdRN vom 18.12.1937, S. 470; DNdRN vom 24.4.1943, Sp. 448; Ostpreußenblatt vom 14.1.1961, S. 14; Rohrer: Macht, S. 599.

Sack, Ludwig Eduard Christian, Dr.
Geburtsdatum/-ort: 12.3.1890 Gießen (Kr. Gießen). **Konfession:** Evangelisch. **Herkunft, Familie:** Sohn des Metzgermeisters Ludwig Sack. Verheiratet mit Maria (geb. Petri, *25.3.1890), ein Kind (*1925). **Bildung, Beruf:** 1896–1907 Realgymnasium Gießen. 1–8/1908 Realgymnasium Mainz; Reifezeugnis 8/1908. 8–10/1908 Landwirtschaftslehrling. Wintersemester 1908/1909 und Sommersemester 1910 Studium an der Technischen Hochschule München. 3–5/1909 praktische landwirtschaftliche Tätigkeit, 3–5/1910 landwirtschaftliche Ausbildung in Lasdehnen (Kr. Pillkallen), 7–10/1910, 3–5/1911 und 7–10/1911 praktische landwirtschaftliche Tätigkeit. Wintersemester 1910/1911 und Wintersemester 1911/1912 Studium an der Universität Gießen. Sack besteht am 3.2.1912

das landwirtschaftliche Staatsexamen und legt später die Tierzuchtinspektorprüfung ab. Er ist nach dem Staatsexamen als Landwirtschaftslehrer tätig, erster Assistent am Landwirtschaftlichen Institut der Universität Gießen. 12/1913 Promotion zum Dr. phil. 10/1913–12/1920 (mit Unterbrechung durch Kriegsdienst) Tierzuchtdirektor an der LWK Westpreußen. Ab 1/1919 Tierzuchtinspektor bei der Westpreußischen Herdbuchgesellschaft. Geschäftsführer beim Verband westpreußischer Rindviehkontrollvereine. 1921–1933 Generalsekretär des Landwirtschaftlichen Zentralvereins Westpreußen. **Militär, Erster Weltkrieg, Freikorps:** 8/1914–12/1918 Teilnahme am Ersten Weltkrieg beim Jäger-Regiment zu Pferde Nr. 4, Leutnant d. R. **NSDAP:** Beitritt 1. 5. 1937. 1934 NSV. **Agrarpolitische Funktionen:** 1933 Leiter des Tierzuchtamtes Marienburg. Ab 1938 Leiter der Abteilung II D (»Tiere«) in der LHA II der LBsch Ostpreußen. 9/1938 Oberlandwirtschaftsrat. **SA, SS:** SS-Beitritt 25. 3. 1933 (Nr. 232.799). SS-Ustuf. 2. SS-Reiterstandarte. **Wehrmacht, Waffen-SS, Volkssturm:** 1/1941 ukgestellt.
Quellen und Literatur: BArch, R 16/20928; GStA PK, I. HA Rep. 87 B, Nr. 13333, Bl. 329; DNdRN vom 17. 9. 1938, Sp. 614.

Salwey, Gerda Justine Elise
Geburtsdatum/-ort: 1. 4. 1910 Trunz (Kr. Elbing). **Sterbedatum/-ort:** 20. 1. 1996 Dörverden-Westen (Kr. Verden). **Konfession:** Evangelisch. **Herkunft, Familie:** Tochter des Bauern Hugo Salwey. **Bildung, Beruf:** 1916–1919 Dorfschule Trunz. 1919–1927 Oberlyzeum Elbing; mittlere Reife. Salwey ist 1927–1928 und 1929–6/1934 im väterlichen Bauernhof tätig. 1928 Landwirtschaftliche Frauenschule in Metgethen. **NSDAP:** Beitritt 1. 5. 1937 (Nr. 6.021.264). 25. 10. 1933 BDM (Nr. 300.824), Untergauführerin des BDM, Obergauführerinnenschule des BDM (Richau), Reichsführerinnenschule Potsdam, Bauerntumsreferentin des Obergaues [Ostland] des BDM. **Agrarpolitische Funktionen:** 7/1934 Leiterin der Unterabteilung I D 2 (LHA I) in der LBsch Ostpreußen, ab 1936 dort zusammen mit Werner Lindemann Leitung der Abteilung I D (»Landjugend«) in der LHA I. Ab 1942 Leiterin der Abteilung II A 1 (»Berufsausbildung«) in der LHA II der LBsch Ostpreußen. 1. 9. 1934 hauptamtliche Landesjugendwartin der LBsch Ostpreußen, ab 12/1939 ehrenamtlich.
Quellen und Literatur: BArch, BDC, NSDAP-Mitgliederkartei (Ortsgruppenkartei); BArch, R 16/15805; Mentzel 1937, Tl. II, S. 93; DNdRN vom 20. 1. 1940, Sp. 41; Mentzel 1943, Tl. II, S. 92; Ostpreußenblatt vom 10. 2. 1996, S. 18.

Schabram, Paul
Geburtsdatum/-ort: 13. 11. 1891 Grünberg (Kr. Allenstein). **Konfession:** Katholisch. **Herkunft, Familie:** Sohn des Franz Schabram. Verheiratet. **Bildung, Beruf:** Humanistisches Gymnasium in Allenstein und Rößel. 1910 landwirt-

schaftlicher Eleve. 1911–1912 landwirtschaftlicher Beamter. 1919 Hofeigentümer (Betriebsgröße 93 ha) und selbstständiger Bauer. **Militär, Erster Weltkrieg, Freikorps:** Militärische Ausbildung beim I. Masurischen Feldartillerie-Regiment Nr. 73 in Allenstein. Teilnahme am Ersten Weltkrieg, 1914–1916 bei der 37. Infanterie-Division, 1916–1918 an der Westfront. 1916 Leutnant d. R., Gasschutzoffizier der 77. Reservedivision. 1917 Batterieführer, Schabram führt die Angriffs- und Verstärkungsbatterie 872, 1918 Führer der Infanterie-Geschütz-Batterie 41. **NSDAP:** Beitritt 15. 10. 1932 (Nr. 1.464.277). 1932/1933 OGL Guttstadt. **Agrarpolitische Funktionen:** 4/1933 Kreisführer des NSL. 9/1933–5/1939 KBF der KBsch Heilsberg. 9/1935 LKF im aA. **SA, SS:** SA-Beitritt 1. 7. 1933.
Quellen und Literatur: BArch, R 16 I/1461; GStA PK, XX. HA Rep. 10, Titel 36, Nr. 34, Bl. 127; Georgine vom 28. 11. 1933, S. 826; DNdRN vom 17. 6. 1939, Sp. 396; Rohrer: Macht, S. 599.

Schmidt, Fritz
Geburtsdatum/-ort: 18. 4. 1896 Rogehnen (Kr. Preußisch Holland). **Sterbedatum/-ort:** 15. 1. 1984 Lüchow (Kr. Lüchow-Dannenberg). **Konfession:** Evangelisch. **Herkunft, Familie:** Sohn des Landwirts August Schmidt. Verheiratet ab 29. 10. 1920 mit Margarete (geb. Baucus, *2. 3. 1897), drei Kinder (*1922; *1924; *1927). **Bildung, Beruf:** Volksschule in Rogehnen. Landwirtschaftsschule Marienburg. Landwirtschaftlicher Lehrling auf dem Gut Neu Münsterberg (Kr. Preußisch Holland). Nach dem Ersten Weltkrieg als landwirtschaftlicher Beamter tätig. 10/1920 Übernahme des Bauernhofes Petereithelen (später »Schleswighöfen«) der Schwiegereltern im Kr. Pillkallen (Betriebsgröße 113 ha). Der Hof ist eine Saatbaustelle der LWK Ostpreußen, ab 1922 eine Beispielswirtschaft der LWK Ostpreußen. **Militär, Erster Weltkrieg, Freikorps:** Teilnahme am Ersten Weltkrieg. Kriegsfreiwilliger, ab 1/1915 Fronteinsatz. Zunächst bei Garde-Landwehr-Fußartillerie-Bataillon, ab 12/1917 beim Fußartillerie-Bataillon Nr. 137, 5/1918 an der Westfront. Ende 1918 als Leutnant d. R. aus dem Heer entlassen. **Weimarer Zeit:** Ab Beginn der 1920er-Jahre Vorsitzender des Landwirtschaftlichen Vereins Groß Rudszen. DNVP. 11/1923–8/1933 Stahlhelm im Kr. Pillkallen, 1926 Kameradschaftsführer in Groß Rudszen, 1930 Kreisführer der Kreisgruppe Pillkallen. 1932 Führer des Wehrsportbataillons Pillkallen. **NSDAP:** Beitritt 1. 5. 1937 (Nr. 4.753.731). **Agrarpolitische Funktionen:** 10/1933–5/1939 KBF der KBsch Pillkallen (ab 1938 Schloßberg). Anschließend mit der Leitung des Fischwirtschaftsverbandes in Königsberg/Pr. beauftragt. KBF der KBsch Ostrolenka (7/1941 Scharfenwiese). KBF der KBsch Lomscha (Bezirk Bialystok), dort auch Leiter des Kreisernährungsamts. Verein für bäuerliche Sippenkunde und bäuerliches Wappenwesen. **Nationalsozialistische Zeit:** Lebensborn e.V. **SA, SS:** SA-Mitglied 20. 8. 1933–4/1936. SA-Sturmführer. Mit Führung des SA-Sturmbanns V/44 beauftragt. SS-Beitritt 9. 11. 1936 (Nr. 277.311). 11/

1936 SS-Ustuf, 9/1938 SS-Ostuf, 11/1942 SS-Hstuf. 11/1936–5/1944 Führer im RuSHA. 11/1936 SS-Bauernreferent der 60. SS-Standarte (Insterburg). Ab 5/1944 unter Beibehaltung seiner Dienststellung als SS-Bauernreferent Führer der 60. SS-Standarte. **Wehrmacht, Waffen-SS, Volkssturm:** 8–9/1936 beim Artillerie-Regiment 37. 9/1939–9/1940 Kriegsdienst beim Heer, Leutnant d. R., Hauptmann. **Kriegsende und Nachkriegszeit:** 1945 angeblich für das Landesamt für Flüchtlinge in Pillau tätig. Gelangt 4/1945 auf dem Seeweg in den Westen. Nach seiner Flucht in den Westen ist Schmidt zunächst Obstbaumpfleger, ab 3/1946 Hanfanbauberater im Bereich Nordwestdeutschland, Vertreter für Pflanzmaschinen, ab 1958 selbstständig als Vertreter. Er übernimmt 1960 in Lüchow eine Nebenerwerbssiedlung als Geflügelhof. Aktiv bei den Vorbereitungen für die Gründung der Landsmannschaft Ostpreußen 1948, wird bei der Konstituierung der Kreisgemeinschaft Pillkallen/Schloßberg stellvertretender Kreisvertreter, anschließend Kreisbeauftragter sowie Vorsitzender der Bewertungskommission zur Erstellung neuer Einheitswerte für den Lastenausgleich (für landwirtschaftliche Betriebe). Ab 1954 Aufbau und Organisation der Jugendarbeit für die Kreisgemeinschaft. 1968–5/1971 Kreisvertreter Schloßberg (Pillkallen), nach Abgabe des Amtes Ehrenvorsitzender der Kreisgemeinschaft.
Quellen und Literatur: BArch, BDC, SSO; BArch, R 16 I/1463; BArch, R 16 I/2205; BArch, ZLA 1/4581693; Georgine vom 6. 4. 1934, S. 313; DNdRN vom 17. 6. 1939, Sp. 396; Ostpreußenblatt vom 24. 4. 1971, S. 12; Ostpreußenblatt vom 17. 4. 1976, S. 19; Ostpreußenblatt vom 3. 6. 1978, S. 21; Ostpreußenblatt vom 4. 2. 1984, S. 23; Rohrer: Macht, S. 601; Übersicht 6 (Anhang, Band 1).

Schumacher, Arthur
Geburtsdatum/-ort: 20. 12. 1895 Krossen (Kr. Preußisch Holland). **Sterbedatum/-ort:** 23. 2. 1986 Visselhövede (Kr. Rotenburg (Wümme)). **Konfession:** Evangelisch. **Herkunft, Familie:** Sohn eines Bauern. Ab 1922 verheiratet mit Hanna (geb. Mueller, *19. 11. 1896), drei Kinder (u. a. *1925; *1932). **Bildung, Beruf:** Oberrealschule in Elbing bis Untersekunda. Stelle in Lehrlingswirtschaft in Westpreußen. Schumacher übernimmt 1927 den väterlichen Hof (Betriebsgröße rd. 77 ha). **Militär, Erster Weltkrieg, Freikorps:** Teilnahme am Ersten Weltkrieg. Kriegsfreiwilliger, 1914 zunächst beim Garde-Schützen-Bataillon in Berlin-Lichterfelde, dann Reserve-Jäger-Bataillon Nr. 16. 1915–1916 Brandenburgisches Jägerbataillon Nr. 3, Leutnant d. R. 3/1916–1920 in französischer Kriegsgefangenschaft. **Weimarer Zeit:** Vorstandsmitglied einer An- und Verkaufsgenossenschaft. Aufsichtsratsmitglied der Haupthandelsgesellschaft in Königsberg/Pr. **NSDAP:** Beitritt 1. 3. 1932 (Nr. 1.072.270). **Agrarpolitische Funktionen:** 1932 aA. Herbst 1933 bis 15. 6. 1937 KBF der KBsch Pr. Holland. Ab 3/1934 LHAL II der LBsch Ostpreußen. **SA, SS:** (1934) SA-Mitglied, SA-Obertruppführer. **Wehrmacht, Waffen-SS, Volkssturm:** Volkssturmmann. **Kriegs-**

ende und Nachkriegszeit: 1945 bis ca. 1949 in sowjetischer Kriegsgefangenschaft. Schumacher wird vom Entnazifizierungshauptausschuss für den Kr. Pinneberg am 21.2.1949 entsprechend des Gesetzes zur Fortführung und zum Abschluss der Entnazifizierung vom 10.2.1948 in Gruppe IV (Mitläufer) eingestuft; dem Ausschuss sei nicht bekannt, dass Schumacher Andersdenkende benachteiligt oder geschädigt habe, daher sei diese Einstufung gerechtfertigt. Schumacher ist zunächst als landwirtschaftlicher Berater in einem Betreuungsring tätig. 1957–1970 für seinen Heimatkreis Preußisch Holland Mitglied der Ostpreußischen Landesvertretung in der Landsmannschaft Ostpreußen.
Quellen und Literatur: BArch, R 16 I/1465; BArch, R 16 I/2140; BArch, ZLA 1/4640657; GStA PK, XX. HA Rep. 240, Nr. D 127, Bl. 2; LASH, Abt. 460.9, Nr. 290, »Arthur Schumacher«; Georgine vom 22.12.1933, S. 890; Georgine vom 6.3.1934, S. 203; DNdRN vom 3.7.1937, S. 240; Bloech: Ostpreußens Rinder, S. 1024–1025; Ostpreußenblatt vom 2.4.1966, Titelseite; Ostpreußenblatt vom 24.12.1970, S. 22; Ostpreußenblatt vom 26.11.1977, S. 18; Ostpreußenblatt vom 19.5.1984, S. 13; Ostpreußenblatt vom 8.3.1986, S. 23; Rohrer: Macht, S. 604; Auskunft Standesamt Visselhövede vom 20.8.2014.

Schütze, Richard Hermann Wilhelm Otto Karl
Geburtsdatum/-ort: 26.7.1913 Neuhof (Kr. Fulda). **Sterbedatum/-ort:** 19.6.1979 Fulda (Kr. Fulda). **Konfession:** Evangelisch, später »gottgläubig«. **Herkunft, Familie:** Sohn des Drogeriebesitzers Richard Schütze. Verheiratet ab 18.12.1937 mit Charlotte (geb. Wulff, *22.8.1918), keine Kinder bekannt. **Bildung, Beruf:** 1924–1933 Oberrealschule Fulda; Abitur. Anschließend hauptamtliche Tätigkeit in der SS. **NSDAP:** Beitritt 1.8.1931 (Nr. 603.227). Gauredner. Ab 1930 HJ. **Agrarpolitische Funktionen:** Ab 1.4.1939 Leiter der Abteilung I A (LHA I) der LBsch Ostpreußen. **SA, SS:** SS-Beitritt 1931 (Nr. 20.869). SS-Ustuf, SS-Ostuf. 4/1933–2/1934 bei SS-Sturmbann III/35. 2/1934–11/1934 Adjutant des SS-Sturmbannes II/66 in Rastenburg; 5–7/1934 Besuch der SS-Führerschule in Leisnig in Sachsen. 10/1935–3/1936 Adjutant und Führer i. V. des SS-Sturmbannes I/61 Allenstein. 3–5/1936 Adjutant der 61. SS-Standarte Allenstein. 5/1936–6/1936 Adjutant und Führer i. V. des SS-Sturmbanns II/61 Lötzen. 6–10/1936 Adjutant des SS-Sturmbanns III/61 Rastenburg. Ab 1.11.1936 hauptamtlicher Referent für Schulung und Musterung beim Führer des RuSHA des SS-Oa Nordost in Königsberg/Pr. In dieser Funktion arbeitet Schütze eng mit der Abteilung Schulung (LHA I E) der LBsch Ostpreußen zusammen. 1939 Schulungsleiter im RuSHA beim SS-Oa Nordost. Ab 3/1940 wird Schütze zu den Einwandererzentralstellen in Posen und Litzmannstadt (Łódź) im Reichsgau Wartheland abkommandiert. Er ist dort bis mindestens 5/1942 als Leiter verschiedener SS-Arbeitsstäbe bei Um- und Ansiedlungen tätig. **Wehrmacht, Waffen-SS, Volkssturm:** 1.11.1934–19.10.1935 Freiwilliger in der Reichswehr

in Allenstein. In Rastenburg Gefreiter. 2/1940 durch uk-Stellung vom Wehrdienst beurlaubt. 9/1944 beim Stab II des SS-Artillerie-Regiments 2 »Das Reich«, SS-Ustuf. **Kriegsende und Nachkriegszeit:** In Pilsen 5/1945 in amerikanischer Kriegsgefangenschaft, am 4.7.1946 daraus entlassen und gleichentags interniert. 10/1946 den deutschen Behörden überstellt.

Quellen und Literatur: BArch, R 16/15819; Auskunft Standesamt Neuhof vom 2.9.2014; Auskunft WASt vom 15.2.2016.

Schwarz, Bernhard, Dr.

Geburtsdatum/-ort: 19.3.1897 Borken (Kr. Bartenstein). **Sterbedatum/-ort:** 30.9.1971 Osnabrück. **Konfession:** Evangelisch. **Herkunft, Familie:** Sohn des Lehrers Daniel Schwarz. Verheiratet, drei Kinder (*1936 oder 1937; *1938 oder 1939; *1941 oder 1942). **Bildung, Beruf:** Bis zum 10. Lebensjahr Volksschule. 1907–1915 Humanistisches Gymnasium Bartenstein; Reifezeugnis für Prima. 1919 Abitur am Gymnasium Bartenstein als Extraner. 1919 bis Wintersemester 1921/1922 Studium der Landwirtschaft an der Albertus-Universität Königsberg; Diplomexamen und 12/1921 Promotion zum Dr. phil. (Schwarz soll sich zudem während des Zweiten Weltkrieges an der Albertus-Universität Königsberg im Fach Tierzucht habilitiert haben). 1922–1924 landwirtschaftlicher Beamter in Legowen (Kr. Insterburg). 1925 landwirtschaftlicher Beamter in Blendowen (Kr. Gerdauen). 1927 Leiter des landwirtschaftlichen Versuchsringes Flaitil (Kr. Gerdauen). 1927 pädagogische Ausbildung als Landwirtschaftslehrer in Weilburg a. d. L. 1927–1936 Dozent für Tierzuchtlehre an der Höheren Lehranstalt für praktische Landwirte in Elbing. **Militär, Erster Weltkrieg, Freikorps:** Teilnahme am Ersten Weltkrieg 1915–2/1919. Kriegsfreiwilliger, Leutnant d.R. **NSDAP:** Beitritt 1.5.1932 (Nr. 1.163.694). 1933 NSKK. **Agrarpolitische Funktionen:** 1936 zur LBsch Ostpreußen berufen, 1936–1943 Stabsleiter der LHA II der LBsch Ostpreußen. 8/1939 für unbestimmte Zeit ins Reichsprotektorat Böhmen und Mähren abkommandiert. Oberlandwirtschaftsrat. **SA, SS:** Keine SS-Mitgliedschaft. Keine SA-Mitgliedschaft bekannt. **Wehrmacht, Waffen-SS, Volkssturm:** 8/1943–5/1945 Teilnahme am Zweiten Weltkrieg. Für kurze Zeit Einsatz in der Sowjetunion, anschließend in Italien, jeweils als Transportoffizier. Hauptmann d. R. **Kriegsende und Nachkriegszeit:** 2.5.1945–5.8.1945 in Kriegsgefangenschaft, als höherer Beamter in Zivilinternierung bis 22.10.1945. Ab 27.3.1947 wieder in Gefangenschaft. Inhaftiert in Dachau und Nürnberg. Ab 1947 Vorsitzender der ostpreußischen Diplom-Landwirte. Landwirtschaftslehrer in Melle. Später Direktor der Landwirtschaftsschule in Wittmund (Kr. Wittmund, Ostfriesland). Nach der Pensionierung in Osnabrück wohnhaft.

Quellen und Literatur: BArch, BDC, NSDAP-Mitgliederkartei (Ortsgruppenkartei); IfZ, ZS 1451 (auch online <http://www.ifz-muenchen.de/archiv/zs/zs-

1451.pdf> [27.6.2014]); Schwarz: Untersuchungen über den Wert der geologisch-agronomischen Karten, unpag.; Ostpreußenblatt vom 21.3.1970, S. 14; Ostpreußenblatt vom 16.10.1971, S. 14.

Schwichtenberg, Helmut Georg Walter

Geburtsdatum/-ort: 21.8.1895 Sandhof (Kr. Marienburg). **Sterbedatum/-ort:** 22.6.1944 Montreuil bei Angers (Département Maine-et-Loire, Frankreich); gefallen. **Konfession:** Evangelisch. **Herkunft, Familie:** Sohn des Gutsbesitzers Otto Schwichtenberg. Verheiratet ab 3.9.1921 mit Johanna (geb. Kehlmann), vier Kinder (*1922; *1924; *1926; *1929). **Bildung, Beruf:** Volksschule, dann weiterführende Schule in Elbing; mittlere Reife. Nach dem Ersten Weltkrieg landwirtschaftliches Studium an der Albertus-Universität Königsberg. Besitzer des Ritterguts Altdollstädt (Kr. Preußisch Holland), das er 1923 von seinem Vater übernommen hat (Gesamtbetriebsgröße 376 ha). **Militär, Erster Weltkrieg, Freikorps:** Teilnahme am Ersten Weltkrieg, Leutnant. **Weimarer Zeit:** Bis 1930 DNVP. **NSDAP:** Beitritt 1.1.1931. 4/1938 PO-Amtsleiter. Gründung der OG Alt-Dollstädt. **Agrarpolitische Funktionen:** Mitglied der LWK Ostpreußen für den Kr. Preußisch Holland. 11.1.1936 (zunächst kommissarisch) KO der KBsch Pr. Holland. 11/1938 mit der Führung der Geschäfte als KBF der KBsch Pr. Holland betraut, 6/1939 KBF der KBsch Pr. Holland. **Nationalsozialistische Zeit:** Bürgermeister und Amtsvorsteher. **Wehrmacht, Waffen-SS, Volkssturm:** Zuletzt bei der 4. Kompanie des Nachschub-Bataillons 628, Rittmeister. Bei der Wehrmacht gefallen.

Quellen und Literatur: BArch, R 16 I/1466; BArch, R 16 I/2206; EZA, Bestand 980/1090, Blumenau-Heiligenwalde, Kr. Preußisch Holland/Ostpreußen, Taufen (1895–1944), S. 251, S. 265, S. 278 und S. 296; Niekammer Ostpreußen 1932, S. 376; DNdRN vom 28.9.1935, S. 336; DNdRN vom 25.1.1936, S. 26; DNdRN vom 26.11.1938, Sp. 787; DNdRN vom 17.6.1939, Sp. 395; WbLBsch Ostpreußen vom 12.8.1944, S. 298; Bloech: Ostpreußens Rinder, S. 1006–1007; Zlomke: Königsblumenau, S. 224–231 [unkritisch]; Auskunft WASt vom 22.1.2016.

Sinnecker, Wilhelm Oskar

Geburtsdatum/-ort: 6.2.1902 Königsberg (Kr. Königsberg-Stadt). **Sterbedatum/-ort:** 22.5.1967 Lohne (Kr. Vechta). **Konfession:** Evangelisch. **Herkunft, Familie:** Sohn des Landeskontrollinspektors Wilhelm Sinnecker. Verheiratet mit Ursula (geb. Kessler), später mit Anna (geb. Mauritz, *1.5.1914), zwei Kinder (*1939; *1942). **Bildung, Beruf:** Realgymnasium Insterburg. Kaufmännische Lehre in einem ostpreußischen Getreide- und Bankgeschäft. Ab 1924 in Königsberg/Pr. selbstständig im Getreidehandel. Sinnecker führt eine Großhandlung für Getreide, Saaten und Futtermittel, offenbar bis 1945. **Weimarer Zeit:** Kaufmännischer Verein, Königsberg/Pr. Verein der Königsberger Händler mit

Getreide, Saaten, Futter-, Düngemitteln und Mühlenfabrikaten e.V., Königsberg/Pr. **NSDAP:** Beitritt 3/1933 (Nr. 2.073.476). **Agrarpolitische Funktionen:** LHAL IV (Landhandel) in der LBsch Ostpreußen; scheidet 1935 nach der Fusion der LHA III und LHA IV als LHAL aus. **Nationalsozialistische Zeit:** Mitglied im Vorstand des Amtlichen Großmarkts für Getreide und Futtermittel zu Königsberg/Pr. **SA, SS:** SA-Beitritt 4/1933. SA-Mann. **Kriegsende und Nachkriegszeit:** Als selbstständiger Handelsmakler tätig.
Quellen und Literatur: BArch, R 16/15770; BArch, R 16 I/1467; BArch, ZLA 1/3018416; Georgine vom 21.11.1933, S. 808; Ostpreußenblatt vom 20.10.1956, S. 16; Ostpreußenblatt vom 3.6.1967, S. 23; Auskunft Einwohnermeldeamt Lohne vom 4.9.2014.

Soppa, Friedrich
Geburtsdatum/-ort: 13.9.1893 Kallinowen (Kr. Lyck). **Sterbedatum/-ort:** 22.6. 1993 Wohltorf (Kr. Herzogtum Lauenburg). **Konfession:** Evangelisch. **Herkunft, Familie:** Verheiratet ab 18.10.1929 mit Johanna (geb. Rydzewski, *27.5.1907). **Bildung, Beruf:** Hofbesitzer in Kallinowen (Gesamtbetriebsgröße 45 ha). **NSDAP:** Beitritt 1.4.1942 (Nr. 8.986.109). Wird geführt bei der OG Ostenburg, 1/1944 bei der OG Nasielsk, 5/1944 wieder bei der OG Ostenburg. **Agrarpolitische Funktionen:** 9/1935 (zunächst kommissarisch) KO der KBsch Lyck. KBF der KBsch Makow (7/1941 Mackeim), KBF der KBsch Pultusk (7/1941 Ostenburg). Soppa wird per Bewirtschaftungsvertrag vom 15.7.1941 mit der »Ostland« Bewirtschafter eines 105 ha großen Gutes in Kleszewo im Kr. Ostenburg (Regierungsbezirk Zichenau). **Kriegsende und Nachkriegszeit:** Zieht angeblich 7/1946 von Sulechówko (Klein Soltikow, ehemals Kr. Schlawe in Pommern) nach Wohltorf.
Quellen und Literatur: BArch, BDC, NSDAP-Mitgliederkartei (Ortsgruppenkartei); BArch, R 16 I/2071; BArch, R 16 I/2140; BArch, R 49/130, Bl. 53; Niekammer Ostpreußen 1932, S. 35; DNdRN vom 28.9.1935, S. 335; DNdRN vom 25.1.1936, S. 26; DNdRN vom 23.10.1943, Sp. 1043; Ostpreußenblatt vom 13.10.1979, S. 18; Auskunft Standesamt Amt Hohe Elbgeest vom 25.8.2014; Auskunft Stadtarchiv Schwarzenbek vom 29.8.2014; Übersicht 6 (Anhang, Band 1).

Spengler, Georg Karl Alfred
Geburtsdatum/-ort: 19.11.1892 Menninghüffen (Kr. Herford). **Sterbedatum/-ort:** 19.9.1943 Goldap (Kr. Goldap). **Konfession:** Evangelisch. **Herkunft, Familie:** Sohn des Sanitätsrats Dr. August Spengler. Verheiratet ab 1922 mit Gertrud (geb. Kemschatz, gestorben 19.5.1935), zwei Kinder (*1923 oder 1924; *1925 oder 1926). 1937 heiratet Spengler nochmals. **Bildung, Beruf:** Gymnasium. Landwirtschaftliche Schule in Herford. Eleve bei einer Domäne in Oberhessen. Landwirtschaftlicher Beamter in der Neumark. Spengler siedelt nach

dem Ersten Weltkrieg nach Ostpreußen über, wo er 1922 nach der Heirat das Gut des Schwiegervaters in Schöneberg bei Goldap übernimmt (Betriebsgröße ca. 212 ha). **Militär, Erster Weltkrieg, Freikorps:** 11/1914–1918 Teilnahme am Ersten Weltkrieg. Kriegsfreiwilliger, beim Dragoner-Regiment Nr. 2 in Schwedt an der Oder, Einsätze in Russland und Frankreich, Unteroffizier. **Weimarer Zeit:** DNVP. LVO. **NSDAP:** Beitritt 1.6.1932 (Nr. 1.310.416). **Agrarpolitische Funktionen:** Kreisführer des NSL. 5/1933 aA. 9/1933–10/1938 KBF der KBsch Goldap. **SA, SS:** SA-Beitritt 1.7.1933. SA-Obertruppführer beim Stab der SA-Standarte 33. Landwirtschaftlicher Fach- und Siedlungsberater der SA-Standarte 44. **Quellen und Literatur:** BArch, R 16/20631; BArch, R 16 I/1468; BArch, R 16 I/2140; Georgine vom 5.1.1934, S. 3; DNdRN vom 19.11.1938, Sp. 775; Rohrer: Macht, S. 606; Auskunft Stadtarchiv Löhne vom 6.6.2016.

Spickschen, Friedrich Erich
Siehe den entsprechenden Eintrag im Personenlexikon (Band 2, Kapitel 4).

Spickschen, Gerda Ursula Lieselotte
Geburtsdatum/-ort: 8.2.1903 Berlin. **Sterbedatum/-ort:** 4.12.1981 Glashütten (Hochtaunuskreis). **Konfession:** Evangelisch. **Herkunft, Familie:** Tochter des Medizinalrats Dr. Ernst August Dietrich. Verheiratet ab 12.8.1923 mit Erich Spickschen (*23.7.1897), acht Kinder (*1924; *1925; *1935; *1936; *1938, bald nach der Geburt gestorben; *1939; *1941; *1943). **Bildung, Beruf:** 1909–1915 Lyzeum. 4/1915–4/1918 Studienanstalt gymnasialer Richtung, Augusta-Schule Berlin. 4/1918–3/1919 Studienanstalt gymnasialer Richtung, Rostock. 6/1919–1/1920 ländliche Hauswirtschaftslehre, Lamberg (Kr. Sonderburg). 3/1920–10/1920 ländliche Hauswirtschaftslehre, Lysholm (Kr. Sonderburg). 10/1920–4/1922 ländliche Hauswirtschaftslehre, Stege, Gutsbetrieb Möen, Dänemark. 1922–1923 Landfrauenschule; 1923 ländliche Hausbeamtin, 1927 staatlich anerkannte ländliche Haushaltspflegerin. Zieht mit ihrem Mann 1923 nach Bonkow (Pommern), 1925 nach Ostpreußen, zunächst Pachtung des Gutes Schwesternhof (Kr. Labiau), Anfang 1927 Übernahme des Gutes Woydiethen (Betriebsgröße 122 ha), anschließend dessen Bewirtschaftung bis 1945. Hausfrau und Mutter. **Weimarer Zeit:** 1920–1923 Aufenthalte in Dänemark. Ab 1925 erste Publikationen, zunächst rein fachlich, ab 1932 auch politisch-nationalsozialistisch. 1930–1933 Schriftführerin beim Landwirtschaftlichen Hausfrauenverein Rauschen, 1932–1933 Kreisgeflügelberaterin beim Landwirtschaftlichen Hausfrauenverein (Kr. Fischhausen). 24.5.1932–1933 Stellvertretendes Mitglied des Ausschusses XIX der LWK Ostpreußen. **NSDAP:** Beitritt 1.6.1930 (Nr. 260.349). (1936) Referentin für Landfrauenfragen. 7/1933–1945 NSF, darin 7/1933 Leiterin der neu gegründeten OG Thierenberg, wegen Spannungen zwischen RNSt und NSDAP wird Frau Spickschen die Leitung entzogen.

Agrarpolitische Funktionen: 2/1934 Leiterin der Abteilung I C (LHA I) der LBsch Ostpreußen. 4/1935–1937 zusätzlich kommissarische Leiterin der Abteilung II H (LHA II) der LBsch Ostpreußen. 12/1942 ehrenamtliche Leiterin der Abteilung II B 2 (LHA II) der LBsch Ostpreußen, zugleich vom Amt der Leiterin der früheren Abteilung I C (LHA I) entbunden. Zahlreiche Publikationen in nationalsozialistischen Zeitschriften. 11/1943 zur ehrenamtlichen Beauftragten für die ländliche Nachwuchsgewinnung und Berufserziehung in der LBsch Ostpreußen ernannt. **Nationalsozialistische Zeit:** 1941 Mutterkreuz in Silber. **Kriegsende und Nachkriegszeit:** Nach der Flucht von Woydiethen mit den Kindern Ende 1/1945 nach Braunschweig gelangt, lebt dann auf einem Gut in Bleckenstedt (Salzgitter). Frau Spickschen wird am 29.6.1949 vom Entnazifizierungshauptausschuss des Kr. Watenstedt-Salzgitter in Kategorie IV (Unterstützerin des Nationalsozialismus) ohne weitere Beschränkungen eingestuft. 11/1950 mit Erich Spickschen und den Kindern nach Dannenfels (Pfalz) umgezogen, dort Pachtung eines Gasthofes mit Land. Tätigkeiten in Landfrauenvereinen. Publizistische Tätigkeit in landwirtschaftlicher Presse sowie persönlicher Art.
Quellen und Literatur: BArch, BDC, NSDAP-Mitgliederkartei (Ortsgruppenkartei); BArch, BDC, SSO Erich Spickschen (23.7.1897); BArch, R 16/18647; BArch, ZLA 1/6051952; NLA (Wolfenbüttel), 3 Nds. 92/1, Nr. 49600; Gerda Ursula Spickschen: Antwort im »Fragekasten«, S. 704; DNdRN vom 9.1.1943, Sp. 4; DNdRN vom 13.11.1943, Sp. 111; Ostpreußenblatt vom 12.12.1981, S. 18; Schröder: Alles Liebe, S. 04.02.19–04.02.20, S. 04.03.02, S. 07.03.12, S. 08.01.05, S. 08.01.14–08.01.15 und S. 09.01.13; siehe zudem Kapitel 2.1 und Kapitel 4.1 dieser Studie.

Steppke, Ernst
Geburtsdatum/-ort: 13.8.1903 Peitschendorf (Kr. Sensburg). **Sterbedatum/-ort:** 25.1.1964 Himmelpforten (Kr. Stade). **Konfession:** Evangelisch. **Herkunft, Familie:** Sohn des Gutsbesitzers Robert Steppke. Ernst Steppke bleibt ledig, sein am 9.2.1943 beim RuSHA gestelltes Gesuch, Charlotte Walter (*19.2.1910) heiraten zu dürfen, bleibt offenbar folgenlos. **Bildung, Beruf:** Volksschule. Realgymnasium bis 1920 nach bestandener Prüfung. 1918–1919 in der väterlichen Landwirtschaft tätig. 1919–1921 Eleve beziehungsweise landwirtschaftlicher Beamter. Ab 11/1922 Studium der Landwirtschaft an der Albertus-Universität Königsberg (sechs Semester); 7/1925 Diplom-Landwirt. Bis 1934 in der landwirtschaftlichen Praxis tätig; Betrieb mit 3 ha. **Weimarer Zeit:** Korpsbruder der Agronomia Königsberg. 2/1924–7/1924 Zeitfreiwilliger bei der Reichswehr, 2. (Preußisches) Reiter-Regiment in Allenstein. **NSDAP:** Beitritt 1.12.1931 (Nr. 855.102). Steppke will jedoch bereits ab 1929 für die NSDAP tätig gewesen sein. 1933–6/1934 Organisationsleiter und Kassenwalter der NSV in Peitschen-

dorf, 6/1934–4/1935 dort OGL der NSV. **Agrarpolitische Funktionen:** Im aA. 11/1934 Lehrer an der Landwirtschaftsschule Sensburg. 3/1935–12/1935 Geschäftsführer beziehungsweise Stabsleiter der KBsch Ortelsburg. 9.12.1935 Stabsleiter in der KBsch Johannisburg. Führt ab 14.9.1936 die Geschäfte des KBF der KBsch Sensburg, unter Abberufung als Stabsleiter der KBsch Sensburg. 3/1937 KBF der KBsch Sensburg. Ab 1.1.1940 zusätzlich KBF der KBsch Mlawa (ab 7/1941 Mielau); formell erst um 10/1943 mit der Wahrnehmung der Geschäfte als KBF der KBsch Mielau beauftragt. KBF der KBsch Praschnitz. 8.6.1938 Kreisamtsleiter für Agrarpolitik. **SA, SS:** SS-Beitritt 10/1933 (Nr. 190.777). 20.4.1938 SS-Oberscharführer, 30.1.1941 SS-Ustuf. 30.1.1941–1.5.1944 im RuSHA angesiedelt, ab 1.5.1944 Führer in der 61. SS-Standarte, unter Beibehaltung seiner Stellung als SS-Bauernreferent beim Sturmbann II der 61. SS-Standarte. **Wehrmacht, Waffen-SS, Volkssturm:** 5/1937–7/1937 bei einer Panzerabwehr-Abteilung, Gefreiter d. R. Ab 17.4.1944 bei der Waffen-SS, vermutlich in Warschau eingesetzt. **Kriegsende und Nachkriegszeit:** Nach 1945 als Selbstständiger tätig.
Quellen und Literatur: BArch, BDC, RS; BArch, BDC, SSO; BArch, R 16/19986; BArch, R 16 I/1470; BArch, ZLA 1/4645029; DNdRN vom 19.10.1935, S. 364; DNdRN vom 14.12.1935, S. 440; DNdRN vom 26.9.1936, S. 309; DNdRN vom 3.10.1936, S. 316; DNdRN vom 20.3.1937, S. 108; DNdRN vom 23.10.1943, Sp. 1043; WbLBsch Ostpreußen vom 1.7.1944, S. 252; Ostpreußenblatt vom 8.2.1964, S. 19; Ostpreußenblatt vom 7.3.1964, S. 24; Rohrer: Macht, S. 607.

Stolz, Fritz Hermann
Geburtsdatum/-ort: 2.9.1889 Kiauken (Kr. Gerdauen). **Sterbedatum/-ort:** 16.8.1956 Bordesholm (Kr. Rendsburg). **Konfession:** Evangelisch, später »gottgläubig«. **Herkunft, Familie:** Sohn des Bauern August Stolz. Verheiratet ab 1913 mit Emma (geb. Preikschat, *1.8.1883), fünf Kinder, die 1950 alle schon erwachsen sind; zwei der Kinder brachte Emma in die Ehe mit. **Bildung, Beruf:** 6.–14. Lebensjahr Volksschule. Anschließend sechs Monate Privatunterricht, dann zwanzig Monate Präparandenanstalt. Praktische Ausbildung in der väterlichen Landwirtschaft. Landwirt. Stolz bewirtschaftet 1913–1934 den durch Heirat bekommenen Hof (ca. 65 ha). **Militär, Erster Weltkrieg, Freikorps:** Teilnahme am Ersten Weltkrieg 1914–1916, anschließend wird Stolz wegen rheumatischen Leidens als dienstuntauglich entlassen. **Weimarer Zeit:** Bis 1927 DNVP. Ab 1929 Mitglied des Kreisausschusses des Kr. Gerdauen. Erster Kreisdeputierter. **NSDAP:** Beitritt 1.5.1928 (Nr. 93.129). Bis Ende 1928 Stützpunktleiter, dann OGL der OG Mulden. 10/1934–1945 KL des Kr. Gerdauen. DAF. NSV. **Agrarpolitische Funktionen:** Im aA ab Bestehen. Kreisamtsleiter für Agrarpolitik. Am 7.4.1937 mit der Führung der Geschäfte des KBF der KBsch Gerdauen beauftragt, 4/1938–3/1944 KBF der KBsch Gerdauen. Deutsche Jägerschaft. **Nationalsozialistische Zeit:** Bürgermeister seiner Heimatgemeinde Muldszen. 5/

1935–1936 vertretungsweise Übernahme der Geschäfte des Landrates des Kr. Gerdauen. RLB. **Wehrmacht, Waffen-SS, Volkssturm:** War nicht in Reihen der Wehrmacht. **Kriegsende und Nachkriegszeit:** Nach Räumung des Kr. Gerdauen am 27.1.1945 ist Stolz in Heiligenbeil und im Samland an der Evakuierung der Bevölkerung beteiligt, flieht schließlich nach Schleswig-Holstein. 14.5.1945–29.1.1947 im Lager Eselheide interniert. Nach Schlaganfällen ist er offenbar arbeitsunfähig, ab 1947 erwerbslos. Am 4.10.1948 wird Stolz vom Entnazifizierungsausschuss in Rendsburg als Belasteter in Kategorie III eingestuft; seine Tätigkeit als KL der NSDAP ist hierbei ausschlaggebend. Stolz beantragt 4/1949 die Umstufung in Kategorie IV; es ist unklar, ob es dazu kommt. Am 11.4.1950 wird Stolz von der I. Spruchkammer des Spruchgerichts Bielefeld wegen Zugehörigkeit zum Führerkorps der NSDAP (nach Verordnung Nr. 69 der Britischen Militärregierung in Verbindung mit dem Gesetz Nr. 10 des Kontrollrats und dem Urteil des Internationalen Militärtribunals in Nürnberg) zu einer Gefängnisstrafe von 18 Monaten verurteilt; durch die Internierungshaft gilt die Strafe als verbüßt. Abgeordneter im Kreistag des Kr. Rendsburg.
Quellen und Literatur: BArch, R 16 I/1471; BArch, Z 42 IV/1811; GStA PK, I. HA Rep. 77, Nr. 4939, Bl. 238–247; LASH, Abt. 460, Nr. 2703, »Fritz Stolz«; DNdRN vom 24.4.1937, S. 158; DNdRN vom 14.5.1938, Sp. 317; DNdRN vom 25.3.1944, Sp. 250; WbLBsch Ostpreußen vom 20.5.1944, S. 198; Ostpreußenblatt vom 1.9.1956, S. 12; Ostpreußenblatt vom 8.9.1956, S. 16; Rohrer: Macht, S. 607; Stüttgen: Ost- und Westpreußen, S. 51; Auskunft Bürgerbüro (Einwohnermeldeamt) Amt Bordesholm vom 3.9.2014.

Striewski (4.6.1941: Strüwe), <u>Walter</u> Johann Michael, Dr.
Geburtsdatum/-ort: 28.1.1903 Thomascheinen (Kr. Osterode). **Sterbedatum/-ort:** Im Zweiten Weltkrieg umgekommen. **Konfession:** Evangelisch, später »gottgläubig«. **Herkunft, Familie:** Sohn des Bauern Karl Striewski. Verheiratet mit Lydia (geb. Kluschke, *8.8.1909), ein Kind (*1937). Nimmt ab 4.6.1941 den Nachnamen »Strüwe« an. **Bildung, Beruf:** 4/1909–9/1917 Volksschule Thomascheinen. 10/1917–9/1920 Präparandenanstalt Hohenstein (Ostpreußen). 10/1920–1/1921 Lehrerseminar Preußisch Eylau. 1/1921–10/1924 landwirtschaftliche Praxis. 11/1924–3/1925 Landwirtschaftsschule Osterode (Ostpreußen). 10/1925–3/1926 Vorbereitung Obersekundareife, Vorbereitungsanstalt Prof. Salzmann. 4/1926–3/1927 Vorbereitung zur Reifeprüfung, Vorbereitungsanstalt Prof. Salzmann; Reifeprüfung 3/1927. Sommersemester 1926 bis Wintersemester 1929 Studium der Landwirtschaft an der Albertus-Universität Königsberg; 3/1929 Diplom-Landwirt, 3/1931 Promotion zum Dr. phil. 4/1930–10/1931 Versuchsringassistent, Landwirtschaftlicher Versuchsring bei der LWK Ostpreußen. 11/1931–3/1934 Landwirtschaftsschule Osterode (Ostpreußen), Hilfslehrer und Wirtschaftsberater bei der LWK Ostpreußen. **Weimarer Zeit:** Reichsbund Deut-

scher Diplomlandwirte. 1927–1935 Landsmannschaft Prussia Königsberg/Pr. **NSDAP:** Beitritt 1.3.1931 (Nr. 491.337). OG Tiergarten. NSV. **Agrarpolitische Funktionen:** 1934–1938 Sachbearbeiter in der LBsch Ostpreußen, dort (1935) Leiter der Abteilung III E (»Marktwerbung«) in der LHA III, (1937) Abteilungsvorstand der Abteilung IVC (VHA), zugleich für die Unterabteilung IVC III (»Marktaufklärung«) verantwortlich. Ende 9/1938 bis 30.6.1939 mit der Wahrnehmung der Geschäfte als Leiter der Abteilung IVC (VHA) beauftragt. Scheidet auf eigenen Wunsch aus, anschließend selbstständiger Landwirt mit geringem Erfolg. Ab 4/1940 Leiter der Abteilung IVC (VHA) der LBsch Danzig-Westpreußen. Scheidet 10/1941 wiederum auf eigenen Wunsch aus dem RNSt aus und wechselt im gleichen Monat zur Zentral-Handelsgesellschaft Ost für landwirtschaftlichen Absatz und Bedarf. **Nationalsozialistische Zeit:** RLB. 9/1941 in Zoppot wohnhaft. **SA, SS:** Vor der Machtübernahme in der SA tätig, doch wird Striewski nicht SA-Mitglied. **Wehrmacht, Waffen-SS, Volkssturm:** 11–12/1933 Übung beim Reiter-Regiment 2, Reiter. 3/1944 bei der 1. Kompanie der Kraftfahrer-Ersatz- und Ausbildungs-Abteilung 11 (Stendal). Durch Beschluss des Amtsgerichts Bleckede/Elbe vom 20.4.1950 für tot erklärt, als Todeszeitpunkt wird der 1.10.1949 festgelegt.
Quellen und Literatur: BArch, BDC, PK; BArch, R 16/20348; BArch, R 2301/3590; Mentzel 1936, Tl. II, S. 94; DNdRN vom 29.10.1938, Sp. 724; DNdRN vom 15.7.1939, Sp. 486; Ostpreußenblatt vom 4.10.1958, S. 14; Auskunft WASt vom 22.1.2016.

Teichert, Fritz
Geburtsdatum/-ort: 14.2.1898 Gallingen (Kr. Friedland). **Sterbedatum/-ort:** 17.6.1965 Schwelm (Ennepe-Ruhr-Kreis). **Konfession:** Evangelisch. **Herkunft, Familie:** Sohn des Franz Teichert. Verheiratet mit Gertrud (geb. John, *28.1. 1903), ein Kind (*1926). **Bildung, Beruf:** 1903–1906 Volksschule. 1907–1915 Humanistisches Gymnasium Bartenstein; Abitur. Nach dem Ersten Weltkrieg auf ostpreußischen Gütern als landwirtschaftlicher Beamter tätig. Ab 1922 ist Teichert Besitzer des köllmischen Guts Dichtenwalde (Gesamtbetriebsgröße 115 ha). **Militär, Erster Weltkrieg, Freikorps:** Teilnahme am Ersten Weltkrieg. Tritt 1915 als Kriegsfreiwilliger ins Feldartillerie-Regiment Nr. 16 ein, Einsätze an der Ost- und Westfront, Vizewachtmeister. **Weimarer Zeit:** Ab 1922 Stahlhelm, Teichert führt später dort die OG Uderwangen. Bauernnotbewegung. Reichspartei des deutschen Mittelstandes. Kreistagsabgeordneter im Kr. Königsberg/Pr. **NSDAP:** Beitritt 1.11.1932 (Nr. 1.360.800). **Agrarpolitische Funktionen:** 1/1933 aA, LKF. 10/1933–9/1935 KBF der KBsch Königsberg-Land. 9/1935 wegen angeblicher Auflehnung seines Amtes als KBF enthoben. **SA, SS:** SA-Beitritt 1933. SA-Obertruppführer. **Wehrmacht, Waffen-SS, Volkssturm:** 1939–1945 Teilnahme am Zweiten Weltkrieg, an der Ostfront eingesetzt, Hauptmann

d. R. **Kriegsende und Nachkriegszeit:** 4/1945 verwundet, anschließend im Lazarett in Dänemark. Nach dem Lazarettaufenthalt wird Teichert Landwirt in Helmstedt. Am 20.11.1948 entscheidet der öffentliche Kläger beim Entnazifizierungshauptausschuss des Kr. Helmstedt, dass Teichert nicht zu überprüfen sei; er sei nicht als Förderer oder Nutznießer des Nationalsozialismus anzusehen. 1949–1965 Kreisvertreter der Heimatkreisgemeinschaft Königsberg-Land (Landsmannschaft Ostpreußen). Ab 1953 im Bundesvorstand der Landsmannschaft Ostpreußen. Ab 1964 Mitglied des geschäftsführenden Bundesvorstandes der Landsmannschaft Ostpreußen.
Quellen und Literatur: BArch, R 16 I/1834; BArch, ZLA 1/5117901; GStA PK, XX. HA Rep. 240, Nr. D 127, Bl. 1; NLA (Wolfenbüttel), 3 Nds. 92/1, Nr. 14250; Niekammer Ostpreußen 1932, S. 320; Georgine vom 23.3.1934, S. 267; DNdRN vom 14.9.1935, S. 323; Bloech: Ostpreußens Rinder, S. 879–880; Ostpreußenblatt vom 26.6.1965, S. 4 und S. 20; Ostpreußenblatt vom 10.7.1965, S. 16.

Thierfeldt, Lucie
Geburtsdatum/-ort: 15.1.1887 Berlin. **Sterbedatum/-ort:** 20.7.1967 Berlin. **Herkunft, Familie:** Geboren als Lucie Braun. Verheiratet mit Wilhelm Thierfeldt (*27.5.1884). **Bildung, Beruf:** Landwirtsfrau im landwirtschaftlichen Betrieb ihres Mannes in Frankenhof im Kr. Gumbinnen (Betriebsgröße 92 ha). **NSDAP:** Beitritt 1.1.1940 (Nr. 7.920.137). **Agrarpolitische Funktionen:** (1937) Leiterin der Abteilung II H (»Hauswirtschaft«) in der LHA II der LBsch Ostpreußen. Um 10/1943 Abteilungsleiterin für ländliche Frauenarbeit in der KBsch Gumbinnen. **Kriegsende und Nachkriegszeit:** Bis 9/1953 als Heimmutter (Niedersächsische Heimschule Wolfenbüttel) tätig, dann arbeitslos; Frau Thierfeldts Mann ist ab 1945 vermisst.
Quellen und Literatur: BArch, BDC, NSDAP-Mitgliederkartei (Ortsgruppenkartei); BArch, R 2301/3590; BArch, ZLA 1/4059083; Mentzel 1938, Tl. II, S. 97; WbLBsch Ostpreußen vom 30.10.1943, S. 501; Ostpreußenblatt vom 5.8.1967, S. 22.

Tietz, Hans-Georg Gustav Gottlieb
Geburtsdatum/-ort: 28.4.1913 Elluschönen (Kr. Goldap). **Konfession:** Evangelisch. **Herkunft, Familie:** Sohn des Bauern August Tietz. Verheiratet mit Hildegard (geb. Wedler, *1919), acht Kinder (*1939; *1941; *1942; *1944; *1946; *1947; *1949; *1955). **Bildung, Beruf:** Tietz wird vom 6. bis 10. Lebensjahr zusammen mit seinen Schwestern von einer Hauslehrerin unterrichtet. 11/1923–4/1932 Oberrealschule Gumbinnen; 3/1932 Abitur. Arbeitet ab 4/1932 auf dem väterlichen Hof in Elluschönen (später »Ellern«). »Jungbauer«. **NSDAP:** Beitritt 1.5.1932 (Nr. 1.488.957). Bis Herbst 1934 als OG-Organisationsleiter tätig. 1.4.1935 HJ, HJ-Scharführer. **Agrarpolitische Funktionen:** 10/1933 im RNSt eh-

renamtlicher OBF. KHAL I bei einer KBsch. 10/1936 (hauptamtlich) mit der Wahrnehmung der Geschäfte des Leiters der Abteilung I D (»Landjugend«) in der LHA I der LBsch Ostpreußen beauftragt; offenbar mit kurzer Unterbrechung von Ende 1937 bis 1940 im Amt. 1/1938 Landesjugendwart der LBsch Ostpreußen. **SA, SS:** SA-Beitritt 1.5.1932. **Wehrmacht, Waffen-SS, Volkssturm:** 1/1940 zur Wehrmacht einberufen, 1.2.1942–1945 beim Artillerie-Regiment 1, Leutnant. **Kriegsende und Nachkriegszeit:** Wohnt ab 5/1945 in der Gemeinde Rückholz (Kr. Füssen). Kriegsversehrter. Offenbar wird das Entnazifizierungsverfahren von Tietz 1947 von der Spruchkammer Füssen infolge »Weihnachtsamnestie« eingestellt.
Quellen und Literatur: BArch, R 16/18996; StAA, Spruchkammer Füssen 3215; DNdRN vom 20.1.1940, Sp. 41; Wir Ostpreußen vom 15.8.1949, S. 14; Auskunft Verwaltungsgemeinschaft Seeg vom 24.2.2016.

Tischel, Paul
Geburtsdatum/-ort: 23.10.1902 Tillitz (Kr. Löbau). **Sterbedatum/-ort:** 17.3.1985 Sprakensehl (Kr. Gifhorn). **Konfession:** Evangelisch. **Herkunft, Familie:** Sohn des Bauern Wilhelm Tischel. Verheiratet ab 28.11.1925 mit Frida (geb. Funk, *20.6.1902), fünf Kinder (*1926; *1928, gestorben 1936; *1930; *1932; *1937). Diese Ehe wird 1942 geschieden, daraufhin heiratet Tischel Fridas Schwester, Lisbeth, mit der er drei Kinder hat (*1938; *1942; *1943). **Bildung, Beruf:** Volksschule. Keine Berufslehre. 1916–1920 in der väterlichen Wirtschaft tätig, ebenso 8/1925–5/1926. 6/1926–9/1926 landwirtschaftlicher Freiarbeiter. 10/1926–3/1929 Gutskämmerer in Leunenburg (Kr. Rastenburg). 4/1929–6/1929 Landarbeiter. 7/1929–1/1931 selbstständiger Landwirt. 2/1931–1/1933 arbeitslos, Tischel ist gelegentlich als Landarbeiter und Forstarbeiter tätig. Pachtet 1942 in Kloschenen im Kr. Bartenstein einen landwirtschaftlichen Kleinstbetrieb (Betriebsgröße 3 ha). **Militär, Erster Weltkrieg, Freikorps:** Angeblich nach dem Ersten Weltkrieg in freiwilligen militärischen Formationen (»Schützen-Regiment 40«) aktiv. **Weimarer Zeit:** 11/1923–7/1925 Reichswehr, Gefreiter. Vor Wechsel zum RNSt Bezirksleiter beim Deutschen Landarbeiterverband für die Provinz Ostpreußen. **NSDAP:** Beitritt 1.10.1929 (Nr. 168.214). 12/1932 Adjutant des KL des Kr. Gerdauen. 1/1933–4/1933 stellvertretender KL des Kr. Gerdauen. 4/1933 KL des Kr. Oletzko. Tischel gibt dieses Amt 8/1933 auf, bleibt aber »KL z. b. V.« 10/1932–12/1932 NSBO, Kreisbetriebszellenobmann in Bartenstein. **Agrarpolitische Funktionen:** 6/1933–11/1934 Bezirksbetriebsgemeinschaftswalter in der Reichsbetriebsgemeinschaft 14 (DAF). 6/1933 Übernahme der Landarbeitergewerkschaften, Tischel baut den neuen Landarbeiter-Verband in der DAF Ostpreußen auf; Gaubetriebsgemeinschaftswalter. Ab 12/1934 in der LBsch Ostpreußen tätig, in der Abteilung I B (LHA I) zunächst Unterabteilungsleiter, später Abteilungsleiter. Ab 1934 Landesgefolgschaftswart der LBsch

Ostpreußen. **SA, SS:** SA-Mitglied 1.10.1929–31.12.1931. 10/1929–12/1929 SA-Mann, 12/1929–1/1930 mit der Führung eines SA-Trupps beauftragt. 1/1930–11/1931 SA-Truppführer. SS-Beitritt 1.8.1933, geführt im SS-Oa Nordost. SS-Scharführer. Tischel fungiert als SS-Verbindungsmann beim Stab der 60. SS-Standarte zum Oberpräsidium. Er scheidet dann jedoch aus der SS aus. Tischel ist anschließend als SS-Bauernreferent unter Wiederaufnahme in die SS vorgesehen, doch kommt es dazu nicht, da Tischel trotz seiner Einverständniserklärung die nötigen Unterlagen nicht beibringt. 1938 wird er als Bewerber für die Aufgabe eines SS-Bauernreferenten gestrichen. **Wehrmacht, Waffen-SS, Volkssturm:** Unter anderem 2/1940 und 11/1943 Soldat, Tischels Vertragsverhältnis beim RNSt bleibt davon unberührt. Er wird zwischenzeitlich uk-gestellt. Unteroffizier. **Kriegsende und Nachkriegszeit:** Waldfacharbeiter beim Forstamt Sprakensehl. Tritt ab 1954 mit Texten in den Themenbereichen Landarbeit und Siedlung in der Beilage »Georgine« des Ostpreußenblatts in Erscheinung.
Quellen und Literatur: BArch, BDC, PK; BArch, BDC, RS; BArch, NS 22/268; BArch, R 16/18946; BArch, ZLA 1/4013620; Ostpreußenblatt vom 6.2.1954, S. 11; Rohrer: Macht, S. 608; Auskunft Standesamt Samtgemeinde Hankelsbüttel vom 25.8.2014.

Weisheit, Ernst
Geburtsdatum/-ort: 4.2.1893 Kischken (Kr. Heydekrug). **Sterbedatum/-ort:** Soll um 1960 gestorben sein. **Konfession:** Evangelisch. **Herkunft, Familie:** Sohn des Besitzers Karl Weisheit. Verheiratet ab 25.7.1924 mit Lisbeth (geb. Petter, *10.7.1904), ein Kind (*1927). **Bildung, Beruf:** Einige Jahre landwirtschaftliche Praxis in Ostpreußen, erwirbt dann 4/1931 in Uderwangen einen landwirtschaftlichen Betrieb (Gesamtbetriebsgröße 105 ha) und wird selbstständiger Bauer. **Militär, Erster Weltkrieg, Freikorps:** Ab 1914 Teilnahme am Ersten Weltkrieg, offenbar wegen Herzleidens ab 1915 nur noch »garnisonsverwendungsfähig«. **NSDAP:** Weisheits Antrag für die Aufnahme in die NSDAP zum 1.4.1933 (Nr. 1.839.200) bei der OG Uderwangen wird offenbar von der PO zunächst nicht angenommen. Beitritt 1.5.1937 (Nr. 4.860.305). **Agrarpolitische Funktionen:** Zunächst BBF, ab 2/1934 KBF der KBsch Pr. Eylau. (1938) Kreisamtsleiter für Agrarpolitik. **SA, SS:** SA-Beitritt 1.11.1933. 11/1937 SA-Truf, SA-Reitersturm.
Quellen und Literatur: BArch, BDC, PK; BArch, R 16 I/1473; BArch, R 16 I/2140; BArch, R 16 I/2206; EZA, Bestand 980/794, Proekuls, Kr. Memel/Ostpreußen, Trauungen (1863–1892), Nr. 45, Bl. 154; GStA PK, XX. HA Rep. 240, Nr. B 12, Bl. 295; Niekammer Ostpreußen 1932, S. 374; Rohrer: Macht, S. 611; Auskunft Kreisgemeinschaft Preußisch Eylau vom 27.10.2014.

Winkler, Heinrich August

Geburtsdatum/-ort: 18.10.1875 Behrendshagen (Kr. Elbing). **Sterbedatum/-ort:** 31.12.1945; für tot erklärt, ab 2/1945 verschollen. **Konfession:** Evangelisch. **Herkunft, Familie:** Verheiratet ab 26.12.1899 mit Justine Wilhelmine (geb. Haese), neun Kinder (u.a. *1902). **Bildung, Beruf:** Landwirt, erwirbt 1908 einen Hof in Meislatein im Kr. Elbing (Betriebsgröße 64 ha). **Militär, Erster Weltkrieg, Freikorps:** 1896 militärische Ausbildung beim Infanterie-Regiment Nr. 44. 1914–1918 Teilnahme am Ersten Weltkrieg, Unteroffizier. **Weimarer Zeit:** Ab 1919 Kreistagsabgeordneter im Kr. Elbing. Vertrauensmann der DNVP. **NSDAP:** Beitritt 1.2.1932 (Nr. 955.188), Winkler war aber offenbar schon früher für die NSDAP tätig. **Agrarpolitische Funktionen:** Herbst 1933 bis 9/1937 KBF der KBsch Elbing. **SA, SS:** (1934) SA-Mitglied.

Quellen und Literatur: BArch, NS 22/268; BArch, R 16 I/1474; BArch, R 16 I/2140; BArch, ZLA 1/4461551; EZA, Bestand 980/6092, Trunz, Kr. Elbing/Ostpreußen, Trauungen (1854–1899), Nr. 20, unpag.; Niekammer Ostpreußen 1932, S. 427; Georgine vom 27.4.1934, S. 382; DNdRN vom 25.9.1937, S. 345; Rohrer: Macht, S. 612.

Witt, Hans Max

Geburtsdatum/-ort: 15.9.1900 Klein Nebrau (Kr. Marienwerder). **Sterbedatum/-ort:** Vermisst ab 1.11.1943 auf der Nordkrim. **Konfession:** Evangelisch. **Herkunft, Familie:** Sohn des Bauern Carl Witt. Verheiratet ab 1930 mit Wanda (geb. Dück), sieben Kinder. **Bildung, Beruf:** Gymnasium; Abitur. Landwirtschaftslehrling bis 10/1920. Anschließend landwirtschaftlicher Beamter. Zunächst Pächter eines Ritterguts in Riesenwalde (Betriebsgröße 450 ha). Witt erwirbt 6/1934 einen landwirtschaftlichen Betrieb in Brasdorf (Kr. Königsberg/Pr.), den er selber bewirtschaftet; Betriebsgröße 142 ha. **Militär, Erster Weltkrieg, Freikorps:** Teilnahme am Ersten Weltkrieg von Frühjahr 1918 bis Kriegsende, als Unteroffizier aus dem Heeresdienst entlassen. **Weimarer Zeit:** Nach dem Ersten Weltkrieg bis 1924 für die DNVP tätig. Anschließend DVFP. Stahlhelm, zugleich Eintritt in Feldjägerkorps (Schwarze Reichswehr), dort bis 1929. **NSDAP:** Beitritt 1.10.1929 (Nr. 178.837). OGL Riesenwalde. Vertretungsweise KL in Rosenberg. PO-Amtsleiter 10/1929–1933. 1933 gerät Witt in schwere Auseinandersetzungen mit Gauleiter Koch, die bis zur Inhaftierung Witts und zu dessen Parteiausschluss durch Koch führen. Dem folgt ein Verfahren vor dem OPG der NSDAP. Der Parteiausschluss Witts wird aufgehoben, das Verfahren 1936 abschließend eingestellt. **Agrarpolitische Funktionen:** Mitglied der LWK Ostpreußen für den Kr. Rosenberg, 1932 deren Vizepräsident. Herbst 1933 bis 8/1934 LO der LBsch Ostpreußen. Ab 1934 im aA als Abschnittsfachberater tätig. Im Zweiten Weltkrieg bei der Wehrmacht Sonderführer im landwirtschaftlichen Bereich beim Wirtschaftskommando 105 (Krim). **SA, SS:** SA-Beitritt 1.7.1933.

(1933) SA-Sturmführer beim Stab der SA-Brigade 5. **Wehrmacht, Waffen-SS, Volkssturm:** Am 29.8.1939 zur Wehrmacht einberufen, Teilnahme am Zweiten Weltkrieg, am 23.11.1939 entlassen.
Quellen und Literatur: BArch, BDC, OPG Erich Koch (19.6.1896); BArch, BDC, PK; BArch, R 16 I/1475; GStA PK, XX. HA Rep. 240, Nr. D 127, Bl. 1; Nationalsozialistische Landpost vom 23.9.1933, unpag.; Georgine vom 20.10.1933, S. 720; DNdRN vom 1.9.1934, S. 2; Auskunft WASt vom 22.1.2016.

Zahn, Fritz-Paul, Dr.
Geburtsdatum/-ort: 9.3.1902 Stendal (Kr. Stendal). **Sterbedatum/-ort:** 6.8. 1977 Dresden. **Konfession:** Evangelisch. **Herkunft, Familie:** Sohn des Gartenbaudirektors Fritz Zahn. Verheiratet ab 1929 mit Johanna (geb. Wilcke, *25.5.1903), fünf Kinder (*1931; *1934; *1934; *1939; *1939). **Bildung, Beruf:** 1908–1911 Vorschule. 1911–1920 Gymnasium, Realgymnasium Berlin-Steglitz; Reifeprüfung 3/1920. 1920–1924 Universität Berlin. 4/1920–3/1922 Gärtnerlehrling; Gehilfenprüfung 1922. 4/1922–8/1922 Gartengehilfe, Versuchsfeld der Biologischen Reichsanstalt Berlin-Dahlem. 8/1922–9/1922 Hilfsarbeiter in der Ausstellungsleitung der Jubiläums-Gartenbauausstellung. 10/1922–3/1923 Praktikant in den Gartenrevieren der Höheren Gärtnerlehranstalt Berlin-Dahlem. 1922–1924 Versuchs- und Forschungsanstalt für Gartenbau; 8/1924 erstes Staatsexamen, staatlich geprüfter Gartenbautechniker. 1924–1925 Assistent an der LWK Hessen-Nassau. 1925–1926 Promotion zum Dr. phil.; Abschluss 11/1926. 1–4/1927 Angestellter der Gartenbauabteilung der LWK Provinz Sachsen. 5/1927 Gartenbaulehrer an der Gärtnerlehranstalt Tapiau (Kr. Wehlau, Ostpreußen), 10/1927–9/1928 dort stellvertretender Direktor. 9/1928–12/1933 Geschäftsführer für Gartenbau, Leiter der Gartenbauabteilung bei der LWK Ostpreußen. **Militär, Erster Weltkrieg, Freikorps:** 1918 Kriegsdienst. **Weimarer Zeit:** 1920–1924 Mitglied in landwirtschaftlicher Studentenverbindung, später »Alter Herr« im »Naumburger Thing«. Reichsverband der deutschen Gartenbaubeamten. **NSDAP:** Beitritt 1.5.1933 (Nr. 2.331.880). 8/1934 NSV. 12/1932 RDB. 11/1937 NS-Altherrenbund, Altherrenschaftsführer. **Agrarpolitische Funktionen:** 12/1933–12/1938 in der LBsch Ostpreußen als Leiter der Unterabteilung C 9 der LHA II tätig, 1/1939 Leiter der Abteilung II E (»Gartenbau«) in der LHA II der LBsch Ostpreußen. 12/1937 Landwirtschaftsrat. 4/1939 aA. **Nationalsozialistische Zeit:** Lehrbeauftragter an der Albertus-Universität Königsberg. **Wehrmacht, Waffen-SS, Volkssturm:** Zahn wird im Herbst 1935 zu einer militärischer Übung einberufen. Er leistet indes wegen seiner zu hohen Tauglichkeitsklasse keinen Wehr- beziehungsweise Kriegsdienst. **Kriegsende und Nachkriegszeit:** Zunächst in Stendal als Betriebsverwalter der Baumschule des Kreisverbandes der Vereinigung der gegenseitigen Bauernhilfe tätig. 1952 wissenschaftlicher Mitarbeiter der Deutschen Akademie der Landwirtschafts-

wissenschaften. Ab 1.1.1953 Leiter der Zweigstelle Magdeburg-Ottersleben des Institutes für Obstbau und Obstzüchtung. Ab 1955 Leiter der Abteilung Baumschulforschung des Institutes für Gartenbau in Dresden-Pillnitz, dort auch ständiger Vertreter des Direktors.
Quellen und Literatur: BArch, BDC, NSDAP-Mitgliederkartei (Ortsgruppenkartei); BArch, R 16/22110; DNdRN vom 11.12.1937, S. 458; Reinhold/Spender: Dr. Fritz Paul Zahn. 30jähriges Doktorjubiläum, S. 424–425; Auskunft Stadtarchiv Stendal vom 20.8.2014; Auskunft Stadtarchiv Dresden vom 29.9.2015.

Ziehr, Paul Georg Gottlieb
Geburtsdatum/-ort: 29.10.1890 Tilsit (Ostpreußen). **Sterbedatum/-ort:** 25.2.1947 Itzehoe (Kr. Steinburg). **Konfession:** Evangelisch. **Herkunft, Familie:** Sohn des Rentiers Gustav Ziehr. Verheiratet ab 14.12.1923 mit Gertrud (geb. Rohrmoser, *27.8.1898), zwei Kinder (*1926; *1930). **Bildung, Beruf:** 1897–1906 Gymnasium Tilsit. 1906–1909 Landwirtschaftliche Realschule Heiligenbeil. 1909–1911 landwirtschaftlicher Lehrling, 1910–1911 auch milchwirtschaftlicher Lehrling. Zugleich 4–10/1910 landwirtschaftlicher Beamter in Sterpeiken im Memelgebiet, 8–10/1912 und 8–10/1913 landwirtschaftlicher Beamter im Kr. Goldap. 1911–1914 landwirtschaftliches Studium an der Albertus-Universität Königsberg; Diplom-Landwirt. 12/1918–9/1920 Landwirtschaftslehrer und Molkerei-Instrukteur bei der LWK Westpreußen. 10/1920–12/1933 Direktor der Landwirtschaftlichen Schule Marggrabowa (ab 1928 Treuburg). **Militär, Erster Weltkrieg, Freikorps:** Teilnahme am Ersten Weltkrieg. Kriegsfreiwilliger, unter anderem beim Reserve-Infanterie-Regiment Nr. 1, Unteroffizier. **Weimarer Zeit:** Ab 1924 Stahlhelm. **NSDAP:** Kein Partei-Mitglied, ab 4/1937 Parteianwärter. **Agrarpolitische Funktionen:** 12/1933–8/1934 LBsch Ostpreußen, Direktor der Landwirtschaftsschule in Treuburg. 8/1934–5/1935 Abteilungsvorstand in der Abteilung II E (»Werkausbildung«) der LHA II der LBsch Ostpreußen, 6/1935 (zunächst kommissarisch) Leiter der Abteilung II C (»Ackerbau«) in der LHA II der LBsch Ostpreußen. 8/1937 Oberlandwirtschaftsrat. Ab 8/1939 Vertreter des ins Reichsprotektorat Böhmen und Mähren abkommandierten Stabsleiters II der LBsch Ostpreußen, Dr. Bernhard Schwarz. Während des Zweiten Weltkriegs stellvertretender Geschäftsführer der LHA II der LBsch Ostpreußen. **SA, SS:** 1933 Übergang vom Stahlhelm zur SA-Reserve I. Förderndes Mitglied der SS. **Kriegsende und Nachkriegszeit:** Nach der Flucht ist Ziehr in der Landwirtschaftsschule Itzehoe tätig.
Quellen und Literatur: BArch, R 16/19922; DNdRN vom 20.10.1934, S. 98; Ostpreußenblatt vom 17.10.1953, S. 11; Auskunft Gemeinsames Archiv Kreis Steinburg und Stadt Itzehoe vom 11.9.2014.

Quellen und Literatur

Artikel, die Zeitungen oder Zeitschriften entnommen sind, werden im Quellen- und Literaturverzeichnis nur dann als eigenständige Titel notiert, wenn sie in den Fußnoten mit Autorennamen beziehungsweise mit »N. N.« aufgeführt sind. Alle anderen Artikel, deren Titel in den Fußnoten zur genauen Identifikation einer Fundstelle in einer Zeitung oder Zeitschrift hinzugefügt werden, werden im Quellen- und Literaturverzeichnis summarisch mit dem Titel der Zeitung beziehungsweise der Zeitschrift nachgewiesen.

Quellen

Archivalia

Archiwum Państwowe w Olsztynie (APO) [Staatsarchiv Olsztyn]

Fond No. 11 *Starostwo Powiatowe w Giżycku (łącznie z Wydziałem Powiatowym w Giżycku) [Landratsamt Lötzen]*
242

Fond No. 12 *Starostwo Powiatowe w Kętrzynie (łącznie z Wydziałem Powiatowym w Kętrzynie) [Landratsamt Rastenburg]*
50; 56; 59

Fond No. 1574 *Stan Żywicieli Rzeszy. Chłopstwo Prus Wschodnich. Chłopstwo Powiatu Kętrzyńskiego [Reichsnährstand. Landesbauernschaft Ostpreußen. Kreisbauernschaft Rastenburg]*
1

Archiwum Państwowe w Płocku (APP) [Staatsarchiv Płock]

Fond No. 533 *Starosta Płocki [Der Landrat des Kreises Plozk]*
670

Fond *Narodowo-Socjalistyczna Niemiecka Partia Pracy Kierownictwo Powiatowe*
No. 813 *w Płocku [NSDAP Kreisleitung Schröttersburg (Plozk)]*
68

Archiwum Państwowe w Warszawie (APW) [Staatsarchiv Warschau]

Fond *Żandarmeria – Powiat Ciechanów [Gendarmerie – Kreis Zichenau]*
No. 499
1

Bundesarchiv (BArch)

Bayreuth

HOK *Heimatsortskarteien*
HOK Lübeck, Ostpreußen, Kreis Samland, KK 693

Ost-Dok. *Ost-Dokumentation*

Ost-Dok. 8: Berichte von Angehörigen der politischen Führungsschicht aus den ostdeutschen Vertreibungsgebieten zum Zeitgeschehen von 1939–1945
552

Ost-Dok. 10: Berichte über Verwaltung und Wirtschaft in den reichsdeutschen Gebieten östlich von Oder und Neiße
282; 283; 284; 305

Ost-Dok. 13: Berichte über die Tätigkeit der deutschen Verwaltung in den annektierten und okkupierten Gebieten Polens, auch des Baltikums und der Sowjetunion
525

ZLA *Zentraler Lastenausgleich*

ZLA 1:
0129704; 0582076; 0596943; 1174595; 1255771; 1308802; 1383406; 1395124; 1468865; 2324424; 3014838; 3018416; 3201820; 3396089; 4004658; 4013620; 4045689; 4055515; 4059083; 4060765; 4114570; 4119181; 4226647; 4237325; 4315406; 4316769; 4461551; 4518606; 4581693; 4621485; 4640657; 4645029; 4655135; 4709052; 5101914; 5117901; 5196934; 5199857; 5207940; 5266895; 5450044; 5486373; 5616493; 5742714; 5760420; 5873696; 6002016; 6005030; 6008379; 6047114; 6051952; 7005790; 7054582; 7088425; 7115263; 7196140; 7215522; 7229926; 7246601; 7264851

ZLA 2:
7019462

Berlin-Lichterfelde

BDC *Berlin Document Center*

DS Diverses
Hans Dullo (3.9.1899)
Rudolf Adam (8.3.1905)

NSDAP-Mitgliederkartei
Ortsgruppenkartei
Zentralkartei

OPG Oberstes Parteigericht der NSDAP
Erich Koch (19.6.1896)
Ferdinand Federau (21.3.1880)
Max Haedge-Medicus (18.7.1892)

PK Parteikorrespondenz
Ernst Weisheit (4.2.1893)
Ewald Goldmann (20.11.1899)
Fritz Hartmann (20.9.1889)
Hans Witt (15.9.1900)
Heinrich Lukas (22.2.1903)
Hermann Paltinat (23.10.1905)
Max Mehl (18.1.1893)
Otto Haneberg (3.1.1896)
Paul Tischel (23.10.1902)
Walter Strüwe (28.1.1903)

RK/RSK II Reichskulturkammer/Reichsschrifttumskammer
Ewald Goldmann (20.11.1899)
Hans Dullo (3.9.1899)

RS Rasse- und Siedlungshauptamt
Adolf Gruber (16.6.1888)
Alfred Lenz (4.6.1892)
Arno Ortmann (4.5.1885)
Ernst Steppke (13.8.1903)
Fritz Berg (30.9.1897)
Hans Bethge (16.6.1894)
Oskar Horn (24.1.1903)
Paul Tischel (23.10.1902)
Richard Hintmann (30.12.1895)
Rudolf Großmann (16.9.1905)

SA Sturmabteilung
Erich Behrendt (22.5.1904)
Gustav Rex (11.3.1901)

SSO SS-Führerpersonalakten
Adolf Gruber (16.6.1888)
Alfred Lenz (4.6.1892)
Arno Ortmann (4.5.1885)
Erich Spickschen (23.7.1897)
Ernst Steppke (13.8.1903)
Fritz Berg (30.9.1897)
Fritz Schmidt (18.4.1896)
Hans Bethge (16.6.1894)
Herbert Behrendt (14.2.1898)
Oskar Horn (24.1.1903)
Richard Hintmann (30.12.1895)
Richard Wagner (2.12.1902)

Rudolf Adam (8.3.1905)
Rudolf Großmann (16.9.1905)
Walter Gerlach (25.8.1896)
Walter Radtke (3.10.1896)

NS 5 VI *Deutsche Arbeitsfront*
17561

NS 6 *Partei-Kanzlei der NSDAP*
338

NS 8 *Kanzlei Rosenberg*
173

NS 19 *Persönlicher Stab Reichsführer-SS*
967; 1321; 2746

NS 22 *Reichsorganisationsleiter der NSDAP*
268; 694

NS 23 *Sturmabteilungen der NSDAP*
210

NS 26 *Hauptarchiv der NSDAP*
2307

NS 35 *Reichsamt für das Landvolk*
3

R 2 *Reichsfinanzministerium*
18012; 18211; 18257; 18264; 18858; 18993; 19017; 19018; 19019; 19520

R 16 *Reichsnährstand*
55; 1524; 3261; 3361; 4449; 6277; 6278; 6306; 7467; 7734; 8000; 8489; 8621; 9121; 9953; 10170; 10310; 11342; 11469; 11888; 14114; 15424; 15770; 15805; 15819; 18647; 18946; 18996; 19922; 19986; 20348; 20631; 20928; 22110.

R 16 I *Deutscher Reichsbauernrat*
46; 135; 891; 894; 1426; 1427; 1428; 1429; 1430; 1431; 1432; 1433; 1434; 1435; 1436; 1437; 1438; 1439; 1440; 1441; 1442; 1443; 1444; 1445; 1446; 1447; 1448; 1449; 1450; 1451; 1453; 1455; 1456; 1457; 1458; 1459; 1460; 1461; 1463; 1465; 1466; 1467; 1468; 1469; 1470; 1471; 1473; 1474; 1475; 1825; 1826; 1828; 1831; 1834; 1835; 1935; 2071; 2116; 2117; 2140; 2163; 2186; 2201; 2202; 2204; 2205; 2206; 2207; 2218; 2278

R 43 I *Akten der Reichskanzlei*
1860

R 46 *Reichserbhofgericht*
345; 358

R 49 *Reichskommissar für die Festigung deutschen Volkstums*
117; 130; 194

R 69 *Einwandererzentralstelle Litzmannstadt (EWZ)*
116

R 72 *Stahlhelm, Bund der Frontsoldaten e.V.*
101

R 82 *Reichsgesellschaft für Landbewirtschaftung mbH*
11; 12; 18; 19; 149

R 113 *Reichsstelle für Raumordnung*
8; 354; 355; 356; 652; 654

R 2301 *Rechnungshof des Deutschen Reiches*
3547; 3589; 3590; 3591; 3592; 3593; 3594; 3595; 3878; 3879; 3880; 4032; 4034; 4035; 9685; 13184

R 3001 *Reichsjustizministerium*
22182; 22216; 59648; 62671

R 3601 *Reichsministerium für Ernährung und Landwirtschaft*
1774; 2009; 2182; 2286; 2354; 2360; 2365

R 3901 *Reichsarbeitsministerium*
100755

R 8034 III *Reichslandbund, Presseausschnittsammlung, Personalia*

Freiburg (Militärarchiv)

PERS 6 *Angehörige der Wehrmacht und ihrer Vorläufer sowie der Waffen-SS*
21778; 36135

RH 29-1 *1. Kavallerie-Division*
59

RW 19 *OKW/Wehrwirtschafts- und Rüstungsamt*
51; 1753

RW 20-1 *Rüstungsinspektion I (Königsberg)*
1; 2; 3; 4; 5; 8; 11; 14; 19; 21; 22; 23; 24

Koblenz

B 305 *Zentrale Rechtsschutzstelle*
3273

PERS 101 *Personalakten von Beschäftigten des öffentlichen Dienstes*
32780

Z 42 II *Spruchgericht Benefeld-Bomlitz*
520

Z 42 III *Spruchgericht Bergedorf*
179; 2591; 2720

Z 42 IV *Spruchgericht Bielefeld*
1484; 1811

Z 42 VII *Spruchgericht Stade*
1841

Evangelisches Zentralarchiv, Berlin (EZA)

Bestand 507 Sammlung ostdeutscher Pfarrakten
1602

Bestand 980 Ostdeutsche Kirchenbücher
160, Deutsch Wilten, Kr. Friedland/Ostpreußen, Taufen (1875–1901); 794, Proekuls, Kr. Memel/Ostpreußen, Trauungen (1863–1892); 1317, Barten, Kr. Rastenburg/Ostpreußen, Taufen (1883–1906); 1752, Tilsit, Kr. Tilsit/Ostpreußen, Taufen (1906–1914); 6092, Trunz, Kr. Elbing/Ostpreußen, Trauungen (1854–1899); 6327, Mariensee, Kr. Karthaus/Westpreußen, Taufen (1874–1894)

Geheimes Staatsarchiv Preußischer Kulturbesitz, Berlin (GStA PK)

I. HA Alte und Neue Reposituren

Rep. 77 Preußisches Ministerium des Inneren
4939

Rep. 87 B Preußisches Ministerium für Landwirtschaft, Domänen und Forsten
13333

Rep. 90 B Preußisches Staatsministerium
270

Rep. 90 P Preußisches Staatsministerium
Lageberichte, Bd. 6,6 (Gumbinnen)

Rep. 151 IC Finanzministerium
8112

Rep. 217 Preußisches Landeserbhofgericht zu Celle
94; 95; 96; 98; 99; 100; 101; 104; 105; 107; 108; 109; 218; 328; 419; 420; 421; 469; 470; 482; 495; 499; 513; 515

XX. HA Historisches Staatsarchiv Königsberg

Rep. 10 Regierung zu Königsberg
Titel 36, 30; Titel 36, 34; Titel 36, 40

Rep. 18 Landratsämter
2

Rep. 240 NSDAP-Gauarchiv
B 7; B 8; B 12; B 20; C 44; C 45; C 65; C 77; D 127

Hessisches Hauptstaatsarchiv, Wiesbaden (HHStAW)

Abt. 520/DZ Spruchkammern Hessen/Darmstadt-Zentral
Nr. 519464 Wagner, Richard

Institut für Zeitgeschichte, München-Berlin (IfZ)

MA 3 *Himmler, Heinrich*

Rolle 6:
Folder 39 (Landwirtschafts- und Ernährungsfragen, 1942–1945)

Rolle 12:
Folder 144 (Ansiedlung Deutscher in den besetzten Ländern, 1942–1944)

ZS *Zeugenschrifttum*
1451 (Zeugenschrifttum Bernhard Schwarz) (online verfügbar unter <http://www.ifz-muenchen.de/archiv/zs/zs-1451.pdf> [15.10.2014])

Instytut Pamięci Narodowej (IPN) [Institut für Nationales Gedenken, Warschau]

GK 836 *Narodowosocjalistyczna Niemiecka Partia Robotnicza. Kierownictwo Powiatowe w Płocku [NSDAP. Kreisleitung Schröttersburg]*
30

Landesarchiv Baden-Württemberg (LABW)

Hauptstaatsarchiv Stuttgart

E 270d *Sekretariat des Militärverdienstordens*
Bü 88

Findbuch
»Archiv-Verzeichnis der Württ. Artillerie-Kommandeure u. General der Artillerie Nr. 13«

M 74 *Artillerie-Stäbe*
Bü 24b

M 430/3 *Personalakten III*
Bü 10947

Landesarchiv Nordrhein-Westfalen (LAV NRW)

Abteilung Rheinland

NW *Der Sonderbeauftragte für die Entnazifizierung in NRW*

NW 1038 Hauptausschuss Regierungsbezirk Münster
3137

NW 1049 Hauptausschuss Regierungsbezirk Köln
52450

NW 1099 Hauptausschuss Stadtkreis Hagen
3192

NW 1108 Hauptausschuss Landkreis Meschede
4669

NW 1110 Hauptausschuss Stadtkreis Siegen
2780

Landesarchiv Schleswig-Holstein, Schleswig (LASH)

Abt. 460 *Entnazifizierungsakten*
Nr. 1437, »Alfred Danielczyk«; Nr. 2151, »Richard Hintmann«; Nr. 2703, »Fritz Stolz«

Abt. 460.3 *Entnazifizierungshauptausschuss des Kreises Eutin*
Nr. 201, Geschäftszeichen Eu 2193

Abt. 460.9 *Entnazifizierungshauptausschuss des Kreises Pinneberg*
Nr. 137, »Willi Kowitz«; Nr. 238, Geschäftszeichen 10045; Nr. 290, »Arthur Schumacher«

Abt. 460.10 *Entnazifizierungshauptausschuss des Kreises Plön*
Nr. 526, »Fritz Hartmann«

Abt. 460.15 *Entnazifizierungshauptausschuss des Kreises Stormarn*
Nr. 360, »Karl Somann«

Abt. 460.16 *Entnazifizierungshauptausschuss des Kreises Süderdithmarschen*
Nr. 213, »Bruno Knutti«

Niedersächsisches Landesarchiv (NLA)

Standort Hannover

Nds. 171 *Entnazifizierungsbehörden im Regierungsbezirk Hannover*

Hildesheim:
3607; 25589

Lüneburg:
38464

Standort Stade

Rep. 257 II *Entnazifizierungsakten deutscher Stellen*
34632

Rep. 275 I *Entnazifizierungsakten der britischen Militärregierung*
17.3.11

Standort Wolfenbüttel

3 Nds. *Entnazifizierung (E-Akten)*

92/1:
14250; 29684; 41212; 41277; 42002; 49600

Staatsarchiv Augsburg (StAA)

Spruchkammer Füssen
3215

Editionen und Periodika

Befehlsausgabe der Gauleitung Ostpreußen der NSDAP.

Christoforow, Wassili Stepanowitsch/Makarow, Wladimir Gennadjewitsch/Uhl, Matthias (Hg.): Verhört. Die Befragungen deutscher Generale und Offiziere durch die sowjetischen Geheimdienste 1945–1952, Berlin/Boston, Ma. 2015.

Degener, Herrmann A. L. (Hg.): Degeners Wer ist's? Eine Sammlung von rund 18.000 Biographien mit Angaben über Herkunft, Familie, Lebenslauf, Veröffentlichungen und Werke, Lieblingsbeschäftigung, Mitgliedschaft bei Gesellschaften, Anschrift und anderen Mitteilungen von allgemeinem Interesse. Auflösung von ca. 5.000 Pseudonymen, 10., neu bearb. und erw. Aufl., Berlin 1935.

Deutsche Allgemeine Zeitung.

Deutsche landwirtschaftliche Presse.

Deutsche Reichsbank: Verwaltungsbericht der Deutschen Reichsbank für das Jahr 1940. Hauptversammlung am 12. März 1941, Berlin 1941.

Dienstnachrichten des Reichsnährstandes.

Diepholzer Kreisblatt.

Friedrich, Klaus-Peter (Bearb.): Polen. September 1939 - Juli 1941 (= Die Verfolgung und Ermordung der europäischen Juden durch das nationalsozialistische Deutschland 1933–1945, Bd. 4), Mitarbeit: Andrea Löw, München 2011.

Gaspadar / Rolnik / Der Landwirt. Ausgabe für den Bezirk Bialystok.

Georgine.

Hauptorganisationsamt der Reichsleitung der NSDAP (Hg.): Adressenwerk der Dienststellen der NSDAP mit den angeschlossenen Verbänden, des Staates, der Reichsregierung und Behörden und der Organisationen in Kultur, Reichsnährstand, gewerbliche Wirtschaft. Reichsband, Berlin 1937.

Hauptorganisationsamt der Reichsleitung der NSDAP (Hg.): Adressenwerk der Dienststellen der NSDAP mit den angeschlossenen Verbänden, des Staates, der Reichsregierung und Behörden und der Berufsorganisationen in Kultur, Reichsnährstand, gewerbliche Wirtschaft. Reichsband, 3. Aufl., Berlin 1941/1942.

Institut für Zeitungswissenschaft der Universität Berlin (Hg.): Handbuch der deutschen Tagespresse, 7. Aufl., Leipzig 1944.

Kienast, Ernst (Hg.): Der Großdeutsche Reichstag 1938. IV. Wahlperiode (nach dem 30. Januar 1933), Berlin 1938.

Königliches Gymnasium zu Mörs (mit Ersatzunterricht für das Griechische bis Untersekunda einschließlich). Jahres-Bericht über das Schuljahr 1914/15 erstattet von dem stellvertretenden Direktor Professor Hofius, Moers 1915.

Königsberger Allgemeine Zeitung.

Königsberger Tageblatt.

Kozłowski, Eugeniusz/Matusak, Piotr (Hg.): Eksploatacja siły roboczej i grabież ziem polskich przez Wehrmacht w końcowym okresie II Wojny Światowej (= Documenta occupationis, Bd. 12), Poznań 1986.

Land und Frau (Beilage zu »Deutsche Landwirtschaftliche Presse«).

Landesbauernschaft Ostpreußen (Hg.): Ostpreußischer Bauernkalender 1937, Königsberg/Pr. 1937.

Landesbauernschaft Ostpreußen (Hg.): Ostpreußischer Bauernkalender 1938, Königsberg/Pr. 1938.

Landesbauernschaft Ostpreußen (Hg.): Ostpreußischer Bauernkalender 1939, Königsberg/Pr. 1939.

Landesbauernschaft Ostpreußen (Hg.): Ostpreußischer Bauernkalender 1940, Königsberg/Pr. 1940.

Mentzel und v. Lengerke's landwirtschaftlicher Hülfs- und Schreibkalender. Achtzigster Jahrgang. 1927, Zweiter Tl.: Landwirtschaftliches Jahrbuch, Berlin 1927.

Mentzel und v. Lengerke's landwirtschaftlicher Hülfs- und Schreibkalender. Siebenundachtzigster Jahrgang. 1934, Zweiter Tl.: Landwirtschaftliches Jahr- und Adressenbuch, Berlin 1934.

Mentzel und v. Lengerke's landwirtschaftlicher Hilfs- und Schreibkalender. Achtundachtzigster Jahrgang. 1935, Zweiter Tl.: Landwirtschaftliches Jahr- und Adressenbuch, Berlin 1935.

Mentzel und v. Lengerke's landwirtschaftlicher Hilfs- und Schreibkalender. Neunundachtzigster Jahrgang. 1936, Zweiter Tl.: Landwirtschaftliches Jahr- und Adressenbuch, Berlin 1936.

Mentzel und v. Lengerke's landwirtschaftlicher Hilfs- und Schreibkalender. Neunzigster Jahrgang. 1937, Zweiter Tl.: Landwirtschaftliches Jahr- und Adressenbuch, Berlin 1937.

Mentzel und v. Lengerke's landwirtschaftlicher Hilfs- und Schreibkalender. Einundneunzigster Jahrgang. 1938, Zweiter Tl.: Landwirtschaftliches Jahr- und Adressenbuch, Berlin 1938.

Mentzel und v. Lengerke's landwirtschaftlicher Hilfs- und Schreibkalender. Zweiundneunzigster Jahrgang. 1939, Zweiter Tl.: Landwirtschaftliches Jahr- und Adressenbuch, Berlin 1939.

Mentzel und v. Lengerke's landwirtschaftlicher Hilfs- und Schreibkalender. Dreiundneunzigster Jahrgang. 1940, Zweiter Tl.: Landwirtschaftliches Jahr- und Adressenbuch, Berlin 1940.

Mentzel und v. Lengerke's landwirtschaftlicher Hilfs- und Schreibkalender. Vierundneunzigster Jahrgang. 1941, Zweiter Tl.: Landwirtschaftliches Jahr- und Adressenbuch, Berlin [1941].

Mentzel und v. Lengerke's landwirtschaftlicher Hilfs- und Schreibkalender. Fünfundneunzigster Jahrgang. 1942, Zweiter Tl.: Landwirtschaftliches Jahr- und Adressenbuch, Berlin [1942].

Mentzel und v. Lengerke's landwirtschaftlicher Hilfs- und Schreib-Kalender. Sechsundneunzigster Jahrgang. 1943, Zweiter Tl.: Landwirtschaftliches Jahr- und Adressenbuch, Berlin [1943].

N. N.: Zum sozialen Aufbau im Osten, in: Hepp, Michael/Roth, Karl Heinz (Bearb.): Sozialstrategien der Deutschen Arbeitsfront, Teil A: Jahrbücher des Arbeitswissenschaftlichen Instituts der Deutschen Arbeitsfront 1936–1940/41, Bd. 4: Jahrbuch 1939, Teilbd. I, München/London/New York u. a. 1987, S. 35–76.

Nationalsozialistische Landpost.

Niekammer's Landwirtschaftliche Güter-Adreßbücher, Bd. III: Landwirtschaftliches Güter-Adreßbuch der Provinz Ostpreußen (mit Anhang Memelland), 4. Aufl., Leipzig 1922.

Niekammer's Landwirtschaftliche Güter-Adreßbücher, Bd. III: Landwirtschaftliches Adreßbuch der Domänen, Rittergüter, Güter und Höfe in der Provinz Ostpreußen, 5., verm. und verb. Aufl., Leipzig 1932.
Ostpreußenblatt.
Ostpreußen-Warte.
Ostpreußische Landgesellschaft m.b. Haftung zu Königsberg i. Pr. (Gemeinnützige provinzielle Siedlungsgesellschaft): Bericht für die Zeit vom 1. Januar bis 31. Dezember 1933, Königsberg 1934.
Ostpreußische Landgesellschaft mbH zu Königsberg i. Pr. (Gemeinnützige provinzielle Siedlungsgesellschaft): Bericht für die Zeit vom 1. Januar bis 31. Dezember 1934, Königsberg/Pr. 1935.
Ostpreußische Landgesellschaft mit beschränkter Haftung zu Königsberg/Pr. Gemeinnützige provinzielle Siedlungsgesellschaft: Bericht für die Zeit vom 1. Januar bis 31. Dezember 1935, Königsberg/Pr. 1936.
Ostpreußische Landgesellschaft mit beschränkter Haftung zu Königsberg/Pr. Gemeinnützige provinzielle Siedlungsgesellschaft: Jahresbericht 1938. 1. Januar – 31. Dezember, Königsberg/Pr. 1939.
Ostpreußische Landgesellschaft mit beschränkter Haftung zu Königsberg/Pr. Gemeinnützige provinzielle Siedlungsgesellschaft: Jahresbericht 1939. 1. Januar – 31. Dezember, Königsberg/Pr. 1940.
Ostpreußische Landgesellschaft mit beschränkter Haftung zu Königsberg/Pr. Gemeinnützige provinzielle Siedlungsgesellschaft: Jahresbericht 1940. 1. Januar bis 31. Dezember, Königsberg/Pr. 1941.
Ostpreußische Landgesellschaft mbH, Zweigstelle Bialystok: Tätigkeitsbericht für die Zeit vom 1. August 1941 bis 30. Juni 1942, o. O. o. D. [überliefert in: BArch, R 2/19019, unpag.].
Ostpreußische Zeitung.
Ostpreußisches Genossenschaftsblatt.
Preußische Gesetzessammlung.
Preußische Zeitung.
Preußisches Staatsministerium (Hg.): Handbuch über den Preußischen Staat. Jahr 1938. 140. Jahrgang, Berlin 1938.
Preußisches Statistisches Landesamt (Hg.): Statistisches Jahrbuch für den Freistaat Preußen, Bd. 24, Berlin 1928.
Reichsgesetzblatt.
Reichsnährstand (Hg.): Landesbauernschaften in Zahlen. 1933–1938, Berlin 1939.
Reichsnährstand (Hg.): Landesbauernschaften in Zahlen. 2. Folge. 1938–1939, Berlin 1940.
Reichsnährstand (Hg.): Landesbauernschaften in Zahlen. 3. Folge. 1939–1940, Berlin 1941.
Reichsnährstand (Hg.): Landesbauernschaften in Zahlen. 4. Folge. 1940–1941, Berlin 1942.
Reichsnährstand (Hg.): Landesbauernschaften in Zahlen. 5. Folge. 1941–1942, Berlin 1943.
Reichsnährstand (Hg.): Landesbauernschaften in Zahlen. 6. Folge. 1942–1943, Berlin 1944.

Reichsorganisationsleiter der NSDAP (Hg.): Organisationsbuch der NSDAP, 2. Aufl., München 1937.
Reichsorganisationsleiter der NSDAP (Hg.): Organisationsbuch der NSDAP, 6. Aufl., München 1940.
Reichsorganisationsleiter der NSDAP (Hg.): Organisationsbuch der NSDAP, 7. Aufl., München 1943.
Reichssteuerblatt.
Statistisches Amt der Provinz Ostpreußen (Hg.): Statistisches Handbuch für die Provinz Ostpreussen. 1938. Ein Wegweiser durch Verwaltung, Bevölkerungs- und Wirtschaftsentwicklung seit der Machtübernahme 1933–1937, Schlossberg (Ostpr.)/Leipzig 1938.
Statistisches Reichsamt (Hg.): Statistisches Jahrbuch für das Deutsche Reich. 45. Jahrgang. 1926, Berlin 1926.
Statistisches Reichsamt (Hg.): Statistisches Jahrbuch für das Deutsche Reich. 47. Jahrgang. 1928, Berlin 1928.
Statistisches Reichsamt (Hg.): Statistisches Jahrbuch für das Deutsche Reich. 51. Jahrgang. 1932, Berlin 1932.
Statistisches Reichsamt (Hg.): Statistisches Jahrbuch für das Deutsche Reich. 53. Jahrgang. 1934, Berlin 1934.
Statistisches Reichsamt (Hg.): Statistisches Jahrbuch für das Deutsche Reich. 58. Jahrgang. 1939/40, Berlin 1940.
Statistisches Reichsamt (Hg.): Statistisches Jahrbuch für das Deutsche Reich. 59. Jahrgang. 1941/1942, Berlin 1942.
Statistisches Reichsamt (Hg.): Landwirtschaftliche Betriebszählung (= Statistik des Deutschen Reichs, Bd. 560), Berlin 1943.
The Chilliwack Progress.
Trial of the Major War Criminals Before the International Military Tribunal. Nuremberg 14 November 1945 – 1 October 1946. Volume XLII: Documents and Other Material in Evidence, Nuremberg 1949.
Trials of War Criminals Before the Nuernberg Military Tribunals Under Control Council Law No. 10. Volume IV: »The Einsatzgruppen Case«. Nuernberg October 1946 – April 1949, Washington, D.C. 1950.
Tygodnik rolniczy Zichenau. Landwirtschaftliches Wochenblatt für Zichenau.
Verhandlungen des 60. Provinziallandtages der Provinz Ostpreußen am 10. April 1933, Königsberg i. Pr. 1933.
Verkündungsblatt des Reichsnährstandes.
Verwaltungsamt des Reichsbauernführers (Zusammenstellung): Landwirtschaftliche Statistik. 1939/1940, Berlin 1940.
Warnack, Max (Hg.): Taschenbuch für Verwaltungsbeamte. 1943. Sechzigster Jahrgang, Berlin 1943.
Wir Ostpreußen.
Wochenblatt der Landesbauernschaft Donauland.
Wochenblatt der Landesbauernschaft Kärnten.
Wochenblatt der Landesbauernschaft Niederschlesien.
Wochenblatt der Landesbauernschaft Ostpreußen.
Wochenblatt der Landesbauernschaft Salzburg.

Zeitgenössisches Schrifttum

Aereboe, Friedrich: Allgemeine landwirtschaftliche Betriebslehre, 5., neu bearb. Aufl., Berlin 1920.

Batocki, Adolf von/Schack, Gerhard: Bevölkerung und Wirtschaft in Ostpreussen. Untersuchungen über die Zusammenhänge zwischen Bevölkerungsentwicklung und Erwerbsgelegenheit, Jena 1929.

Belser, Ernst: Ostpreußen und der Vierjahresplan, in: Geographischer Anzeiger 38 (1937), S. 565–566.

Besecke, Fritz: Planungsbeispiel Hauptdorfbereich Minden, in: Neue Dorflandschaften. Gedanken und Pläne zum ländlichen Aufbau in den neuen Ostgebieten und im Altreich. Herausgegeben vom Stabsamt des Reichskommissars für die Festigung deutschen Volkstums, Planungsamt sowie vom Planungsbeauftragten für die Siedlung und ländliche Neuordnung, Berlin 1943, S. 64–73.

Bethke, Hermann/Grünberg, Hans-Bernhard von: Entschuldung und Neubau der deutschen Wirtschaft, Berlin 1932.

Bowien, Ulrich: Die Durchführung der Ostpreußenhilfe und der Osthilfe in Ostpreußen, Mohrungen (Ostpr.) 1933.

Clauß, Wolfgang: Künftiges deutsches Bauernland, in: Nationalsozialistische Landpost vom 17.1.1941, S. 6.

Czelinski, Kurt: Bauerntum und Sippenpflege, in: Landesbauernschaft Ostpreußen (Hg.): Ostpreußischer Bauernkalender 1939, Königsberg/Pr. 1939, S. 83–84.

Darré, Richard Walther: Das Bauerntum als Lebensquell der Nordischen Rasse, München 1929.

Darré, Richard Walther: Neuadel aus Blut und Boden, München 1930.

Das Deutsche Führerlexikon. 1934/1935, Berlin 1934.

Derboven, Fritz: Der Güternahverkehr des Düsseldorfer Wirtschafts-Gebietes, Köln 1929.

Diesner, Rudolf: Im Interesse aller Bauern und Landwirte, in: WbLBsch Ostpreußen vom 26.4.1941, S. 318.

Dullo, Hans: Nationalsozialistische Agrarpolitik, in: Königsberger Tageblatt vom 31.5.1940, S. 3.

Dullo, Hans: Die landwirtschaftliche Schau auf der 29. Deutschen Ostmesse in Königsberg vom 12. bis 15. Oktober, in: WbLBsch Ostpreußen vom 27.9.1941, S. 679.

Dullo, Hans (Bearb.): Die Landfrau in der Erzeugungsschlacht, Königsberg 1942.

Dullo, Hans (Bearb.): Praktiker zur Erzeugungsschlacht. Hrsg. von der Landesbauernschaft Ostpreußen, Königsberg 1942.

Dullo, Hans: Gegen das internationale Judentum, in: Tygodnik rolniczy Zichenau. Landwirtschaftliches Wochenblatt für Zichenau vom 10.1.1943, Titelseite und S. 10.

Dullo, Hans: Aufbau der Landwirtschaft im Bezirk Bialystok, in: WbLBsch Ostpreußen vom 11.12.1943, Titelseite und S. 556.

Dullo, Hans: Lustige Geschichten aus Ostpreußen. Neu bearb. von Hans Dullo. Zeichn. von Erich Birth, 4. Aufl., Königsberg 1943.

Gayl, Wilhelm von: Der politische und wirtschaftliche Kampf um Ostpreußen seit dem 19. Jahrhundert, Leipzig 1934.

Gebert, Walter: Der Weg zum Neubauern, in: Landesbauernschaft Ostpreußen (Hg.): Ostpreußischer Bauernkalender 1937, Königsberg/Pr. 1937, S. 56–58.

Görres, Guido: Gestaltungsaufgaben im neuen Ostpreußen, in: Neues Bauerntum 32 (1940), S. 245–247.

Görres, Guido: Landgestaltung in Ostpreußen, in: PZ vom 31. 5. 1942, unpag.

Grünberg, Hans-Bernhard von: Die Hauptgrundsätze des Ostpreußenplanes, in: Das nationalsozialistische Ostpreußen, Königsberg 1934, S. 7–42.

Grünberg, Hans-Bernhard von: Hauptgrundsätze der Siedlungspolitik. Notwendigkeit eines totalen Landesaufbaues in Dorf und Stadt, Berlin 1940.

Grünberg, Hans-Bernhard von: Geleitwort zur Rubrik »Aufbau im deutschen Osten«, in: PZ vom 1. 4. 1941, unpag.

Grünberg, Hans-Bernhard von: Hauptgesichtspunkte für die Aufstellung eines Wohnungsbauprogrammes im Regierungsbezirk Zichenau, in: Der soziale Wohnungsbau in Deutschland 1 (1941), Heft 14, S. 490–494.

Gründel, Günther E.: Die Sendung der Jungen Generation. Versuch einer umfassenden revolutionären Sinndeutung der Krise, München 1932.

Haenelt, H.-G. [Vorname unbekannt]: Die Landwirtschaft im Ostland und in der Ukraine, in: Neues Bauerntum 34 (1942), S. 31–33.

Handbuch für den Regierungsbezirk Zichenau mit Ortschaftsverzeichnis. Behördenanschriften, Parteidienststellen, Postämtern, Schulen, Einwohnerzahlen, Allenstein 1943.

Hartmann, Franz: Die statistische und geschichtliche Entwicklung der NS-Presse. 1926–1936, [München 1936] [unveröffentlicht, überliefert in: BArch, NS 26/2307].

Hopp, Karl: Erbhofrecht in Zahlen, in: Deutsche Justiz 98 (1936), S. 1563–1568.

Jahn, A. M. [Vorname unbekannt]: Das landwirtschaftliche Bauprogramm der Ostgebiete, in: Die deutsche Landfrau 35 (1942), Heft 5, S. 86–87.

Kabermann, Heinz: Der Bezirk Bialystok, in: Neues Bauerntum 34 (1942), S. 332–336.

Keit, Ernst: Der Bezirk Bialystok. Landschaft und Geschichte, Wirtschaft und Verkehr, in: PZ vom 29. 5. 1942, unpag.

Kerschensteiner, Anton: Die soziale Struktur Ostpreußens, in: Soziale Praxis 47 (1938), Sp. 207–216.

Kieser, Walther: Der Aufbau im Gebiet um Zichenau, 2. Aufl., Berlin 1942 (EA 1941).

Koch, Erich: Aufbau im Osten, Breslau 1934.

Koch, Erich: Ostpreußens neuer Auftrag Suwalki und Zichenau, in: PZ vom 31. 12. 1939, unpag.

Koch, Erich: Die Zukunftsaufgaben des Gaues Ostpreußen, in: PZ vom 29. 1. 1941, unpag.

Koch, Erich: Ostpreußen ohne Korridor. Ausbau der Flankenstellung, in: Das Reich vom 23. 3. 1941, unpag.

Koch, Erich: Weltverkehrsstraßen treffen sich in Ostpreußen, in: PZ vom 19. 4. 1941, unpag.

Lang, Emil/Klaaßen, Heinrich: Die landwirtschaftlichen Grundlagen der Besiedlung des neuen Ostgebietes und die daraus sich ergebende Betriebsstruktur, in: Scheu, Erwin (Hg.): Vorschläge für die ländliche Besiedlung des neuen deutschen Ostraumes. Gutachtliche Äußerungen von Georg Blohm, Heinrich Klaaßen, Emil Lang, Erwin Scheu, Georg Weippert, Königsberg/Pr. 1940, S. 49–83.

Leers, Johann von: Wegbereiter des nordischen Gedankens und der Rasseforschung. Prof. Hans F. K. Günther 50 Jahre alt, in: WbLBsch Ostpreußen vom 15.2.1941, Titelseite und S. 123.

Merkel, Hans: Einheitliche Marktorganisation im Reichsnährstand, in: Georgine vom 12.2.1935, Titelseite.

Mundt, Heinrich: Eine Grundstückskartei für die eingegliederten Ostgebiete, in: Neues Bauerntum 34 (1942), S. 104–109.

N. N.: Große Landdienstkundgebung in Tilsit, in: WbLBsch Ostpreußen vom 11.9.1936, Titelseite und S. 1474.

N. N.: Sorgen und Aufgaben der ostpreußischen Landwirtschaft, in: WbLBsch Ostpreußen vom 20.8.1937, Titelseite und S. 1214.

N. N.: Die Erbhöfe im Deutschen Reich nach dem Stande von Mitte 1938, in: Vierteljahrshefte zur Statistik des Deutschen Reiches 48 (1939), Heft 2, S. 36–71.

N. N.: Die Presse des Regierungsbezirks Zichenau, in: Ostland 21 (1940), Nr. 18, S. 442–443.

N. N.: Arbeit und Ziel. Von der Schulungsarbeit der Landesbauernschaft im Winter 1940/41, in: WbLBsch Ostpreußen vom 19.3.1941, Titelseite und S. 243.

N. N.: Der Weg des ostpreußischen Bauerntums, in: WbLBsch Ostpreußen vom 18.10.1941, S. 732–734.

N. N.: Landesbauernführer Spickschen sprach zu ostpreußischen Bauern, in: WbLBsch Ostpreußen vom 21.3.1942, Titelseite und S. 181.

N. N.: Der deutsche Geist entscheidet über die Zukunft der Nation, in: WbLBsch Ostpreußen vom 27.6.1942, Titelseite.

N. N.: Ostpreußens Bauerntum stand seinen Mann, in: KAZ vom 5.10.1942, unpag.

N. N.: Seit' an Seite mit unseren Soldaten, in: WbLBsch Ostpreußen vom 19.12.1942, Titelseite.

N. N.: Kreisbauerntage in Ostpreußen, in: WbLBsch Ostpreußen vom 3.4.1943, Titelseite und S. 194–195.

N. N.: So half Ostpreußen beim Erntesieg, in: KAZ vom 4.10.1943, unpag.

N. N.: Landesbauernführer Spickschen sprach vor samländischen Bauern, in: WbLBsch Ostpreußen vom 29.1.1944, Titelseite und S. 38.

N. N.: Landesbauernführer Spickschen beim Landdiensttreffen, in: WbLBsch Ostpreußen vom 23.3.1944, Titelseite und S. 122.

N. N.: Arbeitstagung der Jugendberufswarte. Landesbauernführer Spickschen und Reichsjugendberufswart Moses sprachen, in: WbLBsch Ostpreußen vom 1.7.1944, S. 257–258.

Ortmann, Arno: Die Landwirtschaft in den Generalbezirken Lettland, Estland und Litauen, in: Tygodnik Rolniczy Zichenau. Landwirtschaftliches Wochenblatt für Zichenau vom 22.8.1943, S. 383–384.

Ostpreußenprogramm. Denkschrift zu den Beschlüssen des Ostpreußenausschusses in der Sitzung vom 27. Oktober 1936. Vorgelegt durch den Oberpräsidenten der Provinz Ostpreußen, Königsberg/Pr. 1936.

Paluk, Richard: Bauerntum, Siedlung und Kirche. Gedanken zum Erntedankfest, in: Georgine vom 29.9.1933, S. 660–661.

Petersen, Heinrich: Neubildung deutschen Bauerntums im Kriege, in: WbLBsch Ostpreußen vom 20.1.1940, S. 30.

Petersen, Heinrich: Der Neubauernschein, in: WbLBsch Ostpreußen vom 17. 2. 1940, S. 85.
Petersen, Heinrich: Öffentliche Bewirtschaftung aller landwirtschaftlichen Betriebe und Grundstücke in den eingegliederten Ostgebieten, in: WbLBsch Ostpreußen vom 9. 3. 1940, S. 128.
Petersen, Heinrich: Umsiedlungsmaßnahmen in Ostpreußen, in: WbLBsch Ostpreußen vom 17. 8. 1940, S. 504–505.
Reichserbhofgesetz mit Erbhofrechtsverordnung, Erbhofverfahrensordnung, Erbhoffortbildungsverordnung, den Einführungsverordnungen für die neuen Reichsgebiete und wichtigen Verwaltungsvorschriften, Textausgabe mit Verweisungen, Gebührentabelle und Sachverzeichnis, 5., erg. Aufl., Stand vom 1. 11. 1943, München 1944.
Reinke, Helmut: Der deutsche Landarbeiter. Sein Kommen und Werden. Eine Vortragsfolge, Berlin 1935.
Reischle, Hermann/Saure, Wilhelm: Der Reichsnährstand. Aufbau, Aufgaben und Bedeutung, 3. Aufl., Berlin 1940.
Röhr, Johannes: Die Entwicklung der Landwirtschaft in den Vierlanden bei Hamburg, eine betriebswirtschaftliche Studie über den Einfluss des Absatzes auf die Betriebsorganisation, Johannisburg (Ostpreußen) 1907.
Sagel, Walther: Zur Ahnen- und Sippschaftsforschung, in: Landesbauernschaft Ostpreußen (Hg.): Ostpreußischer Bauernkalender 1937, Königsberg/Pr. 1937, S. 93–96.
Sagel, Walther: Alteingesessene Bauerngeschlechter in Ostpreußen, in: Landesbauernschaft Ostpreußen (Hg.): Ostpreußischer Bauernkalender 1938, Königsberg/Pr. 1938, S. 91–93.
Scheu, Erwin (Hg.): Vorschläge für die ländliche Besiedlung des neuen deutschen Ostraumes. Gutachtliche Äußerungen von Georg Blohm, Heinrich Klaaßen, Emil Lang, Erwin Scheu, Georg Weippert, Königsberg/Pr. 1940.
Schrolle, Georg: Ostpreußen – Brücke nach Rußland. »DAZ«-Unterredung mit Gauleiter Koch, in: Deutsche Allgemeine Zeitung vom 7. 2. 1940, S. 3.
Schumacher, Arthur: Die Aufgaben in der Kriegserzeugungsschlacht, in: WbLBsch Ostpreußen vom 2. 3. 1940, S. 113–114.
Schumacher, Arthur: Zur Erzeugungsschlacht des Jahres 1944, in: WbLBsch Ostpreußen vom 4. 12. 1943, S. 547–548.
Schumacher, Arthur: Der ostpreußische Anbauplan 1945, in: WbLBsch Ostpreußen vom 22. 7. 1944, S. 273–274.
Schwarz, Bernhard: Untersuchungen über den Wert der geologisch-agronomischen Karten für die praktische Landwirtschaft (Unter besonderer Berücksichtigung der Verhältnisse auf Blatt Bartenstein), Diss. Königsberg/Pr. 1921.
Tischel, Paul: Schritt um Schritt vorwärts und aufwärts. Was 10 Jahre nationalsozialistischer Staatsführung dem ostpreußischen Landarbeiter brachten, in: WbLBsch Ostpreußen vom 23. 1. 1943, Titelseite und S. 44.
Untermann, Friedrich: Kriegsernährungswirtschaft. Die Generalstabsarbeit der Ernährungssicherung, in: Odal. Monatsschrift für Blut und Boden 8 (1939), Heft 11, S. 947–951.
Wasz [Vorname unbekannt]: Czego żąda w tym roku Kreisbauernführer powiatu Wolkowysk od swoich rolników? Was der Kreisbauernführer von Wolkowysk im kommenden Jahr von seinen Landwirten fordert?, in: Gaspadar / Rolnik / Der Landwirt. Ausgabe für den Bezirk Bialystok vom 7. 3. 1943, S. 107.

Weisflog, R. [Vorname unbekannt]: Die Verbreitung des Rundfunks auf dem Lande, in: Rundfunkarchiv 15 (1942), Heft 2, S. 49–54.
Ziehr, Paul: Die Landwirtschaft im Regierungsbezirk Zichenau, in: WbLBsch Ostpreußen vom 10.8.1940, S. 478–479.
Ziehr, Paul: Die Landwirtschaft im Regierungsbezirk Zichenau (Schluss), in: WbLBsch Ostpreußen vom 17.8.1940, S. 505–506.
Ziehr, Paul: Der Anbauplan 1943 für Ostpreußen, in: WbLBsch Ostpreußen vom 27.2.1943, S. 119–120.
Zwanzig Jahre deutscher Siedlungsarbeit in Ostpreußen. 1906–1926. Ein Überblick über die Tätigkeit der Ostpreußischen Land-GmbH zu Königsberg, Königsberg 1927.

Publikationen von Erich Spickschen

Spickschen, Erich: Produktive Erwerbslosenfürsorge, in: Deutsche landwirtschaftliche Presse vom 17.4.1926, S. 199.
Spickschen, Erich: Produktive Erwerbslosenfürsorge (Schluss), in: Deutsche landwirtschaftliche Presse vom 24.4.1926, S. 209–210.
Spickschen, Erich: Lupinenfütterung, in: Georgine vom 15.11.1932, S. 702–703.
Spickschen, Erich: Zum Tag der nationalen Arbeit, in: Georgine vom 27.4.1934, S. 380.
Spickschen, Erich: Bauer und Landarbeiter, in: Georgine vom 28.9.1934, S. 799–800.
Spickschen, Erich: Ostpreußen ist Bauernland! Willkommen in Ostpreußen!, in: Georgine vom 5.7.1935, S. 537.
Spickschen, Erich: Das ostpreußische Bauerntum auf der Ostmesse, in: Georgine vom 16.8.1935, Titelseite und S. 676.
Spickschen, Erich: Dem Volke das Brot! Deutsche Erkenntnis, in: Georgine vom 4.10.1935, Titelseite.
Spickschen, Erich: An das ostpreußische Landvolk, in: WbLBsch Ostpreußen vom 3.1.1936, Titelseite.
Spickschen, Erich: Helft Ostpreußens Ernte bergen!, in: WbLBsch Ostpreußen vom 17.7.1936, Titelseite und S. 1167.
Spickschen, Erich: Der 24. deutschen Ostmesse zum Gruß!, in: WbLBsch Ostpreußen vom 21.8.1936, Titelseite.
Spickschen, Erich: Auch auf dem Lande tut Luftschutz not, in: WbLBsch Ostpreußen vom 18.9.1936, S. 1513.
Spickschen, Erich: Die Landwirtschaft im ostpreußischen Aufbau, in: PZ vom 24.9.1936, unpag.
Spickschen, Erich: Erntedanktag, in: WbLBsch Ostpreußen vom 2.10.1936, Titelseite.
Spickschen, Erich: Bauern und Landwirte!, in: WbLBsch Ostpreußen vom 27.11.1936, S. 1968.
Spickschen, Erich: Arbeitseinsatz im Osten, in: WbLBsch Ostpreußen vom 24.12.1936, S. 2152–2154.
Spickschen, Erich: Arbeitseinsatz im Osten, in: Reichsnährstand (Hg.): Der 4. Reichsbauerntag in Goslar vom 22.–29. November 1936, Berlin 1936, S. 239–247.

Spickschen, Erich: Auch 1938 Weiterarbeit an der Verwirklichung der Nahrungsfreiheit, in: WbLBsch Ostpreußen vom 17.12.1937, S. 1845.
Spickschen, Erich: Aufruf! Beschäftigt verheiratete Gutsangestellte!, in: WbLBsch Ostpreußen vom 6.5.1938, S. 680.
Spickschen, Erich: Dem Gauparteitag zum Gruß!, in: WbLBsch Ostpreußen vom 10.6.1938, Titelseite und S. 856.
Spickschen, Erich: Aufgaben der ostpreußischen Landwirtschaft, in: Odal. Monatsschrift für Blut und Boden 7 (1938), Heft 8, S. 598–602.
Spickschen, Erich: Erzeugungsschlacht unter erschwerenden Umständen. Arbeit und Sorgen des ostpreußischen Bauern, in: Nationalsozialistische Landpost vom 19.8.1938, S. 7.
Spickschen, Erich: Nicht Landarbeiterfragen – sondern Landvolknot!, in: WbLBsch Ostpreußen vom 9.12.1938, Titelseite und S. 1780.
Spickschen, Erich: Das ostpreußische Bauerntum, in: Nester, Kurt (Verantw.): Festschrift zum Gautag 1938 der NSDAP. 10 Jahre Gau Ostpreußen, Königsberg 1938, S. 67–72.
Spickschen, Erich: Mehr Volksverbundenheit im Wirtschaftsleben, in: WbLBsch Ostpreußen vom 21.1.1939, S. 67.
Spickschen, Erich: Deutsche Saat für deutsche Erde, in: WbLBsch Ostpreußen vom 25.3.1939, S. 399.
Spickschen, Erich: Gesicherte Herbstsaat das Gebot der Stunde, in: WbLBsch Ostpreußen vom 2.9.1939, S. 1174.
Spickschen, Erich: An Ostpreußens Bauern, Landwirte und Landarbeiter, in: WbLBsch Ostpreußen vom 6.1.1940, Titelseite.
Spickschen, Erich: Ostpreußisches Landvolk!, in: WbLBsch Ostpreußen vom 28.9.1940, Titelseite.
Spickschen, Erich: Kriegserntedanktag, in: WbLBsch Ostpreußen vom 5.10.1940, S. 615–616.
Spickschen, Erich: Ostpreußen als Beispiel für künftige Aufgaben, in: Nationalsozialistische Landpost vom 18.10.1940, S. 5.
Spickschen, Erich: An das ostpreußische Landvolk!, in: WbLBsch Ostpreußen vom 21.12.1940, Titelseite.
Spickschen, Erich: An das ostpreußische Landvolk, in: Landesbauernschaft Ostpreußen (Hg.): Ostpreußischer Bauernkalender 1940, Königsberg/Pr. 1940, S. 31.
Spickschen, Erich: Bauern und Landwirte!, in: WbLBsch Ostpreußen vom 11.1.1941, S. 19.
Spickschen, Erich: An das ostpreußische Landvolk!, in: WbLBsch Ostpreußen vom 27.9.1941, Titelseite.
Spickschen, Erich: An das ostpreußische Landvolk!, in: WbLBsch Ostpreußen vom 24.12.1941, S. 896.
Spickschen, Erich: Zum Geleit, in: Gaspadar / Rolnik / Der Landwirt. Ausgabe für den Bezirk Bialystok vom 5.4.1942, Titelseite.
Spickschen, Erich: An das ostpreußische Landvolk!, in: WbLBsch Ostpreußen vom 19.9.1942, S. 578.
Spickschen, Erich: Kriegs-Erntedanktag, in: WbLBsch Ostpreußen vom 3.10.1942, S. 609.
Spickschen, Erich: Kriegserntedank 1942, in: PZ vom 4.10.1942, Titelseite.

Spickschen, Erich: Meldung an die Leser der »Georgine«, in: WbLBsch Ostpreußen vom 31.10.1942, S. 669.
Spickschen, Erich: An das ostpreußische Landvolk!, in: WbLBsch Ostpreußen vom 26.12.1942, Titelseite.
Spickschen, Erich: 1933–1945 – Der Führer wies den Weg. Zehn Jahre Aufstieg der ostpreußischen Landwirtschaft, in: WbLBsch Ostpreußen vom 30.1.1943, Titelseite und S. 58–59.
Spickschen, Erich: 10 Jahre Oberpräsident, in: WbLBsch Ostpreußen vom 5.6.1943, S. 284.
Spickschen, Erich: Von der Berufung der Landfrau, in: WbLBsch Ostpreußen vom 9.10.1943, S. 470.
Spickschen, Erich: An das ostpreußische Landvolk, in: WbLBsch Ostpreußen vom 25.12.1943, Titelseite und S. 576.
Spickschen, Erich: Ohne Landarbeit hungert das Volk, ohne Bauerntum stirbt das Volk!, in: WbLBsch Ostpreußen vom 12.2.1944, S. 62.
Spickschen, Erich: An das ostpreußische Landvolk!, in: WbLBsch Ostpreußen vom 5.8.1944, Titelseite.
Spickschen, Erich: Ostpreußisches Landvolk!, in: WbLBsch Ostpreußen vom 2.9.1944, Titelseite.
Spickschen, Erich: Zum sechsten Kriegs-Erntedanktag, in: WbLBsch Ostpreußen vom 30.9.1944, Titelseite und S. 354.
Spickschen, Erich: Zum sechsten Kriegs-Erntedanktag, in: PZ vom 30.9./1.10.1944, Titelseite.
Spickschen, Erich: Männer und Frauen des ostpreußischen Landvolkes!, in: WbLBsch Ostpreußen vom 23./30.12.1944, Titelseite.

Publikationen von Gerda Ursula Spickschen

Spickschen, Gerda Ursula: Antwort im »Fragekasten«, in: Land und Frau 9 (1925), Nr. 51, S. 704.
Spickschen, Gerda Ursula: Die siebenbürgischen Nackthalshühner, in: Land und Frau 10 (1926), Nr. 29, S. 459.
Spickschen, Gerda Ursula: Ein Weg, die Widerstandsfähigkeit und Leistung der »Landhühner« zu heben, in: Land und Frau 10 (1926), Nr. 46, S. 730–731.
Spickschen, Gerda Ursula: Warum wählt die Landfrau nationalsozialistisch?, in: Nationalsozialistische Landpost vom 17.7.1932, unpag.
Spickschen, Gerda Ursula: Der Nationalsozialismus und die Landfrau, in: Nationalsozialistische Landpost vom 27.1.1934, unpag.
Spickschen, Gerda Ursula: Tischgemeinschaft – Volksgemeinschaft, in: Die Deutsche Frau 27 (1934), Heft 5, S. 154.
Spickschen, Gerda Ursula: Die Weberinnenschule – eine Notwendigkeit, in: Die deutsche Frau 27 (1934), Heft 7, S. 214.
Spickschen, Gerda Ursula: Das Frühlingsfest des deutschen Volkes, in: WbLBsch Ostpreußen vom 1.5.1936, S. 751.

Spickschen, Gerda Ursula: Färben mit deutschen Pflanzen?, in: WbLBsch Ostpreußen vom 10.7.1936, S. 1152.
Spickschen, Gerda Ursula: Aufgaben der Landfrau, in: Landesbauernschaft Ostpreußen (Hg.): Ostpreußischer Bauernkalender 1937, Königsberg/Pr. 1937, S. 54–56.
Spickschen, Gerda Ursula: Die ostpreußische Landfrau und ihre Aufgaben, in: WbLBsch Ostpreußen vom 19.8.1938, S. 1246–1247.
Spickschen, Gerda Ursula: Was wir in Dänemark sahen, in: WbLBsch Ostpreußen vom 30.9.1938, S. 1454–1456.
Spickschen, Gerda Ursula: Der Einsatz der ostpreußischen Landfrauen, in: Die deutsche Landfrau 32 (1939), Heft 23, S. 701.
Spickschen, Gerda Ursula: Viel Kinder, viel Segen. Gedanken zum Ehrentag der deutschen Mutter, in: Nationalsozialistische Landpost vom 16.5.1941, unpag.
Spickschen, Gerda Ursula: Dem dritten Kriegssommer entgegen, in: Die deutsche Landfrau 35 (1942), Heft 2, S. 28–29.
Spickschen, Gerda Ursula: Die Landfrau, in: PZ vom 4.10.1942, unpag.
Spickschen, Gerda Ursula: Wir Landmütter, in: WbLBsch Ostpreußen vom 15.5.1943, Titelseite.
Spickschen, Gerda Ursula: Das Fest der deutschen Herzen, in: WbLBsch Ostpreußen vom 25.12.1943, S. 576.

Literatur

Achilles, Walter: Die Landwirtschaft in Preußen in den Grenzen des wissenschaftlichen Erkenntnisstandes und der Ausbildung vor dem Ersten Weltkrieg, in: Kaufhold, Karl Heinrich/Sösemann, Bernd (Hg.): Wirtschaft, Wissenschaft und Bildung in Preussen. Zur Wirtschafts- und Sozialgeschichte Preussens vom 18. bis zum 20. Jahrhundert, Stuttgart 1998, S. 35–49.
Albers, Helene: Die stille Revolution auf dem Lande. Landwirtschaft und Landwirtschaftskammer in Westfalen-Lippe 1899–1999, Münster 1999.
Albers, Helene: Zwischen Hof, Haushalt und Familie. Bäuerinnen in Westfalen-Lippe (1920–1960), Paderborn/München/Wien u.a. 2001.
Alberti, Michael: Die Verfolgung und Vernichtung der Juden im Reichsgau Wartheland. 1939–1945, Wiesbaden 2006.
Anders, Freia/Stoll, Katrin/Willke, Karsten (Hg.): Der Judenrat von Białystok. Dokumente aus dem Archiv des Białystoker Ghettos 1941–1943, Paderborn/München/Wien u.a. 2010.
Arbogast, Christine: Herrschaftsinstanzen der württembergischen NSDAP. Funktion, Sozialprofil und Lebenswege einer regionalen NS-Elite. 1920–1960, München 1998.
Bachmann, Christoph: Blut und Boden. Zur Herrschafts- und Verwaltungsgeschichte des Reichsnährstands in Bayern, in: Rumschöttel, Hermann/Ziegler, Walter (Hg.): Staat und Gaue in der NS-Zeit. Bayern 1933–1945, München 2004, S. 621–650.
Bajohr, Frank: Kommentar: Biographie und Nationalsozialismus, in: Ruck, Michael/Pohl, Karl Heinrich (Hg.): Regionen im Nationalsozialismus, Bielefeld 2003, S. 188–192.

Bajohr, Frank: Neuere Täterforschung, in: Wrochem, Oliver von (Hg.): Nationalsozialistische Täterschaften. Nachwirkungen in Gesellschaft und Familie, Berlin 2016, S. 19–31.

Bajohr, Frank/Wildt, Michael (Hg.): Volksgemeinschaft. Neue Forschungen zur Gesellschaft des Nationalsozialismus, Frankfurt a. M. 2009.

Balling, Mads Ole: Von Reval bis Bukarest. Statistisch-biographisches Handbuch der Parlamentarier der deutschen Minderheiten in Ostmittel- und Südosteuropa 1919–1945, Bd. II: Ungarn, Jugoslawien, Slowakei, Karpatenukraine, Kroatien, Memelländischer Landtag, Schlesischer Landtag. Komparative Analyse, 1. Ausgabe, 2. Aufl., Kopenhagen 1991.

Banach, Jens: Heydrichs Elite. Das Führerkorps der Sicherheitspolizei und des SD 1936–1945, Paderborn/München/Wien u. a. 1998.

Bauer, Theresia: Nationalsozialistische Agrarpolitik und bäuerliches Verhalten im Zweiten Weltkrieg. Eine Regionalstudie zur ländlichen Gesellschaft in Bayern, Frankfurt a. M. 1996.

Becker, Jean-Jacques/Krumeich, Gerd: Der Große Krieg. Deutschland und Frankreich im Ersten Weltkrieg 1914–1918, Essen 2010.

Becker, Manuel/Bongartz, Stephanie: Einleitung, in: Dies. (Hg.): Die weltanschaulichen Grundlagen des NS-Regimes. Ursprünge, Gegenentwürfe, Nachwirkungen. Tagungsband der XXIII. Königswinterer Tagung vom Februar 2010, Berlin 2011, S. 3–18.

Benz, Angelika: Der Henkersknecht. Der Prozess gegen John (Iwan) Demjanjuk in München, Berlin 2011.

Berghahn, Volker R.: Der Stahlhelm. Bund der Frontsoldaten. 1918–1935, Düsseldorf 1966.

Bergmann, Jürgen/Megerle, Klaus: Protest und Aufruhr in der Landwirtschaft in der Weimarer Republik (1924–1933). Formen und Typen der politischen Agrarbewegung im regionalen Vergleich, in: Bergmann, Jürgen/Brockstedt, Jürgen/Fremdling, Rainer u. a.: Regionen im historischen Vergleich. Studien zu Deutschland im 19. und 20. Jahrhundert, Opladen 1989, S. 200–287.

Berkhoff, Karel C.: Harvest of Despair. Life and Death in Ukraine Under Nazi Rule, Cambridge, Mass. 2004.

Blaschke, Anette: Die Reichserntedankfeste vor Ort. Auf der »Hinterbühne« einer nationalsozialistischen Masseninszenierung, in: Reeken, Dietmar von/Thießen, Malte (Hg.): »Volksgemeinschaft« als soziale Praxis. Neue Forschungen zur NS-Gesellschaft vor Ort, Paderborn/München/Wien u. a. 2013, S. 125–141.

Bloech, Hans (Hg.): Ostpreußens Rinder und ihre Zuchtstätten. Für die Ostpreußische Herdbuchgesellschaft e.V. Königsberg-Insterburg, jetzt Köln zusammengestellt, bearb. und herausgegeben von Hans Bloech, Leer 1974.

Bloech, Hans: Ostpreußens Landwirtschaft, Hamburg o. D. [nach 1980].

Bloech, Hans/Heide, Martin: Abschnitt »Landwirtschaft«, in: Opgenoorth, Ernst (Hg.): Handbuch der Geschichte Ost- und Westpreußens, Tl. 4: Vom Vertrag in Versailles bis zum Ende des Zweiten Weltkrieges 1918–1945, Lüneburg 1997, S. 101–126.

Böhler, Jochen: Auftakt zum Vernichtungskrieg. Die Wehrmacht in Polen 1939, Frankfurt a. M. 2006.

Boockmann, Hartmut: Ostpreußen und Westpreußen, Berlin 1992.

Borodziej, Włodzimierz: Geschichte Polens im 20. Jahrhundert, München 2010.

Böse, Christian: Die Entstehung und Fortbildung des Reichserbhofgesetzes, Frankfurt a. M. 2008.

Braun, Christian A.: Nationalsozialistischer Sprachstil. Theoretischer Zugang und praktische Analysen auf der Grundlage einer pragmatisch-textlinguistisch orientierten Stilistik, Heidelberg 2007.

Brechtken, Magnus: Die nationalsozialistische Herrschaft 1933–1939, Darmstadt 2004.

Brechtken, Magnus: Geschichte der nationalsozialistischen Herrschaft, in: GWU 62 (2011), S. 237–251.

Brechtken, Magnus: Geschichte der nationalsozialistischen Herrschaft. Teil II, in: GWU 62 (2011), S. 366–380.

Breuer, Stefan: Ordnungen der Ungleichheit – die deutsche Rechte im Widerstreit ihrer Ideen 1871–1945, Darmstadt 2001.

Breuer, Stefan: Die Völkischen in Deutschland. Kaiserreich und Weimarer Republik, Darmstadt 2008.

Breuer, Stefan: Die »Nordische Bewegung« in der Weimarer Republik, in: ZfG 57 (2009), S. 485–509.

Broszat, Martin (Hg.): Bayern in der NS-Zeit. 6 Bde, München 1977–1983.

Bruckmüller, Ernst: Vom »Bauernstand« zur »Gesellschaft des ländlichen Raumes« – Sozialer Wandel in der bäuerlichen Gesellschaft des 20. Jahrhunderts, in: Ders./Hanisch, Ernst/Sandgruber, Roman u. a. (Hg.): Geschichte der österreichischen Land- und Forstwirtschaft im 20. Jahrhundert. Politik, Gesellschaft, Wirtschaft, Wien 2002, S. 409–591.

Buschmann, Arno: Nationalsozialistische Weltanschauung und Gesetzgebung, Bd. 2: Dokumentation einer Entwicklung, Wien 2000.

Caesar, Rolf/Hansmeyer, Karl-Heinrich: Haushalts- und Finanzwesen, in: Jeserich, Kurt G. A./Pohl, Hans/Unruh, Georg-Christoph von (Hg.): Deutsche Verwaltungsgeschichte, Bd. IV: Das Reich als Republik und in der Zeit des Nationalsozialismus, Stuttgart 1985, S. 832–872.

Carsten, Francis L.: Geschichte der preußischen Junker, Frankfurt a. M. 1988.

Cebulla, Florian: Rundfunk und ländliche Gesellschaft. 1924–1945, Göttingen 2004.

Collingham, Lizzy: The Taste of War. World War Two and the Battle for Food, London 2011.

Conze, Eckart/Frei, Norbert/Hayes, Peter u. a.: Das Amt und die Vergangenheit. Deutsche Diplomaten im Dritten Reich und in der Bundesrepublik, München 2010.

Corni, Gustavo: Die Agrarpolitik des Faschismus: Ein Vergleich zwischen Deutschland und Italien, in: Meville, Ralph/Scharf, Claus/Vogt, Martin u. a. (Hg.): Deutschland und Europa in der Neuzeit. Festschrift für Karl Otmar Freiherr von Aretin zum 65. Geburtstag, Halbbd. 2, Stuttgart 1988, S. 825–855.

Corni, Gustavo: Richard Walther Darré – Der »Blut-und-Boden«-Ideologe, in: Smelser, Ronald/Syring, Enrico/Zitelmann, Rainer (Hg.): Die Braune Elite I. 22 biographische Skizzen, Darmstadt 1989, S. 15–27.

Corni, Gustavo: Markt, Politik und Staat in der Landwirtschaft. Ein Vergleich zwischen Deutschland und Italien im 20. Jahrhundert, in: ZAA 51 (2003), Heft 1, S. 62–77.

Corni, Gustavo/Gies, Horst: Blut und Boden. Rassenideologie und Agrarpolitik im Staat Hitlers, Idstein 1994.

Corni, Gustavo/Gies, Horst: Brot - Butter - Kanonen. Die Ernährungswirtschaft in Deutschland unter der Diktatur Hitlers, Berlin 1997.

Cramer, Nils: Erbhof und Reichsnährstand. Landwirtschaft in Schleswig-Holstein 1933–1945, Husum 2013.

Curilla, Wolfgang: Der Judenmord in Polen und die deutsche Ordnungspolizei. 1939–1945, Paderborn/München/Wien u. a. 2011.

D'Onofrio, Andrea: Rassenzucht und Lebensraum: zwei Grundlagen im Blut- und Boden-Gedanken von Richard Walther Darré, in: ZfG 49 (2001), S. 141–157.

Danker, Uwe: Der gescheiterte Versuch, die Legende der ›sauberen‹ Zivilverwaltung zu entzaubern. Staatsanwaltschaftliche Komplexermittlungen zum Holocaust im ›Reichskommissariat Ostland‹ bis 1971, in: Bohn, Robert (Hg.): Die deutsche Herrschaft in den »germanischen« Ländern 1940–1945, Stuttgart 1997, S. 159–185.

Degler, Stephanie/Streb, Jochen: Die verlorene Erzeugungsschlacht: Die nationalsozialistische Landwirtschaft im Systemvergleich, in: JbWG (2008), Heft 1, S. 161–181.

Dieckmann, Christoph: Plan und Praxis. Deutsche Siedlungspolitik im besetzten Litauen. 1941–1944, in: Heinemann, Isabel/Wagner, Patrick (Hg.): Wissenschaft - Planung - Vertreibung. Neuordnungskonzepte und Umsiedlungspolitik im 20. Jahrhundert, Stuttgart 2006, S. 93–118.

Dieckmann, Christoph: Deutsche Besatzungspolitik in Litauen 1941–1944, Bd. 1, Göttingen 2011.

Dieckmann, Christoph: Das Scheitern des Hungerplans und die Praxis der selektiven Hungerpolitik im deutschen Krieg gegen die Sowjetunion, in: Ders./Quinkert, Babette (Hg.): Kriegführung und Hunger. 1939–1945. Zum Verhältnis von militärischen, wirtschaftlichen und politischen Interessen, Göttingen 2015, S. 88–122.

Dieckmann, Christoph/Quinkert, Babette: »Kriegsnotwendigkeiten« und die Eskalation der deutschen Massengewalt im totalen Krieg. Einführende Bemerkungen, in: Dies. (Hg.): Kriegführung und Hunger. 1939–1945. Zum Verhältnis von militärischen, wirtschaftlichen und politischen Interessen, Göttingen 2015, S. 9–32.

Dieckmann, Christoph/Quinkert, Babette (Hg.): Kriegführung und Hunger. 1939–1945. Zum Verhältnis von militärischen, wirtschaftlichen und politischen Interessen, Göttingen 2015.

Dimigen, Friedrich: Die wirtschaftliche Entwicklung der ostpreussischen landwirtschaftlichen Betriebe seit dem ersten Weltkrieg, in: Berichte über Landwirtschaft. Zeitschrift für Agrarpolitik und Landwirtschaft 46 (1968), Heft 3, S. 518–568.

Dohle, Oskar/Eigelsberger, Peter: Camp Marcus W. Orr. »Glasenbach« als Internierungslager nach 1945, Linz/Salzburg 2009.

Dohna-Schlobitten, Alexander zu: Erinnerungen eines alten Ostpreußen, Berlin 1989.

Döring, Stephan: Die Umsiedlung der Wolhyniendeutschen in den Jahren 1939 bis 1940, Frankfurt a. M./Berlin/Bern 2001.

Dornheim, Andreas: Der lange Weg in die Moderne. Agrarische Politik und ländliche Gesellschaft in Deutschland 1918 bis 1960, Habil. Erfurt 2000.

Dostal, Thomas: Das braune Netzwerk in Linz. Die illegalen nationalsozialistischen Aktivitäten zwischen 1933 und 1938, in: Mayrhofer, Fritz/Schuster, Walter (Hg.): Nationalsozialismus in Linz, Bd. 1, Linz 2001, S. 21–136.

Dülffer, Jost: Die Machtergreifung und die Rolle der alten Eliten im Dritten Reich, in: Michalka, Wolfgang (Hg.): Die nationalsozialistische Machtergreifung, Paderborn/München/Wien u.a. 1984, S. 182–194.

Düwell, Kurt: Gauleiter und Kreisleiter als regionale Gewalten des NS-Staates, in: Möller, Horst/Wirsching, Andreas (Hg.): Nationalsozialismus in der Region. Beiträge zur regionalen und lokalen Forschung und zum internationalen Vergleich, München 1996, S. 161–174.

Eichholtz, Dietrich: Institutionen und Praxis der deutschen Wirtschaftspolitik im NS-besetzten Europa, in: Overy, Richard J./Otto, Gerhard/Houwink Ten Cate, Johannes (Hg.): Die »Neuordnung Europas«. NS-Wirtschaftspolitik in den besetzten Gebieten, Berlin 1997, S. 29–62.

Eidenbenz, Mathias: »Blut und Boden«. Zu Funktion und Genese der Metaphern des Agrarismus und Biologismus in der nationalsozialistischen Bauernpropaganda R. W. Darrés, Bern/Berlin/Frankfurt a.M. u.a. 1993.

Engberg, Poul: Folkelighed – die nationalen, sozialen und demokratischen Komponenten in Grundtvigs Gedanken, in: Röhrig, Paul (Hg.): Um des Menschen willen. Grundtvigs geistiges Erbe als Herausforderung für Erwachsenenbildung, Schule, Kirche und soziales Leben. Dokumentation des Grundtvig-Kongresses vom 7. bis 10. September 1988 an der Universität zu Köln, Weinheim 1991, S. 29–37.

Erker, Konrad: Von Maria Theresia zur EU. Geschichte und Wirken der landwirtschaftlichen Berufskörperschaft Kärntens im Spiegel der eigenen Presse, Klagenfurt 2003.

Falter, Jürgen: The Young Membership of the NSDAP Between 1925 and 1933. A Demographic and Social Profile, in: Ders.: Zur Soziographie des Nationalsozialismus, Köln 2013, S. 260–279.

Farquharson, John Edgar: The Plough and the Swastika. The NSDAP and Agriculture in Germany 1928–45, London/Beverly Hills, Ca. 1976.

Felbinger, Rolf/Scherl, Katja: »Flieger sind Sieger!« Konstruierte Erlebniswelten in der Populärkultur des Nationalsozialismus, in: Gries, Rainer/Schmale, Wolfgang (Hg.): Kultur der Propaganda, Bochum 2005, S. 119–165.

Fiebrandt, Maria: Auslese für die Siedlergesellschaft. Die Einbeziehung Volksdeutscher in die NS-Erbgesundheitspolitik im Kontext der Umsiedlungen 1939–1945, Göttingen 2014.

Finker, Kurt: Die militaristischen Wehrverbände in der Weimarer Republik und ihre Rolle bei der Unterdrückung der Arbeiterklasse und bei der Vorbereitung eines neuen imperialistischen Krieges (1924–1929), Habil. Potsdam 1964.

Fischer, Gerhard: Ostpreußische Frauen und Männer im Dienste der Landwirtschaft, Tessin 2000.

Frank, Claudia: Der »Reichsnährstand« und seine Ursprünge. Struktur, Funktion und ideologische Konzeption, Diss. Hamburg 1988.

Frei, Norbert (Hg.): Karrieren im Zwielicht. Hitlers Eliten nach 1945, 2., durchges. Aufl., Frankfurt a.M. 2002.

Fuhrer, Armin/Schön, Heinz: Erich Koch, Hitlers brauner Zar. Gauleiter von Ostpreußen und Reichskommissar der Ukraine, München 2010.

Führer, Karl Christian: Auf dem Weg zur »Massenkultur«? Kino und Rundfunk in der Weimarer Republik, in: HZ 262 (1996), S. 739–781.

Führer, Karl Christian/Hickethier, Knut/Schildt, Axel: Öffentlichkeit - Medien - Geschichte. Konzepte der modernen Öffentlichkeit und Zugänge zu ihrer Erforschung, in: AfS 41 (2001), S. 1–38.
Gailus, Manfred: Keine gute Performance. Die deutschen Protestanten im »Dritten Reich«, in: Ders./Nolzen, Armin (Hg.): Zerstrittene »Volksgemeinschaft«. Glaube, Konfession und Religion im Nationalsozialismus, Göttingen 2011, S. 96–121.
Gailus, Manfred/Krogel, Wolfgang (Hg.): Von der babylonischen Gefangenschaft der Kirche im Nationalen. Regionalstudien zu Protestantismus, Nationalsozialismus und Nachkriegsgeschichte 1930 bis 2000, Berlin 2006.
Gallin, Isabel: Machtstrukturen im Reichskommissariat Niederlande, in: Bohn, Robert (Hg.): Die deutsche Herrschaft in den »germanischen« Ländern 1940–1945, Stuttgart 1997, S. 145–157.
Gallus, Alexander: Biographik und Zeitgeschichte, in: APuZ 55 (2005), Heft 1–2, S. 40–46.
Geden, Oliver: Identitätsdiskurse und politische Macht: Die rechtspopulistische Mobilisierung von Ethnozentrismus im Spannungsfeld von Oppositionspolitik und Regierung am Beispiel von FPÖ und SVP, in: Frölich-Steffen, Susanne/Rensmann, Lars (Hg.): Populisten an der Macht. Populistische Regierungsparteien in West- und Osteuropa, Wien 2005, S. 69–83.
Gelderblom, Bernhard: Die Reichserntedankfeste auf dem Bückeberg 1933–1937, 2., geänderte Aufl., Hameln 2008.
Gerhard, Gesine: Food and Genocide. Nazi Agrarian Food Policy in the Occupied Territories of the Soviet Union, in: CEH 18 (2009), Heft 1, S. 45–65.
Gerhard, Gesine: Food as a Weapon. Agricultural Sciences and the Building of a Greater German Empire, in: Food, Culture and Society 14 (2011), Heft 3, S. 335–351.
Gerhard, Gesine: Das Bild vom Bauern in der modernen Industriegesellschaft, in: Münkel, Daniela/Uekötter, Frank (Hg.): Das Bild des Bauern. Selbst- und Fremdwahrnehmungen vom Mittelalter bis ins 21. Jahrhundert, Göttingen 2012, S. 111–130.
Gerhard, Gesine: Nazi Hunger Politics. A History of Food in the Third Reich, Lanham, Md./Boulder, Colo./New York u. a. 2015.
Gerlach, Christian: Krieg, Ernährung, Völkermord. Forschungen zur deutschen Vernichtungspolitik im Zweiten Weltkrieg, Hamburg 1998.
Gerlach, Christian: Kalkulierte Morde. Die deutsche Wirtschafts- und Vernichtungspolitik in Weißrußland 1941–1944, Hamburg 1999.
Gies, Horst: NSDAP und landwirtschaftliche Organisationen in der Endphase der Weimarer Republik, in: VfZG 15 (1967), S. 341–376.
Gies, Horst: Der Reichsnährstand: Organ berufsständischer Selbstverwaltung oder Instrument staatlicher Wirtschaftslenkung, in: ZAA 21 (1973), S. 216–233.
Gies, Horst: Revolution oder Kontinuität – die personelle Struktur des Reichsnährstandes, in: Franz, Günther (Hg.): Bauernschaft und Bauernstand. 1500–1970, Limburg a. d. L. 1975, S. 323–330.
Gies, Horst: Die Rolle des Reichsnährstandes im nationalsozialistischen Herrschaftssystem, in: Hirschfeld, Gerhard/Kettenacker, Lothar (Hg.): Der »Führerstaat«. Mythos und Realität, Stuttgart 1981, S. 270–304.
Gies, Horst: Von der Verwaltung des »Überflusses« zur Verwaltung des »Mangels«. Instrumente staatlicher Marktregelung für Nahrungsmittel vor und nach 1933, in: Re-

bentisch, Dieter/Teppe, Karl (Hg.): Verwaltung contra Menschenführung im Staat Hitlers, Göttingen 1986, S. 302–332.

Glienke, Stephan A.: Die NS-Vergangenheit späterer niedersächsischer Landtagsabgeordneter. Abschlussbericht zu einem Projekt der Historischen Kommission für Niedersachsen und Bremen im Auftrag des Niedersächsischen Landtages. Hrsg. vom Präsidenten des Niedersächsischen Landtages, durchges. Nachdruck der 1. Aufl., Hannover 2012 (auch online <http://www.landtag-niedersachsen.de/,cms_id,5,press_id,194.html> [20.9.2014]).

Gnatowski, Michał: Nationalsozialistische Okkupationspolitik im »Bezirk Bialystok« 1941–1944, in: Anders, Freia/Kutscher, Hauke-Hendrik/Stoll, Katrin (Hg.): Bialystok in Bielefeld. Nationalsozialistische Verbrechen vor dem Landgericht Bielefeld 1958–1967, Bielefeld 2003, S. 161–185.

Górczyńska, Bożena: Die Agrarpolitik in polnischen Gebieten, die während der hitlerfaschistischen Okkupation Ostpreußen eingegliedert wurden (1939–1945), in: Studia Historiae Oeconomicae 17 (1982), S. 255–264.

Górczyńska-Przybyłowicz, Bożena: Życie gospodarczo-społeczne na ziemiach polskich włączonych do Prus Wschodnich w okresie okupacji hitlerowskiej, Ciechanów 1989.

Gotto, Bernhard: Polykratische Selbststabilisierung. Mittel- und Unterinstanzen in der NS-Diktatur, in: Hachtmann, Rüdiger/Süß, Winfried (Hg.): Hitlers Kommissare. Sondergewalten in der nationalsozialistischen Diktatur, Göttingen 2006, S. 28–50.

Grabowski, Jan: The Holocaust in Northern Mazovia (Poland) in the Light of the Archive of the Ciechanów Gestapo, in: Holocaust and Genocide Studies 18 (2004), No. 3, S. 460–476.

Grabowski, Jan: Die antijüdische Politik im Regierungsbezirk Zichenau, in: Młynarczyk, Jacek Andrzej/Böhler, Jochen (Hg.): Der Judenmord in den eingegliederten polnischen Gebieten 1939–1945, Warschau 2010, S. 99–116.

Gries, Rainer: Zur Ästhetik und Architektur von Propagemen. Überlegungen zu einer Propagandageschichte als Kulturgeschichte, in: Ders./Schmale, Wolfgang (Hg.): Kultur der Propaganda, Bochum 2005, S. 9–34.

Groeben, Klaus von der: Verwaltung und Politik 1918–1933 am Beispiel Ostpreußens, 2., erw. Aufl., Kiel 1988.

Groeben, Klaus von der: Das Land Ostpreußen. Selbsterhaltung, Selbstgestaltung, Selbstverwaltung. 1750 bis 1945, Kiel 1993.

Groeben, Klaus von der: Provinz Ostpreußen, in: Heinrich, Gerd/Henning, Friedrich-Wilhelm/Jeserich, Kurt G. A. (Hg.): Verwaltungsgeschichte Ostdeutschlands 1815–1945. Organisation, Aufgaben, Leistungen der Verwaltung, Stuttgart/Berlin/Köln 1993, S. 147–260.

Groeben, Klaus von der: Im Dienst von Staat und Gemeinschaft. Erinnerungen, Kiel 1995.

Grohnert, Reinhard: Die Entnazifizierung in Baden 1945–1949. Konzeptionen und Praxis der »Epuration« am Beispiel eines Landes der französischen Besatzungszone, Stuttgart 1991.

Grundmann, Friedrich: Agrarpolitik im »Dritten Reich«. Anspruch und Wirklichkeit des Reichserbhofgesetzes, Hamburg 1979.

Grynberg, Michał: Żydzi w rejencji ciechanowskiej. 1939–1942, Warszawa 1984.

Gusovius, Paul: Die Geschichte der ostpreußischen Familie Gusovius einschließlich ihres geadelten Zweiges. Bis in die Gegenwart fortgesetzt und herausgegeben von Albrecht von Gusovius, Osnabrück 1982.

Gutschow, Niels: Ordnungswahn. Architekten planen im »eingedeutschten Osten«. 1939–1945, Gütersloh/Berlin/Basel u. a. 2001.

Haar, Ingo: Historiker im Nationalsozialismus. Deutsche Geschichtswissenschaft und der »Volkstumskampf« im Osten, Göttingen 2000.

Hachtmann, Rüdiger: Wissenschaftsmanagement im »Dritten Reich«. Geschichte der Generalverwaltung der Kaiser-Wilhelm-Gesellschaft, Bd. 1, Göttingen 2007.

Hartenstein, Michael A.: Neue Dorflandschaften. Nationalsozialistische Siedlungsplanung in den »eingegliederten Ostgebieten« 1939 bis 1944, Berlin 1998.

Hartmann, Christian: Rezension zu: Jochen Böhler: Auftakt zum Vernichtungskrieg. Die Wehrmacht in Polen 1939, Frankfurt a. M. 2006, in: FAZ vom 25. 1. 2007, S. 7.

Hartmann, Peter Reinhard: Die annexionistische Agrarsiedlungspolitik des deutschen Faschismus in den sogenannten »Eingegliederten Ostgebieten« (»Reichsgau Danzig-Westpreußen«, »Reichsgau Wartheland«, »Regierungsbezirk Zichenau«) 1939–1945, Rostock 1969.

Hartmann, Peter Reinhard: Die missbräuchliche Ausnutzung auslandsdeutscher Volksgruppen durch den Hitlerfaschismus im Rahmen der expansiven Agrarsiedlungspolitik zur Stärkung des deutschen Imperialismus, dargestellt am Beispiel der ›Rückführung‹ der Deutschen aus Wolhynien, Galizien und dem Narewgebiet, in: Wissenschaftliche Zeitschrift der Universität Rostock. Gesellschafts- und Sprachwissenschaftliche Reihe 18 (1969), Heft 1, S. 89–100.

Hasenclever, Jörn: Wehrmacht und Besatzungspolitik in der Sowjetunion. Die Befehlshaber der rückwärtigen Heeresgebiete 1941–1943, Paderborn/München/Wien u. a. 2010.

Hein, Bastian: Elite für Volk und Führer? Die allgemeine SS und ihre Mitglieder 1925–1945, München 2012.

Heinemann, Isabel: »Rasse, Siedlung, deutsches Blut«. Das Rasse- und Siedlungshauptamt der SS und die rassenpolitische Neuordnung Europas, 2. Aufl., Göttingen 2003.

Heinemann, Isabel: Ambivalente Sozialingenieure? Die Rasseexperten der SS, in: Hirschfeld, Gerhard/Jersak, Tobias (Hg.): Karrieren im Nationalsozialismus. Funktionseliten zwischen Mitwirkung und Distanz, Frankfurt a. M./New York 2004, S. 73–95.

Hendel, Joachim: Zivile Mobilmachung? Die Gründung der Ernährungsämter 1939 und ihr Bedeutungswandel im ›totalen Krieg‹, in: Werner, Oliver (Hg.): Mobilisierung im Nationalsozialismus. Institutionen und Regionen in der Kriegswirtschaft und der Verwaltung des »Dritten Reiches« 1936 bis 1945, Paderborn/München/Wien u. a. 2013, S. 181–195.

Hendel, Joachim: Den Krieg ernähren. Kriegsgerichtete Agrar- und Ernährungspolitik in sechs NS-Gauen des »Innerreiches«. 1933 bis 1945, Hamburg 2015.

Hendel, Joachim/Werner, Oliver: Regionale Mittelinstanzen im Nationalsozialismus. Materialien zur Erforschung der NS-Gaue als Mobilisierungsstrukturen, Jena 2015.

Henke, Klaus-Dietmar: Die Trennung vom Nationalsozialismus. Selbstzerstörung, politische Säuberung, »Entnazifizierung«, Strafverfolgung, in: Ders./Woller, Hans (Hg.): Politische Säuberung in Europa. Die Abrechnung mit Faschismus und Kollaboration nach dem Zweiten Weltkrieg, München 1991, S. 21–83.

Herbert, Ulrich: Politik und Praxis des »Ausländer-Einsatzes« in der Kriegswirtschaft des Dritten Reiches, Neuaufl., Bonn 1999 (EA 1985).

Herbert, Ulrich: Wer waren die Nationalsozialisten? Typologien des politischen Verhaltens im NS-Staat, in: Hirschfeld, Gerhard/Jersak, Tobias (Hg.): Karrieren im Nationalsozialismus. Funktionseliten zwischen Mitwirkung und Distanz, Frankfurt a. M./New York 2004, S. 17–42.

Herbert, Ulrich: Zwangsarbeit im 20. Jahrhundert. Begriffe, Entwicklung, Definitionen, in: Pohl, Dieter/Sebta, Tanja (Hg.): Zwangsarbeit in Hitlers Europa. Besatzung, Arbeit, Folgen, Berlin 2013, S. 23–36.

Herbert, Ulrich: Geschichte Deutschlands im 20. Jahrhundert, München 2014.

Herlemann, Beatrix: Der Bauer klebt am Hergebrachten. Bäuerliche Verhaltensweisen unterm Nationalsozialismus auf dem Gebiet des heutigen Niedersachsen, Hannover 1993.

Hertz-Eichenrode, Dieter: Politik und Landwirtschaft in Ostpreußen 1919–1930. Untersuchung eines Strukturproblems in der Weimarer Republik, Köln/Opladen 1969.

Hertz-Eichenrode, Dieter: Die Wende zum Nationalsozialismus im südlichen Ostpreußen 1930–1932. Zugleich ein Beitrag zur Geschichte des Masurentums, in: Olsztyńskie studia niemcoznawcze 98 (1986), S. 59–114.

Heydenreuter, Reinhard: Finanzkontrolle in Bayern unterm Hakenkreuz. 1933–1945. Der Bayerische Oberste Rechnungshof und die Außenstelle München des Rechnungshofs des Deutschen Reiches, München 2012 (auch online unter <http://www.orh.bayern.de/images/files/ORH/Geschichte/Finanzkontrolle_in_Bayern_unterm_Hakenkreuz_mit_Umschlagtitel.pdf> [14. 2. 2015]).

Hildebrand, Klaus: Das Dritte Reich, 7., durchges. Aufl., München 2009.

Hilger, Andreas: Deutsche Kriegsgefangene in der Sowjetunion, 1941–1956. Kriegsgefangenenpolitik, Lageralltag und Erinnerung, Essen 2000.

Hirschfeld, Gerhard: Einleitung, in: Ders./Jersak, Tobias (Hg.): Karrieren im Nationalsozialismus. Funktionseliten zwischen Mitwirkung und Distanz, Frankfurt a. M./New York 2004, S. 9–16.

Hoffstadt, Anke: Frontgemeinschaft? Der »Stahlhelm. Bund der Frontsoldaten« und der Nationalsozialismus, in: Krumeich, Gerd (Hg.): Nationalsozialismus und Erster Weltkrieg, Essen 2010, S. 191–206.

Hornung, Ela/Langthaler, Ernst/Schweitzer, Sabine: Landarbeit unter Zwang. Ausländische Arbeitskräfte in der deutschen Landwirtschaft am Beispiel des Reichsgaues Niederdonau 1939–1945, in: JbWG (2004), Heft 1, S. 13–40.

Hornung, Ela/Langthaler, Ernst/Schweitzer, Sabine: Zwangsarbeit in der Landwirtschaft, in: Echternkamp, Jörg (Hg.): Die deutsche Kriegsgesellschaft. 1939 bis 1945, 2. Halbbd.: Ausbeutung, Deutungen, Ausgrenzung (= Das Deutsche Reich und der Zweite Weltkrieg, Bd. 9/2), München 2005, S. 577–666.

Hoßbach, Rebecca: Anspruch und Durchführung des Reichserbhofgesetzes – untersucht am Beispiel des Kreises Schönberg/Mecklenburg, in: Buchsteiner, Illona (Hg.): Rostocker Landes- und agrargeschichtliche Forschungen nach 1990. Bilanz, Einblick, Ausblick, Rostock 2011, S. 245–266.

Hubatsch, Walther: Geschichte der Evangelischen Kirche Ostpreußens. 3 Bde, Göttingen 1968.

Hubert, Peter: Uniformierter Reichstag. Die Geschichte der Pseudo-Volksvertretung. 1933–1945, Düsseldorf 1992.
Huegel, Arnulf: Kriegsernährungswirtschaft Deutschlands während des Ersten und Zweiten Weltkrieges im Vergleich, Konstanz 2003.
Humann, Detlev: »Arbeitsschlacht«. Arbeitsbeschaffung und Propaganda in der NS-Zeit 1933–1939, Göttingen 2011.
Hüttenberger, Peter: Nationalsozialistische Polykratie, in: GG 2 (1976), S. 417–442.
Jäckel, Eberhard: Hitlers Weltanschauung. Entwurf einer Herrschaft, erw. und überarb. Neuausgabe, 4. Aufl., Stuttgart 1991.
Jamin, Mathilde: Zwischen den Klassen. Zur Sozialstruktur der SA-Führerschaft, Wuppertal 1984.
Janicki, Tadeusz: Die deutsche Wirtschaftspolitik in den eingegliederten Gebieten 1939–1945, in: Młynarczyk, Jacek Andrzej (Hg.): Polen unter deutscher und sowjetischer Besatzung 1939–1945, Osnabrück 2009, S. 79–102.
Jeismann, Karl-Ernst: Das preußische Gymnasium in sozialgeschichtlicher Perspektive, in: Kaufhold, Karl Heinrich/Sösemann, Bernd: Wirtschaft, Wissenschaft und Bildung in Preußen. Zur Wirtschafts- und Sozialgeschichte Preußens vom 18. bis zum 20. Jahrhundert, Stuttgart 1998, S. 139–159.
Jeske, Natalja: Lager in Neubrandenburg-Fünfeichen 1939–1948. Kriegsgefangenenlager der Wehrmacht – Repatriierungslager – Sowjetisches Speziallager, Schwerin 2013.
Jöbstl, Clemens: Kontinuitäten und Brüche im Dritten Lager vom Kriegsende bis zur Gründung der FPÖ. Unter besonderer Berücksichtigung der Biographien der Gründer des VdU und der FPÖ, Diplomarbeit Graz 2012.
John, Jürgen/Möller, Horst/Schaarschmidt, Thomas (Hg.): Die NS-Gaue. Regionale Mittelinstanzen im zentralistischen »Führerstaat«, München 2007.
Jørgensen, Theodor: Volk und Volkskirche bei Schleiermacher und Grundtvig, in: Röhrig, Paul (Hg.): Um des Menschen willen. Grundtvigs geistiges Erbe als Herausforderung für Erwachsenenbildung, Schule, Kirche und soziales Leben. Dokumentation des Grundtvig-Kongresses vom 7. bis 10. September 1988 an der Universität zu Köln, Weinheim 1991, S. 246–257.
Karner, Stefan: Im Archipel GUPVI: Kriegsgefangenschaft und Internierung in der Sowjetunion 1941–1956, Wien/München 1995.
Kegler, Karl R.: Deutsche Raumplanung. Das Modell der »zentralen Orte« zwischen NS-Staat und Bundesrepublik, Paderborn 2015.
Kershaw, Ian: Der NS-Staat, 4. Aufl., Hamburg 2009.
Kershaw, Ian: The End. Hitler's Germany, 1944–45, London 2011.
Kettenacker, Lothar: Die Chefs der Zivilverwaltung im Zweiten Weltkrieg, in: Rebentisch, Dieter/Teppe, Karl (Hg.): Verwaltung contra Menschenführung im Staat Hitlers, Göttingen 1986, S. 396–417.
Kissenkoetter, Udo: Gregor Straßer und die NSDAP, Stuttgart 1978.
Kissner, Michael: Chancen und Probleme regionalgeschichtlicher Forschungen zur NS-Zeit in forschungspraktischer Perspektive, in: Ruck, Michael/Pohl, Karl Heinrich (Hg.): Regionen im Nationalsozialismus, Bielefeld 2003, S. 58–65.
Kittel, Manfred: Preussens Osten in der Zeitgeschichte. Mehr als nur eine landeshistorische Forschungslücke, in: VfZG 50 (2002), S. 435–463.

Kittel, Manfred: Konfessioneller Konflikt und politische Kultur in der Weimarer Republik, in: Blaschke, Olaf (Hg.): Konfessionen im Konflikt, Göttingen 2002, S. 243–297.

Klemm, Volker: Agrarwissenschaften in Deutschland. Geschichte – Tradition. Von den Anfängen bis 1945, St. Katharinen 1992.

Klotzbücher, Alois: Der politische Weg des Stahlhelm, Bund der Frontsoldaten, in der Weimarer Republik. Ein Beitrag zur Geschichte der »Nationalen Opposition« 1918–1933, Diss. Tübingen 1964.

Kluge, Ulrich: Agrarwirtschaft und ländliche Gesellschaft im 20. Jahrhundert, München 2005.

Koehl, Robert L.: RKFDV. German Settlement and Population Policy. 1939–1945. A history of the Reich Commission for the Strengthening of Germandom, Cambridge 1957.

Königseder, Angelika: Das Ende der NSDAP. Die Entnazifizierung, in: Benz, Wolfgang (Hg.): Wie wurde man Parteigenosse? Die NSDAP und ihre Mitglieder, Frankfurt a. M. 2009, S. 151–166.

Korte, Hermann: Einführung in die Geschichte der Soziologie, 8., überarb. Aufl., Wiesbaden 2006.

Koschorke, Manfred (Hg.): Geschichte der Bekennenden Kirche in Ostpreußen 1933–1945. Allein das Wort hat's getan, Göttingen 1976.

Kossert, Andreas: Preußen, Deutsche oder Polen? Die Masuren im Spannungsfeld des ethnischen Nationalismus 1870–1956, Wiesbaden 2001.

Kossert, Andreas: Masuren. Ostpreußens vergessener Süden, Berlin 2001.

Kossert, Andreas: Ostpreußen. Geschichte und Mythos, 4. Aufl., München 2007 (EA 2005).

Kossert, Andreas: Damals in Ostpreußen. Der Untergang einer deutschen Provinz, München 2008.

Kossert, Andreas: Ostpreussen. Geschichte einer historischen Landschaft, München 2014.

Kössler, Till/Stadtland, Helke: »Organisationsmenschen«. Thesen zur Geschichte der Funktionäre im 20. Jahrhundert, in: Dies. (Hg.): Vom Funktionieren der Funktionäre. Politische Interessenvertretung und gesellschaftliche Integration in Deutschland nach 1933, Essen 2004, S. 7–36.

Koziełło-Poklewski, Bohdan: Zagraniczni robotnicy przymusowi w Prusach Wschodnich w latach II wojny światowej, Warszawa 1977.

Krieger, Dieter: Archiv im Spannungsfeld von Politik, Wissenschaft und öffentlicher Meinung. Geschichte und Überlieferungsprofil des ehemaligen »Berlin Document Center«, in: VfZG 45 (1997), S. 49–74.

Kroll, Frank-Lothar: Utopie als Ideologie. Geschichtsdenken und politisches Handeln im Dritten Reich, 2., durchges. Aufl., Paderborn/München/Wien u. a. 1999.

Kuller, Christiane: Bürokratie und Verbrechen. Antisemitische Finanzpolitik und Verwaltungspraxis im nationalsozialistischen Deutschland (= Das Reichsfinanzministerium im Nationalsozialismus, Bd. 1), München 2013.

Kunczik, Michael: Verdeckte Öffentlichkeitsarbeit unter Adenauer. Die Arbeitsgemeinschaft Demokratischer Kreise, in: Willke, Jürgen (Hg.): Massenmedien und Zeitgeschichte, Konstanz 1999, S. 381–394.

Kunz, Andreas: Wehrmacht und Niederlage. Die bewaffnete Macht in der Endphase der nationalsozialistischen Herrschaft. 1944 bis 1945, München 2007.

Kuretsidis-Haider, Claudia: Volksgerichtsbarkeit und Entnazifizierung in Österreich, in: Schuster, Walter/Weber, Wolfgang (Hg.): Entnazifizierung im regionalen Vergleich, Linz 2004, S. 563–601.

Kuretsidis-Haider, Claudia: »Das Volk sitzt zu Gericht«. Österreichische Justiz und NS-Verbrechen am Beispiel der Engerau-Prozesse 1945–1954, Innsbruck/Wien/Bozen 2006.

Laitenberger, Birgit/Bickenbach, Dorothea/Bassier, Maria (Bearb.): Deutsche Orden und Ehrenzeichen. Kommentar zum Gesetz über Titel, Orden und Ehrenzeichen und eine Darstellung deutscher Orden und Ehrenzeichen von der Kaiserzeit bis zur Gegenwart mit Abbildungen, 6., neu bearb. und erg. Aufl., Köln 2005.

Lakowski, Richard: Der Zusammenbruch der deutschen Verteidigung zwischen Ostsee und Karpaten, in: Müller, Rolf-Dieter (Hg.): Der Zusammenbruch des Deutschen Reiches. 1945, 1. Halbbd.: Die militärische Niederwerfung der Wehrmacht (= Das Deutsche Reich und der Zweite Weltkrieg, Bd. 10/1), München 2008, S. 491–679.

Langthaler, Ernst: Eigensinnige Kolonien. NS-Agrarsystem und bäuerliche Lebenswelten 1938–1945, in: Tálos, Emmerich/Hanisch, Ernst/Neugebauer, Wolfgang u. a. (Hg.): NS-Herrschaft in Österreich. Ein Handbuch, Wien 2000, S. 348–375.

Langthaler, Ernst (Hg.): Reguliertes Land. Agrarpolitik in Deutschland, Österreich und der Schweiz 1930–1960. Ernst Bruckmüller zum 60. Geburtstag, Innsbruck 2005.

Langthaler, Ernst: Wer ist (k)ein »Bauer«? Inklusion und Exklusion durch Erbhofgerichtsverfahren (1938–1945), in: Jahrbuch für Geschichte des ländlichen Raums 5 (2008), S. 255–280.

Langthaler, Ernst: Massenmedien in der ländlichen Gesellschaft im Nationalsozialismus – am Beispiel der Agrarpresse, in: ZAA 58 (2010), S. 50–64.

Langthaler, Ernst: »Landflucht«, Agrarsystem und Moderne: Deutschland 1933–1939, in: Oltmer, Jochen (Hg.): Nationalsozialistisches Migrationsregime und »Volksgemeinschaft«, Paderborn/München/Wien u. a. 2012, S. 111–136.

Langthaler, Ernst: Ländliche Gesellschaft im Nationalsozialismus als »Lebenswelt« – am Beispiel der Erbhofgerichtsbarkeit, in: Reeken, Dietmar von/Thießen, Malte (Hg.): »Volksgemeinschaft« als soziale Praxis. Neue Forschungen zur NS-Gesellschaft vor Ort, Paderborn/München/Wien u. a. 2013, S. 111–124.

Langthaler, Ernst: Schlachtfelder. Alltägliches Wirtschaften in der nationalsozialistischen Agrargesellschaft 1938–1945, Wien/Köln/Weimar 2016.

Lehmann, Joachim: Untersuchungen zur Agrarpolitik und Landwirtschaft im faschistischen Deutschland während des zweiten Weltkrieges 1942–1945, Diss. Rostock 1977.

Lehmann, Joachim: Faschistische Agrarpolitik im Zweiten Weltkrieg: Zur Konzeption von Herbert Backe, in: ZfG 28 (1980), S. 948–956.

Lehmann, Joachim: Die deutsche Landwirtschaft im Kriege, in: Eichholtz, Dietrich: Geschichte der deutschen Kriegswirtschaft 1939–1945, Bd. II/2: 1941–1943, Berlin 1985, S. 570–642.

Lehmann, Joachim: Zwangsarbeiter in der deutschen Landwirtschaft 1939 bis 1945, in: Herbert, Ulrich (Hg.): Europa und der »Reichseinsatz«. Ausländische Zivilarbeiter, Kriegsgefangene und KZ-Häftlinge in Deutschland 1938–1945, Essen 1991, S. 127–139.

Lehmann, Joachim: Herbert Backe – Technokrat und Agrarideologe, in: Smelser, Ronald/Syring, Enrico/Zitelmann, Rainer (Hg.): Die Braune Elite II. 21 weitere biographische Skizzen, Darmstadt 1993, S. 1–12.

Lehmann, Joachim: Mecklenburgische Landwirtschaft und Modernisierung in den dreißiger Jahren, in: Bajohr, Frank (Hg.): Norddeutschland im Nationalsozialismus, Hamburg 1993, S. 335–346.

Lehmann, Sebastian: Reichskommissariat Ostland – Tatort und Erinnerungsobjekt. Einleitung, in: Ders./Bohn, Robert/Danker, Uwe: Reichskommissariat Ostland. Tatort und Erinnerungsobjekt, Paderborn/München/Wien u. a. 2012, S. 9–34.

Lehmann-Horn, Knut: Die Kärntner FPÖ 1955–1983. Vom Verband der Unabhängigen (VdU) bis zum Aufstieg von Jörg Haider zum Landesparteiobmann, Klagenfurt 1992.

Leide, Henry: NS-Verbrecher und Staatssicherheit. Die geheime Vergangenheitspolitik der DDR, Göttingen 2005.

Leniger, Markus: Nationalsozialistische »Volkstumsarbeit« und Umsiedlungspolitik 1933–1945. Von der Minderheitenbetreuung zur Siedlerauslese, Berlin 2006.

Lenz, Wilhelm: Der Deutsche Reichsbauernrat – Darrés agrarpolitische Kampfgemeinschaft, in: Kahlenberg, Friedrich P. (Hg.): Aus der Arbeit der Archive. Beiträge zum Archivwesen, zur Quellenkunde und zur Geschichte. Festschrift für Hans Booms, Boppard a. Rh. 1989, S. 787–799.

Leonhard, Jörn: Die Büchse der Pandora. Geschichte des Ersten Weltkriegs, München 2014.

Leschke, Rainer: Mediale Konstellationen und mechanische Bräute. Überlegungen zur Konzeption von Kommunikationsgeschichte, in: Buck, Matthias/Hartling, Florian/Pfau, Sebastian (Hg.): Randgänge der Mediengeschichte, Wiesbaden 2009, S. 29–45.

Lilla, Joachim (Bearb.): Statisten in Uniform. Die Mitglieder des Reichstags 1933–1945. Ein biographisches Handbuch. Unter Einbeziehung der völkischen und nationalsozialistischen Reichstagsabgeordneten ab Mai 1924. Unter Mitarb. von Martin Döring und Andreas Schulz, Düsseldorf 2004.

Linck, Hugo: Richard Paluk – Pfarrer in Thierenberg †, in: Ostpreußenblatt vom 5. 12. 1953, S. 6.

Linck, Hugo: Der Kirchenkampf in Ostpreußen 1933 bis 1945, München 1968.

Lindemann, Peter: Blut und Boden – Erbhöfe im Dritten Reich. Das Landeserbhofgericht in Celle, in: Ders./Poppinga, Käthe: Celler Gerichtsbarkeiten im Nationalsozialismus und nach 1945. Landeserbhofrecht – Sozialgerichtsbarkeit, Kiel 2011, S. 9–100.

Lorck, Carl von: Ostpreußische Gutshäuser. Bauform und Kulturgehalt, Kitzingen a. M. 1953.

Lovin, Clifford R.: Die Erzeugungsschlacht 1934–1936, in: ZAA 22 (1974), S. 209–220.

Luhmann, Niklas: Die Beobachter der Beobachter im politischen System: Zur Theorie der Öffentlichen Meinung, in: Willke, Jürgen (Hg.): Öffentliche Meinung. Theorie, Methoden, Befunde. Beiträge zu Ehren von Elisabeth Noelle-Neumann, Freiburg i. Br./München 1992, S. 77–86.

Madajczyk, Czesław: Okkupationspolitik Nazideutschlands in Polen 1939–1945, Berlin 1987.

Mahlke, Bernhard: Zum Anteil des Stahlhelms an der Vorbereitung, Errichtung und Festigung der faschistischen Diktatur in Deutschland (1929 bis 1934/35), Potsdam 1967.

Mai, Uwe: Rasse und Raum. Agrarpolitik, Sozial- und Raumplanung im NS-Staat, Paderborn/München/Wien u. a. 2002.

Maier, Dieter G.: Vom Vermittlungsbüro zum »zivilen Wehrbezirkskommando«. Der Umbau der Arbeitsverwaltung zur Arbeitseinsatzbehörde für deutsche und ausländische Arbeitskräfte 1933–1945, in: Linne, Karsten/Dierl, Florian (Hg.): Arbeitskräfte als Kriegsbeute: Der Fall Ost- und Südosteuropa 1939–1945, Berlin 2011, S. 17–45.

Malinowski, Stephan: Vom König zum Führer. Sozialer Niedergang und politische Radikalisierung im deutschen Adel zwischen Kaiserreich und NS-Staat, Berlin 2003.

Mann, Reinhard (Hg.): Die Nationalsozialisten. Analyse faschistischer Bewegungen, Stuttgart 1980.

Marszolek, Inge: Verhandlungssache: Die »Volksgemeinschaft« – eine kommunikative Figuration, in: Reeken, Dietmar von/Thießen, Malte (Hg.): »Volksgemeinschaft« als soziale Praxis. Neue Forschungen zur NS-Gesellschaft vor Ort, Paderborn/München/Wien u. a. 2013, S. 65–77.

Martin, Bernd: Masuren. Mythos und Geschichte, Karlsruhe 1998.

Meindl, Ralf: Die Politik des ostpreußischen Gauleiters Erich Koch in den annektierten polnischen Gebieten als Ausdruck nationalsozialistischer Zielvorstellungen, in: Martin, Bernd (Hg.): Deutschland und Polen in schweren Zeiten 1933–1990. Alte Konflikte, neue Sichtweisen [= Niemcy i Polska w trudnych latach 1933–1990], Freiburg i. Br./Poznań 2004, S. 101–115.

Meindl, Ralf: Ostpreußens Gauleiter. Erich Koch – eine politische Biographie, Osnabrück 2007.

Merziger, Patrick/Stöber, Rudolf/Körber, Esther-Beate u. a. (Hg.): Geschichte, Öffentlichkeit, Kommunikation. Festschrift für Bernd Sösemann zum 65. Geburtstag, Stuttgart 2010.

Meyer, Günther: Das Pressearchiv des Bundes der Landwirte (1893–1945), in: ZfG 7 (1959), S. 1121–1123.

Moll, Martin (Hg.): »Führer-Erlasse« 1939–1945. Edition sämtlicher überlieferter, nicht im Reichsgesetzblatt abgedruckter, von Hitler während des Zweiten Weltkrieges schriftlich erteilter Direktiven aus den Bereichen Staat, Partei, Wirtschaft, Besatzungspolitik und Militärverwaltung, Stuttgart 1997.

Mommsen, Hans: Amoklauf der »Volksgemeinschaft«? Kritische Anmerkungen zu Michael Wildts Grundkurs zur Geschichte des Nationalsozialismus, in: NPL 53 (2008), S. 15–20.

Müller, Hans Peter: Artikel »Arnold, Alfred«, in: Sepaintner, Fred L. (Hg.): Baden-Württembergische Biografien, Bd. 4, Stuttgart 2007, S. 1–3.

Müller, Rolf-Dieter: Von der Wirtschaftsallianz zum kolonialen Ausbeutungskrieg, in: Militärgeschichtliches Forschungsamt (Hg.): Der Angriff auf die Sowjetunion (= Das Deutsche Reich und der Zweite Weltkrieg, Bd. 4), Stuttgart 1983, S. 98–189.

Müller, Rolf-Dieter: Hitlers Ostkrieg und die deutsche Siedlungspolitik. Die Zusammenarbeit von Wehrmacht, Wirtschaft und SS, Frankfurt a. M. 1991.

Müller, Rolf-Dieter (Hg.): Die deutsche Wirtschaftspolitik in den besetzten sowjetischen Gebieten 1941–1943. Der Abschlußbericht des Wirtschaftsstabes Ost und Aufzeichnungen eines Angehörigen des Wirtschaftskommandos Kiew, Boppard a. Rh. 1991.

Müller, Rolf-Dieter: Hitlers Wehrmacht 1935 bis 1945, München 2012.

Münkel, Daniela: Nationalsozialistische Agrarpolitik und Bauernalltag, Frankfurt a. M./New York 1996.

Münkel, Daniela: Bäuerliche Interessen versus NS-Ideologie. Das Reichserbhofgesetz in der Praxis, in: VfZG 44 (1996), S. 549–580.

Münkel, Daniela: »Du, deutsche Landfrau bist verantwortlich!« Bauer und Bäuerin im Nationalsozialismus, in: AfS 38 (1998), S. 141–164.

Münkel, Daniela: »Der Rundfunk geht auf die Dörfer«. Der Einzug der Massenmedien auf dem Lande von den zwanziger bis zu den sechziger Jahren, in: Dies. (Hg.): Der lange Abschied vom Agrarland. Agrarpolitik, Landwirtschaft und ländliche Gesellschaft zwischen Weimar und Bonn, Göttingen 2000, S. 177–198.

Münkel, Daniela: Das Bild vom Bauern im Nationalsozialismus und der DDR – zwischen Herrschaftslegitimation und Identitätsstiftung, in: Dies./Uekötter, Frank (Hg.): Das Bild des Bauern. Selbst- und Fremdwahrnehmungen vom Mittelalter bis ins 21. Jahrhundert, Göttingen 2012, S. 131–145.

Murawski, Klaus-Eberhard: Die Zeit des Nationalsozialismus im Spiegel von ostpreußischen Heimatchroniken und Ortsgeschichten nach 1945, in: Preußenland 31 (1993), S. 51–58.

Naasner, Walter: Neue Machtzentren in der deutschen Kriegswirtschaft 1942–1945. Die Wirtschaftsorganisation der SS, das Amt des Generalbevollmächtigten für den Arbeitseinsatz und das Reichsministerium für Bewaffnung und Munition / Reichsministerium für Rüstung und Kriegsproduktion im nationalsozialistischen Herrschaftssystem, Boppard a. Rh. 1994.

Neusüss-Hunkel, Ermenhild: Die SS, Marburg 1955.

Niethammer, Lutz: Die Mitläuferfabrik. Die Entnazifizierung am Beispiel Bayerns, 2. Aufl., Bonn 1982.

Nimmergut, Jörg: Deutsche Orden und Ehrenzeichen bis 1945, Bd. 4: Württemberg II – Deutsches Reich, München 2001.

Nitz, Wenke: Führer und Duce. Politische Machtinszenierungen im nationalsozialistischen Deutschland und im faschistischen Italien, Köln/Weimar/Wien 2013.

Noble, Alastair: The People's Levy – the Volkssturm and Popular Mobilisation in Eastern Germany 1944–45, in: The Journal of Strategic Studies 24 (2001), Heft 1, S. 165–187.

Noble, Alastair: Nazi Rule and the Soviet Offensive in Eastern Germany, 1944–1945. The Darkest Hour, Brighton/Portland, Or. 2009.

Nolzen, Armin: Funktionäre in einer faschistischen Partei. Die Kreisleiter der NSDAP, 1932/1933 bis 1944/1945, in: Kössler, Till/Stadtland, Helke (Hg.): Vom Funktionieren der Funktionäre. Politische Interessenvertretung und gesellschaftliche Integration in Deutschland nach 1933, Essen 2004, S. 37–75.

Nolzen, Armin: Nationalsozialismus und »Volksgemeinschaft«. Plädoyer für eine operative Semantik, in: Reeken, Dietmar von/Thießen, Malte (Hg.): »Volksgemeinschaft« als soziale Praxis. Neue Forschungen zur NS-Gesellschaft vor Ort, Paderborn/München/Wien u. a. 2013, S. 51–63.

Obenaus, Herbert: Artikel »von Gayl, Wilhelm Moritz Egon Freiherr«, in: Forstreuter, Kurt/Gause, Fritz (Hg.): Altpreußische Biographie, Bd. III: Ergänzungen zu Bd. I und II, Marburg a. d. L. 1975, S. 916–917.

Paulus, Helmut: Landwirtschaftliche Entschuldung und Erbhofrecht im »Dritten Reich«. Tätigkeiten des Entschuldungsamtes und der Anerbengerichte des LG-Bezirks Bayreuth, in: Archiv für Geschichte von Oberfranken 81 (2001), S. 481–523.

Pelinka, Anton: Die FPÖ: eine rechtspopulistische Regierungspartei zwischen Adaption und Opposition, in: Frölich-Steffen, Susanne/Rensmann, Lars (Hg.): Populisten an der Macht. Populistische Regierungsparteien in West- und Osteuropa, Wien 2005, S. 87–104.

Petzina, Dieter: Autarkiepolitik im Dritten Reich. Der nationalsozialistische Vierjahresplan, Stuttgart 1968.

Peukert, Detlef J. K.: Die Weimarer Republik. Krisenjahre der Klassischen Moderne, Frankfurt a. M. 1987.

Pohl, Dieter: Die Herrschaft der Wehrmacht. Deutsche Militärbesatzung und einheimische Bevölkerung in der Sowjetunion 1941–1944, Frankfurt a. M. 2011.

Pohl, Dieter: Verfolgung und Massenmord in der NS-Zeit 1933–1945, 3. Aufl., Darmstadt 2011.

Pölking, Hermann: Ostpreussen. Biographie einer Provinz, 2., verb. Aufl., Berlin 2012.

Pomp, Rainer: Bauern und Großgrundbesitzer auf ihrem Weg ins Dritte Reich. Der Brandenburgische Landbund. 1919–1933, Berlin 2011.

Poschmann, Brigitte: Artikel »Romanowski, Arthur«, in: Bahr, Ernst/Brausch, Gerd (Hg.): Altpreußische Biographie, Bd. IV, Marburg a. d. L. 1995, S. 1146–1147.

Pronobis, Witold: Zur Okkupationspolitik des faschistischen deutschen Imperialismus im Regierungsbezirk Zichenau (Ciechanów) 1939–1945, in: Schrage, Bruno (Red.): Polen im Bannkreis des Imperialismus (= Studien zur Geschichte der deutsch-polnischen Beziehungen, Heft 3), Rostock 1980, S. 63–83.

Proske, Wolfgang: Für eine engagierte Täterforschung - Vorwort, in: Ders. (Hg.): Täter, Helfer, Trittbrettfahrer, Bd. 2: NS-Belastete aus der Region Ulm/Neu-Ulm, Münster/Ulm 2013, S. 7–14.

Puscher, Uwe: Ein Volk, ein Reich, ein Gott. Völkische Weltanschauung und Bewegung, in: Sösemann, Bernd (Hg.): Der Nationalsozialismus und die deutsche Gesellschaft. Einführung und Überblick, München 2002, S. 25–41.

Pyta, Wolfram: Dorfgemeinschaft und Parteipolitik. 1918–1933. Die Verschränkung von Milieu und Parteien in den protestantischen Landgebieten Deutschlands in der Weimarer Republik, Düsseldorf 1996.

Pyta, Wolfram: Das Dorf im Fadenkreuz der Politik. Politische Willensbildung und Milieuwandel im ländlichen Lebenskreis 1918 bis 1945, in: Münkel, Daniela (Hg.): Der lange Abschied vom Agrarland. Agrarpolitik, Landwirtschaft und ländliche Gesellschaft zwischen Weimar und Bonn, Göttingen 2000, S. 209–226.

Pyta, Wolfram: »Menschenökonomie«. Das Ineinandergreifen von ländlicher Sozialraumgestaltung und rassenbiologischer Bevölkerungspolitik im NS-Staat, in: HZ 273 (2001), S. 31–94.

Raberg, Frank: Vinzenz Stehle – »[…] tritt auf wie ein ›Condottiere‹«, in: Proske, Wolfgang (Hg.): Täter, Helfer, Trittbrettfahrer, Bd. 4: NS-Belastete aus Oberschwaben, 4. Aufl., Gerstetten 2015, S. 268–280.

Ratza, Werner: Die deutschen Kriegsgefangenen in der Sowjetunion. Der Faktor Arbeit (= Zur Geschichte der deutschen Kriegsgefangenen des Zweiten Weltkrieges, Bd. 4), München 1973.

Rebentisch, Dieter: Innere Verwaltung, in: Jeserich, Kurt G. A./Pohl, Hans/Unruh, Georg-Christoph von (Hg.): Deutsche Verwaltungsgeschichte, Bd. IV: Das Reich als Republik und in der Zeit des Nationalsozialismus, Stuttgart 1985, S. 732–774.

Rebentisch, Dieter: Führerstaat und Verwaltung im Zweiten Weltkrieg. Verfassungsentwicklung und Verwaltungspolitik. 1939–1945, Stuttgart 1989.

Reichardt, Sven: Faschistische Kampfbünde. Gewalt und Gemeinschaft im italienischen Squadrismus und in der deutschen SA, Köln/Weimar/Wien 2002.

Reichel, Peter: Der schöne Schein des Dritten Reiches. Faszination und Gewalt des Faschismus, München/Wien 1991.

Reif, Heinz: Antisemitismus in den Agrarverbänden Ostelbiens in der Weimarer Republik, in: Ders. (Hg.): Ostelbische Agrargesellschaft im Kaiserreich und in der Weimarer Republik. Agrarkrise – junkerliche Interessenpolitik – Modernisierungsstrategien, Berlin 1994, S. 379–411.

Reifferscheid, Gerhard: Das Bistum Ermland und das Dritte Reich, Köln 1975.

Reinhold, Johannes/Spender, Brigitte: Dr. Fritz Paul Zahn. 30jähriges Doktorjubiläum, in: Archiv für Gartenbau 4 (1956), S. 424–425.

Requate, Jörg: Öffentlichkeit und Medien als Gegenstände historischer Analyse, in: GG 25 (1999), S. 5–16.

Richter, Friedrich: Industriepolitik im agrarischen Osten. Ein Beitrag zur Geschichte Ostpreussens zwischen den Weltkriegen. Bericht und Dokumentation, Wiesbaden 1984.

Richter, Friedrich: Beiträge zur Industrie- und Handwerksgeschichte Ostpreussens 1919–1939, Stuttgart 1988.

Richter, Friedrich: Wirtschaftsprobleme Ostpreußens, in: Jähnig, Bernhart/Spieler, Silke (Hg.): Das Königsberger Gebiet im Schnittpunkt deutscher Geschichte und in seinen europäischen Bezügen, Bonn 1993, S. 45–71.

Richter, Friedrich: 1939. Halbzeit des »Ostpreußenplans« von 1933?, in: Jähnig, Bernhart/Michels, Georg (Hg.): Das Preußenland als Forschungsaufgabe. Eine europäische Region in ihren geschichtlichen Bezügen, Lüneburg 2000, S. 357–363.

Rogowski, Ronald: The Gauleiter and the Social Origins of Fascism, in: Comparative Studies in Society and History 19 (1977), S. 399–430.

Röhr, Werner: System oder organisiertes Chaos? Fragen einer Typologie der deutschen Okkupationsregime im Zweiten Weltkrieg, in: Bohn, Robert (Hg.): Die deutsche Herrschaft in den »germanischen« Ländern 1940–1945, Stuttgart 1997, S. 11–45.

Rogalewska, Ewa: Bezirk Bialystok. Zwischen Arbeit und Flucht in einem vergessenen Teil des Deutschen Reichs, in: Hensel, Jürgen/Lehnstaedt, Stephan (Hg.): Arbeit in den nationalsozialistischen Ghettos, Osnabrück 2013, S. 181–194.

Rohrer, Christian: Nationalsozialistische Macht in Ostpreußen, München 2006.

Rohrer, Christian: Vom Wachstum der Erich-Koch-Stiftung. Ein nationalsozialistischer Mischkonzern und die »Arisierung« der »Ersten Ostpreußischen Bettfedernfabrik«, in: Pletzing, Christian (Hg.): Vorposten des Reichs? Ostpreußen 1933–1945, München 2006, S. 77–112.

Rosenkötter, Bernhard: Treuhandpolitik. Die »Haupttreuhandstelle Ost« und der Raub polnischer Vermögen. 1939–1945, Essen 2003.

Roth, Claudia: Parteikreis und Kreisleiter der NSDAP unter besonderer Berücksichtigung Bayerns, München 1997.

Ruck, Michael: Partikularismus und Mobilisierung – traditionelle und totalitäre Regionalgewalten im Herrschaftsgefüge des NS-Regimes, in: Reichardt, Sven/Seibel, Wolfgang (Hg.): Der prekäre Staat. Herrschen und Verwalten im Nationalsozialismus, Frankfurt a. M./New York 2011, S. 75–120.

Saehrendt, Christian: Der Horror vacui der Demographie. 100 Jahre Abwanderung aus dem deutschen Osten, in: Tel Aviver Jahrbuch für deutsche Geschichte 35 (2007), S. 327–350.

Saldern, Adelheid von: Mittelstand im »Dritten Reich«. Handwerker, Einzelhändler, Bauern, Frankfurt a. M./New York 1979.

Sawahn, Anke: Die Frauenlobby vom Land. Die Landfrauenbewegung in Deutschland und ihre Funktionärinnen 1898 bis 1948, Frankfurt a. M. 2009.

Schauer, Ralf Erich: Die Steuergesetzgebung des Nationalsozialismus als Mittel der Machtpolitik. Vom Steuerrecht zum Steuerunwesen, Frankfurt a. M./Berlin/Bern u. a. 2003.

Scheipl, Josef/Seel, Helmut: Die Entwicklung des österreichischen Schulwesens von 1750–1938, 2., erg. und erw. Aufl., Graz 1987.

Schenk, Dieter: Die braunen Wurzeln des BKA, Frankfurt a. M. 2003.

Schildt, Axel: Das Jahrhundert der Massenmedien. Ansichten einer zukünftigen Geschichte der Öffentlichkeit, in: GG 27 (2001), S. 177–206.

Schiller, René: Vom Rittergut zum Grossgrundbesitz. Ökonomische und soziale Transformationsprozesse der ländlichen Eliten in Brandenburg im 19. Jahrhundert, Berlin 2003.

Schleusener, Jan: Eigentumspolitik im NS-Staat. Der staatliche Umgang mit Handlungs- und Verfügungsrechten über privates Eigentum 1933–1939, Frankfurt a. M. 2009.

Schlosser, Horst Dieter: Sprache unterm Hakenkreuz. Eine andere Geschichte des Nationalsozialismus, Köln/Weimar/Wien 2013.

Schmidt, Hermann/Blohm, Georg (Mitarb.): Die Landwirtschaft von Ostpreußen und Pommern. Geschichte, Leistung und Eigenart der Landwirtschaft in den ehemals ostdeutschen Landesteilen seit dem Kriege 1914/18 und bis Ende der dreißiger Jahre. 1914/18–1939, Marburg a. d. L. 1978.

Schmidt-Richberg, Wiegand: Die Regierungszeit Wilhelms II., in: Meier-Welcker, Hans/Grote, Wolfgang von (Hg.): Abschnitt V: Von der Entlassung Bismarcks bis zum Ende des Ersten Weltkrieges (1890–1918) (= Handbuch der deutschen Militärgeschichte. 1648–1939, Bd. 3), Frankfurt a. M. 1968, S. 9–156.

Schmiechen-Ackermann, Detlef: Inszenierte »Volksgemeinschaft«: Das Beispiel der Reichserntedankfeste am Bückeberg 1933–1937, in: Winghart, Stefan (Hg.): Die Reichserntedankfeste auf dem Bückeberg bei Hameln. Diskussion über eine zentrale Stätte nationalsozialistischer Selbstinszenierung, Hameln 2010, S. 10–19.

Schmiechen-Ackermann, Detlef: »Volksgemeinschaft«: Mythos der NS-Propaganda, wirkungsmächtige soziale Verheißung oder soziale Realität im »Dritten Reich«? Einführung, in: Ders. (Hg.): »Volksgemeinschaft«. Mythos, wirkungsmächtige soziale Verheißung oder soziale Realität im »Dritten Reich«? Zwischenbilanz einer kontroversen Debatte, Paderborn/München/Wien u. a. 2012, S. 13–53.

Schmiel, Martin: Landwirtschaftliches Bildungswesen, in: Langewiesche, Dieter/Tenorth, Heinz-Elmar (Hg.): Handbuch der deutschen Bildungsgeschichte, Bd. V: 1918–1945. Die Weimarer Republik und die nationalsozialistische Diktatur, München 1989, S. 294–298.

Schmiel, Martin: Landwirtschaftliche Berufsbildung, in: Berg, Christa (Hg.): Handbuch der deutschen Bildungsgeschichte, Bd. IV: 1870–1918. Von der Reichsgründung bis zum Ende des Ersten Weltkriegs, München 1991, S. 398–404.

Schmitz-Berning, Cornelia: Vokabular des Nationalsozialismus, 2., durchges. und überarb. Aufl., Berlin 2007.

Schneider, Thomas Martin: Reichsbischof Ludwig Müller. Eine Untersuchung zu Leben, Werk und Persönlichkeit, Göttingen 1993.

Schober, Gerhard: Die Anwendung des Reichserbhofgesetzes im ehemaligen Amtsgerichtsbezirk Pfaffenhofen/Ilm, München 2007.

Scholder, Klaus: Die Kirchen und das Dritte Reich, Bd. 1: Vorgeschichte und Zeit der Illusionen 1918–1934, Frankfurt a. M. 1977.

Schröder, Hans Joachim: Alles Liebe & heil Hitler. Wie falsche Hoffnungen entstehen. Eine Familiengeschichte, Berlin 2012.

Schröder, Wilhelm Heinz: Kollektive Biographien in der historischen Sozialforschung: Eine Einführung, in: Ders. (Hg.): Lebenslauf und Gesellschaft. Zum Einsatz von kollektiven Biographien in der historischen Sozialforschung, Stuttgart 1985, S. 7–17.

Schubert, Werner (Hg.): Akademie für Deutsches Recht, 1933–1945. Protokolle der Ausschüsse, Bd. 4: Ausschuß für Genossenschaftsrecht. Hrsg. zusammen mit d. Entwurf des Reichsjustizministeriums von 1938/39 zu einem Genossenschaftsgesetz u. mit e. Einl. vers. von Werner Schubert, Berlin/New York 1989.

Schüler-Springorum, Stefanie: Die jüdische Minderheit in Königsberg/Preußen, 1871–1945, Göttingen 1996.

Schulte, Jan Erik: SS-Mentalität und Karrierismus. Das SS-Führerkorps als neue Funktionselite im nationalsozialistischen Staat, in: Kössler, Till/Stadtland, Helke (Hg.): Vom Funktionieren der Funktionäre. Politische Interessenvertretung und gesellschaftliche Integration in Deutschland nach 1933, Essen 2004, S. 77–108.

Schultz-Klinken, Karl-Rolf: Preußische und deutsche Ostsiedlungspolitik von 1886 bis 1945; ihre Zielvorstellungen und Ergebnisse, in: ZAA 21 (1973), S. 198–215.

Schulz, Andreas: Der Aufstieg der »vierten Gewalt«. Medien, Politik und Öffentlichkeit im Zeitalter der Massenkommunikation, in: HZ 270 (2000), S. 65–97.

Schulz, Andreas: Regierungsbezirk Zichenau, in: Gruner, Wolf/Osterloh, Jörg (Hg.): Das »Großdeutsche Reich« und die Juden, Frankfurt a. M. 2010, S. 262–280.

Schumacher, Bruno: Geschichte Ost- und Westpreußens, 6., durchges. Aufl., Würzburg 1977.

Schuster, Armin: Die Entnazifizierung in Hessen 1945–1954. Vergangenheitspolitik in der Nachkriegszeit, Wiesbaden 1999.

Schuster, Walter/Weber, Wolfgang: Entnazifizierung im regionalen Vergleich: der Versuch einer Bilanz, in: Dies. (Hg.): Entnazifizierung im regionalen Vergleich, Linz 2004, S. 15–41.

Schuster, Walter/Weber, Wolfgang (Hg.): Entnazifizierung im regionalen Vergleich, Linz 2004.

Schwartz, Michael: Zwischen »Reich« und »Nährstand«. Zur soziostrukturellen und politischen Heterogenität der Landesbauernschaft Westfalen im »Dritten Reich«, in: Westfälische Forschungen 40 (1990), S. 303–336.

Schwartz, Michael: Funktionäre mit Vergangenheit. Das Gründungspräsidium des Bundes der Vertriebenen und das »Dritte Reich«. In Zusammenarb. mit Michael Buddrus, München 2013.

Schwarz, Karl: Die Veränderung der Zahl der Kinder in den Ehen während der letzten 50 Jahre, in: Wirtschaft und Statistik 9 (1957), Heft 5, S. 265–267.

Schwendemann, Heinrich: Endkampf und Zusammenbruch im deutschen Osten, in: Freiburger Universitätsblätter 34 (1995), S. 9–28.

Schwendemann, Heinrich: Der deutsche Zusammenbruch im Osten 1944/45, in: Rusinek, Bernd-A. (Hg.): Kriegsende 1945. Verbrechen, Katastrophen, Befreiungen in nationaler und internationaler Perspektive, Göttingen 2004, S. 125–150.

Sheffield, Gary (Hg.): War on the Western Front. In the Trenches of World War I, Oxford 2008.

Siegl, Gerhard: Bergbauern im Nationalsozialismus. Die Berglandwirtschaft zwischen Agrarideologie und Kriegswirtschaft, Innsbruck 2013.

Slapnicka, Harry: Oberösterreich – Die politische Führungsschicht. 1918–1938, Linz 1976.

Sösemann, Bernd: Einführende Bemerkungen zur Erforschung der Geschichte der Medien und der öffentlichen Kommunikation in Preußen, in: Ders. (Hg.): Kommunikation und Medien in Preußen vom 16. bis 19. Jahrhundert, Stuttgart 2002, S. 9–21.

Sösemann, Bernd: Propaganda und Öffentlichkeit in der »Volksgemeinschaft«, in: Ders. (Hg.): Der Nationalsozialismus und die deutsche Gesellschaft. Einführung und Überblick, München 2002, S. 114–154.

Spoerer, Mark: Zwangsarbeit unter dem Hakenkreuz. Ausländische Zivilarbeiter, Kriegsgefangene und Häftlinge im Dritten Reich und im besetzten Europa 1939–1945, Stuttgart/München 2001.

Spoerer, Mark: NS-Zwangsarbeiter im Deutschen Reich. Eine Statistik vom 30. September 1944 nach Arbeitsamtsbezirken, in: VfZG 49 (2001), S. 665–684.

Spoerer, Mark/Streb, Jochen: Neue deutsche Wirtschaftsgeschichte des 20. Jahrhunderts, München 2013.

Stach, Babette: Personenbezogene Unterlagen aus der Zeit des Nationalsozialismus. Das Bundesarchiv in Berlin und seine Bestände, insbesondere des ehemaligen Berlin Document Centers (BDC), in: Herold-Jahrbuch N. F. 5 (2000), S. 147–186.

Stahl, Friedrich (Hg.): Heereseinteilung 1939. Gliederung, Standorte und Kommandeure sämtlicher Einheiten und Dienststellen des Friedensheeres am 3. 1. 1939 und die Kriegsgliederung vom 1. 9. 1939, Bad Nauheim 1954.

Stelbrink, Wolfgang: Der preußische Landrat im Nationalsozialismus. Studien zur nationalsozialistischen Personal- und Verwaltungspolitik auf Landkreisebene, Münster/New York/München u. a. 1998.

Stelbrink, Wolfgang: Die Kreisleiter der NSDAP in Westfalen und Lippe. Versuch einer Kollektivbiographie mit biographischem Anhang, Münster 2003.

Stockhorst, Erich: 5000 Köpfe. Wer war was im 3. Reich, Wiesbaden 1967.

Stoll, Katrin: Die Herstellung der Wahrheit. Strafverfahren gegen ehemalige Angehörige der Sicherheitspolizei für den Bezirk Białystok, Berlin/Boston, Ma. 2012.

Štolleová, Barbora: Die Manager-Elite in der Landwirtschaft des Protektorats Böhmen und Mähren. Die Rolle der deutschen Besatzungsverwaltung in der Leitung der Landwirtschafts- und Ernährungspolitik des Protektorats, in: Kubů, Eduard/Lorenz,

Torsten/Müller, Uwe u. a. (Hg.): Agrarismus und Agrareliten in Ostmitteleuropa, Berlin/Prag 2013, S. 561–587.

Stossun, Harry: Die Umsiedlungen der Deutschen aus Litauen während des Zweiten Weltkrieges. Untersuchungen zum Schicksal einer deutschen Volksgruppe im Osten, Marburg a. d. L. 1993.

Stossun, Harry: Die Rücksiedlung der Litauendeutschen (1942–1944), in: Annaberger Annalen 5 (1997), S. 67–80.

Streb, Jochen/Pyta, Wolfram: Von der Bodenproduktivität zur Arbeitsproduktivität. Der agrarökonomische Paradigmenwechsel im Dritten Reich, in: ZAA 53 (2005), S. 56–78.

Stüttgen, Dieter (Bearb.): Ost- und Westpreußen (= Grundriß zur deutschen Verwaltungsgeschichte 1815–1945, Reihe A: Preußen, Bd. 1), Marburg a. d. L. 1975.

Suppan, Arnold: Hitler – Beneš – Tito. Konflikt, Krieg und Völkermord in Ostmittel- und Südosteuropa, Bd. 1, Tl. 2, 2., korr. Aufl., Wien 2014.

Szejnmann, Claus-Christian W.: Theoretisch-methodische Chancen und Probleme regionalgeschichtlicher Forschungen zur NS-Zeit, in: Ruck, Michael/Pohl, Karl Heinrich (Hg.): Regionen im Nationalsozialismus, Bielefeld 2003, S. 43–57.

Szczepański, Janusz: Regierungsbezirk Zichenau. Peripherie ohne Ghettoarbeit?, in: Hensel, Jürgen/Lehnstaedt, Stephan (Hg.): Arbeit in den nationalsozialistischen Ghettos, Osnabrück 2013, S. 195–208.

Tauber, Joachim: Deutschland, Litauen und das Memelgebiet 1938/1939, in: Zarusky, Jürgen/Rückert, Martin (Hg.): Das Münchener Abkommen von 1938 in europäischer Perspektive, München 2013, S. 429–439.

Thyssen, Anders Pontoppidan: Die volkskirchliche Tradition in Skandinavien, in: Nicolaisen, Carsten (Hg.): Nordische und deutsche Kirchen im 20. Jahrhundert. Referate auf der Internationalen Arbeitstagung in Sandbjerg/Dänemark 1981, Göttingen 1982, S. 271–289.

Tilitzki, Christian: Alltag in Ostpreußen 1940–1945. Die geheimen Lageberichte der Königsberger Justiz. 1940–1945, Leer 1991.

Tooze, Adam: Ökonomie der Zerstörung. Die Geschichte der Wirtschaft im Nationalsozialismus, München 2008.

Tornow, Werner (Bearb.): Chronik der Agrarpolitik und Agrarwirtschaft des Deutschen Reiches von 1933–1945, Hamburg/Berlin 1972.

Traba, Robert: Ostpreußen – die Konstruktion einer deutschen Provinz. Eine Studie zur regionalen und nationalen Identität 1914–1933. Aus dem Polnischen von Peter Oliver Loew, Osnabrück 2010.

Tyrell, Albrecht (Hg.): Führer befiehl … Selbstzeugnisse aus der »Kampfzeit« der NSDAP. Dokumentation und Analyse, Düsseldorf 1969.

Ueberschär, Gerd R. (Hg.): Hitlers militärische Elite. 68 Lebensläufe, 2., durchges. und bibliogr. aktualisierte Aufl., Darmstadt 2011.

Uekötter, Frank: Die Wahrheit ist auf dem Feld. Eine Wissensgeschichte der deutschen Landwirtschaft, Göttingen 2010.

Ullmann, Hans Peter: Das Deutsche Kaiserreich. 1871–1918, Frankfurt a. M. 1995.

Unruh, Georg-Christoph von: Klaus von der Groeben 1902–2002, in: Die Verwaltung 35 (2002), S. 289–292.

Verse-Herrmann, Angela: Die »Arisierungen« in der Land- und Forstwirtschaft 1938–1942, Stuttgart 1997.

Voegeli, Wolfgang/Willenbacher, Barbara: Das realisierte System der familienpolitischen Leistungen im Nationalsozialismus, in: Voegeli, Wolfgang (Hg.): Nationalsozialistische Familienpolitik zwischen Ideologie und Durchsetzung, Hamburg 2001, S. 17–47.

Volckart, Oliver: Polykratische Wirtschaftspolitik: Zu den Beziehungen zwischen Wirtschaftsministerium, Arbeitsministerium, DAF und Reichsnährstand, 1933–1939, in: VSWG 90 (2003), S. 174–193.

Volkmann, Hans-Erich: Ökonomie und Expansion. Grundzüge der NS-Wirtschaftspolitik. Ausgewählte Schriften, München 2003.

Vollnhals, Clemens (Hg.): Entnazifizierung. Politische Säuberung und Rehabilitierung in den vier Besatzungszonen 1945–1949, München 1991.

Voß, Reimer: Steuern im Dritten Reich. Vom Recht zum Unrecht unter der Herrschaft des Nationalsozialismus, München 1995.

Wagner, Patrick: Bauern, Junker und Beamte. Lokale Herrschaft und Partizipation im Ostelbien des 19. Jahrhunderts, Göttingen 2005.

Wagner, Wulf D.: Die Güter des Kreises Heiligenbeil in Ostpreußen. Herausgegeben von der Kreisgemeinschaft Heiligenbeil e.V., Leer 2005.

Wagner, Wulf D.: Kultur im ländlichen Ostpreußen. Geschichte, Güter und Menschen im Kreis Gerdauen. Herausgegeben vom Heimatkreis Gerdauen, Bd. 1, Husum 2008.

Wedekind, Michael: Nationalsozialistische Besatzungs- und Annexionspolitik in Norditalien. 1943 bis 1945. Die Operationszonen »Alpenvorland« und »Adriatisches Küstenland«, München 2003.

Wegner, Bernd: Hitlers politische Soldaten. Die Waffen-SS 1933–1945, Paderborn/München/Wien u. a. 1982.

Wegner, Bernd: Militärische Eliten im Nationalsozialismus: Fünf Thesen, in: Gebhardt, Miriam/Patzel-Mattern, Katja/Zahlmann, Stefan (Hg.): Das integrative Potential von Elitenkulturen. Festschrift für Clemens Wischermann, Stuttgart 2013, S. 75–88.

Wehler, Hans-Ulrich: Deutsche Gesellschaftsgeschichte, Bd. 3: Von der »Deutschen Doppelrevolution« bis zum Beginn des Ersten Weltkrieges. 1849–1914, München 1995.

Wehler, Hans-Ulrich: Deutsche Gesellschaftsgeschichte, Bd. 4: Vom Beginn des Ersten Weltkriegs bis zur Gründung der beiden deutschen Staaten. 1914–1949, München 2003.

Weinert, Rainer: »Die Sauberkeit der Verwaltung im Kriege«. Der Rechnungshof des Deutschen Reiches 1938–1946, Opladen 1993.

Weisbrod, Bernd: Generation und Generationalität in der Neueren Geschichte, in: APuZ 55 (2005), Heft 8, S. 3–9.

Weisenburger, Elvira: Der »Rassepapst«. Hans Friedrich Karl Günther, Professor für Rassenkunde, in: Kißener, Michael/Scholtyseck, Joachim (Hg.): Die Führer der Provinz. NS-Biographien aus Baden und Württemberg, Konstanz 1997, S. 161–199.

Weitzel, Jürgen: Nationalsozialistische Agrarideologie und Landwirtschaftsrecht, in: Gosewinkel, Dieter (Hg.): Wirtschaftskontrolle und Recht in der nationalsozialistischen Diktatur, Frankfurt a. M. 2005, S. 157–180.

Wember, Heiner: Umerziehung im Lager. Internierung und Bestrafung von Nationalsozialisten in der britischen Besatzungszone Deutschlands, Essen 1992.

Wienberg, Käthe: Die Entwicklung der evangelischen Volksschule Vluyn, in: Jahrbuch des Kreises Wesel 22 (2001), S. 43–52.

Wildt, Michael: Generation des Unbedingten. Das Führungskorps des Reichssicherheitshauptamtes, Hamburg 2002.

Wildt, Michael: Geschichte des Nationalsozialismus, Göttingen 2008.

Will, Martin: Selbstverwaltung der Wirtschaft. Recht und Geschichte der Selbstverwaltung in den Industrie- und Handelskammern, Handwerksinnungen, Kreishandwerkerschaften, Handwerkskammern und Landwirtschaftskammern, Tübingen 2010.

Wille, Manfred: Entnazifizierung in der Sowjetischen Besatzungszone Deutschlands 1945–48, Magdeburg 1993.

Willoweit, Gerhard: Die Wirtschaftsgeschichte des Memelgebiets. 2 Bde, II. Bd., Marburg a. d. L. 1969.

Winghart, Stefan (Hg.): Die Reichserntedankfeste auf dem Bückeberg bei Hameln. Diskussion über eine zentrale Stätte nationalsozialistischer Selbstinszenierung, Hameln 2010.

Winkle, Ralph: Der Dank des Vaterlandes. Eine Symbolgeschichte des Eisernen Kreuzes 1914 bis 1936, Essen 2007.

Wirsching, Andreas: Nationalsozialismus in der Region. Tendenzen der Forschung und methodische Probleme, in: Möller, Horst/Wirsching, Andreas/Ziegler, Walter (Hg.): Nationalsozialismus in der Region. Beiträge zur regionalen und lokalen Forschung und zum internationalen Vergleich, München 1996, S. 25–46.

Wirsching, Andreas: Vom »Lehrstück Weimar« zum Lehrstück Holocaust?, in: APuZ 62 (2012), Heft 1–3, S. 9–14.

Witte, Peter/Wildt, Michael/Voigt, Martina u. a. (Bearb.): Der Dienstkalender Heinrich Himmlers. 1941/42, Hamburg 1999.

Wolf, Gerhard: Ideologie und Herrschaftsrationalität. Nationalsozialistische Germanisierungspolitik in Polen, Hamburg 2012.

Wulff, Aiko: »Mit dieser Fahne in der Hand«. Materielle Kultur und Heldenverehrung, in: Historical Social Research 34 (2009), Nr. 4, S. 343–355 (online unter <http://nbn-resolving.de/urn:nbn:de:0168-ssoar-287770> [16. 4. 2016]).

Zander, Horst F. (Hg.): Mit klingendem Spiel. Insterburg 1919–1939. Eine ostpreußische Garnison zwischen den beiden Weltkriegen, Seesen 1981.

Zellhuber, Andreas: »Unsere Verwaltung treibt einer Katastrophe zu …« Das Reichsministerium für die besetzten Ostgebiete und die deutsche Besatzungsherrschaft in der Sowjetunion 1941–1945, München 2006.

Ziegler, Christoph: Versuchte Massenverführung. Kommunikationsstrategie der NS-Propaganda am Beispiel des Wochenspruchs der NSDAP, in: Merziger, Patrick/Stöber, Rudolf/Körber, Esther-Beate u. a. (Hg.): Geschichte, Öffentlichkeit, Kommunikation. Festschrift für Bernd Sösemann zum 65. Geburtstag, Stuttgart 2010, S. 419–432.

Ziegler, Walter: Gaue und Gauleiter im Dritten Reich, in: Möller, Horst/Wirsching, Andreas/Ziegler, Walter (Hg.): Nationalsozialismus in der Region. Beiträge zur regionalen und lokalen Forschung und zum internationalen Vergleich, München 1996, S. 139–159.

Zimmermann, Clemens: Landkino im Nationalsozialismus, in: AfS 41 (2001), S. 231–243.

Zimmermann, Clemens: Mediennutzung in der ländlichen Gesellschaft. Medialisierung in historischer Perspektive, in: ZAA 58 (2010), S. 10–22.

Zlomke, Horst: Das Kirchspiel Königsblumenau. Chronik, Geschichte und Einzelberichte, Lunestedt 2008.
Zweng, Christian (Bearb.): Verbände und Truppen der deutschen Wehrmacht und Waffen-SS im Zweiten Weltkrieg, 1939–1945, Bd. 16: Verzeichnis der Friedensgarnisonen 1932–1939 und Stationierungen im Kriege 1939–1945, Tl. 1: Wehrkreise I – VI. Hrsg. von Georg Tessin, Osnabrück 1996.

Elektronische Ressourcen

Brandes, Wolfgang: Tagungsbericht: Der Umgang mit den Folgen von NS-Zeit und Krieg in Niedersachsen nach 1945, 17. 2. 2007 Hannover, in: H-Soz-Kult vom 31. 5. 2007 <http://www.hsozkult.de/conferencereport/id/tagungsberichte-1587> [21. 12. 2012].
Bundesarchiv <www.bundesarchiv.de> [22. 9. 2013].
Bundesministerium für Ernährung und Landwirtschaft, Historikerkommission <http://www.bmel.de/DE/Ministerium/_Texte/Historikerkommission.html> [28. 7. 2016].
Dornheim, Andreas: Rasse, Raum und Autarkie. Sachverständigengutachten zur Rolle des Reichsministeriums für Ernährung und Landwirtschaft in der NS-Zeit, Berlin 2011 <http://www.bmelv.de/SharedDocs/Downloads/Ministerium/RolleReichsministeriumNSZeit.pdf> [22. 5. 2011].
Geheimes Staatsarchiv Preußischer Kulturbesitz, Archivtektonik <http://www.gsta.spk-berlin.de/archivdatenbank_1522.html> [27. 3. 2016].
Historikerkommission. Reichsfinanzministerium von 1933–1945 <http://www.reichsfinanzministerium-geschichte.de/> [17. 9. 2014].
Zeitschriftendatenbank <http://dispatch.opac.dnb.de> [23. 9. 2013].

Auskünfte

Amt Horst-Herzhorn, 12. 8. 2015.
Bürgeramt Bad Godesberg, 23. 8. 2014.
Bürgerbüro (Einwohnermeldeamt) Amt Bordesholm, 3. 9. 2014.
Einwohnermeldeamt Lohne, 4. 9. 2014.
Einwohnermeldeamt Sickte, 12. 8. 2015 und 13. 8. 2015.
Evangelisches Zentralarchiv Berlin, 29. 9. 2015.
Gemeindearchiv Herscheid, 13. 8. 2015.
Gemeinsames Archiv Kreis Steinburg und Stadt Itzehoe, 21. 8. 2014 und 11. 9. 2014.
Gemeinschaftsarchiv Stadt Schleswig und Kreis Schleswig-Flensburg, 15. 2. 2016.
Kirchengemeinde Thedinghausen, 11. 2. 2016.
Kreisarchiv Landkreis Rotenburg (Wümme), 27. 7. 2015.
Kreisgemeinschaft Preußisch Eylau, 27. 10. 2014.
Melde- und Passamt Klettgau, 19. 8. 2015.
Museum Rinteln, 7. 9. 2015.
Niedersächsisches Landesarchiv (Stade), 7. 9. 2015.
Staatsarchiv Hamburg, 13. 10. 2015.

Staatsarchiv Leipzig (Deutsche Zentralstelle für Genealogie), 15.2.2016.
Stadtarchiv Alfeld (Leine), 18.8.2014.
Stadtarchiv Bad Oldesloe, 19.8.2014 und 21.8.2014.
Stadtarchiv Bayreuth, 4.9.2014.
Stadtarchiv Celle, 10.8.2015 und 29.9.2015.
Stadtarchiv Diepholz, 15.2.2016, 17.2.2016 und 18.2.2016.
Stadtarchiv Dresden, 29.9.2015.
Stadtarchiv Düsseldorf, 10.8.2015.
Stadtarchiv Emmendingen, 22.8.2014.
Stadtarchiv Erlangen, 21.8.2014.
Stadtarchiv Fehmarn, 16.2.2016.
Stadtarchiv Friedrichstadt, 19.8.2014.
Stadtarchiv Güstrow, 20.5.2014 und 21.7.2014.
Stadtarchiv Haiger, 25.8.2014.
Stadtarchiv Hannoversch Münden, 21.8.2014.
Stadtarchiv Kiel, 22.2.2016.
Stadtarchiv Lage, 19.8.2014.
Stadtarchiv Lemgo, 18.8.2015.
Stadtarchiv Löhne, 6.6.2016.
Stadtarchiv Lübeck, 13.8.2015.
Stadtarchiv Lüdenscheid, 27.8.2014.
Stadtarchiv Magdeburg, 26.8.2014.
Stadtarchiv Marburg a. d. L., 28.8.2014.
Stadtarchiv München, 12.12.2014.
Stadtarchiv Neubrandenburg, 24.2.2016.
Stadtarchiv Norderstedt, 28.8.2014.
Stadtarchiv Oranienburg, 16.2.2016.
Stadtarchiv Remagen, 18.8.2015, 12.10.2015 und 13.10.2015.
Stadtarchiv Rottweil, 20.8.2015.
Stadtarchiv Schwarzenbek, 29.8.2014.
Stadtarchiv Stendal, 20.8.2014.
Stadtarchiv Wiesbaden, 22.8.2014.
Stadtarchiv Wuppertal, 18.8.2014.
Standesamt Amt Hohe Elbgeest, 25.8.2014.
Standesamt Amt Probstei, 1.9.2014.
Standesamt Bassum, 20.8.2014.
Standesamt Bayreuth, 3.9.2014.
Standesamt Braunfels, 18.8.2014.
Standesamt Bremervörde, 24.6.2014 und 30.6.2014.
Standesamt Dassel, 30.1.2015.
Standesamt Einbeck, 30.1.2015.
Standesamt Mitteldithmarschen, 23.2.2016.
Standesamt Molfsee/Achterwehr, 15.2.2016.
Standesamt Neuhof, 2.9.2014.
Standesamt Reinfeld (Holstein), 29.8.2014.
Standesamt Samtgemeinde Hankelsbüttel, 25.8.2014.

Standesamt Verbandsgemeinde Lambsheim-Heßheim, 13.8.2015.
Standesamt Verwaltungsgemeinschaft Kasendorf, 29.8.2014 und 4.9.2014.
Standesamt Visselhövede, 20.8.2014.
Verwaltungsgemeinschaft Seeg, 24.2.2016.
WASt, 22.1.2016 und 15.2.2016.

Abkürzungsverzeichnis

(Z)	Zugführer
a. D.	außer Dienst
aA	agrarpolitischer Apparat
Abt.	Abteilung
ADK	Arbeitsgemeinschaft Demokratischer Kreise
AfS	Archiv für Sozialgeschichte
AG	Aktiengesellschaft
APO	Archiwum Państwowe w Olsztynie
APP	Archiwum Państwowe w Płocku
APuZ	Aus Politik und Zeitgeschichte
APW	Archiwum Państwowe w Warszawie
BA	Bezirksamt
BBF	Bezirksbauernführer
BDC	Berlin Document Center
BDM	Bund Deutscher Mädel
BdV	Bund der Vertriebenen
BHE	Bund der Heimatvertriebenen und Entrechteten
Brigaf	Brigadeführer
CDU	Christlich-Demokratische Union Deutschlands
CdZ	Chef der Zivilverwaltung
CEH	Contemporary European History
CSA	Christlich-Soziale Arbeitsgemeinschaft
d. L.	der Landwehr
DAF	Deutsche Arbeitsfront
DDR	Deutsche Demokratische Republik
DNdRN	Dienstnachrichten des Reichsnährstandes
DNS	Dachverband der Nationalen Sammlung
DNVP	Deutschnationale Volkspartei
DP	Deutsche Partei
DRP	Deutsche Reichspartei
DVFB	Deutschvölkische Freiheitsbewegung
DVFP	Deutschvölkische Freiheitspartei
DVP	Deutsche Volkspartei

e.V.	eingetragener Verein
EA	Erstausgabe
EHRV	Erbhofrechtsverordnung
EHVfO	Erbhofverfahrensordnung
ES	Ernährungssicherung
EW	Einwohner
EWZ	Einwandererzentralstelle
EZA	Evangelisches Zentralarchiv
FAZ	Frankfurter Allgemeine Zeitung
FDP	Freie Demokratische Partei
FN	Fußnote
FPÖ	Freiheitliche Partei Österreichs
GB	Gesamtdeutscher Block
GG	Geschichte und Gesellschaft
GmbH	Gesellschaft mit beschränkter Haftung
Gruf	Gruppenführer
GStA PK	Geheimes Staatsarchiv Preußischer Kulturbesitz
GULag	Glawnoje Uprawlenije Lagereij [Hauptverwaltung der Lager]
GUPWI	Glawnoje Uprawlenije po Djelam Wojennoplennych i Internirowannych [Hauptverwaltung für Angelegenheiten von Kriegsgefangenen und Internierten]
GWU	Geschichte in Wissenschaft und Unterricht
ha	Hektar
HHStAW	Hessisches Hauptstaatsarchiv Wiesbaden
HJ	Hitler-Jugend
Hschf	Hauptscharführer
HSSPF	Höherer SS- und Polizeiführer
HStA	Hauptstaatsarchiv
Hstuf	Hauptsturmführer
HZ	Historische Zeitschrift
IfZ	Institut für Zeitgeschichte
IPN	Instytut Pamięci Narodowej [Institut für Nationales Gedenken]
JbWG	Jahrbuch für Wirtschaftsgeschichte
KAZ	Königsberger Allgemeine Zeitung
KBF	Kreisbauernführer
KBsch	Kreisbauernschaft
KHAL	Kreishauptabteilungsleiter
KL	Kreisleiter
KO	Kreisobmann
Kr.	Kreis
KZ	Konzentrationslager
LABW	Landesarchiv Baden-Württemberg
LASH	Landesarchiv Schleswig-Holstein
LAV NRW R	Landesarchiv Nordrhein-Westfalen, Abteilung Rheinland
LBF	Landesbauernführer
LBsch	Landesbauernschaft

LEG	Landeserbhofgericht
LHA	Landeshauptabteilung
LHAL	Landeshauptabteilungsleiter
LKF	Landwirtschaftlicher Kreisfachberater
LN	Landwirtschaftliche Nutzfläche
LO	Landesobmann
LR	Landrat
LWK	Landwirtschaftskammer
LVO	Landwirtschaftsverband Ostpreußen
mbH	mit beschränkter Haftung
MdPrLT	Mitglied des Preußischen Landtages
MdR	Mitglied des Reichstages
MG	Maschinengewehr
N. F.	Neue Folge
NLA	Niedersächsisches Landesarchiv
NPD	Nationaldemokratische Partei Deutschlands
NPL	Neue Politische Literatur
NRW	Nordrhein-Westfalen
NS	nationalsozialistisch
NS-Altherrenbund	Nationalsozialistischer Altherrenbund
NS-Frauenschaft	Nationalsozialistische Frauenschaft
NS-Lehrerbund	Nationalsozialistischer Lehrerbund
NS-Rechtswahrerbund	Nationalsozialistischer Rechtswahrerbund
NS-Reichskriegerbund	Nationalsozialistischer Reichskriegerbund
NSBO	Nationalsozialistische Betriebszellenorganisation
NSDAP	Nationalsozialistische Deutsche Arbeiterpartei
NSKK	Nationalsozialistisches Kraftfahrerkorps
NSKOV	Nationalsozialistische Kriegsopferversorgung
NSL	Nationalsozialistisches Landvolk
NStBO	Besoldungsverordnung des Reichsnährstandes
NSV	Nationalsozialistische Volkswohlfahrt
Oa	Oberabschnitt
Obege	Ostpreußische Landwirtschaftliche Betriebsgesellschaft mbH
Oberf	Oberführer
OBF	Ortsbauernführer
OBsch	Ortsbauernschaft
OG	Ortsgruppe
OGL	Ortsgruppenleiter
Ogruf	Obergruppenführer
OKH	Oberkommando des Heeres
OKW	Oberkommando der Wehrmacht
OLG	Ostpreußische Landgesellschaft
OPA	Ostpreußenausschuss
Ostubaf	Obersturmbannführer
Ostuf	Obersturmführer
Pg.	Parteigenosse

phil.	philosophiae
PO	Politische Organisation
PrGS	Preußische Gesetzessammlung
PZ	Preußische Zeitung
qkm	Quadratkilometer
RB	Regierungsbezirk
RBF	Reichsbauernführer
RBG	Reichsbetriebsgemeinschaft
RDB	Reichsbund Deutscher Beamten
REG	Reichserbhofgesetz
rer. pol.	rerum politicarum
RFSS	Reichsführer SS
RGBl.	Reichsgesetzblatt
RHA	Reichshauptabteilung
RKF	Reichskommissar für die Festigung deutschen Volkstums
RLB	Reichsluftschutzbund
RM	Reichsmark
RMEL	Reichsministerium für Ernährung und Landwirtschaft
RNSt	Reichsnährstand
RNVbl.	Verkündungsblatt des Reichsnährstandes
RSHA	Reichssicherheitshauptamt
RStBl.	Reichssteuerblatt
RuS	Rasse- und Siedlung
RuSHA	Rasse- und Siedlungshauptamt
SA	Sturmabteilung
SD	Sicherheitsdienst
SRP	Sozialistische Reichspartei
SS	Schutzstaffel
StAA	Staatsarchiv Augsburg
Staf	Standartenführer
Stubaf	Sturmbannführer
SVP	Schweizerische Volkspartei
Truf	Truppenführer
uk	unabkömmlich
unpag.	unpaginiert
USA	Vereinigte Staaten von Amerika
Uscha	Unterscharführer
Ustuf	Untersturmführer
VdU	Verband der Unabhängigen
VfZG	Vierteljahreshefte für Zeitgeschichte
VHA	Verwaltungshauptamt
VSWG	Vierteljahrschrift für Sozial- und Wirtschaftsgeschichte
WASt	Deutsche Dienststelle
WbLBsch	Wochenblatt der Landesbauernschaft
Wi	Wirtschaft
WK	Wahlkreis

z. b. V.	zur besonderen Verwendung
z. V.	zur Verwendung
ZAA	Zeitschrift für Agrargeschichte und Agrarsoziologie
ZfG	Zeitschrift für Geschichtswissenschaft

Abbildungsverzeichnis

Personenregister

Das Personenregister umfasst sämtliche in Band 1 dieser Studie erwähnten Personen, mit Ausnahme von Erich Spickschen. Bei Veränderung des Namens werden die zugehörigen Seitenzahlen stets beim Geburtsnamen aufgelistet, später angenommene Namen verweisen auf diesen Namen zurück. Bei den Vornamen wird in aller Regel nur der Rufname bzw. der erste Vorname aufgeführt. Auf einen gleichnamigen Vater verweist der Zusatz »senior«. Vornamen, deren Richtigkeit nicht gesichert ist, stehen in eckigen Klammern. In seltenen Fällen konnte der Vorname nicht ermittelt werden. Bei Adligen wird lediglich das Adelsprädikat, nicht aber der Adelstitel angeführt. Im Rahmen der Forschungsrezeption erwähnte Personen sind kursiv gesetzt; auf die Nennung akademischer Grade und Titel wurde bei diesen Personen verzichtet.